KB114887

韓國植物生態寶鑑

한국 식물 생태 보감

2

풀밭에 사는 식물

韓 國 植 物 生 態 寶 鑑

한국 식물 생태 보감 *2*

풀밭에 사는 식물

펴낸날 2016년 9월 19일 초판 1쇄
2018년 2월 1일 초판 2쇄

지은이 김종원
사진 류태복 외

펴낸이 조영권
만든이 노인향
꾸민이 정미영

펴낸곳 자연과생태
주소 서울 마포구 신수로 25-32, 101(구수동)
전화 (02) 701-7345~6 팩스 (02) 701-7347
홈페이지 www.econature.co.kr
등록 제313-2007-217호

ISBN 978-89-97429-31-8(세트)
978-89-97429-69-1 94480

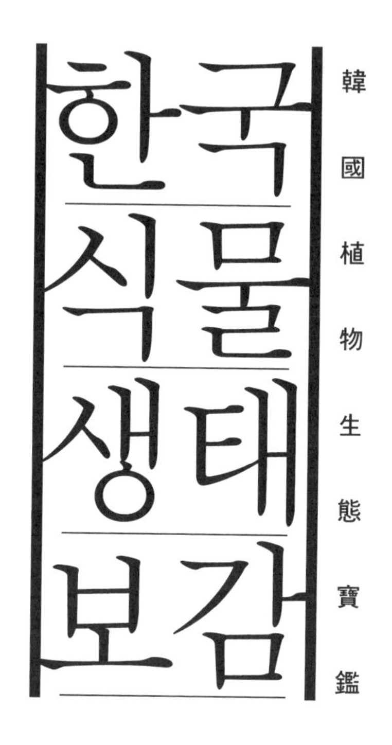

2

풀밭에 사는 식물

김종원 지음

일러두기

1. 풀밭을 삶의 터전으로 삼는 208종류를 선정하고 그와 관련된 293종류를 합쳐 총 501종류를 수록했다.
2. 『한국 식물 생태 보감』 제1권의 「제3부 들길 제방, 무덤, 풀밭」 편에 수록된 주요 식물 31종류는 제2권 체제에 맞추어 재구성했다.
3. 식물 배열순서는 보편적으로 채택하는 계통분류학의 분류체계에 따랐다. 동일한 속(屬) 안에서는 한글명 가나다순으로 배열했다. 근연 무리의 근접 배열은 식물 간의 비교를 돕는다.
4. 모든 종의 설명은 크게 7가지로 구성했다: (ⅰ) 식물명(과명, 학명, 한글명), (ⅱ) 형태분류, (ⅲ) 생태분류, (ⅳ) 이름사전, (ⅴ) 에코노트, (ⅵ) 관련 자료 사진, (ⅶ) 인용문헌. 미주로 처리한 모든 문헌 목록은 「인용문헌」에 언어별(국어, 영어, 중국어, 일본어 순)로 정리했다.

형태분류

줄기: 현장 분류에 도움이 되는 줄기와 뿌리에 대한 형태학적 검색 키.

잎: 현장 분류에 도움이 되는 잎에 대한 형태학적 검색 키.

꽃: 현장 분류에 도움이 되는 꽃에 대한 형태학적 검색 키.

열매 또는 포자: 현장 분류에 도움이 되는 열매 또는 포자에 대한 형태학적 검색 키.

염색체수: 현재까지 알려진 염색체 수 정보. 단, 우리나라에 분포하는 개체군의 정보가 없을 경우에는 외국 사례를 기재. 숫자 앞의 소문자 'c.'는 약(約)을 의미.

생태분류

서식처: 식물이 살고 있는 장소에 관한 정보와 빛 조건, 수분환경 조건에 관한 정보를 기재. 장소에 관한 다양한 지리 용어는 부록의 생태용어사전에 수록.

[빛 조건]

양지(陽地)- 온종일 직사광선에 노출된 개방 환경(예: 초지).

반음지(半陰地)- 양지나 음지에 해당되지 않는(half-shadow) 환경(예: 숲 가장자리).

음지(陰地)- 하루 중 그늘진 시간이 긴(shadow) 환경(예: 숲속이나 동굴 입구).

[수분환경 조건]

과습(過濕)- 지표면이 물 분자로 늘 포화된 조건(예: 물속 환경, 계곡 곡저(谷底)).

약습(弱濕)- 과습한 입지의 언저리로 일시적 범람과 침수를 경험하는 조건(예: 범람원, 논둑 하부, 계곡 곡벽(谷壁)과 산지 사면 하부).

적습(適濕)- 중용(中庸)의 수분환경으로 침수를 경험하지 않는 조건(예: 산지 사면 중부).

약건(弱乾)- 과건(過乾)한 입지의 언저리로 드물지만 수분스트레스가 발생하는 조건(예: 산지 사면 상부).

과건(過乾)- 지하수의 영향이 거의 없고, 지표면이 늘 건조하거나 쉽게 건조해지는 조건 (예: 산등성이 츠렁모바위, 시렁모바위).

수평분포: 남북으로 펼쳐진 우리나라의 지리 특성을 고려해 위도 상의 전국 분포와 지역 분포(북부, 중부, 남부 지역)로 구분.

수직분포: 온도에 대응하는 해발고도 정보를 바탕으로 고산대(高山帶), 아고산대(亞高山帶), 산지대(山地帶), 충적지(沖積地: 구릉지대(丘陵地帶)와 저지대(低地帶)) 등으로 구분.

식생지리: 식생지리학적으로 고산·아고산대, 냉온대(冷溫帶) 북부·고산지대(高山地帶), 냉온대 중부·산지대(山地帶), 냉온대 남부·저산지대(低山地帶), 난온대(暖溫帶), 아열대(亞熱帶), 열대(熱帶) 등으로 구분. 동아시아에 대한 지리분포는 중국과 일본의 지도에 따름. (6, 7쪽 지도 참조) 한편 아무르와 우수리는 각각 만주와 연해주에 일괄 포함.

식생형: 식물사회학적 서식처 종류에 대응하는 식물사회의 단위(소속), 구성원(종) 정보를 제공.

생태전략: [C-S-R 모델](Grime *et al*. 1988)에 따라 7가지 생태전략으로 분류: 경쟁자 [C], 스트레스인내자 [S], 터주자 [R], 터주-경쟁자 [C-R], 터주-스트레스인내자 [S-R], 스트레스인내-경쟁자 [C-S], 터주-스트레스인내-경쟁자 [C-S-R]. (상세 내용과 모식도는 부록의 생태용어사전 참조)

종보존등급: [Ⅰ] 절대감시대상종, [Ⅱ] 중대감시대상종, [Ⅲ] 주요감시대상종, [Ⅳ] 일반감시대상종, [Ⅴ] 비감시대상종(이론적 배경은 부록의 생태용어사전에 수록).

이름사전

속명, 종소명: 식물분류학적으로 인정할 만한 정명을 채택하고, 그 학명의 뜻과 유래를 기재. 학술적 정명의 판단은 국가표준식물목록, 「The Plant List」, 「Flora of China」, 「YList」, 최근 학술연구문헌 등을 바탕으로 했음.

한글명 기원: 기재된 한글명에 대한 문헌을 토대로 오래된 명칭을 연대순으로 배열. 역사적 실체 문헌을 근거로 발굴하고 탐색했음.

한글명 유래: 첫 기재 한글명 또는 정당한 한글명에 대한 어원과 유래를 기록. 정당한 한글명이란 현재 학계에서 관례로 채택한 이름을 대신할 수 있는, 식물계통분류학의 명명규약 정신에 따라 정당하고 유효한 최초 기재된 한글명을 의미함. 말(명칭)은 곧 그 당시 사람의 생각이기에 생태성, 문화성, 역사성 따위를 포함하고, 특히 일제강점기에 흐트러지고 사라져 버린 고유 식물 이름을 복원하는 것은 우리의 의무이자 과제임.

한방명: 한약(韓藥)에서 쓰는 약재명을 기록하고, 그 명칭의 유래를 밝힘.

중국명: 「Flora of China」에서 채택한 한자명을 기록하고, 그 명칭의 유래를 밝힘.

일본명: 『신일본식물도감』(牧野, 1961), 『일본식물지』(大井, 1978), 「YList」(米倉, 梶田, 2003)의 일본명을 채택하고, 그 명칭의 유래를 밝힘.

영어명: 국제적으로 통용되거나 될 수 있는 일반적인 영어 명칭을 기재.

에코노트

등재된 모든 식물종에 대해 생태학, 진화학, 형태학, 지리학, 이름의 변천사까지 특기할 만한 내용을 수록.

중국과 일본의 지리 지명

중국의 지리: 6대 지구(地區)로 구분. 지구 명칭은 우리식 발음으로 쓰며, 그 이하 지역명은 중국식 발음으로 표기했음. (그래픽: 엄병철)

서부지구(西部地區): 신장(新疆, 신탄), 티베트(西藏, 서장), 칭하이(青海, 청해)를 포함하는 최서단 지역.

새북지구(塞北地區): 간쑤(甘肃, 감숙), 닝샤(宁夏, 영하), 네이멍구(内蒙古, 내몽골)를 포함하는 최북단 지역.

동북지구(東北地區): 랴오닝(辽宁, 요녕), 지린(吉林, 길림), 헤이룽장(黑龙江, 흑룡강)을 포함하는 북동단 지역으로 일명 만주(滿洲). 이 책에서는 만주로 통칭.

화북지구(華北地區): 산시(陕西, 협서), 산-시(山西, 산서), 허베이(河北, 하북/ 베이징(北京)과 톈진(天津) 포함), 허난(河南, 하남), 산둥(山东, 산동)을 포함하는 대륙 중원에서 황해 중부를 면하는 지역.

화중지구(華中地區): 쓰촨(四川, 사천), 충칭(重庆, 중경), 후베이(湖北, 호북), 후난(湖南, 호남), 안후이(安徽, 안휘), 장쑤(江苏, 강소), 장시(江西, 강서), 저장(浙江, 절강)을 포함하는 대륙 중원에서 황해 남부를 면하는 지역.

화남지구(華南地區): 윈난(云南, 운남), 구이저우(贵州, 귀주), 광시(广西, 광서), 광둥(广东, 광동), 푸젠(福建, 복건)을 포함하는 최남단 지역.

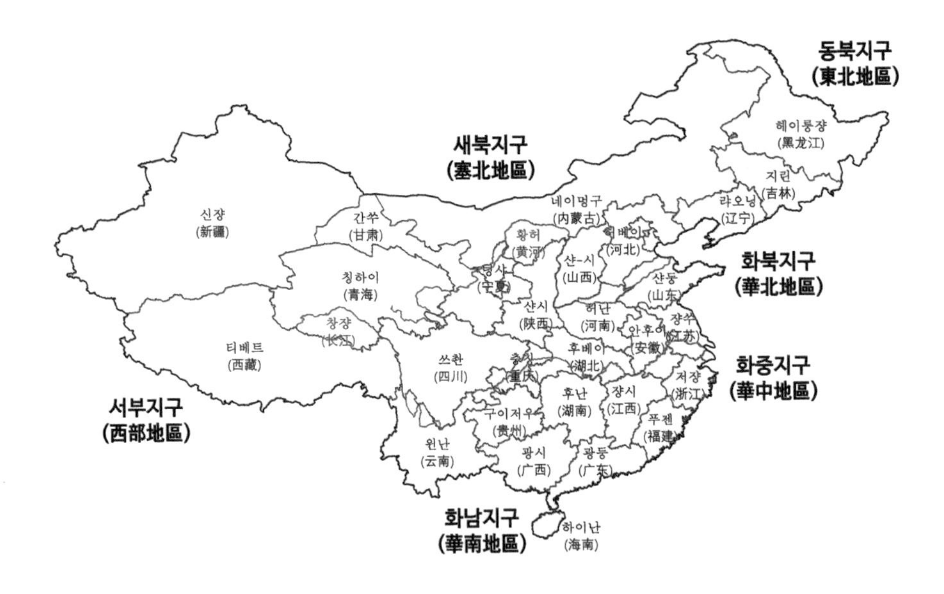

일본의 지리: 일본열도는 크게 4개의 섬(홋카이도, 혼도, 시코쿠, 규슈)과 북쪽으로 쿠릴열도, 남으로 오키나와열도로 이루어졌음.

홋카이도(北海道, Hokkaido): 일본열도의 최북단 섬.

혼슈(本州, Honshu): 일본열도 중심에 위치하고 가장 넓은 면적을 차지하는 섬으로 혼도(本島)라고도 부름. 혼슈는 크게 5개 지방으로 이루어짐: 도호쿠(東北, Touhoku), 간토(関東, Kanto), 주부(中部, Chubu), 긴키(近畿, Kinki), 주고쿠(中国, Chugoku). 일본 최대 산악 지역으로 북알프스, 중앙알프스, 남알프스 산악지대가 섬 동북에서 남서 방향으로 달리면서 식생지리 및 식물상 분포에 차별성을 낳는 자연구조.

시코쿠(四国, Shikoku): 혼슈 남동쪽 세토나이카이(瀬戸内海) 건너편에 위치하는 섬.

규슈(九州, Kyushu): 일본 최남단 섬으로 대부분 난온대 및 아열대 지역.

쓰시마(対馬島, Tsushima): 별도. 대마도로 기록해 둠.

구로마쓰나이(黒松内, Kuromatsunai): 홋카이도 남부에 위치하는 저지대(depression)를 중심으로 하는 지역. 일본 온대림을 대표하는 너도밤나무의 북한계(北限界) 분포 지역으로 유명.

5. 용어 해설: 형태용어사전 및 생태용어사전은 「부록」에 별도로 정리했다. 학술적 용어는 대부분 한자 기원이어서 한글세대에게 무척 어려운 장벽이기에 보다 자유롭고 편안하게 도감을 이용하도록 한글 표기를 우선으로 했다. 단, 낯선 한글 명칭에 대해서는 용어사전을 참고하기를 권한다.

6. 색인은 5가지로 정리했으며, 한글명의 가나다순, 학명의 알파벳순, 영어명의 알파벳순, 중국명의 병음(拼音)순, 일본명의 오십음(五十音)순으로 배열했다.

어마어마한 자연사와 문화사가 풀밭에 담겨 있다

갈 길이 먼데, 겨우 두 번째 『한국 식물 생태 보감』을 마무리했다. 지난 2013년 12월 말 첫 권 발행 이후 만 2년하고도 넉 달 만의 일이다. 늘 그렇지만, 생각보다 한참 더 걸렸다. 담아낼 풀밭 식물의 다양성을 가벼이 여긴 탓도 있으나, 우리나라 사람의 '나물' 역사가 풀밭에 가득해 살펴볼 것이 많았기 때문이다.

제2권에서는 우리 곁에서 한 걸음 더 떨어진 곳에 사는 종류를 다뤘다. 집이나 마을 근처에서 쉽게 볼 수 있는 종류를 엮었던 1권과 다른 점이다. 208종류를 기재하면서, 관련한 293종류를 합쳐 총 501종류를 소개했다. 소금기 바람이 부는 바닷가나 매서운 한파가 몰아치는 아고산·고산대 황원 같은 곳에 발달한 풀밭의 식물은 다른 책에서 따로 다룰 참이다.

이 책에서 다룬 풀밭 가운데, 야산 산비탈에서 흔히 만나는 무덤이 그 중심에 있다. 낯설고 께름칙하지만, 거기에는 어마어마한 자연사와 문화사가 담겨 있다. 이미 가야 시대에도 봉분이 있었을 정도로 역사가 길기 때문이다. 마치 농경문화에서 잡초라는 식물 그룹이 생겨나듯, 오래된 봉분문화에서도 독특한 식물 그룹이 생겨날 수밖에 없음이다. 우리나라의 무덤이 엄연한 하나의 서식처란 뜻이다. 굳이 따진다면, 온대 지역에서 최고의 자연식생 처녀림과 인간 간섭이 가장 많은 인조(人造) 터주식생 사이 메타-식물사회의 거처다. 또한 잡초(雜草)란 한자말이 존재하기도 전에, '풀', '새', '김'이란 단음절의 말 뿌리와 그 연원이 이 풀밭 식물사회에 잇닿아 있었다.

잠시 발길을 멈추고 무덤을 살펴보면, 종다양성에 놀라지 않을 수 없다. 숲속에서는 결코 볼 수 없는 종류가 수두룩하다. 사람들이 자주 드나들거나 오염되고 더러운 곳에 사는 부류들은 그곳에 살지 않는다. 빙하기 유존식물이나 희귀식물, 특산종도 드물지 않게 보인다. 귀화식물 한 포기 끼어들지 않은 풀밭도 있다. 바꾸어 말하면, 봉분은 주요 식물자원의 거처이고 피난처였던 것이다. 결코 그냥 지나칠 수 없는 풀밭이다. 이런 우리나라의 풀밭에 주목한 것은 사실상 이 책이 처음이다.

이 책을 있게 한 데에는 수많은 분들의 도움이 있었다. 늘 가까이에서 밥 챙겨 주는 아내, 그저 유구무언 고마울 뿐이다. 옆에서 단 한 찰나도 평화를 깨트리지 않는 반려견 자두와 달래도 더없이 참한 식구다. 대문 밖으로 나서면 매일같이 부대끼는 연구실 제자들, 참으로 고마운 인연이다. 한결같은 마음으로 공부하는 자세가 큰 기쁨이다. 안팎으로 많은 제자들이 사진을 협조했다. 그 가운데 류태복 박사, 최병기 교수, 이정아 선생의 도움이 컸다. 착한 보감이란 얼안은 출판사 조영권 선생과 여러 일꾼들의 정성어린 손맛에서 비롯했다.

이제 제3권으로 나설 참이다. 자등명(自燈明), 법등명(法燈明), 불방일(不放逸)의 큰 가르침에 기대어 죽 이어갈 작정이다. 부족한 부분은 고치고 채워 나갈 것이다. 제2권을 탈고하는 이 순간에도 사실 마음이 편치 않다. 생태폭력(ecoterror) 4대강사업의 폐해가 백두대간 살 속까지 파고들면서, 내성천의 금빛 모래도 흰수마자도 사라져 가기 때문이다. 게다가 아무리 궤변의 시대라지만 그 인과관계를 밝힐 수 있느냐고 생태학적 세탁(ecowash)을 윽박지르는 험한 바람이 분다. 하지만 우리 모두 평화를 위해 함께 길을 나서야 한다! 석과불식(碩果不食)의 도법자연(道法自然)만이 길이다.

2016년 넘나물 꽃 피던 날
무우헌(无尤軒)에서
김종원

왜 풀밭인가?

풀밭, 숲과 전혀 다른 '생명의 거처'다. 숲은 어둡고, 풀밭은 늘 밝다. 숲속 식물에게 어둠이 삶의 조절자라면, 풀밭에서는 강렬한 직사광선이 삶을 근본적으로 통제한다. 풀밭 식물은 그런 빛 환경조건에 적응하면서 이웃하는 식물과 인내하며 어우러져 산다. 풀밭이 만들어질 땅이 없다면, 애오라지 그들에게는 살 곳 자체가 없는 것이다.

우리가 사는 한국은 지구생물권에서 온대림이란 생물군계로 숲의 나라다. 빈 땅이 있다면, '천이'라는 자연의 동력으로 늘 숲으로 변해 간다. 식물사회의 종 조성이 교체되고, 도중에 천이를 방해하는 간섭만 없다면 시나브로 극상림에 이른다. 이렇게 온대림 영역에서 풀밭을 밀어내는 천이는 지극히 정상적인 생태 과정이다.

그런데 온대 지역에서도 숲이 들어서지 못하는 땅이 있다. 천이가 계속 이어지지 못하는, 이른바 불모지다. 나무가 들어갈 수 없을 만큼 극도로 척박하고 메마른 츠렁모바위, 시렁모바위 같은 곳(岩殼地), 모질게 춥고 세차게 불어대는 바람맞이언덕배기(風衝地) 같은 곳이다. 바로 풀밭 식물의 고향, '자연초원식생'의 거처다. 그래서 자연초원식생은 늘 아주 좁은 면적으로, 게다가 백두대간의 광활한 삼림이라는 바다에 마치 외로이 떠 있는 자그마한 섬처럼 띄엄띄엄 분포한다. 자연초원식생이나 오리지널 구성원들이 늘 희귀할 수밖에 없는 까닭이다.

지금 자연초원식생과 그 구성원은 대부분 절멸위기다. 그들이 사는 불모지조차도 광산개발로 많이 사라졌고, 가까스로 남은 곳도 각종 막개발로 성한 곳이 없다. 실제로 일부 구성원은 무척 작은 개체군인 포기 수준으로 명맥을 잇고 있는 실정이다. 그런데 아이러니하게도 한국인의 봉분문화 '무덤'이 그들을 살려 내고 있다. 무덤이 그들의 임시 거처, 피난처가 되어 줬기 때문이다. 식물사회학은 이런 풀밭을 '이차초원식생'이라면서 주목한다.

일 년 내도록 물로 포화된 습지초원을 제외하면, 무덤, 두둑, 제방, 방목지, 목초지는 곧 이차초원식생의 영역이다. 풀베기, 불 지르기, 방목하기, 벌채하기, 이를테면 천이를 줄기차게 훼방하는 간섭으로 유지되는 풀밭이다. 때로는 간섭 없이 방치해 둔 풀밭도 보이는데, 숲으로 천이되거나 천이 도중에 다시 원래의 풀밭 식물사회로 되돌아온 상태도 있다. 특히 후자를 식물사회학에서는 '반자연초원식생(또는 근자연초원식생)'이라고 굳이 따로 구분한다. 주목할 만한 자연초원식생의 식물이 어우러져 살고 있기 때문이다.

우리나라에서 자연초원식생이나 반자연초원식생은 사실상 풍전등화(風前燈火)다. 지구 기후변화를 포함해서 복잡하게 얽힌 수많은 이유가 있을 것이다. 하지만 일제강점기 이후 지금껏 계속된 숲에 대한 그릇되고 치우친 사랑과 풀밭에 대한 단견 또는 몰이해 따위가 가장 큰 원인이다. 숲 가꾸기는 있어도 '풀밭 가꾸기'를 들어본 적이 없지 않은가! 경북 안동 풍산면에 하나뿐인 사문암 츠렁모바위 지대가 겨우 한 줌 정도 남았으나, 지금 이 순간에도 마지막 남은 노두를 채광(採鑛)하면서 거덜 낼 참이다. 눈곱만큼 남은 사문암 츠렁모바위 지대가 사라진다면, 한국에서 초염기성 서식처는 완전히 사라지는 것이다. 백두대간 생태통로의 핵심 구간에 위치하는 석회암 시렁모바위나 츠렁모바위 지대도 사정이 별반 다르지 않다.

생태 선진국들은 풀밭 식물사회에 주목한 지 오래다. 심지어 우리나라 각시붓꽃이 사는 풀밭을 천연기념물로 지정한 나라가 있는가 하면, 오래된 방목지도 보호하려고 애쓴다. 그 속에 빙하기 유존식물, 희귀식물, 특산식물, 진화학적 특이식물 등이 살고, 단위 면적당 출현하는 식물 종다양성이 숲보다 더욱 풍부하기 때문이다. 풀밭은 지역적으로 또는 국가적으로 이른바 생물다양성 중점지역(hot spot)이다. 지구촌 생물다양성 보존을 위해서 유엔 「생물다양성협약」은 처음부터 '서식처 보존'을 요청했다. 마침내 21세기 초에 국제자연보존연맹(IUCN)이 종의 보존 수준을 넘어서 서식처 보존에 적극 나선 것도 같은 맥락에서다.

사실이지 우리나라 사람에게 풀밭은 숲보다 매우 뜻깊은 데가 있다. 샐러드, 그린,

자연초원식생: 우리나라에서 유일한 사문암 풀밭 식물사회(경북 안동 풍산면, 2012. 07. 17. 사진: 김성열)

이차초원식생: 자연초원식생의 구성원들에게 임시 거처, 즉 피난처가 되어 준 무덤 풀밭 식물사회(산 능선 줄기를 따라 만들어진 가야 고분군, 경북 고령, 2011. 08. 11.)

허브, 베지터블, 그 어떤 영어 단어도 그 속뜻을 충분히 담을 수 없는 한국인의 '나물(Namul)'이 풀밭 식물사회에서 잉태한 전통문화이기 때문이다. 참취, 미역취, 산비장이, 절굿대, 솔체꽃, 어수리, 고사리 등, 산채는 초원식생의 주요 구성원이다. 고사리 식용은

사라져 가는 초염기성 특이식생 지역(경북 안동 풍산면, 2016.06.02)

우리나라 나물문화의 우듬지로 인류사에서 일찍이 찾아보기 어려운 실체적 사실로 지금껏 이어지고 있다. 비록 중국 고전에 이른 시기부터 고사리가 등장하지만, 그런 배경이 되는 땅은 우리나라 사람이 살았던 곳이기도 하고, 24절기가 한 치도 어긋나지 않는 영역이다. 이런 사실은 면면이 이어져 온 오래된 우리 식물 이름 속에서 엿볼 수 있다.

부추, 도라지, 뻐꾹채, 타래난초, 참배암차즈기, 옥녀꽃대, 할미꽃, 무릇, 각시붓꽃 등 우리나라 고유 명칭의 기원과 유래를 따져 보노라면, 사회학, 언어학, 역사학, 문화학, 생태학, 형태학, 진화학, 유전학 등 온갖 정보가 들어 있다는 사실을 알게 된다. 게다가 나물이라는 것은 생활 속에 깊숙이 틈입한 들풀이기에 방방곡곡에서 부르는 이름(鄕名) 또한 무척 다양하다. 한중일 동아시아문화권의 동질성에서 한글만큼이나 특별한 독창성이 풀밭 식물사회에서도 보인다. 한국인의 오래된 미래를 챙겨 보기 위해서라도 풀밭 가꾸기, 즉 자연초원식생, 반자연초원식생의 보존에 나서야 한다.

풀밭 식생의 다양성

풀밭 식물사회는 생성 기원에 따라 자연초원식생, 반자연초원식생, 이차초원식생으로 나뉘고, 그 구성(종 조성)에 차이가 있다.

(1) **자연초원식생(Natural grassland vegetation):** 인간 간섭을 일절 배제한 상태에서 저절로 발달한 풀밭 식물사회인 자연식생이다. 아고산대·고산대의 황원(荒原)식생, 설전(雪田, 눈밭) 초원식생, 특정 암석권인 츠렁모바위와 시렁모바위 초본식생, 해안의 염습지(鹽濕地) 및 사구(砂丘) 초원식생 등이 있다. 인간 간섭에 따른 부영양화를 지표하는 식물종의 출현은 상대적으로 드물다. 우리나라의 자연초원식생은 본질적으로 '토지적' 식생형이라면, 북미의 프레리 초원, 중앙아시아의 스텝 초원, 아프리카의 사바나 초원 따위는 '기후적'으로 발달하는 10가지 지구생물군계 가운데 한 형태다.

(2) **반자연초원식생(Semi-natural grassland vegetation):** 이차초원식생 가운데 자연초원식생의 주요 구성원이 출현하는 풀밭 식물사회의 반자연식생이다. 자연초원식생과 이차초원식생 이외의 초원식생이 여기에 해당한다.

(3) **이차초원식생(Secondary grassland vegetation):** 목축, 방목, 풀베기(刈草), 불 지르기(火入) 따위로 유지되는 이차식생이다. 주기적인 또는 비주기적인 관리로 천이가 통제되고, 그런 관리를 반영하는 종 조성을 보인다. 우리 주변에서 가장 흔하게 보

식생형	자연초원식생	반자연초원식생	이차초원식생
생성·유지 동력	자연적	이차적	이차적
취약성	+++	++	+
복원성	+	++	+++
보존성	+++	++	+
터주식물종 출현	+	++	+++
잠재자연식생	초원	초원 또는 삼림	삼림
기호: +++(강함, 많음), ++(보통), +(약함, 적음)			

는 풀밭이고, 터주자(ruderal) 생태전략형인 식물종들이 빈번하게 섞여 나는 것이 특징이다. 잔디밭은 그 좋은 사례 가운데 하나이다. 비록 토양 이동이 거의 없는 안정적인 생육 환경이지만, 비교적 빈도 높은 인간 간섭과 비주기적으로 불특정한 부영양 물질 투입에 노출되어 있다.

초원식생은 분포 중심지의 수분환경 조건에 따라 건생형과 습생형으로 구별된다. 이 책에서 기재한 습생형 초원식생은 습지 초원식생과 분명하게 다르다. 습지(濕地) 초원식생은 표토층에 물 분자가 포화된 입지의 식생형이다(제5권에 게재 예정). 한편 초지(草地)는 초원과 같은 풀밭이 우세한 땅(地)을 지칭한다. 초원은 풀로 우세한 풀밭 식생을 가리킨다. 따라서 초지에 키 큰 나무가 산다는 표현은 성립되지만, 초원에서 키 큰 나무가 산다는 표현은 바람직하지 않다.

가야 고분군 무덤 풀밭에서의 국제식생과학대회 현지답사. (왼쪽에서부터 N. Montes(프랑스), T. Shiotani(일본), O. Wildi(스위스), E. Box(미국), K. Fujiwara(일본), 저자, F. Pedrotti(이탈리아), D. Gafta(루마니아), K. Takkis(에스토니아), K. Lohmus(에스토니아), J. Schaminee(네덜란드), L. Mucina(호주), 故 B. Wilson(뉴질랜드). (경북 고령, 2012. 7. 22. 사진: 이정아)

차례

풀밭에 사는 식물

부록

제2권

풀밭에 사는 식물

고사리

***Pteridium aquilinum* var. *latiusculum* (Desv.) Underw. ex A. Heller**

형태분류

줄기: 여러해살이로 어른 키 높이까지 바로 서서 자란다. 밤색 털이 빽빽하게 난 긴 땅속줄기가 옆으로 깊게 벋고, 마디 군데군데에서 줄기가 솟으며, 종종 넓은 면적으로 무리를 이룬다. 굵은 땅속줄기를 문지르면 저장된 전분 때문에 진득진득해진다.

잎: 3회 깃모양쪽잎(小羽片)으로 갈라졌으며 전체는 삼각형이다. 드물게 생기는 편이고, 음지에서는 잎이 더욱 커진다. 가을에는 전체가 갈색으로 변한다. 어릴 때 잎자루는 굵지만 부드럽고, 끝에 아기 주먹처럼 생긴 어린잎이 달린다. 작은 깃모양쪽잎의 끝은 가늘게 갈라지지 않고 길게 꼬리처럼 된다. 잎 뒷면은 약간 흰빛이 돌고, 잎 가장자리는 뒤로 말리면서 포막 같은 모양(包膜狀)이 된다.

포자: 포자낭군은 잎 가장자리를 따라 긴 줄로 배열한다.

염색체수: n=52(2n=104)[1]

생태분류

서식처: 초지, 방목지, 벌채지, 숲 가장자리, 산불 난 곳, 밝은 이차림 등, 양지, 약건~적습

수평분포: 전국 분포

수직분포: 산지대 이하

식생지리: 냉온대~난온대, 중국, 만주, 대만, 일본 등, 북미와 유럽에 귀화

식생형: 이차초원식생(고사리-애기수영군락, 참억새군락의 수반종)

생태전략: [경쟁자]

종보존등급: [V] 비감시대상종

이름사전

속명: 프테리디움(*Pteridium* Gled. ex Scop.). 작은 고사리를 뜻하는 희랍어에서 비롯한다.

종소명: 아퀼리눔(*aquilinum*). '독수리 같다'는 뜻의 라틴어다. 잎을 펼친 모양에서 비롯한다. 변종명 라티우스쿨룸(*latiusculum*)은 '좀 더 넓다'는 뜻의 라틴어로 유럽과 북부 아프리카에 분포하는 본종(var. *aquilinum*)의 경우보다 깃모양쪽잎의 길이가 폭보다 많이 긴 것에서 비롯한다.

한글명 기원: 고사리[2], 고시리[3], 고ᄉᆞ리[4] 등

한글명 유래: 16세기 초『사성통회』와『훈몽자회』「채소」편에 나온다. 오래전부터 우리나라 사람의 주요 채식 재료였음을 말한다. 고비와 살이의 합성어로 고비살이>곱살이>고사리로 전화한 것으로 추정한다. '고비'는 양치식물의 특징으로 줄기 끝에 생긴 어린 순이 한쪽으로 '고부라진', '고운' 모양에서, '사리'는 살림살이의 '살이' 또는 보동한 줄기의 '살', '사리'에 잇닿아 있을 것이다. 고사리 어린 순은 보동한 줄기 끝에 돋고 오므린 아기 주먹처럼 생겼는데, 이를 채취해 살짝 삶아서 먹는다. 19세기『동언고략』[5]에는 주먹모양으로 구부러지고(拳曲), 연하고 가느다랗다(柔細)는 설명과 함께 향명(鄕名)으로 曲絲里(곡사리)라 했다.

한방명: 궐(蕨), 궐채아(蕨菜芽), 궐근(蕨根), 여의채(如意菜), 용두채(龍頭菜), 계각파(鷄脚爬) 등. 식물 전체를 말려서 약재로 쓴다.

중국명: 蕨(Jué). 고사리 종류의 총칭이다. (상세 내용은 아래 에코노트 참조)

일본명: ワラビ(Warabi, 蕨). 속이 빈 마른 줄기(Wara, 藁)와 으름(アケビ, Akebi)의 열매(実, Mi>Bi)처럼 먹을 수 있다는 뜻인 일본 고유 명칭의 합성어로 본다.[6]

영어명: Eastern Bracken

에코노트

고생대 석탄기, 3억 6,000만 년 전에 나타난 양치식물은 현재 1만 2,000여 종이 있다. 고사리는 그 가운데 하나다. 동북아시아에서 우리나라 사람들은 여전히 고사리를 즐겨 먹는다. 오늘날 중국 땅에서도 한반도와 가

깝고 우리와 교류 역사가 깊은 지역에서만 고사리를 먹는 습속이 이어져 온다. 그런데 초식동물은 고사리를 거의 먹지 않는다. 식물체가 어려서 어린 아이 주먹(고사리 손, 蕨手, 궐수)처럼 생긴 시기에는 세포 속에 독극물 시안(CN) 성분이 들어 있기 때문에 뜯어 먹을 형편이 못된다. 몸무게가 수 그램에 지나지 않는 곤충이나 애벌레가 갉아 먹으면 목숨을 잃게 된다. 그런데 한여름 다 성장한 어른 식물이 되면, 세포 속 시안 농도가 크게 낮아진다. 대신에 입맛을 떨어트리는 떫은 탄닌(tannin) 성분이 크게 증가한다.[7] 초식자로부터 살아남기 위해 진화해 온 고사리의 방어전략이다.

고사리의 이런 거북스런 물질을 제거하면 훌륭한 나물이 된다. 지상부 식물체를 채취해서 다듬어 음지에서 말리고, 물에 담가 불리고, 삶아서 우려내면 나물이 된다. 고사리 나물은 이미 15세기 『산가요록』[8]에 사례가 나온다. 경북 영양의 군자 장계향 어머니는 우리나라 최초 한글 요리서 『음식디미방』[9]에서 "고사리 돔논법"을 전한다. 연한 고사리를 채취해 소금에 담가서 김치(沈蕨, 침궐)처럼 만들어 느루 먹었고, 쪄서 말려 저장해 두었다가 먹을 때에는 끓는 물에 담가 부드럽게 불려서 파, 기름, 장을 넣어 익혀 먹으면 맛이 일품이라 했다.[10] 임진왜란과 병자호란을 겪은 난세(亂世) 17세기의 일이다. 오늘날에도 고사리는 물에 담가 두었다가 살짝 데쳐서 무쳐 먹는 나물이다. 비타민B를 파괴한다는 떫은맛과 독성인 시안 성분을 제거해서 요리해 먹는 고도로 진화한 나물문화가 계승되었던 것이다. 서양 과학이 소개되기 수백 년 전의 일이다. 그런데도 고사리가 한방 약재로 이용된 역사가 그리 오래 되지 않은 탓에 『향약구급방』이나 『향약집성방』과 같은 고전에는 나오지 않는다.

여말선초의 선비 야은 길재 선생을 기리는 채미정의 채미(采薇)는 중국 『시경』 「소아(小雅)」 편에 나오는 말인데, 일반적으로 '고사리(고비)를 캐다'라고 번역한다.[11] 그런데 미(薇) 자는 오늘날의 고사리 자체를 지칭하는 것이 아니다. 『사기(史記)』 「백이열전」에 나오는 청절지사(淸節之士)의 백이·숙제 이야기 속에 등장하는 '고사리'라 번역되는 것[12] 도 마찬가지다. 미(薇) 자는 고사리 고비처럼 현대 분류학에서 말하는 특정한 종을 지칭하는 것이 아니라, 거친 나물을 뜻하거나 또는 먹을 수 있는 고사리 종류(양치류)를 통칭한 것이다. 그리고 채(采) 자는 일반적으로 '캐다'로 번역하는데, 고사리 종류는 사실 캐 먹는 대상이 아니다. 지상부의 어린 식물체 부분을 채취(採取)하는, 즉 뜯어서 이용하는 여러해살이다. 캐 버리면 이듬해 다시 생겨날 까닭이 없다. 만약 캤다면, 산삼처럼 희귀해질 수밖에 없게 된다. 하지만 고사리는 전혀 희귀하지 않다. 그래서 고사리 종류는 지상부만을 뜯어서 이용하는 나물(菜) 재료인 것이다. 중국에서는 고사리를 궐(蕨) 자로, 고비 종류(*Osmunda* spp.)를 미(薇) 자 또는 자기(紫萁)로 분별해서 쓴다.[13]

유럽에는 대서양 해양성 기후 영향을 받는 지역의 방치된 목초지에서 고사리 본종(*Pteridium aquilinum* var. *aquilinum*)이 크게 우점한다. 하지만 식용 습속은 없다. 고사리는 튼튼한 땅속줄기로 사는 여러해살이다. 한 포기 크기가 국제규격 축구경기장의 17배(474×292m, 약 4만 2,000평) 면적을 덮는 경우도 있다. 핀란드의 일인데, 매년 땅속줄기가 뻗어 나간 절간(節間)을 헤아려 보니 나이가 무려 1,400살이었다고 한다.[14] 무성생식을 잘 하는 모듈생명체의 수명이라는 것이 유성생식을 하는 단위생명체의 본질과 근본적으로 다르다는 것을 보여 준다.

양치식물은 물고기들처럼 체외수정(體外受精)을 한다. 편모를 가진 정자(n)가 힘겹게 헤엄쳐서 난자(n)에 수정해 접합자(2n)를 만든다. 양치식물이 정자가 헤엄칠 수 있는 물분자가 충만한 환경조건에서 흔한 것도 그 때문이다. 온대림 지역보다 열대강우림 지역에 흔하고, 한랭 지역에서는 상대적으로 많이 드물다. 비가 내린 오후, 직사광선이 내리쬐는 뻥 뚫린 숲 틈에서 고사리 배우자들은 결혼하고 싹이 돋아난다. 우리가 먹는 '고사리'는 적절히 습하면서도 양지바르고 비교적 건조한 지역에 사는 종류다. 이 경우는 수분이 충만한 장마 기간에 주로 수정한다. 우리나라에서 고사리는 내버려진 목초지에서도 살지만, 산불 난 곳이나 화전을 일구다 내버린 휴경 밭에서 주로 산다. 옛날에는 품질 좋은 고사리를 얻으려고 일부러 산불을 내기도 했다. 숲속에 고사리가 산다면, 그 숲은 여전히 젊은 이차림(二次林)이라는 뜻이다. 인간 간섭이 덜하거나 거의 없는 자연림에서는 고사리가 살지 않는다. 고사리는 양치식물 가운데 유일하게 풀밭 식물사회의 구성원이다. 비록 아주 밝은 숲속에 살더라도 그곳은 고사리의 최적 서식처는 아니다.

---

1) Mitui (1976)
2) 최세진 (1517), (1527)
3) 허준 (1613)
4) 유희 (1801~1834)
5) 미상 (박경가? 1836)
6) 牧野 (1961)
7) Rhoades et Cates (1976)
8) 전순의 (15세기)
9) 장계향 (1670년경)
10) 한복려 (2007)
11) 유교문화연구소 (2008)
12) 사마천 (BC 93)
13) FOC (2014)
14) Oinoen (1967)

사진: 김종원, 류태복, 최병기

제비꿀

Thesium chinense Turcz.

형태분류

줄기: 여러해살이며 어른 손 한 뼘 높이로 자라고, 거의 갈라지지 않는다. 식물 전체에 털이 거의 없이 깨끗하며, 백록색을 띤다. 굵은 뿌리에서 가는 뿌리가 나와서 접시형 흡기(吸器) 구조가 되어 이웃 식물체 뿌리에 반기생(半寄生)한다.

잎: 어긋나고, 좁은 줄모양이지만, 가끔 세 갈래로 갈라지기도 한다. 잎자루와 잎몸을 구분하기 어렵다.

꽃: 4~6월에 흰색으로 피며, 꽃잎으로 보이는 것은 꽃받침이다. 잎겨드랑이에 1개씩 달리며, 짧은 꽃대에 꽃싼잎 1개와 작은 꽃싼잎 2개가 있고, 수술은 5개다.

열매: 타원형으로 표면에 주름과 그물 같은 맥이 돋아난다. 오렌지색 종자가 1개씩 들어 있고, 배유(胚乳)가 많은 육질이다.

염색체수: n=6(?)[1]

생태분류

서식처: 초지, 농촌 들녘 풀밭과 길가, 제방, 황무지, 무덤 언저리 등, 양지, 약건~적습

수평분포: 전국 분포

수직분포: 산지대 이하

식생지리: 냉온대~난온대(대륙성), 동시베리아, 몽골, 중국(티베트를 제외한 전역), 만주, 연해주, 대만, 일본 등

식생형: 이차초원식생(잔디형: 잔디-제비꿀군락)

생태전략: [터주-스트레스인내자]

종보존등급: [IV] 일반감시대상종

이름사전

속명: 테지움(*Thesium* L.). 아테네 근처 고대 그리스 신전(Theseion)을 지칭하는 희랍어에서 비롯한다.

종소명: 히넨제(*chinense*). 중국(China)을 의미하고 허베이 성(河北省)에서 채집한 표본에서 비롯한다.

한글명 기원: 져븨울[2], 鷰矣蜜(연의밀)[3], 제비풀[4], 제비꿀[5] 등

한글명 유래: 제비와 꿀의 합성어다. (1) 열매주머니가 꿀단지 호리병처럼 생긴 모양, (2) 제비가 오는 계절과 일치하는 4월경에 꽃피는 화기(花期), (3) 잎이나 여러 모양 따위가 제비 날개처럼 좁고 긴 형상, (4) 눈병을 치료하면 귀신같이 낫는다는 기록,[6] (5) 식물체 크기가 작거나 기능 따위가 흥부처럼 빈약한 이미지 등에서 비롯한다. (『한국 식물 생태 보감』 1권 439쪽 참조) 제비꿀(져븨울)[7]이라는 이름은 본래 꿀풀 종류(*Prunella* L.)를 가리키는 오래된 고유 명칭이다. 일반 벌꿀에 비할 바 못된다. 빈약하고 허접한 꿀풀 종류의 약초라는 의미에서 이름의 유래를 추정한다. (꿀풀」 편 참조)

한방명: 백예초(百蕊草). 제비꿀의 지상부를 약재로 쓰고, 댑싸리하고초라는 별명도 있다.[8] 그 밖에도 토하고초(土夏枯草), 더위마름풀, 싸리하고초라는 이름이[9] 전한다.

중국명: 百蕊草(Bǎi Ruǐ Cǎo). 제비꿀속 식물을 지칭하는 통칭이다.

일본명: カナビキソウ(Kanabikisou, 金引草 또는 鉄引草). 정확한 유래는 미상[10]이라지만, 줄기가 보기보다 질긴 것을 철사에 빗댄 것에서 또는 쇠로 된 칼로 생선회를 손질한다(鉄引)는 뜻에서 생긴 이름으로 추정한다.

영어명: Chinese Bastard Toadflax

에코노트

반기생(半寄生, hemiparasite) 식물은 생존에 필요한 물질을 부분적으로 숙주식물에게 의존한다. 지상부에서 스스로 광합성하는 능력도 있지만, 뿌리가 숙주식물과 관계 맺고 있을 때만 정상적으로 생육한다. 겉으로는 독립적으로 사는 것처럼 보이지만, 보이지 않는 땅속에서는 남에게 빌어먹고 산다. 가는 수염뿌리가 거의 발달하지 않는다. 제비꿀은 꿀풀이나 감국 뿌리에도 기생하지만,[11] 벼과의 잔디나 띠, 그리고 콩과 등 주로 여러해살이 초본에 기생한다.[12] 제비꿀의 분포가 숙주식물에 따라 결정되는 셈이다. 하지만 풀숲 속 빛이 잘 들지 않는 곳보다는 늘 직사광선을 받으며, 특히 빽빽하게 우거지지 않고 느슨한 풀밭 식물사회에 산다. 척박하고 작은 돌이 많이 섞인 땅에서 잘 산다.

제비꿀속은 유럽을 중심으로 온대 지역에 널리 분포하고, 지구상에 총 245종류가 알려졌다. 우리나라에는 제비꿀과 백두산 고산지대에 사는 긴제비꿀(*T. refractum*) 2종[13]뿐이다. 식물체가 왜소하고, 꿀풀에 기생하는 것 때문에 꿀풀의 고명(져븨꿀)과 혼용되고 있다. (꿀풀 참조)

---

1) Raven (1975)
2) 허준 (1613)
3) 유효통 등 (1633)
4) 홍만선 (1643~1715)
5) 정태현 등 (1937)
6) 홍만선 (1643~1715)
7) 허준 (1613)
8) 안덕균 (1998)
9) 임록재, 도봉섭 (2001)
10) 牧野 (1961)
11) Guo & Loo (2010)
12) Suetsugu *et al.* (2008)
13) 이우철 (1997)

사진: 김종원

Aconogonon alpinum (All.) Schur ***sensu lato***

형태분류

줄기: 여러해살이며, 어른 키 높이까지 바로 서서 자란다. 중간 윗부분에서 갈라지고, 세로로 길게 줄이 나 있다. 가지는 더 이상 갈라지지 않고 털이 약간 있다.

잎: 어긋나고, 장타원형으로 1㎝보다 짧은 잎자루 기부에 털이 난 막질의 잎집이 있다. 톱니가 없는 잎 가장자리는 건조해지면 파도치듯 안쪽으로 살짝 말리고, 잎 양면에 부드럽고 짧은 털이 있다. 꽃이 만개할 때 줄기 아랫부분의 잎들은 말라 죽는다.

꽃: 6~8월에 가지 끝이나 잎겨드랑이에서 고깔꽃차례로 달리며, 다섯 부분으로 나뉜 꽃덮개는 흰색이다. 막질인 꽃싼잎보다 훨씬 짧은 작은꽃자루가 있다. 수술은 8개다.

열매: 여윈열매로 삼각형이며, 황갈색에 윤기가 있다.

염색체수: 2n=20[1)]

생태분류

서식처: 초지, 산지 풀밭, 숲 가장자리, 사문암의 척박한 토양 등, 양지, 약건~적습

수평분포: 전국 분포

수직분포: 산지대 이하

식생지리: 냉온대(대륙성), 몽골, 중국(새북지구, 화북지구, 일부 화중지구, 신장 등), 만주, 연해주 등

식생형: 반자연초원식생, 건생이차초원식생

생태전략: [스트레스인내자]~[터주-스트레스인내자]

종보존등급: [IV] 일반감시대상종

이름사전

속명: 아코노고논(*Aconogonon* (Meissn.) Reichb, *Aconogonum* Reichb.). 여뀌속(*Persicaria*)의 옛 속명 가운데 하나로 숫돌처럼 단단한 줄기 마디(stone-knee)[2] 또는 거친(*acon*) 씨앗(*gone*)을 뜻하는 희랍어에서 비롯한다.

종소명: 알피눔(*alpinum*). 해발고도가 높은 산지에 산다는 뜻의 라틴어다. 하지만 싱아는 고산 또는 아고산의 식물이 아니고, 산지대 이하 지역에 산다.

한글명 기원: 싱아, 숭애[3]

한글명 유래: 여뀌 또는 수영 종류(*Rumex* spp.)를 지칭하는 북한 지역의 방언(「수영」 편 참조)에서 비롯한다. 식물체에서 나는 옥살산의 약간 떫은 '신맛'에서 비롯하고, 속 줄기를 씹으면 신맛이 난다. 따라서 유래미상이 아니다.[4]

한방명: -

중국명: 高山神血宁(Gāo Shān Shén Xuè Níng). 라틴 종소명 알피눔을 번역한 이름이다.

일본명: -

영어명: Alpine Knotweed

에코노트

『그 많던 싱아는 누가 다 먹었을까』,[5] 박완서의 소설 제목이다. 아까시나무 꽃잎을 따 먹으면서 생긴 비릿하고 들척지근한 맛이나 비위를 가라앉히는 데에는 싱아만 한 것이 없다고 한다. 싱아의 속 줄기는 입가심용으로 새콤달콤 군침 도는 맛이다. 그런데 그 소설 속의 싱아가 싱아속(*Aconogonon* L.)의 싱아가 아닐 수도 있다. 마디풀속(*Persicaria* Mill.)이나 소리쟁이속(*Rumex* L.)의 어떤 들풀일 수 있다. 1921년 『조선식물명휘』에 기재된 바 있는 셩아, 숭애, 쉬영 따위의 한글명이 이를 뒷받침한다. 모두 마디풀과(Polygonaceae)에 속하는 신맛이 나는 근연 분류군이고, 서식처도 농촌 지역의 서로 멀지 않은 장소에서 볼 수 있기 때문이다. 괭이밥(『한국 식물 생태 보감』 1권 99쪽 참조)의 옛 이름 '괴승아'도 고양이 같은 들짐승이 뜯어 먹는 승아(싱아)에 잇닿아 있다. 괭이밥의 잎에서도 신맛이 난다.

싱아는 본래부터 북한과 만주 지역에 더욱 흔하다. 상대적으로 남한에서는 예전부터 흔한 편은 아니다. 싱아가 살 만한 풀밭 서식처가 숲으로 바뀌었거나 경작지와 같이 여러 목적으로 변형되어 버린 것에도 그 이유가 있다. 영상으로 본 북한 환경은 여전히 싱아가 흔할 것 같다. 우리만큼 희귀한 들풀이 아닐 것이라는 게다. 싱아는 숲속 식물이 아니고, 하늘이 뻥 뚫린 풀밭 식물사회의 구성원이기 때문인데, 북한에 민둥산이 많아서다.

싱아는 일본에는 아예 분포하지 않는 전

형적인 대륙성 종이고, 우리나라에서도 특징적으로 나타나는 반고유종이다. 남한에서는 경북 안동 풍산의 사문암 초지[6]에서 무척 특이한 개체군이 분포한다. 솔새, 대새풀, 잔디 등이 어우러진 솔새-원지군락에 섞여 난다. Ca^{2+}이 빈약한 사문암은 초염기성 생육환경이기 때문에 숲이 들어서지 못하는 척박하고 매우 건조하며 돌출한 츠렁모바위 풀밭이나 듬성숲에서 점점이 분포한다. 매우 특수한 생육환경인데도 무려 2m 이상 높이 자라고, 잎 양면과 가장자리, 싼잎에 털이 많으며, 8월 초 개화기에도 줄기 중앙 아랫부분의 잎들과 싼잎이 갈잎 상태가 된다. 국립생물자원관의 한반도생물자원 웹정보(2016년 3월 30일)에서 왜개싱아(*A. divaricatum*)로 기재했다. 이 책에서는 서식처의 생리생태적 환경에 적응한 스트레스인내자의 생태형(ecotype)으로 보고, *Aconogonon alpinum sensu lato*로 기록해 둔다.

---

1) Sokolov & Kondratenkova (1983)
2) Small (1922)
3) 정태현 등 (1949)
4) 이우철 (2005)
5) 박완서 (2009)
6) 박정석 (2014)

사진: 김종원

이승은 연구원

범꼬리

Bistorta manshuriensis **Kom.**

형태분류

줄기: 여러해살이로 어른 무릎 높이까지 바로 서서 자란다. 흑자색을 띠는 짧은 뿌리줄기가 지름 1㎝ 정도로 굵어진다. 식물 전체에 털이 거의 없다.

잎: 뿌리에서 난 잎은 잎자루가 길고, 넓은 달걀모양이며 약간 질긴 편이다. 잎바닥이 심장모양이고, 뒷면은 약간 흰빛을 띠지만 흰 털이 조금 있는 경우도 있다. 줄기에 난 잎은 귓바퀴가 있고, 윗부분의 것은 잎자루가 없다. (비교: 참범꼬리(*B. pacifica*)는 원줄기에 난 잎에 잎자루가 전혀 없다. 흰범꼬리(*B. incana*)는 잎 뒷면에 흰 털이 빼곡해 은백색이다. 가는범꼬리(*B. alopecuroides*)는 현저히 좁고 길다.)

꽃: 6~7월에 피고, 30㎝ 이상 긴 꽃줄기에 길이 4~8㎝, 폭 1㎝ 정도인 원기둥모양 꽃이삭이 달리는데, 꽃잎이 없고 흰색에 가까운 옅은 붉은색을 띠는 꽃받침과 암·수술이 빼곡하다.

열매: 여윈열매로 꽃받침에 싸인 달걀모양이고, 3개로 모서리가 지며 윤기가 난다.

염색체수: 2n=(?), 24, 44, 46, 48[1]

생태분류

서식처: 해발고도가 높은 산지의 초지와 숲 가장자리, 습윤한 대기 환경 등, 양지, 적습

수평분포: 전국 분포

수직분포: 산지대 이상

식생지리: 냉온대 중부·산지대~아고산대(대륙성), 몽골, 중국 동북부, 만주, 연해주, 파키스탄[2] 등

식생형: 초원식생(산지형)

생태전략: [경쟁자]~[터주-경쟁자]

종보존등급: [IV] 일반감시대상종

이름사전

속명: 비스토르타(*Bistorta* (L.) Scop.). 뿌리줄기가 두 번(*bis*) 비틀어졌다(*tortus*)는 뜻의 중세 라틴어다.[3] 중국에서는 비스토르타를 이명으로 쓰고 대신에 *Polygonum manshuriense* (V. Petrov ex Komarov, 1923)을 정명으로 채택한다.[4]

종소명: 만슈리엔시스(*manshuriensis*). 만주 지역을 의미하고, 러시아 학자 코마로브(V. L. Komarov)의 「만주-연해주 지역에 대한 식물연구」(1926년)에서 유래한다.

한글명 기원: 범꼬리,[5] 범의꼬리,[6] 즈삼(紫蔘), 모몽(牡蒙),[7] 만주범의꼬리(東北蔘),[8] 범꼬리풀[9] 등

한글명 유래: 범과 꼬리의 합성어로 가는범꼬리를 지칭하는 일본명(伊吹虎尾, *Bistorta vulgaris*)에서 비롯한다고 한다.[10] 가는범꼬리는 일본 산지대와 아고산대의 설붕(雪崩), 설전(雪田) 초지에 아주 흔하고, 우리나라에서는 일부 아고산대(예: 한라산)에서만 제한적으로 분포한다. 범꼬리속 가운데 우리나라에서 가장 널리 분포하는 종류는 범꼬리인데, 그런 두 지역 간의 분포양상 유사점에서 가는범꼬리의 일본명을 실마리로 생겨난 이름으로 보인다. 그런데 일본열도에는 원래 범이 없다. (아래 에코노트 참조)

한방명: 권삼(拳蔘). 범꼬리와 호범꼬리의 뿌리를 약재로 쓰고, 총열약(總熱藥)으로 분류한다.[11]

중국명: 耳叶拳参(Ěr Yè Quán Cān). 잎바닥이 귀(耳)모양인 범꼬리 종류라는 뜻이다.

일본명: - (イブキトラノオ, Ibukitoranoo, 伊吹虎尾). 일본에는 분포하지 않는다.

영어명: Manchurian Knotweed

에코노트

범꼬리는 우리나라 전역에 골고루 분포한다. 주로 해발고도가 높은 곳에서 더욱 흔하다. 공중이건 땅속이건 건조한 입지에서는 살지 않는다. 그래서 연중 구름이나 안개 영향이 많은 산정(山頂) 구름대(雲霧帶)나 산지 함몰지형의 수분환경이 양호한 입지에 흔하다. 범꼬리속(*Bistorta* spp.)은 모두 여러해살이이

면서 뿌리줄기가 짧고 비후하다. 때문에 늘 몇 포기 이상이 모여서 무리를 짓는다. 한자 자삼(紫蔘)이라는 명칭은 비후한 뿌리줄기가 검은빛을 띠는 자색인 데서 비롯한다. 동북아 삼국은 이런 뿌리와 줄기를 지사(止瀉)나 지혈(止血)에 이용한다. 우리의 경우는 어린잎을 삶아서 나물로 먹었다는 기록도 있다.[12]

범꼬리라는 한글명은 일본명에서 비롯한다.[13] 그런데 범(*Panthera tigris* subsp. *altaica*)[14]은 일본열도에 살지 않고, 지구 역사 속에서도 일본열도에 범이 자생한 적은 없다. 때문에 한글명칭 범꼬리가 일본명(伊吹虎尾) 도라노오(虎の尾)에서 비롯한다는 것은 두 가지 이유에서 근거가 없다. 일본명에는 '도라노오'라는 네 음절로 된 식물명이 없다. 이부키(伊吹, 이취)는 사가 현(滋賀県) 미하라(米原) 지역의 이부키 산(伊吹山) 지명으로 이부키도라노오(이부키범꼬리)처럼 도라노오의 명칭 앞뒤에 늘 다른 의미의 명칭이 덧붙는다. 이것은 일본에 존재하지도 않았던 범(도라)의 문화가 대륙에서 전파되면서 생겨난 이름이라는 증거다. 또 다른 근거는 일본열도에서는 애당초 범이 없었지만, 한반도에서는 사람이 살기 전부터 자연 분포했다. 때문에 우리나라 사람들은 처음부터 범을 몰랐을 리 없다.

범은 마치 어두운 밤(夜)처럼 두려움의 대상이고, 경계해야 할 동물이기에 처음부터 이름이 없었다고 생각한다면 그것은 사리에 맞지 않다. 범과 밤은 같은 뿌리말로서 단음절의 외마디소리인 것도 우연이 아닐 것이다. 무서울 때 '벌벌 떨다' 또는 '덜덜 떨다'라고 말하는데, 여기서 벌벌은 분명 범과 밤에 잇닿아 있는 의태(擬態) 부사임이 틀림없다. 범이 흔했던 함경도 지역의 방언에는 범을 '덜덜'과 잇닿아 있는 '두루발이', '도루발이'라고 한다. 말뿌리 '돌'은 덜덜과 잇닿아 있는 방언이라고 한다.[15] 일본명 '도라'도 여기에 잇닿았을 것이 분명해 보인다. 우리나라에 범과 관련한 문화가 역사적, 민속적 사료 속에 풍부한 것도 같은 맥락일 것이다. 결국 '범꼬리'라는 한글명은 일본말이 실마리 되어 생겨난 명칭이라 할지라도, 그 일본말은 우리의 말과 문화에 뿌리를 두고 있는 것이 틀림없다.

여기서 범과 호랑이라는 명칭의 정신성을 살펴본다. 호랑이는 한자 호랑(虎狼)과 사람을 지칭하는 의존명사 '이'의 합성어다. 그냥 '범'이 아니라 '이리'와 같은 천한 짐승을 뜻하는 랑(狼) 자가 더해진 형국이다. '호랑이'라는 명칭을 습관처럼 쓰고 있지만,[16] 우리말 범이 갖는 품격과 말의 뿌리를 훼손하는 일이다. 최초 '호랑(虎狼)'이라는 단어는 사자(獅子)와 함께 1459년 『월인석보』에 나오는데, 여기서 호(虎)와 랑(狼) 두 글자는 범(虎)과 이리(狼)를 각각 지칭한 것이지,[17] 지금처럼 범 한 종(種)을 지칭하는 '호랑이'가 아니다. '나라가 망하는 시점' 19세기 구한말에 서양인이 출판한 『진리편독삼자경』[18]에서 범이 호랑이로 돌변하고 말았다. 말은 역사와 문화의 우듬지고, 그 정신성을 진단하는 리트머스 종이 같은 것임을 여기에서도 알 수 있다.

한편 중국에서는 범을 노호(老虎, Lǎo Hǔ)로 통칭하면서 흉악하고 흉포한 사람을 지칭한다. 아마도 오랑캐(兀良哈) 민족을 염두에 두면서 생겨난 명칭일 것이다. 결국 범은 동북아시아에서 우리나라 사람들과 특별한 인연이 있어 보인다. 호환(虎患), 호반(虎班), 호신제(虎神祭), 호신(虎神) 신앙 등의 습속에서도 알 수 있듯이,[19] 한자 호(虎) 자를 알기도 전에 우리에게는 범이 있었다. 『훈몽자회』[20]에서는 '범 호(虎)' 자를 '길웜 호', '표범 표(豹)' 자를 '표웜 표'로 번역했듯, 범은 길에서 만나는 존재였다. 우리나라 사람의 삶터는 처음부터 범이 사는 땅, 낙엽활엽수림과 침활혼합림(針闊混合林)이 우거지는 온대림 땅과 정확히 일치한다. 호골(虎骨)처럼 약용동물[21] 수준에서 범의 정신성을 어지럽히고 낮잡아 부르는 '호랑이'라는 명칭에 익숙한 입방아는 자기 부정이다. 호랑이띠라 하지 않고, 범띠라 부르는 까닭도 그런 맥락에서 이해할 수 있다.

---

1) 한국생명공학연구원 (2014)
2) Khan *et al.* (2013)
3) Gledhill (2008)
4) FOC (2014)
5) 정태현 등 (1949)
6) 정태현 등 (1937)
7) 森 (1921), 村川 (1932)
8) 한진건 등 (1982)
9) 이우철 (1996b)
10) 이우철 (2005)
11) 안덕균 (1998)
12) 村川 (1932)
13) 이우철 (2005)
14) Luo *et al.* (2004)
15) 서정범 (2000)
16) 오창영 (1997)
17) 홍윤표 (2005)
18) 모페(Moffe, S.E.) (1895)
19) 이이화 (1998)
20) 최세진 (1527)
21) 임덕성 (1997)

사진: 김종원

닭의덩굴

Fallopia dumetorum (L.) Holub

형태분류

줄기: 한해살이로 밝은 자줏빛이 돌고, 만져 보면 뚜렷한 세로 줄을 확인할 수 있으며, 초질(草質)이지만 딱딱하다. 이웃하는 키 큰 초본이나 물체에 의지해 벋어 나가며, 주로 오른쪽으로 감는 덩굴이고 스크램블을 만든다.

잎: 어긋나고, 양면 잎줄과 가장자리에 미세한 돌기가 있다. 잎자루도 줄기처럼 다른 식물체를 감는 경우가 있다. 심장 모양인 기부 양쪽 끝이 뾰족한 편이고, 잎집은 2㎜ 정도로 깊고 가늘게 갈라진다. (비교: 큰닭의덩굴(*F. dentato-alata*)은 잎바닥 기부 양쪽 끝이 뭉툭한 원형이고, 잎집은 3~6㎜이다.)

꽃: 6~9월에 담홍색으로 곁가지 끝부분 또는 잎겨드랑이에서 이삭꽃차례처럼 모여나며, 꽃덮개 조각은 짧은 날개가 되어 나중에 열매자루로 흐른다. 암수한그루로 충매화다.

열매: 여윈열매로 타원형 또는 원형이다. 열매를 둘러싼 꽃덮개에 날개가 있다. 3개로 모서리 진 씨 표면은 매끈하고 약간 광택이 나는 검은색이다. 열매자루는 밝은 녹색이며 길이는 3~6㎜이고, 날개가 끝나는 부분에 마디가 있으며 그 아래는 자줏빛을 띤다. (비교: 큰닭의덩굴은 거꿀달걀모양이고, 열매자루는 8~9㎜로 길다. 나도닭의덩굴(*F. convolvulus*)은 꽃덮개에 날개가 없다.)

염색체수: 2n=20[1]

생태분류

서식처: 초지, 농촌 주변 풀밭, 구릉지 산림이나 덤불 언저리 등, 양지~반음지, 적습

수평분포: 전국 분포

수직분포: 구릉지대 이하

식생지리: 온대(냉온대~난온대)(신귀화식물), 몽골, 중국(주로 서북부~동북부), 연해주, 일본, 서아시아(부탄, 네팔, 인도, 파키스탄 등), 유럽 등(사실상 북반구 전역에 귀화), 유럽-서아시아 원산[2]

식생형: 터주식생(농촌형), 이차초원식생

생태전략: [터주자]

종보존등급: - (신귀화식물)

이름사전

속명: 팔로피아(*Fallopia* Adans.). 16세기 이탈리아 해부학자이면서 파도바(Padova) 식물원의 감독이었던 G. Fallopio (1523~1562)의 이름에서 유래하고, 1970년 이전까지 사용했던 학명(*Polygonum dumetorum* L.)은 이명으로 처리[3]되었다.

종소명: 두메토룸(*dumetorum*). 덤불이 우거진 서식처 상관을 나타내는 라틴어다.

한글명 기원: 닭의덩굴(*Tiniaria dumetora*),[4] 산덩굴모밀[5]

한글명 유래: 닭과 덩굴의 합성어인데, 그 유래는 미상이라 한다.[6] 하지만 오늘날 나도닭의덩굴이라는 이름이 최초 닭모밀덩굴로 기재되면서 이웃하는 종으로서 닭의덩굴이라는 이름도 기재되었다. 따라서 닭의덩굴이라는 명칭은 닭모밀덩굴과 잇닿아 있다. 그런데 닭모밀덩굴(*Fallopia convolvulus*)이라는 한글명은 잎 모양이 메밀(모밀, 蕎麦)을 닮았고 덩굴(蔓)인 것에서 유래하는 일본명(蔓蕎麦)에서 비롯한 이름일 것이다. 닭이라는 명칭은 사람이 먹는 메밀이 아니라, 야생의 거친 메밀 같은 풀이라는 것에서 차용한 것으로 본다.

한방명: -

중국명: 篱首乌(Lí Shǒu Wū). 울타리(篱) 언저리에 사는 마디풀과 식물이라는 영어명에서 비롯한다.

일본명: ツルタデ(Tsurutade, 蔓蓼). 덩굴성 마디풀과의 식물이라는 뜻이다.

영어명: Hedges Knotweed, Copse Bindweed, Climbing-buckwheat

에코노트

닭의덩굴은 비교적 비옥한 땅을 좋아한다. 대기오염에 노출된 도시 영향권이나 건조한 환경에서는 살지 않기 때문에 그리 흔한 편은 아니다. 반드시 겨울(냉동, chilling)을 경험한 종자에서 발아하는데, 전형적인 여름형 한해살이풀이다. 신속히 성장해서 이웃 식물이나 물체에 의지한다. 온전히 성장한 줄기라 할지라도 한삼덩굴에 비하면 빈약한 편이고, 늘 크고 작은 무리(집단)를 만든다. 여윈열매는 상대적으로 크기가 큰 데도 땅속에 종자은행이 있다. 종자는 주로 농부의 농경활동에 수반해 퍼져 나가서인지, 농촌 지역에서 자주 보인다.

닭의덩굴은 유럽-서아시아 원산[7]으로 19세기 말에 의도적으로 도입되었고, 뒤이어 야생으로 퍼져 나가서 장착한 탈출외래식물(Ergasiophygophyten)[8]로 본다. 식용[9]이기 때문에 의도적 도입으로 추정하지만, 근거는 불확실하다. 우리나라에서 닭의덩굴은 1921년 『조선식물명휘』에서 일본명(Tsuruitatori, *Tiniaria dumetora* (L.) Nakai)으로 최초 기재되었으나,[10] 한글명 닭의덩굴은 1937년 『조선식물향명집』에 처음으로 나타난다.[11]

유럽 원산인 나도닭의덩굴도 한해살이인 신귀화식물이고, 농촌 밭 언저리에서 드물지 않게 보이며 전국에 분포한다. 반면에 같은 한해살이인 큰닭의덩굴은 대륙성의 고유종이다. 한편 모양이 많이 닮은 약용식물 하수오(何首烏)나, 산지 풀밭에서 드물게 보이는 나도하수오는 여러해살이다.

큰닭의덩굴과 열매

큰닭의덩굴

1) Bailey & Stace (1992)
2) 北村, 村田 (1982b)
3) Holub (1971)
4) 정태현 등 (1937)
5) 한진건 등 (1982)
6) 이우철 (2005)
7) 清水 等 (2001)
8) 류태복 (2011)
9) 고강석 등 (1995)
10) 森 (1921)
11) 정태현 등 (1937)

사진: 김종원, 류태복

나도하수오

Fallopia ciliinervis (Nakai) Hammer
Fallopia multiflora var. ***ciliinervis*** (Nakai) Yonekura & H. Ohashi

형태분류

줄기: 여러해살이로 덩굴줄기는 적자색을 띠며 주로 오른쪽으로 감고, 윗부분에서 가지가 많아 갈라져서 뒤엉키기도 한다. 흑갈색 곤봉모양인 굵은 덩이뿌리와 함께 아랫부분의 일부가 목질화(木質化)된다.

잎: 어긋나고, 삼각형 같은 긴 달걀모양이며, 가장자리는 약간 물결치는 톱니가 있다. 표면 잎줄은 약간 함몰하고, 잎줄 위에 작은 젖꼭지모양(乳頭狀) 돌기가 있다. 잎자루 밑 부분에 둥근 마디가 있다. 초모양(鞘狀)인 받침잎은 막질인데, 잎이 달린 부분의 것은 투명하고, 잎이 없는 부분의 것은 흑갈색이다. (비교: 하수오(*F. multiflora*)는 앞면 잎줄 위에 작은 돌기가 있지만, 털이 없고, 초모양인 받침잎에 작은 돌기가 있다.)

꽃: 6~9월에 잎겨드랑이에서 길게 솟는 고깔꽃차례다. 짧고 작은 꽃자루에 흰색으로 피며, 겉꽃조각에 날개가 있다. (비교: 하수오는 꽃차례에 작은 돌기가 빼곡하다.)

열매: 여윈열매로 세모난 달걀모양이고, 꽃덮개(花被)에 싸여 있다.

염색체수: 2n=22, 44[1)]

생태분류

서식처: 초지, 산지 풀밭, 숲 가장자리, 통기성 좋은 토양 입지 등, 양지~반음지, 적습

수평분포: 전국 분포

수직분포: 산지대~구릉지대

식생지리: 냉온대(북부·고산지대~중부·산지대), 만주[2)]

미역줄나무와 뒤엉킨 나도하수오

식생형: 이차초원식생, 임연식생(망토식물군락)
생태전략: [경쟁자]~[터주-경쟁자]
종보존등급: [III] 주요감시대상종

이름사전

속명: 팔로피아(*Fallopia* Adans.). 이탈리아 해부학자 이름에서 비롯한다. (「닭의덩굴」 편 참조)
종소명: 씰리네르비스(*ciliinervis*). 뒷면 잎줄(*nervatus*)에 털이 있는(*cilii-*) 형태에서 비롯한다.
한글명 기원: 나도하수오,[3] 개하수오[4]
한글명 유래: 나도와 하수오의 합성어로 하수오(何首烏)를 닮은 데에서 비롯한다. 한편 하수오는 한자 명칭에서 비롯한다. 1921년 첫 기재는 일본명으로만 이루어졌다.[5] 닭의덩굴속을 중국에서는 首乌(수오)속이라 하는데, 여기에 '어찌 하(何)' 자가 더해져서 '하수오'라는 이름이 된다. 수오(首乌)는 까마귀(烏) 머리(首)를 뜻한다. '어찌 이런 일이 있나' 싶을 정도로 새까만 머리칼로 은유되는, 기력 회복에 도움이 되는 약성(藥性)에서 생겨난 이름으로 추정한다.
한방명: 홍약자(紅藥子). 나도하수오의 덩이뿌리를 약재로 쓴다.
중국명: 毛脉首乌(Máo Mài Shǒu Wū). 라틴 종소명에서 비롯한다. 만주 지역에서는 다양한 명칭(朱砂七, 朱砂蓮, 猴血七, 血三七)[6]으로 부른다.
일본명: -(テウセンツルドクダミ, Chousen-tsuru dokudami). 일본에 분포하지 않는다.

영어명: Hair-fringed Bindweed

에코노트

나도하수오는 1921년 『조선식물명휘』[7]에서 처음으로 등재되었는데, 지리산과 북한 혜산진에 분포한다는 정보와 함께 한글명 없이 일본명(チョウセンツルドクダミ)으로만 기재했다. 이것을 1932년 『토명대조선만식물자휘』[8]에서 하수오(*F. multiflora*)라는 한글명으로 기재하면서 혼선이 발생했다. 재배종인 하수오와 혼돈을 피하기 위해 나도하수오라는 한글명이 만들어진 것[9]으로 추정한다. 한편 하수오 종류를 박주가리과의 은조롱이라는 이름으로 혼돈하는 일[10]이 발생한 바 있지만, 마디풀과이다. 박주가리과는 식물체에 상처가 나면 흰 유액이 나오는 것으로 쉽게 구별할 수 있는 전혀 다른 분류군이다.

약용식물 하수오는 식물지리학적으로 귀화식물이 아니라, 중국에서 도입한 뒤에 야생으로 퍼져 나간 외국(중국) 식물로 분류된다. 하수오는 만주 지역을 제외한 대부분 지역에 분포하고, 산지 비탈면, 암석 틈, 계곡 덤불 초지 같은 곳에 서식한다.[11] 반면에 나도하수오는 일본에 분포하지 않고, 북한 전역[12]과 만주 지역에만 분포한다. 사실상 우리나라 준특산종(subendemic)으로, 남한에서는 일부 해발고도가 높은 산지 능선 풀밭이나 밝은 숲속 또는 숲 가장자리에서 나타난다. 개체군의 크기는 작고, 지리적 분포도 제한적이라 상대적으로 희귀한 편이다. 뿌리를 약용하기 때문에 오랫동안 굴취(掘取) 피해를 입었다. 북한과 만주 지역에서는 굴취로 말미암은 개체군 감소가 지금도 계속된다. 공간 범위를 남한으로 제한했을 때, 종보존등급은 지역적 또는 국지적 현존 분포의 감시등급 [Ⅲ]인 주요감시대상종이 된다.

만주 지역에서 사용하는 한자명은 주사칠(朱砂七), 주사봉(朱砂蓬), 후혈칠(猴血七), 혈삼치(血三七) 등 여럿 있다. 이것은 흑갈색 덩이뿌리가 약재로 유용해 주목을 받았던 탓으로 지역마다 다르게 불렀던 것이다. 단단한 덩이뿌리는 항균, 항바이러스 기능 덕분에 한방에서 홍약자(紅藥子)라는 약재(藥材)가 되고,[13] 뿌리에서 추출한 스틸벤(stilbene) 글리코사이드는 항산화 작용[14]을 한다.

---

1) Kim *et al.* (2000)
2) Kitagawa (1979)
3) 정태현 등 (1949)
4) 박만규 (1949)
5) 森 (1921)
6) 한진건 등 (1982)
7) 森 (1921)
8) 村川 (1932)
9) 정태현 등 (1949)
10) 村川 (1932)
11) FOC (2014)
12) 임록재, 도봉섭 (1988)
13) 안덕균 (1998)
14) Lee *et al.* (2003)

사진: 김종원

호장근

Fallopia japonica **(Houtt.) Ronse Decr.**
Reynoutria japonica **Houtt.**

형태분류

줄기: 여러해살이며, 속이 빈 줄기가 사람 키 높이까지 바로 서서 자라고, 매끈한 편이다. 어린 줄기에는 크고 작은 적자색 반점이 많다. 윗부분에서 가지가 많이 갈라지고, 미세한 돌기가 있다. 목질화된 굵은 땅속 뿌리줄기가 사방으로 길게 뻗는다. (비교: 왕호장근(*F. sachalinensis*)은 3m까지 큰다.)

잎: 어긋나고, 넓은 달걀모양 또는 타원형이며, 중심 잎줄이 긴 잎자루(2㎝ 이하)에 이어져 뚜렷한 흰 줄로 보인다. 양면 잎줄 위에 미세한 돌기가 있고, 털은 없다. 잎바닥이 편평하다. 마디 바로 위쪽으로 흰빛인 막질 잎집이 있으며 길이가 7㎜ 이하다. (비교: 왕호장근은 전체적으로 대형이고, 잎 뒷면이 분백색이다. 잎자루는 2~4㎝, 잎집 길이는 2~7㎝이다. 감절대(*F. forbesii*)는 전체적으로 원형에 가깝고, 잎바닥이 둥글며, 잎끝이 침처럼 급하게 뾰족해진다.)

꽃: 암수딴그루로 6~9월에 백록색 꽃이 가지 끝이나 잎겨드랑이에서 송이꽃차례가 모인 고깔꽃차례로 핀다. 수술 8개는 꽃잎보다 훨씬 길게 밖으로 드러나고, 충매화다. (비교: 왕호장근은 8~9월에 꽃이 피어, 호장근보다 늦다.)

열매: 여윈열매로 윤기가 나는 흑갈색이고 표면에 세 모서리(三稜)가 있다.

염색체수: 2n=44[1)]

생태분류

서식처: 초지, 농촌 길가, 하천 제방, 산기슭 밭 언저리, 석탄광 폐석장 주변 등, 양지, 적습

수평분포: 전국 분포(개마고원 이남[2)])

수직분포: 산지대 이하

식생지리: 난온대~냉온대, 중국(북부와 만주 지역 제외), 대만, 일본(홋카이도 남부 이남), 중부 유럽과 북미에 귀화 등

식생형: 이차초원식생(터주형), 언저리식생

호장근군락

생태전략: [경쟁자]
종보존등급: [IV] 일반감시대상종

이름사전

속명: 팔로피아(*Fallopia* Adans.). 16세기 이탈리아의 해부학자 이자 파도바(Padova) 식물원의 감독(G. Fallopio, 1523~1562) 이름에서 유래하고, 최근까지도 사용되었던 속명 레이뇨트리아(*Reynoutria* Houtt.)는 프랑스계 네덜란드 식물학자의 이름에서 비롯한다.[3]

종소명: 야포니카(*japonica*). 일본을 의미하고, 채집지에서 비롯한다.

한글명 기원: 감뎌(ㅅ불휘),[4] 감데(ㅅ불휘),[5] 감저(향명 紺著),[6] 말스영(감젓대),[7] 쌋지시영나무,[8] 호쟝(초), 대츙장, 반쟝, 고쟝, 산장, 감제풀,[9] 호장근,[10] 범승(싱)아, 큰범승(싱)아,[11] 호장[12] 등

한글명 유래: 한자 호장(虎杖)과 뿌리 근(根) 자의 합성어로 한자 명칭에서 비롯한다.

한방명: 호장근(虎杖根). 호장근, 왕호장근 뿌리를 약재로 쓴다.[13]

중국명: 虎杖(Hǔ Zhàng). 적자색 얼룩무늬가 있는 굵은 줄기에서 비롯하고, 범(虎)의 지팡이(杖)라는 뜻이다.

일본명: イタドリ(Itadori, 疼取 또는 虎杖). 쑤시는 통증(疼)에 효과가 있다(取)는 의미에서 생겨난 이름이다.[14]

영어명: Asian Knotweed, Japanese Knotweed

잎이 큰 울릉도 왕호장근

에코노트

우리나라에 호장근 종류는 호장근를 포함해 왕호장근와 감절대까지 3종류가 있다. 이 가운데 왕호장근은 울릉도에만 자생하고, 다른 2종은 한반도에 자생한다. 호장근이 흔한 편으로 널리 분포하지만, 감절대의 개체군 분포는 매우 제한적이다. 왕호장근은 울릉도와 우리나라 동해를 접하는 일본 해안 지역에 사는 이 지역의 특산종이다. 유럽에도 왕호장근이 분포하는데, 19세기 초에 일본에서 영국으로 도입되어 훗날 야생으로 탈출한 것이다. 지금은 침투외래종(invasive alien species)으로 지목되어 그리 달갑지 않은 애물단지로 여긴다.[15] 현재는 북미 온대 지역에도 귀화했다. 중국에서는 호장근과 왕호장근의 교잡종(*F. bohemica*)을 재배했는데, 현재는 야생으로 탈출해 퍼져 나갔다.[16] 일본에서는 감절대를 침투외래종으로 취급한다.[17]

호장근 종류는 해양성 기후를 좋아한다. 왕호장근은 그 정도가 더욱 심한 편이고, 호장근은 그에 비해서 약간 대륙성이다. 대서양 해양성 기후 영향을 강하게 받는 유럽에서 도로변이나 빈터에 왕호장근이 널리 귀화한 것에 반해,[18] 호장근은 그렇지 못한 것도 환경 선호도 때문이다. 하지만 호장근 종류는 모두 늦서리나 여름 가뭄이 종종 발생하는 대륙성 기후에 기본적으로 취약하다. 봄철에 건강하고 싱싱한 뿌리줄기(根莖, rhizome)에서 발생한 어린 줄기가 쉽게 냉해를 입기 때문이다. 봄철 서리는 결정적으로 그 분포를 제한한다.

왕호장근은 울릉도 급경사 산비탈 붕괴지 초원식생의 구성요소다. 반면에 한반도의 호장근은 마을 주변 언저리식생(interstitial plant)의 구성요소로 밭 경작지에서 그리 멀리 않은 곳에서 흔하게 발견되는 인위식물이다. 드물지만 자연적으로 붕괴된 비탈면이나 크고 작은 암석 파편이 섞인 붕적지(崩積地)에서도 보인다.

서식처 조건에 따라 식물체 크기와 생장속도에 큰 차이가 난다. 비옥한 땅에서 굵은 줄기로 아주 튼튼하게 자라기 때문에 외형으로도 이용할 가치가 충분한 자원식물처럼 보인다. 종자로도 번식하지만, 주로 사방으로 퍼지는 뿌리줄기로 번식한다. 때문에 큰 무리를 지어 단순 우점의 풀숲(thicket)으로 사는 것도 종종 보인다. 개체군은 주로 사람이 흙을 옮기는 과정에 뿌리줄기와 함께 옮겨 가는 방식으로 퍼져 나간다. 자연적인 분산으로 농촌의 유수역(流水域) 하천 제방에서도 간헐적이지만 볼 수 있다.

이른 봄에 지표면에서 솟아오른 호장근 어린 줄기를 식용하는데 약간 신맛이 난다. 땅속 뿌리줄기와 꽃 필 시기에 채취한 줄기와 잎은 염료로도 사용한다. 그 무엇보다도 호근(虎杖根)이라는 이름에서 보듯 주로 겨울에 뿌리줄기를 채취해 말려서 약재로 이용하는 것이 대표적인 사례다. 우리나라 사람들이 호장근 뿌리를 민간에서 이용한 역사는 아주 오래다. 15세기 기록에 한자 호장(虎杖)이라는 명칭에 한글로 감뎃불휘라 기록했다. '감제풀의 뿌리'라는 뜻이다. 오늘날 '감제풀'이라는 고유 명칭은 사라졌지만, '감절대'라는 명칭으로 다행히 그 이름을 계승하고 있다. 한자명에서 유래하는 호장근이라는 명칭은 일제강점기 이후에 완전히 굳어져 버렸다.

울릉도 급경사 돌서렁에 발달한 왕호장근군락

1) Probatova (2006)
2) 임록재, 도봉섭 (1988)
3) Quattrocchi (2000)
4) 윤호 등 (1489; 김문웅 역주 2008a)
5) 허준 (1613)
6) 유효통 등 (1633)
7) 유희 (1801~1834)
8) 森 (1921)
9) 村川 (1932)
10) 정태현 등 (1937)
11) 과학출판사 (1979), 임록재, 도봉섭 (1988)
12) 고학수 등 (1984)
13) 안덕균 (1998)
14) 奧田 (1997)
15) Pysek & Prach (1993)
16) FOC (2014)
17) 日本環境省 (2012)
18) Grime *et al.* (1988)

사진: 김종원

수영(승아)

Rumex acetosa L.

형태분류

줄기: 여러해살이며 어른 무릎 높이까지 바로 서서 자란다. 종종 적자색을 띠기도 하며, 신맛이 나고, 세로로 여러 줄이 있다. 굵고 짧은 땅속줄기가 벋는다.

잎: 줄기에 난 잎은 어긋나고, 중간 부분에서 난 잎부터 잎자루가 짧아지면서 윗부분의 것은 잎자루가 없어지고, 줄기를 완전히 감싼다. 받침잎은 잎집 같으며 얇다. 뿌리에서 난 잎은 모여나면서 잎자루가 길며 장타원형이고, 잎바닥은 활촉 모양이다.

꽃: 암수딴꽃으로 6~8월에 원줄기와 가지 끝에 송이꽃차례로 돌려난다. 짧은 꽃자루가 있으며, 연한 녹색 또는 녹자색을 띤다. 풍매화로 수꽃 수술은 6개이고 노란색 꽃가루를 이고 있으며 아래로 향한다. 암꽃은 암술대가 3개 있고, 암술머리는 잘게 갈라지며 홍자색이다. 꽃이 진 뒤에 꽃덮개가 자란다. (비교: 애기수영(*R. acetosella*)은 꽃덮개가 자라지 않는다.)

열매: 여윈열매로 흑갈색이며 윤채가 난다. 열매 아랫부분의 안쪽 꽃덮개조각 3개는 열매를 감싸고, 바깥 조각은 뒤로 뒤집힌다. (비교: 애기수영은 바깥 조각이 뒤집히지 않고 힘있게 선다.)

염색체수: 2n=16 II,[1] 14(12 + XX), 15(12+XY1Y2),[2] 22[3]

생태분류

서식처: 초지, 산지와 구릉지의 풀밭, 숲 가장자리, 농촌 밭 경작지 언저리와 길가, 목초지, 방목지, 산성(酸性) 입지 등, 진흙~실트 토양, 양지, 적습~약습

수평분포: 전국 분포

수직분포: 산지대 이하

식생지리: 온대~열대, 전 세계(주로 온대 지역), 북반구 온대 원산

식생형: 이차초원식생

생태전략: [터주-스트레스-경쟁자]

종보존등급: [V] 비감시대상종

이름사전

속명: 루맥스(*Rumex* L.). 이탈리아에서 사용하던 창모양 고대 무기에서 비롯한다.

종소명: 아세토사(*acetosa*). 맛이 시다(acid, sour)는 뜻의 라틴어다.

한글명 기원: 싀영, 승아,[4] 시금초, 시금치,[5] 숭아, 산모(酸模), 산초(酸草), 슈(蓚),[6] 수영,[7] 괴싱(싱)아, 괘승(싱)애, 산시금치, 시영[8] 등

한글명 유래: 수영은 19세 초 『물명고』에 기록되어 있는 '싀영'에서 전화한 것이다. '승아'와 같은 의미이고, 오늘날 싱아라는 명칭은 여기에 잇닿아 있다. 이들 명칭은 식물체에서 나는 신맛에서 비롯한다. 싱아(승아)는 '신맛이 나는 녀석'으로 해석할 수 있다.

한방명: 산모(酸模). 수영의 뿌리를 약재로 쓴다.

중국명: 酸模(Suān Mú). 신(酸)맛이 나는 대표적인 풀(模)이라는 뜻이다.

일본명: スイバ(Suiba, 酸葉). 신(酸)맛이 나는 잎(葉)에서 비롯한다.

영어명: Common Sorrel, Meadow Sorrel

에코노트

수영은 암수딴꽃으로 종자의 암수 비는 1:1이고, 무성생식 기관인 라메트(ramet)의 암수 비는 2:1이다.[9] 암꽃(雌) 기능을 하는 라메트가 수꽃(雄) 기능을 하는 라메트 숫자보다 2배 많다는 뜻이다. 이것은 서식환경조건이 불리하고 열악한 입지에서 멸종을 피하는 원초적 대응으로 살아남기에 유리하다. 종자를 많이 생산해 후손을 많이 남기는 자연선택의 결과다. 하지만 수영은 땅속 종자은행이 발달하지 않아서 그 대책으로 라메트가 발달한 뿌리줄기로 왕성하게 번식한다. 그래

지역에서는 개체군이 상대적으로 빈약하다. 한반도에서 해양성 기후에 가장 비슷한 기후 양상을 보이는 대관령 지역[11]에서는 아주 흔한 편이다.

수영의 연한 줄기와 잎은 식용하며, 유럽에서도 잎을 먹는다. 잎에 약간 신맛이 나는 옥살산(oxalate)이 들어 있어서 날 것으로 많이 먹으면 해롭다. 초식하는 가축들도 수영을 많이 먹지는 않는다. 수영에서 신맛이 나는 까닭은 초식동물에 대한 화학적 방어이다. 수영 뿌리는 껍질을 벗기면 약간 노란색을 띤다. 한방에서는 산모(酸模)라 하며, 이뇨(利尿)와 살충에 효과적인 물질이 들어 있다.[12]

서 땅을 자주 갈아엎거나 집약적으로 이용되는 목초지나 농경지에서는 무리(집단)를 만들 수 없기 때문에 종자에서 발아한 몇몇 개체만 보인다. 실제로 수영이 퍼져 나간 것을 살펴보면, 뿌리줄기에서보다는 종자 산포로 퍼진 것이 대부분이다.

수영은 밭 경작지 내로 파고들지는 않지만, 목초지에서는 출현빈도와 피도(被度)가 높아진다. 풀베기(刈草)와 같은 초지관리가 개체군 발달을 촉진하기 때문이다. 수영은 산성 토양의 지표식물로 pH5.0~7.0의 약산성 갈색 토양이 최적 서식환경이다.[10] 물이 잘 빠지지 않는 진흙 토양이라 할지라도 공중 및 토양의 수분환경이 양호한 곳을 좋아한다. 수분스트레스가 발생하는 대륙성 기후

1) 권영주 등 (2005)
2) 北村, 村田 (1982b)
3) Ainsworth *et al.* (2005)
4) 유희 (1801~1834)
5) 森 (1921)
6) 村川 (1932)
7) 정태현 등 (1937)
8) 한진건 등 (1982)
9) Putwin & Harper (1972)
10) Grime *et al.* (1988)
11) 김종원 (2006)
12) 안덕균 (1998)

사진: 류태복, 김종원

애기수영

Rumex acetosella L.

형태분류

줄기: 여러해살이며, 어른 손 두 뼘 정도 높이까지 바로 서서 자란다. 신맛이 있고, 세로로 난 줄이 있으며, 성장하면서 마디가 붉은색을 띤다. 땅속 깊이 뿌리를 내리며, 긴 땅속줄기를 벋으면서 무리를 짓는다.

잎: 줄기에 난 잎은 어긋나고, 잎자루가 길고, 창검처럼 생겼으며, 2~3개가 모여나기도 한다. 뿌리에서 난 잎은 모여나면서 잎자루가 길며, 역시 창검모양으로, 잎바닥 좌우는 귀 같은 돌기모양이다. 잎집 같은 얇은 막질인 받침잎이 있다.

꽃: 암수딴꽃으로 5~7월에 원줄기와 가지 끝에 송이꽃차례로 돌려난다. 짧은 꽃자루가 있고, 밝고 연한 녹색이다. 보통 수꽃이 암꽃보다 먼저 피고, 풍매화다. 꽃이 진 뒤에는 꽃덮개가 자라지 않는다.

열매: 여윈열매로 갈색이고, 윤채가 나지 않는다. 열매 아랫부분의 꽃덮개조각은 뒤집히지 않고 열매를 감싼다.

염색체수: 2n=14, 21, 28, 35, 42[1]

생태분류

서식처: 초지, 산지와 구릉지의 풀밭, 숲 가장자리, 농촌 경작지 언저리 길가, 목초지, 방목지, 제방, 무덤 등, 산성(酸性) 토양 등, 양지, 적습~약습

수평분포: 전국 분포

수직분포: 산지대 이하

식생지리: 온대~아열대(신귀화식물), 전 세계에 귀화(중부 유럽의 아해양권[2] 원산)

식생형: 초원식생(산지-구릉지형), 무덤 이차초원식생 등

생태전략: [터주-스트레스인내-경쟁자]~[스트레스인내-터주자]

종보존등급: - (신귀화식물)

이름사전

속명: 루맥스(*Rumex* L.). 이탈리아의 창모양 고대 무기에서 비롯한다.

종소명: 아세토셀라(*acetosella*). 부드럽고 약한 신맛을 뜻하는 라틴어다.

한글명 기원: 애기수영,[3] 애기승애,[4] 애기괴싱(승)아[5] 등

한글명 유래: 애기와 수영의 합성어로 수영보다 식물체가 전반적으로 작은 것에서 비롯한다. 수영은 고유의 우리 이름으로 일본명에서 유래한 것[6]이 아니다. (수영 편 참조)

한방명: 소산모(小酸模). 지상부를 약재로 쓴다.[7] (비교: 수영은 뿌리를 이용한다.)

중국명: 小酸模(Xiǎo Suān Mú). 작은(小) 수영(酸模)이라는 뜻이다.

일본명: ヒメスイバ(Himesuiba, 姫酸葉). 식물체 크기가 수영보다 작은(姫) 것에서 비롯하며, 종소명에 잇닿아 있다.

영어명: Sheep's Sorrel, Common Sorrel

에코노트

애기수영은 사람이 만든 초지이건 자연적으로 생겨난 초지이건 가리지 않고 들어가 잘 산다. 그늘을 무척 싫어하기 때문에 북쪽보다는 빛 조건이 좋은 남쪽 입지에 더욱 흔하다. 숲속처럼 빛이 제한된 곳보다는 늘 환하게 열려 있는 개방 환경이 생존의 조건이다. 물이 잘 빠져서 약간 건조한 서식처에 더욱 흔하다. 습지처럼 물이 잘 빠지지 않는 땅에서나 알칼리 석회석 토양에서는 보이지 않는다. 호산성(好酸性) 식물로 수영보다 더욱 산성도가 강한 pH3.5~5.5 범위[8]에서도 잘 사는 산성 지표식물이다. 진흙~실트(細沙) 토양을 좋아하지만, 모래나 자갈땅에서도 잘 산다. 하지만 어떤 입지건 토양의 이동이 거의 없는 안정된 곳에 서식하고, 비옥한 땅보

다는 척박한 땅을 선호한다. 무리 지어 사는 경우가 흔한데, 수영의 번식전략과 다른 점에서 비롯한다. 길게 뻗는 애기수영의 땅속뿌리줄기 생태형질 덕택이다. 한여름 가뭄에도 땅속 깊은 곳에서 수분을 획득할 수 있다.

애기수영은 종자로도 잘 퍼져 나가지만, 땅속 뿌리줄기가 부분적으로 훼손되면 그것이 자극이 되어 새로운 집단(clone)을 만든다. 땅속줄기에 대한 물리적인 교란은 오히려 무성생식을 왕성하게 촉진한다. 결국 더욱 큰 집단을 만든다. 애기수영의 이러한 생태형질과 선호하는 서식처 환경조건을 고려하면, 우리나라 무덤 환경이 애기수영이 살 만한 훌륭한 서식처라는 것을 알 수 있다. 애기수영이 식물사회학적으로 잔디-할미꽃군락의 수반종(隨伴種)으로 묘지에서 빈도 높게 보이는 까닭이다. 애기수영은 중부 유럽이 원산으로 우리나라에는 1921년 경기도 수원에서 처음으로 그 분포[9]가 알려진 신귀화식물이다. 이때 한글명 없이 일본명(ヒメスイバ, Himesuiba)으로만 기재되었다. 반면에 수영은 우리나라 전역에 분포하는 자생 고유종이다.

애기수영은 분류학적으로 다변성이 있는 종(*Rumex acetosella* aggregate)으로 유명하다.[10] 실제로 서식처 환경조건에 따라 식물체의 형태 변이가 심하다. 연한 줄기와 잎은 수영처럼 식용 가능하다. 비록 영어명칭(Sheep's Sorrel)은 양(羊)이 먹는 수영이라는 뜻이지만, 옥살산(oxalate)이 들어 있기 때문에 가축에게 해롭다. 야생 초식동물은 거의 먹지 않는다. 나도수영(*Oxyria digyna*)은 꽃차례가 비슷해 붙여진 이름이고, 같은 마디풀과에 속하지만 옥시리아속(*Oxyria* Hill)으로 전혀 다른 종류다. 나도수영은 백두산 고산대 황원 초지에 산다.

---

1) den Nijs & van der Hulst (1982)
2) Oberdorfer (1983)
3) 정태현 등 (1937)
4) 안학수, 이춘녕 (1963)
5) 과학출판사 (1979), 한진건 등 (1982)
6) 이우철 (2005)
7) 안덕균 (1998)
8) Grime *et al.* (1988)
9) 森 (1921)
10) den Nijs & van der Hulst (1982)

사진: 김종원, 이정아

돌소리쟁이

Rumex obtusifolius L.

형태분류

줄기: 여러해살이며, 바로 서서 어른 허리 높이까지 자란다. 자줏빛이 돌며 세로로 줄이 여러 개 있다. 굵은 뿌리도 곧게 자란다.

잎: 뿌리에서 모여난 잎은 잎자루가 길고, 가운데 잎줄이 붉은색을 띠며, 가장자리는 물결처럼 약간 주름지고, 잎바닥이 뚜렷한 심장모양(心臟底)이다. 줄기에서 난 잎은 좁은 장타원형으로 어긋나고, 가장자리에는 아주 뚜렷하게 주름이 진다. 뒷면 잎줄 위에는 루페로 보면 보이는 돌기모(突起毛)가 있다. 줄기 윗부분으로 가면서 잎자루가 점점 짧아지다가 없어진다. 잎자루의 단면은 반원형으로 안쪽에 세로 줄이 있다.

꽃: 6~8월에 담녹색 꽃덮개조각 6개가 돌려나면서 마디에 층층으로 피는 송이꽃차례다. 속꽃덮개조각(內花被片) 가장자리에 톱니모양이 뚜렷하다. 꽃이삭은 줄기나 가지 끝에 길게 솟으며 전체가 붉은색을 띤다. (비교: 소리쟁이(*R. crispus*)는 속꽃덮개조각 가장자리에 톱니모양이 아주 미약하거나 거의 없다.) 풍매화지만, 작은 곤충이 수분을 돕는 충매화이기도 하고, 자가수분도 일어난다.

열매: 여윈열매로 세 모서리(三稜形)가 있고, 씨가 익으면 꽃차례처럼 어두운 붉은색을 띤다.

염색체수: 2n=40

생태분류

서식처: 초지, 농촌 주변 풀밭, 밭이나 과수원, 도랑가, 쓰레기 매립장, 하천변과 제방 등, 양지, 적습~약습

수평분포: 전국 분포

수직분포: 산지대 이하

식생지리: 온대(신귀화식물), 지구 온대 전역에 귀화(유럽 원산)

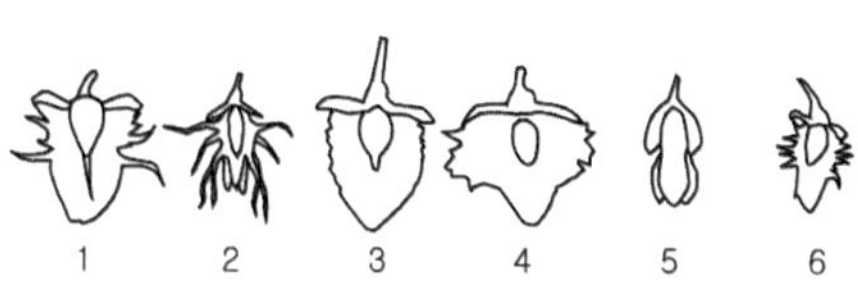

[소리쟁이 종류의 종자 모양] 1. 돌소리쟁이, 2. 금소리쟁이, 3. 소리쟁이, 4. 참소리쟁이, 5. 묵밭소리쟁이, 6. 좀소리쟁이 (그림: 이창우)

식생형: 터주식생(농촌형>도시형), 이차초원식생(터주형)

생태전략: [터주-경쟁자]

종보존등급: - (신귀화식물)

이름사전

속명: 루맥스(*Rumex* L.). 창모양인 이탈리아 고대 무기에서 비롯한다.

종소명: 옵투시폴리우스(*obtusifolius*). 무딘 잎 모양을 뜻하는 라틴어다.

한글명 기원: 세포송구지, 오랑캐소루장이,[1] 돌소루쟁이,[2] 돌소리쟁이[3]

한글명 유래: 돌과 소리쟁이의 합성어다. 소리쟁이의 '소리'는 꽃대 층층이 매달린 열매 꼬챙이가 바람에 흔들리면서 나는 소리에 잇닿아 있고, 사람을 일컫는 접사 '장이' 또는 한자 '저(菹)'(채소 절임 저 또는 김치 저) 자에 잇닿아 있는 '징이'의 합성어로 추정한다.[4] 16세기 기록[5]에 이미 그 한글 명칭이 등장한다. (『한국 식물 생태 보감』 1권 소리쟁이 편 참조)

한방명: -

중국명: 钝叶酸模(Dùn Yè Suān Mó). 라틴 종소명(*obtusifolius*)에서 만들어진 이름이다.

일본명: エゾノギシギシ(Ezonogishigishi, 蝦夷の羊蹄). 홋카이도의 옛 지명 에조(蝦夷)와 소리쟁이를 지칭하는 기시기시(羊蹄)의 합성어로 메이지(明治)시대에 홋카이도에서 처음으로 기재되었다.[6]

영어명: Broad-leaved Dock, Bitter Dock

에코노트

돌소리쟁이는 꽃차례가 형성되기 전에 뿌리에서 난 잎의 가운데 잎줄이 붉은색을 띠고, 여름이 되면 줄기 끝에서 긴 꽃이삭이 솟는데, 전반적으로 붉은색을 띠는 것이 특징이다. 농촌 지역을 관통하는 도랑이나 물길 언

저리에서 종종 보인다. 그런데 20세기 초의 자료에는 돌소리쟁이가 등장하지 않는다. 때문에 우리나라에는 개화기 이후에 유입된 신귀화식물로 판단된다. 유럽 원산인데 소리쟁이만큼 널리 분포하지는 않는다. 대체로 해양성 기후 지역에 분포하고, 대륙성 기후 지역일지라도 국지적으로 한발 피해가 발생하지 않는 서식처에서만 산다. 질퍽질퍽한 습지에 살지 않으며, 오히려 부영양화 수질의 습지와 바깥 육상의 경계에 주로 산다. 소리쟁이보다는 부영양화 토양에 대한 지표성이 약한 편이다. 소리쟁이가 더욱 지저분하고 더러운 땅에 잘 산다면, 돌소리쟁이는 그보다 덜한, 더욱 자연적인 환경에서 출현빈도가 높다. 그렇다고 해서 자연식생이나 빈영양의 척박한 땅에 사는 것은 아니다. 그래서 물이 흐르는 하천변에서는 소리쟁이에 비해 돌소리쟁이의 출현이 잦고, 물이 고인 정수역(停水域) 언저리에서는 소리쟁이가 흔한 편이다. 소리쟁이가 사는 곳을 돌소리쟁이가 차지하는 것보다 돌소리쟁이가 사는 곳을 소리쟁이가 차지하는 경우가 더욱 흔하다.

돌소리쟁이는 암적색으로 익은 열매에 날카롭게 갈라진(缺刻狀) 침모양 돌기 구조가 있기 때문에 다른 소리쟁이 종류에 비해 야생동물 털이나 사람 옷에 더 잘 붙어서 퍼져나간다는 장점이 있다. 돌소리쟁이가 야생동물의 오아시스인 하천변을 따라 점점이 발견되는 이유다. 돌소리쟁이와 소리쟁이를 지구상 가장 흔한 또는 나쁜 잡초로 분류하는 경우도 있지만,[7] 실제로 경작지 속에 침투해서 살지는 않는다. 가끔은 산지 산장 주변에 발달한 습생 풀밭에서도 보인다. 유럽에서는 돌소리쟁이 잎을 짓이겨 즙을 만들어서 피부에 박힌 쐐기풀 종류(*Urtica* spp.)의 예리한 침 같은 털(刺毛)을 제거하는 데 이용한다.[8]

---

1) 임록재 등 (1974)
2) 박만규 (1974)
3) 이우철 (1996)
4) 김종원 (2013)
5) 최세진 (1527)
6) 清水 等 (2002)
7) Holm *et al.* (1991)
8) Grime *et al.* (1988)

사진: 류태복

패랭이꽃

Dianthus chinensis L.

형태분류

줄기: 여러해살이로 줄기 몇 개가 다발로 나면서 곧추서고, 마디가 부푼다. 식물 전체가 분백색을 띤다.

잎: 마주나고, 줄모양이며, 밑 부분이 마주 붙어 합생하면서 줄기를 감싸는 통처럼 된다.

꽃: 6~9월에 가지 끝에서 홍자색으로 피며, 꽃잎 끝이 얕게 갈라진다. (비교: 술패랭이꽃(*D. longicalyx*)의 꽃은 엷은 붉은색으로 꽃잎 끝이 실처럼 갈라져 꽃술이 된다.)

열매: 캡슐열매이고 종자는 검은색으로 익는다.

염색체수: 2n=30[1]

생태분류

서식처: 초지, 산비탈 숲 가장자리, 산지 계곡 주변, 하천 제방, 농촌 들녘, 무덤 언저리, 저수지 제방, 두둑, 모래자갈 하원(河原) 등, 모래(砂質) 토양, 양지, 약건~적습

수평분포: 전국 분포

수직분포: 산지대 이하

식생지리: 냉온대(대륙성), 동시베리아, 몽골, 중국(주로 북서부와 동부), 만주, 연해주, 카자흐스탄 등(중부 유럽 일부 지역에 귀화[2])

식생형: 이차초원식생

생태전략: [터주-스트레스인내자]

종보존등급: [IV] 일반감시대상종

이름사전

속명: 디안투스(*Dianthus* L.). 그리스신화에 나오는 목성(Jupiter)의 신 디오스(*dios*)와 꽃을 뜻하는 안토스(*anthos*)의 합성어다.

종소명: 히넨시스(*chinensis*). 중국을 뜻하고, 기준표본을 채집한 장소에서 비롯한다.

한글명 기원: 펴량이쏫[3], 패랭이꽃[4]

한글명 유래: 꽃 모양이 조선시대 역졸이나 보부상처럼 신분이 낮은 사람이나 상제(喪制)가 썼던 댓개비를 엮어 만든 갓, 즉 패랭이(펴량이, 폐랑이)를 닮은 것[5]에서 비롯한다.

한방명: 구맥(瞿麥). 술패랭이와 함께 지상부를 약재로 쓴다.[6] 석죽(石竹)이라고도 한다.
중국명: 石竹(Shízhú). 줄기가 돌처럼 단단하고 마디가 있는 것이 대나무를 닮은 데에서 비롯한다.
일본명: セキチク(Sekichiku, 石竹). 중국명에서 비롯한다.
영어명: Chinese-pink

에코노트

패랭이꽃은 건조하고 척박한 곳에서부터 그리 메마르지 않은 곳까지 비교적 서식처 범위가 넓은 종이다. 강한 알칼리 환경인 사문암 지역의 듬성숲이나 초지에서도 드물지만 보인다.[7] 사람이 주기적으로 벌초하는 제방이나 둔덕 같은 서식처를 특징짓는 지표종이지만, 자연 풀밭 식물사회에서도 나타난다. 터주-스트레스인내자로 살아가는 양식이다. 일본에는 식재한 바는 있어도 자생하는 개체는 알려진 바 없다. 카네이션은 야생하는 패랭이꽃 종류로 만들어진 원예품종이다. (『한국 식물 생태 보감』 1권 패랭이꽃 편 참조)

---

1) FOC (2013)
2) Oberdorfer (1983)
3) 유희 (1801~1834)
4) 정태현 등 (1937)
5) 김문웅 (2009)
6) 안덕균 (1998)
7) 박정석 (2014)

사진: 김종원

술패랭이꽃

Dianthus longicalyx Miq.

형태분류

줄기: 여러해살이로 식물 전체가 분백색을 띠고, 다발로 모여나며, 마디가 부푼다.

잎: 마주나고, 줄모양이며, 밑 부분이 마주 붙어 합생하면서 줄기를 감싸는 통처럼 된다.

꽃: 6~9월에 가지 끝에서 엷은 붉은색으로 피고 종종 흰빛을 띠기도 한다. 꽃잎 끝이 실처럼 갈라져 꽃술이 된다.

열매: 캡슐열매로 종자는 검게 익는다.

염색체수: 2n=30[1]

생태분류

서식처: 초지, 모래자갈 하원(河原), 하천 제방, 저수지 둑, 츠렁모바위, 시렁모바위, 두둑 등, 모래 토양, 양지, 약건~적습

수평분포: 전국 분포

수직분포: 산지대 이하

식생지리: 냉온대~난온대, 중국, 만주, 대만, 일본(혼슈 이남) 등

식생형: 이차초원식생

생태전략: [터주-스트레스인내자]

종보존등급: [III] 주요감시대상종

이름사전

속명: 디안투스(*Dianthus*). (「패랭이꽃」 편 참조)

종소명: 롱기칼릭스(*longicalyx*). 꽃받침(*calyx*)이 포(*capsule*)보다 긴 형태를 뜻하는 라틴어에서 비롯하고, 분류 검색키가 된다.

한글명 기원: 셕듁,[2] 패랭이꼿,[3] 술패랭이꽃[4]

한글명 유래: 술과 패랭이꽃의 합성어로 갈라진 꽃술 모양에서 '술' 자가 더해졌다.

한방명: 구맥자(瞿麥子). 술패랭이꽃과 패랭이꽃의 지상부를 약재로 쓴다.[5]

중국명: 长萼瞿麦(Cháng È Qú Mài). 긴 꽃받침(长萼)이 있는 패랭이꽃 종류(瞿麦)라는 뜻으로 종소명에서 비롯한다.

일본명: カワラナデシコ(Kawaranadesiko, 河原撫子). 하천 바닥(河原)에 사는 패랭이꽃이라는 뜻이다.

영어명: Lilac-pink

에코노트

패랭이꽃속(*Dianthus* L.)은 지구상에 600여 종이 알려졌다. 주로 북반구 온대 지역에 분포하고, 아시아와 유럽의 지중해 지역이 분포중심지다.[6] 국가표준식물목록에 따르면 우리나라에는 12종이 있다. 이 가운데 패랭이꽃이 가장 대표적이고, 대륙성 요소다. 술패랭이꽃은 울릉도, 제주도, 해안 지역에서 더욱 흔하다. 일본명 나데시코(撫子)는 '가장 일본스런 여성'을 의미하고, 어루만질 무(撫) 자처럼 손으로 건들기에도 가련한 꽃술에서 비롯한다. 서양 풍습에서 시작된 어머니날의 카네이션을 '일본 여성의 미칭(美稱)'으로 전화(轉化)시킨 것이다.[7]

---

1) Lee (1967)
2) 森 (1921)
3) 村川 (1932)
4) 정태현 등 (1937)
5) 안덕균 (1998)
6) Lu & Turland (2001)
7) 김종원 (2013)

사진: 이정아

대나물

Gypsophila oldhamiana Miq.

형태분류

줄기: 여러해살이로 목질화된 굵은 뿌리가 발달하고, 뿌리에서 여러 대가 모여 떨기지며 바로 서서 자라고, 윗부분에서 가지가 갈라진다. 분백색을 띠고 털이 없다. 다 자라면 적자색을 띤다.

잎: 마주나고, 좁은(폭 1㎝ 이하) 장타원형으로 약간 두터운 편이다. 가장자리는 밋밋하고, 잎줄은 3~5개(주로 3개)로 가운데 것이 뚜렷하다. 잎바닥은 좁아져서 잎자루처럼 되고 그 기부는 마디처럼 된다.

꽃: 7~8월에 줄기와 가지 끝에 흰색 꽃이 고른우산살송이꽃차례로 핀다. 꽃받침에 맥이 5개 있다. 꽃받침과 꽃잎은 5개, 수술은 10개다. 수술과 암술이 꽃잎보다 길다.

열매: 캡슐열매로 8~9월에 익으며, 4개로 갈라진다. 씨는 압착한 콩팥모양이며 회갈색이고, 도드라진 줄이 있다.

염색체수: 2n=34[1]

생태분류

서식처: 초지, 산지 관목, 암벽 틈, 듬성숲, 해안 사구와 절벽 등, 양지, 적습~약건

수평분포: 전국 분포(개마고원 이남, 제주도와 울릉도 제외)

수직분포: 산지대 이하

식생지리: 냉온대(준특산종 또는 특산종), 중국(화북지구, 화중지구 북부, 기타 랴오닝 성 등)

식생형: 초원식생, 암벽식생

생태전략: [터주-스트레스인내자]~[스트레스인내자]

종보존등급: [IV] 일반감시대상종

이름사전

속명: 깁소필라(*Gypsophila* L.). 석회(*gypsos*)를 좋아한다(*philos*)는 뜻의 희랍어에서 유래하고, 대나물 종류는 석회암 입지에 흔하다.

종소명: 올드하미아나(*oldhamiana*). 중국과 대만에서 수십 년간(1837~1864) 연구한 식물학자(Richard Oldham)의 이름에서 비롯한다. 그는 1863년 8월에 한반도에서 채집한 표본[2]을 이용해 대나물을 처음 분류 기재했다.

한글명 기원: 대나물,[3] 마디나물[4]

한글명 유래: 대와 나물의 합성어다. 줄기가 대나무의 대처럼 생긴 것과 나물로 이용한 것에서 비롯한다.

한방명: 은시호(銀柴胡). 대나물의 뿌리를 약재로 쓴다.[5]

중국명: 长蕊石头花(Zhǎng Ruǐ Shí Tou Huā). 대나물 종류 가운데 암술과 수술이 꽃잎보다 긴 형태(长蕊)에서 비롯했을 것이다.

일본명: - (イワコゴメナデシコ, Iwakogomenadesiko[6]/ コゴメナデシコ, Kogomenadesiko)[7]

영어명: Korean Gypsophila, Manchurian Baby's Breath

에코노트

대나물은 1921년 『조선식물명휘』[8]에서 한글명 없이 일본명으로 처음 기재되었다. 하지만 우리나라와 만주 지역의 식물 이름을 대조한 1932년의 『토명대조선만식물자휘』[9]에는 등재되지 않았다. 이것은 만주 지역에 대나물이 분포하지 않는다는 사실을 간접적으로 확인할 수 있는 대목이다. 반면에 만주 지역에 분포한다는 기재도 있으나,[10] 그 실체를 확인할 길이 없다. 아마도 만주 서남부 랴오닝 성(遼寧省)에 분포하는 것을 두고 그렇게 기재했을 것으로 추정한다. 중국에서는 황해를 끼고 한반도와 정확히 대칭되는 영역인 북쪽으로 랴오닝 성 이남에서부터 안후이 성(安猴省) 이북까지만 분포한다. 일본 열도에는 대나물속(*Gypsophila* L.)이 없고, 대

석회암 바위틈의 대나물

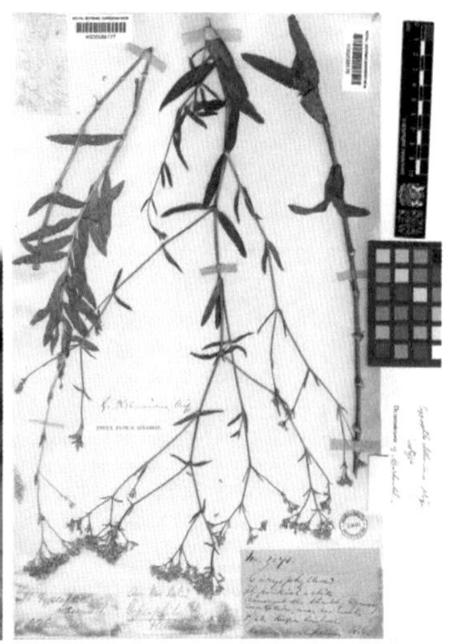

영국왕립식물원 큐(Kew)에 보관되어 있는 대나물 모식 표본 © Kew Image Library 2014

나물 자체도 분포하지 않는다. 우리나라와 중국, 일본은 식물지리학적으로 동아시아구계(East-Asiatic province)에 속하는 것으로 볼 때 대나물은 사실상 우리나라 준특산종(subendemic species) 또는 특산종인 셈이다. 즉 고대부터 우리나라 사람이 사는 땅에 대나물의 분포중심지가 있다는 것을 말한다.

대나물은 뿌리가 굵고, 경우에 따라서는 인삼 뿌리를 닮아서 사람들이 주목했던 자원식물이다. 사포닌 성분이 있어 한약재로 이용된 것이 한방명에 시호(柴胡)라는 말이 포함된 배경이다. 한글명의 '나물'에서 알 수 있듯이 순은 식용했다는 기록[11]도 있다. 서양에서는 대나물속을 화훼식물로 많이 이용한다. 우리에게 잘 알려진 안개초(*G. elegans*)는 서아시아와 동부 유럽에 걸쳐서 자생한다. 전 세계에서 대나물 종류의 다양성이 가장 풍부한 지역은 터키로 총 56종이 서식하고, 그 가운데 35종이 특산종이라고 한다. 속명의 유래처럼 대부분이 석회질(gypseous) 토양에서 생육하는 것이 특징이다.[12] 우리나라에서도 대나물은 석회암 지역의 시렁모바위듬성숲이나 풀밭에서 특징적으로 살고 있다.[13]

1) Song *et al.* (2004)
2) Kew Royal Botanic Garden (2014)
3) 정태현 등 (1937)
4) 임록재 등 (1974)
5) 안덕균 (1998)
6) Kitagawa (1979)
7) 森 (1921), 정태현 (1957)
8) 森 (1921)
9) 村川 (1932)
10) Kitagawa (1979)
11) 村川 (1932)
12) Korkmaz *et al.* (2012)
13) 류태복 (2015, 구두 정보)

사진: 류태복

동자꽃

Lychnis cognata **Maxim.**
Silene cognata **(Maxim.) H. Ohashi & H. Nakai**

형태분류

줄기: 여러해살이며 어른 허리 높이까지 바로 서서 자란다. 긴 털이 드물게 있고, 다소 아래로 향하는 털이 있다. 뿌리는 다발을 이루고, 긴 실타래모양으로 약간 보동보동한 숙근성(宿根性)이다. (비교: 털동자꽃(*L. fulgens*)은 전반적으로 동자꽃보다 털이 많다.)

잎: 마주나고, 넓은 달걀모양으로 양끝이 좁으며, 잎 가장자리가 물결처럼 굽는다. 양면과 가장자리에 털이 있으나, 털동자꽃 수준은 아니다.

꽃: 7~8월에 줄기 끝이나 잎겨드랑이에서 진한 붉은색으로 피며 우산살꽃차례다. 꽃자루는 짧고 털이 있으며, 꽃받침(길이 2~3㎝ 이상)은 원통모양이며 끝이 다섯 갈래로 갈라지고, 줄(筋) 10개에 털이 있다. 꽃잎 5장은 끝이 두 갈래로 갈라지고 톱니가 있지만, 제비동자꽃(*L. wilfordii*)처럼 깊게 갈라지지는 않는다. (비교: 털동자꽃은 6월 무렵 일찍 꽃피기 시작하고, 꽃잎은 더욱 깊게 갈라지며, 꽃받침(길이 1.7㎝)도 짧고 털이 빼곡하다. 줄기와 꽃차례에 긴 흰색 털이 있다.)

열매: 캡슐열매로 끝이 5개로 갈라진 꽃받침에 싸여 있고, 씨는 콩팥모양이며 가늘고 긴 돌기가 있고, 9월에 익는다.

염색체수: 2n=24[1)]

생태분류

서식처: 초지, 산지 밝은 숲속, 숲 가장자리, 산지 계곡 언저리, 멧부리의 풀밭 등, 반음지~양지, 적습

수평분포: 전국 분포(제주도, 울릉도 제외)

수직분포: 산지대 이상

식생지리: 냉온대 중부·산지대~북부·고산지대(대륙성), 중국(화북지구, 네이멍구, 저장 성 등), 만주, 연해주, 일본(규슈)[2)] 등

식생형: 산지 초원식생, 산지 삼림식생(냉온대 북부·고산지형 낙엽활엽수림: 신갈나무-동자꽃군집[3)])

생태전략: [경쟁자]

종보존등급: [III] 주요감시대상종

이름사전

속명: 리흐니스(*Lychnis* L.). 램프(lamp)를 뜻하는 희랍어인데, 어떤 동자꽃 종류의 털이 많은 잎을 호롱불과 같은 램프의 심지로 이용한 것에서 비롯한다.[4)]

종소명: 코그나타(*cognata*). '밀접한 관련성'을 뜻하는 라틴어로, 장구채속(*Silene* L.)과 근연(近緣)하다는 의미일 것이다.

한글명 기원: 전츄라화(剪秋羅花),[5)] 동자꽃[6)]

한글명 유래: 꽃이 '동자승(童子僧) 같다'[7)]고 해서 붙인 이름이라는데, 그 까닭은 알 수 없다.

한방명: 전하라(剪夏羅). 동자꽃 및 제비동자꽃의 지상부[8)]와 뿌리를 약재로 쓴다.

중국명: 淺裂剪秋罗(Qiǎn Liè Jiǎn Qiū Luó).[9)] 두 갈래로 갈라진 꽃잎의 끝이 얕은 톱니모양인 것에서 비롯한다. 한편 동자꽃속(*Lichnis* L.)을 중국에서는 전추라속(剪秋罗屬)이라 하며, 비단 옷감으로 만든 무늬를 뜻하는 전라(剪羅)를 이름의 골격으로 삼는다. 여기에다가 봄, 여름, 가을의 꽃 피는 시절을 대응시킨 세 가지 동자꽃 명칭(剪春罗, 剪夏罗, 剪秋罗)이 생겼다. 동자꽃은 한여름 이후에야 꽃피어, 화기가 늦은 편이다.

일본명: マツモトセンノウ(Matsumotosennou, 松本山神 또는 松本剪羅). 꽃 모양이 일본의 유명 가부키(歌舞伎) 배우(松本幸四郎)의 집안을 상징하는 문장(紋章)을 닮은 데에서 비롯한다.[10)] 중국명 전라(剪羅)에 잇닿아 생긴 이름으로 보인다.

영어명: Lobate Campion, Orange Catchfly

에코노트

우리나라에는 동자꽃속 4종류가 있다. 동자꽃이 가장 흔하고, 대표 종이다. 강원도와 북부 지역 습지 언저리에서 제한적으로 발견되는 가는동자꽃(*L. kiusiana*)이 가장 희귀한 편이다. 동자꽃이 삼림식생 또는 숲 가장자리식생에 주로 분포한다면, 제비동자꽃은 주로 수목이 들어서지 않는 초지식생에 분포

중심이 있다. 제비동자꽃은 동자꽃보다는 더욱 한랭 다습한 대기와 토양환경조건에서만 보인다.

동자꽃은 통기성과 통수성이 좋고, 척박하지 않은 습윤한 토양에서 산다. 대륙성 기후 지역에서도 한발에 따른 수분스트레스가 발생하지 않는 환경에서만 나타난다. 땅속과 공기 중에 수분환경이 보장되는 곳으로 멧부리 운무대(雲霧帶) 입지가 생태적 최적 분포중심지다. 식물사회학적으로 냉온대 북부·고산지대의 침활혼효림(針闊混淆林)을 대표하는 신갈나무-잣나무군단(群團)에 속하는 신갈나무-동자꽃군집(群集)을 진단하는 표징종 가운데 하나다.[11] 참당귀, 투구꽃, 승마 등과 같은 숙근성(宿根性) 뿌리를 가진 여러해살이의 잎 넓은 종들과 잘 어우러진다.

우리나라에서 동자꽃에 대한 식물분류학적 최초 기재는 『조선식물명휘』[12]에서 확인되는데, 일본명(テウセンマツモト, 朝鮮松本/エゾマツモト 蝦夷松本)만 기록되어 있다. 남쪽으로 지리산에서부터 북쪽으로 낭림산에 이르기까지 한반도 전역에 분포한다는 사실도 전한다. 동자꽃 종류는 기본적으로 일본열도에서는 희귀한 분류군이고, 그 가운데 동자꽃은 매우 희귀하다. 일본 남단 규슈의 구마모토 현 아소 나미노(阿蘇 波野) 지역에 자생하고, 화훼식물로도 키운다는 보고가 있으나, 실체를 확인할 수 없다. 털동자꽃은 혼슈 가루이자와(軽井沢)에만 분포하는 것으로 알려진 매우 희귀한 종이다. 제비동자꽃은 혼슈 나가노 현 이북에서 홋카이도에 걸쳐 분포한다. 가는동자꽃(*L. kiusiana*)은 혼슈 오

동자꽃을 영어명으로 'Orange Catchfly'라고도 하는데, 작은 파리 종류가 꽃 속을 파고드는 데에서 비롯한다.

카야마 현 이남에서 규슈 북부 지역까지 분포한다.[13] 이들 대부분은 빙하기 동안 한반도를 통해 분산분포한 대륙적 요소의 식물상으로, 대부분 희귀식물이어서 법적 보호[14]를 받는다.

---

1) FOC (2014)
2) 北村, 村田 (1982b)
3) Kim (1990)
4) Gledhill (2008)
5) 村川 (1932)
6) 정태현 등 (1937)
7) 이우철 (2005)
8) 안덕균 (1998)
9) 한진건 등 (1982)
10) 牧野 (1961)
11) Kim (1992)
12) 森 (1921)
13) 宮脇 等 (1978), 北村, 村田 (1982b)
14) 日本環境省 (2014)

사진: 김종원, 이승은

제비동자꽃

Lychnis wilfordii (Regel) Maxim.

형태분류

줄기: 여러해살이며, 바로 서서 어른 허리 높이 이하로 자라고, 털이 거의 없으나, 부드러운 털이 드물게 난다. (비교: 동자꽃(*L. cognata*)은 아래로 향하는 털이 있다.)

잎: 마주나고, 긴 달걀모양이다가 끝이 창끝모양으로 뾰족해진다. 잎 가장자리에 짧은 털이 있고, 잎자루는 없다. (비교: 가는동자꽃(*L. kiusiana*)은 가는 줄모양이다가 끝이 창끝모양으로 뾰족해진다. 동자꽃과 털동자꽃은 잎이 넓은 달걀모양이면서 가장자리가 약간 물결친다.)

꽃: 6~8월에 줄기 끝에서 짙은 붉은색으로 피며 우산살꽃차례다. 작은꽃자루는 1㎝ 이하로 보통 2~3개씩 나며, 황갈색 털이 있다. 꽃받침은 원통모양이며 길이가 2㎝ 이하고, 약간 오그라진 털이 있다. 꽃잎 5장은 깊고 가늘게 여러 갈래로 갈라진다. (비교: 가는동자꽃은 꽃잎이 깊고 가늘게 여러 갈래로 갈라지는 것은 비슷하지만, 꽃받침 길이가 2㎝ 이상이다. 동자꽃과 털동자꽃(*L. fulgens*)은 꽃잎이 끝에서 얕게 두 갈래로 갈라진다.)

열매: 캡슐열매로 끝이 5개로 갈라진 꽃받침에 싸여 있고, 씨는 콩팥모양이며 가늘고 긴 돌기가 있다.

염색체수: 2n=24[1)]

생태분류

서식처: 초지, 산지 멧부리 풀밭, 산 능선 풀밭, 숲 가장자리 등, 양지, 적습

수평분포: 전국 분포(중부 이북)
수직분포: 산지대 이상
식생지리: 냉온대(대륙성), 만주, 연해주, 일본(혼슈 일부 산지, 홋카이도) 등
식생형: 산지 초원식생(습생형)
생태전략: [경쟁자]
종보존등급: [II] 중대감시대상종

이름사전

속명: 리흐니스(*Lychnis* L.). 램프를 뜻하는 희랍어에서 비롯한다. (「동자꽃」 편 참조)
종소명: 빌포르디(*wilfordii*). 1858년 거문도에서 식물을 채집한 영국 큐(Kew) 왕립식물원의 식물학자(C. Wilford) 이름에서 비롯한다.[2]
한글명 기원: 전홍사화(剪紅紗花),[3] 제비동자꽃[4]
한글명 유래: 제비와 동자꽃의 합성어다. 제비 꼬리를 떠올리게 하는 깊고 잘게 갈라진 꽃잎 모양에서 비롯했을 것이다. 제비동자꽃도 동자꽃처럼 처음 기재할 때에 한글명 없이 일본명(エンビセンノウ, 艷美山神 또는 艷美剪羅)으로만 기재했다.[5] (「동자꽃」 편 참조)
한방명: 전하라(剪夏羅). 동자꽃과 마찬가지로 지상부와 뿌리를 약재로 쓴다.[6]
중국명: 丝瓣剪秋罗(Sī Bàn Jiǎn Qiū Luó) 또는 华氏剪秋罗(Huá shì jiǎn qiū luó). 꽃잎(瓣)이 실(絲)처럼 잘게 갈라진 모양 또는 꽃 모양이 호화롭고 사치스런(华, 華) 동자꽃(剪秋罗)이라는 뜻에서 비롯한다.
일본명: エンビセンノウ(Enbisennou, 艷美山神 또는 艷美剪羅). 꽃잎 색과 모양이 곱고(艷) 아름다운 것(美)에서 비롯한다. 중국명에 잇닿아 있다.
영어명: Wilford Campion

에코노트

제비동자꽃은 초원식생의 구성원이다. 동자꽃보다는 더욱 한랭 다습한 대기와 토양환경에서 보인다. 반면에 동자꽃은 낙엽활엽수림의 숲속 또는 숲 가장자리에 주로 분포하고, 드물지만 멧부리 초지에서도 종종 나타난다. 가는동자꽃은 강원도와 북부 지역의 산지 풀밭에서 제한적으로 발견되고, 동자꽃 종류 가운데 가장 희귀하다. 동자꽃 종류의 공통된 서식처 환경조건은 한발(旱魃)에 따른 수분스트레스가 발생하지 않는 곳이다. 제비동자꽃은 운무대(雲霧帶) 산지 멧부리에 위치하는 초지나 고해발(高海拔) 산지의 습지 언저리처럼 수분환경이 좋은 곳이면서 빛 환경이 완전히 개방된 곳을 분포중심지로 삼는다. 식물사회학적으로 삼림식생 요소가 아니라 초원식생 요소로 분류되는 이유다.

---

1) Probatova (2006a)
2) Lee (1974)
3) 村川 (1932)
4) 정태현 등 (1937)
5) 森 (1921)
6) 안덕균 (1998)

사진: 김윤하

장구채

Silene firma Siebold & Zucc.
Melandrium firmum (Siebold et Zucc.) Rohrb.

형태분류

줄기: 해넘이한해살이고 어른 무릎 높이(50~60㎝) 이하로 바로 서서 자란다. 털이 없고, 줄기 아래는 자주색, 위는 녹색이며, 마디는 흑자색을 띤다. 윗부분에서 짧은 가지가 갈라진다. (비교: 애기장구채(*M. apricum*)는 흑자색을 띠지 않고, 전반적으로 식물체가 작다.)

잎: 마주나고, 끝부분이 뾰족한 장타원형으로 가장자리와 가운데 맥에 가는 털이 있으며, 뒷면에도 털이 약간 있다. 줄기에 난 잎에 간간이 털이 있지만, 대부분은 거의 없다.

꽃: 7~8월에 흰색에 가까운 연분홍으로 줄기 마디와 가지 끝에서 층층이 쌍을 이루어 우산살꽃차례로 핀다. 꽃싼잎은 막질이고, 작은꽃자루가 2㎝ 내외로 각기 길이가 다르다. 꽃받침은 대롱모양(筒狀)이며 털이 간간이 보이지만 보통은 거의 없고, 끝부분이 얕게 다섯 갈래로 갈라지며, 줄(筋)이 10개 있다. 꽃잎은 5장으로 끝부분에서 두 갈래로 얕게 갈라지고, 암술대는 3개이며, 꽃받침 밖으로 살짝 나온다. 수술 10개 가운데 5개는 길다. (비교: 애기장구채는 연한 붉은색 꽃이 핀다.)

열매: 캡슐열매로 달걀모양이고, 싼잎에 싸여 있으며, 끝이 6개로 갈라진다. 씨(지름 0.7㎜ 내외)는 회갈색으로 약간 납작한 콩팥모양이고 작은 돌기가 규칙적으로 배열한다. 여름에 식물체가 고사한 뒤에도 한참 그 모양을 유지한다.

염색체수: 2n=48[1)]

생태분류

서식처: 초지, 산지와 구릉지의 풀밭, 산비탈 전석지 언저리, 산간 길가, 하원 바닥 등, 적습~약건, 양지

수평분포: 전국 분포

수직분포: 산지대 이하

식생지리: 온대~아열대, 동시베리아, 중국, 만주, 연해주, 일본열도 등

식생형: 초원식생

생태전략: [터주-스트레스인내-경쟁자]

종보존등급: [IV] 일반감시대상종

이름사전

속명: 실레네(*Silene* L.). 그리스신화에 나오는 박카스(Bacchus) 신의 동반자로 숲의 수호신인 실레노스(Silneus)에서 비롯한다. 최근까지도 사용했던 속명 멜란드리움(*Melandrium* Röhl.)은 아리스토텔레스의 제자인 기원전 3세기 철학자 테오프라스토스(Theophrastus)가 사용한 검은(*melas*) 참나무(*drys*)를 뜻하는 고대 희랍어로,[2] 그 유래는 알 수 없으나, 암갈색 꽃밥에서 비롯한 것으로도 추정한다.[3]

종소명: 피르마(*firma*). 강하고 단단하다는 뜻의 라틴어로 줄기 특성에서 비롯한다.

한글명 기원: 당고재, 전금화(翦金花), 금잔은대(金盞銀臺),[4] 장고초(長鼓草),[5] 쟝고지(죠리티기),[6] 장고새(救荒), 왕볼류항(藥材),[7] 장구채[8]

한글명 유래: 장고초(長鼓草)[9]에서 '당고새, 당고재'를 거쳐 '장구채'로 전화한 것[10]이라 하지만, 그렇지 않다. 『동의보감』[11]에는 왕불유행(王不留行)에 대해 한글로 댱고재만 기재했다. 백성들이 그렇게 불렀던 우리말 이름이고, 훗날 『향약집성방』[12]에서 한자를 차자해 장고초(長鼓草)라는 향명으로 표기한 것이다. 즉 장고채>장구채는 본래부터 우리말 댱고재에서 유래한 것이다.

한방명: 왕불류행(王不留行). 해넘이한해살이 말뱅이나물(*Vaccaria hispanica*)의 종자를 약재로 쓰나,[13] 장구채나 털장구채, 오랑캐장구채의 지상부를 대용한다.[14]

중국명: 疏毛女娄菜(Shū Máo Nǚ Lóu Cài) 또는 坚硬女娄菜(Jiān Yìng Nǚ Lóu Cài). 성긴 털(疏毛)이 있거나 단단한 줄기(坚硬)가 있는 장구채(女娄菜)라는 뜻으로 라틴어 종소명에서 비롯한다.

일본명: フシグロ(Husiguro, 節黒). 흑자색을 띠는 줄기 마디에서 비롯한다.

영어명: Hard Campion

에코노트

중국에서는 왕불류행(王不留行)을 말뱅이나

애기장구채

물 씨를 지칭하면서 약재로 쓴다. 우리나라에서는 그 씨 대신에 약효가 비슷한 장구채 종류의 지상부 줄기를 늦여름에 채취해서 약재로 쓴다. 17세기 초 『동의보감』은 왕불류행을 '댱고재'라 기록했고, 임질에 최고 좋은 약이라고 전한다. 한자명으로 전금화(翦金花), 금잔은대(金盞銀臺(胎))라는 명칭도 전한다. 또한 여러 곳에 흔하고, 잎은 대청(숭람, 菘藍)을 닮았으며, 꽃은 홍백색이고, 열매(씨알)는 산장(꽈리, 酸漿)과 같으며, 둥글고 검으며, 배추(菘) 씨를 닮았고, 기장이나 조처럼 생겼다고 기록했다. 따라서 『동의보감』의 '왕불류행'은 오늘날 '장구채' 자체를 지칭하는 것은 아니며, 그와 비슷한 종을 설명하는 것이다. 한편 한글명 장구채는 우리말 댱고재(장고재)에서 유래하지만, 댱고재의 어원은 알 수 없다. 분명한 사실은 '북을 치는 데 쓰는 장구채'와 전혀 상관없는 명칭이라는 것이다. 식물 이름에 '장구'를 포함하는 경우는 장구채와 장구밤나무뿐으로 악기 장구를 뜻하는 것은 아니다.

장구채는 서식처가 다양한 편이다. 사람 간섭이 미치는 곳에서부터 자연환경조건이 열악한 암벽 또는 하천 자갈 바닥 사이에서도 산다. 그러면서도 이웃하는 식물과의 경쟁에서 이겨 내야 하는 산간 숲 가장자리나 초지와 같은 입지에서도 산다. 장구채를 두해살이(二年生)로 분류하지만, 장구채 입장에서는 한해살이다. 첫 해는 땅바닥에서 로제트 잎으로 겨울을 이겨 내고, 이듬해에 줄기가 땅 위로 바로 솟구쳐 자라는 해넘이한해살이다.

---

1) Probatova & Sokolovskaya (1995)
2) Quattrocchi (2000)
3) Gledhill (2008)
4) 허준 (1613)
5) 유효통 등 (1633)
6) 유희 (1801~1834)
7) 森 (1921)
8) 정태현 등 (1937)
9) 유효통 등 (1633)
10) 이우철 (2005)
11) 허준 (1631)
12) 유효통 등 (1633)
13) 신전휘, 신용옥 (2006)
14) 안덕균 (1998)

사진: 이경연, 이정아, 김종원

요강나물(선종덩굴)

***Clematis fusca* var. *coreana* (H.Lév.) Nakai**

형태분류

줄기: 여러해살이 반관목(半灌木) 덩굴성 초본이며 바로 서서 자라는 편이고, 전반적으로 작다. 홈이 여러 개 있고, 부드러운 털이 있다. (비교: 검은종덩굴(*C. fusca*)은 높이 35㎝ 정도지만, 줄기는 2m까지 크게 벋는다.)

잎: 마주나고, 쪽잎(小葉) 3개로 이루어진 겹잎이다. 윗부분의 것은 홑잎이고, 세 갈래로 갈라지며, 양면 잎줄 위에 잔털이 있다. 뒷면 잎줄은 뚜렷하게 돌출한다. (비교: 검은종덩굴은 쪽잎이 5~9개이며, 새 가지 끝의 잎이 덩굴손으로 변하기도 한다. 가장자리에 톱니가 없이 매끈하다.)

꽃: 6월에 암갈색으로 피며, 줄기 끝에 1개씩 아래로 달린다. 꽃잎과 꽃자루에 흑갈색 털이 빼곡하다. 두터운 꽃싼잎 4개의 끝부분이 살짝 뒤로 젖혀진다. (비교: 검은종덩굴은 암갈색 털이 빼곡하고, 꽃싼잎 끝이 완전하게 뒤로 젖혀진다.)

열매: 여윈열매로 거꿀달걀모양이고 양면에 갈색 털이 있으며, 8~9월에 익는다. 길이 3㎝ 정도인 깃털모양 갈색 털이 암술대를 덮는다.

염색체수: 2n=(16)[1]

생태분류

서식처: 초지, 산지 풀밭, 숲 가장자리, 밝은 숲속 등, 양지~반음지, 적습

수평분포: 중부 지역(주로 강원도)

수직분포: 산지대

식생지리: 냉온대 중부·산지대~북부·고산지대(특산종)

식생형: 산지 초원식생, 산지 임연식생(망토식물군락)

생태전략: [경쟁자]

종보존등급: [I] 절대감시대상종

이름사전

속명: 클레마티스(*Clematis* L.). 어리고 가냘픈 가지가 길게 뻗어 가는 모양, 즉 연약한 덩굴을 뜻하는 희랍어에서 유래한다.

종소명: 푸스카(*fusca*). '어두운 색을 띤다'는 라틴어다. 꽃차례 색깔에서 비롯한다. 변종명 코레아나(*coreana*)는 우리나라를 뜻하며, 요강나물은 한국 특산종이다.

한글명 기원: 요강나물,[2] 선종덩굴,[3] 선요강나물[4]

한글명 유래: 요강과 나물의 합성어다. 『한국식물도감』[5]은 황해도 방언에서 유래하며, 강원도 금강산, 설악산, 황해도 장산곶 구월산에 분포한다고 기록했다. 그런데 북한의 『조선식물지』[6]에는 '요강나물'이라는 명칭 대신에 '선종덩굴'을 쓰고 있다. 구체적으로 황해도 지역에 분포한다는 정보도 없다. 최근 북한 도감[7]에서는 아예 해당 종이 누락되었다. 이것은 북한 지역에 요강나물이 분포하지 않는다는 사실을 시사한다. 또한 검은종덩굴 종류(*Clematis fusca s.l.*)를 북한에서 나물로 먹는다는 기록도 없다. 그만큼 쉽게 채취할 수 있는 흔한 나물이 아니며, 대부분의 으아리속(*Clematis*, 『한국 식물 생태 보감』 1권 「수레나물」 편 참조)이 그렇듯 독이 있는 약초이기 때문일 것이다. 따라서 황해도 방언에 대응하는 요강나물[8]은 현재 우리가 채택하는 요강나물이 아닌 것이 분명하다. 또한 그 실체가 무엇인지도 알 수 없다. 따라서 선종덩굴이 올바른 첫 한글 명칭[9]인 셈이다. '선종덩굴'이라는 명칭은 처음 기재 당시에 썼던 일본명

(Tachihanshouzuru, 立半鐘蔓)[10]을 번역한 것으로, 식물체가 바로 서서 자라는 경향에서 비롯한다.

한방명: 갈모위령선(褐毛威靈仙). 요강나물의 뿌리를 약재로 이용한다.[11]

중국명: 扇形铁线莲(Shàn Xíng Tiě Xiàn Lián). 부채(扇)모양 위령선이라는 뜻이다. 한편 만주 지역에서는 검은종덩굴 본종(*C. fusca* var. *fusca*)을 중국명으로, 褐毛铁线莲(갈모철선련)을 한글명 무궁화종덩굴로 기재했다.[12]

일본명: タチハンショウヅル(Tachihanshouzuru, 立半鐘蔓).[13] 1921년 한글명 없이 일본명으로만 기재되었다. 반종만(半鐘蔓)은 꽃 모양이 '반(半)' 잘린 듯한 종(鐘)모양'에서 비롯한 일본명이다. 따라서 우리나라 기록에 한자로 입소목통(立小木通)으로 쓴 것[14]은 일본 명칭의 한자 표기 오류일 것이다.

영어명: Korean Virgin's Bower

에코노트

요강나물의 올바른 한글 명칭은 선종덩굴(위의 '한글명 유래' 참조)이며, 검은종덩굴의 변종(var. *coreana*)이다. 검은종덩굴은 한반도에서부터 만주와 연해주에 널리 분포하지만, 선종덩굴은 강원도 지역에 주로 분포하는 한국 특산종으로 종보전등급 [I] 절대감시종이다. 최고 수준의 보호 대상이 되는 국가 종자원이라는 의미다. 선종덩굴은 독특한 꽃차례 모양과 뿌리의 약성 때문에 화훼자원이나 약재로 남획될 우려가 있다. 꽃 모양이 종처럼 생겨 '종덩굴'이라는 명칭이 있는 종류는 적습 환경이면서 통기성(通氣性)이 우수한 토양에서만 산다. 건조한 곳이나 답압으로 다져진 땅에서는 살지 않는다. 검은종덩굴이 반음지 환경의 밝은 숲속 삼림식생 구성요소라면, 선종덩굴은 직사광선에 완전히 개방된 초원식생 요소다. 특히 선종덩굴은 멧부리 운무대(雲霧帶)에서 주로 생육하며, 식생지리학적으로 냉온대 북부·고산지대의 침활혼효림 식생대[15]에 분포중심지가 있다.

세잎종덩굴

1) Chung et al. (2013)
2) 정태현 (1943), 한진건 등 (1982)
3) 정태현 등 (1937), 정태현 (1957), 한진건 등 (1982)
4) 안학수, 이춘녕 (1963)
5) 정태현 (1957)
6) 임록재 등 (1974)
7) 임록재, 도봉섭 (1988)
8) 정태현 (1957)
9) 정태현 등 (1937)
10) 森 (1921)
11) 안덕균 (1998)
12) 한진건 등 (1982)
13) 森 (1921)
14) 정태현 (1957)
15) 김갑태 (1998)

사진: 김종원, 김성열

모데미풀(금매화아재비)

Megaleranthis saniculifolia **Ohwi**
Trollius chosenensis **Ohwi**

형태분류

줄기: 여러해살이며, 다발로 모여나는 모양이고, 어른 무릎 높이 이하로 바로 서서 자란다. 뿌리줄기는 가늘고 길다. 식물 전체에 털이 없다.

잎: 뿌리에서 난 잎은 잎자루가 길고, 그 끝에서 세 갈래로 깊이 갈라진 잎이 다시 두세 갈래로 갈라진다. 가장자리에 불규칙하고 날카롭게 갈라진(缺刻狀) 톱니가 있고 끝이 뾰족하며 양면에 털이 없다.

꽃: 5월에 흰색으로 피며, 지름 2㎝ 정도로 줄기 끝 총포 가운데에 하나씩 달린다. 꽃자루 길이는 5㎜ 정도이고, 꽃잎과 꽃받침은 5개다. (비교: 금매화 종류(*Trollius* spp.)는 줄기에서 가지가 여러 개로 갈라져 그 끝에 각 1개씩 꽃이 나고, 주로 7~8월에 피며 노란색이다.)

열매: 골돌(蓇葖)은 12㎜ 정도이고, 방사상(放射狀)으로 배열된다. 종자는 진한 검은색으로 매끈하다.

염색체수: 2n=16[1]

생태분류

서식처: 초지, 산지 능선부 풀밭, 밝은 숲속, 숲 가장자리, 산지 습지 언저리 등, 반음지~양지, 적습

수평분포: 전국 분포(주로 백두대간)

수직분포: 산지대

식생지리: 냉온대 중부·산지대~북부·고산지대(한국 특산종)

식생형: 산지 초원식생(습생형), 삼림식생(산지 하록활엽수림)

생태전략: [경쟁자]

종보존등급: [I] 절대감시대상종

이름사전

속명: 메갈에란티스(*Megaleranthis* Ohwi). 크기가 큰(*megas, megale*) 나도바람꽃속(*Eranthis* Salisb.)처럼 생긴 것에서 비롯하는 희랍어다.

종소명: 사니쿨리폴리아(*saniculifolia*). 참반디속(*Sanicula* L.)의 잎(*folius*)과 닮은 데서 비롯한 라틴어다.

한글명 기원: 금매화아재비,[2] 운봉금매화,[3] 모데미풀[4] 등

한글명 유래: 모데미와 풀의 합성어다. 처음 기재할 때(1935년)에 기준표본으로 채택한 식물을 채집한 지명(경남 지리산 운봉(雲峯) 모데미골)에서 비롯한다. 하지만 한글명에 있어서 1969년의 모데미풀보다 더 이른 시기에 기재된 것은 1963년의 금매화아재비[5]이다. 즉 금매화속(*Trollius* L.)을 닮은 데에서 유래하는 이름으로 분류학적 선취권에서 유효한 한글명이지만, 오늘날에는 모데미풀을 즐겨 쓴다.[6]

한방명: -

중국명: - (韩国金梅花, Hán guó jīn méi huā)

일본명: - (チョウセンキンバイソウ, Chousenkinbaisou, 朝鮮金梅花)

영어명: Korean Globeflower

에코노트

모데미풀은 학계에서 크게 주목받는다. 꽃가루 형태를 기준으로 분류할 때, 금매화속에 통합하는 예(*T. chosenensis* Ohwi)도 있다.[7] 하지만 우리나라에만 분포하는 특산종(endemic species)이면서 특히 특산속(endemic genus)이라는 Ohwi(1935)의 최초 기재를 많이 따른다.[8] 게다가 모데미풀은 주로 백두대간을 따라 지리적으로 띄엄띄엄 전국적인 분포를 보이지만, 개체군 크기가 매우 제한적인 희귀종이다. 때문에 위협종(EN, endangered)[9] 또는 그보다 한 단계 낮은 수준인 취약종(VN, vulnerable)[10]으로 평가된다.

모데미풀이 희귀할 수밖에 없는 것은 까다로운 생육환경 때문이다. 현존 서식처는

습윤하고, 낙엽부식 토양이 발달한 곳에 제한된다. 습지식물은 아니지만, 공중과 토양 속의 신선한 수분환경을 무척 좋아한다. 냉온대 중부·산지대에서부터 북부·고산지대에 이르기까지 수평적·수직적으로 비교적 한랭한 지역이 분포중심지다. 드물게 계곡 언저리에서 나타나기도 하나, 해발고도가 높은 산지 운무대는 모데미풀의 전형적인 서식처다. 터리풀, 박새, 솜대, 진범 등과 함께 잎 넓은 광엽형 초본을 중심으로 하는 운무대 초원식생의 주요 구성원이다. 이러한 광엽형 초본들은 고해발(高海拔) 산지의 하록활엽수림에서도 나타나며, 주로 숲지붕(林冠)이 밀폐되기 전, 빛 환경이 충분히 보장되는 시기까지가 꽃이 피는 식생최성기다. 모데미풀은 그런 빛 환경에 크게 영향을 받기 때문에 숲지붕이 밀폐된 한여름이면 지상부가 시들기 시작한다.

모데미풀 생육에 가장 불리한 환경요소는 건조다. 건조로 말미암은 한발 피해가 거의 발생하지 않는 북사면에서 출현빈도가 높은 것도 같은 맥락이다.[11] 또한 개체군 감소에 영향을 미치는 또 다른 결정적 요소는 인간 간섭으로 발생하는 서식처 환경조건의 변화다. 그 가운데 답압이 으뜸이다. 모데미풀은 주로 종자 산포로 개체 번식을 하면서 7~8월이면 지상부가 일찍 말라 버리는, 생육기간이 비교적 짧고 일시적인 경쟁자(competitor)이기 때문에 그 영향이 더욱 심하다. 모데미풀의 이러한 생태특성을 종합하면, 기후변화는 모데미풀의 현존 분포에 심각한 영향이 될 수밖에 없다. 기후변화 시나리오에 따른 잠재분포 추정 연구가 그런 사실을 뒷받침한다.[12] 모데미풀의 잠재분포 영역이 2080년대(현재보다 연평균기온 4.2℃ 상승, 연강수량 254㎜ 증가)에는 현재 대비 전국적으로 약 44%로 급감할 것이며, 강원도와 경상북도에서 소멸 면적이 가장 클 것이라 한다. 현재의 기후변화 양상이 계속된다는 시나리오지만, 가까운 시일 내에 불가항력적으로 사멸 위험성이 있는 것은 사실이다. 모데미풀은 분산분포와 생육에 관한 생태형질 때문에 기후변화와 생육조건을 교란하는 서식처 변질에 매우 취약한 민감종이다. 엄격하게 현지내보존이 이루어져야 하는 종보존등급 [I] 절대감시대상종으로 평가되는 이유이기도 하다.

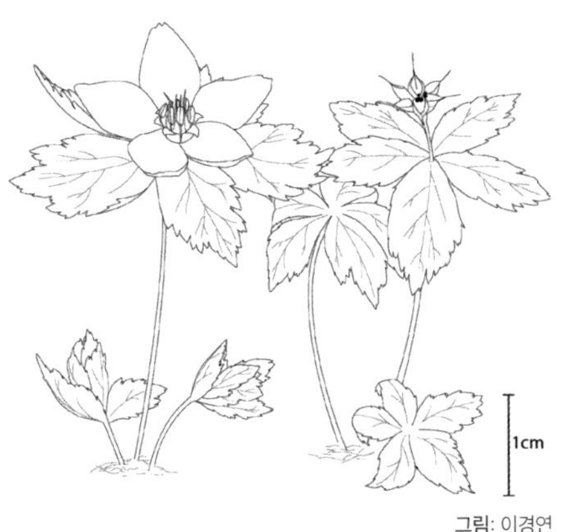

그림: 이경연

1) Lee & Yeau (1985)
2) 박만규 (1949)
3) 정태현 등 (1949)
4) 이창복 (1969)
5) 안학수, 이춘녕 (1963)
6) 국가표준식물목록위원회 (2014)
7) 이상태 (1990)
8) Lee & Yeau (1985)
9) 장진승 등 (2001)
10) 국립생물자원관 (2012)
11) 장수길 등 (2009)
12) 이상혁 등 (2012)

가는잎할미꽃

Pulsatilla cernua (Thunb.) Bercht. ex J. Presl

형태분류

줄기: 여러해살이로 식물 전체에 흰색 털이 빼곡하다. 서식처 조건에 따라 키 높이가 다양하고, 보통 어른 손 한 뼘 높이 이상으로 자란다. 강한 독성이 있는 굵은 뿌리가 수직으로 발달한다.

잎: 뿌리에서 모여난 잎이 떨기를 이루고, 긴 잎자루에 2회깃모양으로 나며, 할미꽃보다 아주 좁고 가는 쪽잎으로 다시 갈라진다. 뒷면에 명주실 같은 털이 빼곡하다. 할미꽃처럼 서식처 조건에 따라 변형이 심한 편이다.

꽃: 4~5월에 짙은 자주색으로 피며, 꽃받침조각 6개가 꽃잎을 대신한다. 꽃받침조각 안쪽은 암적색이고, 바깥쪽에는 흰색 털이 밀생한다. 꽃봉오리 상태에서는 꽃자루가 똑바로 서지만, 만개할 때에는 아래로 수그리며 핀다. 꽃자루는 길게 자라면서 열매가 생기면 꽃보다 곧게 바로 선다. (비교: 동강할미꽃(*P. tongkangensis*)은 가장 이른 시기(3월경)에 꽃 핀다.)

열매: 여윈열매로 흰색 깃털모양이며, 바람으로 산포한다.

염색체수: 2n=16[1]

생태분류

서식처: 초지, 산지 풀밭, 산기슭 절벽, 목초지, 봉분 등, 양지, 약건~적습

수평분포: 제주도

수직분포: 산지대 이하

식생지리: 냉온대~난온대, 동시베리아, 중국(네이멍구),[2] 만주, 연해주, 일본(혼슈 이남) 등

식생형: 이차초원식생(잔디-가는잎할미꽃군락)

생태전략: [스트레스인내자]

종보존등급: [III] 주요감시대상종

이름사전

속명: 풀사틸라(*Pulsatilla* Mill.). 종(bell)을 친다는 의미[3]의 라틴어 풀사티오(*pulsātĭo*)에서 비롯한다.

종소명: 세르누아(*cernua*). 꽃이 아래로 수그려 피는 모양에서 비롯한 라틴어다.

한글명 기원: 가는할미꽃,[4] 가는잎할미꽃[5]

한글명 유래: 가는잎과 할미꽃의 합성어다. 할미꽃에 비해 잎이 더욱 가늘고 예리한 것에서 비롯했을 것이다. 1921년 『조선식물명휘』에서는 오래된 우리 이름 할미꽃을 기재했는데도 가는잎할미꽃은 일본명 オキナグサ(翁草, Okinagusa)로만 기재[6]했다. 1934년 『토명대조선만식물자휘』에서는 가는잎할미꽃 학명에 대해 로(노)소초, 빅두옹, 호왕ᄉᆞ쟈, 할미씨ᄭᅡ비, 할미ᄭᅩᆺ, 주리ᄭᅩᆺ 따위의 할미꽃에 대응하는 여러 명칭을 혼란스럽게 기재했다.[7]

한방명: 조선백두옹(朝鮮白頭翁). 가는잎할미꽃 뿌리를 약재로 쓴다.[8]

중국명: 朝鲜白头翁(Cháo Xiǎn Bái Tóu Wēng). 우리나라에서 나는 할미꽃이라는 뜻이다.

일본명: オキナグサ(Okinagusa, 翁草). 일본어로 노인의 높임말이 '오키나(翁)'이고, 할미꽃 종류의 열매 모양에서 비롯했을 것이다.

영어명: Korean Narrow-leaf Pasqueflower

에코노트

할미꽃 종류는 대륙성 요소인데, 동북아시아에서 종간(種間)에 미묘한 지리적 분포 분할이 보인다. 특히 가는잎할미꽃과 할미꽃(*P. koreana*)은 분포에 뚜렷한 대응성이 있다. 우리나라에서는 가는잎할미꽃이 제주도에서만 나타나지만, 일본에서는 할미꽃 종류 가운데 가장 흔하다. 반면에 할미꽃은 우리나라에서 가장 흔한 종인데, 일본에는 아예 기재되지 않고 있다. 해양성 기후와 대륙성 기후에 대응한 가는잎할미꽃과 할미꽃의 지리적 분화로 볼 수 있다. 2종의 서식처 환경조

건은 별반 다르지 않다. 제주도에서 억새 초원이나 잔디 초원이 가는잎할미꽃의 주된 서식처라면 한반도의 할미꽃도 마찬가지다. 인간 간섭으로 발달한 이차초원식생이 그들의 분포중심지다. 비료가 투입되어 비옥하거나, 농약을 살포한 땅에서는 살지 않고, 약간 척박하지만 오염되지 않은 야생 초지에서 산다. 우리나라 울릉도나 일본열도의 서편, 즉 우리나라 동해 영향권에서 발달하는 해양성 기후보다는 일본열도에서도 약간 대륙성 기후 특성을 보이는 미지형 서식처에서만 산다. 그러므로 일본열도에서 가는잎할미꽃은 한반도의 할미꽃에 비해 희귀하지만, 동북아시아에 분포하는 할미꽃 종류 가운데에서는 가장 수분환경이 좋은 곳에 사는 셈이다. 이것은 가는잎할미꽃이 강우(降雨)로 발생하는 꽃가루 유실이나 중매쟁이 곤충 방문이 뜸한 경우를 극복할 수 있는 생태형질을 가졌기 때문이다. 꽃가루 생성 기간(3~6일간)에 비록 비가 내리더라도 꽃잎(실제로는 꽃받침)에 밀생한 털과 꽃자루가 휘면서 아래로 향하는 운동[9] 덕분에 꽃가루받이에 지장이 없다. 정도에 차이는 있으나 이러한 가는잎할미꽃의 생태형질은 다른 할미꽃 종류에서도 보인다.

한편 우리나라에서 국지적으로 분포하는 종은 석회암 지표성이 강한 동강할미꽃(*P. tongkangensis*)과 북한에 분포한다고 알려진 분홍할미꽃(*P. davurica*)과 산할미꽃(*P. nivalis*)이다. 이들은 서식처의 토지적(edaphic) 환경조건에 대응한다. 할미꽃 종류의 종분화는 역사가 오래된 땅에서 빙하기를 통과하면서

살아남은 유존(遺存) 식물의 생태적 과정이다. 특히 동강할미꽃은 석회암 암극에 사는 여러해살이로 할미꽃 종류 가운데 가장 진화한 종으로 볼 수 있다. 다른 할미꽃 종류가 가진 생태형질을 다 가지고 있으면서도 가장 척박한 입지에서도 살아갈 수 있는 특기가 있기 때문이다. 꽃이 피고 새잎이 다 자랄 때까지 지난해 잎줄기가 갈잎 상태로 떨기진다. 이것은 토양의 유실과 건조를 줄이고, 척박한 영양 환경에 유기물을 보충하며, 토양의 작은 동물을 보호한다. 좁은 츠렁모바위 암극(岩隙)의 열악한 환경조건을 극복하는 스트레스인내자(stress-tolerator)의 생존 전략이다. 그런데 꽃 사진을 찍으려고 갈잎

우리나라 석회암 지역에 제한적으로 분포하는 동강할미꽃(*P. tongkangensis*). 스트레스인내자로 작년 잎과 줄기를 그대로 가지고 있는 것은 생존전략이다.

다발을 제거한 개체를 종종 만난다. 자연 사랑이 묻어나는 참다운 생태사진은 갈잎 다발이 붙어 있는 채로 그 삶을 드러낸 것이라 하겠다.

1) Lee (1967)
2) FOC (2014)
3) Simpson (1968)
4) 정태현 등 (1937)
5) 한진건 등 (1982), 국가표준식물목록위원회 (2014)
6) 森 (1921)
7) 村川 (1932)
8) 안덕균 (1998)
9) Huang (2002)

사진: 류태복, 김성렬

할미꽃(주지꽃)

Pulsatilla koreana (Yabe ex Nakai) Nakai ex T. Mori

형태분류

줄기: 여러해살이며, 어른 손 한 뼘 높이로 자라고, 식물 전체에 솜털이 가득(密生)하다. 굵은 뿌리가 발달하고 곧게 내린다.

잎: 뿌리에서 모여난 잎은 아래 쪽잎이 세 갈래 정도로 갈라지고, 그 폭은 5~6㎝ 이상이다. 줄기 윗부분의 잎은 잘게 갈라지는 편이지만, 서식처 조건에 따라 변형이 심하다. (비교: 제주도에 분포하는 가는잎할미꽃(*P. cernua*)은 쪽잎이 다섯 갈래까지 갈라지면서 그 폭이 훨씬 좁고 가늘다.)

꽃: 4~5월에 싼잎 사이에서 자주색으로 피며, 꽃봉오리 상태에서는 꽃자루가 똑바로 서지만, 만개할 때에는 아래로 수그리면서 핀다. 꽃받침 6개가 꽃잎을 대신하고, 꽃받침 바깥쪽에 솜털이 빼곡하다. 꽃자루는 아래로 길게 자라는데, 꽃이 시들고 열매가 달릴 때에는 다시 곧게 선다.

열매: 여윈열매로 길게 솟은 꽃자루 위에 흰색 깃모양으로 달린다. 털이 빼곡하고, 바람으로 산포한다.

염색체수: 2n=16[1)]

생태분류

서식처: 초지, 산지 풀밭, 산기슭 절벽, 목초지, 봉분, 두둑 등, 양지, 약건~적습

수평분포: 전국 분포(울릉도와 제주도 제외)

수직분포: 산지대 이하

식생지리: 냉온대~난온대(대륙성, 준특산), 만주, 연해주 등[2)]

식생형: 이차초원식생(잔디-할미꽃군락)

생태전략: [스트레스인내자]

종보존등급: [IV] 일반감시대상종

이름사전

속명: 풀사틸라(*Pulsatilla* Mill.). 라틴어 풀사티오(*pulsātĭo*)에서 유래하며, '종(bell)을 친다'는 의미[3)]다. 꽃은 식탁 위에 놓인 유럽 전통의 종(鐘)을 닮았다. 요리가 준비되었음을 알리는 종이다.

종소명: 코레아나(*koreana*). 우리나라에 분포중심이 있는 종류라는 의미에서 부여한 라틴어일 것이다.

한글명 기원: 할ᄆᆡ십가비,[4)] 주지화(注之花),[5)] 할ᄆᆡ십가비, 주지곳,[6)] 한미십갑,[7)] 할미솟,[8)] 할미씨까비, 주지솟,[9)] 할미꽃[10)]

한글명 유래: 줄기 끝에 길고 흰 털이 있는 열매 모양이 마치 노인의 흰 머리칼 같다는 데에서 비롯한다. '십가비'는 옛날 어른 모자를 일컫는 갓과 관련 있는 것으로, '십갓'이라고 해서 깃털모양 장식 모자로 추정한다. 향명으로는 주지꽃이라 불렀으며, 전통 농악 놀이의 상모[11)]에 긴 깃털 장식이 있는 부포[12)]가 할미꽃의 꽃대 모양과 똑같다. '주지'라는 것은 별신굿에서 쓰는 사자탈[13)]에서 비롯한다. 할미꽃이라는 이름의 기원인 '할ᄆᆡ십가비'(할머니와 십가비의 합성어)는 할머니의 백발에 대한 또 다른 표현이다. 그런데 일제강점기를 거치면서 1937년 이후, 주지꽃이라는 명칭은 완전히 사라지고, 할미꽃이라는 이름만 남았다. 한편 서양은 꽃에, 동양은 열매에 그 이름의 유래가 있다.[14)]

한방명: 백두옹(白頭翁). 할미꽃의 뿌리를 약재로 쓴다.[15)]

중국명: - (비교: 중국에서는 白头翁이라는 한자 명칭에 대해 학명 *Pulsatilla chinensis*를 사용하며, *Pulsatilla cernua*(가는잎할미꽃)를 朝鲜白头翁으로 사용한다.[16)])

일본명: チョウセンオキナグサ(Chousenokinagusa, 朝鮮翁草). 일본어로 노인의 높임말이 오키나(翁)이고, '한국의 할미꽃'이라는 뜻이다.

영어명: Korean Pasqueflower

에코노트

할미꽃 종류는 종다양성이 풍부한 편이 아니다. 유라시아 대륙과 북미 대륙의 온대 지역에만 분포하고, 개체군의 크기와 숫자도 매우 제한적이다.[17)] 우리나라처럼 대륙성 기후인 온대 지역에서는 흔한 편이지만, 해양성 온대 지역에서는 매우 희귀하거나 아예

분포하지 않는다. 할미꽃은 우리나라의 준특산종(subendemic species)이다. (『한국 식물생태 보감』 1권 「할미꽃」 편 참조)

사람의 간섭이나 자연적 또는 이차적으로 만들어지는 풀밭이 할미꽃의 분포중심지로 건생이차초원식생의 주요 구성원이다. 우리나라에서만 볼 수 있는 독특한 서식처인 무덤처럼, 풀베기와 같은 지속적인 관리가 이루지는 장소에 산다. 중부 유럽에서는 문화적 경관요소로 그리고 서식처 다양성에서 이러한 이차초원을 보호하고 있다.[18] 할미꽃 종류는 정원이나 식물원 같은 곳의 현지외(現地外, *ex-situ*) 서식처에서도 아주 잘 사는 화훼자원이다. 현지외보존은 멸종을 방지할 수 있는 수단이기도 하지만, 생명 현상의 진화가 보장되는 현지내(現地內, *in-situ*)보존이 더욱 중요하다.

지역에 따른 할미꽃 종류의 다양한 생태형(ecotype)이 토지개발로 말미암은 자연 서식처의 근원적 훼손, 농약과 살충제 과다 사용에 따른 매개 곤충 격감, 화훼자원 목적의 과도한 채취 따위로 현지내 자생 개체군이 크게 위협받고 있다.

할미꽃은 꽃을 아래로 드리우면서 피고, 열매가 익을 때면 꽃대가 바로 선다. 충매화면서 열매는 바람으로 퍼져 나간다. 꽃이 아래로 드리워서 비 영향을 적게 받고, 꽃대를 높이 세워서 자식(종자)을 멀리멀리 날려 보낸다.

---

1) 이우규 등 (2004)
2) Kitagawa (1979)
3) Simpson (1968)
4) 허준 (1613)
5) 유효통 등 (1633)
6) 홍만선 (1643~1715)
7) 유희 (1801~1834)
8) 森 (1921)
9) 村川 (1932)
10) 정태현 등 (1937)
11) 정병호 (1991)
12) 김정현 (2009)
13) 국립국어원 (2016)
14) 김종원 (2013)
15) 안덕균 (1998)
16) FOC (2014)
17) 김진수 등 (2010)
18) Stüber (1989), Adler *et al.* (1994)

사진: 김종원

미나리아재비

Ranunculus japonicus Thunb.

형태분류

줄기: 여러해살이며, 바로 서서 어른 무릎 높이 이상 자란다. 겉에 옆으로 퍼진 흰색 털이 많고, 세로로 줄이 있다. 줄기는 뿌리에서 모여나고, 중간 위에서부터 가지가 갈라진다. 짧은 뿌리줄기가 있다.

잎: 뿌리에서 난 잎은 잎자루가 길며, 잎자루에는 옆으로 털이 나 있다. 오각형 같은 둥근 심장모양이며, 세 갈래로 깊게 갈라지고, 쪽잎은 다시 두세 갈래로 갈라진다. 가장자리에 가지런한 톱니가 있고, 양면에 누운 털이 있다. 줄기에 난 잎은 어긋나고 오각형이며, 역시 세 갈래로 크게 갈라지지만 잎자루는 거의 없다. 꼭대기의 잎조각은 좁고 긴 줄모양으로 다섯 갈래로 갈라지고, 가장자리에 톱니가 없으며, 깊은 결각이 남는다.

꽃: 5~6월에 줄기와 가지 끝부분에서 광택이 있는 노란색 꽃이 긴 꽃자루에 1개씩 핀다. 꽃잎 기부에 꿀샘이 있다. 꽃받침은 5개이며 뒷면에 긴 털이 있고 수평으로 퍼지며 오목하다. 꽃받침이 꽃잎보다 2~2.5배 짧다.

열매: 여윈열매이며 거꿀달걀모양으로 둥근데, 끝에 짧은 돌기가 있다. 모인열매(集果, 聚果)는 둥글고 털이 없다.

염색체수: 2n=14, 28[1]

생태분류

서식처: 초지, 산지 풀밭, 봉분 언저리, 습지 언저리, 산간 농촌 들녘 길가, 목초지 등, 양지, 약습

수평분포: 전국 분포

수직분포: 산지대 이하

식생지리: 온대~아열대, 몽골, 중국(새북지구, 화북지구, 화중지구, 화남지구 북부, 기타 칭하이, 신장 등), 만주, 연해주, 대만, 일본(홋카이도 남부 이남의 전역) 등

식생형: 터주식생(노방식물군락, 습생형), 이차초원식생(습생형)

생태전략: [터주-경쟁자]~[터주-스트레스인내-경쟁자]

종보존등급: [IV] 일반감시대상종

이름사전

속명: 라눈쿨루스(*Ranunculus* L.). 고대 로마인(M. Tullius Cicero)의 기록을 바탕으로 작은 개구리를 뜻하는 라틴어 라나(*rana*)에서 속명과 과명이 비롯한다.[2] (『한국 식물 생태 보감』 1권 「젓가락풀」 편 참조)

종소명: 야포니쿠스(*japonicus*). 일본을 뜻하며, 기재 표본의 채집지에서 비롯한다.

〈검색키〉

1. 모인열매는 약간 부풀었고, 길이가 2.5㎜ 이하다. ································ **미나리아재비**(*R. japonicus*)

1. 모인열매는 약간 납작하고, 길이가 2.5~4㎜이다.

  2. 꽃탁 길이는 6~10㎜이며, 모인열매는 타원형이다. 잎조각이 가늘다. ······ **젓가락나물**(*R. chinensis*)

  2. 꽃탁 길이는 5㎜ 이하이고, 모인열매는 원형이다.

    3. 줄기에는 비스듬하게 선 털이 있거나 털이 적다. 여윈열매 위쪽 가장자리가 편평하다. 암술대는 약간 가늘고 끝이 갈고리처럼 심하게 굽는다.····················· **왜젓가락나물**(*R. quelpaertensis*)

    3. 줄기에 옆으로 털이 많다. 여윈열매의 둘레가 편평하고, 테두리가 있다. 암술대는 굵고, 삼각형으로 끝이 살짝 굽는다.

      4. 잎은 1~2회3출이고, 잎조각의 끝잎은 거꿀달걀모양으로 둔두(鈍頭)이다. ··· **털개구리미나리**(*R. cantoniensis*)

      4. 잎은 2회3출이고, 잎조각의 끝잎은 거꿀창끝모양이다. ··············· **개구리미나리**(*R. tachiroei*)

(北村, 村田 (1982b)에서 정리)

한글명 기원: 자라풀, 털잇ᄂᆞᆫ초약,[3] 미나리아지비, 농동우, 쟈리초,[4] 자라취, 자라풀, 즈쟈, 모근(毛堇), 모곤(毛茛),[5] 미나리아재비[6] 등

한글명 유래: 미나리와 아재비의 합성이다. 미나리를 닮았지만 미나리가 아닌 것을 뜻한다.

한방명: 모랑(毛茛). 미나리아재비의 지상부를 약재로 쓰는데, 독이 있다.[7]

중국명: 毛茛(Máo Gèn). 미나리아재비속 식물에 대한 중국명으로 '독 있는 풀(茛)'이라는 뜻이다.

일본명: ウマノアシガタ(Umanoashigata, 馬足形) 또는 キンポウゲ(Kinppouge, 金鳳花). 말(馬)의 굽(足)을 닮은 뿌리에서 난 잎[8] 또는 광택이 나는 꽃잎(金鳳花)에서 비롯한다.

영어명: Japanese Buttercup

에코노트

미나리아재비라는 한글명은 1921년 『조선식물명휘』에 처음으로 등장하면서 동시에 '쟈리초'라는 명칭도 함께 기재되었다. 그런데 19세기 초 『물명고』에 한자명 모랑(毛茛)에 대해 '자라풀'이라는 한글명과 함께 '털잇ᄂᆞᆫ초약'이라는 이름이 나온다. 또 오늘날 개구리자리에 대응하는 석용예(石龍芮)에 대해 '털업ᄂᆞᆫ초약'도 함께 나온다. 이처럼 우리나라 사람들은 오래전부터 독성이 있는 미나리

[열매 모양의 다양성]

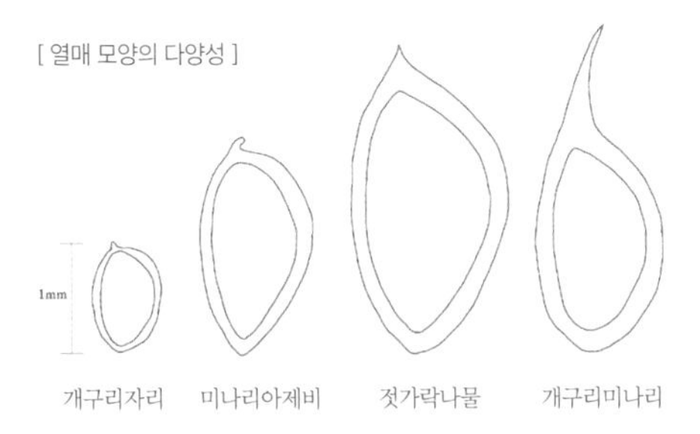

조건이 좋은 미세지형을 따라 산다.

1) Sokolovskaya et al. (1989)
2) Simpson (1968)
3) 유희 (1801~1834)
4) 森 (1921)
5) 村川 (1934)
6) 정태현 등 (1937)
7) 안덕균 (1998)
8) 奧田 (1997)

사진: 김종원, 이승은
그림: 이승은

아재비과에 속하는 풀(草)을 약(藥)으로 사용했다.

미나리아재비과 식물은 기본적으로 건조한 곳에 살지 않으며, 대부분 수분이 풍부한 습지에 산다. 그 가운데에서 미나리아재비는 가장 건조한 편에 살며 종자와 뿌리줄기로 번식하는 여러해살이풀이다. 습지에서도 보이지만 우연이며, 전형적인 분포중심지는 습생 이차초원식생이다. 독성 때문에 초식동물이 싫어하듯, 가축을 방목하는 목초지에서는 귀찮은 잡초로 취급한다. 한편 젓가락나물은 습윤한 풀밭 식물사회가 온전하게 유지되면 드물게 나타나는데, 무덤 언저리에서도 수분

무덤 풀밭의 미나리아재비

뿌리

꿩의다리

Thalictrum aquilegiifolium **var.** ***sibiricum*** **Regel & Tiling**

형태분류

줄기: 여러해살이며, 바로 서서 어른 허리 높이로 자란다. 털 없이 매끈하고, 백록색을 띠며, 윗부분에서 가지가 갈라진다. 굵기가 지름 1㎝에 이를 정도로 굵어지기도 하며, 모가 진 능선이 있고, 속이 비어 있다.

잎: 어긋나고, 질감이 부드러우며, 3~4회3출복엽이다. 받침잎은 비교적 두드러지고 크며 막질이다. 쪽잎은 거꿀달걀모양에 가깝다. (비교: 은꿩의다리(*T. actaefolium*)의 쪽잎은 길이와 너비가 비슷한 원형이고, 뒷면이 분백색이다.)

꽃: 7~8월에 줄기 끝부분에 겹우산모양꽃차례로 흰색 또는 밝은 보라색 꽃이 핀다. 꽃받침조각이 있지만, 꽃이 필 때면 떨어져 나간다. 긴 흰색 수술이 꽃처럼 보이며, 이 수술대(花絲)는 곤봉 막대기모양이다.

열매: 여윈열매로 종자에 날개가 3~4개 있고, 종자 길이만 한 긴 까락·같은 것도 있다. 열매자루는 짧지만 분명하게 있고, 아래로 수그린다. (비교: 은꿩의다리는 여윈열매가 아래로 수그리지 않는다.)

염색체수: 2n=14(?)[1]

생태분류

서식처: 초지, 산지 풀밭, 밝은 숲속, 숲 가장자리, 벌채지, 조림지 등, 양지~반음지, 적습

수평분포: 전국 분포

수직분포: 아고산대 이하

식생지리: 냉온대~난온대(대륙성), 동시베리아, 사할린, 몽골, 중국(화북지구, 네이멍구, 저장 성 등), 만주, 연해주, 일본(혼슈 이남) 등

식생형: 이차초원식생, 산지 삼림식생(이차림)

생태전략: [경쟁자]~[터주-스트레스인내-경쟁자]

종보존등급: [IV] 일반감시대상종

이름사전

속명: 탈릭트룸(*Thalictrum* L.). 초록빛으로 자라는 어떤 식물에 대해 고대 그리스 박물학자(P. Dioscordes, c. 40~90 AD)가 사용한 희랍어 명칭에서 비롯한다.

종소명: 아퀴레지폴리움(*aquilegiifolium*). 쪽잎의 끝잎조각(頂小葉)이 독수리 발바닥을 닮았다는 데서 비롯한 라틴어 또는 중세 독일어 아켈라이(Akelei)에서 비롯한다는 설이 있다. 아켈라이는 비둘기를 의미하고, 끝잎조각이 비둘기 발바닥을 닮았다는 것에서 유래한다. 변종명 시비리쿰(var. *sibiricum*)은 시베리아에서 채집한 표본을 이용해 첫 기재한 것에서 비롯한다.

한글명 기원: 꿩의쟝다리, 꿩의졸가리,[2] 꿩(꿩)의다리,[3] 아세아꿩의다리, 아시아꿩의다리[4]

한글명 유래: 꿩과 다리의 합성어다. 처음에는 꿩의장다리 또는 꿩의졸가리로 기재되었고, 종소명을 참고해서 만들어진 이름[5]으로 추정된다. 종소명은 끝잎조각을 비둘기나 독수리의 발바닥에 빗댄 유럽 꿩의다리(*T. aquilegiifolium* var. *aquilegiifolium*)에 대한 라틴명이다. 그런데 우리나라 고전에는 미나리아재비과의 승마속(升麻屬, *Cimicifuga* L.)을 꿩(雉)과 관련한 치골목(雉骨木)[6] 또는 치각(雉脚, 씌쟝가리)[7]으로 기록한 향명이 나오는데, 이에 잇닿아 있을 개연성도 있다. 그도 그럴 것이 미나리아재비과 종류는 식물체의 지상부가 서로 많이 닮았다.

한방명: 마미련(馬尾連). 꿩의다리 종류(*Thalictrum* spp.)의 뿌리와 지상부를 통칭하는 약재명이다.[8]

중국명: 唐松草(Táng Sōng Cǎo). 수술대가 일본잎갈나무(*Larix kaempferi*, 낙엽송)의 잎을 닮은 데에서 비롯하고, 일본명에서 비롯한다. 일본잎갈나무는 일본 원산으로, 일본 중부 지역 혼슈(本州)의 산악 붕괴 입지에서 선구종으로 자생한다.

일본명: マンセンカラマツ(Mansenkaramatsu, 滿鮮唐松). 만주와 우리나라에 사는 가라마쓰(唐松)라는 뜻이다. 일본명 당송(唐松)은 상록성인 소나무와 달리 하록성인 낙엽송에 아름다운 당(唐) 무늬를 동경하는 일본 사람들의 정서가 드러난 이름이다.

영어명: Siberian Meadow-Rue

꿩의다리속(*Thalictrum* spp.)은 잎 모양이 변화무쌍하다.[9] 줄기 중간에 달리는 겹잎의 끝잎과 잎줄 형태와 털의 양상,[10] 수술대와 여윈열매의 모양 따위[11]가 분류에 도움이 된다. 꿩의다리는 꽃잎이 없고, 꽃받침도 일찍 떨어지므로, 꽃으로 삼는 것이 기실은 수술대(花絲)다. 꿩의다리 종류는 충매화이면서도 풍매화이기도 하다. 꽃가루는 있을지라도 꽃꿀(nectar)이 없다. 충매화와 풍매화의 전이 형태인 셈이다. 그래서 바람이 잘 통하는 곳이나 하늘이 뻥 뚫린 풀밭이 최적 서식환경이다. 우리나라에는 꿩의다리속 17종류가 분포하고,[12] 그중에서 꿩의다리가 가장 흔하고 널리 분포한다. 도시 산업화의 영향을 받은 입지에는 살지 않고, 비교적 청정하고 더욱 야생 상태인 곳에서 산다. 실제로 꿩이 좋아할 만한 풀밭이나 밝은 숲속이다.

꿩의다리는 동북아시아에서도 한반도를 중심으로 하는 상대적으로 건조한 대륙성 온대(냉온대~난온대) 지역에 주로 분포한다. 특히 외지고 높은 산에서 흔하다. 건조하지 않은 풀밭, 그것도 잎이 넓은 광엽초본형(廣葉草本型) 초원식생에 더욱 흔하다. 꿩의다리 본종(aquilegiifolium)은 중부 유럽에서부터 서부 유럽의 터키까지 널리 분포하고, 북반구 유라시아 대륙의 동단과 서단 온대 지역에서의 지리적 대응종이다. 서식환경조건이 동북아시아와 부분적으로 일치한다. 중부 유럽에서는 석회암지대에서도 자주 보이고, 독일 동남부에서는 모래자갈이 퇴적되어 수분환경이 좋은 땅에도 산다. 유럽오리

나무(*Alnus incana*)가 많은 밝은 숲속이나 바람이 잘 통하는 선선한 입지에서 빈도 높게 나타난다.[13] 유럽 꿩의다리는 약간 납작한 서양 배(梨)를 닮은 여윈열매의 바닥에 긴 자루(열매자루)가 붙어 있어서 뚜렷이 구별할 수 있다. 한편 만주에서는 꿩의다리를 묘과자(猫瓜子)[14]라고도 하는데, 여윈열매가 고양이

은꿩의다리

은꿩의다리

금꿩의다리

발톱을 닮은 데에서 비롯한다. 우리나라에서는 꿩의다리를 약재보다는 구황식물[15]로 기록한 바 있다.

한편 좀꿩의다리(*T. kemense* var. *hypoleucum*)는 잎도 작고, 작은꽃자루 길이도 1㎝가 채 되지 않지만, 서식환경이 좋은 곳에서는 키가 무려 최고 3m까지 자란다. 또한 더욱 해양성 기후 지역에 치우쳐 분포하며 결코 건조한 입지에는 살지 않는다. 드물게 억새와 같은 고경(高莖)초본식물군락에서도 나타나지만, 생육환경이 양호한 입지에서는 군락의 종다양성이 풍부한 잎이 넓은 식물사회에서도 높은 피도로 나타난다. 약간 습윤한 무덤 언저리 숲 가장자리에도 산다. 좀꿩의다리나 산간(山間) 계류의 선상지 언저리에 사는 금꿩의다리(*T. rochebrunianum*)는 모두 수술대(花絲)의 너비가 꽃밥의 너비보다 좁고, 주변이 훤히 뚫린 공간에서 훤칠하게 자라는 것이 특징이다. 이는 충매나 풍매에도 유리한 양매화(ambophily)의 꽃가루받이 전략[16]에 매우 유리한 생태적 적응이다.

---

1) Matsumura & Suto (1935), Oberdorfer (1983)
2) 森 (1921)
3) 森 (1921), 정태현 등 (1937)
4) 한진건 등 (1982)
5) 김종원 (2013)
6) 최자하 (1417)
7) 김정국 (1538)
8) 안덕균 (1998)
9) 박성준, 박선주 (2008)
10) 박종희, 박성수 (1999)
11) 전경숙 등 (2007)
12) 전경숙 등 (2007)
13) Schubert *et al.* (2001)
14) 한진건 등 (1982)
15) 森 (1921)
16) 전경숙 등 (2007)

사진: 이창우, 김종원

산꿩의다리

Thalictrum tuberiferum Maxim.
Thalictrum filamentosum var. ***tenerum*** (Huth) Ohwi

형태분류

줄기: 여러해살이로 어른 무릎 높이 이상 자라고, 윗부분에서 가지가 갈라지며 매끄럽다. 짧은 뿌리줄기가 있으며, 작은 뿌리는 종종 덩이줄기처럼 굵어진다. (비교: 자주꿩의다리(*T. uchiyamae*)는 가느다란 줄기가 약간 자색을 띤다.)

잎: 뿌리에서 난 잎은 하나이며, 긴 잎자루에 2~3회3출복엽이고, 쪽잎은 달걀모양이다. 줄기에 난 잎은 어긋나지만, 종종 마주나기도 하며 겹잎이다. (비교: 자주꿩의다리는 전혀 마주나지 않으며, 쪽잎은 가장자리에 큰 톱니가 있는 원형이다. 꼭지연잎꿩의다리(*T. ichangense*)의 잎은 연잎처럼 생긴 방패모양이며 잎자루는 배꼽 위치에 달린다.)

꽃: 7~8월에 줄기 끝부분에서 편평하게 퍼진 우산모양(散房狀)으로 꽃송이가 많이 핀다. 꽃잎은 없고, 수술은 10개 이상이며, 흰색 꽃술(花絲)은 곤봉 막대기모양으로 윗부분의 약밥(葯) 너비보다 훨씬 넓다. 꽃받침은 길이가 겨우 2㎜ 정도인 타원형이며 꽃이 필 즈음에 떨어진다. (비교: 자주꿩의다리는 흰빛이 도는 자색이고, 꽃이 드물게 달린다.)

열매: 여윈열매로 길이 3~5㎜이고, 약간 납작하게 좁아진 반달모양이다. 비교적 길이가 짧은(4㎜ 내외) 자루가 힘이 있기 때문에 여윈열매는 서거나 옆으로 또는 약간 아래로 처진다. 열매 전체 자루(果柄) 길이는 20㎜ 이하다.

염색체수: 2n=?

생태분류

서식처: 산지 풀밭, 밝은 숲속, 숲 가장자리, 임도 주변, 벌채지 등, 양지~반음지, 적습

수평분포: 전국 분포

수직분포: 산지대 이상

식생지리: 냉온대~아고산대, 만주, 연해주, 일본 등

식생형: 이차초원식생, 산지 삼림식생(이차림)

생태전략: [경쟁자]~[터주-스트레스인내-경쟁자]

종보존등급: [IV] 일반감시대상종

이름사전

속명: 탈릭트룸(*Thalictrum* L.). 초록빛으로 자라는 어떤 식물에 대해 고대 그리스 박물학자(P. Dioscordes, c. 40~90 AD)가 사용한 희랍어 명칭에서 비롯한다.

종소명: 투베리페룸(*tuberiferum*). 뿌리에 덩이줄기(*tuber*)가 있다는 것에서 비롯한 라틴명이다. 국가표준식물목록[1] 에서 채택하는 종소명 필라멘토줌(*filamentosum*)은 실 같다는 의미의 라틴어에서 유래하고, 변종명 테네룸(*tenerum*)은 부드럽고 섬세하며 긴 곤봉모양인 꽃술의 생김새를 드러내는 라틴명이다.

한글명 기원: 산꿩의다리[2]

한글명 유래: 산과 꿩의다리 합성어로 인적이 드문 깊은 산에서 주로 보인다는 일본명(深山唐松)에서 나왔다. 우리나라에서는 1921년 『조선식물명휘』[3]에 처음으로 기재되었는데 일본명만 나타난다. 꿩의다리는 20세기에 들어서 기재된 명칭으로, 마지막 쪽잎(頂小葉)을 비둘기나 독수리의 발바닥에 빗댄 서양 이름이 실마리가 되어 생겨난 이름이다.[4]

한방명: 마미련(馬尾連). 꿩의다리 종류(*Thalictrum* spp.)의 뿌리와 지상부를 통칭하는 약재명이다.[5]

중국명: 深山唐松草(Shēn Shān Táng Sōng Cǎo). 일본명에서 비롯한다.

일본명: ミヤマカラマツ(Miyamakaramatsu, 深山唐松). 인적이 드문 깊은 산에 나는 꿩의다리 종류라는 뜻이다.

영어명: Tuber-bearing Meadow-rue

에코노트

산꿩의다리는 이름대로 사람이 뜸한 산지에 산다. 꿩의다리보다 훨씬 드물고, 더운 곳보다는 선선한 환경을 좋아한다. 때문에 해발고도가 높은 냉온대에 분포중심지가 있으며, 종종 아고산대에서도 나타난다. 밝은 숲 속에 살지만, 숲 가장자리나 초지에 더욱 흔하고, 원시 자연림에서는 살지 않는다. 꿩의다리 종류는 잎의 다변성[6] 때문에 꽃차례가 드러나지 않는 시기에는 현장 분류가 혼란스러울 수 있다. 하지만 산꿩의다리는 줄기에 마주난 겹잎 잎차례가 있고, 전반적으로 잎이 원형이기보다는 약간 길고 개름해서 구별된다. 한국 특산종인 자주꿩의다리나 꼭지연잎꿩의다리는 더욱 뚜렷하게 구별된다. 자주꿩의다리는 잎이 거의 원형에 가깝고, 꽃차례가 엉성하면서 흰빛이 도는 자주색 꽃이 피며, 줄기도 약간 자줏빛이 도는 것이 특징이다. 꼭지연잎꿩의다리는 잎이 작은 방패처럼 생겼고, 잎자루가 잎몸의 배꼽 위치에 붙어 있다. 이 두 종은 해발고도가 그리 높지 않은 산지에 주로 분포하며, 특히 꼭지연잎꿩의다리는 꿩의다리 종류 가운데 유일하게 석회암 입지에서 출현빈도가 높다.

꼭지연잎꿩의다리

---

1) 국가표준식물목록위원회 (2014)
2) 정태현 등 (1937)
3) 森 (1921)
4) 김종원 (2013)
5) 안덕균 (1998)
6) 박성준, 박선주 (2008)

사진: 김종원

옥녀꽃대

Chloranthus fortunei (A. Gray) Solms

형태분류

줄기: 여러해살이며, 어른 종아리 높이까지 바로 서서 자란다. 자주색을 띠고, 각이 졌으며, 기부에 작고 비늘 같은 삼각형 잎이 쌍을 이루어 난다. 식물 전체에 털이 없고, 늘 무리를 이룬다. 짧고 굵은 땅속줄기가 발달하고, 가는 실 같은 뿌리가 길게 나며 향기가 짙다.

잎: 마주나고, 줄기 끝부분에 4장이 모여나는 듯해서 돌려나기로 보인다. 가장자리에 끝이 뾰족한 톱니가 있고, 표면 잎줄은 함몰한다. 잎자루 기부가 약간 적자색을 띤다. (비교: 홀아비꽃대(*C. japonicus*)는 가장자리의 뾰족한 톱니 끝이 더욱 날카롭고, 잎줄의 함몰 정도가 훨씬 뚜렷하다.)

꽃: 4~5월에 실처럼 긴(2㎝ 이하) 흰색 꽃술이 이삭꽃차례로 피고, 향이 무척 인상적이다. 수술은 3개이고, 수술대에 녹황색인 꽃밥이 1실 있으며, 가운데 수술대에는 꽃밥 2실이 붙었다. (비교: 홀아비꽃대는 꽃술이 짧고 뭉텅한 분위기다(1㎝ 이하). 가운데 수술대 이외에 양쪽 수술대에만 꽃밥이 1실 있고, 노란색이 두드러진다.)

열매: 물열매로 둥글고 물기 많은 열매 속에 씨가 하나씩 들어 있다. 포도송이를 축소한 모양이고, 녹황색으로 익는다.

염색체수: 2n=60,[1] 30[2]

생태분류

서식처: 초지, 무덤 언저리, 숲 가장자리, 아주 밝은 숲속 등, 양지~반음지, 적습

수평분포: 중부 이남(주로 제주도를 포함한 남부 지역)

수직분포: 구릉지대 이하

식생지리: 난온대~냉온대 남부·저산지대, 중국(화중지구, 화남지구, 그 밖에 산둥 성 등), 일본(간토 지역, 주고쿠 지역의 오카야마 현 서부, 규슈 지역 이키 섬 등 일부 지역[3]), 대만 등

식생형: 이차초원식생

생태전략: [경쟁자]~[터주-경쟁자]

종보존등급: [Ⅲ] 주요감시대상종

이름사전

속명: 클로란투수(*Chloranthus* Sw.). 녹색(*chloros*) 꽃(*anthos*)이라는 뜻의 희랍어에서 비롯한다.

종소명: 포르튜네이(*fortunei*). 중국에서 채집활동을 한 스코틀랜드인(R. Fortune, 1812~1880)을 기념하며 생긴 라틴어다.

한글명 기원: 옥녀꽃대,[4] 조선꽃대[5]

한글명 유래: 경남 거제도 옥녀봉에서 나는 꽃대에서 비롯한다고 한다.[6] 1969년에 처음으로 등장한 이름이다. 우리나라에서 클로란투수속(*Chloranthus* Sw.)은 1921년에 처음으로 한글명 없이 일본명(Hitorisizuka, 一人靜)으로 기재되었다.[7] 그래서 한글명 홀아비꽃대는 일본명에서 유래함을 알 수 있다. 그런데 일본명의 유래(아래 참조)를 고려한다면, 속명과 과명을 그냥 꽃대속 꽃대과로 하는 것이 바람직하다. 한글명 꽃대(*C. serratus*)라는 명칭이 1949년 2월에 이미 기록[8]된 바 있기 때문이다. 한편 *C. japonicus*의 홀아비꽃대[9]는 1934년의 홀애비꽃대라는 최초 한글명[10]을 맞춤법에 따라 바로 고친 것이다.

한방명: 은선초(銀線草). 홀아비꽃대를 약재로 쓰는데,[11] 옥녀꽃대도 혼용되는 것으로 보인다. 가느다란 은색 꽃차례에서 비롯한 이름일 것이다.

중국명: 丝穗金粟兰(Sī Suì Jīn Sù Lán). 실 같은 꽃차례(丝穗)의 꽃대속 종류라는 뜻이다. 중국에서 홀아비꽃대속을 금율란속(金粟兰属)이라 하고, 식물 전체를 약재로 쓴다.

일본명: キビヒトリシズカ(Kibihitorisizuka, 機微一人靜, 驥尾一人靜, 吉備一人靜). 미묘하게(機微) 아름다운 또는 발이 빠른 말의 꼬리(驥尾)를 닮은 꽃차례에서 비롯한다. Hitorisizuka(一人靜)는 꽃줄기가 하나 올라온 모습에서 유래하는데, 2개 올라오는 Futarisizuka(二人靜), 즉 꽃대(*C. serratus*)에 대비해서 생겨난 이름이다.[12] 일본명 한자 Kibihitorisizuka(吉備一人靜)는 주고쿠 지역 오카야마 현(岡山県) 키비(吉備)의 지역명에서 비롯하며, 야릇한 일본 정서가 묻어나는 독특한 사례다.

1712년의 『화한삼재도회(和漢三才図会)』에 나오는 헤이안시대(794~1185) 말 무렵에 가마쿠라(鎌倉) 막부를 전개한 무장(武將) 미나모토노(源義経, 1159~1189)의 가련한 애첩(寵妾) 이야기가 이름의 유래다. 옥녀꽃대의 또 다른 일본 명칭으로 Chousenhitorisizuka(朝鮮一人靜)도 있으며,[13] 1930년 나카이(中井)가 기재한 학명(*C. koreanus*)에서 비롯한다. 한편 Hitorisizuka(一人靜, *C. japonicus*)는 한글명 홀아비꽃대로, 이 홀아비는 일본명에 잇닿아 있다. 동남아에는 홀아비꽃대의 변종(*C. japonicus* var. *ramosa*)이 분포하며, 수정화(水晶花)라 한다.

영어명: Silkspike Chloranthus, Maiden chloranthus

에코노트

일반적으로 꽃피는 식물을 수록한 식물도감에서는 앞부분에 소나무를 포함한 나자식물이 먼저 나오고 피자식물이 뒤를 잇는다. 피자식물 가운데, 맨 앞부분에 등장하는 들풀 종류 하나가 옥녀꽃대가 속하는 홀아비꽃대속(이하 꽃대속, *Chloranthus* Sw.)이다. 그러니까 꽃대속은 피자식물 계통수에서 기저 부분에 위치하는 아주 오래된 분류군이라는 뜻이다. 이들은 기본적으로 꽃잎이 없고, 그냥 암술 하나와 수술 하나만 있으면 되는 진화초기의 단순한 구조에 가깝다.

꽃은 일주일 정도 피며, 암술이 약간 먼저 성숙한다. 수술이 흰색일 때 꽃에서 향기가 나며 이때 꽃가루받이 곤충이 찾아든다. 보통 해충으로 여기는 몸체 작은 삽주벌레류(thrips)와 무척 오래된 관계라고 한다. 꽃가루받이가 끝나면 향기는 거의 사라진다. 타가수분하면 열매가 생기지만, 자가수분과 무배생식을 하면 잘 생기지 않는다. 꽃대를 따라 수술 꽃밥과 주두(암술머리)가 든 꽃집(floral-axial chamber)이 발달하며, 이는 아주 효과적이고 경제적인 꽃가루받이에 중요한 구조이다. 꽃대속의 이런저런 생식전략을 종합하면 이들은 폐쇄화(closed flowers) 쪽으로 진화가 진행된다고 한다.[14]

꽃대속은 전 세계에 17종류가 알려졌고, 대부분 열대에서부터 온대의 아시아 습윤 지역에 분포한다. 우리나라에는 옥녀꽃대, 홀아비꽃대, 꽃대 3종이 있다. 우리나라와 같이 건습(乾濕) 차이가 뚜렷한 대륙성 기후 지역에서는 개체군 크기가 작은 편이다. 건조하지 않아 늘 습윤하고 비옥한 땅에서만 보인다. 그 가운데 옥녀꽃대가 난온대에 집중 분포하고, 다른 2종은 냉온대 지역에서도 산다. 해양성 기후 지역인 일본열도에서는 3종 모두 흔한 편이고, 그 가운데 홀아비꽃대와 꽃대는 더욱 흔하다. 반면에 옥녀꽃대는 우리나라에서 더욱 흔하므로 대륙성

기후에 잘 대응해 진화한 것으로 보인다. 다른 2종이 숲 식물사회의 구성원인 데 반해, 옥녀꽃대는 풀밭 식물사회의 구성원으로 건조에 쉽게 노출될 수밖에 없기 때문이다. 특히 강한 대륙성 기후를 보이는 내륙 도시 대구 근교의 야산에도 옥녀꽃대가 드물지 않게 자생한다.[15] 옥녀꽃대는 해안을 따라 중부 지역까지 북상 분포하고, 내륙으로는 냉온대 남부 저산지대 이하에 분포한다. 서해안 대부도에 분포하는 옥녀꽃대는 최북단 분포 개체군이고,[16] 이는 황해 건너 중국 산둥 성의 분포와 수평적으로 정확히 일치한다.

옥녀꽃대는 숲 가장자리나 밝은 숲속에서도 살지만, 분포중심은 초원식생이다. 옥녀꽃대는 1976년 이름이 알려지기 전까지 홀아비꽃대와 혼용되곤 했다. 두 식물체를 옆에 두고 비교하면 금방 차이를 알아차릴 수 있지만(앞의 형태분류 참조), 따로따로 만나면 한 종류로 오해하기 십상이다. 최근에는 오묘한 이름, 신비스런 꽃 모양과 향기 때문에 많이 주목 받는다. 홀아비꽃대속은 식물체에서 오묘한 향이 나고, 뿌리에서는 더욱 강한 향이 난다. 항균작용을 하는 진한 파스 향 같다. 중국은 홀아비꽃대속의 종다양성이 가장 풍부한 나라지만, 고전 중약 목록에는 나오질 않는다. 우리나라도 마찬가지다. 최근 들어 천연물에 관한 연구 성과가 하나둘씩 쌓이면서 주목 받기 시작했지만, 현지내(*in-situ*) 야생 개체군의 남획이 우려되는 실정이다. 『적색자료집』에서는 꽃대(*C. serratus*)를 정보부족종(DD)으로 등재했지만,[17] 종보존등급은 [Ⅲ] 주요감시대상종으로 평가된다.

육지에 사는 식물은 건조를 극복해야 한다. 에너지를 적게 들이면서 효과적으로 수분을 이용하는 전략이 식물의 진화 방향이다. 이른 아침 매일같이 꽃대속(*Chloranthus* Sw.) 종류에서 볼 수 있는 잎 가장자리 톱니 끝에 물방울이 맺히는 이른바 일액(溢液) 작용이라는 것도 근압(根壓)을 조절하는 진화의 결과다. 증산작용 없이도 근압 때문에 삼투압의 반대 방향으로 물이 흐른다. 근압은 뿌리 속에 물을 채워야 하는데, 뿌리 속으로 철(Fe)이 집적되면서 일어나는 것이다. 근압이 증가하면서 물은 뿌리에서 줄기의 물관

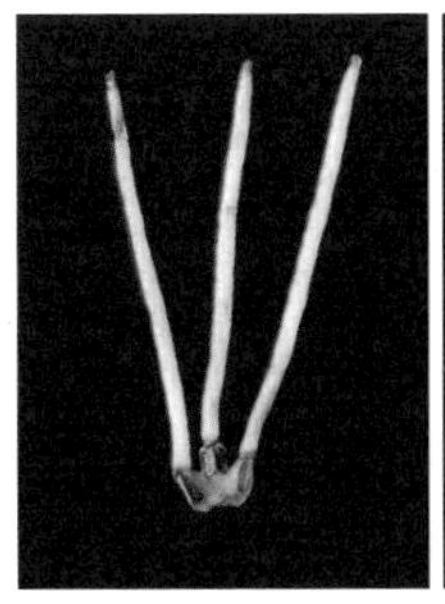
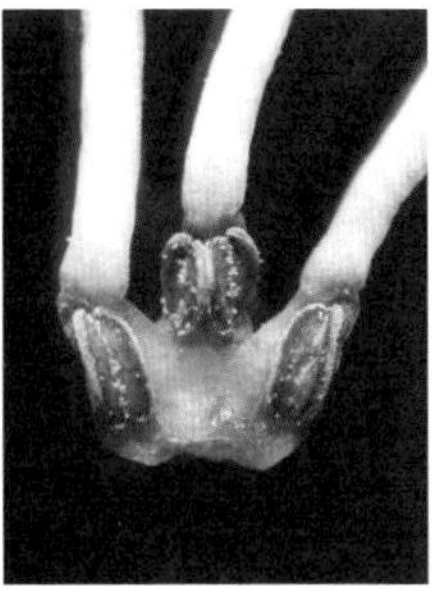

옥녀꽃대의 수술 꽃밥

부를 통해 마침내 잎줄 위로 흐른다. 늘 습윤한 곳에 살았기에 한 번씩 찾아오는 물관부 속이 비는 치명적인 건조 스트레스를 신속하게 벗어날 수 있는 매우 확실하고 효과적인 기작인 셈이다.[18] 꽃대속처럼 식물도감 앞쪽에 나오는 식물 대부분이 그렇게 건조를 극복하는 방법을 갖고 있다.

---

1) 品川, 田中 (1964), Kong (2000)
2) FOC (1999)
3) 大井 (1978)
4) 이창복 (1969)
5) 이우철 (1996b)
6) 이우철 (2005)
7) 森 (1921)
8) 박만규 (1949. 2)
9) 정태현 등 (1949. 11)
10) 정태현 등 (1934)
11) 안덕균 (1998)
12) 牧野 (1961)
13) 米倉, 梶田 (2003)
14) Luo & LI (1999)
15) 이정아 (2016, 미발표 구두정보)
16) 임용석 등 (2014)
17) 환경부·국립생물자원관 (2012)
18) Feild *et al.* (2009)

사진: 엄병철, 이정아, 김종원

물레나물

Hypericum ascyron L.

형태분류

줄기: 여러해살이며, 다발을 만들어 사는 초본이다. 어른 허리 높이만큼 자란다. 오래된 줄기는 목질화되고, 아랫부분에서 눕기도 한다. 약간 붉은빛이 도는 어두운 자색이고, 어린 가지의 단면은 사각이다. 식물 전체는 털이 없고, 윗부분에서 종종 가지가 갈라진다.

잎: 마주나고, 순서대로 어긋나는 십자모양으로 배열한다. 잎이 얇은 편이라서 하늘을 향해 비추어 보면 가냘프고 투명한 유점(油點)이 보이며, 문지르면 독특한 향이 난다. 연꽃잎처럼 물방울이 맺히지 않는다.

꽃: 6~9월에 줄기에 난 가지 끝에 피며, 노란색 바탕에 붉은빛이 약간 도는 꽃잎이 5장이다. 꽃잎은 꽃가루받이가 이루어지면 시들기 시작하면서 물레처럼 한쪽 방향으로 굽어 파상으로 배열한다. 서식환경에 따라 꽃피는 시점이 다양하고, 간헐적이지만, 한 송이씩 순서대로 핀다(一日花). 많은 수술이 5개씩 다발로 나고, 암술대는 수술보다 길고 5개다.

열매: 위로 향하는 달걀모양 캡슐열매 속에 작은 여윈열매(蒴果)가 가득 들어 있다.

염색체수: 2n=16, 18, 20, 22 (보통 18)[1]

생태분류

서식처: 초지, 산간 계류 범람원 언저리, 숲 가장자리, 임도 언저리, 산기슭 풀숲 등, 양지, 적습~약건

수평분포: 전국 분포

수직분포: 산지대 이하

식생지리: 냉온대, 중국(신장을 제외한 전역), 만주, 연해주, 몽골, 일본, 사할린, 쿠릴열도, 캄차카반도, 북미 등

식생형: 초원식생

생태전략: [터주-스트레스인내자]~[터주-스트레스인내-경쟁자]

종보존등급: [IV] 일반감시대상종

이름사전

속명: 이페리쿰(*Hypericum* L.). 위를 뜻하는 '*hyper*'와 그림을 뜻하는 '*eikon*'의 합성어로 집안의 악령을 쫓아내고자 성인의 인물화 위에 올려놓은 꽃에서 비롯한다.[2] (상세 내용은 『한국 식물 생태 보감』 1권 「물레나물」 편 참조)

종소명: 아스쉬론(*ascyron*). '단단하지 않다'는 뜻의 라틴어로, 오래된 줄기는 쉽게 고사한다는 뜻에서 비롯했을 것이다.

한글명 기원: 마ᄃᆡ치, 물네나물,[3] 물레나물[4]

한글명 유래: 물레와 나물의 합성어다. 꽃가루받이가 끝난 꽃은 꽃잎 5장이 마치 물레바퀴처럼 한쪽 방향으로 뒤틀리는데, 그 특성에서 비롯했을 것이다. 물레나물 종류의 어린잎은 삶아서 나물로 먹었다[5]고 한다.

한방명: 홍한련(紅旱蓮). 지상부를 약재[6]로 이용한다.

중국명: 黃海棠(Huáng Hǎi Táng). 노란색 꽃이 피는 해당(海棠)이라는 뜻이다.

일본명: トモエソウ(Tomoesou, 巴草), 꽃잎이 밖으로 소용돌이치는 모양에서 비롯한다.

영어명: Great St. John's Wort

에코노트

물레나물은 초원식생 구성원이지만, 잔디나 억새와 같은 화본형(禾本型) 식물이 우점하

망종화

는 식물사회의 구성원은 아니다. 그늘지고 신선한 공기가 머무는 숲 가장자리나 산간 풀숲에서 종종 보이고, 개방 입지에서도 토양 수분이 메마르지 않는 곳이 분포중심지다. 도시화된 곳이나 오염된 곳에서는 살 수 없다. 그런데 알칼리성 암석인 석회암 입지에서도 나타난다. 생태적 서식 범위가 넓다는 뜻이다. 개체군 크기는 제한적이어서 늘 개체 수준으로 보인다. 기본적으로 생육환경 변화에 민감하기 때문이다.

물레나물(*H. ascyron sensu lato*)은 북미 온대 초지에도 분포하는 광역분포종[7]으로 생육조건에 따라 다변성이 보인다. 그래서 북미 개체군을 다른 종(*H. pyramidatum*)으로 취급하는 경우[8]도 있다. 건조하고 척박한 땅에 사는 개체들은 꽃 크기가 정상의 1/2 수준이고, 꽃도 간헐적으로 피면서 전형적인 물레나물과 다른 모습을 보인다. 생태적 유연성이 그만큼 크다는 뜻이다. 최근 가정집 정원이나 공원에서 물레나물과 많이 닮은 중국산 망종화(*H. patulum*)나 미국산 갈퀴망종화(*H. galioides*)라는 화훼식물을 흔히 볼 수 있다. 이들은 겨울에도 줄기가 남는 목본성이어서 부드러운 풀 상태인 물레나물과 차이 난다.

---

1) Kogi (1984), FOC (2014)
2) Gledhill (2008)
3) 森 (1921)
4) 정태현 등 (1949)
5) 村川 (1932)
6) 안덕균 (1998)
7) FOC (2014)
8) Gleason & Cronquist (1991)

사진: 이정아, 김종원

고추나물

Hypericum erectum **Thunb.**

형태분류

줄기: 여러해살이로 단면이 둥글고, 가늘지만 딱딱한 줄기가 바로 서며 어른 무릎 높이까지 자란다. 땅속줄기는 다발을 만들지만, 기면서 번지는 않는다. (비교: 채고추나물(*H. attenuatum*)은 목질 뿌리줄기가 약간 달리기도 한다.)

잎: 마주나고, 순서대로 어긋나는 십자모양으로 배열한다. 잎이 개름한 달걀모양으로 밑에서 줄기를 감싸는 듯하고, 너비는 3㎝ 이하이며, 하늘을 향해 비추어 보면 검은 유점(油點)이 있다. (비교: 채고추나물은 줄기를 감싸지 않는다.)

꽃: 7~8월에 노란색으로 줄기나 가지 끝에 모여 피고, 일일화(一日花)이다. 꽃잎은 5장이고, 길이가 서로 다른 아주 많은 수술이 3개씩 묶여서 나며, 암술대는 3개다. 꽃받침은 길쭉한 달걀모양이면서 매끈한 가장자리에 검은 유점이 있다.

열매: 캡슐열매로 8~9월에 익으면 지름 1㎜보다 작은 황갈색 씨가 흩어져 나온다. 바깥씨껍질에 미세한 그물 무늬가 있다.

염색체수: 2n=16,[1] 18[2]

생태분류

서식처: 초지, 산지 풀밭, 임도 주변, 숲 가장자리 등, 양지~반음지, 적습

수평분포: 전국 분포(개마고원 이남)

수직분포: 산지대 이하

식생지리: 난온대~냉온대, 중국(화남, 화중(안후이 성, 저장 성 등), 화북(허베이 성, 허난 성 등), 대만, 사할린, 일본 등

식생형: 이차초원식생

생태전략: [터주-경쟁자]~[터주-스트레스인내-경쟁자]

종보존등급: [IV] 일반감시대상종

이름사전

속명: 이페리쿰(*Hypericum* L.). 위(*hyper*)와 그림(*eikon*)의 합성 라틴어다.[3] (상세 내용은 『한국 식물 생태 보감』 1권 「물레나물」 편 참조)

종소명: 에렉툼(*erectum*). 바로 서서 피는 꽃차례에서 비롯한 라틴어다.

한글명 기원: 고초나물,[4] 련교(초), 쇼련교, 어아리(나무), 교초나물(翹草菜),[5] 고추나물[6]

한글명 유래: 고추와 나물의 합성어다. 한자 교초채(翹草菜)에서 전화한 명칭으로 중국명에 잇닿아 있을 것으로 추정된다.

한방명: 소연교(小連翹). 지상부를 약재로 쓴다.[7] 중국명에서 비롯한다.

중국명: 小连翘 (Xiǎo Lián Qiáo). 작은(小) 개나리(连翘)라는 뜻으로, 꽃 색깔에서 비롯했을 것이다.

일본명: オトギリソウ(Otogirisou, 弟切草). 헤이안(平安)시대, 송골매를 잘 다루는 명장이 동생(弟)을 죽이는(切) 이유가 된 풀(草)이라는 데에서 비롯한다. 고추나물이 매의 상처를 치료하는 특효약이라는 것을 비밀로 삼았는데, 어느 날 동생이 소문을 내는 바람에 명장이 동생을 죽이고 말았다는 이야기다.[8]

영어명: Erect St. John's Wort

에코노트

서양에서 가장 오래된 약용식물 가운데 하나가 물레나물속 식물(*H. perforatum*, 가칭 서양고추나물)이다. 영어명이 말해 주듯이 성 요한(St. John)의 기념일에 이용된 것처럼 그와 관련한 역사가 오래다. 물레나무속(*Hypericum* L.)은 속명에서 유래하는 하이퍼리신(hypericin)을 함유하며, 이 물질은 우울증 치료제로 쓰인다. 우리나라의 고추나물에도 서양고추나물과 같은 성분이 들어 있다고 한다.[9] 중국에서도 소연교(小連翹)라 하면서 약재로 이용한 역사가 매우 오래다. 잎을 씹

으면 새콤한 맛이 나고, 열매가 익을 쯤 식물체 지상부를 채취해 약으로 쓴다. 잎을 짓이겨서 상처에 바르면 곪은 데를 낫게 한다고 했다.[10] 하지만 물집, 조직손상, 식욕감퇴, 설사, 시력감퇴, 경련 등과 같은 여러 가지 부작용도 있다니 조심해야 한다.

고추나물은 주로 종자로 번식하면서 늘 개체 수준으로 보인다. 무리를 만들지 않고, 조그맣게 몇 포기씩 모여 산다. 즉 생육 분포에 어떤 제한이 있다는 뜻이다. 특히 건조를 극복하지 못한다. 그렇다고 습지식물은 아니다. 우리나라처럼 대륙성 기후 지역에서는 개체군 크기가 제한될 수밖에 없다. 고추나물도 물레나물과 마찬가지로 생육조건에 따라 잎과 꽃의 크기와 형태에 변이가 심하다. 가끔은 채고추나물과 혼동하기도 한다.

채고추나물의 분포중심은 냉온대로 더욱 한랭한 지역에 분포한다. 전국에 분포한다는 정보도 있지만,[11] 개체군 크기는 늘 몇 포기가 모여나는 수준이어서 희귀하다. 유문암이나 사문암과 같은 입자가 가는 세립질 암석권의 츠렁모바위나 급경사 산지처럼 토양 발달이 빈약하고 척박하며 건조한 곳에서도 나타난다. 채고추나물은 서식처 조건에 따라 간헐적으로 꽃을 피우며, 이는 종자 생산에 불리한 형편이라는 뜻이다. 북한에서는 평양 대성산과 상원군 수산산에 분포한다고 알려졌다.[12] 일본열도에서는 채고추나물의 분포가 뒤늦게 알려졌으며, 혼슈 주부나 시코쿠 지방의 사문암지대와 같은 척박한 토지 환경에서 매우 드물게 나타난다.[13] 일본명(Tosaotogirisou, 土佐弟切草)은 도사견 산지인 일본 혼슈 중부의 도사(土佐)에서 채집된 식물체로 처음 기재되면서 생겨난 이름이다. 한글명 채고추나물의 '채'는 중국명(赶山鞭)[14]의 채찍 편(鞭) 자에서 비롯한다.

---

1) Nishikawa (1985)
2) Probatova *et al.* (1989)
3) Gledhill (2008)
4) 森 (1921)
5) 村川 (1932)
6) 정태현 등 (1937)
7) 안덕균 (1998)
8) 奥田 (1997)
9) Huh (2007)
10) 村川 (1932)
11) 산림청 (2014)
12) 고학수 (1984)
13) 北村, 村田 (1982b)
14) 森 (1921)

사진: 류태복

장대나물

Arabis glabra (L.) Bernh.

형태분류

줄기: 해넘이한해살이지만, 드물게 2년 이상 살기도 한다. 전체가 분백색을 띠며, 가늘고 길게 자라서 장대 같은 느낌이다. 첫 해에는 원줄기 없이 뿌리에서 난 로제트처럼 자라고, 이듬해에 긴 원줄기를 내면서 꽃이 핀다. 땅속뿌리를 수직으로 깊이 내린다.

잎: 뿌리에서 난 로제트는 양면에 엇갈린 털(叉狀毛)과 별모양 털(星狀毛)이 있다. 줄기에 난 잎은 어긋나고, 줄기 아랫부분에 난 잎일수록 크며, 활촉모양으로 줄기를 감싼다. 표면에는 털이 없고 매끄러운 편이다.

꽃: 4~6월에 원줄기 끝부분에 황백색으로 피고, 꽃잎 4장이 십자형을 이룬다.

열매: 길이가 긴 뿔열매(長角果)가 원줄기와 평행해서 밀착하고, 두 조각으로 갈라져서 종자를 산포한다. 종자에 테가 있으나 날개에는 없다(비교: 털장대(*A. hirsuta*)는 장대나물에 비해 털이 많고 분백색이 아니며, 종자에 날개가 있고, 1열로 배열한다.)

염색체수: 2n=12,[1] 16, 32[2]

생태분류

서식처: 초지, 하천 모래자갈 제방이나 바닥, 해안 모래땅, 농촌 길가 등, 양지, 약건~적습

수평분포: 전국 분포

수직분포: 구릉지대 이하

식생지리: 난온대~냉온대, 중국(황해를 접하는 장슈 성, 랴오닝 성, 산둥 성, 저장 성 등), 만주,[3] 몽골, 일본 등, 북반구 전역(호주에 귀화)

식생형: 이차초원식생

생태전략: [터주자]~[터주-경쟁자]

종보존등급: [V] 비감시대상종

이름사전

속명: 아라비스(*Arabis* L.). 아라비아 지역을 뜻하는 라틴어다.

종소명: 글라브라(*glabra*). 털이 없이 매끄럽다는 뜻의 라틴어로 줄기에 난 잎에 털이 없는 것에서 비롯한다.

한글명 기원: 장대나물[4]

한글명 유래: 장대와 나물의 합성어다. 우리나라에서 장대나물이 처음 기재[5]될 때, 깃대를 뜻하는 일본명(旗竿)만 기록되었다. 일본명이 실마리가 된 것으로 추정한다.

한방명: -

중국명: 賽南芥(Sài Ná Jiè). 굿할 새(賽) 자에서 알 수 있듯, 굿판에서 이용하는 자그마한 깃대를 닮은 장대나물 종류(南芥)라는 뜻이다.

일본명: ハタザオ(Hatajao, 旗竿). 기(旗)를 다는 장대(竿)를 의미하며, 꽃차례 모양에서 비롯하고 중국명에 잇닿아 있다.

영어명: Tower Rockcress, Tower Mustard

에코노트

장대나물은 북반구 온대 전역에서 보이는 광역분포종(유럽과 중국에서는 *Turritis glabra* 로 기재함)[6]으로 건조한 입지에 주로 산다. 모래와 자갈땅 가운데 직사광선에 완전히 노출된 곳이다. 수분환경이 매우 불리한 입지다. 광합성을 위해 CO_2를 흡수하려고 기공을 열기라도 하면 뜨거운 열기 때문에 뿌리에서 공급되는 수분이 기공을 통해 증발산되어 쉽게 수분스트레스를 받는다. 그래서 장대나물은 고온 건조한 시간을 피해 아침저녁이나 밤에 주로 탄소동화작용을 한다. 그런 서식환경조건에서는 우거진 풀숲 형태가 아니라, 늘 성긴 식물사회가 발달한다.

장대나물은 일반적으로 가을에 발아해서

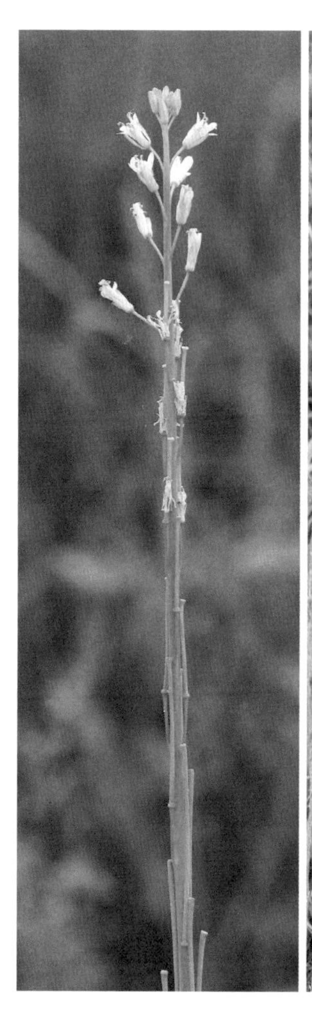

1) Titz & Schnattinger (1980)
2) FOC (2013)
3) Kitagawa (1979)
4) 정태현 등 (1937)
5) 森 (1921)
6) Oberdorfer (1983), FOC (2014)

사진: 김종원

이듬해 초가을까지 사는 해넘이한해살이다. 때로는 2년 이상 사는 경우도 있다. 첫 해에는 줄기 없이 광합성 기관인 잎이 땅바닥에 로제트처럼 퍼져 나고, 다음 해에 높이 자란 줄기에 잎이 달리며 꽃과 열매를 맺는다. 5월경에 발아한 개체는 가을이 되기 전에 고사하며 일 년 간의 삶을 마감한다.

장대냉이

Berteroella maximowiczii (Palib.) O.E. Schulz ex Loes.
Stevenia maximowiczii (Palib.) D. German & Al-Shehbaz

형태분류

줄기: 해넘이한해살이 또는 한해살이며, 바로 서서 어른 무릎 높이 이하로 자란다. 흰빛이 도는 녹색이며, 줄기 중간 부분에서 가지가 하나씩 옆으로 갈라진다. 별모양 털이 빼곡하다.

잎: 뿌리에서 난 잎은 없으며, 줄기에 난 잎은 어긋난다. 거꿀달걀모양으로 가장자리에 톱니가 없고, 잎자루도 거의 없다. 줄기 위쪽으로 가면서 잎이 점점 작아진다. 양면에 별모양 털이 있다.

꽃: 6~8월에 줄기나 가지 끝에서 십자모양인 옅은 붉은색 꽃이 송이꽃차례를 만들며 핀다. 꽃받침조각은 줄모양으로 길이가 2.5㎜ 정도다.

열매: 껍질열매는 길이 1㎝ 이하로 아주 긴 원기둥모양인데 그 끝이 침처럼 뾰족하며 길다. 열매자루는 위를 향하고, 전체에 별모양 털이 빼곡하다. 익으면 껍질이 터지고 길이 1㎜인 적갈색 씨가 흩어진다. 열매껍질이 터질 때까지 줄기와 평행하게 붙어 난다.

염색체수: 2n=30[1)]

생태분류

서식처: 초지, 산비탈 길가, 산지 숲 가장자리, 밝은 숲속, 츠렁모바위, 시렁모바위 등, 양지, 적습~약건

수평분포: 전국 분포(개마고원 이남)

수직분포: 산지대 이하

식생지리: 냉온대~난온대(대륙성, 준특산), 중국(허베이 성, 장쑤 성, 랴오닝 성, 저장 성 등 황해 연안의 여러 성과 허난 성 등), 일본(혼슈 히로시마 현), 대마도 등

식생형: 이차초원식생, 임연식생

생태전략: [터주자]~[터주-경쟁자]

종보존등급: [IV] 일반감시대상종

이름사전

속명: 베르테로엘라(*Berteroella* O.E. Schulz). 독일 식물학자 슐츠(Otto E. Schult)가 이탈리아의 의사이자 여행가인 사람(Carlo Guiseppe L. Bertero, 1789~1831)을 기념하면서 부여한 라틴명이다. 십자화과에 새로운 족(族: *Crucihimalayeae* D. German & Al-Shehbaz, 2010)이 발표[2)]되면서 장대냉이의 올바른 속명은 슈테베니아(*Stevenia* Adams ex Fisch.)가 되었고, 이는 핀란드의 Nikita 식물원 관장(Christian von Steven, 1781~1863) 이름에서 비롯한다.

종소명: 막시모비치(*maximowiczii*). 러시아 상트페테르부르크(Saint Peterburg) 식물원의 연구원으로 극동아시아 식물분류에 크게 기여한 러시아 식물학자(K. J. Maximowicz, 1827~1891) 이름에서 비롯한다.

한글명 기원: 장대냉이[3)]

한글명 유래: 장대와 냉이의 합성어다. 식물체가 장대처럼 위로 솟은 모양과 십자화과(十字花科)의 냉이와 닮았다는 일본명(花薺)에서 비롯한 이름일 것이다. 하지만 냉이 종류(*Capsella* spp.)가 아니다. 우리나라에서 처음 기재될[4)] 때에 한글명 없이 일본명만 기록되었다.

한방명: -
중국명: 锥果芥(Zhuī Guǒ Jiè). 열매(果) 끝이 침(锥)처럼 길게 뾰족한 십자화과 식물(芥)이라는 것에서 비롯한다.
일본명: ハナナズナ(Hananazuna, 花薺). 꽃(花)이 예쁜 냉이(薺)라는 것에서 비롯한다. 하지만 냉이 종류는 아니다.
영어명: Steven's Shepherdspurse

에코노트

장대냉이는 이름에 냉이(*Capsella bursa-pastoris*)가 들어가지만, 실제로는 전혀 다른 분류군이다. 십자화과(十字花科) 중에서 동아시아에 분포하는 유일한 1속 1종이다. 한반도가 분포중심인 사실상 우리나라 준특산종이다. 황해를 접하는 중국의 여러 성에 분포하고,[5] 일본에서는 더욱 대륙성인 대마도와 혼슈 히로시마 현 일부 지역에만 극히 제한적으로 분포한다.

장대냉이는 전국에 분포하지만, 개체군이 크지 않아서 자주 보이지 않는다. 혹독한 동절기 추위에 노출된 한반도 최북단과 만주에는 분포하지 않고, 한랭한 북사면 입지에서도 거의 보이지 않는다. 이는 장대냉이가 온난한 서식환경에 치우쳐 산다는 증거다. 해넘이한해살이기도 하지만, 여름형 한해살이로도 산다. 그런데 온대 지역에 사는 해넘이한해살이에서 일반적으로 보이는 로제트 잎(겨울 추위를 극복하기 위해 뿌리에서 난 잎)이 장대냉이에서는 보이지 않는다. 로제트 잎이 없어도 될 만큼 온난한 지역에 주로 분포하기 때문일 것이다. 오뉴월에 로제트모양 잎이 나고, 겨울이면 지상부는 고사하고 이듬해 일찍 꽃이 핀다.

장대냉이가 우리나라에서 처음 기재될 때[6] 지금은 이명(異名)으로 취급하는 학명(*Sisymbrium maximowizii*)을 기재하면서 일본명

장대냉이 로제트 잎

만 기록했다. 사람들에게 인식될 정도로 흔한 종은 아니었기 때문일 것이다. 향토 이름도 없었고, 약재나 나물로 이용했다는 습속도 전하지 않는다. "어린잎을 먹는다"는 기록[7]이 있지만, 정보의 출처가 확인되지 않는다. 실제로 장대냉이의 어린잎을 나물로 이용하기에는 생체량이 매우 빈약할뿐더러, 개체군 크기도 작고 흔치도 않다.

한편 장대라는 명칭이 있는 또 다른 종류가 있다. 한반도 북쪽 혹한 지역에 더욱 흔한 가는장대(*Dontostemon dentatus*)이다. 남한에서는 전국적으로 분포하지만 개체군 크기는 작다. 사문암 입지처럼 오히려 척박한 환경의 풀밭에서 흔한 편이다.

---

1) Ishida *et al.* (2001)
2) German & Al-Shehbaz (2010)
3) 정태현 등 (1937)
4) 森 (1921)
5) FOC (2014)
6) 森 (1921)
7) 임록재, 도봉섭 (1988)

사진: 김종원

가는장대

Dontostemon dentatus (Bunge) C.A.Mey. ex Ledeb

형태분류

줄기: 해넘이한해살이며, 뿌리에서 주로 하나씩 솟아나서 어른 무릎 높이 이상으로 바로 서서 자란다. 약간 단단한 편이고, 윗부분에서 갈라진 가지가 하나씩 길게 난다. 식물체 전체에 약간 곱슬한 털이 있거나 없다.

잎: 줄기에 난 잎은 어긋나고, 잎자루가 약간 있는 경우도 있다. 좁은 창끝모양으로 가장자리에는 드물게 톱니가 있다. 여름 이후로 뿌리에서 로제트 잎이 생긴다.

꽃: 5~7월에 줄기나 가지 끝에서 십자모양의 옅은 홍색 꽃이 송이꽃차례를 만든다. 꽃받침 조각 4개는 선형이다. 수술은 6개로 안쪽에 있는 4개는 각각 쌍을 이루어 붙어서 나고, 다른 2개는 수술보다 길다.

열매: 껍질열매는 폭 1㎜ 정도의 가늘고 긴 원기둥모양이고, 긴 열매자루는 털이 거의 없고 위를 향한다. 익으면 껍질이 파열하고 좁은 날개가 있는 길이 1㎜ 전후의 작은 갈색 씨가 산포한다.

염색체수: 2n=14[1)]

생태분류

서식처: 초지, 산비탈 풀밭, 숲 가장자리, 시렁모바위틈, 바닷가 절벽 틈 등, 양지, 적습~약건

수평분포: 전국 분포(주로 중북부 지역)

수직분포: 산지대~구릉지대

식생지리: 냉온대(대륙성), 만주, 중국(화북지구, 화중지구의 장쑤 성과 안후이 성, 기타 네이멍구, 신장 성, 윈난 성 등), 연해주, 몽골, 일본(혼슈 이남) 등

식생형: 이차초원식생

생태전략: [스트레스인내자]~[스트레스인내-경쟁자]

종보존등급: [IV] 일반감시대상종

이름사전

속명: 돈토스테몬(*Dontostemon* Andrz. ex Ledeb.). 톱니(*odontos*)와 수술(*stemon*)을 뜻하는 희랍어에서 유래하는 것으로 추정하지만,[2)] 1831년의 원기재(Flora Altaica 3: 4, 118쪽)에 따르면 "수술 두 개가 쌍을 이루어 더 길어져 있 모양(*Stamina longiora per paria concreta*)"을 뜻하는 라틴어에서 유래할 것이다. 그런 수술의 형태는 십자화과 속에서 관찰되는 가는장대속만이 갖는 특징이다.

종소명: 덴타투스(*dentatus*). 톱니(이빨)를 뜻하는 라틴어로 잎 가장자리의 톱니에서 비롯할 것이다.

한글명 기원: 가는장대[3)], 꽃장대[4)]

한글명 유래: 좁은 창끝모양(가는) 잎에서 유래한다고 한다.[5)] 우리나라에서 첫 기재는 1921년의 일[6)]로 일본명(Hanahatazao)으로만 이루어졌고, 제주도로부터 북한 청진까지 분포한다는 사실을 전한다.

한방명: -

중국명: 花旗杆(Huā Qí Gān). 열매(果) 끝이 침(锥)처럼 길게 뾰족한 십자화과 식물(芥)이라는 것에서 비롯한다.

일본명: ハナハタザオ(Hanahatazao, 花旗竿). 중국명에 잇닿아 있다.

영어명: Dentate Dontostemon

에코노트

최근 북한 기록에는 가는장대속에 2종이 나온다. 가는장대와 큰꽃장대(*D. hispidus*)이다. 후자는 처음부터 자강도 낭림산과 함북 동관진(潼關鎮) 지역에 분포가 알려진 것처럼[7] 개마고원 이북 북한 지역에만 분포한다고 알려진다.[8] 그런데 한글명 가는장대를 처음 기록한 『조선식물향명집』(1937년)[9] 이후로 남한에서는 한동안 1속 1종만을 취급했었다. 남한 지역에서는 사실상 가는장대뿐이고, 개체군도 그리 크지 않다. 주로 한랭하거나 척박한 입지에서 드물게 관찰되는데, 주로 중부 지방에 분포한다.

가는장대속에는 전 세계에 11종류가 있고,[10] 모두 아시아에 자생하고, 분포 중심지는 대륙성의 건조한 온대이다. 열대나 아열대 또는 습윤한 온대에서는 자생하지 않지만, 가는장대가 유일하게 그 분포 영역을 확장한 종류이다. 해양성 온대인 일본에서는 무척 희귀해 절멸위기식물(critically endangered plant)로 취급하며 보호한다. 최근에 새로운 분포가 보고된 규슈 구마모토 현을 포함해서 나가사키 현과 혼슈 지역의 몇 군데(후쿠시마 현, 시즈오카 현, 히로시마 현)로 손에 꼽을 정도이고, 개체군 크기도 매우 제한적이다.[11] 그 서식처는 한적한 야생 풀밭으로 잘 보존된 해안 배후 사구, 산지 시렁모바위, 이차건생 초지이다. 남한에서 관찰되는 서식환경과 별반 다르지 않다.

가는장대는 스트레스인내자라 할 정도로 척박하고 건조한 입지 환경을 극복한다. 초염기성 암석권인 안동 풍산의 사문암 입지에서 심심찮게 관찰된다. 정보의 출처가 확인되지 않지만, "어린잎을 먹는다"[12]는 말이 있다. 하지만 가는장대는 장대냉이처럼 어린잎을 나물로 이용하기에는 생체량이 매우 빈약할뿐더러, 개체군 크기도 작고 흔치도 않다. 한편 국가표준식물목록에는 큰장대(*Clausia trichosepala* (Turcz.) Dvořák)라는 또 다른 유사종이 기재되어 있다. 북한 자료에서는 가는장대속의 큰꽃장대(*Dentostemon hispidus*)의 이명으로 큰장대의 학명을 기재한 바 있으나,[13] 그 이후로 큰장대는 기재되지 않고 있다(표 참조).[14] 즉 큰장대의 실체를 확인할 수 없었다는 반증이다. 그도 그럴 것이 가는장대속(*Dentostemon* Andrz. ex Ledeb.)과 큰장대속(*Clausia* Korn.-Trotzky)에 관한 최근의 분지계통학 연구에서 분명하게 밝히고 있듯이, 큰장대는 만주, 중국(새북지구와 화북지구)과 몽골 지역에 점점이 격리 분포하고 있을 뿐이다.[15] 결국 큰장대는 실체가 없는데 이름[16]부터 지어 놓은 형국이다. 그런데 흥미롭게도 2속은 식물지리 역사를 담고 있다. 2속은 신생대 3기 중엽(Miocene 초기)에 중앙아시아와 동아시아에서 기원했고, 유라시안 스텝초원의 기후와 경관 역사를 고스란히 담은 분류군이라는 것이다. 온대림 지역에 속하는 우리나라에서는 스텝초원이 발달하지 않는다. 그 대신에 스텝초원의 생육환경에 견줄 만한 서식처가 있다면, 좁은 면적으로나마 척박하고 메마른 입지를 산록에서 찾아볼 수 있다. 시렁모바위나 사문암 일대 초지에서 가는장대가 종종 관찰되는 까닭도 거기에 잇닿아 있다.

1) Rudyka (1988)
2) Quattrocchi (2000)
3) 정태현 등 (1937)
4) 박만규 (1949)
5) 이우철 (2005)
6) 森 (1921)
7) 森 (1921)
8) 임록재, 도봉섭 (1988)
9) 정태현 등 (1937)
10) FOC (2016)
11) 藤井 等 (2015)
12) 임록재, 도봉섭 (1988)
13) 임록재 등 (1975)
14) 임록재, 도봉섭 (1988)
15) Friesen *et al.* (2016)
16) 정태현 (1949), 이창복 (1979)

사진: 김종원

가는장대속 이름 변천사

	Dentostemon		*Clausia*
	dentatus	*hispidus*	*trichosepala*
『조선식물명휘』(森, 1921)	Hanahatazao	Hosohanahatazao	-
『조선식물향명집』(정태현 등, 1937)	가는장대	-	-
『우리나라 식물명감』(박만규, 1949. 02)	꽃장대	-	-
『조선식물명집』(정태현, 1949. 11)	가는장대	큰장대	-
『한국식물도감』(정태현, 1957)	가는장때	큰장때	-
『조선식물지』(임록재 등, 1975)	가는꽃장대(가는장대)	큰꽃장대(큰장대, 북꽃장대)	
『대한식물도감』(이창복, 1979)	가는장대	-	큰장대
『식물도감』(임과 도, 1988)	가는장대	큰꽃장대 (큰장대)	-
『한국 식물명의 유래』(이우철, 2005)	가는장대	큰꽃장대	큰장대
「국가표준식물목록」(2016)	가는장대	큰꽃장대	큰장대

노루오줌

Astilbe chinensis var. ***davidii*** Franch.

형태분류

줄기: 여러해살이며, 바로 서서 자라고, 크게 자라면 어른 허리 높이까지 자란다. 단단한 편이고, 밝은 자색을 띤다. 꽃이 달리는 윗부분은 더욱 진한 자색이고 갈색 털이 아주 많다. 뿌리줄기는 옆으로 짧게 뻗는다. (비교: 숙은노루오줌(*A. koreana*)은 줄기에 자색 빛이 거의 돌지 않는다.)

잎: 3개씩 2~3회 갈라지고, 잎자루가 길며, 마디는 붉다. 가장자리에 겹톱니 또는 불규칙하고 날카롭게 갈라진(缺刻狀) 톱니가 있다. 대체로 종이처럼 얇다. 뒷면 잎줄을 따라 샘털이 있다. 쪽잎 끝은 짧고 뾰족하다. (비교: 숙은노루오줌의 작은 잎, 특히 끝 쪽잎은 뾰족한 끝이 길게 뻗는다.)

꽃: 7~8월에 흰빛이 도는 홍자색으로 피고, 줄기 끝에서 고깔꽃차례로 아래에서부터 순서대로 핀다. 중심 꽃대는 잎이 펼쳐진 높이의 2배 위로 길게 솟고, 작은 꽃대(側枝)는 짧아서 아래로 처지지 않는다. 꽃잎은 줄모양이고 5장이며 빼곡하게 모여난다. (비교: 숙은노루오줌은 흰색 꽃이 피며, 작은 꽃대가 상대적으로 길어서 옆으로 퍼지면서 처진다.)

열매: 캡슐열매이며 윗부분에서 가는 줄모양으로 둘로 갈라진다. 속에 작은 갈색 씨가 들어 있다. 겨울에도 줄기 끝에 매달려 있다.

염색체수: 2n=14[1)]

생태분류

서식처: 초지, 산지 풀밭, 산간지 계곡 언저리, 습지 언저리, 숲 가장자리, 임도 주변 등, 양지~반음지, 적습~약습

수평분포: 전국 분포

수직분포: 산지대~구릉지대

식생지리: 냉온대~난온대(대륙성), 만주, 중국(서북부의 신장과 티베트 지역을 제외한 전역), 연해주, 일본(대마도) 등

식생형: 산지 초원식생(습생형), 삼림식생(산지 사면 하부~계곡부)

생태전략: [경쟁자]

종보존등급: [V] 비감시대상종

이름사전

속명: 아스틸베(*Astilbe* Buch.-Ham. ex D. Don). 광택(*stilbe*)이 없다(*a-*)는 뜻의 희랍어에서 유래하고, 꽃 색깔에서 비롯한다.

종소명: 히넨시스(*chinensis*). 중국을 뜻한다. 변종명 다비디(*davidii*)는 중국 식물을 채집하는 일에 종사한 프랑스 수집가 이름(l'Abbé Armand David, 1826~1900)에서 비롯한다.

한글명 기원: 노루오줌[2)]

한글명 유래: 노루와 오줌의 합성어다. 유래미상[3)] 이라지만, 노루삼에 잇닿아 있는 이름이다. 노루삼은 노루와 삼(麻)의 합성어에서 유래하고, 일본명에 잇닿아 있다. (아래 에코노트 참조)

한방명: 낙신부(落新婦). 식물 전체가 약재[4)]이며, 특히 뿌리를 이용한다. 중국명에서 비롯한다. 붉은색 승마 뿌리와 닮아 적승마(赤升麻)라고도 한다. 하지만 승마 종류(*Cimicifuga* sp.)는 미나리아재비과로 전혀 다른 분류군이다.

중국명: 落新妇(Là Xīn Fù)

일본명: オオチダケサシ(Ochidakesashi, 大乳茸刺). 큰 노루오줌속 종류라는 뜻에서 비롯한다. 유용자(乳茸刺)는 노루오줌속(*Astilbe* sp.)을 일컫는 일본명이고, 줄기를 배젖버섯(*Lactarius volemus*)을 채취하는 데 사용한 것에서 비롯한다.

영어명: Chinese False-spirea, Chinese Bane Berry. 해로운 열매 또는 먹을 수 없는 달갑지 않은 열매라는 뜻이다.

에코노트

노루오줌은 이름과 다르게, 어떤 역겨운 냄새도 나지 않는다. 최초 한글명을 기재한 자료[5)]에 이름 유래에 대한 일말의 실마리도 없기 때문에 온갖 낭설이 난무한다. 그런데 1921년에 모리(森)는 『조선식물명휘』를 편찬

노루삼

할 때 한글명 없이 일본명(大乳茸刺)만 기재하면서 남쪽으로 지리산에서부터 북쪽으로 혜산진까지 전국에 분포한다는 사실을 전했다.[6] 그리고 16년 후인 1937년에 우리나라 1세대 식물분류학자들이 편찬한 『조선식물향명집』에서 처음으로 한글명이 기재되었다. '노루'라는 동물 명칭이 들어가는 한글 명칭 5종(노루귀, 노루발풀, 노루삼, 노루오줌, 노루참나물)의 명명도 모두 그때의 일이다. 이 가운데 노루오줌은 노루삼(*Actaea asiatica*)과 가장 많이 닮았다. 노루오줌과 노루삼은 분류학적으로는 크게 다른 분류군이지만, 꽃차례가 없을 때나 특히 식물체가 어릴 때는 현장 분류에서 자칫 혼동하기 쉽다. 종종 함께 있는 것을 보면 차이가 분명해 분류하기 쉽지만, 서로 다른 장소나 서식처에서 따로 독립 개체를 만나면 일순간 혼동한다.

노루삼은 미나리아재비과이고 노루오줌은 범의귀과로 2종은 과 수준에서 다른 셈이다. 한글명을 정리할 때는 일반적으로 미나리아재비과가 범의귀과보다 분류체계상 앞선다. 노루삼이나 노루오줌의 일본 명칭, 즉 루이요쇼마(ルイヨウショウマ, 類葉升麻)와 치다케사시(チダケサシ, 乳茸刺)는 전형적인 일본 정서를 보이는 이름이다. 우리 정서에 부합하는 노루의 의미를 일본명에서 찾아볼 수 없다. 그런데 노루삼의 학명에서 노루와 관련한 실마리가 보인다. 속명 악타에아(*Actaea*)에는 두 가지 의미가 있다. 냄새가 강한 식물을 지칭하는 라틴어(*actaea*) 또는 희랍어(*aktea, akte*)로 늙은 나무를 지칭한다.[7] 심한 냄새를 뜻하는 속명에서 역한 노루 냄새를 떠올리기 충분하다. 눈 덮인 겨울 산에서 먹이를 찾아 헤매는 노루를 포획할 때 맡게 되는 독특한 냄새다. 그런데 노루삼은 그리 냄새가 강하지 않고 약간 취기가 묻어날 뿐이다. 결론적으로 노루삼이라는 한글 명칭은 전자의 라틴어에 잇닿은 노루와 일본명에 들어 있는 삼(麻)의 합성어에서 비롯한다. 노루삼이라는 이름이 참고가 되면서 노루오줌이라는 이름도 생겨난 것이다. 그렇다고 노루오줌에서 역겨운 지린내가 나는 것은 아니다. 오히려 꽃에서는 달짝지근한 향이 나고, 뿌리에서만 아주 약간 역겨운 흙 비린내가 난다. 지상부의 잎과 줄기는 여느 식물과 다를 바 없는 풀 향기만 날 뿐이다.

노루오줌은 산지 풀밭이나 산지 계곡에 발달한 숲 가장자리에서 빛 환경이 양호한 곳에 살고, 특히 산등성이 운무대처럼 메마르지 않고, 공중 습도가 더욱 충만한 서식처에 분포중심이 있다. 뿌리줄기가 옆으로 벋으면서 여러 포기가 무리(개체군)를 짓고, 약간 비옥한 땅을 좋아한다. 종종 개체군에 따라 꽃 색깔이 조금씩 다른 경우가 있으며, 흰색에 가까운 옅은 홍자색 집단도 보인다.

노루삼은 산지 삼림식생의 구성원이다. 한편 노루오줌과 흡사한 숙은노루오줌은 흰 꽃이 피고, 더욱 물기가 많은 곳에 산다. 숙은노루오줌은 만주에도 분포하지만, 사실상 우리나라 준특산종으로 물보라가 치는 크고 작은 계단식 산간 계류 언저리에서 종종 보인다. 한편 국가표준식물목록 위원회에서 기재한 종(*Astilbe rubra* Hook.f. & Thomson ex Hook.)은 중국(티베트 남부와 윈난 성 북서부 등)과 인도에만 분포하는 것[8]으로 알려졌기 때문에 그 지리분포 및 계통분류는 과제로 남는다.

---

1) Probatova & Sokolovskaya (1981)
2) 정태현 등 (1937)
3) 이우철 (2005)
4) 안덕균 (1998)
5) 정태현 등 (1937)
6) 森 (1921)
7) Quattrocchi (2000)
8) FOC (2014)

사진: 류태복, 김종원

눈개승마

산짚신나물

Agrimonia coreana Nakai

형태분류

줄기: 여러해살이며, 바로 서서 어른 허리 높이로 자라고 전체에 털이 있다. 약간 목질화된 뿌리줄기는 옆으로 달리고, 곁뿌리를 많이 낸다.

잎: 어긋나고, 홀수깃모양겹잎으로 크기가 다른 쪽잎이 교대로 난다. 뒷면에 흰색 반투명 선점(腺点)이 있다. 작은 잎의 톱니는 둔한 편이고, 받침잎은 작은 잎처럼 크고 밑 부분에서 서로 겹친다. (비교: 짚신나물(*A. pilosa*)은 받침잎이 작고 양쪽 끝부분이 길어져서 안으로 굽으며, 밑 부분에서 서로 겹치지 않는다. 가장자리에 몇 안 되는 톱니가 있으며 날카로운 편이다.)

꽃: 7~8월에 노란색으로 피며, 줄기와 가지 끝에서 이삭꽃차례로 듬성듬성 달린다. (비교: 짚신나물은 꽃이 많고 모여나는 편이며, 6월 무렵 약 한 달 일찍 피기 시작한다.)

열매: 여윈열매로 꽃받침통에 싸여 있고, 갈고리모양 가시 털로 동물산포한다.

염색체수: 2n=28[1)]

생태분류

서식처: 초지, 산지 풀밭, 산비탈 숲 가장자리, 산기슭 벌채지, 임도 언저리 등, 양지~반음지, 적습

수평분포: 전국 분포(개마고원 이남)

수직분포: 산지대 이하

식생지리: 냉온대 중부·산지대~난온대(반특산, 대륙성), 만주(지린 성), 중국(산둥 성, 저장 성 등), 연해주, 일본 등

식생형: 산지 초원식생

생태전략: [경쟁자]

종보존등급: [V] 비감시대상종

이름사전

속명: 아그리모니아(*Agrimonia* L.). 멕시코 원산인 양귀비과 한해살이 초본 *Argemone*처럼 가시가 있다는 뜻인데, 고대 로마의 박물학자(Gaius Plinius Secundus, AD 23~79)가 스펠링을 잘못 쓴 것에서 비롯한다.[2)] (『한국 식물 생태 보감』 1권 「짚신나물」 편 참조)

종소명: 코레아나(*coreana*). 우리나라를 의미하고, 표본 채집지를 뜻한다. 산짚신나물의 분포중심지가 한반도인 사실을 간접적으로 시사한다.

한글명 기원: 산짚신나물,[3)] 산집신나물,[4)] 큰짚신나물.[5)] 산짚신나물의 최초 기재는 한글명 없이 일본명(朝鮮龙芽草)으로만 이루어졌다.[6)]

한글명 유래: 산에 사는 짚신나물이라는 뜻으로, 짚신나물보다 인간 간섭이 덜한 야생 지역에 분포하는 것에서 비롯했을 것이다. 한글명 짚(집)신나물은 19세기 초에 낭아(狼牙)라는 약재 설명[7)]에서 처음으로 등장한다. 열매가 짚신에 붙고, 어린 순은 나물과 약재로 이용했기 때문이다. (『한국 식물 생태 보감』 1권 「짚신나물」 편 참조)

한방명: - (짚신나물, 즉 龍芽草(용아초)[8)]와 구별하지 않고 약재로 혼용했을 것으로 추정한다.)

중국명: 托叶龙芽(Tuō Yè Lóng Yá) 또는 大托叶龙芽草(Dà Tuō Yè Lóng Yá Cǎo). 독특한 받침잎의 모양에서 비롯한다.

일본명: チョウセンキンミズヒキ(Chousenkinmizuhiki, 朝鮮龙芽草). 한국산 짚신나물이라는 뜻이다.

영어명: Korean Agrimony

에코노트

우리나라에는 짚신나물속 식물로 산짚신나물과 짚신나물 2종이 있다. 이들은 땅속줄기가 발달한 여러해살이로서, 건조한 서식처에서 살지 않는 공통점이 있다. 때로는 산기슭 등산로 주변에서 종종 보이는데, 이는 씨앗에 갈고리 털이 있기 때문에 야생동물의 이동통로를 따라 퍼져 나간 탓이다.

짚신나물이 소매군락의 구성원이라면, 산짚신나물은 초원식생 요소다. 그렇다고 억새나 잔디가 우점하는 건생이차초원식생의 구성원은 아니고, 중용(中庸)의 수분환경에서 사는 이차초원식생 요소다. 산짚신나물은 짚신나물에 비해 해발고도가 높은 지역에 치우쳐 분포한다. 짚신나물이 범아시아적 광분포종이라면, 산짚신나물은 한반도를 중심으로 하는 대륙의 협분포종으로 평양 이남[9]에 주로 분포하는 우리나라 반특산종이다. 중국에서는 우리나라와 인접한 일부 지역에서, 그것도 해발고도가 낮은 곳에서 점점이 분포한다.[10] 수평적으로 우리나라 분포에 대응하는 생물기후 지역에서 제한적으로 분포한다는 뜻이다. 일본열도에서는 홋카이도 남단에서부터 규슈에 이르기까지 널리 분포하지만, 개체군 크기가 극히 작은 희귀한 종이다.[11]

1) Iwatsubo *et al.* (1993)
2) 牧野 (1961)
3) 정태현 등 (1949)
4) 박만규 (1949)
5) 한진건 등 (1982)
6) 森 (1921)
7) 유희 (1801~1834)
8) 안덕균 (1998)
9) 고학수 (1984)
10) FOC (2014)
11) 宮脇 等 (1978)

사진: 류태복, 김종원

터리풀

Filipendula glaberrima **Nakai**

형태분류

줄기: 여러해살이며, 바로 서서 어른 허리 높이 이상까지 자란다. 세로로 홈이 있으며, 속은 비었고, 지표면 가까이는 밝은 적자색이다. 목질화된 뿌리줄기가 옆으로 발달하면서 실처럼 생긴 가는 뿌리를 가지런히 내린다. 줄기와 뿌리에서 파스 향이 난다.

잎: 뿌리에서 난 잎은 1회깃털모양겹잎이다. 맨 마지막 끝의 쪽잎은 단풍잎처럼 다섯 갈래로 갈라지며, 잎조각에 불규칙하고 날카롭게 갈라진(缺刻狀) 톱니가 있다. 쪽잎은 길이와 너비가 각각 1~20㎜로, 큰 것과 작은 것이 번갈아 달린다. 줄기에서 난 잎은 어긋나고, 받침잎은 장타원형으로 창끝모양이다. (비교: 단풍터리풀(*F. palmata*)은 단풍잎모양이지만 일곱 갈래 내외로 많이, 깊게 갈라지며, 잎 뒷면에 흰색 털이 덥수룩하다.)

꽃: 7~8월에 분홍빛이 도는 흰색으로 피며, 줄기와 가지 끝에서 고른우산살송이꽃차례로 달린다. 꽃잎과 꽃받침조각은 4~5개이며 둥글다. 수술은 꽃잎보다 많이 길다. (비교: 참터리풀(*F. multijuga*)은 담홍색 꽃이 핀다.)

열매: 여윈열매로 2~4개가 성숙하고, 타원형으로 바로 서는 편이다. 열매 자루와 껍질에 길이 1㎜ 이하인 가는 털이 있다. 터리풀속의 열매주머니는 터지지 않기 때문에 여윈열매로 표현하지만, 사실상 캡슐(주머니)열매의 중간형이다. (비교: 단풍터리풀은 털 길이가 1㎜ 이상이며, 붉은터리풀(*F. koreana*)은 여윈열매가 4~6개 성숙한다.)

염색체수: 2n=28[1]

생태분류

서식처: 초지, 산지 풀밭, 밝은 숲속, 숲 가장자리, 임도 언저리, 계곡 언저리 등, 양지~반음지, 적습~약습

수평분포: 전국 분포

수직분포: 산지대

식생지리: 냉온대(특산), 만주, 연해주 등, 일본(재배)

식생형: 산지 초원식생

생태전략: [경쟁자]

종보존등급: [IV] 일반감시대상종

이름사전

속명: 필리펜둘라(*Filipendula* Mill.). 실(*filum*)처럼 아래로 가지런히 붙었다(*pendulus*)는 뜻의 라틴어로 뿌리 모양에서 비롯한다.[2]

종소명: 글라베리마(*glaberrima*). 아주 매끈한 모양을 뜻하는 라틴어로 줄기에 털이 거의 없는 것에서 비롯한다.

한글명 기원: 터리풀[3]

한글명 유래: 터리와 풀의 합성어다. 라틴 속명의 의미에 잇닿아 있다. 터리는 '털'의 옛말 또는 방언으로 실타래의 타래가 전화한 것이다.

한방명: -

중국명: 槭叶蚊子草(Qī Yè Wén Zi Cǎo). 단풍잎(槭葉)을 닮은 터리풀속(蚊子草屬)이라는 뜻이다. 만주에서는 광합엽자(光合叶子)[4]라고 한다.

일본명: シラユキソウ(Shirayukisou, 白雪草). 1921년 『조선식물명휘』[5]에 기재된 일본명으로 일본 자생 여부는 불명확하고, 재배하는 경우는 있다. 흰 꽃(白雪)에서 나온 이름이다.

영어명: Korean Meadowsweet

에코노트

터리풀은 뿌리줄기가 발달해 종종 큰 무리를 이룬다. 뿌리줄기가 옆으로 뻗으면서 매년 지상 줄기가 하나씩 돋아나고, 속명 필리펜둘라(*Filipendula* Mill.)의 의미처럼 옆으로 달리는 뿌리줄기에 가는 뿌리가 아래로 직각을 이루며 가지런히 난다. 터리풀은 우리나라 어느 지역에서 방언으로 부르던 명칭으로 보인다. 뿌리를 캐서 흙을 털어 들어 보면 가늘지만 튼튼한 뿌리가 뿌리줄기에 주

렁주렁 매달려 있다. 꽃 모양이 마치 흰 실오라기가 뭉친 듯하다는 것과 관련 있다는 설명도 있지만, 한글명도 속명처럼 뿌리에서 비롯했을 것이다.

터리풀은 우리나라 전역에 골고루 분포하고, 건강한 생태 환경이 유지되는 곳에 사는 여러해살이다. 터리풀을 굴취하면 나는 향긋한 파스 향은 오랫동안 기억에 남는다. 그런데도 동아시아의 향약 관련 고전에는 그런 정보가 보이지 않는다. 우리나라 약전(藥典)에도 나오지 않는다. 중부 유럽에서는 소염, 진통, 통풍 치료에 터리풀속 식물을 이용하며, 우리나라 터리풀도 그에 버금가는 성분을 포함하는 것으로 알려졌다.[6)]

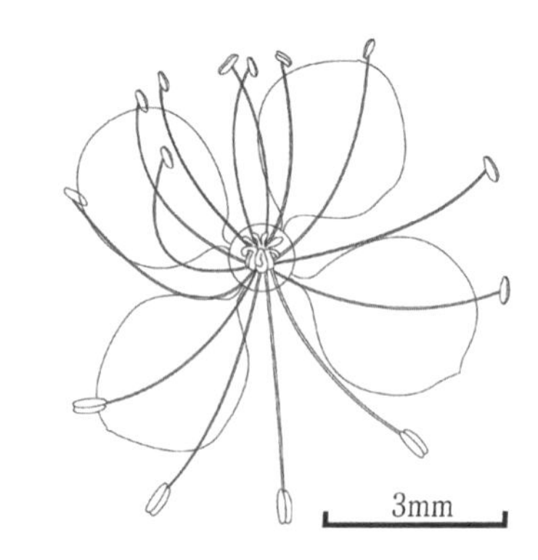

[터리풀의 꽃과 수술]

터리풀속을 중국명으로 문자초(蚊子草)라고 한다. 이를테면 모기풀이다. 이는 터리풀속에 있는 모기 기피재 또는 모기 물린 곳에

단풍터리풀

지리터리풀

바르는 약재 성분에서 나온 이름으로 추정한다. 중약의 고전문헌에 터리풀속 식물이 없는 까닭도 터리풀속 식물의 지리적 분포 중심지가 우리나라라는 사실과 일치한다. 터리풀은 우리나라 특산종이고,[7] 한반도 북쪽 만주와 연해주에서도 분포한다고 알려졌다. 지리산 산등성이 초지에 분포하는 지리터리풀(*F. formosa*)은 터리풀에 귀속되는 것[8]으로 규정하는데, 꽃 색깔이 터리풀과 다른 담홍색이다. 한편 일본에 흔하게 분포하는 터리풀 종류(*F. multijuga* Maxim. *sensu lato*)는 꽃이 담홍색이고, 우리나라 터리풀은 주로 흰색 꽃이 핀다. 터리풀 이명(異名)에 그런 의미(white, *alba*)를 포함하는 학명(*F. multijuga* Maxim. var. *alba* Nakai)이 있다. 그런데 터리풀은 서식환경에 따라 꽃 색깔이나 열매 모양에 다변성이 있다. 전 세계에서 10여 종류가 있다고 알려졌고, 주로 냉온대에 분포한다. 중국에서는 주로 우리나라 사람이 본래부터 살았던 만주를 중심으로 하는 동북 지역에 분포하고, 7여 종을 기재했다.[9] 우리나라 국가표준식물목록에는 자생하는 6종류가 등재되었다. 국토 면적은 좁지만 우리나라는 터리풀 종류의 다양성이 아주 큰 식물지리영역이라는 것을 말해 준다. 하지만 동북아 삼국의 터리풀 종류에 대한 계통분류학적인 세심한 검토가 여전히 필요하다.[10)]

터리풀은 오염되고 척박한 입지에서 살지 않는다. 상대적으로 비옥하면서 청정한 지역에서만 산다. 가뭄 피해가 발생하지 않고, 충분한 빛 환경이 보장되는 산등성이 운무대 풀밭이나 낙엽활엽수림의 밝은 숲속 또는 숲 가장자리가 최적지다. 그런 곳은 모든 식물이 살기 좋은 서식환경이기 때문에, 지상과 지하에서 일시적 우점이 가능한 식물계절을 지닌 터리풀 같은 경쟁자 종들에게 유리하다. 우리나라에서는 해발고도가 높은 산지에 주로 이런 서식처가 있지만, 산지 개발과 화훼자원 굴취가 개체군 보존에 큰 걸림돌이 되고 있다.

---

1) Probatova & Sokolovskaya (1995)
2) Quattrocchi (2000)
3) 정태현 등 (1937)
4) 한진근 등 (1982)
5) 森 (1921)
6) 여호섭 등 (1992)
7) 이우철 (1996a), Kim *et al.* (2009)
8) 박수경 등 (2013)
9) Li *et al.* (2003)
10) 이상태, 이정민 (1998)

사진: 김종원, 류태복, 이정아, 박정석
그림: 이경연

강계터리풀(백두산)

큰뱀무

Geum aleppicum Jacq.

형태분류

줄기: 여러해살이로 어른 허리 높이까지 바로 서서 자란다. 식물 전체에 옆으로 난 털이 있다. 뿌리는 다발을 이루고 섬유질이다. (비교: 뱀무(*G. japonicum*)는 보통 무릎 높이 이하로 자란다.)

잎: 뿌리에서 난 잎은 깃털모양겹잎으로 잎자루가 길고, 작은 쪽잎은 2~6쌍으로 점차 작아지며, 작은 잎처럼 생긴 부속체가 있다. 맨 끝 작은 쪽잎은 원형이며 길이와 너비가 각 10㎝ 이하로 비슷하고, 가장자리에 불규칙한 톱니가 있다. 줄기에서 난 잎은 어긋나고, 잎자루가 짧으며, 작은 잎은 3~5개다. 받침잎은 넓은 달걀모양으로 길이 15~25㎜이며 가장자리에 불규칙하고 날카롭게 갈라진(缺刻狀) 톱니가 있다.

꽃: 6~7월에 노란색으로 가지 끝에 하나씩 피며, 꽃잎은 5장으로 지름 2㎝ 이하다. 작은꽃자루에 짧은 털과 함께 거칠고 길며 옆으로 난 털이 있다. (비교: 뱀무는 꽃 지름이 1.5㎝ 이하이고, 작은꽃자루에 우단 같은 털이 빼곡하지만, 거친 털은 없다.)

열매: 여윈열매로 모여 달린다. 씨 끝부분의 갈고리가시에 샘털이 없다. 열매받침에 길이 1㎜ 정도인 털이 있다. (비교: 뱀무는 씨 끝부분의 갈고리가시에 샘털이 있고, 열매받침에 2~3㎜로 긴 황갈색 털이 있다.)

염색체수: 2n=42[1)]

생태분류

서식처: 초지, 산지 풀밭, 산기슭 숲 가장자리 또는 계곡 언저리, 산촌 주변, 임도 언저리, 하천 제방 언저리 등, 양지~반음지, 적습

수평분포: 전국 분포

수직분포: 아고산대~산지대~구릉지대

식생지리: 냉온대, 만주, 중국(새북, 화북, 서부지구, 화중지구의 후베이 성과 쓰촨 성, 화남지구의 구이저우 성과 윈난 성 등), 몽골, 연해주, 일본(혼슈 이북), 캄차카반도, 중앙아시아, 유럽 등의 북반구 냉온대 전역

식생형: 산지 초원식생, 임연식생(소매식물군락) 등

생태전략: [경쟁자]~[터주-경쟁자]

종보존등급: [IV] 일반감시대상종

이름사전

학명: 게움(*Geum* L.). 뱀무를 지칭하는 고대 라틴어에서 비롯한다.

종소명: 알레피쿰(*aleppicum*). 중동 시리아 북부 지역의 도시(Aleppo) 이름에서 비롯한다.[2]

한글명 기원: 큰뱀무[3]

한글명 유래: 큰 뱀무라는 뜻이다. 뱀무는 뱀과 무의 합성어다. 뿌리에서 난 잎이 무 잎을 닮은 데에서 붙여진 일본명(大根草)에서 비롯한다. 큰뱀무를 처음 기재한 1949년의 한글명(뱀무)에 뱀(蛇)이 더해진 까닭은 1921년에 나온 『조선식물명휘』[4]에서 알 수 있다. 여기에 한글명은 기록되지 않았으나, 일본명(大大根草)과 함께 사절대초(蛇節大草)라는 한자명이 나온다.

한방명: 오기조양체(五氣朝陽草).[5] 식물 전체를 이용한다.

중국명: 路边青(Lù Biān Qīng). 길가에 사는 무라는 뜻이다.

일본명: オオダイコンソウ(Oh-daikonso, 大大根草). 큰 뱀무라는 뜻이다.

영어명: Aleppo's Avens, Yellow Avens

에코노트

큰뱀무는 뱀무보다 식물체 크기가 훨씬 크고, 더 한랭한 기후 지역에 산다. 남부 지역이나 해발고도가 낮은 난온대 지역일수록 뱀무가 흔하고, 해발고도가 높은 산지나 중북부 지역의 냉온대일수록 큰뱀무 출현이 증가한다. 2종 모두 열매에 갈고리가시가 있기 때문에 동물 털에 들러붙어서 산포한다. 특히 뱀무는 갈고리가시에 있는 샘털 때문에 동물 털이나 바짓가랑이에 붙어서 퍼지기가 더 쉽다. 주로 야생동물이나 사람들이 이동하는 통로를 따라 분포하는 이유이다. 큰뱀무는 해발고도가 높은 산지 초원이 분포중심지이고, 열매 모양 때문에 늘 풀밭 가장자리 쪽으로 치우쳐 분포한다. 가끔은 등산길이나 임도를 따라 산 아래까지 내려와 사는 경우도 있다. 우리나라에는 전 세계 뱀무속(*Geum* L.) 70여 종[6] 가운데 이 2종이 분포한다. 뱀무속은 온대(냉온대~난온대) 지역에 분포하는 분류군이다.

1) Iwatsubo & Naruhashi (1993), Probatova (2000)
2) Stern (2010)
3) 정태현 등 (1949)
4) 森 (1921)
5) 안덕균 (1998)
6) Li *et al.* (2003a)

사진: 이승은

가락지나물(소시랑개비)

Potentilla anemonefolia Lehmann

형태분류

줄기: 여러해살이로 어미 식물체의 줄기는 모여나지만, 거기에서 사방으로 달리는 줄기가 뻗으며, 그 끝부분에서 위로 선다.

잎: 어긋나고, 뿌리에서 난 잎은 잎자루가 길며, 위의 잎들에는 짧은 잎자루가 있다. 주로 5출엽이지만, 줄기에서 난 잎은 대개 3출엽이다. 쪽잎 뒷면에 누운 털이 있다. (비교: 뱀딸기(*Duchesnea chrysantha*)의 잎은 모두 3출엽이다.)

꽃: 4~6월에 노란색으로 피며, 줄기에 난 잎의 잎겨드랑이에서 모인꽃차례가 다시 흩어져 나는 꽃차례(集散花序)이다. 꽃잎은 넓고 큰 편이며, 끝부분이 약간 함몰하면서 물결친다.

열매: 여윈열매로 넓은 달걀모양이고, 털이 없다.

염색체수: 2n=14,[1] 28[2]

생태분류

서식처: 초지, 하천변 제방, 들판, 두둑, 농촌 길가 등, 양지, 약습~적습

수평분포: 전국 분포

수직분포: 구릉지대 이하
식생지리: 난온대~냉온대, 만주(랴오닝 성), 중국(화남지구, 화중지구, 화북의 산시 성과 산둥 성, 기타 티베트 등), 일본, 말레이시아 등
식생형: 이차초원식생, 터주식생(농촌형)
생태전략: [터주-경쟁자]~[터주-스트레스인내-경쟁자]
종보존등급: [V] 비감시대상종

이름사전

속명: 포텐틸라(*Potentilla* L.). 약초로서 '약효가 매우 강하다'는 뜻의 라틴어에서 비롯한다.[3] (『양지꽃』 편 참조)
종소명: 아네모네폴리아(*anemonefolia*). 미나리아재비과의 아네모네 꽃잎을 닮았다는 데에서 비롯한 라틴어다. 중국(*P. kleiniana*)[4]과 일본(*P. sundaica* var. *robusta*)[5]에서는 서로 다른 학명을 채택한다. 분류학적 재고가 필요하다.
한글명 기원: 소즈랑개비, 중쌀구,[6] 가락지나물[7]
한글명 유래: 가락지와 나물의 합성어다. 여자 아이들이 꽃으로 가락지를 만들어 놀았다 하고,[8] 먹을 수 있는 풀(나물)이라는 뜻이 합쳐진 이름이다. 배암의혀[9]라는 이름으로 기록된 바 있다. 최초 한글명은 소즈랑개비와 중쌀구이다. 소즈랑개비는 '소즈랑'과 '개비'의 합성어로 흥미로운 토속 이름이다. 소즈랑은 일제강점기에 기록된 것이어서 정확히는 알 수 없지만, 그 유래는 손가락이나 가락지에 잇닿아 있는 소리로 보이며, 개비는 짤막한 토막을 뜻한다.
한방명: -
중국명: 蛇含委陵菜(Shé Hán Wěi Líng Cài). 가락지나물 식물체 액즙을 달여 벌에 쏘이거나 뱀에 물린 곳에 문질러서 독을 씻어 내는 데 이용한 것에서 비롯한다.
일본명: オヘビイチゴ (Ohhebiichigo, 雄蛇苺). 뱀딸기보다 식물체가 크고 강한 것(雄)에서 비롯한다.[10] 중국명 사하위릉채(蛇含委陵菜)에 잇닿아 있다.
영어명: Anemone Cinquefoil

에코노트

가락지나물은 뱀딸기와 비슷하지만, 속명이 다르고, 잎과 꽃 모양이 다르다. 특히 뿌리에서 난 잎이 다섯 갈래로 갈라지는 것이 마치 손가락을 떠올리게 한다. 가락지나물은 농촌 제방이나 길가에서 자주 보이지만, 메마르지 않은 땅에서만 보인다. 뱀딸기보다 더 촉촉한 땅에서 산다는 뜻이고, 하천변 초지에서도 산다. 대체로 비옥한 땅을 좋아하며, 그

런 곳에서는 지면을 기면서 넓은 면적을 뒤덮는다. 기본적으로 종자로 번식한다. 하지만 정착하면 지면을 달리며 마디에서 뿌리를 내리는 게릴라번식전략으로 번성한다. 일본에서는 소리쟁이-오리새군단이라는 식물사회의 표징종[11]으로 터주식생의 구성요소로 본다. 해발고도가 낮은 구릉지대 초지에서 다른 종들과 경쟁하면서 기회가 되면 큰 무리를 만드는 터주자이자 경쟁자의 능력을 갖고 있다.

---

1) Naruhashi *et al.* (2005)
2) Ikeda (1989)
3) Gledhill (2008)
4) FOC (2014)
5) 北村, 村田 (1982b)
6) 森 (1921)
7) 정태현 등 (1949)
8) 이우철 (2005)
9) 村川 (1932)
10) 奧田 (1997)
11) 宮脇 等 (1978)

사진: 이창우, 최병기

물양지꽃(세잎딱지)

Potentilla cryptotaeniae **Maxim.**

형태분류

줄기: 여러해살이며, 사방으로 퍼지면서 자라고, 꽃대가 나오면 무릎 높이 이상으로 바로 선다. 옆으로 퍼지면서 난 털이 많다.

잎: 줄기에 난 잎은 어긋나고, 작은 쪽잎 3개로 이루어지며, 가장자리에 얕은 톱니가 있고, 양면에 털이 약간 있다. 아랫부분의 잎은 잎자루가 길고, 윗부분의 잎에는 잎자루가 거의 없다. 받침잎은 잎자루를 따라 좁고 길게 붙는다. 꽃이 필 때에는 뿌리에서 난 잎이 없어진다.

꽃: 7~8월에 가지 끝에서 노란색으로 피고 지름이 1㎝ 정도인 둥근 부채모양이며, 안쪽에 뚜렷한 무늬가 있다. 꽃잎 사이로 보이는 꽃받침은 끝이 날카롭고 꽃잎 길이와 같거나 조금 짧다. 작은꽃자루 윗부분의 꽃받침 밑에 고운 융털이 있다.

열매: 여윈열매이며 갈색이고 털은 없다. 루페로 보면 주름이 뚜렷하고 약간 통통하면서 일그러진 원형에 가깝다.

염색체수: 2n=14[1)]

생태분류

서식처: 초지, 산지 풀밭, 목초지, 숲 가장자리, 계곡 언저리, 산간 습지 언저리 등, 양지~반음지, 약습~적습

수평분포: 전국 분포

수직분포: 산지대

식생지리: 냉온대, 만주, 연해주, 중국 일부(간쑤 성, 산시 성, 쓰촨 성 등), 일본 등

식생형: 초원식생(습생형)

생태전략: [터주-경쟁자]

종보존등급: [Ⅲ] 주요감시대상종

이름사전

속명: 포텐틸라(*Potentilla* L.). '약효가 매우 강하다'는 뜻의 라틴어에서 비롯한다.

종소명: 크립토타에니에(*cryptotaeniae*). 뼈를 발라내어 살짝 말린 살코기(*taenia*)가 숨어 있다(*crypto*)는 뜻의 희랍어에서 유래하고, 주름진 갈색 씨앗에서 비롯했을 것이다.[2)] 파드득나물(*Cryptotaenia japonica*)의 속명에 잇닿아 있다.

한글명 기원: 세잎딱지,[3)] 물양지꽃[4)]

한글명 유래: 물과 양지꽃의 합성어로 물기 많은 땅에 사는 양지꽃이라는 뜻으로 1949년에 기재된 이름이다. 우리나라에서는 1921년에 처음으로 기재[5)]되었고, 한글명 없이 일본명(水源草)과 한자명 낭아(狼牙)로만 이루어졌으며, 주로 금강산 이북에 분포한다는 사실도 전한다. 일본명(水源草)에 잇닿아 있다.

한방명: 지봉자(地蜂子). 지상부를 약재로 쓴다.[6)]

중국명: 狼牙委陵菜(Láng Yá Wěi Líng Cài). 짚신나물 뿌리(狼牙)를 가진 양지꽃(委陵菜)이라는 뜻에서 비롯한다.

일본명: ミツモトソウ(Mitsumotosou, 水源草). 샘처럼 물이 나는 땅(水源)에 사는 풀이라는 뜻으로 서식처 조건을 드러내는 이름이다.

영어명: Marsh Cinquefoil, Hornwort's Cinquefoil

에코노트

물양지꽃은 서식처 조건에 매우 민감한 종으로 청정 지역이 분포중심지다. 인간의 간섭에 노출된 입지에서는 근본적으로 서식하기 어렵다. 전국에 분포하지만, 개체군 크기가 매우 제한적이고 드물다. 그만큼 다양하고 복합적인 인간의 간섭이 서식처에 미치는 영향이 크다는 방증이다. 발아할 시기에는 특히 안정된 서식환경이 필요하다. 터주-경쟁자로서 주요감시대상종(종보존등급 [Ⅲ])으로 평가되는 이유다.

물양지꽃은 깊은 산 냇가 근처에 출현하기도 하지만, 물이 흐르는 공간(流水域)에 사는 하천식생의 구성요소가 아니며, 물이 고

줄기에 난 옆으로 퍼진 털

인 공간(停水域)인 늪식생 요소도 아니다. 습지식생 범주에 포함되지는 않지만, 늘 수분 환경이 좋은 곳에 사는 습생형 초원식생 요소다. 일본에서는 '수원지(水源池)에서 나는 풀'이라고 부른다.

꽃잎에는 짙은 무늬가 있으며, 꽃가루받이가 성공하면 무늬가 점점 옅어진다. 이런 현상은 꽃가루받이 이후로 꽃잎 색이 변하는 인동덩굴(『한국 식물 생태 보감』 1권 참조)과 그 본질이 같다. 결혼했음을 세상에 알리는 은밀한 귀띔이다. 한편 물양지꽃보다 이른 시기에 세잎딱지라는 한글명이 기재된 바 있다. 그러나 현재 표준식물명으로는 물양지꽃을 채택한다.[7] 선취권을 무시한 채 그리 하는 데에는 무슨 까닭이 있겠으나 알 수가 없다. 분명한 것은 잎 3개가 특징이고, 딱지꽃을 닮은 종이라는 뜻에서 세잎딱지라는 한글명도 의미가 있다.

---

1) Probatova (2003)
2) Quattrocchi (2000)
3) 박만규 (1949)
4) 정태현 등 (1949), 정태현 (1957)
5) 森 (1921)
6) 안덕균 (1998)
7) 국가표준식물목록위원회 (2014)

사진: 김종원

양지꽃

Potentilla fragarioides **var.** ***major*** **Maxim.**

형태분류

줄기: 여러해살이며, 어른 손 한 뼘 높이로 자란다. 식물 전체에 길고 약간 거친 흰색 털이 많으며, 달리는 줄기는 없다.

잎: 뿌리에서 모여나고, 홀수깃모양겹잎이다. 작은 쪽잎은 3~9개이고, 아래로 내려가면서 점점 작아진다. 맨 끝의 작은 끝잎은 3개이며 크기가 비슷하지만, 가운데 것이 약간 더 크다. 잎은 꽃핀 뒤에도 더욱 커진다. 잎 뒷면에 길게 난 흰 털 때문에 잎 가장자리에 흰색 띠가 둘린 것처럼 보인다. 잎자루 부분은 붉은색이다.

꽃: 4~8월에 모인꽃차례가 다시 흩어지는 집산(集散)꽃차례로 노란색 꽃이 핀다. 줄기 중심 부분에서 꽃자루가 모여나면서 위로 솟아오르듯이 퍼진다. 이른 봄부터 피기 시작해 화기가 길다. 꽃잎은 완전히 둥근 부채모양이며, 가장자리 한 부분이 부드럽게 함몰하기도 하고, 안쪽에는 무늬가 거의 없다.

열매: 여윈열매로, 지름 1㎜ 정도인 콩팥모양이고, 가는 주름이 있다.

염색체수: 2n=14[1)]

생태분류

서식처: 초지, 들판이나 산지의 풀밭, 밝은 숲속, 숲정이, 제방, 무덤, 산비탈 밭 언저리 등, 양지, 적습~약건

수평분포: 전국 분포

수직분포: 산지대 이하

식생지리: 냉온대~난온대, 만주, 중국(서부지구 이외의 대부분 지역), 몽골, 사할린, 연해주, 시베리아, 일본 등

식생형: 이차초원식생, 삼림식생(이차림)

생태전략: [터주-경쟁자]~[터주-스트레스인내-경쟁자]

종보존등급: [V] 비감시대상종

이름사전

속명: 포텐틸라(*Potentilla* L.). 강한 약효(*potens*)를 뜻하는 희랍어에서 비롯한다.[2)]

종소명: 프라가리오이데스(*fragarioides*). 여러 가지 면에서 딸기 종류가 속한 프라가리아속(*Fragaria* L.)을 닮은 데에서 비롯한 라틴명이다. 변종명 마요르(*major*)는 양지꽃 종류 중에서 대표적이라는 뜻이다.

한글명 기원: 짚신나물,[3)] 양지꽃[4)]

한글명 유래: 양지와 꽃의 합성어다. 실제로 양지바른 곳에 사는 대표적인 종이다.

한방명: 치자연(雉子筵). 지상부와 뿌리(雉子筵根)를 각기 다른 약재로 이용한다.[5)] 일본명에 잇닿아 있다.

중국명: 莓叶委陵菜(Méi Yè Wěi Líng Cài). 딸기 잎(莓叶)을 닮은 양지꽃 종류라는 뜻이다.

일본명: キジムシロ(Kijimushiro, 雉筵). 뿌리에서 난 겹잎이 로제트처럼 지면에서 사방으로 퍼진 것이 꿩(雉)이 앉았다가 간 대자리(筵) 방석 같다고 해서 생긴 이름이다.

영어명: Strawberry's Cinquefoil, Sunny-place Cinquefoil

에코노트

양지꽃은 동북아시아 온대 전역에 널리 분포한다. 봄을 가장 먼저 알리는 들풀 가운데 하나로 한여름인 8월까지 줄기차게 피는 반

복생식다년생(iteroparous perennial)이다. 꽃이 피는 동안이나 지고 난 뒤에도 잎이 계속 자란다. 지하 저장기관인 뿌리가 잘 발달하는 전형적인 여러해살이식물의 특기다. 꽃은 잎이 나기 전부터 핀다. 밝게 빛나는 황금색 꽃은 부지런한 곤충을 맞이해서 꽃가루받이를 한다. 양지꽃은 이름 그대로 잔디나 억새와 같은 초원이 발달할 만한 양지바른 산비탈에 흔하다. 습기 찬 땅에서는 드물다. 따뜻한 무덤가에서 자주 보이는 것도 그 때문이며, 한글명 양지꽃이 생겨난 배경일 것이다. 1921년의 기록[6]에서는 '짚신나물'이라는 한글명으로 기재된 바 있으나, 실수다. (「산짚신나물」 편 참조)

양지꽃은 뱀딸기(*Duchesnea* Sm.)와 무척 닮았다. 하지만 뱀딸기는 이름처럼 길게 기는 줄기가 있고, 잎겨드랑이에 꽃이 하나씩 달린다. 꽃피는 시기도 다르다. 뱀딸기는 이른 봄에 잠시 피지만, 양지꽃은 두서너 달 계속 핀다. 양지꽃 종류는 속명에서도 알 수 있듯, 그 뿌리는 수많은 약학 연구의 대상이 되고 있다.[7]

---

1) Iwatsubo & Naruhashi (1991)
2) 牧野 (1961)
3) 森 (1921)
4) 정태현 등 (1937)
5) 안덕균 (1998)
6) 森 (1921)
7) 박종희, 도지경 (1994)

사진: 이창우, 김종원

개소시랑개비(큰양지꽃)

Potentilla supina L.

형태분류

줄기: 여러해살이며, 옆으로 퍼지다가 위로 서서 어른 무릎 높이 이하로 자란다. 털이 약간 있고, 달리는 줄기는 없다. 단단한 편이며 적자색을 띤다. 옆면 뿌리조각이 있는 가느다란 뿌리가 성글게 발달한다.

잎: 봄에는 뿌리에서 난 잎이 지면에 사방으로 퍼져, 딱지꽃(*P. chinensis*)처럼 보인다. 줄기에서 난 잎은 어긋나고, 홀수깃모양겹잎으로 긴 잎자루가 있으나, 위에 달린 것은 잎자루가 아주 짧거나 없다. 받침잎은 타원형으로 끝이 약간 뾰족하다.

꽃: 6~8월에 잎겨드랑이에서 하나씩 노란색으로 핀다. 꽃받침은 꽃잎보다 길고 털이 있다. (비교: 좀개소시랑개비(*P. heynii*)의 꽃잎은 흔적처럼 아주 작다.)

열매: 여윈열매로 원통모양이고 털이 없다. 꼭지는 뾰족하다.

염색체수: 2n=28, 42[1)]

생태분류

서식처: 초지, 두둑, 하천변 제방, 경작지 언저리, 모래자갈 하천 바닥, 농촌 길가, 해안 근처 소금기 땅 등, 양지, 약습~약건

수평분포: 전국 분포

수직분포: 구릉지대 이하

식생지리: 냉온대~난온대(대륙성), 구아대륙, 인도, 중국(네이멍구 이외 대부분 지역), 만주, (1945년 이후 일본에 귀화)[2)]

종종 모래 하천 바닥(河原)에서도 산다.

식생형: 초원식생, 터주식생(농촌형)
생태전략: [터주-경쟁자]~[터주-스트레스인내-경쟁자]
종보존등급: [V] 비감시대상종

이름사전

속명: 포텐틸라(*Potentilla* L.). '강한 약효'를 뜻하는 라틴어에서 비롯한다. (「양지꽃」 편 참조)[3]

종소명: 수피나(*supina*). 뿌리에서 난 잎이 지면에 사방으로 퍼진 모양을 뜻하는 라틴어다.

한글명 기원: 큰양지꽃,[4] 수(雄)소시랑개비,[5] 개소시랑개비,[6] 개쇠스랑개비[7]

한글명 유래: 개와 소시랑개비의 합성어다. 소시랑개비는 최초 소즈랑게비[8]로 기재된 바 있다. 한편 소즈랑개비는 소즈랑과 개비의 합성어로 보고, 소즈랑(소시랑)은 농기구 쇠스랑의 방언으로 그 모양에 잇닿아 있다고 추정하기도 한다. 하지만 식물체 어디에도 쇠스랑과 닮은 곳을 찾을 수 없다. 뱀딸기를 지칭하는 어느 지역의 방언(소즈랑게비)으로 추정한다. 큰양지꽃이라는 최초 한글 기재명도 있으나, 국가표준식물목록에서는 개소시랑개비를 정명으로 채택했다.

한방명: 치자연(雉子筵). 양지꽃과 돌양지꽃 따위의 지상부를 약재로 쓴다.[9]

중국명: 朝天委陵菜(Cháo Tiān Wěi Líng Cài). 아침(朝)에 하늘(天)을 향해 꽃이 피는 양지꽃 종류(委陵菜)라는 뜻이다.

일본명: オキジムシロ(Okijimushiro, 雄雉蓆). 뿌리에서 난 잎이 양지꽃(雉蓆)보다 규모가 크고 남성(雄)다운 면모여서 붙여진 이름이다. '수꿩이 앉은 방석'이라는 뜻이다.

영어명: Spreading Cinquefoil

에코노트

개소시랑개비는 농촌의 논두렁, 밭두렁, 길가에서 자주 보이는 터주형(ruderal type) 초원식생 구성원으로, 여러해살이다. 모래자갈 땅을 좋아하고, 비옥한 곳은 그리 좋아하지 않기 때문에 깨끗한 모래자갈 하천 바닥(河原)에 들어가 사는 경우가 흔하다. 이런 서식처에 사는 종류는 한해살이가 많다.

개소시랑개비는 서식처 범위가 넓다. 지금은 영주댐으로 크게 변질되었지만, 여느 국립공원보다도 생태계서비스 가치가 높은 모래하천인 내성천(경북 예천 지역) 하원에 넓게 발달하는 일시적인 순간서식처(ephemeral habitat)에 들어가 좀개소시랑개비(*Potentilla heynii* Roth 1821)[10]와 견주며 어우러져 산다. 그런 순간서식처는 하천 바닥의 물길지표층과 연속적으로 이어진다. 내성천의 이런 자연하천 시스템을 근본적으로 훼손하는 것은 영주댐(2015년 완공) 건설과 같은 물길에 대한 근원적인 변형이다. 보전생물학에서는 그런 개발 행위를 초도살(super-killing)을 일으키는 생태폭력(ecoterror)으로 규정한다.

개소시랑개비는 대륙성 요소로 북반구 온대 지역에 널리 분포하고, 우리나라에서도

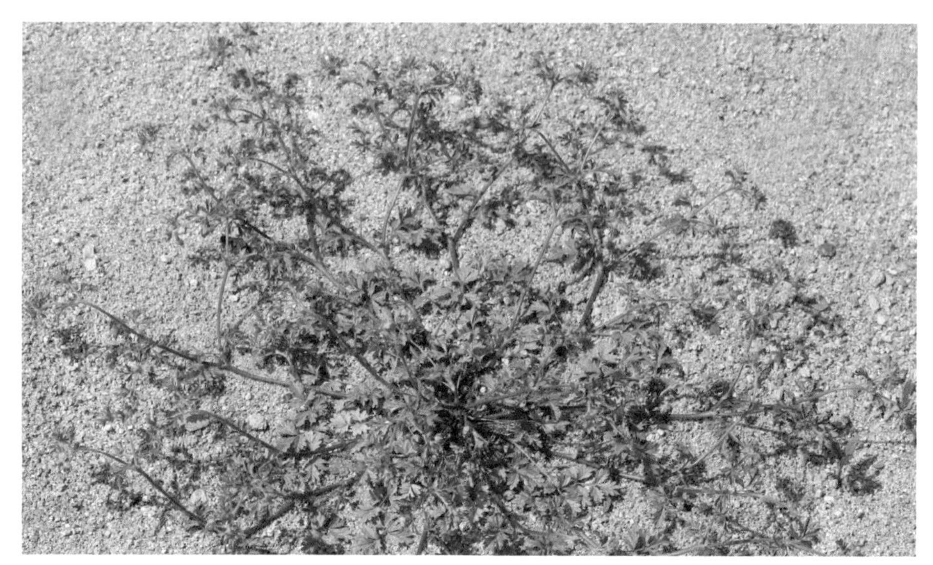
좀개소시랑개비(*P. heynii*)

전국에서 보인다. 일본에서는 유라시아 대륙이 원산[11]이라며, 1945년 이후에 도래한 신귀화식물로 분류한다. 중부 유럽에서는 농촌 지역의 식물사회를 대표하는 가막사리군목(Bidentetalia)이라는 터주식생 가운데, 척박한 토양 입지에 사는 진단종[12]으로 삼는다.

한편 좀개소시랑개비는 서식처 조건에 따라 한해살이 또는 해넘이한해살이로 살며, 서쪽 파키스탄에서부터 인도와 미얀마를 거쳐 동쪽 베트남과 중국 윈난 성에 이르기까지 주로 서남아시아를 중심으로 분포한다. 동북아에서는 아무르와 연해주 그리고 우리나라에서도 개체군 크기는 매우 작지만 종종 보인다. 좀개소시랑개비의 원산이 아무르 강[13]이라고 보는 것은 사실과 다르다. 이명(*P. amurensis*)으로 판명된, 막시모비치(Carl Johann Maximovich) 박사의 기재 표본 채집지일 뿐이다. 서남아시아가 분포중심지이고,[14] 서남아시아에서부터 동북아시아에 이르기까지 대륙성 온대 지역에 자생한다. 따라서 우리나라에서는 결코 귀화식물이 아닌 자생식물이다.

---

1) Probatova (2003)
2) 清水 等 (2002)
3) Gledhill (2008)
4) 정태현 등 (1937)
5) 박만규 (1949)
6) 정태현 등 (1949)
7) 한진건 등 (1982)
8) 森 (1921)
9) 안덕균 (1998)
10) 이명(異名): *P. amurensis* Maxim. 1859, *P. supina* var. *ternata* Peterm. 1846
11) 宮脇 等 (1978)
12) Oberdorfer (1983), Schubert *et al.* (2001)
13) 박수현 (2009)
14) FOP (2014)

사진: 김종원, 이창우

멍덕딸기

Rubus sachalinensis H. Lév.
Rubus idaeus var. ***microphyllus*** Turcz.

형태분류

줄기: 낙엽성 목본이며, 어른 허리 높이로 자라지만, 종종 어른 키 높이보다 더 큰 경우도 있다. 오래된 가지는 짙은 자갈색이고, 황갈색 또는 자갈색 자루가 있는 가시와 샘털이 빼곡하다. 어린 가지는 밝은 갈색이고, 황갈색 또는 갈색인 고운 융털이 있으나 점점 없어진다.

잎: 어긋나고, 3출깃털모양겹잎이며, 뒷면에 흰색 솜털이 있다. 가운데 잎이 가장 크다. 받침잎은 줄모양이고, 부드러운 털이 있거나 드물게 샘털도 있다.

꽃: 6~7월에 가지 끝이나 잎겨드랑이에서 피고, 흰색이다. 꽃차례에도 샘털과 가시털이 많다. 꽃받침은 꽃잎보다 길고, 샘털이 빼곡하다. 긴 꽃자루에 샘털, 가시털, 고운 털이 있다. (비교: 나무딸기(*R. sachalinensis* var. *concolor*)는 줄기, 꽃자루, 잎 뒷면에 털이 없고, 잎자루에 샘털이 약간 있다.)

열매: 덩어리열매로 7~8월에 붉게 익으며, 지름 1~1.5㎝인 둥근 달걀모양으로 가늘고 부드러운 털이 많고, 씨에는 주름이 있다.

염색체수: 2n=14, 28[1)]

생태분류

서식처: 초지, 숲 가장자리, 밝은 숲속, 계곡 언저리, 산지 암석 너덜, 화전적지 등, 양지~반음지, 적습~약습

수평분포: 전국 분포

수직분포: 산지대 이상

식생지리: 냉온대, 만주, 중국(새북, 서부, 화북지구의 허베이 성 등), 일본(홋카이도, 혼슈의 중부 이북), 몽골, 연해주, 캄차카반도, 중앙아시아, 유럽, 북미 등

식생형: 이차초원식생, 산지 임연식생(망토식물군락), 벌채지 선구식생 등

생태전략: [스트레스인내-경쟁자]~[경쟁자]

종보존등급: [IV] 일반감시대상종

이름사전

속명: 루부스(*Rubus* L.). '붉다'는 뜻의 라틴어(*ruber*)에서 비롯한다.

종소명: 사할리낸시스(*sachalinensis*). 사할린 지역에서 채집된 표본으로 명명하면서 생겨난 라틴명이다. 우리나라에서 주로 채택하는 종소명 이다에우스(*idaeus*)는 터키 북서 지역 또는 그리스 크레타 섬에 있는 이다 산(Mt. Ida)의 이름에서 유래하고,[2)] 변종명 미크로필루스(*microphyllus*)는 '잎이 작다'는 뜻의 라틴어다.

한글명 기원: 멍덕딸기[3)]

한글명 유래: 멍덕과 딸기의 합성어다. 멍덕의 유래는 강원도 방언이라 한다.[4)] 눈 위에서 신는 설피를 고유어로 멍덕신이라 하며, 이 멍덕과 잇닿아 있을 것이다.

한방명: - (멍덕딸기와 근연종인 나무딸기의 열매도 복분자라 한다.[5])

중국명: 库页悬钩子(Kù Yè Xuán Gōu Zi). 사할린 섬(库页岛)에 사는 산딸기속(悬钩子屬) 종류라는 뜻으로 분포에서 붙여진 이름일 것이다. 종소명에 잇닿아 있다.

일본명: エゾイチゴ(Ezoichigo, 蝦夷苺). 홋카이도(옛날 지명 蝦夷)에 주로 나는 야생 딸기(苺)라는 뜻으로 종소명에 잇닿아 있다.

영어명: Sakhalin Raspberry

에코노트

멍덕딸기는 유라시아 대륙에 널리 분포한다. 동서로 러시아 극동 캄차카반도에서 유라시아 대륙 서쪽 우랄산맥에 이르기까지, 남북으로는 연해주 남단에서 시베리아까지 분포한다.[6] 우리나라, 중국, 일본이 속한 동북아 지역에서는 온대 중·북부의 더욱 한랭한 지역으로 분포가 제한된다. 유럽과 북미 일부 지역에도 분포한다. 이런 분포 정보는 지역에 따른 종의 변이가 있으니,[7] 지역 간 계통분류학적 검토가 필요하다는 것을 말해 준다.

우리나라에서는 해발고도가 높은 산지로 갈수록 더욱 자주 나타나는 편이다. 해발고도가 낮은 산지대나 구릉지대에서는 거의 보이지 않는다. 사실상 개체군 자체도 희귀하지만, 개체군 크기 또한 매우 제한적이다. 한편 국가표준식물목록에서 한글 정명으로 사용하는 멍덕딸기는 본래 멍석딸기를 가리킨다. 멍석딸기의 멍석(셕)[8]은 멍덕에 잇닿아 있는 어느 토속어 또는 방언으로 보이지만, 유래나 어원은 분명치 않다. (「멍석딸기」 편 참조)

---

1) Chen (1993)
2) Gledhill (2008)
3) 정태현 등 (1937)
4) 정태현 (1957), 이우철 (2005)
5) 안덕균 (1998)
6) AgroAtlas (2014)
7) 北村, 村田 (1982a)
8) 森 (1921), 정태현 등 (1937)

사진: 김종원

멍석딸기

Rubus parvifolius L.

형태분류

줄기: 낙엽성 키 작은 나무로 새로이 솟은 줄기가 땅위를 기면서 자란다. 짧고 강한 가시로 다른 식물체에 의지해 위로 선다. 늦여름이 되면 줄기 끝이 땅을 향하고, 땅에 닿으면 뿌리를 내린다.

잎: 어긋나고, 꽃이 달리는 줄기에는 작은 쪽잎이 3개이며, 누워서 뻗는 줄기에는 작은 쪽잎이 5개다. 작은 끝잎은 끝이 둥글다. 잎 뒷면에 흰색 솜털이 빼곡하다.

꽃: 5~7월에 잎겨드랑이에서 홍자색을 띠는 꽃이 하늘을 향해 피는데, 활짝 피지 않고 오므라진 상태(半開)를 유지한다. 꽃잎에는 가는 털과 가시가 있으며, 별모양 꽃받침이 특징이다.

열매: 덩어리열매로 7~8월에 붉은색으로 익고, 맛이 아주 좋고 풍성하다.

염색체수: 2n=14,[1] 28[2]

생태분류

서식처: 초지, 봉분 주변, 산지 숲 가장자리, 산비탈 임도 언저리, 산불 난 곳, 벌채지, 두둑, 하천변 제방, 들길 가장자리, 산간 묵정밭 등, 양지~반음지, 적습~약습

수평분포: 전국 분포

수직분포: 산지대 이하

식생지리: 온대~아열대, 만주, 중국(네이멍구를 제외한 새북지구, 화북지구, 화중지구, 화남지구, 기타 칭하이 성 등), 대만, 일본, 베트남, 인도, 호주 등

식생형: 이차초원식생, 산지 임연식생(망토식물군락)

생태전략: [스트레스인내-경쟁자]~[경쟁자]

종보존등급: [IV] 일반감시대상종

이름사전

속명: 루부스(*Rubus* L.). '붉다'는 뜻의 라틴어(*ruber*)에서 유래하고, 꽃과 열매 색깔에서 비롯한다. 보석 루비의 명칭도 마찬가지다.[3]

종소명: 파르비폴리우스(*parvifolius*). '잎이 작다'는 뜻의 라틴어다.

한글명 기원: 멍셕ᄹᆞᆯ기(薅田藨, 紅梅消),[4] 멍석ᄯᆞᆯ기, 산미(山莓), 표(藨), 봉류(蓬藟),[5] 멍석딸기,[6] 번둥딸나무, 멍두딸, 수리딸나무, 멍딸기, 덤불딸기[7] 등

한글명 유래: 멍석과 딸기의 합성어로 경기도 방언[8]인데, 멍석의 어원은 알 수 없다. 15세기 말『구급간이방』에서 복분자딸기를 한글명 '멍덕ᄲᆞᆯ기'로 기록했는데,[9] 멍석은 이 '멍덕'에 대한 혼용으로 보인다. 한편 17세기 초『동의보감』에서는 복분자(覆盆子)를 '나모ᄲᆞᆯ기'로, 봉류(蓬藟)를 '멍덕ᄲᆞᆯ기'로 분명하게 구분했다.[10]

한방명: 호전표(薅田藨). 지상부를 약재로 쓴다. 한편 오늘날 복분자라 함은 복분자딸기, 나무딸기, 섬딸기, 거지딸기 등의 열매를 지칭한다.[11]

중국명: 茅莓(Máo Méi). 거친 야생의 띠풀(茅)처럼 사는 딸기(莓)라는 뜻이다.

일본명: ナワシロイチゴ(Nawashiroichigo, 苗代苺). 벼 모판(苗代)을 만드는 시기에 열매가 익는다고 해서 생겨난 이름이다.[12]

영어명: Small-leaved Raspberry

에코노트

멍석딸기는 주기적으로 벌초하는 초지 언저리에 주로 분포한다. 음지에서는 살지 않는 호광성이면서 대체로 습윤한 토양을 좋아한다. 보통 지면을 덮으며, 멍석을 바닥에 깐 듯 빈틈없이 우거진다. 만지면 다칠 정도로 강하고 억센 가시가 있는 줄기는 종종 다른 식물체를 의지해 위로 뻗기도 한다. 늦여름부터 줄기 끝부분이 아래로 향하다가 땅에 닿으면 줄기가 굵어지면서 뿌리를 내린다. 이듬해 봄에 왕성하게 생육하는 일종의

게릴라번식전략을 쓴다. 아주 맛있는 열매를 풍성하게 생산하기 때문에 야생동물, 특히 새들이 무척 좋아하고, 덕택에 널리 분산한다. 잎이 바람에 흩날리고 그 사이로 보이는 검붉은 꽃잎과 루비 색 열매는 새나 들짐승의 눈길을 끄는 색의 콘트라스트를 연출한다.

한반도 전역에 골고루 분포하고, 맛있는 열매 덕분에 멍딸기, 덤풀딸기, 번둥딸나무 따위의 다양한 방언이 있다. 19세기 기록[13]에 이미 '멍덕짤기'라는 명칭이 보인다. 한자로 누(호)전표(耨(鎒)田藨)라 기재하면서 한글로 그렇게 적어 두었다. '전표(田藨)를 김맨다(耨, 鎒)'는 뜻이다. 전표(田藨)는 쥐눈이콩 또는 딸기 밭을 뜻한다. 오늘날 식물도감에는 멍덕딸기(*Rubus idaeus* var. *microphyllus*)라는 명칭의 종이 따로 있다. 그런데 이 멍덕딸기는 한반도에서 멍석딸기처럼 생활 속의 자원식물로 이용될 만큼 흔치 않다. 따라서 '딸기가 우거진 밭을 김맨다'는 의미에서 고전에 나오는 멍덕짤기는 오늘날의 멍석딸기를 지칭하는 것이다. 먹음직스런 열매 때문에 일찍이 야생 딸기 가운데에서도 주요 자원식물로 주목받았음이 틀림없다. 멍석딸기의 멍석은 본래 멍덕으로 기재되었던 것이고, 20세기에 들어와 멍셕짤기, 멍석딸기[14]로 전화되면서 이름 유래에 혼란이 발생한 것이다.

1) Naruhashi *et al.* (2002)
2) Iwatsubo & Naruhashi (2004)
3) Stearn (1978)
4) 森 (1921)
5) 村川 (1932)
6) 정태현 등 (1937)
7) 정태현 (1957)
8) 정태현 (1957)
9) 윤호 등 (1489; 김문웅 역주 2008b)
10) 허준 (1613)
11) 안덕균 (1998)
12) 奧田 (1997)
13) 이철환, 이재위 (1820)
14) 森 (1921), 정태현 등 (1937)

사진: 김종원, 이창우

산오이풀

Sanguisorba hakusanensis **Makino**

형태분류

줄기: 여러해살이며, 어른 무릎 높이로 자라고, 전체에 털이 거의 없다. 뿌리줄기는 옆으로 벋으며 굵어진다.

잎: 어긋나고, 홀수깃모양겹잎이다. 뿌리에서 난 잎은 잎자루가 길고, 뒷면은 분백색을 띠며, 예리한 톱니가 있다. 줄기에서 난 잎은 뒷면에 누운 털이 있다.

꽃: 8~9월에 뿌리에서 난 잎 사이로 긴 꽃대가 나오고, 그 끝에 이삭꽃차례로 화려한 붉은색 꽃이 위에서 아래로 차례대로 핀다. 꽃이삭은 약 10㎝인 긴 원기둥모양이며 밑으로 처진다. 길이가 1㎝ 정도인 수술은 12개 이하이며, 꽃 밖으로 길게 나온다. (비교: 오이풀(*S. officinalis*)은 꽃이삭이 원형이고 수술이 4개다.)

열매: 여윈열매로 9~10월에 익는다.

염색체수: 2n=28[1)]

생태분류

서식처: 초지, 산지 풀밭, 숲 가장자리, 암벽 틈 등, 양지~반음지, 약습~적습

수평분포: 전국 분포(개마고원 이남)

수직분포: 산지대~아고산대

식생지리: 냉온대~아고산대(준특산), 일본(혼슈 중부 이북) 등

식생형: 산지초원식생

생태전략: [경쟁자]~[스트레스인내-경쟁자]

종보존등급: [III] 주요감시대상종

이름사전

속명: 상귀조르바(*Sanguisorba* L.). 뿌리줄기의 약성에서 유래한 라틴어다.

종소명: 하꾸사낸시스(*hakusanensis*). 일본 혼슈의 백산(白山)

산지 운무대에서 흔하게 보이는 산오이풀

또는 아주 높은 산을 지칭한다.

한글명 기원: 산오이풀[2]

한글명 유래: 산과 오이와 풀의 합성어다. 1921년 첫 기재[3]에는 일본명(唐糸草)만 기록했다. (「오이풀」 편 참조)

한방명: 지유(地楡). 오이풀 종류의 뿌리를 지칭하는 약재명이다.[4]

중국명: -

일본명: カライトソウ(Karaitosou, 唐糸草). 수술의 아름다움을 중국(唐)의 무명실(綿絲)에 빗댄 이름이다.

영어명: Haksan Burnet, Haksan Bloodwort

에코노트

산오이풀의 분포중심지는 산지 능선부에서 국지적으로 발달하는 운무대다. 공중 습도 및 토양 수분환경이 양호한 입지에서만 서식한다. 산정의 운무대 환경에서는 자연식생 또는 이차식생으로 키가 크고 잎이 넓은 풀밭 식물사회(高莖廣葉草本植生)가 발달하며, 종다양성이 풍부한 것이 특징이다. 각각의 식물계절을 통해서 식생 최성기를 갖고, 꽃이삭이 식물체 바깥으로 솟아난 특징이 있다. 구성원 대부분은 경쟁자이면서 충매화다.

지구온난화와 살충제 과다 사용, 서식처 훼손과 숲가꾸기 같은 편향적인 생태계 관리 등으로 말미암아 산정 운무대 초원식생이 크게 변질되거나 사라지고 있다. 산오이풀이 나타나는 식물군락은 생물다양성 중점지역(biological hotspot)의 초원식생으로 보존가치가 높다. 오이풀은 산지대 이하 지역이 분포중심지라면, 산오이풀은 산지대~아고산대의 더욱 한랭한 지역이 분포중심이다. 무덤처럼 온난하고 약간이라도 건조한 환경이거나 부영양화 환경에서는 나타나지 않는다. 산오이풀은 상대적으로 자연성이 높은 종자원으로 종보존등급 [Ⅲ] 주요감시대상종이다.

일본에서는 잎의 거치가 날카롭고, 꽃받침잎(苞)이 큰 것이 특징이라면서 우리나라 산오이풀을 일본산의 지리적 변종으로 본다.[5] 일본산 산오이풀은 일본 혼슈의 북알프스 북부 산악지대 초염기성 사문암 풍화 사력(砂礫) 입지에 빈도 높게 나타난다.[6] 매우 척박하고 건조한 생육환경이다. 하지만 우리나라 분류학계에서는 서식처 환경조건에 대응하는 외부형태적 형질의 다변성(polymorphism)으로 판단하고, 동일종으로 보는 견해[7]가 지배적이다. 산오이풀(*S. hakusanensis s.l.*)은 지리적으로 한반도를 중심으로 하는 동북아 냉온대 북부·고산지대와 아고산대가 분포중심지인 우리나라 반특산종으로 평가된다. 동시에 동북아시아에서 서식처 특이성에 대응하는 산오이풀에 대한 계통분류학적 연구도 필요하다.

---

1) Mishima *et al.* (2002)
2) 정태현 등 (1937)
3) 森 (1921)
4) 안덕균 (1998)
5) 北村, 村田 (1982b)
6) 宮脇 等 (1978), 奧田 (1997)
7) 이정란 등 (2000), Lee *et al.* (2011)

사진: 김종원

오이풀(외나물)

***Sanguisorba officinalis* L.**

형태분류

줄기: 여러해살이며, 가늘지만 딱딱하고, 전체에 털이 없으며, 윗부분에서 가지가 갈라진다. 굵고 옆으로 자란 뿌리는 눌러 보면 폭신폭신하고, 겉은 적자색을 띤다.

잎: 어긋나고, 홀수깃모양겹잎으로 긴 잎자루와 잎 같이 생긴 받침잎이 있다. 문지르면 오이 향이 난다.

꽃: 7~9월에 피며, 꽃잎은 없고, 검붉은 꽃받침이 꽃처럼 보인다. 긴 꽃자루 끝에 이삭꽃차례로 피며, 위에서 아래로 순서대로 피고, 향기가 은은하다.

열매: 꽃턱이 세로로 네 갈래 골이 지고 비대해 통모양이 된다. 여윈열매는 가죽질이며 꽃받침을 달고 있다.

염색체수: 2n=28, 42,[1] 56[2]

생태분류

서식처: 초지, 산지와 들판의 풀밭, 밝은 숲속, 숲 가장자리, 제방, 봉분, 습지 주변 등, 양지~반음지, 약습~적습

수평분포: 전국 분포

수직분포: 산지대

식생지리: 온대~아고산대, 만주, 중국, 대만, 일본, 몽골, 연해주, 캄차카반도, 시베리아, 중앙아시아, 유럽 등

식생형: 초원식생(산지성)

생태전략: [경쟁자]~[스트레스인내-경쟁자]

종보존등급: [IV] 일반감시대상종

이름사전

속명: 상귀조르바(*Sanguisorba* L.). '피(*sanguis*)를 흡수한다(*sorbere*)'는 뜻의 라틴 합성어로 뿌리줄기의 약성에서 비롯한다.

종소명: 오피씨날리스(*officinalis*). '약효가 있다'는 뜻의 라틴어다.

한글명 기원: 외ᄂᆞ물(외나물),[3] 외나물, 옥시(玉鼓), 지유(地楡),[4] 외풀, 수박풀, 디유,[5] 오이풀[6] 등

한글명 유래: 오이와 풀의 합성어다. 식물체를 문지르면 오이 향이 나는 것에서 비롯한다.

한방명: 지유(地楡). 오이풀 종류의 뿌리를 지칭하는 약재명[7]으로 중국명에서 비롯한다.

중국명: 地榆(Dì Yu). 오이풀 종류를 대표하는 이름으로 땅(地)에서 나는 느릅나무(榆)라는 뜻이다. 즉 나무가 아니라 땅에 붙어사는 풀이지만 느릅나무 대신 이용하는 약성에서 비롯했을 것이다.

일본명: ワレモコウ(Waremokou, 割帽額, 吾木香). 꽃 모양이 큰 대청 앞에 걸어 둔 대나무 발의 그림을 닮은 데에서 비롯한다.[8]

영어명: Great Burnet, Burnet Bloodwort

에코노트

오이풀은 유라시아 대륙의 온대 지역에 널리 분포하는 광역분포종이다.[9] 대서양 해양성 기후 영향권에 위치하는 중부 유럽 목초지에서 초원식생을 대표하는 여러해살이 초본 식물사회(Molinietalia caeruleae)를 특징짓는 표징종[10]이기도 하다. 수분스트레스가 발생하는 환경조건에서는 살지 않는다는 것을 말한다. 오이풀 종류(*Sanguisorba* spp.)는 모두 그렇다. 우리나라 숲속에서도 종종 보이지만, 산지 초원을 가로질러 등산하다 보면 자주 만난다. 습기를 적당히 머금은 공기를 무척 좋아해, 구름도 쉬어 간다는 산지 능선 풀밭이 오이풀의 전형적인 서식처다. 이런 곳은 종다양성이 매우 높아 아름다운 초원 풍경을 만들어낸다. 한적한 산속의 무덤 초지에서도 오이풀이 종종 보인다. 토양 수분환경이 양호한 입지에 조성된 무덤의 경

사문암 입지에 사는 오이풀

우로, 건조하고 과도하게 부영양화된 토양이 나 오염된 환경에서는 결코 살지 않는다.

학명처럼 오이풀은 느루배기(해산한 다음 달부터 경수가 멎지 않는 현상 또는 그런 여성)[11]에 지혈 효과가 있는 한방 약초다. 한자명 지유(地楡)는 굵은 뿌리를 가리키며, 약효가 '땅(地)에서 나는 느릅나무(楡) 같다'는 것이다. 오이풀이라는 한글명은 식물체에 상처가 나면 오이 향이 나는 것에서 비롯한다. 500살도 훌쩍 넘는 오래된 우리말 이름이다. 15세기 초 기록에 향명 과채(瓜菜)[12]로 나오는데, 한글로 번역하면 외ᄂᆞᄆᆞᆯ(외나물)[13]이다. 그러니까 오이풀의 본명은 외나물인 것이다. 오이풀에서 오이(瓜) 향이 난다는 것을 일찍부터 알았던 터다. 일제강점기 때에 이 이름에서 외풀[14]이 생겨나고, 여기서 오늘날의 오이풀이라는 표기가 만들어졌다. 어린잎을 나물로 먹거나 차 대용으로 끓여 마셨으며, 꽃봉오리에서 물감을 얻었다.[15]

---

1) Naruhash *et al.* (2001)
2) Probatova & Sokolovskaya (1995)
3) 윤호 등 (1489)
4) 村川 (1932)
5) 森 (1921)
6) 정태현 등 (1937)
7) 안덕균 (1998)
8) 奥田 (1997)
9) Oberdorfer (1983)
10) Schubert *et al.* (2001)
11) 국립국어원 (2016)
12) 최자하 (1417)
13) 윤호 등 (1489)
14) 森 (1921)
15) 村川 (1932), 김문웅 (2008)

사진: 이정아, 김종원

애기자운

Gueldenstaedtia verna (Georgi) Boriss.

형태분류

줄기: 여러해살이로 높이 10㎝ 이하다. 털이 많다. 약간 목질화된 굵은 뿌리가 수직으로 내리면서 주로 두 갈래로 나뉘고, 가는 뿌리는 거의 없으며, 인삼 향기가 난다.

잎: 뿌리에서 모여나고, 연중 여러 차례 새로 솟아난다. 아까시나무 잎을 축소해 놓은 듯한 1회홀수깃모양겹잎이고, 잎자루와 함께 갈색 털이 있다. 쪽잎 끝부분은 둥근 편이다. 건조한 시기에는 표면에 하얀 왁스를 덮어쓴다.

꽃: 4~6월에 긴 꽃자루 끝에 분홍빛 도는 보라색 꽃이 2~8개 모여난다. 꽃받침은 종모양이고, 흰색 털이 빼곡하다. 가운데 큰 꽃잎(旗瓣) 끝이 깊게 파인다.

열매: 꼬투리열매로 길이 1.5㎝ 내외인 오이모양이고, 2~8개가 모여 달린다. 겉에는 털이 빼곡하고, 익으면 둘로 갈라진다. 콩팥모양으로 까만 광택이 나는 씨가 10개 내외 들어 있고, 탄성(彈性)산포한다.

염색체수: n=7[1)]

생태분류

서식처: 초지, 봉분, 제방, 산비탈 풀밭, 잔디밭, 하식애 어깨 등, 양지, 약건~적습

수평분포: 국지 분포(대구 일대의 금호강 퇴적암 지역, 북한 낭림산 일대 등)

수직분포: 구릉지대 이하

식생지리: 냉온대~난온대(반특산, 대륙성), 만주, 중국(새북지구, 일부 화북지구, 칭하이 성, 윈난 성 등), 몽골, 연해주, 인도, 라오스, 미얀마, 파키스탄[2)] 등

식생형: 이차초원식생(잔디형, 잔디-애기자운군락)

생태전략: [터주-스트레스인내-경쟁자]~[경쟁자]

종보존등급: [Ⅲ] 주요감시대상종

이름사전

속명: 구엘덴슈태드치아(*Gueldenstaedtia* Fisch.). 라트비아 식물학자(Anton J. von Güldenstädt, 1745~1781) 이름에서 비롯한다.[3)]

종소명: 베르나(*verna*). 봄(春)이라는 뜻이 담긴 라틴어[4)]로 이른 봄부터 꽃피기 시작해 여름이 올 때까지 계속해서 줄기차게 꽃피는 식물계절학에서 비롯한다.

한글명 기원: 애기자운,[5)] 털새동부,[6)] 참애기자운[7)]

한글명 유래: 애기와 자운의 합성어다. 1921년 *G. pauciflora*(현재 학명의 이명)라는 학명으로 처음 기재될 때, 한글명 없이 일본명(姬紫雲英)만 기재되었다. 1949년에 처음으로 기재된 한글명 애기자운은 여리고 고운(姬) 자운영(紫雲英)이라는 일본명 표기에서 비롯한다. 1969년에 기재된 털새동부라는

꽃대 하나에서 햇빛을 향하는 방향으로 꽃이 차례로 핀다.

이름은 털이 많고 작은(새) 콩(동부)이라는 순수 우리말로 된 이름이다.

한방명: -

중국명: 少花米口袋(Shǎo Huā Mǐ Kǒu Dai). 꽃이 작은(少花) 애기자운속(米口袋屬) 종류라는 뜻이다.

일본명: - (Hinagenge, 姫紫雲英). 어여쁜 자운영이라는 의미이고, 일본에는 자생하지 않는다.

영어명: Vernal Gueldenstaedtia's Vetch

에코노트

애기자운속(*Gueldenstaedtia* Fisch.)은 티베트에서부터 극동러시아에 이르기까지 온대 아시아(Sino-Himalayan region)[8]에 분포하고, 총 14종류가 있다.[9] 한랭 건조한 대륙성 냉온대가 분포중심지다. 대기후 또는 소기후 수준에서 동절기의 혹한과 하절기의 가뭄을 경험하는 서식처에서 점점이 분포한다. 애기자운속 가운데 애기자운이 지리적 분포가 가장 넓으며, 우리나라에 분포하는 유일한 종이다.

우리나라의 애기자운 개체군은 지리적으로 맨 동쪽 가장자리(東端) 경계 영역의 유전자집단이다. 한반도에서는 낭림산 이북의 일부 심산 지역과 대구 지역에서만 나타나는 극히 제한적이고 고립된 분포를 보인다. 그만큼 생태유전성, 생물다양성 측면에서 중대한 의미가 있다. 특히 대구 지역의 집단은 지구상에서 가장 덥고 건조한 기후에 적응한 개체군이다.

애기자운은 1995년 이전까지 사진 한 장 없을 정도로 우리나라에서는 잘 알려지지 않은 식물이었다. 흑백으로 된 거친 세밀화가 식물도감에 나올 뿐이었다. 그러다가 대구 분지 서단에 위치하는 계명대학교 성서캠퍼스 구내 잔디밭에서 규모가 큰 애기자운 개체군이 재차 발견되면서 생태가 추적된 바[10] 있다. 대구 외곽을 휘감는 금호강 줄기를 따라 발달한 퇴적암 지역에서 크고 작은 개체군으로 분포한다. 식물사회학적으로 잔디-애기자운군락의 진단종으로서 국지적으로 대륙성의 한랭 건조한 입지에만 살아남았다. 답압(踏壓)이 거의 없고, 일 년에 한 두 번 정도 주기적으로 벌초되는 잔디 우점 초지를 피난처로 삼은 일종의 빙하기 유존종이다. 벌초되지 않는 초지에서는 살아남지 못한다. 최근에 조성한 잔디밭에서 애기자운이 자생하는 경우도 목격되는데, 반입한 토양 속에 씨앗이 섞여 들어온 것이다. 하지만 생육환경이 맞지 않으면 오래잖아 사라질 일시적 현상이다.

애기자운의 생육환경조건은 한랭 건조한 완전 개방 초지다. 한겨울에는 살을 에는 듯한 맹추위와, 생육 기간에는 수분스트레스가 발생할 정도로 연중 일정치 않은 한발을 경험하는 곳이다. 그늘이 전혀 없는 완전 개방된 빛 환경과, 개미가 살 만한 토양환경이어야 한다. 설령 한발이 발생하더라도 잎 표면에 하얀 왁스를 방출해 엽육세포의 수분 손실을 방지하는 건조 내성 전략을 갖고 있다. 토양환경은 공극이 큰 조립질 또는 허벅허벅한 흙 상태다. 토양 통기성이 불량한 자주 밟는 잔디 초지나 답압이 심한 곳에서는 살지 않는다. 애기자운은 개미 덕택에 사방으로 멀리 흩어진다. 작은 씨가 개미들의 중대 식량이기 때문이다. 콩과인 애기자운은 열매에 식물성 단백질과 지방이 풍부하다. 이른 봄부터 꽃피기 시작해 봄철 내도록 꽃피고, 열매를 많이 만든다. 드물게는 한 해를 마무리 하는 가을에도 어떤 외부 자극 때문에 꽃피는 경우가 있다. 반복개화 여러해살이(overlapping iteroparous perennial) 초본의 특징이다.

4월 초순, 누런 잔디가 여전히 겨울 빛을 띠는 아주 이른 봄, 애기자운 뿌리에서 싹이 난다. 어린 싹은 꽃샘추위를 충분히 극복할 수 있도록 고운 털로 완전히 뒤덮여 있다. 여러해살이며 뿌리 속에 저장해 둔 영양분 덕택으로 싹이 돋은 후 얼마(1~2주) 지나지 않아 꽃대를 서둘러 내민다. 굵은 뿌리는 마치 산삼을 보는 듯하고, 사포닌 성분을 다량 함유한 탓에 향이 진동한다. 일찍이 뿌리를 민들레 뿌리를 지칭하는 지정(地丁)이라고 부르면서 약용했다.[11] 만주 지역에서는 여전히 그리 부른다.[12] 최근 연구에서는 항균효과와 사포닌 성분으로 인한 약성이 우수한 것으로 밝혀졌으며,[13] 국외반출 승인대상 생물자원(2010년 이후)이다.

한편 우리나라 특산종으로 노란색 꽃이 피며, 열매 꼬투리가 가늘고 긴 팥애기자운이 황해북도 서흥에서 기재된 바 있다.[14] 하지만 실체는 의문이다. 애기자운은 서식처 생육환경조건에 따라 외부 형태의 변이가 심하기도 하지만, 팥애기자운(*G. longiscapa*

생육 기간에 수분스트레스가 발생할 정도로 건조한 수분환경이 되면 광합성 기관인 잎이 왁스를 방출해 마치 분가루를 덮어쓴 듯하다.

(Franch.) H. Lév.)의 최초 기재가 1916년에 중국 윈난 성에서 채집한 표본으로 이루어졌고, 그것이 지금은 애기자운의 이명으로 처리되기 때문이다.[15] 중국 베이징과 샨둥 성에는 흰 꽃이 피는 애기자운(*G. verna* f. *alba* (H. P. Tsui) P.C. Li 1993)이 있는데,[16] 지리적 변종이 아니라 서식처 생육조건에서 생겨난 다형으로 품종이다.

1) Yang (2002)
2) Bao & Brach (2010)
3) Quattrocchi (2000)
4) Simpson (1968)
5) 정태현 등 (1949), 한진건 등 (1982)
6) 이창복 (1969)
7) 한진건 등 (1982)
8) Bao & Brach (2010)
9) Zhu (2004)
10) 김종원 (2001)
11) 村川 (1932)
12) 한진건 등 (1982)
13) 김현수 (1998)
14) 정태현 (1957), 임록재, 도봉섭 (1988), 이우철 (1996)
15) Zhu (2004)
16) Bao & Brach (2010)

사진: 김종원

새콩

Amphicarpaea trisperma (Miq.) Baker
Amphicarpaea bracteata subsp. ***edgeworthii*** (Benth.) H. Ohashi

형태분류

줄기: 한해살이 덩굴로 가늘지만 질긴 편이고, 주로 왼쪽으로 감으며 어른 키 높이까지 자란다. 전체에 밑으로 퍼진 흰색 털이 있다. 돌콩(*Glycine soja*)보다 조금 늦은 4월경에 발아한다.

잎: 어긋나고, 3출복엽으로 뒷면이 흰색이며, 양면에 누워 있는 흰색 짧은 털이 있다. 작은 쪽잎의 길이와 폭이 비슷해 원형이다. 긴 잎자루에 갈색 털이 있는 것이 특징이고, 폭 좁은 달걀모양 받침잎이 떨어지지 않고 붙었다. (비교: 돌콩은 길이가 폭보다 넓어서 좁은 장타원형이다.)

꽃: 8~9월에 잎겨드랑이에서 나비모양인 꽃이 여러 개 핀다. 위쪽 가운데 꽃잎은 연한 자색, 아래 꽃잎(翼弁)은 흰색이며, 땅속에 폐쇄화가 있다.

열매: 꼬투리열매로 편평하며, 가장자리에 털이 있다. 익으면 용수철처럼 터지면서 퍼진다(탄성산포). 땅속 폐쇄화의 열매는 둥글며, 지상에 달린 씨보다 두 배로 큰 씨 하나가 반드시 들어 있다.

염색체수: 2n=20,[1] 40[2]

생태분류

서식처: 초지, 봉분, 농촌 들녘, 길가, 산지 숲 가장자리, 밭 언저리 등, 양지~반음지, 적습~약습

수평분포: 전국 분포

수직분포: 산지대 이하

식생지리: 난온대~냉온대, 만주, 중국(새북지구, 화북지구, 화중지구, 화남지구, 기타 티베트 등), 대만, 일본, 연해주, 인도, 베트남 등

식생형: 이차초원식생, 터주식생(농촌형)

생태전략: [터주-경쟁자]~[터주자]

종보존등급: [V] 비감시대상종

이름사전

속명: 암피칼페아(*Amphicarpaea* Elliott ex Nutt.). 양쪽(*amphi*)과 열매(*carpos*)를 뜻하는 희랍어에서 비롯한다. 폐쇄화에서도 열매가 만들어지는 점을 의미할 것이다.

종소명: 트리스페르마(*trisperma*). 씨가 3개라는 뜻의 라틴어다. 하지만 종종 4개인 경우도 있다.

한글명 기원: 식콩넝굴,[3] 새콩[4]

한글명 유래: 새와 콩의 합성어다. 일본명(薮豆)에서 비롯한다고 하나,[5] 그렇지 않다. 1921년 기록에 이미 한글명 '식콩넝굴'이 기록되었고, 구황식물이었다는 사실이 전해진다. 우리나라 고유 명칭이고, 볼품없는 야생 콩으로 작고 거칠기도 한 것에서 '새'라는 말이 나왔다.

한방명: 양형두(两型豆). 뿌리를 약재로 쓴다.[6]

중국명: 两型豆(Liǎng Xíng Dòu). 속명에서 비롯한다.

일본명: ウスバヤブマメ(Usubayabumame, 薄葉薮豆). 형태와 서식처에서 생긴 이름으로, 잎(葉)이 얇은(薄), 농촌 근처 풀숲 언저리(薮)에 사는 야생 콩(豆)이라는 뜻이다.

영어명: Trisperma Hogpeanut

에코노트

새콩은 씨앗 번식이 탁월한 한해살이 덩굴식물이다. 땅속 폐쇄화에서도 씨를 만든다. 지상 줄기에 달린 꽃에서 만든 씨는 편평하고, 폐쇄화 씨는 둥글다. 폐쇄화에서 만든 씨에는 지상에서 만든 씨보다 훨씬 큰 콩

이 1개 들어 있다. 새콩의 특징이다. 열대 아프리카에 주로 분포하면서 현재까지 알려진 종류는 전 세계에 5종뿐이다.[7] 새콩은 서식처 조건에 따라 선택적으로 발아한다. 폐쇄화의 큰 씨는 휴면 능력이 떨어지기 때문에 이듬해에 발아하거나 그렇지 않으면 썩는다.

새콩은 돌콩과 많이 비슷하지만, 속(genus)이 다를 정도로 뚜렷한 차이가 있다. 새콩은 줄기에 퍼진 흰색 털과 긴 잎자루의 갈색 털, 그리고 잎의 상하좌우 지름이 비슷한 넓은 타원형이다. 꽃의 색, 모양, 크기도 돌콩과 전혀 다르고, 돌콩에는 폐쇄화도 없다(『한국 식물 생태 보감』 1권 「돌콩」 편 참조). 돌콩이 대두(大豆)에 가깝다면, 새콩은 땅콩에 가깝다. 새콩은 농촌 터주식생과 이차초원식생에서도 나타나지만, 돌콩은 도시건 농촌이건 터주식생이 분포중심이다. 새콩이 돌콩보다는 인간 간섭이 덜한 서식처에 산다는 뜻이다. 이차초원식생의 구성원으로 살아가는 것도 폐쇄화의 열매에서 비롯하는 생존 경쟁력 덕택이다.

새콩이 [터주-경쟁자]이면, 돌콩은 [터주자]이다. 그런데 농촌 지역에서 두 종은 정확히 서식처가 중첩된다. 돌콩이 새콩보다 더 흔하다. 돌콩이 약 한 달 앞서서 발아해 꽃피고, 열매 맺고, 씨를 퍼트리기 때문이다. 서식처 선점이다. 온대 지역, 특히 우리나라처럼 대륙성 온대 지역에서는 제한된 생육 기간(봄부터 늦여름) 동안 먼저 발아하고, 꽃피고, 열매 맺는 것이 매우 중요한 생태전략이다. 이것은 연중 계속해서 생육 가능한 환경조건인 열대와 아열대의 생물군계와 사계절이 뚜렷한 온대 생물군계와의 가장 큰 차이점이다.

---

1) Probatova *et al.* (2008a)
2) Sa & Gilbert (2010)
3) 森 (1921)
4) 정태현 등 (1937)
5) 이우철 (2005)
6) 안덕균 (1998)
7) Sa & Gilbert (2010)

사진: 이창우, 김종원

활나물

Crotalaria sessiliflora L.

형태분류

줄기: 한해살이지만, 서식환경조건에 따라 여러해살이로 산다. 어른 무릎 높이 이하로 바로 서서 자란다. 보통 줄기는 하나지만, 몇 개로 갈라지는 경우도 있다. 줄기 아랫부분은 단단한 편이며 약간 진한 자갈색을 띤다. 식물 전체에 길고 은빛 도는 갈색 털이 많다.

잎: 어긋나고, 잎자루는 거의 없으며, 길고 좁은 타원형이다. 가장자리가 밋밋하고, 부드러운 긴 털이 있으며, 뒷면에는 갈색 털이 빼곡하다. 줄기 아래에서 위쪽으로 갈수록 잎이 점점 커지며, 가장 큰 잎은 제일 작은 잎의 약 10배이고 활처럼 휜다. 가느다란 줄모양 받침잎이 있다.

꽃: 7~9월에 줄기 끝에서 연한 청자주색으로 피고, 그 속에 광채 나는 진한 청자색 무늬가 있다. 꽃갓은 나비모양으로 길이는 1㎝ 정도다. 위쪽 가운데 원형 꽃잎과 아래쪽 타원형 꽃잎(翼弁)은 뒤로 살짝 접히며, 꽃받침보다 짧다. 꽃받침은 크게 아래위 두 갈래로 갈라지고, 다시 아래 것은 세 갈래로, 위쪽 것은 두 갈래로 갈라진다. 겉에 긴 갈색 털이 가득하다. 꽃이 진 뒤에도 계속 커져서 열매를 덮는다.

열매: 꼬투리열매로 통통한 타원형이고, 익으면 두 쪽으로 갈라진다. 씨가 10~15개 들어 있고 검은색으로 익으며 광택이 난다.

염색체수: 2n=16[1]

생태분류

서식처: 초지, 봉분, 제방, 두둑 등, 양지~반음지, 적습~약건

수평분포: 전국 분포(개마고원 이남)

수직분포: 구릉지대 이하

식생지리: 난온대~냉온대, 중국(화남지구, 화중지구, 화북지구의 산둥 성과 허베이 성, 기타 티베트 등), 만주(랴오닝 성), 대만, 일본(혼슈 이남), 서남아시아, 동남아시아 등

식생형: 이차초원식생

생태전략: [터주-경쟁자]~[경쟁자]

종보존등급: [IV] 일반감시대상종

이름사전

속명: 크로탈라리아(*Crotalaria* L.). 딸랑이 캐스터네츠처럼 흔들면 소리 나는 악기를 지칭하는 라틴어(*crotalum*) 또는 희랍어(*krotalon*)에서 비롯한다.[2] 꼬투리열매를 흔들면 소리가 나는 것에서 유래한다.

종소명: 세실리플로라(*sessiliflora*). 뚜렷한 꽃자루가 없는 형태를 뜻하는 라틴어다.

한글명 기원: 활나물[3]

한글명 유래: 활과 나물의 합성어다. 길게 다 자란 좁은 타원형 잎이 활(弓)처럼 보인다. 구황식물(나물)로 이용했다는 기록[4]에서 유래를 추정해 볼 수 있다. 평안도와 황해도 지역의 전통 민요 〈나물타령〉[5] 첫 구절이 "구부려졌다 활나물이요, 펄럭펄럭 나비나물"이다. 채광주리에 뜯어 담은 나물이 구부러졌거나 풀이 죽지 않은 채 펄펄 살아 있는 듯하면, 바삐 펴서 광주리에 가득 채워 집에 가져가자는 노래다. 실제로 활나물을 비롯해 여러 나물을 뜯어 채광주리에 담아 두면 식물체들은 마르면서 구부러지기 마련이다. 그래서 민요 속의 활나물은 광주리 속에 구부러진(휜) 나물을 모두 '통칭한 것'으로 보인다.

한방명: 농길리(農吉利). 활나물의 지상부를 지칭[6]하고, 중의(中醫)의 약재명이다.

중국명: 野百合(Yě Bǎi Hé). 들(野)에 나는 백합(百合)이라는 뜻이지만, 실제로는 활나물속의 중국명 제뇨두속(猪屎豆屬)을 대신해 대만 지역에서 부르는 이름이다.

일본명: タヌキマメ(Tanukimame, 狸豆). 너구리(狸) 콩(豆)이라는 뜻으로, 털이 많은 열매가 너구리의 음낭을 닮은 데서 또는 꽃받침이 꽃을 감싼 모양에서 비롯했을 것이다.

영어명: Purple-flower Rattlebox, Narrow-leaved Rattlebox

에코노트

활나물은 냉이처럼 흔치 않다. 개체군이 그리 크지 않다는 뜻이다. 오늘날의 농촌 환경은 활나물이 살기에 불리한 서식조건으로 변

해 버렸다. 활나물은 들길 제방에 주로 살고, 드물지만 봉분에서도 보인다. 억새처럼 키 큰 풀이 우거진 풀밭보다는 잔디 같이 키 작은 풀밭 식물사회의 구성원이다. 직사광선이 지면에 도달할 정도로 아주 밝은 빛 환경이 필수 서식환경조건이기 때문이다. 풀밭이 우거지지 않도록 일 년에 한 번 이상 하는 벌초는 활나물의 생존 조건이다. 비록 한해살이지만 여러해살이로도 지탱 가능하다. 무엇보다 영양이 풍부한 콩과(Fabaceae) 열매이기 때문에, 토양 속에 종자은행이 발달하지 않는다. 땅에 떨어진 씨는 빠른 시일 내에 발아하지 않으면 쉽게 썩어 버리거나 개미들의 먹이가 되고 만다. 제초제와 같은 화학 오염에 쉽게 노출될 수밖에 없는 농촌 들길 제방에서 활나물이 살아가기는 녹록치 않다. 활나물은 청정 농촌 환경의 잣대가 될 만한 식물이다.

한글로 활나물이라는 이름이 처음 기재된 자료[7]에서는, 평양 지역에 분포하고 구황(救荒)식물로 이용했다는 사실을 전한다. 서도 지역 민요에 그 명칭이 나오고, 1932년 서울 근교 들판에 활나물이 분포했다는 사실도 나온다.[8] 때문에 활나물이 자원으로 쓰인 일이 알려지지 않았다거나,[9] 이름의 유래가 미상이라는 것[10]은 사실과 다르다. 2000년대 들어서는 기능성 천연물 발굴과 이용에 관한 연구가 활발해졌고,[11] 최근에는 항암 효과도 있다는 것[12]이 밝혀졌다. 하지만 활나물의 현지내(*in-situ*) 생태 정보는 여전히 빈약한 편이다. 자연 개체군은 점점 감소하는 추세이고, 종보존등급 [IV] 일반감시대상종이다. 일반적으로 토양 속의 중금속 카드늄(Cd)은 식물 뿌리에 축적되지만, 활나물은 주로 광합성 기관인 잎에 축적하는 것이 특징이다.[13] 활나물의 생태형을 암시하는 대목이다. 비록 우리에게 나물로 알려졌지만, 이처럼 보전생물학적 잠재적 부가가치(option value)가 결코 가볍지 않다. 활나물에 대한 현지외(*ex-situ*) 재배나 육종도 의미가 있지만, 현지내보존 노력도 함께 해야 하는 이유다. 활나물속(*Crotalaria* L.) 가운데 우리나라 활나물은 지구에서 가장 추운 지역까지 진출한 종이기에 더욱 그렇다. 활나물속은 전 세계에 700여 종류가 알려졌으며, 분포중심지는 열대, 아열대 지역이다. 종다양성이 가장 풍부한 지역은 아프리카 동부와 남부의 열대다.[14] 우리나라에 1속 1종으로 유일한 활나물은 난온대에 주로 분포한다.

1) Gu & Sun (1998)
2) Quattrocchi (2000)
3) 森 (1921)
4) 森 (1921)
5) 김정림 (2011)
6) 안덕균 (1998)
7) 森 (1921)
8) 石戶谷, 都逢涉 (1932)
9) 이창복 (1969)
10) 이우철 (2005)
11) 우나리야 등 (2005)
12) 주홍길, 홍지환 (2001), 김태수 등 (2006)
13) 增野 (2005)
14) Li *et al.* (2010)

사진: 이경연, 김종원

여우팥

Dunbaria villosa **(Thunb.) Makino**

형태분류

줄기: 여러해살이 덩굴 초본이며, 주로 왼쪽으로 감는다. 가늘지만 튼튼한 편이고, 전체에 짧은 잔털이 가득하다.

잎: 긴 잎자루 끝에 3출엽이 어긋나고, 비스듬하게 난 짧은 털이 있다. 뒷면 전체에 적갈색 선점(腺点)이 있고, 잎줄 위에는 짧은 털이 있다. 맨 끝 작은 끝잎은 너비와 길이가 비슷한 마름모꼴이고, 잎끝은 뾰족하지만 아주 날카롭지는 않다.

꽃: 7~8월에 잎겨드랑이에서 나비모양 노란색 꽃이 1개씩 피고, 2~8개 달린다. 꽃받침에 적갈색 선점과 짧고 부드러운 털이 빼곡하다. 거의 원형인 가장 큰 가운데 꽃잎은 좌우 비대칭이고, 아랫부분 양쪽에 약간 안쪽으로 구부러진 아주 작은 돌기(小耳), 즉 꽃톱(花爪)이 하나씩 있다.

열매: 꼬투리열매로 편평하고, 짧고 부드러운 털이 빼곡하다. 까만 씨가 3~8개 들어 있다.

염색체수: 2n=22[1]

생태분류

서식처: 초지, 제방, 방목지, 두둑, 길가, 숲 가장자리 등, 양지~반음지, 적습

수평분포: 남부 지역(주로 해양 영향권), 제주도

수직분포: 산지대 이하

식생지리: 난온대~아열대, 중국(화중지구, 화남지구의 구이저우 성과 광시 성 등), 대만, 일본(혼슈 이남), 인도, 동남아시아 등[2]

식생형: 이차초원식생, 농지식생(언저리식생)

생태전략: [터주-경쟁자]~[터주자]

종보존등급: [IV] 일반감시대상종

이름사전

속명: 둔바리아(*Dunbaria* Wight & Arn.). 식물 육종 전문가이면서 정원사였던 영국 에든버러 대학의 희랍어 교수(George Dunbar, 1774~1851) 이름에서 비롯한다.[3]

종소명: 빌로사(*villosa*). 길고 거친 털을 뜻하는 라틴어다. 전체적으로 털이 많다는 데서 비롯한다. 실제로 잎을 만져 보면 곱고 짧은 털이 촘촘히 돋게 짠 우단 느낌이다.

한글명 기원: 여우팥[4]

한글명 유래: 유래미상이라는 주장도 있지만,[5] 여우와 팥의 합성어로 팥꽃을 닮았다는 일본명(野小豆)에서 유래한다.

한방명: -

중국명: 野扁豆(Yě Biǎn Dòu). 야생(野) 강낭콩(扁豆)이라는 뜻이다. 야편두(野扁豆)는 중약(中藥)의 명칭이기도 하다.

일본명: ノアズキ(Noazuki, 野小豆). 야생 팥이라는 뜻이다. 꽃이 전혀 다른 분류군인 새팥(*Vigna angularis* var. *nipponensis*)의 비틀린 꽃을 쏙 빼닮은 데서 비롯한다. ヒメクズ(Himekuzu, 姫葛)[6]라는 별칭이 있으며, 꽃을 제외하면 식물 전체가 칡(葛)을 축소해 놓은 듯한 모습에서 비롯한다.

영어명: Villous Dunbaria

에코노트

여우팥은 대체로 비옥하고 메마르지 않은 산비탈 경작지 언저리에 정착한다. 건조한 서식환경을 싫어하고 직사광선이 내리쬐는 개방 입지를 좋아하기 때문이다. 하루 중에도 수분을 심하게 빼앗길 수 있는 한낮이나 늦은 오후가 되면, 잎을 위쪽으로 들어 올리면서 줄기와 나란하게 세운다. 작열하는 직사광선과 땅바닥에서 올라오는 복사열의 영향을 최대한 적게 받으려는 것으로 칡을 포함한 콩과 식물에서 나타나는 공통적인 대응전략이다. 길가 황무지에서 자주 보는 국화과 귀화식물 가시상치도 그런 행동양식

을 보인다. 지면과 수평이 되게 펼친 잎을 비틀어서, 잎 날을 지면과 직각으로 만든다. 가시상치를 '나침반 식물'이라 부르는 것도 날 세운 잎이 남북을 가리키는 그런 모양새 때문이다. (『한국 식물 생태 보감』 1권 「가시상치」 편 참조)

여우팥속은 전 세계에 약 20종류가 알려졌고, 대부분 동남아시아 열대, 아열대 지역에 분포한다.[7] 우리나라에는 여우팥 한 종이 있다. 제주도 방목지[8]를 제외하면 그리 흔한 편은 아니고 주로 해안 지역에 분포한다. 지구온난화가 계속 진행된다면 북쪽으로 확산될 것으로 예상한다.

---

1) Yeh *et al.* (1983)
2) van der Maesen (1998)
3) Quattrocchi (2000)
4) 정태현 등 (1949)
5) 이우철 (2005)
6) 森 (1921)
7) van der Maesen (1998)
8) 김동암 (1969)

사진: 김종원

낭아초(개물감싸리)

Indigofera pseudotinctoria Matsum.

형태분류

줄기: 키 작은 나무(半灌木)로 어른 키 높이 이상 자라고, 바위 입지에서는 바닥에 붙어 자라며 딱딱한 목질이 된다. 윗부분에서 잔가지가 많이 갈라지고, 어린 가지에는 누운 털이 있다. 적자색을 띠기도 하며, 세로 줄이 여러 가닥 있고, 땅속 깊이 뿌리내린다.

잎: 어긋나고, 작은 잎이 5~12개인 홀수깃모양겹잎이 가지런하게 달리며, 밤이면 접힌다. 양면에 누운 털이 있고, 끝부분에 작은 침 같은 돌기가 있다.

꽃: 7~8월에 잎겨드랑이에서 송이꽃차례가 똑바로 서서 나며, 아래에서 위로 나비모양인 연한 붉은색 꽃이 순서대로 핀다. 꽃받침은 통모양이고 흰 털이 있다. 꽃잎은 5장이며, 가운데 꽃잎이 두드러지게 크다.

열매: 꼬투리열매로 길이 3㎝ 정도인 원기둥모양이다. 익으면 아래를 향해 터지고, 속에 녹갈색 씨가 5~6개 들어 있다.

염색체수: 2n=16[1]

생태분류

서식처: 초지, 모래자갈 하천 바닥, 해안 암석 틈, 봉분 언저리, 도로변(식재 기원) 등, 양지~반음지, 적습~약건

수평분포: 제주도, 남부 지역(주로 해양 영향권), 중부 지역(식재 기원)

수직분포: 구릉지대 이하

식생지리: 난온대~냉온대(해양성), 중국(랴오닝 성 이서), 일본(혼슈 이남) 등

식생형: 이차초원식생

생태전략: [터주-스트레스인내-경쟁자]

종보존등급: [III] 주요감시대상종

이름사전

속명: 인디고페라(*Indigofera* L.). 남색 염료(*indigo*)가 나온다(*fero*)는 뜻의 라틴어로 땅비싸리속의 특징이다. 인도 사람들은 땅비싸리 종류를 지금도 염료(Indian-dye) 식물로 애용한다.

종소명: 프소이도팅크토리아(*pseudotinctoria*). 가짜(*pseudo*-) 염색용(*tinctoria*)으로 이용한다는 뜻의 라틴어다.

한글명 기원: 랑(낭)아초,[2] 개물감싸리, 낭아땅비싸리,[3] 랑아비싸리[4]

한글명 유래: 한자명(狼牙草)[5]에서 비롯한다. 그런데 낭아초라는 한자명은 15세기 고전이 증명하듯이 원래는 장미과의 짚신나물을 지칭(『한국 식물 생태 보감』1권 「짚신나물」 편 참조)한다. 낭아초라는 한글명 기재는 1932년 『토명대조선만식물자휘』[6]에 처음으로 나타나고, 설명은 짚신나물로 채워져 있다. 분명한 오류다. 낭아초는 콩과이고 라틴어 종소명(*pseudotinctoria*)의 의미를 존중해, 이름을 개물감싸리로 바로잡는 것이 바람직하다.

한방명: 일미약(一味藥). 지상부를 약재로 쓴다.[7]

중국명: 河北木蓝(Hé Běi Mù Lán). 중국 허베이(河北) 성 일대에서 나는 낭아초 종류(木蓝)라는 뜻으로, 쪽빛 염료로 이용한 데서 비롯한다. 한편 만주 지역에서는 마극(馬棘)이라는 한자명을 쓴다.[8] 만주에는 자생하지 않기 때문에 식재용으로 도입하면서 생긴 이름이고, 일본명에 잇닿아 있다.

일본명: コマツナギ(Komatsunagi, 駒繋). '망아지(駒)를 붙들어 매다(繋)'라는 뜻이다. 힘센 말을 붙들어 맬 정도로 튼튼한 뿌리와 아랫부분의 줄기에서 비롯한다.

영어명: False Indigo, Dwarf False-indigo

에코노트

20세기 중엽까지도 낭아초는 우리나라 사람들에게 낯선 종이었다. 한글명 낭아초가 처음 등장한 것은 만주와 우리나라에 사는 식물을 대조한 1932년의 『토명대조선만식물자휘』[9]에서다. 그런데 장미과의 짚신나물을 설명했다. 그도 그럴 것이 낭아초는 난온대가 분포중심인 여러해살이로 만주나 연해주

처럼 한랭한 북방 지역에는 자생하지 않기 때문이다. 낭아초는 1921년 모리(森)가 일본명(駒繋)으로만 처음 기재했을 때에도 제주도와 마산 두 곳의 분포만 전했다. 해방 이후 1949년에 정태현 등이 낭아초라는 한글명을 그대로 채택했지만, 정작 자신의 대표 역저인 1957년의 『한국식물도감』에서는 본 종을 배제한 채, 땅비싸리만 기록했다. 우리나라에서의 낭아초 자생을 확신하지 못한 탓이거나 『토명대조선만식물자휘』의 문헌을 배제했기 때문으로 보인다. 이렇게 1932년에서부터 시작된 낭아초의 명칭 실수가 지금껏 인지되지 못한 채 그대로 사용되고 있다.

짚신나물의 한자명인 낭아초(狼牙草)를 대신할 만한 좋은 우리 이름이 있다. 개와 물감과 싸리의 합성어인 '개물감싸리'다. 종소명(*pseudotinctoria*)에서 가짜(*pseudo*) 또는 얼추라는 의미에서 '개' 자와 염료(*tinctoria*)로 이용할 만하다는 뜻의 '물감'과 콩과의 싸리나무 잎차례에서 딱 맞아떨어진다.

땅비싸리속(*Indigofera* L.)은 서남아시아에서 지금도 주요 염료 식물로 쓰이지만, 대체로 그런 전통 염료는 거의 화학 염료로 대체되고 말았다. 하지만 청바지 색깔이 본래 땅비싸리속 식물에서 비롯되었다는 사실은 야생 들풀의 가치를 다시 한 번 생각하게 한다.

낭아초는 사는 장소에 따라 다양한 생육형을 보인다. 기본적으로는 초본성 관목으로 다루기 쉬운 식물이다. 비옥한 토양에서는 어른 키 높이로 크게 자라지만, 하천변이나 해안가의 바위틈에 사는 개체들은 바닥을 기면서 살고, 땅속 깊이 뿌리 박고 오랫동안 자란다. 지표면 가까이에 있는 오래된 줄기는 무척 튼튼하다. 최근 들어 도로변이나 공원에서 조경 또는 사방용으로 널리 식재한다. 뿌리혹박테리아와 공생하는 콩과이고 선구성이기 때문에 새로 만들어진 개방나대지에 잘 정착하는 편이다. 황폐지에 대한 초기 식생 복구에 낭아초가 유용하다. 휴폐광지 생태복원[10]을 위해 낭아초를 동원해 본 까닭도 거기에 있을 것이다. 하지만 최근 석회암 지역인 도담삼봉 일대나 야생 지역 여기저기에서 식재된 개체군이 목격되는데, 경관생태보호지역이나 국립공원과 같은 생태 특이 지역에 자생하지 않는 외지종(exogeneous species)을 도입하는 것은 자제해야 한다. 외지종 때문에 자칫 지역 생태계의 질적 쇠퇴를 일으키는 반생태적 결과를 낳기 때문이다. 북한에는 본래 자생하지 않는데,[11] 최근에 도입해 여기저기 식재한 것이 영상 자료에서 확인된다.

---

1) Komada (1989)
2) 村川 (1932), 정태현 등 (1949), 이창복 (1969)
3) 안학수, 이춘녕 (1963), 과학출판사 (1975)
4) 한진건 등 (1982), 임록재, 도봉섭 (1988)
5) 村川 (1932)
6) 村川 (1932)
7) 안덕균 (1998)
8) 한진건 등 (1982)
9) 村川 (1932)
10) 남상준 (2001)
11) 과학출판사 (1975), 고학수 (1984)

사진: 김종원

암석 틈에 뿌리 내리고 땅바닥을 기면서 사방으로 퍼져 나간다.

활량나물

Lathyrus davidii Hance

형태분류

줄기: 덩이뿌리가 있는 여러해살이 초본으로 어른 무릎 높이 이상으로 자라며 전체에 거의 털이 없다. 윗부분에 둔한 능선이 있지만 둥근 편이며 속은 비었다. 전반적으로 부드럽지만, 튼튼한 편이다. 이웃에 기대어 살 경우에는 어른 키 높이로 자란다.

잎: 어긋나고, 작은 쪽잎 3~4쌍으로 된 짝수깃모양겹잎이다. 작은 잎은 위의 것일수록 작고 부드럽다. 뒷면은 흰빛을 띠며 중앙 잎줄이 두드러지게 돌출한다. 잎줄기 끝부분의 덩굴손은 두세 갈래로 갈라지고 이웃에 걸치는 수단이다. 받침잎은 크고 폭이 좁은 활촉모양(半箭形)이다. 날개처럼 줄기를 감싸고 아래 끝부분이 예리하다.

꽃: 7~8월에 잎겨드랑이에서 내민 꽃대는 하늘로 치솟고, 나비모양 꽃 여러 개가 아래를 향해 송이꽃차례로 달리면서, 아래에서 위쪽으로 하나씩 순차적으로 핀다. 꽃잎은 반 정도 벌어지고, 처음에는 흰빛이 도는 노란색이지만 꽃가루받이가 이루어지면 진한 황갈색으로 변한다.

열매: 꼬투리열매로 납작하고 긴 줄모양이며, 자줏빛 도는 갈색 씨가 10개 남짓 들어 있다.

염색체수: 2n=14[1)]

생태분류

서식처: 초지, 산지 풀밭, 숲 가장자리, 임도 주변, 밝은 숲속, 벌채지, 무덤 언저리, 계류 언저리 등, 양지~반음지, 적습

수평분포: 전국 분포
수직분포: 산지대 이하
식생지리: 냉온대, 만주, 중국(새북지구, 화북지구, 화중지구의 후베이 성, 후난 성, 안후이 성 등), 만주, 일본, 연해주 등
식생형: 초원식생, 임연식생 등
생태전략: [터주-스트레스인내-경쟁자]~[스트레스인내-경쟁자]
종보존등급: [IV] 일반감시대상종

이름사전

속명: 라티루스(*Lathyrus* L.). 병아리 완두콩이 포함된 연리초속을 지칭하는 고대 희랍어에서 비롯한다.
종소명: 다비디(*davidii*). 중국 식물을 채집한 프랑스인 선교사(l'Abbé Armand David, 1826~1900) 이름에서 비롯한다.
한글명 기원: 활양(량)나물,[2] 산강두(山豇豆)[3]
한글명 유래: 활량과 나물의 합성어다. 활량은 "애기완두에 비해 식물체가 대형이라는 뜻의 한자 한량(閑良)에서 비롯한다"[4]고 한다. 즉 한자에 잇닿았다고 본 것이다. 그런데 한량의 본래 뜻은 대형을 뜻하는 것이 아니라, "돈 잘 쓰고 잘 노는 사람을 비유적으로 이르는 말"이다. 활량나물의 활량(활양)은 어린 잎을 데쳐서 나물로 먹으면서 경험한 잎의 '부드러운 질감'에 잇닿았을 것으로 추정한다. 우리말에서 원기가 없고 파리한 모습을 일컫는 '한량하다'의 한량이 전화(轉化)된 것으로 보는 것이다.
한방명: 대산여두(大山黧豆). 활량나물의 종자를 지칭하는 약재명이다.[5] 중국명에서 비롯한다.
중국명: 大山黧豆(Dàshān Lí Dòu). 식물체가 큰(大) 연리초속(山黧豆屬) 종류라는 것에서 비롯한다. 만주에서는 강망향완두(茳芒香豌豆)[6]라는 한자로 표기한다. 한글명 활양나물을 처음으로 기재한 기록[7]에는 강망결명(茳芒決明)이라는 한자 명칭도 보인다.
일본명: イタチササゲ(Itachisasage, 鼬豇豆). 꽃 색깔이 족제비(鼬) 털과 닮았고, 열매는 동부(한해살이 덩굴성 녹비 콩, 豇豆, *Vigna sinensis*)를 닮은 데에서 비롯한다.
영어명: David's Vetchling, David's Sweet Pea

에코노트

연리초속(*Lathyrus* L.)은 전 세계에 160여 종이 있고, 아시아와 유럽의 온대 지역에 주로 분포한다. 완두콩처럼 잠재적으로 인류의 중요한 작물 자원[8]이 되는 분류군이기도 하다. 활량나물은 꽃이 아래에서 위로 순서대로 하나씩 피며, 일찍 펴서 꽃가루받이가 끝나면 진한 황갈색으로 변한다. 꽃 색깔을 보면 꽃이 핀 뒤의 경과 시간을 가늠할 수 있다. 흥미롭게도 피기 전의 꽃 모양은 마치 부츠(장화)처럼 생겼으며, 꽃통 속으로 꿀을 찾아든 작은 곤충들이 꽃가루받이를 하는 충매화다.

활량나물은 우리나라 전역에 널리 분포한다. 개체군 크기는 그리 크지 않다. 즉 넓은 면적을 우점하면서 사는 경우가 드물다. 부영양화나 대기오염과 같은 도시화 영향이 있는 곳에서는 보이지 않는다. 빈번한 토양이동이 발생하는 입지에서도 살지 않으며, 전형적으로 안정된 풀밭 서식처에만 나타난다. 예전 우리나라 사람들은 봄철에 어린 잎을 채취해 삶아서 나물로 먹었다고 한다.[9] 독성이 없기 때문에 초식동물도 먹는다. 생산량이 얼마 되지 않은 허접한 콩이지만, 한방에서는 부인병을 다스리는 약[10]으로 사용한다.

---

1) Rudyka (1986)
2) 森 (1921), 정태현 등 (1937)
3) 村川 (1932)
4) 이우철 (2005)
5) 안덕균 (1998)
6) 한진건 등 (1982)
7) 森 (1921)
8) Shehadeh *et al.* (2013)
9) 村川 (1932)
10) 안덕균 (1998)

사진: 김윤하

선연리초

Lathyrus komarovii Ohwi

형태분류

줄기: 여러해살이며, 바로 서서 어른 허리 높이까지 자라며, 이웃하는 식물에 기대어 높이 자라기도 한다. 드물게 가지가 갈라지고, 아주 좁은 날개가 있으나 털은 없다. 옆으로 달리는 가는 뿌리줄기가 있다.

잎: 어긋나고, 작은 쪽잎은 1~4쌍인 짝수깃모양겹잎이다. 뚜렷한 잎줄은 3개이고, 바늘모양이다. 받침잎은 넓은 창끝모양이고, 밑이 화살 밑처럼 생겼다. 잎줄기 끝에 덩굴손이 없고 아주 짧은 침 같은 돌기가 있다. (비교: 연리초(*L. quinquenervius*)는 긴 덩굴손이 있고, 받침잎은 아주 좁은 창끝모양이다. 털연리초(*L. palustris* var. *pilosus*)는 덩굴손 끝이 두 갈래로 갈라진다.)

꽃: 6월에 잎겨드랑이에서 나비모양 홍자색으로 핀다. 잎차례보다 짧은 꽃자루 끝에 송이꽃차례로 나며, 한쪽 방향으로 핀다. 수술은 10개이며 2개로 뭉쳐난다.

열매: 꼬투리열매이며 흑갈색으로 좁고 길다. 씨는 갈색으로 익는다.

염색체수: 2n=14[1)]

생태분류

서식처: 초지, 숲 가장자리, 밝은 숲속, 임도 언저리 등, 양지, 적습~약습

수평분포: 전국 분포(주로 중북부 지역)

수직분포: 산지대

식생지리: 냉온대, 중국(네이멍구), 만주, 연해주 등

식생형: 초원식생(산지성)

생태전략: [터주-스트레스인내-경쟁자]~[스트레스인내-경쟁자]

종보존등급: [III] 주요감시대상종

이름사전

속명: 라티루스(*Lathyrus* L.). 병아리 완두콩을 지칭하는 고대 희랍어에서 비롯한다.

종소명: 코마로비(*komarovii*). 연해주 지역의 식물상 연구에 공헌한 러시아 상트페테르부르크 출신 식물학자(Vladimir L. Komarov, 1869~1945) 이름에서 비롯한다.

한글명 기원: 선연리초[2)]

한글명 유래: 선과 연리초의 합성어로 바로 서서 자라는 연리초라는 뜻이다. 연리초라는 명칭은 일본명 한자(連理草)에서 유래하고, 선연리초도 1921년 『조선식물명휘』[3)]에서 기재된 바 있는 일본명(立連理草)[4)]에서 비롯한다.

한방명: - (三脈山黧豆)

중국명: 三脉山黧豆(Sān Mài Shān Lí Dòu). 잎에 뚜렷한 잎줄(三脉)이 3개 있는 연리초 종류(山黧豆)라는 뜻이다. 만주에서는 가마라부향완두(柯马罗夫香豌豆)[5)]라 쓴다.

일본명: - (タチレンリソウ, 立連理草). 1쌍으로 짝을 이루는 작은 쪽잎 모양(連理草)과 식물체가 서는(立) 생육형에서 비롯한다. 하지만 선연리초는 일본에 분포하지 않는다.[6)]

영어명: Komarov's Vetchling

에코노트

우리나라에는 연리초라는 이름이 붙은 3종이 있다. 선연리초, 연리초, 털연리초다. 이들은 형태 및 생태에 공통된 특징이 있다. 끝잎(頂小葉)이 덩굴손으로 변해서 짝수깃모양겹잎이 된다. 선연리초는 이 덩굴손이 퇴화해 짧은 침 돌기가 되는 것이 특징이다. 생육 입지는 건조하지 않은 수분환경으로 주로 중북부 지역에 분포한다. 특히 털연리초는 습지식물로 분류되고, 다른 종은 산지성(山地性) 초원식생에 드물게 나타난다. 선연리초는 우리나라 높은 산지대와 중북부 그리고 만주 일대에 자생하고, 일본에는 분포하지 않는다. 남한에서는 대관령 일대 초지에서 드물게 보이고(류태복 2013, 미발표 정보), 종보존등급 [Ⅲ] 주요감시대상종으로 개체군이 무척 작다. 연리초는 전형적인 냉온대 풀밭 식물사회의 구성원이다. 남한에서는 아주 드물게 봉분 언저리에서 자생하는 것이 발견되는데, 동절기 매서운 북서풍에 노출되는 황량한 입지다.

한자명 연리초(連理草)는 잎이 서로 마주해 짝을 이룬 모양에서 비롯한다. 서로 다른 종이나 개체가 뒤엉켜 부둥켜안은 모양을 두고 연리목(連理木), 연리근(連理根), 연리지(連理枝)라고 부르는 것과 같은 맥락이다. 일반적으로 스위트피(*L. odoratus*)라는 원예종은 이탈리아 시칠리아 섬 원산으로 연리초 종

연리초(대구 동구)

류(*Lathyrus* spp.)를 개량한 것이다.

---

1) Pavlova *et al.* (1989)
2) 정태현 (1957)
3) 森 (1921)
4) 정태현 (1957)
5) 한진건 등 (1982)
6) 奧田 (1997)

사진: 류태복, 이경연

비수리

Lespedeza cuneata (Dumont d. Cours.) G. Don

형태분류

줄기: 여러해살이 목본성 초본으로 기부에서 목질화되고 바로 서서 어른 허리 높이까지 자란다. 줄기 윗부분에서 가지가 갈라져 길게 자란다. (비교: 땅비수리(*L. juncea*)는 털이 많은 편이다.)

잎: 어긋나고, 3출복엽으로 작은 쪽잎의 잎끝이 살짝 들어간 듯하며 그 한가운데에 부드러운 침 돌기가 있다. 잎바닥은 쐐기모양으로 짧은 잎자루와 이어진다.

꽃: 7~9월에 잎겨드랑이에서 나비모양 흰색 꽃이 피는데, 중앙 부분에 자주색이 돈다. 꽃받침 한가운데에 뚜렷한 중앙맥이 하나 있다. 폐쇄화도 약간 보인다. (비교: 땅비수리는 꽃받침에 맥이 3~5개 있다.)

열매: 콩열매로 둥글며, 볼록렌즈모양이다. 씨가 1개 들어 있다.

염색체수: 2n=20[1)]

생태분포

서식처: 초지, 들판, 경작지 주변, 하천 자갈모래 바닥, 제방, 양지, 약건~과건

수평분포: 전국 분포

수직분포: 산지대 이하

식생지리: 냉온대~난온대, 중국(화남지구, 화중지구, 남부 화북지구, 기타 티베트, 간쑤 성 등), 대만, 일본, 동남아, 인

도, 히말라야, 아프카니스탄 등, 미국과 호주 등지에 귀화

식생형: 이차초원식생

생태전략: [터주-스트레스인내자]~[터주자]

종보존등급: [V] 비감시대상종

이름사전

속명: 레스페데자(*Lespedeza* Michx.). 프랑스 식물학자(A. Michaux)를 후원했던 미국 플로리다 동부의 스페인 통치자(Vincente Manuel de Céspedes, 1784~1790)를 기념하면서 붙인 이름이다. 최초 기재자(L. C. M. Richard, 1754~1821)가 스펠링을 잘못 적은 것에서 비롯한다.[2]

종소명: 큐네아타(*cuneata*). 아래는 좁고, 위는 넓은 쐐기모양을 뜻하는 라틴어로 잎 모양에서 비롯했을 것이다.

한글명 기원: 비수리[3]

한글명 유래: 유래미상이라 하지만,[4] 비싸리[5]에서 전화한 것으로 추정한다. 싸리처럼 생긴 것과 청소하는 빗자루로 만들어 쓸 만한 것에 잇닿아 있을 것이다.

한방명: 야관문(夜關門), 호비수리(*L. daurica*)와 함께 식물체 지상부를 약재로 쓴다.[6]

중국명: 截叶铁扫帚(Jié Yè Tiě Sào Zhou). 쐐기모양(截叶)인 잎바닥을 설명하며, 종소명 쿠네아타(*cuneata*)에서 비롯한다. 철소추(铁扫帚)는 마룻바닥이나 땅바닥을 쓰는 데 사용하는 '철(鐵) 같이 튼튼한 청소하는 비 소추(梳帚)'라는 뜻이다.

일본명: メドハギ(Medohagi, 蓍萩). 일본에서는 점칠 때 사용하는 도구를 '메도기(蓍, 筮)'라 하며, 그 재료가 되는 식물이 싸리(萩)를 닮았기 때문에 붙은 이름이다.[7] 점을 치거나 기원하는 무속에서 이용하는 싸리나무 대용으로 비수리가 쓰였던 모양이다.

영어명: Chinese Lespedeza, Sericea Lespedeza

에코노트

비수리는 아주 흔한 여러해살이 초본이지만, 나무처럼 줄기 밑이 단단해진다. 줄기 대가 단단해지면 낫으로 베기조차 힘들다. 비수리 줄기가 일찍부터 싸리나무 대를 대신했던 이유다. 바싹 마른 줄기는 광주리, 조리, 소쿠리, 툇마루를 쓰는 빗자루 등의 재료로 쓰였다. 싸리나무보다 재질이 유연해 여러 생활도구를 만드는 재료로 유용했던 것이다. 천연두 역신(疫神, 痘神)을 물리치는 의식에 사용한 싸리말[8]도 싸리나무를 대신해서 비수리로 만들어 썼을 것이다.

예전에 노끈(繩) 재료로 싸리나무 껍질, 즉 비싸리가 쓰였다. 이 비싸리라는 명칭이 비수리와 잇닿아 있을 것으로 추정한다. 비수리는 싸리나무처럼 먼 야산에서 찾지 않아도 되는, 생활 가까이에서 쉽게 구할 수 있는 식물이다. 특히 직사광선이 내리쬐는 자갈모래로 된 하천 바닥이나 건조한 제방 초지, 벌초하지 않은 채 내버려 둔 지 1~2년이 지난 봉분에 흔하다. 모두 사람이 쉽게 접근할 수 있는 곳이다. 그래서 비수리와 비싸리와 싸리나무라는 명칭은 모두 혼용되었을 것이다.

한편 우리나라 중북부 지역이나 남부 지역에서 해발고도가 높은 산지 풀밭에는 비수리와 많이 닮은 땅비수리가 흔하다. 털이 많은 편이고 꽃받침에 맥이 3~5개 있으며, 꽃차례 아래쪽에 폐쇄화가 있는 것이 특징이다. 지역에 따라서는 땅비수리라는 이름도 혼용했겠지만, 분포 양식에 약간 차이가 있다. 비수리가 모래자갈땅 하천 물길바닥(河原)에 흔하다면, 땅비수리는 주로 산지 풀밭에 분포중심이 있다.

땅비수리

전 세계 싸리속에는 약 60종이 있고, 동아시아에서부터 인도와 북미에 걸쳐 주로 온대 영역에 분포한다.[9] 우리나라에는 이 가운데 45% 이상인 28여 종이 분포한다. 국토 면적에 비해서 싸리 종류의 다양성이 가히 세계 최고 수준이다. 이것은 한반도의 자연환경조건이 정확하게 투영된 결과다. 자연적인 산불 발생 빈도가 높은 대륙성 기후와 화강암, 응회암, 유문암 따위의 약산성 암석이 우세한 지질이 천이 초기상(初期相)의 싸리 종류 번성을 뒷받침하기 때문이다.

질소고정박테리아와 공생하는 콩과 식물이기 때문에 여러 가지로 유용한 자원이다. 최근에는 도로 건설로 발생한 비탈면(법면) 안정화와 녹화에도 이용한다. 영양가가 풍부한 잎이나 어린 줄기를 가축의 꼴로 이용한 역사도 오래다. 게다가 양봉에 도움 되는 꿀이 풍부해 밀원식물로도 주목 받은 지 오래다.

---

1) Kondo *et al.* (1977)
2) Quattrocchi (2000)
3) 정태현 등 (1937)
4) 이우철 (2005)
5) 村川 (1932)
6) 안덕균 (1998)
7) 奧田 (1997)
8) 村川 (1932), 국립국어원 (2016)
9) Huang *et al.* (2010)

사진: 김종원

괭이싸리

Lespedeza pilosa (Thunb.) Siebold & Zucc.

형태분류

줄기: 여러해살이 초본으로 가는 쇠줄처럼 생긴 홍자색 줄기가 땅위에 퍼지며, 길게는 1m 이상 자란다. 식물 전체에 부드러운 털이 가득하다.

잎: 어긋나고, 3출복엽으로 작은 쪽잎은 약간 원형이며, 잎끝이 살짝 들어간 듯하고, 한가운데에 아주 부드러운 침 돌기가 있다. 양면이 짧은 털로 뒤덮인다.

꽃: 8~9월에 잎겨드랑이에서 1~5개가 핀다. 흰색이지만, 아랫부분 가운데 꽃잎에는 밝은 연보라색 무늬가 있다. 가끔 줄기 윗부분 잎겨드랑이에서 폐쇄화가 1~3개씩 핀다. 꽃받침은 다섯 갈래로 깊게 갈라지고 털이 가득하다.

열매: 콩열매로 표면에 그물맥과 명주털이 있고, 종자가 1개 들어 있다.

염색체수: 2n=20[1)]

생태분포

서식처: 초지, 무덤, 제방, 두둑 등, 양지, 적습

수평분포: 전국 분포(중부 이남)

수직분포: 산지대 이하(주로 구릉지대)

식생지리: 난온대~냉온대, 중국(화남지구, 화중지구, 기타 산-시 성, 간쑤 성, 티베트 등), 일본(혼슈 이남) 등

식생형: 이차초원식생

생태전략: [터주-경쟁자]~[경쟁자]

종보존등급: [V] 비감시대상종

이름사전

속명: 레스페데자(*Lespedeza* Michx.). 스페인 사람(V. M. de Céspedes)의 이름에서 비롯한다. (「비수리」 편 참조)

종소명: 필로사(*pilosa*). 아주 부드러운 털로 뒤덮인 상태를 나타내는 라틴어다.

한글명 기원: 괭이싸리[2]

한글명 유래: 고양이(괭이)와 싸리의 합성어로 1921년 첫 기록에 나온 일본명(猫萩)[3]을 번역한 것이다.

한방명: -

중국명: 铁马鞭(Tiě Mǎ Biān). 철(鐵)로 된 말(馬) 채찍(鞭)을 뜻한다. 괭이싸리 줄기 모양에서 나온 말이지만, 실제로 그렇게 쓰였는지 알 수 없다.

일본명: ネコハギ(Nekohagi, 猫萩). 고양이 싸리, 즉 괭이(猫)싸리라는 뜻이다. 개(犬)싸리에 대응하는 이름으로 식물 전체에 부드러운 털이 빼곡한 것에서 비롯한다.[4]

영어명: Soft-haired Lespedeza, Pilose Lespedeza, Sericea Lespedeza

에코노트

괭이싸리는 나무(木)가 아니라 풀(草)로 땅바닥을 기며 산다. 직사광선이 땅바닥에 도달하는 밝은 빛 조건에서 사는 여러해살이 콩과 식물이다. 그런 빛 환경에 유리한 화본형 식물이 우점하는 초원식생에 분포하고, 키 낮은 초지에 주로 산다. 대기오염과 같은 도시 산업화 영향이 미치는 곳이나 인간 간섭의 빈도가 높은 초지에서는 나타나지 않는, 이른바 야생성(野生性)이 강한 들풀이다. 때문에 괭이싸리가 보이는 곳은 여전히 공기와 물이 오염되지 않은 건전한 삶터다. 화학적 환경스트레스가 없고, 단지 물리적 파괴라 할 수 있는, 일 년에 한두 번 풀베기 정도로 관리하는 초지가 분포중심지다. 우리나라에서 괭이싸리에 대한 민속식물학적 정보는 거의 알려지지 않았으나, 중국에서는 한자명 철마편(鐵馬鞭)의 뜻과 다르게, 식물 전체를 약재(진정제, 위장 활력제 등)로 이용한다.[5]

---

1) Kondo *et al.* (1977)
2) 정태현 등 (1949)
3) 森 (1921)
4) 奥田 (1997)
5) Huang *et al.* (2010)

사진: 김종원

개싸리

Lespedeza tomentosa (Thunb.) Siebold ex Maxim.

형태분류

줄기: 여러해살이 목본성 초본으로 분류하지만, 딱딱하게 목질화된 반관목이다. 윗부분에서 가지가 갈라지고 어른 키 높이만큼 자란다. 전체에 부드러운 황갈색 털이 가득하며, 줄기에 세로 줄로 돋아난다.

잎: 어긋나고 3출복엽이다. 작은 쪽잎은 좁은 장타원형이며, 잎줄이 현저히 두드러지고 두텁다. 잎끝은 둥글고, 살짝 함몰하며 아주 짧은 침 같은 흔적이 남기도 한다.

꽃: 8~9월에 약간 노란빛을 띠는 흰색으로 피며, 속에 자색 무늬가 있다. 줄기 윗부분에 거친 털이 가득한 긴 꽃자루가 있고 그 끝에 짧은 작은꽃자루가 있다. 송이꽃차례로 모여나며 아래에서 위로 순서대로 피고 진다. 꽃잎은 자갈색을 띠면서 떨어진다. 폐쇄화 여러 개가 잎겨드랑이에 모여난다.

열매: 콩열매로 달걀모양이며 누운 털이 있다. 결실하는 것은 꽃차례 위쪽과 아래쪽에 위치하는 폐쇄화에서 만들어진 것이 대부분이다.

염색체수: 2n=20[1)]

생태분류

서식처: 초지, 들판, 하천 바닥, 제방, 황무지, 산지 풀밭이나 덤불 숲, 양지, 과건~약건

수평분포: 전국 분포

수직분포: 산지대 이하

식생지리: 온대~아열대, 중국(티베트와 신장 지역 이외의 전역), 만주, 대만, 몽골, 연해주, 일본(혼슈 이남), 인도 북부, 네팔, 파키스탄 등

식생형: 이차초원식생

생태전략: [터주-스트레스인내-경쟁자]~[경쟁자]

종보존등급: [IV] 일반감시대상종

이름사전

속명: 레스페데자(*Lespedeza* Michx.). 스페인 사람(V. M. de Céspedes)의 이름에서 비롯한다. (『비수리』 편 참조)

종소명: 토멘토사(*tomentosa*). 식물 전체에 가는 솜털이 빼곡하다는 뜻의 라틴어다.

한글명 기원: 개싸리[2)]
한글명 유래: 개와 싸리의 합성어다. 생활에 유용한 민족(*ethno-*) 식물자원으로 싸리나무에 대응되는 개념인 '개' 자가 더해졌다. 1921년에 기재된 일본명(犬萩)[3)]에서 비롯한다.
한방명: -
중국명: 绒毛胡枝子(Róng Máo Hú Zhī Zǐ). 줄기와 가지(枝子)에 부드러운 털(绒毛)이 가득한 싸리 종류(胡枝子)라는 데에서 비롯한다. 만주 지역에서는 산두화(山豆花)라는 한자로 기재한다.[4)]
일본명: イヌハギ(Inuhagi, 犬萩). 흔하거나 쓸모없는 싸리를 의미하거나 식물체에 털이 많기 때문에 붙여진 것으로 보인다.
영어명: Woolly Lespedeza

에코노트

산에서 나는 싸리나무는 생활에 유용한 자원식물이다. 하지만 개싸리는 나무가 아니라 풀이고, 그리 주목 받는 자원식물이 아니다. 들판 초지 가운데에서도 풀베기 빈도가 드문 곳에 사는 여러해살이다. 키 큰 풀들이 우거진 후미진 들길 제방에서 종종 보인다. 분류학적 근대 식물연구가 시작되면서 개싸리라는 한글명이 기재되었는데, 1937년에 일본명을 번역한 것이다. 갯싸리와 이름을 혼동하기도 하는데,[5)] 이것은 해안성 싸리 종류인 해변싸리(濱胡枝子, *L. maritima*)를 지칭한다.

개싸리는 해발고도가 낮은 지역에서도 토심이 얕고 매우 건조한 입지에 산다. 직사광선이 내리쬐어 수분을 빼앗기기 쉽고, 조립질 토양인 척박한 빈영양 입지에 살아가기에 유리한 생태적 형질이 있다. 식물 전체에 부드러운 갈색 털과 거친 털이 많다. 잎겨드랑이에 난 폐쇄화 여러 개에서 종자가 결실하는 것도 그런 생태환경에 대응한 진화의 결과일 것이다.

싸리나무 종류(*Lespedeza* spp.)는 대륙성이다. 북미 북동부 지역의 온대와 우리나라를 중심으로 하는 동아시아 온대에 주로 분포한다. 유럽 온대 지역에는 아예 없다. 온대 가운데에서도 대륙 동쪽의 대륙성 기후를 보이는 지역에서 종다양성과 출현빈도가 높다. 해양성 기후를 보이는 일본열도에서는 우리나라에 분포하는 싸리나무 종류 28가지(변종 수준 이상) 가운데 극히 일부만 분포하며 출현빈도도 매우 낮다. 그 가운데 다수는 희귀종 또는 멸종위기종으로 보호받고 있다. 우리나라 문화를 가장 적극적으로 수용한 교토-나라 지역은 물론이고, 일본 방방곡곡에서 '싸리 축제'가 매년 개최된다. 정작 '싸리의 나라'라 할 수 있는 우리나라에서는 없는 일이다. (『한국 식물 생태 보감』 1권6) 「싸리나무」 편 참조)

---

1) Yan *et al.* (2000)
2) 정태현 등 (1937)
3) 森 (1921)
4) 한진건 등 (1982)
5) 한진건 등 (1982), 이우철 (1996b)
6) 김종원 (2013)

사진: 김종원, 이창우

좀싸리

Lespedeza virgata (Thunb.) DC.

형태분류

줄기: 여러해살이 초본이지만 기부가 목질화된다. 줄기는 자줏빛이 돌고 가늘며 단단한 편이고, 모가 나 있으며, 옆으로 길게 퍼지듯 자란다.

잎: 어긋나고, 3출복엽으로 잎끝에 침모양 돌기가 있다. 뒷면은 회녹색이며 짧은 털이 있다.

꽃: 8~9월에 작은 나비모양 흰 꽃이 1쌍씩 드물게 핀다. 꽃잎과 꽃잎 기부에 붉은색 무늬가 있다. 꽃받침은 자주색을 띠며, 다섯 갈래로 깊게 갈라지나, 그 가운데 작은 조각 2개가 합착해 마치 네 갈래로 갈라진 것처럼 보인다. 폐쇄화 여러 개가 잎겨드랑이에서 난다.

열매: 콩열매로 표면에 그물 같은 맥이 있다. 10월에 익으며, 종자가 1개 들어 있다.

염색체수: 2n=22[1)]

생태분류

서식처: 초지, 해발고도가 낮은 산지와 구릉지의 츠렁모바위, 소나무 이차림, 듬성숲, 산간 임도 등, 척박한 토양, 양지~반음지, 약건~과건

수평분포: 전국 분포

수직분포: 산지대 이하

식생지리: 난온대~냉온대, 만주(랴오닝 성), 중국(화북지구, 화중지구, 화남지구의 구이저우 성과 푸젠 성 등), 대만, 일본(혼슈 이남) 등

식생형: 이차초원식생(억새형, 억새군락), 삼림식생(소나무군락)

생태전략: [터주-스트레스인내-경쟁자]~[경쟁자]

종보존등급: [IV] 일반감시대상종

이름사전

속명: 레스페데자(*Lespedeza* Michx.). 스페인 사람(V. M. de Céspedes)의 이름에서 비롯한다. (상세 내용은 「비수리」 편 참조)

종소명: 비르가타(*virgata*). 줄기가 가늘고 긴 것에서 비롯한 라틴어다.

한글명 기원: 좀싸리,[2] 작은잎싸리, 좀산싸리[3]

한글명 유래: 좀과 싸리의 합성어다. 가지가 가늘고 긴 싸리라는 데에서 유래[4]한다고 한다. 중국과 일본의 명칭처럼 종소명에 잇닿아 있다.

한방명: -

중국명: 细梗胡枝子(Xì Gěng Hú Zhī Zǐ). 줄기가 가는 싸리라는 뜻이다. 라틴어 종소명에서 비롯한다. 만주에서는 소엽호지자(小叶胡枝子)라고도 표기한다.[5] 잎이 작은 싸리라는 뜻이다.

일본명: マキエハギ(Makiehagi, 蒔絵萩). 길게 벋은 가지나 긴 꽃자루 끝에 매달린 꽃이 일본 전통공예 칠기 표면의 문양 표현 양식(蒔絵 筆法)을 연상케 한다는 데에서 비롯한다.[6]

영어명: Wand Lespedeza, Virgate Lespedeza

에코노트

좀싸리는 '싸리'라는 나무 이름이 붙지만, 목본성 반관목 풀이다. 어른 키 높이 이상으로 자라는 저목(低木) 수준이다. 개싸리처럼 건조하고 직사광선이 내리쬐는 초지에 산다. 건생이차초원식생의 진단종인 억새 종류가 사는 곳에서 함께 나타난다. 마찬가지로 산불을 경험한 숲 바닥에 새, 기름새, 억새가 있고 소나무가 성글게 난 듬성숲(疏林)에서도 보인다. 따라서 좀싸리는 토양이 척박하고 건조하기 쉬운 입지에 산다. 좀싸리나 개싸리가 석회암이나 사문암 지역의 풀밭, 숲 언저리에서도 종종 보이는 까닭이다. 그런 초지에서 참싸리(*L. cyrtobotrya*) 몇 그루도 종종 보인다. 하지만 참싸리는 조림사업이 시행된 지 얼마 안 된 벌채지나 산불 난 곳을 분포중심지로 삼는 선구식생의 구성요소다.

1) Pierce (1939)
2) 정태현 (1943)
3) 한진건 등 (1982)
4) 이우철 (2005)
5) 한진건 등 (1982)
6) 奧田 (1997)

사진: 김종원

벌노랑이

Lotus corniculatus var. ***japonicus*** Regel

형태분류

줄기: 여러해살이로 전체에 털이 없어 매끈하고, 밑 부분에서 가지가 많이 갈라진다. 지면을 기면서 땅위줄기로도 번식하지만, 뿌리는 수직으로 내린다.

잎: 어긋나고, 3출복엽으로 보이지만, 작은 쪽잎 5개로 이루어진 깃모양겹잎이다. 기부에 있는 쪽잎 1쌍은 받침잎모양(托葉狀)이다.

꽃: 4~10월로 개화기가 길며, 잎겨드랑이에서 나온 긴 잎자루 끝에 밝고 깨끗한 나비모양 노란색 꽃이 한쪽으로 달린다. (비교: 서양벌노랑이(*L. corniculatus*)는 꽃 6개 내외가 빼곡하게 돌려나듯 한다.)

열매: 콩열매로 가는 줄모양이다. 익으면 두 쪽으로 갈라지고, 20개 남짓한 흑갈색 씨가 들어 있다.

염색체수: 2n=12[1]

생태분류

서식처: 초지, 산비탈 풀밭, 농촌 들녘, 철둑, 길가, 제방, 해안 황무지 등, 양지, 약습~약건

수평분포: 전국 분포(개마고원 이남)

수직분포: 구릉지대 이하

식생지리: 냉온대~아열대, 중국(북부와 동북 지역 제외), 대만, 일본, 히말라야, 서남아시아 등, 전 세계 각지에 귀화

식생형: 초지식생, 터주식생(농촌형, 노방식물군락)

생태전략: [터주-스트레스인내-경쟁자]~[스트레스인내자]

종보존등급: [V] 비감시대상종

이름사전

속명: 로투스(*Lotus* L.). 다양한 뜻을 포함하지만, 연꽃이나 수련 종류를 지칭하는 희랍어에서 비롯한다. (상세 내용은 『한

서양벌노랑이

국 식물 생태 보감』 1권[2] 「벌노랑이」 편 참조)

종소명: 꼬르니꿀라투스(*corniculatus*). 작은 뿔처럼 생긴 겹잎을 뜻하는 라틴어다.

한글명 기원: 벌노랑이[3]

한글명 유래: 벌과 노랑이의 합성어로 농촌 들녘(벌판의 벌) 제방 길가에서 유난히도 선명하게 눈에 띄는 노란 꽃에서 붙여진 이름일 것이다.[4] 1921년에 처음 기재될 때,[5] 한글명 없이 일본명으로만 기록되었다.

한방명: 백맥근(百脈根). 지상부를 약재로 쓴다.[6] 중국명에서 비롯한다.

중국명: 百脉根(Bǎi Mài Gēn). 흰 빛깔이 나는 뿌리에서 비롯했을 것이다. 우각화(牛角花)라는 별칭도 있으며, 라틴어 종소명에서 만들어진 이름이다.

일본명: ミヤコグサ(Miyakogusa, 都草). 옛 고을, 즉 '교토 지역의 풀'이라는 뜻이다.

영어명: Asian Birdsfoot-trefoil. 잎이 새 발자국을 닮은 데에서 비롯한다.

에코노트

벌노랑이 기본종(*Lotus corniculatus*)은 목초지가 많은 유럽 온대 초원에 아주 흔하며, 중앙 알프스 알칼리성 석회암 지역에 더욱 흔하다.[7] 아시아 지역의 종류는 변종(var. *japonica*)으로 분류하고, 유럽만큼은 흔치 않다. 우리나라에서는 개체군 크기가 작아서 더욱 희귀하다. 한반도의 대륙성 기후 지역에서 발생하는 가뭄이나 수분스트레스가 벌노랑이의 분포를 통제하기 때문이다. 종다양성이 높은 서식처에서는 살아남지 못하고, 생산성이 낮은 척박한 곳이나, 어떤 교란(벌초와 같은 간섭)이 종종 발생하는 풀밭 또는 소금기와 같은 생리적 스트레스가 발생하는 바닷가 둔덕 풀밭에서 뜨문뜨문 보인다. 답압에는 무척 취약한 종이다. 벌노랑이는 [터

서양벌노랑이

주-스트레스인내-경쟁자]~[스트레스인내자]로 분류된다.

벌노랑이는 생육기간에는 여러 번 반복해서 꽃피는(複數開花) 다년생 초본(polycarpic perennial)이다. 어려운 환경조건에서도 일단 정착하면 살아 있는 동안에 자식을 매우 왕성하게 생산하고 퍼트린다. 질소고정 뿌리혹박테리아(*Rhizobium* spp.)와 공생하는 덕택이다. 살고 있는 입지가 척박한 토양이라도 질소는 점점 더 풍부해져서 역시 풍부한 질소를 필요로 하는 다른 잡초들에게 땅을 일구어 주는 개척자 역할을 한다. 유럽산 목초 개자리 종류(*Medicago* spp.)와 마찬가지다. 일반적으로 콩과 식물의 잎과 열매 등에는 영양이 듬뿍 들어 있어서 많은 초식 곤충들이 찾아든다. 그런데 벌노랑이에게 붙은 곤충은 눈에 띄지 않는다. 유럽산 벌노랑이(*L. corniculatus*)처럼 우리나라 벌노랑이도 독극물인 청산을 극미량 생성하기(cyanogenesis)[8] 때문에 곤충이 덤벼들지 않는다. 초식(草食)에 대한 극단적인 방어전략이다. 하지만 독을 처리하면 약이 되는 법, 사람들은 가축 사료[9]로 쓰거나 뿌리를 약재[10]로 쓴다.

벌노랑이는 해안 지역에서 자주 보인다. 1921년 우리나라에서 처음 기재되었을 때도, 부산, 인천, 제주도에 분포한 사실이 함께 담겼다. 한반도 내륙에서도 분포한다고 알려졌으나, 내륙보다는 해안 지역에서 그리고 해양성 기후 지역에서 더욱 흔하다. 일본열도에는 우리와 비교되지 않을 정도로 벌노랑이가 무척 흔하다. 바다를 좋아하는(親海洋性) 식물이라는 사실을 뒷받침한다. 습윤한 대서양의 해양성 기후 영향을 강하게 받는 서유럽 전역의 목초지 또는 자연 초지의 풀밭 식물사회(Arrhenatheretalia)에 서양벌노랑이가 늘 함께하는 것[11]도 같은 맥락이다.

---

1) Komada (1989)
2) 김종원 (2013)
3) 정태현 등 (1937)
4) 이우철 (2005)
5) 森 (1921)
6) 안덕균 (1998)
7) Grime *et al.* (1988)
8) Moon (1992)
9) 임록재, 도봉섭 (1988)
10) 안덕균 (1998)
11) Oberdoerfer (1983), Schubert *et al.* (2001)

사진: 김종원

고삼(쓴너삼)

Sophora flavescens **Aiton**

형태분류

줄기: 여러해살이로 단면이 둥글고, 어른 키 높이까지 바로 서서 자라는 초본이다. 전체에 짧은 털이 있고, 아랫부분은 목질화되어 반관목(半灌木) 상태가 된다. 줄무늬가 있고, 어릴 때에는 특히 털이 많으며 검은빛이 돈다. 약간 딱딱한 잔가지에도 털이 있거나 없다. 굵은 뿌리를 깊게 내리고 나무처럼 딱딱해진다. 식물 전체가 쓴 맛이 강하다. (비교: 회화나무(*S. japonica*)는 교목이다.)

잎: 어긋나고, 잎자루가 길며 홀수깃모양겹잎이다. 쪽잎은 15~35개이고, 털이 있거나 없으며, 가장자리는 밋밋하다.

꽃: 6~8월에 연한 노란색 꽃이 핀다. 줄기와 가지 끝에서 기다란 송이꽃차례로 아래에서 위쪽으로 순서대로 피고, 대개 한쪽 방향으로 달린다. 꽃잎은 5장이며 가운데 꽃잎이 위로 구부러지고 나머지는 짧다. 꽃받침은 통(筒)모양으로 얕게 갈라진다. (비교: 회화나무는 고깔꽃차례다.)

열매: 꼬투리열매로 긴 줄모양이고, 털이 약간 있다. 다 익으면 껍질이 흑갈색으로 변한다. 살짝 짓눌린 듯한 적갈색 종자 1~5개가 잘록잘록한 부분에 하나씩 들어 있다.

염색체수: 2n=18[1)]

생태분류

서식처: 초지, 산비탈 풀밭, 제방, 모래자갈 하천 바닥, 농촌 근

처, 오래된 무덤 등, 양지, 약습~약건

수평분포: 전국 분포

수직분포: 산지대 이하

식생지리: 온대, 만주, 중국, 연해주, 대만, 일본(혼슈 이남), 시베리아, 인도 등

식생형: 이차초원식생

생태전략: [스트레스인내-경쟁자]

종보존등급: [IV] 일반감시대상종

이름사전

속명: 조포라(*Sophora* L.). 꽃이 완두콩 꽃을 닮은 나비모양(papilionaceous)인 나무를 지칭하는 아라비아 명칭(*sophera* 또는 *sufayra*)에서 비롯한다.[2]

종소명: 플라베스첸스(*flavescens*). 창백한 노란색이라는 뜻의 라틴어로 꽃 색깔이 그렇게 변해 가는 것에서 비롯한다.

한글명 기원: 쁜너삼(쁜너삸, 쓴너삼),[3] 쓴너삼불휘,[4] 고ᄫᆡ얌의경자,[5] 고삼, 도둑놈의지팡이[6] 등

한글명 유래: 중국명(苦參)에서 비롯한다. 하지만 우리나라 사람들이 이용했던 전통 약재로서의 고유 명칭은 쓴너삼이어야 한다. 1417년에 한자를 차자해 판마(板麻)라는 향명으로 기재한 바[7] 있다. 15세기 초 『향약구급방』에서도 확인되며, 땅속에서 캐낸 뿌리 모양에서 유래한 이름으로 보인다. 뿌리가 크고 널찍한 판(板)처럼 생긴 삼이라는 뜻이다. 삼은 아마도 인삼의 삼(蔘)으로, 한자 삼 마(麻) 자를 빌린 것이다. 실제로 고삼 뿌리는 덩어리가 아주 큰 대형 인삼 뿌리처럼 생겼다. 15세기 『구급간이방』에는 '쁜너삼'으로, 17세기 『동의보감』은 한글로 '쁜너삼불휘', 즉 '쓴너삼뿌리'라고 기록했다. 따라서 고삼이라는 이름은 일제강점기 이후에 굳어진 것[8]으로 사실상 이명이다. '개느삼'이라는 명칭도 정확히 '개너삼'으로 표기해야 옳다. 한편 19세기 초 『물명고』는 유래를 알 수 없는 '고ᄫᆡ얌의경자'라는 한글 명칭을 기재했고, 한자명 율초(葎草), 즉 한삼덩굴을 '너삼'으로 기록했다. 여기서 '너'는 넌출(덩굴) 모양에서 '삼'은 마(麻)의 잎을 닮은 것에 잇닿은 것으로 고삼과는 전혀 관련 없다.

한방명: 고삼(苦參). 고삼이나 개느삼(*Echinosophora koreensis*)의 뿌리를 지칭하는 약재명이다.[9] 중국명에서 비롯한다.

중국명: 苦参(Kǔ Shēn). 아주 쓴(苦) 삼(参)이라는 뜻이다.

일본명: クララ(Kurara, 眩草). 아찔할 현(眩) 자와 같이 뿌리를 씹으면 현기증이 날 정도로 쓴 맛이 나는 풀(草)이라는 데에서 비롯한다.[10]

영어명: Lightyellow Sophora

에코노트

전 세계 고삼속(*Sophora* L.)에는 70여 종류가 있다.[11] 우리나라에는 풀인 고삼과 큰 나무인 회화나무(*S. japonica*) 2종이 있다. 고삼은 제주도에서 백두산까지 우리나라 전역에 분포한다. 억새가 우거진 키가 큰 풀이 있는 초지나 숲 가장자리에서 종종 관찰되지만, 희귀

한 종은 아니다. 뿌리의 약성으로 집 마당에 한두 포기 키우지 않은 사람이 없었을 정도로 예전부터 크게 주목 받았던 약용식물이고, 마을 근처 여기저기에 흩어져 산다. 그래서 인공기원인 개체가 많고, 무리를 만드는 경우는 드물다. 오히려 크게 남획되면서 희귀해진 측면이 있다.

한편 회화나무는 중국 원산이며 마을 근처에 식재하는 종으로 알려졌지만,[12] 식물사회학적 및 식물지리학적으로 우리나라에 자생하는 고유종으로 분류된다.[13] 하식애 절벽 또는 산기슭 계곡 어깨 부분에 드물지만 자생하는 개체가 보이고, 온전하게 생명환(life cycle)을 완성하며, 한반도를 중심으로 동아시아구계(區系)에 속하는 분자(分子)이기 때문이다.

고삼(苦蔘)이라는 이름 이외에도 한자에서 비롯한 다양한 명칭이 있다. 고식(苦識), 야회(野槐), 지회(地槐), 슈회(水槐), 호마(虎麻), 잠경(岑莖), 릉랑(陵郞)[14] 등이다. 하지만 『구급간이방』에 기재된 500살도 넘는 고유명칭, 쓴너삼이 정당한 이름이다(한글명 유래 참조). 조포라속(*Sophora* L.)을 중국에서는 괴목속(槐木屬), 즉 회화나무속이라 하고, 우리나라에서는 고삼속(苦蔘屬)이라 한다. 고삼속도 쓴너삼속으로 명칭을 개정하는 것이 옳다.

쓴너삼은 고삼(苦蔘)이고, 단맛이 난다는 단너삼은 황기(黃芪)를 말한다. 쓴너삼과 단너삼은 모두 오래된 민족식물자원이다. 고삼은 쓴맛이 나는 식물 전체가 탁월한 항균작용을 하며, 구충 효과도 뛰어나다. 예전에는 줄기와 잎을 자리 밑에 깔아서 벼룩이 접근하는 것을 막는 데도 쓰고, 헛간에서 구더기를 제거하고 농작물 해충을 구제하는 데에도 썼다. 아주 작고 예쁜 큰홍띠점박이푸른부전나비 애벌레는 고삼의 어린 꽃을 먹고 살지만,[15] 맛을 아는 소나 염소 같은 가축들은 거들떠보지도 않는다.

---

1) Sokolovskaya (1989)
2) Quattrocchi (2000)
3) 윤호 등 (1489; 김동소 역주, 2007), 村川 (1932)
4) 허준 (1613)
5) 유희 (1801~1834)
6) 森 (1921)
7) 최자하 (1417), 유효통 등 (1633)
8) 이우철 (2005), 국가표준식물목록위원회 (2014)
9) 안덕균 (1998)
10) 奧田 (1997)
11) Bao & Vincent (2010)
12) 이우철 (1996a)
13) 장은재, 김종원 (2007)
14) 村川 (1932)
15) Hirowatari (1993)

사진: 김종원, 이창우

달구지풀

***Trifolium lupinaster* L.**

형태분류

줄기: 여러해살이로 모여나고, 무릎 높이까지 자라며, 살짝 눕는 편이다. 윗부분에서 가지가 약간 갈라지기도 한다. 굵은 뿌리에 가는 수염뿌리와 뿌리혹이 붙었다.

잎: 어긋나고, 쪽잎 3~7개가 손바닥모양으로 펼쳐지고, 잎줄이 뚜렷하며, 가장자리에 잔톱니가 있다. 받침잎은 막질이며, 통모양으로 잎자루와 함께 위로 길게 난다.

꽃: 6~9월에 밝은 홍자색 꽃이 잎겨드랑이에서 길게 뻗은 꽃자루 끝에 모여난다. 꽃자루에 부드러운 털이 있다. 꽃받침은 5개로 갈라지고, 첫 번째 조각이 가장 길다.

열매: 꼬투리열매로 회갈색이며 갈색 종자가 3~9개 들어 있다.

염색체수: 2n=32,[1] 48[2]

생태분류

서식처: 초지, 산비탈 풀밭, 숲 가장자리 등, 양지, 약건~적습

수평분포: 북부 지역(주로 경기-강원 이북)

수직분포: 산지대~아고산대

식생지리: 냉온대, 만주, 중국(네이멍구, 허베이 성, 산시 성, 신장 등), 몽골, 일본(혼슈 북부와 홋카이도 등), 알래스카, 연해주, 사할린, 쿠릴열도[3] 등

식생형: 이차초원식생

생태전략: [터주-스트레스인내-경쟁자]

종보존등급: [Ⅲ] 주요감시대상종(제주달구지풀: [Ⅱ] 중대감시대상종)

이름사전

속명: 트리폴리움(*Trifolium* L.). 잎(*folia*)이 3개(*tri-*) 달린 콩과(Fabaceae) 식물의 전형을 뜻한다.

종소명: 루피나스터(*lupinaster*). 루피누스(*Lupinus* L.) 속을 닮은 데에서 유래하는 라틴명이다. 신귀화식물 가는잎미선콩(*L. angustifolius*)이 우리나라에 분포[4]한다고 알려진 유일한 종이다. 잎 생김새를 보면 달구지풀을 떠올리기에 충분하다. 속명 루피누스는 이리(wolf)를 뜻하는 고대 라틴어에서 유래하며, 토양을 척박하게 한다는 부정적인 뜻에서 비롯한다.[5]

한글명 기원: 달구지풀[6]

한글명 유래: 달구지풀의 잎차례가 달구지(바퀴)를 닮은 데에서 비롯하며, 우리나라에서 처음 기재될 때 사용한 일본명(車軸草)에서 유래한다.[7] 이 일본명은 중국 속명에서 왔다.

한방명: 야화구(野火球). 제주달구지풀의 지상부를 약재로 이용[8]하며, 중약(中藥)의 경우와 마찬가지다.

중국명: 野火球(Yě Huǒ Qiú). 들판의 둥근 불꽃이라는 뜻으로, 꽃 모양에서 비롯했을 것이다. 토끼풀속(*Trifolium* L.)을 중국에서는 차축초속(車軸草屬)이라 하며, 이는 토끼풀 종류의 잎차례 모양에서 비롯한다.

일본명: シャジクソウ(Shajikusou, 車軸草). 방사상으로 펼친 잎 모양에서 비롯한다.[9] 드물게 ボサツソウ(Bosatsusou, 菩薩草), アミダガサ(Amitagasa, 阿弥陀笠)라고도 하는데, 모두 잎 모양에서 유래하고 불교와 관련한 이름이다.

영어명: Lupine Clover

에코노트

달구지풀은 우리나라에 분포하는 토끼풀 종류(*Trifolium* spp.) 가운데 유일한 고유종이다. 다른 종은 모두 신귀화식물이다. 제주도 한라산 아고산대 초지에서 달구지풀의 생태형(ecotype)이라 할 수 있는 개체들이 드물게 살고 있다. 식물체가 상대적으로 작은 것으로 제주달구지풀(*T. lupinaster* f. *alpinum* 또는 var. *alpinum*)이라는 지리적 품종 또는 변종을 구분하기도 한다.[10] 하지만 넓은 뜻으로 달구지풀(*T. lupinaster sensu lato*)로 취급해도 무방하다.

달구지풀은 산불이나 벌채의 영향을 받은 입지에서 발달하는 이차초원식생 또는 밝은 이차림의 구성원이다. 바이칼 호 주변[11]이나 몽골 북부[12]에서처럼 산불 이후에 발달한 타이가(Taiga) 식생대의 초지나 숲(dark taiga forest)에서 빈도 높게 나타나는 것도 같은 맥락이다. 토끼풀이 주로 키 작은 초원식생에서 그것도 벌초나 답압 영향이 있는 초지에 산다면, 달구지풀은 그런 인간 간섭 정도가 덜한 키가 큰 초원식생이 분포중심지다. 달구지풀은 아고산대와 냉온대 북부·고산지대 풀밭 식물사회의 구성원으로 백두산 초원식생에서 종종 보인다. 사람이 사는 곳에서 멀리 떨어져 분포하면서, 개체군도 크지 않기 때문에 전하는 민족식물 정보는 거의 없다.

---

1) Probatova & Sokolovskaya (1986)
2) Nishikawa (1986)
3) Probatova *et al.* (2006)
4) 박수현 (2009)
5) Quattrocchi (2000)
6) 정태현 등 (1937)
7) 森 (1921)
8) 안덕균 (1998)
9) 牧野 (1961)
10) 森 (1921)
11) Krasnoshchekov *et al.* (2010)
12) Dulamsuren *et al.* (2005)

사진: 김종원

붉은토끼풀

Trifolium pratense L.

형태분류

줄기: 여러해살이며, 식물 전체에 밝은 갈색인 부드러운 털이 있고 비스듬히 선다. 땅속줄기를 벋고, 지면의 기는줄기는 거의 발달하지 않는다. (비교: 토끼풀(*T. repens*)은 기는줄기가 발달하고, 지면에 닿은 마디에서 뿌리를 내린다.)

잎: 어긋나고, 3출엽으로 표면에 흰색 무늬가 있으며, 받침잎은 윗부분까지 잎자루가 붙어나며, 잎끝은 뾰족하다.

꽃: 5~7월에 홍자색으로 피며, 드물게 분홍색 또는 흰색도 있다. 꽃자루가 거의 없으며, 줄기 또는 가지 끝에 난다. (비교: 토끼풀은 긴 꽃자루가 있고, 흰색 꽃이 핀다.)

열매: 콩열매로 둥그스름한 달걀모양이다. 노란색 또는 갈색 종자가 1개 들어 있다.

염색체수: 2n=14,[1] 16[2]

생태분류

서식처: 초지, 목초지와 방목지, 농촌이나 도시 후미진 곳, 길가, 산지 스키장 인공 조성지 등, 양지, 약습~적습

수평분포: 전국 분포

수직분포: 산지대 이하

식생지리: 냉온대~난온대(신귀화식물), (유럽 원산)

식생형: 농지식생(목초지 잡초식물군락), 터주식생(노방식물군락)

생태전략: [터주-스트레스인내-경쟁자]

종보존등급: - (신귀화식물)

이름사전

속명: 트리폴리움(*Trifolium* L.). 잎(*folia*)이 3개(*tri-*) 달린 콩과(Fabaceae) 식물의 전형에서 비롯한다.

종소명: 프라텐제(*pratense*). 목초지 같은 초지를 일컫는 라틴어다.

한글명 기원: 붉은토끼풀[3]

한글명 유래: 꽃이 붉은색인 토끼풀이라는 뜻으로 1921년에 처음으로 기재[4]된 일본명(赤詰草)에서 비롯한다.

한방명: 홍차축초(紅車軸草). 붉은토끼풀 지상부를 약재로 이용하며,[5] 중약(中藥)에서 비롯한다.

중국명: 红车轴草(Hóng Chē Zhóu Cǎo). 붉은(红) 달구지풀 종류(车轴草)라는 뜻이다.

일본명: アカツメクサ(Akatsumekusa, 赤詰草). 붉은(赤) 토끼풀(詰草)이라는 뜻으로, 토끼풀 꽃을 말려서 상자 속 빈 공간을 채워(詰) 넣는 완충재로 이용한 데에서 비롯한다.

영어명: Red Clover

에코노트

붉은토끼풀은 토끼풀과 마찬가지로 비슷한 시기에 도입되어 사료로 재배[6]되었던 탈출외래귀화식물이다. 1921년 최초 기재[7]에서 2종 모두 사료로 재배되었다는 사실을 전한다. 하지만, 1932년 서울 근교 식물상 목록[8]에는 나타나지 않는다. 이는 사료로 도입한 뒤에 야생으로 탈출하고 정착하는 데 십수 년이 걸렸다는 사실을 짐작케 한다. 토끼풀이 지금은 친숙하지만, 우리나라 자연생태계의 진정한 구성원이 된 것은 채 50여 년도 되지 않는다. 귀화식물 가운데 대단히 성공한 경우다. 그런데 붉은토끼풀은 여전히 목초지 언저리에만 주로 분포한다. 토끼풀에 비해 훨씬 드물고, 무리(집단) 크기가 작다. 우리나라에 귀화한 여러 외래귀화식물 가운데 가장 소극적이고 존재감이 적다. 우리나라 기후가 대륙성인 것과 붉은토끼풀의 생태형질, 즉 기는줄기(匍匐莖) 대신에 주로 땅

풀밭 식물사회의 구성원이다.

습윤한 산지 풀밭은 붉은토끼풀이 살 만한 기회의 땅이다. 백두대간 능선 여기저기에는 온전하게 보존된 산지 풀밭이 남아 있다. 그 주변의 토지개발로 붉은토끼풀이나 큰뚝새풀(*Alopecurus pratensis*)이 인위적으로 도입되는 경우가 있다. 이것은 산지 풀밭 생태계에 대한 근본적인 위협이다. 이들은 해양성 온대기후인 유럽 원산으로 해발고도가 낮은 지역에서부터 높은 산지에 이르기까지 전형적인 터주식생의 구성원이다. 동북아에서 해양성 온대기후인 일본에서도 본질적으로 비슷한 분포 양상을 보인다. 하지만 한반도의 경우는 대륙성 온대 기후이기 때문에 그 양상이 전혀 다르다. 그래도 국지적으로 해양성 온대 기후 특성인 습윤한 산지 능선부나 운무대는 그들의 잠재적인 서식처다. 한반도 생태계의 기간축이면서 상대적으로 자연식생이 많이 남아 있는, 백두대간을 중심으로 하는 해발고도가 높은 산정 풀밭이나 운무대에 대한 해양성 외래식물의 도입이나 유입에 주의가 필요한 대목이다.

속줄기로 번식하는 방식이 번성을 가로막는 것이다.

붉은토끼풀은 기본적으로 중부 유럽 해양성 온대기후의 식물이고, 밟아서 다져진 땅이나 진흙이 섞인 통수성 및 통기성이 불량한 땅에서는 살지 않는다. 공원 후미진 곳, 땅에 누기가 있는 곳에 사는 붉은토끼풀 한 무리는 볼 수 있어도, 잔디밭에서는 좀처럼 보이지 않는다. 특히 건조한 환경이나 수분스트레스가 발생하는 장소를 무척 싫어한다. 그런데 토끼풀은 건조하고, 수분스트레스가 발생하며, 때로는 밟히면서, 과도하리만큼 부영양화된 입지에서도 산다. 인위식물(人爲植物) 가운데, 토끼풀이 터주식물(ruderal plant)이라면, 붉은토끼풀은 언저리식물(interstitial plant)이다.[9] 오히려 목초지 같은

토끼풀 종류는 토끼만 좋아하는 풀은 아니다. 등뼈 없는 민달팽이부터 누렁이 황소에 이르기까지 초식성 동물이면 다 좋아한다. 토끼, 소, 염소 등은 토끼풀 종류를 뜯어 먹는 부류지만 민달팽이는 갉아 먹는다. 소

처럼 뜯어 먹는 초식 행위가 매우 점잖은 방식이라면, 갉아 먹는 방식은 분열조직인 세포 생장점(生長點)을 파괴하기 때문에 식물의 생존을 근본적으로 위협한다. 중국 북서부나 몽골에서 사막화 주요 원인으로 '염소나 양의 방목으로부터 발생하는 식생 파괴'를 지목하는 것도 같은 맥락이다. 자연 생태계에서 피식자(被食者) 입장인 식물은 '갉아 먹는 무리들로부터의 해방'이야말로 숙명적 과제이며, 그런 진화 압력에서 살아남아야 한다.

토끼풀 종류는 살아남기 위한 방어전략으로 극약을 몸에 지니고 있다. 가장 극단적인 대응전략 가운데 하나다. 토끼풀 종류는 갉아 먹힐 때에 생기는 상처에서 청산가리 성분인 시안(cyaan, HCN)을 방출한다.[10] 잎 표면에 선명하게 드러나는 'V' 자형 흰 무늬가 있는 개체들이 그리 한다. 미량의 시안(cyaan)이라도 몸무게가 적게 나가는 민달팽이와 메뚜기들에게는 정신착란을 일으키고도 남는다. 'V' 자형 무늬가 있는 토끼풀 집단이 야생에서 더욱 번성하고 흔하게 보이는 것도 잎을 갉아 먹는 무리들이 당연히 이들을 회피한 결과다. 'V' 자형 무늬가 있건 없건, 둘 다 아직까지는 유전자적으로 동일한 종으로 취급한다. '진화의 진행형'으로 설명되는 생태형(ecotype)인 것이다.

되새김질하는 대형 초식동물은 토끼풀 종류의 시안 영향으로 입맛만 조금 잃을 뿐, 목숨이나 건강에는 큰 지장이 없다. 다만 많이 뜯어 먹으면 구토를 일으킨다. 그래서 소들은 한 장소에 머리를 쳐 박고 오랫동안 풀을 뜯는 법이 없다. 이리저리 머리 방향을 바꾸며 뜯어 먹는다. 상처 난 풀에서 방출되는 독성물질이 산화되어 분해될 시간이 필요한 것이다.

---

1) Zhao *et al.* (2000)
2) Yang *et al.* (2003)
3) 정태현 등 (1937)
4) 森 (1921)
5) 안덕균 (1998)
6) 森 (1921)
7) 森 (1921)
8) 石戸谷, 都逢涉 (1932)
9) 김종원 (2013)
10) Dirzo & Harper (1982)

사진: 김종원

갈퀴나물

Vicia amoena Fisch. ex Ser.

형태분류

줄기: 여러해살이 덩굴식물로 연약한 편이며, 단면이 네모지고 모서리는 등날이 진다. 어른 무릎 높이로 자라지만, 이웃 식물에 걸쳐서 크게 자라기도 한다. 부드러운 털이 약간 보이지만 거의 없는 편이다. 땅속줄기를 길게 벋는다.

잎: 어긋나고, 짝수깃모양겹잎으로 쪽잎은 5~7쌍이며, 잎자루 아랫부분의 작은 잎은 어긋나게 달리기도 한다. 조금 딱딱한 편이며, 마르면 약간 홍갈색을 띠고, 잎 뒷면은 약간 흰빛을 띠며 부드러운 털이 있다. 작은 잎은 장타원형이며 끝에 침 같은 돌기가 있다. 끝잎이 변해서 보통 2~3개로 갈라진 덩굴손이 된다. 받침잎은 약간 큰 편이며 어금니 같은 날카로운 돌기(牙齒)가 있고 딱딱한 편이다.

꽃: 7~9월에 나비모양 홍자색 꽃이 한쪽 방향으로 달린다. 오래된 꽃갓은 자색에서 남색, 흰색으로 변한다. 잎겨드랑이에서 긴 꽃자루를 내고, 송이모양(總狀)으로 난다. 가운데 꽃잎은 살(筋)이 있어 바로 선다. 꽃받침은 5개이며 불규칙한 조각으로 갈라지고 제일 아래 것이 가장 크고 길다.

열매: 꼬투리열매로 털이 없으며 편편한 편이다. 종자가 1~6개 들어 있다.

염색체수: 2n=24[1]

생태분류

서식처: 초지, 숲 가장자리, 임도 언저리, 산촌 언저리, 하천 제방, 모래언덕, 방목적지(放牧跡地) 등, 양지~반음지, 적습~약습

수평분포: 전국 분포

수직분포: 산지대 이하

식생지리: 온대, 만주, 중국(티베트 지역 제외), 몽골, 사할린, 쿠릴열도, 시베리아, 일본 등

식생형: 이차초원식생

생태전략: [터주-스트레스인내-경쟁자]~[경쟁자]

종보존등급: [V] 비감시대상종

이름사전

속명: 비치아(*Vicia* L.). 야생 완두(vetch)를 뜻하는 라틴어(*vicia*)에서 비롯한다.[2]

종소명: 아모에나(*amoena*). 매력적이라는 뜻의 라틴어로 꽃 모양에서 비롯했을 것이다.
한글명 기원: 갈키나물, 녹두두미,[3] 갈퀴나물[4]
한글명 유래: 갈퀴와 나물의 합성어로 덩굴손이 있는 나물이라는 뜻에서 비롯했을 것이다.
한방명: 산야완두(山野豌豆). 광릉갈퀴나물(*V. venosa* var. *cuspidata*)과 함께 지상부를 약재로 이용하며,[5] 중국 약재명에서 비롯한다.
중국명: 山野豌豆(Shān Yě Wān Dòu). 야생 완두(豌豆)라는 뜻이다.
일본명: ツルフジバカマ(Tsurufujibakama, 蔓藤袴). 자색 꽃이 벌등골나물(藤袴, *Eupatorium fortunei*)을 닮았고, 덩굴인 것에서 비롯한다.[6]
영어명: - (Vegetable Vetch)

에코노트

갈퀴나물은 물이 잘 빠지는 습윤한 토양을 좋아한다. 건조한 곳이나 척박한 곳에서는 발견되지 않는다. 농촌에서 그리 멀리 떨어지지 않은 곳으로 적절한 부영양 땅에서 크고 작은 무리를 만든다. 대기오염, 산성비, 농약 따위와 같은 화학적 오염에는 취약하기 때문에 도시 산업화 지역에서는 살지 않는다.

줄기와 잎이 그리 억세지 않고 독성이 없기 때문에 어린 순을 식용한다. 여러해살이면서 땅속에 달리는 줄기를 길게 벋기 때문에 종종 무리 지어 산다. 이름이 비슷한 갈퀴덩굴(*Galium spurium var. echinospermon*)은 꼭두서니과(Rubiaceae)로 해넘이한해살이다. 갈퀴덩굴은 가냘픈 줄기에 잎이 돌려나며, 사람의 간섭이 심한 터주식생 요소다. (『한국 식물 생태 보감』 1권 「갈퀴덩굴」 편 참조)

1) Li *et al.* (1991)
2) Quattrocchi (2000)
3) 森 (1921)
4) 정태현 등 (1949)
5) 안덕균 (1998)
6) 牧野 (1961)

사진: 이창우

별완두(벌완두)

Vicia amurensis Oett.

형태분류

줄기: 어른 허리 높이로 자라는 여러해살이며, 덩굴손으로 다른 식물체를 감고 크게 자라기도 한다. 뿌리줄기가 길게 벋는다.

잎: 어긋나고, 짝수깃모양겹잎이지만, 잎자루 아랫부분의 작은 쪽잎 2~3쌍은 어긋나게 달리기도 한다. 작은 잎은 밝은 녹색이고 처음에는 털이 약간 있다가 나중에 없어지며, 잎끝에 침 같은 돌기가 있다. 측맥이 90도에 가까운 예각을 이루며 그 수가 많다. 끝잎은 2~3개로 갈라진 덩굴손으로 변형된다. 받침잎은 톱니가 있거나 2개로 갈라진다. (비교: 갈퀴나물(*V. amoena*)은 측맥의 각도가 45도 정도다.)

꽃: 6~8월에 잎겨드랑이에서 길게 솟은 꽃자루에 송이꽃차례로 남자색 꽃이 한쪽 방향을 향해 핀다. 꽃송이는 아래에서 위로 순서대로 피고, 먼저 핀 꽃갓은 흰색으로 변하면서 시든다. 꽃받침은 이빨조각(齒片)모양이며 3~5개로 아주 얕게 갈라진다.

열매: 꼬투리열매로 편능형(偏菱形) 종자가 2~5개 들어 있다.

염색체수: 2n=12,[1] 4[2]

생태분류

서식처: 초지, 숲 가장자리, 밝은 숲속, 하천변, 산비탈 밭 언저리 등, 양지, 적습

수평분포: 전국 분포
수직분포: 구릉지대~산지대
식생지리: 냉온대(대륙성), 몽골, 만주, 중국(네이멍구, 샨시 성, 베이징 등), 연해주, 일본(주부, 도호쿠) 등
식생형: 이차초원식생
생태전략: [터주-스트레스인내-경쟁자]~[경쟁자]
종보존등급: [V] 비감시대상종

이름사전

속명: 비치아(*Vicia* L.). 야생 완두(vetch)를 뜻하는 라틴어(*vicia*)에서 비롯한다.
종소명: 아무렌시스(*amurensis*). 아무르 지역을 뜻한다.
한글명 기원: 별완두,[3] 벌완두[4]
한글명 유래: 별완두는 별과 완두의 합성어로 '별'은 벌판을 뜻하는 '벌'을 잘못 기재한 것이다. 들판의 뜻을 포함하는 중국명과 일본명에 잇닿아 있다.
한방명: -
중국명: 黑龙江野豌豆(Hēi Lóng Jiāng Yě Wān Dòu). 만주 헤이룽장 지역의 들에 사는 완두라는 뜻이다.
일본명: ノハラクサフジ(Noharakusafuji, 野原草藤). 들(野原)에 사는 등갈퀴나물(*V. cracca*, 草藤)이라는 뜻이다.
영어명: Amur Vetch

에코노트

벌완두는 대륙성 냉온대 중부·산지대에 주로 분포하는 초원식생 요소다. 더욱 냉량(冷涼)한 환경조건을 좋아하기 때문에, 식물 입장에서 건조가 빈발한 도시화 영향권에서는 살지 않는다. 우리나라 남부 지역에서는 주로 높은 산지대 초지에서 보이고, 산간 화전 경작지나 목장의 버려진 땅에서 쑥처럼 키 큰 식물에 기대어서 섞여 난다. 벌완두도 갈퀴나물과 마찬가지로 식물성 단백질을 많이 함유하는 콩과 식물이기에 가축 사료로 이용 가능한 자원식물이다.

---

1) Shatalova (2000), 남보미 등 (2012)
2) Bisht *et al.* (1998)
3) 정태현 등 (1949)
4) 이창복 (1969)

사진: 김종원

등갈퀴나물

Vicia cracca L.

형태분류

줄기: 여러해살이며 어른 허리 높이로 길게 자라고, 원줄기에 능선이 있으며, 윗부분 어린 줄기에 잔털이 있다. 나무처럼 딱딱한 뿌리줄기가 길게 뻗는다.

잎: 어긋나고, 좁은 타원형인 작은 쪽잎이 짝수깃모양겹잎으로 나고, 8~12쌍으로 많다. 잎자루 아랫부분의 작은 잎 4~5쌍은 어긋나기도 한다. 약간 막질인 작은 잎 주맥에는 약 30도로 각을 이루는 측맥이 많다. 받침잎은 부드럽고 두 갈래로 갈라진 아주 좁은 줄모양이며 가장자리에 톱니나 결각이 없다. 덩굴손은 가지가 갈라지기도 하며, 많게는 다섯 갈래다.

꽃: 6~7월에 남자색 꽃이 잎겨드랑이에서 길게 솟은 꽃자루에 송이꽃차례로 한쪽 방향을 향해 핀다. 꽃받침은 이빨조각으로 아주 얕게 5개로 갈라진다. (비교: 넓은잎갈퀴(*V. japonica*)는 이빨조각 꽃받침이 삼각형이다.)

열매: 꼬투리열매로 장타원형이고 털이 없다. 거의 원형인 종자가 4~5개 들어 있다.

염색체수: 2n=12,[1] 14,[2] 24[3]

생태분류

서식처: 초지, 숲 가장자리, 방목지, 화전적지 등, 양지, 적습

수평분포: 전국 분포

수직분포: 산지대~구릉지대

식생지리: 온대, 중국, 몽골, 연해주, 일본, 동남아시아, 서아시아, 유럽 등, 전 세계 귀화

식생형: 이차초원식생

생태전략: [경쟁자]~[터주-스트레스인내-경쟁자]

종보존등급: [V] 비감시대상종

이름사전

속명: 비치아(*Vicia* L.). 야생 완두(vetch)를 지칭하는 라틴어(*vicia*)에서 비롯한다.

종소명: 크라카(*cracca*). 고대 로마의 박물학자 플리니(Pliny), 즉 플리니우스(Gaius Plinius Secundus, 23~79)가 불렀던 야생 완두 이름에서 비롯한다.

한글명 기원: 등갈퀴나물,[4] 등말굴레[5]

한글명 유래: 유래미상이라고 알려졌지만,[6] 등과 갈퀴와 나물의 합성어다. 잎차례가 등나무를 닮은 데에서 일본명(草藤)의 등(藤), 덩굴손 모양에서 갈퀴, 구황식물로 이용한 것[7]에서 나물이 비롯한다.

한방명: -

중국명: 广布野豌豆(Guǎng Bù Yě Wān Dòu). 널리 분포(广布)하는 들판의 완두라는 뜻이다.

일본명: クサフジ(Kusafuji, 草藤). 잎차례가 등나무(藤)를 닮은 데에서 비롯한다.

영어명: Tufted Vetch, Bird Vetch, Boreal Vetch, Canada Pea, Cow Vetch

에코노트

등갈퀴나물은 메마른 땅보다는 습윤한 환경을 좋아하고, 공기와 물이 잘 통하는 조립질 토양에서 더욱 흔하다. 해발고도가 낮은 지역에는 거의 분포하지 않는다. 화강암 지질권의 산간 분지(盆地) 방목지에서 땅속 뿌리줄기를 뻗으면서 여러 해 동안 자그마한 무리를 이룬다. 그렇게 땅속 뿌리줄기로 개체군을 만들지만, 기본적으로 종자로 번식하면서 새로운 개체군을 만든다. 주로 해양성 기후 환경처럼 늘 습윤한 입지에서는 가을에 발아해서 풀밭 바닥에 파묻히고, 이듬해 봄에 크게 자란다.[8] 대륙성 기후 지역인 우리나라에서는 개체군이 흔치 않다. 그러나 산정 분지 지형에 화전을 일구었던 휴경지에서 크고 작은 군락이 보이기 때문에 보호 대

상으로 삼을 만큼 희귀하지는 않다.

잎과 줄기의 질감이 부드러워 초식동물이 좋아한다. 그래서 개체군이 흔치 않을 법도 하지만, 일본과 중부 유럽 온대 지역에서는 오히려 관찰 빈도가 높다. 그곳의 습윤한 온대 기후 환경이 생육을 뒷받침하기 때문이다. 중부 유럽에서는 사람 간섭이 많은 입지의 터주식생 구성원으로도 나타난다. 방목초지를 특징짓는 식물사회(Molinio-Arrhenatheretea)의 표징종[9]이고, 종종 수영(*Rumex acetosa*)과 함께 산다. 일부러 조성한 목장 초지에서는 오히려 드물다.[10] 식물체 지상부를 심하게 뜯어 먹는 초식(草食)동물 영향 때문이다.

---

1) Nishikawa (1985)
2) Sokolovskaya *et al.* (1989)
3) 남보미 등 (2012)
4) 정태현 등 (1949)
5) 한진건 등 (1982)
6) 이우철 (2005)
7) 森 (1921)
8) Muller (1978)
9) Oberdorfer (1983)
10) Grime *et al.* (1988)

사진: 이정아

새완두

Vicia hirsuta (L.) Gray

형태분류

줄기: 한해살이 또는 해넘이한해살이로 털이 없고, 줄기 아랫부분에서 가지가 갈라지며 덩굴성으로 크게 우거진다.

잎: 어긋나며, 짝수깃모양겹잎으로 끝에서 두세 갈래로 갈라진 덩굴손이 있다. 쪽잎은 10~16개이며, 끝이 거의 일(一) 자 모양이고, 털이 없다. 받침잎은 4개로 갈라진다. (비교: 얼치기완두(*V. tetrasperma*)는 덩굴손이 갈라지지 않는다.)

꽃: 5~6월 백자색으로 피며, 잎보다 짧은 송이꽃차례로 잎겨드랑이에서 길게 솟은 꽃자루 끝에 꽃이 3~7개 달린다. 꽃갓은 희거나 아주 옅은 분홍빛을 띤다. 꽃받침은 종모양이다. (비교: 얼치기완두는 옅은 홍자색 꽃이 핀다.)

열매: 콩열매로 털이 있고, 약간 납작한 원형 종자가 2개 들어 있다. (비교: 얼치기완두는 종자가 3~6개 들어 있다.)

염색체수: 2n=14[1)]

생태분류

서식처: 초지, 농촌 들녘 언저리나 길가, 산기슭 풀밭, 제방, 두둑, 정원 등, 양지, 적습

수평분포: 전국 분포(주로 남부 지역)

수직분포: 구릉지대 이하

식생지리: 난온대, 일본(혼슈 이남), 중국(화남지구, 화중지구, 기타 칭하이 성, 티베트, 간쑤 성, 샨시 성 등), 대만,

러시아, 동남아시아, 서아시아, 유럽, 북아프리카, 북태평양 도서 등(전 세계 곳곳에 귀화)

식생형: 이차초원식생, 터주식생(농촌형 노방식생)

생태전략: [경쟁자]~[터주-스트레스인내-경쟁자]

종보존등급: [V] 비감시대상종

이름사전

속명: 비치아(*Vicia* L.). 야생 완두(vetch)를 지칭하는 라틴어(*vicia*)에서 비롯한다.

종소명: 히르수타(*hirsuta*). 긴 털 또는 거친 털을 뜻하는 라틴어로 열매껍질에 있는 털에서 비롯한다.

한글명 기원: 쟈완두, 고비,[2] 새완두[3]

한글명 유래: 새와 완두의 합성어다. 1932년의 일본명(雀豌豆)을 그대로 읽은 쟈완두의 참새 작(雀)을 '새'로 변경한 것에서 비롯한다. 우리나라 첫 기재[4]는 1921년의 일로 한글명 없이 일본명 가타카나로만 이루어졌다.

한방명: -

중국명: 小巢菜(Xiǎo Cháo Cài). 작고 보잘 것 없는(小巢) 푸성귀(菜)라는 뜻이다.

일본명: スズメノエンドウ(Suzumenoendou, 雀豌豆). 아주 작은 완두(豌豆) 종류라는 뜻이다.

영어명: Tyne Vetch, Common Hairy Tare

에코노트

새완두는 북반구 난온대 지역 대부분에서 볼 수 있는 광역분포종이다. 서식환경 범위도 넓어, 특히 초지나 농촌 경작지 주변의 사람 간섭이 잦은 서식처에 흔하다. 동서양 모두 일찍부터 식물 전체를 차 대용 및 목초용으로 이용한 사실도 그런 분포 배경과 관련 있다. 식물체가 부드럽고 상대적으로 풍부한 영양분을 함유하는 콩과 식물이기 때문에 가축들이 좋아한다. 중부 유럽에서는 산성 토양인 비교적 건조한 땅의 곡물 재배 밭에 들어가 산다. 터주식생 명아주군강(Chenopodietea)이라는 식물사회의 주요 구성원[5]이다.

새완두는 한해살이다. 겨울에 심한 추위 없이 온난한 지역에서는 해넘이한해살이로도 살아간다. 줄기는 부드럽고 덩굴성이며, 무리 지어 살고, 콩열매를 먹는 동물에 의해서 퍼져 나간다. 남부 지역에서는 종종 얼치기완두(『한국 식물 생태 보감』 1권 「얼치기완두」 편 참조)와 함께 산다. 2종은 분포에 미묘한 차이를 보인다. 새완두는 더욱 추운 지역까지, 얼치기완두는 더욱 온난한 지역까지 치우쳐 분포하는 경향이 있다. 얼치기완두는 잎 끝에 생긴 덩굴손이 갈라지지 않아서 분명하게 구별된다.

---

1) Luo & Wang (1989)
2) 村川 (1932)
3) 정태현 등 (1937)
4) 森 (1921)
5) Schubert *et al.* (2001)

사진: 김종원

나비나물

Vicia unijuga A. Braun

형태분류

줄기: 여러해살이로 굵은 뿌리에서 다발로 모여나고, 네모진 것 같은 능선이 있으며, 어릴 때는 털이 있지만 차츰 사라진다. 살짝 비스듬히 서서 어른 무릎 높이 이상으로 자란다. 윗부분에서는 지그재그로 굽는다.

잎: 어긋나고, 쪽잎이 1쌍을 이루며, 나비모양이다. 쪽잎 끝이 뾰족해지고 양면에 털이 조금 있으며, 약간 가죽 같은 종이 질감이다. 잎자루가 짧고, 받침잎은 2개로 갈라지며 고르지 않은 톱니가 있다.

꽃: 7~9월에 잎겨드랑이에서 홍자색으로 피고, 꽃자루가 있지만 꽃차례 전체 길이는 잎 길이와 비슷하다. 한쪽으로 치우친 송이꽃차례로 보통 꽃이 10개 내외 달린다. 꽃받침은 5개로 갈라진 줄모양이며 꽃이 피기 전에 떨어진다.

열매: 콩열매로 좁은 타원형이며 편편한 편이고, 털이 없다. 종자가 3~7개 들어 있다.

염색체수: 2n=12,[1] 24[2]

생태분류

서식처: 초지, 밝은 숲속, 숲 가장자리, 임도나 벌채지 언저리, 하천변 등, 양지~반음지, 적습

수평분포: 전국 분포

수직분포: 산지대~구릉지대

식생지리: 냉온대~난온대, 만주, 중국(새북지구, 화북지구, 화중지구, 화남지구의 구이저우 성, 윈난 성, 기타 티베트 등), 몽골, 연해주, 사할린, 일본 등

식생형: 이차초원식생, 삼림식생(하록활엽수 이차림)

생태전략: [경쟁자]~[터주-스트레스인내-경쟁자]

종보존등급: [IV] 일반감시대상종

이름사전

속명: 비치아(*Vicia* L.). 야생 완두(vetch)를 지칭하는 라틴어(*vicia*)에서 비롯한다.

종소명: 우니유가(*unijuga*). 1쌍으로 된 쪽잎에서 비롯한 라틴어다.

한글명 기원: 나비나물[3]

한글명 유래: 나비와 나물의 합성어다. 나비모양인 잎차례에서 비롯했을 것이다.

한방명: 삼령자(三鈴子). 나비나물 종류(*V. unijuga s.l.*)의 뿌리와 어린잎을 약재로 쓴다.[4]

중국명: 歪头菜(Wāi Tóu Cài). 머리를 갸우뚱(歪头)하듯 식물체 윗부분이 약간 기울어진 모양에서 비롯했을 것이다.

일본명: ナンテンハギ(Nantenhagi, 南天萩). 잎 모양이 남천을 닮았고, 언뜻 보기에 전체 외형이 싸리 종류를 닮은 데에서 비롯한다.

영어명: Tow-leaf Vetch

에코노트

나비나물은 작은 쪽잎이 1쌍을 이룬다. 나비모양이어서 한 번만 보면 기억한다. 마을에서 늘 한걸음 떨어진 곳, 물리화학적인 도시화 영향이 거의 없는 곳에서만 산다. 비록 식생이 파괴되었더라도 청정한 환경조건, 물이 잘 빠지면서도, 특히 생육기간인 봄부터 여름까지 메마르지 않는 곳에 산다. 음지에는 살지 않고, 양지에 즐겨 살지만 반음지에서도 잘 사는 편이어서 낙엽활엽수로 이루어진 이차림이나 밝은 숲속에서 종종 보인다. 사는 곳의 빛 환경에 따라 꽃 색깔에 조금씩 변이가 있어 반음지에서는 담자색, 양지에서는 진한 붉은색을 띤다. 질소고정박테리아와 공생하는 콩과 식물이기 때문에 다져지지 않은 표토층이 발달한 곳에서 더욱 흔하다.

나비나물은 나비나물속(*Vicia* L.) 가운데 중국 대륙에 가장 흔한 종으로 쪽잎의 형태 변이가 상당하다.[5] 동아시아에 분포하는 7종의 잎과 꽃자루 형태가 연속적인 변이[6]를 보이는 것으로 알려졌다. 계통분류학적 혼선이 발생할 수 있다는 것을 뜻한다. 우리나라에서는 이른 봄에 돋아난 어린 식물체를 산나물로 이용하며,[7] 일본 기후(岐阜) 현에서는 어린 싹은 식용하고 꽃은 밀가루 반죽을 묻혀 튀겨 먹기도 한다.[8]

1) Wang *et al.* (1995)
2) Lee (1972), 남보미 등 (2012)
3) 정태현 등 (1937)
4) 안덕균 (1998)
5) FOC (2014)
6) 석동임, 최병희 (1997)
7) 고학수 (1984)
8) 奧田 (1997)

사진: 류태복

벳지

Vicia villosa **Roth**

형태분류

줄기: 한해살이로 네모진 것 같은 능선이 있고, 속이 비었으며, 식물 전체에 털이 빼곡하다. 덩굴지며 우거져서 큰 무리를 만들고, 기둥뿌리는 땅속 깊이 내리지만, 곁뿌리는 지면 가까이에 많이 생긴다. (비교: 각시갈퀴나물(*V. dasycarpa*)은 상대적으로 식물 전체에 털이 약간 있거나 거의 없는 편이고, 벳지보다 더욱 연약하다.)

잎: 어긋나고, 쪽잎 6~10쌍이 짝수깃모양겹잎으로 나며, 끝은 여러 갈래로 갈라져 덩굴손이 된다. 전체에 털이 많고, 받침잎이 넓은 달걀모양이다. (비교: 각시갈퀴나물의 받침잎은 폭이 좁은 줄모양이다.)

꽃: 5~6월에 잎겨드랑이에서 긴 꽃자루가 나와 자색으로 피고, 한쪽으로 치우친 송이꽃차례가 잎차례보다 약간 더 길다. 꽃받침은 끝이 5개로 갈라지고, 끝이 뾰족한 줄모양 또는 창끝모양이다. 아주 드물게 흰 꽃이 핀다. (비교: 각시갈퀴나물은 꽃차례가 잎 길이와 같거나 약간 짧다.)

열매: 콩열매로 좁은 장타원형이며, 둥근 종자가 2~8개 들어 있다. 검은색에 간혹 갈색 반점이 있다.

염색체수: 2n=14,[1] 28[2]

생태분류

서식처: 초지, 하천변 제방, 농촌 들길 주변, 도시 황무지, 위생 매립지 주변 등, 양지~반음지, 적습

수평분포: 전국 분포

수직분포: 구릉지대 이하(드물게 산지대)

식생지리: 난온대~냉온대(신귀화식물), 유럽 또는 서남아시아 원산, 중국, 대만, 일본, 북아프리카, 대서양 북부 도서, 유럽 등(전 세계 곳곳에 귀화)

식생형: 이차초원식생, 터주식생(농촌형 노방식생)

생태전략: [경쟁자]~[터주-스트레스인내-경쟁자]

종보존등급: - (신귀화식물)

이름사전

속명: 비치아(*Vicia* L.). 야생 완두(vetch)를 지칭하는 라틴어(*vicia*)에서 비롯한다.

종소명: 빌로사(*villosa*). 긴 털이 많다는 것을 뜻하는 라틴어로 식물 전체에 털이 많다.

한글명 기원: 벹찌,[3] 벳지, 털갈퀴덩굴[4]

한글명 유래: 처음에는 벹찌로 기재되었고, 영어(vetch)에서 비롯한다.

한방명: -

중국명: 长柔毛野豌豆(Cháng Róu Máo Yě Wān Dòu). 종소명처럼 식물체에 길고 부드러운 털이 밀생하는 들완두 종류(野豌豆)라는 것에서 비롯한다.

일본명: ビロードクサフジ(Birodokusafuji, 草藤). 우단(veludo)처럼 털이 많다는 뜻의 종소명에서 비롯한다.

영어명: Hairy Vetch, Winter Vetch

에코노트

우리나라에서 벳지는 1969년에 처음으로 소개되었다.[5] 그 이전 기록에 등장하지 않기 때문에 벳지가 1960년대에 유입된 것으로 짐작된다. 신귀화식물로 녹비(綠肥)로 이용되다가 야생으로 퍼져 나간 탈출외래종

각시갈퀴나물

(Ergasiophygophyten)이다. 원산지는 분명치 않으나, 유럽 또는 서남아시아로 보는 견해가 지배적이다. 생산성이 높은 풋거름 식물로 가축 사료로 주목 받으면서 지금은 전 세계 각지[6]에 널리 퍼졌다. 유럽 온대 지역에서는 밀밭의 잡초식생을 대표하는 서양양귀비군집(Papaveretum)이라는 식물사회를 특징짓는 표징종으로 여긴다.[7]

우리나라에서는 하천변을 따라 전국에 분포한다. 벳지는 한랭한 냉기가 돌고 습기가 충만하면서도 비옥한 밭흙(loam)에서 가장 잘 산다. 때문에 황량한 겨울바람이 불어대는 강 제방이나 그 언저리, 특히 새로 조성한 하천 제방에서 크게 번성한다. 질소고정박테리아와 공생하기 때문에 밟혀 다져진 땅에서는 살지 못하고, 늘 부드럽고 통기성이 좋은 새로운 흙(a new and light soil)에서 잘 산다. 최근 국립공원 구역 내의 초지 복원 입지에서도 발견된다. 벳지 종자가 섞인 외부 토양을 반입하면서 발행한 일이다. 한편 하천 제방에서 벳지가 번성하면 장기적으로 제방 수명을 위협할 수도 있다. 설치류의 주요 먹이원이 콩열매이기 때문으로, 벳지가 크게 번성한 하천 제방에는 크고 작은 설치류의 서식 굴(구멍)이 보인다.

우리나라에는 벳지와 형태가 비슷한 각시갈퀴나물이라는 귀화식물이 있다. 그리 흔치 않고, 제주도와 울릉도에 분포하는 것[8]으로 알려졌으나, 최근 전북 고창 운곡습지에서도 발견되었다.[9] 각시갈퀴나물은 벳지보다는 더욱 습윤한 기후 지역과 습지 언저리에 산다. 벳지가 한층 더 내건성(耐乾性), 내한성(耐寒性)인 대륙성이라면, 각시갈퀴나물은 상대적으로 해양성이다. 일본에서도 벳지가 분포하는 것으로 알려졌으나,[10] 희귀하고 오히려 각시갈퀴나물이 더욱 흔하다.[11] 벳지와 각시갈퀴나물의 그런 지리적 분포 대응성은 이들의 생태성이 반영된 결과다. 한편 벳지나 각시갈퀴나물과 외견상 아주 많이 닮은 고유종 등갈퀴나물은 여러해살이다.

---

1) Kamel (1999)
2) Bao & Turland (2010)
3) 이창복 (1969)
4) 이창복 (1979)
5) 이창복 (1969)
6) Owsley (2011)
7) Oberdorfer (1983)
8) 박수현 (2009)
9) 김종원, 이승은 (2014)
10) 大井 (1978)
11) 淸水 等 (2002)

사진: 김종원, 류태복

새팥

***Vigna angularis* var. *nipponensis* (Ohwi) Ohwi & Ohashi**

형태분류

줄기: 한해살이 덩굴이며 왼쪽으로 감아 올라가고, 전체에 황갈색 털이 있다.

잎: 어긋나고, 긴 잎자루에 3출엽이며, 끝잎이 쪽잎보다 약간 크다. 양면에 긴 황갈색 털이 드문드문 있고, 받침잎은 방패모양이며 털이 빼곡하다.

꽃: 8~9월에 잎겨드랑이에서 긴 꽃자루가 나오고, 그 끝에 연한 노란색 나비모양 꽃이 2~3개 피며, 송이꽃차례다. 꽃받침 끝에 톱니가 5개 있고, 용골판 2개가 합쳐져서 나선모양으로 꼬인다.

열매: 콩열매로 줄모양이고, 털이 없다. 익으면 길이 3~4㎜인 원통모양 흑갈색 종자가 터져 나온다. 두툼한 입술처럼 생긴 종자의 배꼽은 흰색이고 길게 벌어졌다.

염색체수: 2n=22[1]

생태분류

서식처: 초지, 농촌 들녘, 길가, 풀밭, 제방, 산비탈 풀밭 등, 양지, 적습

수평분포: 전국 분포

수직분포: 산지대 이하

식생지리: 난온대~냉온대, 아시아 전역, 전 세계로 귀화

식생형: 이차초원식생, 터주식생(농촌형 노방식생)

생태전략: [경쟁자]~[터주-스트레스인내-경쟁자]

종보존등급: [V] 비감시대상종

이름사전

속명: 비그나(*Vigna* Savi). 피사(Pisa)의 식물학자(D. Vigna, ?~1647) 이름에서 비롯한다.

종소명: 안굴라리스(*angularis*). 줄기에 약간 모가 난 모양을 뜻하는 라틴어다. 변종명 니포낸시스(*nipponensis*)는 일본을 뜻한다.

한글명 기원: 쇠팟(넝쿨), 돌팟, 적쇼두,[2] 새팥[3]

한글명 유래: 새와 팥의 합성어이나, 본래는 쇠팥으로 추정한다. 1921년 『조선식물명휘』에는 일본명(藪蔓小豆)으로만 기록되었다.[4] 훗날 1932년에 우리나라와 만주의 식물 이름을 비교하면서 한글명 '쇠팟'이 처음으로 등장한다.[5] 재배종 팥에 대비되는 야생 팥으로 열매가 작고 거칠어 가축(牛)이 먹을 만한 꼴이 된 것에서 생겨난 이름으로 보인다. 따라서 새팥은 쇠팟에서 전화한 표기다. 한편 새팥의 명

좀돌팥(*V.nakashime*)

칭 유래를 일본명(薮蔓小豆)에서 찾는 견해도 있지만,[6] 전혀 뜻이 연결되지 않는다. 우리말 식물 이름에서 '새'는 작다, 새롭다, 사이 같은 형용사적 뜻과 새(鳥類)와 관련된 명사적 뜻을 포함한다. 그래서 새팥의 새는 경작지나 마을의 빈터(사이, 틈새)에 사는 팥이라는 뜻으로도 해석할 수 있다. 한편 팥의 어원은 콩과 서로 잇닿아 있고, 비지(볻)가 선조말(祖語形)이다.[7]

한방명: -

중국명: 赤豆(Chì Ddòu) 또는 和野生种(Hé yě shēng zhǒng). 전자는 붉은 콩이라는 뜻이다. 후자는 일본(和)을 지칭하는 라틴 변종명(*nipponensis*)에서 비롯한 야생 팥이라는 뜻이다.

일본명: ヤブツルアズキ(Yabutsuruazuki, 薮蔓小豆). 농촌 근처 후미진 곳(薮)에 사는 덩굴성(蔓) 야생 팥이라는 뜻에서 비롯한다.

영어명: Wild Red-bean, Wild Azuki Bean

에코노트

새팥은 농촌 들판 초지에서 흔히 보이는 콩과의 한해살이 야생 팥이다. 재배종 팥 소두(小豆, *V. angularis*)는 새팥을 개량한 것[8]이다. 우리나라에서는 일찍이 삼한시대부터 팥 종류를 재배했다.[9] 그런데 최근에 발굴된 강원도 양양 오산리 신석기시대 유적지 토기에서 팥의 압흔(壓痕)이 출토되었다. 알갱이 크기가 현재 재배종 팥 지름의 1/2 정도라 한다. 긴 세월동안 우리나라 사람들은 야생종 새팥 종자에서 우량 종자를 선발하는 유전자 인공선택을 이미 시작했던 것이다. 약

새팥

7,000년(7314~7189) 전의 일이다.[10] 팥은 무척 오래된 한국인의 식량작물 곡화(穀禾)였던 것이다.

팥에 대한 초기 한글 기재는 『구급간이방』,[11] 『훈몽자회』[12] 등에서 ᄑᆞᆺ(ᄑᆞᆺ), ᄑᆞᆾ으로 나타나고, 19세기 초에 이르기까지 줄곧 그렇게 표기되었다.[13] 'ᄑᆞᆺ'의 선조말이 두부를 만들 때 생기는 콩 찌꺼기 비지[14]를 뜻하는 'ᄇᆞᆺ'에서 비롯한다고 한다.[15] 고대에는 팥이 곧 콩이고 콩이 곧 팥이었던 셈이다. 당나라 문화를 적극적으로 도입한 신라 이후로 소두(小豆)에 대해서 팥 종류로, 대두(大豆)에 대해서는 콩에 대응한 명칭으로 사용했다.[16] 15세기 『월인석보』에는 신장(腎臟)을 지칭하는 콩ᄑᆞᆺ(콩팥)이라는 한글 명칭이 나온다. 모양이 콩(大豆)을 닮았고, 빛깔은 팥(小豆)을 닮았다는 정확한 관찰로, 콩과 팥을 분명하게 분류하고 있었다는 사실을 알게 한다. 17세기 『동의보감』이 편찬되기 오래전에도 사람 몸속 장기 명칭에 순수 우리말이 있었다는 사실이 놀랍다. 팥과 콩, 단음절인 외마디소리가 흥미롭게 다가오는 까닭이다.

팥은 팥죽의 재료다. 연중 밤(陰) 길이가 가장 긴 동짓날에 우리나라 사람은 밤의 혼령들을 물리치면서 위로받기 위해 팥죽을 쒀 먹는다. 팥은 붉은 태양(陽)을 상징한다. 밝음과 데움으로 어둠과 차가움을 물리치는 불(火)이자 삿된 음귀를 쫓는 뜻이다. 인류 최초 종교라는 것이 불을 숭배하는 배화교인 것과도 맥이 닿는다.

야생의 팥, 새팥은 한반도에 아주 흔하다. 그런데 중부 유럽 온대 지역에는 중남미에서 귀화한 종류(*Phaseolus coccineus, Phaseolus vulgaris*)만 야생한다.[17] 그래서 팥죽 문화가 아예 없다. 우리가 동짓날 나이 숫자만큼 새알을 먹듯, 서양에서도 '붉은 동지섣달(Hogmanay's redding)'을 진정한 새해로 받아들이면서 적포도주를 마신다.

---

1) Yang (2003)
2) 村川 (1932)
3) 정태현 등 (1937)
4) 森 (1921)
5) 村川 (1932)
6) 이우철 (2005)
7) 서정범 (2000)
8) Yamaguch (1992)
9) 이덕봉 (1963)
10) 문화재청 보도자료 (2014년 10월 14일)
11) 최자하 (1417)
12) 최세진 (1527)
13) 유희 (1801~1834)
14) 최세진 (1517)
15) 서정범 (2000)
16) 김문웅 (2009)
17) Oberdorfer (1983)

사진: 김종원, 엄병철

좀돌팥

털쥐손이

Geranium eriostemon **Fisch. ex DC.**

형태분류

줄기: 여러해살이며, 무릎 높이까지 바로 서서 자라는 편이고, 가지가 갈라진다. 세로로 홈이 있고, 털과 모상체가 있다. 짧은 뿌리줄기이며 결절(結節)은 없다.

잎: 어긋나고, 긴 잎자루 끝에서 손바닥모양으로 난다. 가장자리에 얕은 결각 또는 둥근 톱니가 있지만 깊지 않다. 꼭대기의 꽃차례 잎은 마주난다. 표면에 누운 털이 있으며 뒷면에는 털이 많다. 받침잎은 넓은 창끝모양으로 붙어난다. (비교: 산쥐손이(*G. dahuricum*)는 마주나고, 뿌리는 실타래모양이다.)

꽃: 5~7월에 연한 홍자색으로 피고, 줄기와 가지 끝에서 약간 아래로 향하듯 옆을 향해 핀다. 꽃잎에 맥을 따라 흰색 무늬가 광채처럼 퍼진다. 꽃자루와 꽃받침, 줄기 윗부분에 털과 함께 샘털이 섞여 난다. 꽃 속 깊은 곳에 부드러운 흰색 털이 있다.

열매: 캡슐열매로 줄모양이고, 털이 있다. 익으면 열매껍질이 5개로 갈라져서 밑에서부터 반전하듯이 감아올려 밑 부분에 위치하던 열매를 들어 올린다. 속에 종자가 1개씩 들어 있다.

염색체수: 2n=28[1)]

생태분류

서식처: 초지, 산지 풀밭, 숲 가장자리, 임도 언저리 등, 양지~반음지, 적습~약건

백두산

수평분포: 전국 분포
수직분포: 산지대~아고산대
식생지리: 냉온대(대륙성), 만주, 중국(새북지구, 기타 칭하이 성, 산시 성, 쓰촨 성 등), 몽골, 연해주, 동시베리아 등
식생형: 산지 초원식생
생태전략: [터주-스트레스인내-경쟁자]~[경쟁자]
종보존등급: [Ⅲ] 주요감시대상종

이름사전

속명: 게라니움(*Geranium* L.). 다섯 갈래로 갈라진 열매껍질이 열매를 들어 올린 모양에서 비롯한다. 마치 두루미(鶴) 부리(*geranós*)를 닮았다는 희랍어에서 비롯한다. (『한국 식물 생태 보감』 1권 「쥐손이풀」 편 참조)
종소명: 에리스테몬(*eriostemon*). 수술 기부에 양털 같은 털이 가득한 것에서 비롯한 라틴어다.
한글명 기원: 털쥐손이,[2] 꽃쥐손이[3]
한글명 유래: 털과 쥐손이의 합성어다. 종소명에서 실마리를 찾은 것으로 보인다. 쥐손이는 쥐손이풀에서 왔다. 쥐손이풀은 한자명 서장초(鼠掌草)에서 유래하고, '거십초'라는 옛 이름도 있다.[4] 열매가 익으면 열매껍질이 5개로 갈라지는데, 마치 쥐(鼠) 손바닥(掌) 모양 같다 해서 붙인 이름이다. (『한국 식물 생태 보감』 1권 「쥐손이풀」 편 참조)
한방명: 노관초(老鸛草). 쥐손이풀 종류의 지상부와 열매를 약재[5]로 쓰며, 쥐손이풀속을 노관초속(老鸛草属)이라 하는 중국명에서 비롯한다. 관(鸛) 자는 황새를 뜻하며, 두루미 학(鶴) 자의 의미가 있는 속명과 잇닿아 있다.
중국명: 毛蕊老鸛草(Máo Ruǐ Lǎo Guàn Cǎo). 종소명처럼 털이 많은 수술(毛蕊)의 쥐손이풀 종류(老鸛草)라는 뜻이다.
일본명: ハナフウロ(Hanafuuro, 花風露).[6] (지리적 대응종으로 일본에는 본 종의 변종인 꽃쥐손이(*G. eristemon* var. *megalanthum*)만 자생한다.)
영어명: Woolly Crane's Bill

에코노트

쥐손이풀 종류는 동물이나 사람이 지나다니는 통로가 있는 숲 가장자리나 초지에 흔하다. 종자 산포 전략과 관련 있다. 살짝 접촉하면 익은 종자는 껍질이 터지고 속에 들어 있던 열매가 사방으로 용수철처럼 튕겨 나온다. 우리나라에는 쥐손이풀 35종류가 있다. 이 가운데 털쥐손이는 잎차례가 어긋난다. 다른 종류가 마주나는 잎차례인 것과 뚜

렷하게 구별된다.

털쥐손이는 대륙적 요소다. 한반도 중북부 이북에서 동시베리아까지 분포하고, 해양성 기후 지역인 일본에는 지리적 대응종이라고 할 만한 변종(var. *megalanthum*)이 있다. 잎 가장자리 톱니와 결각 모양에서 차이가 나며, 대륙의 털쥐손이보다 일본의 것이 더욱 날카롭다. 2종 모두 유사한 서식처 조건에서 산다. 우리나라에서 털쥐손이는 냉온대 북부에서 아고산대에 걸쳐, 서늘한 곳이면서 세찬 바람의 영향이 거의 없는 환경에서 산다. 개체군 크기는 그리 크지 않지만, 한반도 남부 지역의 산정 풀밭이나 숲 가장자리에서 드물게 보인다.

그런데 털쥐손이가 북한 백두산 해발고도 800m인 산비탈 뙈기밭 잡초 식생(털쥐손이-조뱅이군집)[7]의 표징종이라는 연구가 있다. 잠시 북한을 방문한 체코 식물학자들의 기록이다. 삼림 벌채 이후에 개간한 콩밭을 들른 모양이다. 자유롭게 가볼 수 없는 북

팔공산

녘 땅이라 내용을 확인할 방도는 없다. 하지만 문제는 털쥐손이가 밭 경작지의 터주식생 요소가 아니라, 산지 풀밭 식물사회의 구성원이라는 사실이다.

털쥐손이는 규칙적이고 지속적인 인간 간섭으로 지탱되는 경작지에 사는 조뱅이 같은 한두해살이의 생태적 특기는 없다. 뿌리가 잘 발달한 여러해살이(多年生) 초본이며, 인간 간섭이 배제된 채 자연적 발생에 기원하는 초원식생의 구성원이다. 체코 학자들의 현지 식생조사가 풀밭을 개간해서 콩을 재배하기 시작한 지 얼마 안 된 밭에서 이루어졌다는 방증이다. 풀밭 식물사회에서나 살아야 할 여러해살이풀이 콩밭에 섞여 났던 것이다. 식물 이름만 알고 식물사회학에 덤벼든 무모함에서 비롯한 식물사회의 일그러진 기록이고 해석이다. 마치 일제강점기에 경쟁적으로 생산된 많은 자료가 왜곡된 식물기록 정보를 담고 있는 것과 별반 다르지 않다.

---

1) Krogulevich (1978)
2) 박만규 (1949)
3) 한진건 등 (1982)
4) 森 (1921)
5) 안덕균 (1998)
6) Kitagawa (1979)
7) Dostálek *et al.* (1990)

사진: 최병기, 이승은

둥근이질풀

Geranium koreanum **Komar.**

형태분류

줄기: 여러해살이며 어른 무릎 높이로 자라고 모여난다. 털이 약간 있으며, 아래 방향으로 누운 모상체도 있다. 약간 도톰한 뿌리줄기는 다발을 이루어 수직으로 내린다. 줄기 마디에서 뿌리를 내리지 않는다. (비교: 분홍쥐손이(*G. maximowiczii*)는 식물 전체에 뻣뻣하고 억센 털이 빼곡하다. 원줄기와 소화경에 털이 있는 것을 털둥근이질풀(*G. koreanum* var. *hirsutum*)로 구분하기도 한다.)

잎: 마주나고, 깊게 갈라져서 손바닥모양이며 가장자리에 큰 톱니가 있다. 뒷면에는 앞면보다 흰 털이 많고, 특히 맥 위에 많다. 잎자루와 잎 뒷면에도 아래 방향으로 누운 모상체가 있다. 뿌리에서 난 잎은 잎자루가 길며 5개로 얕게 갈라진 손바닥모양이다. 받침잎은 넓은 달걀모양이며 큰 편이다.

꽃: 6~8월에 원줄기 끝에서 2개로 갈라진 꽃자루 끝에 밝은 분홍색으로 피며, 한 송이씩 순서대로 위를 향해 핀다. 결실하면 작은꽃자루를 아래로 드리운다. 꽃잎 아랫부분은 흰빛이 돌고, 맥은 짙은 홍자색을 띤다. 꽃받침과 꽃자루에 부드러운 털이 많고, 아래 방향으로 누운 모상체도 있다. 수술 아랫부분에도 털이 많다.

열매: 캡슐열매로 길이 약 3㎝이고 털이 있다. 열매는 익으면 바로 선다.

염색체수: 2n=28[1)]

생태분류

서식처: 초지, 산지 풀밭, 숲 가장자리 등, 양지~반음지, 적습~약건

수평분포: 전국 분포

수직분포: 산지대~아고산대

식생지리: 냉온대(준특산종), 중국(랴오닝 성 동부, 산둥 성 동북부 등) 등

식생형: 산지 초원식생

생태전략: [터주-스트레스인내-경쟁자]~[경쟁자]

종보존등급: [IV] 일반감시대상종

이름사전

속명: 게라니움(*Geranium* L.). 다섯 갈래로 갈라진 종자껍질이 마치 두루미(鶴) 부리(*geranós*)를 닮았다는 희랍어에서 비롯한다. (「털쥐손이」 편 참조)

종소명: 코레아눔(*koreanum*). 분포중심지를 반영하듯 한국을 지칭하는 라틴어다.

한글명 기원: 둥근이질풀,[2)] 왕이질풀, 긴이질풀,[3)] 둥근쥐손이,[4)] 둥근손잎풀[5)]

한글명 유래: 둥근과 이질풀의 합성어다. 주로 다섯 갈래로 갈라진 잎 모양이 전반적으로 원 형태를 이루는 것에서 비롯했을 것이다. 이질풀의 이질은 설사를 일으키는 이질(痢疾)에서 비롯한다. (「이질풀」 편 참조)

한방명: 노관초(老鸛草). 쥐손이풀속(*Geranium* L.) 식물 약재[6)]의 총칭이다. (「이질풀」 편 참조)

중국명: 朝鲜老鹳草 (Cháo Xiǎn Lǎo Guàn Cǎo). 종소명을 번역한 이름이다.

일본명: - (チョウセンフウロ,[7)] Chousenfuuro. 종소명을 번역한 것으로 일본에는 분포하지 않는다.)

영어명: Korean Crane's Bill

에코노트

둥근이질풀은 한반도가 원산지 또는 분포중심지다. 일부 개체군이 한반도에 인접한 랴오닝 성 동부와 샨둥 성 동북부, 즉 발해만 주위 일부 산지에만 분포한다.[8)] 특산종 범주에 속하는 준특산종(subendemic species)이라 할 수 있다. 한반도에서는 해발고도가 높은 산지의 능선 초지에서 산다. 최근 둥근이질풀과 가장 많이 닮은 태백이질풀(*G. taebaek*)이라는 한국 특산 신종이 태백산에서

기재된 바[9] 있다. 원기재에는 서식처 정보가 없기 때문에 둥근이질풀과 서식환경조건에 어떤 차이가 있는지는 알 수 없다. 쥐손이풀 종류(*Geranium* spp.)는 서식처 환경조건에 대응해 꽃 색과 털 양상의 다변성을 감안하면 서식처 정보가 더욱 궁금해진다. 모든 생물종의 실체와 존재는 장구한 세월 동안 해당 '서식처의 환경조건'에 대응한 생태적 결과이기 때문이다. 그래서 독립된 하나의 분류군(종, 아종, 변종, 품종)으로 분화를 기재한다는 것 또는 생태형(ecotype)을 발견한다는 것은 학술적으로 큰 의미가 있다.

1) Lee (1967)
2) 정태현 등 (1937)
3) 안학수, 이춘녕 (1963)
4) 한진건 등 (1982)
5) 고학수 (1984)
6) 안덕균 (1998)
7) 森 (1921)
8) FOC (2014)
9) Park & Kim (1997)

사진: 이승은

이질풀

Geranium thunbergii **Siebold & Zucc.**

형태분류

줄기: 여러해살이로 밑 부분에서부터 갈라져서 기거나 비스듬히 퍼지면서 자란다. 드물게 마디에서 뿌리가 내린다. 식물 전체에 아래나 옆으로 향하는 털이 있고, 종종 샘털도 있다. 뿌리는 기둥뿌리 없이 여러 갈래다.

잎: 마주나고, 양면에 종종 검은 무늬가 있다. 뿌리에서 난 잎은 잎자루가 길며, 5개로 갈라지고, 줄기 윗부분의 것은 그보다 많이 짧고, 세 갈래로 깊게 갈라진다. 앞면에는 누운 털이 있고, 뒷면 맥 위에는 곱슬 털이 있다. 잎자루에는 아래로 향하는 털이 있다. 송곳처럼 뾰족한 창끝모양 받침잎이 서로 떨어져서 난다. (비교: 선이질풀(*G. krameri*)은 어긋난다.)

꽃: 7~9월에 잎겨드랑이에서 나온 긴 꽃자루가 다시 작은꽃자루 2개로 나뉘고, 그 끝에 홍자색 또는 흰색 꽃이 핀다. 꽃 지름은 1.5㎝ 이하다. 꽃받침과 작은꽃자루에 짧은 털과 함께 긴 샘털이 있다. (비교: 세잎쥐손이(*G. wilfordii*)는 식물체에 샘털이 없고, 털도 거의 없으며, 꽃은 분홍색에서 홍색이다. 선이질풀은 꽃잎에 진한 담홍색 맥이 있고, 지름이 2㎝ 이상으로 큰 편이다.)

열매: 캡슐열매로 익으면 5개로 갈라져서 위로 말리며 선다. 약간 검은빛인 갈래열매는 탄성(彈性)산포한다.

염색체수: 2n=28[1]

생태분류

서식처: 초지, 산지 풀밭, 목초지, 산비탈 길가, 농촌 후미진 곳 등, 양지~반음지, 적습

수평분포: 전국 분포(황해도 이남)

수직분포: 산지대 이하

식생지리: 난온대~냉온대(해양성), 중국(화북지구, 화중지구, 화남지구의 광둥 성, 푸젠 성 등), 대만, 일본, 러시아(쿠릴열도 남부) 등, 북미 온대 지역(귀화)

식생형: 초원식생, 터주식생(농촌형)

생태전략: [터주-스트레스인내-경쟁자]~[경쟁자]

종보존등급: [V] 비감시대상종

이름사전

속명: 게라니움(*Geranium* L.). 다섯 갈래로 갈라진 종자껍질이 마치 두루미(鶴) 부리(*geranós*)를 닮았다는 희랍어에서 비롯한다. (『털쥐손이』 편 참조)

종소명: 툰베르기(*thunbergii*). 이명법(二名法)을 창안한 린네 박사의 제자인 스웨덴 웁살라 대학 툰베리(C. P. Thunberg, 1743~1828) 박사의 이름에서 비롯한다.

한글명 기원: 거십쵸, 구졀쵸, 쥐손이풀,[2] 이질풀,[3] 광지풀,[4] 개발초, 민들이질풀[5] 등

한글명 유래: 이질과 풀의 합성어로 이질(痢疾) 병에 약이 되는 것에서 비롯했을 것이다.

한방명: 노관초(老鸛草). 쥐손이풀속 식물의 지상부 식물체와 열매를 약재[6]로 이용하며, 중국명에서 비롯한다. 관(鸛) 자는 황새를 의미하며, 두루미(鶴)를 뜻하는 속명에 잇닿아 있다.

중국명: 中日老鸛草(Zhōng Rì Lǎo Guàn Cǎo). 이를테면 일화구계(日華區系)라고도 부르는 한반도가 중심인 동아시아구계(East Asiatic province, 부록 생태용어사전 참조)에 광범위하게 분포하는 쥐손이풀 종류라는 뜻이다.

일본명: ゲンノショウコ(Gennoshouko, 現証拠). 줄기와 잎을 삶은 물로 여러 가지 질병을 낫게 하는 약효(証拠)가 뚜렷하다(現)는 의미에서 비롯한다.

영어명: Thunberg's Geranium, Dew-drop Crane's Bill

이질풀은 쥐손이풀 종류 가운데 우리나라에서 가장 흔하다. 산업 활동으로 대기와 토양이 오염되지 않고, 땅이 메마르지 않는 한적한 곳에서만 산다. 우리나라에서는 잡초라고 할 만큼 그리 흔치 않다는 뜻이다. 다른 종은 대부분 아예 해발고도가 높은 산지나 깊숙한 야산 같은 인간 간섭으로부터 멀리 떨어진 곳에서만 산다.

1921년의 기록을 보면 지역마다 이질풀을 부르는 여러 이름이 있었다는 것을 알 수 있다. 방언이 다양했다는 것은 이질풀에 관한 민족식물학적 정보가 풍부했다는 것을 짐작하게 한다. 그런데 17세기 『동의보감』과 같은 주요 고전에서 이름을 찾아 볼 수 없다. 우리나라에서 약재로 이용할 만큼 그리 흔치 않아서인지도 모른다. 게다가 중국 고전 약전(藥典)에도 그리 주목받는 약재로 등장하지 않는 것과도 무관하지 않을 것 같다.

일본에서는 쓴풀, 약모밀, 금창초, 머위 따위와 함께 이질풀을 당약(當藥)의 하나로 취급한다.[7] 약효가 즉각적이라는 사실이 명칭(Gennoshouko, 現証拠)에서도 확인된다. 이질풀 추출액은 특히 식중독균에 대한 항균효과가 뛰어나다고 한다.[8] 식중독이 쉽게 발생할 수밖에 없는 온난다습한 일본 중남부 난온대 지역에서 이질풀의 유용성은 무척 컸을 것이다. 최근 연구는 이질풀 추출물이 비만 개선에도 유효하다는 사실을 전한다.[9] 이질풀을 포함한 야생초의 잠재적 부가가치, 즉 존재가치를 다시 한 번 되돌아보게 하는 대목이다.

흰 꽃이 핀 이질풀

이질풀은 여러해살이고, 연중 생육기간이 9개월(3~11월) 정도로 긴 편이다. 한반도에서는 중부 이남에 주로 분포하고, 남부 지역일수록 더 자주 나타나는 난온대 지역이 분포중심이다. 평양을 포함한 북부 지역에는 분포하지 않는다.[10] 일본에서는 열도 전역에 분포하며, 혼슈 중부 지역부터 홋카이도에 이르기까지 방목지 초원식생을 대표하는 잔디-이질풀군집(Geranio-Zoysietum)이라는 식물사회의 표징종이다.[11]

우리나라 이질풀의 꽃은 홍자색과 흰색

2종류가 있다. 홍자색 꽃이 흔하지만, 중부 내륙에서 종종 흰색 꽃이 피는 개체를 만난다. 이를 두고 흰꽃이질풀(f. *albiflorum*)로 분류하거나,[12] 심지어 흰 꽃을 이질풀의 분류 형질로 인식한 사례(산이질풀과 이질풀의 분류학적 재고, Table 1)[13]도 있다. 하지만 모두 넓은 의미의 이질풀(*Geranium thunbergii s.l.*)로 취급해도 무난하다. 쥐손이풀 종류는 서식처 환경조건에 대응해 꽃 색과 털 양상에 변이가 있기 때문이다. 일본에서도 붉은색 계열 꽃은 관서(關西) 지역에, 흰색 꽃은 관동(關東) 지역에 분포 경향이 나타나지만, 심지어 두 경우가 혼재하는 경우도 있다.[14]

---

1) Nishikawa (1985)
2) 森 (1921)
3) 정태현 등 (1937)
4) 한진건 등 (1982)
5) 정태현 등 (1949), 국가표준식물목록위원회 (2014)
6) 안덕균 (1998)
7) 柳 (2004)
8) 박윤점 등 (2005)
9) Sung *et al.* (2011)
10) 고학수 (1984)
11) 宮脇 等 (1978)
12) 국가표준식물목록위원회 (2014)
13) 박선주, 김윤식 (2001)
14) 奥田 (1997)

사진: 이정아, 김종원, 류태복

세잎쥐손이. 보통 분홍색이지만 흰 꽃이 피었다.

개아마

Linum stelleroides **Planchon**

형태분류

줄기: 한해살이며, 바로 서서 자라고, 가는 줄기는 둥글고 털이 없다. 아랫부분은 목질화되고, 중간 위부터 가지가 많이 갈라지며 부드럽다. 뿌리는 빈약하다.

잎: 어긋나고, 약간 밝은 녹색을 띠면서 긴 줄모양이다. 맥 3개가 뚜렷하며 양면에 털이 없다. 톱니가 전혀 없는 가장자리는 밋밋하고, 밑 부분이 점차 좁아져서 마침내 줄기에 붙어버리면서 잎자루가 없는 셈이다. 줄기 맨 아래쪽의 잎은 마주난다.

꽃: 7~8월에 줄기나 가지 끝에서 담홍색으로 피며, 지름 약 1㎝이고, 진한 붉은색 맥이 있다. 꽃받침조각 가장자리에 돌출한 검은색 선점(腺点)이 있다. 수술 5개와 머리가 다섯으로 갈라진 암술 1개가 있다. (비교: 노랑개아마(*L. virginianum*)는 노란 꽃이 피고, 북미 원산인 신귀화식물이다. 재배종 아마(*L. usitatissimum*)는 흰빛이 도는 청자색 꽃이 피고 꽃받침에 선점이 없다.)

열매: 캡슐열매로 원형이다. 종자는 흑갈색으로 편평하고 장타원형이며, 약간 광택이 있다.

염색체수: 2n=20[1]

생태분류

서식처: 초지, 하천변, 농촌 들녘 길가, 척박한 토양, 양지, 약건

수평분포: 전국 분포

수직분포: 산지대 이하

식생지리: 냉온대~난온대, 만주, 중국(새북지구, 화북지구, 화중지구, 기타 화남지구의 구이저우 성 등), 연해주, 일본, 몽골 동북부, 서아시아 등

식생형: 이차초원식생, 터주식생(농촌형)

생태전략: [터주-스트레스인내-경쟁자]~[스트레스인내자]

종보존등급: [IV] 일반감시대상종

이름사전

속명: 리눔(*Linum* L.). 아마에서 실(絲)을 만들어 사용한다(*linon*)는 뜻의 라틴어에서 비롯한다.

종소명: 스텔레로이데스(*stelleroides*). 꽃잎 5장과 꽃 속 무늬가 별 같다는 것에서 비롯한 라틴어다.

한글명 기원: 개아마[2]

한글명 유래: 개와 아마의 합성어다. 재배종 아마(亞麻)에 대한 야생종이라는 뜻이다. 아마는 '아시아의 삼(麻)'이라는 뜻에서 비롯한다. 1921년『조선식물명휘』에는 일본명(Matsubaninjin 松葉人参, Kawaraninjin, 河原人参)만 나타난다.[3] 한글명 아마는 1932년『토명대조선만식물자휘』에서 처음 기재되었다.[4] 만주 지역에서는 재배되었지만, 한반도에서는 그렇지 않다는 사실도 함께 전한다. 한글명 아마의 최초 기재를 1949년[5]으로 보는 견해[6]는 오류다.

한방명: - (아마, 亞麻). 재배종 아마를 약재로 쓰고, 열매를 아마자(亞麻子)라 한다.[7]

중국명: 野亚麻(Yě Yà Má). 야생하는(野) 아마(亚麻)라는 뜻이다.

일본명: マツバナデシコ(Matsubanadesiko, 松葉撫子). 개아마의 잎과 꽃이 솔잎 모양(松葉)인 패랭이꽃(撫子)을 닮은 데에서 비롯한다. 별칭 マツバニンジン(Matsubaninjin, 松葉人参) 또는 カワラニンジン(Kawaraninjin, 河原人参)[8]은 잘못된 명칭으로 본다.[9]

영어명: Wild Flax

에코노트

아마속(*Linum* L.)은 전 세계에 180여 종류가 있으나, 우리나라에는 개아마와 노랑개아마 2종뿐이다. 개아마가 건조하고 척박한 장소에서 드물게 보이는 고유종이라면, 노랑개아마는 2000년[10]에 처음으로 알려진 북미산 신귀화식물이다. 중앙아시아의 건조 지역이 원산인 재배종 아마는 오래전부터 서양에서는 섬유 재료로 이용했으며, 동양에서는 종

자에서 기름을 얻었다.[11] 열매를 짓이기면 불포화지방산의 지질 성분 때문에 점질을 약간 느낄 수 있다. 중국 서부 일부 지역에서 2,000여 년 전부터 재배한 것으로 알려졌다.[12] 하지만 실제로 동아시아 온대 지역에서의 아마 재배는 매우 드문 일이다. 우리나라의 경우 19세기 이전 사료에 등장하지 않는 까닭도 그런 사실과 관련 있다. 한반도에서는 기후가 더욱 건조하고 한랭한 북부 지역에서 재배된 바 있으나, 1970년대 이후에는 그조차도 완전히 사라졌다.[13] 자연환경조건이 재배에 부적합하기 때문이다.

개아마는 몽골 동북부 건조 초원지대에서 높은 피도와 빈도로 야생한다.[14] 생명환이 짧은 한해살이로 집약 방목 입지를 반영하는 지표종이다. 서식처 조건에 따라 식물

체의 외형이 다르다. 원줄기가 아래에서부터 여러 가지로 갈라져서 다발을 이루는 경우와 원줄기가 길게 성장한 뒤 윗부분에서 가지가 갈라지는 경우다. 후자는 이웃하는 식물이 상대적으로 키가 크고 우거진 풀밭에서 주로 보인다. 개아마는 재배하는 아마처럼 해가 중천에 오른 뒤에야 꽃피기 시작하고, 수 시간 뒤면 꽃잎이 말리면서 시들기 시작한다.[15] 그래서 늘 꽃잎 가장자리가 살짝 말린 것처럼 보인다.

일본 규슈 나가사키 현에서는 아주 희귀한 종이라며 적색목록(red-list)에 등재했다.[16] 우리나라에서는 일본보다 흔한 편이다. 농촌 들녘 언저리나 하천변 메마른 풀밭에서 드물게, 그것도 개체 수준으로 보이고, 종보존등급 [Ⅳ] 일반감시대상이다. 눈여겨 살펴봐야 할 대상이라는 것이다. 백운암이 혼재하는 석회암 지역의 자연 초지에서는 오히려 드물지 않게 나타나는데,[17] 이것은 본래 개아마가 척박하고 건조한 서식처에서 자연초원식생의 주요 구성원이라는 사실을 암시한다. 아마속 식물의 최대 종다양성을 보이는 곳이 지중해-생물군계[18]라는 사실과도 잇닿아 있다. 지중해-생물군계는 온대와 정반대인 생물기후 환경으로, 식물이 열심히 살아야 할 여름에는 절대적으로 물이 부족해 수분스트레스가 발생하고, 기온이 낮은 겨울에는 강수량이 남아돌아 오히려 한랭 습윤하다. 지중해 식생은 그렇게 건조에 대응하는 독특한 생활형과 생태형을 지닌 식물상으로 이루어졌다.

---

1) Sokolovskaya & Probatova (1985)
2) 정태현 등 (1937)
3) 森 (1921)
4) 村川 (1932)
5) 정태현 등 (1949)
6) 이우철 (2005)
7) 안덕균 (1998)
8) 森 (1921)
9) 牧野 (1961)
10) 김준민 등 (2000)
11) 北村, 村田 (1982)
12) Liu *et al.* (2011)
13) 농업유전자원정보센터 (2011)
14) Hilbig (1995)
15) 奧田 (1997)
16) 中西 (1997)
17) 류태복 (2015 미발표 자료)
18) FOC (2008)

사진: 이창우, 류태복, 최병기, 김종원

대극(버들옻)

Euphorbia pekinensis **Boiss.**

형태분류

줄기: 여러해살이며 바로 서서 자란다. 비교적 가는 편이고, 꼬부라진 흰 털이 드물게 있다. 식물 전체에서, 상처를 내면 흰 유액이 나온다. 1~2개로 갈라진 굵은 뿌리가 발달한다.

잎: 어긋나고, 가장자리에 가는 톱니모양 돌기가 있다. 가운데 잎줄과 잎 뒷면은 백록색이고, 잎 질감이 부드러운 편이다. 줄기 끝에서는 잎 5개가 돌려나고, 받침잎과 잎자루는 거의 없다.

꽃: 5~7월에 가로 폭이 넓은 둥그스름한 달걀모양 모인꽃싼잎(總苞葉)이 쌍을 이루고, 그 사이에서 꽃이 1개 생기는 잔모양꽃차례다. 모인꽃싼잎 안에 4개처럼 보이는 밝은 녹황색 선체(腺體)가 있고, 그 속에서 수꽃이 나온다. 이 수꽃 다발 가운데에서 암꽃이 길게 나온다. 암꽃 자루 위의 자방은 옆으로 눕는다. 수꽃은 꽃가루를 방출한 뒤에 적자색으로 바뀐다.

열매: 둥근 캡슐열매로 익으면 바로 선다. 표면에 사마귀 같은 돌기가 있고, 3개로 갈라진다. 이때 선체는 오렌지색으로 변한다. 종자는 어두운 갈색이다.

염색체수: 2n=28, 56[1]

생태분류

서식처: 초지, 산비탈 풀밭, 숲 가장자리, 밝은 숲속, 산지 암벽 틈, 농촌 들녘 빈터, 길가 등, 양지, 적습

수평분포: 전국 분포

수직분포: 산지대 이하

식생지리: 난온대~냉온대, 일본(혼슈 이남), 만주, 중국(서부지구 및 화중지구의 윈난 성을 제외한 전역) 등

식생형: 이차초원식생

생태전략: [터주-스트레스인내자]~[스트레스인내자]

종보존등급: [IV] 일반감시대상종

이름사전

속명: 오이포르비아(*Euphorbia* L.). 서기 1세기 때에 그리스 모리타니(Mauritania) 왕의 궁궐 내과 의사 이름(Euphorbus, Euphorbos)에서 유래하고, 진짜(*Eu*)와 식량(*Phorbe*)이라는 희랍 합성어로 지어낸 이름이다.[2]

종소명: 페킨넨시스(*pekinensis*). 베이징 지역에서 채집한 표본이나 중국의 전통 중약(中藥)을 대표하는 총칭에서 비롯했을 것이다.

한글명 기원: 버들옷,[3] 오독쵸,[4] 대극(초), 버들옷지[5]

한글명 유래: 중국명(大戟)에서 비롯한다. 하지만 버들옻(옷)이 고유 이름이다. 잎이 버들잎처럼 생겼고, 식물체에서 옻 같은 유액을 방출하는 것에서 비롯한다.

한방명: 대극(大戟). 대극이나 흰대극 뿌리에 대한 약재명이다.[6]

중국명: 大戟(Dà Jĭ). 대극속(*Euphorbia* L.) 식물에 대한 중국명 총칭이다.

일본명: タカトウダイ(Takatoudai, 高灯台). 등대풀(灯台草) 종류로 더욱 크고 높다는(高) 것에서 비롯한다.

영어명: Peking's Spurge

대극은 농업 활동이 진행되는 경작지나 그 언저리에서는 살지 않는다. 건조한 이차초원 식생에서 주로 나타나는 여러해살이 들풀이다. 콩과 식물(예: 땅콩)을 재배하는 경작지에서 토양 속 사상균(곰팡이류)을 제거하는 데에 강한 독성 효과[7]를 발휘하면서 잠재적 자원식물로 주목 받고 있다. 실제로 식물체에 상처가 나면 흰 유액을 방출하고, 비후한 뿌리는 독성이 강하다. 중국이나 우리나라에서는 약재로 이용한 역사가 이미 오래지만, 일본에서는 강한 독성 때문에 거의 사용하지 않는다.[8]

대극의 본래 이름은 버들옻이다. 중국 한약재 대극(大戟)을 한역한 류등칠(柳等柒)[9]이나 류칠(柳漆)[10]이라는 향명(鄕名)에서 알 수 있다. 柳等(류등)은 버들, 柒(칠)은 옻(옷)에 대응한다. 14세기 『향약구급방』 이전에도 이미 우리나라 사람들은 대극을 두고서 버들옻과 엇비슷한 발음으로 불렀다는 사실을 말한다. 마침내 『동의보감』[11]에는 버들옷이라는 또렷한 한글명칭이 나온다. 이름의 유래는 버드나무(柳) 잎을 닮았고, 식물체에서 옻나무와 같은 흰 유액이 나오기 때문이다. 비록 일제강점기 이후로 대극이라는 명칭을 쓰고 있지만, 버들옻은 참으로 의미가 큰 고유 이름이다.

대극 종류에는 여러해살이인 두메대극, 암대극, 참대극, 흰대극 등이 있다. 두메대극 (*E. fauriei*)은 줄기가 모여나고 잎이 줄기 끝에 돌려나는 것에서 구별된다. 대극의 지리적 대응종으로 한라산 해발고도가 높은 산지에 사는 제주도 특산이다. 암대극(*E. jolkinii*)은 난온대가 분포중심이고, 남해안과 제주도의 해안 암석 틈에서 산다. 참대극(*E. lucorum*)은 냉온대 중부·산지대 이상의 한랭한 지역이 분포중심인 대륙성 요소로 남한에서의 분포 실체는 분명하지 않다. 한편 꽃이 달리지 않는 줄기에서 줄모양 잎이 모여 나는 것이 특징인 흰대극(*E. esula*)은 알칼리성 토양[12]이나 세립질 암석 파편이 쌓인 해발고도가 낮은 입지에서 종종 나타나고, 유럽에도 분포하는 광역분포종이다(『한국 식물 생태 보감』 1권 「흰대극」 편 참조). 대극 종류의 공통된 서식환경은 직사광선에 늘 노출된 개방입지다.

전 세계 대극속 식물에 2,000여 종류가 있는 종다양성이 대단한 분류군이다. 특히 열대 아프리카에서 종다양성이 풍부하고, 많은 종류가 열대 건조 기후 지역에 분포중심이 있다.[13] 우리나라에 사는 대극 종류는 온대 지역까지 분포를 확장한 그룹이다. 관상식물로 잘 알려진 포인세티아(*E. pulcherrima*)는 화훼식물로 개발된 대표적인 대극 종류다.

---

1) Chung *et al.* (2003)
2) Quattrocchi (2000)
3) 허준 (1613)
4) 森 (1921)
5) 村川 (1932)
6) 안덕균 (1998)
7) Xie *et al.* (2007)
8) 奧田 (1997)
9) 최자하 (1417)
10) 유효통 등 (1633)
11) 허준 (1613)
12) Oberdorfer (1983)
13) Ma & Gilbert (2008)

사진: 이창우

개감수

Euphorbia sieboldiana **C. Morren & Decne.**

형태분류

줄기: 여러해살이로 가늘지만 바로 서서 자라고, 밝은 자색을 띤다. 1개 또는 여러 개가 다발로 모여난다. 뿌리줄기처럼 옆으로 누운 기둥뿌리가 길게 벋는 편이다. 식물체에 상처가 나면 흰 유액이 나온다.

잎: 어긋나고, 장타원형이며 가장자리는 밋밋하다. 아랫부분이 좁아지면서 줄기에 붙어 잎자루가 따로 없다. 꽃이 달리는 줄기 끝에 잎 4~5개가 돌려난다. 잎의 질감이 상당히 부드럽고, 받침잎은 없다.

꽃: 4~5월에 줄기 끝에서 밝은 녹황색으로 피고, 잔모양꽃차례다. 삼각형 꽃싼잎이 대칭을 이루면서 밑지름 부분이 서로 겹치듯 붙고 털이 없다. 안쪽 작은 꽃싼잎은 꽃 봉우리처럼 서로 껴안아서 컵 같은 모양이다. 그 속에 암·수술 하나로 된 암꽃이 하나 있고, 수술 하나로 된 수꽃 여러 개가 있다. 양쪽에 긴 뿔을 내민 초승달모양 선체(腺體)가 4개 있고 자갈색으로 변한다.

열매: 캡슐열매로 둥글고, 표면에 털이나 사마귀 같은 돌기가 없다. 익으면 3개로 갈라지며, 종자는 회갈색이고 넓은 달걀모양이다.

염색체수: 2n=20[1]

생태분류

서식처: 초지, 산지 풀밭, 숲 가장자리, 밝은 숲속, 들판 초지 등, 양지, 적습~약건

수평분포: 전국 분포

수직분포: 산지대 이하

식생지리: 온대, 중국(서부지구 및 푸젠 성, 하이난 섬, 네이멍구 등을 제외한 전역), 쿠릴열도, 사할린, 일본 등

식생형: 이차초원식생

생태전략: [터주-스트레스인내자]~[스트레스인내자]

종보존등급: [V] 비감시대상종

이름사전

속명: 오이포르비아(*Euphorbia* L.). 그리스 모리타니 왕의 내과 의사 이름에서 비롯한다. (「대극」 편 참조)

종소명: 시볼디아나(*sieboldiana*). 동아시아 지역에서 식물 채집을 수행한 독일인 내과 의사 이름(Philipp F. von Siebold, 1796~1866)에서 비롯한다.

한글명 기원: 감슈(초),[2] 개감수[3]

한글명 유래: 개와 감수의 합성어다. 한방 약재 감수(甘遂)의 야생형이라는 의미에서 '개' 자가 더해졌다.

한방명: 감수(甘遂). 재배종 감수(*E. kansu*)의 뿌리를 일컫는 약재명으로 개감수 뿌리를 대용한다.[4]

중국명: 钩腺大戟(Gōu Xiàn Dà Jǐ). 선체(腺體)의 양 귀가 낚싯바늘모양(钩)인 것에서 비롯한다.

일본명: ナツトウダイ(Natsutoudai, 夏灯台). 여름(夏)과 관련 있는 대극속 식물이라는 의미인데, 개감수는 실제로 봄에 꽃핀다.

영어명: Siebold's Spurge, Siebold's Euphorbia

에코노트

개감수는 대극속(*Euphorbia* L.)의 여러해살이 가운데 우리나라에서 가장 흔한 종이다. 돌이 쌓인 양지바른 산비탈을 좋아하고, 숲지붕에 녹음(綠陰)이 짙어지기 전, 이른 봄에 신속히 싹 트고, 춘분(春分)이 지나면 꽃망울을 내민다. 이른바 봄맞이식물(vernal plant, 부록 생태용어사전 참조)이다. 건조하고 척박한 땅에서도 잘 견디는 편으로 우리나라에서 유일하게 남아 있는 강알칼리성 사문암 입지(경북 안동 풍산)에서도 살고 있다.[5] 입지의 스트레스 환경조건을 잘 극복하는 [터주-스트레스인내자] 또는 [스트레스인내자]로 분류된다.

개감수는 양쪽에 뿔을 내민 초승달모양 선체(腺體)가 특징이다. 그 모양과 색깔에 변이가 심한 편이다. 일본 석회암 지역에 분포하는 개감수가 우리나라에 분포하는 개감수와 형태가 가장 비슷하고, 다른 지역에 분포하는 집단은 다르다고 한다.[6] 꽃싼잎(總苞葉) 가장자리에 털이 없고, 기둥뿌리(主根) 형태로 옆으로 벋는 것은 개감수의 우리나라 생태형으로 볼 수 있다.

---

1) Chung *et al.* (2003)
2) 村川 (1932)
3) 정태현 등 (1949)
4) 안덕균 (1999)
5) 박정석 (2015)
6) 黒沢 等 (2014)

사진: 김종원, 이정아

여우구슬

***Phyllanthus urinaria* L.**

형태분류

줄기: 한해살이며, 바로 서서 자라고, 아래에서부터 가지가 갈라지고, 약간 붉은빛이 돈다. 원 줄기에는 잎이 나지 않고, 좁은 날개가 있는 가지에만 잎이 달린다. 가지는 옆으로 퍼지며 자란다.

잎: 어긋나고, 좌우로 배열해 마치 깃모양겹잎처럼 보인다. 거꿀달걀모양으로 뒷면은 흰빛이 돌고, 잎자루는 거의 없다. 여우주머니와 마찬가지로 자극을 받으면 오므라든다. (비교: 여우주머니(*P. ussuriensis*)는 잎이 좁고 긴 줄모양에 가까우며, 잎 가장자리를 비롯해 약간 붉은빛이 돈다.)

꽃: 7~8월에 잎겨드랑이에서 1개씩 피고, 가지 아래 방향으로 배열한다. 암수한그루인 두집꽃(二家花)으로 수꽃은 가지 끝부분에만 매달리고, 나머지는 암꽃이다. 꽃자루는 0.5㎜ 이하로 여우주머니에 비해 아주 짧다.

열매: 캡슐열매로 구슬모양이고, 표면은 붉고 돌기가 많다. 익으면 3개로 갈라지고 밝은 회갈색 씨가 들어 있다. (비교: 여우주머니 표면은 돌기 없이 매끈하고, 열매자루가 뚜렷이 길다.)

염색체수: 2n=52[1]

생태분류

서식처: 초지, 농촌 들판이나 길가, 숲 가장자리 등, 양지, 약건~적습

수평분포: 남부 지역

수직분포: 구릉지대 이하

식생지리: 난온대, 대만, 중국(화남지구, 화중지구, 화북지구, 기타 티베트 등), 일본, 동남아시아 및 서남아시아 등

식생형: 초원식생

생태전략: [터주자]~[터주-스트레스인내-경쟁자]

종보존등급: [V] 비감시대상종

이름사전

속명: 필란투스(*Phyllanthus* L.). 잎(*phyllon*)과 꽃(*anthos*)의 희랍 합성어에서 유래하고, 여우구슬속의 특징적인 분지(分枝), 즉 잎 같은 줄기에서 꽃이 생기는 것에서 비롯한다.[2] 가지에 붙는 잎의 중력굴성(重力屈性)과 잎겨드랑이에 매달린 꽃차례와 잎차례가 서로 방해되지 않는 공간 배치로 진화한 것이다.

종소명: 우리나리아(*urinaria*). 요로(尿路)와 관련된 의미의 라틴어로, 식물체가 신장이나 요로(urinaria)에 생긴 돌(結石)을 파쇄하는 전통적인 민속약재[3]로 이용한 데에서 비롯했을 것이다.

한글명 기원: 여우구슬[4]

한글명 유래: 여우와 구슬의 합성어다. 중국명 엽하주(叶下珠)에 잇닿아 있다. 잎(葉) 아래(下)에 앙증맞고 요망스럽게 매달린 구슬(珠) 같은 열매에서 비롯했을 것이다. 1921년 기재 문헌[5]은 한글명 없이 한자명으로 진주초(珍珠草)라 기록했는데, 여기에도 구슬 주(珠) 자가 들어 있다.

한방명: -

중국명: 叶下珠(Yè Xià Zhū). 잎(叶) 아래(下)에 매달린 구슬(珠) 같은 열매 모양에서 비롯한다.
일본명: ヒメミカンソウ(Himemikansou, 媛蜜柑草). 귀엽고 작은(媛) 밀감(蜜柑)처럼 생긴 열매 모양에서 비롯한다.
영어명: Shatterstone, Chamber Bitter, Stone Breaker

에코노트

유럽, 캐나다, 러시아 전역과 한랭한 지역에는 여우구슬속(*Phyllanthus* L.)이 아예 없다. 온난한 생물기후에 분포하는 열대 기원 분류군이다. 지구 전역의 난온대부터 아열대 및 열대에 분포한다. 우리나라에서는 토양이 쉽게 데워지는 따뜻한 미소서식처에서, 그것도 모래가 많이 섞인 땅에서 주로 산다. 한랭기후 영역인 북한 지역에는 분포하지 않으며, 대신에 여우주머니가 산다.

여우구슬도 여우주머니와 마찬가지로 잎이 자극을 받으면 줄기를 서서히 감싸듯 오므라든다. 한해살이로 늘 불안정한 입지에 산다. 질경이가 살 만한 정도의 토양 이동이 거의 없는 안정된 입지에서는 살지 않으며, 다른 식물체로 가려져 그늘진 곳에서도 살지 않는다. 늘 황무지처럼 생겨난 지 얼마 안 된 땅에 흔하다.

한중일에서 여우구슬을 전통 약재로 이용했다는 정보는 눈에 띄지 않는다. 아프리카나 서남아시아 지역에서는 여우구슬을 여러 가지 약으로 이용하며,[6] 전통적으로 요로 결석과 같은 여러 결석(calculus) 치료에 식물 전체를 이용했다. 종소명(*urinaria*)이나 영어명(shatterstone)에서도 용도를 짐작할 수 있다. 우리나라에는 성 불안(性不安)을 극복해 가는 한 소년의 여우와의 이물교혼(異物交婚)[7]에 관한 구전 설화 〈여우구슬〉이라는 게

여우주머니

있다. 마치 성서의 선악과(善惡果) 같이 신통력 있는 상징물로 여우구슬이 등장한 것이다. 겉을 미세한 옹이로 장식한 붉은색 구슬 모양 열매에서 숫제 그 이름이 비롯했을 것이다.

---

1) Sarkar & Datta (1980)
2) Webster (1956), Quattrocchi (2000)
3) Calixto *et al.* (1998)
4) 정태현 등 (1937)
5) 森 (1921)
6) Calixto *et al.* (1998)
7) 나지영 (2008)

사진: 최병기, 김종원

백선(검화)

Dictamnus albus* L. *sensu lato
***Dictamnus dasycarpus* Turcz.**

형태분류

줄기: 여러해살이로 어른 무릎 높이 이상 바로 서서 자라며, 꽃이 피면 어른 허리 높이만큼 솟는다. 굵은 뿌리가 떨기로 모여난다. 식물체가 어릴 때에는 털이 약간 있다.

잎: 어긋나고, 줄기 중앙 부분에서 모여나는 편이다. 홀수깃모양 겹잎으로 잎줄기에 좁은 날개가 있다. 약간 질긴 감이 있고, 투명한 유점(油點)이 흩어져 난다. 쪽잎 가장자리에 작은 톱니가 있다.

꽃: 5~6월에 연한 붉은색으로 피고, 자줏빛 줄무늬가 있다. 줄기 아래쪽에서부터 위로 순차적으로 핀다. 작은꽃자루는 길고 털과 샘털이 있다. 꽃 전체에서 독특한 냄새가 난다.

열매: 캡슐열매로 갈색이며, 털이 있다. 다섯 갈래로 갈라지고, 갈라진 꼬투리 끝은 마치 펜촉처럼 뾰족하다. 익으면 검은 씨가 튕겨져 나온다.

염색체수: 2n=36,[1] 72[2]

생태분류

서식처: 초지, 산비탈 봉분 언저리, 숲 가장자리, 밝은 숲속 등의 비탈 경사가 완만한 곳 등, 양지~반음지, 적습~약건

수평분포: 전국 분포

수직분포: 산지대~구릉지대

식생지리: 냉온대~난온대(대륙성), 만주, 중국(새북지구, 화북지구, 화중지구, 기타 신장), 몽골, 연해주, 다후리아 등

식생형: 초원식생

생태전략: [터주-스트레스인내-경쟁자]~[스트레스인내자]

종보존등급: [IV] 일반감시대상종

이름사전

속명: 딕탐누스(*Dictamnus* L.). 그리스 남단 크레타(Crete) 섬 사람들이 부르는 식물 이름(Dittany)에서 비롯한다.[3]

종소명: 다시칼푸스(*dasycarpus*). 씨방(子房)에 털이 빼곡하다는 뜻의 라틴어다.

한글명 기원: 검화,[4] 검햇,[5] 빅션피, 검홧불황,[6] 빅션, 빅양션, 검화(풀), 검화뿌리, 빅션피,[7] 백선[8]

한글명 유래: 중국명 백선(白鮮)[9]에서 비롯한다. 고유 명칭은 검화이나 유래는 알려지지 않았다. 늦가을 '검은색 꽃'처럼 보이는 백선 꼬투리 모양에 잇닿았을 것으로 유추한다.

한방명: 백선피(白鮮皮). 말린 백선 뿌리껍질을 지칭하는 한방 약재명이다.[10] 『촌가구급방』에는 한자명 백선피(白鮮皮)에 대해 검홧불휘, 즉 검화(백선) 뿌리라 했다.[11]

중국명: 白鮮(Bái Xiān). 백선속(白鮮屬) 식물을 대표하는 명칭으로 식물체에서 비린내 같은 냄새가 나는 데에서 비롯한 것으로 추정한다.
일본명: - (ハクセン, Haku-Sen. 1921년 『조선식물명휘』[12]에서는 한글명 없이 일본명으로만 기재했고, 일본에는 분포하지 않는다.)
영어명: East Asiatic Dittany

에코노트

백선은 우리나라 사람들에게 잘 알려진 고유 식물자원이다. 20세기 초 기록에는 우리나라와 만주 각지에서 백선을 재배했고, 뿌리껍질은 약재로, 어린잎은 삶아서 나물로 먹었다는 사실을 전한다.[13] 백선(白鮮)이라는 한자명에 대응한 '검화'라는 한글 명칭은 한글 창제 이후 얼마 지나지 않은 시점인 1517년의 『사성통해』[14]에 이미 나온다. 그 이후 검화라는 고유 이름에 대해서 한자를 차자해 檢花[15] 또는 撿花[16]로 소개되었다. 19세기 초 『물명고』에는 한글명 '검홧' 아래에 쇠 금(金), 참새 작(雀), 아이 아(兒) 자로 엮은 금작아(金雀兒)라는 한자 표기도 보인다.[17] 이른 봄 새싹의 모양에서 비롯한 향명 표기로 보인다. 누런 금(金) 빛깔을 띠는 작은 잎이 마치 작설차(雀舌茶)의 작(雀)에 견줄 만한 녀석(兒)이라는 의미일 것이다. 이렇게 백선은 우리나라 겨레붙이들이 분명하게 잘 알고 있던 들풀이었는데도, 검화라는 한글명의 유래는 당최 알 길이 없다.

검화는 백선을 대신하는 거늑한 고유 이름이다. 백선 꽃에 잇닿은 어떤 유래가 있을 것 같다. 백선 꽃이 사람 눈길을 끌기에 충분하리만큼 크고 아름답기 때문이다. 게다가 다발을 이룬 굵은 뿌리가 있고, 한 곳에서 오랫동안 살아가는 여러해살이다. 특히 식물체에서 독특한 향이 나기 때문에 더욱 주목받을 수밖에 없다. 역한 냄새로 느끼는 사람도 있지만, 귤나무로 대표되는 운향과(芸香科) 향으로 사실상 밀감과 같다. 백선은 운향과에서 유일하게 여러해살이 풀이다. 『동의보감』은 백선 뿌리를 '검홧불휘'라 기재하면서 양(羊)의 비린내(노린내, 羊羶) 같은 냄새로부터 생긴 백양선(白羊鮮)이라는 별칭도 있었다고 전한다.[18]

사문암 입지의 백선

백선의 분포는 특이하다. 예전보다 개체군이 크게 줄었지만, 국토 전역에 골고루 분포한다. 특히 초염기성 사문암 지역(경북 안동 풍산)에서도 특징적으로 출현한다.[19] 반면에 일본열도에는 전혀 자생하지 않을 뿐만 아니라, 백선속(*Dictamnus* L.) 자체가 없다. 중국 대륙에서는 점점이 분포하고, 특히 만주, 연해주, 몽골 지역에서는 출현빈도가 높은 편이다. 이것은 전형적 대륙성 기후 지역 또는 국지적으로 그런 환경조건인 서식처에 분포가 제한되는 것이다. 여기저기에 분포한다고 알려진 장소마다 서식환경조건이 비슷한 것을 확인할 수 있다.

지금까지 백선속에는 한 종(*D. albus*)만이 정식으로 받아들여지고 있다.[20] 1700년대에 이탈리아에서 채집된 표본으로 린네가 명명한 것이다. 우리나라와 중국에서 채택하는 학명(*D. dasycarpus*)은 한 세기 이상 늦은 1842년 러시아 학자(Nicolai S. Turczaninow)가 발표한 것이다. 우리나라와 중국은 이 학명을 채택한다.[21] 여전히 계통분류학적으로 풀어야 할 숙제가 남아 있는 뜻이다. 이 책에서는 '뿌리를 박고 사는 식물'의 생태성을 고려해서 '*D. albus sensu lato*' 정도로 해둔다. 현 식물학계에서는 유라시아 대륙 동쪽(동아시아)과 서쪽(유럽)의 개체를 동일한 종으로 취급하는 편이기 때문이다. 하지만 지중해 일부(그리스 최남단 크레타 섬 등)에 분포하는 개체와 우리나라 안동 사문암 지역에 분포하는 개체가 갈라질 수밖에 없다는 유만부동의 생태학적 사고도 한 몫 더해진다. 실제로 우리나라에서도 초염기성 사문암의 개체와 일반 약산성 서식처의 개체는 꽃차례와 잎차례가 확연하게 달라 보인다(사진 참조). 백선의 현존 분포양상은 먼 거리의 지리적인 격리와 국지적인 서식처 고립에 의한 불연속적 분포를 분명하게 보여 준다.

유럽에서 백선은 건조한 밝은 숲속 또는 그 언저리의 대륙성 소매군락(Geranio-Peucedanetum)에서 종종 나타난다. 그 숲은 우리나라에서 가장 넓게 분포하는 굴참나무와 상수리나무 숲에 적확히 대응하는 유럽 참나무림(Quercetum pubescenti-petraeae)으로, 백선이 그 식물사회의 지표종(구분종)이다.[22] 그런데 우리나라 중부 지역의 일부 봉분 주변 평탄한 땅에서는 잔디-원지군락이라는 식물사회를 특징짓는 진단종이다.[23] 이 식물사회는 우리나라에만 있는 한국 고유 식생형이다.

검은색을 띠는 늦가을의 백선 꼬투리

금작아(金雀兒)라는 향명을 낳은 백선의 새싹

1) Guerra (1984)
2) Oberdorfer (1983)
3) Quattrocchi (2000)
4) 최세진 (1517), 김정국 (1519), 허준 (1613), 과학출판사 (1976)
5) 유희 (1801~1834)
6) 森 (1921)
7) 村川 (1932)
8) 정태현 등 (1937)
9) 森 (1921)
10) 안덕균 (1998)
11) 김정국 (1538)
12) 森 (1921)
13) 村川 (1932)
14) 최세진 (1517)
15) 김정국 (1538)
16) 유효통 등 (1633)
17) 유희 (1801~1834)
18) 허준 (1613)
19) 김종원, 류태복, 박정석 (2015, 미발표)
20) The Plant List (2015)
21) 국가표준식물목록위원회 (2015), FOC (2015)
22) Schubert *et al.* (2001)
23) 김종원, 류태복, 박정석 (2015, 미발표)

사진: 이정아, 박정석, 류태복, 김종원

애기풀

Polygala japonica Houtt.

형태분류

줄기: 여러해살이 초본으로 가늘고 왜소하지만 단단하며, 꽃이 핀 뒤 더욱 단단해진다. 지표면에서 줄기 몇 개가 떨기로 모여나기도 한다. 꽃이 핀 뒤에 더 길어지고 적갈색을 띠며, 곱슬 털이 많다.

잎: 어긋나고, 장타원형이며, 잎끝이 약간 뾰족해진다. 질감이 약간 두텁고, 잎몸과 아주 짧은 잎자루에 털이 있으며, 꽃이 핀 뒤에 잎이 좀 더 커진다. 중축(中軸)은 뒤로 튀어나온다. (비교: 원지(*P. tenuifolia*)는 잎 폭이 5㎜ 내외로 실 같은 모양이다.)

꽃: 4~5월에 주로 잎겨드랑이 맞은편에 어긋나게 달려서 자색으로 피며, 송이꽃차례다. 꽃잎은 3장이며, 서로 붙어서 통꽃처럼 보인다. 가운데 한 장의 끝에 꽃술처럼 잘게 갈라진 장식이 붙어 있고, 그 속에 암·수술이 들어 있다. 자주색 꽃받침은 5개이지만, 안쪽의 2개는 마치 새의 날개처럼 펼쳐진다. 열매가 익을 시기에는 녹색으로 변한다. (비교: 원지는 한여름에 꽃핀다.)

열매: 캡슐열매로 부속체 날개가 있는 둥근 갈색 종자가 있다.

염색체수: 2n=42[1]

생태분류

서식처: 초지, 산지 풀밭, 농촌 들녘, 숲 가장자리, 아주 밝은 숲 또는 그루숲 등, 모래와 실트 토양, 양지, 약건~적습

수평분포: 전국 분포

수직분포: 산지대 이하

식생지리: 냉온대~열대, 중국(화남지구, 화중지구, 화북지구, 기타 신장, 간쑤 성 등), 대만, 만주(랴오닝 성), 일본, 동시베리아, 동남아시아, 뉴기니, 히말라야, 스리랑카 등

식생형: 초원식생

생태전략: [터주-스트레스인내-경쟁자]~[스트레스인내자]

종보존등급: [IV] 일반감시대상종

이름사전

속명: 폴리갈라(*Polygala* L.). 많다(*poly*)와 젖(*gala*, 乳)의 의미가 있는 희랍 합성어에서 비롯한다.

종소명: 야포니카(*japonica*). 일본을 뜻하고, 표본 채집지에서 비롯한다.

한글명 기원: 아가풀,[2] 원지, 극원, 셰초, 소초, 아기풀,[3] 애기풀,[4]

한글명 유래: 애기와 풀의 합성어다. 15세기 향명 阿只草(아지초)[5]에 잇닿아 있다. 일본명(姫萩)에서 유래하는 것[6]이 아니다.

한방명: 과자금(瓜子金). 식물 전체를 이용한 약재명으로 영신초(靈神草)라고도 한다.[7]

중국명: 瓜子金(Guā Zǐ Jīn). 깨알같이 작은 부속체의 금쪽같은 귀함을 드러내는 명칭일 것이다.

일본명: ヒメハギ(Himehagi, 姫萩). 어리고 예쁜 싸리라는 뜻으로 꽃을 싸리 꽃에 견준 것이다.

영어명: Asian Milkwort, Japanese Milkwort

에코노트

애기풀은 아주 오래된 고유 명칭이다. 작고 앙증맞은 식물체와 꽃 모양에서 비롯한다. 15세기 『향약구급방』[8]에서 이름의 유래를 찾아볼 수 있다. 향명을 非師豆刀草(비사두도초)와 阿只草(아지초)로 기재했다. 이로부터 200여 년을 훌쩍 지나 17세기 『향약집성방』[9]에서는 阿只艸(아지초)만 기록했다. 향명 非師豆刀草(비사두도초)는 어떤 소리를 그렇게 차자한 것인지 도무지 가늠할 수 없지만, 阿只草(아지초)는 아기풀을 받아 적은 것이 분명하다. 우리나라 사람들은 예전부터 애기풀의 어린잎을 삶아서 나물로 먹었으며, 뿌리는 보신강장제로 이용했다.[10] 애기풀

종류(*Polygala* spp.)의 뿌리는 지금도 한약재로 원지(遠志)라고 한다(「원지」 편 참조).

애기풀은 식물체 크기에 비해서 꽃이 크고 매력적이다. 꽃잎은 석장인데, 가운데 꽃잎 끝에 꽃술처럼 생긴 장식 때문이다. 이 장식은 속에 꿀이 들어 있다고 곤충들에게 전하는 일종의 은밀한 신호이다. 꽃가루받이와 타가수분 확률을 높이는 진화의 결과다. 장식 속에 암술과 수술을 숨겼고, 바닥에는 꿀단지를 뒀다. 암술머리는 2개로 나뉘었고, 하나는 수술보다 길게 밖으로 나오며, 다른 하나는 아주 짧다. 긴 수술머리에는 점액이나 물기가 없지만, 아래 암술머리는 촉촉하다. 자가수분을 피할 수 있는 자연선택의 결과로서 애기풀속(*Polygala* L.)이 갖는 공통 특징이다.

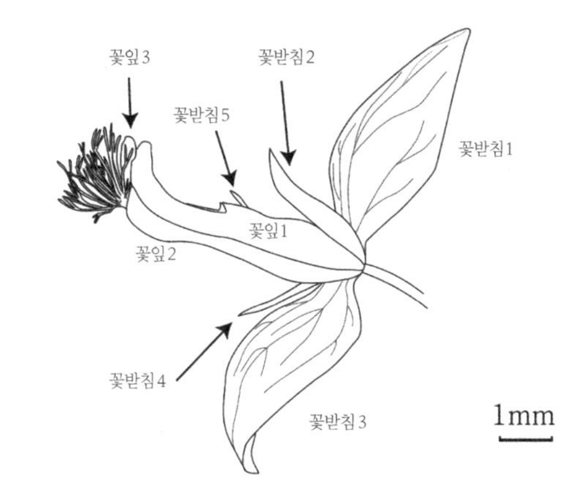

종자(자식)를 퍼트리는 데는 개미의 도움을 받는다. 열매가 익으면, 껍질에 붙어 있는 부속체가 그들에게 훌륭한 식량이 된다. 개미 덕택에 애기풀은 씨를 널리 퍼트린다. 개미들이 집을 짓고 살 만한 양지바르고 물이 잘 빠지며 공기가 잘 통하는 토양환경이 바로 애기풀의 터전이다. 약간 척박하더라도 충분한 빛과 안정된 지표면 환경이 애기풀 정착의 조건이다. 이런 조건을 갖춘 화강암이나 유문암과 같은 약산성 암석의 산지 능선 자연초지에서 또는 정기적으로 벌초하는 이차초지에서 종종 보인다. 척박한 곳에서는 원지과(Polygalaceae)의 다른 종류처럼 부족한 영양분을 근균(根菌)의 도움으로 채운다. 애기풀도 근균과 공생하는 근균영양자(mycotroph)[11]이다. 산성비는 이들 근균영양자들을 점점 더 사라지게 한다.

애기풀은 약간 그늘지거나 빛 환경이 나

빠지면 줄기가 곧장 똑바로 서는 경향이 있다. 빛 환경이 다시 좋아지면 줄기는 사방 옆으로 퍼진다. 애기풀은 키가 작고 왜소하지만, 줄기 아래가 딱딱해지기 때문에 반목본(半木本)으로 오해 받는다. 하지만 겨울에도 늘 푸른(常綠) 초본이다. 풀숲에서 다른 식물과 섞여 날 경우에는 자세히 보지 않으면 눈에 잘 띄지도 않는다. 서남아시아 인도에서 동아시아에 이르기까지, 온대에서 아열대까지 광범위하게 분포한다. 애기풀보다 외견상으로 아주 가늘고 잎이 긴 두메애기풀(*P. sibirica*)이 회양목군락이 발달한 영월 석회암 지역에서 극적으로 분포한다.[12] 애기풀속 가운데 가장 희귀한 종으로 종보존등급 [Ⅱ] 중대감시대상종이다.

---

1) Sokolovskaya & Probatova (1985)
2) 森 (1921)
3) 村川 (1932)
4) 정태현 등 (1949)
5) 최자하 (1417)
6) 이우철 (2005)
7) 안덕균 (1998)
8) 최자하 (1417)
9) 유효통 등 (1633)
10) 村川 (1932)
11) Nickrent (2002)
12) 류태복 (2015, 미발표)

사진: 류태복, 김종원
그림: 이경연

병아리풀

Polygala tatarinowii **Regel**

형태분류

줄기: 여름형 한해살이로 왜소한 키(5~15㎝)에 바로 서서 자라며, 털이 없다. 줄기가 하나로 단순하거나 아래에서부터 가지가 갈라지고, 세로로 모(稜)가 진다.

잎: 어긋나고, 둥근 타원형으로 길이 3㎜ 정도다. 가장자리에 가늘고 부드러운 털이 두드러진다. 잎 아랫부분은 좁게 길어져서 날개 있는 잎자루가 된다. 아래쪽 가지가 갈라지는 부분의 잎이 가장 크다.

꽃: 8~9월에 줄기나 가지 끝에 연한 분홍색과 자색으로 핀다. 아래에서 위로 순차적으로 피고, 점점 길어져서 가는 송이꽃차례가 된다. 꽃 한 송이 길이는 2㎜ 정도지만 빼곡하게 달리며, 한쪽 방향으로 핀다. 꽃받침은 5개이며, 안쪽 2개는 꽃잎처럼 보인다. 손을 다소곳이 오므린 듯하고, 쉬이 떨어진다. 꽃잎은 3장이고 부속체가 없다. 위쪽 2장은 겹쳐 있고, 아래 1장은 고깔모양 용골변(龍骨弁)으로 처음에는 노란색이다가 뒤에 진한 붉은색으로 변한다. 그 속에 암·수술이 들어 있다.

열매: 캡슐열매로 편평한 원형이고, 아주 좁은 날개(부속체)가 있다. 씨는 원형에 가까운 타원형이며, 1㎜ 내외로 흰색 잔털이 있고, 꼭지 부분에 아주 작은 하얀 돌기 같은 것이 붙었다.

염색체수: 2n=?

생태분류

서식처: 초지, 하천변 초지, 주먹 크기 돌멩이가 많은 입지 등, 양지, 적습~약습

수평분포: 전국 분포

수직분포: 산지대 이하

식생지리: 온대~아열대, 만주, 중국, 일본(혼슈 이남), 대만, 서남아시아(주로 펀자브와 카슈미르 지역), 동남아시아 등

식생형: 초원식생

생태전략: [스트레스인내자]~[터주-스트레스인내자]

종보존등급: [II] 중대감시대상종

이름사전

속명: 폴리갈라(*Polygala* L.). 젖(*gala*)이 많다(*poly*)는 뜻의 희랍어에서 비롯한다.

종소명: 타타리노뷔(*tatarinowii*). 중국 한약 목록을 구축하는 데 기여한 러시아 내과 의사(Alexander Tatarinov, 1817~1886) 이름에서 비롯한다.

한글명 기원: 병아리풀[1)]

한글명 유래: 병아리와 풀의 합성어다. 북한 초산(楚山)에서 처음으로 기재될 때의 일본명(Hinanokinchyaku)[2)]에서 실마리를 얻은 이름이다.

한방명: -

중국명: 小扁豆(Xiǎo Biǎn Dòu). 작고 둥글납작한 열매 모양에서 비롯한다.

일본명: ヒナノキンチャク(Hinanokinchyaku, 雛巾着). 병아리(雛)의 두루주머니(巾着)라는 의미로, 앙증스런 꽃 모양에서 비롯한다.

영어명: Tatarinov's Milkwort

에코노트

병아리풀은 애기풀속 가운데 유일한 한해살이로 여름형 일년초다. 식물체 크기가 무척 왜소해 최성기(8월)가 되어서야 눈에 띈다. 생태유전적으로도 개체군의 크기가 그리 크지 않아서 늘 국지적(局地的)으로 분포한다. 중부 석회암 지역에서 상대적으로 출현빈도가 높다. 서식 조건은 까다로운 편이다. 도시산업으로 인한 대기오염이나 농약과 같은 화학적 오염에 조금이라도 노출된 입지에는 살지 않는다. 답압 영향이 있는 곳에서도, 쥐불놀이와 같은 불에 태워진 곳에서도 살지

못하는 무척 취약한 생명이다. 국가 적색자료집에 미평가(NE) 대상종으로 등재되어 있지만,[3] 종보존등급 [Ⅱ] 중대감시대상종으로 평가된다.

병아리풀 서식처는 어른 주먹 크기만 한 돌멩이가 지표면을 덮어 그 아래의 흙 이동이 거의 없는 상대적으로 안정적인 입지다. 하지만 지상의 돌멩이가 움직이는 것에 따라서 그 아래의 토양환경도 영향을 받는다. 따라서 병아리풀의 정착과 생육에 지상의 돌멩이 역할이 중요하다. 병아리풀 씨는 까맣고 아주 작으며, 꼭지 부분에 흰빛인 부속체(elaiosome)가 붙었다. 개미가 즐겨 먹는 부분이다. 그 덕택에 병아리풀 종자는 널리 산포된다.

병아리풀은 꽃이 피면서 꽃대가 길이 생장을 하는 흥미로운 풀이다. 거기에 맞춰서 수많은 작은 꽃들이 아래에서부터 위로 순차적으로 핀다. 꽃대 윗부분이 여전히 꽃봉오리 상태인데도 아랫부분에 일찍 폈던 꽃은 주렁주렁 열매를 매단다. 주로 8월 중후반의 2~3주간 볼 수 있는 광경이다. 이때 식물체가 흔들리기라도 하면 종자가 그냥 흩어지고, 땅바닥에 떨어진 종자를 개미가 수확한다.

---

1) 정태현 등 (1937)
2) 森 (1921)
3) 환경부·국립생물자원관 (2012)

사진: 류태복, 최병기

원지

Polygala tenuifolia **Willd.**

형태분류

줄기: 여러해살이로 가늘며, 바로 서거나 약간 비스듬히 자란다. 세로로 홈이 나 있어 단면은 각이 진다. 어릴 때에는 털이 약간 있다. 단단하고 튼튼한 기둥뿌리를 땅속에 수직으로 내리고, 약간 통통하다.

잎: 어긋나고, 아주 가느다란 줄모양(폭이 0.5㎜ 내외)으로 잎자루가 없다. 털이 거의 없으며 약간 반들거린다. 중심 잎줄은 위로 튀어나오고, 옆 잎줄은 흐릿하다.

꽃: 6~8월에 가지 끝에 자색 꽃이 드문드문 달리며, 한쪽 방향으로 핀다. 꽃잎은 3장이며 서로 붙어서 통꽃처럼 보이고, 가운데 1장 끝에는 꽃술처럼 잘게 갈라진 장식이 붙어 있으며, 그 속에 암·수술이 들어 있다. 암술머리는 나팔모양이다. 작은 싼잎(苞葉, 약 1㎜)은 쉽게 떨어진다. 꽃받침은 5개이고 안쪽 2개는 꽃잎처럼 보이며 거꿀달걀모양이다. (비교: 애기풀(*P. japonica*)은 4~5월에 핀다.)

열매: 캡슐열매로 원형이고, 좁은 날개가 있다. 까만 씨에 털이 많다.

염색체수: 2n=34[1)]

생태분류

서식처: 초지, 숲 가장자리, 아주 밝은 숲, 듬성숲, 그루숲 등, 양지~반음지, 약건~적습

수평분포: 전국 분포(주로 중부 이북)

수직분포: 구릉지대~산지대

식생지리: 냉온대~난온대(대륙성), 만주, 중국(새북지구, 화북지구, 화중지구, 기타 칭하이 성 등), 몽골, 연해주, 시베리아 등

식생형: 초원식생

생태전략: [터주-스트레스인내-경쟁자]~[스트레스인내자]

종보존등급: [IV] 일반감시대상종

이름사전

속명: 폴리갈라(*Polygala* L.). 젖(*gala*, 乳)이 많다(*poly*)는 뜻의 희랍어에서 비롯한다.

종소명: 테누이폴리아(*tenuifolia*). 무척 가느다란(*tenuis*) 잎(*folium*) 모양을 뜻하는 라틴어다.

한글명 기원: 아기풀, 령신초,[2)] 원지[3)]

한글명 유래: 한자 원지(遠志)에서 유래하고, 중약(中藥) 명칭에서 비롯한다. 한글 원지가 처음 나타난 것은 애기풀을 기재하면서다.[4)]

한방명: 원지(遠志). 뿌리를 약재로 쓴다. 애기풀의 경우는 식물 전체를 과자금(瓜子金)이라 부른다.[5)]

중국명: 远志(Yuǎn Zhì). 원지속(遠志屬) 식물을 대표하는 이름이다.

일본명: - (イトヒメハギ,[6)] Itohimehagi. 일본에는 분포하지 않는다.)

영어명: Slender-leaved Milkwort, Chinese Senega

에코노트

원지는 대륙성 기후이면서 초지가 넓게 발달하는 몽골이나 중국 북부 또는 동부 지역 중원의 초원 식물사회 구성원으로 흔하다. 심지어 황토고원(Loess Plateau) 지역에서 천이가 진행되는 귀리나 수수 따위의 묵정밭에서도 나타난다.[7)] 북한에서는 석회암 입

지에 자주 나타나는 것으로 알려졌다.[8] 한반도 중북부 지역에 주로 분포하고, 남한에서는 드문 편이다. 안동 사문암 지역에 집중 분포하고, 경북 고령 낙동강변 야트막한 산비탈 양지바른 곳에 수 개체가 자생한다. 이들 서식처는 모두 세립질 암석권에서 직사광선에 늘 노출되고 척박한 땅이다. 해양성 기후 지역인 일본열도에는 아예 분포하지 않는다.

원지는 중국에서 귀하게 여기는 뿌리 약재다. 멀 원(遠), 뜻 지(志), '깊고 심오한 뜻'이 깃든 식물이라는 의미로, 그만큼 약효가 영험하다는 뜻이겠다. 우리나라에서는 같은 속의 애기풀을 약 또는 구황 식물로 이용했다.[9] 한자 원지(遠志)는 1417년 『향약구급방』[10]에서 소개된 바 있는데, 본래 애기풀로 불렀던 것이다(「애기풀」 편 참조).

식물체 크기도 작아서 눈에 잘 띄지 않는다. 개체군 크기는 처음부터 크지 않다. 서식 조건이 제한되기 때문이다. 숲이 발달하는 우리나라와 같은 온대 지역에서는 국지적으로 출현할 수밖에 없다. 안동 사문암 지역의 크고 작은 바위츠렁 틈새에 산다. 초염기성으로 무척 척박하고 사문암 더뎅이가 섞인 토양 발달이 극히 불량한 서식환경이다. 그런데도 반기생(부록 생태용어사전 참조) 근균(根菌) 식물이 갖는 특기 덕택에 건강하게 제 모습으로 살아간다. 저장 기능이 탁월한 굵은 뿌리가 발달하고, 가는 뿌리는 빈약한 편이다. 애기풀처럼 종자로도 퍼져 나간다. 원지는 온전한 사진 한 컷 마련하기가 쉽지 않을 정도로 식물체가 끊임없이 흔들린다. 길고 가느다란 줄기 때문인데, 줄기 끝에 꽃이라도 생기면 더더욱 어렵다.

---

1) Stepanov (1994)
2) 森 (1921)
3) 村川 (1932), 정태현 등 (1937)
4) 村川 (1932)
5) 안덕균 (1998)
6) 森 (1921)
7) Zhang (2005)
8) 과학출판사 (1976), 고학수 (1984)
9) 森 (1921)
10) 최자하 (1417)

사진: 이승은, 김종원, 박정석

아마풀

Diarthron linifolium Turcz.

형태분류

줄기: 한해살이로 단면이 둥글고 가느다랗지만 어른 무릎 높이까지 바로 서서 자란다. 중간 위에서부터 가지가 많이 갈라지고, 아래쪽은 붉은빛을 띠며, 잎이 붙어 있던 점(葉痕)이 있다. 식물체는 전반적으로 밝은 녹색을 띠고 매끈하다.

잎: 어긋나고, 줄모양으로 너비 2㎜ 내외이며, 드물게 마주나는 경우도 섞인다. 앞면에 매우 짧은 털이 가득하고, 뒷면에는 잘 떨어지는 긴 흰색 털과 잔털이 드물게 있다. 가장자리는 살짝 뒤로 말리고, 잎자루는 있는 둥 마는 둥 하다.

꽃: 7~8월에 줄기나 가지 끝에서 송이꽃차례로 피고, 흰빛이 도는 긴 털이 약간 있다. 꽃잎은 없고, 꽃받침 끝부분이 4개로 갈라져 자줏빛 꽃처럼 보인다. 수술 4개(가끔 5개)가 꽃받침통 속에 들어 있다.

열매: 알갱이열매이며 달걀모양으로 회백색이고, 약간 긴 흰색 털이 있으며, 꽃받침 속에 들어 있다.

염색체수: 2n=18[1]

생태분류

서식처: 초지, 무덤, 산비탈 풀밭, 들판, 석회암 입지, 작은 암석 파편과 모래 퇴적지 등, 양지, 적습~약건

수평분포: 중부 이북(함경북도 경원과 양강도 삼수,[2] 남한에서는 국지적 분포)

수직분포: 산지대~구릉지대

식생지리: 냉온대(대륙성), 만주(지린 성), 중국(신장, 일부 화북지구, 새북지구의 간쑤 성, 장쑤 성 등), 몽골, 연해주, 다후리아 등

식생형: 초원식생

생태전략: [터주-스트레스인내자]~[스트레스인내자]

종보존등급: [II] 중대감시대상종

이름사전

속명: 디알트론(*Diarthron* Turcz.). 2개(*di*)의 마디(*arthron*)를 뜻하는 희랍어에서 비롯하는데,[3] 유래는 알려지지 않았다.

종소명: 리니폴리움(*linifolium*). 잎 모양이 아마속(*Linum* L.)을 닮았다는 데서 비롯한 라틴어다.

한글명 기원: 아마풀,[4] 개아마[5]

한글명 유래: 아마와 풀의 합성어다. 재배종 아마(亞麻, *Linum usitatissimum*)와 비슷한 데에서 비롯한다고 하지만,[6] 과(아마과, Linaceae)가 서로 다르듯, 꽃 모양이나 식물체 크기 등 계통이 전혀 다르다. 아마도 우리나라에서 처음 기재될 때에 기록된 바 있는 일본명(Kusaama, 草亞麻)에 잇닿은 것으로 보인다.

한방명: -

중국명: 草瑞香(Cǎo Ruì Xiāng). 아마풀속을 중국에서는 초서향속(草瑞香屬)이라 하고, 팥꽃나무과를 대표하는 서향(瑞香)이라는 나무 종류에 대응해서 풀(草)로 구분한 것이다.

일본명: - (コ々メアマ Kokomeama, クサアマ Kusaama. 북한 삼수(三水) 지역에서 처음 기재될 때에 한글명 없이 일본명으로만 기록했으며, 라틴 종소명을 실마리로 만들어진 이름이다.[7] 일본에는 분포하지 않는다.)

영어명: Flax-leaved Diarthron

에코노트

아마풀이 속하는 팥꽃나무과(Thymelaeaceae)는 대부분 목본(木本)이다. 풀로서는 한해살이인 아마풀, 여러해살이 피뿌리꽃(*Stellera chamaejasme*) 2종뿐이며 초원식생 요소다. 피뿌리꽃은 북한 지역에 골고루 분포하며 처녀꽃이라 부른다.[8] 남한에서 제주도 한라산 동쪽 산기슭[9]이나 인천[10] 등지에도 분포하는 것으로 알려졌으나, 실체를 확인할 수 없다.

아마풀은 남한의 일부 석회암 암석권에 지소적(地所的)으로 분포하는 종보존등급

[Ⅱ] 중대감시대상종이다. 국가 취약종(VU)으로 등재되었으나, 특별한 보호 대책이 없다고 한다.[11] 하지만 원지과(遠志科)의 병아리풀과 함께 아마풀은 한해살이풀 가운데 종보존등급이 가장 높다. 서식처 범위와 생육조건이 무척 제한되기 때문이다. 서식처 구조의 온전성이 가장 중요한 현지내(*in-situ*)보존 전략일 수밖에 없다. 우리나라에 1속 1종인 아마풀은 석회암 츠렁모바위의 자연초원 식생인 이른바 아마풀-부추군락이라 할 식물사회의 중추적인 진단종이다.[12] 일본에는 아예 살지 않는다.

아마풀은 오전에 태양이 중천에 올라 강열한 햇볕이 내리쬐면 꽃잎으로 보이는 자줏빛 꽃받침 끝이 잎을 벌린다. 서식처는 직사광선에 늘 노출되는 개방 환경이다. 석회암 너럭바위 위 약간 패인 함몰 미지형에 위쪽에서 공급되는 풍화토와 암석 조각이 쌓인 곳이다. 비가 내리면 표층토가 끊임없이 아래로 쓸려 내려가지만, 유출된 양만큼 위쪽에서 유입되기 때문에 유지된다. 아마풀이 사는 서식처는 처음부터 면적이 넓을 수 없는 애옥살이 거처다. 이처럼 특정 암석권에서 모자이크상으로 점점이 분포하는 것이 특징이다. 결과적으로 이런 서식처가 필요한 아마풀은 개체군 크기가 결코 클 수도 넓을 수도 없다. 서식처에 대한 현지내보존만이 유일한 생태적 관리 방법이다.

부추-아마풀군락

1) Rudyka (1995)
2) 임록재, 도봉섭 (1988)
3) Quattrocchi (2000)
4) 정태현 등 (1949)
5) 박만규 (1949)
6) 이우철 (2005)
7) 森 (1921)
8) 임록재, 도봉섭 (1988)
9) 이창복 (1979)
10) 국가생물종지식정보시스템 (2015)
11) 환경부·국립생물자원관 (2012)
12) 류태복 등 (2015, 미발표)

사진: 류태복, 최병기, 김종원

낚시제비꽃(낚시오랑캐)

Viola grypoceras A. Gray

형태분류

줄기: 여러해살이로 뿌리에서 줄기 여러 개가 모여나고, 아랫부분은 지면을 기듯 하며, 길어지면서 위에서 여러 갈래로 갈라진다. 딱딱한 마디가 촘촘하게 있는 땅속줄기가 있으며, 살짝 굽는다.

잎: 뿌리에서 난 긴 잎자루에서 먼저 잎이 나고, 뒤이어서 긴 줄기에 어긋나기로 달린다. 둥근 심장모양으로 가장자리에 얕은 톱니가 있다. 잎자루가 길고, 위의 잎일수록 짧다. 받침잎은 약간 넓은 줄모양이며 가장자리가 잘고 깊게 갈라진다.

꽃: 3~5월에 연한 자주색으로 피며, 꽃잎에 짙은 자주색 줄이 있다. 잎겨드랑이에서 긴 꽃자루를 높이 내밀고, 고개를 살짝 구부린 모양으로 피며 향기는 없다. 꽃자루 위쪽에 작은 싼잎이 1쌍 있다. 꽃뿔텍(距) 속에 꿀이 들어 있다. 꽃 속에 밝은 적황색 수술이 보인다. 여름이 되면 폐쇄화가 생긴다. (비교: 울릉도산 큰졸방제비꽃(*V. kusanoana*)은 줄기에서만 꽃이 달린다.)

열매: 캡슐열매이며 세 갈래로 터지고, 알처럼 둥근 갈색 씨에 흰색 부속체가 있다.

염색체수: 2n=20[1)]

생태분류

서식처: 초지, 밝은 숲속, 숲 가장자리 등, 양지~반음지, 적습
수평분포: 중부 이남(주로 남부 지역)
수직분포: 구릉지대 이하
식생지리: 난온대~냉온대(해양성), 중국(화남지구, 화중지구, 화중지구의 허난 성과 산시 성 등), 대만, 일본열도 등
식생형: 이차초원식생, 숲 가장자리식생, 삼림식생(이차림) 등
생태전략: [터주-경쟁자]~[경쟁자]
종보존등급: [IV] 일반감시대상종

이름사전

속명: 비올라(*Viola* L.). 자주색(violet) 야생 꽃을 뜻하는 라틴어다. (「제비꽃」 편 참조)
종소명: 그리포세라스(*grypoceras*). 정면에서 본 꽃 모양이 사자 몸에 독수리 머리를 한 괴물의 뿔을 닮았다(griffin-horned)는 희랍어에서 유래한 라틴어다.
한글명 기원: 낚시오랑캐,[2)] 낙시제비꽃,[3)] 낚시제비꽃[4)]
한글명 유래: 낚시와 제비꽃의 합성어다. 일본명(タチツボスミレ)으로 처음 기재[5)]된 뒤, 한글명 낚시오랑캐에서 오랑캐를 제비꽃으로 바꾼 것이다. 낚시라는 명칭의 유래는 알려지지 않았지만,[6)] 여름 이후에 나오는 어린 폐쇄화 모양에서 비롯한 것으로 추정한다.
한방명: 지황과(地黃瓜). 낚시제비꽃 지상부를 가리키는 약재명으로 기재[7)]하고 있으나, 우리나라에서는 개체군 크기가 극히 제한적이기 때문에 약재로 이용한 적은 거의 없다. 중화권에서는 오이 종류를 地黃瓜(Dì Huáng Guā)라 지칭하기도 한다.
중국명: 紫花堇菜(Zǐ Huā Jǐn Cài). 자색 꽃이 피는 제비꽃이라는 뜻이다.
일본명: タチツボスミレ(Tachitsubosumirae, 立壺菫). 종지(壺)가 선(立) 모양인 제비꽃(菫)이라는 뜻이다. 콩제비꽃(*V. verecunda*)과 닮았지만, 다발이 서서 자라는 것에서 비롯한다.
영어명: Griffin-horned Violet

에코노트

낚시제비꽃은 일본열도 전역에 분포하는 해양성 요소다. 냉온대에서부터 난온대에 이르기까지 다양한 서식처에서 빈도 높게 나타난다. 특히 물참나무, 졸참나무, 굴참나무 등으로 구성된 이차림에서 한 포기 이상을 만나게 될 정도로 흔하다. 우리나라에서는 남부 지역에서 가끔 보이고, 남해안 일대와 제주도, 울릉도에서는 좀 더 자주 보인다.

이른 봄(3월)에 뿌리에서 난 잎이 먼저 생기고, 얼마 안 있어 줄기를 여러 개 내민다. 정상적인 꽃이 완전히 끝나는 여름이 되면 줄기 윗부분에서 잎 위에 살포시 내민 폐쇄화를 볼 수 있다. 폐쇄화에서도 정상적인 열매를 생산한다. 열매에는 개미가 좋아하는 아주 작은 부속체(ergosome)가 있다. 낚시제비꽃의 서식처도 이처럼 개미들이 집을 짓고 살 만한 곳이다. 통기성과 통수성이 우수한 토양환경 입지다. 밟아서 다져진(踏壓) 땅에서는 살 수 없다.

---

1) 北村, 村田 (1982b)
2) 정태현 등 (1937)
3) 정태현 (1957)
4) 이창복 (1969)
5) 森 (1921)
6) 이우철 (2005)
7) 안덕균 (1998)

사진: 김종원, 이정아

흰젖제비꽃(흰젖오랑캐)

Viola lactiflora Nakai

형태분류

줄기: 여러해살이로 뿌리는 흰색이고, 모든 잎줄기와 꽃줄기가 뿌리에서 모여난다. 흰빛이 도는 밝고 옅은 노란색 뿌리줄기가 수직으로 내리고, 아주 짧은 절간이 빼곡하다.

잎: 뿌리에서 난 잎이 모여나고, 긴 잎자루에는 좁은 날개가 없다. 분명한 받침잎이 있고, 잎바닥은 화살촉 아래 모양이다. (비교: 흰제비꽃(*V. patrinii*)은 잎자루에 날개가 있다.)

꽃: 4~5월에 흰색으로 피며, 양 옆 꽃잎(側弁) 안쪽에 털이 있다. 잎차례보다 긴 꽃자루 가운데에 줄모양 포(苞)가 1쌍 있다.

열매: 캡슐열매로 장타원형이고, 털이 없다. 둥근 갈색 씨가 들어 있다.

염색체수: 2n=48[1)]

생태분류

서식처: 초지, 숲 가장자리, 농촌 들녘, 두둑 등, 양지~반음지, 적습

수평분포: 전국 분포

수직분포: 산지대 이하

식생지리: 냉온대~난온대, 중국(화중지구 동부의 장쑤 성, 장시 성, 저장 성, 그 밖에 랴오닝 성 남부) 등

식생형: 이차초원식생(잔디형)

생태전략: [터주-경쟁자]~[경쟁자]

종보존등급: [IV] 일반감시대상종

흰제비꽃

이름사전

속명: 비올라(*Viola* L.). 자주색(violet) 야생 꽃을 뜻하는 라틴어다. (「제비꽃」 편 참조)

종소명: 락티플로라(*lactiflora*). 우윳빛 꽃 색에서 비롯한 라틴어다.

한글명 기원: 힌젓오랑캐,[2] 흰젓제비꽃,[3] 흰젖제비꽃[4]

한글명 유래: 흰 젖과 제비꽃의 합성어로 우윳빛(乳白色) 꽃 색을 뜻하는 종소명에서 비롯한다.

한방명: 자화지정(紫花地丁). 제비꽃 종류의 지상부를 지칭하는 약재명이다.[5] (「제비꽃」 편 참조)

중국명: 白花堇菜(Bái Hā Jǐn Cài). 흰 꽃이 피는 제비꽃이라는 뜻이다.

일본명: - (ヒロハシロスミレ, Hirohashirosumirae, 廣葉白菫, 일본에 자생하지 않으며, 최초 기재[6]에서 일본명만 나타난다.)

영어명: Milk-white Flowered Violet

에코노트

흰젖제비꽃이라는 한글명은 종소명의 '우윳빛 꽃'이라는 의미에서 유래하는데, 풀밭에 나며 흰 꽃이 피는 제비꽃 종류로는 흰제비꽃과 함께 2종이다. 이들은 분포중심의 서식환경조건에서 분명한 차이가 있지만, 종종 함께 나는 경우도 있어 무척 혼란스럽다. 흰젖제비꽃이 잔디밭처럼 건조해지기 쉬운 보통 풀밭에 산다면, 흰제비꽃은 항상 수분조건이 좋은 입지에 산다. 우포늪과 같은 습지 언저리에서 흰제비꽃이 자주 보이는 것도 그런 까닭에서다. 흰젖제비꽃은 산비탈이나 제방 풀밭에서 더욱 자주 나타난다. 봉분에서 흰제비꽃이 보이면, 땅속 환경이 늘 축축하다는 의미다. 형태적으로 흰젖제비꽃은 흰제비꽃(2n=24)[7]보다 잎과 꽃이 약간 더 큰 편이며, 염색체 수에서 2배 차이가 난다.

흰젖제비꽃은 외부 형태로 볼 때 왜제비꽃(*V. japonica*)과 흰제비꽃의 중간형이라 한다.[8] 잎자루 윗부분에 날개가 분명하게 발달하는 것이 흰제비꽃이라면, 그렇지 않은 것이 흰젖제비꽃이다. 무엇보다도 잔디형 초지에서 흔하게 만나는 제비꽃(*V. mandshurica*)과 느낌이 비슷하고, 흰 꽃이 피었다면 흰젖제비꽃일 가능성이 크다. 결국 흰제비꽃과 제비꽃은 토양의 수분환경조건에 대응해 서로 다른 서식처를 갖는 서식처 분할을 보이는 것이다. 일본에서는 흰젖제비꽃이 기재되지 않는다.[9] 이것이 사실이라면 흰젖제비꽃은 사실상 우리나라 특산종이라 할 만하다. 중국에서도 한반도에 인접한 지역에서만 분포한다.

---

1) Lee (1967)
2) 정태현 등 (1937)
3) 정태현 (1957)
4) 이창복 (1969)
5) 안덕균 (1998)
6) 森 (1921)
7) Shatokhina (2006)
8) 이창복 (1979), 이우철 (1996)
9) 北村, 村田 (1982b), 宮脇 等 (1978)

사진: 이정아

제비꽃(오랑캐꽃)

Viola mandshurica **W. Becker**

형태분류

줄기: 여러해살이로 높이 9~15㎝이고, 소복이 모인 모양으로 뿌리에서 나며 줄기는 없다. 뿌리줄기는 어두운 갈색으로 짧고, 마디에 빼곡히 박힌다. 약간 굵고 튼튼한 뿌리를 수직으로 길게 내린다. (비교: 호제비꽃(*V. yedoensis*)은 전체에 털이 많다.)

잎: 뿌리에서 모여나고, 좁고 둥그스름한 삼각형이다. 잎자루 위쪽에 날개가 있고, 부드러운 털이 조금 있다. 꽃이 핀 뒤의 여름 잎은 좁고 긴 삼각형이며 날개가 더욱 넓고 크다. 잎줄을 중심으로 안쪽으로 오므리는 경향이 있다. 받침잎은 막질이다.

꽃: 4~5월에 긴 꽃자루 끝에 자주색(아주 드물게 흰 꽃도 핌)으로 피고, 꽃잎 5개에 짙은 자주색 줄(筋)과 흰색 무늬가 있다. 옆 꽃잎(側弁) 밑 부분에 털이 있고, 아래 꽃잎 끝부분 꽃뿔턱(距)에 꿀이 들어 있다. 꽃자루 중앙에 작은 싼잎이 1쌍 있다. 꽃받침의 부속체는 반원형이다. 여름 이후부터 줄곧 폐쇄화를 만든다. (비교: 호제비꽃은 꽃이 보라색이고, 아래 꽃잎에 흰 무늬가 뚜렷하다.)

열매: 캡슐열매로 넓은 타원형이며, 아래로 달린다. 세 갈래로 터지고, 구슬자루가 있는 둥근 갈색 씨가 가득 들어 있다.

염색체수: 2n=24,[1] 48[2]

생태분류

서식처: 초지, 봉분, 제방, 두둑, 길가, 임도 주변, 숲 가장자리, 마을 근처 빈터, 하천변 황무지, 콘크리트 틈바구니 등, 양지, 약건~약습

수평분포: 전국 분포

수직분포: 구릉지대 이하

식생지리: 냉온대~난온대, 만주, 중국(네이멍구, 산둥 성, 안후이 성, 푸젠 성 등), 일본, 대만, 쿠릴열도, 사할린, 연해주 등

식생형: 이차초원식생(잔디형), 터주식생(농촌형)

생태전략: [터주-스트레스인내자]~[터주자]

종보존등급: [V] 비감시대상종

이름사전

속명: 비올라(*Viola* L.). 자주색(violet) 야생 꽃을 뜻하는 라틴어로 12세기 프랑스어(violete)에서 비롯한다. 자주색을 뜻하는 희랍어(*ion*)와 동원어라고 한다.[3]

종소명: 만쥬리카(*mandshurica*). 중국 동북 지역(만주)을 일컬으며, 시베리아에서 채집한 표본으로 기재한 것에서 비롯한다.

한글명 기원: 오랑케삿,[4] 오랑캐삿,[5] 제비꽃,[6] 병아리꽃, 장수꽃, 씨름꽃, 외나물[7] 등

한글명 유래: 제비와 꽃의 합성어다. '꽃이 물 찬 제비와 같이 예쁘다'는 뜻에서 비롯한다고 한다.[8] 하지만 일본 정서에 그 유래가 잇닿아 있어 보인다. 본래 고유 명칭은 오랑캐꽃이다. (에코노트 참조)

한방명: 자화지정(紫花地丁). 제비꽃 종류의 지상부를 약재로 쓴다.[9] 다산 정약용의 『여유당전서』에 내탁소독탕(內托消毒湯)의 재료로 자화지정이 나오고, 호(芦)를 제거(去)하고 이용할 것을 특기하고 있다.

중국명: 东北堇菜(Dōng Běi Jǐn Cài, 또는 堇堇菜). 만주 지역(东北)에서 나는 제비꽃 종류(堇菜)라는 뜻이다.

일본명: スミレ(Sumirae, 菫). 꽃 모양이 대목수가 사용하는 '먹줄 통(墨入れ, sumirae)을 닮았다' 또는 '나물 뜯다'라는

뜻의 摘みれ(tsumirae)가 전화한 것이라는 등 이름의 유래가 여러 가지 있다.[10)]

영어명: Manchurian Violet

에코노트

우리나라 제비꽃속에는 56종이 있고,[11)] 온대 삼림식생을 특징짓는 분류군이다.[12)] 국토 면적에 비해 다양하고 무척 풍부한 편이다. 모든 제비꽃 종류는 꽃에 공통된 특징이 있다. 꽃잎(花弁)이 5장이고, 좌우 대칭이다. 위쪽 꽃잎(上弁)과 옆 꽃잎(側弁)이 각각 2장, 아래 꽃잎(下弁)은 1장이다. 특히 입술(脣)처럼 생긴 아래 꽃잎을 순변(脣弁)이라 하며, 그 맨 아래 끝부분을 뒤로 내밀면서 부푼 꽃뿔턱(距)이라는 구조가 특징이다. 그 속에 꿀을 저장하고, 곤충을 불러들인다. 꽃뿔턱의 모양과 꽃 색깔은 제비꽃 종류를 분류하는 데 중요한 기준이다. 그런데도 사는 장소에 따라 모양이나 색깔에 변이가 많기 때문에 늘 조심스럽다. 제비꽃처럼 다양성과 변이성이 큰 분류군일 경우, 주변에서 쉽게 볼 수 있는 종류부터 익히는 것이 편하다.

제비꽃 종류의 또 다른 공통 특징은 마치 여의주를 문 용머리처럼 생긴 폐쇄화를 만드는 것이다. 꽃잎이 퇴화해 없고, 자가수분으로 열매를 맺는다. 정상적인 꽃이 피지 않는 여름 이후 식물체가 사라지기 전까지 기회가 있으면 계속 열매를 생산한다. 지방이 풍부한 부속체(ergosome)는 개미들의 식량이다. 부속체를 제거한 씨를 내다버리는 개미들 덕택에 제비꽃 종류는 분포를 넓혀간다. 제비꽃은 그 가운데 대표적인 종이고, 가장 흔하다. 줄기가 갈라지지 않는, 즉 뿌리에서 잎이 직접 생기는 그룹(無莖種)에 속한다. 키가 큰 억새형 초원식생에서도 드물게 나타나지만, 키가 낮은 잔디형 초원식생에서 주로 산다. 모래가 섞인 땅을 많이 좋아한다.

제비꽃의 뿌리나 줄기, 잎 따위를 짓이겨서 덧난 상처에 바르면 낫고,[13)] 어린잎을 먹는다는 기록도 있다.[14)] 다산의 『여유당전서』에 내탁소독탕(內托消毒湯)의 재료로 지금의 한방명인 자화지정(紫花地丁)이라는 명칭이 나온다. “호(芦)를 제거(去)하고 쓸 것”을 명기했다. 그런데 우리나라 전역에 흔하게 분포하는 여러해살이 제비꽃이지만, 19세기 이전 고전에는 우리 고유말 이름이나 자원식물로서의 기록이 보이지 않는다.

제비꽃이라는 한글명은 1937년에 처음으로 불쑥 등장한다.[15)] 그 이전 1921년 모리(森)의 기록[16)]에는 오랑캐꽃이라는 명칭만 나온다. 오랑캐꽃, 겨레붙이들이 당시에 흔하게 부르던 이름이었을 것이라는 사실을 짐작해 볼 뿐이다. 오랑캐꽃이라는 이름의 유래는 오랑캐가 사는 땅에 흔한 야생화라는 의미일 것이다. 제비꽃은 실제로 중국에서도 만주 지역에서만 흔하게 분포한다. 이곳은 중국 고전에 나오는 여러 오랑캐 땅 가운데 한 곳이다. 올량합화(兀良哈花)[17]라는 한자 명칭도 그런 사실과 일치한다. 명대(1368~1644)에 만주 지역에 살던 몽골계통의 씨족을 올량합(兀良哈)이라 한다. 오랑캐라는 한글 명칭은 '오랑'과 사람을 뜻하는 '캐'의 합성어로 '올량합'에 잇닿아 있다.[18] 그래서 오랑캐꽃과 제비꽃은 이름만 보면 어떤 관련성도 없다. 실제로 1937년 제비꽃이라는 한글명의 최초 기재에서도 "물 찬 제비와 같이 예쁜 꽃"에서 비롯한다는 후학의 설명[19]이 있을 뿐이다. 하지만 그런 설명은 제비꽃에 대한 일본 사람들의 유별난 정서에 잇닿아 있어 보인다. 꽃이 가련하고 아름답기에 일본 하이쿠(俳句)에 가장 많이 등장하는 야생초 가운데 하나다. 우리나라 일부 기록물에 나타나는 장수꽃, 씨름꽃, 외나물 등은 모두 일본 습속과 관련 있어 보인다. 일본에는 에도(江戶)시대(1603~1867) 이래로 하나수모우(花相撲)라는 아이들의 '꽃 씨름' 놀이가 있는데, 그 대표 재료가 바로 제비꽃이다.

여의주를 입에 문 용머리(龍頭)처럼 생긴 폐쇄화

제비가 올 때쯤이면 꽃이 만개(滿開)하기 때문이라는 견해도 있다. 하지만 제비꽃의 계절학(phenology)과 일치하지 않는다. 제비꽃은 제비가 오기 훨씬 전인 봄나물을 캐기 시작하는 때부터 꽃피고, 제비가 온지 한참 뒤인 여름에도 꽃핀다. 결국 제비꽃이라는 이름은 19세기 이후에 생겼고, 그 이전까지 오랑캐꽃이었다. 장구한 나물 문화를 갖는 우리나라 사람들에게 나물로서 격이 떨어지는, 그러나 나물 소쿠리에 늘 들어앉는 존재가 제비꽃이다. 나물 소쿠리의 질서를 깨트리는 녀석, 그것이 오랑캐꽃이다. '불알이 다섯 달린 개'를 뜻하는 오랑견(五郞犬)의 이물교혼(異物交婚) 설화에서처럼, 이민족(異民族)을 멸시하고 낮잡아 이르는 오랑캐가 제비꽃 이름 속에 틈입한 것이다. 냉이, 쑥, 씀바귀 등 각종 앉은뱅이 봄나물이 사는 초지 식

초알카리성 사문암 입지의 제비꽃

물사회에 제비꽃은 엄연한 주요 구성원이고 항수반종(恒隨伴種)이다. 식물체 크기나 꽃이 많이 닮아서 제비꽃으로 오해 받는 호제비꽃은 주로 밭 경작지 언저리나 경작 토양이 반입된 잔디밭에서 종종 보이며, 잎 모양으로 쉽게 구별된다. 잎이 장타원형에 루페로 들여다 봐서 털이 많으면 호제비꽃이다.

이른 봄, 논밭 두둑에서 캔 나물을 '앉은뱅이나물'이라고 부른다. 나물이 되는 로제트 식물을 일컫는 아름다운 토속어다. 이 앉은뱅이 축에도 들지 못하는 것이 이른바 오랑캐꽃, 즉 제비꽃 종류다. 제비꽃을 일컫는 한자 근(董 또는 堇) 자는 처음부터 보라색을 뜻한다. 영어에서는 제비꽃이건 보랏빛이건 모두 바이올렛(violet)이다. 폭력(violence)으로 질서를 깨트리는 사람들을 심판해서인지 법관들의 법복(法服)이 보라색인데, 이것과도 통한다. 오늘날 제비꽃 종류는 약재나 구황자원이라기보다는 다양한 화훼식물로 이용된다. 봄날 길거리 화단에서 흔히 보는 팬지(pansy)는 야생 제비꽃 종류를 개량한 품종이다. 이들은 모두 한해살이로 생식능력이 없는 3배체(3n)이다. 자본주의가 낳은 불임의 제비꽃인 것이다. 과학을 빌어 인간은 경제를 이야기하지만, 많은 부분이 오랑캐 짓으로 남는다. 오랑캐 행위를 해서 오랑캐가 되는 것이지, 남이 우리를 오랑캐라 부른다고 해서 오랑캐가 되는 것은 아니다. 영문 모를 제비꽃이라는 이름보다 맛깔스런 '오랑캐꽃'이라는 이름을 버릴 수 없는 까닭이다.

---

1) Lee (1967)
2) Probatova (2000)
3) Quattrocchi (2000)
4) 森 (1921)
5) 村川 (1932)
6) 정태현 등 (1937)
7) 한진건 등 (1982), 임록재, 도봉섭 (1988)
8) 이우철 (2005)
9) 안덕균 (1998)
10) 並木 (1986)
11) 국가표준식물목록위원회 (2015)
12) Kim (1998)
13) 村川 (1932)
14) 임록재, 도봉섭 (1988)
15) 정태현 등 (1937)
16) 森 (1921)
17) 村川 (1932)
18) 서정범 (2000)
19) 이우철 (2005)

사진: 이정아, 김종원, 엄병철

노랑제비꽃

Viola orientalis **(Maxim.) W. Becker**

형태분류

줄기: 여러해살이로 모여나고, 줄기는 가는 편이다. 식물 전체에 털이 거의 없는 편이다. 땅속줄기가 똑바로 서고, 강건한 편으로 마디가 촘촘하다.

잎: 뿌리에서 난 잎은 모여나고, 줄기 최상부에 난 잎 2개는 마주나듯 하며, 모두 크기가 조금씩 다르다. 보통 표면에 아주 가는 털이 있다. 둥근 심장모양으로 가장자리에 물결모양 얕은 톱니가 있다. 받침잎은 넓은 알모양으로 톱니가 없고, 잎자루와 떨어졌다. 잎자루와 꽃자루는 약간 적갈색을 띠며, 특히 아래쪽에 달린 잎자루만 긴 편이고 나머지 잎자루는 아주 짧다.

꽃: 3~6월에 줄기에서 난 잎의 잎겨드랑이에서 1개씩 나와 노란색으로 핀다. 잎자루 중간에 작은 싼잎이 1쌍 있다. 꽃받침의 부속체는 알모양이다. 꽃뿔턱(距)은 1㎜ 정도로 아주 짧다.

열매: 캡슐열매로 밝은 녹색을 띠며 알모양이다. 둥근 구슬모양으로 매끈한 종자가 가득 들어 있고, 개미가 좋아하는 부속체가 붙었다.

염색체수: 2n=12[1)]

생태분류

서식처: 초지, 산지 풀밭, 숲 가장자리, 산지 능선 길, 등산길 등, 양지~반음지, 적습~약습

수평분포: 전국 분포
수직분포: 산지대~아고산대
식생지리: 냉온대~난온대(대륙성), 만주, 연해주, 중국(산둥 성), 일본(혼슈 시즈오카 현 이서) 등
식생형: 이차초원식생 등
생태전략: [터주-경쟁자]~[경쟁자]
종보존등급: [IV] 일반감시대상종

이름사전

속명: 비올라(*Viola* L.). 자주색(violet) 야생 꽃을 뜻하는 라틴어다. (「제비꽃」 편 참조)
종소명: 오리엔탈리스(*orientalis*). 동쪽, 즉 동방이라는 의미의 라틴어다. 러시아 식물학자(Carl J. Maximowicz)가 몽골 식물을 기재할 때(1899년) 채택한 명칭이지만, 실체는 확인되지 않는다. 노랑제비꽃의 지리적 분포중심지는 사실상 우리나라다.
한글명 기원: 노랑오랑캐,[2] 노랑제비꽃[3]
한글명 유래: 노랑과 제비꽃의 합성어로 최초 기재 시의 일본명(黃菫)[4]을 번역한 것이다.
한방명: 자화지정(紫花地丁). 제비꽃 종류의 지상부를 약재로 쓴다.[5] (「제비꽃」 편 참조)
중국명: 东方堇菜(Dōng Fāng Jǐn Cài). 종소명을 번역한 것에서 비롯한다.
일본명: キスミレ(Kisumirae, 黃菫). 노란 제비꽃이라는 뜻이다.
영어명: Korean Yellow Violet, Oriental Yellow Violet

에코노트

노랑제비꽃은 북쪽 만주와 연해주에서 남쪽 일본 혼슈 이남까지 분포하지만, 우리나라 준특산종(subendemic species)이라 할 정도로 한반도에 분포중심이 있다. 일본에서는 아주 밝은 이차림에서 드물게 보이는 희귀종이며 지금은 위급종(危急種)으로 지정, 보호하고 있다. 우리나라에서는 산림청의 기후변화 취약 산림식물종으로 등재되어 있다.[6]

노랑제비꽃은 기후변화 또는 어떤 간섭에 의해서 발생할 수 있는 서식처 수준의 건생화(乾生化)로 말미암아 생존에 위협을 받는다. 하지만 토양 속에 영양분이 조금 부족하더라도 토심(土深)이 깊고 늘 촉촉하며 햇빛이 충분한 양지라면 잘 산다. 야생의 노랑제비꽃 개체군을 보존하려면 이른 봄 싹이 날 시기에 완전한 직사광선이 필수다.[7] 산지 등 산길 가장자리를 따라 자주 보이는 개체들의 서식환경도 토양 수분이 보장되면서 햇빛이 충만한 미소서식처(microhabitat)이다. 그런 곳에서는 화산회토양(andosol)처럼 흙이 검은 색을 띠는 경우가 많은데, 부식질 유기물이 풍부하게 섞여 있다는 증거다. 노랑제비꽃은 도시 산업화 영향이 전혀 없는 야생 입지 환경을 반영하는 지표종으로 산지 초원 식물사회의 구성원이고, 듬성숲(疏林)이나 숲 가장자리에서도 산다. 습지식물로 분류하지 않는다.

---

1) Starodubtsev (1985)
2) 정태현 등 (1937)
3) 정태현 등 (1949)
4) 森 (1921)
5) 안덕균 (1998)
6) 김혁진 등 (2011)
7) 松本, 田金 (2006)

사진: 류태복, 김종원

털제비꽃(털오랑캐)

Viola phalacrocarpa **Maxim.**

형태분류

줄기: 여러해살이며 지상 줄기는 따로 없다. 아주 짧은 뿌리줄기가 있고, 밝은 갈색인 비교적 강건한 뿌리가 난다. 식물 전체에 짧은 털이 아주 많으며, 키가 커도 한 뼘 정도밖에 되지 않는다. (비교: 흰털제비꽃(*V. hirtipes*)은 가는 뿌리가 옆으로 긴다.)

잎: 뿌리에서 난 잎은 모여나는 편이다. 폭이 좁고 긴 알모양으로 열매가 익을 쯤에는 길이가 많이 길어진다. 잎 표면에 가는 털이 있고, 가장자리에는 얕고 부드러운 톱니가 있다. 긴 잎자루는 열매 시기에 더욱 길어지고, 위쪽에서는 좁은 날개로 이어진다.

꽃: 4~5월에 보통 잎차례 높이 정도에서 진한 홍자색으로 피고, 약간 아래로 향한다. 꽃잎에 진한 자주색 줄(筋)이 있고, 옆 꽃잎의 바닥 부분에 뾰족하게 내민 돌기모양 털이 있다. 뿌리에서 난 긴 꽃자루는 자색을 띠고, 중앙 부분에 줄모양 작은 싼잎이 1쌍 있다. 꽃받침에 털이 있고, 부속체는 삼각형이며 약간 날카로운 톱니가 있다. 여름부터 폐쇄화가 생긴다. (비교: 흰털제비꽃의 꽃받침 부속체는 둥글고 털이 없으며 톱니도 없다. 꽃자루와 잎자루에는 긴 털이 있다. 왜제비꽃(*V. japonica*)은 식물 전체에 털이 거의 없고, 흰빛에 가까운 옅은 보라색 꽃이 핀다. 꽃받침에 털이 있고, 부속체에 둔한 톱니가 있다.)

흰털제비꽃

열매: 캡슐열매로 처음에는 짧고 약간 힘센 듯한 털이 빼곡하다가 씨가 여물 시기에는 털이 성글어진다. 종자는 적갈색이며 동그란 구슬모양이다.

염색체수: 2n=24[1]

생태분류

서식처: 초지, 산지 풀밭, 숲 가장자리, 제방 등, 양지~반음지, 적습

수평분포: 전국 분포

수직분포: 산지대 이하

식생지리: 냉온대~난온대, 만주, 연해주, 일본열도 등

식생형: 이차초원식생(잔디형) 등

생태전략: [터주-경쟁자]~[경쟁자]

종보존등급: [IV] 일반감시대상종

이름사전

속명: 비올라(*Viola* L.). 자주색(violet) 야생 꽃을 뜻하는 라틴어다. (『제비꽃』 편 참조)

종소명: 팔라크로카르파(*phalacrocarpa*). 털이 전혀 없는 열매라는 뜻의 라틴어다. 하지만 실제로는 열매에 털이 많다.

한글명 기원: 오랑캐쏫,[2] 털오랑캐,[3] 털제비꽃[4]

한글명 유래: 털과 제비꽃의 합성어로 식물 전체에 털이 많은 것에서 비롯했을 것이다. 털오랑캐가 앞서 기재된 이름이다.

한방명: 자화지정(紫花地丁). 지상부를 약재로 쓴다.[5] (『제비꽃』 편 참조)

중국명: 茜堇菜(Qiàn Jǐn Cài). 일본명에서 비롯한다.

일본명: アカネスミレ(Akanesumirae, 茜菫). 꼭두서니(茜)의 염료 빛깔처럼 진한 붉은색 꽃 색깔에서 비롯한다.

영어명: Bald-fruited Violet

에코노트

털제비꽃은 우리나라 전역에서 비교적 흔하게 보인다. 특히 직사광선에 직접 노출되는 잔디형 초지에서 나타나는 제비꽃 종류 가운데에서 뚜렷하게 털이 많은 종이다. 제비꽃처럼 잔디형 풀밭 식물사회의 구성원이지만, 그만큼은 흔치 않다. 제비꽃이 사람을 따른다면, 털제비꽃은 한적한 곳에 떨어져서 산다. 습지 언저리와 같이 수분환경이 양호한 입지에서는 털제비꽃이 제비꽃보다 출현빈도가 더욱 높다. 털제비꽃도 여름 이후에 폐쇄화를 만들고, 정상적인 열매를 생산한다. 열매에는 개미가 좋아하는 영양분이 많은 작은 부속체(ergosome)가 붙어 있다.

산지 풀밭에서는 털제비꽃보다 흰털제비꽃이 더욱 흔한데, 꽃자루와 잎자루에 긴 털이 있는 것으로 쉽게 구별할 수 있다. 흰털제비꽃은 지표면 가까이 땅속에 가는 뿌리가 기어가면서 게릴라번식을 즐겨 한다. 그래서 둥근 다발 모양보다 나란히 줄로 선 듯한 모양을 만들어 산다. 제비꽃이 살 만한 들판 초지에서는 꽃 색이 두드러지게 열은 보라색을 띠는 왜제비꽃을 볼 수 있다. 잎 모양은 제비꽃보다는 털제비꽃처럼 생겼고, 뿌리에서 모여난 꽃차례 수가 적은 편이다.

---

1) Lee (1967)
2) 森 (1921)
3) 정태현 등 (1937)
4) 정태현 등 (1949)
5) 안덕균 (1998)

사진: 류태복, 이승은, 최병기

왜제비꽃

분홍바늘꽃

Epilobium angustifolium L.

형태분류

줄기: 여러해살이며, 바로 서서 어른 키 높이까지 자라고, 가지가 갈라지지 않는다. 굵고 튼튼한 땅속줄기를 길게 벋고, 큰 무리를 만든다.

잎: 어긋나고, 버드나무 잎처럼 생긴 창끝모양으로 잎자루가 따로 없이 밑이 좁아지면서 줄기에 붙어 난다. 측맥은 가장자리에서 서로 잇닿고, 잎 가장자리는 뒤로 살짝 말리면서 톱니가 없는 듯 보이질 않는다. 잎 뒷면은 분백색을 띠고 잎맥이 뚜렷하다.

꽃: 7~8월에 홍자색 꽃잎 넉 장으로 된 송이꽃차례로 줄기 꼭대기에서 피고, 대개 아래에서 위로 순차적으로 핀다. 작은꽃자루는 길게는 3㎝에 이르고, 자방에 짧고 굵은 털이 빼곡하다. 수술은 8개로 암술보다 먼저 성숙해서 꽃가루를 방출한 뒤, 암술이 길게 성숙한다. 꽃가루받이가 일어나면 꽃잎을 닫는다.

열매: 꼬투리열매로 가늘고 긴 줄모양이다. 많은 씨가 들어 있다. 종자 끝에 흰색 갓털이 있고, 가을에 바람으로 산포한다.

염색체수: 2n=36[1)]

생태분류

서식처: 초지, 산지 풀밭, 숲 가장자리, 산불적지, 벌채적지, 임도 언저리, 밝은 이차림 등, 양지~반음지, 적습~약습

수평분포: 전국 분포(주로 중부 이북)

수직분포: 산지대~아고산대

식생지리: 냉온대(중부·산지대)~한대(툰드라), 만주, 중국(중북부), 일본(혼슈 중부 이북), 몽골, 유라시아 대륙(아시아~유럽), 북미 등

식생형: 초원식생, 삼림식생(낙엽활엽수 이차림)

생태전략: [경쟁자]~[터주-경쟁자]

종보존등급: [II] 중대감시대상종

이름사전

속명: 에피로비움(*Epilobium* L.). 둥글납작한 씨방 위에 꽃이 있는 자방하위(子房下位)를 뜻하는 희랍어에서 비롯한다.

종소명: 안구스티폴리움(*angustifolium*). 버드나무 잎처럼 길고 좁은(*angustus*) 잎(*folium*) 모양에서 비롯한 라틴어다.

한글명 기원: 류엽치(柳葉菜),[2)] 분홍바늘꽃[3)]

한글명 유래: 분홍과 바늘꽃의 합성어다. 분홍색 꽃이 피는 바늘꽃 종류라는 의미이고, 바늘꽃속(*Epilobium* L.) 열매가 긴 바늘처럼 생긴 것에서 비롯했을 것이다.

한방명: - (?)

중국명: 柳叶菜(Liǔ Yè Cài). 잎 모양에서 비롯한 라틴 종소명에 잇닿아 있다.

일본명: ヤナギラン(Yanagiran, 柳欄). 잎이 버들잎처럼 생긴 것에서 비롯하며, 중국명에 잇닿아 있다.

영어명: Rose-bay Willow Herb, Burnt-weed, Fireweed, Indian Wickup

에코노트

바늘꽃과의 바늘꽃속은 대부분 습지 또는 그 수준에 이르는 수분환경에 산다. 그 가운데 분홍바늘꽃은 키가 가장 큰 풀로 한번이라도 불(火)을 경험한 초지에서 특징적으로 무리 지어 산다. 불은 분홍바늘꽃의 정착과 발아, 생장에 결정적인 생태 요소다. 비옥한 토양을 좋아한다는 뜻이다. 최근 지리산국립공원 산간 습지에서 보고된 바 있고,[4)] 주로 한반도 중북부 지역의 산지 풀밭에서 드물게 나면서 개체군 크기도 매우 제한적이다. 분홍바늘꽃이 살 만한 서식처 대부분이 개발되었거나 변질되었기 때문이다. 종보존등급 [II] 중대감시대상종으로 평가되며, 국

가 적색자료집에 취약종(VU)[5]으로 등재되었다. 분포중심지는 만주 지역을 훌쩍 넘어서는 시베리아의 냉습한 초지이고, 건조하고 척박한 입지 조건에서는 살지 않는다. 남한에서 분홍바늘꽃 이외의 바늘꽃 종류는 다양한 편이다. 보통 마주나는 잎차례여서, 어긋나는 분홍바늘꽃과 쉽게 구별된다.

분홍바늘꽃의 민족식물학(Etnobotany) 정보는 유럽과 북미에서 풍부하다. 그만큼 흔하고 개체군 크기도 크다. 벌채지나 불이 스치고 지나간 습윤한 목초지를 대표하는 분홍바늘꽃군강(Epilobietea)이라는 식물사회를 특징짓는 종이다.[6] 고위도에 위치하는 캐나다 유콘(Yukon) 주나 핀란드 뽀얀마(Pohjanmaa)에서는 지역의 상징 꽃으로 지정하고 화훼식물로 대량 생산한다. 일본열도에서는 분홍바늘꽃이 아고산 또는 고산 지대에서 크고 작은 군락을 만든다. 자연적 또는 인위적 원인에 의해 훼손된 초지나 벌채지에서 발달하는 반자연 초원식생의 구성원이다.[7] 한반도보다는 유럽이나 북미에 가까운 일본열도의 습윤한 온대 기후 환경을 반영하는 대목이다. 일본 혼슈의 군마 현 가타시나(片品村)에서는 분홍바늘꽃 축제를 연다. 산지 벌채지에 분홍바늘꽃 대군락을 조성해 아름다운 경관을 연출한다. 우리나라의 경우는 분홍바늘꽃이 본래부터 희귀하기 때문에 민족식물학적 정보는 보이질 않는다.

분홍바늘꽃은 충매화다. 꽃가루받이가 일어나면 일찌감치 꽃잎을 닫아 버린다. 더 이상 꽃가루받이를 할 필요가 없기 때문이다. 그런데 근친교배의 원인이 되는 자신의 수술 꽃가루가 암술머리에 도달한 형편일지라도 꽃잎은 되도록 천천히 닫힌다.[8] 건강한 자식을 생산하기 위한 야생의 세계에서 나타나는 어쩔 수 없는 고육지책이다. 혈통이 먼 가계 간의 교배(遠親交配) 기회를 높여서 우량종자(자식)를 남기려는 것이다.

---

1) Chen *et al.* 1992
2) 村川 (1932)
3) 정태현 등 (1937)
4) 안종빈 등 (2014)
5) 환경부·국립생물자원관 (2012)
6) Mucina (1993a), Schubert *et al.* (2001)
7) 宮脇(編) (1977), 森, 大窪 (2005)
8) Clark & Husband (2007)

사진: 김종원

꽃가루받이를 끝낸 뒤 꽃잎을 닫는다.

버드나무 잎을 닮은 분홍바늘꽃 잎

개미탑

Gonocarpus micranthus **Thunb.**

형태분류

줄기: 여러해살이로 가늘고 아래에서부터 갈라진다. 마디가 땅에 닿으면 뿌리를 내리고, 땅바닥을 기면서 줄기 끝이 위를 향한다. 꽃차례가 생기면서 비로소 바로 선 듯하게 자란다. 매끈한 줄기의 단면은 무디게 네모지고, 처음에는 녹색이다가 차츰 붉은색으로 변한다.

잎: 마주나고, 아래 위 직각으로 교차하면서 나며, 줄기 위쪽 잎은 어긋나기도 한다. 아주 짧은 잎자루가 있고, 지름 1㎝ 내외인 알모양으로 약간 도톰하다. 얕고 둔한 톱니의 가장자리는 옅은 녹색이나 밝은 주황색으로 변하고, 가을이 되면 오랫동안 단풍잎을 유지한다. 싼잎은 좁은 창끝모양으로 아주 작으며 꽃이 필쯤에 떨어져 나간다.

꽃: 7~8월에 송이꽃차례로 드물게 난다. 처음에는 위로 향하지만 곧 아래를 향해 핀다. 옅은 황갈색을 띠는 꽃잎이 4장이고, 꽃받침 통에 맥이 8개 있으며 약간 밝은 녹색인 끝(꽃받침)은 4개로 갈라져 삼각형이 된다. 자갈색 꽃밥이 있는 수술이 8개고, 수꽃의 상태를 마감하면 암술머리 4개로 되며 연한 붉은색 털이 빼곡하게 드러난다.

열매: 알갱이열매로 둥글납작하다. 붉은빛이 도는 회색이며 아래로 향하고, 힘줄(肋)이 8개 있다. 씨가 하나씩 들어 있다.

염색체수: 2n=12[1)]

생태분류

서식처: 초지, 임도 언저리, 산간 습지 언저리, 오래된 제방, 봉분 언저리 등, 양지, 약습~적습

수평분포: 중부 이남(주로 남부 지역)

수직분포: 산지대 이하

식생지리: 난온대~열대(해양성), 중국(화남지구, 화중지구, 화북지구의 허베이 성, 허난 성, 산둥 성 등), 대만, 일본(전역), 동남아시아, 서남아시아, 뉴질랜드, 호주 동남부 및 태즈메이니아 등

식생형: 초원식생(잔디형)

생태전략: [경쟁자]~[터주-스트레스인내-경쟁자]

종보존등급: [IV] 일반감시대상종

이름사전

속명: 고노칼푸스(*Gonocarpus* Thunb.). 종자(*karpos*)에 힘줄(肋, *gonia*)이 8개 있다는 뜻의 희랍어에서 비롯한다. 최근 이명(*Haloragis micrantha* (Thunb.) R. Br.)으로 처리된 속명 할로라기스(*Haloragis* J.R. Forst. & G. Forst.)[2)]는 소금기(*halos*) 서식처에 사는 어떤 식물(*rhagos*)이란 희랍어에서 비롯한다.

종소명: 미크란투스(*micranthus*). 아주 작은(*micro-*) 꽃(*anthos*)에서 유래한 라틴어이다.

한글명 기원: 개미탑[3)]

한글명 유래: 일본명(蟻塔草)을 번역한 이름이다.

한방명: -

중국명: 小二仙草(Xiǎ O'èr Xiān Cǎo). 개미탑속을 대표하는 중국명이다. 라틴 학명에 잇닿았을 것이다.

일본명: アリノトウグサ(Arinotougusa, 蟻塔草). 개미의 탑 풀이라는 뜻이다. 식물 전체를 개미(蟻)의 탑(塔) 또는 무덤(塚)으로, 미세한 꽃을 개미에 빗댄 것에서 비롯한다.[4)]

영어명: - (Small-flowered Gonocarpus)

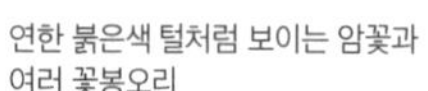

연한 붉은색 털처럼 보이는 암꽃과 여러 꽃봉오리

수술 8개가 보이는 수꽃

에코노트

개미탑이라는 이름은 일본명(蟻塔草)을 번역한 것이다. 가느다란 줄기 끝에 띄엄띄엄 매달린 꽃이 마치 개미가 매달린 것 같다고 해서 생겨난 이름이다. 개미탑은 남부 지역에서 종종 보이며, 영남알프스 산정 습지 주변 임도 언저리에서도 자주 보이는 편이다. 제주도에서는 목초지 주변 도로의 가장자리에 흔하다.

개미탑은 직사광선이 지면에 도달하는 잔디형 초지나 맨 땅에 크고 작은 무리로 분반상(分班狀)을 만든다. 서식처는 온난하면서 건조하지 않은 수분환경조건인 곳이다. 미세입지 환경에서 습지나 저수지와 같은 지하수위가 상대적 높은 땅에 잇닿은 곳이다. 그렇다고 습지 식물사회의 구성원은 아니고, 물을 좋아하고 크게 의존한다는 의미에서 호수분(好水分, hygrophilous) 식물로 분류하는 보통의 육지 식물이다. 물 분자로 포화되지 않는 습지 언저리에 뿌리를 둔다. 그래서 서식처는 무척 안정적이고 수분환경이 늘 보장되는 미세한 구조다. 예를 들면 수위(水位)가 일정하게 유지되는 습지 가장자리의 평탄한 미지형이나, 겉으로는 건조한 돌출 지형이라 할지라도 미세하게 함몰한 미지형이다. 개미탑을 제외한 개미탑과(Haloragaceae)의 모든 식물은 물속 또는 습지 식물이다. 따라서 개미탑만이 물터에서 마른 땅으로 상륙했다고 할 수 있다.

지구온난화 때문일까, 중부 내륙까지 개미탑 분포가 확장되고 있다. 우리나라에서 가장 대륙적인 생물기후권역인 경북 청송에서도 보인다.[5] 수분이 아주 충만한 논 경작지의 오래된 논둑 서식처에 자리 잡았다. 개미탑속의 종다양성은 지구 남반구에서 풍부하다.[6] 개미탑의 이런 광역 분포는 여름 철새들에 의해서 전 세계로 퍼져 나갔기 때문으로 추정한다. 개미탑은 호주 동남부 지역에서 산지 보그-소택지(bog)를 특징짓는 종이다. 실제로 여러해살이 왜생(矮生) 초본식물사회(*Themeda australis–Gonocarpus micranthus* community)의 우점종이다.[7] 뉴질랜드 북섬 통가리로(Tongariro) 국립공원의 초지와 황원(heathland)에서도 개미탑이 높은 빈도로 나타난다.[8] 이처럼 남반구에서도 개미탑은 직사광선에 노출된 여러해살이 초지식생이면서 수분이 충만한 입지환경에서만 사는 공통성을 보인다.

---

1) Nishikawa (1989)
2) The Plant List (2015)
3) 정태현 등 (1937)
4) 牧野 (1961), 奧田 (1997)
5) 김종원 등 (2013a)
6) 北村, 村田 (1982b)
7) Hunter & Bell (2007)
8) Chapman & Bannister (1990)

사진: 김종원, 류태복, 최병기

구릿대(구리대)

Angelica dahurica (Hoffm.) Benth. & Hook. f. ex Franch. & Sav.

형태분류

줄기: 두서너해살이며, 바로 서서 어른 키의 2배 정도까지 높이 자란다. 강건하고 자줏빛을 띠기도 하며, 세로로 줄이 있다. 원통모양 굵은 갈색 뿌리가 발달하고 향기가 강하다. (비교: 개구릿대(*A. anomala*)는 자줏빛이 뚜렷하다. 궁궁이(*A. polymorpha*)는 어른 키보다 작다.)

잎: 어긋나고, 2~3회 3출깃모양겹잎으로 아주 크며, 마지막 끝잎은 밑으로 흐르고 다시 3개로 갈라진다. 쪽잎과 조각잎(裂片)은 장타원형이고, 가장자리에 연골질(*cartilagineus*)로 흰빛에 딱딱하고 예리한 톱니가 있으며, 뒷면은 흰빛이 돈다. 윗부분 잎은 작고, 잎집은 굵어져 장타원형 또는 거꿀달걀모양이다. (비교: 개구릿대는 잎 뒷면이 청백색에 가깝고, 잎집에는 부드러운 털이나 작은 가시가 있다. 궁궁이의 잎은 삼각형 또는 삼각형 같은 달걀모양이다.)

꽃: 6~8월에 흰색으로 피고, 겹우산모양꽃차례다. 우산살모양 꽃가지(小傘莖)가 20~40개이고, 꽃자루는 잔 돌기가 있어 꺼칠꺼칠하다. (비교: 참당귀(*A. gigas*) 꽃은 자색이다.)

열매: 갈래열매로 편평한 타원형이고 털이 없다. 중앙에 1~2줄이 솟아오르며, 그 사이에 유관(油管)이 여러 개 있다.

염색체수: 2n=22[1)]

생태분류

서식처: 초지, 산지 개울 풀밭, 계곡 언저리, 하천 제방, 숲 가장자리 등, 양지~반음지, 적습~약습

수평분포: 전국 분포

수직분포: 구릉지대~산지대

식생지리: 냉온대~난온대(대륙성), 만주, 중국(허베이 성, 샨-시 성), 일본(혼슈 이남, 주로 규슈 북서부), 연해주, 동시베리아 등

식생형: 초원식생(습생형)

생태전략: [경쟁자]~[터주-경쟁자]

종보존등급: [IV] 일반감시대상종

이름사전

속명: 안젤리카(*Angelica* L.). 약성에서 비롯하는 희랍어(*angelikos* 또는 *aggelikos*)에서 유래한다. (『바디나물』 편 참조)

종소명: 다후리카(*dahurica*). 중국-몽골-시베리아(러시아) 접경 지역을 지칭하는 지명(Dauria)에서 왔으며, 명명 재료가 된 식물 표본 채집지다.

한글명 기원: 구리대(ㅅ),[2)] 구리대,[3)] 빅지(白芷), 구리대쑤리,[4)] 구릿대[5)]

한글명 유래: 유래 불명[6)]이 아니다. 굵은 구리(능구렁이) 같은 대(줄기)에서 비롯한다. 한약재 백지(白芷)에 대한 최초 한글 기재는 '구리댓'로 나온다. 그 이후 한자를 차자한 향명으로 구리죽근(仇里竹根)으로 표기했고,[7)] 구리대의 뿌리라는 뜻이다. (에코노트 참조)

최병기 박사

한방명: 백지(白芷). 구릿대 뿌리를 지칭하는 약재명이고,[8] 중국명에서 비롯한다. 말린 뿌리의 속이 흰빛을 띤다.
중국명: 白芷(Bái Zhǐ). 구릿대 뿌리를 지칭한다.
일본명: ヨロイグサ(Yoroigusa, 鎧草). 겹우산모양꽃차례가 갑옷(鎧)의 장식 같다는 데에서 비롯한다.
영어명: Dahurian Angelica

에코노트

구릿대라는 한글명은 일찍이 15세기 말 『구급간이방』에 나온다. 고유 이름을 '구리댓'으로 기재했다.[9] 낱말 사이에 들어가는 사이시옷(ㅅ)을 빼면 구리와 대의 합성어다. 구리는 말 그대로 굵은 능구렁이 같은 뱀이고, 대는 대나무나 막대기처럼 생긴 것을 일컫는 우리말이다. 결국 구리대는 능구렁이 같이 굵은 대다. 이처럼 유래가 분명한 우리말 식물 이름이다.

굵은 줄기에 자줏빛 도는 얼룩덜룩한 무늬가 있는 구릿대는 짐짓 집터서리에서 자주 만났던 능구렁이를 떠올리기에 모자람이 없다. 『구급간이방』에는 구릿대 뿌리가 독한 뱀에 물려 고치지 못하는 병을 낫게 하는 약재라는 사실을 전한다. 16세기 초 『사성통해』는 '구리'가 굵직한 뱀(구렁이, 大蛇)[10]이라는 사실을 분명하게 일러준다.

우리나라의 많은 고전에서는 뱀을 '빅얌'과 '구리'로 구분해서 쓰고 있다. 국립국어원의 표준국어대사전에는 구리가 능구렁이만을 지칭하는 것으로 나오지만, 반드시 그런 것만은 아니다. 고전이 전하는 것처럼 상대적으로 크기가 작은 뱀을 그냥 뱀이라 하고, 능구렁이처럼 굵은 뱀을 구리로 구분해 국

개구릿대

어사전에 등재하는 것이 바람직하다. 경상도 북부 지역이나 강원도 남부 지역에서는 지금도 굵은 뱀을 '구-리'라고 부른다.

구릿대는 당귀속(*Angelica* L.) 가운데 가장 큰 식물이다. 19세기 초 『물명고』에서 줄기는 당귀(當歸) 같고, 잎은 천궁(川芎) 같다고 했다. 서식처 조건이 적합한 곳에서는 어른 키를 훌쩍 넘어 높이가 무려 3m에 이른다. 마치 열대 아열대 지역의 대형 초본처럼 보인다. 여러해살이라기에는 수명이 짧은 2~3년생인데, 꽃이 핀 해(年)에 고사해 생을 마감한다. 꽃이 피기 직전까지는 저장물질로 충만한 굵은 뿌리가 최대로 발달한다. 풍부한 유기물이 공급되는 산기슭 아래 비교적 비옥한 토양에서 자주 보이는 까닭이다. 그런 곳은 늘 수분환경도 양호하다. 그렇다고 습지 식물사회의 구성원은 아니며, 물이 늘 흐르는 유수역(流水域) 식물사회의 구성원도 아니다. 보통의 육지 식물로 물이 늘 충만한 땅의 언저리에서 산다.

강원도 횡성군 갑천 지역 피리골이라는 마을의 이름은 구릿대로 만든 피리(단소)에서 유래했다고 한다(강원도민일보 2012년 6월 9일자 기사). 구릿대에게 필요한 서식 조건을 고려하면, 그냥 설화가 아니라 실체에 다가서는 스토리텔링일 것이다. 우리나라 사람들은 일찍부터 구릿대를 재배했다.[11] 한반도 산야가 덜 오염되고 덜 파괴된 시대에는 야생 구릿대가 훨씬 흔했고, 선조들의 삶을 지탱케 한 귀중하고 오래된 민족 식물자원이었다. 중국이나 일본에서는 일부 지역에서만 구릿대의 자연분포가 알려지고, 무척 희귀한 편이다.[12] 그런데도 그들도 중요 약재로 널리 재배했고, 지금도 약초원에서 성황리에 재배하고 있다. 구릿대는 사실상 한반도가 지리적 분포중심인 유전자원으로 '구릿-대'로 발음하는 이름이 아니라, '구' 자를 길게 발음하는 '구-리'의 구-리대인 것이다.

---

1) Vassiljeva & Pimenov (1991)
2) 윤호 등 (1489; 김문웅 역주, 2008b), 홍만선 (1643-1715)
3) 최세진 (1517), 유희 (1801~1834)
4) 村川 (1932)
5) 정태현 등 (1937)
6) 이우철 (2005)
7) 유효통 등 (1633)
8) 안덕균 (1998)
9) 윤호 등 (1489; 김문웅 역주, 2008b)
10) 최세진 (1517)
11) 村川 (1932)
12) 山崎 (1989), Pan & Watson (2005)

사진: 김종원, 류태복

바디나물(사향채)

Angelica decursiva (Miq.) Franch. & Sav.

형태분류

줄기: 여러해살이로 어른 가슴 높이 이상 바로 서서 자라고, 위에서 약간 갈라진다. 굵고 튼튼한 편이며 세로로 긴 줄(肋)이 있다. 갈색인 굵은 뿌리가 발달하고, 짧은 뿌리줄기를 내며, 강한 향이 난다. (비교: 처녀바디(*A. cartilaginomarginata*)는 어른 허리 높이 이하로 자란다.)

잎: 어긋나고, 두터운 편이다. 줄기 아랫부분의 잎은 1회 3출인 대형 깃모양겹잎이다. 기부는 거꿀달걀모양 잎집으로 되고 자줏빛을 띠기도 한다. 작은 쪽잎이 3~5개인데 다시 3~5개로 깊게 갈라지고, 가장자리는 딱딱한 연골질로 흰빛을 띠는 예리한 톱니가 된다. 잎줄기를 따라 잎새가 흘러 날개 모양이 되는 것이 다른 종류와 뚜렷한 구별점이다. 줄기 윗부분 잎의 잎자루는 넓은 싼집(鞘)이 되어 둥글게 주머니(칼집)처럼 되고, 기부는 줄기를 살짝 감싼다. (비교: 처녀바디는 줄기 윗부분의 잎자루가 좁고 긴 싼집이 되어 주머니모양이 되지 않는다.)

꽃: 8~9월에 어두운 자색(드물게 흰색)으로 핀다. 줄기 윗부분 마디에서 긴 꽃자루 끝에 겹우산모양꽃차례로 피며, 지름이 10㎝ 이하이고, 총포편은 하나다. 우산살모양꽃가지(小傘莖)가 10~20개이고, 총포는 1~2개이지만, 소총포는 5~7개로 긴 창끝모양이다. (비교: 처녀바디는 흰색 꽃이 핀다.)

열매: 갈래열매로 편평한 타원형이고, 중앙에 줄이 3개 융기하며, 그 사이에 유관(油管)이 여러 개 있다.

염색체수: 2n=22[1)]

생태분류

서식처: 초지, 숲 가장자리, 밝은 숲속, 습지 언저리, 계곡 언저리 등, 양지~반음지, 적습~약습

수평분포: 전국 분포

수직분포: 산지대~구릉지대

식생지리: 냉온대~난온대, 만주, 중국(화북지구의 허베이 성, 허난 성, 화중지구의 후베이 성, 안후이 성, 장쑤 성, 저장 성, 화남지구의 광둥 성, 광시 성 등), 대만, 연해주, 일본(혼슈 이남), 베트남 등

식생형: 초원식생(습생형)

생태전략: [경쟁자]~[터주-경쟁자]

종보존등급: [IV] 일반감시대상종

이름사전

속명: 안젤리카(*Angelica* L.). 약성에서 비롯하는 희랍어(*angelikos* 또는 *aggelikos*)에서 유래하고, 전령사(messenger)로 적합하다는 뜻이다.

종소명: 데쿠르시바(*decursiva*). 아래쪽으로 흐른다는 뜻의 라틴어다. 잎줄기를 따라 잎새가 흘러 날개 모양이 된 것에서 비롯한다.

한글명 기원: 샤향ᄎᆡ(射香菜),[2] 蛇香菜,[3] 샤양ᄎᆡ,[4] 바ᄃᆡ나물, 사양ᄎᆡ,[5] 젼호(前胡), 사양채,[6] 바디나물,[7] 사약채[8]

한글명 유래: 바디와 나물의 합성어다. 바디는 ᄇᆞᄃᆡ[9]>바ᄃᆡ(patai)[10]에서 비롯한다. 바ᄃᆡ는 오늘날 표기로 '바대'인데, 닳아 떨어진 곳에 안으로 덧대는 헝겊 조각을 지칭하는 고유어다. 바디나물의 잎 모양에서 비롯했을 것이다. 어린잎은 데쳐서 나물로 먹었다는 기록[11]으로부터 추정할 수 있는 대목이다.

한방명: 전호(前胡). 바디나물의 뿌리를 지칭하는 약재명으로 중국명에서 비롯한다. 그런데 오늘날 식물도감에서 쓰는 전호(*A. sylvestiris*)라는 이름은 바디나물과 다른 종류다. 전호나 털전호의 뿌리를 바디나물 대신 쓰기도 한다.[12]

중국명: 紫花前胡(Zǐ Huā Qián Hú). 자주색 꽃이 피는 전호라는 뜻이다.

일본명: ノダケ(Nodake, 野竹). 줄기 위쪽에 난 잎은 뚜렷한 잎집이 있고, 잎몸은 빈약하다. 이 모양이 대나무 종류의 죽간(竹稈)을 닮은 데에서 비롯한다.

영어명: Decurrent Blade's Angelica

에코노트

최근 식물명 사전에서는 바디나물 이름의 유래가 불명이라고 한다.[13] 그런데 바디나물은 1921년에 처음으로 기재된 바[14] 있는 '바ᄃᆡ나물'에서 유래하고, 바대와 나물의 합성어다. '바대'는 해진 곳에 안으로 덧대는 헝겊 조각을 지칭하는 고유어다.[15] 바디나물의 잎 모양에 이름이 잇닿아 있음을 추측해 본다. 바디나물은 산형과 식물가운데 잎줄기를 따라 잎새가 흘러내려서 날개모양인 것이 특징이다. 마치 잎 형상이 덧댄 헝겊 조각과 흡사하다. 바디나물을 나물로 이용했었기에 그렇게 불렀을 만하다. 어린잎을 데쳐서 나물로 먹었다는 기록[16]이 그런 사실을 뒷받침한다.

그런데 바디나물이라는 명칭보다 더욱 고유하다고 할 만한 명칭이 있었다. '사향채'다. 중국 약재 전호(前胡)를 대신하는 약용식물로 조선 사람들이 불렀던 향명(鄕名)이다.

16세기 『촌가구급방』은 '사향치'라는 한글 명칭을 전한다. '사향치'는 17세기 『동의보감』에서 '샤양치'로, 다시 19세기 『물명고』에서 '샤향치'로 오락가락하는 전화 과정을 겪다가, 일제강점기를 거치면서 이 명칭은 사라지고 말았다. 한자를 차자한 향명 사향채(射香菜[17] 또는 蛇香菜[18])는 뿌리에서 나는 향을 사향노루의 사향(麝香)에 견주었고, 나물로 이용했기에 나물 채(菜)가 더해졌던 것이다. 우리나라에서 바디나물은 전호를 대신할 만한 약재이면서 구황 나물[19]이었던 것이다.

전호(*A. sylvestiris*)는 울릉도 숲 언저리에 종종 출현[20]하고, 우리나라에서는 개체군 크기가 극히 제한적인 희귀식물이다. 비록 한반도 대륙성 기후 영역에 자생 개체군이 있다고 할지라도 분포 기원에 대한 생태학적 자생 여부[21]는 엄격하게 검토되어야 한다. 때문에 우리나라 사람이 전호를 이용한 민족식물학적 정보는 존재할 개연성이 매우 낮다. 전호는 유라시아 대륙의 동쪽과 서쪽 온대 지역에 지리적 격리 분포를 보이는 흥미로운 종이다. 중부 유럽의 소매군락을 대표하는 종류(Apophyte)로 습윤한 해양성 기후에 분포중심지가 있다.[22]

바디나물은 산지 삼림식생 요소라기보다는 산지대 이하 구릉지대까지 숲 가장자리, 밝은 숲속, 습생 초지, 습지 언저리 등의 초지식생 요소다. 바디나물과 비슷한 처녀바디는 어른 허리 높이 이하로 키가 많이 작은 편이다. 2종은 서식처에서도 분명한 차이를 보인다. 바디나물은 습지 언저리와 같은 늘 습윤한 환경과 밝은 숲속에도 살지만, 처녀바디는 주로 초지에서만 살고, 습윤하지 않은 입지에서도 보인다. 처녀바디의 종소명(*cartilaginomarginata*)은 잎 가장자리(*marginata*)에 흰빛을 띠는 딱딱한 연골질(*cartilagineus*)로

처녀바디

된 예리한 톱니에서 비롯한다. 바디나물의 특징이기도 하다. 바디나물은 당귀속(*Angelica* spp.)의 다른 종과 마찬가지로 서식처 조건에 따라 생태적 형질 변화(복수 개화 또는 1회 개화)는 발생하지만 일반적으로 왕대와 같은 단개화(1회 개화) 식물(monocarpic plant)의 특성이 있다.[23] 꽃을 피울 수 있는 몸(식물체)이 되기까지 수년이 걸리고, 꽃이 피고 나면 그 해에 고사하고 만다. 바디나물은 꽃차례가 생성되기 직전에 뿌리 저장 물질이 풍부하고, 약성이 최고 수준에 달한다. 한약재로서 중요한 자원식물이다. 자연 개체군의 남획이 우려되는 대목이다.

---

1) Okazaki & Sakata (1995), Sun *et al.* (1996)
2) 김정국 (1538)
3) 유효통 등 (1633)
4) 허준 (1613)
5) 森 (1921)
6) 村川 (1932)
7) 정태현 등 (1937)
8) 정태현 등 (1949)
9) 최세진 (1517)
10) 森 (1921)
11) 村川 (1932)
12) 안덕균 (1998)
13) 이우철 (2005)
14) 森 (1921)
15) 국립국어원 (2016)
16) 村川 (1932)
17) 김정국 (1538)
18) 유효통 등 (1633)
19) 森 (1921)
20) 김종원 (2013)
21) 김윤하 (2016, 구두 의견)
22) Mucina (1993)
23) Grime *et al.* (1988)

사진: 김종원, 최병기

개시호

Bupleurum longiradiatum **Turcz.**

형태분류

줄기: 여러해살이며, 바로 서서 어른 허리 높이까지 날씬하게 자라고 매끈한 편이다. 어린 싹은 다소 강한 향기가 있다. 주로 한 가닥이며 윗부분에서 가지가 약간 갈라진다. 뿌리는 굵고 튼튼하다. (비교: 시호(*B. scrozonerifolium*)는 더욱 호리호리하며, 뿌리는 실타래모양으로 굵다.)

잎: 뿌리에서 난 잎은 모여나고 긴 잎자루가 있다. 10개 내외인 잎줄은 깊이 팬 골 같다. 줄기에서 난 잎은 2열로 어긋나고, 아랫부분은 귓밥(耳底)모양으로 줄기를 감싸면서 잎자루는 없다. 뒷면은 약간 흰빛이 돌고 가장자리가 매끈하다. (비교: 시호는 줄기에서 난 잎이 줄기를 감싸지 않고, 약간 주걱모양이며 딱딱한 편이고, 주맥 이외 잎줄은 흐릿하다. 섬시호(*B. latissimum*)는 넓은 달걀모양이고, 울릉도 특산이다.)

꽃: 7~8월에 줄기나 가지 윗부분에서 밝은 노란색으로 피며, 겹우산꽃차례다. 꽃잎은 5장이며 안쪽으로 굽고, 수술이 5개 있다. 꽃자루 기부에 싼잎이 1~2개 있고, 작은싼잎(小總苞)은 5개다.

열매: 갈래열매로 장타원형이고 연한 녹색이다. 익으면 검은색이 되고 능선이 있다.

염색체수: 2n=12[1]

생태분류

서식처: 초지, 츠렁모바위, 숲 가장자리, 밝은 숲속 등, 양지~반음지, 적습~약건

수평분포: 전국 분포

수직분포: 산지대~구릉지대

식생지리: 냉온대, 만주, 중국(새북지구의 간쑤 성과 네이멍구), 연해주, 몽골, 다후리아, 쿠릴열도, 사할린, 일본(주로 규슈 북서부) 등

식생형: 초원식생

생태전략: [경쟁자]~[터주-경쟁자]

종보존등급: [IV] 일반감시대상종

이름사전

속명: 부플레우룸(*Bupleurum* L.). 수컷 소(*bous*, ox)의 갈비뼈(*pleuron*, rib)를 뜻하는 고대 희랍어에서 비롯한다.

종소명: 롱기라디아툼(*longiradiatum*). 긴 방사상(放射狀)으로 생긴 꽃차례에서 비롯한 라틴어다.

한글명 기원: 개시호[2]

개시호

시호

개시호

시호 줄기와 잎

시호 꽃차례

한글명 유래: 개와 시호의 합성어다. 1921년 첫 기재에는 일본명(蛍柴胡)으로만 기재되었고, 같은 자료에 한글명 '시호'도 등장한다.[3] 따라서 앞서 기록된 시호라는 명칭에 대해 1949년에 새로운 종을 기재하면서 '개' 자를 더한 것이다. 그런데 시호는 중국명(柴胡)에서 유래하고, 우리에게는 묏미나리[4]라는 오래된 이름이 있었다.

한방명: 시호(柴胡). 시호, 개시호, 등대시호, 섬시호 등의 뿌리를 약재로 쓴다.[5]

중국명: 大叶柴胡(Dà Yè Chái Hú). 잎이 큰 시호라는 뜻이다.

일본명: ホタルサイコ(Hotarusaiko, 蛍柴胡). 유래 불명이라지만,[6] 야생하는 시호라는 뜻으로 개똥벌레(螢)를 덧붙인 이름이다.

영어명: Long Ray's Hare's Ear, Long Ray's Bishop's Weed

에코노트

우리나라에는 시호속에 5종이 자생한다. 이 가운데 개시호가 가장 흔한 편이고, 그 다음은 시호다. 섬시호는 울릉도에만 자생하는 특산종이고, 등대시호는 해발고도가 높은 산악지대 및 고산대에 산다. 참시호는 만주가 분포중심지인 북방 요소다. 뒤의 3종은 우리나라에서 희귀종인 셈이다. 개시호는 잎이 줄기를 감싸기 때문에 그렇지 않은 시호와 분명하고 쉽게 구별할 수 있다.

개시호와 시호는 서식처에서도 미묘한 차이가 있다. 개시호는 시호보다 건조에 잘 견디는 편이어서 건조한 측렁모바위에서도 보인다. 동아시아에서 개시호는 사실상 한

등대시호

등대시호 꽃차례

섬시호(울릉도 특산종)

섬시호 꽃차례

반도에 분포중심지가 있다. 한반도 북방 대륙 지역에서도 점점이 격리 분포하는데, 이것은 하나의 제4기 격리 피난처(quaternary refugial isolation)를 보이는 것이다. 동아시아에서 시호속의 이지역성(異地域性) 종분화(種分化)와 종다양성을 촉진하는 형국이다.[7)]

시호(柴胡) 종류는 예전부터 동아시아 지역에서 주요 약용식물이었다. 15세기 초 『향약구급방』에 한자를 차자한 '산질수내립(山叱水乃立)'이라는 향명이 나온다. 16세기 『동의보감』에 나오는 묃미나리[8)]의 향명식(山叱=묃, 水乃立=미나리) 표기이다. 훗날 묏미ᄂᆞ리,[9)] 뫼(ㅅ)미나리[10)] 따위로 표기가 조금씩 달라진다. 19세기 『물명고』[11)]는 죽엽시호(竹葉柴胡), 구엽시호(韭葉柴胡), 은시호(銀柴胡) 따위의 다양한 시호 종류를 소개한다. 은시호는 압록강 건너 랴오닝 성 은주(銀州) 지역에서 난다. 다른 2종은 잎 모양에서 구별된다. 잎이 댓잎을 닮았다는 죽엽시호는 시호를 지칭할 것이며, 잎이 산부추(韭)를 닮았다는 뜻의 구엽시호는 그 이전 17세기에는 맥문동을 닮았다고 했는데,[12)] 북부 지역과 만주에 분포하는 참시호(*B. angustissimum* (Franch.) Kitag., 线叶柴胡)[13)]일 것이다. 그런데 시호는 예전부터 재배하기도 한 주요 약재이지만, 개시호가 쓰였다는 사실은 확인되지 않는다.[14)] 최근에는 다른 시호 종류와 마찬가지로 야생 개시호 뿌리를 약재로 이용한다고 한다.[15)] 중국에서는 시호를 대신해 의료 목적으로 개시호를 사용하지 않으며 독이 있는 식물로 분류한다.[16)]

---

1) Sun *et al.* (1996)
2) 정태현 등 (1949)
3) 森 (1921)
4) 허준 (1613), 유희 (1801~1834), 村川 (1932)
5) 안덕균 (1998)
6) 牧野 (1961)
7) Zhao *et al.* (2013)
8) 허준 (1613)
9) 유희 (1801~1834)
10) 村川 (1932)
11) 유희 (1801~1834)
12) 홍만선 (1643~1715)
13) 한진건 등 (1982)
14) 홍만선 (1643~1715)
15) 안덕균 (1998)
16) FOC (2015)

사진: 류태복, 김종원, 최병기

병풀

Centella asiatica **(L.) Urb.**

형태분류

줄기: 여러해살이로 땅바닥을 기며 마디에서 뿌리를 내린다. 상처를 내면 향기가 난다.

잎: 마디에서 1~4개가 모여나고, 넓고 퍼진 원형으로 아래는 깊이 팬 심장모양이며 가장자리에 둔한 톱니가 있다. 어린잎에는 부드러운 털이 있다. 잎자루 기부에 비늘 같은 퇴화한 잎이 2개 있다.

꽃: 7~8월에 2~4개가 잎겨드랑이에서 하나씩 순서대로 진한 자줏빛으로 핀다. 꽃잎은 5장이고, 수술 꽃밥은 흑자색이다. 배(舟)모양인 총포 2개는 열매가 익을 때에도 남는다.

열매: 갈래열매로 편평하고 원형이다. 표면에 맥 7~9개와 가로맥이 얽혀 마치 그물처럼 보인다.

염색체수: 2n=18[1]

생태분류

서식처: 초지, 길가, 밭 언저리, 마을 주변, 정원, 방목지 등, 반음지~양지, 적습~약습

수평분포: 남부 지역(주로 남해안과 제주도)

수직분포: 구릉지대 이하

식생지리: 난온대~열대(해양성), 중국(주로 화중지구 이남), 대만, 일본(혼슈 간토 지역 이서), 서남아시아, 동남아시아 등 전 세계 열대~아열대 지역에 광역 분포

식생형: 초원식생(잔디형)

생태전략: [터주자]~[터주-경쟁자]

종보존등급: [IV] 일반감시대상종

이름사전

속명: 센텔라(*Centella* L.). 유래가 다양하다. 짜깁기 조각, 수많은, 중심 따위의 의미가 있는 라틴어(*cento, onis*)에서 유래하거나, 찌르고, 자극하고, 아픔을 유발하게 한다는 뜻의 희랍어(*kentron* 또는 *kenteo*)에서도 비롯한다.[2] 잎 모양이나 땅바닥을 뒤덮는 형상 또는 약성에서 비롯했을 것이다.

종소명: 아지아티카(*asiatica*). 아시아 지역에 널리 분포한다는 뜻의 라틴어다.

한글명 기원: 병풀,[3] 말굽풀[4]

한글명 유래: 일본명을 번역한 이름[5]이라고 하지만, 일본명(壺草)의 한자 병 호(壺) 자는 정원 또는 마당을 뜻하고, 병풀의 서식처를 드러내는 이름이다. 말굽풀이라는 한글명은 일본명의 별칭(履草)에 잇닿아 있다.

한방명: -

중국명: 积雪草(Jī Xuě Cǎo). 중국에서는 약재로 쓴다.

일본명: ツボグサ(Tsubogusa, 坪草, 壺草). 정원이나 길가에 사는 풀이라는 뜻이다. 쓰보(坪)는 정원을 뜻하는 옛말이고, 병 호(壺) 자도 마당 또는 정원을 뜻한다.[6] 별칭 구쓰쿠사(Kutsukusa, 履草)는 잎 모양이 눈(雪) 위를 걸을 때 말굽에 덧씌우는 일종의 설피 같은 와라구쓰(Warakutsu, 藁沓)라는 신(履)을 닮은 데에서 비롯한다. 중국명(积雪草)에 잇닿아 있다.

영어명: Asiatic Pennywort, Indian Pennywort

에코노트

병풀속은 전 세계에 20여 종이 있는 것으로 알려졌고, 열대 아열대 요소로 남아프리카 지역에 주로 분포한다.[7] 우리나라를 포함해 동아시아에는 병풀 1종만 분포한다. 한글명 병풀은 항아리나 투호(投壺)처럼 병을 뜻하는 한자 호(壺) 자를 포함한 일본 한자명을 번역한 것이다. 하지만 병풀이라는 이름은 한자 의미대로 병(甁)과의 관련성을 찾을 수 없는 생뚱맞은 이름이다. 일본명(壺草)은 정원 한구석에서 심심찮게 눈에 띄는 마당 풀이라는 뜻에서 비롯하며, 일본의 또 다른 한

자명(坪草)이 그런 사실을 뒷받침한다. 일본에서는 잔디-병풀군집(Centello-Zoysietum)이라는 잔디밭 식물사회를 특징짓는 진단종이고,[8] 늘 습윤한 정원 마당이나 잔디밭이 서식처다. 그런 곳에는 종종 메꽃과의 아욱메풀(*Dichondra repens*)이 자리를 대신하기도 한다. 병풀은 상대적으로 잎이 얇고, 가장자리에 얕은 톱니가 뚜렷하며, 아욱메풀은 오뉴월에 노란색 꽃이 피는 것이 뚜렷한 차이다.

우리나라 남해안과 제주도에서는 병풀이 흔한 편이다. 지구온난화로 해안선을 따라 북쪽으로 분포범위가 확장될 것으로도 예상되지만, 대륙성 기후의 메마른 한반도 환경조건에서 여의치 않다. 하지만 좁은 공간으로 포근한 분위기에 누기가 있는 마당이나 담장 구석이라면 충분히 살아간다. 한번이라도 심하게 건조해지는 사태가 발생하면 말라 죽고 만다. 야생 상태인 자생 개체군은 종보존등급 [Ⅳ] 일반감시대상종으로 눈여겨볼 가치가 있다. 병풀이 우리나라에서 유용식물자원으로 주목 받은 것은 최근의 일이다. 중국에서는 약재로 이용한 지 오래고, 인도에서는 전통 향기치료법 아유베다에 이용하는 중요 허브 자원이기도 하다. 동남아시아에서는 지금까지도 채소로 재배하며, 수프를 만들어 먹기도 한다.

---

1) Sun (1996)
2) Quattrocchi (2000)
3) 정태현 등 (1949)
4) 박만규 (1974)
5) 이우철 (2005)
6) 牧野 (1961), 奥田 (1997)
7) She & Watson (2005)
8) 宮脇 等 (1978)

사진: 류태복, 조순만

어수리

Heracleum moellendorffii **Hance**

형태분류

줄기: 여러해살이며, 바로 서서 어른 가슴 높이로 자라지만, 종종 어른 키보다 큰 경우도 있다. 속이 비었고 세로로 줄(稜)이 있어서 튼튼한 편이다. 전반적으로 거친 털이 있어 까칠까칠하고, 원기둥모양 뿌리가 발달한다.

잎: 어긋나고, 깃모양겹잎이다. 아래 잎자루는 30㎝까지 길지만, 위로 갈수록 짧아지고 마침내 줄기를 감싼다. 윗부분의 잎은 퇴화한 듯 칼집처럼(鞘狀) 굵어진 잎자루 끝에서 난다. 쪽잎은 3~5개이고, 끝잎은 둥그스름한 심장모양이며 세 갈래로 깊게 갈라진다. 쪽잎은 날카롭고, 불규칙하고 잘게 갈라진다. (비교: 참당귀(*Angelica gigas*)의 잎은 규칙적으로 크게 갈라진다.)

꽃: 7~8월에 흰색으로 피고, 겹우산꽃차례다. 꽃자루 길이는 5~15㎝이고, 우산살모양꽃가지(小散莖)가 20~30개 있다. 몇 개 있는 소총포(小總苞)는 줄모양이며 일찍 떨어지기도 하고, 꽃받침은 퇴화한다. 방사상 꽃잎은 크기가 다르고, 바깥쪽 꽃잎은 안쪽 것보다 아주 크며 두 갈래로 갈라진다. (비교: 참당귀는 자주색 꽃이 핀다.)

열매: 갈래열매로 옅은 갈색이며 편편한 거꿀달걀모양이다. 등쪽의 맥은 실모양이고, 가장자리 맥은 날개처럼 생겼으며, 고랑에는 유관(油管)이 있다. 종자 표면은 편평하다.

염색체수: 2n=22[1)]

생태분류

서식처: 초지, 산지 풀밭, 숲 가장자리, 밝은 숲속, 임도 주변, 산지 계곡과 계류 언저리 등, 양지~반음지, 적습~약습

수평분포: 전국 분포

수직분포: 산지대~구릉지대(주로 산간지대)

식생지리: 냉온대(대륙성), 만주, 중국(새북지구, 안후이 성 이북의 화북지구 등), 일본(혼슈 이남의 간토 이서) 등

식생형: 초원식생, 삼림식생(하록활엽수 이차림)

생태전략: [경쟁자]~[터주-경쟁자]

종보존등급: [IV] 일반감시대상종

이름사전

속명: 헤라클레움(*Heracleum* L.). 그리스신화의 반신반인 최강 영웅 헤라클레스(Heracles)에서 비롯한다. 어수리속 식물이 만병통치(*panax*) 또는 정력제와 같은 약초로 쓰인다는 의미에서 린네(Linnaeus, Carl von) 박사가 1753년에 처음으로 기재했다.

종소명: 묄렌도르피(*moellendorffii*). 식물 채집가(Otto F. von Mœllendorff, 1848~1903)의 이름에서 비롯한다.

한글명 기원: 어수리,[2)] 개독활,[3)] 에누리[4)]

한글명 유래: 1921년 기재[5)]에는 일본명(Hanaudo)으로만 나오고, 한글명 어수리는 1949년 기록[6)]에 처음 나타난다. 유래는 미상이라지만,[7)] 어떤 지역의 방언에서 비롯하고, 산나물과 어상반한 풀이라는 뜻이 있는 어술이에서 전화한 것으로 추정한다. (상세 내용은 아래 에코노트 참조)

한방명: 독활(獨活). 어수리 뿌리를 약재로 쓰고, 중국명에서 비롯한다. 두릅나무과의 독활 뿌리 대용이다. 독활 뿌리의 한방명은 총목(楤木)이다.[8)]

중국명: 短毛独活(Duǎn Máo Dú Huó). 짧은 털이 있는 독활 종류라는 뜻이다.

일본명: ハナウド(Hanaudo, 花独活). 두릅나무과의 독활과 닮았으나, 꽃(花)이 아름다운 것에서 유래한다.

영어명: Mœllendorff's Hogweed, Mœllendorff's Cow-parsnip

에코노트

어수리는 식물체에서 상큼한 향이 난다. 사람들이 일찍부터 식용으로 주목했던 이유일 것이다. 최근 들어 방방곡곡에서 열리는 산나물 축제에도 늘 등장한다. 한반도 전역에 골고루 분포하며, 특히 중부 지역이나 백두대간의 산간 지역에 흔하다. 식생지리학적으

로 냉온대 중부·산지대가 분포중심지다. 일본 혼슈 이남(*H. moellendorffii s.l.*)에도 부분적으로 분포하지만, 한반도와 만주를 중심으로 분포하는 대륙성 요소다.

어수리의 최초 분류기재에는 분포중심지에서 멀리 떨어진 중국 내륙 샨시 성(陜西省)의 화산(華山)에서 채집된 표본이 쓰였다. 종소명 묄렌도르피는 1874년 10월 6일에 어수리를 채집한 식물 채집가(von Mœllendorff)의 이름에서 비롯한다. 어수리가 국제 학계에 알려진 것은 1878년의 일인데,[9] 그 무렵에 동아시아에서 가장 먼저 근대 분류학을 도입한 일본이 하나우도(花独活)라는 일본명을 붙였다. 이는 이미 오래전부터 전래되던 동아시아의 전통 약재 독활(獨活)은 아니지만, 그에 준하는 용처를 알게 되면서 부여한 이름이다. 독활처럼 이용할 수 있지만, 독활과 전혀 다른 종류인 어수리의 아름다운 꽃에서 비롯한다. 중국에서는 일본명과 본질적 맥락이 같은 단모독할(短毛独活)이라 한다. 그런데 우리나라에서만 어수리라는 독특한 이름으로 부른다. 단언컨대 고유한 우리 이름일 것으로 추정한다. 아쉽게도 어수리를 처음으로 기록한 1949년의 문헌[10]에는 그 유래나 연원, 논리적인 근거를 추정할 만한 정보도 없다.

여기서 어수리의 명칭 유래를 식물사회학적으로 몇 가지 추정해 본다. 첫째, 우리나라 고유 이름으로 어떤 지역의 방언일 개연성이 높다. 한반도 전역에서 백두대간을 따라 널리 분포하고, 특히 경상북도 북부부터 강원도 산간 지역에 빈도 높게 출현하기 때문이다. 이 지역의 토착민들이 부르던

꽃
꽃차례
결실하기 시작한 열매

이름으로 보는 것이다. 또 다른 추정으로 제주도 방언일 개연성도 있다. 비록 일본 명칭(Hanaudo)뿐이었지만, 1921년에 우리나라에서 처음으로 등재될 때, 분포 정보 첫머리에 제주도[11]를 명기했기 때문이다. 제주도에서 산형과의 어떤 종류를 어수리와 구분 없이 그렇게 불렀다고 추정해 볼 수 있다.

둘째, 어수리라는 표기가 처음부터 사용했던 것인지, 아니면 시간이 흐르고 지역이 달라지면서 전화된 명칭인지 살펴볼 필요가 있다. 경북 영양의 산골에서는 어너리(임정철 박사 증언)로 부르고, 에누리[12]라는 표기도 보이기 때문이다. 공통적으로 갖는 '어'라는 음소가 주목을 끌지만, 여전히 어수리의 어원은 수수께끼다. 여기서 어수리와 음운 체계가 닮은 우리나라 고유 명칭에서 어원을 추정해 본다. 고사리와 상수리가 대표적인 사례로, 의존명사 '이'가 더해진 경우다. 고사리는 물에 담가둔 줄기 모양에서 비롯하는 '곱살이'에서 유래하고(「고사리」 편 참조), 상수리는 도토리를 뜻하는 한자 상실(橡實)에서 비롯하는 '상실이'에서 유래한다(『한국 식물 생태 보감』 1권 「상수리나무」 편 참조). 따라서 어수리를 '어술이'에서 유래할 것으로 추정해 볼 수 있다. 여기서 '어술'은 고사리의 '곱살'처럼 어떤 형용사의 풀이씨라는 것이다. 곱살은 고부라지는 모양에 잇닿는데, '어술'은 어쭙잖다, 어눌하다, 어설프다, 어렴풋하다, 어처구니 따위의 '어' 의미(意味素)를 갖는 풀이씨인 것이다. 비슷하게 닮은 것을 '어상반하다'라고 할 때의 '어'도 마찬가지일 것이다. 결국 어수리는 '산나물로서 용처가 그러한(어술) 풀(이)'이라는 뜻이 되고, 어술이에서 어수리로 변천한 것으로 보는 것이다.

어수리는 우리나라 근대 분류학이 정식으로 이름을 부여한 1949년 이전에도 한반도 전역에 골고루 분포하는 자원식물이었기 때문에 고유 명칭이 없을 리 만무하다. 1417년 『향약구급방』[13]이 처음 독활(獨活)을 기록했지만, 사라져 버린 향명도 남겼다. 한자를 차자한 '호경초(虎驚草)'라는 이름이다. '범이 놀랄 만한 어처구니가 없는 풀'이라는 뜻이다. 당시에 이미 총목(楤木)은 별개의 약재였기 때문에 오늘날의 분류학에서 말하는 독활의 약재명 총목을 지칭하는 것은 아니다. 총목의 대용품이 되어 온 어수리를 지칭하는 향명이었음이 틀림없다. 어수리라는 이름이 범이 깜짝 놀랄 만한 풀(虎驚草)과 분명하게 뿌리가 잇닿아 있을 법하지만, 더 이상의 연원은 알 수가 없고, 뒤이은 탐색을 숙제로 남긴다.

어수리는 산형과의 다른 종류와 꽃에서 뚜렷한 차이점이 있다. 겹우산꽃차례의 바깥쪽에 위치하는 꽃잎과 안쪽에 위치하는 꽃잎의 크기와 모양이 완전히 다르다. 바깥쪽 꽃잎은 더욱 크고 둘로 갈라진 것처럼 보이며, 수술 꽃밥(머리)이 꽃잎 안쪽에 배열한다. 반대로 안쪽 꽃잎은 작고, 수술 꽃밥이 독립적으로 밖으로 길게 드러나 있다. 겹우산꽃차례에 드나드는 곤충 때문에 쉽게 발생할 수 있는, 자가수분의 빈도를 낮추기 위한 진화의 결과일 것이다. 바깥 꽃의 수술 꽃가루가 꽃 속으로 찾아드는 곤충의 몸에 되도록이면 묻지 않도록 하는 입체적이고 오묘한 공간 구조이고 배열이다.

---

1) Sun *et al.* (1996)
2) 정태현 등 (1949)
3) 안학수, 이춘녕 (1963)
4) 이우철 (2005)
5) 森 (1921)
6) 정태현 등 (1949)
7) 이우철 (2005)
8) 안덕균 (1998)
9) Hance (1878)
10) 정태현 등 (1949)
11) 森 (1921)
12) 이우철 (2005)
13) 최자하 (1417)

사진: 김종원, 류태복

산피막이풀

Hydrocotyle ramiflora Maxim.

형태분류

줄기: 여러해살이로 가느다란 줄기가 지면을 기면서 길게 벋고, 끝이 하늘을 향해 솟는다. 마디가 갈라진 부분이 땅에 닿으면 뿌리를 내린다. 식물 전체에 털이 거의 없다.

잎: 어긋나고, 둥근 콩팥모양이며 약간 광채가 난다. 가장자리가 얕게 갈라지고, 둔한 톱니가 있으며, 잎바닥이 포개지기도 한다. 긴 잎자루는 4~8㎝이고 받침잎은 막질로 약간 갈색을 띤다. (비교: 선피막이(*H. maritima*)는 깊게 갈라지고, 아래에서 서로 포개지지 않는다.)

꽃: 6~8월에 가지의 잎겨드랑이에서 잎차례보다 길게 솟은 꽃자루를 1개 내밀고, 그 끝에 짧은 작은꽃자루가 10여 개 난다. 꽃은 흰색이며, 꽃잎은 5장이고, 투명한 갈색 샘털이 있다.

열매: 갈래열매로 납작한 콩팥모양이며 한쪽에 줄(稜)이 3개 있다.

염색체수: 2n=24[1)]

생태분류

서식처: 초지, 임도 가장자리, 목초지 등, 양지, 적습~약습

수평분포: 전국 분포(주로 경기 이남)

수직분포: 산지대 이하

식생지리: 난온대~냉온대, 중국(저장 성), 일본(홋카이도~규슈) , 쿠릴열도, 대만 등, (인도 동북부, 터키 남서부 등에 귀화)

식생형: 초지식생, 임연식생(소매군락), 터주식생 등

생태전략: [터주자]~[터주-경쟁자]

종보존등급: [IV] 일반감시대상종

이름사전

속명: 히드로코틸레(*Hydrocotyle* L.). 물(*hydor*)과 작은 컵(*kotyle, kotyledon*)을 뜻하는 희랍어로 피막이속의 특성(습한 서식처에서 사는 또는 둥근 방패모양 잎)에 비롯한다.[2)]

종소명: 라미플로라(*ramiflora*). 갈라진 가지(*rami-*)에 핀 꽃(*flora*)에서 비롯한 라틴어다.

한글명 기원: 산피막이풀,[3)] 큰피막이, 큰산피막이풀

한글명 유래: 산과 피막이풀[4)]의 합성어로 일본명(山血止)을 번역한 것이다. 우리나라에서 피막이풀 종류의 첫 기재는 1921년의 일로 일본명으로만 이루어졌고,[5)] 한글명 피막이풀이라는 명칭은 1937년에 처음으로 나타난다. 이때에 *H. javanica*를 '큰피막이'로 기재했다.[6)] 한편 *H. ramiflora*는 1970년에 산피막이풀로[7)] 기재했다. 그런데 최근 국가표준식물목록(2016)에서는 *H. ramiflora*를 큰피막이로 *H. javanica*를 큰피막이풀로 채택하는데, 명명규약의 선취권을 존중해 혼란을 막는 것이 옳다.

한방명: 천호유(天胡荽). 피막이풀 종류의 지상부를 약으로 쓴다.[8)]

중국명: 长梗天胡荽(Cháng Gěng Tiān Hú Suī). 일본명에 잇닿아 있다.

일본명: オオチドメ(Ohchidome, 大血止). 큰 피막이풀이라는 뜻이다. 피막이풀(*H. sibthorpioides*)보다 더욱 큰 것에서 비롯한다. 산피막이(풀)로 번역되는 야마치도메(山血止)라는 별칭도 있다. 한자 혈지(血止)는 '피막이'라는 의미이고, 잎을 짓이겨 상처에 바르면 피가 멈춘다는 것에서 유래한다고 한다.[9)]

영어명: Long-branched Pennywort

에코노트

피막이풀 종류는 습윤한 입지에 산다. 습지 식물사회의 구성원은 아니지만, 지역 기후 수준에서 또는 한 장소 수준에서 수분이 부족한 메마른 서식환경에는 살지 않는다. 실제로 수분환경이 충만한 일본열도에 흔하다. 우리나라처럼 건조한 대륙성 기후 지역에서는 낯선 식물이고, 따라서 민족생물학적 정보도 거의 눈에 띄지 않는다.

선피막이

우리나라에서 피막이 종류는 네댓 종이 있다고 알려졌다. 모두 여러해살이로 지상부는 겨울이 되면 사라지는데, 최남단 도서 지역이나 제주도와 같이 따뜻한 곳에서는 상록으로 버티기도 한다. 피막이풀(*H. sibthorpioides*)은 산피막이풀보다 잎이 1/2 크기로 작으며, 땅바닥을 기기만 하고 위로 솟지 않으며, 겨울에도 잎이 남아서 월동한다. 일본의 잔디 정원에 흔하다. 우리나라에서는 남부 지역과 제주도에 분포한다고 알려졌으나, 실체에 대해서는 학술적 검토가 필요하다.[10] 잎 가장자리가 깊게 갈라지고, 잎바닥에서 포개지지 않는 선피막이는 산피막이풀보다 더욱 온난한 기후 지역에 산다. 남부 지역의 농촌 경작지 언저리에 사는 터주식생의 구성요소다. 특히 미지형의 변화가 거의 없고 늘 습윤한 안정적인 논두렁에 주로 산다.

1) Iwatsubo *et al.* (2006)
2) Quattrocchi (2000)
3) 정태현 (1970)
4) 정태현 등 (1937)
5) 森 (1921)
6) 정태현 등 (1937)
7) 정태현 (1970)
8) 안덕균 (1998)
9) 柳 (2004)
10) 산림청 (2015), 이우철 (1996)

사진: 김종원, 류태복

개사상자

Torilis scabra (Thunb.) DC.

형태분류

줄기: 해넘이한해살이 또는 두해살이며, 바로 서서 어른 무릎 높이 이상으로 자란다. 세로로 능선이 있고, 전체에 짧은 누운 털이 있다. 줄기 속은 꽉 차 있다.

잎: 어긋나며, 3회3출엽으로 뻣뻣하고 억센 털이 있다. 잎자루 밑에서 칼집모양(葉鞘狀)으로 줄기를 약간 감싼다.

꽃: 5~6월에 흰색으로 피며, 겹우산모양꽃차례다. 우산살모양꽃가지(小傘莖)가 2~5개이고, 작은꽃자루에 누운 털이 있다. 꽃싼잎은 보통 없거나 드물게 1개 있다. (비교: 사상자(*T. japonica*)는 6~7월에 피고, 우산살모양꽃가지가 4~12개이며, 꽃싼잎이 4~8개다.)

열매: 갈래열매로 장타원형이며, 3~6개 달린다. 약간 자줏빛이 도는 가시 같이 뻣뻣하고 억센 털이 빼곡하다. (비교: 사상자는 둥근 알모양이고, 4~10개가 달린다.)

염색체수: 2n=16[1]

생태분류

서식처: 초지, 산비탈 풀밭, 숲 가장자리, 산기슭 벌채지, 농촌 들녘, 길가, 황무지, 공터 등, 양지~반음지, 적습

수평분포: 남부 지역(제주도 포함)

수직분포: 구릉지대 이하

식생지리: 난온대~냉온대, 중국(화남지구, 화중지구, 그 밖에 간쑤 성, 산-시 성 등), 대만, 일본(혼슈 이남) 등, (북미에 귀화)

식생형: 이차초원식생, 터주식생(농촌형)

생태전략: [터주-경쟁자]~[터주자]

종보존등급: [IV] 일반감시대상종

이름사전

속명: 토릴리스(*Torilis* Adans.). 특별한 의미가 없거나, 꿰뚫는다(貫通)는 뜻의 라틴어(*toreo*)에서 유래하는 것으로 추정한다.[2] 열매 모양에서 비롯했을 것이다.

종소명: 스카브라(*scabra*). 거칠다는 뜻의 라틴어다. 잎의 거친 감촉에서 비롯했을 것이다.

한글명 기원: 개사상자,[3] 별사상자, 긴사상자[4]

한글명 유래: 개와 사상자의 합성어다. 우리 식물 이름에 '개' 자는 흔하다, 천하다, 쓸모가 떨어지거나 없다, 재배식물이 아니라 야생한다 따위를 지칭한다. 사상자 종류로 수컷(雄)처럼 부드럽지 않다는 뜻의 일본명(雄薮蝨)에서 비롯한다는 견해[5]도 있지만, 실제로 개사상자는 약재로 쓰이지 않는다는 데에 잇닿았을 것이다. 사상자는 전국에 분포하는데, 1921년 기록[6]에 처음으로 한글명 '사상ᄌᆞ'가 등장한다. 중국명 사상자(蛇床子)에서 비롯한다. 그런데 사상자는 '벌사상자'로 벌사상자는 '사상자'로 바꾸어 부르는 것이 옳다. 사상자는 1633년『향약집성방』에 '사도라질(蛇都羅叱)'이라는 향명으로 기재되었고, 1799년『제중신편』에서 'ᄇᆡ얌도랏ᄊᆡ'로 기재된 바 있다.[7] (『한국 식물 생태 보감』 1권 「벌사상자」, 「사상자」 편 참조)

한방명: - (사상자 열매를 破子草(파자초)라 해 약재로 쓰지만, 개사상자는 이용하지 않는다.[8])

사상자

개사상자 열매

중국명: 窃衣(Qiè Yī). 일본명처럼 종자 모양에서 비롯한 것으로 추정되고, 직역하면 훔친(窃) 옷(衣)이라는 뜻이다. 파의초(破衣草)라는 명칭도 있다.[9]

일본명: オヤブジラミ(Oyabujirami, 雄藪蝨). 수컷(雄)처럼 좀 거친 사상자 종류(藪蝨)라는 뜻이다. 한자 수슬(藪蝨)은 집 근처 후미진 곳(藪)에서 살고, 마치 이(蝨)가 털옷에 기생하는 것처럼 잘 달라붙는 열매에서 비롯한다.

영어명: Rough Hedge-parsley

에코노트

개사상자는 사상자와 많이 닮았지만, 꽃(열매) 숫자가 적고, 꽃자루(열매자루)가 분명한 것이 다르다. 사상자(『한국 식물 생태 보감』 1권 「사상자」 편 참조)는 주로 마을 후미진 곳(藪)에 사는 터주식생의 요소라면, 개사상자는 사람 간섭이 보다 덜한 풀밭에서 주로 산다. 사상자는 북반구 유라시아 대륙의 온대 지역에 널리 분포하지만, 개사상자는 동북아시아 난온대 지역에 주로 분포하고, 우리나라에서는 남부 지역과 제주도의 해발고도가 낮은 풀밭에서 가끔 보인다.

사상자 종류의 열매는 가시 같은 털이 있어 옷에 잘 달라붙는다. 털 많은 동물이나 사람 옷에 붙어서 퍼져 나간다. 모두 두해살이 또는 해넘이한해살이며, 사는 환경조건에 따라 생명환이 달라진다. 수분환경이 충만한 메마르지 않는 생육환경이면 보통 두해살이로 살아간다. 상대적으로 서식 조건이 불리한 장소이면 거의 다 해넘이한해살이로 산다. 두해살이인 경우는 봄에 발아해서 겨울이면 지상부 식물체가 말라 죽고 이듬해 봄에 땅속에 남아 있던 뿌리에서 새싹이 돋은 뒤, 꽃피고 열매 맺고 일생을 마감한다. 사상자 종류의 땅속 종자은행은 지면 가까운 곳에 파묻혀 있다가 촉촉한 환경조건이 되면 휴면에서 깨어난다.[10] 대륙성 기후로 겨울이 메마른 우리나라에서 해넘이한해살이로 사는 경우를 자주 보게 되는 것도 이와 관련 있다.

1) Zhang (1994)
2) Quattrocchi (2000)
3) 정태현 등 (1949)
4) 박만규 (1949)
5) 이우철 (2005)
6) 森 (1921)
7) 김종원 (2013)
8) 안덕균 (1998)
9) 森 (1921)
10) Vandelook *et al.* (2008)

사진: 김종원, 이승은, 이창우

사상자 열매

봄맞이꽃

Androsace umbellata (Lour.) Merr.

형태분류

줄기: 한해살이 또는 해넘이한해살이며, 식물 전체에 털이 무성하다. 가늘고 질긴 뿌리가 모여난다. (비교: 애기봄맞이(*A. filiformis*)는 털이 거의 없다.)

잎: 뿌리에서 모여나고, 지면에 퍼져 난다. 가장자리에 둔한 톱니가 있는 반원형으로 폭이 길이보다 넓지 않고 연한 녹색 빛을 띤다. 다세포로 된 털이 있다. 잎자루 단면은 납작한 만두모양이다. (비교: 애기봄맞이는 긴 달걀모양이다.)

꽃: 3~4월에 피며, 꽃잎은 흰색이고 가운데는 노랗게 눈(目)처럼 보인다. 뿌리에서 내민 긴 꽃자루에는 짧은 털과 샘털이 섞여 나고, 그 끝 작은꽃자루에서 우산모양꽃차례로 여러 개가 핀다. 열매가 생길 때 작은꽃자루는 다소 길어지고, 털이 많은 꽃받침은 조금 커지면서 사방으로 퍼져서 별 모양이 된다.

열매: 캡슐열매로 둥글며, 끝에서 5개로 갈라진다. 열매 하나당 씨가 75~85개[1] 나온다.

염색체수: $2n=20$[2]

생태분류

서식처: 초지, 산비탈 풀밭, 길가, 경작지 언저리, 두둑 등, 양지, 적습

수평분포: 전국 분포

수직분포: 산지대 이하
식생지리: 아열대~온대, 만주, 중국(화남지구, 화중지구, 화북지구, 기타 네이멍구, 티베트 등), 연해주, 대만, 일본(혼슈 중부 이남), 서남아시아, 동남아시아 등
식생형: 초원식생, 농지식생(논두렁 밭두렁 일년생식물군락), 터주식생(농촌형)
생태전략: [터주자]~[터주-경쟁자]
종보존등급: [V] 비감시대상종

이름사전

속명: 안드로사체(*Androsace* L.). 남자(*aner, andros*)와 방패(*sakos*)를 뜻하는 희랍어에서 유래하고, 잎 모양이나 수술 꽃밥 모양에서 비롯한다.[3]
종소명: 움벨라타(*umbellata*). 우산 모양으로 펼쳐진 우산꽃차례에서 비롯한 라틴어다.
한글명 기원: 봄맞이꽃,[4] 봄맞이[5]
한글명 유래: 봄을 맞이하는 꽃이라는 뜻이고, 1937년에 처음 등장한다. 봄맞이꽃의 첫 기재는 1921년의 일로 일본명(Ryukyukozakura)만 기록했으며, 거기에 나오는 보춘화(報春花)[6]라는 한자명과 잇닿아 있다.
한방명: 후롱초(喉嚨草). 봄맞이꽃의 지상부를 약재로 쓴다.[7]
중국명: 点地梅(Diǎn Dì Méi). 아주 작은 매화꽃 같은 봄맞이꽃이라는 데서 비롯했을 것이다. 후롱초(喉咙草)[8]라고도 한다.
일본명: リュウキュウコザクラ(Ryukyukozakura, 琉球小桜). 류큐(琉球)의 작은 사쿠라 꽃이라는 뜻이다. 류큐는 오키나와의 옛 지명으로 봄맞이꽃이 아열대와 난온대의 온난한 지역에 분포중심이 있는 남방 요소라는 것을 시사한다.
영어명: Umbrella Androsace

에코노트

봄맞이꽃속은 전 세계에 100여 종이 있는 것으로 알려졌고, 북반구 온대 지역에 분포한다.[9] 우리나라에서는 5종이 있고, 그 가운데 봄맞이꽃과 애기봄맞이꽃이 남한 전역에서 보인다. 봄맞이꽃은 가장 일찍 봄을 알리는 들풀 가운데 으뜸으로, 수분환경이 좋은 논두렁, 밭두렁에서 자주 보인다. 애기봄맞이와 함께 농촌 주변 풀밭 식물사회의 구성원이다. 남부 지역으로 갈수록 봄맞이꽃이 흔하고, 북부 지역으로 갈수록 애기봄맞이가 흔하다. 밭두렁과 논두렁에서도 두 종이 나타나는 방식에 미묘한 차이가 있어, 논두렁 쪽에서는 봄맞이꽃이 더 많이 보인다. 봄맞이꽃이 온대(냉온대~난온대)로부터 아열대에 이르기까지 더욱 온난한 기후 지역에 널리 분포한다는 뜻이다. 애기봄맞이는 추운 냉온대와 더욱 습윤한 입지에서 산다.

그런데도 봄맞이꽃은 히말라야 지역의 아고산~고산대에도 분포한다. 히말라야 초모랑마(Mt. Qomolangma, 에베레스트)의 해발고도 5,180m에서 가장 먼저 봄을 알리고, 마지막으로 꽃피는 국화과 취나물속(*Saussurea* sp.) 꽃이 질 때까지 꽃이 핀다. 개화 기간이 5월 중순부터 8월 중순까지로 무려 88일[10]인 셈이다. 광합성이 가능한 생산기간 동안에 자식(종자)을 만드는 데에 최선을 다하는 모습으로, 지역과 서식처의 환경조건에 따라 식물계절(phenology)이 다르게 나타난다는 사실을 알게 한다.

봄맞이꽃속 식물의 70% 이상은 중국에 자생한다. 그래서일까, 중국에서는 봄맞이꽃에 대한 생약연구가 활발하다. 최근에는 봄맞이꽃 추출물에서 유방암에 대한 항암작용을 확인했고,[11] 그에 대해 우리나라 학자들이 국제 특허를 취득하기도 했다.[12]

---

1) 김윤식, 김희경 (1988)
2) Yang (2002)
3) Quattrocchi (2000)
4) 정태현 등 (1937)
5) 임록재 등 (1975)
6) 森 (1921)
7) 안덕균 (1998)
8) 한진건 등 (1982)
9) FOC (1996)
10) Zhang *et al.* (2010)
11) Shi *et al.* (2013)
12) Zee *et al.* (2011)

사진: 이정아, 김종원, 이창우

큰까치수염

Lysimachia clethroides **Duby**

형태분류

줄기: 여러해살이며, 바로 서서 어른 무릎 높이 이상으로 자란다. 드물게 2개로 갈라지는 경우가 있고, 아래 기저부에 붉은빛을 띤다. 식물 전체에 털이 거의 없는 편이다. 기둥뿌리는 약간 누우면서 길게 벋는다. (비교: 까치수염(*L. barystachys*)은 갈색 털(毛茸)이 빼곡하다.)

잎: 어긋나고, 장타원형으로 길이가 폭(2㎝ 이상)의 3배 정도다. 약간 밝은 녹색을 띠고 잎자루 기저부에 붉은색을 띤다. 표면에 잔털이 약간 보이기도 하지만, 뒷면에는 털이 없다. 잎속(葉肉)에 검은 점 같은 유점(油点)이 비친다. 잎끝이 급하게 뾰족해지고 가장자리는 밋밋하다.

꽃: 5~8월에 흰색으로 줄기 끝에서 길고 굵은 꼬치 형상인 송이꽃차례가 한쪽 방향으로 휘면서, 작은 꽃들(小花)이 빼곡하게 바깥을 향해 핀다. 꽃대 아래에서부터 위로 순차적으로 피고, 꽃차례는 열매가 생길 쯤이면 30㎝ 이상으로 길어진다. 꽃받침 5개는 깊게 갈라지고, 수술 5개에 암술 1개다.

열매: 캡슐열매로 둥그스름한 달걀모양이며 꽃받침에 싸여 있다. 꽃이 완전히 지고 나면 열매 달린 꽃대가 바로 선다.

염색체수: 2n=24[1)]

생태분류

서식처: 초지, 숲 가장자리, 밝은 숲속, 임도 가장자리, 벌채지, 산불 난 곳 등, 양지~반음지, 적습~약습

수평분포: 전국 분포

수직분포: 산지대 이하
식생지리: 냉온대~난온대, 중국(화남지구, 화중지구, 기타 랴오닝 성 등), 연해주, 대만, 일본 등
식생형: 초원식생(고경초본식생형)
생태전략: [경쟁자]~[터주-경쟁자]
종보존등급: [IV] 일반감시대상종

이름사전

속명: 리지마키아(*Lysimachia* L.). 유럽 발칸반도의 트라키아 지역을 지배한 리지마쿠스(Lysimachus) 왕 이름에서 또는 투쟁(*mache*)을 끝내다(*lysis*)라는 뜻의 희랍어에서 비롯한다.[2]

종소명: 클레스로이데스(*clethroides*). 고대 희랍어에서 유래한 오리나무 종류(Clethra)를 닮았다는 뜻의 라틴어로, 잎 모양에서 비롯한다.[3]

한글명 기원: 쌋치슈염,[4] 진슈치,[5] 큰까치수염,[6] 큰까치수영[7]

한글명 유래: 까치수염보다 크다는 뜻이다. 까치수염의 명칭 유래는 동서양을 막론하고 벽사(辟邪)에 잇닿았을 것으로 추정한다(『한국 식물 생태 보감』 1권 「까치수염」 편 참조). 그런데 까치(쌰치)는 개비(개비짱)를 뜻하는 또 다른 우리말이다. 신사, 청년, 아버지를 이르는 말에 잇닿았다면, '까치수염'은 멋쟁이 남자 어른의 수염이라는 뜻으로도 해석할 수 있다. 꽃차례 모양에서 비롯하는 '수염'이라는 명칭 대신에 '수영'이라 표기한 것은 오류다.

한방명: 진주채(珍珠菜). 뿌리와 지상부를 약재로 쓴다. (비교: 까치수염은 낭미파화(狼尾巴花)라 하고, 이리(狼) 꼬리 같은 꽃이라는 뜻이다. 마찬가지로 뿌리와 지상부를 약재로 쓴다.)[8] 진주(珍珠)처럼 매달린 열매와 먹을 수 있는 나물(菜)이라는 것에서 비롯한다. 한약재 영릉향(零陵香, *L. foenum-graecum*)[9]은 중국 화남지구 일부 지역(광둥 성, 광시 성, 후난 성, 윈난 성 등)에서 자생하고, 우리나라에는 분포하지 않는다.

중국명: 矮桃(Ǎi Táo). 복숭아(桃) 잎을 닮았다는 뜻이다.

일본명: オカトラノオ(Okatoranoo, 岡虎尾). 구릉지(岡)에 사는 까치수염 종류(虎尾)라는 뜻이다. 꽃차례를 범 꼬리에 비유한 이름이다.

영어명: Gooseneck Loosestrife, Clethra Loosestrife, 흰 거위의 목처럼 생긴 꽃차례에서 비롯한다.

에코노트

까치수염(『한국 식물 생태 보감』 1권 「까치수염」 편 참조)이 입자가 고운 세립질 토양에서 더 많이 보인다면, 큰까치수염은 화성암이나 변성암의 입자가 굵은 조립질 토양

까치수염

에서 더욱 흔하다. 한반도에서 큰까치수염이 까치수염보다 더욱 흔하게 보이는 것도 굵은 입자를 공급하는 암석이 널리 발달한 노년기 지질인 것과도 관련 있다. 큰까치수염은 까치수염에 비해 늘 습윤한 환경조건에서 보이고, 메마른 입지에서는 살지 않는다. 까치수염을 습지형으로 보는 견해도 있지

만,[10] 습지식물은 아니다. 더욱이 메마른 봉분 초지 언저리에 나타나는 경우도 있다. 2종 모두 앵초과(Primulaceae) 식물의 공통된 특징인 적당히 습윤한 토지를 가장 좋아하며, 토양 공극(흙 알갱이 사이의 틈)이 수분으로 포화된 습지 식물사회의 구성원으로 분류하지는 않는다.
큰까치수염은 가을이 되면 아름다운 붉은색 단풍잎으로 눈길을 끈다.

까치수염이나 큰까치수염은 삶은 후 깨끗한 물에 헹구어 쌉싸래(苦)하고 떫은(澁) 맛을 제거해서 나물로 먹던 구황식물이었다.[11] 뿐만 아니라 동아시아(특히 중국)에서 전통 약재로 이용한 역사도 무척 깊다. 21세기에는 이들에서 기능성 천연 물질을 발굴하려는 연구가 부지기수다. 그런데도 인류 사회의 기아와 질병의 고통은 여전하다. 이로부터 벗어나는 길은 깊게 뿌리내린 탐욕을 조금씩 덜어 내는 것이다.

들짐승들은 까치수염 종류를 먹는다. 그들이 좋아하는 밝은 숲속이나 숲 가장자리, 또는 벌채지나 산불 난 곳에서 까치수염 종류도 무리 지어 산다. 일본에서 사슴이 서식하는 삼림 벌채지에 까치수염이 왕성하게 재생한다는 결과[12]도 그런 사실을 뒷받침한다. 우리나라에 사는 까치수염 종류의 생태적 지위를 어렴풋이나마 짐작케 하는 대목이다. 까치수염 종류는 충매화이기에 많은 곤충이 찾는다. 큰까치수염의 모상체(毛狀體)에서 내뿜는 이상야릇한 향이 밴 꿀[13] 때문이다. 가끔은 그 향에 흠뻑 취해 꽃 속에서 죽음을 맞이하는 녀석들도 보인다. 소담스런 꽃은 화훼자원으로도 충분해 최근에는 식물원, 생태원, 수목원에서 많이 키운다. 삭막한 도시에서 곤충을 부양하고, 사람의 정신세계를 여유롭게 하는 까치수염 종류의 가치, 값으로 따질 필요는 없다.

---

1) Lee (1967)
2) Quattrocchi (2000)
3) Gledhill (2008)
4) 森 (1921)
5) 村川 (1932)
6) 정태현 등 (1937)
7) 이창복 (1979)
8) 안덕균 (1998)
9) 신전휘, 신용욱 (2006)
10) 김진만 등 (2007)
11) 森 (1921), 村川 (1932)
12) Takatsuki (1989)
13) Anderberg *et al.* (2007)

사진: 김종원

좀가지풀

Lysimachia japonica Thunb.

형태분류

줄기: 여러해살이며 한 뼘 정도 높이로 비스듬히 서서 자라다가, 보통 지표면 가까이에서 여러 갈래로 갈라지고 사방으로 길게 벋는다. 지면에 닿은 마디에서 뿌리를 내린다. 전체가 부드럽고, 약간 우중충한 빛이 도는 다세포성(多細胞性) 잔털이 많다.

잎: 마주나고, 넓고 원형이다. 가장자리는 밋밋하고, 어릴 때는 털이 있다. 투명한 선점(腺点)이 마르면 모래알처럼 두드러진다. 잎자루는 짧아서 많이 길어야 1㎝ 이하이고 좁은 날개가 있다. 잎줄은 2~3쌍이다.

꽃: 5~7월에 잎겨드랑이에서 짧은 잎자루가 하나씩 나와 노란색으로 피고, 투명한 샘털이 보인다. 꽃받침은 5개로 갈라지고 가는 창끝모양이며, 열매가 성숙할 때면 길어진다. 길이가 같은 수술이 5개로 둥그스름한 삼각형 꽃잎과 하나씩 짝을 이룬다. 꽃이 지면 열매자루를 아래로 늘어트린다.

열매: 캡슐열매로 둥글고, 윗부분에 드물지만 긴 털이 있다. 1㎜ 정도인 씨는 까맣고 두드러기 같은 돌기가 있으며, 한 줄 능선이 있다.

염색체수: 2n=20[1)]

생태분류

서식처: 초지, 목장 주변, 길가, 빈터, 도랑 둑, 제방 등, 양지~반음지, 적습~약습

수평분포: 남부 지역(드물게 중부 해안 지역), 제주도 등

수직분포: 산지대 이하

식생지리: 난온대, 중국(하이난 섬, 장쑤 성, 저장 성 등), 대만, 일본, 부탄, 인도 북부, 인도네시아, 말레이시아 등, (북미와 유럽의 터키 아나톨리아 지역에 귀화 등)

식생형: 초원식생, 임연식생(소매군락) 등

생태전략: [터주-경쟁자]~[터주자]

종보존등급: [V] 비감시대상종

이름사전

속명: 리지마키아(*Lysimachia* L.). 유럽 트라키아 지역의 리지마쿠스(Lysimachus) 왕 이름에서 또는 투쟁(*mache*)을 끝

내다(*lysis*)라는 뜻의 희랍어에서 비롯한다.[2)]

종소명: 야포니카(*japonica*). 첫 기재에 이용된 채집 표본의 출처에서 비롯한다.

한글명 기원: 좀가지풀[3)]

한글명 유래: 작은(좀) 가지풀이라는 뜻으로 일본명(小茄子)에서 비롯했을 것이다.

한방명: -

중국명: 小茄(Xiǎo Qié). 작은 가지라는 뜻으로 일본명에 잇닿아 있다.

일본명: コナスビ(Konasubi, 小茄子). 까만 씨가 작은(小) 가지(茄子)를 닮았다고 해서 붙여진 이름이다.[4)]

영어명: Small Loosestrife, Japanese Loosestrife

에코노트

까치수염속은 북반구 온대와 아열대 지역에 널리 분포하는 범지구적 분류군이고, 일부 남반구 종류를 포함하면 전 세계에 250여 종이 있다.[5)] 우리나라에는 12종이 알려졌고,[6)] 좀가지풀은 그 가운데 식물체 크기(특히 높이)가 가장 작은 땅바닥을 기는 독특한 생태형질이 있다. 꽃은 충매화인데, 꿀 대신에 기름(油)을 방출하는 모상체(毛狀體)[7)]에서 나는 독특한 향에 이끌려 곤충들이 찾아든다.

좀가지풀은 생육기간이 4월부터 10월까지로 우리나라 기후 조건에서 생육 가능한 기간을 꽉 채운다. 꽃가루의 수정 가능성(花粉稔性)이 우수하기[8)] 때문에 더 많은 종자(자식)를 생산할 뿐만 아니라, 지면에 닿은 마디에서 뿌리를 내리는 게릴라번식을 함께 하는 생태전략으로 크게 번성할 수 있다. 직

사광선이 내리쬐는 풀밭에서는 더욱 경쟁력이 있다. 해양성 기후인 일본 혼슈 남부 이남에서는 방목 목초지의 잔디-이질풀군집(Geranio-Zoysietum)이라는 식물사회를 특징짓는 표징종일 만큼 흔하다.[9] 우리나라에서는 일부 난온대 지역에서 제한적으로 나타나는, 그리 흔한 종이 아니다.

우리나라에 좀가지풀에 대한 첫 기록[10]에서는 제주도와 지리산에 분포한다는 사실을 전한다. 지금도 남부 지역의 해발고도가 높은 지역과 제주도에 주로 분포하는 것을 확인할 수 있다. 모두 난온대 지역이면서 해양성 기후 특성이 있는 미세 서식환경, 즉 메마르지 않는 입지에서만 보인다. 개체군 크기도 큰 편은 아니다. 제주도에서 밭 경작지나 방목지에 잡초로 나타나는 터주(ruderal) 환경의 비옥한 땅을 좋아하는 점을 고려할 때, 오히려 희귀하다고 보는 것이 옳다. 최근 지구온난화 영향과 더욱 상세히 밝혀진 식물상 정보 덕택으로 한반도 내륙으로의 분포확산이 확인되고 있다. 전북 운곡습지 언저리 풀밭에서도 보인다.[11] 하지만 좀가지풀의 분포 확장은 한반도의 대륙성 기후 조건 때문에 녹록치 않다. 이른바 생육기간에 수시로 경험하게 될 가뭄과 한랭 기단의 엄습으로 인한 냉해 피해가 생육 발달에 지장을 주기 때문이다.

좀가지풀은 습지식생 구성원은 아니지만, 늘 습윤한 토지에서만 살기 때문에 분포 장벽 요인이 일시적이라도 발생하면 매우 치명적인 영향을 입게 된다. 한반도 내륙으로의 분포확산은 제한될 수밖에 없다. 평균 기온이 상승한다면서 아열대, 난온대 식물의 북상을 예단하는 뉴스가 경박하게 들리는 이유다. 좀가지풀이 아시아에서 유럽으로 이어지는 흑해 남부와 동부(터키 아나톨리아(Anatolia), 코카서스의 구루지아(Gerogia) 등) 지역에 귀화한 사실이 최근에 알려졌다.[12] 귀화한 장소는 대부분 주변 지역에 비해 상대적으로 강수량이 풍부해서 땅이 메마르지 않는 곳이다. 주로 개암나무속(*Corylus* spp.)의 헤이즐넛(Hazelnut) 경작지 언저리에 침투해 산다.

---

1) Ko *et al.* (1986)
2) Quattrocchi (2000)
3) 정태현 등 (1949)
4) 牧野 (1961)
5) Kodela (2006)
6) 이우철 (1996)
7) Anderberg *et al.* (2007)
8) 中村 (1989)
9) 宮脇 等 (1978)
10) 森 (1921)
11) 김종원, 이승은 (2013)
12) Terzioğlu & Karaer (2009)

사진: 류태복

큰앵초

Primula jesoana* Miq. *sensu lato

형태분류

줄기: 여러해살이며, 바로 서고, 짧은 뿌리줄기가 옆으로 벋으며, 잔뿌리도 굵은 편이다. 크고 작은 무리를 만든다.

잎: 뿌리에서 모여나고, 콩팥모양으로 길이와 너비가 비슷하며 표면은 약간 광택이 난다. 가장자리가 손바닥모양으로 7~9개 얕게 갈라지고, 불규칙한 이빨모양 톱니가 있다. 긴 잎자루에 흰 샘털이 많고, 속의 관속다발은 고무줄 같이 질긴 편이다. (비교: 앵초(*P. sieboldii*)는 달걀모양이고, 가장자리가 얕고 불규칙하게 갈라진다. 설앵초(*P. modesta* var. *hannasanensis*)는 긴 직사각형 같은 둥근모양이다.)

꽃: 6~8월에 홍자색으로 피고, 잎자루보다 2배 이상 긴 꽃자루가 바로 선다. 그 끝부분에 1~4층으로 돌려나면서 밝은 쪽을 향해 핀다. 꽃차례에 하얀 샘털이 있고, 2㎝ 이하인 작은 꽃자루에도 가는 털이 있다. 꽃받침은 대롱모양 5개로 깊게 갈라진다.

열매: 캡슐열매로 장타원형이고, 익으면 5개로 갈라지면서 씨앗을 퍼트린다.

염색체수: 2n=24[1]

생태분류

서식처: 초지, 밝은 숲속 또는 가장자리, 습지 언저리, 산간 계류 언저리 등, 양지~반음지, 약습~적습

수평분포: 전국 분포

수직분포: 산지대~아고산대(드물게 구릉지대)

식생지리: 냉온대(준특산), 일본(홋카이도 동부) 등

식생형: 초원식생(습생형), 산지계반(溪畔) 계곡림 등

생태전략: [스트레스인내-경쟁자]~[경쟁자]

종보존등급: [III] 주요감시대상종

이름사전

속명: 프리뮬라(*Primula* L.). 프랑스의 옛말(primerole)에서 유래하고, 중세 라틴어(*primula*)로 '봄에 피는 첫 꽃'이라는 뜻이다. 앵초속 식물의 아름다운 꽃과 숲이 울창해지기 전 이른 봄에 피는 화기(花期)에서 비롯했을 것이다. 한편 지금은 사라져 버린 고대 메소포타미아 아시리아·바빌로니아 지역의 아카드어(Akkadian) 새끼(*pir'u, per'u*)라는 뜻에도 잇닿아 있다.[2]

종소명: 예조아나(*jesoana*). 일본 간토 지역 이북에서부터 홋카이도에 이르기까지 일본 북부 지역에 널리 살았던 원주민 아이누 또는 홋카이도를 지칭하는 옛 이름 '에조'에서 비롯하고, 한자 하이(蝦夷)에 대한 일본식 발음이다.

한글명 기원: 큰앵초[3]

한글명 유래: 앵초보다 크다는 뜻이다. 일본명에서 비롯한다. 앵초(櫻草)를 한자 명칭으로 '잉초' 또는 '풍륜초(風輪草)',[4] '련형초'[5] 따위로 기재한 바 있다. 그런데 '앵'이라는 말의 뿌리는 우리말에 잇닿아 있다. (생태노트 참조)

한방명: 앵초근(櫻草根). 큰앵초, 앵초, 설앵초 등의 뿌리를 약재로 쓴다.[6] 우리나라 고전 기록(예: 1417년의 『향약구급방』, 1633년의 『동의보감』)에는 나타나지 않는다.

중국명: - (중국에서는 일본과 다르게 앵초속을 라틴 속명에 잇닿은 '봄을 알리는(報) 꽃'이라는 뜻으로 보춘화속(报春花属)이라 한다.)
일본명: オオサクラソウ(Oosakurasou, 大櫻草). 큰(大) 앵초(櫻草)라는 뜻이다. 한자 앵초(櫻草)는 이른 봄에 벚나무 종류(櫻, 桜)처럼 예쁜 꽃이 피는 들풀(草)인 것에서 유래한다.
영어명: Korean Primrose, Yezo(Ezo) Primrose

에코노트

큰앵초는 잎자루와 꽃자루에 털이 많은 개체가 흔하다. 일본에서는 털이 많은 것을 변종 털큰앵초(var. *pubescens*)로 구분하며,[7] 홋카이도 동부 지역에 주로 분포한다.[8] 하지만 털의 유무와 정도는 연속적인 형태 변이[9]로 보기 때문에 여기서는 한 종류(*P. jesoana sensu lato*)로 취급한다. 큰앵초는 사실상 우리나라에 분포중심이 있는 준특산종이다. 주로 해발고도가 높은 산지나 산정부에서 결코 메마를 일이 없는 습윤한 환경이 잘 보장되는 입지에 산다. 한여름에도 시원하고, 토양과 대기 중의 통기성과 통수성이 양호한 곳이다. 산지 운무대나 납작한 접시형 산간 계곡에서 크고 작은 선상(扇狀) 지형의 아주 밝은 숲속 또는 숲 가장자리 그리고 전형적인 개방 입지가 서식처다.

큰앵초는 습생형 초원식생 구성원이다. 삼림식생이나 늘 물기가 포화된 땅의 습지식생 구성원은 아니다. 특히 겨울에 태양광선이 지표면에 직접 도달하는 개방형 서식처라면 큰앵초가 가장 좋아하는 조건이다. 종종 아고산대에서도 보이는 까닭이다. 겨울 동안 숲지붕(林冠)이 밀폐된 상록수림(침엽수림 또는 활엽수림) 숲 바닥에서는 살지 않는다. 적절한 수분환경에서 낙엽이 분해되어 유기물 부식토가 된 비옥한 토양에서 더욱 잘 산다.

한편 앵초는 서식처 환경조건에서 큰앵초와 큰 차이가 없지만 더욱 습한 곳을 좋아하고, 만주에서부터 일본 혼슈 이남 지역에 이르기까지 동북아시아 온대(냉온대~난온대) 전역에 널리 분포한다. 설앵초(雪櫻草)는 산지의 바위 위 다년생 초본 식생에서 나타난다. 제주도와 영남 지역의 일부 산정부 풀밭에서 종종 보인다. 우리나라에서 이러한 생육지는 모두 해양성 기후 특성이 있는 곳으로 국지적으로 운무대가 형성되거나 산정 습지 지형에 위치한다. 현재 국가 적색자료집에 등재되어 있으나, 계통분류학적으로 실체 검증이 필요하다.[10] 큰앵초가 가장 전형적이고 한국적이면서 대륙적 요소라면, 앵초는 동북아 광역분포종이고, 설앵초는 해양성 요소라 할 수 있다.

앵초 종류는 꽃이 아름답기로 유명하다. 특히 적절히 잘 보존된 서식처에서는 꽃차례가 여러 층 생긴 개체도 보인다. 일찍부터 화훼자원으로 주목받아 굴취되어서 현지내(*in-situ*) 자생 개체군은 크기도 작지만 공간적으로도 매우 드물게 보인다. 생육입지의 온전한 구조를 갖춘 서식처 자체가 사라진 것도 원인이고, 굴취에 의한 직접적인 훼손도 큰 원인이다. 땅속뿌리가 잘 발달하는 여러해살이며 늘 작은 무리여서, 굴취와 답압은 개체군 보존에 결정적 위협요소가 된다.

앵초 종류는 우리나라 고전 기록에 나오지 않는다. 21세기 초에 발간된 『본초학』[11]에도 빠졌을 정도다. 약재 앵초근[12]이라는 이름으로 등재된 것은 아주 최근의 일이다. 전통 중약(中藥) 역사에서 빠져 있는 것과 관련 있어 보인다. 중국에서도 최근에야 약용앵초(药用櫻草)라는 명칭을 쓰기 시작했다. 그런데 중국은 앵초속의 종다양성이 사실상 가장 풍부한 나라다. 전 세계 앵초속의 종다양성이 어느 정도인지 명확하지 않고, 계통분류학적 정보도 미비한 상태지만, 지금까지 알려진 앵초속은 500여 종류이고, 그 가운데 300여 종류가 중국에서 기재되었을 정도다.[13] 그런 중국에서 앵초속 식물이 약재로 쓰인 정보가 없었다는 것을 받아들이기 어렵지만, 사실이다. 앵초속 식물은 전통적인 본초학의 재료가 아니었다. 그 까닭이 무엇이라고 단정할 만한 과학적 연구나 근거는 보이질 않는다.

산지 풀밭에서나 밝은 숲속에서 만나는 앵초속 식물은 몇 포기씩 모여나는 경우가 많고, 군락이라 하기 어려울 만큼 개체군 크기도 제한적이다. 앵초속은 어떤 생태유전적인 특성으로 인해 늘 희귀한 상태여서 약재로 쓰기에는 부족할 것으로 보인다. 혹여 어떤 독성 때문에 약재로 이용할 수 없었지 않나 하는 생각도 가능하다. 하지만 신석기 시대 이래로 독초를 약초로 이용해 온 인류의 슬기[14]를 인정한다면, 이 또한 납득할 수 없다. 앵초속의 생태유전에 관한 순수 생태학적 연구 성과를 기대해본다.

한편 앵초라는 이름의 유래와 기원을 살펴보면 내막이 무척 웅숭깊다. 중국에서는 앵초를 무슨 보춘화(报春花)라고 한다. 앵초(櫻草)는 일본명의 한자 표기다. 나라 크기에 비해 벚꽃 종류(櫻木, 桜木)가 많기로는 해양성 기후인 일본열도가 세계 최고 수준이어서 사쿠라소우(櫻草)라는 이름이 생겼다. 그런데 사쿠라를 가리키는 앵(櫻) 자의 연원이 우리말에 잇닿아 있다. 일본에서 앵(櫻) 자를 두고 풀(草)을 지칭할 경우는 '오우(Ou)'이고, 나무일 경우는 '사쿠라(sakura)'라 말한다. 그 뜻은 앵두를 지칭하는 유스라우메(ゆ

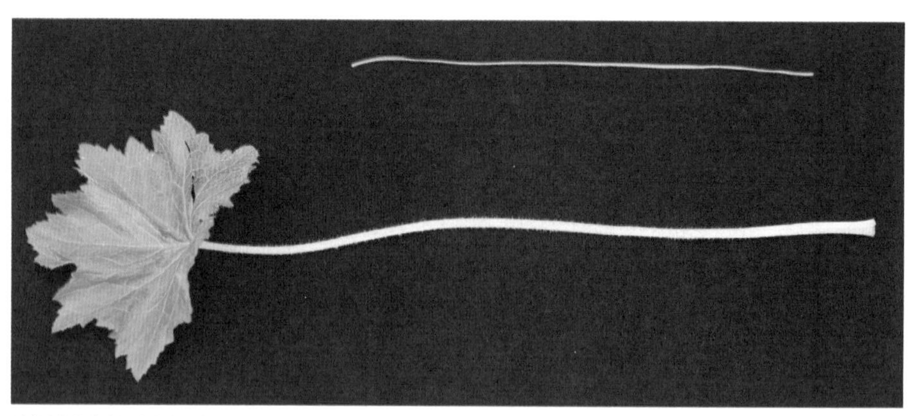

잎자루 속에서 나온 실 같이 생긴 관다발(위)

앵초

설앵초

すら梅)인데,[15] 14세기 초『향약구급방』에서 한자를 차자해 기록한 향명 이스라지(이스랒<이ᄉᆞ랒)에 잇닿아 있다(『한국 식물 생태 보감』 1권「이스라지」 편 참조).[16] 그런데 앵(櫻) 자에서 나무 목(木) 변을 떼어 내면 갓난아이 영(嬰) 자가 된다. 이것을 일본에서 에이(えい)라 소리한다. 우리말 아가>아이,[17] 애, 앵, 앵앵 따위는 이 에이와 뿌리가 같은 동원어가 틀림없다. 응얼대고 앵앵대는 갓난아이는 눈에 넣어도 아프지 않은, 말로 글로 다 그러낼 수 없는 곱디곱고 가여운 존재다. 입에 넣기에 민망한 앙증스런 빨간 앵두(櫻桃) 열매 같다. 영(嬰) 자의 설문해자(說文解字)가 그런 사실을 뒷받침한다. 영(嬰) 자는 조개껍데기(貝) 여럿을 꿰어 목 치장을 한 여자(女)를 형상한 것이다. 예쁜 목걸이를 한 귀여운 여자아이가 떠오른다. 비록 '잉도'라는 한글 기재가 1576년『신증유합』[18]에 처음 등장했어도, 앵두, 앵초의 '앵(잉)'의 기원은 열매 모양과 빛깔처럼 갓난아이의 애(아이), 앵, 앵앵 따위에 잇닿아 있다.

우리말에 '앵벌이'를 표준국어대사전[19]은 "불량배의 부림을 받는 어린이가 구걸이나 도둑질 따위로 돈벌이하는 짓 또는 그 어린이"라 설명하고 있다. 하지만 '앵'이 갖는 우리말의 뿌리를 생각해 차라리 '가엾은 벌이'

로 고쳐 쓰는 것이 옳다. 잠시 자리를 비운 엄마를 찾으며 앵앵대는 젖먹이 갓난아이를 낯선 젊은 아낙네가 옷고름을 풀어 헤치고 젖을 물리면서 달래는 광경, 1970년대까지도 심심찮게 목격했던 시골 장터 버스 정류장 대합실의 일상이다. 우리말 '앵앵'의 '앵'은 인간의 원초적 측은지심의 발현이지, 돈벌이를 강요하는 의미사가 아니라는 것이다.

그 증거가 또 있다. 『삼국유사』[20] 「경덕왕 충담사 표훈대덕」 편에서 찾아볼 수 있다. 향가 〈안민가〉와 〈기파랑가(嗜波郎歌)〉로 유명한 승려 충담이 앵통(櫻筒) 속에서 다구(茶具)를 꺼내어 통일신라 경덕왕(재위 서기 742~765년)께 차[21] 한 잔을 우려(煎茶) 대접하는 자리다. 여기에서 등장하는 다구 운반 바구니가 앵통의 '앵(櫻)'이다. 벚나무 종류(*Prunus* spp.)는 재질이 아름답고, 가볍고, 보존 처리하면 오랫동안 보관할 수 있는 전승된 전통 목공예의 재료목이다. 고려 팔만대장경의 경판 목재 64%가 벚나무류라는 것[22]도 그런 사실을 뒷받침한다. 8세기 충담의 앵통은 갓난아이처럼 조신하게 다루는 차살림(茶道) 바구니 용도였음이 틀림없다. 경주 남산 미륵세존께 올리던 정성스런 차살림을 책임진 앵통이다. 크기와 모양이 작으면서도 갖출 것은 다 갖췄을 테니, 얼마나 깜찍했을지 미루어 짐작이 된다. '앵'이다. 조개껍데기(貝)를 꿴 목걸이를 찬 어린 소녀(女)를 상형한 갓난아이 영(嬰) 자, 그 갓난아이 같은 열매를 맺는 앵두나무 앵(櫻) 자. 결론적으로 말이 있은 후 글자가 생긴 순리대로라면 우리말 앵, 앵앵, 애(아이) 따위가 있고, 한자 앵(櫻) 자는 한참 뒷날 만들어진 상형문자라는 것이다.

---

1) Lee, (1967), Nishikawa (1985)
2) Quattrocchi (2000)
3) 정태현 등 (1949)
4) 村川 (1932)
5) 森 (1921)
6) 안덕균 (1998)
7) 北村 等 (1981a)
8) 宮脇 等 (1978)
9) 김태훈 (2014)
10) 환경부·국립생물자원관 (2012)
11) 한국생약학교수협의회 (2002)
12) 안덕균 (1998)
13) FOC (1996)
14) Solecki (1971), 김종원 (2016)
15) 貝塚 等 (2004)
16) 김종원 (2013)
17) 조항범 (2014)
18) 유희춘 (1576)
19) 국립국어원 (2016)
20) 일연 (1281; 강인구 등 역주, 2003)
21) 단국대학교 동양학연구소 (2002)
22) 박상진 (2007)

사진: 김종원, 류태복

큰벼룩아재비

Mitrasacme pygmaea R. Br.

형태분류

줄기: 한해살이며, 바로 서서 한 뼘 정도로 왜소하게 자라고 빈약한 편이다. 단면은 가늘고 둥글며, 아랫부분에는 흰색 잔털이 빼곡하다. 드물게 갈라지기도 하며, 약간 녹황색을 띤다. 줄기 위로 갈수록 털은 없어진다. 열매가 성숙할 9월 무렵 줄기와 잎이 밝은 주황색으로 물든다. (비교: 벼룩아재비(*M. alsinoides*)는 많이 갈라지는 편이다.)

잎: 마주나고, 줄기 아랫부분에 모여서 돌려나는 것처럼 보인다. 길이 1㎝ 내외로 장타원형이며 잔털이 있다. 특히 가장자리의 돌기 같은 털이 눈에 띈다. 분명치 않지만 잎줄 3개가 보인다. (비교: 벼룩아재비는 가는 줄모양 잎이 줄기 전체에서 나는 편이다. 잎줄 1개가 보이고, 털이 없다.)

꽃: 7~9월에 아주 긴 꽃자루 끝의 작은꽃자루에서 흰색 꽃 3~5개가 하나씩 하늘을 향해 핀다. 대롱모양(筒狀)인 꽃잎과 꽃받침은 4개로 갈라지고, 꽃받침 끝은 침처럼 뾰족하다.

열매: 캡슐열매로 원형이고 윗부분에서 2개로 갈라진다. 타원형 씨가 들어 있다.

염색체수: 2n=20[1]?

생태분류

서식처: 초지, 농촌 경작지 언저리와 길가 등, 양지, 적습

수평분포: 전국 분포(주로 남부 지역, 개성 이남[2])

수직분포: 산지대 이하(주로 구릉지대)

식생지리: 아열대~난온대, 중국(화중지구, 화남지구), 대만, 일본(혼슈 이남), 인도, 네팔, 동남아시아 등

식생형: 초원식생(잔디형), 터주식생 등

생태전략: [터주자]~[터주-경쟁자]

종보존등급: [V] 비감시대상종

이름사전

속명: 미트라사크메(*Mitrasacme* Labill.). 가톨릭 주교가 의례에 쓰는 정수리(*akme*)를 덮는 모자(*mitre*)를 뜻하는 희랍어에서 유래하며, 원통 같은 꽃 모양에서 비롯한다.

종소명: 피그매아(*pygmaea*). 왜소하다는 뜻의 라틴어로 중앙아프리카의 키 작은 흑인 부족을 지칭하는 명칭에 잇닿아 있다.

한글명 기원: 큰벼룩아재비[3]

한글명 유래: 벼룩아재비[4]보다 크다는 의미이고, 잎이 더욱 큰 것에서 비롯했을 것이다. 벼룩아재비는 어린 식물체일 때에 벼룩나물처럼 생긴 것에서 생겨난 이름이다. 벼룩아재비를 북한에서는 실좀꽃풀이라고도 한다.[5] 한편 벼룩나물의 우리나라 고유 명칭은 '국수청이'이다. (『한국 식물 생태 보감』 1권 「벼룩나물」 편 참조)

한방명: -

중국명: 水田白(Shuǐ Tián Bái). 큰벼룩아재비의 서식처(水田)에서 비롯한다.

일본명: アイナエ(Ainae, 藍苗). 어린(苗) 여뀌 종류(藍)의 이미지에서 비롯한 이름이고, 실제로 늦여름에 단풍 든 모습이 많이 닮았다.

영어명: Dwarf Mitrasacme, Dwarf Mitrewort

우리나라에는 큰벼룩아재비가 속하는 마전과(馬錢科, Loganiaceae. 아일랜드인 미국 이민자 J. Logan (1674~1751)의 이름에서 라틴명 유래)에 3종이 있다. 모두 난온대와 아열대 지역에 사는 남방 요소로 그 가운데 큰벼룩아재비가 가장 흔하게 보인다. 마전과의 식물은 벼룩아재비속의 연약한 풀 2종을 제외하면 모두 목본이고, 유럽에는 과(科, family) 자체가 분포하지 않는다. 우리나라 최남단 남해안 일부 도서 지역과 제주도에 분포하는 영주치자(*Gardneria insularis*)는 상록 목본성 덩굴식물로 난온대 상록활엽수림 속에 산다.

벼룩아재비는 큰벼룩아재비보다 더욱 습한 곳에 살며, 습지 주변에 흔하고 심지어 습지 식물사회에서도 나타난다. 큰벼룩아재비는 잔디처럼 키 작은 초원 식물사회의 구성원으로 늘 적절히 습윤한 곳에서만 보인다. 대륙성 기후 영향이 강한 우리나라의 건조한 풀밭에서는 좀처럼 보이지 않는다. 큰벼룩아재비가 사는 잔디밭이라면 상당한 수준의 수분환경이 잘 유지되는 땅이라는 의미다. 벼룩아재비는 북한 평양 일대에서도 살고 있듯이,[6] 큰벼룩아재비보다 수분환경이 잘 유지되는 더욱 시원하고 추운 지역까지 분포한다.

1) Gibbons *et al.* (2012)
2) 森 (1921)
3) 정태현 등 (1937)
4) 정태현 등 (1937)
5) 고학수 (1984)
6) 고학수 (1984)

사진: 이승은, 최병기, 이정아

용담(관음초)

Gentiana scabra **Bunge**

형태분류

줄기: 여러해살이며, 바로 서서 자라고, 키가 크면 약간 쓰러지듯 한다. 적자색을 띠고, 작은 돌기가 줄지어 나 있다. 뿌리줄기는 짧고, 굵은 수염뿌리가 많으며, 깨끗한 황백색이고, 쓴 맛이 강한 편이다.

잎: 마주나고, 길이가 4~8㎝인 둥그스름한 창끝모양으로 끝이 점점 뾰족해진다. 표면은 약간 자색을 띠며, 뒷면은 연한 녹색으로 가운데 잎줄(主脈)에 돌기가 많다. 줄기 제일 아래에 길이 5㎜ 내외인 비늘조각 같은 잎이 있다. 잎 가장자리는 까칠까칠하고, 뒤로 살짝 말린다. (비교: 과남풀(*G. triflora* subsp. *japonica*)은 길이가 5~15㎝로 좁고 긴 창끝모양이고, 가장자리는 매끈한 편이며, 뒷면 가운데 잎줄에 돌기가 없다.)

꽃: 8~10월에 줄기 끝이나 윗부분의 잎겨드랑이에서 깨끗한 남자색으로 피고, 종종 작은 녹황색 점이 있다. 꽃잎은 5개로 갈라지며, 그 사이에 부화관(副花冠)이 있다. 꽃받침과 꽃갓은 종처럼 펼쳐지고, 갈라진 조각 꽃잎은 가는 창끝모양이며 가장자리가 까칠까칠하다. (비교: 과남풀은 꽃받침이 짙은 청자색을 띠면서 종모양으로 펼쳐지지 않고 그대로 통모양이며, 7~8월에 핀다.)

열매: 캡슐열매로 아주 가늘며, 열매자루는 길이 1㎝ 내외다. 익으면 두 조각으로 터지고, 양쪽 끝에 날개가 있는 크기 2㎜ 정도인 씨앗이 나온다.

염색체수: 2n=14,[1] 26[2]

생태분류

서식처: 초지, 숲 가장자리, 임도 언저리, 무덤 언저리 등, 양지~반음지, 적습

수평분포: 전국 분포

수직분포: 산지대~구릉지대

식생지리: 냉온대(대륙성), 만주, 중국(푸젠 성, 쟝쑤 성, 저쟝 성 등), 연해주 등

식생형: 초원식생(억새형)

생태전략: [경쟁자]

종보존등급: [IV] 일반감시대상종

이름사전

속명: 겐티아나(*Gentiana* L.). 발칸반도 서부 아드리아해 동쪽에 위치했던 그리스-로마 시대의 고대국가 Illyria (B.C.180~B.C.167)의 왕 이름(Gentius)과, 용담과의 약성에서 비롯하는 약초(gentian)에서 유래한다.[3]

종소명: 스카브라(*scabra*). 거칠다는 뜻의 라틴어로 잎 가장자리가 까칠까칠한 것에서 비롯한다.

한글명 기원: 관음草,[4] 과남플(풀),[5] 관음풀,[6] 룡담초, 초룡담[7]

한글명 유래: 용담은 중국명에서 비롯한다. 한편 과남풀은 관음초(觀音草)에서 전화한 것이라 보는 견해가 지배적이다.[8] 1538년『촌가구급방』[9]에는 관음초라는 한글과 함께 觀音草(관음초) 그리고 약재명으로 龍膽草(용담초) 따위의 한자로 향명이 기재되었다. 따라서 과남풀이라는 한글 명칭이 한자 관음초(觀音草)에서 유래한 것인지, 처음부터 과남풀과 엇비슷한 소리로 불렀던 이름을 한자를 차자해 표기한 것인지는 알 수가 없다. 단지 관음(觀音)의 뜻과 용담의 약성은 서로 잇닿아 있기 때문에 당대의 식자(識者)에 의해 만들어진 이름으로

추정해 본다. 이 추정을 따른다면 한자 관음초(觀音草)에서 전화되어 과남풀이라는 표기가 생겨난 것이 된다. 관음은 관세음보살(觀世音菩薩)의 준말로 아미타부처(阿彌陀佛)의 오른쪽에서 중생의 괴로움을 덜어 주고 교화를 돕는 보살이다.

한방명: 용담초(龍膽草). 용담, 과남풀, 칼잎용담, 큰용담, 비로용담 등의 뿌리를 약재로 쓴다.[10] 중국명에서 비롯한다.

중국명: 龙胆(Lóng Dǎn). 용(龍)의 담(쓸개, 膽)이라는 의미인데, 웅담(熊膽)보다 더욱 강한 뿌리의 쓴 맛과 그에 대응하는 뚜렷한 약효에서 비롯한 이름일 것이다.

일본명: - (リンドウ, 竜胆). 중국명에서 비롯한다. 일본에서는 우리나라 용담의 지리적 대응종인 변종(*G. scabra* var. *buergeri*)이 있다.

영어명: Rough Gentian

에코노트

용담이라는 명칭은 중국 약재명에서 비롯한다. 본래 우리 이름은 관세음보살(觀世音菩薩) 풀이라는 의미가 있는 관음초(觀音草)이다. 16세기 초, 시골사람(村家)들이 이용한다는 약재 목록을 정리해 둔 『촌가구급방』[11]에 한글 관음초가 처음으로 등장한다. 돌림병이 아니라면 어떤 병고라도 낫게 하는 신비로운 명약으로 관세음보살과 같은 존재의 약초다. 그런데 유교 국가 조선에서는 관음초라는 명칭이 달갑지 않았을 것이다. 15세기 초, 국가의 요청으로 간행된 『구급간이방』에는 등재되지 않았다. 그런 점에서 『촌가구급방』을 정리한 김정국(1485~1541)의 애민(愛民) 선비정신이 돋보인다. 이로부터 70여 년이 지난 17세기, 다시 국가 요청으로 종합정리된 한의서 『동의보감』에서도 관음초(觀音草)라는 한자명이 또다시 빠지고 만다. 용담(龍膽)이라는 한자명 아래에 '과남플'이라는 한글명이 불쑥 나타난다. 관음초(觀音草)라는 한자 또는 한글 명칭을 함께 기재했었더라면 하는 아쉬움이 남는다. 용

서식처 환경조건에 따라 형태적 변이가 심한 용담

담(*G. scabra*)이라 부르는 종의 최초 한글명은 관음풀 또는 관음초 또는 과남풀이다. 용담은 용(龍)의 쓸개(膽)라는 뜻으로 뿌리의 강한 쓴 맛과 탁월한 약효에서 비롯하는 중국명이고, 일본명도 그대로다. 관음초라는 우리 이름에는 분명한 정체성과 민속성이 있었다.

우리나라의 용담속 식물은 잎과 꽃갓과 생육지에 따라 용담 그룹과 과남풀 그룹으로 나눈다.[12] 대표성이 있는 용담과 과남풀(*G. triflora* subsp. *japonica*, 이명 *G. triflora*)[13]은 각각 지역성이 뚜렷한 여러해살이풀이다. 용담의 경우, 중국에는 대륙 동남단 일부 지역에 제한적으로 분포하고, 일본에서는 지리적 변종(*G. scabra* var. *buergeri*와 *G. scabra* var. *kitadakensis*)이 분포한다. 우리나라에서는 해발고도가 높은 산지에는 과남풀이, 그보다 낮은 산지나 구릉지에는 용담이 분포한다.

최근 들어 용담이 과남풀보다 더욱 희귀해졌다. 뿌리째 남획된 부분도 있지만, 무엇보다도 서식처가 크게 훼손되거나 사라졌기 때문이다. 쉽게 접근할 수 있고, 해발고도가 높지 않은 산지대 이하 지역이며, 그것도 몹쓸 불모지가 아니라 쓸모 있을 법한 땅이 그들의 삶터이다 보니, 개발 압력에서 벗어날 수 없었다. 상태가 온전한 풀밭 서식처는 극히 제한적이다. 과남풀은 상대적으로 훨씬 추운 높은 산지에 분포하는 까닭에 용담보다는 훼손 위협에서 약간 비켜난 모양새다.

용담 종류는 대부분 습윤한 적습 수분환경조건과 강열한 직사광선이 내리쬐는 초원식생의 구성원이다. 드물게 아주 밝은 숲속이나 숲 가장자리, 임도 언저리의 반음지에서도 산다. 어떤 경우건 강한 햇살을 일정 시간 이상 경험하면서 공기가 충분히 데워지는 환경조건에서만 꽃잎을 연다. 방문한 곤충들에게 하룻밤 숙박을 제공하면서 꽃가루받이 확률을 높인다. 온전한 꽃가루받이를 성취하는 개화 전략으로 용담속의 공통 특성이다.

용담 꽃은 꽃잎 열편을 수평으로 활짝 펼치면 종(鐘)모양이 된다. 과남풀은 그렇게 수평으로 펼치지 않고 통모양(花筒)으로 피는 것이 다르다. 과남풀은 중부 이북의 해발고도가 높은 산지 풀밭에서 심심찮게 보이며, 물 분자가 늘 포화된 습지에는 살지 않는

과남풀

다. 백두산 천지 칼데라 지대에 넓게 펼쳐진 고산 황원(荒原)에서 볼 수 있는 산용담(*G. algida*)과 비로용담(*G. jamesii*)도 비록 습지 언저리에서 관찰될지라도 습지식생의 구성원으로 분류하지 않는다. 용담속의 종다양성은 북반구 냉온대와 중부 유럽에서 가장 풍부하고,[14] 대부분 고산대, 아고산대, 산지대, 구릉지대 초원식생의 주요 구성원이다.

---

1) Chen *et al.* (2003)
2) Probatova & Sokolovskaya (1995)
3) Gledhill (2008)
4) 김정국 (1538)
5) 허준 (1613), 홍만선 (1643~1715), 森 (1921), 村川 (1932)
6) 유희 (1801~1834)
7) 村川 (1932), 임록재 등 (1975)
8) 이우철 (2005)
9) 김정국 (1538)
10) 안덕균 (1998)
11) 김정국 (1538)
12) 이우철, 백운기 (1995)
13) The Plant List (2015)
14) Oberdorfer (1983)

사진: 이정아, 김종원

산용담

구슬붕이

Gentiana squarrosa **Ledeb.**

형태분류

줄기: 한해살이 또는 해넘이한해살이로 아래에서 많이 갈라져 다발처럼 소복하게 모여나고, 옅은 적자색을 띠면서 바로 선다. 많이 커도 10㎝ 정도이며 식물체가 작고, 미세한 젖꼭지모양(乳頭狀) 돌기가 있다.

잎: 마주나고, 맨 아래 2~3쌍은 각진 달걀모양이며, 다른 잎보다 크고 꽃이 필 때 시든다. 위쪽 줄기에 난 잎은 좌우 수평으로 개출(開出)하며, 좁은 달걀모양이고 작다. 잎자루가 따로 없고, 잎바닥이 짧아져서 짧은 잎집 모양이 되면서 돌려나는 것처럼 보인다. 가장자리는 두터워져 투명한 연골성 섬모처럼 된다. (비교: 큰구슬붕이(*G. zollingeri*)는 전반적으로 두터운 편이고 삼각형이다. 뿌리에서 난 잎은 없고, 아랫부분의 잎에 잔돌기가 있다. 봄구슬붕이(*G. thunbergii*)는 뿌리에서 난 잎이 두드러지게 크고, 줄기에 나는 잎은 드물게 달리며, 부드럽다.)

꽃: 5~6월에 줄기 끝에서 하나씩 피고, 아주 연한 청자색이며, 잎이 완전히 성숙하기 전에 활짝 핀다. 암꽃(암술)과 수꽃(수술)이 따로 피는 두집꽃이다. 길이 1.5㎝ 정도인 꽃갓은

5개로 갈라지고, 끝부분을 살짝 오므리며, 그 사이에 부화관(副花冠)이 있다. 꽃받침조각은 달걀모양 또는 거꿀달걀모양으로 약간 뒤로 휜다. 짧은 꽃자루에도 미세한 젖꼭지모양 돌기가 있다. (비교: 큰구슬붕이는 줄기 끝에 여러 개가 모여 피고, 꽃받침조각은 바로 서서 부화관을 받친다. 봄구슬붕이는 비교적 긴 꽃자루에 피고 꽃받침조각이 위로 바로 서는 편이다.)

열매: 캡슐열매로 좁은 거꿀달걀모양이며 튼튼한 열매자루가 있다. 익으면 두 조각으로 터지고, 약간 장타원형인 흑갈색 씨가 나온다.

염색체수: 2n=38[1]

생태분류

서식처: 초지, 산비탈 풀밭, 산지 하천 제방, 숲 가장자리, 산지 무덤 등, 양지~반음지, 적습

수평분포: 전국 분포

수직분포: 산지대 이하

식생지리: 냉온대~난온대(대륙성), 중국(새북지구, 화북지구, 기타 칭하이 성 등), 연해주, 몽골, 일본(혼슈 이남), 서남아시아, 카자흐스탄, 키르기스스탄 등

식생형: 초원식생(억새형)

생태전략: [터주-경쟁자]~[경쟁자]

종보존등급: [V] 비감시대상종

이름사전

속명: 겐티아나(*Gentiana* L.). 그리스-로마 시대의 고대국가 왕 이름에서 비롯한다. (「용담」 편 참조)

종소명: 스쿠아로사(*squarrosa*). 거칠다는 뜻의 라틴어에서 비롯한다. 줄기나 잎 가장자리에 난 미세한 돌기 때문에 약간 거친 것에서 비롯한다.

한글명 기원: 구실붕이,[2] 구슬붕이[3]

한글명 유래: 1921년에 구실붕이(Kushilpungi)로 처음 기재되었다.[4] 정확한 한글 표기인지는 알 수 없지만, 유효한 이름으로 보인다. 큰구슬붕이의 일본명(筆龍膽)에 잇닿았을 것으로 추정되기 때문이다. 꽃봉오리 모양이 붓(筆)을 연상케 하면서 작고 앙증맞은 데서 생겨난 이름으로 본다. '구실'은 아름답거나 귀중한 것을 비유적으로 이르는 우리말 구슬의 방언이다. 구슬붕이의 연한 청자색 꽃 빛깔과도 관련 있어 보인다. 19세기 초『물명고』[5]는 연한 청자색으로 꽃피는 현호색(玄胡索)을 순수 우리 이름 '녀계구슬'로 기록했으며, 우리말 '구슬'이 갖는 뜻과 정확히 일치한다. 또한 '붕'은 '붓'이라는 우리말 소리를 그대로 발음할 수 없는 일본인의 한계에서 생겨난 표기이고, '이'는 의존명사일 것이다. 그러므로 '구슬붕이'는 정확히 '구슬(구실)'과 '붕(붓)'과 '이'의 합성어에서 기원한다.

한방명: 석용담(石龍膽). 구슬붕이와 큰구슬붕이의 지상부를 약재로 쓴다.[6]

중국명: 鳞叶龙胆(Lín Yè Lóng Dǎn). 비늘(鳞)처럼 생긴 잎(叶)이 있는 용담(龙胆) 종류라는 뜻이다.

일본명: コケリンドウ(Kokerindou, 苔竜胆). 잎차례가 마치 이끼(苔)의 영양엽(營養葉)이 모여난 것 같은 형상에서 비롯한다.

영어명: Rough Gentian

에코노트

구슬붕이라는 한글명을 품은 용담속 종류는 모두 한해살이 또는 해넘이한해살이다. 보통 두해살이로 알려졌지만, 일생이 1년을 넘지 않는 전형적인 한해살이다. 겨울을 극복하면서 두 해 걸쳐 산다고 해서 2년간 사는 것은 아니다. 두해살이는 종자에서 발아한 첫 해는 꽃이 피지 않고, 잎과 줄기로 살다가 겨울이 되면 지상부가 말라 없어진다. 이듬해에

지난해 뿌리에서 다시 새싹이 돋아나고, 꽃 피우며 열매를 맺는다. 즉 두해살이는 죽는 해에 꽃이 피고 열매를 맺고, 완전히 고사하는 생활환이다. 구슬붕이와 큰구슬붕이는 뿌리가 아닌 지상부를 약재(石龍膽)로 이용하고, 용담이나 과남풀이라는 이름이 있는 종류들은 모두 여러해살이로 굵은 뿌리가 유용한 약재 용담초(龍膽草)다.

큰구슬붕이는 주로 밝은 숲속이나 숲 가장자리에 산다면, 구슬붕이는 무덤처럼 하늘이 활짝 열린 초지에서 산다. 큰구슬붕이는 더욱 습윤하고 추진 땅에 분포하고, 봄구슬붕이는 그보다 더욱 습한 땅에서 산다. 이 두 종은 해양성 기후 지역인 일본에 아주 흔하지만, 대륙성 기후 지역인 한반도의 초원 식생에서는 구슬붕이가 더욱 흔하다. 구슬붕이 종류도 용담속의 공통된 특성처럼 햇빛이 충분해서 대기 온도가 데워지면 꽃잎을 활짝 연다.

경남 가야산 산정부에서 고산구슬붕이(*G. wootchuliana* W. Paik 1995)라는 한국 특산 신종이 보고된 바 있다. 산구슬붕이와 좀구슬붕이라는 이름으로 동정된 바 있는, 앞선 연구자들의 금강산 묘향산 등지의 표본들이 모두 동일한 것이라 한다.[7] 오늘날 식물분류도감에서 좀구슬붕이는 구슬붕이의 품종(f. *microphylla* (Nakai) M. park)[8] 또는 변종(var. *microphylla* Nakai)이고,[9] '산구슬붕이'라는 한글명은 사라졌다. 구슬붕이계(ser. Humiles)는 줄기에 난 잎과 꽃받침조각의 개출(開出) 유무에 따라 크게 두 그룹으로 나뉜다. 구슬붕이와 좀구슬붕이는 수평으로 개출하고, 한국 특산종인 흰그늘용담(*G. chosenica*)과 고산구슬붕이는 위로 서는 모양인 것[10]으로 구별할 수 있다.

큰구슬붕이

1) Küpfer & Yuan (1996)
2) 森 (1921)
3) 정태현 등 (1949)
4) 森 (1921)
5) 유희(1801~1834)
6) 안덕균 (1998)
7) Paik & Lee (1995)
8) 이우철 (1996a)
9) 이창복 (1979)
10) 백원기 (1993)

사진: 이정아, 김종원, 류태복

닻꽃

Halenia corniculata (L.) Cornaz

형태분류

줄기: 한해살이(드물게 해넘이한해살이)로 보통 어른 종아리 높이까지 바로 서서 자란다. 가지가 갈라지기도 하고, 단면은 사각형으로 가늘다. 식물 전체에 털이 없이 매끈하고 연하다. 뿌리는 약간 적자색을 띤다.

잎: 마주나고, 긴 달걀모양으로 밑 부분이 잎자루처럼 된다. 잎줄이 3~5개인 것이 특징이고, 어릴 때 잎 가장자리와 뒷면 잎줄 위에 잔돌기가 많다. 줄기 아랫부분의 잎들은 꽃피는 시기에 시든다.

꽃: 7~9월에 연한 황록색으로 줄기 끝이나 윗부분의 잎겨드랑이에서 종(鐘)모양으로 위를 향해 피고, 길이가 서로 다른 가는 꽃자루를 2~3개 내어서 고른우산살송이꽃차례로 달린다. 꽃받침은 4개로 가늘게 갈라지고 가장자리에 작은 돌기가 있다. 꽃잎은 4개로 깊게 갈라지고, 꽃잎조각 아래는 흰빛이 도는 긴 꽃뿔턱(距)이 된다. 수술 4개가 중앙으로 모인다.

열매: 캡슐열매로 익으면 두 조각으로 갈라지고, 지름 1㎜ 정도인 갈색 타원형 씨가 들어 있다.

염색체수: 2n=22[1]

생태분류

서식처: 초지, 산지 풀밭, 숲 가장자리, 산지 무덤 언저리 등, 양지~반음지, 적습

수평분포: 중부 이북(경기-강원 이북)

수직분포: 산지대~아고산대

식생지리: 냉온대, 만주, 중국(네이멍구, 허베이 성, 샨-시 성, 샨시 성 등), 연해주, 몽골, 사할린, 캄차카반도, 일본, 유럽 동부 등

식생형: 초원식생

생태전략: [경쟁자]

종보존등급: [II] 중대감시대상종

이름사전

속명: 할레니아(*Halenia* Borkh.). 이명법을 창안한 린네(Carl von Linnaeus, 1707~1778) 박사의 제자(J. P. Halenius, 1727~1810) 이름에서 비롯한다.

종소명: 코르니큘라타(*corniculata*). 뿔 같이 생긴 구조를 뜻하는 라틴어다. 꽃잎 아래에 길게 돌출한 꽃뿔턱(距) 모양에서 비롯한다.

한글명 기원: 닷꽃,[2] 닻꽃[3]

한글명 유래: 꽃 모양이 배가 정박할 때 내리는 닻을 닮은 데에서 비롯한다. 일본명(花碇)을 번역한 것이다. 1921년 첫 기재는 일본명[4]으로만 이루어졌다. 첫 한글명은 1937년의 일로 '닷꽃'으로 기재했고, 뒤에 맞춤법에 따라 '닻꽃'으로 고쳤다.

한방명: -

중국명: 花锚(Huā Máo). 배의 닻을 닮은 꽃과 일본명에서 비롯한다.

일본명: ハナイカリ(Hanaikari, 花碇). 닻을 닮은 꽃에서 비롯한다.

영어명: Anchor-like Flowered Gentian, Spurred Gentian

에코노트

우리나라 적색자료집[5]에 따르면 닻꽃은 취약종이다. 일반적으로 한해살이가 갖는 종자은행에 의존한 개체군의 지탱 가능성을 감안하더라도, 우리나라에서는 특정 산지에서만 나타나는 지소적(地所的) 분포를 보이고, 현존 개체군 크기도 무척 작다. 금방이라도 사라질 수 있는 종보존등급 [II] 중대감시대상종이다. 우리나라 남한에서 희귀한 것은 서식처의 질적 구조적 훼손의 영향이 크기 때문이다. 닻꽃 서식처는 토지 이용에 적합한 입지조건이기에 대부분 개발되었고, 조림지나 삼림 식생으로 숲이 관리되면서 초

원식생이 크게 축소되거나 사라졌다. 또한 현존 개체군은 한반도의 대륙성 기후에서도 대관령생물기후구[6]처럼 국지적으로 해양성 기후 특성을 포함하는 경기도와 강원도 일대[7]에 주로 분포한다. 기후변화에 따른 지역적 또는 국지적 한발(旱魃) 현상이 심화되면서 닻꽃 개체군이 더욱 위협받고 있다.

닻꽃은 해발고도가 높은 산지 풀밭이 분포중심지이고, 결코 메마르지 않고, 건조로 말미암은 수분스트레스가 발생하지 않는 산지대 한랭 초원식생의 구성요소다. 지표면 토양이 약간씩 이동하는 개방 나대지 또는 사력지(砂礫地) 입지에 주로 산다. 용담과에 속하는 종류 가운데 꿀을 담은 긴 꽃뿔턱(距)이 있어 유별나다. 동아시아 원산인 닻꽃속은 아주 작은 꽃가루받이 곤충과의 상호관계에서 분산율이 가속화되어 세계 각지(주로 북미를 거쳐 중미와 남미)로 퍼져 나갔다. 그런 지리적 분산분포의 핵심 기술(key innovation)이 바로 긴 꽃뿔턱(距)이다.[8] 닻꽃의 꽃뿔턱은 길이 3~7㎜로 몸집 크기와 상관없이 혀(대롱 입)가 긴 나비와 같은 매개곤충에게 제공할 꿀을 저장하고 있다.

소나무재선충를 비롯한 각종 송충이와 해충을 구제한다는 빌미로 십수 년간 실시한 살충제 항공방제는 먹이사슬의 허리 역할을 담당하는 곤충의 다양성과 풍부성을 위협함으로써 형형색색 아름다운 충매화 개체군을 사멸 위기로 내몬다. 특히 국토 면적이 좁은 곳에서 살충제 항공방제는 더 이상 해서는 안 되는 반생태적 관리 방법이다.

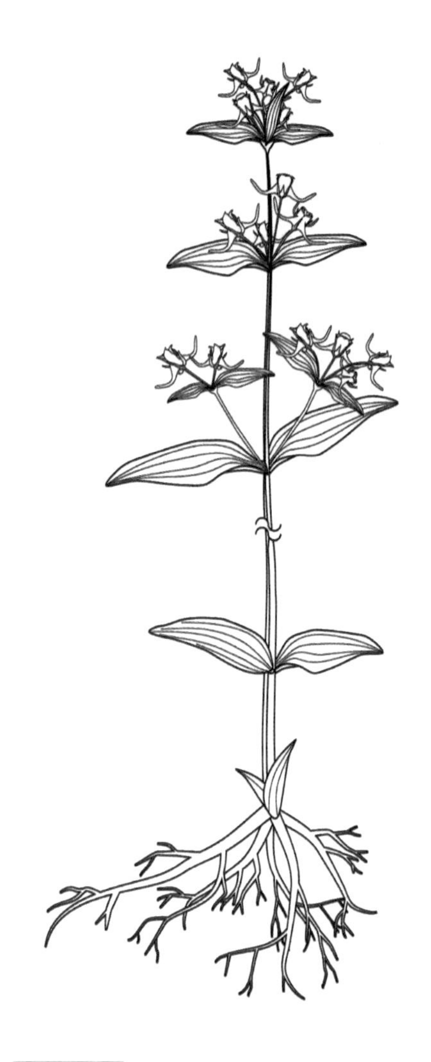

1) Probatova (2006a)
2) 정태현 등 (1937)
3) 이창복 (1969)
4) 森 (1921)
5) 환경부·국립생물자원관 (2012)
6) 김종원 (2006)
7) 한준수 등 (2009), 신현탁 등 (2014)
8) Hagen & Kadereit (2003)

그림: 엄병철

자주쓴풀

Swertia pseudochinensis **H. Hara**

형태분류

줄기: 한해살이(드물게 해넘이한해살이)이며 한 뼘 정도 높이로 자란다. 가늘지만 단면이 약간 네모진 덕택에 바로 선다. 털 없이 깨끗하며, 자주색을 띠고, 돌기 같은 세포가 있다. 중간 위에서부터 종종 갈라진다. 뿌리는 약간 노란색을 띠며 튼튼한 편이고, 쓴맛이 강하다. (비교: 쓴풀(*S. japonica*)은 전반적으로 자주색이 약한 편이고, 뿌리의 쓴 맛도 약하다.)

잎: 마주나고, 줄모양 또는 아주 좁은 장타원형이다. 잎 가장자리는 약간 뒤로 말리며, 잎자루는 없고, 가운데 잎줄이 뒤로 돌출한다. 어릴 때는 자줏빛을 강하게 띠기도 한다.

꽃: 9~10월에 줄기와 가지 끝의 잎겨드랑이에서 원추형인 고른우산살송이꽃차례에 핀다. 꽃잎은 연한 벽자색에 짙은 자색 줄무늬가 있다. 꽃받침은 5개로 갈라지고, 조각마다 기부에 털로 덮인 선체(腺體)가 2개 있다. 선체의 털에서 젖꼭지모양(乳頭狀) 돌기를 루페로 확인할 수 있다. 작은꽃자루는 위로 바로 서고, 단면이 사각형이다. (비교: 쓴풀은 꽃이 흰색이고, 젖꼭지모양 돌기가 없다.)

열매: 캡슐열매로 창끝모양이다. 주로 동물산포하며, 바람으로도 퍼져 나간다.

염색체수: 2n=20[1)]

생태분류

서식처: 초지, 산지 무덤, 임도 언저리, 숲 가장자리 등, 양지~반음지, 적습

수평분포: 전국 분포

수직분포: 산지대 이하

식생지리: 냉온대~난온대, 만주, 중국(허베이 성, 샨시 성, 샨-시 성, 네이멍구, 닝샤 성 등), 연해주, 일본 등

식생형: 초원식생

생태전략: [경쟁자]

종보존등급: [V] 비감시대상종

이름사전

속명: 스베르티아(*Swertia* L.). 독일 식물학자(E. Swert, 1552~1612)의 이름에서 비롯한다.

종소명: 프소이도키낸시스(*pseudochinensis*). 중국 채집 표본으로 기재된 *Swertia chinensis*가 이명(異名) 처리되면서 생긴 것이다. 접두사 *pseudo*-(프소이도, 영어 발음으로 슈-도)는 가짜(僞)라는 의미의 라틴어다.

한글명 기원: 자주쓴풀[2)]

한글명 유래: 자줏빛 쓴풀에서 유래하고, 일본명(紫千振)을 번역한 것이다. 한편 쓴풀이라는 한글명은 1949년의 자주쓴풀보다 늦은 1969년에 기재[3)]된 것이다.

한방명: 당약(當藥). 뿌리와 지상부를 약재로 쓴다.[4)] 일반적으로 배당체의 이차대사산물은 초식동물에 대한 방어물질이다. 쓴풀의 강한 쓴맛은 양모제(養母劑) 등 다양한 기능성 물질을 함유한 것[5)]으로 유명하다.

중국명: 瘤毛獐牙菜(Liú Máo Zhāng Yá Cài). 장아채(獐牙菜) 즉 쓴풀과 분명하게 구분되는 자주쓴풀의 특징에서 비롯한다. 자주쓴풀은 꽃받침조각 기부에 젖꼭지모양 돌기 선체(腺體)인 혹털(瘤毛)이 있다.

일본명: ムラサキセンブリ(Murasakisenburi, 紫千振). 꽃이 자색인 쓴풀이라는 뜻이다. 쓴풀의 일본명 센부리(千振)는 아무리 달여도 쓴맛이 가시지 않는 품성을 뜻한다. 쓴맛 나는 배당체(Amaroswerin 등)가 많아서다.

영어명: False Chinese Swertia

에코노트

웅담(熊膽)보다 강한 쓴맛 때문에 생겨난 이름이 용담(龍膽)인데, 그 가운데 가장 쓴 종류가 쓴풀속(*Swertia* L.) 식물이다. 쓴풀속 종류는 동아시아 지역에서 종다양성이 풍부하며, 중부 유럽에서는 습지에 사는 한 종(*S. perennis*)만 있는 것으로 알려질 만큼 희귀하다.[6] 중국에서는 총 95종으로 대단히 풍부하며,[7] 우리나라에는 6종이 있고,[8] 그 가운데 자주쓴풀과 쓴풀이 가장 흔한 편이다.

자주쓴풀은 전국에 분포하고, 쓴풀은 주로 남부 지역 산지 초원에서 보인다. 자주쓴풀은 알칼리성인 사문암[9]이나 백운암[10]의 입자가 고운 척박한 토양환경에 출현할 정도로 서식 범위가 넓다. 쓴맛이 없는 개쓴풀(*S. diluta*)은 주로 습한 초지에 산다. 쓴풀 종류는 보통 5수성(數性) 꽃이다. 4수성 꽃으로는 큰잎쓴풀(*S. wilfordii*)과 네귀쓴풀(*S. tetrapetala*)이

쓴풀

네귀쓴풀

큰잎쓴풀(울진 덕신리)

있다. 2종 모두 희귀하다. 네귀쓴풀은 꽃이 흰색이며, 강한 추위를 경험하는 해발고도가 높은 산지대 습생(濕生) 초지에서 주로 산다. 큰잎쓴풀은 꽃이 보라색이며, 중북부 지역의 산지 능선에 발달하는 초지에서 드물게 보인다.

쓴풀 종류는 숲이 발달하지 않는 풀밭 식물사회의 전형적인 구성원이다. 그늘진 생육환경은 개체군 감소의 원인이 된다.[11] 억새 종류가 우점하는, 고경(高莖)초원식생에서는 빛 환경 때문에 개체군 크기가 제한되며, 풀숲 가장자리에 자리 잡고 사는 것도 그 때문이다. 쓴풀 종류의 다양성과 풍부성을 지탱하려면 직사광선에 노출되는 키 낮은 초원식생이 유지되어야 한다.

---

1) Shigenobu (1983)
2) 정태현 등 (1949)
3) 이창복 (1969)
4) 안덕균 (1998)
5) Yu *et al.* (2013)
6) Oberdorfer (1983)
7) FOC (2015)
8) 이우철 (1996a)
9) 박정석 (2014)
10) 류태복 (2015, 미발표)
11) 高橋 等 (2009), 中村 (2014)

사진: 김종원, 이승은, 이정아, 이경연

정향풀

Amsonia elliptica **(Thunb.) Roem. et Schult.**

형태분류

줄기: 여러해살이며, 바로 서서 어른 허리 높이까지 자라고, 드물게 가지가 갈라지기도 한다. 원기둥모양이지만 살짝 각이 지기도 하고, 세로로 배열한 적자색 무늬가 있다. 식물 전체에 털이 없이 매끈하다. 땅속 옆으로 달리는 뿌리가 발달해 무리를 이룬다.

잎: 어긋나고, 갈라진 가지에 난 경우는 마주나기도 한다. 가운데 잎줄은 뚜렷한 백록색을 띠고, 옆 잎줄은 살짝 함몰하며 약간 두터운 편이다. 잎자루는 거의 없으며 기부가 짙은 자색을 띤다.

꽃: 5월에 줄기나 가지 끝에서 고른우산살송이꽃차례에 남자색으로 핀다. 꽃잎은 활짝 펼쳐지고, 꽃자루보다 짧은 꽃받침잎은 가느다란 줄모양이다. 약 2㎜ 길이인 아주 짧은 꽃받침은 깊게 갈라지고 끝이 뾰족하다. 꽃갓 통부 구멍 속은 가는 털로 덮여 있고, 그 입구가 살짝 열리면 수술의 주황색 꽃가루가 보이고, 그 아래에 원반모양 암술이 숨겨져 있다.

열매: 좁고 긴 자루열매로 약간 잘록하고, 익으면 두 쪽으로 갈라진다. 길이 1㎝ 정도인 가는 장타원형 흑갈색 씨가 몇 개 들어 있고 씨껍질에 싸여 있다.

염색체수: 2n=22[1]

생태분류

서식처: 초지, 숲 가장자리 등, 양지~반음지, 약습~적습

수평분포: 해안 도서 지역(남해안과 서해안), 황해도(구월산)

수직분포: 구릉지대 이하

식생지리: 난온대~냉온대(해양성), 일본(홋카이도 중부 이남의 혼슈), 중국(안후이 성, 장쑤 성 등)

식생형: 초원식생, (광엽형(廣葉型) 고경(高莖)다년생식물군락)

생태전략: [터주-경쟁자]

종보존등급: [II] 중대감시대상종(생태학적 자생인 경우)

이름사전

속명: 암소니아(*Amsonia* Walter). 미국 식물학자(John Amson, 1698~1763)의 이름에서 비롯한다.

종소명: 엘립티카(*elliptica*). 너비가 길이의 2배 정도인 타원형을 뜻하는 라틴어다. 꽃을 활짝 펼친 폭이 꽃갓 통부 길이의 약 2배라는 것에서 비롯한다. 즉 통부의 길이가 꽃잎 조각 1개의 길이와 거의 같다는 의미다.

한글명 기원: 정향풀[2]

한글명 유래: '정향'과 '풀'의 합성어로 물푸레나무과 정향나무[3]의 정향(丁香)[4]을 차용한 이름이다. 꽃 모양이 한자 정(丁) 자와 비슷해 붙여진 일본명(丁字草)에서 비롯했을 것이다. 우리나라에서 첫 기재는 1921년의 일로 일본명(Choujisou)으로만 이루어졌다.[5]

한방명: -

중국명: 水甘草(Shuǐ Gān Cǎo). 정향풀속의 중국명은 수감초속(水甘草屬)으로 식물 전체를 달여서 약으로 쓰는 것과 관련 있어 보인다.

일본명: チョウジソウ(Choujisou, 丁字草). 활짝 핀 꽃을 옆에서 보면 한자 정(丁) 자를 닮은 데에서 비롯한다. 일본에서는 독초로 취급해 약으로 쓰지 않는다.

영어명: Elliptic Alstonia

에코노트

정향풀은 남부 지역이나 제주도에 많이 식재한 인도산 상록관상식물 협죽도(*Nerium indicum*)나 난온대 상록 덩굴 목본 마삭줄(*Trachelospermum asiaticum*)로 대표되는 협죽도과(Apocynaceae)의 여러해살이풀이다. 같은 과(科)에 속하면서 이름이 비슷한 개정향풀(*Trachomitum venetum* var. *lancifolium*)[6]은 모든 잎이 마주나고 꽃이 진한 자줏빛이라 쉽게 구별된다. 정향풀속은 전 세계에 20여 종이 있는 것으로 알려졌고, 북미와 동남아 지역이 분포중심이다. 동아시아 온대에는 정향

화훼 식물로 이용되는 정향풀

풀 한 종만 있다. 그것도 개체군이 빈약해 희귀한데, 우리나라와 중국에서는 국지적으로, 일본에서 보다 넓게 보이는 편이다.

우리나라 자생은 1921년에 완도 분포로 처음 알려졌다.[7] 하지만 자생기원인지 인공기원인지는 알 수 없다. 현재 국가 보고서에는 전남 나로도와 완도, 인천 백령도에 분포하고, 적색자료집에 등재된 위기종(EN)으로 나온다.[8] 북한에는 황해도 구월산에 분포한다는 사실이 전한다.[9] 최근에는 많은 수목원이나 식물원에서 정향풀을 식재하고 있다. 그런데 우리나라에서 그러한 정향풀의 자생분포가 생태학적 자생으로 단정할 만한 객관적 근거가 보이질 않는다. 오히려 여러 현존 분포 상황을 보면 과거 인간에 의해 관리된 흔적이 보이기 때문에 식재로부터 기원하는 개체군일 개연성이 높다.

정향풀은 땅속줄기로 번식하는 여러해살이다. 때문에 한 곳에서 큰 무리를 만들자면 오랜 시간이 걸리고, 그렇게 될 때까지 생육조건이 지속적으로 유지되어야 한다. 따라서 인간의 어떠한 간섭이나 도움이 결정적으로 뒷받침되었을 때 분포 가능하다는 이야기가 된다. 정향풀은 풀밭 식물사회의 구성원이기 때문에 직사광선이 지면에 도달할 정도의 식생구조가 필수다. 한편 중국에서는 한반도 서남단 전남 도서 지역과 평행선에 위치하는 안후이 성과 쟝쑤 성 일부 지역에서 드물게 분포한다고 알려졌다.[10] 이 또한 자생기원인지는 알 수 없다. 우리나라와 중국의 정향풀 분포가 자생기원이라면, 식생지리학적으로 동아시아에서 매우 특이한 불연속적 격리분포를 보이는 것으로 중대한 학술적 의미가 있다. 특히 일본열도에 분포하는 정향풀은 빙하기 이후에 남방에서 분포 확장한 결과이고, 종자 산포, 개체 정착과 개체군 형성에는 하천이나 호소 언저리에서 물의 범람 영향이 크게 작용하는 것으로 알려져 있다.[11]

최근 일본 혼슈 간토 지방의 하천 범람원(荒川, 秋ヶ瀬)에서 대규모 정향풀군락이 발견된 일이 있는데, 옆으로 달리는 땅속뿌리에서 크게 번성한 개체군으로 분포 기원은 밝혀지지 않았다.[12] 하지만 이 정향풀 개체군은 주변 어디에선가 키웠던 개체에서 빠져나온 일종의 탈출 집단으로 임시개체군(metapopulation, 부록 생태용어사전 참조)이다. 즉 왕버들이나 선버들이 우거지는, 하변림(河邊林)이 발달하지 못할 정도로 거센 물흐름이 발생하면서도, 하천 바닥 지형을 근본적으로 변형시킬 정도의 자연적인 하천 교란은 발생하지 않는, 그런 물길(河道) 구간에서 발달하는 습생(濕生) 이차초원식물군락에 나타난 일시적 개체군이라는 것이다.

이와 같은 우리나라에서나 일본에서의 정향풀 개체군 분포양상을 고려할 때, 정향풀 개체군의 현지내(*in-situ*)보존을 위해서는 풀밭 식물사회가 유지되도록 생육 여건의 지속가능성을 보장하는 서식처 관리가 필요하고, 나아가 종자번식을 통한 계통 보존 전략이 함께 있어야 한다.

정향풀의 서식처는 늘 수분이 충만할 수 있는 곳으로 습지나 하천, 도랑, 샘 등의 근처이거나 언저리다. 큰 비가 내리면 일시적

물길의 범람 영향을 입지만, 그렇다고 습지 식물로 분류하지 않는다. 통기성과 통수성이 양호한 토양에서만 산다. 억새 우점 군락과 같은 화본형(禾本型) 고경(高莖)초원식생이 아니라, 잎 넓은(廣葉型) 고경초원식생 요소다. 따라서 우리나라와 같은 온대림 생물군계에서 이런 서식처는 사람이 관리하거나 간섭하지 않으면 곧바로 숲으로 천이가 진행된다. 그러므로 정향풀이 사는 풀밭은 이차초원식생으로 천이가 자연적 또는 인공적으로 통제되어야 보존될 수 있다.

중국에서는 식물 전체를 달여서 감기몸살 약으로 사용한다고 한다.[13] 아마 한자명(水甘草)도 여기에 잇닿았을 것으로 생각된다. 하지만 동아시아에서 가장 널리 분포하는 일본에서는 식물체 독성 때문에 약재로 사용한 전통은 없다. 정향풀은 아름다운 꽃 모양 때문에 화훼식물로 주목 받지만, 우리나라에서도 전통적인 전래 민족 식물 정보는 아예 없다. 이 또한 야생의 자생 개체군이 존재하지 않을 것이라는 사실을 뒷받침한다.

---

1) FOC (1995)
2) 정태현 등 (1949)
3) 정태현 등 (1937)
4) 홍만선 (1643~1715)
5) 森 (1921)
6) 米倉, 梶田 (2003)
7) 森 (1921)
8) 환경부·국립생물자원관 (2012)
9) 임록재, 도봉섭 (1988)
10) FOC (1995)
11) 加川 等 (2009)
12) 畑中 等 (2009)

사진: 김윤하, 김종원

백미꽃

Cynanchum atratum Bunge

형태분류

줄기: 여러해살이로 어른 무릎 높이 이상 곧게 자라고, 튼튼한 편이다. 전체에 부드러운 잔털이 빼곡하다. 덩이모양(塊狀)인 땅속줄기에 굵은 실 같은 긴 뿌리가 다발로 뭉쳐나고 향기가 난다. (비교: 흑박주가리(*C. nipponicum* var. *glabrum*)와 덩굴박주가리(*C. nipponicum* var. *typicum*)는 줄기 윗부분에서 덩굴성이 된다.)

잎: 마주나고, 넓은 타원형이며, 길이 1㎝ 이하인 잎자루가 있고, 약간 두터운 종이 질감이다. 가장자리에 톱니가 없고, 잎맥은 흰빛을 띠며, 뒤로 약간 돌출한다.

꽃: 5~7월에 줄기 윗부분 잎겨드랑이에서 모여난다. 5개로 갈라진 꽃잎은 흑자색이며, 수레바퀴 모양이고, 뒤로 살짝 뒤집히며, 뒷면에만 부드러운 털이 많다. 안쪽으로 암술과 수술을 감싸 안은 듯 아주 짧은 부화관(副花冠)이 있다. 꽃보다 길이가 짧은 작은꽃자루가 있다. 꽃받침은 창끝모양이며 길이 3㎜ 정도인 부드러운 털이 있고, 기저에 샘털이 5개 있다. (비교: 민백미꽃(*C. ascyrifolium*)은 꽃이 줄기 끝부분이나 잎겨드랑이에서 나고 흰색이다.)

열매: 자루열매로 넓고 긴 창끝모양이며, 가는 흰색 털이 있다. 긴 흰색 솜털이 달린 밝은 갈색 씨가 들어 있고, 바람으로 산포한다.

염색체수: 2n=22[1)]

생태분류

서식처: 초지, 산지 풀밭, 숲 가장자리, 제방 등, 양지, 적습~약건
수평분포: 전국 분포
수직분포: 산지대~구릉지대
식생지리: 냉온대~난온대, 만주, 중국(화남지구, 화중지구, 화북지구, 기타 네이멍구 등), 몽골, 연해주, 일본 등
식생형: 이차초원식생
생태전략: [경쟁자]~[터주-경쟁자]
종보존등급: [IV] 일반감시대상종

이름사전

속명: 키난춤(*Cynanchum* L.). 개(犬, *cyno*)의 숨통을 끊어 놓다(*anchein*)라는 뜻의 희랍어로부터 유래한 라틴어다. 강한 약성에서 비롯한다.
종소명: 아트라툼(*atratum*). 검은색을 띤다는 뜻의 라틴어로 흑자색 꽃에서 비롯한다.
한글명 기원: 마하존,[2] 백미꽃[3]
한글명 유래: 백미와 꽃의 합성어로 약재명에서 비롯한다. 15세기 『구급간이방』[4]은 한자 白薇(백미)에 대해 한글명 마하존이라 했다. 그로부터 150여 년이 지난 후 『향약집성방』[5]에 한자 摩何尊(마하존)이라는 향명 표기가 등장한다. 위대한 존자(尊者)라는 뜻이다. 백미꽃속(*Cynachum*) 가운데 약재로 이용한 식물에 대한 총칭이고 산해박도 포함된다.
한방명: 백미(白薇). 말린 뿌리를 일컫는 약재명이다. 백미꽃과 민백미꽃의 뿌리를 쓴다.[6]
중국명: 白薇(Bái Wēi). 아주 작은(微) 풀잎(艹)을 뜻하는 한자 미(薇) 자는 세(細) 자의 가느다랗다는 것을 의미하고, 뿌리가 가늘고 희기(白) 때문에 생겨난 이름이다.[7] 백미꽃속을 중국에서는 아융등속(鹅绒藤属)으로 표기한다.
일본명: フナバラソウ(Hunabarasou, 舟腹草). 익으면 열매가 갈라져서 벌어지는데, 그 모양이 배(舟)의 배(腹) 모양을 닮은 데에서 비롯한다.[8]
영어명: Blackish Swallowwort

에코노트

백미꽃속 식물은 여러해살이로 대부분 초지에 산다. 그런데 흰색 꽃이 피는 민백미꽃만이 밝은 이차림 숲속이나 숲 가장자리에 흔하다. 흑자색 꽃이 피는 종류로 백미꽃, 흑박주가리, 덩굴박주가리가 있는데, 뒤의 2종은 덩굴성이기 때문에 차이가 난다. 흑박주가리

민백미꽃

흑박주가리

덩굴박주가리

는 꽃 속 부화관(副花冠)이 달걀모양처럼 둥그스름한 삼각형이지만, 덩굴박주가리는 뾰족한 삼각형이고 줄기 끝이 완전한 덩굴성이다. 이들은 모두 습한 초지가 분포중심지이고, 백미꽃은 하늘이 뻥 뚫린 열린 풀밭에서 산다.

흑박주가리는 제주도 한라산 1100고지 산지 습원에서, 덩굴박주가리는 경남 신불산 중간습원의 언저리에서 빈도 높게 나타난다.[9] 국가 적색자료집에는 민백미꽃이 준위협종으로 등재되어 있다.[10] 하지만 표본 정보에서 알 수 있듯,[11] 백미꽃이 훨씬 더 희귀하고, 적어도 종보전등급 [Ⅳ] 일반감시대상종이다. 약재인 뿌리의 유용성 때문에 굴취, 남획되는 것이 가장 큰 원인이며, 그 다음으로 서식처 감소를 들 수 있다. 백미꽃은 식생천이가 진행되면서 빛 환경이 불리해지면 살 수 없다. 숲속 음지에는 아예 살지 않는다. 국가적 수준에서 숲뿐만 아니라 자연초원 또는 이차초원에 대해서도 서식처 기반의 보존과 복원이 필요한 대목이다.

1) Probatova (2006), 권보경 등 (2012)
2) 윤호 등 (1489)
3) 정태현 등 (1937)
4) 윤호 등 (1489; 김문웅 역, 2007)
5) 유효통 등 (1633)
6) 안덕균 (1998), 한국생약학교수협의회 (2004), 안미정 등 (2011)
7) 李時珍 (1596)
8) 奧田 (1997)
9) 김종원, 한승욱 (2005)
10) 환경부·국립생물자원관 (2012)
11) 황규진 (2006)

사진: 최병기, 류태복, 이정아, 김종원

산해박(마하존)

Cynanchum paniculatum (Bunge) Kitag. ex H. Hara

형태분류

줄기: 여러해살이며, 바로 서서 자라지만, 마디 사이가 길다. 전체가 무척 호리호리하지만 단단한 편이며 바로 서서 어른 무릎 높이로 자란다. 드물지만 윗부분에서 갈라지기도 한다. 뿌리는 수염처럼 다발로 모여나고 향기가 난다.

잎: 마주나고, 약간 빳빳한 종이 질감이다. 폭 1㎝ 내외인 좁고 긴 줄모양으로 드물게 달리는 편이다. 끝은 몹시 뾰족하고, 가장자리는 뒤로 살짝 말리며, 잎 뒷면은 백록색을 띤다. 아주 짧은 잎자루가 있고 옆 잎줄은 흐릿하다.

꽃: 6~7월에 줄기 윗부분 잎겨드랑이에서 연한 황록색으로 핀다. 별모양이고, 대체로 한쪽 방향으로 치우쳐 늘어진 고깔꽃차례다. 꽃잎은 깊게 다섯 갈래로 갈라지고, 약간 육질이다.

열매: 자루열매이며 가늘고 긴 쪽꼬투리로 좁은 창끝모양이다. 장타원형 씨앗보다 길이가 10배 긴 솜털이 있어서 바람으로 퍼져 나간다.

염색체수: 2n=22[1]

생태분류

서식처: 초지, 산비탈 풀밭, 들판, 제방 등, 양지, 약건~적습

수평분포: 전국 분포

수직분포: 산지대~구릉지대

식생지리: 냉온대~난온대, 만주(랴오닝 성), 중국(새북지구, 화북지구, 화중지구, 화남지구 등), 몽골, 대만, 일본, 연해주, 다후리아 등

식생형: 이차초원식생

생태전략: [경쟁자]~[터주-스트레스인내-경쟁자]

종보존등급: [IV] 일반감시대상종

이름사전

속명: 키난춤(*Cynanchum* L.). 개(犬, *cyno*)의 숨통을 끊어 놓다(*anchein*)라는 뜻의 희랍어에서 비롯한다.

종소명: 파니큘라툼(*paniculatum*). 고깔꽃차례에서 비롯한 라틴어다.

한글명 기원: 산해박(산히박),[2] 아마존[3]

한글명 유래: 산(山)과 해박(解縛)의 합성어다. 끈이나 오라 따위로 결박한 것을 풀어 준다는 의미[4]가 있다. 약성에서 비롯했을 것이다. (아래 에코노트 참조)

한방명: 서장경(徐长卿). 산해박 뿌리를 약재로 쓴다.[5]

중국명: 徐长卿(Xú Cháng Qīng). 서장(徐长)은 길고 가느다란 식물체 모양을 드러내지만, 티베트를 지칭하는 씨장(西藏, Xīzàng)이란 소리를 한자로 표기한 것이다. 경(卿)은 위대한 사람을 높이 부르는 존칭이다. 독을 풀어 주는 약성(藥性)에서 비롯한다. (『한국 식물 생태 보감』 1권 「산해박(마하존)」 편 참조)

일본명: スズサイコ(Suzusaiko, 鈴柴胡). 꽃봉오리가 마치 방울(鈴)처럼 생겼고, 귀중한 약초로 이용되는 산형과의 시호(柴胡)를 닮은 데서 붙여진 이름이다.

영어명: Paniculate Swallowwort, Dog Strangling Vine

에코노트

산해박은 식물체가 무척 호리호리하다. 억새처럼 생긴 화본형(禾本型) 식물이 우점하는 이차초원에 섞여 살 경우에는 눈에 잘 띄지도 않는다. 가는 줄기에 드문드문 달린 잎, 가냘픈 줄기 끝부분에 매달린 꽃이나 열매는 미풍에도 흔들려 사진 한 컷을 담아내기 어렵다. 가는 줄기가 길게 자라면서, 마주난 잎은 덩굴식물로 변해 가는 진화의 진행형을 보는 듯하다. 박주가리과(Asclepiadaceae)에 속하는 이웃 종류들은 모두 덩굴성이다.

여러해살이인데도 올이 굵은 국수 다발 같은 뿌리로 지탱한다. 캐 보면 향기가 나며,

귀한 약재다. 줄기 끝에서 한들거리며 매달린 꽃봉오리는 햇살이 약해지기 시작하는 오후 느지막이 열리기 시작한다. 그리고는 며칠 동안 줄곧 피어 있다. 박주가리처럼 종자에 붙어 있는 긴 솜털 덕택에 바람에 실려 멀리 산포한다. 훤히 뚫린 산지나 들판으로 흩어지면서 이차적으로 발달한 풀밭 식물사회에 섞여 난다. 주기적인 벌채나 산불, 또는 벌초가 있었던 땅이 삶터다. 식물사회학에서는 억새가 함께 사는 건생형(乾生型) 이차초원식생의 수반종(隨班種)으로 본다.

산해박속의 의미는 좀 섬뜩하다. 개(犬, *cyno*) 숨통을 끊어 놓다(*anchein*)라는 뜻이다. 독성에서 비롯한다. 독이라는 것은 어떻게 취급하느냐에 따라 약이 되는데, 한중일에서 사용하는 이름의 뜻에 모두 잇닿아 있다. 중국에서는 뿌리를 포함한 식물 전체를 약재로 쓰면서 슈챵칭(徐长卿)이라 부른다. 여기서 서장(徐长)은 티베트(西藏, Xizang)이고, 경(卿)은 위대한 존재라는 뜻이다. 곧 티베트에서 온 위대한 수행승(마하존자) 같은 약초라는 뜻이며, 티베트 지역에서 나는 풀이라는 뜻은 아니다. 산해박은 티베트 지역에 분포하지 않는다. 일본에서는 시호(柴胡)만큼 귀한 약초를 뜻하는 이름(鈴柴胡)으로 부른다. 한글명 산해박(산히박)은 한자(山解縛)를 소리 나는 대로 읽은 것이다. 산에 사는 약초로 결박을 풀어 준다(解縛)는 뜻이다.

『구급간이방』[6]에 따르면 산해박을 포함하

는 백미꽃 종류, 즉 키난춤속(*Cynanchum* L.)을 마하존이라 통칭한다. 마하존(摩何尊)은 '위대하다'는 산스크리트어 'महा(마하)'와 '부처의 제자'를 뜻하는 존자(尊者)의 합성어다. 마하존(摩何尊)과 서장경(徐長卿)의 연원이 정확히 일치하는 대목이다. 산해박은 '결정적인 것을 해결해 주는, 즉 죽어 가는 생명을 살리는 약초'로 독사 독을 푸는 데 쓴다. 산해박이나 백미꽃 종류가 분포하는 곳은 뱀이 자주 출몰하는 초지다. 경북 안동 지역에는 문양(紋樣)이 뱀(蛇) 껍질을 닮은 사문암(蛇紋岩) 지역이 있으며, 그곳에서 산해박을 심심찮게 볼 수 있다.[7] 우리나라에서 초염기성 서식처로 유일하지만, 사문암 채광으로 통째로 사라지고 있다. 독특한 서식처를 잃어버리면, 독특한 생명도 함께 잃게 된다.

1) 권보경 등 (2012)
2) 森 (1921)
3) 村川 (1934)
4) 국립국어원 (2016)
5) 안덕균 (1998)
6) 윤호 등 (1489; 김문웅 역, 2007)
7) 박정석 (2015)

사진: 류태복, 김종원, 박정석

큰잎갈퀴

Galium dahuricum **Turcz. ex Ledeb.**

형태분류

줄기: 여러해살이로 밑에서 많이 갈라져서 보통 어른 무릎 높이 이상으로 자란다. 연약하지만 덩굴성이다. 단면이 사각이고 모서리에는 밑으로 향한 가시가 있다. 뿌리줄기는 가늘고 불그스레하다.

잎: 4~6개가 돌려나고, 거꿀달걀모양으로 넓은 장타원형(폭 약 8㎜)이며, 끝은 갑자기 뾰족한 가시처럼 된다. 양면에 털이 약간 있고, 가운데 잎줄 하나가 뚜렷하며 밑으로 향하는 털이 있다. 가장자리에도 밑을 향한 가시가 있고, 뒤로 약간 말리기도 한다. (비교: 갈퀴덩굴(*G. spurium* var. *echinospermon*)은 좁은 장타원형(폭 약 4㎜)이다. 큰네잎갈퀴(*G. dahuricum* var. *leiocarpum*)는 갈고리 같은 털이 빼곡하다.)

꽃: 5~6월에 흰색 또는 황백색으로 피고, 가지 끝과 잎겨드랑이에서 고른우산살송이꽃차례로 난다. 긴 꽃자루 끝에 가냘픈 작은꽃자루가 갈라진다. 4수성(數性)인 꽃이 느슨하게 달리고, 꽃잎 맨 끝이 살짝 위로 솟는다.

열매: 갈래열매로 2개씩 붙어나고, 갈고리모양 가시털이 빼곡하다.

염색체수: 2n=48, 72[1]

생태분류

서식처: 초지, 목초지 언저리, 밝은 숲속, 숲 가장자리, 도랑 언저리, 습지 언저리 등, 양지~반음지, 적습

수평분포: 전국 분포

수직분포: 산지대~구릉지대

식생지리: 냉온대~난온대(대륙성), 만주, 중국(거의 전역), 연해주, 일본(홋카이도 동부) 등

식생형: 초원식생, 삼림식생(낙엽활엽수 이차림)

생태전략: [터주-경쟁자]~[경쟁자]

종보존등급: [V] 비감시대상종

이름사전

속명: 갈리움(*Galium* L.). 솔나물 종류를 지칭하는 희랍어(*galion*)에서 비롯하고, 깔짚(bedstraw)이라는 의미도 있다.

종소명: 다후리쿰(*dahuricum*). 러시아 다후리아(Dauria) 지역에서 채집된 표본으로 기재하면서 붙인 이름이다. 극동 러시아 아무르 지역에서부터 서쪽 바이칼 지역까지 아우르는 땅에 대한 17세기 이전의 이름이다.

한글명 기원: 큰잎갈키덩굴,[2] 큰잎갈키,[3] 큰잎갈퀴,[4] 큰잎갈퀴덩굴[5] 등

한글명 유래: 큰, 잎, 갈퀴의 합성어다. 갈퀴덩굴보다 잎이 큰 것에서 유래한다. 갈퀴덩굴보다 잎이 2배 정도 크다.

한방명: -

중국명: 大叶猪殃殃(Dà Yè Zhū Yāng Yāng). 잎이 큰 갈퀴덩굴이라는 뜻이다.

일본명: エゾムグラ(Ezomugura, 蝦夷葎). 아이누족 또는 그들이 사는 땅(蝦夷)에 나는 갈퀴덩굴이라는 의미에서 비롯한다. 혼슈 북부와 홋카이도 전역이 포함된다.

영어명: Daurian Bedstraw

큰잎갈퀴는 갈퀴덩굴보다 잎 크기(폭)가 약 2배나 된다. 갈퀴덩굴이 농촌 근처 산기슭에 흔한 터주식생 요소라면, 큰잎갈퀴는 마을에서 더욱 멀리 떨어진 산지 쪽의 초원식생 요소다. 갈퀴덩굴보다 사람을 조금 더 싫어한다는 뜻이다. 종자 끝이 갈고리모양인 것에서 알 수 있듯, 큰잎갈퀴는 크고 작은 짐승의 털에 붙어서 종자가 널리 퍼져 나간다. 뿌리줄기가 발달하는 여러해살이로 종종 큰 덤불을 만들기도 하는데, 식물체가 부드러워 짐승들의 이동을 방해하지는 않는다. 큰잎갈퀴는 양지 바른 곳이면서도 메마르지 않고, 습윤하고 비옥한 땅을 좋아한다. 산지 풀밭에서 주로 살지만, 농촌이나 도시 인근 야산에서도 종종 보인다. 이 경우는 반그늘 생육환경인 경우가 많다.

갈퀴덩굴속은 종내 변이가 심하고, 형태학적 형질이 다양하다. 특히 잎의 크기, 털의 유무, 갈라진 꽃잎(花被片) 수 등은 분류기준으로는 불안정한 형질로 여긴다.[6] 큰잎갈퀴군(*G. daburicum* Group)은 변이성이 더욱 심하다. 최근 중국 서남부 쓰촨 성에서 큰잎갈퀴의 지리적 변종(*G. daburicum* var. *densiflorum*)을 기재한 바 있는 오스트리아 식물분류학자 에렌돌퍼(F. Ehrendorfer)[7] 는 갈래열매 표면의 털 유무와 모양이 동일한 개체군에서도 다양하게 보인다는 사실을 지적했다. 이는 서식하는 환경조건에 따라 외형적 차이가 크게 발생할 수 있다는 것을 뜻한다. 이런 측면에서 식물체가 충분히 성장하지 않은 시기에 현지 식물상이나 식생조사를 하는 우리나라의 환경영향평가 실태는 생태학적 정보를 누락할 개연성이 무척 높다. 특히 사계절과 몬순(monsoon)의 온대 생물기후 특성이 있는 우리나라에서 현장 탐색과 조사연구가 더욱 신중해야 하는 이유다.

---

1) 정금선, 박재홍 (2009)
2) 정태현 등 (1937)
3) 정태현 등 (1949)
4) 이창복 (1969)
5) 이우철 (1996)
6) 정금선, 박재홍 (2012)
7) Ehrendorfer (2010)

사진: 김윤하

좀네잎갈퀴

Galium bungei **Steud.**

형태분류

줄기: 여러해살이며, 어른 종아리 높이까지 바로 서서 자라고, 네모지면서 가냘프다. 아래에서 종종 갈라지기도 하고 비스듬히 자란다. 매끈하고 밑으로 향하는 가시나 털이 없다. 연한 적갈색 실 같은 뿌리줄기가 발달한다.

잎: 4개가 돌려나고, 2개는 받침잎이지만 구분하기 어렵다. 좁은 타원형으로 폭 2㎜, 길이는 1㎝ 남짓이다. 가운데 어렴풋한 잎줄 하나가 보이고, 가장자리와 그 잎줄에 흰색 털이 있다. (비교: 네잎갈퀴(*G. bungei* var. *trachyspermum*)는 달걀모양에 가까운 타원형으로 폭은 5㎜ 정도다.)

꽃: 5~6월에 잎겨드랑이와 가지 끝에서 고른우산살송이꽃차례로 피고 느슨하게 달린다. 길이 3~5㎜인 작은꽃자루에 담녹색 꽃이 달린다. 4개로 갈라진 꽃잎은 달걀모양이고, 수술이 4개 있다. (비교: 네잎갈퀴는 작은꽃자루가 2㎜ 내외로 꽃이 더욱 빽빽하게 붙는 듯하다.)

열매: 갈래열매로 타원형이며 2개씩 마주 붙어나고, 표면에 끝이 굽은 작은 돌기가 빼곡하다.

염색체수: n=11[1]

생태분류

서식처: 초지, 목초지 언저리, 숲 가장자리, 산기슭 언저리 등, 양지, 적습

수평분포: 전국 분포(주로 남부 지역)

수직분포: 구릉지대

식생지리: 난온대~냉온대, 만주(남부), 중국(서부지구를 제외한 대부분 지역), 대만, 일본(혼슈 이남) 등

식생형: 초원식생

생태전략: [터주-경쟁자]~[경쟁자]

종보존등급: [IV] 일반감시대상종

이름사전

속명: 갈리움(*Galium* L.). 솔나물 종류(*G. verum* L.)를 지칭하는 희랍어(*galion*)에서 비롯한다. 치즈에 색깔을 낼 때나 치즈 만들 때에 우유를 응결하도록 꽃을 이용한다.[2]

종소명: 붕게이(*bungei*). 우크라이나 키예프(Kiev)의 본초학자(A. von Bunge, 1813~1866) 이름에서 비롯한다. 지금까지 사용했던 학명(*G. gracilens* (A.Gray) Makino)은 이명으로 밝혀졌다.[3] 네잎갈퀴(*G. bungei* var. *trachyspermum* (A. Gray) Cufod.)의 트라키스페르뭄(*trachyspermum*)은 타원형 열매가 서로 껴안는 모양(necked-seed)을 뜻하는 라틴어다.

한글명 기원: 좀네잎갈키,[4] 좀잎갈키덩굴,[5] 좀네잎갈퀴[6]

한글명 유래: 좀과 네잎갈퀴의 합성어다. 네잎갈퀴보다 더욱 작고 연약하다는 뜻에서 비롯한다. 네잎갈퀴는 잎이 넉 장인 갈키 종류라는 뜻으로 일본명(四葉葎)에서 비롯한다.

한방명: -

중국명: 四叶葎(Siyè Lǜ). 네잎갈퀴라는 뜻으로 일본명에 잇닿아 있다.

일본명: ヒメヨツバムグラ(Himeyotsubamugura, 姫四葉葎). 네잎갈퀴(四葉葎)보다 더욱 작다(姫)는 뜻에서 비롯한다.

영어명: Bunge's Necked-seed Bedstraw

에코노트

좀네잎갈퀴는 네잎갈퀴와 무척 닮았다. 잎이 아주 좁은 줄모양에 가까운 타원형이면 좀네잎갈퀴다. 꽃이 폈을 때는 길게 내민 꽃자루로도 구별된다. 무엇보다도 2종은 사는 장소가 다르다. 좀네잎갈퀴는 우리나라 남부 지역 난온대에 흔한 편이다. 그것도 최남단 해안 지역으로 갈수록 출현빈도가 높다. 네잎갈퀴는 개마고원 이남 전역에 골고루 분포하고, 주로 냉온대 남부·저산지대 전역에서 보인다. 서식처에서도 뚜렷한 차이가 있다. 좀네잎갈퀴는 전형적인 이차초원식생의

네잎갈퀴 종류(*G. bungei s.l.*) 간에도 잎과 꽃과 열매 따위의 크기, 모양, 구조에 형태적 변이가 다양하다.[8] 그래서 중국에서는 2종을 구분하지 않는다. 좀네잎갈퀴와 네잎갈퀴는 아래 표와 같이 구분해 둔다.

구성원이다. 벌초 전에 풀이 우거진 양지바른 무덤 풀밭에 파묻혀 산다. 좀네잎갈퀴는 자가수분 종자 생산도 마다하지 않을 정도로 꽃이 무척 작으며, 잎도 초라하기 그지없이 왜소하다. 복잡하게 우거진 풀밭에 섞여 사는 것에 전혀 문제되지 않는다. 더 이상 가질 이유도, 남길 것도 남을 것도 없는, 즉 무소유(無所有)의 다이어트 몸뚱이다. (사진 참조)

갈퀴덩굴속 종류의 다양한 변이처럼[7] 좀

---

1) 정금선, 박재홍 (2009)
2) Quattrocchi (2000)
3) The Plant List (2013)
4) 정태현 등 (1949)
5) 박만규 (1949)
6) 박만규 (1974)
7) 정금선, 박재홍 (2012)
8) FOC (2015)

사진: 김종원

국명	좀네잎갈퀴	네잎갈퀴
학명	*Galium bungei* Steud.	*Galium bungei* var. *trachyspermum* (A. Gray) Cufod.
이명	*G. gracilens* (A. Gray) Makino *G. gracile* Bunge	*G. trachyspermum* A. Gray *G. gracilens* (A. Gray) Makino
잎	줄모양에 가까운 좁은 타원형, 폭 2㎜ 내외	달걀모양에 가까운 타원형, 폭 5㎜ 내외
꽃차례	작은꽃자루 3~5㎜, 여유롭게 달림	작은꽃자루 2㎜ 내외, 꽃이 더욱 빽빽하게 붙음

솔나물

Galium verum L. subsp. ***asiaticum*** (Nakai) T. Yamaz.

형태분류

줄기: 여러해살이로 모여나고 바로 서서 어른 무릎 높이 이상 자란다. 윗부분에서 갈라지고, 단면은 약간 사각으로 모가 지며 튼튼한 편이고, 짧고 부드러운 털이 있다. 뿌리줄기와 땅속줄기가 발달한다.

잎: 돌려나고, 아주 좁은 솔잎 같은 모양이며 약간 광택이 난다. 앞면 중앙 잎줄 1개가 뚜렷하고, 가장자리는 뒤로 살짝 말리며, 뒷면에 털이 있다. 8~12개로 보이는 돌려난 잎은 그 가운데 2개만 진짜 잎이고, 나머지는 받침잎이 갈라져서 잎처럼 된 것이다.

꽃: 6~8월에 노란색 꽃이 줄기 끝과 잎겨드랑이에서 고깔꽃차례로 피고 독특한 향이 있다. 꽃잎과 수술이 각각 4개씩이다. (흰솔나물(*G. verum* subsp. *asiaticum* f. *nikkoense*)은 흰색 꽃이 핀다.)

열매: 갈래열매로 둥글고 털이 없다. 호리병처럼 생겼으나, 익으면 2개로 갈라진다.

염색체수: 2n=44[1]

생태분류

서식처: 초지, 들판 풀밭, 무덤, 제방, 두둑, 하천변 고수부지, 방목지, 하천변 절벽 등, 양지, 적습~약건

수평분포: 전국 분포

수직분포: 산지대 이하

식생지리: 냉온대~난온대, 만주, 중국(새북지구, 화북지구, 화중지구 등), 일본 등

식생형: 이차초원식생

생태전략: [터주-스트레스인내-경쟁자]~[경쟁자]

종보존등급: [V] 비감시대상종

이름사전

속명: 갈리움(*Galium* L.). 깔짚이라는 의미이면서 솔나물 종류를 지칭하는 희랍어(*galion*)에서 비롯한다. 유럽에서는 치즈를 만들 때 우유가 엉기도록 하거나 색깔을 내는 데에 이용한다.[2]

종소명: 베룸(*verum*). 진짜라는 뜻의 라틴어로 솔나물 종류 가운데 본종(*typicum*)이라는 의미에서 비롯한다. 아종(亞種)의 아지아티쿰(*asiaticum*)은 아시아산이라는 뜻이다

한글명 기원: 솔나물[3]

한글명 유래: 솔(松)과 나물(菜)의 합성어다. 잎 모양이 솔잎을 닮은 것과 먹을 수 있는 나물이라는 뜻에서 비롯했을 것이다. 유래를 알 수 없다지만,[4] 일본명과 중국명에 잇닿아 있다.

한방명: 봉자채(蓬子菜). 솔나물의 지상부를 약재로 쓴다.[5]

중국명: 长叶蓬子菜(Cháng Yè Péng Zǐ Cài). 긴 잎이 있는 솔나물 종류(蓬子菜)라는 뜻이다.
일본명: カワラマツバ(Kawaramatsuba, 河原松葉). 하천 바닥(河原)에 사는 솔잎 닮은 들풀이라는 것에서 비롯한다.
영어명: Asian Yellow Bedstraw

에코노트

갈퀴덩굴속(*Galium* L.)은 주로 황록색(녹색에 가까운 노란색)이나 흰색 꽃이 피지만, 솔나물만 유일하게 꽃이 노란색이다. 일본에서는 고경(高莖)초원식생을 대표하는 억새군강(Miscanthetea) 식물사회의 표징종으로 흰 꽃이 피는 흰솔나물이 아주 흔하다. 우리나라에서는 노란색 꽃이 압도적으로 많다. 환경조건이 다르면 형질이 달라지는 지리적 대응성이다.

솔나물 종류(*G. verum* aggregate)는 유라시아 대륙 온대 지역 전역에 분포하며, 북미에도 귀화했다. 이들은 모두 건조한 초지에 흔하고, 특별히 안정적인 초지에 흔하다. 안정적인 초지란 몇 가지 생태적 조건을 갖는다. (1) 일 년에 한두 번 이상 벌초나 불태우기와 같은 빈번한 물리적 교란이 배제된 환경, (2) 농약이나 제초제, 살충제 따위의 화학제재 살포가 장기간 배제된 환경, (3) 초기 제방이 만들어졌을 당시의 흙으로 유지되는, 즉 이질적인 토양(allogenic soil)이 반입되어 토양 환경에 물리적 변화가 없는 환경을 말한다.

솔나물은 오래된 저수지 제방에서 반드시 보인다. 그것도 일 년에 한두 번 벌초나 태우기를 하는 정도의 관리가 있는 곳에서만 사는 여러해살이다. 땅속줄기가 발달하기 때문에 제초제 영향이 없는 곳이라면 무리를 짓고, 곁에 패랭이꽃이 함께 있는 경우도 많다. 우리나라는 온대 기후 지역이기에 궁극적으로 온대림 숲이 주인공이다. 숲 대신에 초지로 유지되는 경우는 이처럼 사람이 관여하면서 지탱되는 식물사회가 대부분으로 오래된 저수지의 제방이 대표적인 사례다. 이처럼 비록 사람의 도움으로 유지되는 제방이지만 그곳에 발달하는 풀밭은 종다양성이 높고 경관이 아름다운 귀중한 국가 식생자원이다. 이런 제방 풀밭 식물사회는 웬만한 국립공원의 삼림식생보다 단위면적당 식물종이 훨씬 많다. 종 수준에서 솔나물은 종보존등급 [V] 비감시대상종이지만, 이들이 서식하는 오래된 제방 초원식생이라면 서식처를 보존하는 생태적 관리가 필요하다.

솔나물은 해안에서부터 산지에 이르기까지 서식 범위도 무척 넓다. 특히 모래와 잔자갈로 다져진 땅을 좋아한다. 솔잎처럼 생긴 잎 10개 내외가 돌려난 것(輪生)이 특징인데,[6] 그 가운데 2개만 진짜 잎이고 나머지는 받침잎이 갈라져서 잎처럼 된 것이다. 이름은 솔(松) 잎을 닮았다는 일본명과 나물(菜)로 쓰였다는 중국명이 만나서 하나가 되었다. 19세기 이전의 기록에 솔나물은 나타나지 않는다. 실제로 우리나라 사람에게 그리 인기 있는 나물이 아니었다는 방증이다. 들풀에 대한 해상도 높은 전통지식이 전해지는 우리나라 나물문화에 솔나물은 품격이 한참 떨어지는 존재다. 꽃에서 살짝 향이 비치지만, 나물로 주목을 끌 만한 향은 거의 없으며, 식물체도 거칠고 억센 편이다. 더욱이 퍼석퍼석한 흙보다는 다져진 땅에서 사는 편이라 뿌리를 뽑기도 쉽지 않다. 때문에 '나

물'이라는 글자가 포함되어 마치 나물인 양 취급하지만,[7] 실제 사정은 그렇지는 않다. 일제강점기 때의 기록[8]에서 구황(救荒)식물을 뜻하는 구(救) 자가 곁들어져 있으나, 이 또한 오해한 것이다. 중국 본초학에서 솔나물을 약재로 이용하기 시작한 것도 최근의 일이다.

---

1) Nishikawa (1988), Sun *et al.* (1996), 정금선, 박재홍 (2009)
2) Quattrocchi (2000)
3) 森 (1921)
4) 이우철 (2005)
5) 안덕균 (1998)
6) 정금선, 박재홍 (2012)
7) 이영은 (2005), 김양진, 최정혜 (2010)
8) 森 (1921), 林泰治 (1944)

사진: 김종원, 이경연

갈퀴꼭두선이

Rubia cordifolia L.
Rubia cordifolia var. ***pratensis*** Maxim.

형태분류

줄기: 여러해살이로 단면이 사각이고, 둥근 날처럼 생긴 모서리에는 밑으로 향하는 가시가 많다. 줄기 아랫부분에서 많은 가지가 갈라지고 수 미터로 자라는 덩굴성이다. 적황색 뿌리줄기가 발달한다.

잎: 돌려나고, 줄기에서는 6~12개, 가지에서는 4~6개 난다. 길이가 너비의 2.5배인 장타원형으로 표면에는 드물지만 억센 털이 있다. 뒷면 맥과 가장자리에 잔가시가 있고, 긴 잎자루에도 가시가 있다. (비교: 꼭두선이(*R. akane*)는 4장씩 돌려난다.)

꽃: 6~8월에 잎겨드랑이와 줄기 끝에서 흰빛 도는 녹황색으로 피고, 고깔꽃차례다. 5수성(數性)이고, 꽃갓 안쪽에 돌기가 있다.

열매: 물열매로 세로 줄이 3~4개 있고, 2개씩 달리며, 주황색에서 검은색으로 익어 간다.

염색체수: 2n=22[1]

생태분류

서식처: 초지, 숲 가장자리, 밝은 숲속, 벌채지, 조림지, 산불 난 곳 등, 양지~반음지, 적습

수평분포: 전국 분포

수직분포: 산지대~구릉지대

식생지리: 냉온대~난온대, 만주, 중국(새북지구, 화북지구, 그 밖에 윈난 성, 쓰촨 성 등), 몽골, 연해주, 일본(주고쿠 및 규슈의 북부 지역) 등

식생형: 이차초원식생, 벌채지 선구식생, 숲 가장자리식생 등

생태전략: [터주-경쟁자]~[경쟁자]

종보존등급: [IV] 일반감시대상종

이름사전

속명: 루비아(*Rubia* L.). 붉은색을 뜻하는 라틴어(*rubiam*)에서 비롯한다.[2] 뿌리를 붉은 염색에 이용한 것과 관련 있다. 꼭두선이 종류를 영어로 매더(madder)라 하는데, 터무

니없는 행동을 하는 정신없는 사람을 일컫기도 한다. 우리말 꼭두선이라는 명칭의 유래와도 잇닿아 있다. (『한국 식물 생태 보감』 1권 「꼭두선이」 편 참조)

종소명: 코르디폴리아(*cordifolia*). 심장모양 잎을 뜻하는 라틴어다. 변종명 프라텐시스(*pratensis*)는 주로 목초지를 뜻하는 라틴어다. 아시아 분류군을 지리적 변종으로 보는 것으로 우리나라에서의 첫 기재는 1919년의 일[3]이지만, 지금은 본종(*typicum*)에 통합한다.[4]

한글명 기원: 갈키꼭두선이,[5] 갈퀴꼭두서니,[6] 갈퀴꼭두선이[7]

한글명 유래: 갈퀴와 꼭두선이의 합성어다. 우리말의 갈퀴는 검불이나 곡식 따위를 긁어모으는 데 쓰는 기구[8]이다. 갈퀴꼭두선이의 돌려나는 잎차례와는 모양이 전혀 다르고, 줄기에 난 가시 모양에서 비롯했을 것이다. 한편 꼭두선이는 '곱도숑'에서 유래하고, 귀신 곡할 것 같은 색조에서 비롯한다. 15세기 기록에 나타나는 우리나라 고유 이름이다. (『한국 식물 생태 보감』 1권 「꼭두선이」 편 참조) 결국 '꼭두선'과 의존명사 '이'의 합성어이며, '꼭두선이'이라는 표기가 원형이다.

한방명: 천초근(茜草根). 꼭두선이나 갈퀴꼭두선이의 뿌리를 약재로 쓴다.[9]

중국명: 茜草(Qiàn Cǎo). 꼭두선이 종류의 통칭으로 붉은색(茜) 염료로 이용하는 풀(草)인 것에서 비롯한다.

일본명: クルマバアカネ(Kurumabaakane, 車葉茜). 잎차례가 자동차 휠(車葉)을 닮은 꼭두선이 종류(茜)라는 뜻이다. 적자색 뿌리를 아카네(赤根)라고 읽는다.

영어명: Asian Meadow Madder

에코노트

꼭두선이 종류는 약 70가지 염료 원료(anthraquinone)를 포함하는 유명한 천연 염색 재료다.[10] 유라시아 대륙 각 지역에서 뿌리를 이용한 천연 염색의 역사도 무척 오래다. 꼭두선이라는 이름도 색깔과 관련 있다. 15세기 기록에 나오는 '곱도숑'에서 유래하는 '꼭두선'과 사람을 지칭하는 보조명사 '이'의 합성어로 신출귀몰한 색을 빚어내는 특성에서 비롯한다.[11] 국가표준식물위원회에서 채택한 '꼭두서니'라는 표기는 1979년에 등장한 것[12]인데, 명칭의 유래와 어원에 스며든 민족생물학적 생태성과 생명성을 고려하면 '꼭두선이'가 옳다. (『한국 식물 생태 보감』 1권 760~761쪽 참조)

꼭두선이 종류는 공통적으로 토양이 건조한 곳에서는 살지 않지만, 냉습한 곳에서도 살지 않는다. 물론 습지 식물사회의 구성원도 아니다. 적습으로 습윤한 곳에서 반음지 또는 양지의 온난한 환경이라면 최적 서식처다. 꼭두선이와 갈퀴꼭두선이는 돌려나는 잎의 모양과 수에서 약간 차이를 보일 뿐,[13] 넓은 뜻으로 한 분류군(*Rubia cordifolia s.l.*)이다.[14] 일반적으로 갈퀴꼭두선이는 식물체 덩치가 더욱 큰 편인데, 서식처에서 미묘한 차이가 있기는 하다. 꼭두선이는 아주 밝은 숲 속에서, 갈퀴꼭두선이는 숲 가장자리나 초지에서 자주 나타나며, 특히 벌채지나 산불 난 곳, 최근 조림한 입지에서 큰 무리를 짓는다. 갈퀴꼭두선이는 우거지면 만만찮은 스크램블을 짜는데, 사람의 접근을 거부할 정도다.

갈퀴꼭두선이는 제주도 목초지에서도 자주 보인다.

---

1) Ge & Li. (1989), Měsíček & Soják (1995)
2) Quattrocchi (2000)
3) Nakai (1919)
4) The Plant List (2015)
5) 정태현 등 (1937)
6) 정태현 등 (1965)
7) 이우철 (1996)
8) 국립국어원 (2016)
9) 안덕균 (1998)
10) Mouri & Laursen (2012)
11) 김종원 (2013)
12) 이창복 (1979), 국가표준식물위원회 (2015)
13) 김윤식, 이병윤 (1989)
14) Chen & Ehrendorfer (2011)

사진: 최병기

지치

Lithospermum erythrorhizon **Siebold & Zucc.**

형태분류

줄기: 여러해살이로 가는 편이지만 바로 서서 어른 무릎 높이까지 자란다. 갈라진 가지는 위로 향하면서 살짝 굽고 거친 털이 많은 편이다. 굵은 뿌리는 땅속 깊게 내리고, 짙은 붉은색 색소가 많다. (비교: 반디지치(*L. zollingeri*)는 꽃이 진 뒤에 줄기 기부에서 지면을 따라 옆으로 벋는 긴 줄기를 내고, 이듬해 거기에서 뿌리를 내린다. 개지치(*L. arvense*)는 해넘이한해살이로 뿌리가 붉은색을 띠지만 색소는 거의 없다.)

잎: 어긋나고, 좁은 장타원형으로 가장자리는 밋밋하며 억센 털이 많다. 잎자루는 따로 없고, 위로 갈수록 잎 크기가 점차 작아진다. 표면에 여러 갈래로 갈라진 굵은 잎줄이 뚜렷하고, 뒷면으로 돌출한다.

꽃: 5~6월에 줄기와 가지 윗부분에서 송이꽃차례로 핀다. 열매가 생길쯤 더욱 길어진다. 흰색 꽃잎은 5개로 갈라져 수평으로 퍼지고, 꽃통 목 부분에 작은 돌기(부속체)가 5개 있다. 잎같이 생긴 아주 작은 포가 있고, 좁은 줄모양 꽃받침이 5개이며, 열매가 생길 쯤에는 꽃통보다 길어진다. (비교: 반디지치는 잎겨드랑이에서 피고, 처음에 약간 연한 분홍색을 띠다가 점차 벽자색을 띤다.)

열매: 갈래열매로 둥글며, 흰색 또는 담황색으로 윤기가 나고, 1줄로 홈이 진 세로 줄이 있다. (비교: 개지치 열매는 주름이 있다.)

염색체수: 2n=28[1]

생태분류

서식처: 초지, 밝은 숲속, 숲 가장자리 등, 양지~반음지, 적습~약건

수평분포: 전국 분포

수직분포: 산지대~구릉지대

식생지리: 냉온대, 만주(랴오닝 성), 중국(화북지구, 화중지구, 그 밖에 구이저우 성, 광시 성, 간쑤 성 남부), 일본, 연해주 등

생태전략: [스트레스인내-경쟁자]~[스트레스인내자]

종보존등급: [II] 중대감시대상종

이름사전

속명: 리토스페르뭄(*Lithospermum* L.). 암석(*lithos*)과 열매(*sperma*)를 뜻하는 라틴어에서 유래하고, 지치 종류의 열매(stone seed)에서 비롯한다.

종소명: 에리스로리존(*erythrorhizon*). 붉은(*erythro-*) 뿌리(*rhizus*)라는 뜻의 라틴어로 지치의 뿌리 색에서 비롯한다.

한글명 기원: 지최,[2] 지초,[3] 지치,[4] 자초,[5] ᄌᆞ초용[6]

한글명 유래: 지치는 한자 자초(紫草)에서 비롯한다. 15세기 『구급간이방』[7]에 약재명 자초(紫草)에 대해 첫 한글 기재 '지최'가 나온다. 그로부터 지초를 거쳐 지치로 변천된 것이다. 16세기 『훈몽자회』[8]에서는 한자 지(芝) 자에 대해 '지초'로, 19세기초 『물명고』[9]에서는 한자 자초(紫草)에 대해 '지초'라 했다. 19세기말 『방약합편』 이후로 지금껏 지치로 쓰고 있다. 한편 반디지치[10]는 유래불명[11]이 아니라, 반딧불이(蛍)라는 뜻이 있는 일본명(蛍葛)[12]을 참고해서 생겨난 이름이다.

한방명: 자초(紫草). 뿌리를 약재로 쓴다.[13] 중국의 본초학에서는 자근(紫根)이라 한다.[14]

중국명: 紫草(Zǐ Cǎo). 적자색(赤紫色) 뿌리 빛깔 또는 염료로 이용한 것에서 비롯한다.

일본명: ムラサキ(Murasaki, 紫). 뿌리를 자색 염료로 이용한 것에서 비롯하고 중국명에 잇닿아 있다.

영어명: Red Root Gromwell

에코노트

지치 종류를 이용한 채색 문화는 동서양 모두 고대 사회에 있었다. 따라서 지치 종류는 아주 오래된 인류 민족식물자원이다. (『한국 식물 생태 보감』 1권 「개지치」 편 참조) 그 가운데 지치는 염료 식물이기도 하지만 약재로도 으뜸이다. 우리나라 사람들도 이미 오래전부터 염료를 얻고자 재배했었고, 야생하는 자생 개체가 약재로써 더욱 좋다는 것도 잘 알고 있었다.[15] 17세기 『산림경제』는 지치 재배 기술을 상세하게 전한다.[16] 거친 모래땅을 좋아하고, 호미로 잡초를 뽑을 때는 뿌리가 다치지 않도록 주의해야 한다는 사실도 전한다.

오늘날 야생에서 발견되는 지치는 무척 귀하다. 전국적으로 극히 작은 개체군으로 국지적 분포를 보인다. 개체군 크기와 풍부성도 실제로 극히 제한적이다. 여러해살이로 뿌리째 뽑히면 개체군 크기가 급격히 줄어들 수밖에 없다. 일부 지역 식물상 목록에 지치가 등재된 바 있으나,[17] 식재한 것인지 자생기원인지는 알 수 없다. 사람이 접근하기 좀 어려운 외진 곳이거나, 척박해서 토지의 이용가치가 낮은 입지에서 몇몇 개체 수준으로 남아 있다. 석회암 지역 및 지대에서 작은 개체군이 발견되는 것도 같은 맥락이다.[18] 현존하는 지치 자생지가 약산성(pH 5.5~5.6)인 우리나라 산림토양보다 더욱 중성 또는 약알칼리성(pH 6.95~7.71)[19]이라 것도 그런 사실을 뒷받침한다. 그만큼 지치 생육에 최적 서식처는 제한적이라는 뜻이다.

지치는 습한 곳에서는 살지 않는다. 야생 개체군은 건조하고 밝은 양지의 초지에서 나타난다. 숲지붕이 발달한 삼림식생 속 음지에서도 살지 않는다. 숲으로의 천이는 지치 개체군의 자연분포 축소에 원인이 될 수도 있다. 우리나라에 자생하는 지치속 3종 가운데 지치는 냉온대에, 반디지치와 개지치는 난온대에 분포중심이 있다. 따라서 중북부 지역에서는 지치가, 다른 2종은 남부 지역에서 출현빈도가 높다. 남한에서 지치가 다른 2종에 비해 상대적으로 희귀할 수밖에 없는 것도 그런 지리적 분포 경향성 때문이다. 냉온대 식생 영역 자체가 주로 중해발(中海拔) 이상 산지대이기 때문에 공간적으로 영역이 좁은 것과도 관련 있다.

또한 우리나라 온대는 초원식생보다는 삼림식생이 우세한 생물군계(生物群系)이다. 이 때문에 양지인 초지라는 서식처는 공간적으로 제한되고, 그만큼 생육 분포의 기회도 줄어든다. 결국 초원 식물사회의 구성원인 지치가 더욱 희귀할 수밖에 없다. 게다가 오랜 세월 동안 유용 식물자원으로서 굴취, 남획되어 더더욱 희귀해진 것이다. 지치는 현재 남한에서 지속식물군락 또는 위극상(부록 생태용어사전 참조)의 식생형이라 할 수 있는 석회암 입지나 돌 부스러기 입지의 특이 서식처에서 잔존한다. 일본 규슈 지방 석회암 입지에서도 그런 분포가 확인되고 있다.[20] 우리나라에 자생하는 지치속 3종은 모두 지사가 오래된 퇴적암 암석권(석회암, 응회암 등)에서 보인다.

우리나라 국가 적색자료집에서는 지치 개체수가 여전히 풍부하다면서 가장 낮은 약관심(LC) 수준의 보호 대상종으로 평가한다.[21] 하지만 야생 지치는 현재 특정 서식 조건을 갖춘 곳에서만 잔존하는 종보존등급

반디지치

[Ⅱ] 중대감시대상종이다. 현지내(*in-situ*) 자생 개체군을 엄격하게 관리해야 하는 종자원인 것이다. 지치의 자생 개체군이 왕김의털아재비(*Festuca subulata* var. *japonica*)가 우점하는 입지(또는 군락)에 나타난다는 사실을 특기한 연구가 있다.[22] 하지만 주로 습한 땅에 사는 왕김의털아재비가 지치와 함께 서식한다는 것은 확인이 필요하다. 식물종을 포함한 모든 생명은 특정 이유(자연적 그리고 인문적 역사)에서 '어떤 시점, 어떤 장소에 구체적으로 분포'하고, 동물과 달리 '어떤 식물이 우점한다'는 것은 지대한 생태적 의미를 포함하기 때문이다. 따라서 지치와 같은 희귀종이 왕김의털아재비 우점 군락에 자생한다면, 그런 서식환경에 대응하는 해당 식물종의 명백한 지표성(指標性)을 함의하는 특별한 생태적 의미가 생기게 된다. 그러나 지치가 왕김의털아재비 우점 군락에 서식한다는 실체는 확인되지 않았다.[23] 사적 연구가 아닌, 공적 연구사업에서 이처럼 의미 있는 주요 식물종의 분포 실체를 확인할 수 없거나 허위 정보로 채워진다면 국가적 종 보존 목적을 올바르게 성취할 수 없다. 뿐만 아니라 학술적 윤리를 문란케 하는 무척 안타까운 일이 되고 만다.

반디지치는 전형적인 게릴라번식전략을 구사하는 것이 지치와 뚜렷하게 구분되는 생태전략이다. 봄에는 땅바닥을 기는 짧은 줄기를 내고, 줄기 끝부분에서 위로 서는 꽃차례를 내민다. 꽃이 핀 이후에는 딱딱한 털이 있는 긴 줄기를 내서 땅바닥을 기어 벋어나가고 기는줄기 중간 중간에서 뿌리를 내린다. 반디지치는 일제히 빛을 향하는 뚜렷한 굴광성(屈光性)을 보인다.

---

1) Probatova (2000)
2) 윤호 등 (1489: 김문웅 역주, 2008), 허준 (1613), 홍만선 (1643~1715)
3) 최세진 (1527), 유효통 등 (1633)
4) 황도연 (1884)
5) 森 (1921)
6) 村川 (1932)
7) 윤호 등 (1489: 김문웅 역주, 2008)
8) 최세진 (1527)
9) 유희 (1801~1834)
10) 정태현 등 (1949)
11) 이우철 (2005)
12) 森 (1921)
13) 안덕균 (1998)
14) 한국생약학교수협의회 (2002)
15) 최자하 (1937), 村川 (1932)
16) 홍만선 (1643~1715)
17) 신학섭 등 (2014)
18) 류태복 (2014, 미발표 정보)
19) 안영희 등 (2009)
20) Naito *et al.* (1995)
21) 환경부·국립생물자원관 (2012)
22) 안영희 등 (2009)
23) 김종원 (2015: 왕김의털아재비 우점에 관한 실제 분포의 증거자료는 확인할 수 없었음. 왕김의털아재비에 대한 현장의 식물체 사진 자료 또는 실체 석엽 표본에 대한 열람을 주연구자 이메일(안영희 박사, 2015년 5월21일)을 통해 요청했으나, 2015년 5월 22일 직접 걸려온 전화 통화에서 증거자료가 없음을 구두로 통보 받았음.)

사진: 류태복, 김종원

덩굴꽃마리

Trigonotis icumae **(Maxim.) Makino**

형태분류

줄기: 여러해살이로 지면에 누워 자라고, 잎겨드랑이에서 가지가 갈라지며, 끝에서 위로 향해 솟구치면서 길게 벋어 덩굴성이 된다. 식물 전체에 누운 털이 있다. 굵은 뿌리가 깊이 내리는 편이다.

잎: 어긋나고, 달걀모양이며 끝이 뾰족해진다. 표면 잎줄은 함몰해 뚜렷하다. 줄기 아래에서 위로 올라갈수록 잎자루 길이가 짧다. (비교: 참꽃마리(*T. radicans* var. *sericea*)는 가운데 잎줄만 뚜렷한 편이다.)

꽃: 5~6월에 연한 남색으로 가지 끝에서 송이모양으로 피고, 꽃대에는 따로 잎이 없다. (비교: 참꽃마리는 꽃대에 잎과 꽃이 서로 어긋나게 달린다.) 싼잎이 없고, 아주 짧은 작은꽃자루가 있다. 꽃받침은 좁고 장타원형으로 다섯 갈래로 갈라지며, 꽃갓 폭은 약 1㎝이다.

열매: 갈래열매로 끝이 뾰족한 삼각형이고 잔털이 있다.

염색체수: 2n=?

생태분류

서식처: 초지, 숲 가장자리, 숲 틈 등, 양지~반음지, 적습

수평분포: 전국 분포

수직분포: 산지대

식생지리: 냉온대(준특산), 일본 (혼슈 주부 이북)

식생형: 초원식생, 임연식생(소매군락) 등

생태전략: [터주-경쟁자]~[경쟁자]

종보존등급: [IV] 일반감시대상종

이름사전

속명: 트리고노티스(*Trigonotis* Steven). 삼각형(*trigonum*)이라

는 뜻의 라틴어에서 유래하고, 열매 모양에서 비롯한다.

종소명: 이꾸마에(*icumae*). 덩굴꽃마리를 처음으로 기재한 러시아 식물분류학자(Carl Maximowicz)가 린네(Linnaeus) 분류법을 일본에 처음으로 도입한 역저 『草木図說』의 저자(飯沼 慾斎, Iinuma Yokusai, 1872~1865) 이름을 잘못 적은 것에서 비롯한다.[1] 따라서 종소명을 '*iinumae*'로 기재하는 것이 옳다.

한글명 기원: 덩굴꽃말이,[2] 덩굴꽃마리[3]

한글명 유래: 덩굴(蔓)과 꽃마리의 합성어다. 일본명(蔓亀葉草)[4]이 실마리가 되어 생겨났다. 꽃마리는 최초 한글명 꽃말이[5]에서 유래하고, 꽃차례 모양에서 비롯한다. (『한국 식물 생태 보감』 1권 「꽃마리」 편 참조)

한방명: -

중국명: -

일본명: ツルカメバソウ(Tsurukamebasou, 蔓亀葉草). 잎(葉)이 거북(亀) 모양이고, 덩굴성(蔓)인 것에서 비롯한다.

영어명: Iinuma Trigonotis

에코노트

덩굴꽃마리는 꽃마리속이지만 꽃마리처럼 꽃이 말리지 않는다. 꽃마리처럼 잎을 문질러 보면 오이 향은 난다. 참꽃마리와 더 많이 닮았지만, 꽃차례에서 구별된다. 덩굴꽃마리는 줄기 끝부분에 꽃이 모여나는 편이지만, 참꽃마리는 줄기 윗부분에서 꽃 하나 잎 하나가 차례로 어긋나듯이 난다. 서식처에도 미묘한 차이가 있다. 참꽃마리는 덩굴꽃마리보다 더욱 습윤한 입지에서 살며, 산지 계곡 언저리에서 자주 보인다.

꽃마리속 가운데 덩굴꽃마리는 북한과 중국에서는 분포가 알려지지 않았다. 일본에서는 혼슈 주부 지방 이북의 고위도(高緯度) 지역에서 점점이 분포하고 아주 드물게 나타난다.[6] 사실상 우리나라(남한)가 분포중심인 준특산종이다. 중부 지역에 주로 분포하는 것으로 알려졌으나,[7] 남한 전역에서 골고루 나타난다. 특히 산지의 개방된 초지나 숲 틈, 숲 가장자리, 아주 밝은 숲속 등의 빛이 충분한 환경에서 자주 보인다. 남쪽보다는 북쪽 비탈면에서 더욱 자주 발견되는 편이고, 건조 피해가 발생하지 않는 늘 습윤한 생육환경에서 보인다. 국가 적색자료집에는 개체군이 크기가 빈약한 가장 낮은 수준(LC)의 보호 대상종으로 등재되어 있다.[8]

1) 牧野 (1961)
2) 정태현 등 (1937)
3) 박만규 (1949)
4) 森 (1921)
5) 정태현 등 (1937)
6) 大井 (1978)
7) 김윤식 등 (1998), Byeon *et al.* (2014)
8) 환경부·국립생물자원관 (2012)

사진: 김종원, 김윤하

조개나물

Ajuga multiflora **Bunge**

형태분류

줄기: 여러해살이며, 어른 손 한 뼘 높이까지 바로 서서 자란다. 단면이 네모지고, 가지가 갈라지지 않는다. 어릴 때에는 식물 전체에 양털 같은 희고 긴 털이 더욱 빼곡하다. 뿌리줄기를 벋으며 굵은 잔뿌리가 많다. (비교: 분홍꽃조개나물(*A. nipponensis*)[1] 은 줄기가 여러 갈래로 나뉘어져 다발을 이룬다.)

잎: 바닥에서는 로제트모양이면서 잎자루가 있다. 줄기에 난 것은 잎자루가 거의 없고, 마주나지만 가끔 어긋난 잎도 보인다. 가장자리에 물결모양 얕은 톱니가 있다.

꽃: 4~5월에 벽자색으로 피고, 잎겨드랑이에서 층층이 돌려나는 우산모양꽃차례다. 꽃갓은 긴 통(管) 같은 입술모양으로 아래 가운데의 입술꽃잎이 가장 크며 끝이 부드럽게 함몰하면서 한가운데에 살짝 돌출한다. 통모양 꽃받침은 꽃통 길이의 2/3정도이고, 길고 뾰족하게 다섯으로 갈라진다. 수술은 4개이며 그중 2개는 크고, 위로 바로 선 윗입술모양꽃잎 아래에 위치하며, 꽃밥이 노랗다.

열매: 갈래열매로 4개가 들어 있고, 꽃받침에 싸여 있다. 씨는 가운데가 약간 도톰하게 솟아오른 달걀모양이다.

염색체수: 2n=32[2]

생태분류

서식처: 초지, 제방, 두둑, 무덤, 산비탈 풀밭 등, 양지, 적습~약건

수평분포: 전국 분포(제주 제외)

수직분포: 산지대~구릉지대

식생지리: 냉온대~난온대(대륙성, 준특산), 만주, 중국(안후이 성, 허베이 성, 장쑤 성, 네이멍구 등), 다후리아, 연해주 등

식생형: 이차초원식생(잔디형)

생태전략: [경쟁자]~[터주-경쟁자]

종보존등급: [IV] 일반감시대상종

이름사전

속명: 아유가(*Ajuga* L.). 유래는 분명치 않으나, 두 가지로 추정한다. '아니다'라는 뜻의 희랍어(*a*)와 꽃받침 모양에서 비롯하는 멍에(*iugum*)를 뜻하는 라틴어의 합성어, 또는 낙태(落胎)에 약효가 있는 식물에 대해 고대 희랍의 박물학자 플리니우스(Plinius)가 지칭한 라틴명(*abiga*)에서 비롯한다.[3] 영어로 '아쥬가'라 발음하고, 개량 원예 품종에 대한 총칭이다.

종소명: 물티플로라(*multiflora*). 꽃이 많다는 뜻의 라틴어다.

한글명 기원: 조ᄀᆡ나물,[4] 조개나물[5]

한글명 유래: 조개와 나물의 합성어다. 유래미상이라고 하나,[6] 최초 한글명 조ᄀᆡ나물의 '조ᄀᆡ'는 적어도 조개(貝)를 의미하지는 않는다. 『훈몽자회』[7]의 기록처럼

조개의 고어는 '죠개'이고, 고기(魚) 조기의 고어 '조긔'이기 때문이다. 조개나물이 구황식물 '나물'이었다는 사실을 고려할 때, 봄나물로서 품위가 떨어지는 '작다', '빈약하다', '가소롭다' 따위의 의미가 있는 형용사 '자그맣다'의 방언 '쬬깨만 하다'의 '쬬개'에서 전화한 표기로 보인다. 잘게 쪼개다(斯)라고 할 때, '쪼개'의 고어가 '쪼기'라는 사실이 뒷받침한다. 파편을 뜻하는 우리말 '조각'도 같은 뿌리말에서 왔다. 조개나물은 질(質) 떨어지는 조각 나물이라는 의미의 순수 고유 명칭으로 보인다.

한방명: 다화근골초(多花筋骨草). 조개나물의 지상부를 약재로 쓴다.[8]

중국명: 多花筋骨草(Duō Huā Jīn Gǔ Cǎo). 라틴 학명을 번역한 명칭으로 꽃이 아주 많은(多花) 꿀풀 종류(筋骨草)라는 뜻이다.

일본명: - (ルリカコソウ, Rurikakosou, 瑠璃夏枯草. 일본에는 분포하지 않는 종으로 1921년 기재에는 일본명[9]만 나온다. 벽자색 꽃 빛깔을 유리(瑠璃) 색에 비유하고, 꿀풀(靫草 또는 夏枯草) 종류라는 뜻이다.)

영어명: Multi-flowered Bulge

에코노트

조개나물, 꽃송이가 혀를 내민 모습이 '조개를 연상케 한다'해 이름이 비롯했다는 설도 있다.[10] 그럴듯한 이야기지만, 근거는 찾아볼 수 없었다. '조기나물'이라는 한글명 첫 기재는 일제강점기 때인 1921년 일이다. 보통 사람들이 알고 있는 구황 식물[11]이라는 사실도 전한다. 문제는 '조기'가 조개(貝)는 아니고, 그렇게 인정할 만한 근거도 없다. 조기를 조개로 옮겨 적은 것은 1937년의 『조선식물향명집』이며, 대표 편찬자(정태현)의 제자가 2005년 『한국 식물명의 유래』에서 유래 미상이라 한 것[12]에서도, '조기(조개)'는 먹는 '조개'가 아니라는 사실을 분명히 알게 한다. 20세기 들어서 출처불명의 정보가 난무한 가운데 하나 더 보탠 것이 꽃송이가 '조개'를 닮았다는 이야기였다. 그냥 웃어넘길 이야기라 해두자.

16세기 초 『훈몽자회』[13]는 조개의 고어가 '죠개', 고기(魚) 조기의 고어를 '조긔'로 적시했다. 그래서 조기가 조개를 지칭할 개연성은 낮다. 한편으로 조개나물은 구황식물이었기에 민간에서 부르는 고유 명칭이 없었을 리 만무하다. 그런데 고래로부터 이어져 내려온 우리나라 사람의 다이내믹한 나물문화에서 조개나물이 갖는 나물의 품격은 한참 뒤떨어진다. 서식처와 식물체의 모양새에서 쉽게 이해된다.

봉분 초지가 조개나물의 분포중심지다. 그런데 공동묘지에서 나물을 채취한다는 것은 사실 께름칙한 일이다. 또한 조개나물은 늦어도 5월이면 이미 식물체가 완전히 생장하고, 전체에 양털 같은 길고 흰 털이 빼곡하다. 그 시기라면 봄나물로 군침 돌 상황은 전혀 아니다. 3~4월 우리나라 봄나물의 다양성과 풍부성을 생각해 보더라도 조개나물은 나물 대열에 들기에는 한참 모자란다. 조개나물의 '조개'는 먹는 조개(貝)가 아니라, 봄나물로서 품격이 떨어지는, 형용사 '자그맣다'의 방언 '쬬깨만 하다'의 '쬬개(쬬깨)>쪼개'의 고어 '쪼기'에 잇닿아 있다. 작은 조각이라는 의미다. 나물로서 그리고 식물체 모양에서 그냥 '작은 나물'이라는 의미를 갖은 고유 명칭일 것이다.

조개나물의 분포중심은 한반도이고, 개체군 크기 또한 아주 큰 편이다. 무덤(봉분) 덕택이다. 사람이 일부러 만든 토분(土墳), 게다가 특정 시기가 되면 일 년에 한 번 이상 반드시 벌초하는 환경에서만 산다. 이상하리만큼 일본열도에는 전혀 분포하지 않는다. 그래서 해양성 일본 생태계와 뚜렷한 차별성을 드러

내는 한반도 대륙성 생태계의 지표종으로 으뜸이다. 중국에는 한반도 쪽에 붙어 있는 몇몇 지역에서 점점이 분포한다. 그래서 조개나물은 가장 한반도적인 풀밭 식물사회의 우듬지 식물인 것이다. 그것도 잔디밭, 도시형 잔디밭보다는 농촌형 또는 산지형 잔디밭에서 산다. 잔디밭에 조개나물이 살면 도시 산업의 여러 오염원에서 벗어난 야생 풀밭으로 보면 된다. 제초제 한 방울이라도 경험하면 사라지고 만다. 조개나물이 사는 무덤이 더욱 아름답고 정겹게 와 닿는 까닭이다.

조개나물은 7월 이후가 되면 지상에 드러난 식물체가 거의 말라 없어진다. 늦여름에만 또는 초여름에만 현장 식물조사를 한다면, 온전한 탐구가 되지 못한다는 뜻이다. 숲 바닥의 야생초들이 늦여름이 되면 땅위에서 모습을 감추고, 봄철에 보이지 않던 야생초가 늦여름에 나타나는 것과 마찬가지다. 이래서 우리나라에서는 적어도 두 번 이상 현장 식생조사를 해야 더욱 완전한 식물종 목록을 얻을 수 있다. 장마를 기준으로 그 이전의 C3-식물계절과 이후의 C4-식물계절에 반드시 현장을 살펴야 하는 까닭이다. 그런데 우리나라는 하루 이틀 현장에 나가 조사해서 식물상(植物相) 목록을 만들고, 환경영향평가서를 완성한다. 심지어는 식물 비생육기간인 겨울에 현장조사를 한 보고서도 있다. 그런 환경영향평가서로 국토를 합법적으로 개발한다면, 식물을 연구하는 전문가가 동원되어서 자연을 파괴하는 형국이 되고 만다.

우리나라 조개나물속에는 충남 보령 녹도에서 발견된 분홍꽃조개나물[14]을 포함해 총 6종이 있다. 분홍꽃조개나물은 조개나물 종류 가운데 생태지리적 대응성이 있는 해양성 종이다. 이따금 흰색 또는 분홍색 꽃이 피는 조개나물을 흰조개나물(f. *leucantha* (Nakai) T. Lee) 또는 붉은조개나물(f. *rosea* Y. Lee)의 품종(品種)으로 구분하는 경우도 있다. 하지만 꽃 색깔은 안정적인 분류형질이 아니라고 한다.[15] 생태학적으로 보이지 않는 무슨 변고(變故)나 미묘한 서식처 차이에서 조개나물 개체군에서 발생하는 다형(多型) 또는 생태형(生態型)으로 볼 수도 있다.

---

1) 김선유 등 (2013)
2) Sokolovskaya *et al.* (1986)
3) Quattrocchi (2000)
4) 森 (1921)
5) 정태현 등 (1937)
6) 이우철 (2005)
7) 최세진 (1527)
8) 안덕균 (1998)
9) 森 (1921)
10) 이유미 (2013)
11) 森 (1921)
12) 이우철 (2005)
13) 최세진 (1527)
14) 김선유 등 (2013)
15) 김현희, 유기억 (2013)

사진: 김종원

층층이꽃

Clinopodium chinense (Benth.) Kuntze ***sensu lato***

형태분류

줄기: 여러해살이로 단면은 사각이고 단단한 편이며, 어른 무릎 높이 이하로 바로 서서 자란다. 줄기 아랫부분은 살짝 굽고, 보통 갈라지지 않으며, 가운데가 비었고, 식물 전체에 부드러운 털이 있다. 뿌리줄기는 옆으로 달리며, 흰빛을 띤다.

잎: 어긋나고, 약간 좁은 달걀모양으로 길이가 너비의 배 정도이며, 짧은 잎자루가 있다. 가장자리에 얕은 톱니가 있고, 잎줄이 살짝 함몰하면서 뚜렷하다.

꽃: 7~8월에 연한 붉은색 입술모양 꽃갓이 줄기와 가지 끝부분에서 층층이 돌려나기로 핀다. 여러 개인 싼잎은 가는 줄모양이고, 긴 털이 있으며, 꽃받침 길이만큼 길다. 좁은 통모양 꽃받침은 5개로 갈라지고 녹색에서 짙은 자줏빛으로 변하며, 샘털은 없고 긴 털이 있다. 수술은 4개로 가운데 2개는 길고, 위로 똑바로 선 윗입술모양꽃잎에 위치한다. (비교: 산층층이(*C. chinense* var. *shibetchense*)는 층층이꽃보다 꽃이 크고, 흰 꽃이 피며, 꽃받침에 샘털이 있다.)

열매: 갈래열매이며 대체로 둥글납작하고 황갈색이다.

염색체수: 2n=38[1)]

생태분류

서식처: 초지, 산간 숲 틈, 산비탈 풀밭, 임도 언저리, 무덤 언저리 등, 양지~반음지, 적습

수평분포: 전국 분포(개마고원 이남)

수직분포: 산지대~구릉지대

식생지리: 난온대~냉온대, 일본, 중국(화남지구, 화중지구 동부, 산둥 성 등), 대만, 일본(홋카이도 이남 전역) 등

식생형: 초원식생, 임연식생(소매군락)

생태전략: [경쟁자]~[터주-경쟁자]

종보존등급: [V] 비감시대상종

이름사전

속명: 클리노포디움(*Clinopodium* L.). 희랍어로 작은 발(*podion*)이 층(*kline*)을 이룬다는 뜻이다. 꽃차례 모양에서 비롯한다.

종소명: 히넨제(*chinense*). 중국을 뜻한다. 최초 명명(*Calamintha chinensis* Benth. 1848)에 재료가 된 개체의 채집지(중국 남서단의 윈난 성)에서 비롯한다.

한글명 기원: 쉴싸라먹는풀,[2)] 층층이꽃[3)]

한글명 유래: 층층이와 꽃의 합성어다. 수레바퀴처럼 생긴 꽃 모양에서 비롯하는 일본명(車花)에 잇닿아 있다.[4)] 1921년에는 '꿀빨아먹는풀'로 기재된 바 있다.

한방명: 대화풍륜채(大花風輪菜). 층층이꽃 지상부를 약재로 쓴다.[5)] 층층이꽃의 아종명(subsp. *grandiflorum*)이 뜻하는 꽃이 큰(大花, *grandis-florum*) 층층이꽃 종류(風輪菜)라는 뜻이다.

중국명: 风轮菜(Fēng Lún Cài). 팔랑개비(风轮, 風輪)처럼 생긴 꽃의 남새(菜)를 뜻한다. 일본명에 잇닿아 있다.

일본명: クルマバナ(Kurumabana, 車花). 바퀴 휠처럼 돌려나는 꽃차례에서 비롯한다.

영어명: Chinese Savory, Chinese Clinopodium

에코노트

층층이꽃은 일본과 중국의 개체군과 비교 연구가 필요한 계통분류학적으로 불완전한 분류군이다. 우리나라에서는 일반적으로 층층이꽃(*C. chinense* var. *parviflorum* (Kudô) H. Hara)과 꽃층층이꽃(*Clinopodium chinense* subsp. *grandiflorum* (Maxim.) H. Hara)으로 나누기도 하고,[6)] 이를 하나로 통합해 층층이꽃[7)] 또는 꽃층층이꽃[8)]의 서로 다른 한글명을 채택하기도 한다. 이 책에서는 넓은 의미(廣義)의 층층이꽃(*Clinopodium chinense* (Benth.) Kuntze *sensu lato*)으로 기재한다.

층층이꽃은 고경(高莖)초본식물군락의 구성원이다. 이름이 비슷해 종종 혼동하는 층꽃나무(*Caryopteris incana*)는 마편초과(Verbenaceae)로 전혀 다른 종류다. 층꽃나무는 난온대 최남단 지역에 분포하는데, 층층이꽃은 그보다 더욱 추운 난온대 최북단 지역에 분포중심이 있다. 옆으로 달리는 뿌리가 발달하기 때문에 종종 무리 지어 산다. 종자로도 번식하지만, 뿌리로 영양번식이 가능한 일종의 게릴라번식전략을 지닌 여러해살이다.

층층이꽃은 꿀풀과(Labiatae)의 여느 종류들과 마찬가지로 충매화다. 곤충의 꽃 방문 빈도(訪花頻度)가 가장 낮고, 좀뒤영벌(*Bombus ardens ardens*)이라는 벌 한 종만이 방문한다고 한다.[9] 꽃의 크기가 작아서 그럴 것이라는 생각도 들지만, 곤충의 다양성과 숫자가 절대적으로 적어서 일어나는 현상일지도 모른다. 충매화 식물은 그래서 대체할 다른 수분(受粉) 전략이 없다면 종 보존에 있어 심각한 문제에 봉착한다. 우리나라 공공기관에서 주기적이건 비주기적이건 오랫동안 반복해 왔던 살충제 공중 살포가 곤충 사회의 질적 쇠퇴를 야기하는 가장 치명적이고 일차적인 원인으로 지목될 수밖에 없다. 다행스럽게도 층층이꽃이 개체군 크기가 작은데도 여전히 사라지지 않고 버티는 까닭은 뿌리를 이용한 게릴라번식전략 덕택일 것이다. 곤충에 의한 꽃가루받이 전략을 우선으로 하는 꽃과 매개 곤충은 1:1 관계로 진화하는 생태적 특수화가 있으며, 진화의 역사가 장구한 땅에서도 그런 예가 종종 보인다. 따라서 살충제 항공방제를 첨단 과학기술을 기반으로 하는 마치 세련된 생태계관리로 인식하는 것은 장구한 자연사에 면적이 좁고 주름진 땅인 우리나라에서는 매우 부적절하다.

---

1) Hsieh & Huang (1998)
2) 森 (1921)
3) 정태현 등 (1937)
4) 이우철 (2005)
5) 안덕균 (1998)
6) 안학수, 이춘녕 (1963), 국가표준식물목록위원회 (2015), The Plant List (2013)
7) 이우철 (2005)
8) 국립수목원 (국가생물종지식정보시스템) (2015)
9) 김갑태 등 (2013)

사진: 류태복, 김종원

용머리

Dracocephalum argunense **Fisch. ex Link**

형태분류

줄기: 여러해살이로 짧은 뿌리줄기에서 모여나며, 바로 서서 무릎 높이 이하로 자란다. 단면은 네모지고, 밑으로 향해 굽은 흰색 짧은 털이 있다.

잎: 마주나고, 잎겨드랑이에서도 여러 개가 모여난다. 좁고 긴 줄모양으로 약간 단단한 편이다. 앞면은 약간 광택이 있고, 가장자리는 밋밋하면서 살짝 뒤로 말리며, 뒷면 맥 위에 털이 있다. 줄기 아랫부분에 난 잎은 가장자리에 톱니가 있다. 잎 너비 정도인 짧은 잎자루가 있다.

꽃: 6~8월에 줄기 끝에서 청자색(아주 드물게 흰 꽃)으로 피고, 식물체에 비해 입술모양 꽃이 큰 편이다. 꽃통이 풍선처럼 부풀고, 부드러운 털이 있다. 윗입술모양꽃잎이 얕게 갈라져서 옆으로 꽃통을 덮는다. 아랫입술모양꽃잎은 3개로 갈라지고 가운데 것이 가장 크다. 자주색 점이 있고, 아래로 뒤집어지거나 약간 쳐진다. 통모양 꽃받침은 불규칙하게 5개로 갈라지며, 그 조각은 좁은 삼각형으로 끝이 침처럼 뾰족하고, 아래로 향한 짧은 흰 털이 있다. 윗입술꽃잎 아래에 자리한 수술은 4개이며, 가운데 2개가 길다.

열매: 갈래열매로 검은색이다.

염색체수: 2n=14[1)]

생태분류

서식처: 초지, 제방, 숲 가장자리, 무덤 언저리 등, 양지~반음지, 적습~약건
수평분포: 전국 분포(주로 중부 이북)
수직분포: 산지대~구릉지대
식생지리: 냉온대, 만주, 중국(허베이 성, 네이멍구 등), 연해주, 일본(혼슈 주부 이북) 등
식생형: 초원식생
생태전략: [경쟁자]
종보존등급: [Ⅲ] 주요감시대상종

이름사전

속명: 드라코세팔룸(*Dracocephalum* L.). 입을 벌린 큰 뱀 또는 용(*derkomai*)의 머리(*kephale*)를 닮았다는 것에서 생겨난 희랍 합성어다.[2)]
종소명: 아르구넨제(*argunense*). 극동러시아, 중국, 몽골이 맞닿은 아르군(Argun) 일대에서 채집된 표본으로 명명한 것에서 비롯했을 것이다.
한글명 기원: 용머리[3)]
한글명 유래: 용과 머리의 합성어로 속명에서 비롯한다.
한방명: 광악청란(光萼青蘭). 용머리의 지상부를 약재로 쓴다.[4)] 중국명에서 비롯한다.
중국명: 光萼青兰(Guān G'è Qīng Lán). 꽃받침(萼)에 광택(光)이 있는 용머리 종류(青兰)라는 의미로, 속명에서 비롯한다.
일본명: ムシャリンドウ(Mushatindou, 武佐竜胆). 일본 긴키 지역 시가 현의 한 지역(武佐) 이름에서 비롯한다고 하나, 실제로 그곳에서의 분포는 알려지지 않았다.[5)]
영어명: Argun Dragon-head

에코노트

용머리는 한랭한 지역(냉온대)에 사는 여러해살이로 뿌리줄기가 발달하면서 늘 자그마한 무리를 이룬다. 광선 에너지가 충만한 양지에서 토양 수분이 메마르지 않는 서식 조건이라면 큰 무리를 만든다. 쉽게 건조해질 수밖에 없는 더운 지역보다는 상대적으로 고위도(高緯度) 고해발(高海拔) 지역에서 출현빈도가 높다. 주로 중부 이북과 높은 산지의 습윤한 곳에서 만난다. 남한의 내륙 산지에서는 개체군 크기가 작고 제한적이다. 국가 적색자료집에는 위기종(EN)[6)]으로 등재되었고, 서식처 보존이 필요한 종보존등급 [Ⅲ] 주요감시대상종이다. 용머리는 어두운 숲속이나 심하게 건조한 곳에서 살지 않고, 통수성과 통기성이 양호한, 토양 알갱이 크기가 큰 입지가 최적 서식처다. 늘 양지이면서 모래가 많이 섞인 땅이다.

우리나라 중부 지역 단양 측백나무군락이 발달한 등산로 주변에서 볼 수 있으며, 용머리를 석회암 입지에 대한 지표종으로 보는 경우도 있다.[7)] 하지만 지표성이 약하거나 없다고 보는 것이 옳다. 석회암 지역에서도 비석회암류 암석이 모자이크상으로 협재(挾在)된 입지[8)]에서만 주로 보인다. 실제로 단양의 도담삼봉과 석문 일대 석회암 입지에서는 발견되지 않는다.[9)] 용머리는 일반적으로 약산성 암석권에

주로 분포한다. 해발고도가 낮은 경북 안동 갈라산에도 분포가 알려져 있는데,[10] 그곳은 사암(砂岩)을 중심으로 하는 약산성 퇴적암류가 우세한 지역이다.

용머리속은 전 세계에 70여 종이 있는 것으로 알려졌다. 유럽과 북미에는 몇 종만 있을 뿐 주로 동아시아 온대 지역에 자생한다. 중국에는 35종이 기재되었다.[11] 우리나라에는 용머리 한 종뿐이며, 그것도 무척 희귀하고, 중북부 지역에 자생한다. 용머리는 꽃 모양 때문에 크게 주목 받는 화훼식물이다. 현지내 자생개체군은 뿌리째 굴취, 남획되어 크게 희귀해졌다. 더욱이 건습(乾濕) 경향성에 심한 편차가 발생하는 최근 기후변화는 용머리의 자생을 치명적으로 어렵게 한다. 의도된 과학적 실험 결과를 근거로 도심 옥상녹화용으로 용머리를 선발한 경우도 있다.[12] 하지만 수분스트레스 발생 위험이 높은 옥상 환경에 식재하는 것은 건조에 민감한 생명체를 오히려 학대하는 일이 되고 만다. 대륙성 온대 기후 지역이고, 거기에다가 열섬효과가 만연한 거대 도시의 옥상정원 인공생태계에서 용머리를 살린다는 것은 끊임없는 물 공급과 그에 따른 에너지 투입을 감수할 때에만 가능할 뿐이다. 현지외(*ex-situ*)보존의 한 수단으로 전국 곳곳에 조성된 야생초 식물원에서도 용머리는 빠지지 않는 지피식물 자원이다. 모든 생명 사랑이 그렇듯, 용머리 보존도 용머리 입장을 깊이 이해한 뒤 실행하는 것이 바람직하다.

드물게 보이는 흰 꽃 용머리

1) Sokolovskaya *et al.* (1986)
2) Quattrocchi (2000)
3) 정태현 등 (1937)
4) 안덕균 (1998)
5) 牧野 (1961), 北村 等 (1981a), 奧田 (1997)
6) 환경부·국립생물자원관 (2012)
7) 오현경 (2013)
8) 류태복 (2015, 미발표자료)
9) 최병기 (2014)
10) 정규영 등 (2010)
11) Qing (1994)
12) 정명일 등 (2013)

사진: 김윤하, 김종원

꽃향유

Elsholtzia splendens **Nakai ex F. Maek.**

형태분류

줄기: 한해살이며, 바로 서서 어른 무릎 높이 이하로 자란다. 단면이 네모지며, 두 줄로 난 굽은 털이 있다. 자색을 띠며, 가지가 많이 갈라진다. 식물체에서 향기가 난다. 뿌리가 사방으로 퍼지고 잔뿌리가 많다.

잎: 마주나고, 달걀모양이다. 가장자리에 규칙적인 둔한 톱니가 있고, 양면에 털이 많으며, 뒷면에 선점(腺点)이 있다. 잎자루 위쪽에 긴 날개가 있고, 윗부분의 잎자루는 점점 짧아진다. (비교: 향유(*E. ciliata*)는 더욱 좁고 긴 달걀모양이며, 가장자리 톱니는 더욱 불규칙하다.)

꽃: 9~10월에 홍자색으로 피고, 줄기와 가지 끝에 통통한 이삭 모양으로 한쪽으로 치우쳐 빼곡하게 달린다. 싼잎은 끝이 바늘처럼 갑자기 뾰족해지고 자줏빛을 띠며 가장자리에 긴 털이 있다. 수술 4개 가운데 2개가 많이 길어서 꽃잎 밖으로 드러난다. (비교: 향유는 한 달 빠른 8~9월에 꽃이 피고, 비교적 옅은 자색이며, 꽃차례가 좁고 긴 편이다.)

열매: 갈래열매이며, 평편한 암갈색이고, 타원형으로 결절이 있다.

염색체수: 2n=18[1)]

생태분류

서식처: 초지, 산비탈 풀밭, 숲 가장자리, 임도 언저리, 등산로 언저리, 무덤 언저리 등, 양지~반음지, 적습

수평분포: 전국 분포

수직분포: 산지대~구릉지대

식생지리: 냉온대~난온대, 만주(랴오닝 성), 중국(황해와 접하는 화북지구 동부와 화중지구 동부 등) 등

식생형: 초원식생, 임연식생(소매군락)

생태전략: [터주-스트레스인내-경쟁자]~[터주-스트레스인내자]

종보존등급: [V] 비감시대상종

이름사전

속명: 엘숄치아(*Elsholtzia* L.). 향유 꽃의 아름다움을 글로 드러낸 17세기 독일 프로이센 지역의 원예가(Johann S. Elsholtz, 1623~1688) 이름에서 비롯한다.

종소명: 스플렌덴스(*splendens*). '순간 눈부시다'는 것을 뜻하는 라틴어다. 꽃차례에서 비롯했을 것이다.

한글명 기원: 꽃향유,[2)] 붉은향유[3)]

한글명 유래: 꽃과 향유의 합성어다. 한자명 향유(香薷)에 '꽃'이 더해진 것은 1921년에 만들어진 일본명에 잇닿아 있다(아래 일본명 참조). 향유의 오래된 우리 이름에는 '곱고 아름다운 약성을 지닌 들풀'이란 의미의 '노야(아)기'[4)]가 있다. (『한국 식물 생태 보감』 1권 「향유」 편 참조)[5)]

한방명: 향유(香薷). 꽃향유와 향유 2종 모두 지상부를 약재로 쓴다.[6)]

중국명: 海州香薷(Hǎi Zhōu Xiāng Rú). 중국 장쑤 성 북부 해주(海州) 지역의 향유(香薷)라는 의미이고, 향유는 '향기 좋은 노야기(薷)'라는 뜻이다.

일본명: ニシキコウジュ(Nishikikouju, 錦香薷) 또는 ニシキナギナタコウジュ(Nishikinaginatakouju, 錦薙刀香薷). 일본 혼슈 주부 지역 나가노 현 동부에 자생하는 것으로 알려졌지만,[7)] 주로 식물원에서 키우고 있다. 일제강점기 때 우리나라 전체 식물상을 정리하면서 생겨난 일본명[8)]은 花薙刀香薷(Hananaginatakouju)이다. 한글명 꽃향유의 '꽃'은 여기에 잇닿아 있다. 향유를 지칭하는 일본명(薙刀香薷)의 치도(薙刀)는 향유의 전체 꽃차례 모양이 일본 칼을 닮은 데에서 비롯한다. (『한국 식물 생태 보감』 1권 「향유」 편 참조)

영어명: Aromatic Madder, Haichow Elsholtzia, 중국명에 대응해서 생긴 영어명이다.

에코노트

우리나라에는 향유속에 변종 수준 이상으로 7종류(향유 *E. ciliata*, 가는잎향유 *E. angustifolia*, 좀향유 *E. minima*, 꽃향유 *E. splendens*, 한라꽃향유 *E. splendens* var. *hallasanensis*, 제주도 서귀포의 다발꽃향유 *E. splendens* var. *fasciflora*,[9)]

변산반도의 변산향유 *E. byeonsanensis*[10])가 있다.[11] 이 가운데 꽃향유와 향유가 가장 흔하고 널리 분포한다. 나머지는 지역적 또는 국지적으로 나타난다. 꽃향유는 인간 간섭이 덜한 초원이나 숲 가장자리 소매군락의 구성원이다. 황해를 중심으로 한반도와 대칭되는 중국 동부 지역과 한반도에 분포하고, 일본에는 분포하지 않는다. 이에 반해 향유는 터주 식물사회의 구성원이고, 동북아 온대 지역에 널리 분포한다. (『한국 식물 생태 보감』 1권 「향유」 편 참조)

향유 종류는 모두 전형적인 여름형 한해살이 초본(summer annual)이다. 대부분 촉촉하고, 양지바르며, 산뜻하고, 깨끗하고, 서늘한 곳에 산다. 수분 조건이 양호해 늘 습윤하지만, 통기성과 통수성이 좋은 땅이다. 종종 산비탈 반그늘인 등산로 주변이나, 모래와 같은 굵은 입자가 섞인 곳에서 보이는 것도 그런 이유에서다. 드물게는 건조한 츠렁모바위에서도 발견되는데, 뿌리는 메마르지 않는 곳에 박아 둔다. 열매를 문지르면 껍질이 점액질이며, 이것은 씨가 땅에 떨어져서 토양 알갱이 사이의 물 분자와 접촉하면서 가수분해된다. 크기가 아주 작은 씨는 그렇게 토양에 달라붙어서 발아할 기회를 얻는다. 꽃차례 전체를 전통 식단 재료로 이용하면서 최근 야생 개체군에서 종자를 가져와(採種) 텃밭에 흩뿌려 키우는 경우도 있다. 식물체를 문질러 보면 향기가 난다. 이차대사 분비물질 정유(精油)를 분비하는 샘털(腺毛)에서 향이 더욱 강하다. 초식 곤충, 박테리아, 균류에 저항하기 위한 일종의 생태 기능이다. 사람들이 이런 점을 놓칠 리가 없다. 우리나라, 중국, 일본에서 전통 약재로 이용한 역사가 오래다. 최근에는 인플루엔자를 막는 데 유효하다는 사실도 알려졌다.[12]

중국의 구리광산 지역에서는 구리풀(銅草)이라고 부를 정도로 꽃향유는 구리(Cu)와 같은 중금속으로 오염된 토양 복원에 이용하는 대표적인 식물이다.[13] 구리뿐 아니라, 납과 카드뮴 같은 중금속에 오염된 땅에서도 큰 내성을 보이고, 상당한 양의 중금속을 토양에서 제거하는 효과가 있다고 한다.[14] 특히 용해성 구리 이외에 식물체 내 산화구리(CuO) 나노입자의 높은 농도에도 내성이 있다.[15] 구리에 대한 꽃향유의 유명세가 대단할 수밖에 없다. 그런데 우리나라에서는 구리 농도가 높은 폐광(강원 삼척시 연화)에서 꿀풀과 중에서 유일하게 꿀풀(*Prunella vulgaris* var. *lilacina*)만 나타나며,[16] 오히려 패랭이꽃이 내성이 큰 것으로 알려졌다.[17] 다시 한 번 면밀히 살펴볼 일이다.

이러한 식물환경개선(Phytoremediation)[18] 방법(부록 생태용어사전 참조)은 오염된 토양을 복원하는 데에 좀 더 효과적이면서 생태우호적인 수단으로 주목 받는다. 단, 중금속을 다량 흡수한 식물체를 거둬들여서 현지외(*ex-situ*)로 반출해 깔끔히 처리해야 한다. 습지의 갈대가 수질 정화능이 있다고는 하나, 수질 개선을 위해서는 고사체(枯死體)를 적절히 걷어내야 하는 것과 마찬가지다. 뿐만 아니라 중금속 내성의 식물종을 발굴하려면 생태형(ecotype)에 대한 개체군생태학의 엄격하고 해상도 높은 이해가 뒷받침되어야 한다. 오염된 땅에 사는 개체나 개체군은 정상 서식처에 사는 것과 전혀 다른 생육환경을 경험한다. 때문에 생태유전적 특질이 전혀 다르다. 실제로 정상적인 서식처에서 자란 개체를 오염된 땅에 이식할지라도 살아남을 가능성은 거의 없다.

1) Zhang *et al.* (1993)
2) 정태현 등 (1949)
3) 안학수, 이춘녕 (1963)
4) 윤호 등 (1489: 남성우 역주, 2008), 김정국 (1538)
5) 김종원 (2013)
6) 안덕균 (1998)
7) 大塚, 尾関 (2006)
8) 森 (1921)
9) 이창숙 등 (2010)
10) Choi *et al.* (2012)
11) Lee *et al.* (2011)
12) Chu *et al.* (2012)
13) Jiang *et al.* (2004), Peng & Yang (2007)
14) Oh *et al.* (2013)
15) Shi *et al.* (2014)
16) 홍선희 등 (2010)
17) 김정규 등 (1999)
18) Peer *et al.* (2006)

사진: 류태복, 김종원, 최병기

꽃향유

향유

개속단(송장풀)

Leonurus macranthus **Maxim.**

형태분류

줄기: 여러해살이며, 바로 서서 어른 무릎 높이 이상으로 자라고, 단면은 둔한 사각이며 갈라지지 않는다. 식물 전체에 약간 억센 갈색 누운 털이 많다. 목질성인 굵은 뿌리가 발달한다.

잎: 마주나고, 길이가 너비의 2배 정도 되는, 윗부분이 좁은 달걀모양이다. 가장자리에 정렬되지 않은 둔한 톱니가 있다. 줄기 아랫부분의 잎은 크고, 약간 갈라진다. 잎은 위로 갈수록 작고, 톱니가 없어지며 밋밋하다.

꽃: 8월에 연분홍색으로 줄기 윗부분 잎겨드랑이에서 5~6개씩 돌려나면서 층층으로 핀다. 꽃잎은 입술모양이며 흰색 털이 많고, 수술 2개는 길이가 길다(二强雄蕊). 꽃받침은 5개로 갈라져서 긴 가시처럼 되고 털이 있다.

열매: 갈래열매로 능각이 3개 있고, 흑갈색으로 익는다.

염색체수: 2n=20[1]

생태분류

서식처: 초지, 숲 가장자리, 숲 틈, 산비탈 풀밭 등, 양지~반음지, 적습

수평분포: 전국 분포

수직분포: 산지대~구릉지대

식생지리: 냉온대, 만주(지린 성, 랴오닝 성), 중국(허베이 성 등), 연해주, 일본 등

식생형: 초원식생, 임연식생(산지성 소매군락)

생태전략: [경쟁자]~[터주-경쟁자]

종보존등급: [IV] 일반감시대상종

이름사전

속명: 레오누르스(*Leonurus* L.). 사자(*leon*)와 꼬리(*oura*)를 뜻하는 희랍 합성어로 꽃차례 모양에서 비롯한다.

종소명: 마크란투스(*macranthus*). 꽃(*anthos*)이 크다(*macro-*)는 뜻의 라틴어다.

한글명 기원: 속단(초)(續斷(草)),[2] 개속단[3] 송장풀,[4] 산익모초[5]

한글명 유래: 개와 속단의 합성어다. 속단을 닮았지만, 진짜 속단이 아니기 때문에 '개'자가 더해진 이름일 것이다. 한편 송장풀은 송장과 풀의 합성어로, 일본명(被綿)의 유래를 알고서 만들어진 이름이나, 의미가 전화한 것으로 보인다. 우리말에 송장은 죽은 사람의 몸을 이르는 말이고, 송장풀과는 전혀 관련이 없다. 송장풀에 앞서서 기재된 이름은 개속단이다. 선취권으로 보더라도 개속단이라는 이름이 유효하다. (아래 에코노트 참조)

한방명: 조소(糙蘇). 뿌리와 지상부를 약재로 쓰고, 속단(*Phlomoides umbrosa*)이나 산속단(*P. koraiensis*)도 함께 일컫는다.[6]

중국명: 大花益母草(Dà Huā Yì Mǔ Cǎo). 큰 꽃이 피는 익모초속(益母草屬) 종류로 종소명을 번역한 것이다. 만주 지역에서는 송장풀이라는 이름에 대해 중국의 옛 한자명 참채(鏨菜, Zàn Cài)[7]라 하는데, 중국에서는 꽃문양을 조각하는 일을 참화(鏨花, Zàn Huā)라고 한다.

일본명: キセワタ(Kisewada, 被綿, 着せ綿). 꽃 모양이 음력 9월 중양절(음력 9월 9일)에 몸을 닦는 무명(眞綿, Wada) 솜(被綿) 이미지 같다는 데서 비롯한다. 일본에서는 중양절에 무명 솜으로 몸을 닦는 풍습이 있었다. 중양절 전날 밤, 국화꽃을 서리 맞지 않도록 솜으로 덮어 둔다. 하룻밤 사이 솜은 국화 향과 이슬을 머금는다. 그 솜이 기세와다(被綿)이고, 송장풀 꽃에서 일본인들은 그런 이미지를 떠올린 것이다. 중양절 당일에 그 솜으로 몸을 닦으면, 늙음을 버리고 명(命)을 늘인다는 습속이다.[8] 국화꽃은 사실상 일본 천황을 상징하니, 천황의 축복을 받는 셈이 된다.

영어명: Large-flowered Motherwort

에코노트

식물 이름에 송장이라는 말을 품은 경우는 1949년에 처음으로 기록된 송장풀[9]과 송장나무[10] 2종뿐이다. 송장은 죽은 사람의 몸(屍體)을 이르는 말이니, 무척 께름칙한 대상

인 탓일 게다. 송장나무는 남부 지역의 난온대 활엽수림에 사는 관목으로, 잎을 문지르면 특이한 냄새가 나는데, 이를 두고 붙인 이름일 것이다. 지금은 1942년에 기재한 상산(常山)이라는 이름을 채택하고, 1949년의 송장나무는 이명 처리되어 쓰지 않는다. 반대로 국가표준식물목록에서는 1937년에 기재된 개속단이라는 이름을 이명으로 처리하고, 1949년의 송장풀을 채택한다.[11] 송장풀의 경우는 비록 속단(*Phlomoides umbrosa*)을 닮았지만 속단속(*Phlomoides* L.)이 아닌 것에 준거해 개속단이라는 이름을 버린 것일 게다. 하지만 식물명명규약 정신의 기본인 선취권에 따른다면 개속단은 분명 유효한 이름이다. 진짜 속단은 아니지만, 엇비슷해 속단처럼 한방재로 이용하는 것[12]도 이름의 유효성을 한층 더 뒷받침한다. 더욱이 송장풀이라는 이름의 유래를 알게 되면, 개속단이 더 좋은 이름이라는 것을 금방 알 수 있다.

송장풀에서는 송장 냄새와 같은 어떤 취기(臭氣)도 없다. 오히려 꿀풀과 종류 가운데에서도 꽃이 큰 편이고 색이나 모양이 튀지 않는 우아함을 지녔다. 잠재적 화훼자원으로 손색없다. 송장풀을 처음 기재한 20세기

잇닿아 있다. 일본에서는 음력 9월 9일 중양절에 국화 향 머금은 무명 솜으로 몸을 닦는데, 그 이름이 '기쿠노키세와다(菊の被綿)'이며, 기세와다는 이것의 준말이다.

중양절은 국화 향 그윽한 절기의 한 가운데이기도 하지만, 때 이른 서리(霜)로 야생초들이 냉해 피해를 입는 시기이도 하다. 중양절 전날 밤 서리를 맞을까봐 국화 꽃송이 위를 덮어 두었던 솜이 '기세와다'이다. 헤이안(平安)시대 이후로 국화꽃이 일본 천황을 상징하는 무늬로 자리매김한 것과 무관하지 않다. 간밤의 이슬과 국화 향이 그윽하게 스며든 기세와다의 은유가 송장풀(기세와다)의 꽃차례인 것이다. 이 솜으로 몸을 닦는 것은 천황의 축복으로 불로장수(不老長壽)를 간절히 기원하는 일본 전통 습속이다. 여기서 말하는 몸은 사실상 산 사람의 몸이거나 주검인 것이다. 죽은 사람인 경우라면 내세(來世)의 좋은 곳에서 영생하라는 뜻이다. 이런 기세와다 습속은 대륙(한국과 중국)의 중양절 국화 습속으로부터 결코 독립적일 수가 없다. 풍요와 평화를 기원하는 통일신라의 안압지 국화 향연은 신라인의 가을 풍류[15]로 잘 알려졌다. (『한국 식물 생태 보

『조선식물명집』[13]에서는 이름의 유래나 실마리가 될 만한 정보를 찾아볼 수 없고, 21세기 『한국 식물명의 유래』[14]는 아예 유래미상이라 단정한다. 하지만 송장풀이라는 이름은 단언컨대 일본명 기세와다(被綿)의 유래에

감』 1권 「구절초(들국화)」 편 참조)

우리나라에는 죽은 자를 염습(殮襲)할 때 제일 먼저 무명 솜(탈지면)으로 시신을 깨끗이 닦는다. 인류 사회에서 별양 크게 바뀌거나 다르지 않은 일반적인 염습 과정이다. 일제강점기 때 십수 년간 일본 식물분류학자의 영향을 강하게 받은 우리나라 1세대 학자들이 기세와다라는 일본명의 유래를 모를 리 없을 것이다. 살아 있는 몸이건 죽은 몸이건 '몸'과 '풀'의 합성어로 몸풀이라는 이름은 무척 어색하고, '죽은 몸' 시신(屍身)을 뜻하는 순수 우리말 '송장'이 자연스럽게 한글명에 틈입한 것이다. 이것이 송장풀이라는 이름의 기원과 유래이다. 그래서 익모초속(*Leonurus* L.)에 송장풀이라는 이름은 전혀 어울리지 않는 것이다. 일본명에 영향을 받은 송장풀을 정명으로 취급하지만,[16] 애당초 불렀던 개속단이라는 명칭이 옳다.

우리나라 익모초속(*Leonurus* L.)에는 개속단(송장풀)과 익모초 2종이 있다. 둘 다 건조한 땅보다는 눅눅하고 축축한 기운이 있는 땅을 좋아한다. 개속단은 우리나라 산지에서 그것도 능선 초지에서 종종 무리 지어 나타난다. 익모초가 농촌 근처에 흔한 터주식생 요소라면(『한국 식물 생태 보감』 1권 「익모초(눈비엿)」 편 참조), 개속단은 사람 발길이 뜸한 야생에 주로 분포하는 초원식생 요소다. 개속단은 익모초나 속단만큼이나 전통약재로 이용했던 자원식물이다. 한반도를 중심으로 하는 동북아 온대 초지에 널리 분포하지만, 심하게 남획되어서 개체군 크기가 제한적이다. 개속단은 종보존등급 [IV] 일반감시대상종으로 현지내보존이 필요하다.

---

1) Krestovskaja (1988)
2) 村川 (1932)
3) 정태현 등 (1937)
4) 정태현 등 (1949)
5) 임록재 등 (1975)
6) 안덕균 (1998)
7) 森 (1921), 한진건 등 (1982)
8) 深津 (1999)
9) 정태현 등 (1949)
10) 박만규 (1949)
11) 국가표준식물목록위원회 (2015)
12) 안덕균 (1998)
13) 정태현 등 (1949)
14) 이우철 (2005)
15) 김종원 (2013)
16) 정태현 등 (1949), 국가표준식물목록위원회 (2015)

사진: 최병기, 임정철, 김종원

속단

Phlomoides umbrosa (Turcz.) Kamelin & Makhm.

형태분류

줄기: 여러해살이며, 바로 서서 어른 허리 높이로 자라면서 가지가 갈라진다. 단면은 사각이고, 약간 아래로 향한 짧은 털이 있으며, 윗부분에는 종종 별모양 털도 섞여 있다. 마디가 짧은 땅속뿌리가 옆으로 달리고, 마디에서 다육성 덩이뿌리 여러 개가 아래로 뻗는다.

잎: 마주나며, 잎몸 안쪽으로 암녹색을 띠는 달걀모양 같은 심장모양이고 종이 질감이다. 가장자리에 얕은 톱니가 있으며 뾰족한 끝이 하얀 점처럼 보인다. 1쌍씩 층층이 난 잎은 위로 갈수록 작아진다. 흰색 짧은 털이 빼곡한 잎자루도 위로 갈수록 점점 짧아지다가 꽃차례가 달린 곳에서는 거의 없다.

꽃: 7월에 짙은 분홍빛으로 피고, 줄기 윗부분에 고깔꽃차례를 만든다. 1㎝ 남짓한 줄모양 받침잎이 있다. 통모양인 적자색 꽃받침과 입술모양꽃잎에 별모양 털이 빼곡하다. 특히 윗입술모양꽃잎 바깥쪽에 길고 부드러운 명주실 같은 털이 가득 덮고 있다. 가운데 아랫입술모양꽃잎 속 바닥에는 자색 무늬가 있다. (비교: 큰속단(*P. maximowiczii*)은 별모양 털이 없고, 잔털이 있다.)

열매: 여윈열매이며 달걀모양으로 반들거리고, 원통모양 꽃받침 속에 들어 있다.

염색체수: 2n=22[1]

생태분류

서식처: 초지, 숲 가장자리, 아주 밝은 숲속, 숲 틈, 산간 임도 언저리 등, 양지~반음지, 적습

수평분포: 전국 분포

수직분포: 산지대

식생지리: 냉온대(대륙성), 만주, 중국(서부지구를 제외한 전역) 등

식생형: 초원식생, 임연식생(소매군락) 등

생태전략: [경쟁자]~[터주-경쟁자]

종보존등급: [III] 주요감시대상종

이름사전

속명: 플로모이데스(*Phlomoides* Moench). 속단 종류 또는 현삼 종류에 대한 고대 희랍의 식물명(*phlomis*)에서 비롯한다.[2] 속단의 속명 플로미스(*Phlomis* L.)를 이명으로 보는 견해도 있고,[3] 분자계통학적으로 엄격히(*sensu stricto*) 두 속을 구분하는 견해도 있다.[4]

종소명: 움브로사(*umbrosa*). 그늘을 좋아한다는 의미의 라틴어다.

한글명 기원: 금셩취,[5] 속단[6]

한글명 유래: 한자 속단(續斷)에서 유래하고, 『촌가구급방』[7]에서 한자명(續斷)만 등장하며, 향명이 따로 기재되어 있지 않다.

한방명: 한속단(韓續斷),[8] 조소(糙蘇). 속단의 뿌리와 지상부를 약재로 쓰고, 속(屬)이 다른 개속단(*Leonurus macranthus*)도 사용한다.[9] 한방명 속단(續斷)은 산토끼꽃과의 산토끼꽃(*Dipsacus japonicus*) 뿌리를 일컬으며, 중국에서는 일본속단(日本续断)이라 한다.

중국명: 糙苏(Cāo Sū). 거친(糙) 꿀풀과 식물(蘇)이라는 뜻이다.

일본명: - (オオバキセワタ, 大葉着綿. 잎이 큰(大葉) 개속단(着綿, 송장풀)이라는 이름으로 기재되었지만, 일본에 분포하지 않는다.)

영어명: Shady Jerusalemsage. 속단속(*Phlomoides* Moench) 종류를 영어로 예루살렘의 현자(賢者)라고 한다. 약성에 잇닿았을 것이다.

에코노트

속단이라는 이름은 한자(續斷)에서 비롯한다. 산토끼풀속(*Dipsacus* L.)을 중국에서는 천속단속(川续断属)이라 한다. 우리나라 고전에서 속단(續斷)이라는 명칭이 여기저기 나오지만, 오늘날 서로 다른 3종의 어느 것에 대응하는지는 정확히 알 수는 없다. 즉 꿀풀과의 속단속(*Phlomoides* L.)의 속단, 또는 익모초속(*Leonurus* L.)의 송장풀, 아니면 산토끼꽃

과 산토끼풀속(*Dipsacus* L.)의 산토끼풀인지 알 수가 없다. 그런데 19세기 『물명고』[10]에서는 백성들이 부르는 명칭으로 '금셩취' 라는 한글명을 전한다. 그 뿌리가 원추리를 닮았다고 설명하는 것으로 보아서 속단속의 속단을 지칭하고, 고유 명칭 '금성취'라는 이름이 있었음을 알게 한다. 뿌리 모양이 다른 2종과 전혀 다르기 때문이다.

우리나라 속단속에는 속단, 산속단, 큰속단 3종이 분포한다. 중국은 총 43종이 분포하는 세계 최고 수준의 종다양성을 보인다. 특히 전 세계 차나무 분포중심지인 중국 남서부의 쓰촨 성과 윈난 성이 종다양성이 가장 풍부한 지역이다.[11] 흥미롭게도 일본에는 속단속 자체가 분포하지 않는다. 일본과 전혀 다른 한반도의 식물지리학적 특이성이 드러난다. 속단 종류는 전형적인 대륙 요소이고, 우리나라는 지리적으로 그 경계의 가장자리 분포지인 셈이다. 때문에 종자원 발굴을 위해서 전 세계 육종학자들이 우리나라를 주목한다(『한국 식물 생태 보감』 1권 「개나리」 편 참조). 산속단(*P. koraiensis*)의 종소명에 한국의 의미가 들어 있는 것이 우리나라 특산이란 의미는 아니며, 한국인이 사는 개마고원 이북 백두산 지역과 만주 지역에 주로 분포하는 것에서 비롯한다.

큰속단(*P. maximowiczii*)도 주로 북부 지역과 만주 지역에만 분포한다. 속단은 그런 북부 지역을 포함한 한반도 전역에 널리 분포하지만 개체군 크기가 절대적으로 제한되어 한적한 초지에만 산다. 그렇기 때문에 우리말로 된 이름보다는 한자명 속단(續斷)이, 그것도 기록으로도 아주 드물게 전해지는지도 모른다.

종소명(*umbrosa*)이 그늘을 좋아한다는 뜻인 속단은 메마르지 않는 늘 습윤한 땅에서 산다. 약간 그늘진 서식처에서 자주 보이는 까닭이다. 비록 2012년 국가 적색자료집[12]의 보호 대상종에는 누락되었지만, 종보전등급 [Ⅲ] 주요감시대상종이다. 특히 자생하는 야생 개체군이라면 국가 종자원 보호 차원에서 엄중히 관리할 필요가 있다.

---

1) Feng *et al.* (2007)
2) Quttrocchi (2000)
3) The Plant List (2013)
4) Ryding (2008)
5) 유희 (1801~1834)
6) 森 (1921)
7) 김정국 (1538)
8) 신전휘, 신용욱 (2006)
9) 안덕균 (1998)
10) 유희 (1801~1834)
11) FOC (1994)
12) 환경부·국립생물자원관 (2012)

사진: 김종원

꿀풀

Prunella vulgaris subsp. ***asiatica*** (Nakai) H. Hara

형태분류

줄기: 여러해살이며, 바로 서서 어른 발목 높이로 자란다. 단면은 사각이고, 적자색을 띠며, 식물 전체에 긴 흰색 털이 있다. 줄기 그루터기 위치에서 달리는 줄기를 지표면에 벋으면서 작은 무리를 짓고 산다.

잎: 마주나고, 장타원형으로 가장자리가 밋밋하거나 톱니가 약간 보인다. 잎자루는 길게는 3㎝에 이르고, 줄기 윗부분에서는 잎자루가 거의 없다.

꽃: 5~7월에 자줏빛 입술모양꽃잎이 줄기 끝에 이삭꽃차례로 빼곡하게 모여 핀다. 아랫입술모양꽃잎은 세 갈래로 나뉘고, 가운데 것은 가장자리에 불규칙한 잔톱니가 있다. 꽃차례를 위에서 내려다보면 사각형이고, 싼잎은 편심형(偏心形)이며 정확히 마주나고, 긴 흰색 털이 있으며, 각각 3개씩 꽃을 싼다. 수술 4개 가운데 2개는 길다. 꽃꿀이 많은 편이다.

열매: 갈래열매로 황갈색이며 골이 1줄 있다.

염색체수: 2n=28[1)]

생태분류

서식처: 초지, 무덤, 농촌 산비탈 언저리, 임도의 도랑 언저리, 숲 가장자리, 산비탈 풀밭, 목초지 등, 양지~반음지, 적습~약습

수평분포: 전국 분포

수직분포: 산지대 이하

식생지리: 냉온대~난온대, 만주, 중국(네이멍구를 제외한 거의 전역), 대만, 연해주, 일본, 서아시아, 서남아시아 등

식생형: 초원식생

생태전략: [터주-스트레스인내-경쟁자]~[터주-경쟁자]

종보존등급: [V] 비감시대상종

이름사전

속명: 푸루넬라(*Purunella* L.). 꿀풀속 식물을 15~16세기 독일 본초학에서는 화려한 자색(*braun*) 또는 편도선염(*Bräune*)에 잇닿은 brunella(brunelle)라는 명칭으로 사용했다. 이것이 훗날 잘못 전화되어 생겨난 속명이다.[2)]

종소명: 불가리스(*vulgaris*). 흔해 빠진, 보통이라는 뜻의 라틴어다. 아종명 아지아티카(*asiatica*)는 아시아 지역에 널리 분포하는 것에서 비롯한다.

한글명 기원: 져븨술,[3)] 鷰矣蜜(연의밀),[4)] 제비풀,[5)] 술옷,[6)] 술풀, 가지골나물(무),[7)] 저비술풀, 하고초, (ㅅ)식초, 내동(풀), 금창쇼초,[8)] 꿀풀[9)]

한글명 유래: 꿀과 풀의 합성어로, 풍부한 꽃꿀(花蜜)에서 비롯한다. 19세기 초 『물명고』에서는 꿀꽃(술옷)이라 불렀다. 이처럼 꿀풀의 최초 한글명은 꿀꽃 또는 제비꿀이었지만, 일제강점기 때인 1921년에 꿀(술)풀로 기재된 이후로 지금껏 사용되고 있다. (상세 내용은 에코노트의 표 참조)

한방명: 하고초(夏枯草). 꿀풀속(*Prunella* L.) 식물의 지상부를 약재로 쓴다.[10)] 중국명에서 비롯한다.

중국명: 夏枯草(Xià Kū Cǎo). 여름이 되면 꽃이나 식물체가 말라 버리기 때문에 생겨난 이름일 것이다. 약간 검은색으로 마른다.
일본명: ウツボグサ(Utsubogusa, 靫草). 길쭉한 꽃차례 모양이 화살을 넣는 통(靫之巻, 우쓰보노마키)을 닮은 데에서 비롯한다.
영어명: Asian Self-heal

에코노트

꿀풀은 여름에 지상부 식물체가 말라(枯) 버린다. 하고초(夏枯草)라는 한자명은 식물의 계절성을 드러내는 이름이고, 이미 사람들이 그 효용을 잘 아는 민족(*Ethno-*) 식물이라는 뜻이다. 16세기 초 『동의보감』에서는 하고초(夏枯草)를 져븨꿀, 즉 제비꿀이라는 한글이름으로 기재했다. 일반 벌꿀에 비할 바 못되는 빈약하고 허접한 꿀이고, 그러면서도 약초로 유용하기에 '제비'라는 메타포가 더해져서 생겨난 이름으로 보인다. 20세기까지도 우리나라 사람들은 어린잎을 삶아서 나물로 먹었고, 식물체는 부위별로 한약재로 이용했다.[11)]

꿀풀에 대한 『동의보감』의 식물계절학은 정확하다. 봄에 흰 꽃이 피고, 음력 5월에 말라버리기 때문에 4월에 줄기를 채취[12)]하는 약초라고 했다. 오늘날에는 자색 꿀풀이 대부분인데, 아주 드문 흰 꽃 품종 흰꿀풀(*P. vulgaris* subsp. *asiatica* f. *leucocephala*)[13)]을 약재로 이용했다는 사실을 알게 한다. 19세기 초 『물명고』[14)]에는 잎 모양이 금불초(旋覆花)를 닮았고, 꽃은 흰색과 자색이 있다는 것을 전한다. 예전에는 자색 꿀풀만큼이나 흰 꽃이 피는 꿀풀이 흔했던 모양이다. 그런데 『물명고』에는 18세기까지 줄곧 사용해 왔던 제비꿀이라는 이름은 온데간데없고, 불쑥 '꿀옷(꿀꽃)'이라는 명칭이 나타난다. 오늘날의 꿀풀이라는 명칭도 이 '꿀꽃'에 잇닿아 있음이 틀림없다. 20세기 이후 근대 과학의 분류체계는 제비꿀이라는 명칭을 단향과(Santalaceae)의 식물로, 본래 제비꿀(져븨꿀)이라는 이름을 가졌던 식물에게는 꿀풀과(Labiatae)의 꿀풀로 정리하고 있다. (아래 표 참조)

꿀풀과 제비꿀은 계통분류학적으로 전혀 다른 분류군인데도 이름에서 '꿀' 자를 함께 나누는 것이 흥미롭다. '꿀'은 식물의 꽃에서 얻어지는 달콤하고 끈끈한 액체[15)] 또는 천연감미식품[16)]으로 정의한다. 더 정확히 말하자면, 식물의 액체(花蜜)를 원료로 해서 벌(蜂)의 노동으로 생겨난 달콤하고 끈적끈적한 액체다. 이런 꿀은 처음부터 신통한 약이었다. 한자 꿀 밀(蜜) 자에서 보듯, 벌(虫)이 모아 둔 신비(祕密)한 물질이다. 얼마 전까지도 우리는 '약 발라라'라는 말 대신에 '꿀 발라라'라고 했다. 그냥 '꿀 발라라'라는 소리가 아니라, 반드시 낫기 위해 '꿀을 발라야 한다'는 이야기

속명	한자명(중국)	한방명(한국)	최초 한글 기재(출처)	현재
Prunella (꿀풀과, Labiatae)	夏枯草(하고초)	하고초(夏枯草)	져븨꿀(동의보감, 1613) 꿀옷(물명고, 1801~1834)	꿀풀
Thesium (단향과, Santalaceae)	百蕊草(백예초)	토하고초(土夏枯草)	제비꿀 (조선식물향명집, 1937)	제비꿀

다. 최초 한글 ᄭᅮᆯ(ᄢᅮᆯ < 꿀) 자는 500~600년 전 『석보상절』이나 『훈몽자회』에서 한자 밀(蜜) 자에 대한 번역으로 나타난다. 단음절 외마디소리 '꿀' 자는 처음부터 지금껏 전혀 변천하지 않은 채 그대로 꿀이다. 꿀이라는 우리말의 어원이 '꽃'에 잇닿아 있다고 보는 견해가 있지만,[17] 꿀은 '끈적끈적'하다는 형용사에서 말의 뿌리를 찾는 것이 옳다.

꿀(蜂)을 중국에서는 '펑(fēng)'이라 하고, 일본에서는 '하치(はち)'라 말한다. 약(藥)은 한자말이기에 약(藥)이라는 글자가 없었을 때는 포괄적으로 꿀이라 했을 것이며, 꿀이 갖는 끈적끈적함을 바탕으로 어느 세월 생겨나서 진화해 온 순수 우리말이다. 약의 일본말 '구스리'의 어원을 찾아가면 우리말 '꿀'에 뿌리가 이어져 있을 것이다. 약(藥)이라는 한자를 풀면(解字) 풀 초(草)에 좋아할 요(樂) 또는 즐길 낙(樂)이다. 풀(잎사귀)을 먹으면 좋아지고 즐거워진다. 병을 낫게 하는 효험이 있다는 것이다. 일본말에서 그런 효험, 효과를 키키메(ききめ, 効き目)라 하는데, 이 '키키메'도 '구스리'와 마찬가지로 어원이 결코 우리말 '꿀'에서 독립적일 수 없다.

꿀풀 종류를 서양에서는 셀프-힐(Self-heal)이라 부른다. 이를테면 '자가 치유'라는 뜻이다. 우리말 '꿀'이 함의하는 본질과 결코 다르지 않다. 셀프-힐은 에이즈(anti-HIV-1) 병을 치료하는 데에 약효가 탁월하고 물에 녹는(水溶性) 물질이 포함되어 있다고 한다.[18] 꿀풀은 약 중에 약, 위대한 꿀을 만들어 주는 으뜸 생명체다.

꿀풀과 제비꿀은 계통분류학적으로 전혀

위에서 내려다보면 꽃잎이 한 면에 3장씩 배열한다.

다른 분류군인데도 생태학적 관계는 예사롭지 않다. 둘 다 초원식생의 구성원으로 종종 함께 산다. 제비꿀은 자신의 삶을 꿀풀에 의지하는 면이 크다. 고된 삶의 일정 부분을 꿀풀에게 의지하고, 나머지는 자신이 감당한다. 이를테면 반기생(半寄生, 부록 생태용어사전 참조)이다.

꿀풀은 서식처나 꽃의 아름다움으로도 사람의 주목을 끌기에 충분하다. 꽃이 피었을 때 위에서 꽃이삭을 내려다보면 동그스름한 사각형이다. 싼잎(苞葉)들은 1쌍씩 정확히 마주난다. 싼잎 1개가 꽃 3개를 감싸며, 위에서 내려다보이는 대로 꽃잎을 헤아리면 정확히 12(4×3)개다. 꽃이삭에서 각 층별로 살짝 비켜서서 핀 꽃잎이 하나씩 펼쳐진 모양이다. 오묘하고, 아름답고, 공평하다. 꽃은 자식(씨)을 잉태하고 키워 내는 과정이기에 더욱 그렇다.

꿀풀은 무덤 잔디 초지에서 자주 보이며, 토양 수분환경이 잘 유지되는 봉분 비탈면의 아래쪽에 자리를 잡는다. 척박하고 메마른 건조 입지에서는 살지 않는다. 그런 서식처 조건에서는 키 큰 초본이 크게 우점하는데, 그 속에서 꿀풀이 살아가는 경우는 별초로 경쟁자들이 없어진 덕택이다. 지면을 기면서 사는 클론(clone) 생육형인 생태전략이다. 그렇다고 꿀풀의 영양번식이 왕성한 편은 아니어서 늘 듬성듬성하다. 이처럼 지표면에서 클론 영양번식을 하는 식물은 오히려 불(火入)에는 취약하다. 지면을 쓸고 지나가는 불(地表火)이 발생하면 제일 먼저 피해를 입는다. 주기적으로 불을 질러 태워 버리는 제방 초원식생에서 꿀풀이 보이지 않는 까닭이다.

유럽 온대 지역의 목초지에는 모양이 아주 흡사한 유럽꿀풀(*P. vulgaris* subsp. *vulgaris*)이 흔하다.[19] 이처럼 꿀풀류(*P. vulgaris* group)가 북반구 전역에 널리 분포하는 것은 표현형의 유연성과 유전적 다양성이 탁월하기 때문이란다.[20] 그래서 터주(ruderal) 환경이나 스트레스(stress) 환경, 경쟁(competition) 환경에서도 이겨 내는 생태전략([C-S-R]~[C-R])이 있다.

1) Sokolovskaya *et al.* (1986)
2) Quattrocchi (2000)
3) 허준 (1613)
4) 유효통 등 (1633)
5) 홍만선 (1643~1715)
6) 유희 (1801~1834)
7) 森 (1921)
8) 村川 (1932)
9) 정태현 등 (1937)
10) 안덕균 (1998)
11) 村川 (1932)
12) "……春開白花至五月枯四月採幹……"
13) Ohashi *et al.* (2011)
14) 유희 (1801~1834)
15) 국립국어원 (2016)
16) 류태종 (1992)
17) 서정범 (2000)
18) Yamasaki *et al.* (1998)
19) Oberdorfer (1983)
20) Harper & Schmid (1985)

사진: 김종원

둥근잎배암차즈기

Salvia japonica **Thunb.**

형태분류

줄기: 여러해살이며, 바로 서서 어른 무릎까지 자라고, 아래에서 약간 갈라진다. 단면은 사각이고, 모서리를 따라 털이 있거나 없다. 짧고 단단한 땅속줄기가 발달한다. (비교: 배암차즈기(*S. plebeia*)는 한해살이다.)

잎: 마주나고, 홑잎과 함께 작은 잎 3~7개인 깃모양겹잎(3출 또는 1~2회)으로 난다. 약간 어두운 녹색이고, 가장자리에 가지런하게 둔한 톱니가 있다. 뿌리에서 난 잎자루가 긴 잎도 있다. (비교: 배암차즈기는 홑잎이고, 뿌리에서 난 로제트 잎이 지면에 펼쳐진다.)

꽃: 6~9월에 흰빛이 도는 담자색으로 피며, 늦여름의 꽃은 짙은 자색이다. 줄기 위쪽 끝부분에서 층층이 5~6개씩 모인꽃차례로 달리고 털이 많으며, 꽃대를 따라 아래에서 위로 순차적으로 핀다. 입술모양꽃잎 바깥쪽에 긴 털이 있다. 아랫입술모양꽃잎의 가운데 것은 거꾸로 된 심장모양이고 가장자리에 무딘 톱니가 있다. 꽃받침에 잔털과 더불어 종종 샘털이 있다. (비교: 참배암차즈기(*S. chanryoenica*)는 꽃이 노란색이다.)

열매: 갈래열매로 둥글고, 꽃받침 아래쪽에 싸여 있으며, 타원형 갈색 씨가 3~4개 들어 있다.

염색체수: 2n=16[1]

생태분류

서식처: 초지, 임도 언저리, 밝은 숲속, 숲 가장자리, 산기슭 풀밭, 제방 등, 반음지~양지, 적습

수평분포: 남부 지역(주로 남해안 지역)

수직분포: 산지대 이하

식생지리: 난온대~냉온대(남부·저산지대), 중국(화중지구, 화남지구), 일본(혼슈 이남), 대만 등

식생형: 초원식생, 임연식생(소매군락), 삼림식생(하록활엽수이차림) 등

생태전략: [터주-스트레스인내-경쟁자]

종보존등급: [IV] 일반감시대상종

이름사전

속명: 살비아(*Salvia* L.). '잘 보존하고 온전하도록 치료하다(*salvare*)'라는 뜻의 라틴어에서 비롯한다.

종소명: 야포니카(*japonica*). 1784년 스웨덴 웁살라 대학의 식물분류학자(Carl P. Thunberg 1743~1828)가 일본 소산 식물 분류에 이용한 채집 표본 산출지에서 비롯한다.

한글명 기원: 동근잎배암차즈기, 둥근배암차즈기[2] 여름배암배추,[3] 셔미초(鼠尾草),[4] 둥근잎배암차즈기[5]

한글명 유래: 둥근잎과 배암차즈기의 합성어로 배암차즈기에 비해서 둥근 잎(丸葉)에서 비롯한다. 1937년 『조선식물명휘』[6]의 한글명 없이 기재된 일본명(丸葉秋田村草)이 실마리가 되었다. 한편 배암차즈기는 뱀과 차즈기의 합성어다. 꽃 모양에서 비롯한다. 입술모양꽃잎을 옆에서 보면 뱀이 입을 쫙 벌린 모양이다. (『한국 식물 생태 보감』 1권 「배암차즈기」 편 참조) 차즈기(*Perilla fruticoscens* var. *purpurascens*)는 페릴라속(*Perilla* L.)의 들깨(*P. frutescens* var. *japonica*)와 비슷한 종으로 배암차즈기와는 속(屬)이 다르다. 한글명 차즈기는 15세기 말 『구급간이방』[7]에 기재된 자소엽(紫蘇葉)에 대한 'ᄎᆞᄉᆡᆺ닢' 그리고 17세기 초의 ᄎᆞ조기[8]에서 전화한 것이다.[9]

한방명: -

중국명: 鼠尾草(Shǔ Wěi Cǎo). 쥐꼬리(鼠尾)처럼 생긴 풀이라는 뜻이다. 배암차즈기속의 중국 속명(鼠尾草属)을 대표한다.

일본명: マルバアキノタムラソウ(Marubaakinotamuraso, 丸葉秋田村草).[10] アキノタムラソウ(Akinotamurasou, 秋田村草),[11] 다무라소우(田村草)는 국화과 산비장이의 일본명으로 유래미상[12]이라고 한다. (「산비장이」 편 참조)

영어명: Japanese Sage

에코노트

여러해살이인 둥근잎배암차즈기는 초원식

생 구성원이며, 주로 남해안을 중심으로 남부 지역에 분포한다. 반면에 한해살이인 배암차즈기는 전국에 분포하고, 적절한 거름기가 있는 부영양화 영향을 받은 촉촉한 땅에서 사는 터주(ruderal) 요소다. 2종 모두 건조와 대기오염, 시멘트-콘크리트의 도시화 또는 산업화 환경에서는 살지 않는다. 둥근잎배암차즈기는 배암차즈기에 비해 사람으로부터 더욱 멀리 떨어진 외진 풀밭에 산다. 한편 참배암차즈기는 주로 산지에 살고 우리나라 특산종이다.

둥근잎배암차즈기는 한여름에 꽃이 피며, 늦게 피는 꽃일수록 색이 더욱 진하다. 긴 꽃대를 따라 아래층에서부터 위층으로 순서대로 피기 때문에 여러 날 꽃이 핀다. 꽃이 핀 뒤에 3일 째가 되면 윗입술모양꽃잎 쪽에 있던 수술 2개가 아랫입술모양꽃잎 바깥쪽으로 휘고, 그 다음에 암술머리(柱頭)가 윗입술모양꽃잎보다 길게 밖으로 드러난다. 철두철미하게 자가수분을 피하는 구조이고 타이밍이다. 이런 꽃피는 방식과 개화 기간 덕택에 일본에서는 꽃꽂이나 찻자리의 한 송이 꽃(茶花)으로도 이용한다.[13]

배암차즈기속 식물은 항산화(抗酸化) 기능이 있는 약 또는 먹을거리로 쓰인다.[14] 어릴 적 학교 교정에서 붉은 꽃잎을 뜯어 꿀을 빨아 먹던 살비아(사르비아)라 했던 이름은 배암차즈기속의 속명에서 비롯하며, 브라질 원산인 깨꽃(*S. splendens*)에서 개발한 여러 화훼 품종이다. 한편 우리나라 사람들은 '층층이꽃'을 꿀빨아먹는풀(ᄭᅮᆯ빠라먹는풀)로 불렀다는 사실이 1921년 기록[15]에서 전해진다.

---

1) Funamoto *et al.* (2000)
2) 정태현 등 (1937), 정태현 (1957)
3) 박만규 (1949)
4) 村川 (1932)
5) 이우철 (1996)
6) 森 (1921)
7) 윤호 등 (1489; 김동소 역주, 2007)
8) 허준 (1613)
9) 김종원 (2013)
10) 森 (1921)
11) 村川 (1932)
12) 牧野 (1961)
13) 柳 (2004)
14) Weng & Wang (2000)
15) 森 (1921)

사진: 이진우

석잠풀(물방아)

Stachys riederi var. ***japonica*** (Miq.) H. Hara
Stachys japonica Miquel ***sensu lato***

형태분류

줄기: 여러해살이며, 바로 서서 어른 무릎 높이로 자라고, 점점 진한 자색으로 변한다. 단면이 사각이며 줄기 윗부분의 모서리를 따라 털이 약간 있거나 없다. 마디에는 흰 털이 있다. 흰색을 띠는 옆으로 벋는 땅속줄기가 발달한다. (비교: 개석잠풀(*S. japonica* var. *hispidula*)은 잎 뒷면과 줄기 모서리에 아래로 향하는 털이 있다.)

잎: 마주나고, 위에서 보면 십자모양으로 배열한다. 표면에 주름이 지면서 잎줄이 뚜렷하게 함몰하고, 털이 없다. 좁은 장타원형으로 잎바닥은 원형이지만 잎끝은 뾰족하고, 가장자리에 톱니가 있다.

꽃: 6~9월에 긴 꽃대의 마디에서 밝은 홍자색 입술모양 꽃 6~8개가 돌려난다. 잎자루는 1㎜ 정도이며, 입술모양 꽃은 아래위로 크게 나뉜다. 아래 꽃잎은 좌우로 넓게 펼치고 안쪽에 흰색 무늬가 있다. 아주 작은 위쪽 꽃잎은 거의 수직으로 서고, 바로 아래에 암술과 수술이 숨어 있는 듯하다. 수술 4개 가운데 2개가 더 길며, 암술이 수술보다 약간 더 길다. 꽃받침은 종모양이다.

열매: 갈래열매로 달걀모양이며, 털이 없다. 꽃받침 속에 들어 있다.

염색체수: 2n=64[1)]

생태분류

서식처: 초지, 제방 아래, 농촌과 산간 휴경지, 습지 언저리, 개울가, 도랑가, 하천변 등, 양지, 약습~적습

수평분포: 전국 분포

수직분포: 산지대 이하

식생지리: 냉온대~난온대, 중국(화북지구의 허베이 성, 허난 성, 산둥 성, 화중지구의 안후이 성, 장쑤 성, 장시 성, 저장 성, 화남지구의 푸젠 성 등), 만주(랴오닝 성), 일본(규슈, 오키나와 등), 대마도 등

식생형: 초원식생(습생형)

생태전략: [경쟁자]~[터주-스트레스인내-경쟁자]

종보존등급: [IV] 일반감시대상종

이름사전

속명: 스타키스(*Stachys* L.). 열매에 붙은 뿔모양 귀를 지칭하는 희랍어(*stachys*)에서 유래하지만, 석잠풀의 경우는 아랫입술모양꽃잎에서 양쪽으로 삐져나온 듯한 꽃잎 모양을 차용한 것이다.

종소명: 리에데리(*riederi*). 석잠풀 종류에 대한 최초 기재(L. K. A. von Chamisso, 1831)에서 채택된 이름으로 러시아 캄차카반도에서 식물을 채집(1825~1836)한 독일인(J. G. v. Rieder) 이름에서 유래한다. 변종명 야포니카(*japonica*)는 일본산 표본으로 기재한 것에서 비롯한다. 한편 털이 아주 많은 털석잠풀(*S. japonica* var. *villosa*)은 계통분류학적 검증이 필요하다.

한글명 기원: 믓방하, 믌방아,[2)] 물왕히,[3)] 수방하(水芳荷),[4)] 석잠풀,[5)] 배암배추,[6)] 물방아[7)]

한글명 유래: 석잠풀의 약재명(草石蠶)에서 비롯한다. 믓방하(물방아)는 눅눅한 땅에 사는 방아풀(*Plectranthus japonicus*)처럼 생긴 것에서 비롯할 것이며, 물과 방아의 합성어다.

한방명: 초석잠(草石蠶),[8)] 수소(水蘇),[9)] 석잠(石蠶).[10)] 석잠풀의 지상부를 약재로 쓴다.

중국명: 水苏(Shuǐ Sū). 물(水) 터에 사는 차즈기(蘇, 苏)라는 뜻이다.

일본명: ケナシイヌゴマ(Kenashiinugoma, 毛無犬胡麻). 열매가 깨(胡麻)를 닮았으나, 털이 없고(毛無) 하찮은 것(犬)이라는 뜻에서 비롯한다.

영어명: Riedero Betony, Korean Hedge-nettle, Japanese Betony

에코노트

석잠풀이라는 이름은 한방에서 쓰는 석잠(石蠶)이라는 약재명에서 왔고, '돌누에' 같은 풀이라는 뜻이다. 여기서 돌누에는 물여우[11)]라고도 부르던 나비목에서 분화해 물에

적응한 곤충 날도래목의 애벌레를 가리킨다. 이들은 여울이 발달한 얕은 개울이나 하천 물속 바닥에 살며 유기물을 걸러 먹는다. 석잠풀은 물여우를 닮았다고 해서 석잠이라는 이름이 붙여진 것이다. 희고 긴 땅속줄기의 덩이뿌리 모양에서 비롯한다.

그런데 중국명 수소(水苏)라는 명칭에 대해서 우리나라 사람들이 본래부터 부르던 고유 명칭이 있다. 15세기 『구급간이방』에 믓방하, 믌방아라는 한글명이 나온다. 그 이후 16세기의 『훈몽자회』[12]에는 물왕히, 17세기 『향약집성방』에서 '채소(菜) 상품(上品)'으로 수방하(水芳荷), 즉 물방하(물방아)로 기록했다. 따라서 석잠풀의 오래된 원래 이름이 물방아(물방하)라는 사실을 알 수 있다.

석잠풀은 늘 촉촉한 습기를 머금은 미사질(微砂質) 땅을 좋아하고, 건조한 곳에서는 살지 않는다. 습생 초원식생 요소다. 직사광선이 내리쬐는 늘 밝고 개방된 입지에서 산다. 충매화로 방문 곤충들이 자유롭게 드나들 수 있는 서식환경이다. 꽃이 아름답고, 여러해살이이기 때문에 화훼자원으로도 뛰어나다. 입을 쫙 벌린 듯한 꽃잎의 모양과 색깔과 무늬가 오묘한데, 특히 아랫입술모양꽃잎과 윗입술모양꽃잎이 직각을 이룬다. 윗입술모양꽃잎은 암술과 수술이 빗물에 젖는 것을 막아 주고, 그 대신에 아랫입술모양꽃잎은 속을 훤히 드러내면서 아름다운 무늬를 곤충들에게 드러내 보이는 구조다.

그런데 석잠풀은 곤충의 방화(訪花) 빈도가 아주 낮은 종류라 한다.[13] 꽃 크기가 작아서 그렇다는데, 꽃 크기는 상대적인 것이기에 곤충들에게 '꽃이 작아서'라는 설명은 그다지 설득력이 없다. 비록 석잠풀이 꽃 크기가 작다할지라도 독특한 문양과 모양이 그런 약점을 충분히 보상하고도 남기 때문이다. 오히려 그런 구조와 형태의 독특함은 방문 곤충을 선발(screening)하고, 꽃가루받이 확률을 더욱 높일 수도 있다. 꽃가루 매개 곤충과 꽃 사이의 상호관계는 점점 더 특수화(specialization)되는 것이 자연의 법칙이다. 차라리 우리나라 곤충 사회의 종다양성과 풍부함이 예전 같지 않다는 사실에서 방화 곤충의 빈도를 따져볼 필요가 있을 것 같다.

석잠풀은 종자로 번식하면서 땅속줄기를 이용한 게릴라번식전략 덕택에 무리를 짓는다. 줄기는 보통 갈라지지 않고, 뿌리 마디에서 바로 솟는다. 높이가 비슷한 줄기가 소복이 돋아나 자란 모습이 마치 심은 것처럼 보인다. 줄기에는 마주난 잎 1쌍이 약 90도 각도로 서로 어긋나게(交互) 줄기 아래쪽에서부터 위로 층층이 달린다. 위에서 내려다본 잎차례는 영락없는 십자모양이다. 이런 잎차례는 광엽형(廣葉型) 풀이지만 마치 잎이 좁은 화본형(禾本型) 풀(새)처럼 태양 광선을 골고루 이용할 수 있는 에너지 효율적인 구조다. 무리 지어 일제히 잎이 나서 한 공간을 점유하는 군락 구조에서 개개 식물체가 경쟁자[C]로서 생태전략을 펼 수 있는 것은 그런 건축구조가 뒷받침하기 때문이다.

물방아라는 고유 명칭에서 알 수 있듯, 석잠풀은 오래된 민족식물이다. 최근 액상 추출물이 알레르기 반응에 즉각 효과가 있다는 사실이 밝혀졌다.[14] 석잠풀뿐 아니라 생태계의 모든 식물의 잠재적 가치와 스토리텔링은 이루 말할 수 없을 정도로 무궁무진하다. 지구상에 크기와 모양이 똑같은 모래알갱이가 존재하지 않는 것과 같다. 늘 순간순간 모든 것이 변화(無常)해 가기 때문이다.

---

1) Lee (1967)
2) 윤호 등 (1489; 김문웅 역주, 2008)
3) 최세진 (1527)
4) 유효통 등 (1633)
5) 정태현 등 (1949)
6) 박만규 (1949)
7) 김종원 (2013)
8) 안덕균 (1998)
9) 신전휘, 신용욱 (2006)
10) 이우철 (2007)
11) 국립국어원 (2016)
12) 최세진 (1527)
13) 김갑태 등 (2013)
14) Kim *et al.* (2003)

사진: 김종원, 최병기

개곽향

Teucrium japonicum **Houtt.**

형태분류

줄기: 여러해살이며, 어른 무릎 높이 이상으로 바로 서서 자란다. 단면이 사각지고, 아래로 굽은 잔털이 있다. 옆으로 벋는 가늘고 긴 기는줄기와 땅속줄기가 발달한다. (비교: 곽향(*T. veronicoides*)은 식물 전체에 긴 털이 많다.)

잎: 마주나고, 개름한 창끝모양이고, 잎끝은 뾰족하며 가장자리에는 불규칙한 톱니가 있다. 잎 질감은 두터운 편이고, 표면 잎줄은 함몰한다. 2㎝ 이하인 잎자루는 줄기 방향을 따라 위로 서는 편이지만 잎은 수평으로 펼친다. (비교: 곽향은 잎 질감이 아주 부드러운 편이고, 잎 길이는 4㎝ 정도로 짧으며, 양면에 거친 털이 있다. 덩굴곽향(*T. viscidum* var. *miquelianum*)은 3㎝ 정도인 긴 잎자루가 있다.)

꽃: 7~8월에 연한 붉은색 또는 흰색에 가까운 담홍색으로 피고, 줄기 윗부분에서 송이꽃차례로 난다. 길게는 10㎝에 이르고 털이 거의 없다. 잎겨드랑이와 줄기 끝에 크고 작은 꽃차례가 모여난다. 아랫입술모양꽃잎이 세 갈래로 나뉘며 가운데 것이 1㎝ 내외로 유별나게 큰 편이다. 윗입술모양꽃잎은 2개로 작고 깊게 갈라지며, 그 사이로 암술 1개와 수술 4개가 밖으로 길게 나온다. 마름모에 가까운 거꿀달걀모양인 아랫입술모양꽃잎 측편이 붙어 있어서 돌기 같으며, 마치 입술모양꽃잎이 1개인 것처럼 보인다. 통모양 꽃받침은 끝이 다섯 갈래로 갈라지며, 짧은 털이 있고, 아주 드물게 샘털도 보인다. (비교: 덩굴곽향은 꽃받침 전체에 샘털이 빼곡하고, 곽향은 꽃받침 윗부분에만 샘털이 있다.)

열매: 갈래열매이며, 거꿀달걀모양으로 주름이 있고 갈색이다.
염색체수: 2n=?

생태분류

서식처: 초지, 산비탈 풀밭, 농촌과 산간의 임도 언저리, 산기슭 숲 또는 도랑 언저리 등, 양지~반음지, 약습~적습
수평분포: 전국 분포(개마고원 이남)
수직분포: 산지대 이하
식생지리: 냉온대~난온대, 중국(화중지구, 기타 간쑤 성, 허베이 성, 허난 성, 광둥 성, 구이저우 성), 일본 등
식생형: 초원식생(습생형), 임연식생(소매군락)
생태전략: [경쟁자]~[터주-스트레스인내-경쟁자]
종보존등급: [IV] 일반감시대상종

이름사전

속명: 토이크리움(*Teucrium* L.). 희랍어(*teukrion*)에서 유래하고, 지중해 동부 키프로스(Cyprus)의 살라미스(Salamis)를 건설한 사람(Teucer, Teukros)의 이름에 잇닿아 있다.[1] 실제로 곽향속(*Teucrium* L.) 종류는 지중해 지역에서 종다양성이 풍부하다.
종소명: 야포니카(*japonica*). 일본산 표본으로 기재된 데서 비롯한다.
한글명 기원: 개곽향,[2] 가지개곽향,[3] 쓴방아풀,[4] 좀곽향[5]
한글명 유래: 개와 곽향의 합성어로, 곽향을 닮았고 야생이란 뜻에서 비롯했을 것이다. 한편 1921년『조선식물명휘』[6]에서는 한글명 없이 일본명(Nigakusa)과 한자(野藿香)로만 기재되었다. 1937년에 기재된 개곽향은 이 한자명이 실마리가 되었고, 하찮은(개) 곽향이라는 뜻이다. 곽향(藿香)은 본래 재배하는 배초향(*Agastache rugosa*)의 지상부를 일컫는 약재명이다.[7]
한방명: - (?)
중국명: 穗花香科科(Suì Huā Xiāng Kē Kē). 꽃차례(穗花)가 특징인 곽향속 식물이라는 뜻이다. 중국에서는 곽향속을 향과과속(香科科屬)이라 한다.
일본명: ニガクサ(Nigakusa, 苦草). 쓴(苦) 풀로 번역되지만, 쓴맛은 없다.
영어명: Japanese Germander

에코노트

개곽향은 개마고원 이남[8]에서부터 한반도 전역에 골고루 분포한다. 그렇다고 해서 개체군이 크지는 않고, 무척 드문 편이다. 주로 개방된 초지나 밝은 숲속 또는 숲 가장자리 소매군락이 발달하는 입지에서 산다. 기

이하게도 우리나라의 대표적인 석회암 지역을 가로지르는 동강 일대 범람원의 물억새가 우점하는 군락에서도 나타난다.[9] 완전한 양지보다는 반그늘 입지에서 메마르지 않는 습윤한 땅을 좋아한다. 개곽향 이외에 곽향, 덩굴곽향, 섬곽향(*T. viscidum*) 따위가 우리나라에 있다. 이들은 개곽향보다 더욱 국지적 또는 지역적으로 분포한다. 곽향이 가장 드문 편이고, 덩굴곽향은 중부 이남에 주로 분포하면서 숲속 그늘에서 자생한다. 동북아 온대 지역에서 개곽향은 일본이 분포중심지다. 우리나라와 중국은 분포 범위의 가장자리 경계분포지에 해당한다. 우리나라에서 개체군이 크지 않은 까닭이다.

한편 곽향이라는 이름은 한자(藿香)인데, 본래는 종류가 전혀 다른 배초향의 지상부

재배되는 배초향(경북 청송)

본명이 그런 사실을 짐작케 한다. 맛이 쓰지 않은데도 일본에서는 고초(苦草)라 한다. 개곽향을 맛이 쓴(苦) 풀이 아니라 '괴로운(苦) 풀'로 봤던 것이다. 실제로 전통 중국 약재[11]에도 곽향 종류가 빠져 있어, 그런 사실을 뒷받침한다. 이런 개곽향에 의지해서 자식을 키우는 곤충이 있다. 개곽향 꽃통 깊숙한 곳에 산란해서 유충이 기생하는 큰촉각방패벌레(*Copium japonicum*)다.[12] 녀석에게 기생당하면 개곽향 꽃통은 굵은 혹(虫癭)처럼 변한다. 개곽향의 자식농사(종자 만들기)는 실패하거나 크게 손해를 본다.

를 일컫는 약재명이다. 일제강점기에 우리나라 식물 이름을 정리하면서 개곽향을 한글 이름 없이 한자로 野藿香(야곽향)만 기재했다.[10] 1921년의 일로, 이를테면 야생의 거칠고 쓸모가 떨어지는, 또는 쓸모없는 배초향이라는 의미에서 지어낸 한자명이다. 훗날 1937년에 이를 번역하면서 개곽향이라는 한글명이 등장했다. 실제로 약초인 배초향은 식물 전체에 강한 향이 있지만, 개곽향은 그렇지 않다. 특히 꽃이 없을 때에는 배초향과 곽향 종류는 언뜻 보기에 같은 종으로 오해할 만큼 많이 닮았다. 하지만 배초향은 층층이 돌려나는(輪狀) 긴 이삭꽃차례로 곽향 종류와 구별할 수 있다.

배초향은 약재로 널리 재배되지만, 개곽향을 비롯한 곽향 종류는 그렇지 않다. 곽향 종류를 약재로 사용하거나 나물로 먹었다는 기록도 보이지 않는다. 분명 알려지지 않은 어떤 해로움이 감춰져 있을 개연성이 크다. 일

---

1) Quattrocchi (2000)
2) 정태현 등 (1937)
3) 과학출판사 (1979)
4) 고학수 등 (1984)
5) 임록재, 도봉섭 (1988)
6) 森 (1921)
7) 안덕균 (1998)
8) 임록재, 도봉섭 (1988)
9) 류태복 (2015, 미발표 정보)
10) 森 (1921)
11) 한국생약학교수협의회 (2004)
12) 산림청 국가생물종지식정보시스템 (2015)

사진: 류태복, 최병기, 이정아

기생깨풀(선좁쌀풀, 앉은좁쌀풀)

Euphrasia maximowiczii **Wettst.**

형태분류

줄기: 한해살이며, 바로 서서 자라고, 크게는 어른 종아리 높이까지 큰다. 점점 자갈색이 진해지고, 윗부분에서 갈라지며, 아래로 향하는 부드러운 흰 털이 있다. 뿌리가 아주 빈약하다.

잎: 마주나고, 줄기를 감싸듯 잎자루가 거의 없다. 너비 1㎝ 정도인 넓은 원형이고 털은 거의 없다. 가장자리에 끝이 예리한 톱니가 있다. 잎 같은 싼잎에도 털이 거의 없다.

꽃: 6~8월에 흰색으로 피고, 10월에 피는 것은 아주 옅은 연분홍색이다. 줄기 윗부분의 잎겨드랑이에서 조밀하게 난다. 꽃잎 조각 안쪽에 짙은 자색 줄무늬가 3개씩 있고, 아랫입술모양꽃잎의 가운데와 꽃 안쪽 목통 부분에 노란색 무늬가 있다. 갈라진 꽃잎조각 끝부분은 가운데가 오목하다. 꽃받침에 잔털이 있다. 수술과 암술은 윗입술모양꽃잎 속에 있고, 수술 4개 중 2개는 길다. 꽃밥은 진한 갈색이다.

열매: 캡슐열매로 좁은 장타원형이며, 꽃받침보다 길이가 약간 짧거나 거의 같다. 흰색 종자가 십수 개 들어 있다.

염색체수: n=11[1]

생태분류

서식처: 초지, 임도 언저리, 숲 가장자리, 산지 도랑 언저리, 돌 부스러기 쌓인 곳 등, 반음지~양지, 적습

수평분포: 전국 분포

수직분포: 산지대~구릉지대

식생지리: 냉온대, 만주, 중국(네이멍구 남부, 산둥 성, 산시 성, 신장 성 등), 몽골, 연해주, 일본(혼슈 이남) 등

식생형: 초원식생, 임연식생(소매군락)

생태전략: [터주-경쟁자]~[경쟁자]

종보존등급: [V] 비감시대상종

이름사전

속명: 에우프라지아(*Euphrasia* L.). 기쁨, 즐거움, 놀라움 따위를 뜻하는 희랍어(*euphrasia*)에서 유래하고, 꽃차례의 아름다움에서 비롯한다. 눈을 맑고 밝게 하는 데 이용한 것으로 추정한다.[2]

종소명: 막시모비치(*maximowiczii*). 동아시아 식물에 관심이 많았던 러시아 식물학자(K. J. Maximowicz, 1827~1891) 이름에서 비롯한다.

한글명 기원: 기생깨풀,[3] 선좁쌀풀,[4] 선쌀풀,[5] 좁살풀,[6] 앉은좁쌀풀,[7] 좁쌀풀[8]

한글명 유래: 노란색 꽃이 피는 앵초과의 좁쌀풀(*Lysimachia* L.)과 이름이 혼용되었다. 오늘날 국가표준식물목록에서는 앉은좁쌀풀을 정명으로 채택하고 있으나, 혼란을 막기 위해 이 책에서는 우리나라 첫 기재명인 기생깨풀을 채택한다. (에코노트 참조)

한방명: -

중국명: 高枝小米草(Gāo Zhī Xiǎo Mǐ Cǎo) 또는 芒小米草(Máng Xiǎo Mǐ Cǎo). 줄기가 높이 솟은 좁쌀풀 종류라는 뜻이다. 줄기 윗부분에서 가지가 갈라지는 구조에서 비롯했을 것이다.

일본명: タチコゴメグサ(Tachikogomegusa, 立小米草). 좁쌀풀속(*Euphrasia* L. 小米草屬) 종류 가운데 줄기 윗부분에 갈라진 가지까지 모두 바로 서서(立) 자라는 것에서 비롯했을 것이다. 한글명 선좁쌀풀은 일본명[9]을 번역한 것이다.

영어명: Maximowicz's Eyebright

에코노트

좁쌀풀속 종류는 대부분 냉습(冷濕) 기후 환경에 살고, 한반도 북부와 만주, 연해주에 널리 분포한다. 남한에서는 한라산 고산지대에 자생하는 깔끔좁쌀풀(*E. coreana*)이라는 특산종을 제외하면, 기생깨풀이 가장 흔하다. 상대적으로 가장 온난한 지역에 분포하는 종이라 하겠다. 주로 표층토(表層土)가 전혀 다져지지 않은 부드러운 토양에 뿌리를 내리고, 뽑으면 아주 빈약한 뿌리가 드러난다. 현삼과(Scrophulariaceae)의 대부분 종류처럼 조건반기생(條件半寄生)식물(facultative hemiparasite, 부록 생태용어사전 참조)[10]이다. 스스로 광합성을 하면서도 이웃하는 식물의 유관속에 연결해서 영양을 얻어먹는 방식이다. 숙주식물이 중간에 고사하더라도 스스로 광합성할 능력이 있기 때문에 자신의 일생을 완성하는 데에는 지장이 없다.

좁쌀풀이라는 한글명은 현삼과와 앵초과 사이에서 혼란스럽게 기재되어 있다. (아래 표 참조) 앵초과의 좁쌀풀(*Lysimachia vulgaris*)[11]은 노란색 꽃이 피고, 고경(高莖)초본으로 주로 습지 또는 그 언저리 산다. 현삼과의 좁쌀풀속(*Euphrasia* L.)을 앵초과의 까치수염속(*Lysimachia* L.)과 구별 짓기 위해서는 국가표준식물목록에서 채택하는 앉은좁쌀풀을 대신해서 1949년 2월에 기재된 첫 이름인 기생깨풀[12]을 채택하는 것이 옳다.

1) Barker *et al.* (1988)
2) Quattrocchi (2000)
3) 박만규 (1949)
4) 정태현 등 (1949)
5) 정태현 (1957)
6) 이창복 (1969)
7) 이창복 (1979), 국가표준식물목록위원회 (2015)
8) 정태현 (1956)
9) 森 (1921)
10) Nickrent (2002), Nickrent & Musselman (2004)
11) 정태현 등 (1937)
12) 박만규 (1949)

사진: 이정아, 김종원

출처	년도	*Euphrasia maximowiczii* (현삼과, Scrophulariaceae)	*Lysimachia vulgaris* (앵초과, Primulaceae)
森	1921	タチコゴメグサ(Tachikogomegusa)	クサレダマ(Kusaredama)
村川	1932	-	좁쌀숫(속미초, 粟米草)
정태현 등	1937	-	좁쌀풀
박만규	1949. 02	기생깨풀	좁쌀풀
정태현 등	1949. 11	선좁쌀풀	좁쌀까치수염
조선식물명집(북한)	1955	선좁쌀풀	노란까치수염(좁쌀풀)
정태현	1957	선쌀풀	좁쌀풀
이창복	1969	좁살풀	좁쌀풀
이창복	1979	앉은좁쌀풀	좁쌀풀
도봉섭, 임록재	1988	선좁쌀풀	좁쌀풀
국가표준식물목록위원회(삼림청)	2015	앉은좁쌀풀	좁쌀풀

송이풀

Pedicularis resupinata L.

형태분류

줄기: 여러해살이로 하나씩 솟아나 바로 서서 어른 무릎 높이 이상 자란다. 적자색을 띠고, 털이 거의 없거나 약간 있다. 드물지만 위에서 가지가 갈라지기도 한다. 약간 질기고 굵은 실 같은 뿌리가 다발로 모여난다.

잎: 줄기 아래의 것은 마주나지만, 위로 가면서 모두 어긋난다. 폭이 좁은 달걀모양으로 도톰한 종이 같은 질감이다. 가장자리에 규칙적인 겹톱니가 있고, 잎줄이 규칙적으로 배열한다. 잎바닥에서부터 약간 흘러내리는 잎자루는 줄기 윗부분에 난 잎의 것일수록 짧아진다.

꽃: 8~9월에 줄기 끝의 잎 같이 생긴 싼잎 겨드랑이에 꽃차례가 붙어 홍자색으로 핀다. 입술모양꽃잎은 비틀려 달리고, 위에서 내려다보면 뒤틀린 프로펠러처럼 보인다. 윗입술모양꽃잎은 통모양으로 끝이 새 부리처럼 생겼다. 넓은 부채모양인 아랫입술모양꽃잎은 얕게 세 갈래로 나뉘고, 가는 털이 있으며 윗입술모양꽃잎보다 길다. (비교: 드물게 흰색 꽃이 피는 것을 흰송이풀(*P. resupinata* f. *albiflora*)[1]로 구분하기도 한다.)

열매: 캡슐열매이며 꽃받침보다 조금 더 길고 약간 일그러진 장타원형으로 종자가 여러 개 들어 있다.

염색체수: 2n=16,[2] 32[3]

생태분류

서식처: 초지, 숲 가장자리, 밝은 숲속, 숲 틈, 임도 언저리, 산간 무덤 언저리 등, 양지~반음지, 적습

수평분포: 전국 분포

수직분포: 산지대

식생지리: 냉온대~난온대, 만주, 중국(새북지구, 화북지구, 화중지구의 안후이 성, 후베이 성, 쓰촨 성, 저장 성, 화남지구의 구이저우 성과 광시 성 등), 몽골, 연해주, 일본, 카자흐스탄 등

식생형: 초원식생

생태전략: [경쟁자]

종보존등급: [IV] 일반감시대상종

이름사전

속명: 페디큘라리스(*Pedicularis* L.). 기생충 이(蝨)를 뜻하는 라틴어에서 비롯한다. 사람 몸에 기생하는 이(*Pediculus humanus corporis*)의 속명과 일치한다. 송이풀 종류가 이를 죽인다는 이야기에 잇닿아 있다고는 하나,[4] 미세하게 작은 종자에서 비롯한 것으로 추정한다.

종소명: 레주피나타(*resupinata*). 송이풀의 뒤틀린(resupinate) 입술모양꽃잎에서 유래한 라틴어다.

한글명 기원: 송이풀,[5] 도시락나물[6]

한글명 유래: 송이와 풀의 합성어다. 줄기 끝에 모여난 꽃송이 모양에서 비롯한다고 한다.[7] 하지만 소금이나 소나무에 잇닿은 이름일 수도 있다. (에코노트 참조) 1921년 『조선식물명휘』[8]에는 한글명 없이 일본명(塩竈菊)과 한자명(馬尿橈)만 나타난다. 여기서 한자명 마뇨효(馬尿橈)는 중국명(马先蒿) 발음을 표현한 향명 표기로 보인다. 마뇨효(馬尿橈)는 본래 마시효(馬屎橈)로, 시(屎) 자를 뇨(尿) 자로 잘못 쓴 것으로 보인다.

한방명: 마선호(馬先蒿). 송이풀(흰송이풀 포함)의 지상부와 뿌리를 약재로 쓴다.[9]

중국명: 返顾马先蒿(Fǎn Gù Mǎ Xiān Hāo). 송이풀속(马先蒿屬, *Pedicularis* L.) 가운데 입술모양꽃잎이 뒤틀린 모

흰송이풀

양, 즉 돌아본다(返顧)는 뜻의 종소명(*resupinata*)을 번역한 것이다. 중국에는 전 세계에 분포하는 송이풀속 600여 종 가운데 352종이 있으며, 그 가운데 271 종이 특산종이라고 한다.[10] 중국 속명(馬先蒿)은 말(馬) 앞(先)에 쑥(蒿)이라는 뜻으로 흥미롭다. '페디큘라리스'라는 속명의 유래처럼 약성과 관련 있어 보인다.

일본명: シオガマギク(Siogamagiku, 塩竈菊). 여러 가지 이름의 유래가 전한다. 우리말 가마(竈)에 잇닿은 명칭이기도 하다. (아래 에코노트 참조)

영어명: Resupinate Lousewort

에코노트

송이풀은 초지 식물사회의 구성원이다. 때문에 낙엽활엽수림이 발달하는 한반도 온대 생물군계(biome)에서는 군락 크기가 클 수가 없다. 도시 또는 농촌과 가까운 오염된 땅에서는 살지 않고, 늘 청정 지역에서만 산다. 게다가 쉽게 건조해지거나 메마른 입지에서는 살지 못한다. 음지보다는 밝은 환경을 더욱 선호한다. 결국 이런 생육 조건을 따지면, 상대적으로 더욱 희귀해질 수밖에 없다. 한라송이풀(*P. hallaisanensis*)은 남한 지역에 분포하는 유일한 고산성(高山性) 초지의 송이풀 종류로 제주도 한라산과 경남 가야산에서만 분포가 확인된다.

송이풀 종류는 1990년대 중반 들어서 화학성분이 탐색되지만,[11] 우리나라 고전에 약재로 이용했다는 기록은 전혀 나타나지 않는다. 약재로 이용할 만큼 우리나라 자연생태계에 흔하지 않았기 때문으로 보인다. 중국 서북 방향에는 스텝(steppe) 초지라는 생물군계가 넓은 면적으로 발달했다. 중국에서 종다양성이 풍부한 것은 그런 자연환경이 뒷받침하기 때문이다. 송이풀 종류가 살 만한 고위도(高緯度) 고산지성(高山地性) 서식처가 광활하고 광대하다. 중국 고전에 나오는 속명(馬先蒿)[12]이 '페디큘라리스'라는 속명처럼 약성과 맞닿은 의미도 그런 배경과 무관하지 않을 것이다. 원주민들이 송이풀 종류를 토종인삼(native-ginseng)이라 부를 정도다.[13]

일본명 시오가마기쿠(塩竈菊)는 꽃은 물론이고 잎(바다)마저도 관상 가치가 있는 멋이 있는 야생초이고, 잎은 국화(菊)를 닮았기 때문에 생긴 이름이다.[14] 즉 '바닷가의 정취(멋)는 무엇보다도 소금가마(鹽竈)다'라는 일본인의 정서에 잇닿은 이름이다. 또 도호쿠 지방 미야기 현 시오가마시(塩釜市)나 마쓰시마(松島) 해변 일대의 지명에서, 또는 벚나무 종류인 시오가마자쿠라(塩釜桜)에서 비롯했다는 주장도 있지만,[15] 모두 설로 남아 있다. 그런데 일본명 시오가마라(鹽竈)는 명칭 자체는 결코 우리말에서 독립적일 수 없다. 우리말 소금과 일본말 시오(鹽)의 첫소리 시옷(ㅅ)의 일치도 흥미로운 일이지만, '가마'라는 말은 우리말 가마솥, 불가마, 옹기 가마 따위를 지칭하는 아궁이 조(竈) 자를 품은 시설물이다. 일본 전통 도예(陶藝)나 그릇을 만드는 진보된 기술이 우리나라에서 건너간 역사를 미루어 볼 때 가마라는 말의 원류가 한반도라는 사실에 대해서는 의심할 여지가 없기 때문이다.

흰송이풀

일본명 시오가마(鹽竈)는 현대어로 소금을 만드는 솥이나 부엌, 아궁이 따위를 뜻하며, 우리말 소금(소곰)에 잇닿아 있다. '소>시오', '곰>가마'라는 것이다. 『훈몽자회』[16]에서는 염(鹽)을 '소곰'이라 했다. 소곰은 소와 곰의 합성어이고, 소도 곰도 모두 소금을 뜻하는 같은 뿌리말(同源語)이다.[17] 그것이 오늘날 소금으로 변천한 것이다. 결국 송이풀의 일본명 시오가마기쿠(塩竈菊)는 간단히 염국(鹽菊)이라 해도 될 것이다. 이것은 속명의 의미처럼 송이풀의 약성과 깊은 관련이 있는 이야기다. 결국 중국명과도 그 맥이 닿는다. 이런 맥락에서 한글명 '송이풀'도 본래 '소금풀'이라 했을지도 모를 일이다. 최초 식물 이름 기재 때에 잘못 적은 것이 아닐까 하는 생각을 떨칠 수가 없다. 본래 '산거웃'인 이름을 뜻도 의미도 모를 산거울로 기록했던 근대 식물분류학의 패착이 발견되기 때문이다(『한국 식물 생태 보감』 1권 「산거울」 편 참조). 한편 나도송이풀의 중국명은 松蒿(Sōng Hāo)인데, 송이풀의 송이는 그 발음과 무척 닮았다. 때문에 송이풀의 송이는 소나무 송(松) 자에 잇닿았을 개연성도 배제할 수 없다. 실제로 나도송이풀은 현삼과(玄蔘科) 식물 가운데 솔밭에서 종종 나타나는 유일한 종이기 때문이다. (「나도송이풀」 편 참조)

송이풀속은 윗입술모양꽃잎의 모양(부리나 돌기)과 꽃통의 길이에서 종내 변이가 큰

한라송이풀(가야산)

것으로 유명하다. 그런 꽃갓 형태의 진화는 꽃가루받이 매개곤충이 꿀에 접근하는 데 결정적인 제약 조건으로 작용한다.[18] 지역에 사는 곤충의 다양성은 송이풀속과 같은 충매화 식물의 다양성과도 밀접한 상호관계를 맺는다. 이런 측면에서 충매화의 종다양성과 개체군 감소, 마침내 절멸을 일으키는 요인이 되는 살충제 항공방제는 그만하는 것이 옳다.

1) 이우철 (1996b)
2) Rudyka (1984)
3) Yang *et al.* (1998)
4) Quattrocchi (2000)
5) 정태현 등 (1937)
6) 박만규 (1949)
7) 이우철 (2005)
8) 森 (1921)
9) 안덕균 (1998)
10) Yang *et al.* (1998)
11) 임동술 등 (1995)
12) 동국대학교 한의과대학 본초학회 (1994)
13) Zhang *et al.* (2008)
14) 牧野 (1961)
15) 奥田 (1997)
16) 최세진 (1527)
17) 서정범 (2000)
18) Ree (2005)

사진: 김종원, 류태복, 이정아

큰개현삼

Scrophularia kakudensis Franch.

형태분류

줄기: 여러해살이며, 바로 서서 어른 허리 높이로 자란다. 흰 털이 있고, 단면은 홈이 지면서 네모진다. 위에서 가지가 갈라지고, 아랫부분일수록 자줏빛을 띠며, 속은 희다. 비대한 실타래모양 곁뿌리가 발달한다.

잎: 마주나며, 좁고 긴 달걀모양이다. 가장자리에 규칙적인 얕은 톱니가 많다. 뒷면 입줄 위에 부드러운 짧은 털이 있다. (비교: 토현삼(*S. koraiensis*)은 줄기 높이와 잎의 크기가 큰개현삼보다 대형이다.)

꽃: 8~9월에 홍자색으로 핀다. 고른우산살송이꽃차례가 모여서 전체적으로는 줄기 끝에서 고깔꽃차례 모양이 된다. 샘털이 많은 꽃자루 끝에 호리병 같은 작은 꽃이 피며, 윗입술모양꽃잎이 아랫것보다 2배 이상 길고, 서로 포개진 모양이면서 입(입구)을 살짝 벌리고 있다. (비교: 현삼(*S. buergeriana*)은 꽃이 녹황색이다. 토현삼은 보통 잎겨드랑이에서 꽃차례가 나온다.)

열매: 캡슐열매로 달걀모양이다.

염색체수: 2n=36[1)]

생태분류

서식처: 초지, 숲 가장자리, 숲 틈, 밝은 숲속, 임도 언저리, 벌채지 등, 반음지~양지, 적습

수평분포: 전국 분포(개마고원 이남)[2)]

수직분포: 산지대

식생지리: 냉온대~난온대, 일본, 중국(랴오닝 성 단둥 시의 슈얀(岫岩县) 등)

식생형: 초원식생, 임연식생, 삼림식생(하록활엽수 이차림)

생태전략: [경쟁자]

종보존등급: [IV] 일반감시대상종

이름사전

속명: 스크로풀라리아(*Scrophularia* L.). 목의 임파선이 부어오르는 증상(*scrofulae*)이나 돼지 육종 (scrofa)을 뜻하는 라틴어에서, 연주창(連珠瘡)이라는 병(*choirades*)과 돼지(*choiros*)를 뜻하는 희랍어에서 유래한다. 식물체의 약성에서 비롯한 것들이다.[3)]

종소명: 카꾸덴시스(*kakudensis*). 큰개현삼의 기재 표본을 얻은 일본 혼슈 중서부 니가타 현(新潟県)의 가쿠다 산(角田山) 지명에서 비롯한다.

한글명 기원: 큰개현삼,[4)] 큰돌현삼[5)]

한글명 유래: '큰'과 '개'와 '현삼'의 합성어다. '개' 자는 현삼 종류로 쓸모가 떨어지는 하찮은 야생 현삼이라는 뜻이고, 일본명(大雛臼壺)이 실마리가 되어 큰(大) 자가 더해졌다. 1955년『조선식물명집』에는 돌현삼으로 기재된 바 있다.[6)] 한편 재배종 현삼(玄蔘)에 대한 한글명 현삼(현숨)[7)]의 첫 기재는 1921년의 일

이고,[8] 한자(玄蔘)에서 비롯한다. 우리나라 기록에서 나타나는 최초 한글명은 16세기 『촌가구급방』[9]에 나오는 '릉소초'로 보이고, 한자로는 능가할 능(凌), 하늘 소(霄), 풀 초(草)로 표기했다. 아마도 현삼의 신비로운 약성을 두고 지어낸 이름으로 보인다. 한자를 차자해 기재된 향명은 심회초(心廻草)[10]와 릉소초(能消草)[11]가 있다. 유래는 알려지지 않았으나, 심회초라는 향명도 능소초(凌霄草)와 마찬가지로 약성에 유래할 것으로 추정한다. (아래 에코노트 참조)

한방명: 현삼(玄蔘). 큰개현삼, 토현삼, 현삼의 뿌리를 약재로 쓴다.[12]

중국명: 丹东玄参(Dān Dōng Xuán Shēn). 압록강 건너 단둥(丹东) 지역에서 산출되는 현삼(玄参)이라는 뜻이다. 중국에서는 단둥 시의 슈얀(岫岩县) 한 곳에서만 분포가 알려졌다.[13] 한자 현삼(玄蔘)은 인삼(蔘) 뿌리를 닮았고 먹색이 아니라 하늘검은 색(玄)을 띠는 것에서 비롯했을 것이다.

일본명: オオヒナノウスツボ(Ohhinanousutsubo, 大雛臼壺). 현삼 종류 가운데 식물체가 크다(大)는 것에서 비롯한다. 한자 추구호(雛臼壺)는 병아리(雛) 같이 작은 절구통(臼) 항아리(壺)라는 의미로, 꽃 모양에서 비롯한다.

영어명: Kakuda-san Figwort

에코노트

현삼속(*Scrophularia* L.)은 360여 종류가 지구 북반구에 분포하는 거의 범세계적인 속(subcosmopolitan genus)[14]이다. 최대 종다양성은 중앙아시아와 아프카니스탄 일대에서 나타나며 상대적으로 건조한 지역이다.[15] 우리나라에는 9종이 있고,[16] 전통 약재로도 유명하다. 현삼이나 토현삼은 중부 이북에서도 주로 북부 지역에 분포하고, 큰개현삼은 중부 이남 산지에서만 분포한다.

현삼은 재배되고, 그 밖은 자생종으로 개체가 무척 드문 편이다. 야생 현삼 종류가 그렇게 희귀한 데에는 오랫동안 굴취, 남획된 탓도 있겠지만, 우리나라가 온대림 생물군계라는 것도 이유다. 그만큼 자연적으로 발달할 수 있는 잠재적 초지가 제한적이라는 뜻이다. 현삼 종류 대부분은 울창한 숲속에서는 살지 않는다. 아주 밝은 숲속과 숲 가장자리, 그리고 초지에서 산다. 특히 큰개현삼은 초원식생의 구성원이라서 더욱 드물게 보인다. 이제는 인간 간섭에서 멀리 떨어진 두메산골에서 볼 수 있을 뿐이다. 다른 현삼과(玄蔘科) 식물과 마찬가지로 도시 산업화에 따른 오염된 땅에서도 결코 살지 않는다.

현삼은 처음부터 중약(中藥)에서 널리 이용되었다. 현삼이라는 한글명도 중국명(玄蔘)을 그대로 읽은 것으로 1921년의 일이다.[17] 중국 약재 현삼(玄蔘)으로 우리나라에 처음 소개된 것은 15세기 초 『향약구급방』에서다. 한자를 차자(借字)해 심회초(心廻草)라는 향명으로 기재했다. 16세기 『촌가구급방』[18]에서는 또 다른 명칭으로 한글 릉소초(凌霄草)를 기재했다. 17세기 『향약집성방』[19]에서는 향명 릉소초에 대해 또 다른 한자 표기로 能消草(능소초)라 기록했다. 『동의보감』에서는 玄蔘(현삼)이라는 한자 명칭만 전한다. 이런 이름의 다양성과 변천사를 바탕으로 현삼 종류가 우리나라에 흔한 들풀이 아니라는 사실을 간접적으로나마 알 수 있다. 그런데도 현삼에 대해서 우리나라 사람들은 심회초(心廻草)와 릉소초(能消草)라는 나름의 향명을 쓰고 있었던 것이다. 이것은 고려 때부터 썼던 이두향명이라고 한다.[20] 중국에서 약재로 유명한 현삼 종류에 대해 우리나라 사람들도 주목했다는 증거이기도 하다. 향명 심회초(心廻草)를 한자 그대로 해석하면 '심장(마음)을 돌게(풀게) 하는 풀' 정도가 될 것이다. 능소초(能消草)는 凌霄草(능소초)라는 한자명에 대한 향명일 것이고, 능가할 능(凌) 자와 하늘 소(霄) 자로 볼 때 심회초의 경우처럼 약성에서 생겨난 유래로 짐작할 뿐이다.

토현삼

토현삼

---

1) Nishikawa (1985)
2) 고학수 등(1984)
3) Quattrocchi(2000)
4) 정태현 등 (1949)
5) 과학출판사 (1979)
6) 과학출판사 (1979)
7) 森 (1921), 村川 (1932), 林泰治, 鄭台鉉 (1936)
8) 한국민족문화대백과사전에는 1936년으로 되어 있으나 1921년으로 바로잡아야 한다.
9) 김정국 (1538)
10) 최자하 (1417)
11) 김정국 (1538)
12) 안덕균 (1998)
13) FOC (2015)
14) Paton (1990)
15) Ranjbar & Mohmoudi (2013)
16) 이우철 (1996)
17) 森 (1921)
18) 김정국 (1538)
19) 유효통 (1633)
20) 안덕균 (1991)

사진: 김종원, 이승은, 이정아

산꼬리풀

Pseudolysimachion rotundum subsp. ***subintegrum*** (Nakai) D.Y. Hong
(Veronica rotunda var. ***petiolata*** (Nakai) Albach)

형태분류

줄기: 여러해살이며, 바로 서서 어른 허리 높이 이하로 자란다. 다발로 모여나는 경향이 있고, 아랫부분은 목질화된다. 굽은 털이 흩어져서 난다.

잎: 마주나며, 좁은 장타원형이다. 가장자리에 불규칙하게 깊고 굵은 톱니가 있다. 너비는 2㎝ 내외이고, 뒷면 잎줄 위에 굽은 털이 다소 있으며, 잎자루는 거의 없다. 상처가 나면 상큼한 향이 난다. (비교: 꼬리풀(*P. linariifolium*)은 너비가 1㎝ 이하이고, 큰산꼬리풀(*P. rotundum* var. *coreanum*)은 너비가 3㎝ 이상이다. 긴산꼬리풀(*P. longifoilum*)은 가장자리에 잔톱니가 규칙적이며 얕고 날카롭다. 잎자루 밑에 작은 받침잎이 있다.)

꽃: 7~8월에 벽자색으로 피고, 줄기 윗부분에서 송이꽃차례로 난다. 꽃대에 짧은 털이 있다. 꽃갓 통부(筒部) 끝이 4개로 갈라지고, 수술을 길게 꽃 밖으로 내민다. 창끝모양 꽃받침은 4개로 깊게 갈라진다. 아주 짧은 작은꽃자루에는 다세포성 샘털이 빼곡하다. 드물게 흰 꽃도 핀다.

열매: 캡슐열매로 약간 납작한 달걀모양이다. 1㎜ 이하인 적자색 씨가 들어 있다.

염색체수: 2n=34[1)]

생태분류

서식처: 초지, 숲 가장자리, 숲 틈 등, 양지~반음지, 적습

수평분포: 전국 분포

수직분포: 산지대
식생지리: 냉온대, 만주, 연해주, 일본(혼슈 이남) 등
식생형: 초원식생, 삼림식생(낙엽활엽수 이차림)
생태전략: [경쟁자]
종보존등급: [IV] 일반감시대상종

흰산꼬리풀

이름사전

속명: 픕소이도리지마키온(*Pseudolysimachion* (W.D.J. Koch) Opiz). 가짜(*Pseudo-*) 리지마키아(*Lysimachia*)라는 의미로, 까치수염속(*Lysimachia* L.)의 꽃차례를 연상시키는 것에서 비롯한다.

종소명: 로툰둠(*rotundum*). 부풀고 둥글다는 뜻의 라틴어다. 잎이 둥근 편인 모종(母種) 모양에서 비롯한다. 아종명 수브인테그룸(*subintegrum*)은 톱니가 거의 없는 것을 뜻하며, 톱니가 상대적으로 부드럽다고 판단한 것에서 비롯했을 것이다. 산꼬리풀은 우리나라 경상 물금(Kyöng-san, Mulgeum)에서 우치야마(内山)가 채집한 표본으로 1911년 나카이(中井)가 처음으로 기재했다.[2] 채집지가 경상남도 영남알프스 산기슭일 것으로 추정된다.

한글명 기원: 꼬리풀,[3] 산꼬리풀,[4] 북꼬리풀[5] 등

한글명 유래: 산과 꼬리풀의 합성어다. 한편 꼬리풀은 일본명(姫虎尾)에서 유래한 이름이고, 꽃차례 모양에서 비롯한다. 1949년 11월의 산꼬리풀에 앞서서 1949년 2월에 꼬리풀로 등재된 바 있다. 그러나 이미 1937년에 다른 종류(*P. linariifolium*)에 꼬리풀이라는 명칭이 적용되었기 때문에 산꼬리풀이 정명이다.

한방명: - (세엽파파납(細葉婆婆納)이라면서 꼬리풀(*P. linariefolium*)의 지상부를 약재로 쓴다.)[6]

중국명: 东北穗花(Dōng Běi Suì Huā). 만주 일대(동북지구)에 분포하는 꼬리풀 종류(穗花属)라는 뜻에서 비롯한다.

일본명: ヒメトラノオ(Himetoranooh, 姫虎尾). 꼬리풀 종류의 긴 꽃대(花穗)를 범(虎)의 꼬리(尾)에 빗댄 것이다. 히메(姫)는 작고 가련하다는 뜻으로 잎 크기가 큰산꼬리풀보다 작은 것에서 비롯한다.

영어명: False Lysimachion

에코노트

꼬리풀 종류는 이전까지 개불알풀속(*Veronica* L.)이었으나, 계통분류학의 성과로 꼬리풀속(*Pseudolysimachion* (W.D.J. Koch) Opiz)으로 분리되었다. 사실 두 분류군은 외형적으로도 크게 차이나는 불편한 어울림이었다. 선개불알풀, 개불알풀, 큰개불알풀 따위는 인간 간섭이 심한 농촌 터주 식물사회에 빠짐없이 나타나는 해넘이한해살이다. 하지만 꼬리풀 종류는 모두 여러해살이고, 인간 간섭에서 멀리 떨어진 고즈넉한 외딴 서식처에서만 산다. 반드시 땅이 비옥할 필요는 없으나, 늘 습윤하면서도 햇빛이 충만한 초지나 숲 가장자리가 최적지다. 가끔 숲속의 큰 나무 한 그루가 바람에 쓰러져서 생긴 밝은 숲 틈에서 사는 경우도 있다.

개체군 크기는 결코 작지 않지만, 그렇다고 풍부한 편은 아니다. 늘 몇몇 개체가 모여 나거나, 드물게 자그마한 다발 무리를 만든다. 여러해살이로 줄기 아랫부분이 목질화되기도 한다. 꼬리풀속은 꽃이 아름다워 늘 남

획 위험이 있다. 게다가 환경오염이나 빈번한 인간 간섭, 건조한 조건에서는 살지 않는 서식처 환경변화에 민감한 종류다. 수목원이나 생태원, 식물원에서도 키울 수 있으나, 야생 서식처 보존을 통한 현지내보존만이 최고의 유전자 보존 전략이다.

한글명 꼬리풀은 일본명에서 비롯한다. 꽃차례 모양을 범 꼬리(虎尾)에 빗댄 것이다. 아이러니하게도 지구 역사를 통틀어 일본열도에는 범이 분포한 적이 없다. 그런데도 일본 식물 이름에 범을 뜻하는 토라(虎)를 포함한 이름이 많다. 그들에게 범은 우리가 갖는 상상의 동물 기린이나 용과 같은 존재다. 일본에서는 용(龍)을 토라라고도 하지만, 꼬리풀의 경우는 범에 해당한다. 범이건 용이건 이것 또한 모두 대륙문화의 소산이다.

우리나라 꼬리풀 종류는 잎차례에 따라 크게 두 그룹으로 나눈다. 깃모양으로 잎이 깊게 갈라지면서 쉽게 구분되는 종류로 구와꼬리풀, 큰구와꼬리풀(가새잎꼬리풀)이 있다. 그리고 보통의 타원형 잎이 있는 종류에 총 11종이 있다.[7] 이들에 대한 이름 변천사는 표에서처럼 무척 혼란스럽다. 적어도 국가표준식물목록에서는 일관성 있는 표준화된 한글명을 채택할 필요가 있다. 보편적이고 합리적인 국제식물명명규약의 정당한 선취권을 고려하면, 꼬리풀, 산꼬리풀, 봉래꼬리풀 이외의 이름은 모두 바로잡아야 한다. 이름의 혼란을 바로잡는 것은 순수하고 기초적인 것으로 미래 첨단과학의 정확한 성과를 뒷받침한다. 산꼬리풀은 모양이나 분포 양식에서 긴산꼬리풀과 많이 닮았다. 하지만 꽃이 없는 시기에도 잎으로 충분히 구별할 수 있는 분류형질이 많다. (아래 표 참조)

한편 가새잎꼬리풀, 즉 큰구와꼬리풀(*P.*

		긴산꼬리풀	산꼬리풀
잎	질감	두텁고 질김	얇은 종이 느낌
	향기	없음	문지르면 상큼한 향이 있음
	가장자리 톱니	규칙적이고 얕은 잔톱니	불규칙적인 깊고 큰 톱니
받침잎		있음(줄기 아래 잎은 특히 분명)	없거나 아주 드물게 있음
모양			

긴산꼬리풀

pyrethrinum)은 풍혈(風穴)처럼 국지적으로 냉습한 서식처에서 살고, 지금은 극히 한정된 장소에서만 산다. 그런데 1949년 11월의 구와꼬리풀이라는 한글명[8]은 일제(日帝) 후유증이 오롯이 남아 있는 역사적 증거가 되는 이름이다. '국화꼬리풀'이라는 일본명에서 비롯한다[9]는 일부 주장도 있지만, 미심쩍다. 국화(菊花)는 일본말로 '기쿠'이고, 음독(音讀)으로는 '깃카'이지, 구와가 아니기 때문이다. 구와는 국화의 옛 우리말 구화에서 전화한 것으로 볼 수 있지, 일본명에서 왔다는 근거는 없다. 1921년 『조선식물명휘』[10]에도 나오질 않는다. 더욱이 구와꼬리풀은 일본에 분포하지 않기 때문에 그런 이름이 존재할 수 없다. 따라서 구와꼬리풀에 앞서서 1949년 2월에 기재된 가새잎꼬리풀이 한글 정명이다.[11] 그 잎 모양을 가위(방언 가새)에 빗댄 것도 나쁘지 않다.

큰구와꼬리풀(가새잎꼬리풀)

둥근산꼬리풀

1) Graze (1933), FOC (2015)
2) Tropicos (2015)
3) 박만규 (1949)
4) 정태현 등 (1949)
5) 박만규 (1974)
6) 안덕균 (1998)
7) 이우철 (1996b)
8) 정태현 등 (1949)
9) 이우철 (2005)
10) 森 (1921)
11) 박만규 (1949)

사진: 김종원, 이정아

꼬리풀속(***Pseudolysimachion*** (W.D.J. Koch) Opiz)의 한글명 변천사와 형태적 구별: 진한 글씨체의 명칭이 명명규약의 선취권에 의한 정당한 이름이다.

	Pseudolysimachion										
Species	*kiusianum*			*linariifolium*			*longifolium*	*ovatum*	*rotundum*		
Variety	typicum	*diamantiacum*	*glabrifolium*	typicum	*dilatatum*	*villosulum*			typicum	*coreanum*	*subintegrum*
1937년	**여호꼬리풀**	**봉래꼬리풀**		**꼬리풀**						**뫼꼬리풀**	
1949년 2월	큰꼬리풀		**만주꼬리풀**		**큰자주꼬리풀**	**우단꼬리풀**	**가는잎꼬리풀**, 좀꼬리풀	여우꼬리풀, **제주꼬리풀**	**둥근잎꼬리풀**, 가야꼬리풀		꼬리풀
1949년 11월			큰산꼬리풀	자주꼬리풀		털꼬리풀	긴산꼬리풀, 가는산꼬리풀				**산꼬리풀**
1969년	여우꼬리풀				큰꼬리풀			넓은산꼬리풀	둥근산꼬리풀	지리산꼬리풀	
1974년		좀꼬리풀	꼬리풀	가는잎꼬리풀		융털꼬리풀	산꼬리풀, 가는잎산꼬리풀	탐나꼬리풀, 넓은잎탐나꼬리풀		지이꼬리풀	북꼬리풀
1979년	넓은잎꼬리풀		큰산꼬리풀								
2003년										큰산꼬리풀	
2015년	넓은잎꼬리풀	**봉래꼬리풀**	큰산꼬리풀	**꼬리풀**	큰꼬리풀	(털꼬리풀)	긴산꼬리풀	넓은산꼬리풀	둥근산꼬리풀	지리산꼬리풀	**산꼬리풀**
잎 특징	넓은 달걀 모양, 잎자루 2.5㎝ 이하	잎자루 2.5㎝ 이하, 잎 뒷면 흰빛, 꽃자루보다 긴 싼잎(苞)	잎자루 없음, 장타원형 또는 창모양	길이 4~8㎝, 너비 1㎜ 이하, 좁고 긴 창모양	꼬리풀 비해 넓은 창모양 또는 달걀모양 같은 장타원형 잎	길이 3㎝, 잎 너비 1㎜ 이하, 둥근 달걀모양 잎, 융모 많음	막질, 짧은 잎자루, 규칙적이고 예리한 얕은 톱니	삼각형 같은 달걀모양 잎	길이 4㎝ 이하	길이 10㎝ 내외, 너비 3㎝ 이상으로 넓은 타원형	종이질, 불규칙한 깊은 톱니, 상처 내면 상큼한 향기
국내분포	전국적	국지적(설악산, 금강산 등), 특산	전국적 (주로 북부 지역)	전국적	전국적	지역적 (제주도), 특산	전국적	지역적 (제주도)	국지적 (제주도, 경남 가야산 등)	국지적(지리산, 백운산, 태백산 등), 특산	전국적

(출처) 1937년: 『조선식물향명집』(정태현 등), 1949년 2월: 『우리나라식물명감』(박만규), 1969년: 「우리나라 식물자원」(이창복), 1974년: 『한국쌍자엽식물지』(박만규), 1979년: 『대한식물도감』(이창복), 2003년: 『원색대한식물도감』(이창복), 2015년: 국가표준식물목록(산림청, 국가표준식물목록위원회). * 특징과 국내분포: 『한국식물명고』(이우철 1996b)를 바탕으로 재구성.

선개불알풀(선봄까치꽃)

Veronica arvensis L.

형태분류

줄기: 한해살이 또는 해넘이한해살이로 밑에서 가지가 갈라지고, 위로 서거나 살짝 눕다가 일어서는 모양이다. 다세포인 흰색 짧은 털이 두 줄로 난다. 보통 어른 손 한 뼘 높이 이하로 식물체가 아주 작고, 전체에 샘털이 섞여 난다.

잎: 아랫부분에서 마주나고, 윗부분에서는 어긋난다. 넓은 달걀 모양이고 양면에 털이 많은 편이다.

꽃: 4~6월에 잎겨드랑이에서 흰빛을 띠는 벽자색으로 줄기에 돌려가며 어긋나게 핀다. 수술은 짧아서 꽃잎 속에 있다. 꽃받침은 4개로 갈라지고, 2개는 짧다. 개불알풀, 큰개불알풀의 꽃보다 훨씬 작다.

열매: 캡슐열매로 6~8월에 익으며, 열매자루가 거의 없고, 위를 향해 선다. 납작하면서 가운데가 쏙 들어가 심장모양이 되어 두 쪽으로 보인다. (비교: 개불알풀(*V. didyma* var. *lilacina*)과 큰개불알풀(*V. persica*)은 열매자루가 길고 아래로 향한다.)

염색체수: 2n=16[1)]

생태분류

서식처: 초지, 잔디 정원, 길가, 빈터, 경작지 주변, 텃밭 언저리 등, 양지, 약건~적습

수평분포: 전국 분포(중부 이남)

수직분포: 구릉지대 이하
식생지리: 냉온대~난온대(신귀화식물), 중국, 대만, 일본, 아프리카, 아시아 등, 전 세계 귀화, 유럽(원산)
식생형: 초원식생(잔디형), 터주식생
생태전략: [터주-스트레스인내자]
종보존등급: - (신귀화식물)

이름사전

속명: 베로니카(*Veronica* L.). 성(聖) 베로니카(Veronica)에서 비롯한다.
종소명: 아르벤시스(*arvensis*). 경작지를 뜻하는 라틴어다.
한글명 기원: 선봄까치꽃,[2] 선개불알풀,[3] 선지금,[4] 선개불알꽃,[5] 선조롱박풀[6] 등
한글명 유래: 서다(立)의 선과 개불알풀의 합성어다. 일본명(立犬陰嚢)에서 비롯한다. 서양에서 성녀(聖女) 베로니카에 견주는 아름다운 들풀을 일본에서는 개의 거시기를 닮은 '이누노후구리(犬陰嚢)'라 칭한 것이 극명한 대조를 이룬다(『한국 식물 생태 보감』 1권 「개불알꽃」 편 참조).[7] 1949년 11월의 선개불알풀 이름보다 앞서서, 1949년 2월의 선봄까치꽃(개불알풀은 봄까치꽃)이 있다. 국가표준식물목록에서도 바로잡는 것이 옳다.
한방명: - (개불알풀(婆婆纳) 지상부를 약재로 쓴다.[8] 하지만 선개불알풀은 식물체가 보잘 것 없이 작고 신귀화식물이기 때문에 약재 용도는 알려지지 않았다.)
중국명: 直立婆婆纳(Zhí Lì Pó Po Nà). 개불알풀 종류(婆婆纳) 가운데 열매가 직립(直立)인 것에서 비롯한다.
일본명: タチイヌノフグリ(Tachiinunofuguri, 立犬陰嚢). 개의 거시기를 닮은 열매[9]가 위를 향해 서 있다고 해서 만들어진 이름이다.
영어명: Corn Speedwell, Wall Speedwell

에코노트

식물 생태를 여럿이 함께 공부할 때면, 입에 담기 민망한 이름이 종종 있다. 선개불알풀도 그렇다. 선개불알풀은 개(犬)의 거시기(陰嚢)를 닮은 열매가 꼿꼿하게 위로 서 있다(直立)는 의미에서 붙여진 이름이다. 일본명(立犬陰嚢)을 1949년 11월에 번역한 것[10]이다. 하지만 선봄까치꽃(개불알풀은 봄까치꽃)이라는 이름이 1949년 2월에 앞서 기재된 바 있다.[11] 성녀 베로니카에 잇닿은 속명의 유래를 새겨 보면(『한국 식물 생태 보감』 1권 「개불알꽃」 편 참조), 얼른 고쳐 부르는 것이 바람직하다.

우리나라에는 봄까치꽃, 큰봄까치꽃, 선봄까치꽃 3종이 있다. 이 가운데 선봄까치꽃이 가장 작은 식물체로 19세기 이후에 귀화해 온 신귀화식물(Neophyten)이다. 전형적인 해넘이한해살이로 겨울을 경험하고, 이듬해

초봄부터 성장해 4월부터 꽃피기 시작한다. 가장 늦게는 8월에도 열매를 맺으며, 늦여름이면 완전 고사한다. 1년이라는 시간 내에 일생의 프로그램을 마무리하는 것이다. 해넘이살이치고는 생명환 길이가 10개월 정도로 상당히 긴 편이다. 반면에 꽃피는 기간은 짧은 편이다. 토양에 수분이 적거나 온도가 높으면 종자는 발아하지 않는다. 한여름보다는 온도도 낮고, 그래서 토양 수분도 덜 증발하는 가을에 주로 발아[12]하는 까닭이다. 겨울형 한해살이(winter annual)의 전형이다.

선봄까치꽃은 작고 납작한 접시모양 열매가 땅바닥에 쉽게 달라붙을 수 있고, 여러해살이 식물이 살 수 없을 정도로 척박한 토양에서도 잘 산다. 다른 2종에 비해 서식처 범위가 넓은 이유이기도 하다. 도시화의 지표성이 명백해, 도시의 정원이나 공원 속 잔디밭에서 자주 보인다. 농촌 경작지 언저리에서도 흔히 볼 수 있지만, 이들이 사는 곳은 어떤 이유에선가 지독하리만큼 간섭이 심한 곳이다. 농약 살포 정도가 심한 곳이라면 상대적으로 선봄까치꽃이 더 많이 보인다. 그래서 선봄까치꽃은 생육환경이 더욱 열악한 즉 지독히 나쁜 환경 상태를 증명하는 지표종이다(『한국 식물 생태 보감』 1권 「개불알꽃」 편 참조).[13] 생태전략으로는 [터주-스트레스인내자]([S-R])로 분류된다. 스트레스에 잘 견디는 편이지만, 심하게 건조해지면 일제히 누렇게 말라 죽어 버린다.

봄까치꽃 종류는 모두 터주식생의 구성원이다. 그런데 선봄까치꽃만은 잔디밭 식물사회의 구성원이기도 하다. 하지만 무덤과 같은 초지가 아니라, 도시 공원형 잔디군락이다. 야생초 한 포기도 틈입하지 못하도록 표독스러우리만큼 관리되는 잔디밭에서 산다. 식물체가 아주 작고, 서식환경조건에 따라 대단히 작은 몸뚱이를 만들어 사는 특기가 있기 때문이다. 키는 5㎜, 잎은 2㎜ 정도로, 잔디 잎사귀 틈바구니에서 꽃피고 열매를 만드는 데 성공한다. 잔디 관리자에게는 무척 귀찮은 존재지만, 장마 이후 건조 기후에 진입하는 C4-식물계절이면 잔디밭에서 저절로 자취를 감춘다. 대륙성 기후 환경에 저항하지 않는다는 뜻이다. 잡초라는 것은 인간이 만든 존재이지만 어떤 잡초도 인간에게 항복하지 않고, 시련을 극복하며 도전한다. 비록 보잘것없는 것으로, 얄궂은 이름으로 따돌림을 당하는 신세지만, 잘 보존된 자연생태계에 들어가 살면서 질서를 교란하는 법은 없다.

---

1) Vachova & Ferakova (1980)
2) 박만규 (1949)
3) 정태현 등 (1949), 국가표준식물목록위원회 (2015)
4) 박만규 (1974)
5) 박수현 (1995)
6) 이우철 (1996a)
7) 김종원 (2013)
8) 안덕균 (1998)
9) 牧野 (1961)
10) 정태현 등 (1949)
11) 박만규 (1949)
12) Baskin & Baskin (1983)
13) 김종원 (2013)

사진: 김종원

냉초

Veronicastrum sibiricum (L.) Pennell

형태분류

줄기: 여러해살이며, 바로 서서 어른 허리 높이 이상으로 자라고, 여러 줄기가 모여난다. 단면은 원형이고, 갈라지지 않으며 단순하다. 식물 전체에 다세포성 흰 털이 많은 편이다. 절간이 짧은 뿌리줄기가 있다.

잎: 보통 잎이 6개 돌려나고, 장타원형이다. 가장자리에 잔톱니가 있고, 잎자루는 아주 짧다. (비교: 털냉초(*V. sibiricum* var. *zuccarinii*)는 잎의 너비가 넓고 흰 털이 더욱 많다.)

꽃: 7~8월에 줄기 끝에서 담자색 또는 청자색으로 피며, 긴 꼬리모양 송이꽃차례로 아래에서부터 위로 여러 날 계속해서 핀다. 끝부분이 얕게 4갈래로 갈라진 통모양 작은 꽃갓이 있고 안쪽 면에 부드러운 털이 빼곡하다. 수술은 2개이고, 꽃갓 밖으로 길게 내밀며, 암술보다 먼저 성숙한다. 꽃받침은 깊게 갈라져 5개이고, 꽃잎 길이의 반 정도다. 꽃자루 기부에 가느다란 싼잎이 있다,

열매: 캡슐열매로 넓은 알모양이고 끝이 뾰족하며, 씨는 편편한 타원형이다.

염색체수: 2n=34[1]

생태분류

서식처: 초지, 산지 풀밭, 산 능선, 숲 가장자리, 산기슭 습지 언저리 등, 양지~반음지, 적습~약습

수평분포: 전국 분포

수직분포: 산지대

식생지리: 냉온대(중부·산지대~북부·고산지대), 만주, 중국(새북지구, 화북지구 등), 몽골, 연해주, 사할린, 일본 등

식생형: 초원식생(습생형)

생태전략: [경쟁자]

종보존등급: [IV] 일반감시대상종

이름사전

속명: 베로니카스트름(*Veronicastrum* Heister ex Fabricius). 베로니카속(*Veronica* L.)을 닮았다는 것(*Veronica-ad-instar*)에서 유래하며, 꽃이나 열매 모양에서 비롯했을 것이다.

종소명: 시비리쿰(*sibiricum*). 시베리아(Siberia)를 뜻하는 라틴어로 다후리아(Dauria: 중국-몽골-시베리아 경계 지역)에서 채집한 것으로 명명 기재한 것[2]에서 비롯했을 것이다.

한글명 기원: 숨위나물,[3] 구개초(九蓋草), 위령선(威靈仙), 술위나물,[4] 냉초[5]

한글명 유래: 냉초는 한자명(冷草)에서 유래하고, 1930년대에 북한 희천(熙川, 자강도, 옛 평안북도) 지역에서 쓰던 방언이다. 냉증(冷症)을 치료하는 약재로 이용한 것[6]에 잇닿았을 것이다. 차가울 냉(冷) 자의 냉초(冷草)라는 명칭은 일본이나 중국에서는 사용하지 않는다. 기록상으로 냉초의 가장 오래된 우리 이름은 1921년의 숨위나물로, 이는 사위질빵의 본래 우리말 '수레나물'을 모리(森)가 잘못 받아 적은 것[7]이다. 사위질빵이나 으아리 종류의 약효 수준에는 미치지 못하더라도, 당시 우리나라 사람들에게는 그에 견줄 만한 중요한 약재였고, 지상 식물체와 수염뿌리(鬚根)를 이용했다.[8] 이름을 혼용했을 개연성이 있다.

한방명: 참룡검(斬龍劍). 지상부를 약재로 쓰고 해표약(解表藥)으로 분류한다.[9] 용(龍)을 베는 신령스런 칼이라는 뜻의 이름이다. 1936년 기록에는 냉초 뿌리가 감기나 냉증 따위를 낫게 하는 약초로 쓰였다는 사실을 전한다.[10]

중국명: 草本威灵仙(Cǎo Běn Wēi Líng Xiān). 냉초의 지상부를 약재 위령선(威靈仙, 으아리속 뿌리)이 필요할 때 대용하면서 생긴 이름일 것이다. 중국은 전 세계 냉초속 20여 종 가운데 13종이 살 정도로 다양성이 풍부하고, 속명을 약성과 관련한 복수초속(腹水草属)이라는 이름으로 쓴다.[11] 냉습한 환경의 북방 요소로, 특히 만주 지역에서는 다양한 한자 표기(西伯利亚婆婆纳, 斩龙剑, 山鞭草, 九性草, 驴尾巴蒿, 狼尾巴花, 九节草, 草玉梅, 威灵仙 등)가 있다.[12]

일본명: クガイソウ(Kugaisou, 九蓋草, 九階草). 한자 구개초(九蓋草) 또는 구계초(九階草)를 음독(音讀)한 이름이다. 돌려나는 잎차례가 주로 9개 층을 이루는 것에서 비롯한다.

영어명: Siberian Blackroot, Siberian Bowman's Root

냉초는 냉온대 중부·산지대와 북부·고산지대에 분포하는 키 크고 잎이 넓은 여러해살이풀(高莖多年生廣葉草本)이다. 남한에서는 주로 해발고도가 높은 산지대 초지에서 자생한다. 분포중심지는 늘 냉습한 환경조건이다. 덥고 건조한 곳에는 분포하지 않는다. 한반도 북부 지역과 만주 일대, 해양성 기후 지역인 일본열도의 냉온대 지역에서도 널리 분포한다. 개마고원 이북과 만주 지역에는 냉초에 대한 무수히 다양한 방언 이름이 있다. 그곳 토착민들에게 주요 자원식물이었다는 사실을 짐작할 수 있는 대목이다.[13] 북한 평북(자강도)과 함남 지역에서는 으아리속(위령선) 식물 뿌리를 위령선이라 하며, 그것을 대용(代用)한다.[14]

한글 냉초의 기재는 1936년의 한자 冷草(냉초)에서 유래하고, 이보다 4년 앞선 1932년에는 일본명 한자 九蓋草를 한글 구개초로 기재했다. 동북아시아에서 우리나라에서만 유일하게 냉초라는 이름을 쓴다. 감기나 냉증(冷症) 따위를 낫게 하는 약초[15]로 민간에서 그렇게 불렀던 것이다. 또 1932년 기록은 냉초의 뿌리가 통풍에 요약(要藥)이라는 사실을 전한다.[16] 손발 뼈마디가 죽도록 시린(冷) 증상에 이름이 잇닿았을 수도 있

털냉초

다. 요즘 한방에서는 용(龍)을 한 칼에 베어 버린다는 뜻의 참룡검(斬龍劍)이라 부르면서 냉초의 지상부를 약재로 쓴다. 잔인한 통증을 유발하는 통풍(痛風)을 이겨 내는 요약이라는 것과 통하는 대목이다. 냉(冷)한 것을 극복하는 묘약(妙藥)이 냉습(冷濕)한 곳에 사는 냉초였던 것이다.

냉초는 공기도 땅도 차가운 곳을 좋아하지만, 그렇다고 질퍽질퍽한 습지 식물로 분류되지는 않는다. 쉽게 건조해질 수 있는 땅에서도 살지 않는다. 산행(山行) 중에 냉초를 본다면, 그곳은 전혀 오염되지 않는 지역이다. 냉초는 수많은 곤충을 동시에 불러들인다. 뿌리줄기가 발달하면서 크고 작은 무리(군락)를 만들어 살기 때문에 그들을 먹여 살리는 자연성이 매우 큰 여러해살이풀이다.

2000년대에 들어서 전국 방방곡곡에 유행처럼 생겨난 수목원이나 생태원에는 냉초가 식재되어 있다. 그런데도 야생 개체군은 나날이 훼손되어 점점 축소되고 있다. 마치 전 세계 동물원에서 아프리카코끼리를 키우고 있지만, 아프리카 들판에서는 숫자가 점점 줄어들어서 멸종 위기에 처한 것과 같다. 멸종이나 사라지게 하는 것은 생태윤리에 어긋난다. 생명이 본래부터 사는 터전, 즉 고유 서식처를 보듬어 주는 것이야말로 모름지기 진정한 생명 사랑이다. 서식처 보존이야말로 어미 잃은 새끼에게 어미를 찾아 주는 것과 같다.

---

1) Lee (1967)
2) Linnaeus (1762; BHL 2015)
3) 森 (1921)
4) 村川 (1932)
5) 정태현 등 (1937)
6) 林泰治, 鄭台鉉 (1936)
7) 김종원 (2013)
8) 村川 (1932)
9) 안덕균 (1998)
10) 林泰治, 鄭台鉉 (1936), 御影, 難波 (1983)
11) FOC (1998a)
12) 한진건 등 (1982)
13) 한진건 등 (1982)
14) 村川 (1932)
15) 御影, 難波 (1983)
16) 村川 (1932)

사진: 김종원, 최병기

나도송이풀

Phtheirospermum japonicum (Thunb.) Kanitz

형태분류

줄기: 한해살이로 아랫부분에서 살짝 누우나, 어른 종아리 높이 이상으로 바로 서서 자라고, 가지가 많이 갈라진다. 식물 전체에 부드러운 샘털이 많은 편이다. 뿌리는 무척 빈약하다.

잎: 어긋나고, 삼각형 같은 달걀모양이다. 깃처럼 불규칙하게 깊게 갈라지고, 가장자리에 불규칙한 톱니가 있다. 잎자루에는 좁은 날개가 있다.

꽃: 8~9월에 연한 홍자색 꽃이 긴 입술모양으로 줄기 윗부분의 잎겨드랑이에서 1개씩 핀다. 긴 통모양 꽃 끝부분에서 아래위로 크게 나뉘고, 윗입술모양꽃잎 가장자리가 살짝 뒤로 젖혀지며 가운데가 움푹 들어가 다시 둘로 나뉜다. 아랫입술모양꽃잎은 수평으로 퍼지고 크게 세 부분으로 갈라지며, 갈래 사이 바닥이 불룩 솟고 흰빛을 띤다. 5갈래로 깊게 갈라진 꽃받침은 서로 길이가 다르고 끝에 톱니가 있다. 꽃잎은 쉽게 떨어지며, 꽃이 진 다음에도 약간 커진다.

열매: 캡슐열매로 일그러진 달걀모양이다. 표면에 그물 무늬가 있는 1㎜ 정도인 미세한 타원형 씨앗이 다수 들어 있다.

염색체수: 2n=?

생태분류

서식처: 초지, 산비탈 숲 가장자리, 풀숲, 임도 언저리, 산간 계류 및 하천 언저리 등, 주로 모래 토양, 양지~반음지, 적습

수평분포: 전국 분포

수직분포: 산지대~구릉지대

식생지리: 냉온대(난온대), 만주, 중국(신장 성을 제외한 전역), 연해주, 대만, 일본 등

식생형: 초원식생, 임연식생(소매군락)

생태전략: [터주-경쟁자]~[경쟁자](반기생)

종보존등급: [IV] 일반감시대상종

이름사전

속명: 프테이로스페르뭄(*Phtheirospermum* Bunge ex Fisch. & C.A. Mey.). 종자(*sperma*) 모양이 기생충 이(蝨, *phtheiros*)를 연상케 하는 데에서 비롯한 희랍어에서 유래한다.

종소명: 야포니쿰(*japonicum*). 일본을 뜻하고, 학명 기재 때 이용한 표본의 출처에서 비롯한다.

한글명 기원: 나도송이풀[1]

한글명 유래: 나도와 송이풀의 합성어다. 현삼과(玄蔘科)의 송이풀속을 닮은 데에서 비롯했을 것이다. 한편 송이풀이라는 명칭은 나도송이풀에 대한 중국명 松蒿(Sōng Hāo)에 잇닿아 있다.

한방명: 송호(松蒿). 지상부를 약재로 쓴다.[2]

중국명: 松蒿(Sōng Hāo). 한자대로 소나무 쑥, 즉 '솔쑥'이 된다. 나도송이풀은 종종 모래땅 솔(松)밭에서 나타나는 쑥(蒿) 잎을 떠올리게 하는 들풀인 것에서 비롯했을 것이다. 糠秕马先蒿(강비마선호) 또는 草伯枝(초백지)라는 명칭도 있다.

일본명: コシオガマ(Kosiogama, 小塩釜). 송이풀속(塩釜屬) 종류와 닮았고, 작다(小型)는 의미에서 붙여진 이름이다.

영어명: Japanese Small Lousewort

에코노트

나도송이풀은 태양의 고도가 서서히 기울기 시작하는 늦여름, 즉 늦은 C4-식물계절에 꽃이 피고 자식(열매)을 키운다. 이른 봄부터 한여름에 이르기까지 열심히 농사(광합성)지어 놓은 숙주식물의 뿌리 저장 물질에 마음껏 기대어 사는 반기생 삶을 산다. 열악한 환경조건에서도 숙주식물이 살아 있는 한, 자신은 풍요로운 삶을 구현한다. 숙주식물을 가리지 않는 것도 나도송이풀의 특징이다. 얻어먹는 변변치 못한 처지지만, 식성만은 까다롭지 않은 제너럴리스트(一般食性者)라는 뜻이다. 한해살이이면서도, 아주 빈약한 뿌리를 가지고서도 식물체의 지상부 크기는 상당하다.

어른 무릎 높이까지도 자라지만, 줄기를 잡고 위로 당기면 그냥 쑤욱 뽑힐 정도다. 나도송이풀은 퍼석퍼석한 토양이나 얇고 각진 돌조각(岩片)이 섞인 입지에 사는 식물을 숙주로 삼기 때문에 통기성과 통수성이 양호한 토양이면서 수분이 메마르지 않는 곳에서만 산다. 땅이 다져진 곳에서는 절대로 살 수 없다. 오히려 산간 계류나 계곡이나 천변 가장자리에 모래로 된 땅 풀숲이나 솔숲에서 종종 보인다.

나도송이풀은 이전 현삼과에서 분류군 전체가 전기생(全寄生) 식물(Holoparasite)인 열당과(列當科, Orobanchaceae)로 소속이 옮겨졌다.[3] 현삼과 종류 대부분이 반기생(半寄生) 식물(facultative hemiparasite)인 것과 차별을 두기 위해서다. 전기생은 반기생에서 진화했다는 점을 고려하면, 나도송이풀은 진화적으로 반기생과 전기생의 중간 정도가 된다. 전 세계 나도송이풀속에는 3종이 있으며, 동아시아 특산이라 할 만한 분류군이다.[4] 그 가운데 나도송이풀이 우리나라에 사는 유일한 종이다.

풀밭 식물사회에 섞여 사는 열당과의 전기생식물로는 억새 풀밭에 사는 담배대더부살이가 유일하다. 땅속뿌리 세계에서 일어나는 이런 일들을 과학자들은 뿌리들 간 자원 경쟁의 결과라고 규정한다. 과연 그럴까? 그것은 오히려 땅속에 무한하지 않은 또는 무한한 자원(영양분과 수분)을 두고서 '서로 나누어' 먹으며 사는 결과로 보면 어떨까. 상대를 죽음으로 내모는 나쁜 경쟁이 아니라, 적게 먹으며 나누는 착한 경쟁 말이다. 서로의 고통을 나누어 가진다는 뜻으로 상호관

계를 넘어 '절대 상호의존'을 말한다.

자연생태계에서는 자신의 존재를 늘 상대의 존재로부터 보장받는다. 절대 혼자 살지 못한다. 내가 취한 만큼 상대는 적게 가진다. 제한된 자원을 절약해야 하는 이유도 거기에 있다. 우리나라에는 이런 반기생식물(「기생깨풀」 편 참조)에 대한 연구를 거의 찾아볼 수가 없다. 야생 식물에 대해서 어떻게 이용할 것인지에 대한 신물질 발굴 연구는 활발하다. 점잖게 보면 자원식물 개발이지만, 실상은 일방적이고 과도한 이용일 뿐이다. 지금 우리나라 국가와 사회의 시스템은 자연에서 배운다 하면서도 그들이 살아가는 삶의 얼개를 알고자 하는 노력은 늘 뒷전이다. 자연의 은밀한 대화 속에서 우리는 자연과 이웃을 더욱 배려할 수 있는 얼나[5]의 도리를 배울 수 있다.

---

1) 정태현 등 (1937)
2) 안덕균 (1998)
3) 배영민 (2011)
4) FOC (1998b)
5) 얼나와 제나: 얼이 깨어 있는 사람과 그렇지 못한 사람 (박영호, 2009)

사진: 이창우, 김종원

절국대

Siphonostegia chinensis **Benth.**

형태분류

줄기: 한해살이며, 바로 서서 어른 무릎 높이 이하로 자라고, 단면은 약간 네모지며, 가는 갈색 털이 있다. 윗부분에서 갈라지고, 식물체는 마르면 흑회색으로 변한다. 뿌리는 빈약하다.

잎: 마주나지만, 줄기 위에서는 어긋난다. 깊게 갈라진 깃모양 잎은 좁고 길며 털이 많은 편이다. 잎자루는 짧고 날개처럼 흐르며, 가장자리에 톱니가 거의 없다. 전반적으로 쑥 잎처럼 보인다.

꽃: 7~8월에 밝은 노란색 입술모양꽃잎이 잎겨드랑이에서 1개씩 옆으로 피고, 줄기 윗부분에서는 긴 모인꽃차례처럼 보인다. 새 부리처럼 구부러진 윗입술모양꽃잎 바깥에 아주 긴 털이 있고, 안쪽 위에 적자색을 띤다. 아랫입술모양꽃잎 가장자리에 가는 털이 많다. 통모양 꽃받침은 밝은 녹색이고, 깊게 홈이 지면서 돌출한 줄(肋) 위에 잔털이 많으며, 끝은 5개로 갈라지고 길이가 조금씩 다르다.

열매: 캡슐열매로 꽃받침에 싸여 있고, 까만 씨가 들어 있다.

염색체수: 2n=?

생태분류

서식처: 초지, 산비탈 풀숲, 숲 가장자리, 배후 사구(砂丘) 등, 양지~반음지, 적습~약건

수평분포: 전국 분포

수직분포: 산지대~구릉지대

식생지리: 냉온대~난온대, 만주, 중국(서부지구 이외 전역), 연해주, 쿠릴열도 남부, 일본, 대만 등

식생형: 초원식생, 임연식생(소매군락) 등

생태전략: [터주-경쟁자]~[경쟁자](반기생)

종보존등급: [IV] 일반감시대상종

이름사전

속명: 시포노스테기아(*Siphonostegia* Benth.). 통(*siphon*) 모양 지붕(*stege*)을 뜻하는 희랍어에서 비롯한다. 꽃 모양에서 유래한 것으로 추정한다. 열당과의 절국대속은 전 세계에 4종이 있는 것으로 알려졌고, 아시아 특산 분류군이다.[1]

종소명: 히넨시스(*chinensis*). 중국 후베이 성에서 채집된 표본을 이용해 기재한 것에서 비롯한다.

한글명 기원: 절국대,[2] 절국때,[3] 유기노[4]

한글명 유래: 절국대는 1921년 누로(漏蘆)에 대한 오류[5]에서 발생한 명칭으로 그 기원과 유래는 의미가 없다. (아래 에코노트 참조)

한방명: 유기노(劉寄奴). 절국대의 지상부를 약재로 쓴다.[6] 중국명에서 비롯한다.

중국명: 阴行草(Yīn Xíng Cǎo). 그 밖에 陰(阴)行草(음행초), 刘(劉)寄奴(유기노), 随风草(수풍초), 吹风草(취풍초), 鬼麻油(귀마유), 蛮老婆针(만노파침) 등 여러 명칭이 있다.[7]

일본명: ヒキヨモギ(Hikiyomogi, 引蓬). 유래가 불명인데, 쑥보다 키가 작다(低艾)는 것에서 비롯한다는 설도 있다.[8] 그런데 줄기를 잡아당기거나(引) 구겨 보면 마치 실(糸)처럼 유연하게 늘어지고, 잎 모양이 쑥(蓬)같이 생긴 것에서 비롯할 것이다. 10세기 초 『본초화명』에 따르면 히키요모기(引蓬)라는 명칭은 인진호(茵蔯蒿), 즉 사철쑥 또는 더위지기를 지칭한다. (「사철쑥」 편 참조)[9]

영어명: Chinese Siphonostegia

에코노트

열당과는 인도차이나 지역에 주로 분포하는 비기생성(非寄生性)인 1개 속(*Lindenbergia* Lehm.)을 포함하지만, 일부 반기생식물과 대부분의 비광합성 전기생식물이 속한 아주 독특한 속씨식물 그룹이다. 전 세계에 98여 종이 있다.[10] 우리나라에는 전기생식물 7종[11]과 함께 현삼과에서 소속을 옮겨온 반기생식물 절국대와 나도송이풀이 속하며, 꽃며느리밥풀속(*Melampyrum* Neck.)까지 포함하면

총 14종이 있다.

절국대속(*Siphonostegia* Benth.)은 전 세계에 4종이 있고, 우리나라에는 절국대 1속 1종이 있다. 국화과의 '절굿대'와 이름이 비슷해 혼란스럽지만, 전혀 다른 종이다. 절국대는 나도송이풀과 마찬가지로 반기생식물이지만, 전기생식물로 진화해 가는 과정의 종이다. 튼튼하고 키가 큰 줄기에 쑥 잎처럼 생긴 잎이 빼곡하게 달려서 무척 강건한 식물로 보이지만 한해살이며, 식물체를 잡아채서 당기면 쑥 뽑히지만 뿌리가 그리 빈약한 편은 아니다. 비교적 건조한 입지에서 자주 보이고, 억새나 띠가 우점하는 풀숲에 숨은 듯 섞여 난다. 모래가 섞인 흙처럼 공기가 잘 통하는 땅에 살고, 심지어는 해안 사구에서도 나타난다. 그리 드물지 않지만, 식물체 모양이 국화과 '쑥'을 닮아서 쑥인 줄 알고 쉽게 지나쳐 버린다. 가을에 지상부가 말라 죽으면 거무칙칙한 색을 띤다. 마치 전기생식물인 담배대더부살이가 말라죽을 때 검게 변하는 것과 같다. 그때서야 비로소 쑥과 전혀 다른 모습이라 쉽게 알아차린다.

절국대의 한글명은 1937년 『조선식물향명집』에서 처음 나타난다. 분류학적 최초 기재로는 1921년 『조선식물명휘』에서[12] 한글명 없이 일본명(引蓬)과 한자명(鬼麻油, 漏蘆, 陰行草)이 등장한다.[13] 여기서 누로(漏蘆)는 국화과의 절굿대(*Echinops setifer*)에 대한 한자명으로 잘못 적은 것(誤記)이다

1433년 『향약집성방』[14]은 한자명 누로(漏蘆)를 향명으로 伐曲大(벌곡대)라 번역했다. 여기서 伐曲大(벌곡대)는 국화과의 여러해살이 절굿대를 지칭한다. 15세기에 그렇게 불러왔던 순수 우리 이름으로 17세기 초 『동의보감』[15]이 이를 증명한다. 누로(漏蘆)를 비록 한글로 '졀국대'라고 기재했지만, 뿌리가 약재라는 사실을 적시했다. 즉 뿌리 발달이 빈약한 반기생식물 한해살이풀이 아니라 오늘날의 여러해살이 국화과의 절굿대를 지칭한 것이다. 결국 지상부를 약재(劉寄奴)로 쓰는 열당과의 절국대가 아니라는 것이다.

그런데도 20세기의 『우리말어원사전』[16]이나 21세기의 『한국 식물명의 유래』[17]는 누로를 반기생 한해살이풀 절국대로 인식한다. 1921년 『조선식물명휘』의 오류를 그대로 답습한 거듭된 오류다.[18] 절국대는 그렇게 오해에서 생겨난 이름이라 별다른 유래도 있을 수 없다. 이를테면 국화과의 고유 식물명 절굿대와 혼란만 일으킬 뿐이다.

1) FOC (1998c)
2) 정태현 등 (1937)
3) 정태현 (1957)
4) 한진건 등 (1982)
5) 森 (1921), 정태현 등 (1937), 최민수 등 (1997), 이우철 (2005)
6) 안덕균 (1998)
7) 한진건 등 (1982)
8) 奧田 (1997)
9) 深根 (901-923)
10) Bennett & Mathews (2006), (전기생식물, 반기생식물 등의 용어는 부록 생태용어사전 참조)
11) 이우철 (1996)
12) 정태현 등 (1937)
13) 森 (1921)
14) 유효통 등 (1633)
15) 허준 (1613)
16) 최민수 등 (1997)
17) 이우철 (2005)
18) 김민수 (1997), 이우철 (2000)

사진: 이정아, 김종원

야고(담배대더부살이)

Aeginetia indica L.

형태분류

줄기, 잎: 한해살이로 뿌리가 약간 살찐 것처럼 보인다. 줄기는 매우 짧으며 반 정도 땅에 묻혀 있고, 적갈색 비늘모양 잎이 어긋나게 달리며 털이 없다.

꽃: 8~10월에 연한 붉은색으로 통모양 꽃이 잎겨드랑이에서 난다. 어른 손 한 뼘 정도 높이인 긴 꽃대가 3~4개 나오고, 그 끝에서 옆으로 또는 약간 아래로 향해 핀다. 다소 육질인 꽃잎은 입술 같고, 끝이 5개로 얕게 갈라진다. 시들면 검은색으로 변한다. 배모양으로 다소 육질인 꽃받침이 꽃을 감싸고, 볏짚 색을 띤다.

열매: 캡슐열매로 약간 부푼 둥그스름한 달걀모양이고, 속에 옅은 노란색 미세한 씨가 가득 들어 있다.

염색체수: n=15,[1] n=60[2]

생태분류

서식처: 초지, 풀밭 가장자리 또는 풀밭 속 등, 양지~반음지, 적습~약건

수평분포: 제주도, 한반도 최남단 도서 지역

수직분포: 산지대~구릉지대

식생지리: 난온대~냉온대, 중국(화중지구, 화남지구 등), 일본, 대만, 동남아시아, 서남아시아 등

식생형: 이차초원식생(억새형)

생태전략: 전기생(全寄生, holoparasite)

종보존등급: [II] 중대감시대상종

이름사전

속명: 아에지네티아(*Aeginetia*). 7세기 이집트의 유명한 외과 의사(Paulos Aeginetes) 이름에서 비롯한다.

종소명: 인디카(*indica*). 인도를 의미한다. 인도 서남단(Malabaria)에서 채집된 표본으로 1762년 최초 기재하면서 붙인 라틴명이다.[3]

한글명 기원: 야고,[4] 담배대더부살이[5]

한글명 유래: 한자명(野菰)에서 유래하고, 제주도 자생이 알려지면서 우리나라에서는 1976년에 처음으로 등재되었다.

한방명: - (官真癀, Guān Zhēn Huáng, 중국명 참조)

중국명: 野菰(Yě Gū). 들판에 사는 향초(菰)라는 뜻이다. 중국 화중지구 이남에서 민간약초로 쓰며, 다양한 방언(土地公拐, 官真菇, 官草菇)이 있다.

일본명: ナンバンギセル(Nanbangiseru, 南蛮煙管) 또는 オモイグサ(Omoigusa, 思草). 전자는 꽃이 폈을 때 모양이 남(南)쪽 야만(蛮)인들이 애용하는 담배파이프(煙管)처럼 생겼다는 뜻에서 비롯한다. 후자는 사색(思索)에 빠진 듯 고개를 살짝 수그린 꽃 모양에서 비롯한다.

영어명: Indian Broomrape

억새군락에 기생하는 야고

에코노트

야고는 열당과(列當科) 식물 가운데 전기생식물이다. 열당과의 라틴명 오로반카체에(Orobanchaceae)는 뒤덮어서 교살한다는 뜻의 고대 메소포타미아 언어 아카드 말(Akkadian)에서 비롯한다. 열당과 식물의 기생 습성에서 생겨난 과명이다. 열당과 식물은 모두 현삼과의 반기생식물들에서 진화했다. 계통분류학적으로 열당과가 넓게는 현삼과에 포함될 수도 있는 이유다.

야고는 스스로 광합성 할 엽록체가 없기 때문에 자신의 삶을 숙주 식물에 전적으로 의지한다. 주로 억새속(*Miscanthus* Andersson *s.l.*), 개사탕수수속(*Saccharum* L. *s.l.*), 사초류(*Carex lanceolata s.l.*) 따위를 포함하는 외떡잎 단자엽식물의 뿌리에 달라붙어서 물과 영양분을 얻어먹고 산다. 최근 갯하늘지기(*Fimbristylis ferruginea* var. *sieboldii*)에 기생하는 경우도 보인다.

야고속 식물은 전 세계에 4종이 있는 것으로 알려졌고, 모두 인도와 동남아시아의 아열대~난온대 지역에 널리 분포한다.[6] 제주도와 한반도 최남단 일부 도서 지역은 사실상 야고의 지리적 북방한계(北限界)이다. 드물게 수평적으로 난온대 지역을 벗어난 냉온대 남부 지역에서도 보이며, 그 경우는 온난한 난온대 같은 미세 환경조건을 갖춘 입지이다. 우리나라에서는 관심대상종(LC)으로 분류해 가장 낮은 수준으로 관리하고 있다.[7] 그런데도 난온대에서도 특정 식물사회에 제한적으로만 나타나는 국지적 분포와 지리적 북한계 분포, 게다가 숙주에 전적으로 삶을 의존하는 전기생식물[8]이라는 점을 고려할 때 비록 한해살이식물이지만, 종보존등급 [Ⅱ] 중대감시대상종으로 평가된다. 아열대 기후인 일본 최남단 오가사와라군도(小笠原群島)에서는 사탕수수 밭에 잡초로 침투해 큰 피해를 일으킨 사례도 있다.[9]

난온대 또는 아열대 지역이 넓은 일본과 중국에서는 야고에 대한 민족식물학적 정보가 풍부하다. 일본의 경우는 해양성 기후라는 생물기후로 인해 억새류 우점식생이 넓게 발달함에 따라 야고 개체군의 크기도 풍부하다. 야고가 찻자리(茶道)의 꽃(茶花)으로 이용될 정도다. 중약(中藥) 이름의 다양성에서도 알 수 있듯, 중국에서도 아주 오래전부터 이용한 민간 약초로 약성에 대한 연구가 세계 최고 최다 수준이다. 우리나라는 최근 곳곳에 조성한 식물원에서 억새 종류와 야고를 함께 심어 키운다.

한해살이인 야고는 대기오염이나 산성비(pH 5.6 이하인 비)의 영향이 없는 청정 환경이 보장될 때 잘 산다. pH 5 이하인 산성 토양에서는 결코 살 수 없다.[10] 8~9월에 꽃이 피며 아주 작고 무수히 많은 종자를 생산한다. 종자는 휴면하거나, 이듬해 여름에 발아한다. 일반적으로 기생식물의 종자가 휴면에서 깨어나 발아하고, 계속해서 기생근(寄生根)을 만드는 일련의 기생과정은 숙주식물에서 기생을 받아 줄 어떤 화학적 신호가 떨어져야만 시작된다.[11] 이를테면 기생은 자신의 선택이 아니라, 전적으로 숙주의 선택에 달렸다는 것이다. 해서 기생이라는 것을 결코 나쁘다고만 탓할 일은 아닌 것 같다. 숙주의 배려와 아량으로 함께 살아갈 뿐이다. 야고가 남의 노고를 가로채며 산다고 보는 것[12]은 오해다. 자연 생태계에는 뻔뻔스러움도 얌체도 없다. 모두 절대 상호 의존이다.

갯하늘지기에 기생하는 야고(거제도, 조순만 씨 제공)

1) Kamble (1993)
2) Schneeweiss & Weiss (2003)
3) Linnaeus (1762; BHL 2015)
4) Lee (1976)
5) 이우철 (1996a)
6) FOC (1998c)
7) 환경부·국립생물자원관 (2012)
8) 한계 분포 개체군이 갖는 생육환경의 한계 조건에서 살아남은 유전자의 다변성(多變性)
9) Kusano (1903)
10) French & Sherman (1976)
11) Stewart & Press (1990)
12) 이유미 (2010)

사진: 김종원, 최병기, 조순만

마타리

Patrinia scabiosifolia **Link**

형태분류

줄기: 여러해살이며, 바로 서서 어른 허리 높이 이상 자라고 녹황색을 띤다. 윗부분에서 가지가 갈라지고, 가늘지만 단단한 편이다. 거의 털이 없으나 줄기 밑 부분에는 털이 많은 편이다. 짧고 구부정한 땅속줄기가 발달한다.

잎: 마주나고, 양면에 누운 털이 있다. 뿌리에서 난 잎은 변이가 심한 편이고, 잎자루 밑 부분이 적자색을 띤다. 줄기에서 난 잎은 손바닥모양으로 깊게 갈라지고, 가장자리에 거친 톱니가 있다.

꽃: 7~9월에 노란색으로 피며 고른꽃차례이고 종모양이다. 꽃받침에 가시 같은 털이 있다. 수술은 4개이고 길게 밖으로 나온다. 암술머리는 방패모양이다. (비교: 뚝갈(*P. villosa*)은 흰색 꽃이 핀다.)

열매: 마른 여윈열매(乾果, 瘦果)로 타원형이며 편평하고 날개가 없다. 타원형으로 납작한 씨가 들어 있다. (비교: 뚝갈의 씨앗은 날개가 있다.)

염색체수: 2n=22[1)]

생태분류

서식처: 초지, 임도 언저리, 벌채지, 산비탈 산간 일부 묵정밭 등, 양지, 적습

수평분포: 전국 분포

수직분포: 산지대 이하
식생지리: 냉온대~난온대, 만주, 중국(전 지역, 단 서부지구의 닝샤 성과 하남지구 최남단 광둥 성, 하이난 섬 등은 제외), 몽골, 대만, 일본, 연해주, 사할린, 쿠릴열도, 동시베리아 등
식생형: 이차초원식생(여러해살이 고경(高莖)초본식물군락)
생태전략: [경쟁자]~[스트레스인내-경쟁자]
종보존등급: [IV] 일반감시대상종

이름사전

속명: 파트리니아(*Patrinia* Juss.). 프랑스 박물학자(E. L. M. Partrin, 1742~1815) 이름에서 비롯한다.
종소명: 스카비오시폴리아(*scabiosifolia*). 솔체꽃속(*Scabiosa* L.) 식물처럼 잎 가장자리가 깊게 패인 모양에서 비롯한다. 뿌리에서 난 잎이 실제로 솔체꽃(*S. tschiliensis*) 잎과 흡사하다.
한글명 기원: 맛타리(ᄆᆞᆺ타리), 가얌취, ᄆᆞᆺ취,[2] 패쟝(초),[3] 마타리,[4] 가양취, 강양취[5]
한글명 유래: 마타리는 맛타리(ᄆᆞᆺ타리)에서 전화했다. 막타리는 막과 타리의 합성어이고, '거친 알타리'라는 의미에 잇닿아 있다. (아래 에코노트 참조)
한방명: 패장(敗醬). 마타리나 뚝갈의 뿌리를 약재로 쓴다. 중국 본초학에서 이용된 역사는 오래지만,[6] 우리나라에서는 근래 들어 쓰기 시작한 약재다.
중국명: 败酱(Bài Jiàng). 마타리 뿌리에서 나는 썩은 된장 냄새에서 비롯한다. 대만에서는 꽃이 노란 뚝갈이라는 뜻으로 黃花龍芽草(Huáng Huā Lóng Yá Cǎo)라 한다.
일본명: オミナエシ(Ominaeshi, 女郎花). 남성적인 뚝갈(Otokoeshi, 男郎花)에 대응하는 이름이다. 마타리와 뚝갈의 일본명, 오미나에시와 오토코에시에 대한 명칭의 유래에는 무수히 많은 설이 난무한다.[7] 10세기 초 일본 식물명의 고전 『본초화명』[8]에는 이름 유래에 관한 설명 없이 이두식 일본 향명 표기 지여구좌(知女久佐, Chijoukusa)라는 명칭이 전한다. 오늘날 뜻으로는 여랑화(女郎草, Ominakusa)가 될 것이다. 일본에서 마타리는 처음부터 여자와 관련 있는 들풀이라는 것을 짐작할 수 있다.
영어명: Dahurian Patrinia, Golden Lace Patrinia, Scabious Patrinia, Golden Valerian

에코노트

마타리는 여름에서 초가을까지 한적한 자연을 떠올리게 하는 대표적인 자생종이다. 노란색 꽃차례가 가지런하고 여성스럽지만, 향기는 거의 없다. 땅속줄기가 짧으며, 무리를 짓고 산다. 마타리와 서식처 조건이 비슷하고, 꽃이 없으면 식물 전체 모양이 아주 많이 닮은 '뚝갈'이 형제 식물이다. 뚝갈은 꽃이 흰색이다. 마타리는 뚝갈보다 약간 일찍 꽃피기 시작하고 꽃도 많이 달리며, 한 송이 고른꽃차례가 가지런히 정돈되어 핀다. 마타리는 뚝갈에 비해 부드럽고 유연하며 털이 거

뚝갈

의 없다. 뚝갈은 억세고 거친 털이 아주 많다. 그래서 일본 사람들은 뚝갈을 오토코에시 '사내(男性) 꽃'으로, 마타리를 오미나에시 '색시(女性) 꽃'으로 비유한 모양이다. 그들은 '에시'라는 소리의 유래나 어원을 불명이라고 한다.[9] 하지만 에시라는 말의 연원은 마타리와 뚝갈에 잇닿아 있다.

일본에서는 밥을 메시(飯)라고 한다. 한자 반(飯) 자의 훈독인 메시 또는 베시가 전화한 소리가 에시다. 그런데 마타리와 뚝갈, 즉 마타리 종류의 에시와 한자 반(飯) 자와의 인연은 한국인의 민족식물학적 정보에 잇닿아 있다. 그 옛날, 마타리 종류의 어린잎을 살짝 삶아서 밥반찬으로도 먹었고, 심지어 거칠지만 날것으로 쌈을 싸 먹었다는 기록도 전한다.[10] 이런 습속은 중국이나 일본에서 보이지 않는다. 그래서 일본명의 에시(메시>베시)는 한국인의 '밥' 문화에 잇닿은 명칭인 것이다. 여기에다가 남성적인 뚝갈이라는 투박한 우리 이름에서 오토코(男郞)가 생겨나고, 여성적인 마타리라는 이름에서 오미나(女郞)가 만들어져, 오토코에시, 오미나에시가 완성된 것이다. 한글명 마타리를 두고 중국명 패장(敗醬)이나 일본의 여랑화(女郞花)에서 비롯한다는 주장[11]에는 논리적 근거를 찾을 수 없다.

마타리는 맛타리 또는 ᄆᆡᆨ타리[12] 즉 우리말 막타리에서 비롯한다. 막과 타리의 합성어다. 막은 '방금'의 막[13]이면서, 거칠고 험한 부분을 일컫는 '마구'라는 부사형 접두어[14]이다. 타리는 갈기를 뜻하는 순수 우리말이다. 마타리 뿌리에서 난 잎은 한자와 얽혀 버린 총각무를 일컫는 알타리(무의 근생엽)처럼 생겼다. 알타리는 김치를 담가 먹을 수 있는 뿌리 '무', 즉 알짜박이의 '알'과 근생엽의 '갈기'를 뜻하는 '타리'의 합성어다. 결국 막타리는 알타리에 대비되는 이름이고, '거친

것이 그런 사실을 뒷받침한다. 19세기 『물명고』[15]에서도 패장(敗醬)이라는 한자명에 대해서 가타카나로 오미나에시(オミナエシ)만 기록하고 있다. 마타리와 뚝갈은 식물 전체에서 독특한 냄새를 풍긴다. 특히 뿌리에서 썩은 된장 냄새가 난다. 마타리보다 더욱 남성적인 뚝갈의 냄새가 약간 더 고약하다. 옛날부터 사람들이 몰랐을 리 없는 야생초다.

1) Probatova *et al.* (2008)
2) 森 (1921)
3) 村川 (1932)
4) 정태현 등 (1937)
5) 한진건 (1982)
6) 한국생약학연구협의회 (2002)
7) 横山 (1999)
8) 深根 (901~923; 多紀, 1796)
9) 奧田 (1997)
10) 村川 (1932)
11) 이우철 (2005)
12) 森 (1921)
13) 서정범 (2000)
14) 백문식 (2014)
15) 유희 (1801~1834)

사진: 김종원

돌마타리

알타리'가 되는 것이다. 막타리(마타리)는 조선시대의 양반들도 몰랐던, 험한 겨울을 이겨 내야 하는 백성들의 밥반찬이었을 것이다. 마타리는 '믹취', '가얌취', '가양취', '강양취' 등의 방언으로도 불리는데, '취'라는 이름에서도 나물의 재료가 되었음을 알 수 있다. 중국에서 약재였던 마타리나 뚝갈이 우리에게는 처음부터 나물이었을 개연성이 크다. 『동의보감』이나 『향약집성방』과 같은 고전에 패장(敗醬)이라는 한자명이 빠져 있는

쥐오줌풀(떡귀사리)

Valeriana fauriei **Briq.**

형태분류

줄기: 여러해살이며, 바로 서서 어른 무릎 높이로 자라고 부드러운 편이다. 세로로 길게 능선이 지고, 줄 따라 짧고 흰 털이 있다. 땅속줄기를 벋으며, 약간 곤봉모양인 뿌리가 발달하고, 지린내가 심하게 난다.

잎: 마주나며, 윗부분의 잎들은 잎자루가 짧고 조각잎은 톱니가 있다. 줄기 제일 아래 것은 보통 꽃필 때에 고사한다.

꽃: 5~8월에 깔때기모양 연분홍색 꽃이 줄기와 가지 끝에서 고른꽃차례로 핀다. 싼잎은 가는 줄모양이다. 꽃잎은 5개로 갈라지고, 수술 3개를 밖으로 길게 내민다.

열매: 여윈열매이며, 작은 씨에 깃털이 있어 바람으로 퍼져 나간다.

염색체수: 2n=48,[1] 14, 28, 42, 56[2]

생태분류

서식처: 초지, 산지 임도 언저리, 숲 가장자리, 드물게 벌채지 등, 양지~반음지, 약습~적습

수평분포: 전국 분포

수직분포: 산지대

식생지리: 냉온대~난온대, 만주, 중국(거의 전역), 연해주, 사할린, 쿠릴열도 남부, 대만, 일본 등

식생형: 초원식생

생태전략: [경쟁자]

종보존등급: [IV] 일반감시대상종

이름사전

속명: 발레리아나(*Valeriana* L.). 건강이란 의미가 있는 쥐오줌풀에서 유래한 약재명[3]에서, 또는 헝가리 남부 지역에 이어지는 파노니아(Pannonia)주에 사는 사람의 이름(Valerius), 또는 그곳(고대 지명: Valeria)에서 부르는 어떤 식물의 이름에서 비롯한다.[4]

종소명: 파우리아이(*fauriei*). 19세기 말에 동아시아에서 선교활동을 한 프랑스인 신부(A. U. Faure, 1847~1915) 이름에서 비롯한다. 그가 제주도에서 채집한 표본을 이용해 Briquet 박사가 1914년 4월에 처음 기재했고, 중부 유럽 분포종과 동일한 그룹(*V. officinalis* group)으로 취급했다.[5] 우리나라에서는 1921년에 유럽의 학명(*V. officinalis* L. 1762)으로 소개된 바 있다.[6] 중국에서는 그룹 내의 다양한 변이를 인정하면서 유럽과 동일한 학명을 채택한다.[7]

한글명 기원: 썩귀사리,[8] 쥐오줌풀,[9] 길초(吉草), 은댕가리[10]

한글명 유래: 식물체에서 나는 독특한 냄새에서 비롯한다. 중국명(鹿子草)에 잇닿아 있다. 쥐오줌풀보다 앞선 이름은 '떡(썩)귀사리'이다. 한자명에서 비롯하는 길초(吉草)는 힐초(纈草)에 대한 일본식 향명 표기 '겟소우', '깃소우'에서 생겨난 것이다. (아래 에코노트 참조)

한방명: 힐초(纈草). 쥐오줌풀 종류의 뿌리를 주로 신경 진정 작용의 약재로 쓴다.[11]

중국명: 缬草(Xié Cǎo). 홀치기(纈) 비단처럼 보이는 꽃차례 문양에서 비롯한다. 다양한 별칭(鹿子草, 拔地麻, 猫食菜, 潢山香, 七里香, 潢坡香, 五里香, 穿心排草, 黑水缬草 등)이 있다. 만주에서는 법씨힐초(法氏缬草)라 하며,[12] 종소명의 파울(Faure) 신부 이름을 중국식으로 표기해 파씨(Fǎ Shì, 法氏)를 덧붙인 것이다.

일본명: カノコソウ(Kanokosou, 鹿子草). 연분홍색 모인 꽃차례 무늬가 홀치기염색처럼 어루러기진 것(Kanokoshibori, 鹿子絞り)에서 비롯한다.[13] '새끼사슴풀'이라는 중국명(鹿子草, Lù Zǐ Cǎo)에 잇닿아 있다. 새끼 사슴에서 나는 노린내 같으면서도 지린내 같은 독특한 향에서 비롯한다. '봄마타리'라는 의미가 있는 별칭(春女郎花)은 마타리(女郎花)보다 꽃피는 시기가 조금 이른 것에서 비롯한다.

영어명: Faure's Valerian

에코노트

쥐오줌풀은 건조한 환경에서는 살지 않는다. 공기 중이건 땅속이건 늘 습윤한 조건을 좋아한다. 구름도 쉬어 가는 운무대(雲霧帶)가

쥐오줌풀에게는 최적의 서식처다. 숲속 같은 그늘에서는 살지 않고 하늘이 완전히 열린 초지에서 산다. 해발고도가 높은 산지 능선을 따라 늘어선 초지가 있다면 몇 포기씩 모여나는 것을 볼 수 있다. 한 장소를 독차지하면서 우점하는 경우는 없다. 수많은 이웃 식물과 어우러지는 종다양성이 풍부한 초지 식물사회의 주요 구성원이다. 그만큼 인내심이 강한 종이라는 뜻이다. 쥐오줌풀이 사는 초지는 사람이 사는 산간 마을에서 아주 멀리 떨어진 완전 청정 생태계의 반자연(半自然) 초원식생이다.

쥐오줌풀에서는 독특한 지린내가 난다. 한 번만 경험해도 결코 잊지 못할 취기다. 뿌리에서 나는 냄새는 더욱 강력하다. 유럽 쥐오줌풀 뿌리로 만든 생약 이름에 푸(Phu, *valeriana* phu)라는 것이 있는데, 냄새에 대한 사람들의 반응에서 유래한다. 쥐오줌풀은 정신적 긴장완화를 통해서 불면증이나 수면장애, 심지어는 뇌전증 간질(癲癎)을 극복하도록 하는 약성으로 유명하다. 귀한 약재로 알려진 역사는 동서양을 막론하고 무척 오래다. 우리나라의 경우, 굴취에 의한 남획 역사가 오래고, 종보존등급 [Ⅳ] 일반감시대상종이다.

쥐오줌풀의 이름도 독특한 지린내에서 비롯한다. 한자명(鹿子草)의 새끼사슴 풀, 즉 새끼사슴의 냄새가 나는 풀이라는 것에 잇닿아 있다. 1921년의 『조선식물명휘』에는 한글명 없이 한자명(鹿子草)을 읽은 일본명으로만 기재했다. 한글명 쥐오줌풀은 뒤늦은 1937년에 기재되면서 한자명이 갖는 의미가 실마리가 되어 생겨난 이름으로 추정된다. 그런데 '떡(쩍)귀사리'라는 고유 명칭이 1936년 조선총독부 기록에 나온다. 이는 1921년 기록에서 발지마(拔地麻)라는 한자명 뒤에 구황식물로 쓰였다[14]는 표기로부터 민간에서 불렀던 고유 명칭이 있었음을 일러주는 것이다. 풀밭에서 사는 야생초로 독특한 냄새가 나는 풀인데, 한반도에 정착한 사람들이 모를 리 없었을 것이다. '떡귀사리'라는 이름이 주목을 끄는 까닭이다.

떡귀사리는 떡과 귀살이의 합성어다. 귀사리는 도깨비바늘의 강원도 방언이고, 몸약을 일컫는 강원도 방언도 '떡'이라 한다.[15] 그러고 보면, 꽃이 없는 쥐오줌풀은 특히 잎 모양이 영판 어린 도깨비바늘처럼 보인다. 우리말 동식물 이름에서 '떡'이라는 의미는 떡잎처럼 작거나 어린 것을 나타내는 접두사인 경우도 있다. 결국 1937년에 처음으로 기재된 쥐오줌풀이라는 이름은 중국과 일본명에 잇닿아 생겨난 명칭이라면, 1936년의 떡귀사리는 쥐오줌풀에 앞서서 기록된 순수 우리 이름이다.

일본에서는 가노코소우(鹿子草)를 한자로 纈草(힐초)라 한다. 이것은 중국에서 사용되는 명칭이 아니며, 이 힐초(纈草)를 음독(音讀)해 '겟소우' 또는 '깃소우'라고 불렀다는 주장이 있다.[16] 하지만 纈草(힐초)는 중국에서 사용하는 이름이다. 생뚱맞게도 우리나라 기록에 한자 길초(吉草)[17]라는 명칭이 불쑥 등장하는데, 일본식 향명(吉草)에서 비롯한 것이다. 강한 냄새의 주성분을 일본어로 길초산(吉草酸, valeric acid)이라 하는 것에서 알 수 있다. 중국명에 묘식채(猫食菜)라는 것도 있는데, 고양이가 먹는 남새라는 뜻이다. 실제로 독일에는 유럽쥐오줌풀을 건조해서 만든 지린내 심한 고양이 장난감(고양이 쿠션, Katzenkissen)을 판다. 우리에게는 지린내이지만, 고양이에게는 세상에서 둘도 없는 좋은 향기인 모양이다.

1) Starodubtsev (1985)
2) FOC (2011)
3) Gledhill (2008)
4) Quattroocchi (2000)
5) Briquet (1911~1913)
6) 森 (1921)
7) FOC (2011)
8) 林泰治, 鄭台鉉 (1936)
9) 정태현 등 (1937)
10) 정태현 (1957)
11) 안덕균 (1998)
12) 한진건 등 (1982)
13) 牧野 (1961)
14) 森 (1921)
15) 국립국어원 (2016)
16) 牧野 (1961)
17) 정태현 (1957)

사진: 김종원

산토끼꽃

Dipsacus japonicus **Miq.**

형태분류

줄기: 해넘이한해살이 또는 여러해살이며, 바로 서서 어른 허리 높이로 자라고, 아래는 목질화되어 단단한 편이다. 위에서 마주나기로 갈라지고, 단면은 4~6각이 진다. 식물 전체에 가시 같은 억센 털이 있다. 뿌리에는 살이 거의 없다.

잎: 마주나고, 아래 것은 깃모양으로 깊게 갈라지며, 조각잎 가장자리에는 날카로운 톱니가 있다. 긴 잎자루에는 날개가 있고, 갈라진 조각잎 중 가운데 것이 두드러지게 크다. 위에 달린 잎일수록 덜 갈라지며, 맨 위의 것들은 갈라지지 않고 잎자루도 없다. 가운데 잎줄은 흰빛을 띤다.

꽃: 8~9월에 4개로 갈라진 담홍색 작은 통모양 꽃이 긴 꽃대 끝에 모여난 머리모양꽃차례로 달리고, 위에서부터 아래 순으로 핀다. 줄모양 싼잎이 있고, 수술 4개를 꽃잎 밖으로 내민다. 작은 꽃의 꽃받침은 약간 사각인 접시모양이 되고, 한 모퉁이에 쐐기모양 비늘조각이 하나씩 있는데, 억센 털이 있는 적갈색 가시 침으로 되며, 꽃이 진 뒤에도 남는다.

열매: 여윈열매로 둥글며 털이 거의 없고, 접시모양 꽃받침에 싸여 있다.

염색체수: 2n=18[1]

생태분류

서식처: 초지, 숲 가장자리, 산간 임도 언저리 등, 양지~반음지, 적습~약습

수평분포: 전국 분포(주로 중부 지역)

수직분포: 산지대

식생지리: 난온대~냉온대, 만주(랴오닝 성), 중국(화중지구, 화북지구, 기타 간쑤 성 등), 일본(혼슈 이남) 등

식생형: 초원식생, 임연식생(산지 계곡 소매군락)

생태전략: [스트레스인내-경쟁자]

종보존등급: [IV] 일반감시대상종

이름사전

속명: 딥사쿠스(*Dipsacus* L.). 빗물을 담을 수 있는 잎 구조를 지칭하는 희랍어(*dipsakos*)에서 비롯한다. 여기서 딥사(*dipsa*)는 목마름을 뜻하기도 한다.[2] 남아프리카 산토끼꽃 종류(*D. fullonum*)의 마주난 잎 모양에서 비롯한다. (에코노트 참조)

종소명: 야포니쿠스(*japonicus*). 일본에서 채집한 표본을 이용한 첫 기재에서 비롯한다. 하지만 산토끼꽃은 한반도를 중심으로 동북아 지역에서 골고루 분포한다.

한글명 기원: 산토끼꽃[3]

한글명 유래: 산과 토끼와 꽃의 합성어다. 일본명처럼 우리 이름도 유래가 미상이라고 한다.[4] 하지만 긴 꽃대 끝에 작은 꽃이 모인 머리모양꽃차례가 토끼풀의 꽃을 떠올릴 정도로 닮은 것에서 비롯했을 것이다. 1921년 기록[5]에는 한글명 없이 일본명

(Nabena)과 한자 속단(續斷)만 기재되었고, 문경 새재에서 관찰했다고 전한다. 오늘날 한자 속단(續斷)은 꿀풀과의 식물이고, 중국에서는 산토끼꽃속을 천속단속(川续断屬)이라 쓴다.

한방명: -

중국명: 日本续断(Rì Běn Xù Duàn). 종소명의 일본과 산토끼꽃속의 중국명 천속단(川续断)의 합성어다.

일본명: ナベナ(Nabena, 鍋菜). 유래미상이라고 한다.[6] 하지만 속명이 갖는 의미에서 실마리를 찾은 것이 틀림없다.

영어명: Wild Teasel, Japanese Teasel

에코노트

산토끼꽃과(Dipsacaceae Juss.)는 전 세계에 250~350종이 있고,[7] 일부가 아프리카 남부 열대에 분포하는 것을 제외하면, 대부분 온대와 지중해 생물군계에서 자생한다. 우리나라에는 2종이 있으며, 산토끼꽃과 솔체꽃으로 각각 1속 1종이다. 산토끼꽃의 자생지는 겨우 20여 곳으로 국가가 주목하는 관심대상종(LC)이다.[8] 중부 석회암 지역 언저리에서 종종 발견되지만,[9] 개체군 크기는 아주 작은 편이다. 지리적으로 한반도를 중심으로 하는 동북아시아 온대 지역에 널리 분포하는데, 본래부터 그리 흔치 않다. [스트레스인내-경쟁자]로 심지어 중금속 오염 지역에서도 아주 드물게 나타난다.[10] 한중일 3국에 산토끼꽃에 관해 전래되는 민족식물학적 정보가 거의 없는 것도 그런 희귀성에서 비롯할 것이다.

산토끼꽃은 종자에서 발아한 첫 해에는 꽃이 피지 않고, 잎과 줄기로 광합성을 통한 생산 활동만을 한다. 이듬해에 긴 꽃대를 내밀어 꽃을 피우고, 종자를 생산해서 퍼트린다. 겨울에 일부분이라도 지상부가 살아남아 추위를 극복하면서, 두 해에 걸쳐 사는 셈이

다. 여러 해 사는 개체는 첫 해를 빼고는 매년 꽃이 핀다. 산토끼꽃은 긴 꽃대 위에서 작은 꽃 100개 이상이 모여 머리모양으로 꽃을 피운다. 작은 꽃 하나는 사각형이지만, 마치 벌집처럼 기하학적으로 배열한다. 머리모양꽃차례 위쪽에서부터 아래로 순서대로 꽃이 핀다. 작은 꽃이 밀집한 머리모양꽃차례의 약점은 근친교배인데, 적자색 수술 꽃밥이 없어지면 비로소 암술머리를 드러내는 암꽃과 수꽃의 성 전환 전략으로 이를 극복한다.

산토끼꽃의 속명(*Dipsacus* L.)은 남아프리카 산(産) 산토끼꽃 종류(*D. fullonum*)에서 유래하는 생태적 감성을 자극하는 이름이다. 마주난 잎이 줄기를 감싸듯 하면서 물이 고일 수 있는 공간이 만들어진다. 이 때문에 저수(貯水)식물(water-lodging plant) 또는 원식충식물(protocarnivorous plant)로 분류하기도 한다. 건조한 시기를 대비해서 물을 일시적으로 저장하고, 한편으로는 벌레들이 빠져 죽는 함정(pitfall trap)이 되기도 한다. 물이 부족하거나 땅속에 영양분이 부족한 척박한 지역에 사는 식물이라면 그런 건축구조가 생존에 큰 도움이 될 것이다. 먼 미래에 식충식물로 진화할 수 있는 잠재력도 있는 셈이다.[11] 소화효소를 분비하고 흡수할 수 있는 구조와 기능을 갖춘다면, 물에 빠져 있는 유기물이나 곤충으로부터 다량의 영양분을 얻을 수 있기 때문이다. 우리나라 산토끼꽃은 잎이 마주나지만 줄기를 감싸는 구조는 아니다.

---

1) 施波 等 (2010)
2) Quattrocchi (2000)
3) 정태현 등 (1937)
4) 이우철 (2005)
5) 森 (1921)
6) 牧野 (1961)
7) Ehrendorfer (1965)
8) 환경부·국립생물자원관 (2012)
9) 현진오 (2002), 류태복 (2015, 미발표 정보)
10) 홍선희 등 (2010)
11) Christy (1923)

사진: 류태복

솔체꽃

***Scabiosa tschiliensis* Grüning**

형태분류

줄기: 해넘이한해살이 또는 여러해살이 초본으로 바로 서서 어른 무릎 높이 이상 자란다. 마주나고, 단면은 둥근 편이며, 털과 꼬부라진 털이 있다. 기둥뿌리가 발달한다.

잎: 마주나고, 뿌리에서 난 잎은 잎자루가 길며, 꽃이 필 무렵이면 고사한다. 줄기에 난 잎은 깃모양으로 깊게 갈라지고, 조각잎 가장자리에 불규칙하고 날카롭게 갈라진(缺刻狀) 큰 톱니가 있다.

꽃: 7~9월에 연보라색으로 피고, 가지와 줄기 끝에 머리꽃으로 달린다. 가장자리 꽃잎은 입술모양으로 5개로 갈라지고 가운데 조각이 가장 크며 부채모양이다. 안쪽은 통모양으로 끝이 4개로 갈라지고, 수술은 4개다.

열매: 여윈열매이고, 줄모양이다.

염색체수: 2n=16(?)[1]

생태분류

서식처: 초지, 산간 임도 언저리, 숲 가장자리, 산간 풀밭 등, 양지~반음지, 적습

수평분포: 전국 분포(주로 중부 이북)

수직분포: 산지대

식생지리: 냉온대~난온대(대륙성), 만주, 중국(새북지구, 화북지구 등), 연해주, 몽골 등

식생형: 초원식생

생태전략: [스트레스인내-경쟁자]

종보존등급: [Ⅳ] 일반감시대상종

이름사전

속명: 스카비오자(*Scabiosa* L.). 피부 가려움증(itch)에 대한 솔체꽃 종류의 약성에서 비롯한 라틴어에서 유래한다.[2)]

종소명: 질리엔시스(*tschiliensis*). 중국 지린(吉林) 성에서 채집된 표본으로 기재하면서 생긴 이름이다.

한글명 기원: 산치(山菜), 산승더썩나물,[3)] 솔체꽃,[4)] 체꽃[5)]

한글명 유래: 솔체꽃의 명칭 유래는 미상이라지만,[6)] 일본명(松虫草)에 잇닿아 있다. 솔체꽃의 꽃 모양이 일본 불교의 예불에서 쓰는 악기 징(松虫鉦, 송충정)을 닮았다. 산채(山菜)를 통칭하는 '산중더덕'이라는 의미의 우리 이름도 있었다. (아래 에코노트 참조)

한방명: -

중국명: - (?) 华北蓝盆花(Huá Běi Lán Pén Huā) 또는 蓝盆花(Lán Pén Huā). 중국 화북 지역에서 나는 체꽃속(*Scabiosa* L.) 종류라는 뜻이다. 중국에서는 *S. comosa*라는 학명을 채택하면서 *S. tschiliensis*를 이명으로 처리한다.[7)] 잎과 꽃 모양에 차이가 많아, 계통분류학적 검토가 필요하다.

일본명: - (マツムシソウ, Matsumushisou, 松虫草,[8)] トウマツムシソウ, Toumatsumushisou, 唐松虫草[9)]). 일본의 솔체꽃 대응종은 *S. japonica*(松虫草)로 귀뚜라미 종류가 울기 시작하는 시기에 꽃피는 것에서 또는 불교 악기 松虫鉦(송충징)에서 비롯한다는 등 설이 분분하다. 실제로 솔체꽃의 꽃은 징을 엎어 놓은 모양을 많이 닮았다.

영어명: Jilin Scabious

에코노트

솔체꽃은 산토끼꽃과(Dipsacaceae)의 1속 1종이다. 산토끼꽃처럼 해넘이한해살이 또는 여러해살이풀이다. 첫 해에는 발아해 주로 뿌리에서 난 잎으로 살다가, 이듬해가 되어서야 긴 꽃대를 내밀어 꽃을 피운다. 꽃 모양과 빛깔은 산토끼꽃과 사뭇 다르다. 한 번 본 사람이면 잠재의식 속에 오랫동안 남을 만큼 아름답다.

솔체꽃이라는 명칭은 1937년에 만들어진 아주 젊은 이름이다. 그만큼 눈에 쉽게 띌 만큼 흔하지 않다는 방증이다. 산토끼꽃보다는 조금 더 흔한 편이지만, 그래도 여전히 희귀한 종으로 종보존등급 [Ⅳ] 일반감시대상종이다. 서식처가 산토끼꽃처럼 제한되기 때문이다. 둘 다 바람이 잘 통하는 장소에서만 산다. 바람이 막혀 후덥지근한 곳에서는 절대로 살지 않는다. 반면에 건조나 냉혹한 추위는 그리 문제 되지 않는다. 이를테면 사람이 사는 마을로부터 멀리 떨어진 야생 지역에서만 자생한다.

올해 새로 난 로제트 잎 같은 개체들이 꽃핀 개체 뒤로 보인다.

석회암이나 백운암 지역에서 그 분포가 보고된다.[10)] 산성화로 오염된 도시 흙에서는 견디지 못하지만, 알칼리 땅에서는 잘 산다는 증거다. 늘 밝은 곳으로 숲 가장자리, 휑하니 뚫린 숲속, 하늘이 열린 풀밭에서 살며, 울창한 자연림에서는 살지 않는다. 서식처의 스트레스 환경조건에 잘 견딘다는 이야기다.

생태적 생존전략으로 [스트레스인내-경쟁자]로 살아간다. 작은 암석 파편이 흘러내리는 입지가 전형적인 서식처다. 그렇지 않고, 서식환경이 더욱 안정된 곳이라면 식생 천이가 일어나게 되고, 결국 파묻히면서 살 수 없는 환경이 된다. 종자 발아로 뿌리에서 난 잎은 지면에 펴져 사는 로제트 같은 생육형이다. 억새가 우거진 풀밭에서 살 수 없는 까닭이다. 이래저래 우리나라에서 솔체꽃은 더욱 희귀할 수밖에 없다.

1937년 『조선식물향명집』[11]에 처음으로 등장하는 솔체꽃이라는 이름은 유래미상이라고 알려졌다.[12] 그런데 체꽃이라는 이름이 뒤늦은 1957년 만들어졌으니, 적어도 솔과 체꽃의 합성어는 아니고, 솔체와 꽃의 합성어인 것만은 사실이다. 여기서 솔체가 무엇인지, 최초 명명기록에서 배경을 알 수 있는 내용은 발견되지 않는다. 솔체꽃, 즉 '솔체의 꽃', 국어어원사전에도 표준국어대사전에도 유래나 어원은 나오질 않는다. 그래서 20세기 초, 우리나라 식물학에 미친 일본 식물학의 영향을 고려하면서 실마리를 찾아본다. 솔체꽃이라는 이름이 일제강점기 때에 출판된 『조선식물향명집』[13]에 처음으로 등장했기 때문이다. 솔체는 소나무 송(松) 자와 벌레 충(虫) 자를 포함하는 일본명(松虫草)에 잇닿아 있음이 확인된다. 소나무 송충이와는 관계가 없고, 일본 불교 예불에서 사용하는 악기(松虫) 징(鉦, 정)이다. 엎어 놓고 두드리는 징과 솔체꽃의 꽃 모양이 닮았다. 일본의 불교 의식에서 예불의 시작과 끝을 알리는 악기로 이를 마쓰무시(松虫)라고 부른다.

솔체꽃이라는 이름이 생겨나기 전에 어떤 고유 명칭이 있었다는 사실을 짐작케 하는 내용이 1932년 『토명대조선만식물자휘』[14]에 나온다. '산승더쩍나물'이다. 이는 다산(茶山) 정약용의 『아언각비』[15]에 나오는 향명식 표기 山蒸多德(산증다덕)에 대한 설명에서 비롯한다. 다산은 산증다덕(山蒸多德)이 성호(星湖) 이익[16]의 18세기 기록에서 비롯한다는 사실을 적시하면서, 山蒸多德'의 다(多)자는 '더'라는 친절한 각주도 더해 두었다. 종합하면 우리나라에는 아주 오래전부터 산중(증)더덕이라는 어떤 산채(山菜)를 부르는 우리말 통칭이 있었다는 사실을 알게 한다. 솔체꽃도 그 가운데 하나이고, 솔체꽃이 본래부터 약초가 아니라, 산채였다는 사실과도 일치하는 대목이다. 이것은 더덕의 본래 뜻도 산에서 저절로 나는 먹을 수 있는 풀이라는 사실을 알게 한다. (「잔대」 편 참조)

구름체꽃

1) Lee (1967)
2) Quattrocchi (2000)
3) 村川 (1932)
4) 정태현 등 (1937)
5) 박만규 (1949), 정태현 (1957)
6) 이우철 (2005)
7) FOC (2011)
8) 森 (1921)
9) 박만규 (1949)
10) 문형태 등 (1991), 류태복 (2015 미발표 자료)
11) 정태현 등 (1937)
12) 이우철 (2005)
13) 정태현 등 (1937)
14) 村川 (1932)
15) 정약용 (1819)
16) 『성호사설』, 『성호문집』을 남긴 조선 영조 때의 실학자(1681~1763)

사진: 김종원, 김윤하

모시대(계로기)

Adenophora remotiflora (Siebold & Zuccarini) Miquel

형태분류

줄기: 여러해살이며, 바로 서서 어른 허리 높이로 자라지만, 가는 편이라 약간 기울고 잘 흔들린다. 긴 털이 드물게 보이지만, 털이 거의 없이 매끈한 편이다. 굵은 뿌리가 발달하며, 종종 크게 2개로 나뉜다.

잎: 어긋나고, 달걀모양 같은 타원형이며, 부드러운 막질이다. 끝은 길게 뾰족해지고 밑은 약간 둥글며 살짝 들어간 심장모양이다. 가장자리에 불규칙하면서 예리한 톱니가 있고, 잎자루는 줄기 위로 갈수록 짧아진다. 표면 잎줄이 뚜렷하게 들어간다. (비교: 도라지모시대(*A. grandiflora*)는 톱니가 좀 더 규칙적이다.)

꽃: 8~9월에 줄기 끝에 고깔꽃차례로 나며 아래로 향해 피고, 대체로 한쪽을 향한다. 작은꽃자루에 한 송이씩 연보라색 또는 밝은 자주색으로 피고, 꽃잎은 종처럼 끝이 활짝 열리며 암술대와 길이가 거의 같다. 꽃받침은 5개로 갈라져서 좁은 창끝모양이 되고, 엎어진 모양이 고철 운반 집게처럼 생겼다. (비교: 흰모시대(*A. remotiflora* f. *leucantha*)는 꽃이 흰색이다. 도라지모시대는 한 송이씩 나는 송이꽃차례이고 꽃송이 숫자가 훨씬 적다.)

열매: 캡슐열매로 거꿀달걀모양이고, 씨는 좁은 타원형이다.

염색체수: 2n=36[1]

생태분류

서식처: 초지, 밝은 숲속, 숲 가장자리, 산간 임도 언저리, 밝은 계곡 언저리, 산간 습지 언저리 등, 양지~반음지, 적습~약습

수평분포: 전국 분포

수직분포: 산지대~구릉지대

식생지리: 냉온대, 만주, 연해주, 일본(혼슈 이남) 등

식생형: 초원식생, 삼림식생(하록활엽수 이차림), 임연식생(망토군락) 등

생태전략: [경쟁자]~[스트레스인내-경쟁자]

종보존등급: [IV] 일반감시대상종

이름사전

속명: 아데노포라(*Adenophora* Fisch.). 분비물(蜜, *aden*)을 생산한다(*phoros*)는 뜻의 희랍어에서 유래하고, 끈적끈적한 꽃꿀(花蜜)에서 비롯한다.

종소명: 레모티플로라(*remotiflora*). 흩어져 달리는(*remotus*) 꽃(*folium*)이라는 뜻의 라틴어이고, 듬성듬성 달리는 꽃차례에서 비롯한다.

한글명 기원: 계로기,[2] 모시ᄃᆡ,[3] 제니(薺苨), 텸길경(甜桔梗),[4] 모시나물,[5] 모시때,[6] 모싯대,[7] 모시대,[8] 그늘모시대,[9] 모시잔대[10] 등

한글명 유래: 계로기는 16세기 이전부터 나물을 통칭했던 고유어이고, 지금은 사라진 말이다. 흐물흐물한 상태의 나물 모양을 나타내는 어떤 형태소에서 비롯한다. 모시대는 일제강점기에 만들어진 이름으로 중국명 지삼(地蔘) 또는 일본명 저채(岨菜)에 잇닿았을 것이다. (에코노트 참조)

한방명: 제니(薺苨). 모시대를 포함한 잔대 종류(*Adenophora* spp.)의 뿌리를 통칭한다.[11]

중국명: 薄叶荠苨(Bó Yè Jì Nǐ). 잎의 질감이 얇은 모시대 종류(荠苨)라는 뜻이다. 한자 제니(荠苨)는 잎은 냉이(荠)처럼 부드러운 나물이고, 뿌리는 도라지(苨) 같다는 '냉이도라지'라는 의미다. 식물체에 즙이 많아 삶으면 흐물흐물해지는 것에서 생겨난 이름이라고 한다.[12]

일본명: ソバナ(Sobana, 蕎麦菜 또는 岨菜). 메밀(蕎麦) 대용으로 잎의 질감이 부드러운 모시대를 이용해서 갱죽(羹粥)을 만들어 먹은 것에서 유래하거나, 험한 돌 산(岨)에 사는 나물(菜)이라는 의미에서 비롯한다는 설도 있다.[13] 실제로 뿌리가 굵은 잔대속(屬)에는 그런 서식처에 사는 종류도 있다. 모시대를 포함한 여러 잔대 종류를 그렇게 혼용해서 불렀을 것이다.

영어명: Scattered Flower's Ladybell, Scattered Flower's Bellflower

에코노트

모시대는 초지 식물사회에도 나타나지만, 숲 가장자리 또는 아주 밝은 숲속에서도 자주 보인다. 어두운 숲속에는 살지 않는다. 전국적으로 분포하고, 동북아 냉온대 지역 전역에 골고루 분포한다. 늘 습윤하고, 척박하지 않은 약간 비옥한 땅에 사는 여러해살이풀이다. 반면에 도라지모시대는 태백산맥을 따라 해발고도가 높은 산지대 능선 초지에서, 북쪽으로는 만주 지역에 이르기까지 분포하는 대륙성 요소다. 모시대보다 좀 더 건조한 환경에서도 산다. 꽃받침에 털이 약간 있는 특징으로 모시대의 신변종(*A. remotiflora* var. *hirticalyx*)이 지리산에서 기재된 바[14] 있다. 하지만 국가표준식물목록에 빠져 있는 것처럼 새로운 변종으로 취급하기에 무리가 있는 듯하다. 잔대속(*Adenophora* Fisch.) 종류는 서식처 환경조건(특히 빛과 토양의 비옥한 정도)에 따라 개체 변이가 무척 큰 편이다. 잎의 모양이나 크기, 심지어 잎차례와 꽃 색깔에서도 변이가 보인다.

현재 국가표준식물명으로 채택되는 '모시대'라는 이름은 고유한 우리 이름처럼 와 닿는다. 하지만 일제강점기 때 불쑥 만들어진 이름이다. 이보다 수백 년 전부터 우리나라 사람들이 사용했던 한글명이 있다. '계로기'이다. 16세기 초, 1517년 『사성통해』에 처음으로 등장한다. 한자 제니(薺苨)를 그렇게 번역했다. 그로부터 10년 후 1527년 『훈몽자회』에서 냉이 제(薺) 자를 '나이 졔'로 번역하면서, 속칭으로는 나물(菜)이라거나 계로기(薺苨)라 하며, 여기서 한자 잔대 니(苨) 자는 '니(你)로 발음한다'라고 적시했다. 이를테면 계로기는 냉이와 또 다른 나물 종류라는 사실과, 동시에 다양한 나물이 존재했음을 시사하는 대목이다. 그로부터 100여 년 후 1613년 『동의보감』에서 그 뿌리는 인삼을 닮았고, 모든 독을 푸는 약재로 소개하고 있다. 당시 사람들은 어린잎을 삶아서 나물로 먹었고, 뿌리는 캐서 얇게 저미어서 구우면 맛이 더욱 깊어진다는 것을 전한다.[15] 냉이 뿌리는 구워서 먹는 나물이 아니기 때문에 계로기는 바로 잔대속 식물임이 틀림없다.

겉절이라는 표준말(?)의 방언으로 제래기(지래기, 쓰래기 등)라는 말이 있다. 이 겉절이, 제래기, 저래기, 지래기, 씨래기 등 모두는 계로기와 뿌리가 같은 말(同源語)일 것이다. 계로기는 나물이며, 그것도 풀이 죽은 나물을 통칭하는 고유어다. 적어도 이미 16세기 이전부터 그렇게 썼다. 그런데 16세기 말 중국 『본초강목』에서 한자명 제니(薺苨)의 이름 유래를 알 수 있는 대목이 나온다. "식물체에 즙이 많아서 삶으면 흐물흐물해지는 것으로부터 생겨난 이름"[16]이라는 것이다. 우리나라 사람의 고유 명칭 계로기, 즉 풀이 죽은 제래기의 본성이 그대로 투영되는 중국명이다. 계로기와 중국명 제니(荠苨, Jì Nǐ)가 서로 잇닿았던 것이다. 오늘날에는 삶지 않은 나물을 생제래기라 따로 부른다.

한글명 모시대(ᄃᆡ)는 1921년 『조선식물명

흰모시대

도라지모시대(소백산)

휘』에 처음으로 등장하고, 1936년에는 모시나물로 나온다. 한자로 제니(荠苨), 지삼(地蔘, 땅 삼), 茋苨(계로기 저, 잔대 니) 따위를 함께 기록해 두었다. 여기서 모시대의 모시는 한자 삼 마(麻)나 모시 저(苧)에 잇닿아 생겨난 것으로 보인다. 향명식으로 보면 지삼의 삼(蔘)이나 계로기 저(茋) 자와 발음이 일치하기 때문이다. 1932년 『토명대조선만식물자휘』[17]는 우리나라 사람들이 잎으로 쌈을 싸 먹었고, 뿌리를 물에 담가 두었다가 삶아 먹었으며, 뿌리를 약으로 이용했다는 전통 민속 정보를 그대로 전한다. 그런데 모시대라는 명칭은 뺀 채, 한글명 계로기만을 적시했다. 계로기는 우리나라 사람의 민족식물학(ethnobotany) 속에 깊이 뿌리내린 제래기의 원형으로, 화석이 되어 버린 우리말이다.

---

1) Fu & Liu (1987)
2) 최세진 (1517), (1527), 허준 (1613), 村川 (1932)
3) 森 (1921)
4) 村川 (1932)
5) 林泰治, 鄭台鉉 (1936)
6) 정태현 등 (1937)
7) 박만규 (1949)
8) 이창복 (1969)
9) 이상태 등 (1990)
10) 이영노 (1996)
11) 안덕균 (1998), 신전휘, 신용욱 (2006)
12) 李時珍 (1578)
13) 深津 (2001)
14) 이상태 등 (1990)
15) 허준 (1613; "……採根作脯 味甚美.")
16) 李時珍 (1578; "……薺苨多汁有濟苨之狀故名之……")
17) 村川 (1932)

사진: 김종원, 류태복

잔대

Adenophora triphylla (Thunb.) A. DC.

형태분류

줄기: 여러해살이며, 바로 서서 어른 허리 높이로 자란다. 식물 전체에 잔털이 약간 있다. 어른 손가락 굵기인 굵은 뿌리가 발달한다. 상처 나면 흰 유액이 나온다.

잎: 뿌리에서 난 잎은 원형이며 잎자루가 길고, 꽃이 필 쯤에 고사하며, 줄기에 달린 잎과 모양이 많이 다르다. 줄기 위쪽의 잎은 잎자루가 짧거나 없고, 3~5(6)개가 돌려나기, 마주나기, 어긋나기로 다양하게 달리며, 장타원형으로 가장자리에 톱니가 있다. (비교: 넓은잔대(*A. divaricata* var. *manshurica*)는 양면에 짧은 털이 있고 넓은 타원형이다. 털잔대(*A. triphylla* var. *hirsuta*)는 양면에 누운 흰색 털이 빼곡하다. 당잔대(*A. stricta*)는 어긋나고 넓은 달걀모양이다.)

꽃: 7~9월에 원줄기 끝에 종모양 하늘색 꽃이 약간 아래로 향하면서 층층이 돌려나는 고깔꽃차례다. 아래쪽에는 긴 꽃가지가 돌려나기도 한다. 꽃받침은 5개로 갈라지며, 아주 가늘고 좁다. 꽃잎 끝은 5개로 갈라지고, 살짝 뒤로 접힌다. 끝이 3개로 갈라진 암술은 꽃잎 밖으로 나오고, 긴 수술은 5개이며 화통(花筒)에서 떨어진다. (비교: 넓은잔대는 줄기 위쪽에서 어긋나기로 달린다.)

열매: 캡슐열매로 거꿀달걀모양이다. 종자는 황갈색이고, 눌린 모양이다.

염색체수: 2n=34[1]

생태분류

서식처: 초지, 밝은 숲속, 숲 가장자리, 산간 임도 언저리 등, 양지~반음지, 적습~약건

수평분포: 전국 분포

수직분포: 산지대~구릉지대

식생지리: 냉온대~난온대, 만주, 중국(서부지구를 제외한 대부분 지역), 몽골, 연해주, 다후리아, 대만, 일본 등

식생형: 초원식생, 삼림식생(낙엽활엽수 이차림)

생태전략: [경쟁자]~[스트레스인내-경쟁자]

종보존등급: [IV] 일반감시대상종

이름사전

속명: 아데노포라(*Adenophora* Fisch.). 분비물을 생산한다는 뜻의 희랍어에서 비롯한다. (「모시대(계로기)」 편 참조)

종소명: 트리필라(*triphylla*). 잎이 3개라는 뜻의 라틴어다. 잔대의 돌려난 잎 수에서 비롯하는데, 실제로는 3개에서 5개로 다양하고, 그 이상인 경우도 드물게 있다.

한글명 기원: 닥취, 찬리,[2] (힝엽)사숨, 참더덕(나물),[3] 잔대(薺苨),[4] 가는잎딱주,[5] 층층잔대[6] 등

한글명 유래: 잔대의 이름 유래는 알려지지 않았다고 한다.[7] 하지만 1921년 『조선식물명휘』[8]에 처음으로 나타나는 '찬리(영어 표기로 Channai)'에 잇닿았을 것으로 보인다. 일본인 모리(森)가 이렇게 표기한 것은 잔대의 본래 이름이 '잔내' 또는 '찬내'와 비슷한 소리였거나, 그의 우리말 듣기 수준에서 비롯했을 것으로 판단된다. 1937년에 한글명 '잔대'가 처음 기재되었으나, 어원과 유래를 알 수 있는 정보는 없다. 잔대가 오래된 전통 식물 자원이라는 점으로 보아서 어떤 고유 이름이 존재할 것으로 짐작된다. 잔대는 『향약구급방』에 나오는 향명(俗云) 獐矣皮(장의피)에 잇닿았을 것으로 본다. (아래 에코노트 참조)

한방명: 사삼(沙蔘). 잔대 종류(잔대, 가는층층잔대, 층층잔대, 둥근잔대, 넓은잎잔대, 털잔대)의 뿌리를 약재로 쓴다.[9] 최근에는 더덕을 시판 약재로 사삼(沙蔘)이라 부르는 경우[10]도 있다. 이를 두고 잘못이라는 견해[11]도 있지만, 『동의보감』에 따르면 사삼(沙蔘)은 곧 더덕이다.

중국명: 轮叶沙参(Lún Yè Shā Shēn). 잎이 돌려나는(輪葉) 잔대 종류(沙蔘)라는 것에서 비롯한다. 중국에서는 잎 4장이 돌려난다는 의미인 학명(*A. tetraphylla* (Thunb.) Fisch.)을 채택[12]하고 있다.

잔대의 뿌리에서 난 잎과 줄기에서 난 잎

일본명: ツリガネニンジン(Tsuriganeninjin, 釣鐘人参). 꽃 모양이 낚시 종(釣鐘)처럼 생겼고, 뿌리는 인삼(人蔘)을 닮은 데에서 비롯한다.

영어명: Three-leaved Ladybell

에코노트

잔대속(*Adenophora* Fisch.)은 전 세계에 62종이 있고, 서남 아시아의 인도와 베트남까지 분포하지만 사실상 동아시아가 분포중심이다.[13] 계통분류학의 성과에 따라 총 종수는 조금씩 다를 수는 있으나, 우리나라에는 약 17종이 알려졌다.[14] 일본열도에 비해 두서너 배가 많은 것이다. 중국에는 38종이 분포한다. 이러한 동아시아의 잔대속 다양성은 초롱꽃과(Campanulaceae Juss.) 중에서 잔대속이 갖는 지리적 분포 특성과 일치한다. 대서양 해양성 기후가 우세한 중부 유럽의 온대 지역에서는 겨우 1종(*A. lilifolia*)이 분포한다. 잔대속은 유라시아 대륙에서 주로 대륙

성 생물기후 지역에 분포하고, 그 영역에서 여러 가지 지리적 변이가 나타난다.[15] 초롱꽃속(*Campanula* L.)이 주로 해양성 생물기후 지역에서 상대적으로 풍부하고 다양한 사실과 대비된다.

한반도에서의 이러한 잔대속의 종다양성은 고대 선사시대부터 이용한 전통 민족식물 자원의 중심 배경이다. 잔대 종류 가운데 잔대가 우리나라 전역에 골고루 분포한다. 여러해살이면서도 뿌리가 굵은 덕택이다. 굵은 뿌리는 저장 기관의 발달을 의미하고, 건조하거나 척박할 수밖에 없는 환경에 잘 대응할 수 있는 일차적인 생태형질이다. 더욱 극단적인 생육환경에서는 이런 생태형질이 다양한 형태로 나타난다. 잎 모양, 털 유무(有無), 털의 정도에서 개체 간 변이가 심하고, 어린 개체를 만나면 더더욱 헷갈린다. 반면에 지리적 또는 생태적으로 뚜렷한 분포를 보이는 종도 있다. 진퍼리잔대(*A. palustris*)는 유일하게 습지에 사는 종으로 특히 오염되지 않고 자연성이 높은 산간 습지를 진단하는 지표종이다. 두메잔대(*A. nikoensis*)의 경우는 아고산대의 산정부(山頂部) 시렁모바위나 츠렁모바위에 서식하기 때문에 해발고도 높은 입지에서 발견되는 희귀종이다. 섬잔대(*A. tashiroi*)는 일본에도 분포하나, 우리나라에서는 제주도 한라산에만 산다. 그런데도 한중일에서의 잔대속에 관한 계통분류학은 여전히 완전하게 규명되지 못했다.[16]

섬잔대(제주도)

잔대를 포함한 잔대속 식물은 뿌리의 소문난 약성 때문에 마구잡이로 굴취되고 말았다. 사실상 개체군 크기는 이미 턱없이 작고 빈약하다. 여러해살이 식물인 경우에 뿌리를 굴취한다는 것은 재생가능성을 근본적으로 훼손하는 일이기 때문이다. 초롱꽃속의 종들은 꽃이 크고 아름다워서 화훼 육종으로 관심을 끌지만, 잔대 종류는 오래된 전통 약제다. 그만큼 이른 시기부터 고전에 등장한다.

잔대는 1417년 『향약구급방』에 기록된 한자명 제니(薺苨)에 대해 속운(俗云) 獐矣皮(장의피)와 猪矣知次(저우지차)로 나온다. 여기서 제니(薺苨)는 약성에 대한 설명을 볼 때 훗날 『동의보감』의 '계로기'와 정확히 일치한다. 오늘날의 분류학으로는 잔대속(*Adenophora* Fisch.)의 어떤 식물로 통칭하는 것(「모시대(계로기)」 편 참조)으로 보는 것이 마땅하다. 『향약구급방』에 나타난 장의피(獐矣皮)와 저우지차(猪矣知次)는 각각 잔대와 계로기에 잇닿은 향명 표기로 보인다. 발음에 어떤 연속성이 발견되기 때문이다. 장의피(獐矣皮)는 잔대로 저우지차(猪矣知次)

넓은잔대

두메잔대

는 계로기로 변천되었다는 것이다. 잔대와 모시대는 더덕이나 도라지처럼 뿌리를 이용하는 자원식물이지만 재배하는 채소가 아니다. 야생하는 이들을 통칭해 불렀던 이름이 계로기였던 것이다. 1517년 『사성통해』와 1527년 『훈몽자회』가 그런 사실을 뒷받침한다. (아래 표 참조)

---

1) Fu & Liu (1987)
2) 森 (1921)
3) 村川 (1932)
4) 정태현 등 (1937)
5) 박만규 (1949)
6) 정태현 등 (1949)
7) 이우철 (2005)
8) 森 (1921)
9) 안덕균 (1998)
10) 신전휘, 신용욱 (2006)
11) 안덕균 (1998)
12) Hong *et al.* (2011a)
13) Hong *et al.* (2011a)
14) 이우철 (1996b)
15) Hong *et al.* (2011a)
16) 김경아, 유기억 (2012)
17) 이우철 (1996b)
18) 안덕균 (1998)

사진: 류태복, 최병기, 김종원, 김성열, 이정아

『향약구급방』 (1417년)		『동의보감』 (1613년)	현대 식물학[17]		약재명[18]
약명	향명	한글명*	한글명	속명	한글
薺苨	獐矣皮(장의피)	계로기	잔대	*Adenophora* Fisch.	사삼(沙蔘)
	猪矣知次(저우지차)		모시대		제니(薺苨)
吉梗	刀亽次(도라차)	도랏	도라지	*Platycodon* A. DC.	길경(桔梗)
沙蔘		더덕*	더덕	*Codonopsis* Wall.	양유근(羊乳根)

*『동의보감』 이전에 '계로기'라는 한글명은 1517년 『사성통해』에서 처음으로 등장하고, '도랏'과 '더덕(蔘)'은 1527년 『훈몽자회』의 「채소편」에 등재되어 있다.

염아자(영아자)

Asyneuma japonicum (Miq.) Briq.

형태분류

줄기: 여러해살이며, 바로 서서 어른 허리 높이로 자란다. 단면이 모서리 지고, 털이 약간 있다. 상처를 내면 흰 유액이 조금 나온다. 어른 손가락 굵기로 살찐 뿌리줄기가 옆으로 뻗는다.

잎: 어긋나고, 약간 긴 달걀모양이며, 얇은 막질이다. 표면 잎줄은 뚜렷하게 들어가고, 가장자리 톱니가 불규칙하며 날카로운 편이다. 아래 잎은 잎자루가 길고, 위의 것일수록 점점 짧아지면서 좁은 날개 모양이 발달한다.

꽃: 7~9월에 줄기 끝에서 긴 꼬리모양으로 어긋나게 달리고 털은 없다. 작은꽃자루 길이는 조금씩 다르고, 밝은 보랏빛 꽃잎은 마치 갈래꽃처럼 깊게 5개로 갈라져서 좁은 줄모양이 되어 테이프처럼 말린다. 꽃받침조각 5개도 좁은 줄모양으로 가느다랗고 부드러운 침처럼 보인다. 꽃자루 기부에 긴 줄모양 꽃싼잎이 있다. 암술머리는 꽃 밖으로 길게 나오고, 끝이 3개로 갈라져서 말린다. 이때는 암꽃 시기이고, 그렇지 않을 경우는 수술이 5개인 수꽃 시기다.

열매: 캡슐열매로 원판모양이다. 황갈색 씨는 타원형이며 길이 1㎜ 정도다.

염색체수: 2n=56,[1] 64[2]

생태분류

서식처: 초지, 숲 가장자리, 산간 임도 언저리, 숲 틈 등, 양지~반음지, 적습~약습

수평분포: 전국 분포

수직분포: 산지대

식생지리: 냉온대(대륙성), 만주, 연해주, 일본(혼슈 전역, 일부 규슈 지역) 등

식생형: 초원식생, 임연식생(소매군락), 삼림식생(낙엽활엽수 이차림) 등

생태전략: [경쟁자]

종보존등급: [IV] 일반감시대상종

이름사전

속명: 아지네우마(*Asyneuma* Griseb. & Schenk). 다섯으로 갈라져서 가느다란 테이프가 말린 듯한 꽃 모양에서 유래하며, 세 단어(*a* + *syn* + *euma*)가 합성된 라틴어다. 없다, 빠지다, 부족하다의 의미인 '*a*', 함께라는 뜻의 '*syn*', 영아자속의 옛날 속명(*Phyteuma*)에서 '*euma*'를 채택한 것이다.[3] 옛 속명 *Phyteuma*는 꽃잎이 가늘게 여러 갈래로 갈라진 남유럽의 식물 *Reseda phyteuma*를 닮은 데서 차용한 것이다.

종소명: 야포니쿰(*japonicum*). 일본에서 채집한 표본을 이용한 첫 기재에서 비롯한다.

한글명 기원: 염아자,[4] 영아자,[5] 여마자,[6] 염마자,[7] 미나리싹[8]

한글명 유래: 1921년 『조선식물명휘』에 염아자(Yomacha)라는 한글명이 처음으로 등장한다. 이름의 유래는 밝히지 않았다. 전통적으로 식물 전체가 나물로 이용되었기 때문에 특히 산촌 방방곡곡에 다양한 방언(물잔대, 단나물, 민다래끼 등)이 있었을 것으로 추정한다.[9] 한편 "뿔이 있는 도라지 또는 일본명(四手沙参)의 뜻으로 가늘게 갈라진 꽃잎을 종이 붙여서 신전(神殿)에 붙인 데서 유래하는 이름"이라는 주장[10]도 있다. 하지만 일본명에 들어 있는 시데(四手)라는 풍습이 실마리가 되어 생겨난 명칭이지, 영아자 꽃잎을 이용한 그런 습속은 일본에 존재하지 않는다. 시데(四手) 풍습은 오히려 우리나라의 오래된 습속에 잇닿아 있다. 마을 수호신 노거수에 때가 되면 흰 띠종이를 꽂은 새끼줄을 휭 돌린다. 금줄에 꽂은 길지(吉紙) 문화다. 염아자(영아자)는 지금은 사라진 말이지만, 이 길지를 두고 부르던 고유 명칭으로 추정한다. 한편 북한과 만주 지역에서는 '미나리싹'이라고도 한다.[11] 실제로 그렇게 생겼고, 나물로 이용한다.

한방명: -

중국명: 牧根草(Mù Gēn Cǎo). 굵게 살찐 뿌리에서 비롯한다.

일본명: シデシャジン(Shideshajin, 四手沙参). 사삼 종류로 꽃잎이 잘게 갈라진 모양이 일본 신사(神社) 마당의 나무 줄기에 묶어 매단 흰 종이 오리(四手)를 닮은 데에서 비롯한다. 접힌 오리에는 액을 물리치고 소원을 비는 글귀가 담겨 있다.

영어명: Japanese Asyneuma, Horned Rampion

초롱꽃과 염아자속(*Asyneuma* Griseb. & Schenk)은 전 세계에 33여 종이 있고, 남부 유럽에서 종다양성이 풍부하다.[12] 그 가운데 우리나라에 유일하게 분포하는 종이 염아자다. 다양한 방언에서 염아자가 전통적인 산채였음을 짐작할 수 있다. 초롱꽃과의 공통된 특징이지만, 꽃이 암꽃 시기와 수꽃 시기를 달리한다. 암수한몸이지만 근친교배를 피하도록 암술과 수술의 생식기능 시기가 다른 것이다. 암술머리가 세 갈래로 갈라진 상태가 암꽃 시기이고, 그렇지 않은 상태는 수꽃 시기다. 보통은 암꽃 상태보다 수꽃 상태가 먼저다. 이때 암술은 자색을 띠면서 암술머리는 여전히 굳게 닫혀 있다. 염아자 한 포기에서 꽃이 긴 송이꽃차례를 여러 개 만들며, 거기에서 암꽃 상태와 수꽃 상태의 다양한 성징(性徵)이 나타나는 꽃을 관찰할 수 있다.

염아자는 어둡고 건조한 곳이나 다져진 땅에서는 살지 않는다. 산지 물길 영향을 받는 계곡이나 물이 늘 포화된 습지에서도 살지 않는다. 약간 습윤하면서도 밝은 입지를 좋아한다. 인간 간섭이 없는 반자연(半自然) 이차초원식생의 구성원이다. 완전 양지에서만 종자가 발아한다[13]는 사실과도 일치하는 대목이다. 가끔은 산지 비탈면 하부나 계곡 언저리의 숲 가장자리 소매군락에서도 나타난다. 억새나 잔디가 우점하는 건생(乾生) 이차초원식생의 구성원은 아니다.

굵은 뿌리와 부드러운 잎, 매력적인 꽃차례 때문에 굴취 남획으로 현지내 자생 개체군은

꽃봉오리

길게 내민 암술머리

그리 크지 않다. 특히 뿌리에서 난 어린잎은 산채로 애용된 지 오래다. 한 포기에서 줄기가 여러 개 떨어져 솟아나는데, 각기 꽃피는 시기를 조금씩 달리하기 때문에 상대적으로 화기는 긴 편이다. 화훼자원으로 주목받는 까닭이다. 식물원에서 키우는 것도 필요하지만, 현지내 서식처 보존을 통한 야생 개체군 보존이 더욱 중요한 일반감시대상종이다.

---

1) Provatova *et al.* (1998)
2) Provatova (2006a)
3) Quattrocchi (2000)
4) 森 (1921), 정태현 등 (1937)
5) 정태현 (1957)
6) 박만규 (1949)
7) 박만규 (1974)
8) 한진건 등 (1982)
9) 강호종 (1994), 김경아 등 (2012)
10) 강호종 (1994)
11) 과학출판사 (1979)
12) Hong & Lammers (2011a)
13) 강호종 (1994)

사진: 김종원

자주꽃방망이

Campanula glomerata subsp. ***speciosa*** (Hornem. ex Spreng.) Domin

형태분류

줄기: 여러해살이며, 바로 서서 어른 가슴 높이까지 자라고, 꽃이 필 때면 쓰러지기도 한다. 약간 억세고 굽은 털이 있다. 짧은 뿌리줄기가 옆으로 자란다.

잎: 어긋나고, 흰 털이 약간 있다. 가장자리에 톱니가 있고, 하얀 샘(腺)이 보인다. 위의 것일수록 잎자루가 짧고, 마침내 줄기를 싼다. 뿌리에서 난 잎은 잎자루가 길다.

꽃: 7~8월에 줄기 끝과 위쪽 잎겨드랑이에서 자주색 머리꽃으로 피고, 꽃자루가 거의 없다. 5수성이고, 암꽃 시기와 수꽃 시기가 있다. 수술 5개가 먼저 풀이 죽으면, 암술머리는 세 갈래로 갈라진다.

열매: 캡슐열매로 약간 거꿀달걀모양이며 아주 작다(5㎜ 이하). 속에는 약간 둥글납작한 미세한 씨(바늘 끝 크기)가 들어 있다.

염색체수: 2n=34,[1)] (*Campanula glomerata s.l.* 2n=30)[2)]

생태분류

서식처: 초지, 숲 가장자리, 산간 임도 언저리, 벌채지, 숲 틈 등, 양지~반음지, 적습~약습
수평분포: 전국 분포(주로 북부 지역)
수직분포: 산지대
식생지리: 냉온대 북부·고산지대~중부·산지대(대륙성), 만주, 중국(네이멍구), 몽골, 연해주, 남동 시베리아, 일본(규슈) 등 (세계 곳곳에서 재배)
식생형: 초원식생, 임연식생(소매군락) 등
생태전략: [경쟁자]
종보존등급: [II] 중대감시대상종

이름사전

속명: 캄파눌라(*Campanula* L.). 종(鐘, *campana*)을 축소한 듯한 꽃 모양에서 비롯한 라틴어다.
종소명: 글로메라타(*glomerata*). 줄기 윗부분에 모여난 꽃차례에서 비롯한 라틴어다. 아종명 스페씨오사(*speciosa*)는 눈에 띌 정도로 보기 좋다는 뜻의 라틴어에서 유래하고, 독특한 꽃차례에서 비롯했을 것이다.
한글명 기원: 자주꽃방맹이,[3] 꽃방맹이,[4] 자주꽃방망이,[5] 꽃방망이[6] 등
한글명 유래: 줄기 끝에 방망이처럼 생긴 자줏빛 꽃이 뭉치로 모여난 것에서 비롯했을 것이다.
한방명: -
중국명: 聚花风铃草(Jù Huā Fēng Líng Cǎo). 흩어져 모여나는 꽃차례(聚花)가 있는 초롱꽃 종류(风铃草)라는 뜻이다.
일본명: ヤツシロソウ(Yatsushirosou, 八代草). 일본 규슈 지역의 구마모토 현 야쓰시로(八代)라는 지명에서 비롯한다. 현재 자생지는 야쓰시로에서 북동쪽으로 약 120㎞ 떨어진 아소(阿蘇)-쿠주(久住)-소바산(祖母山) 일대의 초지다.[7]
영어명: Glomerate Harebell, Clustered Bellflower

에코노트

자주꽃방망이는 만주, 연해주 일대의 습윤한 온대 초지가 분포중심지다. 북쪽으로는 네이멍구(內蒙古)와 몽골의 온대 스텝초원에서도 드물게 나타난다. 남쪽으로는 한반도 북부 지역에서 주로 나타나고, 남한에서는 해발고도가 높은 산지에서 아주 드물게 나타난다. 지리적인 최남단 분포는 일본 규슈 지방 중남부의 고해발 산지다. 수직적 분포는 아고산-고산대가 아니라 산지대가 분포중심이다.

자주꽃방망이는 풀밭 식물사회의 구성원으로 수분스트레스가 발생하지 않는 초지에서 산다. 척박하거나 건조한 입지에서는 살지 않는다. 어두운 숲속에서도 살지 않고, 숲 가장자리나 하늘이 완전히 열린 밝은 양지에서 산다. 초원식생의 구성원이지만, 억새나 잔디와 같은 건생(乾生) 이차초원식생의 구성원이 아니라는 뜻이다. 그렇다고 고온다습한 부영양 습원의 구성원도 아니다. 밝고 서늘하고 습윤한 입지가 최고다. 메마른

대륙성 생물기후 영향이 강한 남한 지역에서 매우 드물고, 자생 개체군 크기도 무척 작은 것도 그 때문이다. 지구 온난화는 자주꽃방망이의 자생을 더욱 어렵게 할 것이다. 현재 각지 수목원이나 생태원에서 화훼식물로 흔하게 키울지라도 국가 적색자료집에 등재될 만하다. 현지 서식처에 대한 국지적 보존을 통해서 생태적 멸종을 방지해야 하는 종 보존등급 [Ⅱ] 중대감시대상종이다.

자주꽃방망이는 초롱꽃과 형제간이다. 하지만 용담 꽃과 분위기가 닮았다. 꽃이 풍성하고 아름다워서 전 세계적으로 이용되는 화훼식물자원이다. 동북아 최남단 자생지인 일본 규슈 중앙부 단층 활화산 지대 가까이에 위치하는 아소(阿蘇)-쿠주(久住)-소바산(祖母山) 일대의 자주꽃방망이는 빙하기 동안에 남하한 개체군이 살아남은 것이다. 이른바 북방계 대륙성 유존식물이다. 마침 현존 자생지는 '천년의 초원'이라 불릴 만큼 일본에서 목축업이 가장 일찍 시작되고 성행했던 곳이다. 해발고도가 높은 산지대 목초지를 피난처로 삼아 가까스로 살아남았던 것이다. 최근에는 지구온난화와 지역 목축업의 쇠퇴로 그곳 풀밭 식물사회에 근본적인 종 조성 변화가 발생하는 것으로 알려졌다. 절멸 위기에 처한 자주꽃방망이 자생지를 보호하기 위해 전통적인 목축과 주기적인 벌초를 다시 하는 실정이다.[8] 우리나라에서도 본질적으로 별반 다르지 않은 문제를 안고 있다. 풀밭 초원식생이 갖는 식물종의 다양성을 고려할 때, 한반도의 자연초지 및 이차초지에 대한 전국적 현장조사와 데이터베이스 구축을 통한 국가적 관리가 시급하다.

---

1) Probatova *et al.* (2008c)
2) Gadella (1964)
3) 정태현 등 (1937)
4) 박만규 (1949)
5) 정태현 등 (1949)
6) 이우철 (1996a)
7) 牧野 (1961)
8) 高橋 (2009), (2013)

사진: 이정아, 김종원

초롱꽃

Campanula punctata **Lam.**

형태분류

줄기: 여러해살이며, 바로 서서 어른 허리 높이로 자라고, 종종 위에서 갈라진다. 털이 많고, 약간 자줏빛을 띠기도 한다. 뿌리줄기에서 옆으로 벋는 땅속줄기가 발달한다. (비교: 섬초롱꽃(*C. punctata* var. *tekesimana*)은 울릉도 특산으로 자줏빛을 띠며, 털이 거의 없고 매끈한 편이다.)

잎: 어긋나고, 가장자리에 불규칙한 톱니가 있다. 줄기 아래에 난 잎은 날개가 붙은 잎자루가 발달하고, 위에 달린 잎일수록 잎자루가 짧거나 없다. 뿌리에서 난 잎은 어릴 때의 모양이 마치 제비꽃 뿌리에서 난 잎과 많이 닮았다. 긴 잎자루가 있는데, 꽃이 필 시기에는 고사한다.

꽃: 6~7월에 줄기나 가지 끝에서 많게는 10송이 이상 주렁주렁 피고, 우윳빛 같은 흰색에 짙은 자줏빛 점무늬가 있다. 긴 꽃자루에 종모양 꽃이 아래로 향해 핀다. 꽃받침은 5개로 갈라져 침모양 같은 좁은 삼각형이 되고, 갈라진 조각 사이로 뒤로 굽는 부속체가 있다. 수술이 먼저 성숙한 뒤 시들면 암술이 성숙하고, 암술머리는 3개로 갈라진다. (비교: 섬초롱꽃은 연분홍빛을 띠고 짙은 자줏빛 점무늬가 있다. 금강초롱꽃(*Hanabusaya asiatica*)은 꽃이 보랏빛이다.)

열매: 캡슐열매로 거꿀원뿔모양이고, 살짝 눌린 듯한 타원형 회갈색 씨가 들어 있다.

염색체수: 2n=34[1)]

생태분류

서식처: 초지, 산비탈 풀밭, 숲 가장자리, 산간 임도 언저리, 아주 밝은 숲속과 숲 틈 등, 양지~반음지, 적습

수평분포: 전국 분포

수직분포: 산지대~구릉지대

식생지리: 냉온대~난온대, 만주, 연해주, 중국(새북지구, 화북지구, 화중지구의 쓰촨 성과 후베이 성 등), 일본(홋카이도 남부의 구로마쓰나이 이남) 등

식생형: 초원식생, 임연식생(소매군락), 삼림식생(하록활엽수 이차림)

생태전략: [스트레스인내자]~[스트레스인내-경쟁자]

종보존등급: [IV] 일반감시대상종

이름사전

속명: 캄파눌라(*Campanula* L.). 꽃 모양이 종(鐘, *campana*)을 닮은 데서 비롯한 라틴어다.

종소명: 풍크타타(*punctata*). 점무늬가 있는 꽃에서 비롯하는 라틴명이다.

한글명 기원: 금낭화(錦囊花),[2] 초롱꽃[3]

한글명 유래: 꽃 모양이 청사초롱과 흡사한 것에서 비롯했을 것이다. 1921년 기록[4]의 산소채(山蔬菜)라는 한자명에서 구황(救荒) 산채로 이용했음을 짐작케 한다.

한방명: 자반풍령초(紫斑風鈴草). 초롱꽃, 섬초롱꽃, 심지어 소속이 다른 금강초롱꽃까지 지상부를 약재로 쓴다.[5] 중국명에서 비롯한다. 하지만 20세기 초까지는 약재보다는 관상용이나 어린잎을 구황나물로 이용했다.[6]

중국명: 紫斑风铃草(Zǐ Bān Fēng Líng Cǎo). 자주색(紫) 반점(斑)이 있는 초롱꽃 종류(风铃草)라는 뜻이다. 초롱꽃속의 중국명은 풍령초속(风铃草屬)으로 바람(風) 소리 내는 방울(鈴), 즉 풍경모양 풀(草)이라는 뜻이다.

일본명: ホタルブクロ(Hotarubukuro, 蛍袋). 유래는 여러 가지로 분분하다.[7] 아이들이 반딧불이를 넣고 놀았던 봉지(袋) 모양에서, 반딧불이가 나타나는 시기에 꽃이 피는 것에서, 꽃 모양이 청사초롱을 닮은 데에서 비롯했다는 설 등이 있다.

영어명: Punctate Harebell, Spotted Harebell

에코노트

초롱꽃은 한반도 전역에 골고루 분포한다. 매력적인 꽃 모양 때문에 자생 개체가 많이 남획되면서 조금 희귀해졌지만, 농촌 근교와 산기슭 숲 가장자리 반자연(半自然) 초원식생 식물사회에서 어렵지 않게 볼 수 있다. 초롱꽃은 이처럼 사람과 쉽게 만날 수 있는 곳에서 산다. 그래서 아주 오래된 전통적인 민족식물일 법도 하지만, 실상은 그렇지 않다. 15세기 초 『향약구급방』과 17세기 초 『동의보감』, 17세기 후반 『산림경제』 같은 고전에는 초롱꽃에 대해 일언반구(一言半句)도 없다. 어찌된 일일까? 씁쓸하지만 중국 고전 중의약학(中醫藥學)[8]에 나타나지 않는 것과 관련 있어 보인다.

섬초롱꽃(울릉도)

한글명칭 초롱(쵸롱, 籠)이라는 말은 일찍이 16세기 초 『훈몽자회』에 나온다. 촛불 같은 것을 집어넣어 들고 다니는 등롱(燈籠)에서 생겨난 말로, 밤길에 발치를 밝히는 손전등 같은 것이다. 식물 이름에 '초롱'이 들어간 것은 20세기의 일이며,[9] 한방 약제로 등재된 것도 그 이후의 일이다. 그런데 20세기 초 일제강점기 때 '어린잎을 채취해서 먹은 산채'의 재료였다는 사실이 여러 기록에 나온다. 방방곡곡 백성들이 불렀던 방언 이름이 수두룩했을 법도 한데, 초롱꽃 이외는 보이질 않는다. 기록되지 못한 것인지, 기록물을 잃어버렸는지 안타깝게도 알 길이 없다.

우리나라에 사는 초롱꽃속(*Campanula* L.) 종은 초롱꽃, 섬초롱꽃, 자주꽃방망이가 대표적이다. 이들 서식처는 하나같이 건조한 생육환경이 아니다. 습윤한 해양성 기후 지

섬초롱꽃

금강초롱꽃

역이 분포중심이고, 그곳에서 종의 다양성도 높다. 그 가운데 초롱꽃은 대륙성 기후에 잘 적응한 종이다. 대기오염으로 산성화에 노출된 입지에서는 살지 못한다. 대도시나 산업공단 주변에서 보이지 않는 까닭이다. 오히려 물리화학적 스트레스가 있는 약알칼리성 석회암 지역이나 척박한 입지에서 잘 견디는 편이다.[10] 다져진 땅에서는 절대 살지 않고, 작은 파편이 섞이거나 푸석푸석한 토양에서 산다. 짧은 뿌리줄기에서 옆으로 달리는 땅속줄기로 잘 번식하는 편이며, 늘 몇 포기가 모여서 무리를 만드는 것도 땅속줄기 덕분이다. 생육기간은 4월 이후 봄 느지막이 뿌리에서 난 잎이 먼저 자라고, 초가을까지 사는 전형적인 여름형 여러해살이풀이다. 꽃 피는 시기는 일 년 중에 비가 가장 많이 내리는 장마 기간 한 가운데다. 해양성 기후 지역이 고향이니, 메마른 대륙성 기후 지역에 살아남을 방도는 물이 부족하지 않은 절기에 잘 맞춰 사는 것이다. 땅바닥을 향해 고개 숙여 핀 청사초롱 같은 꽃이 장맛비를 피하는 곤충들의 피난처이기도 하지만, 덕택에 꽃가루받이 기회가 있다.

우리나라에 사는 초롱꽃은 서식처 생육조건에 따라 식물체의 크기와 꽃차례의 발달 정도에 큰 차이가 있다. 반음지에 사는 개체들은 꽃과 잎의 수가 적다. 더욱 어두운 반음지에 사는 개체들은 잎과 꽃의 양상이 밝은 양지에 사는 것들에 비해 빈약하다. 뚜렷하게 그 숫자도 크기도 작다. 당연히 서식처의 부영양 수준에 따라 변덕스러울 정도로 양상이 크게 달라진다. 섬초롱꽃은 비록 울릉도 특산종이지만, 초롱꽃과 염색체에 명백한 형태적 변화가 없는 것으로 알려졌다.[11] 오히려 울릉도라는 생육환경조건으로 말미암아 상당한 수준으로 형태적 다변성(多變性)이 있을 뿐이라는 사실을 뒷받침한다. 한편 금강초롱꽃은 초롱꽃속(*Campanula* L.)이 아니다. 꽃이 초롱꽃을 닮았기 때문에 한글 '초롱'이 더해졌을 뿐이다. 보랏빛을 띠는 꽃이 인상적이고, 초롱꽃보다는 더욱 전형적인 산지 풀밭 식물사회의 구성원이다. 우리나라 중부 지역 일부 산지에서 드물게 관찰되면서 국가 적색자료집에 등재된 보호종이다.

---

1) Weiss *et al.* (2002)
2) 村川 (1932)
3) 정태현 등 (1937)
4) 森 (1921)
5) 안덕균 (1998)
6) 村川 (1932), 林泰治, 鄭台鉉 (1936)
7) 並木 (1986), 奥田 (1997)
8) 한국생약학교수협의회 (2004)
9) 정태현 등 (1937)
10) 류태복 (2015, 미발표 자료)
11) Weiss *et al.* (2002)

사진: 최병기, 이정아, 김종원, 김윤하

도라지

Platycodon grandiflorus (Jacq.) A. DC.

형태분류

줄기: 여러해살이며, 바로 서서 어른 허리 높이로 자라고, 털이 없다. 줄기 밑바닥은 붉은색을 띤다. 드물지만 위에서 갈라지기도 하며, 가늘지만 단단한 편이고, 상처가 나면 흰 유액이 나온다. 실타래모양 굵은 뿌리가 발달한다.

잎: 돌려나기, 어긋나기, 마주나기 등 다양하다. 약간 긴 알모양으로 잎자루는 거의 없다. 가장자리에 예리한 톱니가 있고, 뒷면은 흰빛 도는 녹색을 띤다.

꽃: 7~8월에 줄기 윗부분에서 1개씩 나고, 하늘색, 흰색, 또는 그 중간색으로 핀다. 피기 직전의 꽃봉오리는 마치 풍선처럼 부푼다. 종모양 꽃은 꽃잎이 5개로 갈라지고, 수술은 5개이며 암술보다 먼저 성숙한다. 수술이 시든 뒤에 암술이 성숙하고, 암술머리는 5개로 갈라진다.

열매: 캡슐열매이며 약간 긴 거꿀달걀모양으로 위를 향해 익는다. 윗부분에서 다섯 갈래로 갈라지면서 진한 흑갈색 씨를 퍼트린다.

염색체수: 2n=18[1]

생태분류

서식처: 초지, 숲 가장자리, 산간 임도 언저리, 산지 시렁모바위나 츠렁모바위, 듬성숲 등, 양지, 약습~적습~약건

수평분포: 전국 분포

수직분포: 산지대 이하

식생지리: 냉온대~난온대, 만주, 중국(화북지구, 화중지구, 화남지구, 기타 네이멍구 등), 연해주, 다후리아, 일본 등

식생형: 초원식생(억새형), 암극(岩隙)식생 등

생태전략: [경쟁자]~[스트레스인내-경쟁자]

종보존등급: [IV] 일반감시대상종

이름사전

속명: 플라티코돈(*Platycodon* A. DC.). 넓은(*platys*) 종(鐘, *codon*)을 뜻하는 희랍어에서 유래하고, 꽃 모양에서 비롯한다.

종소명: 그란디플로루스(*grandiflorus*). 아주 돋보이는(*grandi-*) 꽃(*florus*)이라는 뜻의 라틴어다. 크고 아름다운 꽃에서 비롯한다.

한글명 기원: 도랒,[2] 돌앗,[3] 도라지,[4] 길경(桔梗)[5]

한글명 유래: 도라지는 한자를 차자(借字)해서 도라차(刀亽次, 都羅次)로 기재된 바 있고,[6] 처음부터 도라지 발음과 어상반한 이름으로 불렀다. 돌갗→돌앗/도랒/돌랒→도라지로 변천한 것에서 유래하고, '돌(石) 밭에서 나는 물건(것)'이라는 뜻이다. 한자 도라차(道羅次)→도랒→도라지로 변천한 것이 아니다.[7] (에코노트 참조)

한방명: 길경(桔梗). 도라지 뿌리를 약재로 쓴다.[8] 약으로는 쓴맛이 나는 가을 뿌리가 좋다고 한다.[9]

중국명: 桔梗(Jié Gěng). 『설문해자』와 『이아』에서는 길(桔) 자와 경(梗) 자 모두를 바로잡는다, 고친다, 바로 세운다는 뜻의 곧을 직(直) 자로 설명한다. 도라지의 약성에서 비롯한 이름으로 추정한다. 16세기 『훈몽자회』는 도랒 길

(苦), 도랏 경(蓮, 莖)으로 번역하는데,[10] 중국식 한자에서 나무 목(木) 변 대신에 초(艹) 두가 눈길을 끈다(桔→苦, 梗→莄). 중국에서는 처음에 길경(桔梗)을 길초(桔草)라 했으며, 이 사실을 염두에 둔 것으로 보인다. 도라지는 여러해살이풀이지만, 줄기 밑동치는 나무(木)처럼 목질화(木質化)한다. 이에 대응하는 한자명의 변천이라 하겠다.

일본명: キキョウ(桔梗, Kikyou). 한자명 길경(桔梗)을 일본식 발음으로 읽은 것(音讀)에서 비롯한다. 일본 고전 『본초화명』[11]에는 길경(桔梗)에 대해 한자를 차자한 일본식 이두(万葉仮名)로 阿利乃比布岐(아리노히후키)와 乎加止止岐(오카도도키)가 등장한다. 후자는 언덕(丘)에 사는 더덕(沙蔘)이라는 뜻의 한자명 구사삼(丘沙蔘)을 일본 향명으로 드러낸 것으로 오카도도키는 우리말에서 비롯한다.[12] 전자 '아리노히후키(蟻火吹)는 개미(蟻)가 자주색 꽃을 씹으면 포름산(蟻酸)의 영향으로 붉게(火) 변하는 것에서 비롯한다. (아래 에코노트 참조)

영어명: Balloon-flower, Chinese Bellflower

에코노트

도라지와 더덕은 우리나라 사람들이 산채 요리와 전통 약재로 이용하는 으뜸가는 민족식물이다. 두 종은 여러 가지 측면에서 서로 대비되는 특징이 있다. 도라지가 풀밭에 사는 초원식생의 구성원이라면, 더덕은 숲 속 또는 숲 가장자리에 사는 삼림식생의 구성원이다. 도라지는 양지를 좋아하고, 더덕은 반그늘을 좋아하기 때문이다. 도라지는 스스로 바로 서서 자라지만, 더덕은 이웃 식물체에 기대야만 설 수 있는 덩굴식물이다. 같은 초롱꽃과이지만, 도라지는 플라티코돈속(*Platycodon* A. DC.)이고, 더덕은 코도놉시시속(*Codonopsis* Wall, 희랍어로 벨(*codon*)을 닮은(*opsis*) 꽃이라는 의미)으로 계통이 다르다. 그런데 도라지와 더덕은 서식처 환경에 공통점이 있다. 크고 작은 각진 돌 부스러기가 섞인 흙속에 뿌리를 내린다. 바람과 공기가 잘 통하는 흙이라지만, 무엇보다도 지질 역사가 오래된 돌 파편에 얽힌 관계다. 도라지는 더덕보다 조금 더 거친 환경에서 산다.

도라지는 암벽 틈바구니(岩隙)에서도 잘 산다. 작열하는 햇살과 뜨거운 암석 표면을 견디는 줄기 아랫부분의 단단한 목질 구조 덕택이다. 석회암 지역의 츠렁모바위나 시렁모바위 틈바구니에 발달하는 측백나무-개부처손군집이라는 식물사회의 표징종이다.[13] 열과 건조를 견디는 내열성과 내건성이 뛰어나다. 그것은 장구한 땅의 역사에 맞닿은 실상이고 실체다. 약 200만 년 간 지속된 지구 빙하기, 하지만 적어도 약 1만 5,000년 전쯤에는 이미 빙하의 영향이 사라진 한반도, 우리가 사는 이 땅의 자연유산이다. 도라지가 세상에 하나 뿐인 1속 1종이고,[14] 지구 다른 지역에서는 아예 그 분류군 자체가 없다. 도라지는 유라시아 대륙 동단, 동북아 온대에만 분포하며, 한반도가 그 분포중심이다.

이런 사실을 일본의 오래된 고전이 증명해준다. 10세기 초 『신찬자경』[15]과 『본초화명』[16]에 기록된 오카도도키(岡止止岐, 乎加止止岐)라는 이름이다. '오카'와 '도도키'의 합성어로 오카(丘)는 언덕을 말한다. 여기서 언덕은 숲속이 아니라 야생의 거친 들판, 확 트인 초지를 뜻한다. 도라지의 식물사회학적 서식처와 정확히 일치한다. '도도키'는 일본말이 아니고, 우리말 '더덕'을 부르는 일본사람 특유의 발음(도도쿠>도도키)이다.[17] 해양성 기후 지역인 일본열도에서 드물게 보이는 도라지는 '거친 들판에 사는 더덕'이었던 것이다. 한반도에 사는 사람들의 도라지 문화가 일본에 전래되었음을 시사한다.

20세기 초 기록[18]에는 한국인의 도라지 문화를 이렇게 전하고 있다. "어린잎을 데쳐서 나물로 먹고, 뿌리는 반찬과 약으로 썼다. 사람들이 가장 좋아하는 산채로 일상의 식탁에서 자주 또는 늘 오르는 음식이다. 가을에는 약간 쓴 맛이 있어, 보통 봄부터 여름에 걸쳐 채취한다. 뿌리를 요리해 먹는 방법은 무척 다양하고 풍부하다. 쇠고기와 마늘과 도라지를 꼬챙이에 꽂아서 꼬치를 만들어 달걀을 풀어 옷을 살짝 입힌 뒤 기름에 튀긴 것을 화양적(華陽炙) 또는 느름적이라 한다." 지금도 이러한 우리의 도라지 문화는 진행형이다. 나쁜 일본제국이 지은 결코 씻을 수 없는 죄악, 강제로 끌고 간 어린 소녀들을 도라지꽃이라 불렀다. 말과 글로 다 드러낼 수 없는 사악함, 어린 소녀들이 용서할 때만이 그 죄악에서 조금이나마 벗어날 수 있는 일이다. 국가가, 제삼자가 용서를 합의하는 일은 아주 나쁜 짓이다. 누가 뭐라 해도 도라지꽃은 우리의 꽃이요, 마땅히 사랑하고 지켜야 할 꽃이다.

도라지는 순수 우리말이다. 글자로는 도라지 소리를 표기한 한자에서 차자한 刀亽次, 都羅次(도라차)가 처음이다. 15세기 초『향약구급방』이 한자 길경(吉梗)에 대해 속운(俗韻)으로 전하고 있다.[19] 한글로는 15세기 말『구급간이방』이 전하는 '도랒'이 처음이다.[20] 그 이후로 道乙阿叱(도을아질), 돌앗,[21] 都乙羅叱(도을라질)[22] 등이 기재된다. 따라서 도라차(道羅次)라는 이두식 향명에서 유래하는 것이 아니다.[23] 거꾸로 한글이 존재하지 않았던 시기부터 선조들이 불렀던 순수 우리말 도라지를 이두식 표기로 기록한 것이 도라차(道羅次)이다.

우리말 도라지의 어원은 돌(石)과 갖의 합성어(돌갖→돌앗/도랒/돌랒)에 접미사 '이'가 더해진 것이라 한다.[24] 여기서 '돌'은 돌이 많은 곳(돌밭) 또는 야생의 거친 들(언덕배기)을 뜻하고, '갖'은 어떤 대상물을 지칭한다니, 이런 이름의 기원은 도라지가 저절로 사는 자생 서식처 상황과도 정확히 일치한다. 도라지는 더덕처럼 늘 돌이 있는 곳에 산다. 더덕은 뿌리가 더덕더덕한 것에서 비롯한다고도 볼 수 있는데,[25] 이 또한 '돌'이 덕지덕지 쌓인 산비탈 숲속 땅바닥에 사는 것에 잇닿은 말이다.

도라지는 수술이 암술에 앞서서 성숙한다. 충매화 식물에서 일반적으로 볼 수 있는 현상이다. 바람에 의존하는 풍매화의 경우는 그 반대로 보통 암술이 먼저 성숙한다. (「꿩의밥」 편 참조) 반드시 중매쟁이를 필요로 하는 충매화 입장에서는 곤충의 먹이나 어떤 유인책이 계통 보존을 위한 최우선 전략이 될 수밖에 없다. 다른 꽃 꽃가루받이(타가수분)는 유전자 다양성을 보장하고, 이는 곧 멸종을 방지하는 생태과정이기 때문이다. 도라지는 오늘날 세계 곳곳에서 재배되거나 화훼식물로 키운다. 백도라지, 겹도라지, 흰겹도라지 등 다양한 품종이 있다. 요즘 밭에서 키운 도라지는 3년생 뿌리를 주로 생산하고, 6년생을 최고로 친다. 그런 금전적 시장 경제 가치는 우리나라 사람이 갖는 도라지의 존재 가치에 견줄 바가 못 된다.

1) Ge & Li (1989), Provatova (2006b)
2) 윤호 등 (1489; 남성우 역주 2008), 최세진 (1527), 허준 (1613)
3) 김정국 (1538)
4) 森 (1921)
5) 村川 (1932)
6) 최자하 (1417)
7) 김민수 (1997), 이우철 (2005)
8) 안덕균 (1998)
9) 신전휘, 신용욱 (2006)
10) 최세진 (1527)
11) 深根 (901~923; 多紀 1796)
12) 真柳 (2001)
13) 류태복 (2015, 미발표 자료)
14) Hong *et al.* (2011b)
15) 昌住 (898~901)
16) 深根 (901~923; 多紀 1796)
17) 真柳 (2001)
18) 村川 (1932)
19) 최자하 (1417)
20) 윤호 등 (1489; 남성우 역주 2008), 최세진 (1527), 허준 (1613)
21) 촌가구급방 (1571~73)
22) 유효통 등 (1633)
23) 김민수 (1997), 이우철 (2005)
24) 조항범 (2014), 백문식 (2014)
25) 백문식 (2014)

사진: 김종원, 이정아

암꽃 시기

꽃봉오리

애기도라지

Wahlenbergia marginata (Thunb.) A. DC.

형태분류

줄기: 여러해살이며 어른 발목 높이로 자라고, 바닥에서 여러 갈래로 갈라져 마치 모여난 듯하다. 식물체가 연약하고 작지만 줄기가 모서리 지면서 튼튼하다. 식물 전체에 털이 있다. 수직으로 내리는 오래되고 굵은 뿌리가 있고, 옆으로 가늘고 긴 뿌리를 벋는다.

잎: 어긋나고, 약간 두터우며 잎자루는 없다. 줄기 아랫부분의 잎일수록 창날모양이고, 윗쪽의 것은 좁은 창끝모양 또는 줄모양이다. 가장자리에는 아주 약한 물결 같은 톱니가 있고, 그 끝이 흰빛을 띤다.

꽃: 6~8월에 남색 빛 도는 하늘색 꽃이 가지 끝 긴 꽃자루에서 하늘을 향해 하나씩 핀다. 5수성(數性)이고, 수꽃 시기를 지나면, 암꽃 시기가 되고 암술머리는 3개로 갈라진다.

열매: 캡슐열매이며 거꿀원뿔모양으로 윗부분 뚜껑이 열린다. 약간 눌린 듯한, 아주 작은 진갈색 광택 나는 씨가 들어 있다.

염색체수: 2n=36,[1] 72[2]

생태분류

서식처: 초지, 목초지, 길가, 농로(農路) 언저리, 제방 등, 양지, 적습~약습

수평분포: 제주도, 남부 지역(남해안 일부 도서 지역) 등

수직분포: 구릉지대 이하

식생지리: 아열대~난온대~냉온대 남부·저산지대(해양성), 대만, 중국(화남지구, 화중지구 등), 일본(혼슈 이남), 서남아시아, 동남아시아 등

식생형: 초원식생(잔디형), 터주식생(길가 초본식물군락) 등

생태전략: [터주-경쟁자]~[터주자]

종보존등급: [III] 주요감시대상종

이름사전

속명: 왈렌베르기아(*Wahlenbergia* Schrad. ex Roth). 스웨덴 웁살라 대학의 식물분류학자 (C. P. Thunberg)의 제자(G. Wahlenberg; 1780~1851) 이름에서 비롯한다.

종소명: 마르기나타(*marginata*). 가장자리가 독특하다는 뜻의 라틴어에서 유래하고, 애기도라지 종류의 잎 가장자리 모양에서 비롯한다.

한글명 기원: 좀도라지,[3] 애기도라지[4] 등

한글명 유래: 애기와 도라지의 합성어다. 도라지와 더덕은 돌(石)에 이름의 유래가 잇닿아 있다. (「도라지」 편 참조) 이름의 '애기'는 일본명의 병아리 추(雛) 자가 실마리가 되어 더해진 것이다. 1921년의 기재[5]에서 일본명(雛桔梗)과 잎이 가는 더덕이라는 뜻의 한자명(細葉沙蔘)을 함께 전하면서 제주도 분포를 알렸다.

한방명: -

중국명: 蓝花参(Lán Huā Shēn). 남색(藍色) 꽃이 피는 도라지 종류라는 뜻이다.

일본명: ヒナギキョウ(Hinagikyou, 雛桔梗). 병아리(雛)처럼 작은 도라지(桔梗)라는 뜻이다.

영어명: Wahlenberg's Bellflower, Marginate Rock-bell

에코노트

애기도라지속은 도라지속과 명칭에서 '도라지'를 공유하고 있을 뿐, 성격이 전혀 다른 분류군이다. 전 세계에 도라지속은 1속 1종이지만, 애기도라지속은 1속 260여 종이다.[6] 도라지속은 우리나라를 중심으로 하는 동아시아에만 자생하지만, 애기도라지속은 지구 남반구에 분포중심이 있고, 우리나라에는 애기도라지 1종만이 산다. 도라지가 대륙성 냉온대 요소라면, 애기도라지는 해양성 난온대 요소다.

해양성 기후 지역인 일본열도에서는 애기도라지가 혼슈 이남 전역에 골고루 분포한다. 남쪽 규슈 지방에서는 출현빈도가 높아

서 잔디밭 초지의 잡초로 취급될 정도다. 우리나라에서는 해양성 또는 해안성 난온대 환경인 곳에서만 치우쳐 분포한다. 제주도와 한반도 최남단 일부 도서 지역에서 보이고, 상대적으로 제주도에 흔한 편이다. 지구온난화가 진행되면서 습윤한 해양성 기후 영향이 더 해진다면, 북으로 분포 확산이 가능할 것이다.

애기도라지는 이름처럼 앙증맞은 도라지다. 뿌리의 건축 구조도 예사롭지 않다. 애기도라지의 오래된 뿌리는 도라지보다 더 깊이 땅속으로 파고든다. 굵은 기둥뿌리를 가운데에 두고 가늘고 긴 뿌리를 사방으로 벋는다. 벌초가 심한 잔디밭에서도 살아남을 수 있는 게릴라 전략이다. 적절한 벌초나 방목과 같은 초식(草食)으로 빛이 충만한 초지 환경이 만들어지면 봄여름 생육기간에 얼마든지 뿌리를 재생한다. 보통 줄기에 잎이 듬성듬성 달리지만, 그런 간섭이 많은 곳에 사는 개체들은 줄기 아래에 난 잎 숫자가 많아진다. 간섭이 되레 자극이 되어 더 많은 잎을 내민 것이다. 애기도라지는 자주 밟아서 흙이 다져진 잔디밭에서는 살지 않는 반면에 괭이밥이 살 만한 입지에서 잘 산다. 특히 물에 녹는 황산이온(SO_4^{2-})이 많은 장소에서 함께 산다.[7] 이는 도시 대기오염의 영향에도 견딜 수 있다는 뜻이다. 애기도라지가 야생의 서식처보다는 인간의 손길이 닿는 풀밭에서 잘 살아가는 이유일 것이다. 제주도에서도 원시적 야생 지역보다는 산간 목초지 언저리나 도로변 초지에서 자주 보인다.

---

1) Ono & Masuda (1981)
2) Petterson *et al.* (1995)
3) 박만규 (1949)
4) 정태현 등 (1949)
5) 森 (1921)
6) Hong & Lammers (2011b)
7) 田中 等 (2009)

사진: 류태복

톱풀(가새풀)

Achillea alpina L.

형태분류

줄기: 여러해살이로, 가늘지만 딱딱한 편이며, 바로 서서 어른 허리 높이까지 자라고, 모여난다. 윗부분에서 약간 갈라지고 부드러운 털이 있다. 아랫부분에는 털이 거의 없다. 뿌리줄기는 약간 굵은 편이며 옆으로 자란다. (비교: 유럽 원산인 서양톱풀(*A. millefolium*)은 거미줄 같은 털이 있다.)

잎: 어긋나고, 폭이 1㎝ 내외인 긴 줄모양 같은 타원형으로 잎자루가 없고, 부드러운 털이 있다. 빗살 같은 깃모양이며 가장자리에 불규칙하게 날카로운 톱니가 있다. 제일 아래 잎조각은 줄기를 반쯤 감싸고, 꽃이 필 때쯤에 시든다. (비교: 서양톱풀은 2회깃모양이고, 아래쪽 잎에는 긴 잎자루가 발달한다.)

꽃: 7~10월에 줄기와 가지 끝에서 고른꽃차례로 핀다. 혀모양 암꽃은 지름 8㎜ 정도이고 흰색 또는 연홍색이며, 끝이 세 갈래로 얕게 갈라진다. 그 안쪽에 위치하는 양성(兩性)인 통모양 꽃은 끝이 5개로 갈라진다. 모인꽃싼잎은 둥근 종모양이고, 모인꽃싼잎 조각(總苞片)이 2열로 배열하는데, 장타원형인 바깥 조각은 안쪽 조각 길이의 1/2 정도다. (비교: 산톱풀(*A. alpina* var. *discoidea*)은 바깥쪽 혀모양 꽃잎의 지름이 4㎜ 이하로 작다.)

열매: 여윈열매로 양끝이 편평한 거꿀창끝모양이고 갓털이나 털은 없다.

염색체수: 2n=36[1]

생태분류

서식처: 초지, 산간 임도 언저리, 숲 가장자리, 목초지, 하천변 등, 양지, 적습~약건

수평분포: 전국 분포

수직분포: 아고산대~구릉지대

식생지리: 냉온대~난온대, 만주, 중국(새북지구, 화북지구의 허베이 성, 샨시 성, 섄-시 성, 그 밖에 안후이 성, 쓰촨 성, 윈난 성, 칭하이 성 등), 몽골, 연해주, 캄차카반도, 동시베리아, 일본 등

식생형: 초원식생(억새형)

생태전략: [터주-스트레스인내-경쟁자]~[경쟁자]

종보존등급: [IV] 일반감시대상종

이름사전

속명: 아킬레아(*Achillea* L.). 트로이전쟁을 읊은 서사시 『일리아드』의 영웅(Akhilleus)을 기념하면서 생겨난 라틴어다. 톱풀의 우수한 약성을 공부한 자로 그리스신화의 펠레우스(Peleus)와 테티스(Thetis) 부부의 아들이다.[2]

종소명: 알피나(*alpina*). 고지대 또는 고산대를 뜻하는 라틴어다.

한글명 기원: 괴ㅅㅣ양,[3] 가서풀(Kasaipul), ㅂㅣ암셰(Peamse),[4] 시초(蓍草),[5] 가새풀, 배암세,[6] 톱풀[7]

한글명 유래: 톱풀은 1937년에 기재되었고, 톱날 같은 잎 모양에서 비롯한다는 일본명(鋸草)에서 유래한다. 1921년 기록의 가새풀(가서풀)은 가위(가새)를 닮은 잎 모양에서 비롯한다.

한방명: 일지호(一枝蒿). 뿌리를 약재로 쓴다.[8]

중국명: 高山蓍(Gāo Shān Shī). 높은 산에서 나는 톱풀(蓍草)이라는 것으로, 종소명에서 비롯한다.

일본명: ノコギリソウ(Nokogirisou, 鋸草). 톱 거(鋸) 자처럼 톱풀의 잎 모양에서 비롯한다.

영어명: Alpine Yarrow

에코노트

전 세계 톱풀속(*Achillea* L.)에는 200여 종이

산톱풀

있으며, 유럽과 아시아 온대에 집중 분포한다.[9] 톱풀은 지리적으로 우리나라를 포함한 동북아시아 냉온대 지역에 널리 분포한다. 수직으로는 구릉지대에서부터 산지대를 거쳐서 아고산대까지 분포한다. 축축한 것보다는 약간 건조하고 척박한 입지에서 잘 산다. 빛이 충분히 드는 산지 임도 언저리나 넓은 초지에서 자그마한 무리를 짓는다. 해발고도가 높은 멧부리나 능선에 위치하는 풀밭에는 톱풀보다 암꽃 혀모양꽃이 작은 산톱풀이 종종 보인다. 일본에서는 건생(乾生)이차초원 식생을 대표하는 억새군강(Miscanthetea) 식물사회를 특징짓는 종으로 여긴다.[10]

중국의 옛 주대(周代) 사회에는 톱풀을 이용해서 길흉을 점치는 습속이 있었다고 한다. 톱풀 한 다발을 움켜쥐었을 때, 손아귀 속 줄기가 짝수인지 홀수인지, 즉 짝을 이루는 것(parity)에 대한 심미성(審美性)이다.[11] 한국인과 일본인이 싫어하는 넉 사(四) 자를 무척 좋아하는 중국인의 짝수 선호 풍습도 거기에 잇닿았을 것이다.

인류 최초 장례의식의 원형으로 보는, 고대 선사유적지에서 톱풀속 식물의 꽃가루가 대량으로 발굴된 적이 있다. 이라크 북부의 샤니다르(Shanidar) 석회 동굴 신석기유적지의 이야기다.[12] 지금도 유럽 온대 초지에 널리 분포하고, 우리나라에도 귀화한 서양톱풀이 대표적이다. 톱풀 종류를 지칭하는 영어명 Yarrow는 영국민의 주류를 이루는 앵글로-색슨 민족이 고래부터 사용했던 치유자(healer)라는 의미에 잇닿아 있다. 결국 샤니다르 동굴에서 출토된 톱풀 종류를 포함한 일련의 국화과 식물의 꽃가루는 장례의식용 꽃이라기보다는, 오히려 향기 치료와 같은 약이나 주술의 재료였을 것이라 추정해 본다. 이는 이라크 샤니다르 동굴 유적보다 수천 년 이른 시기인 신석기시대 선사 유적지 충북 청원 두루봉 석회동굴에서 발굴된 진달래속 식물(꼬리진달래, 『한국 식물 생태 보감』 1권 「진달래」 편 참조) 꽃가루와 본질이 같다. 이것은 한반도에 살고 있는 우리가 인류 "첫 약(藥)의 사람(The First Medicine People)"이라는 실체적 증거다.[13] 안타깝게도 두루봉 석회동굴 유적지는 광산 개발로 흔적 없이 사라져 버렸다.

톱풀은 확 트인 풀밭 초지에 살면서 7월부터 시작해서 가을까지 무척 오래 꽃핀다. 항산화효과를 비롯한 우수한 약성을 지닌 것으로도 유명하다.[14] 20세기 초 기록에는 우리나라 사람들에게 불로장생(不老長生)의 약초였다고 전한다.[15] 생활 여건이 어려웠던 고대부터 우리나라 사람들이 톱풀을 주목했다는 것을 말해 준다.

그런데 톱풀이라는 한글명은 최근에 만들어졌다. 일본명에서 왔다. 그 이전 19세기 초 『물명고』에는 톱풀 시(蓍) 자에 대해 '괴ᄉᆡᆡ양'이라는 한글명이 등장하고, 20세기 초 『조선식물명휘』에는 '가새풀'이나 '빗암셰' 따위가 보인다. 모두 톱풀의 독특한 잎 모양에서 비롯한다. 가새풀은 괴ᄉᆡᆡ양에서 변천한 것이고, 요즘의 톱과 모양은 다르지만, '가새'는 그 기능이 비슷한 전통 도구였을 것으로 생각된다. 오늘날 가위라는 명칭도 가새에서 왔다. 포도과에 가회톱(*Ampelopsis japonica*)이라는 목본성 덩굴이 있는데, 잎 모양이 어떤 사물을 자르는 데 사용하는 둥근 가위처럼 보인다. 가회톱도 가새톱, 가위톱 따위에서 변천된 이름일 것이다. 빗암셰라는 명칭은 뱀혀를 뜻한다. 역시 가늘고 긴 잎 모양에서 비롯했을 것이다. 톱풀은 일제강점기 때에 일본명을 번역해서 불쑥 생겨난 이름이다. 고유 명칭 가새풀을 배척할 까닭은 없어 보인다.

산톱풀　　서양톱풀

---

1) Nishikawa (1984)
2) Quattrocchi (2000)
3) 유희 (1801~1834)
4) 森 (1921)
5) 村川 (1932)
6) 林泰治, 鄭台鉉 (1936)
7) 정태현 등 (1937)
8) 안덕균 (1998)
9) Zhu *et al.* (2011)
10) 宮脇 等 (1978)
11) 唐, 鷲尾 (2010)
12) Solecki (1971)
13) 김종원 (2013)
14) 문형인 등 (2000), Zhang *et al.* (2014)
15) 村川 (1932)

사진: 김종원, 김윤하

사철쑥

Artemisia capillaris **Thunb.**

형태분류

줄기: 여러해살이며, 바로 서서 어른 허리 높이로 자라고, 밑 부분은 목질화된다. 가는 가지가 많이 갈라지고, 줄기와 함께 진한 적갈색을 띤다. 어릴 때에는 명주털로 덮여 있다. 뿌리줄기가 발달하고 약간 목질화된다.

잎: 봄에 새로 난 어린잎은 전형적인 쑥 잎처럼 생겼으며, 흰색 명주털이 빼곡하고, 꽃필 때에 말라 없어진다. 다 큰 잎은 2회깃모양으로 갈라지고, 실 같은 줄모양으로 봄에 난 어린잎과 모양이 완전히 다르다.

꽃: 8~9월에 줄기 윗부분에서 고깔꽃차례로 약간 아래로 숙이듯 피고, 황록색 머리꽃이 빼곡하게 달린다. 모두 갓모양꽃으로 중앙에는 불임성 짝꽃(兩性花)이, 그 주변에 임성(姙性) 암꽃이 위치한다. (비교: 더위지기(*A. gmelinii*)는 중앙에 열매가 생기는 임성 짝꽃이다.)

열매: 여윈열매로 갈색이고 달걀모양이다.

염색체수: 2n=18[1)]

생태분류

서식처: 초지, 하천 범람원, 하천 바닥, 냇가, 해안 사구, 제방, 모래자갈땅 등, 양지, 약건~약습
수평분포: 전국 분포
수직분포: 산지대 이하
식생지리: 난온대~냉온대, 만주(랴오닝 성), 중국(화남지구, 화중지구, 산-시 성과 샨시 성을 제외한 화북지구 등), 대만, 일본(혼슈 이남), 연해주 남단, 네팔, 동남아시아 등
식생형: 초원식생, 하천식생(하천바닥 다년생초본식물군락) 등
생태전략: [터주-스트레스인내-경쟁자]~[경쟁자]
종보존등급: [IV] 일반감시대상종

이름사전

속명: 알테미시아(*Artemisia* L.). 그리스신화의 주피터 딸 이름(Artemis)에서 비롯한다. 숲과 어린이를 지키는 여신이고, '여성으로서 최고 온전성'이라는 뜻이다. 단군신화에 등장하는 쑥의 뜻과 일치하고, 고대사회에서부터 민족식물학의 중심에는 쑥 종류가 있다. (『한국 식물 생태 보감』 1권 「쑥」 편 참조)[2)]
종소명: 카필라리스(*capillaris*). 가는 털이 많다는 뜻으로 어린 잎에 무명 털이 가득한 것에서 비롯한 라틴어다.
한글명 기원: 더위자기,[3)] 더위지기,[4)] 사철쑥, 애땅쑥, 애탕쑥[5)] 등
한글명 유래: 사철과 쑥의 합성어로 보는 사계절 쑥과 향명 표기(獅子足艾)에서 유래하는 사자(지)발쑥과 관련 있을 것으로 추정한다. 그런데 15세기부터 근대 분류학이 도입된 20세기 초까지 기록상으로 사철쑥과 더위지기는 구분되지 않았다. (아래 에코노트 참조)
한방명: 인진호(茵蔯蒿). 봄에 채취한 어린잎을 약재로 쓴다. 더위지기는 한인진(韓茵蔯)이라 하고, 지상부 전체를 약재로 쓴다.[6)] 중국명에서 왔다.
중국명: 茵陈蒿(Yīn Chén Hāo). 줄기 아랫부분이 겨울에도 죽지 않고, 봄이 되면 거기에서 다시 싹이 돋아나 무리 짓는 것에 잇닿은 이름으로 추정한다.
일본명: カワラヨモギ(Kawarayomogi, 河原蓬). 모래자갈 하천 바닥에 자주 나타나는 것에서 비롯한다. 『본초화명』에 따르면 사철쑥의 본래 일본명은 히키요모기(引蓬)이다. 한자명 인진호(茵蔯蒿)에 대해서 당시 일본인들이 부르던 향명으로 이두식 표기 히키요모기(比岐与毛岐)라 적시했다.[7)]
영어명: Capillary Wormwood

에코노트

우리나라 민족식물학의 중심에는 쑥속(*Artemisia* L.)이 있다. 그 가운데 쑥, 사철쑥, 더위

지기가 우듬지다. 쑥은 농촌 경작지 언저리에서 사람들이 늘 간섭하는 입지에 살고(『한국 식물 생태 보감』 1권 「쑥」 편 참조), 사철쑥과 더위지기는 내버려진 황무지 같은 곳에 산다. 그것도 자연적으로 생겨난 황무지로 보통 식물은 살기 어려운 지독하리만큼 메마른 입지다. 쑥은 비옥한 땅을 좋아하지만, 사철쑥과 더위지기는 무척 척박한 땅에서 산다. 더위지기는 일본명(岩蓬, 이와요모기)이 설명하듯이 건조한 바위 틈바구니에 사니 사철쑥보다 더욱 열악한 곳에 사는 셈이다. 개울가 침식 암벽 사이에서 햇빛에 그대로 노출되면서 지표면이 후끈 달아오르는 환경이 분포중심이다.

사철쑥은 땡볕이 내리쬐는 하천 물길 언저리의 모래자갈땅에서 산다. 하천 바닥은 물살이 빠르기 때문에 물살 영향이 적은 곳에 자리 잡는 것이다. 중상류의 계류변 고수부지 같은 보다 안정적이라는 서식처에 더욱 흔하다. 사철쑥은 땅속 깊은 곳까지 기둥뿌리(直根)를 내리기 때문에 땡볕에 살아도 뿌리가 건조에 노출될 위험이 적다. 거센 물

더위지기

살이 지나가더라도 지상 줄기만 부러질 뿐, 뽑혀 떠내려가지 않는다. 또 원줄기 아랫부분은 지표면의 뜨거운 복사열에도 줄기 속 세포들이 파괴되거나 수분을 빼앗기지 않도록 목질화된다.

사철쑥은 바닷가 사구에서도 잘 산다. 절대기생식물 열당과의 초종용(*Orobanche coerulescens*)이 그 뿌리에 붙어 기생하는 경우가 종종 보인다.[8] 우리나라에서 초종용이 발견될 정도로 사철쑥 서식처가 온전한 해안 모래사장은 드물어졌다. 국가 수준의 온전한 해안선 생태계 관리가 절실하다. 한편 우리나라 해안 사구(砂丘)에 분포하는 것으로 알려진 비쑥(*A. scoparia*)은 사철쑥의 변이형이다.[9] 즉 독립적인 분류군이 아니다. 일본 열도에서 비쑥의 실체는 이미 1971년에 논의가 시작되었는데 결국 존재하지 않는 것으로 밝혀졌다. 그 이후 비쑥 실체는 유라시아 대륙 수준에서 검증되어 왔다.[10] 우리나라 해안식생에서 비쑥의 분포가 최근까지도 줄곧 보고되지만,[11] 모두 사철쑥이다. 사철쑥은 내륙과 해안에서 모래자갈땅이면서 땅속 수분환경이 보장되고 강한 직사광선에 노출된 입지에 널리 분포한다. 중부 유럽 내륙 깊숙한 지역의 황무지에서 종종 나타나는 *A. scoparia* (2n=16)[12]는 동아시아 사철쑥(*A. capillaris*)과 염색체수(2n=18)에서도 차이가 나고, 식물사회학적으로도 유럽형의 사철쑥에 견줄 만하다.

우리나라 사람은 20세기 초까지만 하더라

도 사철쑥과 더위지기를 구별하지 않았다. 사철쑥이라는 이름도 20세기 초에 만들어졌다. 한자명 인진호(茵蔯蒿)는 15세기 초 『향약구급방』[13]에서 속운(俗云), 즉 향명으로 한자 加火尤只(가화우지)라 번역했다. 더할 가(加), 불 화(火), 더욱 우(尤), 다만 지(只) 자를 차운(次韻)한 것이다. 당시 민간에서 불렀던, 언필칭 더위지기라는 소리에 잇닿은 이름이 틀림없다. 17세기 초 『동의보감』[14]에서 처음으로 '더위자기'라는 한글명이 등장하고, 18세기 말 『제중신편』[15]에서 '더위지기'로 기록했다. 결국 학명(*A. capillaris*)에 대응하는 한자명이 인진호(茵蔯蒿)이기 때문에, 여기에 대응하는 본래의 한글명은 더위지기가 되는 셈이다.

그런데 1921년의 『조선식물명휘』[16]에서 더위지기라는 고유 명칭은 빠지고, '사(ᄉᆞ)철쑥'이라는 한글명이 불쑥 등장한다. 더위지기라는 이름은 적어도 500여 년 전에도 우리나라 사람들이 부르던 고유 명칭인데 말이다. 게다가 2005년 『한국 식물명의 유래』는 1937년 『조선식물향명집』[17]의 '사철쑥'이라는 한글명이 첫 기재[18]라고 주장한다. 실수라기에는 너무도 어처구니없다. 1921년 모리(森)의 사철쑥(ᄉᆞ철쑥)이라는 이름을, 1932년 무라카와(村川)는 한자 四節蓬(사절봉)으로 표기했다. 이것은 사철쑥의 '사철'이 사계절(四季節)이라는 것을 알게 한다. 하지만 왜 이 쑥 종류가 사계절의 의미를 갖게 되었는지 유래를 알 길은 없다. 그저 19세기 초 『물명고』의 사ᄌᆞ발쑥(獅子足艾)[19]이라는 한글명에서 온 것이라 추정해 본다. 사자(ᄌᆞ)발쑥이라는 명칭의 사ᄌᆞ발에 '사철'이 잇닿아 있다고 보는 것이다. 분명한 사실은 사철쑥의 사철이 사계절은 아니라는 것이다. 사ᄌᆞ발은 사철쑥의 잎 모양이나 어떤 형태를 빗댄 것으로 밖에 생각되지 않는다. 결국 1921년 모리(森)의 사철쑥은 뿌리가 없는 이름이 되고 만다. 사철쑥의 방언 애땅쑥이나 애탕쑥은 한방에서 뜸(艾, 애)이나 탕(湯)으로 사용한 약초라는 것에 잇닿아 있다. 어린잎이나 줄기에서 난 잎을 말려서 사용한다. 민간에서는 어린잎을 채취해서 삶아 먹기도 하고, 줄기에서 난 잎을 소나 말의 사료로 썼다. 그래서 사철쑥이라는 이름 대신에 애탕쑥도 괜찮아 보인다.

황무지에 사는 한해살이 개똥쑥

『토명대조선만식물자휘』[20]는 사철쑥을 더위지기로 혼동했거나 두 종을 옛날 사람들처럼 구분하지 않은 것에서 비롯했을 것이다. 더위지기는 우리나라 사람(韓人)의 인진호(茵蔯蒿)라는 뜻으로 한방에서는 한인진(韓茵蔯)이라 한다.

더위지기의 어원은 알려지지 않았다. 오늘날 '뜸을 뜨다'라고 할 때의 '뜸'이라는 말과 어원이 잇닿았을 것으로 보인다. 이열치열(以熱治熱)처럼 열을 더하다는 의미에서 '뜸지피기'로 해석해 본다. 15세기 최초 향명 표기의 첫 글자 '몸에 붙이거나, 더한다'는 의미의 더할 가(加) 자를 염두에 둔 해석이다. 일반적으로 향명은 소리에 대응하는 쉬운 한자를 첫 글자로 차용(借用)하는데, 더위지(자)기의 경우는 '더하다'의 의미소(意味素)를 차용했다는 사실이 눈길을 끈다. 뜸, 뜨다, 덧붙이다의 '더' 따위는 모두 뿌리가 같은 말(同源語)이기에 더욱 그렇다. 이런 모든 사실은 본래부터 사철쑥과 더위지기를 구별할 필요도 없이, 두 종 모두 약초이며 자원식물이었다는 사실을 뒷받침한다.

한편 하천변이나 농촌 길가의 좀 거친 황무지 같은 곳에서 개똥쑥(*A. annua*)이 심심찮게 보인다. 터주식생 요소다. 식물체에 취기가 있기 때문에 개똥쑥이라는 이름이 붙었을 것이다. 보통의 쑥 향이 변질된 썩은 냄새 같은 것이다. 우리에게 '개똥도 약이다'라는 속담이 있듯이 개똥쑥이 민간 약재로 이용된 역사는 무지 오래다. (『한국 식물 생태 보감』 1권 「쑥」 편 참조) 말라리아에 걸려 죽을 고생을 한 소년은 어머니의 정성스런 개똥쑥 향기 치료로 치유되었다. 1960년대 중엽, 영양 산골 마을에서 겪은 내 어릴 적 이야기다. 최근 2015년 노벨생리학상 덕택에 개똥숙은 또 한 번 크게 주목 받았다. 개똥쑥에서 말라리아 치료에 효과적인 약성(Artemisinin-based combination therapies)을 발견한 것이다. 적어도 2030년까지 아시아-태평양 지역을 말라리아 청정 지역으로 만들 것이라는 동아시아 정상회의의 선언도 있었다.[21] 개똥쑥에서 얻은 화합물의 명칭 아르테미시닌(Artemisinin)은 쑥 종류의 속명(*Artemisia* L.)에서 비롯한다.

---

1) Lee (1967), 박명순 등 (2009)
2) 김종원 (2013)
3) 허준 (1613)
4) 강명길 (1799)
5) 한진건 (1982), 이우철 (2005)
6) 안덕균 (1998), 신전휘, 신용욱 (2006)
7) 深根 (901~923)
8) 이창복 (2003)
9) 정주영 등 (2000), 박명순 등 (2011)
10) 武内 等 (1971), 岡西 等 (1974)
11) 한영훈 등 (2013)
12) Oberdorfer (1983)
13) 최자하 (1417)
14) 허준 (1613)
15) 강명길 (1799)
16) 森 (1921)
17) 정태현 등 (1937)
18) 이우철 (2005)
19) 유희 (1801~1834)
20) 村川 (1932)
21) World Health Organization (2015)

사진: 최병기, 이창우, 김종원

뻥쑥

Artemisia feddei **H. Lév. & Vaniot**

형태분류

줄기: 여러해살이며, 바로 서서 어른 키 높이 이상으로 자라고, 밑 부분은 목질화된다. 가는 가지가 많이 갈라지고, 줄기와 함께 진한 자색을 띠면서 거미줄 같은 털이 있고, 세로로 골이 나 있다. 지표면에서 길게 뻗는 줄기(走出枝)가 발달한다. (비교: 쑥(*A. princeps*)은 어른 가슴 높이 이하로 자란다.)

잎: 뿌리에서 난 잎은 꽃이 필 때 고사하고, 줄기에서 난 잎은 어긋난다. 잎 뒷면에는 흰색 솜털이 빼곡하고, 깃처럼 깊게 갈라지며 줄모양이다. 줄기 중간에 달린 잎은 좁고, 특히 마지막 끝잎조각은 월등히 길고 큰 편이다. 꽃차례에 붙은 잎은 좁고 가늘다. (비교: 쑥은 상대적으로 잎이 큰 편이고, 줄기 중간 잎의 끝잎조각은 보다 짧고 다시 두세 갈래로 얕게 갈라진다.)

꽃: 8~9월에 가지와 줄기 윗부분 잎겨드랑이에서 고깔꽃차례로 핀다. 머리꽃은 너비가 1㎜ 이하이고, 대롱모양(筒狀)으로 약간 갈색을 띠며, 꽃자루가 없어서 자세가 반듯하다. 가장자리 쪽에 임성(姙性) 암꽃이 있고, 안쪽으로 짝꽃이 모여 난다. 둘 다 종자를 만든다. (비교: 쑥은 짧은 잎자루가 있어서 머리꽃이 아래로 쳐지고, 너비가 1㎜보다 훨씬 넓다.)

열매: 여윈열매로 장타원형이다.

염색체수: 2n=16[1)]

생태분류

서식처: 초지, 제방, 숲 가장자리, 산간 묵정밭과 그 언저리, 해안 및 하안(河岸)의 황무지 등, 양지, 약건~적습

수평분포: 전국 분포

수직분포: 산지대 이하

식생지리: 난온대~냉온대, 만주, 중국(화북지구, 화중지구, 화남지구 등), 대만, 일본(혼슈 이남), 인도 등

식생형: 이차초원식생(억새형)

생태전략: [터주-스트레스인내자]~[경쟁자]

종보존등급: [V] 비감시대상종

이름사전

속명: 알테미시아(*Artemisia* L.). 그리스신화에 나오는 신 주피터의 딸 이름(Artemis)에서 유래하고, '여성으로서 최고 온전성'이라는 뜻이다.

종소명: 페데이(*feddei*). 독일 식물학자(F. Fedde) 이름에서 비롯한다. 뻥쑥은 Fedde 박사가 주관한 논문집(1910년 8월)에서 1908년 10월 E. J. Taquet 신부가 제주도에서 채집한 표본을 이용해 H. Léveillé 박사가 신종으로 기재했다.[2)]

한글명 기원: 뻥쑥,[3)] 뻥대쑥[4)]

한글명 유래: 뻥과 쑥의 합성어다. 쑥 잎을 뜯어내고 남은 줄기를 뻥대라 한다. 이것을 횃불(炬火) 재료로 사용했으며,[5)] 그에 잇닿은 이름으로 보인다. 뻥쑥 줄기는 단단한 편이고 길기 때문에 뻥대로 유용하다.

한방명: - (최근 들어 약재로 쓴다.)

중국명: 矮蒿(小艾, Ǎi Hāo). 작고 왜소한 쑥이라는 뜻이다. 장대(壯大)하다는 의미가 있는 제비쑥(牡蒿, *A. japonica*)에 대응하는 이름이다. 별칭으로 牛尾巴蒿(Niú Wěi Ba Hāo)가 있다.[6)]

일본명: ヒメヨモギ(Himeyomogi, 姫蓬, 姫艾). 쑥과 비교해서 작고(小) 가는(細) 조각잎이 여성스럽다(姫)는 뜻에서 비롯한다고 한다.[7)] 식물체 높이는 쑥보다 훨씬 크다. 오히려 제비쑥(Otokoyomogi, 男艾)에 대비되는 이름으로 중국명(牡蒿)에 잇닿아 있다.[8)]

영어명: Fedde's Wormwood

에코노트

쑥은 농촌 경작지 주변에 사는 인위식물 가운데 터주식물을 많이 닮은 마을식물(부록 생태용어사전 참조)이라면, 뻥쑥은 오히려 반자연(半自然) 초원식생에 분포중심지가 있다. 하지만 뻥쑥도 쑥만큼 서식처 범위가 무척 넓다. 산지대 거친 풀밭에서부터 동네 근처까지 내려와 산다. 쑥은 거꾸로 동네 근처

에서 구릉지대를 넘어 드물게 산지대까지 올라가 산다. 쑥은 비옥한 토양을 좋아하지만, 뺑쑥은 그렇지 않다. 쑥이 뺑쑥보다는 사람을 더욱 좋아하는 모양새다. 뺑쑥은 하천 부지 황무지 같은 곳에서 종종 무리를 짓고 사는 경우도 보인다. 쑥처럼 땅속줄기가 길게 발달하기 때문에 가능하다. 드물게는 해안 염습지(鹽濕地) 언저리 황무지에서도 보인다. 식물체가 쑥보다 큰 편으로 어른 키 이상 장대하게 자란다. 다 큰 개체는 줄기가 아주 튼튼하다. 옛날에 횃불(炬火)대(뺑대)로 이용했으며,[9] 거기에 뺑쑥이라는 이름이 잇닿아 있을 것이 분명하다.

---

1) Volkova & Boyko (1989)
2) Léveillé (1910)
3) 정태현 등 (1937)
4) 안학수, 이춘녕 (1963)
5) 정태현 (1957)
6) 한진건 등 (1982)
7) 奧田 (1997)
8) 牧野 (1961)
9) 정태현 (1957)

사진: 이정아

제비쑥

Artemisia japonica Thunb.

형태분류

줄기: 여러해살이며, 바로 서서 어른 허리 높이로 자란다. 아랫부분에서 모여나고 목질화된다. 가지가 거의 갈라지지 않고, 붉은색을 약간 띠며, 세로로 여러 개 능각(稜角)이 있다. 땅속줄기는 거의 없다. (비교: 뺑쑥(*A. feddei*)은 가지가 많이 갈라지며, 땅속줄기를 길게 벋는다.)

잎: 어긋나고, 연미복 같은 쐐기형으로 잎 질감이 두터운 편이고, 밑에 실 같은 받침잎 조각이 있다. 양면에 부드러운 털이 약간 있고, 끝부분에 불규칙한 결각이 있지만 변이가 심한 편이다.

꽃: 8~10월에 황록색으로 윗부분에서 고깔꽃차례로 피고, 윤기가 약간 난다. 머리꽃은 모두 통꽃이고, 바깥 가장자리에 암꽃이 배열하고 열매가 생기지만, 안쪽에 위치하는 짝꽃은 불임이다. 모인꽃싼잎에는 털이 없다.

열매: 여윈열매로 지름 1㎜ 이하인 장타원형이며 털이 없다.

염색체수: 2n=18, 36[1]

생태분류

서식처: 초지, 들판, 산지 임도 언저리, 하천 부지 황무지, 마을 숲 가장자리, 무덤 언저리, 산간 경작지 둔덕, 모래자갈땅 등, 양지, 약건~적습

수평분포: 전국 분포

수직분포: 산지대 이하

식생지리: 냉온대~아열대, 만주, 중국, 만주, 연해주, 대만, 일본, 필리핀, 기타 아시아 전역

식생형: 이차초원식생, 하원초본식생

생태전략: [터주-스트레스인내자]~[경쟁자]

종보존등급: [V] 비감시대상종

이름사전

속명: 알테미시아(*Artemisia* L.). 그리스신화에 나오는 신 주피터의 딸 이름(Artemis)에서 비롯한다.

종소명: 야포니카(*japonica*). 일본을 뜻한다.

한글명 기원: 져븨 쑥,[2] 졉의쑥,[3] 졔비쑥,[4] 제비쑥[5]

한글명 유래: 제비와 쑥의 합성어로 본래 초호(草蒿)라는 한약명에서 비롯한다. 고어 져비[6]는 제비이기 때문에 져븨 쑥은 '제비의 쑥'이라는 뜻이 된다. '제비'는 어떤 순서를 정할 때 '제비뽑기'의 제비나 연미복처럼 잎 모양과 관련 있거나, 사철쑥이나 더위지기에 비해 약성이 빈약한 것에서 비롯할 수도 있다. 그런데 초호(草蒿)는 제비쑥이 아니라 한해살이 개똥쑥이고,[7] 정호(菁蒿)는 졉의쑥, 즉 제비쑥이고, 모호(牡蒿)는 밤쑥이라는 기록도 있다.[8]

한방명: 모호(牡蒿). 제비쑥 지상부를 약재로 쓴다.[9]

중국명: 牡蒿(Mǔ Hāo). 남성적인 쑥(蒿)이라는 뜻이다. 장대하다는 의미도 있지만, 종자가 아주 작아 없는 것처럼 보이는 것에서 수컷(男)이 자식을 직접 낳지 않는 것에 대비시킨 이름으로 추정한다.

일본명: オトコヨモギ(Otokoyomogi, 男艾). 중국명(牡蒿)에서 비롯한다.[10] 뺑쑥(*A. feddei*)의 히메요모기(媛艾)에 대비시킨 이름이다.

영어명: Masculine Wormwood

당해 새로 난 6월 초순의 제비쑥

에코노트

제비쑥이 사는 곳에는 종종 뺑쑥도 함께 산다. 모래자갈로 된 하천 바닥이나 억새가 사는 건생이차초원에서 자주 함께 보인다. 뺑쑥은 땅속줄기가 달리지만, 제비쑥은 땅속줄기가 없기 때문에 큰 무리를 만드는 경우가 거의 없이 한 포기씩 난다. 그래서 봄철에 불태우는 농촌 제방에서는 제비쑥이 살지 못한다. 손으로 벌초한 풀밭에서는 잘 산다. 그런 불탄 제방이나 두둑에는 쑥이나 뺑쑥이 잘 산다. 제비쑥은 드물게 습지 언저리 양지바른 곳에서도 살지만, 아주 건조한 산비탈 암벽 틈바구니에서도 자주 보인다. 건조에 잘 견딘다는 뜻이다. 울릉도와 독도의 해안 용암절벽과 같이 극단적으로 건조한 입지에 제비쑥의 변종인 섬제비쑥(*A. japonica* var. *hallaisanensis*)이 살고 있다.[11)]

제비쑥도 다른 쑥 종류처럼 민간 약재로 이용하며, 어린잎을 삶아서 나물로도 먹는다.[12)] 최근 연구에서는 제비쑥 추출물이 새우 양식 산업에 피해를 입히는 새우흰반점바이러스에 효과가 있는 것으로 밝혀졌다.[13)] 쑥 종류의 속명이 갖는 의미(『한국 식물 생태 보감』 1권 「쑥」 편 참조)처럼, 우리 인간에게 많은 이익을 가져다주는 잠재 자원임이 틀림없다.

---

1) Lee (1967), 박명순 등 (2009)
2) 허준 (1613)
3) 유희 (1801~1834)
4) 森 (1921)
5) 정태현 등 (1937)
6) 최세진 (1527)
7) 신전휘, 신용욱 (2006)
8) 유희 (1801~1834)
9) 안덕균 (1998)
10) 牧野 (1961)
11) 김종원 등 (1996)
12) 村川 (1932)
13) Oh (2008)

사진: 김종원, 이창우

개쑥부쟁이

Aster meyendorffii **(Regel & Maack) Voss**

형태분류

줄기: 여러해살이며 어른 무릎 높이로 자라고, 세로로 능각이 있으며, 털이 있다. 위에서 많이 갈라진다. 뿌리줄기를 뻗는다.

잎: 줄기에서 난 잎은 어긋나고, 좁은 장타원형으로 끝은 뾰족하지만 예리하지 않다. 가장자리는 거의 밋밋하나 윗부분에 톱니가 약간 있고, 양면이 거칠다. 뿌리에서 난 잎은 잎자루가 길고, 가장자리에 부드러운 큰 톱니가 있다. 꽃이 필 때면 고사한다. (비교: 까실쑥부쟁이(*A. ageratoides*)는 넓은 타원형으로 끝이 예리하게 뾰족하고, 표면이 거친 편이다.)

꽃: 8~10월에 가지 끝과 원줄기 끝에서 암꽃인 혀모양꽃이 연한 남자색으로 피며, 가운데에는 짝꽃인 노란색 대롱꽃이 있다. 끝이 뾰족한 좁은 포(苞)가 3줄로 나고, 길이는 2㎝ 이상이며, 열매가 익을 때까지 남는다.

열매: 여윈열매로 거꿀달걀모양이다. 짧은 갓털이 있고 적황색이다.

염색체수: 2n=18[1] (눈개쑥부쟁이(*A. hayatae*), 2n=36)[2]

생태분류

서식처: 초지, 제방, 하천변 황무지, 산지 풀밭이나 길가 등, 양지, 적습

수평분포: 전국 분포

수직분포: 산지대 이하

식생지리: 냉온대~난온대(대륙성), 만주, 중국(새북지구, 화북지구의 허베이 성, 샨-시 성, 샨시 성), 연해주 등

식생형: 건생이차초원(억새형), 하원초본식생 등

생태전략: [터주-스트레스인내자]~[경쟁자]

종보존등급: [IV] 일반감시대상종

이름사전

속명: 아스터(*Aster* L.). 별(*aster*)을 뜻하는 라틴어에서 비롯한다. 꽃 모양에서 비롯했을 것이다. 개쑥부쟁이의 최초 기재 학명은 *Galatella meyendorffii* (Regel & Maack 1861)이고, 속명 갈라텔라(*Galatella* Cass.)는 켈트 사람이 사는 소아시아 지역명(Galatea)에서 비롯한다[3] 현대적 식물분류 명명법에도 전혀 어긋남이 없는 정당한 학명이기 때문에 지금 통상적으로 쓰이는 *Aster meyendorffii*를 이명으로 취급하기도 한다.[4]

종소명: 메옌도르피(*meyendorffii*). 독일 왕립식물원 원장(B. P. C. v. Meyendorff)을 기념하면서 생겨난 라틴어다. 극동러시아 연해주와 중국 만주 사이 국경에 위치하는 항카호(Khanka lake, 兴凯湖, 흥개호) 모래땅에서 R. Maack가 채집한 표본으로 E. Regel이 처음 기재했다.[5]

한글명 기원: 개쑥뿌쟁이,[6] 산개쑥부쟁이,[7] 개쑥부쟁이[8]

한글명 유래: 개와 쑥부쟁이의 합성어로 흔한 또는 하찮은 쑥부쟁이라는 의미일 것이다. 그런데 쑥부장이,[9] 또는 쑥부장이[10]라는 한글명에 '개' 자가 더해진 것

은 지금은 이명으로 처리되는 속명(*Heteropappus* Less.)에 대한 중국속명(狗娃花属)의 개 구(狗) 자가 실마리가 되었거나, 이미 쑥부쟁이 이름이 있기 때문에 특별한 의미 없이 덧붙인 것으로 보인다. 한편 쑥부쟁이는 쑥과 부쟁이의 합성어로 잎은 쑥을, 꽃은 참취를 닮은 데에서 비롯한다. 부쟁이는 참취와 같은 취나물 종류의 방언 부지깽이 나물의 부지깽이에서 비롯한다.[11)]

한방명: 산백국(山白菊). 개쑥부쟁이, 쑥부쟁이, 까실쑥부쟁이, 눈개쑥부쟁이, 섬쑥부쟁이 등의 지상부를 약재로 쓴다.[12)]

중국명: 砂狗娃花(Shā Gǒu Wá Huā). 갯쑥부쟁이속(狗娃花属, *Heteropappus Less.*) 종류로 대개 모래땅(砂)에서 산다고 붙여진 이름일 것이다. 하지만 갯쑥부쟁이속은 참쑥속(紫菀属, *Aster* L.)에 통합되었고, 두해살이로 대개 아열대 열대 지역에 분포한다.

일본명: - (비교: 1921년 모리(森)의 『조선식물명휘』에는 일본명(Yamajinogiku, 山路野菊)으로 등재된 바 있으나,[13)] 우리나라에 분포하지 않는 해넘이한해살이 *Aster* (*Heteropappus*) *hispidus*로 혼동한 것에서 비롯한다. 개쑥부쟁이는 일본에 분포하지 않으나, 쑥부쟁이(*A. yomena*)는 흔하다.[14)] 한편 쑥부쟁이의 일본명은 嫁菜(Yomena)로, 어린 순이 맛 좋고 꽃도 아름다워서 며느리(嫁)에 빗댄 이름이라고 한다.[15)])

영어명: Meyendorff's Aster

에코노트

참취속(*Aster* L.) 종류는 유라시아 대륙의 초원식생 구성원으로 대륙적 요소다. 온대 생물군계의 숲속 식물이 아니라는 뜻이다. 서식처는 일차적으로 빛이 가려지지 않는 개방 입지이고, 수분환경조건에 따라 크게 습생형과 건생형으로 나눈다. 개쑥부쟁이는 대륙성 건생 초원식생의 표징종이며, 참취속 쑥부쟁이 종류 가운데 가장 한국적이고, 준특산이라 해도 문제될 게 없다.

개쑥부쟁이는 동북아에서 한반도가 분포 중심이고 전국에 분포한다. 1861년 첫 명명 기재에 이용되었던 연해주와 만주 사이 항카호(興凱湖)에서 채집된 표본 정보에서 알 수 있듯, 북쪽으로는 만주와 연해주 지역까지 분포한다. 일본열도에는 분포가 알려지지 않았다.[16)] 반면에 이름이 익숙한 쑥부쟁이는 우리나라 남부의 온난하고 습윤한 난온대 지역에서 보이지만 일본을 대표하는 종이다. 개쑥부쟁이가 쑥부쟁이에게 그 이름을 내주고 만 셈이다. 일제강점기의 후유증이다. 우리나라 야생 식물에 대한 근대 분류학적 최초 기재라 할 수 있는 1921년 모리(森)의 『조

까실쑥부쟁이

선식물명휘』 내용을 그대로 승계한 데서 빚어진 결과다. 당시 모리(森)는 개쑥부쟁이의 실체를 눈치챘으나, 한글이름 없이 일본에 분포하는 종(Yamajinogiku, 山路野菊)으로 기재했다. 대신 한글명 쑥부쟁이라는 이름은 일본열도가 분포중심인 *Aster yomena* (또는 *A. indicus*)에 대응시켰다. 그 이후에 한국 1세대 분류학자들은 1937년 『조선식물향명집』, 1949년 2월 『우리나라 식물 명감』, 1949년 11월 『조선식물명집』에서 각각 '개쑥부쟁이', '개쑥뿌쟁이', '산개쑥부쟁'이라는 조금씩 다른 한글명을 기재했다. 실체는 하나인데, 이름을 두고 각축을 벌이는 형국이다. 한글명이 께름칙하다면, 특히 사람의 정신성에 관련한다면 올바르지 못한 이름은 정당하게 고치면 된다. 가장 한국적인 쑥부쟁이라는 이름을 가져야 하는 대상을 21세기 국가표준식물목록에서는 여전히 개쑥부쟁이로 쓰고 있는 실정이다.[17] 무척 아쉽다. 폐쇄적 민족주의와 국가주의는 마땅히 경계해야 하지만, 패배의식의 식민 잔재를 걷어 내야 하는 것과는 방점이 다르다. 개쑥부쟁이를 쑥부쟁이로, 쑥부쟁이를 왜쑥부쟁이로 고쳐 불러야 옳다.

개쑥부쟁이의 지리적 분포는 역사적으로 우리나라 사람이 사는 지역과 정확히 들어맞는다. 우리나라에서는 까실쑥부쟁이와도 분포가 중첩한다. 두 종은 줄기에 난 잎 모양이 뚜렷하게 다르다. 까실쑥부쟁이는 달걀 모양 같은 넓은 타원형이지만, 개쑥부쟁이는 좁고 약간 긴 줄모양이다. 까실쑥부쟁이의 '까실'은 잎 표면이 까슬까슬 또는 가슬가슬한 것에서 비롯했을 것이다. 개쑥부쟁이의 생태형처럼 왜생(矮生)하는 눈개쑥부쟁이(*A. hayatae*)[18]는 제주도 한라산 아고산대와 산지대의 해발고도가 높은 초지에서, 단양쑥부쟁이(*Heteropappus altaicus* (Willd.) Novopokr.; 이명 *A. altaicus* var. *uchiyamae*)는 남한강의 하천 부지 모래자갈땅에서 국지적으로 나타난다. 이 두 종은 대륙성이 더욱 강한 중국, 서아시아, 서남아시아에 널리 분포한다. 한편 일본 사문암 지대에서 특이 분포로 유명한 긴쑥부쟁이(*A. hispidus* var. *leptocladus*)가 최근 대구 팔공산 임도 언저리에 분포한다는 사실이 보고되었다.[19] 이것을 사실로 받아들인다면, 본래부터 한반도에 분포하던 대륙 기원인 긴쑥부쟁이 집단이 일본에 건너가 가장 척박한 사문암 입지를 피난처로 삼아 살아남은 것으로밖에 해석되지 않는다. 이들 사례는 모두 참취속(*Aster* L.)이 갖는 건조한 서식환경을 반영하는 대륙성 분포 특성을 보인다.

1) Probatova (2006b)
2) 정규영, 김윤식 (1997)
3) Cuvier (1825)
4) The Plant List (2013)
5) Regel (1861)
6) 박만규 (1949)
7) 정태현 등 (1949)
8) 이창복 (1979)
9) 森 (1921)
10) 정태현 등 (1937)
11) 김종원 (2013)
12) 안덕균 (1998)
13) 森 (1921)
14) 大井 (1978)
15) 牧野 (1961)
16) 大井 (1978), (비교: 北村 等, 1981a)
17) 국가표준식물목록위원회 (2015)
18) 박수경 등 (2013)
19) 이강협 등 (2014)

사진: 김종원, 류태복
그림: 이경연

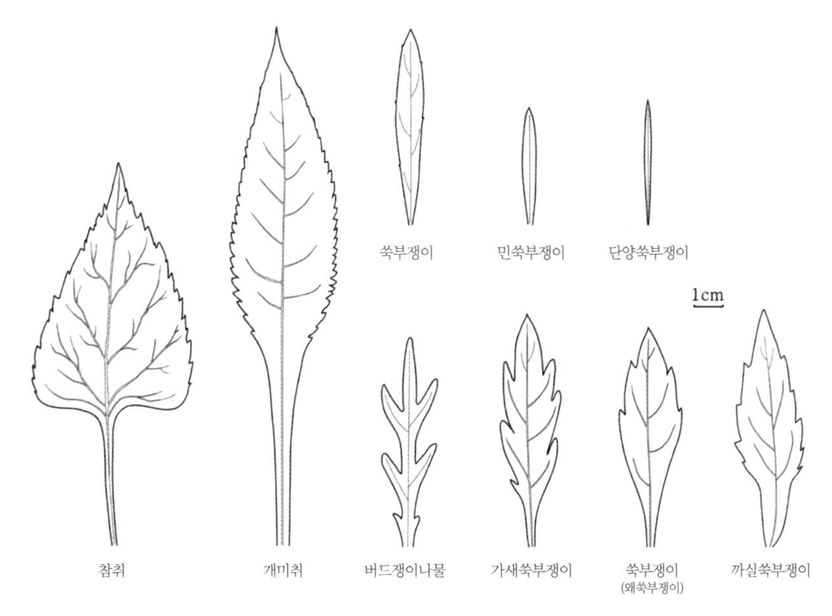

쑥부쟁이류의 전형적인 잎 모양. 약간의 변형은 늘 있다.

참취

Aster scaber Thunb.

형태분류

줄기: 여러해살이며, 바로 서서 어른 가슴 높이로 자라고, 위에서 갈라진다. 어쩌다가 털이 적은 경우도 있지만, 거친 털이 있고, 튼튼한 편이다. 짧고 굵은 뿌리줄기가 발달한다.

잎: 뿌리에서 난 긴 꽃자루의 잎은 꽃이 필 때면 거의 말라 없어진다. 줄기에서 난 잎은 어긋나고, 위로 갈수록 작아지며, 더 아래쪽에 달린 잎의 잎자루에는 날개가 발달한다. 가장자리에 겹톱니가 있고, 뒷면이 약간 흰빛을 띠며, 양면에 거친 털이 있다. 꽃차례의 잎은 좁고 작은 창끝모양이다.

꽃: 8~10월에 줄기 윗부분에 지름 2㎝ 내외인 머리꽃이 고른꽃차례로 난다. 긴 꽃자루가 발달하고, 드물게 달리는 편이다. 흰색 혀모양꽃은 5~8개로 크기가 일정하지 않고, 암술만 있는 암꽃이다. 가운데 대롱꽃은 짝꽃으로 노란색 꽃가루가 암술머리를 덮는다. 싼잎은 3열로 배열하고, 가장자리는 막질이다.

열매: 여윈열매이며, 약간 눌린 거꿀달걀모양으로 길이 5㎜ 내외인 탁한 갈색 갓털이 있고, 갓털에 뻣뻣한 털이 위로 나 있다. 주로 바람으로 퍼져 나가고, 바깥쪽에 위치하는 씨의 털은 안의 것보다 길이가 1/2 정도로 작다. 가장 안쪽 씨의 털이 가장 길다. (비교: 쑥부쟁이(*A. yomena*)는 갓털 길이가 0.5㎜ 내외다.)

염색체수: 2n=18[1)]

생태분류

서식처: 초지, 산간 임도 언저리, 밝은 숲속, 숲 가장자리, 숲 틈, 벌채지, 조림지 등, 양지~반음지, 적습~약건

수평분포: 전국 분포

수직분포: 산지대~구릉지대

식생지리: 냉온대~난온대, 만주, 중국(서부지구를 제외한 전역), 연해주, 일본 등

식생형: 이차초원식생, 삼림식생(하록활엽수 이차림)

생태전략: [터주-스트레스인내자]~[경쟁자]

종보존등급: [V] 비감시대상종

이름사전

속명: 아스터(*Aster* L.). 별(*aster*)을 뜻하는 라틴어에서 유래하

고, 방사상인 머리꽃 모양에서 비롯한다.

종소명: 스카베르(*scaber*). 면이 거칠다는 뜻의 라틴어다. 억센 털이 있는 잎이나 줄기의 질감이 거친 데서 비롯한다.

한글명 기원: 취,[2] 참취,[3] 암취, 나물취,[4] 나물채[5] 등

한글명 유래: 참과 취의 합성어로 취 가운데 으뜸 나물이라는 뜻이다. 하지만 20세기에 처음 기재된 아주 젊은 이름[6]이다. 15세기 말의 취(취)라는 명칭은 약용이나 식용했던 나물 식물에 대한 총칭이다.

한방명: 동풍채(東風菜). 참취의 뿌리와 지상부를 약재로 쓴다.[7]

중국명: 东风菜(Dōng Fēng Cài). 직역하면 동쪽(東)에서 부는 바람(風)의 나물(菜)이 된다. 동쪽 사람들, 즉 우리나라 사람(예: 東人)의 나물(菜) 풍습에서 비롯한 명칭으로 추정한다.

일본명: シラヤマギク(Shirayamagiku, 白山菊). 산에 나는 꽃이 흰 국화라는 의미에서 비롯한다고 한다.[8] 하지만 만주 지역에서 부르는 한자 명칭 가운데 하나이고,[9] 백산(白山, 높은 산, 깊은 산의 의미도 있음) 지역에서 나는 국화라는 뜻도 있다. 백두산(白頭山)의 또 다른 이름이 백산(白山)이다. 한편 별칭으로 무코나(婿菜, Mukona), 즉 사위나물이라는 뜻으로 어린 순을 나물로 쓴다고 한다. 쑥부쟁이를 요메나(嫁菜, Yomena), 즉 며느리나물이라는 것에 대한 대응 이름이다.[10] 꽃이 갖는 분위기에서 비롯한다.

영어명: Rough Aster

에코노트

참취는 밝은 곳에 산다. 주로 풀밭에 살며, 억새군단(Miscanthion)이라는 키가 큰 여러해살이(高莖多年生) 이차초원식생의 진단종으로 취급한다. 적절한 벌초로 유지되는 초지 식물사회의 주요 구성원으로, 밀폐된 숲속이나 산비탈 음지에는 살지 않는다. 숲속에 참취가 한 포기라도 산다면, 진정한 자연림, 즉 일차림(一次林)이 아니다. 어떤 원인으로 한 번 이상 훼손된 적이 있는 이차림(二次林)이고, 최근까지지도 인간 간섭으로 숲 바닥

이 교란된 바가 있다는 증거다. 벌채된 곳이나 조림한 곳의 햇빛이 땅바닥에 직접 도달하는 입지에서 주로 산다. 산불을 경험한 바 있는 밝은 이차림에서도 자주 보인다. 참취가 사는 양지바른 곳은 몸체가 큰 야생동물들이 좋아하는 곳이기도 하다. 참취와 더불어 먹이가 되는 산채가 풍부하기 때문이다. 줄기나 잎을 뜯긴 참취가 보이는 곳은 노루, 고라니가 즐겨 찾는 이차림이다.

한여름에 잎이 다 자라고 나면, 잎 표면에 곤충 애벌레가 들어 있는 혹이 있는 경우도 보인다. 참취는 구절초나 쑥부쟁이 종류처럼 주로 늦여름부터 꽃이 피기 시작한다. 다발로 키우면 가장 한국적인 가을 정취를 연출한다. 곤충들이 분주하게 찾는 충매화다. 종자는 바람을 이용해서 퍼져 나간다. 늘 바람이 잘 통하는 장소에 참취가 흔한 이유다. 바람이 통하지 않는 곳이나 습한 곳에서는 보이지 않는다. 중국명 동풍채(東風菜)를 글자대로 해석하면 '동쪽에서 부는 바람의 나물'이다. 하지만 봄바람(東風)이 불 때 어린잎을 채취해서 나물로 해먹는 습속에 잇닿았을 것이다. 중국 고전에 동(東) 자는 방향을 뜻하기도 하지만, 바로 우리를 가리킨다. 그래서 동풍채는 참취를 포함한 취나물에 대한 한국인의 나물 문화를 표징하는 중국명일 것이다. (참고: 동학(東學), 동인(東人), 동의보감(東醫寶鑑), 동국여지승람(東國輿地勝覽), 대동여지도(大東輿地圖) 등의 동(東)은 모두 한국 또는 한국인을 가리킨다. 방향 동쪽을 뜻하는 것이 아니다. 동해는 곧 한국인의 바다 즉 'Sea of Korea' 또는 'Korean East Sea'로 써야 한다. 'East Sea'는 동(東)의 정신성을 잃게 하는 번역의 오류다.)

참취라는 한글 명칭은 20세기 들어서 처음 나타났다.[11] 분류학이 도입되면서 생긴 이름이다. 그런데 우리나라 사람들이 참취처럼 나물과 약으로 이용한 식물을 통칭해서 '취(취)'라고 불렀다는 사실이 15세기 『구급간이방』[12]이후로 줄곧 등장한다. 16세기 『신증유합』[13]의 「소채(蔬菜)」 편에서는 '취 소(蔬)'라는 기록도 보인다. 한자 채소(菜蔬)의 채와 우리말 취는 동원어일 것이다. 우리말 취는 푸성귀이면서도 약이 되는 유용 자원을 일컫는다. 중국에서는 서부지구의 신장위구르(신쟝 성)와 티베트를 제외한 전역에 널리 분포하고, 독사에 물린 상처를 낫게 하는 약으로 쓴다.[14] 우리처럼 나물로 먹은 이야기는 드물다.

참취는 여윈열매에 아주 짧은 갓털(冠毛)이 있다. 그런데 갓털의 길이가 조금씩 다르다. 꽃송이 안쪽에 생긴 열매는 바깥쪽 것보다 갓털이 길다. 바깥 열매의 갓털은 길이가 안쪽 것의 반 정도다. 더 긴 갓털을 갖는 안쪽 열매는 바람을 타고, 적어도 바깥쪽 열매가 떨어져 나간 거리만큼 퍼져 나갈 수 있다. 모자라는 자식에게 더 많은 도움을 주려는 부모의 마음처럼 안쪽에 위치한 열매에게 더욱 긴 갓털을 마련해 준 것이다. 넉넉하지 않은 살림(자원)일지라도, 어미 식물체를 떠날 때까지 드는 열매의 모든 비용은 전적으로 어미 식물체의 몫이다. 갓털의 길고 짧음은 차별이 아니라, 모든 자식에게 공평한 삶을 물려주려는 것이다. 어미 식물체의 진정한 자식 사랑이고 진화의 결과다. 이처럼 자연을 지탱하는 근본 바탕에는 공평성이라는 게 있다는 것을 참취가 보여 준다. 공평성은 진정한 평화의 출발 지점이다.

---

1) Ito *et al.* (1998), Volkova *et al.* (1999)
2) 윤호 등 (1489; 김문웅 역주 2008), 森 (1921)
3) 정태현 등 (1937)
4) 정태현 등 (1949)
5) 한진건 등 (1982), 임록재, 도봉섭 (1988)
6) 정태현 등 (1937)
7) 안덕균 (1998)
8) 奧田 (1997)
9) 한진건 등 (1982)
10) 牧野 (1961)
11) 정태현 등 (1937)
12) 윤호 등 (1489; 김문웅 역주 2008)
13) 류희춘 (1576)
14) FOC (2011)

사진: 김종원

개미취(탱알)

Aster tataricus **L.f.**

형태분류

줄기: 여러해살이며, 바로 서서 어른 키 이상으로 자라고, 모서리가 지면서 뻣뻣한 편이다. 전체에 짧고 억센 털이 있으며, 만지면 까칠까칠하다. 약간 다육질인 짧은 뿌리줄기는 오래되면 목질화된다. (비교: 좀개미취(*A. maackii*)는 자줏빛이 돌고, 키가 어른 허리 높이 정도로 작은 편이다.)

잎: 뿌리에서 난 잎은 아주 크고, 잎자루에 좁은 날개가 있으며, 꽃이 필 시점에 거의 시든다. 줄기에 난 잎은 어긋나고, 긴 잎자루가 있지만, 위로 갈수록 잎자루가 없어진다. 표면은 약간 거친 편이고, 가장자리에 예리한 톱니가 있는 장타원형으로 아랫부분이 좁아져서 잎자루로 흘러 날개처럼 된다. (비교: 좀개미취는 줄기에서 난 잎이 좁고 장타원형으로 잎자루가 거의 없다. 벌개미취(*A. koraiensis*)는 잎의 질감이 딱딱하고 짙은 녹색이다.)

꽃: 8~9월에 연한 자색 머리꽃이 줄기와 가지 끝에 고른꽃차례로 난다. 꽃자루가 길고 짧은 털이 빼곡하다. 반구형인 꽃싼잎은 3열로 배열하고, 가장자리는 마른 막질이다. (비교: 벌개미취는 혀모양꽃이 연한 자색이며 가늘고 길다.)

열매: 여윈열매이며 약간 눌린 거꿀달걀모양으로 털이 있다. 씨에는 약간 갈색을 띠는 억센 갓털이 있으며, 안쪽의 씨 갓털은 6㎜ 내외로 바깥쪽 것들은 이보다 점점 짧아진다. (비교: 좀개미취는 거친 털이 빼곡한 편이다. 벌개미취는

털도 없고 씨에 갓털도 없다.)
염색체수: 2n=54[1]

생태분류

서식처: 초지, 산기슭 밭 언저리, 산간 임도 언저리, 드물게 산간 하천 부지 등, 양지~반음지, 약습~적습
수평분포: 전국 분포
수직분포: 산지대~구릉지대
식생지리: 냉온대~난온대(대륙성), 만주, 중국(새북지구, 화북지구, 화중지구 등), 연해주, 몽골, 다후리아, 일본(주고쿠, 규슈 지역) 등, 북미에 귀화 등
식생형: 이차초원식생(습생형)
생태전략: [경쟁자]
종보존등급: [IV] 일반감시대상종

이름사전

속명: 아스터(*Aster* L.). 별(*aster*)을 뜻하는 라틴어에서 유래하고, 방사상인 머리꽃 모양에서 비롯한다.
종소명: 타타리쿠스(*tataricus*). 러시아와 몽골 국경의 타타르(Tartary) 또는 사할린의 타타르(Tatar) 해협 지역을 일컫는 지명에서 비롯한다. 개미취를 기재하면서 이용한 표본 채집지에서 비롯했을 것이다. 린네 아들(Linnaeus, C. von f.)은 『Supplementum Plantarum』(1782년)에서 시베리아가 서식처라 기재했다.
한글명 기원: 틔알,[2] 틩알,[3] 풀소옴나물,[4] 쟈원,[5] 탱알,[6] 개미취[7] 등
한글명 유래: 개미와 취의 합성어다. 유래미상으로 알려졌으나,[8] 개미는 강원도 정선 지역의 방언에서 비롯한 것으로 추정되며, 취는 산채의 총칭이다. 개미취의 본명은 15세기 기록에서처럼 '탱알'이다. 뿌리의 모양과 질감에서 비롯할 것이며, 탱글탱글한 것에 잇닿아 있다. (에코노트 참조)
한방명: 자원(紫菀). 개미취의 뿌리를 약재로 쓴다.[9] 전혀 다른 종류인 벌개미취 뿌리를 약재로 쓰기도 한다.[10]
중국명: 紫菀(Zǐ Wǎn). 참취속의 중국명 자완속(紫菀屬)을 대표한다. 자줏빛(紫色) 꽃이 흐드러지게 핀 꽃동산(菀)이라는 뜻이다.
일본명: シオン(Shion, 紫苑). 한자명을 일본식 발음으로 읽은 것이다. 일본 고전 『신찬자경』에 잎이 사슴 혀를 닮은 데에서 유래하는 Kanoshita(加乃志太, 鹿舌)와 『본초화경』에는 Noshi(乃之)라는 고유 명칭이 나온다.
영어명: Tatarian Aster

에코노트

개미취는 참취속 가운데 '개미'라는 독특한 말을 품었다. 물기 머금은 땅을 뜻하는 '개울'이라는 고유 명사처럼 우리말 '개'에 잇닿은 이름이다. 서식처 조건과 관련 있는 산간 지역의 방언으로 추정한다. 강원도 정선에는 '개미들'이라는 곳이 있다. 개미(蟻)가 많아서 그렇게 부른다는 말도 있지만 사실을 확인할 수 없다. 개미취의 개미는 곤충 '개미'와 전혀 상관없어 보인다. 오히려 물기를 머금은 또는 물기가 풍부한 땅에서 사는 취나물인 것에서 비롯했을 것이다. 개미들 지역은 산채가 풍부한 산간 마을이고, 실제로 개미취 종류도 다양하고 풍부하다. 표준국어대사전에도 나오지 않는 말, 길게 읽는 '개-미'와 달리, 짧게 읽어야 하는 '개미'는 분명 물기 많은 땅을 지칭하는 사라진 우리말일 것이다. 일제강점기 때에 우리나라 야생 식물에 대한 조선총독부의 1936년 연구보고서[11]에서 불쑥 개미취라는 명칭이 나타나는데, 기재된 분포 정보가 그런 사실을 뒷받침한다.

그런데 개미취라는 이름 이전 500여 년 동안이나 계속 사용했던 고유 명칭이 있었다. '탱알'이다. 뿌리를 이용한 오래된 습속에서 저절로 생겨난 이름으로, 개미취의 뿌

리는 창포(菖蒲)만큼이나 널리 이용한 중요 약용식물로서, 고전에 줄기차게 등장하는 자원식물이다. (아래 표 참조) 산정(山頂)에 샘이 솟는 곳이라면 틀림없이 산성(山城)이 있고, 창포와 개미취가 보인다. 이 땅에 우리를 지탱가능하게 한, 이를테면 '산성식물'인 것이다. 산성에 도토리 상수리나무가 식량으로 존재한다면, 구급약으로는 개미취와 창포가 있었다. 이 부분에 대해서 더 이상 아는 게 없다. 우리가 밝혀야 하는 엄중한 과제다.

개미취의 본명 '탱알'은 처음부터 뿌리의 질감과 모양에서 비롯한다. 19세기 초『물명고』에는 '팅알팅알'이라는 표기가 나온다. 탱글탱글한 뿌리에서 비롯할 것이라는 사실을 짐작케 한다. 뿌리줄기가 오래되면 딱딱해지고, 마르면 약간 취기(臭氣)도 있지만, 금방 캔 뿌리는 약간 비후(肥厚)해 탱글탱글하다. 1417년『향약구급방』에 기재된 속운 地加乙(지가을)과 향명 迨加乙(태가을)은 한자를 차자해서 처음부터 탱글탱글의 탱글을 표기한 것이다. 한자 땅 지(地) 자의 '땅'과 미칠 태(迨) 자의 '태'는 '팅'이나 '틱'를 표현한 것이고, 가을(加乙)은 곧 '갈'인 것이다. 기록으로 보면, 일제강점기에 조선총독부 임업시험장에서 채택한 개미취라는 이름이 등장하기 전, 1417년부터 1936년까지 500년 이상 '탱알'이 통용되었다. 탱알이야말로 아름다운 고유 이름이기에 되살려야 한다. 식물분류 명명규약에서 이름의 선취권을 따라서 지금이라도 국가표준식물목록을 바로잡는 것이 옳다. 개미취를 탱알로 받아들인다면, 좀개미취, 갯개미취, 벌개미취는 좀탱알, 갯탱알, 벌탱알로 고쳐 불러도 무난할 것이다. 생태성, 역사성, 문화성, 정신성을 함의하는 고유 명칭에 대한 학계의 깊이 있는 재고를 기대해 본다.

개미취의 이름 변천사

기재명	연대(출처)
紫菀, 속운 地加乙, 일명 返魂, 향명 迨加乙	1417『향약구급방』
紫菀根, 티알 불휘	1489『구급간이방언해』
紫菀	1498『구급이해방』
紫菀, 향명 迨伊遏/티알	1571~1573『촌가구급방』
紫菀, 팅알	1613『동의보감』
紫菀	1643~?『산림경제』 2권「목양」
紫菀, 풀소옴나물, 팅알팅알	1801-1834『물명고』
紫菀, 자원	1921『조선식물명휘』
紫菀, ᄌ완, 탱알, 반혼초	1934『토명대조선만식물자휘』
紫菀, 개미취	1936『조선산야생약용식물』
개미취, 자원	1949. 01.『우리나라 식물 명감』 1949. 10.『조선식물명집』

옛날 우리나라 사람들은 마당에 개미취를 한두 포기 이상은 키웠다.[12] 꽃도 아름답지만 가족의 비상 구급약이었던 것이다. 심지어는 기르던 소가 열병에 걸려 꼴(사료)을 먹지 못할 때, 개미취를 먹여 병을 고쳤다. 16세기 『산림경제』의 가축 기르기(牧養 編)에 그 내용이 구체적으로 나온다.[13]

개미취는 한반도를 중심으로 하는 만주와 연해주, 몽골 지역을 포함한 유라시아 대륙 동단의 냉온대 지역에 분포한다. 일본열도에는 처음부터 분포하지 않았다. 최빙기 어느 시점에 한반도를 통해서 일본열도로 분포가 확장되었던 집단의 일부가 지금까지 살아남은 것으로 보는 이도 있다.[14] 하지만 실제 사정은 우리나라에서 도입해 재배했고, 그로부터 야생화한 것이 현재까지도 드물게 분포한다.[15]

오늘날의 식물도감에는 개미취라는 이름이 들어간 종류로 좀개미취, 갯개미취, 벌개미취 등 네 가지가 있다. 이들은 모두 습지는 아니지만, 늘 물기가 충만한 땅에서 사는 공통점이 있다. 공간적 지리분포에서는 조금씩 다르다. 좀개미취는 중부 이북에 주로 분포하고, 한국 특산종으로 갓털이 아예 없는 벌개미취(고려쑥부쟁이, 「가새쑥부쟁이」 편 참조)는 남한 지역에 주로 분포한다. 갯개미취(*A. tripolium*)는 바닷가에 산다. 그 밖에 개미취라는 이름과 상관없지만, 물기 머금은 땅에 사는 옹굿나물(*A. fastigiatus*)이 있다. 개울이나 하천변 언저리, 산비탈 습지 언저리에서 주로 보이고, 비교적 비옥한 땅에서 산다. 키가 1m 정도인데, 긴 창끝모양 잎과 흰색

벌개미취

좀개미취

꽃이 피어 구별된다.

---

1) 정규영, 김윤식 (1997), Ito *et al.* (1998)
2) 윤호 등 (1489; 남성우 역주, 2008)
3) 허준 (1613)
4) 유희 (1801~1834)
5) 森 (1921)
6) 村川 (1932)
7) 林泰治, 鄭台鉉 (1936), 박만규 (1949), 정태현 등 (1949)
8) 이우철 (2005)
9) 한국생약학교수협의회 (2002)
10) 안덕균 (1998)
11) 林泰治, 鄭台鉉 (1936)
12) 森 (1921), 村川 (1932), 林泰治, 鄭台鉉 (1936)
13) 홍만선 (1643~?)
14) 北村 等 (1981a)
15) 柴田 (1988)

사진: 김종원, 김성열

가새쑥부쟁이

Aster incisus **Fisch.**

형태분류

줄기: 여러해살이며, 바로 서서 어른 가슴 높이로 자라고, 위에서 갈라진다. 뿌리줄기는 길게 옆으로 벋는다. (비교: 민쑥부쟁이(*A. associatus*)는 윗부분 줄기에 털이 많다.)

잎: 뿌리에서 난 잎과 아랫부분의 잎은 꽃이 필 때 고사하고, 줄기에서 난 잎은 어긋나면서 장타원형인 창끝모양이며 가장자리에 불규칙하고 날카롭게 갈라진(缺刻狀) 톱니가 있다. 갈라진 가지의 위쪽 잎일수록 좁고 길다. (비교: 쑥부쟁이(*A. yomena*)는 넓은 타원형으로 가장자리에 얕은 톱니가 있고, 잎의 질감이 약간 질긴 편이다. 버드쟁이나물(*A. pinnatifida*)은 깃모양으로 깊게 갈라진다.)

꽃: 8~10월에 가지 끝과 원줄기 끝에서 머리꽃이 고른꽃차례로 난다. 혀모양꽃은 연한 남자색으로 피고, 가운데에 노란색 대롱꽃이 핀다.

열매: 여윈열매로 갈색을 띠고, 눌린 거꿀달걀모양이다. 짧은 갓털(1㎜ 이하)이 있으며 붉은빛이 돈다. (참취 종류는 일반적으로 여윈열매의 갓털 길이가 3~5㎜로 아주 길다.)

염색체수: 2n=18,[1] 72[2]

생태분류

서식처: 초지, 산비탈 길가, 숲 가장자리, 농촌 들길 가장자리 등, 양지, 적습~약습

수평분포: 전국 분포

수직분포: 산지대~구릉지대

식생지리: 냉온대~난온대, 만주, 중국(네이멍구 동부), 연해주, 일본 등

식생형: 초원식생, 터주식생(농촌형, 노방식물군락)

생태전략: [터주-경쟁자]~[경쟁자]

종보존등급: [V] 비감시대상종

이름사전

속명: 아스터(*Aster* L.). 별(*aster*) 모양을 뜻하는 라틴어에서 비롯한다. 이명으로 취급되는 속명 칼리메리스(*Kalimeris* (Cass.) Cass.)는 희랍어로 아름다운(*kalos*) 부분(*meris*)이라는 뜻이다. 꽃 색의 콘트라스트에서 비롯했을 것이다. 칼리메리스속에 속했던 가새쑥부쟁이를 비롯한 쑥부쟁이, 민쑥부쟁이, 가는쑥부쟁이, 버드쟁이나물 따위는 여윈열매의 갓털(冠毛) 길이가 1㎜ 이하로 아주 짧아 구분되고, 모두 참취속(*Aster* L.)에 통합되었다.

종소명: 인치수스(*incisus*). 깊고 날카롭게 갈라진 모양을 뜻하는 라틴어로 잎 모양에서 비롯한다.

한글명 기원: 고려쑥부쟁이,[3] 가새쑥부장이,[4] 가새쑥부쟁이[5] 등

한글명 유래: 가새와 쑥부쟁이의 합성어다. 잎 모양에서 비롯하는 종소명에 잇닿아 있다. 가새는 가위의 방언이다. 쑥부쟁이는 쑥과 부쟁이(부지깽이)의 합성어다. (「개쑥부쟁이」 편 참조) 한편 1949년 2월에 처음으로 기재된 고려쑥부쟁이라는 한글명은 *Aster koraiensis*에 붙여진 바 있다.[6] 현재 *A. koraiensis*

를 1949년 11월에 기재된 '벌개미취'라는 명칭[7]으로 통용하나, 고려쑥부쟁이로 바로잡는 것이 옳다. 그렇게 되면 *A. koraiensis*가 갖는 한국 특산종으로서의 의미도 반영된다.

한방명: -

중국명: 裂叶马兰(Liè Yè Mǎ Lán). *Kalimeris* (马兰屬) 종류로 잎(葉)이 깊게 갈라진(裂) 모양을 나타내는 종소명에서 비롯한다.

일본명: オオユウガギク(Ohyugagiku, 大柚香菊, 大柚菊). 유자(柚子) 향기가 나고, 덩치가 큰(大) 버드쟁이나물(柚香菊)이라는 뜻에서 비롯한다. 일본에서는 비교적 희귀한데, 우리나라 쑥부쟁이 종류라는 이름(Chousenyomena, 朝鮮嫁菜)의 별칭도 있다.[8]

영어명: Incised-leaf Aster

쑥부쟁이

에코노트

가새쑥부쟁이는 개쑥부쟁이와 마찬가지로 우리나라에서는 쑥부쟁이보다 더욱 흔하다. 쑥부쟁이의 분포중심지는 일본이고, 가새쑥부쟁이와 개쑥부쟁이는 한반도에서부터 북쪽의 만주와 연해주까지 분포한다. 쑥부쟁이 종류의 지리적 변이가 복잡해 한중일에서의 분류 계통 연구는 여전히 과제로 남아 있다.[9] 현장에서 분류 동정이 어려운 것은 당연하다. 그래서 식생지리분포와 서식처 정보가 도움이 된다. (아래 표 참조)

참취속(*Aster* L.) 주요 종의 식생지리분포

개쑥부쟁이	*Aster meyendorffii*	대륙(준특산), 냉온대~난온대, 약건~적습
눈개쑥부쟁이	*A. hayatae*	대륙(준특산), 제주도, 냉온대 북부·고산지대, 적습
까실쑥부쟁이	*A. ageratoides*	대륙, 난온대~냉온대, 적습~약건
단양쑥부쟁이	*A. ciliosus* (*Heteropappus altaicus*)	대륙, 남한강 하원(河原), 냉온대~난온대, 약습~약건
참취	*A. scaber*	광역, 냉온대~난온대, 적습
개미취	*A. tataricus*	광역(대륙>해양), 냉온대, 약습
벌개미취	*A. koraiensis*	특산, 냉온대~난온대, 약습
좀개미취	*A. maackii*	광역(대륙>해양), 냉온대, 약습~적습
웅굿나물	*A. fastigiatus*	광역, 난온대~냉온대, 약습
가새쑥부쟁이	*A.* (*Kalimeris*) *incisus*	광역(대륙>해양), 냉온대~난온대, 약습~적습
민쑥부쟁이	*A.* (*Kalimeris*) *associatus*	대륙(준특산), 냉온대 중부·산지대, 적습
가는쑥부쟁이	*A.* (*Kalimeris*) *pekinensis*	대륙, 냉온대 중부·산지대, 적습
버드쟁이나물	*A.* (*Kalimeris*) *pinnatipida*	해양, 난온대~냉온대 남부·저산지대, 적습~약습
쑥부쟁이	*A.* (*Kalimeris*) *yomena*	해양, 난온대, 적습
식생지리분포: 광역(한국, 중국, 일본), 대륙(한국, 중국), 해양(한국, 일본)		

이전에 칼리메리스속(*Kalimeris*)으로 분류했던 종류 가운데 가새쑥부쟁이는 한중일에 분포하는 광역분포종이다. 그리고 가는쑥부쟁이와 민쑥부쟁이가 냉온대 중부·산지대의 한랭한 지역에 주로 분포한다면, 쑥부쟁이와 버드쟁이나물은 난온대를 중심으로 하는 온난한 지역에 분포한다. 가새쑥부쟁이는 더욱 한랭한 지역의 건조하지 않는 입지에 산다. 도시나 농촌 근교, 사람이 사는 지역에서 좀 더 떨어진 외진 산비탈 풀밭에서 보인다. 온난하고 비교적 건조한 입지에 잘 사는 까실쑥부쟁이와 서식환경이 대비된다.

가새쑥부쟁이의 가새, 즉 가시개는 가위의 방언으로 잎 모양에서 비롯한다. 물건을 자르는 데 쓰는 톱날로 보았기에 생겨난 이름이다. 우리말에 '가위눌리다'라는 말이 있다. '흉한 꿈으로 마음대로 몸을 가누지 못하고, 숨통이 조여오는 답답함을 느끼는 현상' 또는 그런 '귀신의 놀음'을 두고 하는 이야기다. 불안한 마음과 생각이 지어낸 망상이다. 가새쑥부쟁이 꽃의 청순함과 소박함, 아름다움과는 거리가 멀다. '가새'라는 명칭이 이름에 틈입한 까닭은 오직 분류학자가 지어낸 라틴 종소명에서 비롯할 뿐이다. 이런 이름 때문에 가새쑥부쟁이를 귀신으로 내몬 경우가 있다. 황동규의 시 <적막한 새소리> 마지막 부분 클라이맥스에서 "혼자 다리를 건너는 적멸(寂滅)의 순간, 늦가을 귀신처럼 흔들리는 가새쑥부쟁이 얼굴 몇"으로 등장한다. 그런데 헨리 D. 소로우의 말을 빌려 다시 구성해 보면 이렇다.[10] "밤새

버드쟁이나물

미국쑥부쟁이(귀화식물)

무늬를 새기거나 예쁘게 꾸며, 곱게 포장해서 우리에게 배달된 끈기 있는 자연의 선물, 우리의 삶을 지피는 땔감 같은 존재, 그 가운데 늦가을의 또 다른 선물" 그것이 가새쑥부쟁이 꽃인 것이다.

---

1) Kokubugata *et al.* (2003)
2) Ito *et al.* (1998)
3) 박만규 (1949)
4) 정태현 등 (1949)
5) 박만규 (1974)
6) 박만규 (1949)
7) 정태현 등 (1949)
8) 牧野 (1961)
9) Hong *et al.* (2005)
10) Thoreau (2004; 류시화 옮김, 2005)

사진: 류태복, 김종원

산국

Dendranthema boreale (Makino) Y. Ling ex Kitam.

형태분류

줄기: 여러해살이 초본으로 어른 가슴 높이까지 자라고, 가지가 많이 갈라진다. 전체에 짧은 흰색 털이 있다. 줄기 아랫부분은 목질화되고, 뿌리줄기를 길게 벋으며, 무리 짓는다.

잎: 어긋나고, 잎자루가 길다. 가장자리는 깃모양으로 깊게 갈라지고, 잎조각에 예리한 톱니가 있다. 뿌리에서 난 잎과 줄기 아래 쪽 잎은 꽃이 필 무렵 시든다. (감국(*D. indicum*)은 잎조각 가장자리에 예리한 톱니가 없다.)

꽃: 9~10월에 가지와 원줄기 끝에서 고른꽃차례로 지름 1.5㎝ 이하인 노란색 머리꽃이 핀다. 시간이 흐르면 꽃송이는 아래로 수그린다. (비교: 감국은 머리꽃 지름이 산국의 1.5배 이상으로 크고, 10송이 이하로 훨씬 적게 달린다.)

열매: 여윈열매이며 갓털이 없다.

염색체수: 2n=18,[1] 36[2]

생태분류

서식처: 초지, 산비탈, 습지 언저리, 산기슭 밭 언저리, 제방 비탈면, 하천 부지, 양지, 약습~적습

수평분포: 전국 분포

수직분포: 산지대 이하

식생지리: 냉온대~난온대(대륙성), 만주, 중국(티베트를 제외한 전역), 대만, 몽골, 연해주, 인도, 일본(혼슈 이남) 등

식생형: 초원식생, 산지 임연식생(소매식물군락)
생태전략: [터주-스트레스인내-경쟁자]~[경쟁자]
종보존등급: [IV] 일반감시대상종

이름사전

속명: 덴드란테마(*Dendranthema* (DC.) Des Moul.). 줄기 아랫부분이 목질화되는 산국속(山菊屬)의 특징에서 비롯한 나무(*dendro-*)와 꽃(*anthos*)의 라틴 합성어다.

종소명: 보레알레(*boreale*). 대륙 북방에 산다는 뜻의 라틴어다. 한편 한중일에서 산국과 감국에 대한 계통분류는 여전히 과제로 남아 있다.[3]

한글명 기원: 산구화,[4] 산국, 강성화, 감국,[5] 개국화, 광의쑥, 댕댕이쑥,[6] 들국화[7] 등

한글명 유래: 산국(山菊)은 한자말이고, 산에 사는 국화라는 뜻이다. 19세기 초 『물명고』[8]의 '산구화', 즉 산국화(山菊花)에서 비롯한다. 구화는 국화의 옛말이다. (「구절초」 편 참조) 한편 1921년 『조선식물명휘』[9]에서 학명 *Chrysanthemum indicum*에 대해 산국, 감국, 강성화 따위를 함께 기재하면서 한글이름의 혼란이 시작되었다. 그로부터 10여 년 후 *Chrysanthemum boreale*를 감국과 강성화에 대응시킨다.[10] 오늘날 식물도감에는 전자 *D. indicum*을 감국으로 한다.[11] 우리나라에서는 감국을 정원에서 많이 키웠기 때문에 야생하는 것을 산국으로 불렀던 것이다. 이는 산국과 달리 '맛이 좋다'는 또는 '더욱 유용하다'는 뜻으로 달 감(甘) 자의 감국(甘菊)이라는 한자명이 갖는 뜻과 일치한다. 17세기 『산림경제』에서 감국(甘菊)의 등재가 그런 사실을 뒷받침한다. 이른 시기부터 감국은 우리의 자원식물이었고, 당시는 '강성항'이라 불렀다.[12] 재배종 국화는 유전자적으로 산국속(山菊屬) 가운데 구절초 종류보다는 산국과 감국에 더욱 가깝다.[13]

한방명: 야국화(野菊花). 산국과 감국의 머리꽃을 약재로 쓴다.[14]

중국명: 甘菊(Gān Jú). 유용한 국화라는 뜻에서 비롯했을 것이다. 중국에서는 다른 학명(*Chrysanthemum lavandulifolium* var. *lavandulifolium*)을 정명으로 채택한다. 종소명 보레알레(*boreale*)의 뜻으로 북야국(北野菊)이라고도 한다. 한편 우리나라에서 감국에 대응시키는 학명(*D. indicum*)을 중국에서는 야국(野菊, Yě Jú)이라 부른다.[15]

일본명: アワコガネギク(Awakoganegiku, 泡黃金菊). 황금색 꽃이 거품처럼 모여나는 모양에서 비롯한다.[16]

영어명: Northern Chrysanthemum

감국

가 더욱 넓다. 빈번한 간섭이 있는 불안한 입지에서도 나타나 쑥이나 한삼덩굴과 함께 살기도 한다.[17] 산국과 감국 모두 풀밭 식물사회의 구성원으로 분류되지만, 산비탈 경작지 언저리의 임연식생 구성원이기도 하다. 감국의 경우는 건생이차초원을 대표하는 식물사회 억새군강(Miscanthetea)에서 산국보다 더욱 자주 나타난다. 사람들에 의한 답압의 영향이 거의 없는 곳이다. 산국은 한반도를 중심으로 만주 지역까지 분포한다. 일본에 분포하는 산국의 선조는 한반도에서 유래하고, 지금은 동해에 위치하는 이키(壱岐) 섬과 대마도와 교토 지역 일부에서 아주 드물게 분포한다.[18]

에코노트

산국은 가장 한국적인 야생 국화이고, 토종 허브 자원이다. 늦가을에 꽃피며, 더러는 첫서리가 내리는 시기에도 핀다. 잘 말린 산국 꽃은 약간 쓴맛이 있지만, 환절기에 감기를 극복하는 대용 차로 즐겨 마신다. 감기약을 대신해서 마시는 유럽인들의 카밀레 차 같은 것이다. 산국과 비슷한 감국은 뚜렷한 땅속줄기로 퍼져 나가고, 꽃도 산국보다 훨씬 크다. 꽃이 없을 때에는 잎 모양으로 구별된다. 잎이 조각(裂片)으로 나뉘는데, 잎조각 가장자리에 아주 예리한 톱니가 뚜렷한 것이 산국이다.

감국은 산국보다 온난한 지역에 널리 분포하고, 주로 남부 지역에 산다. 산국은 전국에 분포한다. 특히 사람들 눈에 쉽게 띄는 산기슭에서 산비탈과 경작지나 개울 언저리의 경계에 무리 짓고 산다. 늘 습윤한 서식환경이다. 산국은 도시화되고 산업화된 환경에서는 살지 않지만, 감국에 비해 서식 범위

---

1) Taniguchi & Tanaka (1987), Kim *et al.* (2003)
2) Lee (1967)
3) FOC (2011), The Plant List (2016)
4) 유희 (1801~1834)
5) 森 (1921)
6) 林泰治, 鄭台鉉 (1936)
7) 한진건 등 (1982)
8) 유희 (1801~1834)
9) 森 (1921)
10) 村川 (1932), 林泰治, 鄭台鉉 (1936)
11) 정태현 등 (1937)
12) 홍만선 (1643~1715) (장재한 김주희, 정소문, 박찬수 역주)
13) Lee & Kim (2000)
14) 안덕균 (1998)
15) FOC (2011)
16) 奥田 (1997)
17) 송홍선 등 (2012)
18) Tanaka (1956), 深井, 宮武 (2005)

사진: 이창우, 김종원, 류태복

구절초(들국화)

Dendranthema zawadskii var. ***latilobum*** (Maxim.) Kitamura

형태분류

줄기: 여러해살이로 뿌리줄기가 지표면 가까이에서 길게 뻗으며, 자그마한 무리를 이룬다. 줄기 밑 부분은 목질화된다.

잎: 어긋나고, 줄기에서 난 잎은 깃모양으로 갈라지며, 옆 잎조각은 얕게 갈라지는 편이다. 줄기 아랫부분의 잎은 약간 가죽질이고, 잎자루 길이는 14㎝에 이른다. 약간 광택이 있고 꽃이 필 때면 고사한다. (비교: 산구절초(*D. zawadskii*)와 바위구절초(*D. zawadskii* var. *alpinum*)는 좁고 깊게 갈라져 열편이 가늘다. 산구절초는 잎에 털이 거의 없다.)

꽃: 9~11월에 흰색 또는 연한 붉은색으로 피고, 줄기와 가지 끝에서 점점 꽃이 자라면서 지름 8㎝ 내외인 큰 머리꽃이 하나씩 달린다. 대롱꽃은 노란색이며, 혀모양꽃은 1열로 배열한다. (비교: 산구절초의 머리꽃 지름은 2~6㎝이며, 바위구절초는 3㎝ 내외다.)

열매: 여윈열매로 밝은 갈색 장타원형이며, 약간 주름이 진다.

염색체수: 2n=18[1] (비교: *D. zawadskii* complex 산구절초 그룹 2n=36, 45, 54, 72[2])

생태분류

서식처: 초지, 산지 밝은 숲속, 숲 틈, 임도 언저리, 츠렁모바위 등, 양지~반음지, 약건~적습

수평분포: 전국 분포

수직분포: 산지대 이하

식생지리: 난온대~냉온대(대륙성), 만주, 중국(새북지구, 화북지구), 일본(규슈 지역) 등

식생형: 초원식생, 삼림식생(낙엽활엽수 이차림)

생태전략: [터주-스트레스인내-경쟁자]~[경쟁자]

종보존등급: [IV] 일반감시대상종

이름사전

속명: 덴드란테마(*Dendranthema* (DC.) Des Moul.). 줄기 아랫부분이 목질화되는 것에서 비롯한 나무(*dendro-*)와 꽃(*anthos*)의 합성어다. 산국속(山菊屬)은 이전까지 크리산테뭄(*Chrysanthemum* L.)으로 불렀고, 이것은 황금빛(*chrys-*)과 꽃(*anthos*)의 라틴 합성어다. 금잔화(marigold)의 황금빛처럼 노란 꽃에서 비롯한다.

종소명: 자바드스키(*zawadskii*). 체코 브르노 출신의 식물학자 이름(A. Zawadski, 1798~1868)에서 비롯한다. 변종명 라티로바(*latiloba*)는 갈라진 잎조각의 둥글고 넓은 모양을 뜻하고, 더 좁고 잘게 갈라진 산구절초와 다른 점을 드러낸다.

한글명 기원: 의국(화)(薏菊(花), 산(ㅅ)국(화)(山菊花),[3] 구절초[4]

한글명 유래: 한자명(九折草)에서 비롯하고, 음력 9월 9일에 채취해서 약으로 사용하며, 전국에 분포한다는 사실을 1936년 기록[5]에서 전한다.

한방명: 구절초(九折草). 구절초 종류의 지상부를 약재로 쓴다.[6]

중국명: 广叶紫花野菊(Guǎng Yè Zǐ Huā Yě Jú). 잎이 넓고(广叶) 자색(紫色) 꽃이 피는 들국화(野菊)라는 뜻이다. 실제로는 꽃이 흰색이 것이 더욱 흔하다. 중국에서는 산구절초(*Chrysanthemum zawadskii*, 紫花野菊)만을 기재하며,[7] 분포양상은 구절초와 별반 다르지 않다.

일본명: チョウセンノギク(Chousennogiku, 朝鮮野菊).[8] 한국의 들국화(野菊)라는 뜻이다.

영어명: Korean Chrysanthemum

통꽃 하나하나에 긴 대롱을 내밀어 꿀을 얻는 흰줄표범나비

뿌리에서 난 잎

다 키, 잎, 꽃이 큰 편이다. 그런 까닭인지, 산구절초에 비해 서식환경조건이 덜 험악한 곳에 산다. 산구절초는 건조하고 추운 고위도(高緯度) 지역이나 높은 산악 지역, 심지어 아고산대(亞高山帶)에서도 보인다. 바위구절초는 산지대 또는 아고산대 돌출 능선부의 츠렁모바위틈에 줄지어 산다. 서식환경이 상대적으로 열악한 곳으로 식물체가 왜소한 것이 특징이다. 구절초는 그런 한랭한 곳에서 살지 않는다. 주로 해발고도가 낮은 마을 주변 산지에서 흔히 보이며, 드물게는 한반도 남쪽 끝 난온대 구릉지에서도 보인다. 저위도(低緯度) 저해발 산지에 상수리나무나 굴참나무가 우점하는 밝은 이차림에도 자주 나타난다.

구절초는 생활 속의 야생 국화로 민족식물이다. 지금은 가을의 꽃 구절초를 대신해서 코스모스, 노랑코스모스, 큰금계국 같은 외래종들로 뒤범벅이지만, 고려 말 목은(牧隱) 선생의 시 〈한적한 거처(幽居三首)〉[9]에 등장하는 중양절(重陽節)의 들국화는 구절초다. 구절초라는 이름은 한자명

에코노트

구절초는 우리나라 가을꽃을 대표하는 국화과 고유종이다. 소박하고, 토속적이며, 정감이 넘치는 백의(白衣)의 꽃이라 할 만하다. 산구절초의 변종으로 분류하며, 산구절초보

무우헌(无尤軒)의 구절초

(九折草,[10] 九節草)을 읽은 것이다. 음력 9월 9일 중양에 채취(折)해 약으로 쓴 것에서 비롯했을 것이다.[11] 이때쯤이면 구절초 꽃이 만발한다. 음양설(陰陽說)에서 중양(重陽)은 홀수 구(九) 자가 겹친 날로 중구(重九)라고도 한다. 양(陽)이 겹친(重) 날로 집안에 틀어박혀 있을 수 없는 양기(陽氣)가 뻗친 날이다. 겨울로 접어들기 전, 햇볕을 흠뻑 쬐어야 하는 절기다. 들판으로 나가 남자들은 시를 짓고, 부인네들은 국화전(菊花煎)을 만들어 함께 먹고 즐겼다.[12] 통일신라 사람들은 이날에 맞춰 안압지에서 연례(年例) 향연을 가졌다.[13] 안압지 저토에서 발굴된 바리때를 닮은 우리나라에서 가장 오래된 국보급 차(茶) 그릇 토기 묵서완(土器墨書碗)에 국화차를 곁들였을 것 같은 즐거운 상상을 해 본다. 우리 문화 속에 엄연히 존재했던 가을의 풍류, 일 년 농사를 추수하고 마무리하는 음력 9월 9일 중양절은 '구절초의 날'이다. 국화전과 화채(花菜)로 조상께 차례를 올렸다는 사실도 전한다.[14]

선사시대부터 구절초를 포함한 다양한 들국화 종류는 한반도에 사는 사람들에게 생활 속의 들꽃이다. 들국화 문화가 자생적인 기원일 수밖에 없는 까닭이다. 중국에 그런 문화가 존재한다면, 한반도적 자연환경조건이 있는 황해와 인접한 대륙의 일부 지역에서만 가능하다. 구절초의 분포중심지가 한반도적인 환경조건 땅이기 때문이다. 매란국죽(梅蘭菊竹)이 중화(中華) 문화라 할지라도,[15] 우리 정체성과 정신성을 알아차리는 것에서부터 그 실상을 살펴보아야 할 대목이다. 쑥부쟁이 종류가 음력 8월의 꽃이라면, 들국화 구절초는 이보다 약 한 달 늦은 음력 9월

산구절초

의 꽃이다. 따라서 음력 9월의 들국화 축제가 가장 한국적인 축제가 될 것이다. 이때는 겨울 오기 전 곤충들이 에너지를 보충해야 하는 마지막 기회이기도 하다. 특히 주둥이가 긴 나비들에게 늦가을 구절초의 머리꽃(頭花)은 귀한 꿀을 제공한다. 구절초 종류는 머리꽃 한 송이에 통꽃이 빼곡하다. 통꽃 하나하나에 순서대로 주둥이를 들이밀어 꿀을 빠는 나비가 세상사를 잠시 잊게 한다.

구절초는 통칭 국화라는 식물 가운데 으뜸이다. 그냥 토종 국화인 것이다. 15세기 초 『향약구급방』[16]에 菊花(국화)라는 약재명이 한자로 나오는데, 한글 표기는 없다. 15세기 말 『구급간이방』[17]에서 언해(諺解)라면서 '구화'로 등장한다. 16세기에 들어서서는 한자 국(菊) 자에 대해 구화[18] 또는 국화 구[19]로 표기했다. 구화가 국화보다 앞선 옛 표기였던 것이다.[20] 일본명 기쿠(菊)는 우리말 구화 또는 국(菊)과 동원어(同源語)이고, 그 소리 또한 잇닿아 있다. 일본에서는 중양절을 국화의 명절(菊の節句)이라 한다. 그러면서도 재앙을 면하기 위해 붉은 열매가 매달린 쉬나무(茱萸, 수유) 가지를 꺾어서 높은 곳에 오르는 날로 삼는다. 국화의 명절이라지만, 이처럼 국화와 관련성이 없다.[21] 실제로 일본에서는 국화가 일본 천황을 상징하는 꽃이다.(개속단 참조) 때문에 찻물로 우려 마시는 우리 습속처럼 풍류의 대상으로 상상조차 할 수 없었던 것이다.

1) Kim *et al.* (2003)
2) Lee (1969)
3) 村川 (1932)
4) 林泰治, 鄭台鉉 (1936), 정태현 등 (1937)
5) 林泰治, 鄭台鉉 (1936)
6) 안덕균 (1998)
7) FOC (2015)
8) 北村, 村田 (1981)
9) 이색 (1328~1396)
10) 유희 (1801~1834), 정태현 등 (1937)
11) 유희 (1801~1834), 한국어사전편찬회 (1986)
12) 국립국어원 (2016)
13) 장주근 (1992)
14) 최남선 (1946; 문형렬 해제, 2011)
15) 이선옥 (2006)
16) 최자하 (1417)
17) 윤호 등 (1489; 김문웅 역주, 2008)
18) 최세진 (1527)
19) 유희춘 (1576)
20) 村川 (1932)
21) 貝塚 等 (2004)

사진: 임정철, 김종원

엉겅퀴

Cirsium japonicum var. ***maackii*** (Maxim.) Matsum.

형태분류

줄기: 여러해살이며, 바로 서서 어른 허리 높이로 자란다. 전체에 거미줄 같은 흰 털이 많다. (비교: 지느러미엉겅퀴(*Carduus crispus*)는 줄기에 지느러미가 발달한다.)

잎: 뿌리에서 난 잎은 깃모양으로 갈라지고, 깃조각 잎은 6~7쌍이며 가장자리에 날카로운 톱니와 더불어 억센 가시가 있다. 줄기에 난 잎은 어긋나고, 깃모양으로 양면에 털이 있다. 가장자리에 불규칙하고 날카롭게 갈라진(缺刻狀) 톱니가 있고, 날카로운 가시도 있다. 잎의 기부는 줄기를 살짝 감싼다. (비교: 고려엉겅퀴(*C. setidens*)는 가장자리에 톱니가 없고, 억센 가시가 잎줄 끝에 발달한다.)

꽃: 6~8월에 적자색 또는 자주색으로 피며, 가지와 원줄기 끝에 머리꽃이 1개씩 달리고, 모두 대롱꽃이다. 암술이 성장하기 전에 수술이 먼저 성장해 꽃가루를 방출한다. 꽃싼잎은 많이 끈적거린다.

열매: 여윈열매로 흰색 갓털이 있으며, 바람으로 퍼진다.

염색체수: 2n=30,[1] 34, 36[2]

생태분류

서식처: 초지, 산비탈 풀밭, 들판, 숲 가장자리, 들길 가장자리 등, 양지, 적습

수평분포: 전국 분포

수직분포: 산지대 이하

식생지리: 냉온대~난온대(대륙성), 만주, 중국(네이멍구 남동부, 화북지구의 허베이 성, 산둥 성, 화중지구의 쓰촨 성, 안후이 성, 장쑤 성, 저장 성 등), 연해주, 대마도 등

식생형: 이차초원식생

생태전략: [경쟁자]~[터주-경쟁자]

종보존등급: [IV] 일반감시대상종

이름사전

속명: 치을시움(*Cirsium* Mill.). 혈관이 부풀어 오르는 정맥종(靜脈腫, kirsos)을 치유하는 고대 희랍의 엉겅퀴 종류 이름(*kirsion*)에서 비롯한다.[3]

종소명: 야포니쿰(*japonicum*). 일본에서 채집된 표본으로 기재한 것에서 비롯한다. 변종명 마끼(*maackii*)는 극동러시아 지역을 연구한 식물학자(R. O. Maack, 1825~1886)를 기념한 것이다. 이명(異名)으로 취급되는 변종명 우수리엔제(*ussuriense*)는 우수리에서 채집한 표본으로 기재한 것에서 비롯한다.[4]

한글명 기원: 한거싀,[5] 큰거싀,[6] 엉겅퀴[7] 등

한글명 유래: 방언으로, 엉성스럽게 큰 가시에서 유래하고, 15세기에는 한거싀(한가시)로 불렀다. 한글명 엉겅퀴의 첫 기재는 1937년 『조선식물향명집』[8]에서가 아니라, 100여 년이나 앞선 19세기 초 『물명고』에서다.

한방명: 대계(大薊). 엉겅퀴 종류(*Cirsium* Mill.)의 지상부와 뿌리를 약재로 쓴다. 단 고려엉겅퀴는 약용하지 않고,[9] 강원 지역에서는 산채(곤드래)로 이용한다.

중국명: 野薊(Yě Jì). 들판에 야생하는 엉겅퀴라는 뜻이다. 중국에서는 *Cirsium maackiii*를 학명으로 채택한다.[10] 한편 중약(中藥)에서는 大薊(Dà Jì)라 한다. 가시가 큰 엉겅퀴 종류라는 뜻이다.

일본명: カラノアザミ(Karanoazami, 唐薊). 중국(唐) 엉겅퀴라는 뜻이다. 일본말 아자미(薊)는 거친(粗, 아라이) 가시(刺, 사스)를 뜻한다. 비록 중국 한자를 빌어 표기하지만, 뜻은 우리말 '한거싀'에 잇닿아 있다.

영어명: Korean Thistle, Ussuri Thistle, 이전에는 Japanese Thistle로 알려졌으나, 엉겅퀴의 분포중심은 사실상 한반도다. 고려엉겅퀴를 Korean Thistle라 표기하는 경우도 있지만,[11] 고유 명칭을 살려서 Gondre Thistle이 바람직하다.

에코노트

야생 식물 이름에 첫 글자가 '엉'으로 시작하는 것은 엉겅퀴 종류뿐이다. 이 가운데 엉겅퀴는 늦봄부터 시작해서 한여름에 걸쳐 꽃 피는 유일한 종류다. 대부분 늦여름에 시작하거나 주로 가을에 꽃이 핀다. 엉겅퀴는 예전보다 점점 더 드물어지고 있다. 서식처가 많이 사라졌기 때문이다.

지느러미엉겅퀴

엉겅퀴는 도시 지역에 살지 않고, 깨끗한 산간과 농촌 지역에 산다. 양지바른 풀밭에 사는 이차초원식생을 대표하는 여러해살이로 키가 큰 초본이다. 벌과 나비들이 쉬 찾아드는 뻥 뚫린 장소에 살며, 응달진 곳이나 축축한 습지에서는 살지 않는다. 아무리 더워도 그늘에 들어서면 땀이 금방 식는 시원하고 상쾌한 대륙성 생물기후 지역에만 사는 전형적인 대륙성 초본이다. 한반도가 그 중심인 엉겅퀴의 땅이다. 해양성 기후 지역인 일본열도에도 엉겅퀴 종류가 아주 다양하다. 하지만 이 엉겅퀴만은 한반도처럼 화강암이 우세인 대마도에만 분포한다. 식생지리학적으로도 대마도는 대륙형인 한반도아형[12]에 속하는 사실상 한반도의 파편이다. 부여나 경주 같은 옛 도읍 또는 전통마을 주변에서 엉겅퀴 초원을 만들어 볼 만하다. 금계국, 노랑코스모스, 수레국화, 원추천인국 따위 외국 꽃을 대신하면서 아름다운 전통 경관을 창출할 수 있다.

엉겅퀴는 순수 우리말이다. 유래도 아주 오래되었다. 『구급간이방』[13]은 엉겅퀴를 지칭하는 한자명 대계(大薊)를 '한거싀'라 했다. 한글명 한거싀는 '큰 가시'를 뜻한다. 향명으로는 대거새(大居塞)로 한글로는 '큰거식'로도 기재된 바 있다.[14] 『동의보감』은 '항가식'로 기록했다. 큰 가시에 대응하는 이름으로 작은(좁은) 가시, '조방거싀'이라는 옛 이름이 있는데, 이는 한자명 소계(小薊)이다.[15] 지금까지도 쓰는 조뱅이라는 이름은 '작은 가시 식물' 조방거싀에서 비롯한다(『한국식물생태보감』 1권 「조뱅이」 편 참조).

엉겅퀴라고 부르는 현재 명칭은 한거싀라는 한글명에서 변화한 것이다. 크다는 뜻의 '한-'이라는 접두사의 음운변화에서 '엉'이 되었다. 경북 북부 지역에서는 큼직한 가시 식물체를 두고 지금도 '엉성스럽다'고 말한다. 방언에 우리말의 뿌리가 남아 있는 것이다. 찔레의 방언에 '엉거꿍'이라는 명칭도 있는데, 마찬가지다. 공통적으로 엉겅퀴처럼 표독스런 가시가 있다는 것에 잇닿아 있다. 표준어를 바로 알려면 방언을 살려야 한다는 사실을 엉겅퀴에서 알 수 있다. 한자 자연(자연)이란 말이 없었을 때 우리는 '한데'라 했을 즐거운 상상을 해 본다. 한데의 '한'도 한거싀의 '한'이었을 것이다.

국화과(Asteraceae, Compositae)를 때로는 '엉거싯과'라고도 부른다. 엉거시란 곧 엉겅퀴의 총칭이다. 지느러미엉겅퀴(*Carduus crispus*)는 엉겅퀴라는 이름이 들어 있지만, 독립적인 지느러미엉겅퀴속(*Carduus* L.)으로 유라시아 대륙에 널리 자생하는 광역분포종이다.[16] 귀화식물[17]이라기보다는 우리나라 자생종으로 보는 것이 옳다. 일본에서 에도(江戸)시대 이후에 도래한 고귀화(古歸化)식물[18]

고려엉겅퀴(Gondre Thistle)

로 인식하지만, 줄곧 대륙에 이어져 있는 우리의 경우는 다르다.

일본과 중국에서는 엉겅퀴를 대계(大薊) 또는 귀계(鬼薊)로도 부른다. 뿌리를 약재로 쓰면서 부르는 엉겅퀴 종류의 통칭으로 보면 된다. 대계는 큰 가시를 뜻하는 한거싀를 말하고, 귀계는 날카로운 가시에서 비롯한다. 여기서 한자 삽주 계(薊) 자가 흥미롭다. 풀 초(艹)와 요리할 결(魝) 자가 합쳐져서 새로운 의미를 갖게 된 조어(措語)이다. 결(魝, 魛) 자 또한 마찬가지로, 고기 어(魚) 자와 칼 도(刀, 刂) 자의 조어이며, 칼처럼 생긴 고기, 갈치나 웅어처럼 등이나 배에 날카로운 지느러미가 있는 고기를 가리킨다. 잘못 만지면 손을 베이게 되는 날카로운 가시에서 비롯한다. 엉겅퀴도 자칫 잘못 만지면 손을 다친다. 한편 한자 계(薊)가 상투 계(髻) 자에서 온 말이고 꽃 모양에서 비롯한다는 견해[19]도 있다. 이는 가시가 거의 없는 삽주나 조뱅이에 적용하면 된다.

우리나라에서는 엉겅퀴 종류를 약재로도 이용했지만, 식물 전체를 나물로 요리해 먹었다. 고려엉겅퀴의 경우는 강원도 지역에서 곤드레라 하고, 지금도 나물로 즐긴다. 풀밭 식물사회의 구성원인 엉겅퀴 종류는 노루에게도 보양식(保養式)이다. 임신한 암컷 노루는 억센 가시에도 전혀 개의치 않고 즐겨 먹는다. 우리가 약재로 이용하는 것도 그들에게서 배운 생존의 지혜일 것이다. 수많은 꽃잎이 붙어서 하나의 꽃이 된 합판화(合瓣花), 엉겅퀴 종류는 꽃의 아름다움과 오묘한 향기로 인기 있는 화훼자원이다. 유럽 가정집 정원에서 엉겅퀴 꽃을 자주 보는 것도 그 때문이다.

엉겅퀴속(*Cirsium* Mill.)은 혈관이 부풀어 오르는 정맥종(靜脈腫)이라는 질병을 치유하는 고래로부터 알려진 약재다. 일본에서는 엉겅퀴를 가라노아자미(唐薊)라 부르고, 중국(唐) 엉겅퀴라는 뜻이다. 엉겅퀴가 사실상 한반도가 분포중심지라는 사실과 불일치한다. 같은 맥락에서 한국을 대표하는 단풍나무를 두고서 당단풍(唐丹楓)이라 부르는 것도 어색하다. 그 이름에는 우리의 정체성, 역사성, 문화성도 빠져 있다. 한마디로 그런 이름 속에는 한국이 없다. 우선 엉겅퀴의 영어명부터 Korean Thistle로 바로 잡아야 한다. 한글명 엉겅퀴의 최초 기재도 1937년 『조선식물향명집』[20]이 아니다. 이보다 100여 년이나 앞선 19세기 초 『물명고』[21]에서 확인할 수 있고, 그 뿌리가 된 말 '한거싀'는 15세기인 1489년의 기록이다.

---

1) 김수영 등 (2008)
2) Zhu & Greuter (2011)
3) Quattrocchi (2000)
4) The Plant List (2015)
5) 윤호 등 (1489; 김문웅 역주, 2008)
6) 김정국 (1538)
7) 유희 (1801~1834)
8) 정태현 등 (1937)
9) 안덕균 (1998)
10) Zhu & Greuter (2011)
11) 국립수목원 (2015)
12) Kim (1992), 김종원 (2006)
13) 윤호 등 (1489; 김문웅 역주, 2008)
14) 김정국 (1538)
15) 윤호 등 (1489; 김문웅 역주, 2008)
16) Oberdorfer (1983)
17) 박수현 (2009)
18) 清水 등 (2002)
19) 김문웅 역주(윤호 등, 1489; 김문웅 역주, 2008)
20) 정태현 등 (1937)
21) 유희 (1801~1834)

사진: 김종원

절굿대

Echinops setifer **Iljin**

형태분류

줄기: 여러해살이며, 바로 서서 어른 무릎 높이 이상으로 자라고, 세로로 홈이 지고 굵다. 식물 전체에 흰 솜털이 많고, 특히 줄기 아랫부분에 긴 다세포성 털이 빼곡하며, 드물게 거미줄 같은 털도 있다. 굵은 뿌리가 발달한다.

잎: 뿌리에서 모여난 잎은 로제트모양으로 퍼지고, 긴 잎자루가 있다. 깃모양으로 깊게 갈라지고, 가장자리에 짧은 가시가 붙은 날카로운 톱니가 있으며, 뒷면은 솜털로 덮여 있다. 줄기에서 난 잎은 어긋나고 잎자루가 없다. 잎조각은 5~6쌍으로 깊게 갈라지고, 뒷면은 흰빛이 돌며 샘털이 많다. 마르면 검은색으로 변한다. (비교: 큰절굿대(*E. latifolius*)는 표면에 갈색 털이 있고 가장자리에 잔가시가 빼곡하다.)

꽃: 7~8월에 줄기나 가지 끝에서 수많은 남청색 대롱꽃이 모여 나서 둥근 머리꽃을 만든다. 대롱꽃 하나하나에는 끝에 톱니가 있는 꽃싼잎이 있고, 꽃갓은 5개로 깊게 갈라져서 끝이 뒤로 젖혀진다. (비교: 큰절굿대는 흰색 머리꽃 밑에 거꾸로 난 가시가 빼곡하다.)

열매: 여윈열매로 길이 8㎜ 이하인 긴 원통모양이고, 황갈색 털이 빼곡하다. 비늘 같은 갓털이 있다.

염색체수: 2n=30[1]

생태분류

서식처: 초지, 산지 능선, 산간 풀밭, 해안 절벽 등, 양지, 적습

수평분포: 전국 분포(중부 이남)

수직분포: 산지대 이하

식생지리: 난온대~냉온대(준특산, 대륙성), 일본(혼슈 주부 지역의 기후 현 이남으로 시코쿠, 규슈 등지에 점점이 분포), 중국(화북지구의 허난 성, 산둥 성) 등

식생형: 이차초원식생(억새형)

생태전략: [스트레스인내-경쟁자]~[스트레스인내자]

종보존등급: [II] 중대감시대상종

이름사전

속명: 에히놉스(*Echinops* L.). 고슴도치나 성게(*echinos*) 모양(*ops*)을 닮았다는 희랍 합성어로 꽃 모양에서 비롯한다.

종소명: 세티퍼(*setifer*). 억센 털이 많다는 뜻의 라틴어로 식물 전체에 털이 많은 것에서 비롯한다.

한글명 기원: 절국대,[2] 법고치,[3] 수리취,[4] 절국대, 협호(莢蒿), 귀유마(鬼油麻), 루로(漏蘆),[5] 장구채, 통통박망이,[6] 개수리취,[7] 분취아재비,[8] 절구대(개수리취, 둥둥방망이),[9] 절굿대[10] 등

한글명 유래: 절구(ㅅ)와 대의 합성어다. 꽃 모양이 절굿공이(절구 방망이)를 닮은 데에서 비롯한 것으로 추정한다. 16세기 『촌가구급방』에서 絶穀大(절곡대)[11]와 17세기 『향약집성방』에서 伐曲大(벌곡대)[12]라는 한자를 차자한 향명을 전한다. 한글 이름이 비슷한 절국대(*Siphonostegia chinensis*)는 열당과(Orobanchaceae)로 전혀 다른 기생식물이다. (「절국대」 편 참조)

한방명: 누로(漏蘆). 절굿대, 큰절굿대, 뻐꾹채(*Rhaponticum uniflorum*) 따위의 뿌리를 약재로 쓴다.[13]

중국명: 糙毛蓝刺头(Cāo Máo Lán Cì Tóu). 거친 털(糙毛)이 많은 절굿대속(蓝刺头) 식물이라는 뜻이다. 종소명에서 비롯한다.

일본명: ヒゴタイ(Higotai, 平江帶). 유래를 알 수 없다지만,[14] 우리말에 잇닿아 있다. 한자 평강대(平江帶)는 그들이 부르는 향명(Higotai)을 한자를 차자(借字)해서 표기한

것이다. 18세기 초에는 힌코우타이(Hinkoutai, ヒンコウタイ)라 했고,[15] 훗날 히고타이로 전화한 것이다. 이런 말들은 우리말 절굿대에서 유래한 것으로 보인다. '히고'는 절구에, '타이'는 대(帶)에 대응한다. 여기서 '히고'는 절굿공이나 방망이를 지칭하는 한자 공이 저(杵) 자에서 비롯한다. 저(杵) 자는 일본말 '기네'인데, 여기서 '히네', '히고'로 전화(轉化)한 것이다. 일본의 18세기 기록보다 200여 년 앞선 16세기에 우리나라 『촌가구급방』에서 이미 절곡대(절굿대)란 기록이 있기 때문이다. 그런데 일본에서도 히고타이라는 명칭 이전에 또 다른 고유 명칭이 있었다. 일본 고전 『본초화명』에 나온다. 이두식 한자 표기로 久呂久佐(구려구좌),'阿利久佐(아리구좌)로 기록했다. 이들을 풀이하면 '고려풀' 또는 '아리풀'이 된다. 절굿대가 우리나라 초지에 분포중심이 있는 준특산종(subendemic species)이라는 사실이 그런 추정을 뒷받침하고도 남는다. 일본에서의 절굿대 분포를 빙하기 동안에 한반도를 통해 일본열도에 유입된 대륙기원으로 보는 견해[16]와도 일치한다.

영어명: Globe-thistle, Korean Globe-thistle

에코노트

절굿대는 무척 희귀해졌다. 울릉도를 제외한 남한 전역에 골고루 분포했지만, 이제는 포기 수준으로 드물게 보일 뿐이다.잎조각 가장자리가 절굿대보다 훨씬 잘게 갈라진 큰절굿대는 중부 이북에서 만주까지 분포한다. 이처럼 절굿대 종류는 우리나라 사람이 주로 사는 땅에서 살며, 동북아시아에서 우리나라가 분포의 중심이다.

절굿대는 숲속에 살지 않는다. 전형적인 초지 식물사회의 구성원이고, 준특산종으로 산지 초원식생에 제한적으로 분포하는 것과 서식처 특이성 및 침투 번식전략 등을 고려하면 종보존등급 [Ⅱ] 중대감시대상종이다. 최근에는 식물원이나 여러 생태공원에 식재되나, 현지내 서식처에서는 자생 개체군이 너무 작아서 사실상 생태적 절멸(부록 생태용어사전 참조)이라 해도 과언이 아니다. 마치 전 세계 동물원에 수많은 범이 사육되지만, 야생 범 숫자는 극히 적은 것과 같다. 막개발로 범 서식처는 줄어들거나 사라지고, 포획으로 개체수가 격감한 결과다. 절굿대의 사정도 이와 별반 다르지 않아서 엄격한 현지내 보존이 필요하다.

전통적으로 우리나라에서는 절굿대를 약재와 구황식물로 이용했다. 이 사실은 20세기 초 일제강점기의 출판물에 나온다. 줄기에 달린 잎 가장자리에 난 날카로운 가시가 엉겅퀴보다 더욱 억세서 잡아챌 수가 없을 정도지만, 어린잎을 삶아 먹거나 마른 잎을 떡(餠)에 넣어 먹었다고 전하며, 뿌리는 젖 분비(通乳)를 촉진하는 약으로도 썼다고 한다.[17] 기록으로만 보더라도 절굿대는 16세기 이후로 줄곧 민간에서 즐겨 이용했던 자원식물이었다. 최근에는 꽃이 아름다워 또다시 남획되기 일쑤다. 절굿대의 생태형질을 볼 때 한층 더 희귀해질 수밖에 없다. 굵은 뿌리를 통째로 굴취해 가더라도 수염뿌리 대부분이 쉽게 상하기 때문에 실패한다. 종자를 받아 발아시켜 키우는 것이 옳다. 그런데도 사람들은 모양이 공처럼 둥글고 아름다운 푸른색 꽃이 좋아 막무가내로 뽑아 간다.

절굿대의 서식처는 숲이 아닌 확 트인 초지다. 해방 이후 우리나라는 산림녹화 정책을 너무 서둘렀는데, 초지 식물사회의 구성원들 입장에서 삶의 터전을 잃는 가장 큰 위협이었다. 여전히 진행형인 삼림 가꾸기 사업은 생태학적 편식이다. 초지생태계도 삼림생태계 만큼이나 생태적 기능이 대단하다. 국가 생태계 관리에 더욱 이성적이고 합리적이며 객관적인 접근이 필요하다. 다행히

식물원의 절굿대

우리나라에는 오래도록 봉분문화가 이어져 왔고, 초지 식물사회의 구성원들은 무덤을 훌륭한 피난처로 삼았다. 아주 드물지만 사람이 접근할 수 없는 해안 절벽 바람맞이(風衝) 초지나 척박한 토양환경의 석회암, 사문암, 응회암 같은 일부 입지에도 희귀한 풀밭 식물사회가 남아 있다. 절굿대는 그런 곳에서 아주 드물게 생명을 지탱하고 있다.

절굿대속(*Echinops* L.)은 전 세계적인 화훼식물이다. 꽃이 아름다워서다. 아이러니하게도 일본의 몇몇 지역에서 절굿대 축제를 한다. 그 대부분은 역사적으로 우리나라와 교류가 많았던 지역에서의 일이다. 심지어 절굿대공원이 있는 지자체도 있고, 절굿대-전통마을 만들기 사업(규슈 지방 구마모토현)도 한다. 준특산종이면서 우리나라가 분포중심인 절굿대, 늦었지만 그들이 사는 풀밭부터 얼른 찾아서 현지내보존에 적극적으로 나서야 한다.

---

1) 김수영 등 (2008), 김찬수 등 (2011)
2) 김정국 (1538), 허준 (1613)
3) 유희 (1801~1834)
4) 森 (1921)
5) 村川 (1932)
6) 林泰治, 鄭台鉉 (1936)
7) 정태현 등 (1937)
8) 박만규 (1949)
9) 정태현 등 (1949)
10) 박만규 (1974)
11) 김정국 (1538)
12) 유효통 등 (1633)
13) 신전휘, 신용욱 (2006)
14) 奧田 (1997)
15) 貝原 (1709)
16) 北村 等 (1981a)
17) 村川 (1932)

사진: 이경연, 김윤하, 김종원

등골나물

Eupatorium chinense var. ***simplicifolium*** (Makino) Kitam.

형태분류

줄기: 여러해살이며, 바로 서서 어른 가슴 높이 이상 자란다. 단면은 둥글고, 윗부분에서 갈라지며 아랫부분일수록 진한 자줏빛이 돈다. 꼬부라진 털이 약간 있으나 깔끔하다. 짧은 뿌리줄기에 수염뿌리가 많이 발달한다.

잎: 마주나고, 줄기 아래 잎은 꽃필 때 고사한다. 잎자루는 길어도 1㎝에 이르지 않는다. 잎 양면에 털이 있으며, 뒷면에 노란 선점(腺点)도 있고 잎줄이 두드러진다. 가장자리에 규칙적인 톱니가 있다. (비교: 골등골나물(*E. lindleyanum*)은 잎자루가 없고, 벌등골나물(*E. fortunei*)은 잎 뒷면에 선점이 없다.)

꽃: 7~9월에 피며, 머리꽃은 흰색 대롱꽃(管狀花)이고 산방형(散房形)으로 핀다. 작은 꽃이 5개씩 모여 달리고, 선점이 많으며 암술머리가 길게 밖으로 드러난다. 꽃싼잎은 2줄로 배열한다. (일본에 분포하는 등골나물 종류(*E. japonicum*)는 꽃싼잎이 주로 3줄로 배열한다.)

열매: 여윈열매로 흑갈색 원통모양이며 약간 오각으로 모서리진다. 열매보다 1.5배 정도 긴 흰색 갓털이 넓은 깔때기모양으로 펼쳐진다.

염색체수: 2n=30[1)]

생태분류

서식처: 초지, 밝은 숲 가장자리, 숲 틈, 임도 가장자리, 산비탈 벌채지 등, 양지, 적습

수평분포: 전국 분포

수직분포: 산지대 이하

식생지리: 난온대~냉온대, 만주, 중국(화남지구, 화중지구, 화북지구의 허난 성, 산-시 성, 새북지구의 간슈 성 등), 일본, 대만, 인도, 네팔 등

식생형: 초원식생(억새형)

생태전략: [경쟁자]~[스트레스인내-경쟁자]

종보존등급: [IV] 일반감시대상종

이름사전

속명: 오이파토리움(*Eupatorium* L.). 흑해 남부의 터키 북동 산악 지역 아나톨리아를 지배한 왕(D. Eupator, B.C.120~B.C.63) 이름에서 비롯한다.[2)] 험한 산지에서 골절상에 유용했다는 어떤 설화에서 비롯했을 것이다.

종소명: 히넨시스(*chinense*). 중국에서 채집된 표본으로 명명한 것에서 비롯한다.[3)]

한글명 기원: 숍징거리장ᄃᆡ, 등골나물[4)] 등

한글명 유래: 등골과 나물의 합성어다. 영어명(boneset)과 일본말(호네오리>히요도리)에 잇닿았을 것이다. 한편 등골나물 이전의 명칭은 삼, 징걸이, 장대의 합성어 '숍징거리장ᄃᆡ'로 보인다. 삼은 등골나물 종류를 지칭하는 이름이고, 징걸이는 받침으로 쓰는 막대 같은 것이다.

한방명: 패란(佩蘭)[5] 또는 난초(蘭草).[6] 등골나물, 골등골나물, 향등골나물(*E. japonicum* var. *tripartitum*), 북미산인 서양등골나물(*E. rugosum*) 따위의 지상부를 약재로 쓴다.[7]

중국명: 多须公(Duō Xū Gōng). 흰색(白) 머리꽃(頭花)이 아주 많이(多) 달린 것에서 비롯한다. 난초(쓴草), 해인국(孩儿菊)[8]과 같은 여러 방언이 있다. 한편 *E. japonicum*은 다른 종으로 취급하고, 白头婆(Bái Tóu Pó)라 부른다.

일본명: ヒヨドリバナ(Hiyodoribana, 鵯花). 등골나물 종류에 대한 일본명 '히요도리'는 뼈를 뜻하는 '호네(骨)'와 '부러진다'는 뜻의 '오리(折り)'가 합성된 '호네오리'가 전화(轉化)한 명칭일 것이다. 일설에는 직박구리 필(鵯) 자에서 직박구리가 우는 계절에 꽃핀다는 데에서 유래를 찾지만,[9] 접골(接骨)이란 뜻이 있는 영어명(boneset)이 실마리가 되어 생겨난 것으로 추정한다. 북미 지역에 분포하는 대표적인 등골나물 종류(*E. perfoliatum*)가 Boneset이다. 골절(骨折)된 뼈를 고정하는 재료로 뿌리를 썼던 것에서 유래하고, 북미 원주민의 민족식물학에서 비롯한 것으로 추정한다. (『한국 식물 생태 보감』 1권 「골등골나물」 편 참조)[10]

영어명: Chinese Boneset, Fragrant Eupatorium[11]

에코노트

우리나라 식물 가운데 명칭이 독특하고, 희귀한 것이 꽤 있다. 등골나물, 골등골나물, 벌등골나물 따위가 속한 등골나물속도 그렇다. 등골나물은 이 가운데 억새형 건생이차초원에서 종종 나타나고, 다른 2종은 약간 습한 땅을 좋아한다. 등골나물은 꽃싼잎이 2줄 또는 3줄로 배열하는 두 가지가 보인다. 중국에서는 전자(*E. chinense*)와 후자(*E. japonicum*)를 다른 종으로 취급한다. 우리나라에는 주로 꽃싼잎이 2줄로 배열한 개체가 흔하다. 일본에는 주로 3줄 배열 개체가 많으며, 잎 모양이 좁고 장타원형이어서, 잎 아랫부분이 크게 넓은 타원형인 우리나라 개체와 차이가 난다. 등골나물 종류는 서식환경조건에 따라 모양에 변이가 심한 편이라 종종 혼란을 겪기도 한다. 사문암 입지에서는 잎의 질감과 크기가 전혀 다르다. (사진 참조) 보통 등골나물의 잎은 부드럽고 큰 편이라면, 그곳에서는 잎이 작고 두터워 나물 이미지는 없다.

한반도를 포함한 유라시아 대륙에서 등골나물 종류의 다양성과 분포는 유별난 데가 있다. 북반구 중위도에 위치하는 온대 지역에서 사는 식물 분포 기원은 중생대로 거슬러 올라간다. 일반적으로 북반구 제3기 식물군(Arcto-Tertiary geoflora) 학설에 따른 것이다. 동물의 분포도 이에 준하며, 분포 기원이 신생대 제3기 이전의 중생대(Mesozoic-Cenozoic Eras)부터였다는 것을 뜻한다. 그

열매(대구, 12월 초순)

사문암 입지에 사는 등골나물

런데 등골나물 종류는 전혀 다른 양상이다. 등골나물속의 기원은 북미대륙의 온대이고, 신생대 제3기(늦은 마이오세에서 플라이오세 사이)에 북미 대륙에서 베링해협의 땅을 징검다리로 삼아서 유라시아 대륙 쪽으로 유입되었다는 것이다.[12] 지금은 유라시아 대륙의 서쪽 끝 유럽에까지 분포한다. 등골나물속은 한마디로 북반구 온대에서 일반적으로 일어나는 서쪽에서 동쪽으로의 생물종 분화와 분포 확산을 따르지 않고 거꾸로 일어났다는 것이다. 그것은 등골나물이 갖는 생식 특성에서 비롯했을 것이다. 등골나물은 유성생식 또는 무배생식을 통해 종자를 생산한다. 유성생식 개체군은 제한적인 범위로, 반면에 무배생식으로 생긴 배수성 염색체 집단은 광역적으로 일어난다. 새로운 환경 또는 불리한 환경에서도 계통을 잇기에 유리한 생식전략이라는 것을 뜻한다. 결국 유성생식 집단은 서로 다른 변종으로 분류될 만큼 형태적으로 뚜렷한 차이가 있고, 서로 다른 장소에 현존 분포한다. 한편 무배생식 집단은 잡종이 생기는 과정에서 생겨나고, 상당한 형태적 변이를 보인다. 종분화가 활발하게 일어나는 현상을 눈앞에서 보고 있는 셈이다. 실제로 임도 주변이나 개방 초지에 사는 장대(長大)한 개체는 배수성으로 꽃가루받이 없이 종자를 만든다.[13] 등골나물속의 기원 지역인 북미에서보다 동아시아에

골등골나물

서 등골나물 종류의 종분화가 최근까지도 일어나면서 분류에 어려움이 발생하는 것이다.

---

1) Nishikawa (1986)
2) Gledhill (2008)
3) Linnaeus (1753b)
4) 森 (1921)
5) 한국생약교수협의회 (2002)
6) 신전휘, 신용욱 (2006)
7) 안덕균 (1998)
8) 한진건 등 (1982)
9) 奧田 (1997), 柳 (2004)
10) 김종원 (2013)
11) 국립수목원 (2015)
12) Ito *et al.* (2000)
13) Kawahara *et al.* (1989), 奧田 (1997)

사진: 김종원

떡쑥(꽃다대)

Gnaphalium affine D. Don

형태분류

줄기: 해넘이한해살이며 어른 종아리 높이까지 바로 서서 자라고 모여난다. 전체가 회백색 털로 덮였다. 지표면에서 가지가 많이 갈라진다. (비교: 풀솜나물(*G. japonicum*)은 땅위를 달리는 줄기(포복경)로 번식하는 여러해살이다.)

잎: 어긋나고, 긴 주걱모양이며, 솜털이 빼곡하다. 뿌리 2~4개에서 난 잎은 꽃필 때에 마른다. (비교: 풀솜나물은 오히려 좁고 장타원형이며, 뿌리에서 난 잎이 꽃필 때도 남는다. 자주풀솜나물(*G. purpureum*)은 잎 가장자리에 주름이 약간 진다. 선풀솜나물(*G. calviceps*)은 가장자리에 얕은 톱니가 있는 잎이 자주풀솜나물에 비해 줄기에 듬성듬성 달린다.)

꽃: 5~7월에 노란색 머리꽃으로 피고, 고른꽃차례다. 암꽃은 실모양이고, 통모양 짝꽃이 있다. (비교: 왜떡쑥(*G. uliginosum*)의 머리꽃은 원형으로 꽃자루가 있고, 꽃차례를 둘러싼 잎들의 길이가 서로 다르다. 자주풀솜나물은 꽃싼잎이 탁한 자색이다. 선풀솜나물의 꽃차례는 긴 이삭모양으로 달린다.)

열매: 여윈열매로 0.5㎜ 길이인 씨앗에 아주 긴 흰색 갓털이 있고 바람으로 퍼져 나간다.

염색체수: 2n=14[1]

생태분류

서식처: 초지, 무덤 언저리, 농촌 들녘과 들길 가장자리, 제방,

두둑(논두렁>밭두렁) 등, 진흙>모래, 양지, 적습~약습
수평분포: 전국 분포(개마고원 이남)
수직분포: 구릉지대 이하
식생지리: 난온대~냉온대 남부·저산지대, 대만, 중국(주로 남부 지역), 일본, 인도, 동남아시아 등
식생형: 초원식생(잔디형), 터주식생(농촌형), 농지식생
생태전략: [터주자]~[터주-경쟁자]
종보존등급: [V] 비감시대상종

이름사전

속명: 그나팔리움(*Gnaphalium* L.). 부드러운 털(*gnaphalon*)로 뒤덮인 모양을 뜻하는 희랍어에서 비롯한다.
종소명: 아피네(*affine*). '무엇과 닮았다'라는 뜻의 라틴어다.
한글명 기원: 솟다대,[2] 과쑥,[3] 떡쑥,[4] 괴쑥,[5] 솜쑥[6] 등
한글명 유래: 떡과 쑥의 합성어다. 쑥이 땅에서 나기 전, 봄 중양절(重陽節, 음력 3월 3일)에 로제트 잎으로 떡을 만들어 먹은 것에서 비롯한다. 떡쑥보다 앞서 기재된 한글명은 솟다대와 과쑥이다. 솟다대는 꽃과 꽃받침을 일컫는 우리말 '다대'의 합성어다. 다대는 '해진 옷에 덧대어 깁는 헝겊 조각'을 일컫는 우리말이다. 떡쑥 잎이 그 헝겊 조각과 모양이나 질감이 어상반하다.[7] 한편 1921년 기록에 과꽃이라는 이름도 등장하는데, 지금은 전혀 다른 종류(*Callistephus chinensis*)의 이름으로 쓴다. 여기서 '과' 자는 국화의 옛말 '구화'[8]에서 전화한 것[9]이다.
한방명: 서국초(鼠麴草). 떡쑥의 지상부를 약재로 쓴다.[10] 중국명에서 비롯한다.
중국명: 鼠麴草(Shǔ Qū Cǎo). 머리꽃(頭花)이 마치 쥐(鼠) 색을 띠는 누룩(麴)을 닮은 데에서 비롯한다.
일본명: ハハコグサ(Hahakogusa, 母子草). 털로 뒤덮인 식물체 모양에서 유래하는 이름으로 속명에 잇닿아 있다. 풀솜나물을 父子草(Chichikogusa)라 하는 것에 대응하는 이름이다. 떡쑥과 풀솜나물은 일본 전역에 흔히 분포하는 들판 초지 식물이다. 이름이 모자초(母子草)와 부자초(父子草)로 짝을 이룬 까닭도 거기에 있다. 떡쑥은 일곱 가지 봄나물(春の七草)[11]로 식용과 약용한다. 일본명 母子草(Hahakogusa)의 원래 명칭은 蓬子草(Hoohkogusa)인데, 줄기를 가득 덮은 흰 털이나 깃털처럼 보풀보풀한 상태(蓬子)에서 비롯한다. 보풀보풀한 상태를 일컫는 일본말 蓬ける(Hoohkeru)와 발음이 비슷한 母子(Hahako)를 이용해서 풀솜나물의 父子草(Chichikogusa)에 대응시켜 끼워 맞춘 이름이라고 한다.[12]
영어명: Jersey Cudweed, Cottonweed

에코노트

떡쑥 종류 잎은 기본적으로 주걱모양이다.

떡쑥의 꽃과 열매

그중 떡쑥은 복스러운 귀(耳)처럼 생겼다. 불이초(佛耳草)라는 한자 이름을 갖게 된 까닭이다. 무심초(無心草)와 향모(香茅)가 합쳐진 무심초향모라는 명칭도[13]있다. 노란색 머리꽃(頭花)을 채취해 음지에서 말려서 무심(無心)의 선심(禪心)을 기르는 명상에 향(香)으로 즐겨 이용했던 것으로 보인다.

줄기 끝에 모여 피는 떡쑥의 노란색 머리꽃은 독특하다. 꽃 바깥 부분에는 암꽃이 위치하고, 중심에는 암꽃과 수꽃 기능을 함께 하는 짝꽃이 있다. 암꽃이 바깥쪽에 위치하는 것은 되도록 근친교배를 하지 않으면서 타가수분을 꾀하는 것이며, 짝꽃이 안쪽에 위치하는 것은 바깥 암꽃이 꽃가루받이에 실패할 것을 대비한 자가수분 준비 태세다. 두 꽃 모두 자식(씨)을 만든다. 바깥 암꽃의 타가수분은 집안 계통(家系)을 달리해 유전자 다양성을 구축하는 데 결정적으로 기여한다.

왜떡쑥속(*Gnaphalium* L.)은 대부분 온난한

선풀솜나물(제주도)

자주풀솜나물(제주도)

난온대~아열대 요소지만, 왜떡쑥만 유일하게 냉온대까지 널리 분포하며 추위를 이겨낸다. 우리나라 남부 지역으로 갈수록 자주 보이고, 다양한 종류가 보인다. 온난한 지역에서나 따뜻한 장소에서 사는 떡쑥은 가을에 발아해 뿌리에서 난 로제트 잎으로 월동한다. 전형적인 해넘이한해살이의 생명환이다. 땅바닥에 바싹 붙은 로제트 잎은 아주 부드러운 흰색 털로 덮여 있다. 겨울 추위에 끄떡없다. 한겨울에도 한낮 기온이 올라가면 광합성을 한다. 이른 봄, 새싹이 나기 전에도 로제트 잎의 광합성 덕택에 뿌리에 영양물질을 많이 저장한다. 최근 귀화식물로 열대 아메리카 원산인 선풀솜나물(*G. calviceps*)과 북미 원산인 자주풀솜나물(*G. purpureum*)이 제주도에서 보고된 바 있는데,[14] 이들은 모두 한해살이(종종 해넘이한해살이)이고, 해양성 기후 영향권에 분포하는 신귀화식물이다.

떡쑥과 많이 닮은 금떡쑥과 풀솜나물이 있다. 금떡쑥(*G. hypoleucum*)은 잎에 흰색 솜털이 없이 그냥 녹색이고, 줄기가 윗부분에서 갈라지는 것으로 구별한다. 사는 장소는 더

왜떡쑥(경기도)

다북떡쑥(경북 청송)

욱 건조한 산지 쪽이다. 키가 30㎝ 이상으로 훌쩍 크며, 꽃도 9월에 들어서면서 가을에 피기 때문에 떡쑥과 혼동할 일은 없다.

풀솜나물은 떡쑥 종류 가운데 유일한 여러해살이이면서 전형적인 이차초원식생 요소다. 나머지 종류는 농지식생의 농촌 식물(부록 생태용어사전 참조)로 풀밭에 사는 한해살이 또는 해넘이한해살이다. 그러므로 풀솜나물은 가장 안정적인 풀밭에 주로 산다. 그만큼 상대적으로 드물다. 풀밭이라는 서식처가 본래부터 인간의 간섭이 무척 많은, 그렇게 안정된 삶터가 아니기 때문이다. 한글명에 떡쑥이라는 말을 품었지만, 전혀 다른 종류가 있다. 한반도 중북부 지역에서 숲 가장자리나 초지에 나타나는 다북떡쑥(*Anaphalis sinica*)이다. 여러해살이로 암술머리가 보이는 암꽃과 그렇지 않은 수꽃이 따로(二家花) 핀다.

---

1) Nishikawa (1984)
2) 유희 (1801~1834)
3) 森 (1921)
4) 정태현 등 (1937)
5) 박만규 (1949)
6) 안학수, 이춘녕 (1963)
7) 김종원 (2013)
8) 윤호 등 (1489; 김문웅 역주, 2008)
9) 김양진 (2011)
10) 안덕균 (1998)
11) 한 해를 시작하는 절기, 음력 1월 7일에 7가지 죽(粥)을 먹고 무병식재(無病息災)를 기원하는 중국 풍습이 있다. 일본의 7가지 봄나물(春の七草)이라는 것은 그런 중국 풍습과 한국의 나물문화의 융합일 것이다. 부럼을 깨먹고, 때 이른 나물을 먹는 음력 정월대보름의 우리 풍습은 무척 독특하다.
12) 牧野 (1961)
13) 유희 (1801~1834)
14) 박수현 (2009)

사진: 김종원, 이창우, 류태복, 김윤하, 이경연, 최병기

조밥나물

Hieracium umbellatum L.

형태분류

줄기: 여러해살이며, 바로 서서 어른 허리 높이까지 자라고, 점점 붉은색으로 변한다. 윗부분에서 약간 갈라지고, 별모양 털과 짧은 털이 많은 편이다. 약간 붉은빛을 띠는 짧은 뿌리줄기가 발달한다. (비교: 껄껄이풀(*H. coreanum*)은 어른 무릎 높이로 자라고, 털이 약간 있다.)

잎: 뿌리에서 난 잎은 꽃필 때에 마르고, 줄기에 난 잎은 어긋나며, 좁은 장타원형으로 아랫부분이 살짝 넓어져서 쐐기모양이다. 가장자리는 밋밋하면서도 뾰족한 톱니가 약간 있어서 만지면 껄끄럽다. 서식조건에 따라 질감이 거칠고 딱딱하거나, 뒤틀리기도 한다.

꽃: 7~9월에 노란색 혀꽃잎(舌狀花)으로만 된 머리꽃이 고른꽃차례로 긴 꽃자루 끝에 하나씩 핀다. 통부에 털이 있다. 꽃싼잎은 길이와 너비가 각각 1㎝ 정도이고, 조각은 3~4열이며 가장자리가 검은빛을 띠고, 가운데 맥 위에 드물게 샘털이 있다.

열매: 여윈열매로 원통모양이고, 흑자색을 띤다. 능선이 10개 있으며, 약간 억세고 밝은 갈색 갓털이 있어 바람으로 퍼져 나간다.

염색체수: 2n=18, 27[1)]

생태분류

서식처: 초지, 숲 가장자리, 임도 언저리, 벌채지, 산지 도랑 언저리, 산간 천변(川邊), 습지 언저리, 해안 뒤편 풀밭 등, 사질 토양, 양지~반음지, 적습~약습

수평분포: 전국 분포

수직분포: 산지대(구릉지대~아고산대)

식생지리: 온대(대륙성), 만주, 중국(서부지구, 화북지구, 화남지구 남서 내륙, 화중지구 내륙, 네이멍구 등), 몽골, 연해주, 일본, 서남아시아, 동남아시아 등

식생형: 초원식생, 벌채지식생 등

생태전략: [터주-스트레스인내-경쟁자]~[경쟁자]

종보존등급: [IV] 일반감시대상종

이름사전

속명: 히어라치움(*Hieracium* L.). 노란색 꽃이 피는 지중해 산 국화과 식물을 일컫는 희랍 명칭(*hierax, hierakos*)에서 비롯하고, 맹금류 매를 뜻한다. '매가 이용한 풀'이라는 설이 있으며, 시력을 예리하게 하는 데 도움을 준다고 한다. 어떤 눈(目) 연고를 일컫는 라틴어(*hieracium*)이기도 하다.[2)]

종소명: 움벨라툼(*umbellatum*). 줄기 위에서 우산을 펼치듯 피는 꽃차례에서 비롯한 라틴어다.

한글명 기원: 조밥나물,[3)] 조팝나물,[4)] 버들나물[5)]

한글명 유래: 조밥과 나물의 합성어다. 작은 가시가 있는 억센 잎에서 유래하는 조뱅이(조방가시)의 이름 유래(『한국 식물 생태 보감』 1권 「조뱅이」 편 참조)[6)]와 잇닿아 있다.

한방명: 산류국(山柳菊). 지상부를 약재로 쓰고,[7)] 중국명에서 비롯한다.

중국명: 山柳菊(Shān Liǔ Jú). 산에 나는 조밥나물 종류(柳菊)라는 뜻이다. 국화과로 잎이 버드나무(柳)를 닮은 데에서 비롯할 것이며, 버들잎 닮은 민들레 종류(蒲公英)라는 뜻의 일본명(柳蒲公英)에 잇닿아 있다.

일본명: ヤナギタンポポ(Yanagitanpopo, 柳蒲公英). 꽃은 국화과 민들레(蒲公英)를, 잎은 버드나무(柳)를 닮았다고 해서 생겨난 이름이다. 하지만 혀꽃잎의 모양이 민들레 종류(*Taraxacum* sp.)보다는 씀바귀 종류(*Ixeridium* sp.)를 더욱 닮았다. 일본에서는 지리적 변종(*H. umbellatum* var. *japonicum*)으로 구분하기도 한다.[8)]

영어명: Umbellate Hawkweed, Narrow-leaved Hawkweed

에코노트

우리나라 식물 이름 가운데 조밥으로 시작하는 것은 조밥(팝)나물과 조밥(팝)나무 2종뿐이다. 어린 순을 나물로 이용했다는 사실은 1921년에 한글명이 기재되면서 소개되었다. 하지만 이름의 유래는 전혀 딴 데 있다. 조밥나물의 조밥은 같은 국화과 식물로 잎

모양이 아주 많이 비슷한 조뱅이(*Breea segeta*)와 잇닿아 있다. 조팝나무의 경우는 좁쌀 같은 종자나 잘게 흩날리는 하얀 꽃에서 비롯한다.

조밥나물과 조뱅이는 엉겅퀴 종류보다 가시와 잎의 질감이 부드럽고, 덜 앙칼스러운 식물체다. 조뱅이는 농촌 식물로 터주식생의 구성원인데, 조밥나물은 전형적인 풀밭 식물사회의 구성원이다. 조뱅이보다는 마을에서 더욱 멀리 떨어진 곳, 사람 간섭이 덜한 한적한 풀밭에 살기 때문에 더욱 자연성이 높다. 물과 공기가 잘 통하는 입자가 굵은 모래흙의 건조하지 않는 입지에 산다. 조뱅이가 쉽게 건조해지는, 토양 입자가 가는 진흙에서 잘 사는 것과 대조적이다. 한편 조밥나물과 많이 닮은 께묵(*Hololeion maximowiczii*)은 식물 전체에 털이 없고 습원식생 요소다.

우리나라에는 조밥나물속에 조밥나물과 껄껄이풀(*H. coreanum*) 2종이 있는데, 껄껄이풀은 개마고원 일대에서부터 만주와 연해주에 널리 분포한다. 식물체 크기가 어른 무릎 높이 이하로 작은 편이고, 잎에 톱니가 많은 것에서 구별된다. 남한 지역에서도 껄껄이풀의 분포가 보고되나, 인공기원일 것이다.

조밥나물속은 중부 유럽과 북미 온대에서 종다양성이 풍부하다. 중부 유럽에 약 25종,[9] 북미에 약 18종[10]이 알려졌으나, 계통분류학적으로 더욱 연구되어야 할 분류군이다. 중부 유럽에서 조밥나물속 종류 대부분은 습윤한 초원식생에서, 일부 종류는 밝은 참나무 이차림 속에서 산다. 영국 섬 지역에 분포하는 그룹은 심한 건조 환경을 극복할 수 있는 근경(tap-root)이 발달하고, 석회암 지역에서도 잘 사는 스트레스인내자다.[11] 최근 유럽산 조밥나물 종류인 유럽조밥나물(*H. caespitosum*)[12]이 강원도 양구 도솔산에 귀화한 사실이 알려졌다. 한반도에서 가장 중부 유럽적인 생물기후를 보이는 '지역생물기후구-대관령형(부록 생태용어사전 참조)[13]에 정착한 것이다. 그런데 분포 기원이 자연

것이 바람직하다.

1) Kashin *et al.* (2003)
2) Quattrocchi (2000), Gledhill (2008)
3) 森 (1921)
4) 박만규 (1949)
5) 안학수, 이춘녕 (1963)
6) 김종원 (2013)
7) 안덕균 (1998)
8) 奧田 (1997)
9) Oberdorfer (1983)
10) Gleason & Cronquist (1993)
11) Grime *et al.* (1988)
12) 이혜정 등 (2008)
13) 김종원 (2006)

사진: 이진우, 김종원, 최병기

적 확산에 의한 것인지는 의문이다. 외래 화훼식물을 이용한 지피녹화 사업이 성행했던 지역이기 때문이다. 생태학적 기본 개념과 생태윤리에 따르면, 고유의 자연생태계가 유지되는 야생 지역(wilderness area)에서 그러한 조경 사업은 자제해야 하고, 통제하는

억새군락의 조밥나물

선씀바귀

Ixeris chinensis **subsp.** ***strigosa*** (H. Lév. & Vaniot) Kitam.
Ixeris strigosa (H. Lév. & Vaniot) J. H. Pak & Kawano[1)]

형태분류

줄기: 여러해살이며 어른 무릎 높이로 자란다. 전체에 털이 없어 매끈하고, 흰빛을 띠며, 상처가 나면 흰색 유액이 나온다. (비교: 좀씀바귀(*I. stolonifera*)는 가는 줄기가 땅위에서 사방으로 퍼진다.)

잎: 뿌리에서 난 잎은 로제트모양이고, 좁은 장타원형으로 가장자리에 톱니가 있으며, 얕게 갈라진 깃모양이다. 줄기에 난 잎은 없거나 1~2개 있고 밑이 줄기를 감싼다. (비교: 씀바귀(*Ixeridium dentatum*)는 줄기를 감싼 잎 아랫부분이 귀모양이 된다. 좀씀바귀는 원형에 가깝다.)

꽃: 4~6월(11월)에 밝은 노란색, 흰색, 연한 자주색 따위의 머리꽃이 줄기 끝에 고른꽃차례처럼 핀다. 꽃싼잎 길이는 1㎝ 내외이고 그 조각이 2열로 배열한다.

열매: 여윈열매로 홍갈색이며, 능선이 10개 있다. 흰색 갓털이 있어 바람으로 퍼져 나간다. (비교: 씀바귀의 갓털은 연한 갈색이다.)

염색체수: 2n=24, 32[2)]

생태분류

서식처: 초지, 정원 잔디밭, 무덤, 농촌 들녘의 풀밭, 두둑, 들길 언저리 등, 양지, 적습~약건

수평분포: 전국 분포

수직분포: 구릉지대 이하

식생지리: 난온대~냉온대, 대만, 만주, 중국(네이멍구, 쟝쑤 성, 허베이 성, 안후이 성 등), 연해주, 일본 등

식생형: 이차초원식생(잔디형), 터주식생 등

생태전략: [경쟁자]~[터주-경쟁자]

종보존등급: [V] 비감시대상종

이름사전

속명: 익세리스(*Ixeris* (Cass.) Cass.). 인디언이 쓰는 고유 이름에서 비롯한다고 한다.[3)] 그런데 북미와 유럽에는 씀바귀속 자체가 분포하지 않는다. 때문에 씀바귀속 식물과 유사한 꽃에 대해 그들이 불렀던 이름에서 비롯했을 것이다.

종소명: 히넨시스(*chinensis*). 중국을 뜻한다. 아종명 스트리고사(*strigosa*)는 가늘지만 굽지 않고 바로 선 모양을 의미하고, 뿌리에서 여러 줄기가 가지런히 위로 서는 모양에서 비롯했을 것이다.

한글명 기원: 슴바구,[4)] 선씀바귀,[5)] 쓴씀바귀, 선사라구[6)] 등

한글명 유래: 선과 씀바귀의 합성어다. '선'은 한자명 산고채(山苦菜)에서 맛이 쓰다(苦)는 뜻의 '쓴'이나, 뫼 산(山) 자의 산에서 전화한 것으로 볼 수도 있으나, 줄기나 꽃차례가 똑바로 선다는 종소명(subsp. *strigosa*)에서 실마리를 찾은 것으로 추정한다. 씀바귀는 '맛이 쓴 상추'라는 의미가 있는 '싀화'>'씀븨'에서 비롯한다. (『한국 식물 생태 보감』 1권 「씀바귀」 편 참조)[7)]

한방명: 고거(苦苣). 씀바귀, 벌씀바귀, 선씀바귀, 좀씀바귀 따위의 식물 전체를 약재로 쓴다.[8)]

중국명: 光滑苦菜(Guāng Huá Kǔ Cài). 매끄러운 씀바귀(苦菜)라는 뜻이다. 식물체에 털이 전혀 없는 것에서 비롯했

을 것이다. 하지만 대만에서는 거친 털이 있다는 뜻의 상반된 이름(粗毛兔仔菜, Cū Máo Tù Zǎi Cài)을 사용한다.

일본명: タカサゴソウ(Takasagosou, 高砂草). 여러 가지 유래가 있다.[9] 그 가운데 높고 험준한 산(高山>高砂)으로 이루어진 대만(台湾)의 원주민을 지칭하는 명칭(高砂族)에서처럼 대만의 별칭(高砂)에 잇닿았을 개연성이 높다. 난온대 지역에 흔하게 나타나는 선씀바귀의 지리 분포 정보가 그런 사실을 뒷받침한다.

영어명: Strigose Ixeris

흰 꽃이 피는 선씀바귀

씀바귀 씀바귀 좀씀바귀 벌씀바귀 좀씀바귀

에코노트

씀바귀속(*Ixeris* (Cass.) Cass.)은 북미나 중부 유럽에는 분포하지 않는다. 아시아 특히 동북아시아의 온대를 특징짓는 분류군이다. 우리나라에서는 씀바귀 종류 가운데 선씀바귀가 가장 흔하다. 늘 관리하는 키 작은 잔디형 초원식생의 구성원이다. 벋음씀바귀, 벌씀바귀는 터주식생 요소로 전형적인 농촌 식물이다. 좀씀바귀는 산촌이나 농촌의 청정하고 습윤한 잔 모래자갈이 섞인 땅에서 주로 산다. 종종 천변(川邊)에서도 보이며, 건조한 곳에서는 살지 않는다. 의외로 개체군 크기가 작은 편이고, 씀바귀 종류 가운데 드문 편이다. 갯씀바귀는 해안 사구식생의 주요 구성원이다. 일본에는 씀바귀(*I. dentatum*)가 더욱 흔하다. 저지대 습한 땅에서부터 산지대 건조한 초지에 이르기까지, 북쪽 홋카이도에서부터 남쪽 규슈에 이르기까지 전역에 분포한다.

선씀바귀 꽃은 색이 여러 가지다. 노란색과 흰색, 때로는 연한 자줏빛 꽃도 보인다. 중국과 일본에서는 연한 자줏빛이 흔하다.[10] 선씀바귀류(*Ixeris strigosa sensu lato*)의 다변성에 따라, 선씀바귀의 기본 염색체수가 n=8이고, 씀바귀는 n=7이다. 일본에서는 3배체와 4배체도 함께 섞여 난다고 한다.[11] 씀바귀 종류가 다 그렇듯, 선씀바귀는 햇살이 충분할 때 꽃잎을 열고, 늦은 오후 해가 기울기 전에 꽃잎을 닫는 수면운동을 한다. 충매화로 곤충의 활동시간과 대기 기온 변화에 대응하는 생태전략이다. 대륙성 기후 지역인 우리나라에서는 이런 현상을 뚜렷하게 관찰할 수 있다. 꽃이 피지 않는 늦여름에서 초가을에도 싱싱한 새 잎을 내민다. 서리가 내리는 날, 햇살이 따뜻한 겨울 입새까지도 새 잎을 내밀고 광합성을 한다. 뿌리에 영양분을 가득 저장해, 이듬해 봄에 싱그러운 새 잎과 아름다운 꽃을 만들려는 전략이다. 서식처 환경에 따라 드물게는 11월에 꽃이 피는 경우도 보인다. 따뜻한 잔디밭이라면 어김없이 파고들어 사람과 함께 살고자 애쓰듯 한다. 심지어 따뜻한 봉분에서도 자주 띈다.[12] 잔디-선씀바귀군락이라는 식물사회의 항수반종(恒隨伴種)이다.

1) The Plant List (2015)
2) Pak & Kawano (1990)
3) Quattrocchi (2000)
4) 森 (1921)
5) 정태현 등 (1937)
6) 한진건 등 (1982)
7) 김종원 (2013)
8) 신전휘, 신용욱 (2006)
9) 牧野 (1961)
10) Kitamura (1956)
11) Pak *et al.* (1999), Whang *et al.* (2002)
12) 김길웅 등 (1993)

사진: 김종원, 김윤하

솜나물

Leibnitzia anandria (L.) Turcz.

형태분류

줄기: 여러해살이로 줄기가 따로 없고, 어른 종아리 높이 이상 긴 꽃대를 내민다. 짧은 뿌리줄기가 발달한다. 봄형과 여름-가을형의 형태 변이가 크다.

잎: 뿌리에서 로제트모양으로 모여나고, 봄 잎은 작고, 달걀모양으로 두터운 편이다. 가장자리에 얕은 톱니가 있고, 흰색 솜털이 빼곡한데 특히 뒷면이 심하다. 여름-가을형의 잎은 얇고 큰 타원형이다. 가장자리가 얕게 갈라져 깃모양이고, 불규칙한 톱니가 뚜렷하다.

꽃: 4~5월 봄꽃은 긴 꽃자루 끝에 흰색에 가까운 연한 자색 혀모양꽃 6~7개가 머리꽃으로 핀다. 꽃잎 뒷면도 밝은 자색을 띠며 암꽃이다. 혀모양꽃 안쪽으로 연한 노란색 양성화가 많다. 한낮에는 꽃잎을 수평으로 펼친다. 9~10월에는 창처럼 생긴 긴 꽃자루에 대롱모양 폐쇄화로 머리꽃이 달린다.

열매: 여윈열매로 실타래모양이고, 이보다 배로 긴 갈색 갓털이 있으며, 바람으로 산포한다.

염색체수: 2n=46[1]

생태분류

서식처: 초지, 밝은 숲속이나 숲 가장자리의 완전 개방 입지, 저해발 산능선 풀밭 등, 양지, 약건

수평분포: 전국 분포

수직분포: 산지대 이하

식생지리: 냉온대~난온대(대륙성), 만주, 중국(티베트와 신장성을 제외한 전역), 대만, 일본, 연해주, 사할린, 몽골 등

식생형: 이차초원식생(산지 풀밭 식물군락)

생태전략: [터주-스트레스인내자]~[스트레스인내자]

종보존등급: [V] 비감시대상종

이름사전

속명: 라이브니치아(*Leibnitzia* Cass.). 북부 독일 하노버 출신 과학자(G. W. Leibniz, 1646~1716)를 기념하면서 채택한 속명이다. 흥미롭게도 그는 뉴턴의 미적분 방법에 대한 논쟁에 깊이 관여한 수학자이면서 철학자다.

종소명: 아난드리아(*anandria*). 수술(수꽃)이 없다는 의미의 라틴어다. 하지만 바깥쪽의 긴 혀모양꽃에는 수꽃 기능이 없지만, 안쪽의 것은 짝꽃으로 수꽃의 기능이 있다.

한글명 기원: 솜나물, 분추,[2] 부시깃나물,[3] 까치취[4] 등

한글명 유래: 솜과 나물의 합성어다. 식물체에 흰색 털이 많은 모양에서 비롯했을 것이다. 특히 나물로 채취하는 어린 시기에는 흰색 솜털이 빼곡하다.

한방명: 대정초(大丁草). 솜나물의 지상부를 약재로 쓴다.[5] 중국명에서 비롯한다.

중국명: 大丁草(Dà Dīng Cǎo). 큰 창이란 의미가 있는데, 가을꽃 모양에서 비롯하고, 일본명과 잇닿아 있다.

일본명: センボンヤリ(Senbonyari, 千本槍). 가을에 길게 뻗은 폐쇄화의 꽃대 모양이 창(槍)을 닮은 데에서 비롯한다. 일본에서 한자 천(千) 자는 숫자 1,000 이외에 '많다'는 뜻으로도 쓰인다. 우리의 일만 만(萬) 자와 어상반하다.

영어명: Unmanly Leibnitzia, Common Leibnitzia, Asian Leibnitzia

에코노트

솜나물은 훤히 트인 산지 풀밭에서 종종 보인다. 양지바르고 건조한 땅에서 살며, 습한 땅에서는 결코 살지 않는다. 온 몸에 털이 뒤덮여서 봄과 가을처럼 바싹 마른 계절에도 잘 살아간다. 이른 봄 양지바른 산비탈 풀밭에 핀 솜나물 꽃은 식물체 크기에 비해 크기가 큰 편이다. 그런데 가을이 되면 새로운 꽃대가 길게 솟아나 약 50㎝까지 자라면서 그 끝에 꽃 같지 않는 꽃이 달린다. 닫힌꽃(閉鎖花)이다. 봄에 피는 혀모양꽃은 찾아든 곤충들 덕택에 타가수분을 하고, 가을에는 스스

로 자가수분을 하는 셈이다.

이처럼 솜나물은 동종이형(同種異形)으로 유명하다. 꽃뿐만 아니라 잎 모양도 봄형(春季型)과 가을형(秋季型)이 있다. 봄 잎에 비하면 늦여름의 잎이 훨씬 크다. 큼직한 잎으로 열심히 광합성하기 위해서다. 추운 겨울을 지내고, 내년 봄꽃을 준비하자면 보다 많은 영양분을 저장해야 한다. 잎이 커도 닫힌꽃의 자가수분에는 전혀 방해되지 않는다. 솜나물처럼 봄과 가을의 몸 모양(植物體)을 완전히 페이스오프(face-off)하는 경우는 그리 흔치 않다. 솜나물처럼 긴 꽃자루 끝에 폐쇄화를 하늘 높이 쳐들고 있는 경우도 흔치 않다. 식물체 크기에 비해 염색체수(2n=46)도 사람만큼이나 많은 편이다. 서식환경조건에 따라 식물체의 크기와 생장하는 방식이 다양하다. 경쟁보다는 적응력이 뛰어나다고 볼 수 있으며, 그만큼 환경조건에 유연하게 대응한다는 뜻이다.

솜나물속은 동아시아와 북미 온대에만 분포하고, 중부 유럽에는 분포하지 않는다. 전 세계 겨우 6종이 있다고 알려진 유별난 분류군이다. 그 가운데 우리나라를 포함해서 아시아에만 4종이 분포하며, 우리나라에는 솜나물 1종만 분포한다. 온난하고 건조한 온대지역까지 광역 분포하는 유일한 종으로 진화한 결과다. 솜나물을 고산식물로 인식하는 경우도 있지만,[6] 결코 고산식물이 아니다. 냉온대에서 난온대에 걸쳐 사는 온대 식물이다. 나머지 3종은 중국 서부의 티베트와 부탄 지역을 중심으로 하는 해발고도가 높은 히말라야 산지 한랭 건조한 초원에 분포한다. 북미에는 솜나물 종류 2종(*L. lyrata, L. occimadrensis*)이 있다. 지금으로부터 약 200만 년 전, 신생대 제4기 빙하기 동안에 극동 아시아에서 베링해를 건너 북미로 퍼져 나간 것이다.[7] 솜나물 종류가 유라시아 대륙의 아시아 동단으로부터 그 동쪽의 북미대륙으로 퍼져 나간 것은 지구의 자전 방향과 무관하지 않다. 서에서 동으로 도는 지구 자전 때문에 특히 북반구에서는 늘 편서풍 기류가 우세한데, 바람을 타고 한 걸음 한 걸음 멀리 퍼져 나간 것이다. 솜나물 종류의 씨앗이 갖는 깃털은 그런 풍산포의 원동력이 된다.

그런데 이 솜나물은 우리나라에서는 늘 혼자 살기를 좋아하는 듯, 분포에 특이성이 보인다. 숲 가장자리에서는 다른 식물이 많지 않은 곳에서만 산다. 종다양성이 높은 풀밭에서는 아예 나타나지 않는다. 늘 한적하고 풀이 얼마 없는, 듬성듬성 빈 데가 있는 서식처에서 보인다. 강한 알칼리성 토양환경이어서 살기에 무척 척박한 사문암 입지[8]에서도 견디지만, 때로는 무덤 잔디밭 언저리에서도 보인다. 우리나라의 대륙성 기후와 키 작은 풀밭 식물사회는 솜나물의 삶을 지지한다. 솜나물이 사는 습하지 않고 늘 양지바른 곳은 들짐승들의 휴식에 적합한 쉼터다. 무덤 초지처럼 키 낮은 풀밭이 없어지면, 솜나물도 사라지고 만다.

솜나물은 해양성 기후 지역인 일본열도에서는 드문 편이지만, 우리나라에서는 전국에 분포한다. 우리나라에서는 나물로 이용되는 들풀이기에 지역마다 부르는 이름도 다양하다. 까치취라는 이름은 취나물 같은 것이지만, 산채로는 품격이 떨어지는 약간 거시기한 나물이라는 뜻으로 '까치'가 더해졌을 것이다. 남부 지역에서는 잎 뒷면이 흰색 털로 빼곡히 뒤덮인 부싯깃고사리(『한국 식물 생태 보감』 1권 「부싯깃고사리」 편 참조)처럼 부싯깃나물이라고도 한다. 최초 한글명 솜나물과 분추는 1921년에 기재되었다.[9] 아마도 한반도 북부 어느 지방에서 불렀던 이름으로 추정한다. 분추의 유래는 분명치 않다. 하지만 분가루처럼 흰빛이 도는 취나물이라는 뜻에 잇닿았을 것이다. 거미줄 같은 털이 솜처럼 붙어 있는데도 나물로 먹어야만 했던 근대 역사를 생각하면 가슴이 먹먹하다.

봄꽃

늦여름의 가을형 폐쇄화

가을형

갈색 깃털이 있는 열매

1) Nishikawa (1984)
2) 森 (1921)
3) 박만규 (1949)
4) 박만규 (1949), 정태현 등 (1949)
5) 안덕균 (1998)
6) 공우석 (1998)
7) Baird *et al.* (2010)
8) 박정석 (2014)
9) 森 (1921)

사진: 김종원, 류태복

들떡쑥(들솜다리)

Leontopodium leontopodioides (Willd.) Beauverd

형태분류

줄기: 여러해살이며, 모여나서 어른 종아리 높이까지 곧게 자라고, 튼튼한 편이다. 회백색 명주털이나 솜털로 덮여 있다. 잎이 많이 달리는 편이다. 짧은 뿌리줄기가 발달한다.

잎: 어긋나고, 길이 5㎝, 폭 5㎜ 정도로 좁고 길며, 줄기에 붙어서는 모양으로 난다. 표면에 솜털이 많고, 뒷면에는 더욱 빼곡하다. 밑이 좁아져서 줄기를 살짝 감싸고, 가장자리가 살짝 말린다. 뿌리에서 난 잎 3~4개에는 꼬부라진 털이 있고, 줄기 아래에 빼곡히 난 잎과 함께 꽃필 때에 말라 버린다.

꽃: 5~8월에 줄기 끝에서 짧은 꽃자루가 있는 흰색 머리꽃 3~4개가 모여 핀다. 꽃싼잎은 둥글고, 그 조각은 3열로 배열하며 막질이다. 뒷면에는 역시 꼬부라진 털이 있고, 가장자리는 검다. 암꽃 머리꽃에 수꽃이 섞여 나기도 하고, 꽃이 핀 다음에 점차 길어진다. 수꽃 머리꽃은 길어지지 않는다.

열매: 여윈열매로 편편한 장타원형이다. 탁한 흰색 갓털이 있어 바람으로 퍼져나간다.

염색체수: 2n=26[1]

생태분류

서식처: 초지, 건조한 숲 가장자리, 츠렁모바위, 조립질 토양 등, 양지, 약건~적습

수평분포: 전국 분포

수직분포: 산지대

식생지리: 냉온대(대륙성), 중국(새북지구, 화북지구, 서부지구의 칭하이 성과 티베트 등), 몽골, 연해주, 일본 등

식생형: 초원식생, 츠렁모바위식생(초본식물군락)

생태전략: [스트레스인내-경쟁자]~[스트레스인내자]

종보존등급: [Ⅲ] 주요감시대상종

이름사전

속명: 레온토포디움(*Leontopodium* (Pers.) R. Br.). 사자(*leon*)의 발(*pous*)이라는 뜻의 희랍어에서 유래하고, 꽃 모양에서 비롯한다.

종소명: 레온토포디오이데스(*leontopodioides*). 속명에서 유래하고, 알프스의 에델바이스는 아니지만, 솜다리 종류의 전형적인 꽃 모양을 갖춘 것에서 비롯했을 것이다.

한글명 기원: 들솜다리,[2] 들떡쑥[3]

한글명 유래: 들과 떡쑥의 합성어다. 솜다리 종류 가운데 해발고도가 가장 낮은 산지대에 분포하는 것에서 떡쑥의 이름을 차용한 것이다. 들솜다리(1949년 2월)는 들떡쑥(1949년 11월)보다 앞서 기재된 이름이다. 솜다리 종류의 생태 분포와 명명규약의 선취권을 고려하면 들솜다리가 정당한 이름이다. 1921년의 『조선식물명휘』에서는 일본명(野薄雪草)만 나온다. 한글명 들솜다리는 그 뒤에 기재되었고, 들(野)은 일본명에 잇닿았을 것이다.

한방명: -

중국명: 火绒草(Huǒ Róng Cǎo). 에델바이스(火绒)를 닮은 들풀이라는 뜻이다. 고산지대에서 불 피울 때 쓰는 불씨 재료가 된 것에서 비롯한다.

일본명: - (ノウスユキソウ, Nousuyukisou, 野薄雪草. 들녘(野) 초지에 사는 솜다리 종류(薄雪草)라는 뜻에서 비롯하지만, 일본열도에는 분포하지 않는다. 1921년 『조선식물명휘』[4]에서는 제주도와 백두산에 분포한다는 정보와 함께 *Antennaria steetziana*로 기재했는데, 실체를 확인할 수 없다.)

영어명: Common Edelweiss

에코노트

들떡쑥은 에델바이스라 일컫는 솜다리 종류(*Leontopodium* sp.)로 앞서 기재되었던 들솜다리가 옳은 이름이다. (위의 한글명 유래 참조) 다른 솜다리 종류와 서식처가 크게 다른 점도 그런 사실을 뒷받침한다. 솜다리 종류는 겨울 맹추위를 경험하는 해발고도가 높은 아고산·고산대 초원식생 또는 암극식생에서 격리 분포하는 것이 특징이다. 그래서 솜다리속은 지역성이 강하다. 들떡쑥은 그중에서도 유일하게 산지대에 살고, 대륙성 요소다. 동아시아 대륙의 온대 초원 스텝(steppe) 지역에 널리 분포하지만, 일본에는 분포하지 않는다. 한반도에서도 상대적으로 대륙성 기후 영향이 강한 입지에서만 국지적으로 나타나 그리 흔치 않다. 국가 적색자료집에 빠져 있지만, 독특한 지역적 분포를 보이는 종보존등급 [Ⅲ] 주요감시대상종이다.

들떡쑥은 토양 입자가 굵은 흙, 땅속에 공기와 물이 잘 통하는 곳에 산다. 지상에서도 공기흐름이 좋아 바람이 잘 통하는 곳이다. 습기 찬 무더운 여름이나 지구온난화 같은 환경변화는 들떡쑥의 생존을 위협한다. 더욱이 삼림식생 면적이 우세한 남한 지역에서 들떡쑥이 살 만한 초지는 매우 제한적이다. 한반도 북동부에 잇닿은 연해주의 프리몰스키(Primorsky) 지역에는 들떡쑥이 섞여 나는 고대 초원식생의 잔존 식분이 있다.[5] 우리나라에서도 잔존하는 고대 초원식생 발굴과 보존을 서둘러야 한다. 그 속에서 한국인의 나물문화가 잉태되었기 때문이다.

---

1) Probatova (2006)
2) 박만규 (1949)
3) 정태현 등 (1949)
4) 森 (1921)
5) Taran (2005)

사진: 김종원

곰취

Ligularia fischeri (Ledeb.) Turcz.

형태분류

줄기: 여러해살이며, 바로 서서 어른 키 높이 이상으로 크게 자란다. 짧은 황갈색 털이 약간 있기도 하고, 굵기는 1㎝ 정도다. 굵은 뿌리줄기가 해를 거듭하면서 옆으로 번지고 큰 무리를 만든다.

잎: 뿌리에서 난 잎은 크고, 가장자리에 규칙적인 톱니가 있다. 잎바닥이 넓고 둥글게 패였으며 잎 질감이 두텁다. 잎끝은 둥글지만, 때로는 급하게 뾰족해진다. 잎자루는 아주 길며 약간 붉은빛이 돌고, 거미줄 같은 털이 있으며, 세로로 깊은 홈이 진다. 줄기에서 난 잎은 줄기 위쪽의 것일수록 작고, 잎자루가 없어지면서 마침내 줄기를 감싸듯 한다.

꽃: 7~9월에 노란색 머리꽃이 긴 송이모양으로 나고, 아래부터 위로 순차적으로 핀다. 꽃자루 아래에 잎 하나처럼 생긴 포가 있고, 꽃싼잎의 조각 8~12개가 1열 또는 2열로 배열해 종모양으로 꽃통을 감싼다. 길이 1.5~2.5㎝인 노란색 혀모양꽃이 5~9개 있고, 길이 약 1㎝인 통꽃이 여러 개 있다. 꽃가루받이 한 머리꽃은 아래로 약간 처진다.

열매: 여윈열매로 실타래 같은 원통모양이다. 약간 어두운 갈색이고 세로로 줄이 있다. 길이 1㎝ 이하인 황갈색 갓털이 있다.

염색체수: 2n=58,[1] 60[2]

생태분류

서식처: 초지, 숲 가장자리, 밝은 숲속 또는 숲 틈, 잔설지(殘雪地), 산간 습지와 계류의 언저리 등, 양지~반음지, 적습~약습

수평분포: 전국 분포

수직분포: 산지대~아고산대

식생지리: 냉온대~한대(대륙성), 만주, 중국(화중지구, 네이멍구, 허난 성, 샨-시 성 등), 몽골, 사할린, 연해주, 동시베리아, 일본(혼슈 이남), 서남아시아 등

식생형: 초원식생(습생형)

생태전략: [C] 경쟁자

종보존등급: [IV] 일반감시대상종

이름사전

속명: 리굴라리아(*Ligularia* Duval). 구두에 붙은 혁대 장식, 작은 혓바닥, 작은 무기 따위를 일컫는 라틴어(*ligul*a)에서 유래하고, 혀모양꽃의 생김새에서 비롯한다.

종소명: 피셔리(*fischeri*). 러시아 상트페테르부르크 식물원 원장(F. E. L. von Fischer, 1782~1854) 이름에서 비롯한다.

한글명 기원: 곰츄,[3] 곰취, 곰달내,[4] 큰곰치,[5] 왕곰취[6] 등

한글명 유래: 곰과 취의 합성어다. 큼지막한 잎과 산채인 것에서 비롯했을 것이다. 우리나라 사람이 많이 사는

곰취군락(백두산)

화살곰취(백두산)

만주 지역에 한자 명칭으로 웅소(熊蔬)가 있어, 그런 추정을 뒷받침한다. 곰취라는 한글명은 1921년『조선식물명휘』에 처음으로 등장하며, 제주도에서 백두산까지 분포한다는 정보와 함께, 한글로 곰츄, 영어로 Komchui라 기재했다. 곰츄>곰취라는 명칭의 '곰'은 일본명에 잇닿아 있다. 일본명(雄宝香)에는 남성적이라는 뜻이 있는데, 여기서 남성을 뜻하는 수컷 웅(雄) 자와 곰 웅(熊) 자가 똑같은 한글 소리이고, 의미도 어상반하기 때문이다. 한편 '곰이 사는 심산(深山)에 나는 취' 또는 한자 호로칠(胡蘆七)에서 비롯한다는 설이 있다.[7] 하지만 호로칠이라는 명칭은 오히려 곰취를 두고 부르던 어느 지역 방언, 즉 향명으로 보이고, 한자 胡蘆七(호로칠)은 그 한자를 차자(借字)해 적은 것으로 판단된다. 그렇지 않다면, 멸가치(*Adenocaulon himalaicum*)를 호로채(葫蘆菜)라고도 하는데, 이를 혼동 또는 혼용했을 것으로 보인다. 곰취와 멸가치는 북부 지역과 만주로 가면서 출현빈도가 높아지는 냉온대 중북부에 사는 여러해살이 초본이다. 주로 습윤한 계곡 언저리의 등산로에서 보인다. 만주 지역에는 곰취에 대한 다양한 한자 명칭이 있다. 북탁오(北橐吾), 자완(紫菀), 마제자완(马蹄紫菀), 마제엽(马蹄叶), 신엽탁오(肾叶橐吾), 웅소(熊蔬) 따위다.[8]

한방명: 호로칠(胡蘆七). 곰취 뿌리를 약재로 쓴다.[9]

중국명: 蹄叶橐吾(Tí Yè Tuó Wú). 잎이 발굽모양(蹄葉)인 곰취속(橐吾) 식물이라는 뜻이다.

일본명: オタカラコウ(Ohtakarakou, 雄宝香). 남성(雄)적인 곰취 (宝香)라는 뜻이다. 여성적인 곰취 곤달비(Metakarakou, 雌宝香)에 대응하는 이름이다. 곰취는 초원식생 요소이지만, 곤달비는 오히려 계곡삼림식생의 구성원이다. Takarakou(宝香)는 용뇌향(龍腦香, 라벤더 기름 따위에 들어 있는 알코올의 일종)을 지칭한다. 뿌리에서 그와 비슷한 향이 나며, 잎에서도 약하지만 상큼한 향이 난다.

영어명: Fischer's Leopard Plant

에코노트

곰취는 최근 건강 산채(山菜)로 주목 받는 자원식물이다.[10] 본래 한반도 중북부 지역과 만주 지역에 사는 사람들에게 빼놓을 수 없는 산채였다. 곰취가 저절로 분포하는 범위와 정확히 맞아떨어지는 문화다. 1932년의 기록[11]에서 확인된다. 산간 마을이나 북부 지역과 만주에 사는 우리나라 사람들은 곤달비(*L. stenocephala*)를 포함한 곰취 종류의 어린 잎을 산채로 즐겼고, 겨울에는 말려 두었던 잎으로 여러 가지 보조 음식을 만들어 먹었다고 한다.

곰취의 서식처는 냉온대 지역에서 한랭다습한 입지다. 생육기간에 가뭄이 발생하면 치명적이다. 지상에서나 땅속에서나 공기와 물이 잘 통하면서도 결코 메마르지 않는 조건에서만 산다. 주로 북쪽을 향한 비탈면의 해발고도가 높은 곳에서 빈도 높게 나타난다.[12] 가끔은 그늘진 숲속에서도 발견되지만, 숲 가장자리나 훤하게 열린 초지처럼 밝은 곳을 좋아한다. 곰취가 사는 곳은 일체의 환경오염이 없는 청정 지역이다. 비록 벌채지나 초지라 할지라도 토양은 자연 상태이고, 근자연식생(近自然植生)의 종이 그 식물사회를 이룬다는 것을 말한다.

이런 저런 서식환경조건에 따라 곰취의 몸 크기와 꽃차례 발달 정도에 차이가 크다. 수분환경이 양호하고 비옥한 땅에서는 높이 2m까지 자란다. 곰취속(*Ligularia* Duval) 가운데 남해안과 제주도의 해발고도가 낮은 해안 지역에서 드물게 보이는 특산종 갯취(*L. taquetii*)를 제외하면 곰취는 오히려 낮은 산지대에 사는 종류다. 백두산의 화살곰취(*L. jamesii*)를 비롯한 곰취 종류 대부분은 아고산대 또는 고산대에 분포중심지가 있다.

최근의 연구 성과[13]를 정리해 보면, 곰취속은 동아시아 식물이라 해도 지나친 말이 아니다. 중국 쓰촨 성 동부 지역에서부터 화중지구를 가로질러 우리나라를 거쳐 일본 열도까지 분포한다. 지구상 전체 종 가운데 98%에 이르는 119종이 이 일대에서 산다. 그중 67종은 히말라야산맥 동단에 위치하면서 양자강과 황하강이 발원하는, 남북 방향으로 길게 벋은 횡단산맥(横断山脈)에서만 나타나고, 또 다시 그중에서 61종은 그 일대에만 분포하는 특산종이라 한다. 활발한 지각 운동으로 생겨난 지역인 그곳에서도 상대적으로 안정된 땅에서 일어난 유전적으로 안정된 2배체(2n) 종간의 잡종화(雜種化, 부록 생태용어사전 참조)에서 비롯한다고 한다. 공룡이 살았던 중생대 백악기 중엽의 일로 추정되는데, 여태껏 북미 대륙까지 퍼져 나가지 못했고, 유라시아 대륙의 서단 유럽 쪽에 겨우 2종이 퍼져 나갔다. 이런 사실을 바탕으로 곰취속의 기원은 중국의 쓰촨 성 동부이고, 지리적 분포중심지를 칭하이-티베트고원(青海-西藏高原)과 주변 일대로 규정한다. 차나무(*Camellia sinensis*)의 분포중심지가 그곳에서 멀지 않다는 사실도 무척 흥미롭다. 인도 북쪽에서 동서로 달리는 히말라야산맥과 중국 서쪽에서 남북으로 달리는 횡단산맥이 만나는 이 일대는 지금도 지구에서 가장 빠른 속도로 솟아오르는, 지각운동(隆起)이 활발한 땅이다.

---

1) Liu (2004)
2) Probatova (2005)
3) 森 (1921)
4) 村川 (1932)
5) 박만규 (1949)
6) 정태현 등 (1949)
7) 이우철 (2005)
8) 한진건 등 (1982)
9) 안덕균 (1998)
10) 서종택 등 (2015)
11) 村川 (1932)
12) 김갑태, 엄태원 (1997), 김갑태 (2010)
13) Liu *et al.* (1994), Liu *et al.* (2006)

사진: 김종원

모련채(쇠서나물)

Picris hieracioides subsp. ***koreana*** Kitam.
Picris japonica Thunberg in Murray

형태분류

줄기: 해넘이한해살이 또는 수명이 짧은 여러해살이며 어른 허리 높이까지 바로 서서 자라고 세로로 길게 홈(줄)이 있다. 붉은색을 띠는 억세고 짧은 털은 살짝 꼬부라지기도 하며, 끝이 투명해 보이고 둘로 나뉘어 퍼진다. 수직으로 내린 기둥뿌리가 발달한다.

잎: 줄기에서 난 잎은 어긋나며 많은 편이고, 거꿀창끝모양으로 위의 것일수록 더욱 좁고 길다. 가운데 잎줄은 뚜렷하고 함몰한다. 가장자리에 작은 톱니가 있고, 줄기 중간의 잎은 잎바닥이 줄기를 약간 감싸듯 한다. 억센 털이 가장자리와 뒷면에 더욱 많다. 좁고 긴 주걱모양 뿌리에서 난 로제트 잎은 가운데 붉은빛이 돌고, 줄기 아랫부분에 달린 잎과 함께 꽃 필 때에 말라 버린다.

꽃: 7~9월에 줄기 윗부분에서 갈라진 가지 끝에 노란색 혀모양꽃으로만 된 머리꽃이 고른꽃차례로 달린다. 혀모양꽃 끝은 5개로 갈라져 잔톱니처럼 보이고, 암술 1개에 수술 5개로 이루어졌다. 긴 꽃자루는 마치 가지처럼 보이고, 털이 있다. 꽃싼잎은 원통 같은 종모양이고, 어두운 녹색을 띠며, 그 조각이 2줄로 배열한다. 주맥을 따라 억센 털이 많다. 암술보다 수술이 먼저 성숙한다.

열매: 여윈열매로 실타래모양이고, 적갈색이다. 씨앗보다 약간 더 길고 은빛 나는 연한 갈색 갓털이 있는데, 쉽게 떨어진다.

염색체수: 2n=10[1)]

생태분류

서식처: 초지, 산지 능선 풀밭, 벌채지, 산간 밭 언저리, 숲 가장자리, 목초지 언저리 등, 양지, 적습

수평분포: 전국 분포

수직분포: 구릉지대~산지대(드물게 아고산대)

식생지리: 냉온대~난온대, 만주, 중국(서부지구, 화북지구, 기타 네이멍구, 쓰촨 성, 안후이 성, 광시 성, 구이저우 성 등), 몽골, 연해주, 일본 등

식생형: 초원식생, 터주식생(노방식생) 등

생태전략: [경쟁자]~[터주-경쟁자]

종보존등급: [V] 비감시대상종

이름사전

속명: 피크리스(*Picris* L.). 소 혀를 뜻하는 라틴어에서 유래하고,[2)] 잎 모양에서 비롯한다. 한편 일종의 샐러드로 맛이 쓴 서양 상추(lettuce)를 일컫는 희랍어(*pikris*)에서 비롯한다는 설도 있다.[3)]

종소명: 히어라치오이데스(*hieracioides*). 조밥나물속(*Hieracium* L.)과 닮았다는 의미에서 만들어진 라틴어다. 우리나라에서는 코레아나(var. *koreana*)라는 변종으로 채택하지만, 중국에서는 종소명 야포니카(*japonica*)를 채택한다.[4] 계통분류학적 정리가 필요하다.

한글명 기원: 모련치,[5] 모련채,[6] 쇠세나물,[7] 쇠서나물[8]

한글명 유래: 쇠서와 나물의 합성어다. 쇠서는 소(牛)의 혀(舌)를 일컫는 방언이다. 쇠서나물의 잎 모양에서 비롯하며, 1700년대에 명명된 속명에서 유래한다. 쇠서나물보다 앞서 기재된 한글 명칭은 1932년의 모련채(치)로 한자명(毛连菜)에서 비롯하고, 만주 지역에서는 어린잎을 데쳐서 나물로 먹었다는 사실도 함께 전한다.

한방명: -

중국명: 毛连菜(Máo Lián Cài). 식물체에 억센 털이 많은 것에서 비롯한다.

일본명: コウゾリナ(Kouzorina, 剃刀菜, 髪剃菜). 억센 털(剛毛)이 피부에 달라붙으면 면도를 해야 제거(剃刀, 髪剃)된다고 해서 생겨난 이름이다.[9]

영어명: Hawkweed Picris, Korean Hawkweed Picris

에코노트

쇠서나물은 한해살이지만, 안정된 서식처에서는 종종 몇 해 동안 산다. 그 경우에도 뿌리로 번식하지 않고, 종자로만 퍼져 나가는 전형적인 한해살이 특징을 이어간다. 남부 지역에서는 가을에 발아해서 로제트 잎으로 월동하며, 이 부분을 나물로 먹는다. 쇠서나물은 분포 영역이 수직적으로나 수평적으로나 넓은 편이다. 아고산대 이하 해발고도가 높은 산지대에서 저지대까지도 보인다. 솜다리처럼 고산대 식물로 보는 견해도 있지만,[10] 더욱 온난한 산지대 이하인 풀밭에 사는 구성원이다. 해발고도가 조금 높은 산지대 풀밭에서 9월 중순이 되면, 식물체는 적자색으로 물들지만, 노란 혀모양꽃은 여전히 만개한 개체를 만날 수 있다. 이처럼 쇠서나물은 지역에 따라 조금씩 형태가 다르다.

쇠서나물은 우리나라, 중국, 일본 온대에서 골고루 분포하는데, 서로 다른 학명을 사용한다. 사는 지역과 입지에 따라 형태에 변이가 심하고, 절기(시점)에 따라 털이 억센 정도도 조금씩 다르다. 분류학적으로 곤란한 부분이다. 지금으로서는 통칭해서 쇠서나물 그룹(*Picris hieracioides* group)으로 이해하는 수밖에 없다. 이들 모두 민들레 종류처럼 혀모양꽃으로만 된 머리꽃이 특징이다.

쇠서나물의 자식(씨앗) 농사는 유별나다. 서식처 조건에 따라 차이가 난다. 초여름부터 피기 시작한 머리꽃은 가을이 시작되는

시점까지 한 송이 한 송이 계속해서 핀다. 땅속에 영양분이 풍부한 곳에서는 생육기간 동안 줄곧 핀다. 태양이 가장 높을 때, 혀모양꽃이 활짝 펼쳐지면 안쪽의 수술과 암술도 사방으로 펼쳐진다. 수술은 늘 암술에 앞서 성숙한다. 차례로 핀 머리꽃 여러 송이는 줄기 위에서 각기 다른 방향을 향한다. 충매화로서 근친교배를 피하려는 시간과 공간 배분을 달리하는 꽃차례다. 식물 전체에 붉은색을 띠는 억센 털이 있으며, 털 끝이 투명하고 둘로 갈라진다. 이런 유별나게 미세한 털 구조는 쇠서나물이 갖는 특징 중 하나다. 규소(Si)가 주성분인 유리질로 초식자(草食者)를 귀찮게 해 자신의 몸을 지키는 방어구조다.

---

1) Volkova *et al.* (1999)
2) Gleason & Cronquist (1991)
3) Quattrocchi (2000)
4) 국가표준식물목록위원회 (2015), FOC (2015), The Plant List (2015)
5) 村川 (1932)
6) 정태현 등 (1937), 박만규 (1949)
7) 정태현 등 (1949)
8) 정태현 (1956)
9) 奧田 (1997)
10) 공우석 (1998)

사진: 김종원, 류태복, 최병기

뻐꾹채

Rhaponticum uniflorum (L.) DC.

형태분류

줄기: 여러해살이며, 바로 서서 어른 무릎 높이 이상으로 자란다. 부드러운 회백색 털이 가득하다. 약간 붉은빛을 띠는 원기둥모양 굵은 뿌리가 발달한다.

잎: 줄기에 난 잎은 어긋나고, 깃모양으로 깊게 갈라진 크고 작은 잎조각이 약간 어긋나게 배열한다. 잎조각 가장자리는 불규칙하게 갈라져 톱니 지면서 약간 주글주글하다. 뿌리에서 난 잎은 다발로 모여나고, 꽃이 필 때에도 남는다. 전반적으로 거미줄 같은 회백색 털이 많다.

꽃: 5~8월에 줄기 끝이 튼튼한 꽃자루에 머리꽃이 한 송이씩 달린다. 분홍색 또는 홍자색이며 지름 5~7㎝이고, 그 아래에 아주 작은 잎이 1~2개 붙기도 한다. 꽃싼잎의 조각들에 갈색 부속체가 붙었다. 안쪽 것은 좁은 창모양, 바깥쪽의 것은 주걱모양으로 4~8열로 배열한다.

열매: 여윈열매로 쐐기모양이다. 갓털이 여러 줄로 나며, 길이 2㎝ 정도다.

염색체수: 2n=26[1)]

생태분류

서식처: 초지, 산비탈 숲 가장자리, 들녘이나 제방의 풀밭, 무덤 언저리, 츠렁모바위, 산지 능선 풀밭 등, 양지, 약건~적습

수평분포: 전국 분포(울릉도와 제주도 제외)

수직분포: 구릉지대~산지대

식생지리: 냉온대(대륙형), 만주, 중국(새북지구, 화북지구, 그 밖에 후베이 성, 쓰촨 성, 칭하이 성 동부 등), 연해주, 몽골, 동시베리아 등

식생형: 초원식생(잔디형)

생태전략: [스트레스인내자]

종보존등급: [II] 중대감시대상종

이름사전

속명: 라폰티쿰(*Rhaponticum* Vaill.). 두 가지 유래가 있다. 어느 쪽이건 땅속으로 깊게 내리는 굵은 뿌리에 잇닿아 있다. 하나는 폰터스(Pontus) 지역의 '*rha*'라는 뜻의 '*radix Pontica*'라는 식물 이름에서 유래한다. 이 식물은 카스피 바다로 흘러드는 러시아 볼가 강 제방에 산다. '*Rha*'는 희랍어로 볼가 강의 고대 이름이며, Pontus는 카스피 해 서쪽 흑해 남단에 위치하고 현재는 터키에 속한다. 흑해와 카스피해를 잇는 지역으로 고대 그리스가 지배했던 곳이다. 또 다른 하나는 중동의 이란어에서 유래하는 것으로 뿌리나 뿌리줄기를 지칭하는 희랍어(*rheon, rha*)에서 비롯한다.

종소명: 우니플로룸(*uniflorum*). 꽃 한 송이를 뜻하는 라틴어다. 뻐꾹채의 꽃차례에서 비롯한다.[2)]

한글명 기원: 초방이나물,[3)] 뻑국채,[4)] 뻐꾹채[5)]

한글명 유래: 뻐꾹채는 『향약집성방』에 기재된 향명 伐曲大(벌곡대)[6)]에서 변천한 이름이다. 뻐꾹채의 '뻐'는 '벌'에서 '채'는 '대'에서 전화한 것이다. 벌곡대는 절굿대처럼 줄기 끝에 방망이처럼 매달린 꽃 모양에서 비롯한다. (「절굿대」 편 참조) 그러므로 뻐꾹채의 뻐꾹은 새(鳥類)가 아니다. 한편 1921년의 『조선식물명휘』[7)]에는 오늘날 이명으로 처리되는 학명(*Centaurea monanthos*)에 대해서 한

글로는 '초방이나물'이라 적고, 일본명으로는 Ohobanaazami(大花薊)라 기재했다. 초방이나물은 요즘 표기로 조뱅이나물이 되는데, 당시에 어떤 지역에서 부르던 방언일 것이나, 조뱅이를 닮은 나물이라는 뜻이다. 우리나라 사람들은 뻐꾹채의 뿌리에서 모여난 잎을 나물로 이용했기 때문이다. 한편 일본열도에는 뻐꾹채가 분포하지 않는다. 일제강점기 때에 일본명(大花薊)이 생겨났고, 번역하면 '큰꽃엉겅퀴'가 된다. 뻐꾹채는 가시가 전혀 없기 때문에 엉겅퀴 종류와 다르다. 1932년 기록에서는 엉겅퀴 종류로 기록했는데, 오류다.[8] 국가생물종지식정보시스템에는 일명 '멍구지'라는 이름을 전하는데, 유래를 알 수 없으나,[9] 어느 지역의 방언으로 추정한다.

한방명: 누로(漏蘆). 뻐꾹채 뿌리를 약재로 쓴다. 절굿대(*Echinops setifer*)와 큰절굿대(*E. lactifolius*)의 뿌리도 약재로 같은 명칭을 쓴다.[10] 중국명(漏芦)에서 비롯한다.

중국명: 漏芦(Lòu Lú). 만주 지역에서는 祁州漏卢(Qí Zhōu Lòu Lú)라 한다.

일본명: - (オオバナアザミ, Ohbaazami, 大花薊)[11] 또는 タイリンアザミ(Tairinazami, 大輪薊).[12] 두 명칭은 1921년과 1949년에 기재된 것이다. 뻐꾹채의 큰 꽃봉오리(大花, 大輪)에서 만들어진 한자 명칭이나, 일본에는 분포하지 않는다.)

영어명: One-flowered Knapweed, One-flowered Scabiosa

에코노트

뻐꾹채는 최근에 출판되는 식물도감에 빠짐없이 등장한다. 무척 매력적인 꽃이다. 게다가 이름이 독특한 것도 한 몫 한다. 뻐꾹채의 '뻐꾹'이 새 뻐꾸기[13]라는 풍문도 파다하다. 그런데 뻐꾹채의 뻐꾹은 여름 철새 뻐꾸기가 아니다. 16세기 『촌가구급방』에서 향명 絶穀大(절곡대)[14]가 기록되고, 17세기 『향약집성방』에서는 한자를 차자한 향명으로 伐曲大(벌곡대)[15]를, 『동의보감』에서는 한글로 졀국대를 기록했다. 절곡과 벌곡은 결국 같은 뿌리말이라는 것을 알 수 있다. 그런데 20세기에 들면서 분류학이 시작되고, 절국(굿)대와 뻐꾹채라는 이름이 등장한다. 절곡대가 절굿대로 벌곡대가 뻐꾹채로 전화(轉化)한 것이다. 뻐꾹채의 뻐꾹은 곡식을 찧는 절구였고, 채는 벌곡대의 '대'였던 것이다. 이것은 이미 천년이라는 세월 속에 이어져 온 말의 변천사다.

일본 고전 『본초화명』에 그 실마리가 나온다. 누로(漏蘆)가 주요 중국 약재로 소개된다. 하지만 뻐꾹채와 절굿대의 뿌리를 지칭하는 누로는 대륙 식물이다. 일본열도에서 뻐꾹채는 아예 분포하지 않고, 절굿대는 무척 희귀하다. 이 두 종의 분포는 동아시아 지역에서 우리나라 사람들이 흩어져 사는 영역과 정확히 일치한다. 드넓은 중국 대륙에서도 결코 흔한 종이 아니며, 분포하더라도 제한된 장소에서만 보인다. 『본초화명』에서 오롯이 기록된 누로의 일본식 향명 고려풀(久呂久佐)과 아리풀(阿利久佐)이 예사롭지 않는 까닭이다(「절굿대」 편 참조).

뻐꾹채는 식물원에서 심어 키우는 것이 아니라면 자연 생태로 무리 짓는 경우가 매우 드물다. 늘 한두 포기씩 띄엄띄엄 흩어져 산다. 수직으로 깊숙이 내리는 굵은 뿌리를 만드는 생태형질 때문이다. 자생 서식처 조건이 무척 열악한데도 큼지막한 머리꽃(頭花)이 무척 인상적이다. 줄기 끝부분이 꽃자루가 되어 그 끝에 하나씩 핀다. 식물원 경내 비옥한 땅에서 길러진 경우는 머리꽃 지름이 10㎝에 이른다. 비만이다. 하지만 열악한 서식 조건의 자생지에서는 크기가 그 반 정도다. 빼꾹채의 본래 모습이다.

빼꾹채는 한반도를 중심으로 하는 대륙성 기후 지역에만 분포한다. 해양성 기후 지역인 일본열도에 전혀 분포하지 않는다. 심지어 울릉도와 제주도 같이 해양성과 대륙성 기후가 교차하는 중간 지대에도 분포하지 않는다. 대륙성 기후에 대한 선호도가 뚜렷하다는 방증이다. '지역생물기후-대구형'[16]으로 특징짓는 소백산맥 배후 지역에서도 강우그늘 효과가 뚜렷한 영남에 빈도 높게 나타나며, 거기에서도 더욱 건조한, 대륙성 가운데 대륙성인 안동, 청송, 영양 일대에서 더 자주 보인다. 석회암을 포함한 퇴적암 지역, 쉽게 건조해지기 쉬운 암석이나 토양에서도 잘 견딘다. 심지어 보통 식물은 살기 어려운 초염기성 사문암 암석지에서도 나타난다.[17] 그곳 개체들은 형태에서도 여러 변형이 나타난다. 빼꾹채는 결국 극단적인 건조와 맹추위로부터 수분스트레스가 발생할 수 있는 곳을 분포 거점으로 삼는다.

현재 국가 적색자료집[18]에 빠져 있지만 빼꾹채는 자생지 보호와 현지내 개체에 대한 감시가 필요한 종보존등급 [II] 중대감시대상종이다. 꽃이 아름답고 한방 약재로 유용한 이유로 빼꾹채가 뿌리째 남획되고 있다. 무엇보다도 자생지가 송두리째 위협 받고 있다. 빼꾹채의 자생지는 자연 또는 근자연(近自然) 초원식생의 중심지이기에 자연성이 매우 높다. 국가적으로 절대 보호가 필요한 생물다양성 중점지역(hot spot, 부록 생태용어사전 참조)이기도 하다.

새로난 빼꾹채 로제트 잎의 다변성(사문암 입지)

---

1) Probatova (2006a)
2) Quattrocchi (2000)
3) 森 (1921)
4) 정태현 등 (1937)
5) 박만규 (1949)
6) 향약집성방 (1633)
7) 森 (1921)
8) 村川 (1932)
9) 이유미 (2010)
10) 안덕균 (1998), 신전휘, 신용욱 (2006)
11) 森 (1921)
12) 정태현 등 (1949)
13) 이유미 (2010)
14) 김정국 (1538)
15) 유효통 등 (1633)
16) 김종원 (2006)
17) 박정석 (2014)
18) 환경부·국립생물자원관 (2012)

사진: 이경연, 김종원

은분취

Saussurea gracilis **Maxim. *sensu lato***

형태분류

줄기: 여러해살이며, 바로 서서 어른 종아리 높이까지 자라고, 굳센 편이다. 거미줄 같은 털이 많다.

잎: 대부분 뿌리에서 난 잎으로 넓은 삼각형이고, 꽃필 때에도 온전하게 남는다. 가장자리에 불규칙한 얕은 톱니가 있다. 뒷면에는 흰색 솜털이 빼곡하다. 줄기에는 잎 몇 개가 어긋나게 띄엄띄엄 달리고, 위로 갈수록 작아진다. 모든 잎의 질감이 두텁다.

꽃: 8~9월에 흰색에 가까운 담홍색 대롱꽃이 모여 머리꽃으로 핀다. 줄기 끝이나 갈라진 가지 끝이 튼튼한 꽃자루가 되어 머리꽃이 산방상으로 달린다. 꽃싼잎은 대롱모양(筒狀)으로 거미줄 같은 털이 많고, 조각 끝부분은 자색으로 드러난다.

열매: 여윈열매로 자줏빛이 돈다.

염색체수: 2n=26[1]

생태분류

서식처: 초지, 숲 가장자리, 산 능선 풀밭, 임도 언저리 등, 양지, 적습~약건

수평분포: 전국 분포(주로 남한 중남부 지역)

수직분포: 산지대 이하

식생지리: 냉온대~난온대, 일본(혼슈 주부 지역 아이치 현으로부터 서쪽) 등

식생형: 초원식생

생태전략: [경쟁자]

종보존등급: [IV] 일반감시대상종

이름사전

속명: 소우수레아(*Saussurea* DC.). 취나물속을 뜻하며 스위스 과학자 이름(H. B. de Saussure, 1740~1799)에서 비롯한다.[2]

종소명: 그라씰리스(*gracilis*). 우아하다는 뜻의 라틴어로 꽃핀 모양에서 비롯한다. 가야산은분취(*S. pseudogracilis*)를 은분취에 통합하기도 한다.[3] 가야산은분취의 종소명 프소이도그리씰리스(*pseudogracilis*)는 가짜(*pseudo-*) 그라씰리스라는 뜻이다. 서로 많이 닮았지만 다르다는 뜻에서 비롯했을 것이다.

한글명 기원: 은분취,[4] 참서덜취,[5] 남분취,[6] 실수리취, 개취[7] 등

한글명 유래: 은(銀)과 분취의 합성어로 잎 뒷면에 흰 털이 빼곡한 것에서 비롯한다. 분취는 분과 취의 합성어로, 역시 잎 뒤의 빼곡한 흰 솜털에서 비롯한다. 우리말 취는 약용이나 식용 들풀의 총칭이다. (「참취」 편 참조) 은분취는 강원도 화천 지역에서 관상용으로 이용된 사례도 있다.[8] 한편 은분취는 1921년 『조선식물명휘』[9]에서 기재된 바 있는 일

본명(Uraginhigottai, 裏銀平江帶)이 실마리가 되어 생겨난 이름이다. 이 일본명은 일본에서 사용된 바가 없고, 일제강점기에 모리(森)가 지어낸 것이다. 한편 Higotai(平江帶)는 일본에서 유래불명으로 알려졌지만, 우리말 절굿대에 잇닿아 있다. (「절굿대」 편 참조)

한방명: -

중국명: -

일본명: ホクチアザミ(Hokuchiazami, 火口薊). 잎 뒷면에 빼곡한 솜털에서 비롯하며, 뜸용 쑥처럼 은분취의 잎 뒤 흰 털을 긁어모아 불씨로 이용할 만하다는 것에서 비롯한다.[10)]

영어명: Graceful Saw-wort

에코노트

은분취는 해발이 높은 산지에도 나타나지만, 솜다리와 같은 고산대 식물[11)]은 아니다. 취나물속 종류 가운데 산지대 풀밭 식물사회의 구성원이다. 숲 틈이 넓어서 직사광선이 바닥에 도달하거나 숲지붕이 밀폐되지 않은 밝은 이차림 또는 그 숲 가장자리에 종종 나타난다. 결국 빛 조건에 의해 다층 구조가 발달하는 숲 식물사회를 특징짓는 지표종[12)]도 아니다. 직사광선에 노출된 개방 입지, 즉 초원식생의 구성원이다. 억새와 같이 키 큰 초원식생에서는 그 가장자리에서, 키 낮은 초원식생에서는 그 속에서 산다. 일본에서는 억새가 우점하는 키가 큰 온대 초원식생의 억새-은분취군집(Saussureo-

Miscanthetum)[13]이라는 식물사회의 표징종으로 삼는다.

은분취는 서식처 조건에 따라 식물체의 크기와 모양이 조금씩 달라 분류학적 견해가 분분하다. 좁은 창끝모양으로 긴 삼각형 잎이 있는 가야산은분취라 불렀던 개체군은 주로 우리나라 남부 지역에서 자주 보인다. 반면에 뿌리에서 난 잎이 두드러지게 크고 넓은 삼각형인 은분취 개체군은 더욱 한랭하고 대륙성이 강한 지역에서 주로 보인다. 이처럼 2개체군 간 분포에 미묘한 차이가 있다. 그런데 일본에서 은분취로 취급하는 종은 우리나라에서 다른 종으로 취급하기도 하는 가야산은분취(*S. pseudogracilis*) 외형과 더욱 닮았다. 특히 꽃싼잎이 긴 꽃병모양이고, 잎은 더욱 좁은 창모양 같은 삼각형이다. 일본에서는 혼슈 주부 지방의 아이치 현(愛知県)에서부터 서쪽으로만 분포하면서 우리나라 남부 지역과 이어지는 분포 경향을 보인다. 일본의 이 지역은 동해의 독특한 해양성 기후 영향을 적게 받기 때문에 많은 종을 우리나라와 공유하는 식물지리학적 특징이 있다. 한편 우리나라 국가표준식물목록에는 여전히 2종을 별개로 취급하고,[14] 제주도 산림유전자원 목록에서도 은분취와 가야산은분취를 별개 종으로 기재했다.[15] 따라서 우리나라와 일본에 분포하는 개체군에 대한 비교 연구가 필요하다. 이 책에서는 가야산은분취를 포함해 은분취를 은분취그룹(*S. gracilis s.l.*)으로 취급해 둔다.

취나물속(*Saussurea* DC.)은 아시아에서 종다양성이 가장 풍부하다. 그중에서도 히말라야 고산대 초지가 으뜸이다.[16] 즉 분포중심지와 기원이 한랭 건조한 대륙성 기후 지역이다. 일중(밤낮), 연중(겨울과 여름)의 심한 기온차와 냉해, 자외선에 의한 엽록체 파괴는 그곳에 사는 식물의 생존을 결정짓는다. 취나물 종류에서 보이는 여러 형태적 특질은 그런 서식환경조건에 대한 대응의 결과, 즉 자연선택의 유산이다. 푸짐한 로제트 잎과 잎 뒷면에 빼곡히 난 흰 솜털은 그런 환경에서 살아남았던 선조 종에게서 물려받은 유전 형질이다.

취나물 종류는 동아시아 다음으로 북미대륙에서 종다양성이 풍부하다. 서쪽 유럽에서 종다양성이 가장 빈약하다. 편서풍을 등에 업고, 지구 자전 방향으로 퍼져 나간 결과다. 유럽에서는 최근 국지적(局地的)으로 분

은분취(가야산은분취? 경남 황매산)의 다변성

화한 지역 분류군이 보고된 바 있는데, 기본적으로 3종뿐이다. 모두 유럽 중앙알프스의 고산대 황원(Heath) 초지에서만 보인다. 은분취처럼 산지대에 분포중심이 있는 종은 아직까지는 보고된 바 없다.[17] 취나물속이 유럽으로 진출한 역사가 얼마 되지 않고, 상대적으로 진화의 시간도 짧았다는 것을 알려 주는 사례다.

---

1) 清水 (1977)
2) Quattrocchii (2000)
3) 선은미 등 (2014)
4) 정태현 등 (1937)
5) 박만규 (1949)
6) 정태현 등 (1949)
7) 정태현 (1957)
8) 김경아 등 (2012)
9) 森 (1921)
10) 奥田 (1997)
11) 공우석 (1998)
12) 김효정 등 (2004)
13) 宮脇 等 (1974)
14) 국가표준식물목록위원회 (2015)
15) 김찬수 등 (2011)
16) Butola & Samant (2010)
17) Oberdorfer (1983)

사진: 김종원

버들분취

Saussurea maximowiczii **Herder**

형태분류

줄기: 여러해살이며, 보통 어른 무릎 높이로 하나씩 바로 서서 자란다. 다소 가늘지만 단단한 편이며, 세로로 약간 자주색을 띠는 뚜렷한 줄이 있다. 짧은 털과 선점(腺点)이 있고, 위에서 갈라지는데, 사방으로 퍼지지 않고 한쪽 방향을 향한다. 가는 잔뿌리가 많이 난 굵은 뿌리줄기가 발달한다.

잎: 뿌리에서 난 잎에는 긴 잎자루가 있고, 꽃필 때에도 남는다. 줄기 아랫부분에 달린 잎과 함께 깃처럼 깊게 갈라지고, 옆 잎조각은 떨어져 달리면서 아래에서 가는 날개처럼 흐른다. 가장자리가 불규칙하고 얕게 갈라지거나 톱니가 약간 있다. 뒷면에 선점과 흰 털이 약간 있고 흰빛이 돈다. 줄기에 난 잎은 갈라지지 않는 줄모양으로 아주 드물게 나고, 줄기 위로 갈수록 작다.

꽃: 7~9월에 줄기와 위에서 갈라진 가지 끝부분이 꽃자루가 되고, 꽃잎이 옅은 붉은색인 대롱꽃 여러 개로 된 머리꽃이 산방상(散房状)으로 모여 달린다. 약간 긴 원통모양인 꽃싼잎은 분홍빛 도는 자주색이고, 그 조각은 4~5줄로 배열하며, 거미줄 같은 흰 털이 약간 있다.

열매: 여윈열매이며 진한 황갈색이고 좁고 긴 거꿀원뿔모양이다. 씨보다 약 2배 긴 흰색 갓털이 두 줄로 난다.

염색체수: 2n=26[1]

생태분류

서식처: 초지, 산간 풀밭, 숲 가장자리 등, 양지, 적습~약습

수평분포: 전국 분포

수직분포: 산지대 이하

식생지리: 냉온대~난온대, 만주, 중국(네이멍구), 연해주, 대마도, 일본(혼슈 도호쿠 지역의 이와테 현 이남) 등

식생형: 초원식생

생태전략: [경쟁자]

종보존등급: [IV] 일반감시대상종

이름사전

속명: 소우수레아(*Saussurea* DC.). 스위스 과학자 이름(H. B. de *Saussure*, 1740~1799)에서 비롯한다.

종소명: 막시모비치(maximowiczii). 러시아 상트페테르부르크 식물원의 식물학자(K. J. Maximowicz, 1827~1891) 이름에서 비롯한다. 19세기 극동러시아 지역 식물연구에 종사한 바 있다.

한글명 기원: 맛탈,[2] 버들분취,[3] 개분취,[4] 버들취[5] 등

한글명 유래: 버들과 분취의 합성어로 1937년에 처음으로 기재된 한글명이다. 유래는 알려지지 않았다지만,[6] 1921년 기록의 버들 류(柳) 자가 들어 있는 일본명(柳平江帶)에 잇닿아 있어 보인다. 1937년의 『조선식물향명집』 서문에서 그 이유를 알 수 있

다. 우리나라 식물 이름을 식물분류체계에 따라 처음으로 총망라한 1921년의 『조선식물명휘』가 향토명 정보도 담고 있는 중요 자료라고 적시했기 때문이다. 하지만 이 일본명(柳平江帶)은 일본에서는 통용되지 않는다. 1955년 『조선식물명집』에서는 남포취,[7] 1969년 「우리나라 식물자원」에서는 남포분취(*S. chinnampoensis*)[8]로 기재한 바도 있다. 한편 1921년 『조선식물명휘』에는 버들분취라는 한글명은 나오지 않고, '맛탈'이라는 순수 우리말 이름이 나온다. 제주도와 금강산에 분포한다는 정보와 더불어 구황 산채였다는 사실도 전한다. 맛탈은 당시 제주도 지역에서 쓰던 방언이거나 '마타리'와 혼용했을 가능성도 있다. 버들분취의 뿌리에서 난 잎 모양이 산채로 이용하는 마타리의 것과 아주 많이 닮았기 때문이다.

한방명: -

중국명: 羽叶风毛菊(Yǔ Yè Fēng Máo Jú). 깃(羽) 모양으로 갈라진 잎(叶)이 있는 취나물 종류(风毛菊)라는 뜻이다. 뿌리에서 난 잎 모양에서 비롯한다.

일본명: ミヤコアザミ(Miyakoazami, 都薊). 식물체에 가시는 없지만 엉겅퀴 종류(薊)와 닮았고, 자태가 우아한 사람(都人) 같다고 붙여진 이름이라고 한다.[9] 한자 도읍 도(都) 자의 '그 무엇보다도 앞선다'는 뜻에서 비롯했을 것이다.

영어명: Maximowicz's Saw-wort

에코노트

버들분취는 한반도를 중심으로 북쪽으로는 만주 지역, 남쪽으로는 일본 혼슈 이남까지 널리 분포한다. 그런데 남한에서는 늘 한두 포기씩 보이고, 무리 지어 사는 일이 별로 없어서 희귀한 것처럼 보인다. 그래도 만주 지역과 일본열도에서는 우리보다 더욱 흔한 것이 사실이다.[10]

버들분취는 뿌리에서 난 잎이 늦가을까지 남아서 광합성을 하고, 영양분을 뿌리에 저장하면서 굵은 뿌리를 만들며, 빛이 늘 충만한 초지나 숲 가장자리에서 산다. 보통은 어른 무릎 높이로 키 큰 초원 식물사회에 어우러져 자란다. 가까이 버드나무가 사는 습윤한 땅에서는 어른 허리 높이로도 자란다. 그래서 버들분취라는 이름은 1921년에 모리(森)의 일본명(柳平江帶) 버들 류(柳) 자에서 착안해 잘못 만든 것이지만, 한편으로는 버드나무가 가까이 있는 곳에 산다는 뜻에서 비롯했을 것이라는 추정도 해 본다.

버들분취는 줄기 아랫부분에 달린 잎이나 뿌리에서 난 잎이 지칭개나 산비장이처럼 깃모양(羽片)인 것이 특징이다. 취나물 종류에서는 버들분취를 포함해서 구와취, 각시취, 빗살서덜취 등 네댓 종에서만 그런 잎 모양을 볼 수 있다.

---

1) Shimizu & Koyama (1996)
2) 森 (1921)
3) 정태현 등 (1937)
4) 박만규 (1949)
5) 고학수 등 (1984)
6) 이우철 (2005)
7) 고학수 등 (1984)
8) 이창복 (1969)
9) 牧野 (1961)
10) 小山 等 (1970)

사진: 류태복, 김종원

각시취(참솜나물)

Saussurea pulchella (Fisch.) Fisch.

형태분류

줄기: 두해살이로 뿌리에서 하나씩 길게 솟아나서 다발로 모여나며, 어른 가슴 높이 이상으로 자라고 윗부분에서 갈라진다. 세로로 길게 홈이 지면서 줄기는 튼튼한 편이고, 털이 있다.

잎: 뿌리에서 난 잎과 줄기 아래에서 난 잎은 깃모양으로 갈라진다. 양면에 약간 거친 털이 있고, 뒷면에는 선점(腺点)도 있다. 뿌리에서 난 잎은 꽃필 때 마르기도 한다. 줄기에 난 잎은 어긋나고, 중간부터 위에 달린 잎은 깃모양으로 갈라지지 않으며 길고 좁은 타원형이다. (비교: 큰각시취(*S. japonica*)는 깃모양으로 갈라진 잎조각이 불규칙하게 한 번 더 갈라지기도 한다.)

꽃: 8~10월에 줄기와 갈라진 가지의 끝부분이 꽃자루가 되면서 그 끝에 자주색 대롱꽃(管狀花)이 여러 개 모인 머리꽃이 우산모양(散房狀)으로 달린다. 꽃싸개는 넓은 종모양으로 너비가 1㎝ 이상이고, 조각은 비늘모양이며 규칙적으로 포개서 나고, 그 끝에 동그란 귀처럼 생긴 홍자색 막질 부속체가 있다. (비교: 큰각시취는 꽃싸개가 통모양으로 너비가 각시취의 반 정도(5~8㎜)이다.)

열매: 여윈열매로 흑갈색을 띤다. 탁한 흰색 갓털이 씨보다 약 2배 길고, 두 줄로 난다. (비교: 흰색 꽃인 경우, 열매는 유백색을 띤다.)

염색체수: 2n=26[1]

생태분류

서식처: 초지, 산간 풀밭, 산비탈 붕괴지, 벌채지 등, 양지, 약건~약습

수평분포: 전국 분포

수직분포: 산지대 이하

식생지리: 냉온대~난온대, 만주, 중국(네이멍구, 허베이 성, 산시 성 등), 연해주, 몽골, 사할린, 일본 등

식생형: 초원식생(억새형)

생태전략: [스트레스인내자]

종보존등급: [IV] 일반감시대상종

이름사전

속명: 소우수레아(*Saussurea* DC.). 취나물속을 뜻하며 스위스 과학자 이름(H. B. de Saussure)에서 비롯한다.

종소명: 풀첼라(*pulchella*). 아름답고 귀여운 모양을 뜻하는 라틴어다.

한글명 기원: 참솜나물(고려솜나물, 나래좀솜나물), 까치취,[2] 각씨취(나래취),[3] 각시취,[4] 민각시취[5] 등

한글명 유래: 각시와 취의 합성어다. 최초 기재는 1962년의 일이다. 그 이전 1949년에는 참솜나물로 기재된 바 있고, 거기서 까치취라는 별칭도 함께 기록했다. 각시취의 이름 유래는 두 가지로 추정한다. 종소명에 잇닿은 일본명(姬平江帶)의 각시(색시, 姬)가 실마리가 되었거나, 별칭 까치취에서 각씨취>각시취로 변천된 이름일 수도 있다. 그런데 참솜나물이라는 이름은 솜나물 종류(*Leibnitzia* Cass.)와 전혀 다른 분류군인데 그 이름을 빌려다 쓴 경우다. 까닭 모를 일이다. 한편 1962년 이전 기록에 등장하는 여러 명칭(참솜나물, 나래취, 고려솜나물, 큰잎솜나물 등)을 같은 종류로 보고 각시취 하나로 통합했는데,[6] 서식 조건에 따라 모양에 변이가 심한 것을 고려했기 때문일 것이다.

한방명: 미화풍모국(美花風毛菊). 지상부를 약재로 쓴다.[7] 중국명에서 비롯한다.[8]

중국명: 美花风毛菊(Měi Huā Fēng Máo Jú). 아름다운 꽃(美花)이 있는 취나물 종류(风毛菊)라는 뜻이다. 종소명에서 비롯한다. 만주 지역에는 다른 명칭들(球花风毛菊, 微美风毛菊)이 있다.

일본명: ヒメヒゴタイ(Himehigottai, 姬平江帶). 취나물속(*Saussurea* DC.)이지만, 절굿대 종류(平江帶, *Echinops* L.)의 아름다운 꽃이 '아가씨(색시, 姬) 같다'는 의미에서 생겨난 이름이다. 라틴 종소명의 의미에 잇닿아 있다.

영어명: Saw-wort, Beautiful-flowered Saw-wort

에코노트

각시취의 삶은 여러 면에서 독특하다. 꽃피

고 열매 맺은 그해에 죽는다. 늘 종자로만 번식하기 때문에 보통 두해살이로 분류한다. 종자 발아의 최적 온도는 15℃라 한다.[9] 초가을 이른 아침 기온이다. 간혹 꽃피고 종자를 만든 첫해 가을에 발아해서 로제트 잎으로 겨울을 나고, 이듬해에 꽃피는 해넘이한해살이로 살기도 하며, 땅속 굵은 뿌리가 발달하면서 몇 해를 버티기도 한다.

각시취는 보통의 약산성 지질에서 주로 살지만, 사문암이나 석회암 같은 염기성 암석권에서도 나타난다.[10] 수분환경 측면에서는 약습에서 약건에 이르기까지 넓은 범위에서 나타난다. 그런데도 개체군 크기가 무척 제한적이다. 그리 흔치 않다는 의미도 된다. 거의 1~2포기가 보이고, 드물게 몇 포기가 모여나는 경우도 있다. 오히려 많은 종이 모여 사는 풀밭보다는 밀도가 높지 않는 듬성듬성한 풀밭에 흔하며, 환경이 열악하면 더욱 띄엄띄엄 자란다. 무엇보다도 관리되지 않은 상태로 내버려 둔 황무지 같은 곳에서 많이 나타난다. 불을 질러 태우거나 주기적인 벌초로 관리되는 초지에서는 살지 않는다는 뜻이다. 풀밭 식물사회의 구성원 가운데, 사람 손길을 싫어하는, 자연성이 높은 편에 속한다. 그런 성질 때문에도 인간 간섭이 심한 편인 우리나라 땅에서는 개체군이 크게 발달할 여건이 못 된다. 각시취는 좋은 서식환경에서 살아남으려는 경쟁보다 열악한 환경조건에 대응하는 쪽을 선택한 것이다.

각시취는 서식처에 따라 변이가 심한 편

이다. 특히 꽃 색이 진한 홍자색으로부터 흰빛이 도는 연한 보라색까지 다양하다. 드물게 보이는 흰색 꽃이 피는 것을 흰각시취(*S. pulchella* f. *albiflora*), 깃모양 잎이 더욱 잘게 갈라진 것을 품종(forma) 가는각시취(*S. pulchella* f. *lineariloba*)로 구별하기도 한다.[11]

큰각시취(*S. japonica*)는 사철쑥과 적절한 거리를 두고 함께 사는 하원(河原)초본식생의 구성원이다. 모래자갈로 완전히 덮인 계류(溪流) 고수부지에서 드물게 보이고 북부 지역으로 갈수록 출현빈도가 높다. 만주 지역의 경우 시골마을 근처에서도 흔하게 보인다. 그곳에서는 터주식생 구성원으로도 살며, 비옥한 땅에서는 키가 무려 2m를 넘는다. 일본열도에서는 각시취나 큰각시취 모두 전역에 고루 분포한다. 하지만 개체군 크기가 작고, 우리보다 훨씬 희귀한 편이다. 각시취나 큰각시취가 동북아 온대 초지에 널리 분포하면서도 대륙성 기후 지역에 치우쳐 분포하는 경향을 보인다. 분포중심은 혹한을 경험하는 만주에서부터 히말라야산맥에까지 이르는 냉온대 초원(steppe)이다. 우리나라에서는 큰각시취가 각시취보다 더욱 희귀하다.

최근 각시취가 진달래-꽃며느리밥풀군집이라는 식물사회의 진단종으로 알려진 바 있다.[12] 이 군집은 신갈나무, 굴참나무, 떡갈나무 등과 같은 낙엽활엽수림의 숲속 식물사회라고 한다. 하지만 각시취는 초원식생의 구성원이고, 분포중심지 또한 초지이다. 이차림이라 할지라도 아주 밝은 숲 틈에서나 보인다. 모든 식물종이 어떤 장소에 살게 되고 현재까지 이어진다는 것은 엄연한 식물의 역사가 정확히 반영된 결과이다. 때문에 식물사회학은 그들의 역사에서 분포를 바라보고 해석하는 것을 원칙으로 한다. 사람의 시각으로 식물사회를 조직화하거나 만들어 내지 않는다. 만일 우리가 각시취를 진단종으로 삼는 진달래-꽃며느리밥풀군집의 실체를 인정한다면, 이 군집은 우리나라에서 오직 하나뿐인 절대 보존 대상의 식물사회가 된다. 그럴 리 없다. 우리나라에서는 생물자원을 발굴, 관리하기 위해 매년 '전국자연환경조사'를 실시하며, 식물종과 군락에 대한 자료가 해마다 쌓여 간다. 그 정보의 정확

서식처에 따라 식물체 모양이 다양하다.

큰각시취(강원 정선 덕산기 계곡)

흰각시취

성과 신뢰성이 검증되지 않는다면, 자칫 모두 내다 버려야 하는 사태가 벌어질지도 모른다. 식물사회학은 식물 분류로부터 시작하는 과학이지만, 그렇다고 식물 이름을 아는 것만으로 성취되지는 않는다. 컴퓨터 프로그램을 이용할 줄 아는 사람과 개발하는 프로그래머의 전문 소양은 전혀 다른 것과 같다. '식물이라는 생명체는 사는 곳(서식처)을 가린다'는 것, 즉 식물사회학은 그런 생명의 생태성에 대한 깊은 사유와 확고한 이해에서 출발한다. 서식처 기반의 식물(식생) 이해가 식물사회학의 처음과 끝이다.

---

1) Volkova *et al.* (1994)
2) 박만규 (1949)
3) 정태현 등 (1949), 한진건 등 (1982)
4) 안학수, 이춘녕 (1963), 이창복 (1969)
5) 이우철 (1996b)
6) 안학수, 이춘녕 (1963)
7) 안덕균 (1998)
8) 한진건 등 (1982)
9) Yamasaki & Nichiuchi (2000)
10) 박정석 (2014), 류태복 (2015)
11) 이창복 (1969)
12) 정연숙, 홍은정 (2003)

사진: 김종원, 이정아

구와취

Saussurea ussuriensis Maxim.

형태분류

줄기: 여러해살이며, 바로 서서 어른 가슴높이로 자라고, 털 없이 매끈하다. 짧은 뿌리줄기가 발달한다. (비교: 당분취(*S. tanakae*)는 능선과 넓은 날개가 있다.)

잎: 넓은 타원형 또는 원형이고, 불규칙하게 갈라졌으며 가장자리에 뾰족한 톱니가 있다. 뿌리에서 난 잎과 줄기 밑 부분에서 난 잎은 꽃필 때까지 남아 있기도 한다. 줄기에서 난 잎은 어긋나고, 위로 갈수록 작아지며 잎자루도 짧아진다. (비교: 서덜취(*S. grandifolia*)는 깃모양으로 갈라지지 않고, 가장자리에 예리한 톱니가 있다.)

꽃: 8~9월에 줄기나 가지 끝이 잎자루가 되고 연한 홍자색인 머리꽃 2~3개가 우산모양(散房狀)으로 달린다. 꽃싸개는 좁은 통모양으로 짙은 자주 색을 띠고 흰색 털이 있다.

열매: 여윈열매로 짙은 자색 점이 있고, 밝은 갈색이다. 볏짚 색 갓털이 두 줄로 난다.

염색체수: 2n=26[1)]

생태분류

서식처: 초지, 산지 숲 가장자리, 넓은 숲 틈, 계류 언저리 등, 양지, 적습

수평분포: 전국 분포

수직분포: 산지대~구릉지대

식생지리: 냉온대, 만주, 중국(새북지구, 화북지구, 그 밖에 장쑤 성, 칭하이 성 등), 연해주, 몽골, 일본(혼슈와 규슈의 일부 지역) 등

식생형: 초원식생

생태전략: [경쟁자]

종보존등급: [III] 주요감시대상종

이름사전

속명: 소우수레아(*Saussurea* DC.). 취나물속을 뜻하며 스위스 과학자 이름(H. B. de Saussure)에서 비롯한다.

종소명: 우수리엔시스(*ussuriensis*). 극동러시아 연해주의 남동 지역을 일컫는 우수리 지역에서 채집한 표본으로 기재한 데서 비롯한다.

한글명 기원: 구와취,[2)] 참수리취,[3)] 북서덜취[4)]

한글명 유래: '구와'와 '취'의 합성어다. *S. ussuriensis*에 대한 1921년 기록[5)]에는 일본명 두 가지(菊薊, 鼬薊)만 나온다. 이 가운데 Kikuchi Azami(菊薊)의 국화국(菊) 자로부터 국화(구화>구와) 엉겅퀴(취)로 번역된 것에서 비롯한다고 한다.[6)] 한편 취나물 종류 가운데 잎 모양이 뽕잎처럼 생긴 것에서도 유래를 찾아볼 수 있다. 일본 식물분류학에 익숙한 우리나라 식물분류학계 1세대의 학문적 배경에서 뽕나무의 일본 명칭 구와(桑)에 견주어 볼 수도 있기 때문이다. 하지만 최초 구와취로 기재한 원저자가 그 작명(作名)에 대한 설명을 하지 않았기에 정확한 유래는 알 수 없다.

한방명: -

중국명: 乌苏里风毛菊(Wū Sū Lǐ Fēng Máo Jú). 우수리(乌苏里) 취나물 종류(风毛菊)라는 뜻으로 종소명에서 비롯한다.

일본명: キクアザミ(Kikuazami, 菊薊). 국화잎을 닮은 엉겅퀴 같다고 생겨난 이름이다. 또 다른 이름으로 족제비취로 번역되는 Itachiazami(鼬薊, 유계)가 있다.[7)]

영어명: Ussuri Saw-wort

에코노트

구와취는 취나물 종류 가운데 잎 모양으로 쉽게 구별되는 종이다. 취나물속 종류 대부분은 잎이 좁은 타원형인데, 구와취는 손바닥처럼 넓은 타원형이고, 가장자리에 불규칙하게 패인 결각이 있으며, 그 끝에 예리한 톱니가 있다. 특히 뿌리에서 난 잎의 모양이 두드러지게 다르다.

구와취는 우리나라 여기저기에서 띄엄띄

엄 보이는 희귀한 종이다. 개체군 크기가 작기 때문에 늘 한두 포기 또는 몇 포기 상태로만 보인다. 분포중심이 북부 한랭 지역이기 때문에 온난한 남한에서는 드물 수밖에 없다. 중국 네이멍구(内蒙古)의 스텝(steppe) 지역에서 만주자작나무(*Betula platyphylla*)와 물박달나무(*B. davurica*)로 구성된 아주 밝은 숲 바닥에 구와취가 우점한다.[8] 그곳을 한반도 땅에 견주어 보면, 냉온대 북부·고산지대와 아고산대 사이라 할 수 있는 한랭한 환경이다. 남한에서는 해발고도가 높은 산지 풀밭에 해당하는데, 그런 서식처가 넓지도 많지도 않다.

구와취가 희귀한 또 다른 이유는 굵은 뿌리가 발달하지만, 주로 종자로 퍼져 나가기 때문이다. 종자가 발아하려면 반드시 하늘이 훤히 열린 양지와 한랭한 기후 환경이 필요한데, 남한에 그런 조건을 갖춘 초지가 별로 없다. 온난한 초지에서는 경쟁자인 수많은 초원식생 구성원들이 살고 있기 때문에 구와취가 들어설 곳이 없다.

취나물 종류의 어린잎은 우리나라 사람들이 즐기는 산채였다. 그런데 잎 모양이 독특해 쉽게 알아차릴 수 있는데도 구와취라는 이름은 고전에 나오질 않는다. 그냥 취나물 종류로만 알았거나, 우리나라에서는 희귀할 수밖에 없는 종이라서 그랬던 것 같다.

---

1) 清水 (1977)
2) 박만규 (1949)
3) 정태현 등 (1949)
4) 박만규 (1947)
5) 森 (1921)
6) 이우철 (2005)
7) 森 (1921)
8) Liu *et al.* (2000)

사진: 김종원

좀쇠채(멱쇠채)

Scorzonera austriaca Willd. ***sensu lato***
Scorzonera austriaca subsp. ***glabra*** (Rupr.) Lipshitz et Kraschen

형태분류

줄기: 여러해살이며, 바로 서서 어른 무릎 높이 이하로 자라고, 갈라지지 않는다. 매끈한 편으로 흰빛이 돈다. 뿌리줄기는 굵고 어두운 갈색이며 속이 약간 목질화된다.

잎: 뿌리에서 난 잎은 로제트모양에 가깝고, 아주 긴 줄모양으로 매끈하다. 줄기에서 난 잎은 2~4개로 거의 비늘조각 같으며 어긋난다. 뿌리에서 난 잎은 작고, 아랫부분이 흘러서 줄기를 살짝 감싼다. 잎은 약간 두터운 느낌이고, 아랫부분에 거미줄 같은 털이 있기도 하다. (비교: 쇠채(*S. albicaulis*)는 줄기에서 난 잎도 뿌리에서 난 잎처럼 좁고 길다.)

꽃: 4~6월에 줄기 끝에 연한 노란색 머리꽃이 1개 핀다. 혀모양 꽃은 20여 개이며 긴 통모양 꽃싸개와 길이가 거의 같다. 꽃싸개는 여러 줄로 된 조각으로 쌓여 있고, 가장 바깥 조각은 긴 삼각형 같은 창끝모양이다. (비교: 쇠채는 꽃이 늦게(7~8월) 피고, 머리꽃이 여러 개 달린다. 유럽산 귀화식물 쇠채아재비(*Tragopogon dubius*)는 꽃싸개가 1줄 뿐이다.)

열매: 여윈열매로 가늘고 긴 원통 같은 줄모양이고, 창백한 갈색이며 표면에 뚜렷한 능선이 있다. 갓털은 흰빛을 띠는 연한 갈색으로 빗질을 하지 않은 머리칼처럼 엉클어진 모양이다. (비교: 쇠채의 갓털은 약간 붉은빛이 돈다.)

염색체수: 2n=14[1]

생태분류

서식처: 초지, 무덤 언저리, 산비탈 돌출 언덕, 숲 가장자리, 넓은 숲 틈 등, 양지, 약건~적습

수평분포: 전국 분포

수직분포: 산지대~구릉지대

식생지리: 냉온대~난온대(대륙성), 만주, 중국(새북지구, 화북지구, 그 밖에 신장 성 등), 몽골, 연해주 등

식생형: 초원식생

생태전략: [스트레스인내자]

종보존등급: [III] 주요감시대상종

이름사전

속명: 스코르조네라(*Scorzonera* L.). 이탈리아에서 부르는 식물이름(scorzone)에서 비롯하고, 뱀에 물렸을 때 해독제로 이용한 것에 잇닿아 있다.[2]

종소명: 아우스트리아카(*austriaca*). 나라 이름 오스트리아에서 비롯한다. 우리나라에서는 아종(ssp. *glabra*)으로 기재하기도 한다.[3] 아종명의 글라브라(*glabra*)는 털이 없어 매끈하다는 뜻의 라틴어다. 실제로 우리나라의 개체는 줄기와 잎에 털이 거의 없다. 중국과 유럽의 개체군에 대한 계통분류학적 비교 검토가 필요하다.

한글명 기원: 션모,[4] 좀쇠채,[5] 멱쇠채,[6] 미역쇠채,[7] 애기쇠채[8] 등

한글명 유래: 멱쇠채보다 앞선 한글명은 작은 쇠채라는 뜻의 '좀쇠채'이다. 좀쇠채는 일본명(小婆羅門参)에서 비롯한다. 한글명 쇠채(쇠치)는 1921년에 처음으로

기재되었는데, 이때 멱쇠채는 기록되지 않았다.[9] 쇠채는 억세고 거칠다는 뜻의 '쇠(牛)'와 나물의 의미가 있는 우리말 '취'가 전화한 '채'가 합성된 명칭으로 추정한다. 쇠채의 꽃차례 모양이나 좁고 긴 잎 모양에 잇닿고, 어느 지역의 방언으로 거칠지만 나물로 이용했던 것에 잇닿았을 것이다. 한편 1949년에 한글 멱쇠채가 처음 기재되었으나, '멱'의 유래는 나오지 않는데, 우리나라에서 '멱' 자를 품은 식물명은 멱쇠채뿐이다. 훗날 1963년에 기재된 '미역쇠채'라는 명칭으로부터 '멱'은 바다에서 나는 미역을 지칭하는 것으로 추정한다. 뿌리에서 난 큰 잎을 위에서 내려다보면, 미역 줄거리를 떠올릴 만하다. 뿌리에서 난 잎을 나물로 데치면 미끌미끌해지는 것과도 관련 있어 보인다. 결국 멱쇠채의 이름 유래는 억세고 거친 나물로 뿌리에서 난 잎이 미역을 닮았고, 데치면 미역처럼 미끌미끌한 것에 잇닿았다고 본다. 미역취의 미역도 마찬가지일 것으로 보인다. 한편 멱쇠채에 대한 최초 한글명은 1932년 기록의 '선모'이다. 한자 선모(仙茅)에 대한 한글 표기로 쇠채 뿌리의 약재명에서 비롯한다. 그 기록에는 북한과 만주 지역의 산야 여기저기에서 흔히 보이는 들풀이고, 이 속(屬)에 몇 종류가 보인다는 사실과 어린잎을 삶아서 양념기름에 무쳐 나물로 먹었다는 사실이 나온다. 뿌리를 정력제로도 이용했다고도 한다.[10]

한방명: - (쇠채의 뿌리를 약재(仙茅蔘)로 쓴다.)[11]

중국명: 鸦葱(Yā Cōng). 뿌리를 약재로 쓰며, 갈까마귀 아(鴉)자처럼 까맣고, 파 뿌리(葱)처럼 생긴 것에서 비롯했을 것이다.

일본명: - (Kobaramonjin, 小婆羅門参. 작은(小) 쇠채(婆羅門参)라는 뜻이다. 멱쇠채나 쇠채는 일본에 분포하지 않지만, 일제강점기 때인 1921년의 기록에서 만들어졌다. 바라몬진(婆羅門参)의 婆羅門(바라문, 파라문)은 인도의 브라만(승려 또는 사제)을 음사(音寫)한 한자 표기다. 하지만 한자 바라문삼(婆羅門参)은 1990년대 우리나라에 귀화한 유럽 원산인 쇠채아재비 종류(*Tragopogon* L.)를 지칭한다. 멱쇠채와 쇠채아재비는 속이 전혀 다르다.)

영어명: Austrian Viperina

멱쇠채꽃

에코노트

쇠채 종류는 전 세계에 약 180종이 있으며, 모두 유라시아 대륙과 아프리카 북부에 분포한다. 북미에는 분포하지 않는다.[12] 우리나라에는 쇠채속에 멱쇠채와 쇠채 2종류가 분포한다. 이 가운데 사실상 멱쇠채 종류(*S. austriaca* complex)는 지구상에 널리 분포하는 광역분포종이다.[13] 분포 지역에 따라 상당한 형태적 변이를 보인다.[14] 그러나 분명한 것은 멱쇠채 종류가 대륙성이고, 남한에 자생하는 개체군이 지구에서 가장 온난하고 최남단에 분포하는 변방 경계 식물이라는 것이다. 국가 생물다양성 측면에서 주목해야 하는 까닭이다. 남한에서는 멱쇠채가 국지적으로 몇 포기 수준의 아주 작은 개체군으로 보인다. 멱쇠채는 종보존등급 [Ⅲ] 주요감시 대상종으로 분류되고, 국가 적색자료집에는 분류군 실체 규명이 필요한 미평가종(NE)로 등재되어 있다.[15]

멱쇠채는 영남 과우(寡雨) 지역을 대표하는 '지역생물기후구-대구형'[16]에 집중 분포한다. 숲이 아니라 직사광선이 내리쬐는 개방된 초지 식물사회의 구성원으로 건조하면서 척박한 환경에서 잘 산다. 쇠채가 멱쇠채에 비해 약간 더 널리 분포하지만, 2종의 서식처 생육환경은 많이 비슷하다. 우리나라에 잔존하는 초염기성의 유일한 사문암 지역[17]처럼 척박한 입지에서 2종 모두 보이며, 작은 개체군이지만 스트레스인내자로서 잘 견디며 산다. 단지 쇠채가 멱쇠채에 비해 약간 더 비옥하거나 인간 간섭이 많은 초지에서도 보인다. 멱쇠채가 [스트레스인내자]라면, 쇠채는 [스트레스인내자]~[터주-스트레스인내자]인 셈이다. 이처럼 한반도에서 좁은 면적으로 잔존하는 특이 암석권은 비록 몹쓸 땅처럼 황량해 보이지만, 북방계 식물 또는 빙하기 식물의 격리분포를 보장하는 중요한 거점이 된다. 광산개발로부터 가까스로 남은 사문암 지역과 석회암 지역을 이를테면 '국가생태권역(Ecotop)'으로 고려해야 하는 까닭이다.

귀화식물 쇠채아재비(*Tragopogon dubius*)

1) Idei *et al.* (1996), Mavrodiev *et al.* (2004)
2) Quattrocchi (2000)
3) 이우철 (1996a)
4) 村川 (1932)
5) 박만규 (1949)
6) 정태현 등 (1949)
7) 안학수, 이춘녕 (1963)
8) 이우철 (1996)
9) 森 (1921)
10) 村川 (1932)
11) 안덕균 (1998)
12) Zhu &Kilin (2011)
13) Oberdorfer (1983), Selvi (2007)
14) Mavrodiev *et al.* (2004)
15) 환경부·국립생물자원관 (2012)
16) 김종원 (2006)
17) 박정석 (2014)

사진: 류태복, 김종원

쑥방망이

Senecio argunensis Turcz.

형태분류

줄기: 여러해살이며, 바로 서서 어른 허리 높이로 자라고, 위에서 갈라진다. 약간 단단한 편이며 단면이 둥글고 세로로 난 줄과 거미줄 같은 털이 조금 있다. 목질화된 뿌리줄기가 발달한다.

잎: 깃모양으로 마치 쑥 잎을 닮았고, 종이 질감이다. 줄기에서 난 잎은 잎자루 없이 어긋나고, 촘촘히 달린다. 좁고 긴 측열편(側裂片) 가장자리에 크고 작은 결각이 있고, 짙은 녹색이다. 윗면에는 털이 없으며, 뒷면에는 거미줄 같은 털이 있다. 뿌리에서 난 잎과 줄기 아랫부분에서 난 잎은 꽃이 필 때 마른다. (비교: 산솜방망이(*Tephroseris flammea*)나 민솜방망이(*T. flammea* var. *glabrifolia*)는 측열편이 잘게 갈라지지 않는다.)

꽃: 8~9월에 노란색 머리꽃(頭花)이 1개씩 우산모양(散房狀)으로 핀다. 꽃싼잎(總苞)은 짧은 종모양이고, 가늘고 뾰족한 장타원형 조각(苞片)이 1줄로 배열하며, 길이 1㎝ 정도인 꽃받침을 싼다. 혀모양꽃잎(舌狀花)은 13장 내외이며 밝은 노란색이고, 대롱꽃은 더욱 짙은 노란색이다. (비교: 산솜방망이와 민솜방망이는 밝은 적황색 꽃이 핀다.)

열매: 여윈열매로 원통모양이며 털이 없다. 흰색 갓털은 열매보다 2배 길다.

염색체수: 2n=40[1)]

생태분류

서식처: 초지, 산비탈 벌채지, 숲 가장자리, 산지 목초지 언저리, 습지 언저리 등, 양지, 적습

수평분포: 전국 분포
수직분포: 산지대~구릉지대
식생지리: 냉온대~난온대(대륙성), 만주, 중국(새북지구, 화북지구, 화중지구, 그 밖에 칭하이 성, 알타이 고원 등), 몽골, 연해주, 다후리아, 일본(규슈 북동부) 등
식생형: 초원식생(고경(高莖)다년생초본식생)
생태전략: 경쟁자
종보존등급: [IV] 일반감시대상종

이름사전

속명: 세네치오(*Senecio* L.). 어떤 식물의 고대 이름에서 비롯하고, '나이 들었다'는 뜻의 라틴어(*senex, senis*)에서 유래한다. 종자의 흰색 갓털에 잇닿았을 것으로 추정한다.[2]
종소명: 아르구넨시스(*argunensis*). 중국 만주 최북단에 맞닿은 극동러시아의 아르군(Argun)이라는 지명에서 비롯한다. 쑥방망이를 처음 기재할 때 이용된 표본을 채집한 장소다.
한글명 기원: 쑥방망이,[3] 쑥방맹이[4]
한글명 유래: 쑥과 방망이의 합성어다. 유래미상이라지만,[5] 잎 모양이 쑥을 닮았고, 앞서 기재된 솜방망이 한글명칭에서 방망이를 빌려온 것이다. 금방망이속(*Senecio* L.) 가운데 솜방망이가 한글명으로 기재된 최초이자 유일한 명칭[6]이라는 사실이 이를 뒷받침한다.
한방명: 참룡초(斬龍草). 쑥방망이의 지상부와 뿌리를 약재로 쓴다.[7] 중국에서 전통적으로 해열이나 이질 치료제로 이용했다고 하나, 독성이 강한 알칼로이드 성분이 있어 이용하지 않는 것이 옳다.[8] 용(龍)을 참수(斬首)하는 풀(草)이라는 명칭도 그런 약성이 반영된 것으로 보인다.
중국명: 额河千里光(É He Qiān Lǐ Guāng). 만주 최북단 중국과 러시아 국경을 흐르는 아르군 강(额河) 언저리에 사는 금방망이 종류(千里光)라는 의미로, 종소명에서 비롯한다.
일본명: コウリンギク(Kouringiku, 紅輪菊). 꽃차례가 민솜방망이(Kourinka, 紅輪花)와 닮은 데에서 비롯하지만, 꽃색이 전혀 다르다. 쑥방망이는 노란색이고, 민솜방망이는 산솜방망이처럼 붉은빛(紅) 도는 노란색이다. 일본에서는 쑥방망이보다 민솜방망이가 더욱 흔하다.
영어명: Argun Groundsel, Argun Fireweed

에코노트

쑥방망이는 금방망이속 가운데 줄기에 달린 잎의 측열편이 쑥처럼 가늘고 좁게 갈라진 모양에서 구별된다. 금방망이속 대부분은 적절히 습윤한 환경을 좋아하는 여러해살이다. 심한 건조를 경험하는 땅에서는 살지 않는다. 금방망이속 가운데 유일한 귀화식물 개쑥갓(*S. vulgaris*)도 생육환경이 맞으면 일순간 성장해서 꽃피고 열매를 맺는 조건부 순간 한해살이(facultative ephemeral annual species)로, 늘 습윤한 서식처에서만 산다(『한국 식물 생태 보감』 1권 「개쑥갓」 편 참조). 길가나 도시, 농촌 지역에 흔한 터주(ruderal) 식물사회의 구성원이다. 솜방망이는 무덤 초지에서 종종 보이지만, 역시 적습한 환경에서 나타난다. 쑥방망이가 살 만한 초지는 방목이나 고랭지 채소를 경작할 만한 여건이다. 이런 초지는 삼림식생으로 천이가 진행될 수 있다. 따라서 현재 우리나라에서 쑥방망이가 자연 상태로 나타나는 자연 또는 반자연(半自然) 초지는 매우 희귀해질 수밖에 없다. 서식처가 무척 제한적이고, 늘 몇몇 개체 수준으로 발견되는 것도 그런 까닭에서다.

쑥방망이의 최북서단 분포는 중국 서북부 알타이 고원이고,[9] 최남단 분포는 일본 남단 규슈 지방의 북동 지역이다. 극단적인 저온을 경험하는 알타이 고원에서는 하천변 개방 입지의 미지형적(微地形的)으로 수분환경이 보장되어 전혀 메마르지 않는 곳에 산다. 일본 규슈 지방에서는 산지 풀밭에서 드물게 발견되며, 수분스트레스가 발생하지 않는 해양성 기후를 반영하는 분포양상이다. 쑥방망이는 한랭한 겨울 추위보다는 건조를 견디지 못한다는 방증이다. 쑥방망이는 일본보다 한반도와 제주도에서 더욱 흔하지만, 사실상 넓게 보면 동북아에서 우리나라가 남방 한계인 변방 분포 지역인 셈이다. 우리나

산솜방망이(제주도)

라에서 쑥방망이 개체군이 흔하지 않은 것도 그런 지리적 분포 한계 영역에서 나타나는 분포양상과 무관하지 않다. 이처럼 변방 분포를 보이는 개체군은 한번 훼손되거나 소멸되면 현지내 복구가 쉽지 않다. 쑥방망이는 종보존등급 [Ⅳ] 일반감시대상종이고, 국가 적색자료집에는 낮은 수준인 준위협종(NT: near threatened)으로 등재되어 있다.[10] 쑥방망이가 자생할 수 있을 정도의 자연초지 또는 반자연초지(seminatural grassland)의 발굴, 등재, 보호에 관한 정책이 시급하다.

---

1) Provatova (2006a), 장진, 정규영 (2011)
2) Quattrocchi (2000)
3) 정태현 등 (1937)
4) 박만규 (1949)
5) 이우철 (2005)
6) 森 (1921)
7) 안덕균 (1998)
8) Röder (2000)
9) An *et al.* (2002)
10) 환경부·국립생물자원관 (2012)

사진: 김종원, 최병기

솜방망이

Tephroseris kirilowii (Turcz. ex DC.) Holub

형태분류

줄기: 여러해살이며, 바로 서서 어른 무릎 높이로 자라고, 세로로 길게 줄이 진다. 식물 전체에 거미줄 같은 흰 털이 빼곡하다. 굵은 뿌리줄기에서 굵은 실뿌리가 많이 난다.

잎: 뿌리에서 난 잎은 로제트모양으로 폭이 좁은 장타원형이고, 꽃필 때에도 남는다. 가장자리는 매끈하지만, 선점(腺点) 같은 미세한 돌기가 있는 톱니가 약간 있다. 아래는 점점 좁아져서 날개처럼 되고 잎자루는 없다. 줄기에서 난 잎은 3~4개로 뿌리에서 난 잎보다 훨씬 작고, 줄기 위쪽으로 갈수록 아주 작아져서 끝의 잎은 마치 싼잎처럼 보인다. (비교: 물솜방망이(*T. pseudosonchus*)는 뿌리에서 난 잎이 좁은 주걱모양이다.)

꽃: 4~6월에 줄기 끝에서 머리꽃이 3~9개 핀다. 꽃받침 길이는 5㎝ 이하로 조금씩 다른데, 바깥쪽 것은 길고, 안쪽 것은 짧아서 전체적으로 머리꽃이 우산처럼 펼쳐진다. 꽃싸개는 짧은 원통모양이고, 그 조각은 1줄로 배열한다. 노란 혀모양꽃 끝은 3개로 갈라진 부드러운 톱니모양이고, 수많은 통꽃(筒狀花)은 더욱 진한 노란색이다. (비교: 물솜방망이는 머리꽃이 보통 10개 이상으로 많다.)

열매: 여윈열매로 원통모양이며 털이 빼곡하다. 흰색 갓털은 열매보다 3~4배 길다.

염색체수: 2n=48[1)]

생태분류

서식처: 초지, 무덤, 목초지, 산비탈 풀밭, 두둑, 제방 등, 양지, 적습~약건

수평분포: 전국 분포

수직분포: 산지대 이하

식생지리: 난온대~냉온대, 만주, 중국(화중지구, 화북지구, 새북지구, 화남지구의 푸젠 성, 광둥 성, 구이저우 성 등), 연해주, 몽골, 대만, 일본(혼슈 이남) 등

식생형: 이차초원식생, 터주식생(농촌형)

생태전략: [터주-스트레스인내-경쟁자]~[경쟁자]

종보존등급: [IV] 일반감시대상종

이름사전

속명: 테프로세리스(*Tephroseris* (Rchb.) Rchb.). 잿빛(*tephros, tephra*) 양상추나 치커리(*seris, seridos*)를 일컫는 희랍어에서 비롯한다. 흰빛 도는 식물체에서 비롯했을 것이다. 솜방망이는 1977년 이전까지 금방망이속(*Senecio* L.)으로 분류했으나, 솜방망이속(*Tephroseris* (Rchb.) Rchb.)으로 분리되었다.[2)]

종소명: 키릴로비(*kirilowii*). 젊은 나이에 콜레라로 급사한 러시아 식물 채집가(Ivan Petrovic (또는 Johann) Kirilov, 1821~1842) 이름에서 비롯한다. 러시아 식물분류학자 N. S. Turczaninow(1796~1864)의 제자로 바이칼 호 일

대와 동시베리아 지역의 식물 채집과 연구에 종사했다. 학명 *Senecio fauriei* H. Lév.는 솜방망이의 대표적인 이명(異名)으로 오랫동안 쓰였다.

한글명 기원: 수루취,[3] 솜방망이,[4] 구설초,[5] 돌솜쟁이, 소곰쟁이,[6] 산방망이[7] 등

한글명 유래: 솜과 방망이의 합성어다. 긴 줄기 끝에 머리꽃이 모여서 둥근 우산 같은 방망이모양이 되고, 식물 전체에 흰 털이 빼곡한 것에서 비롯했을 것이다. 금방망이속이나 솜방망이속에서 '솜방망이'는 1921년 기재에 처음으로 등장하고, 이 종류에만 붙여진 한글명이다. 전국적인 분포와 구황식물이라는 사실이 함께 전해지는 것으로 보아, 우리말 고유 명칭으로 추정한다. 1949년의 돌솜쟁이와 소곰쟁이는 어떤 지역의 방언일 것이며, 마찬가지로 '흰빛' 도는 식물체에서 비롯했을 것이다. 한편 한자명 구설초(狗舌草)에 대한 최초 한글 기재는 '수루취'이다. 『물명고』[8]에 나오며, 잎이 질경이를 닮았고, 습지에 산다고 기재했다. 솜방망이 종류를 지칭하는 것이 분명해진다. '수루'는 오늘날의 둥근 수레바퀴의 수레에 잇닿아 있고, 꽃 모양에서 비롯했을 것이다. '수루취'는 수리취속(*Synurus* Iljin)의 이름을 닮았으나, 분류군이 전혀 다르다. 이 또한 일제강점기 때 헝클어진 우리나라 식물 이름의 변천사다. (「수리취」 편 참조)

한방명: 구설초(狗舌草). 솜방망이의 지상부를 약재로 쓰고,[9] 중국명에서 비롯한다.

중국명: 狗舌草(Gǒu Shé Cǎo). 솜방망이 뿌리에서 난 잎 모양이 강아지(狗) 혀(舌)를 닮은 데에서 비롯했을 것이다.

일본명: オカオグルマ(Okaoguruma, 丘小車). 머리꽃 모양이 자동차 휠(車輪状)을 닮았고, 메마른 언덕 초지(丘)에 사는 것에서 비롯한다. 일본의 습지(澤, 沢)에 흔한 종류(*Senecio pierotii*; Sawaoguruma, 沢小車)에 대응하는 이름이다.

영어명: Kirilov's Fleawort

에코노트

솜방망이는 법 집행을 공평하고 엄격하게 적용하지 않을 때 비아냥대는 말이다. 식물 이름으로는 1921년 일제강점기 때 처음 등장한다. 구릉지대에 주로 사는 이차초원식생의 중요 구성원으로 과도하게 건조하거나 습한 입지에서는 살지 않고, 적절히 습윤한 땅을 좋아한다. 무덤 언저리에서도 종종 보이는데, 주로 봉분의 비탈진 경사면 아래쪽에 자리 잡는다. 건조한 풀밭일지라도 비옥하고 습윤한 곳이라면 산다. 논두렁 밭두렁에서도 보이며, 역시 그런 미세 서식 조건이 갖추어진 곳에서다. 인위식물 가운데에서도 언저리 식물(interstitial plant, 부록 생태용어사전 참조)의 분포 특성이 있다.

솜방망이는 난온대 지역이 분포중심이면서도 냉온대 지역에서도 산다. 반면에 물솜방망이는 한랭한 냉온대의 주로 습지 언저리에 사는 습생형 초지의 구성원이다. 그래서 물솜방망이보다는 솜방망이가 우리 생활 주변에서 흔하게 보인다. 드물게는 사문암 지역에서 나타날 정도로 척박한 입지에서도 잘 견딘다. 하지만 심한 벌초와 같은 간섭이 잦은 초지(예: 잔디밭)에서는 살지 않는다. 그래서 솜방망이가 사는 초지라면 상대적으로 건전하고 자연성이 있는 반자연(半自然) 초원식생에 가깝다.

충매화인 솜방망이를 찾는 곤충은 딱정벌레목의 풀색꽃무지와 점날개잎벌레 2종뿐인 것으로 알려졌다.[10] 이는 꽃가루받이를 위한 화분매개곤충이 제한되고, 그에 따라 개체군 크기도 제한될 수밖에 없다는 것을 말한다. 초지가 줄어들고, 살충제를 과다하게 이용하며, 기후변화로 곤충 생활사가 교란되는 것은 송방망이의 삶을 점점 더 어렵게 한다. 우리나라에서 법적 보호 대상인 식물 대부분이 충매화인 것이나, 특히 울릉도에서 가까스로 살고 있는 보호종들이 모두 충매화인 것도 그런 사실과 무관하지 않다.[11] 충매화 종류를 보존하기 위해서라도 초지를 보호해야 하고, 항공방제를 포함한 살충제

대량 살포를 삼가야 한다.

솜방망이는 금방망이속(*Senecio* L.)의 쑥방망이와 달리 독성이 거의 없는 것으로 알려졌다.[12] 뿌리에서 난 어린잎을 나물로 데쳐 먹었다는 사실도 전한다.[13] 『물명고』[14]가 말해주듯, 본래 이름은 '수루취'였다. 질경이 잎을 닮았다는 뿌리에서 난 로제트모양 어린잎이 또 하나의 나물(취)이었던 것이다.

---

1) 장진, 정규영 (2011)
2) Holub (1977)
3) 유희 (1801~1834)
4) 森 (1921), 정태현 등 (1937)
5) 村川 (1932)
6) 박만규 (1949)
7) 정태현 등 (1949)
8) 유희 (1801~1834)
9) 안덕균 (1998)
10) 김갑태 등 (2012)
11) 김종원 (2016, 미발표)
12) Röder (2000), 聂芳红 等 (2008)
13) 森 (1921), 村川 (1932)
14) 유희 (1801~1834)

사진: 류태복

산비장이

Serratula coronata ssp. _insularis_ (Iljin) Kitamura

형태분류

줄기: 여러해살이며, 바로 서서 어른 무릎 높이 이상으로 자란다. 세로로 길게 홈이 지고, 위에서 갈라진다. 굵고 튼튼한 뿌리줄기가 굽어 자라고 목질화된다.

잎: 뿌리에서 난 잎은 질신나물을 닮았고, 꽃필 때까지 남기도 한다. 줄기에서 난 잎은 어긋난다. 모두 달걀모양 같은 장타원형이며 날개처럼 완전히 갈라져서 홀수깃모양겹잎이 되고 긴 잎자루가 있다. 잎 아랫부분은 가운데 축(中軸)에서 잎자루를 따라 흐르고, 가장자리에 불규칙한 톱니가 있으며, 양면에 털이 있다.

꽃: 7~10월에 가지와 줄기 끝에 하늘로 향한 머리꽃으로 하나씩 핀다. 혀모양꽃은 없고, 홍자색 대롱꽃만 빼곡하다. 맨 바깥에 위치하는 대롱꽃은 암·수술이 없고, 3~5개로 갈라져서 실모양이다. 안쪽 대롱꽃은 수술이 먼저 성장해서 꽃가루를 방출한 뒤에 암술머리가 둘로 갈라지고, 열매를 맺는다. 꽃싸개는 종모양이고 짧은 갈색 솜털이 많다. 그 조각은 6~7줄로 지붕을 덮듯 포개지고, 침모양 끝이 적자색이다.

열매: 여윈열매로 표면에 줄이 여러 개 있고, 흑갈색이며, 거꿀창끝모양인 타원형이다. 밝은 황갈색 갓털은 딱딱한 편이며 깃털이 아니라 길이가 모두 다른 침모양이고, 표면에는 위로 향한 미세한 가시가 있다. 꽃싸개는 끝까지 남으면서 그대로 위로 향한다.

염색체수: 2n=22[1]

생태분류

서식처: 초지, 산비탈 풀밭, 무덤 언저리, 목초지 언저리, 상류 하천 제방, 숲 가장자리, 매우 밝은 숲속 등, 양지, 적습

수평분포: 전국 분포

수직분포: 산지대~구릉지대

식생지리: 냉온대(난온대: 준특산종), 일본(혼슈 이남) 등 (비교: 중국과 몽골에서는 본종(*S. coronata* ssp. *typica*)을, 극동러시아 연해주에서는 또 다른 종(*S. centauroides*)을 기재함.)

식생형: 초원식생(고경(高莖)광엽초본식생)

생태전략: [경쟁자]

종보존등급: [II] 중대감시대상종

이름사전

속명: 세라툴라(*Serratula* L.). 잎이 톱니모양인 꿀풀과의 석잠풀속 이탈리아 식물에 대한 라틴명(*serratula*)에서 비롯한다.[2]

종소명: 코르나타(*coronata*). '왕관을 쓴 것 같다'는 라틴어로 활짝 핀 머리꽃 모양에서 비롯한다. 아종명 인술라리스(ssp. *insularis*)는 섬(insular)에서 산다는 뜻이다. 1935년 기타가와(北川)가 처음 기재할 때 일본열도에 분포하는 아종으로 생각했던 것에서 비롯했을 것이다. 하지만 한반도에 분포중심지가 있다. 산비장이는 처음에 한국 특산종(*S. koreana* Iljin)으로 기재된 바도 있다. 하지만 동북아 지역에서의 계통분류는 여전히 과제로 남아 있다.

한글명 기원: 큰산나물,[3] 산비장이[4]

한글명 유래: 산비장이는 1949년 11월에 *Serratula insularis*라는 학명에 대해서 처음으로 기재된 한글명이며, 이름의 유래나 기원은 나오지 않았다. 하지만 아름다운 머리꽃에서 비롯한 산, 붓(빗, 봇), 쟁이(장이)의 합성어이거나, 나물로 이용하는 잎이 날개모양인 삼베나물이라는 방언에 잇닿았을 것으로 추정한다. (에코노트 참조)

한방명: - (?)

중국명: 伪泥胡菜(Wěi Ní Hú Cài). 가짜(僞) 지칭개(泥胡菜, *Hemistepta lyrata*; 『한국 식물 생태 보감 1권 「지칭개」편 참조)라는 뜻으로 지칭개 꽃차례와 많이 닮은 것에서 비롯한다. 중국에서는 산비장이 본종(*S. coronata*)만을 기재했다.[5]

일본명: タムラソウ(Tamurasou, 田村草, 多群草, 玉群草, 玉紫草 등). 유래미상[6]으로 여러 가지 설이 나돈다. 더욱 오래된 이름은 Tamabouki(玉箒)로 옥구슬(玉) 같은 붓(箒)이라는 뜻이다. 이들 명칭은 모두 머리꽃 모양과 관련 있다. 우리나라 고유 명칭 산비장이라는 이름에 잇닿았을 것으로 추정한다.

영어명: Korean Sawwort, 국가표준식물목록에는 영어명을 기재하지 않았다.[7]

에코노트

산비장이 꽃은 신비롭고 아름답다. 홍자색 대롱꽃이 빼곡하게 다발을 만들며 한 송이 머리꽃이 되어 긴 줄기 끝에서 핀다. 대롱꽃은 암술과 수술이 함께인 한집꽃(一家花)이다. 그런데 실모양인 맨 바깥쪽 대롱꽃은 암·수술이 없다. 당연히 열매가 생기지 않는다. 꽃가루받이를 하려고 곤충을 유인하는 꾸밈새다. 안쪽의 대롱꽃은 암·수술이 모두 있으며, 수술이 먼저 성장해서 꽃가루를 방출한다. 때를 맞춰 암술머리가 둘로 갈라지고, 서서히 결실한다. 산비장이 개체군에서 피지 않은 꽃봉오리 상태, 꽃가루를 흩날리는 수꽃 상태, 암술머리가 둘로 갈라진 암꽃 상태, 통꽃이 시든 뒤에도 꽃싼잎을 싸고 있는 종자 결실 상태 등 모양새가 여러 가지인 머리꽃을 동시에 볼 수 있다.

산비장이 종자도 흥미롭고 오묘하다. 아주 작은 열매에 독특한 갓털이 붙었다. 갓털의 구조가 바람에 잘 날리는 솜털 씨앗과는 다르다. 아주 가늘지만 오히려 약간 억센 침처럼 생겼다. 그런데 길이도 일정하지 않고 들쑥날쑥 제각각이다. 게다가 표면에는 루페로 봐야 보일 정도로 미세한 가시가 위로 나 있다. 동물 털에 붙어 퍼지기에 가장 알맞은 구조다. 풍산포하는 민들레나 동물산포하는 도깨비바늘과 달리 한 가지 방법에만 의존하는 구조가 아니다. 국화과 가운데 중간 단계의 산포전략으로 진화한 것이다. 그런데 열매의 갓털 구조로 봐서는 동물산포가 유리한데도, 마치 풍산포하는 열매처럼 1m 높이 긴 줄기 끝에 머리꽃이 위치한다. 몸체가 대형이 아니라면 들짐승 몸통에 산비장이 열매가 붙을 기회는 오히려 낮다. 바람을 이용해서 멀리 퍼뜨리려고 줄기 꼭대기에 열매를 얹어 둘 바에는 솜털 같은 깃털이 더 유리하다. 자연에는 이렇게 중간(중용)이 불리하고, 심지어 계통 보존에 위협이 될 경우도 있다. 약용식물로 주목된 적이 없을 정도로 야생 산비장이 개체군이 무척 작고 희귀한 것은 그런 생태유전적인 형질 때문일지도 모른다.

산비장이는 여러해살이로 굵은 뿌리가 발달하고, 부드러운 잎은 나물로도 이용한다. 그래서 약용할 법도 한데, 중국이나 일본에서도 약으로 쓰였다는 기록이 없다. 우리나라 고전에도, 최근의 생약종합정보시스템에서도 나오질 않는다.[8] 강한 독성이 있는 것도 아닌데, 약용 역사가 전혀 발견되지 않는 까닭을 알 수 없다. 다만 본래부터 매우 희귀해서이거나, 이용 역사를 전하지 않는 중국 고전을 뛰어넘지 못한 사대(事大)가 버무려진 결과로 추정할 뿐이다. 중국명(僞泥胡菜)이 가짜(僞) 지칭개(泥胡菜)로 명명된 것도 그런 추론을 뒷받침한다. 지칭개는 한반도에 무척 흔한 들풀이기 때문이다. (『한국 식물 생태 보감』 1권 「지칭개」 편 참조) 최근 산비장이 종류(*S. coronata* var. *cornata*)가 초식 곤충을 저지하는 독이나 식욕감퇴 기능을 지닌 7가지 식물성엑디스테로이드(Phytoecdysteroid) 물질을 갖고 있다는 사실이 알려졌다.[9] 산비장이 종류가 본래부터 약으로 기능할 수 있었다는 것을 알려 주는 대목이다. 그래서 산비장이라는 이름의 유래가 더욱 궁금해진다.

산비장이는 머리꽃 모양과 관련해 생겨난 이름으로 보인다. 우리나라 기록에 산비장이라는 종이 처음 등장한 것은 1921년 모리(森)의 『조선식물명휘』에서다.[10] 거기에는 일본명(Tamurasou, Yamabouki)만 등장한다. 당시에도 무척 희귀했던지, 금강산과 백두산에만 분포한다고 적었다. 그런데 한글명 최초 기재는 1949년 2월의 일로 '큰산나물'이며, 1935년 기타가와(北川)가 저술한 『만주 식물지』에 기재된 일본명(Manshutamurasou, 가칭 만주산비장이)[11]에 대응해서 기재한 이름이다. 같은 해 11월에야 비로소 산비장이라는 한글명이 등장한다.[12] 오늘날 식물학계는 큰산나물이라는 정당한 이름을 배제하고, 학연(學緣)의 헤게모니 유산으로 오해받을 만한 산비장이를 정명으로 채택하고 있다.[13] 큰산나물은 형태, 생태, 나물문화에 잇닿아 있음을 금방 알 수 있지만, 산비장이는 전혀 그렇지 못하다.

그런데 산비장이라는 정겨운 이름, 1949년 11월의 최초 기재에서 유래나 기원에 대한 어떠한 설명도 나오지 않는다. 유래미상이라거나,[14] 조선시대에 사신을 경호하던 무장계급의 비장(裨將)에서 비롯한다[15]는 따위의 여러 설만 난무한다. 그런데 비장 설은 상식의 경계를 너무 지나쳐 버린 과장된 이야기다. 비장이라는 한자로 된 고유명사가 산비장이와 한 몸이 되려면, 적어도 비장이 갖는 역사적 실체와 역할을 익히 알아야만 가능하기 때문이다. 게다가 그리 희귀한 들풀에다 산가(山家)에서 나물로 이용하던 보통사람들이 지어 붙일 만한 이름도 아니기 때문이다. 산비장이라는 이름은 우리나라 어느 지역에서 부르던 방언을 옮겨 적은 것이거나, 거기에서 전화된 것이 틀림없을 것 같은데, 여전히 그 유래나 어원은 찾을 수 없다. 그래서 머리꽃(頭花) 또는 그 밖의 모양에서 찾아본다.

산비장이의 분포중심지는 우리나라 사람이 사는 땅에 있다. 산지나 구릉지에서도 주로 오염되지 않은 땅에 사는 풀밭 식물이다. 더욱이 어린잎을 나물로 먹었기에 낯선 것이라기보다는 산간벽지에서 오래전부터 구전으로 전해졌던 산채였다.[16] 때문에 마땅히 고유한 토속 명칭이 존재할 수밖에 없다. 산비장이 머리꽃에서 비롯하는 종소명이나 일본명(玉箒)이 이런 유추를 뒷받침한다. 다 핀 머리꽃 모양에서 종소명(*coronata*)이 비롯하고, 덜 핀 꽃봉오리 모양은 한자 '붓 필(箒)' 자에 적확(的確)하게 맞아떨어진다. 두 사실로 유추해 보면, 산비장이는 한적한 산(山)에 사는 주옥같은 붓(빗>빚)이다. 활짝 핀 머리꽃은 얼굴에 분 바를 때 쓰는 화장용 작은 귀얄(솔) 같기도 하다. 여기에 터줏대감 같은 토종 들풀이니, 사람을 지칭하는 의존명사 '장이(쟁이)'가 더해지면서 산빛(빗, 붓)쟁이>산비장이로 변천한 것으로 볼 수 있다.

한편 여름 꽃인 산비장이는 엉겅퀴를 닮았으나, 식물체에 가시가 전혀 없고, 부드러운 잎은 나물로 쓰기 충분하다는 사실에서도 유래를 유추해 볼 수 있다. 경상도(예: 영양)에는 삼베나물이라는 별칭이 있다. 산비장이가 혹여 이 삼베나물이라는 방언에 잇닿았을지도 모른다. 삼베나물, 삼베장이, 산베장이, 산비장이로 전화한 것으로 볼 수 있기 때문이다. 이 경우는 머리꽃 모양에서 비롯했다기보다는 나물로 채취했던 잎 모양에 잇닿았을 개연성에 주목한 것이다. 날개모양으로 갈라져 홀수깃모양(奇數羽狀)인 부드러운 겹잎, 특히 뿌리에서 난 로제트모양 겹잎에서 유래할 것이라는 생각이다. 땅바닥에 붙어나는 로제트 잎을 경상도 방언으로는 베짱이(배장이)라고 부르기 때문이다. 땅바닥에 배를 붙이고 살기 때문에 생겨난 토속어다. 산간벽지에 사는 사람들에게는 귀한 자원이었고, 산비장이는 순수 우리 이름임이 틀림없어 보인다.

산비장이가 우리나라 특산종인가에 대한 식물분류학계의 견해는 분분하고,[17] 여전히 숙제로 남아 있다. 하지만 한반도에 분포하는 개체군은 동북아시아에서 한반도가 분포중심지라는 것만은 분명한 사실이다. 국가 적색자료집[18]에 등재되지 못할 정도로 허접한 들풀은 아닌, 적어도 준특산(subendemic)이라는 것이다. 냉온대를 중심으로 집중 분포하며 준특산의 고유성이 있는 분류군으로서 종보존등급 [Ⅱ] 중대감시 대상종이다. 사문암이나 석회암 지역처럼 알칼리성 암석권에서는 나타나지 않고, 주로 약산성인 퇴적암 지역에 나타나며, 약산성인 화성암 계열 지질권에서도 드물지만 보인다. 무더운 곳보다는 한랭하고 선선한 곳을 좋아하고, 메마른 땅보다는 습한 곳을 좋아하며, 서식처에 따라 크기가 많이 다르다. 수분 환경이 좋고 약간 비옥한 곳에서는 어른 키보다 큰 경우도 보인다. 오랜 세월에 걸친 과도한 이용과 서식처의 변질은 산비장이의 삶을 크게 위축시키고 말았다.

1921년 제주도 한라산에서 산비장이 변종(var. *alpina*)의 존재가 처음으로 알려졌다.[19] 이후 왜소한 생태형이라면서 새삼스럽게 품종(f. *alpina*)으로 소개되기도 했다.[20] 일본에서는 혼슈 이남의 일부 지역에서만 아주 작은 개체군으로 희귀하게 분포하며, 주로 키 큰 억새가 우점하는 초지 언저리에서 산다. 일본 분류학계에서는 우리나라의 산비장이와 똑같은 것으로 분류한다. 한편 1979년 기타가와(北川)는 만주 남부 지역에 분포하는 개체군을 *S. coronata* var. *manshurica*(가칭 만주산비장이)로 기재한 바 있다. 줄기 위쪽에서 아주 많이 갈라지고, 머리꽃이 적어도 18개 이상 생긴다는 것을 특기하며, 지리적 변종으로 취급했다.[21] 그런데 극동러시아 연해주에서는 만주 지역에도 분포한다고 알려진 *S. centauroides*를 기재하고,[22] 중국과 몽골에서는 중앙아시아(카자흐스탄, 키르기스스탄 등)에도 분포한다는 본종(*S. coronata*)으로만 기재한다.[23] 동아시아 지역의 산비장이속(*Serratula* L.) 내 하위분류군에 대한 치밀한 계통분류학적 재검토가 필요한 대목이다. 지리적 또는 생태적 격리분포에서 분화한 다형(polymorphic types)이 존재할 것이기 때문이다. 산비장이속은 지구상에 유라시아 대륙 서쪽으로부터 동쪽에 이르기까지 온대에 분포하는 독특한 분류군이다. 대륙 서쪽 방향의 *S. tinctoria* 그룹과 우리나라를 포함하는 동쪽 방향의 *S. coronata* 그룹의 분화가 대표적이다.[24]

---

1) Volkova & Boyko (1989)
2) Quattrocchi (2000)
3) 박만규 (1949)
4) 정태현 등 (1949)
5) Zhu & Martins (2011)
6) 牧野 (1961), 奥田 (1997)
7) 국가표준식물목록위원회 (2015)
8) 식품의약안전평가원 (2015)
9) Dinan *et al.* (2009)
10) 森 (1921)
11) Kitagawa (1979)
12) 정태현 등 (1949)
13) 국가표준식물목록위원회 (2015)
14) 이우철 (2005)
15) 김병기 (2013)
16) 정규영 등 (2010), 임형탁 등 (2011)
17) Kim *et al.* (2009)
18) 환경부·국립생물자원관 (2012)
19) 森 (1921)
20) 이우철 (1996a)
21) Kitagawa (1979)
22) Probatova *et al.* (2006)
23) Zhu & Martins (2011)
24) Martins & Hellwig (2005)

사진: 김종원

미역취

Solidago japonica **Kitam.**
Solidago virgaurea **subsp.** ***asiatica*** **Kitam.**

형태분류

줄기: 여러해살이며, 바로 서거나 살짝 굽기도 하고, 어른 무릎 높이 이상으로 자란다. 윗부분에서 갈라지기도 한다. 적자색으로 약간 딱딱한 편이고 털도 조금 있다. 뿌리줄기가 발달하고 옆으로 자란다.

잎: 뿌리에서 난 잎은 길고 자색을 띠는 잎자루가 있으며, 꽃이 필 때쯤에 시든다. 줄기에서 난 잎은 어긋나고, 아래 것은 잎자루가 길며, 위의 것은 폭이 많이 좁아지고 잎 아래가 흘러서 잎자루가 날개처럼 된다. 넓은 타원형 또는 달걀모양으로 가장자리에 톱니가 있고 그 끝에 미세하게 튀어나온 뾰족한 점이 있다. 뒷면은 그물맥이 특징이다.

꽃: 7~10월에 짧은 꽃자루에 노란색 머리꽃으로 피고, 우산모양(散房狀) 이삭꽃차례로 달린다. 혀모양꽃은 6개 내외이고, 암술만 있다. 그 안쪽에서 피는 대롱꽃은 암·수술이 다 있는 짝꽃이다. 꽃싸개는 폭 좁은 종모양이며 그 조각(苞片)이 4열 또는 그 이상으로 배열하고 끝이 둔하다. (비교: 산미역취(*S. virgaurea* var. *leiocarpa*)는 꽃싸개가 넓은 종모양이고, 그 조각이 3열로 배열하며, 끝이 뾰족한 편이다.)

열매: 여윈열매로 원통모양이고 흑갈색이며, 세로로 줄이 있다. 털은 거의 없다. 흰빛이 도는 침모양 갓털은 씨앗보다 2배 이상으로 길지만, 길이가 들쭉날쭉한 편이다.

염색체수: 2n=18(9II)[1)]

생태분류

서식처: 초지, 신비탈 풀밭, 숲 가장자리, 아주 밝은 숲속, 산기슭 임도 언저리, 산지 등산길 언저리, 무덤 언저리 등, 적습, 양지~반음지

수평분포: 전국 분포(개마고원 이남)

수직분포: 산지대~구릉지대

식생지리: 냉온대~난온대, 일본 전역

식생형: 초원식생, 삼림식생(밝은 이차림)

생태전략: [경쟁자]~[스트레스인내-경쟁자]

종보존등급: [IV] 일반감시대상종

이름사전

속명: 솔리다고(*Solidago* L.). 온전하다는 뜻의 라틴어(*solido*)에

서 비롯한다. 달인 물이 상처 치료에 약효가 탁월한 데에서 비롯했을 것이다.

종소명: 야포니카(*japonica*). 일본산 표본으로 기재되면서 비롯했다. 지금까지 사용했던 학명(*S. virgaurea* subsp. *asiatica*)은 기준표본이 없는 나명(裸命, *nomen nudum*)으로 이명(異名)처리 되었다.[2] 하지만 분명한 사실은 유럽과 아시아의 종류는 모두 한 통속(Eurasian *Solidago virgaurea* complex)이고, 세계 최고 수준의 종다양성을 보이는 북미 종류와 명백히 다른 분류군이다.[3] 유럽산 미역취는 동아시아 미역취에 비해 머리꽃이 풍성하고, 통꽃과 혀모양꽃의 수도 많으며, 여윈열매, 꽃자루, 줄기 윗부분에 털이 두드러지게 많다. 하지만 서식 조건에 따라 명백히 다르다고 할 만큼 형태적 차이를 알아차리기는 쉽지 않다. 비르가아우레아(*virgaurea*)는 가느다란 가지 끝(*virga*-)에 핀 황금 빛(*aurea*) 머리꽃에서 비롯한 라틴어다.

한글명 기원: 미역취,[4] 떡나물, 선모초,[5] 메역취,[6] 돼지나물[7] 등

한글명 유래: 유래미상[8]으로 알려졌다. 하지만 미역과 취의 합성어로 미역은 해초(海草) 미역 또는 물의 미끌미끌한 성질에 잇닿고, 취는 우리나라 나물을 대표하는 명사다. 미역의 유래를 미여뀌[9]로 보더라도 여전히 물과 관련이 있다. (아래 에코노트 참조)

한방명: 일지황화(一枝黃花). 미역취와 울릉미역취의 지상부를 약재로 쓰고,[10] 중국명에서 비롯한다.

중국명: - (一枝黄花, Yī Zhī Huáng Huā. 중국에서는 근연종 *S. decurrens*를 기재한다.[11])

일본명: アキノキリンソウ(Akinokirinsou, 秋麒麟草). 가을(秋)에 꽃피는데, 봄에 피는 노란 기린초(麒麟草) 꽃에 빗대어 생긴 이름이다. 한편 거품(泡)이 이는(立) 듯이 모여 피는 꽃차례에서 비롯한 泡立草(Awatachisou)라는 별칭도 있다.

영어명: Common Goldenrod, Asian Goldenrod

에코노트

미역취는 우리나라 전역에 분포하고, 구황(救荒) 나물이라는 사실이 이미 1921년에 기록된 바 있다.[12] 황해도 신주(信州)에서 많이 나고, 전라도 화순(和順)에는 적게 난다고 기재[13]할 정도로 오래전부터 우리나라 사람들이 즐겼던 산채다. 이것은 미역취와 산미역취를 구분하지 않고, 통칭해서 기재한 것으로 보인다. 2종은 서식처에 따라 외부적 형태 변이가 클 뿐만 아니라, 일반 사람들이 꽃싸개 모양으로 2종을 분류하기란 어렵고, 그렇게 구분할 까닭도 없기 때문이다. 미역취나 산미역취 모두 방방곡곡에서 달리 부르는 다양한 방언이 존재하는 까닭도 거기에 있다.

오늘날 정식 이름으로 채택되는 미역취는 미역과 취의 합성어다. 미역은 바다에서 나는 미역 또는 물에 잇닿아 있고, 취는 우리나라 사람들이 즐기는 나물의 대명사다. 미역이나 물은 모두 부사 '미끌미끌'처럼 말의 뿌리가 하나다. 나물로 데친 미역취는 미끌미끌하고 물이 많은 편이다. 한편으로는 미역을 물에서 나는 여뀌[14], 즉 미여뀌라는 뜻으로 미와 여뀌의 합성어에서 파생한 것으로도 볼 수 있다. 이 또한 물과 관련한 유래다. 여기서 여뀌는 나물이고, 나물이 곧 여뀌다. 여뀌는 고추 이전에 가장 오래된 매운 양념으로 우리나라 사람의 주요 나물이었다는 사실이 이를

미역취 열매

뒷받침한다. (『한국 식물 생태 보감』 1권 「여뀌」 편 참조)한편 미역취의 미역은 '멱 감다'란 말의 멱과도 잇닿아 있어 보인다. 물에 멱(멱살의 멱)이 담길 정도로 몸을 담그고 씻거나 노는 일, 즉 멱은 미역의 준말이기 때문이다. 모두 물에 잇닿았다. 떡나물이나 돼지나물 같은 방언도 미역취처럼 우리나라 사람들이 즐겨 이용했다는 점에서 그 유래를 짐작해 볼 수 있다. 멱쇠채의 멱 또한 미역취의 미역과 동원어이고, 미역취보다는 더욱 억세고(쇠) 거친 취(채)였다. (「멱쇠채」 편 참조)

미역취와 산미역취는 사실상 유럽미역취(*S. virgaurea* L.)에 대한 지리적 대응종이다. 남한 지역에 미역취가 흔하다면, 보다 한랭한 북한 지역에는 산미역취가 흔하다. 따라서 지구온난화의 영향으로 미역취보다는 산미역취의 분포가 더욱 축소될 개연성이 높다.[15] 미역취는 개마고원 이남의 우리나라 전역과 일본에 분포하고, 서식처의 빛 환경에 따라 식물체 크기와 모양에 차이가 날 정도로 변이가 심하다. 우리나라와 일본에서는 알려진 바 없는 *S. decurrens*[16]는 만주와 새북지구(네이멍구)를 제외한 중국 전역과 서남아시아 및 동남아시아 북부 지역에 분포한다.[17] 미역취와 *S. decurrens*가 분포하지 않는 한반도의 개마고원 이북과 만주에는 두메미역취(*S. dahurica*)가 분포한다. 동아시아에서 이들 세 종류 미역취의 이러한 지리적 분할은 믿기지 않을 정도로 뚜렷하다.[18] 그런데도 이들 모두는 풀밭이나 아주 밝은 숲속에 분포 중심이 있는 것이 공통점이다. 동아시아 전역에서 이들 종류에 대한 더욱 세밀한 탐구가 필요한 대목이다.

적어도 우리나라에 분포하는 미역취는 서식처의 빛 환경과 비옥한 정도에 따라 형태와 크기를 달리하는 다양한 생태형을 보인다. 특히 반음지 숲속 토양이 비옥한 곳에 사는 개체의 잎과 키는 양지 풀밭의 척박한 땅에 사는 개체보다도 뚜렷하게 크다. 하지만 머리꽃의 우산모양 규모가 빈약해 많이 달라 보인다. 연중 가뭄 피해가 전혀 발생하지 않는 해양성 온대기후 지역인 울릉도와 일본의 홋카이도나 동해에 접한 해안 지역에서는 잎과 키가 크고, 머리꽃 수도 많은 아종 울릉미역취(*S. virgaurea* subsp. *gigantea*)가 분포한다.

최근에는 북미산 신귀화식물 미국미역취(*S. gigantea*)와 양미역취(*S. altissima*)가 드물지 않게 보인다.[19] 주로 부영양화된 습윤 토양

양미역취(*S. altissima*, 부산 을숙도)

에서 사는 터주(ruderal) 식물사회의 구성원이다. 땅속줄기로 왕성하게 번식하면서 대규모 군락을 만들기도 하는데, 이 경우 꽃가루병(花粉病)의 원인이 되기도 한다. 고유종인 미역취는 땅속줄기가 있지만, 주로 종자로 번식한다. 때문에 꽃차례가 발달하는 식물체 윗부분이 훼손되면 개체군 크기에 크게 영향을 받는다. 우리에게 나물이 되듯, 야생의 대형 초식동물에게 미역취의 지상부는 훌륭한 먹이가 된다. 큰 무리를 짓는 미역취 개체군이 보이질 않고, 늘 몇 포기 수준으로 보이는 까닭도 그런 번식양식과 무관하지 않다. 게다가 미역취는 비옥(부영양)한 땅에는 분포하지 않는다. 억새군강(Miscanthetea)이라는 이차초원식생을 특징짓는 표징종으로서 주로 약산성인 암석권의 약간 건조하고 척박한 초지에 산다. 유럽산 미역취가 알칼리성 석회암 지역에 흔하게 산다는 사실과 대비된다.[20] 유라시아 대륙에 널리 분포하는 미역취 종류(*Solidago virgaurea* complex)는 서식 범위가 폭넓은 잠재적 생태능력의 소유자이고, 사람의 간섭이 조금이라도 있는 환경에서 산다는 공통점이 있다.

---

1) Sun *et al.* (1996)
2) 장창석 등 (2012)
3) Beck *et al.* (2004)
4) 森 (1921)
5) 林泰治, 鄭台鉉 (1936)
6) 정태현 등 (1937)
7) 정태현 등 (1949)
8) 이우철 (2005)
9) 백문식 (2014)
10) 안덕균 (1998)
11) Chen & Semple (2011)
12) 森 (1921)
13) 林泰治, 鄭台鉉 (1936)
14) 백문식 (2014)
15) Nishizawa *et al.* (2001)
16) 장창석 등 (2012)
17) Chen & Semple (2011)
18) 高須 (1978)
19) 박수현 (2009)
20) Grime *et al.* (1988)

사진: 김종원, 최병기

수리취

Synurus deltoides (Aiton) Nakai

형태분류

줄기: 여러해살이며, 바로 서서 어른 무릎 높이로 자라고, 위에서 약간 갈라진다. 굵고 튼튼한 편이며, 탁한 적자색을 띠고, 세로로 줄이 나 있으며, 흰 털이 빼곡하다. 단단한 뿌리줄기가 발달한다. (비교: 큰수리취(*S. excelsus*)는 어른 키 이상으로 자란다.)

잎: 뿌리에서 난 잎은 꽃필 때에 보통 말라 버리지만, 남기도 한다. 표면에 꼬부라진 털이 있고, 뒷면에는 흰색 솜털이 빼곡하다. 넓은 타원형으로 끝이 뾰족하고, 가장자리에 불규칙하고 날카롭게 갈라진(缺刻狀) 톱니가 있다. 잎자루가 길고, 좁은 날개가 발달한다. 줄기에서 난 잎은 어긋나고, 위로 갈수록 좁은 창끝모양으로 작아진다. (비교: 큰수리취는 화살모양 같은 삼각형이다. 국화수리취(*S. palmatopinnatifidus*)는 깊게 패인 잎조각이 겹잎처럼 보인다.)

꽃: 9~10월에 줄기와 가지 끝에서 옆으로 또는 약간 아래로 향해 핀다. 대롱꽃(管狀花)으로만 된 적자색 머리꽃은 종모양이고, 꽃싸개에는 거미줄 같은 흰색 털이 빼곡하며, 그 조각은 흑갈색이며 12줄 이상으로 많고, 끝이 침처럼 뾰족하다.

꽃대가 생성되기 직전의 수리취(7월 초순)

열매: 여윈열매이며 갈색이고 장타원형이다. 이듬해 봄까지도 매달린다. 갓털은 갈색이며 씨보다 2배 이상 길고, 한겨울에 산포한다.
염색체수: 2n=26[1)]

생태분류

서식처: 초지, 밝은 숲속, 숲 가장자리, 벌채지, 산지 임도 언저리 등, 양지~반음지, 적습
수평분포: 전국 분포
수직분포: 산지대
식생지리: 냉온대, 만주, 중국(서북지구, 화북지구, 화중지구, 기타 윈난 성 동북부 등), 몽골, 연해주, 다후리아, 일본(혼슈 주부 지역 아이치 현 이서)
식생형: 초원식생, 선구관목식생(벌채지)
생태전략: [경쟁자]
종보존등급: [IV] 일반감시대상종

이름사전

속명: 시누루스(*Synurus* Iljin). 희랍어의 함께(*syn*)와 꼬리(*oura*)를 뜻하는 합성어다. 모양이 독특한 머리꽃에서 비롯했을 것이다. 수리취속(*Synurus* Iljin)은 동아시아에서만 알려진 분류군이다.
종소명: 델토이데스(*deltoides*). 삼각형을 뜻하는 라틴어다. 수리취의 삼각형 같은 종(鐘)모양 머리꽃에서 비롯했을 것이다.
한글명 기원: 수루취, 싊릐취,[2)] 수리취, 수리취,[3)] 조선수리취,[4)] 개취,[5)] 다후리아수리취[6)]
한글명 유래: 수리와 취의 합성어다. 수리는 머리꽃 꽃싸개의 날카로운 침모양 조각에서 맹금류(독수리)를 뜻하는 수리, 적자색 술(술이>수리)로 장식한 듯한 머리꽃이 활짝 핀 모양에서 수릿날(단오) 먹는 수리떡 등 유래에 관한 여러 가지 설이 있다. 그런데 수리취라는 한글명은 솜방망이를 지칭하는 '수루취', '싊릐취'[7)]에서 기원한다. 솜방망이의 본래 이름은 머리꽃 여러 개가 둥글게 모인 우산모양(散房狀) 수레바퀴처럼 보이는 것에 잇닿았다. (에코노트 참조)
한방명: -
중국명: 山牛蒡(Shān Niú Bàng). 산(山)에서 나는 우엉(牛蒡)이라는 뜻이다.
일본명: チョウセンヤマボクチ(Chousenyamabokuchi, 朝鮮山火口). 1921년 기재에는 Yamabokuchi(山火口)로 나온다.[8)] 부싯깃(火口)으로 이용된 것에서 유래한다. 수리취 종류의 긴 줄기 끝에 달린 바싹 마른 열매(꽃차례)를 그리 썼다는 것이다. 그런데 우리나라에서 수리취 잎을 말려서 부싯깃으로 이용했다는 설[9)]은 일본 습속을 그냥 옮겨다 적은 것으로 보인다. 우리나라에서는 솜방망이 종류의 잎을 불쏘시개나 부싯깃으로 이용했다.[10)] 수리취가 그리 쓰일 만큼 흔하지 않기 때문이다. (아래 에코노트 참조)
영어명: Triangular Synurus, Deltoid Synurus

에코노트

수리취는 산지대 풀밭이나 벌채지에서 종종 보인다.[11)] 늘 한두 포기로 보이고, 개체군이 크지 않아서 오히려 드물다고 하는 것이 맞다. 잠재적 서식처가 예전보다 크게 축소된 것도 원인이지만, 수리취 고유의 생태유전적

바싹 마른 작년 꽃대(5월 중순)

설령 산포되더라도 발아해서 정착하기까지는 길고도 험난한 과정이 있다. 삼림이 제거된 이후에 직사광선이 지면에 도달하는 개방된 빛 환경이 한동안 보장되어야 한다. 산지성 이차초원식생에서 또는 벌목한 지 한두 해 밖에 지나지 않은 벌채지에서 흔하게 보이는 것도 그 때문이다. 그렇다고 빈번한 인간 간섭의 영향 아래에 있는 불안정한 서식처에서는 살 수 없다. 마을이 발달하는 구릉지대 이하, 해발고도가 낮은 충적지대에서는 거의 보이질 않는다. 친근감을 느끼는 수리취라는 이름에도 전통 약재로 이용된 바가 없는데, 이런 사실도 분포양상과 무관하지 않을 것이다. 마을로부터 멀리 떨어진 전혀 오염되지 않은 한적한 산지대 풀밭이 그들의 고향이다.

수리취라는 이름은 그리 오래된 명칭이 아니다. 한글명 최초 표기는 1921년의 일로, 지금의 수리취를 '수리취'로, 큰수리취를 '수리취'로 각각 기재했고, 모두 산비장이속(*Serratula* L.)으로 취급했다.[13] 1932년 이후[14]부터는 이들을 *Synurus*속에 귀속시켰다. *Synurus*속으로서 수리취라는 한글명을 대응시킨 것은 1949년 2월의 기록[15]이 처음이다.

그런데 본래 수리취라는 이름은 오늘날의 금방망이속(*Senecio* L.) 식물을 지칭하는 우리나라 고유 이름이다. 19세기 초 『물명고』[16]에 나온다. 중국명 구설초(狗舌草)와 일본명 沢

한계도 있다. 수리취는 국화과의 충매화 가운데 방화(訪花) 곤충이 2종(우수리뒤영벌, 멍꽃등에)뿐이고 방화빈도도 가장 낮은 편[12]이라고 한다. 뿌리줄기가 발달하지만 주로 종자로 번식하고, 바람을 이용해 산포하지만 민들레 홀씨처럼 멀리 퍼지지는 못한다. 갓털 씨앗의 구조와 모양이 풍산포에 불리하고, 게다가 머리꽃의 단단한 꽃싸개에 붙들려 있기 때문이다. 종종 이듬해 5월까지도 여전히 갓털 씨앗을 움켜쥐고 있는 듯한 마른 꽃대를 볼 수 있다. (사진 참조)

개화(10월 첫 주)

小車(Sawaoguruma)에 대해서 '수루취', '쉬릐취'라고 또렷이 기재했다. 여기서 수루(쉬릐)는 수레를 지칭하는 일본명(車)과 잇닿고, 금방망이속 솜방망이 종류의 여러 개 함께 핀 머리꽃 모양에서 비롯한다. 실제로 줄기 끝에 모여난 우산모양(散房狀) 머리꽃이 둥근 바퀴(수레)처럼 생겼다. (「솜방망이」 편 참조) 사위질빵의 본래 이름이 수레나물(『한국 식물 생태 보감』 1권 「수레나물(사위질빵)」 편 참조)인 것과 같은 이야기다. 오늘날 분류학에서는 금방망이속(*Senecio* L.)을 솜방망이 종류(*Tephroseris* spp.)와 다른 속으로 분류하지만, 당시에는 한 가지로 취급했다. 이런 사실은 1932년의 『토명대조선만식물자휘』[17]에서 확인된다. 더욱 흥미로운 사실은 건조한 잎을 문질러서 불쏘시개나 부싯깃으로 이용했다는 풍습이 전한다. 솜방망이 종류의 뿌리에서 난 잎은 모양이나 질감이 그런 용도로 쓰기에 충분하다. 해발고도가 낮은 구릉지나 마을 근처의 풀밭에 흔하게 사는 것도 그런 사실을 뒷받침한다. 사람이 사는 곳으로부터 멀리 떨어진 해발고도가 높은 산지대 풀밭에서 그것도 종종 보이는 수리취의 "마른 잎을 부싯깃으로 이용한다"[18]는 이야기는 실제 상황과 거리가 멀다.

한편 수리취를 수릿날에 먹는 떡, 수리떡에서 비롯한다는 풍문도 인터넷에 나돈다. 수리는 단오(端午)를 뜻하는데, 단오 때에 수리취로 떡을 만들어 먹었다는 것이다.[19] 하지만 여기서 수리떡의 수리는 설령 수리취로 떡을 만들어 먹었다 할지라도, 식물분류학에서 말하는 수리취 한 종을 단정할 만한 근거가 없다. 부싯깃 이야기에서처럼 수리취 자체가 높은 산지대 풀밭에 살고 개체군이 작아서 희귀하기 때문이다. 산채나 떡으로 쓰이는 들풀은 희귀한 종류보다는 쉽게 구할 수 있는 것이어야 풍속에 틈입할 여지가 있다. 그런 풍속이 있는 지역(주로 강원도)에서 수릿날 떡 재료는 다양한 산채이고, 특히 취나물 종류를 총칭한 것으로 봐야 한다. 방방곡곡 떡 재료는 조금씩 다르고 다양하다. 벌거숭이 민둥산이 넓었던 시절, 강원도 산간 지역이라면 온갖 산채로 떡을 빚어 먹었을 것이다. 떡취라는 별명(엄병철 연구원 증언)도 그런 사실을 뒷받침한다.

최근 정선 지역에서는 수리취 종류를 재배한다. 수릿날 수리떡 떡살에 꽃잎 다섯 조각으로 수레 무늬를 넣는다. 수리는 본래 숫자 다섯을 의미하고, 뒤에 수레 무늬에 빗댄 것이라는 주장이 더욱 설득력 있다.[20] 이 밖에 이런 저런 또 다른 유래를 생각해 볼 수 있는데, 순수 우리말에서도 유추해 볼 수 있다. 수리취의 머리꽃 꽃싸개에 끝이 날카로운 침모양 흑갈색 조각이 가득 붙어 있는 모양에서 날카로운 수리(독수리, 참수리 등)의 이미지가 겹쳐지면서 붙은 이름일 수도 있다. 꽃이 핀 이후로 이듬해 5월까지도 바싹 마른 긴 꽃대 끝에 달려 있는 열매와 날카로운 꽃싼잎 조각은 무척 인상적이다. 또 다른 유래로 실 여러 가닥으로 장식한 것 같이 활짝 핀 적갈색 머리꽃에서 우리말 술(술이>수리)에 잇닿았을 것으로도 추정할 수 있다. 하지만 수리취라는 명칭은 본래 솜방망이 종류를 지칭하는 고유 명칭(수루취, 쉬릐취)이기 때문에, 그 유래는 '수레바퀴처럼 생긴 취나물'인 것이다.

---

1) Probatova (2006c)
2) 유희 (1801~1834)
3) 森 (1921)
4) 박만규 (1949)
5) 정태현 등 (1949)
6) 안학수, 이춘녕 (1963)
7) 유희 (1801~1834)
8) 森 (1921)
9) 이창복 (1979), 이우철 (1996)
10) 村川 (1932)
11) 김갑태, 엄태원 (1997)
12) 김갑태 등 (2012)
13) 森 (1921)
14) Nakai (1932)
15) 박만규 (1949)
16) 유희 (1801~1834)
17) 村川 (1932)
18) 이창복 (1979), 이우철 (1996)
19) 김병기 (2013)
20) 허영호 (2014)

사진: 류태복, 김종원, 최병기

쥐꼬리풀(분좌난)

Aletris spicata (Thunb.) Franch.

형태분류

줄기: 여러해살이로 뿌리에서 곧장 나온 꽃대가 바로 서서 어른 무릎 높이로 자란다. 기부에는 실 같은 마른 잎이 남는다. 굵고 짧은 뿌리줄기가 있다.

잎: 뿌리에서 난 잎은 모여나고, 너비 0.5㎝ 내외인 가늘고 긴 줄모양으로 잎줄 3개가 있으며 부드럽다. 털이 없으며 가장자리는 밋밋하고 깨끗한 편이다. 줄기에서 난 잎은 길이 2㎝ 정도로 가는 실같이 흔적처럼 붙었다. (비교: 여우꼬리풀(*A. glabra*)은 너비가 1.5㎝ 내외다.)

꽃: 6~7월에 흰 꽃이 긴 꽃대에 약간 어긋나면서 층층이 돌려나듯 나고, 이삭꽃차례는 처음보다 점점 길어지면서 느슨하게 달린다. 아래에서부터 위로 순차적으로 피고, 시들면 꽃잎을 오므리며, 약간 연한 붉은색을 띤다. 꽃은 항아리모양이며 길이 0.5㎝ 내외로 무척 작고 6장으로 나뉜다. 바깥쪽 꽃잎 3장은 담홍색을 띠고, 다른 3장은 흰색이다. 붉은 꽃밥을 이고 있는 수술 6개가 돋보인다. 꽃차례 전체에 털이 많으나, 특히 꽃대에는 꼬부라진 흰색 털이 아주 많다. 잎자루는 거의 없으나, 기부에 창끝모양 꽃싸개가 2개 있는데, 그중 1개가 무척 작다. (비교: 여우꼬리풀(*A. glabra*)은 대신에 샘(腺)이 있다.)

열매: 캡슐열매로 거꿀달걀모양이며 뚜렷한 모서리가 있고, 익으면 터진다. 방 3개로 이루어지고, 그 속에 담갈색 쌀알 모양인 아주 작은 씨(길이 0.5㎜ 이하)가 소복이 들어 있다.

염색체수: 2n=26, 52[1)]

생태분류

서식처: 초지, 산비탈 풀밭, 무덤 언저리, 숲 가장자리, 제방 풀밭 등, 양지, 적습

수평분포: 남부 지역(주로 전남 해안 도서)
수직분포: 구릉지대 이하
식생지리: 난온대~아열대, 중국(화남지구, 화중지구, 화북지구, 그 밖에 간쑤 성 등), 대만, 일본(혼슈의 간토 지역 이서, 시코쿠 지역, 규슈 지역 등), 말레이시아, 필리핀 등
식생형: 초원식생(잔디형)
생태전략: [터주자-경쟁자]~[경쟁자]
종보존등급: [II] 중대감시대상종

이름사전

속명: 알레트리스(*Aletris* L.). 여자 노예가 빻아 놓은 곡류 가루에 잇닿은 희랍어에서 비롯한다.[2]
종소명: 스피카타(*spicata*). 길게 뾰족한 이삭꽃차례에서 비롯한 라틴어다.
한글명 기원: 분좌난,[3] 쥐꼬리풀,[4]
한글명 유래: 쥐와 꼬리풀의 합성어로 가늘고 긴 꽃차례를 쥐꼬리에 빗댄 것이라 한다.[5] 쥐꼬리풀(1949년 11월)에 앞서서 '분좌난'이라는 한글명이 먼저 기록된 바(1949년 2월) 있고, 중국명(粉条儿菜)에 잇닿아 있다. 쥐꼬리풀에 대한 우리나라 첫 기재는 1921년 『조선식물명휘』에 나오는데, 모리(森)가 지어낸 일본명(Chousennogiran, 朝鮮芒蘭)으로 이루어졌다.[6] 일본에서는 쓰지 않는 이름이다.
한방명: -
중국명: 粉条儿菜(Fěn Tiáo Ér Cài). 속명의 의미에서 만들어진 명칭으로 보인다.
일본명: ソクシンラン(Sokusinran, 束心蘭). 뿌리에서 다발로 모여난(束生) 잎 한 가운데(心)에서 꽃대가 솟아나는 것에서 비롯한다.[7]
영어명: Spicate Colic-root, Spike Colic-root

에코노트

쥐꼬리풀속은 전 세계에 21종이 있는데, 서쪽으로 히말라야 네팔, 부탄에서부터 중국을 거쳐 동쪽으로 일본열도까지 분포하는 아시아 분류군이다. 이 가운데 15종이 중국에 분포하고, 그중 9종이 특산이라 한다.[8] 우리나라에는 쥐꼬리풀과 여우꼬리풀 2종이 있으며, 각각 다른 생물기후대에 산다. 쥐꼬리풀은 아열대에서부터 난온대 지역에 분포하고, 여우꼬리풀은 한랭한 냉온대 지역에 분포한다. 한편 끈적쥐꼬리풀(*A. foliata*)의 분포가 보고된 바 있으나, 분류학적 검토가 필요하다.[9]

우리나라에서 이들의 개체군은 매우 제한적이다. 특히 쥐꼬리풀은 한반도 최남단인 전남 해안 도서에서 드물게 보고되고 있다. 초원식생 요소로 적어도 꿀풀 종류가 살 만한 수분 환경이라면 최적이다. 봉분 위에는 살 수 없고, 봉분 아래 평탄지에서 잘 산다. 봉분에 쥐꼬리풀이 산다는 것은 입지가 무척 습윤하다는 증거다. 하지만 비옥한 곳이라기보다는 비교적 척박한 입지이다. 토지의 부영양화와 그에 따른 터주식물의 번성은 쥐꼬리풀의 서식을 위협한다. 종보전등급 [II]로 평가되는 중대감시대상종이다. 현지내보존이 필요하며, 그러려면 식생의 천이를 통제하는 생태학적 접근 전략을 써야 한다.

---

1) Liang & Turland (2000)
2) Quattrocchi (2000)
3) 박만규 (1949. 2)
4) 정태현 등 (1949. 11)
5) 이우철 (2005)
6) 森 (1921)
7) 牧野 (1961)
8) Liang & Turland (2000)
9) 환경부·국립생물자원관 (2012)

사진: 최병기

참산부추

Allium sacculiferum **Maxim.**

형태분류

뿌리: 여러해살이다. 결이 거칠고 얇은 가죽질 같은 알모양 비늘줄기가 발달하며, 그 끝에 아주 짧은 뿌리줄기가 있고, 거기에서 다시 파 뿌리처럼 생긴 흰 잔뿌리가 난다. (비교: 산부추(*A. thunbergii*)의 비늘줄기는 막질로 얇은 종이 같다.)

잎: 뿌리에서 가늘고 긴 잎이 3~7개 난다. 길이는 꽃줄기의 반 정도다. 단면은 삼각형에 가까운 원형으로 가장자리에 각이 지고, 대개 속이 비어 있다. 잎과 꽃줄기는 청록색을 띠고, 아랫부분에 긴 잎집이 있으나 지면 위에 뚜렷하게 드러난다. (비교: 세모부추(*A. deltoide-fitsulosum*)는 단면이 정삼각형에 가깝고, 속이 비어 있다. 산부추는 단면이 둔한 삼각형이거나 납작하고, 속은 거의 차 있다. 잎집이 주로 땅바닥 아래에 위치한다.)

꽃: 8~10월에 홍자색으로 피고, 어른 무릎 높이로 길게 솟은 꽃줄기 끝 작은꽃자루에 달린다. 적자색(종종 옅은 자색) 꽃이 빼곡하게 달린 산형(散形)으로 공모양이다. 꽃잎 조각은 6개로 넓은 타원형이고, 뒷면에 색이 짙은 중륵(中肋)이 있어서 반 정도 열려 핀다. 수술 6개와 암술머리가 꽃 바깥으로 드러난다. (비교: 부추(*A. tuberosum*)는 흰 꽃이 핀다.)

열매: 캡슐열매이며 씨는 검은색이고 둥글납작하다.

염색체수: 2n=16,[1] 32, 42[2]

생태분류

서식처: 초지, 밝은 숲속, 방목지, 츠렁모바위, 시렁모바위 등, 양지, 적습

수평분포: 전국 분포

수직분포: 산지대~구릉지대

식생지리: 냉온대(대륙성), 만주, 몽골, 중국(네이멍구), 연해주 등

식생형: 이차초원(억새형, 드물게 잔디형)

생태전략: [터주-스트레스인내-경쟁자]~[터주-경쟁자]

종보존등급: [IV] 일반감시대상종

이름사전

속명: 알리움(*Allium* L.). 마늘을 뜻하는 라틴어(*allium, alium*)에서 비롯한다.

종소명: 사큘리페룸(*sacculiferum*). 거칠고 작은 주머니모양인 자방(子房)에서 비롯한 라틴어다. 1856년 우수리 지역에서 채집된 표본으로 처음 명명되었다.[3]

한글명 기원: 참산부추[4]

한글명 유래: 참산부추는 참과 산과 부추의 합성어로 1949년 처음으로 기재되었다. 우리나라를 특징짓는 산부추[5] 라는 뜻인 일본명(朝鮮山辣韮)의 '참' 자(朝鮮)와 '산' 자(山辣韮)에서 비롯한 것으로 추정한다.[6] 그런데 산부추로 번역될 만한 山韭(산구)라는 한자 표기는 1800년대 초『물명고』[7]에 나오고, 우리말로 '졸'이라 했다. 한편 한글 '부추'라는 이름은 1489년『구급간이방』[8]의 '부치'에서 유래하고, 1417년『향약구급방』[9]에는 향명으로 한자를 차자한 厚采(후채)라는 표기가 나온다. 따라서 부추의 원래 이름은 부치(후채>부채)이다. 일제강점기 때『조선식물명휘』[10] 이후로 부채는 사라지고, 그 자리를 부추가 대체했다. 한편 부채(부추)의 유래나 어원은 분명치 않으나, 바람에 흔들리는 부드러운 모양에 잇닿은 풀과 바람의 동원어로 추정된다. (아래 에코노트 참조)

한방명: 산구(山韭) 또는 해(薤). 참산부추나 산부추를 약재로 이용한다.[11] 해(薤)는 산부추의 잔뿌리를 제거한 비늘줄기의 약재명이다.[12]

중국명: 朝鮮薤(Cháo Xiǎn Xiè). 한국산 부추라는 뜻이다.

일본명: - (Chousenyamarakkyou, 朝鮮山辣韮. 1921년 모리(森)가 기록하면서 지어낸 일본명이고, 우리나라를 대표하는 산부추라는 뜻이다. 일본에는 분포하지 않는다. 한편 산부추의 일본명(山辣韮)은 야산(山)에서 나는 매운(辣) 부추(韮)라는 뜻으로, 부추를 지칭하는 '락굣'의 한자 랄구(辣韮)를 음독(音讀)한 것이다.)

영어명: Korean Wild Leek, Korean Wild Onion

에코노트

우리나라에는 참산부추를 포함한 부추속(*Allium* L.)에 약 21종 있다. 형질 변이가 심하

고, 계속 분화 중이라고 한다.[13] 이는 부추 종류의 다양성이 국토 면적에 비해 유난히 크다는 것을 뜻한다. 게다가 이들의 서식처 또한 무척 다양하고 풍부한 것도 특기할 만하다. 한랭한 아고산대나 고산대로부터 온난한 난온대와 아열대에 이르기까지, 소금기 바람을 뒤집어쓰는 해안 갯바위 바위시렁(岩棚)이나 절벽으로부터 내륙 산지 습지 언저리까지 산다. 어두운 숲속에도 살고, 직사광선이 내리쬐는 초지나 돌출 츠렁모바위와 시렁모바위에서도 산다. 척박한 돌서렁 같은 곳에서부터 비옥한 퇴적지까지, 알칼리성에서 산성에 이르기까지도 산다. 온도, 수분, 영양분, 빛, 산도(酸度) 등 모든 서식처 조건에 대응해 독특한 생태형으로 진화한 놀라운 분류군이다.

참산부추는 산지대 양지바른 풀밭 식물사회가 분포중심지다. 전형적인 대륙성으로 중국명(朝鮮薤)처럼 우리나라 야생 부추를 대표할 만하다. 일본에서는 참산부추와 닮은 산부추가 혼슈 후쿠시마 현 이남의 해양성 난온대 기후 지역에 살지만, 여전히 대륙에 비해 다양성과 풍부성은 크게 빈약한 편이다. 일본에서는 맵고, 아리한 부추속 식물을 양념으로 먹는 문화가 애당초부터 없다. 최근에는 보양식으로 주목받지만, 구린내 나는 허접한 식품으로 여긴 역사가 오래다. 일본열도에서 부추 종류가 갖는 지리적 분포 양상이 그런 사실을 뒷받침한다. 또한 부추속의 일본명은 고유어보다는 한자명에 대한 일본식 음독(音讀)에서 유래하는 경우가 많다. 예외라면 달래가 있다. 달래를 '히루'라 하는데, 그 유래를 몹시 맵다는 뜻의 의태어 히리히리(알알하다는 뜻)에서 비롯한다[14]는 주장도 있다. 하지만 닌니꾸(忍辱, 마늘)의 고어이고, 우리말 필(pil, 아마도 풀)에서 비

롯한다.[15]

한편 부추(*A. tuberosum*)는 우리나라 중부 지역 산지대 츠렁모바위나 시렁모바위에 흔하고, 종종 퇴적암 하식애에서도 보인다. 특히 석회암과 돌로마이트와 같은 알칼리성 입지에 분포중심이 있다.[16] 울릉도의 '명이'는 부추속의 울릉산마늘(*A. ochotense*) 또는 산마늘(*A. microdictyon*)로 성인봉 일대 숲속에 흔하다. 산마늘 종류는 한반도에서도 '지역생물기후구-대관령형'[17]처럼 국지적으로 해양성 기후 환경을 보이는 산정(山頂) 운무대(雲霧帶)와 같이 주로 수분환경이 양호한 입지의 숲속에 산다.

부추속 식물을 이용한 우리나라 사람의 독특한 양념문화는 부추 종류의 풍부성과 다양성으로부터 자연 발생한 것이다. 대승불교의 오신채(五辛菜)[18]보다 훨씬 더 오래된 뿌리 깊은 전통 민족요리(ethno-recipe) 문화라는 것이다. 글자도 없고 기록물도 없었던 시대에 한반도에 들어와 살았던 첫 사람

(선사인)들은 이 야릇하고 자극적인 맛과 향기를 지닌 식물에 주목할 수밖에 없었을 것이다. 밟거나 만지거나 슬쩍 스치기만 해도 뇌리에 깊이 박히고 마는 맛과 향기다. 수천 종이 넘는 우리나라 식물 가운데 단군신화에 부추 종류 마늘이 등장하는 것도 우연일 수 없다.

기원전 중국 고전 『시경』에 豳(빈)나라[19]의 습속(風)으로 부추 종류가 등장한다. "염소를 바치고 부추로 제사 지낸다(獻羔祭韭)"는 시구(詩句)에 부추 구(韭) 자가 나온다.[20] 그 얼마 뒤에는 인류 최고의 사전이라는 『이아』의 「釋草第十三(석초제십삼)」 첫머리에 네 가지 부추 종류(山韭, 山葱, 山䪥, 山蒜)가 나온다.[21] 중국 한대(漢代)에 귀족 전횡들의 상엿소리(挽歌)로 죽음의 필연성을 탄식하며 부른 〈薤露(해로)〉에도 부추가 등장한다. "부추 잎의 이슬은 다음날 아침이면 다시 맺히지만, 사람은 한 번 죽으면 다시는 돌아오지 않는다"는 죽음의 필연성을 읊은 내용이다.[22] 유라시아 대륙의 동안(東岸)에서 생겨난 부추 문화의 존재를 짐작케 한다.

그런데 그 중심에 누가 있었을지 무척 궁금하다. 동아시아의 음력 24절기는 한반도를 중심으로 하는 우리가 주로 살아온 지역의 절후와 정확히 일치하기 때문이다. 수평적으로 한반도를 가운데 두고, 서쪽의 중국 동부로부터 동쪽의 일본열도까지 걸친다. 그 바깥으로 벗어난 지역에서 그런 절후는 점점 어긋나고 만다. 단언컨대 부추문화 또한 그러한 공간 영역에 정확히 중첩되고, 시공간적으로 그 한가운데에 우리가 있다. 부추 종류에 대한 명칭이 처음부터 지역에 따라 전혀 다르게 불렸다는 사실이 이를 뒷받침한다. 『이아』에 등장하는 네 가지 부추는 한자 표기와의 관련성을 전혀 찾아볼 수 없는 '부추', '파', '염교', '마늘(달래)'과 같은 순수 우리말이다. 소리가 전혀 다르다는 것은 소리의 뿌리가 다르다는 것이다. 우리나라 사람들이 부추 종류를 이용한 양념문화는 중국에서 분화한 동형진화의 유산이기보다는, 독립 기원(independent origin)인 평행진화의 유산일 개연성이 크다.

부추가 한국인의 가장 오래된 산채 중 하나로 지목되는 까닭은 한반도 석회암 바위틈에 흔하게 자생하기 때문이다. 석회암 지역의 동굴에 은거했던 구석기인들은 발치에서 만나는 향이 야릇한 부추를 일찍부터 인식할 수밖에 없었던 것이다. 오늘날 부추가 흔하게 재배되면서 중국 원산으로 알려졌지만,[23] 부추의 자생 서식처에 대한 실체를 전혀 모르고 범한 오류다.

다산(茶山)도 오해했었다는 사실이 그의 『아언각비』[24]에서 확인된다. "중국에서 채소 절임을 뜻하는 버무릴 제(韲) 자는 생강(薑)과 마늘(蒜)을 가늘게 썬 것(細切), 즉 우리의 양념(약렴, 藥廉)에 해당하는데, 우리나라(앞선 고전)에서는 제(韲) 자를 대신해서 해(䪥)로 쓰더니, 이것이 더욱 전화(轉化)해 다른 해(薤) 자로 잘못 인식했다"고 지적했다. 그래서 해분(韲粉→薤粉), 해염(韲鹽→薤鹽), 차해(吹韲→吹薤) 따위의 명칭이 생겨났다는 것이다. 하지만 우리나라 사람은 처음부터 여러 부추 종류(*Allium* spp.)를 양념으로 이용했을 수밖에 없는 분명한 이유가 있다. 한자 버무릴 제(齏) 자에 대응하는 양념 재료인 부추 종류가 우리나라 땅에서는 무궁무진하게 자생했기 때문이다. 다산의 지적처럼 글자를 잘못 이해하고 쓴 것이 아니라는 것이다. 다산이 같은 기록에서 "해(薤)는 구(韭)에 속(屬)하는 훈채(葷菜)"라고 했듯이, 우리나라 사람은 '특이한 맛과 냄새를 지닌 양념 채소(葷菜)', 즉 대승불교의 오신채(五辛菜)라는 의미가 생기기도 전에 이 땅에 자생하는 부추를 마음껏 이용해 왔다.

한편 『물명고』에 따르면 산부추[25]의 최초 한글 기록명은 '졸'이다. 잎 속이 비어 있는 것(葉中空)으로 졸(山韭)과 부치(韭)를 구별했다는 것도 전한다. 밭에서 키우는 것은 부추이고, 한적한 산(深山)에서 나는 것(山韭)은 '졸'로 인식했던 것이다. 참산부추를 포함한 야생 부추 종류를 통칭해 '졸'로 불렀던 것으로 보인다. 또한 그냥 韭(구) 자에 대해서는 '부치'로, 기원전 중국 고전 『이아』에 나오는 䪥(해) 자에 대해서는 '염교'라고 기록했다. 『물명고』와 비슷한 시기의 사료인 『물보』[26]에서는 키우는 채소로 한자 구(韭) 자에 대해 '졸'로 기록했다. 그런데 한글명 부추는 본래 '부치(부채)'이다. 부치는 1489년 『구급간이방』[27]에서 처음으로 등장하고, 1800년대 초의 『물명고』에 이르기까지 줄곧 그대로 전해졌다. 그런데 1921년 모리(森)에 의해 부추라는 한글 표기가 생겨난다. 부치는 부추가 아니라 부채여야 하는 까닭이다. 한글 창제 이전 기록에 한자를 차자한 향명으로 구(韭) 자에 대해 厚采(후채)로 해(薤) 자에 대해 海菜(해채) 또는 解菜(해채, 흰 뿌리를 지칭할 경우)로 기록했기 때문이다. 1417년 『향약구급방』[28]에 나온다. 이런 사실은 중국 한자 명칭 薤(또는 䪥, 해) 또는 韭(또는 韮, 구) 자가 알려지기 전에도 우리나라에 부추 종류에 대한 우리 고유말 이름이 있었다는 사실을 뒷받침한다. 백성을 위해 집필할 것을 명받아 만들어진 요리서, 15세기의 『산가요록』[29]에도 채소 기르기에 한자 薤(해)와 韮(구) 자가 나오는데, 부추와 염교를 일컬은 것이 틀림없다. 한글 창제 이후, 1527년 『훈몽자회』[30]에서는 '부칙 해(薤)', '염교 구(韮)'라 또렷이 기록했고, 또 다른 부추 종류로 '염교'라는 우리말 고유 명칭의 존재도 처음으로 기록했다. 『훈몽자회』는 이들을 「채소편」으로 분류해 모두 재배했다는 사실도 간접적으로 전한다. 그런데 17세기 『동의보감』[31]은 나물 채(菜) 자를 덧붙여서 韭菜(구채)를 부치로, 薤菜(해채)를 염교로 기록한다. 오늘날의 한자 사전에서 채택하는 '염교 해(薤)'라는 것은 그렇게 『동의보감』 이후로 '부칙 해(薤)' 자에서 뒤바뀐 것이다. 『동의보감』과 비슷한 시기에 세상에 나온 『향약집성방』[32]은 『훈몽자회』를 따랐다. 「채소부(菜蔬部)」에 해(薤) 자를 付菜(부칙)로, 韮(구) 자를 蘇勃(소발)로 기록했다. 부추의 또 다른 향명으로 '소발'이 존재했음을 알게 하는 대목이다.

오늘날 솔[33]이나 정구지[34]라는 방언도 전한다. 여기서 솔이라는 명칭은 "소나무의 솔이나 쇄모(刷毛)의 솔과 같은 의미에서 분화한 것이고, 소복하게 모여난 모양에서 비롯한다."[35]는 그럴 듯한 이야기가 있지만, 그렇지 않다. 솔, 졸, 소풀, 소불, 새우리 따위의 부산 방언에 대한 어원이 솔잎의 솔에서 왔다는 이야기도 마찬가지다.[36] 『향약집성방』에 나오는 蘇勃(소발)의 한자 향명 표기를 잘못 옮겨 적은 소래(蘇粆)가 전화한 것이 솔이기 때문이다.

한편 17세기 말 또는 18세기 초의 사료인 『산림경제』[37]에서는 『향약집성방』보다는 『동의보감』의 분류를 따르면서 더욱 상세한 내용을 전한다. "염교(薤)와 부치(韭)는 둘 다 밭에서 키우는 채소이고(治圃), 염교는 부추와 비슷하게 생겼지만, 잎이 넓으며 더욱 희고, 열매는 없다. 매운 맛이 나지만 냄새가 나지 않기에 무위자연(無爲自然)의 도가(道家)에서 늘 식용한다."고 했다. 여기서 염교는 중국산 부추 종류(*A. bakeri* 또는 *A. chinense*)를 지칭하는 것으로 보인다. 19세기 초 『물명고』에서도 이와 비슷한 사실을 전한다. 그러니 1921년 모리(森)의 부추나 부쵸, 보취 따위의 기재는 느닷없는 일이 되고 만다.[38] 부치(부채)는 그렇게

산부추(경남 신불산)

세모부추(충북 단양)

부추

잊혔고, 이제는 바뀐 이름 부추만 남았다.

그런데 부채(부추)의 유래나 어원은 여전히 알 길이 없다. 상치의 고어가 ‘부루’이고 어근이 풀의 고어인 블>불이라는 사실에서 풀이나 바람에 잇닿은 불(火)[39]과의 동원어일 것으로 추정한다. 부추의 어린잎 다발을 채취하면서 느낄 수 있는 잎의 부드러운 질감과 바람에 흔들리는 어린 보리 싹, 풀과 불과 보리와 바람 따위의 우리말에서 부채(부추)는 결코 독립적일 수 없기 때문이다. 여러 해살이 부추는 “게으른 사람의 채소(懶人菜, 라인채)”[40]라 했다. 해마다 이른 봄 땅바닥에서 소복이 다발로 다시 솟아나는 부추의 생태가 그대로 드러난다. 한반도 첫 사람들의 첫 번째 나물, 바람에 흔들리는 보드라운 어린잎이 그런 이름의 연원이 될 수 있다는 상상이다.

---

1) Lee (1976)
2) 최혁재, 오병운 (2003)
3) Maximowiczi (1859)
4) 정태현 등 (1949)
5) 森 (1921)
6) 이우철 (2005)
7) 유희 (1801~1834)
8) 윤호 등 (1489)
9) 최자하 (1417)
10) 森 (1921)
11) 안덕균 (1998)
12) 신전휘, 신용욱 (2006)
13) 최혁재 등 (2007)
14) 牧野 (1961)
15) 深津 (2001)
16) 류태복, 김종원 (2015, 미발표)
17) 김종원 (2006)
18) 신속 (1655). 오신(파, 마늘, 부추, 염교, 생강)을 먹으면 전염병을 예방한다. (食五辛‘蔥蒜韭薤薑’辟瘟)
19) 현재의 陝西省(섬서성) 서북 지역으로 周(주나라)의 발상지
20) 『시경(詩經)』(유교문화연구소 옮김, 2010)
21) 작자 미상. 기원전. (제자백가의 나침반 이아주소(爾雅註疏), 최형주, 이준영 편저, 2001). 『이아(爾雅)』는 한자 표준어를 정리하고자 시도한 중국 최초 사전으로 「釋草第十三」 편의 첫 줄에 “육(藿)은 산부추, 격(茖)은 산파, 경(葝)은 산염교, 력(蒚)은 산마늘(藿山韭 茖山葱 葝山䪥 蒚山蒜)이다”라는 네 가지 부추 종류가 나온다.
22) 貝塚 등 (2004), 유혜영 (2008); 《薤露》 薤上露, 何易晞, 露晞明朝更復落, 人死一去何時歸.
23) 김정옥, 신말식 (2008)
24) 정약용 1819 (정해렴 역주, 2005)
25) 森 (1921)
26) 이철환, 이재위 (1802)
27) 윤호 등 (1489)
28) 최자하 (1417)
29) 전순의 (15세기)
30) 최세진 (1527)
31) 허준 (1613)
32) 유효통 등 (1633)
33) 박만규 (1949)
34) 정태현 등 (1937)
35) 허영호 (2014)
36) 이근열 (2013)
37) 홍만선(작자 미상?) (1643~1715)
38) 森 (1921)
39) 서정범 (2000)
40) 신석 (1655)

사진: 김종원, 류태복

백운산원추리(넘나물, 원추리)

Hemerocallis hakuunensis **Nakai**

형태분류

뿌리: 여러해살이로 땅속줄기가 없다. (비교: 중국산 왕원추리 종류(*H. fulva* group)는 땅속줄기가 발달한다.)

잎: 길이는 어른 무릎 높이에 달하고, 폭은 2㎝ 이하다.

꽃: 7~8월에 밝은 노란색 꽃 3개 이상이 송이꽃차례를 만든다. 굵은 꽃대는 잎 길이만큼 길고, 윗부분에서 여러 개로 깊게(5㎝ 이상) 갈라지며 약간 처진다. 향기가 없고 낮에 핀다. 꽃 아랫부분 통부가 3㎝ 정도로 긴 편이다. 꽃싼잎은 갈라진 작은 꽃대 아래에 하나씩 달린다. (비교: 각시원추리(*H. dumortieri*)와 큰원추리(*H. middendorffii*)는 꽃싼잎이 긴 꽃대 위에 다닥다닥 둥글게 모여난다. 노랑원추리(*H. thunbergii*)는 꽃향기가 있다. 중국산 왕원추리 종류는 꽃이 하늘을 향해 피고 붉은빛이 돈다.)

열매: 캡슐열매로 타원형이며 능선이 3개 있다. 씨는 검고 반들거린다.

염색체수: 2n=22[1]

생태분류

서식처: 초지, 산등성 풀밭, 숲 가장자리, 계류 언저리, 하식애 등, 양지, 적습~약습

수평분포: 전국 분포(주로 중부 이남)

수직분포: 산지대 이하

식생지리: 난온대~냉온대 중부·산지대(특산)

식생형: 초원식생, 계류변 시렁모바위식생

생태전략: [터주-스트레스인내-경쟁자]~[스트레스인내자]

종보존등급: [IV] 일반감시대상종

이름사전

속명: 헤메로칼리스(*Hemerocallis* L.). 단 한 번인 낮(*hemera*)의 아름다움(*kallos*)이라는 뜻의 희랍어에서 비롯한다. 원추리 종류의 일일화(一日花) 특성에서 유래한다.

종소명: 하꾸넨시스(*hakuunensis*). 전남 백운산(白雲山)에 대한 일본식 발음의 라틴명이다. 1934년 8월 22일 백운산 해발도고 500~800m 사이에서 채집한 표본을 이용해 1943년에 나카이(中井)가 처음으로 기재하면서 생긴 일이다.[2]

한글명 기원: 백운산원추리,[3] 넘ᄂᆞ물,[4] 넙ᄂᆞᄆᆞᆯ, 원추리,[5] 원츄리, 넙너믈,[6] 원쵸리[7] 등

한글명 유래: 1943년에 기재된 종소명(*hakuunensis*)에서 한글명 '백운산원추리'가 1963년에 기재된다. 백운산의 원추리라는 뜻이다. 한편 한글 원추리라는 기재는 1613년『동의보감』에 처음으로 나온다.[8] 당시에는 원추리 종류를 모두 '원추리'라고 불렀을 것이다. 그로부터 400여 년이 지난 2012년에 우리나라에는 원추리 종류가 10가지 있고, 그 가운데 백운

울산 대곡천

산원추리가 대표적이며, 이름 또한 그렇게 불러야 한다는 사실이 밝혀졌다.[9] 그런데 『동의보감』보다 100여 년이나 이른 시기인 1527년 『훈몽자회』[10]에 순수 우리말 넘ㄴ물이 나온다. 원추리는 한자 훤초(萱草)에 잇닿아 생겨난 이름으로 추정되고, 넘나물은 타자(他者)를 뜻하는 '남'과 나물의 합성어에서 비롯한다. (아래 에코노트 참조)

한방명: 훤초근(萱草根). 원추리 종류의 뿌리를 약재로 쓴다.[11]
중국명: -
일본명: -
영어명: Korean Day-lily, Baekun-san Day-lily

에코노트

우리나라 민족식물학(ethnobotany) 중심에 원추리가 있다. 식물원, 생태원, 수목원, 공원 등, 공공 정원에서 늘 한자리를 차지한다. 그런데 대부분은 중국산 왕원추리 종류다. 중국 현지에서는 열매(2n=33)를 맺지만,[12] 우리나라에 전래된 개체는 꽃은 피나 열매가 생기지 않는 불임성(3n)이고,[13] 땅속줄기로만 번식한다. 메마른 서식환경이 아니라면 한두 해만에 쉽게 큰 무리를 만든다. 왕원추리 종류의 야생 개체군이 전국 각지에서, 그것도 물길을 따라 드물지 않게 보인다. 뿌리줄기 한 덩어리가 떠내려 와 자리 잡은 것에서 비롯한다. 하식애(河蝕崖)의 높은 틈바구니에 사는 무리도 가끔 보인다. 큰물 졌을 때에 틈입한 것이다. 이제는 어엿한 반고유종(semi-native species)으로 우리나라 자연생태계의 구성원이 되었다. 그런데 왕원추리는 내몽골과 만주 지역을 제외한 중국 대륙에 널리 분포하는데,[14] 언제 어떻게 한반도

계류변에 자생하는 왕원추리(정선)

에 전래되었는지는 알 수 없다. 볼품 있는 큼지막한 꽃송이에다가, 중국 고전에 등장하는 화훼식물이기 때문에 일찌감치 전래된 것만은 분명해 보인다.

우리나라에서도 자생하는 고유종을 포함해서 원추리 종류가 다양하고 풍부하다. 특산종 3종을 포함해 총 8종이 분포한다.[15] 그 넓은 중국 대륙에 겨우 11종(특산종 4종 포함)이 기재[16]된 것을 감안하면, 국토면적에 비해 종다양성이 풍부하다는 의미다. 일본은 도입종을 제외하면 6종이 알려졌을 뿐이다.[17]

원추리 종류는 풀밭 식물사회의 구성원으로 직사광선이 내리쬐고 메마르지 않는 입지에 산다. 산간 계류 언저리나 숲 가장자리에서도 심심찮게 보인다. 지중식물(geophyten)의 생활형으로 한번 뿌리를 내리면 서식처의 미세 환경조건에 따라 모양 변화가 심한 편이어서 형태적으로 종류를 구분하기 어려운 경우도 많다. 아주 미미한 돌연변이 현상의 축적, 즉 그런 진화마저도 불연속적인 것으로, 꽃피는 시간에도 개체군 간에 차이가 있다.[18] 이런 저런 이유로 우리나라에서는 원추리 종류의 계통분류가 오랫동안 불명확한 상태였는데 최근에 그 윤곽이 드러났다.[19] 중국산 왕원추리 종류를 제외하면 총 8종(애기원추리, 노랑원추리, 골잎원추리, 큰원추리, 각시원추리, 백운산원

왕원추리는 하루에 한 송이씩 반드시 순서대로 피고 진다.

추리, 홍도원추리, 태안원추리)이 자생한다는 것이다. 이 가운데 백운산원추리라 불리는 종이 가장 널리 분포하고 자주 보인다. 백운산원추리는 사실상 무리를 대표하니, 이름에서 백운산을 떼어 내고 그냥 '원추리'라 해도 괜찮을 듯하다. 홍도를 중심으로 남해안 도서에서 사는 홍도원추리나 태안반도에 모여 사는 태안원추리처럼, 백운산원추리가 백운산에만 국한해서 분포하는 것이 아니기 때문이다. 태안원추리, 홍도원추리, 백운산원추리 3종은 우리나라 특산종이다.

원추리 종류는 환경조건에 따라 약간의 변이는 보이지만, 일반적으로 하루만 꽃이 피며, 꽃피는 시간과 향기 유무에 따라 크게 두 그룹으로 나눈다. 오후 늦게 피기 시작하는 야간형과 오전에 펴서 해지기 전에 시드는 주간형이다. 그런데 시각적으로 잘 보이지 않는 밤에 피는 야간형은 꽃향기를 약간 내뿜는다. 밤 곤충 초대장에 방향(芳香)을 더한 셈이다. 노랑원추리, 골잎원추리, 애기원추리가 야간형이다. 이 가운데 노랑원추리만 남한에서 볼 수 있으며,[20] 호남 지역에 주로 분포한다. 다른 2종은 북부 지역에 주로 분포한다. 낮 꽃은 백운산원추리(이하 원추리), 큰원추리, 각시원추리이며, 향기는 거의 없다. 이 중 원추리는 중국산 왕원추리 종류처럼 긴 꽃자루 윗부분에서 다시 작은꽃자루가 갈라져서 그 끝에 꽃이 하나씩 달린다. 꽃송이마다 아래에 꽃싼잎이 하나씩 붙어 있는 것이 특징이다. 큰원추리와 각시원추리는 꽃자루가 거의 갈라지지 않고, 꽃대 끝부분에 꽃싼잎이 모여나는 것으로 구분되며, 주로 중북부 지역이나 고해발 산지대에 산다.

19세기초 『물명고』에는 원추리 종류 여섯 가지의 한자 명칭(萱草, 黃花菜, 紅花菜, 石榴紅, 金萱, 麝香萱)이 등장한다.[21] 꽃의 색과 크기, 향기에 따라 구분했던 것으로 보인다. 훤초(萱草)만은 '원쵸리'라는 한글 표기로 나온다. 이는 우리나라에 자생 원추리 종류를 총칭한다는 사실로 읽을 수 있는 대목이다. 황화채(黃花菜)는 지금도 사용하는 한자명으로 꽃 색에서 유래하고, 중국산 왕원추리 종류를 가리킨다. 홍화채(紅花菜)나 석류홍(石榴紅)도 마찬가지다. 금훤(金萱)은 원추리 종류 가운데 가장 이른 5월에 노란색 꽃이 피고, 꽃이 작지만 향기가 있다는 것에서 지금의 애기원추리에 대응될 만하다. 사향을 지닌 사향훤(麝香萱)은 금훤처럼 향으로부터 야간형 원추리 종류라는 것을 알게 한다. 사향훤은 중국 남부와 일본 남부에도 분포하는 오늘날의 노랑원추리에 대응될 것으로 추정한다.

그런데 이른 시기의 우리나라 사료에는 원추리가 등장하지 않는다. 전통적으로 쓰는, 이를테면 구급(救急) 약방(藥方)을 수록한 『향약구급방』(1417년)에도 원추리가 나오질 않는다. 원추리가 우리에게는 애당초 약이 아니었다는 방증일 것이다. 그러다가 1527년 최초 한글한자 사전 『훈몽자회』에서 한자 萱(훤) 자에 넘ᄂᆞ물이 등장하고, 뒤이어 한자 忘憂草(망우초)란 표기가 나온다. 우리의 넘나물이 중국에서 말하는 훤초, 즉 망우초에 해당한다는 뜻이다. 그것도 밭에서 키우는 「채소(菜蔬)편」이나 꽃을 보는 「화품(花品)편」이 아니라, 쑥처럼 「풀(草)편」의 야생에서 얻는 나물(山菜) 목록에 등재되어 있다. 우리나라 사람들에게 원추리 종류는 약초라기보다 야생 산채 재료였다는 것이다.

원추리 종류는 1613년 『동의보감』에서 비로소 약으로, 그것도 아주 짧은 문단으로 나온다. 중국에서 하품 약재로 취급했듯 「초(草)부」에 하품(下品)으로 기재했다. 반면에 처음으로 '원추리'라는 한글명도 전하고, 뒤이어 『훈몽자회』의 넘나물이라는 표기를 '넘ᄂᆞ믈'로 표기하면서 풍부한 나물 정보를 전한다. "사람들이 집(家)에서 키우고(種), 나물(菜)로 어린 것을 삶거나 데쳐서 먹었다. 꽃받침(跗)과 함께 꽃(花)을 채취해서 지(菹, 김치)를 담가 먹었고(作菹), 가슴이 답답한 흉격(胸膈)에 도움(利)이 되어 아주(甚) 좋다(佳)"는 사실을 전한다. 또한 "녹총(鹿葱)이라고도 하며, 꽃 이름은 의남(宜男)이라 하는데, 잉부(孕婦)가 꽃다발을 차고(佩) 다니면 아들을 낳는다"는 흥미로운 이야기도 전한다. 양생론(養生論)에 따르면 훤초(萱草)를 망

큰원추리(백두산)

각시원추리(단양)

골잎원추리(대구수목원)

백운산원추리(대구수목원)

우(忘憂)라고 한 것도 그런 것에서 비롯한다. 『동의보감』보다 조금 늦은 시기에 나온 『향약집성방』(1633)에서도 仍叱菜(잉질채)라는 향명 표기만 나오는데, '잉부의 나물'이라는 뜻에서 차자(借字)한 것이다.

그런데 19세기 초 『물명고』[22]는 훤초(萱草)는 곧 훤초(諼草)라고 했다. 중국 『시경』의 위(衛)나라(?~기원전 209년) 풍속 「위풍(衛風)」을 읊은 〈백혜(伯兮)〉라는 시에 나오는 훤초(諼草)를 인용한 것이다. '아, 님아!' 정도로 번역되는 시 〈백혜(伯兮)〉는 춘추전국시대 전쟁터에서 남편이 돌아오기를 간절히 바라는 부인의 마음을 읊은 노래다. 근심을 덜기 위해, 잠시라도 근심에서 벗어나기 위해 꽃식물(花草)을 심어 본다는 이야기다. 여기서 우리는 그런 의미를 함의하는 꽃식물을 한자 '속일 훤(諼)' 자를 빌어서 훤초(諼草)라는 단어가 생겨났음을 보게 된다. 그러니까 훤초(諼草)는 지금 우리가 말하는 '원추리' 자체를 지칭하는 것이 아니라, 근심을 잠시라도 잊기 위해, 즉 자신의 마음을 속이기(위로하기) 위해 선택한 어떤 화초를 말하는 것이다. 원추리를 포함해서 어떤 꽃식물이라도 그 재료가 될 수 있다. 이 시에 대한 후대의 해석에서 줄곧 나타나는 망우초(忘憂草)라는 명칭이 그런 사실을 공고히 뒷받침한다. 걱정거리를 잊는다는 이 망우초가 어느 시대를 통과하면서 급기야 원추리로 굳어져 버린 것이다. 이런 논거는 『시경』의 훤초(諼草)에서 유래하는 원추리 종류라 믿는 기정사실을 의심하지 않는 것에서 비롯할 것이다. 수많은 꽃식물 가운데 원추리 종류가 반드시 훤초(諼草)라는 근거는 어디에서도 찾아볼 수 없다. 중국의 훤초(諼草)는 망우초(忘憂草)이고 훤초(萱草)이지만, 우리에게는 기원과 유래가 다른 '넘나물'이 있다. 일본이 자랑하는 고전 『본초화명』에는 훤초(諼草) 또는 훤초(萱草)라는 명칭이 나오질 않는다. 원추리 종류의 일본명 또한 처음부터 한자를 음독(音讀)한 이름이지 고유 이름은 없다.

우리는 한자명 훤초(萱草)에서 유래하는 '원추리'라는 이름이 한글로 기록되기 이전부터 넘나물로 불렀다. 『동의보감』이 세상에 나오기 전부터 우리나라 사람은 이미 집집마다 마당 한편에 넘나물을 키웠다. 왜 키웠을까? 해답은 넘나물의 '넘' 자 속에 들어 있다. "우리가 넘(남)이가!"라고 할 때 그 '넘'이다. 두 가지 넘의 유래가 유력하다. 하나는 원추리 종류 잎에서 비롯할 것이다. 우리나라 땅에서 살던 선사인들에게 원추리 종류는 산채로 이용될 수밖에 없었기 때문이다. 원추리 종류는 다른 종류의 외떡잎식물보다 잎이 크지만 두드러지게 부드럽기 때문에 나물로 제격이다. '넓다'의 형용 어간 '넙'[23]을 품은 '넙나물'이라는 훗날 기록[24]도 그런 추정을 뒷받침한다. 하지만 『동의보감』보다 무려 100여 년 전 공인된 국가사전 『훈몽자회』에서 분명하게 '넘나물'로 적시해 두었기 때문에 넙나물은 또 다른 의미가 있는 '말의 외연 확대'로 보인다. 그래서 또 다른 유래로 타자(他者)를 뜻하는 '남'과 동원어라는 것에 주목하는 것이다. 넘은 잉부(孕婦), 즉 아이를 가진 여성을 뜻한다.[25] 출가외인 남(넘)은 곧 한 집안의 안주인이고, 아내를 부르는 '임자'의 '임(님)'도 곧 남(넘)인 것이다. 남자를 일컫는 놈도 남(넘)의 동원어다.[26] 원추리는 임자에게 좋은 나물이고, 곧 어머니의 나물인 것이다.

적어도 청동기시대 이후부터는 '남자의 시대'로 아들이 세상의 중심이 된다. 잉부가 아들을 바라는 것은 당연한 일, 넘나물의 '넘' 자 수수께끼는 웅녀가 사내아이를 간절히 배태(胚胎)해야만 했던 단군신화에서도 실마리를 찾을 수 있다. 아들을 낳는 것으로 웅녀는 위대하고, 존경받아 마땅한 존재가 된다. 이른 청동기 농경 시대 이래로 남자 중심의 조선 유교 사회가 끝날 때까지 수천 년 동안 '아들의 어머니'이어야 하는 여자의 굴레는 숙명적인 것이었다. 시집 간 새색시는 아들 하나쯤 낳아야 큰 근심거리(憂)를 던다(忘). 여기에 중국의 훤초(諼草), 망우초(忘憂草), 훤초(萱草) 이야기가 마구 뒤섞여 이 넘나물에 덧칠된 것이다.[27]

하지만 원추리가 우리에게 넘나물이어야 하는 까닭은 분명하다. 우리나라 사람만이 알아차렸던 그 꽃이 들려주는 은밀한 통신에서 까닭을 찾을 수 있다. 원추리는 꽃피는 방식이 예사롭지 않다. 긴 꽃대 끝에서 아래로부터 위로 한 치의 어긋남도 없이 하루에 한 송이씩 순서대로 꽃이 핀다. 한 송이가 피고 지면, 바로 다음 송이가 핀다. 마침내 꽃대 위쪽 제일 끝에서 한 송이가 피고 마감한다. 원추리는 모든 꽃송이에게 절대 공평을 베푼다. 열손가락 깨물면 아프지 않은 손가락이 없는, 이를테면 '어머니의 마음'이다. 남의 어머니를 높여 이르는 말이 자당(慈堂)인데, 유독 아들 많이 둔 자당을 훤당(萱堂)이라고도 부른다. 원추리꽃의 별명이 의남(宜男) 또는 선남(宣男)[28]으로 사내 남(男) 자에 견주고 있는 것과 통하는 이야기다. 이렇게 원추리는 남과 남이 만나 아들을 낳고, 마침내 가계 혈통을 지탱하게 하는, 모든 집 마당에 키워야 하는 나물의 우듬지였던 것이다. 녹용(鹿茸) 같은 부추 종류(葱)라는 뜻으로 녹총(鹿葱)이라는 원추리의 별명도 안(女)으로의 남과 밖(男)으로의 남의 결합에 힘을 보태는, 마치 기능성보조식품과 같은 넘나물

홍도원추리(홍도)

노랑원추리(제주)

의 외연 확장을 보는 것이다.

우리나라 사람의 정서가 듬뿍 들어 있는 넘나물이라는 명칭은 사라져 가고, 그 자리에 한자 기원의 원추리만 남았다. 1613년『동의보감』에서 '원추리'라는 명칭이 처음으로 등장한 이래로 420여 년 만인 1936년 조선총독부임업시험장의『조선산야생약용식물』[29]이 정확하게 '원추리'라는 표기를 다시 기재했다. 그래서일까, 우리나라 국가표준식물목록위원회는 원추리를 정식 추천명으로 삼고, 모든 식물도감도 그것을 따르고 있다. 하지만 1527년의 '넘나물', 이 뿌리 깊은 고유 이름 하나는 살렸으면 한다.

1) Lee (1976), Jin (1986)
2) Nakai (1943)
3) 안학수, 이춘녕 (1963)
4) 최세진 (1527)
5) 허준 (1613)
6) 홍만선(작자미상?) (1643~1715)
7) 유희 (1801~1834)
8) 허준 (1613)
9) 황용, 김무열 (2012)
10) 최세진 (1527)
11) 안덕균 (1998), 신전휘, 신용욱 (2006)
12) Jin (1986), Chen & Noguchi (2000)
13) 황용, 김무열 (2012)
14) Chen & Noguchi (2000)
15) 황용, 김무열 (2012)
16) Chen & Noguchi (2000)
17) 大井 (1978)
18) Hasegawa *et al.* (2006)
19) 정명기 등 (1994), 황용, 김무열 (2012)
20) 정명기 등 (1994)
21) 유희 (1801~1834)
22) 유희 (1801~1834)
23) 조항범 (2014)
24) 허준 (1613), 홍만선(작자미상?) (1643~1715(?))
25) 허준 (1613)
26) 서정범 (2000)
27) 이유미 (2010)
28) 17세기초『동의보감』에서는 마땅할 의(宜) 자의 의남(宜男)으로, 19세기초『물명고』에서는 베풀 선(宣) 자의 선남(宣男)으로 다르게 표기한다. 여자가 원추리 꽃을 몸에 지니면 아들을 낳는다는 뜻의 민속에서 두 글자 모두 의미가 유효하다.
29) 林泰治, 鄭台鉉 (1936)

사진: 김종원, 이경연, 이정아

황용과 김무열(2012) 분류체계에 따른 주요 원추리 종류의 간이 분류법

<table>
<tr><th>한글명
(최초기재)</th><th>애기원추리
(정 등, 1937)</th><th>노랑원추리
(이, 1976)</th><th>골잎원추리
(정 등, 1937)</th><th>큰원추리
(정 등, 1937)</th><th>각시원추리
(정 등, 1937)</th><th>원추리
(백운산원추리)
(안과 이, 1963)</th></tr>
<tr><td>학명</td><td>H. minor</td><td>H. thunbergii</td><td>H. coreana
(lilioasphodelus)</td><td>H. middendorffii</td><td>H. dumortieri</td><td>H. hakuunensis</td></tr>
<tr><td>개화</td><td colspan="3">오후 늦게 피기 시작하는 야간형으로 향기가 있음</td><td colspan="3">오전에 피기 시작하는 주간형으로 향기가 거의 없음</td></tr>
<tr><td>꽃자루</td><td>얕게 갈라짐</td><td colspan="2">깊게 갈라짐</td><td colspan="2">갈라지지 않음</td><td>깊게 갈라짐</td></tr>
<tr><td rowspan="2">꽃싼잎</td><td rowspan="2" colspan="3">하나씩 따로 남</td><td colspan="2">모여남</td><td rowspan="2">하나씩 따로 남</td></tr>
<tr><td>혁질</td><td>막질</td></tr>
<tr><td>분포
(국외)</td><td>북부 지역
(만주 등)</td><td>서남부 해안가
(일본 등)</td><td>북부 지역
(만주 등)</td><td>중북부 지역
(만주, 일본 등)</td><td>북부 지역
(만주, 일본 등)</td><td>중남부 지역
(특산)</td></tr>
</table>

• 기타 지역 종
홍도원추리(*H. hongdoensis* Chung & Kang 1994)는 전남 홍도, 흑산도 가거도 등에 분포하는 특산종
태안원추리(*H. taeanensis* Kang & Chung 1997)는 태안반도 등에 분포하는 특산종
• 재배종
왕원추리(*H. fulva* (L.) L.)와 겹왕원추리(*H. fulva f. kwanso* (Regel) Kitamura)는 중국산 도입종으로 불임성(3배체)이고 땅속줄기로 번식. 두 도입종에 대한 한글명은 각각 정태현(1957) 및 황용과 김무열(2012)이 처음으로 사용

애기중나리(땅나리)

Lilium callosum Siebold & Zucc.

형태분류

줄기: 여러해살이며, 어른 무릎 높이로 자라고 단면은 둥글다. 비늘줄기(鱗莖)는 원형이며 작은 편이고, 둥글납작한 비늘조각이 많이 붙었다.

잎: 어긋나고 가는 줄모양으로 어렴풋이 3맥이 있으며 잎자루는 따로 없다. 위로 갈수록 짧아지면서 줄기와 나란히 서는 편이다. (비교: 중나리(*L. leichtlinii* var. *maximowiczii*)는 넓은 줄모양이다.)

꽃: 7~8월에 짧은 잎자루가 휘면서 밑으로 향하며 짙은 황적색 꽃이 핀다. 줄기 윗부분에서 순서대로 아래에서 위로 핀다. 꽃잎은 6장이며 반점이 약간 있고, 뒤로 심하게 말린다. 암술은 수술보다 많이 짧고, 둘 다 꽃 밖으로 길게 드러난다. 꽃싸개는 줄모양이지만 도톰한 편이고, 끝이 둥글게 뭉텅하며 딱딱하다. (비교: 중나리는 더욱 노란색이 많은 황적색에, 짙은 반점이 꽃잎 전체에 퍼져 있다.)

열매: 캡슐열매로 장타원형이며, 세 갈래로 갈라진다.

염색체수: 2n=24[1)]

생태분류

서식처: 초지, 산비탈 풀밭, 해안 풀밭, 경작지 언저리, 절벽 등, 양지, 적습~약건

수평분포: 전국 분포(중부 이남, 주로 남부 지역)

수직분포: 산지대 이하

식생지리: 난온대~냉온대(대륙성), 중국(화중지구와 화남지구의 황해 연안 지역, 그 밖에 네이멍구 등), 만주(지린 성, 랴오닝 성), 연해주 남단, 대마도, 일본(규슈 이남), 대만 등

식생형: 초원식생, 해안 시렁모바위초본식생

생태전략: [스트레스인내자]~[터주-스트레스인내-경쟁자]

종보존등급: [III] 주요감시대상종

이름사전

속명: 릴리움(*Lilium* L.). 백합을 일컫는 희랍어(*leirion*)에서 비롯한다.

종소명: 칼로줌(*callosum*). 딱딱하다는 뜻의 라틴어로 꽃싸개가 뭉텅하고 끝이 딱딱한 것에서 비롯한다.

한글명 기원: 빅합,[2] 애기중나리,[3] 땅나리[4] 등

한글명 유래: 애기와 중나리의 합성어로 중나리보다 작은 것에서 비롯한다. 애기중나리라는 명칭은 1937년에 처음으로 기재되었고, 여리고 작다(姬)는 의미의 일본명이 실마리가 되어 생겨난 이름이다. 중나리의 '중'은 꽃과 식물체가 장대한 말나리에 대응해서 생겨난 것으로 추정한다. 꽃이 하늘로 향해 활짝 피는 하늘나리에 대응해서 땅바닥을 향해 피는 것으로부터 땅나리라는 이름이 생긴 것과 같은 맥락이다. 1937년의 애기중나리를 1949년에 땅나리로 바꾸자고 했던 것은 하늘나리(1937)라는 이름을 의식한 탓이다. 현재 국가표준식물목록은 땅나리를 채택하나, 이름의 선취권으로 판단할 때 애기중나리가 정당하고 유효하다.

한방명: -

중국명: 条叶百合(Tiáo Yè Bǎi Hé). 잎(条叶) 좁은 또는 작은 백합이라는 뜻이다. 일본명의 히메(姬)에 잇닿아 있다.

일본명: ノヒメユリ(Nohimeyuri, 野姬百合). 하늘나리를 일본에서는 히메유리(姬百合)라 하며, 꽃이 땅을 본다고 노히메유리(野姬百合), 즉 땅을 뜻하는 들 야(野) 자가 더해지면서 생겨난 이름이다.

영어명: Hardened-bracteate Lily, Facing-up Efflorescent Lily, Slimstem Lily

제주도 용암 해안

에코노트

백합(白合)이라는 한자말이 없었을 때, 그 이름은 '나리'였다. 나비처럼 아름다운 꽃에서 비롯하는 오래된 우리말이다. 야생하는 나리는 개나리,[5] 키우는 나리는 참나리라고 했다.[6] 그래서 참나리를 그냥 '나리' 또는 중국산으로 보고, '당개나리'라고도 불렀다.[7]

참나리는 한반도의 해안선을 따라서는 종자를 만드는 유성생식 이배체(2n) 집단이 살고, 내륙에는 불임의 삼배체(3n) 집단이 사는 서식처 분화가 뚜렷하다.[8] 해양성 환경조건인 제주도에서 역시 이배체가 훨씬 빈도 높게 나타나는 것도 같은 맥락이다. 이배체의 자연개체군에서 저절로 만들어지는 삼배체는 환경조건이 불안정한 서식처에서 살아가는 데 탁월한 유전적 선택이라 하겠다. 인

경북 안동

가로부터 그리 멀지 않은 곳, 주로 서식처가 불안정한 입지에서 발견되는 자생 개체군은 살눈(肉芽)으로 번식하면서 물길을 따라 퍼

중나리

털중나리

말나리

져 나간 것이다. 사람들에게 일찍부터 그 유용성이 들통난 참나리로서는 선택의 여지가 없는 생존전략이다. 한가하게 꽃피고 열매 맺을 기회가 주어지지 않기 때문이다. 마치 대나무(왕대 종류)가 견고한 땅속줄기로 번식하다가 생애 마지막이 되면 일제히 꽃피면서 종자를 만드는 것과 본질이 같다. 뿐만 아니라 참나리는 제주도 면적 정도인 좁은 영역에서도 그런 네 가지 생태형(ecotype)의 있다고[9] 한다. 서식처 환경조건에 대응하는 종분화가 진행되는 현상을 참나리가 보여 주는 셈이다.

참나리 이외의 나리 종류 대부분은 사람이 사는 곳에서 멀리 벗어난 벌판에 자생한다. 총 11종이 알려졌다.[10] 이런 종다양성은 넘나물(원추리) 종류만큼이나 국토 면적에 비해 상당히 큰 편이다. 지중식물 생활형으로 둥근 비늘줄기가 파묻힌 땅속 환경에 따라 열매나 비늘줄기나 살눈 따위를 이용해서 전략적으로 번식한다.

하늘말나리

하늘말나리

야생 나리 종류 대부분은 일차적

으로 풀밭 식물사회의 구성원이고, 음지보다 양지에 산다. 숲속에 나리 종류가 산다면, 온전한 자연림이 아니라 숲지붕이 뚫린 이차림이라는 표징이다. 그중 애기중나리, 즉 땅나리는 풀밭에서만 사는 전형적인 초원식생 요소다. 나리 종류 가운데 가장 온난한 기후 지역에 산다. 북한에서는 희귀하다. 제주도에서는 용암 해안의 유기물이 풍부한 입지에 자주 나타난다. 서해안 신두리 해안사구에서도 보고된다.[11] 일본과 중국에서는 석회암 지역에서도 출현이 보고되고 있지만,[12] 우리나라 석회암 입지에서는 아직 알려진 바가 없고, 대신에 털중나리(*L. amabile*)가 빈도 높게 나타난다.[13] 초염기성인 사문암 입지에서는 애기중나리와 털중나리가 나타난다.[14] 애기중나리의 폭넓은 생태 범위를 보는 것이다. 스트레스인내자로 그리고 터주자

섬말나리(울릉도)

주요 백합 종류의 간이 분류법과 생태특성

	애기중나리(땅나리)	하늘나리	하늘말나리(우산말나리)	말나리	중나리	참나리	솔나리
학명	*L. callosum*	*L. concolor* var. *parteneion*	*L. tsingtauense*	*L. distichum*	*L. leichtlinii* var. *maximowiczii*	*L. lancifolium*	*L. cernuum*
이름 유래	땅을 향해 피는 나리(1949년)	하늘을 향해 피는 나리(1937년)	하늘을 향해 피는 말나리(1949년)	튼튼하고 큰 나리(1937년)	말나리에 비해 작은 나리(1937년)	유용한 나리(1937년)	솔잎 모양 나리(1937년)
꽃 방향	아래(↓)	위(↑)		옆(→)			
잎차례	어긋나기		돌려나기		어긋나기		
수직분포	산지대 이하	산지대			산지대 이하		산지대
수평분포	중부 이남	전국					
식생대	난온대	냉온대			냉온대/난온대	난온대/냉온대	냉온대
종보존등급	[III]		[IV]	[III]	[IV]		[III]
유사종		날개하늘나리(*L. davuricum*, 백두산 일대)		섬말나리(*L. hansonii*, 울릉도 등)	털중나리(*L. amabile*)	(반고유종, 『한국 식물 생태 보감』 1권 「참나리」 편 참조)	큰솔나리(*L. tenuifolium*, 북부 지역)

로도 살아갈 수 있는 특질이라는 뜻이다.

땅나리라는 이름은 하늘나리의 꽃피는 방식과 정확하게 대비한다. 하나는 땅바닥을, 하나는 하늘을 향해 꽃이 활짝 핀다. 아울러 꽃피는 방향에 따라 꽃잎조각이 뒤로 뒤집히는 정도도 정확히 비례한다. 하늘나리처럼 하늘을 정면으로 쳐다보는 경우는 꽃잎조각이 빳빳하게 수평으로 펼쳐진다. 그런데 땅바닥을 내려다보는 애기중나리는 꽃잎조각이 완벽하게 뒤로 말린다. 나비가 즐겨 찾는 충매화, 서로에게 이익을 주는 상리공생을 위한 진화다. 까닭이 있기에 땅바닥을 향해 꽃을 피우지만, 중매쟁이 나비 또한 불편 없게 맞이하자니 꽃잎조각을 최대한 뒤로 말아 올린 것이다. 애기중나리가 땅바닥을 향해 꽃펴야 하는 까닭은 동북아시아에 사는 나리 종류 가운데 가장 덥고 메마른 땅에 사는 종이라는 것에서 찾을 수 있다. 사는 장소에 따라 꽃피는 시기에 조금씩 차이는 보이나, 하늘나리보다는 한 달 늦은 7월 중하순 이후에 주로 꽃이 핀다. 게다가 서식처가 대체로 위도가 낮거나 해발고도가 낮은 산 아래의 하늘이 활짝 열린 풀밭에 산다. 그런 곳에서 태양 각도가 가장 가파른 한여름 대낮에 태양에 맞선다는 것은 곧바로 죽음이기 때문이다. 몇몇 달맞이꽃 종류가 시원한 밤에 꽃이 피는 것과 그 본질이 같다. 애기중나리(땅나리)는 나리 종류 중에 한반도와 같은 대륙성 기후에 최적화된 종이다.

하늘나리(강원 삼척)

하늘나리

솔나리(강원 정선 석병산)

참나리

1) Song (1991)
2) 森 (1921)
3) 정태현 등 (1937), 박만규 (1949)
4) 정태현 등 (1949), 국가표준식물목록위원회 (2015)
5) 오늘날의 노란 봄꽃 개나리는 물푸레나무과로 본래 이름은 '가지꽃나무'이다. (『한국 식물 생태 보감』 1권, 「참나리」 편 참조)
6) 김종원 (2013)
7) 林泰治, 鄭台鉉 (1936)
8) Kim *et al.* (2006)
9) 송남희 (1997)
10) Kim (1996), 이우철 (1996b)
11) 최충호 등 (2006)
12) 北村 等 (1981), Liang & Tamura (2000)
13) 류태복 (2015)
14) 박정석 (2014)

사진: 류태복, 김종원, 김윤하, 이정아, 최병기
그림: 이경연

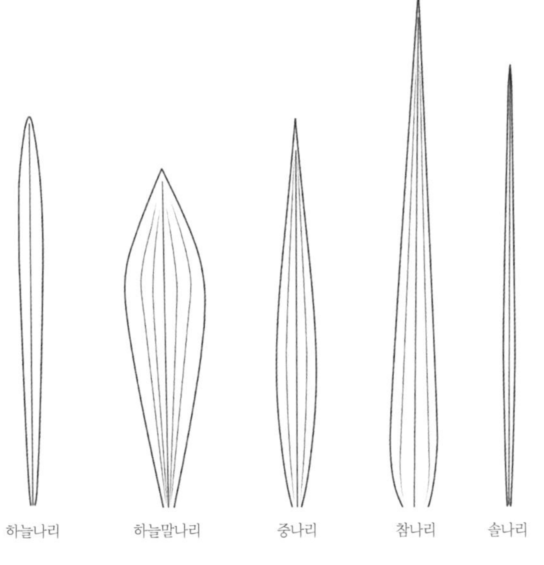

[잎의 다양성]

나도개감채(산무릇)

Lloydia triflora **(Ledeb.) Baker**

형태분류

뿌리: 여러해살이로 지름 1㎝ 이하인 둥근 타원형 비늘줄기가 발달하고, 외피가 갈라지지 않으며 종선이 없다. (비교: 개감채(*L. serotina*)는 비늘줄기가 파처럼 기다랗다.)

잎: 뿌리에서 난 실 같은 가는 잎이 1~2개 돋아나 길게 자라서 늘어지고, 단면은 삼각형이다. 꽃대에 난 잎은 창끝모양으로 위쪽의 것일수록 작다.

꽃: 5~6월에 어른 손 한 뼘 정도 높이인 긴 꽃대 끝에서 여러 개가 피고, 흰색 꽃잎이 6장이다. 꽃잎조각에 어렴풋한 녹색 잎줄 3개가 보인다. 수술 6개는 꽃잎 길이의 반 정도이고, 암술이 수술보다 짧으며 암술머리는 삼각형이다. 꽃싼잎은 가는 실 같고 길이가 1㎝ 정도다. (비교: 개감채는 꽃대에 꽃이 1개 핀다)

열매: 캡슐열매로 정삼각형이다. 꽃잎 길이의 1/3 정도로 부풀고, 둥근 씨가 들어 있다.

염색체수: 2n=24[1)]

생태분류

서식처: 초지, 산정부 덤불 풀밭 등, 양지, 적습~약습

수평분포: 전국 분포(주로 중부 이북)

수직분포: 산지대

식생지리: 냉온대, 만주, 중국(화북지구의 허베이 성, 산시 성 등), 일본, 연해주, 사할린, 캄차카반도 등

식생형: 초원식생

생태전략: [C] (경쟁자)

종보존등급: [Ⅲ] 주요감시대상종

이름사전

속명: 르로이디아(*Lloydia* Salisbury ex Reichb.). 골동품 수집가이면서 다방면에서 근대적 연구를 선도한 영국인(E. Lloyd, 1660~1709) 이름에서 비롯한다.

종소명: 트리플로라(*triflora*). 세 송이 꽃이라는 뜻의 라틴어다. 주로 세 송이가 피는 꽃차례에서 비롯한다.

한글명 기원: 산무릇,[2)] 나도개감채[3)]

한글명 유래: 나도와 개감채의 합성어이고, 또 다른 개감채 종류라는 뜻이다. 개감채는 개와 감채의 합성어이고, 오늘날 산자고속(*Tulipa* L.) 종류를 지칭하는 일본 한자명(Amana)에서 비롯한다. 결코 유래미상이 아니다.[4)] (감채의 유래와 기원에 대해서는 아래 에코노트 참조)

한방명: -

중국명: 三花洼瓣花(Sān Huā Wā Bàn Huā). 종소명을 참고해 만든 이름이다. 세 송이 꽃이 피는 개감채 종류(洼瓣花)라는 뜻이다.

일본명: ホソバノアマナ (Hosobanoamana, 細葉甘菜). 잎이 좁은 감채, 즉 산자고처럼 생긴 잎 작은 종류라는 것에서 비롯했을 것이다.

영어명: Three-flowered Lily

에코노트

개감채속(*Lloydia* Salisbury ex Reichb.) 식물

은 대부분 북반구 주빙하(周氷河) 일대의 한랭한 입지에 분포한다. 우리나라에는 개감채와 나도개감채 2종이 있다. 나도개감채는 남한 전역 해발고도가 높은 산정부 초지의 냉온대 영역에서 보이고, 개감채는 아고산대와 고산대 초원식생의 구성원으로 백두산과 한라산 산정부 일대에 분포한다. 나도개감채는 이른 봄 산비탈 풀밭에서 마주치는 산자고(*Tulipa edulis*)와 구별하기 어려운 경우가 있다. 물론 산자고는 난온대의 해발고도가 낮은 양지바르고 온난한 산비탈에 분포중심이 있기에 함께 출현할 경우는 거의 없지만, 꽃 없는 어린 식물체를 만나면 분류가 혼란스럽다. 나도개감채나 산자고는 속 수준에서 다르지만, 생태적으로 봄맞이 순간개화 식물(spring ephemeral)이라는 공통점이 있다. 둘 다 이른 봄에 꽃피고, 식생 최성기라 할 수 있는 한여름이 되면 지상부가 말라서 고사해 버린다. 현장 식생조사에서 늘 유의해야 할 사인이다. 산지대 이하에서 산자고는 흔한 편이지만, 나도개감채는 무척 드물고, 종보존등급 [Ⅲ] 주요감시대상종이다.

나도개감채라는 한글명은 좀 독특하다. 나도와 개와 감채의 합성어다. '나도'라는 명칭은 '너도'와 마찬가지로 우리나라 식물 이름에서 흔히 보이는 것으로 어떤 기준 식물과 많이 닮았을 때 붙여 주는 수식 접두어다. 개감채는 지금까지 유래미상으로 알려져 왔지만,[5] 사실은 일본 명칭에서 유래하는 전형적인 사례다. 개감채의 개는 거칠고 그다지 쓸모없거나 질이 떨어질 경우 우리가 습관적으로 낮잡아 부를 때 사용하는 접두어다. 나

경북 영천 화산

도개감채라는 이름의 몸통, '감채'는 오늘날 산자고속(*Tulipa* L.)을 지칭하는 일본 한자명(*Amana*, 甘菜)을 우리식으로 읽은 말이다. 감채(甘菜)는 1935년에 혼다(本田)가 지어낸 속명 아마나(*Amana* Honda)에서 비롯한다. 지금은 이 아마나속을 튤리파속(*Tulipa* L.)의 이명으로 취급한다. 나도개감채가 실제로 산

자고의 지상부 잎 모양과 많이 닮았기 때문에 그럴 만도 하다. 그런데 감채(甘菜)라는 한자 명칭은 '산자고의 비늘줄기가 부추속(*Allium* L.)을 닮았으나, 전통적으로 일본인이 싫어했던 마늘이나 파처럼 강한 향과 매운 맛이 나지 않으면서도 맛이 좋은 것'이라는 뜻에서 생겨났다. 그래서 달 감(甘) 나물 채(菜)이다. 전적으로 일본풍 이름이다. 중의무릇속(*Gagea* Salisb.)의 애기중의무릇(*G. hiensis*, Himeamana)과 중의무릇(*G. lutea*, Kibananoamana)도 마찬가지다. 일본에서는 '아마나'란 감채의 의미가 더해진 명칭으로 부른다. 여기에서 한글명 중의무릇(*Gagea lutea*)[6] 의 유래도 알 수 있다. 오신채를 대신해서 먹을 수 있는 무릇 종류라는 뜻이다. 즉 사찰에서도 즐겨 먹을 수 있다는 뜻으로 생겨난 이름일 것이다. 한편 1949년 2월에 발표된 자료[7]에 '산무릇'이라는 한글 명칭이 나온다. 이는 그해 11월에 발표된 나도개감채보다 일찍 기재된 이름인데, 거기에서 개감채(*L. serotina*)에 대해서도 똑같이 산무릇이라는 명칭을 병기해 두어 혼선을 빚었다. 오늘날 국가표준식물목록에서 산무릇 대신에 개감채와 나도개감채라는 이름을 채택하는 까닭일 것이다. 감채(甘菜)의 명칭 기원과 유래를 생각하면, 여전히 뒷맛이 씁쓸하다.

개감채(백두산)

1) Gurzenkov (1973)
2) 박만규 (1949)
3) 정태현 등 (1949)
4) 이우철 (2005)
5) 이우철 (2005)
6) 정태현 등 (1937), (중의무릇: 『한국 식물 생태 보감』 제7권에 기재될 예정)
7) 박만규 (1949)

사진: 류태복, 이정아, 김종원

각시둥굴레(둥굴레아재비)

Polygonatum humile Fisch. ex Maxim.

형태분류

줄기: 여러해살이로 가는 뿌리줄기가 옆으로 달린다. 마디에서 1개씩 난 줄기가 바로 서서 어른 종아리 높이까지 자라며, 둥굴레 종류 가운데 가장 작은 편이다. 줄기 단면은 각이 지고, 윗부분에서는 사각으로 뚜렷해지는 편이다.

잎: 어긋나며, 장타원형으로 끝이 둔하다. 뚜렷하게 좌우 두 줄로 배열한다. 가장자리와 뒷면 맥 위에 젖꼭지모양 잔돌기가 있다.

꽃: 5~6월 연한 백록색으로 피고, 잎겨드랑이에서 난 1㎝ 내외인 짧은 잎자루 끝에 1~2개 달린다. 꽃통 길이는 잎자루의 2~3배이고, 녹색 빛 끝이 얕게 갈라지고 뒤로 젖혀진다.

열매: 둥근 물열매로 익으면 흑청색이 된다. 씨가 5~6개 들어 있다.

염색체수: 2n=20[1)]

생태분류

서식처: 초지, 봉분 언저리, 숲 가장자리, 아주 밝은 숲속, 산비탈 임도 언저리, 산불 난 곳 등, 양지, 적습~약건

수평분포: 전국 분포

수직분포: 산지대~구릉지대

식생지리: 냉온대~난온대(대륙성), 만주, 중국(화북지구의 허베이 성, 샨시 성, 새북지구의 네이멍구 등[2)]), 몽골, 연해주, 일본(국지적 분포) 등

식생형: 초원식생, 삼림식생(낙엽활엽수 어린 이차림)

생태전략: [터주-스트레스인내-경쟁자]~[경쟁자]

종보존등급: [V] 비감시대상종

이름사전

속명: 폴리고나툼(*Polygonatum* Mill.). 절간(*gony*)이 많다(*polys*)는 뜻의 희랍어에서 비롯한다. 둥굴레속의 땅속 뿌리줄기 모양에서 비롯한다.

종소명: 휴밀레(*humile*). 땅바닥에 낮게 붙어서 산다는 뜻의 라틴어다. 둥굴레 종류 가운데 키가 가장 작은 것에서 비롯한다. 아무르 강 하구 근처에서 채집된 표본으로 1859년에 채택된 정명이다.[3)]

한글명 기원: 둥굴레아재비,[4)] 각씨둥굴레,[5)] 각시둥굴레[6)] 등

한글명 유래: 각시와 둥굴레의 합성어로 작은 둥굴레 종류라는 뜻이다. 이름의 '각시(씨)'는 1921년『조선식물명휘』에 나오는 일본명(姬委蕤)의 희(姬) 자가 실마리가 되어 더해진 것으로 보인다. 일본에서는 새색시, 각시, 아가씨를 히메(姬)라 부르고, 작거나 여린 것에 대한 통칭으로 쓴다. 하지만 1949년 각시둥굴레 이전의 정당한 한글명은 1937년의 '둥굴레아재비'이다. 둥굴레와 비슷하다는 뜻에서 만들어진 이름일 것이다. 한편 둥굴레의 최초 한글 표기는 16세기 초의『촌가구급방』에 나오는 '둥구라'[7)]로 오래된 우리말 이름이다. 그 유래는 '둥근' 모양의 땅속줄기에 잇닿았을 것으로 추정한다. (아래 에코노트 참조)

한방명: 소옥죽(小玉竹). 각시둥굴레의 뿌리줄기를 약재로 쓴다. 중국명에서 비롯한다.

중국명: 小玉竹(Xiǎo Yù Zhú). 작고 어린 둥굴레라는 뜻으로 식물체 크기와 종소명에서 비롯한다. 속명을 황정속(黃精屬)이라 쓴다.[8)]

일본명: ヒメイズイ(Himeizui, 姬委蕤). 새색시 같은 둥굴레라는 의미이고, 종소명에서 생겨난 이름이다.

영어명: Low-growing Solomon's Seal

에코노트

둥굴레 종류는 일반적으로 건조한 서식처나 어두운 숲 바닥에 살지 않으며, 밝은 숲속이나 숲 가장자리 또는 풀밭에서 메마르지 않고 수분환경이 괜찮은 입지를 좋아한다. 그런데 각시둥굴레는 둥굴레 종류 가운데 가장 건조한 입지까지 살며, 직사광선이 내리쬐는 풀밭에 분포중심이 있다. 우리나라와 같은 대륙성 기후 환경에서 살기가 더 유리

둥굴레

층층갈고리둥굴레(강원도 평창군 평창강)

하다는 뜻이다. 해양성 기후인 일본열도에서의 분포양상과 대비된다. 일본열도에서는 둥굴레 종류를 기본적으로 풀밭 식물사회의 구성원으로 취급한다. 그런데 대륙성 기후인 한반도에서 둥굴레 종류는 밝은 숲속에 사는 구성원이고, 도리어 풀밭 식물사회를 기웃거리는 형국으로 나타난다. 각시둥굴레는 둥굴레 종류 중 가장 대륙적이고, 실제로 해양성인 일본에서는 희귀하다.

각시둥굴레 땅속 뿌리줄기는 다른 둥굴레 종류에 비해 독특하다. 물리적 훼손을 극복할 수 있는 땅속 뿌리줄기가 옆으로 뻗는 절간 구조여서 게릴라번식(부록 생태용어사전 참조)을 잘 한다. 마디에서 줄기가 하나씩 나와 거의 바로 서서 자란다. 지상부 줄기 1개를 관찰해 보면, 그 기부에서 땅속 뿌리줄기가 좌우로 뻗은 것을 확인할 수 있다. 다른 종류는 뿌리줄기 끝부분에서 지상으로 줄기 하나가 나와 바로서서 자라다가 줄기 윗부분에서 휘는 것이 일반적이다. 뜨거운 햇볕에 노출된 건조한 풀밭에서 특히 한낮에 각시둥굴레를 관찰해 보면 모든 잎들이 줄기와 나란히 수직으로 서 있는 것도 볼 수 있다. 물리적 건조를 극복하는 각시둥굴레의 구조적 대응이다. 게다가 각시둥굴레는 화학적 스트레스를 견뎌야 하는 석회암 입지에

각시둥굴레

서도 산다.[9] 각시둥굴레가 우리나라 풀밭 식물사회에서 가장 흔하게 보이는 까닭은 그런 생태적 형질에서 비롯한다.

각시둥굴레 첫 기재는 1921년에 한글명 없이 일본명(Himeizui, 姫委蕤)으로만 이루어졌다.[10] 그로부터 10여 년 후인 1932년에는 서울(경성) 근교의 양지바른 산비탈과 산기슭 초지에 살고 있다는 구체적인 서식처 정보가 기록에 나온다.[11] 당시 일제강점기 때는 둥굴레를 '둥굴네'[12]라고 기록했다. 뿌리(根)를 '네(내)'라고 하는 일본식 한자 발음에서 비롯한다.

둥굴레라는 한글명은 본래 '둥구라'가 변천된 것이다. 최초 한글 표기 둥구라는 16세기 초 『촌가구급방』[13]에 나온다. 중국명 萎蕤(위유)에 대해 한자를 차자해 '豆應仇羅(두응구라)'로 표기하고 한글로 '둥구라'라고 기재했다. 말 그대로 촌가(村家), 보통 사람들이 사용하는 명칭, 향명(鄕名)이었다. 당시 사람들이 불렀던 이름이 오늘날까지도 이어지고 있다. 일찍부터 우리나라 사람들은 약간 단맛이 나고, 모양도 특이한 둥굴레 뿌리줄기에 주목했다는 반증이다. 뿌리줄기 모양이 '둥구라'의 유래가 되고, 그 어원은 '동글다'에 잇닿았을 것이다. 실제로 일부 둥굴레 종류는 토실토실한 굵은 뿌리줄기가 발달한다. 향명 한자 표기 '두응구라(豆應仇羅)'가 어원이라든가, 중국명 황정(黃精)이나 위유(萎蕤)에서 유래했다는 것은 본말이 전도된 거꾸로 해석한 오해다.[14]

수목원의 기름진 땅에서 자란 층층갈고리둥굴레

우리나라 사람들은 야생하는 여러 가지 둥굴레 종류를 알았고, 나름의 산채로 이용했다. 한반도에는 다양한 둥굴레 종류가 드물지 않게 저절로 분포하기 때문이다. 현재까지 식물계통분류학의 성과로 총 18종을 기재하고 있다. (표 참조)[15] 방방곡곡에 다양한 방언이 있기 마련이다. 괴물곳, 괴무릇, 죽네풀, 심지어 댓잎둥굴레, 진황정 따위가 전한다. 둥굴레 종류가 선인반(仙人飯), 옥죽(玉竹), 백급(白及)[16] 등의 한자로 된 자양강장제로 유명해지기 전에도 우리나라 사람에게 오래된 전통 자원식물이라는 사실을 뒷받침한다.

그런데 17세기 초 『동의보감』은 한자명 황정(黃精)에 대해 둥구라 대신에 대나무처럼 생긴 '죽(竹)대의 뿌리'라는 뜻의 '듁댓불휘'라고 기재했다. 앞선 『촌가구급방』의 위유

주요 둥굴레 종류의 간이 분류법과 생태특성

		각시둥굴레 *P. humile*	진황정 *P. falcatum*	죽대 *P. lasianthum*	둥굴레 *P. odoratum* var. *pluriflorum*	통둥굴레 *P. inflatum*	용둥굴레 *P. involucratum*
뿌리줄기		가늘고 긴 마디	다육질인 굵고 짧은 흰색 마디				
줄기	발생	절간에서 하나씩 나고, 바로 서는 편	뿌리줄기 끝에서 하나씩 나고, 끝부분에서 휘어 한 방향으로 자라는 편				
	단면	모서리	-		윗부분에서 6각	윗부분에서 모서리	
잎	뒷면	젖꼭지모양 털	백록색	백록색	-	백록색	
꽃		1개, 6~7월	2~5개, 5~6월	2~3개, 4~6월	1~2개, 4~5월	6월	5~6월, 2개
싼잎(苞)		없음				막질(膜質)	엽질(葉質)
염색체수(x)		10	9	10		11	9
수평분포		전국적	남부	중부(주로 남부)	전국적		
수직분포		산지대~구릉지대					
식생지리		냉온대~난온대	난온대~냉온대		냉온대~난온대		
식물사회		초지형>삼림형	초지형<삼림형				
특기		가장 작은 키 (30㎝ 이하)	가장 많은 잎	단단한 줄기	뿌리에서 약한 향	싼잎 길이의 작은 꽃자루 있음	작은꽃자루 없음

<기타>

- 지역 분포종: 왕둥굴레(*P. robustum*, 울릉도, x=10), 늦둥굴레(*P. infundiflorum*; 경기 등, x=9)
- 둥근 줄기는 직립, 잎도 서는 편이고, 꽃은 2~3개: 선둥굴레(*P. grandicaule*, x=9)
- 잎 돌려나기(輪生) 종류: 층층갈고리둥굴레(*P. sibiricum*, x=12), 층층둥굴레 (*P. stenophyllum*, x=15)
- 용둥굴레 유사종: 안면용둥굴레(*P. desoulavyi*), 목포용둥굴레(*P. cryptanthum*)
- 둥굴레 그룹: 풍도둥굴레(*P. odoratum*, x=10), 무늬둥굴레(*P. odoratum* var. *pluriflorum* f. *variegatum*)
- 산둥굴레(*P. thunbergii*, x=9), 종둥굴레(*P. acuminatifolium*), 암수둥굴레(*P. stenanthum*)
- 참고문헌: Jang *et al.* (1998a), Jang *et al.* (1998b), 한미경 등 (1998), 박정미 등 (2011)

(萎蕤)나 '둥구라'라는 표기는 아예 나오질 않는다. 『동의보감』의 황정(黃精) 내용은 대부분 중국의 중약(中藥) 고전 여럿을 참고해서 정리한 것이고, 뒤이은 17세기 후반 『산림경제』[17]에서도 그런 사실을 다시 한 번 확인시켜 준다. 그런데 듁댓불휘는 지금의 층층갈고리둥굴레(*P. sibiricum*) 뿌리를 지칭한다. "우리나라에는 평안도에서 난다고 생각한다"[18]고 적시한 대목이 이를 증명한다. 최근 평남 을밀대에서 난다는 보고도 있는데,[19] 북한 자료에 따르면 평남 평양 모란봉 청류벽과 상원군 로동리의 양지바른 산기슭에 드물게 자생한다고 한다.[20] '듁댓불휘'를 두고서 북한에서는 층층갈고리둥굴레라는 이름을 대신해서 '죽대둥굴레'라는 명칭을 채택하는 까닭도 거기에 있을 것이다. 결국 『동의보감』은 앞서 『촌가구급방』의 萎蕤(위유), '두응구라(豆應仇羅)', '둥구라' 따위를 모르는 척 무시해 버린 셈이다. 『촌가구급방』의 내용을 오류로 보았거나또는 전혀 다른 종류로 인식했거나 또는 촌가(村家)에서 쓰는 허접한 것으로 보고 무시해버렸거나, 이런 저런 이유를 생각해 볼

[둥굴레 잎 비교]

수 있다. 단정 짓기는 이르지만, 둥구라로 인식되었던 둥굴레 종류가 질이 낮다는 훗날의 기록으로부터 마지막 세 번째 이유가 유력하다.

1633년『향약집성방』에서 황정(黃精)을 竹大根(죽대근), 여위(女萎)와 위유(萎蕤)에 대응시켜서 豆應仇羅(두응구라)라는 향명을 차자(借字)한 한자 표기만 나온다.『동의보감』과『향약집성방』이후로 근 300여 년 동안 '둥구라'라는 한글 명칭은 사실상 사라진 것처럼 보였다. 그러다가 19세기 초의『물명고』[21]에서 다시 등장하는데,『산림경제』내용을 따라 황정(黃精)을 '듁댓'으로, 편정(偏精)을 '둥구레'로 구분해서 표기했다. 그리고 20세기 초에 둥굴네[22]란 표기를 거치면서 마침내 둥굴레[23]가 된 것이다. 둥구라>둥구레> 둥굴네>둥굴레의 변천이다.

황정(黃精)은 약으로 재배했던 층층갈고리둥굴레이고, 편정(偏精)은 야생의 둥굴레 종류를 지칭한다는 사실이『산림경제』의 정확한 관찰 기록에서 확인할 수 있다. "잎이 마주난 것은 황정(黃精)으로 약간 쓴맛(苦味)이고, 그렇지 않은 것은 편정(偏精)이며, 약효는 편정이 황정보다 못하다"는 것이다. 실제로 밝은 숲속에서 자주 보게 되는 야생 둥굴레(*P. odoratum* var. *pluriflorum*)는 통통한 뿌리줄기에서 쓴맛이 나는 것이 아니라 약간 단맛이 나고, 대부분의 다른 둥굴레 종류처럼 잎차례가 어긋난다. 황정(黃精)의 층층갈고리둥굴레는 마주나듯 돌려나는 잎차례이고, 사실상 중약(中藥) 식물이다. 우리나라 중북부 지역에는 드물지만 가끔 보이는 층층둥굴레(*P. stenophyllum*)도 그렇게 잎이 돌려난다.

---

1) Lee (1976), 한미경 등 (1998)
2) Chen & Tamura (2000)
3) Maximowicz (1859)
4) 정태현 등 (1937), 박만규 (1949), 정태현 등 (1949)
5) 정태현 등 (1949)
6) 안학수, 이춘녕 (1963)
7) 김정국 (1538)
8) 안덕균 (1998)
9) 류태복 (2015, 증언)
10) 森 (1921)
11) 石戸谷, 都逢涉 (1932)
12) 森 (1921), 村川 (1932), 林泰治, 鄭台鉉 (1936)
13) 김정국 (1538)
14) 김민수 (1997), 이우철 (2005)
15) 국가표준식물목록위원회 (2015)
16) 森 (1921), 村川 (1932), 林泰治, 鄭台鉉 (1936)
17) 홍만선(작자미상?) (1643~1715)
18) "我國惟平安道有之(아국평안도유지)" (『동의보감』 2권)
19) 이우철 (2005)
20) 고학수 (1984)
21) 유희 (1801~1834)
22) 森 (1921)
23) 정태현 등 (1937)

사진: 류태복, 김종원
그림: 김경돈

비짜루

Asparagus schoberioides Kunth

형태분류

줄기: 여러해살이며, 바로 서서 어른 허리 높이로 자라고, 튼튼한 편이다. 위에서 가지가 많이 갈라지고, 가는 가지에 모서리 능각이 뚜렷하며, 때로는 좁은 날개가 있다. 약간 도톰하지만 날씬한 뿌리가 발달한다. (비교: 천문동(*A. cochinchinensis*)은 잔가지에 흑점이 많고 약간 거칠다. 양 끝이 뾰족한 굵은 원기둥모양 뿌리가 발달한다.)

잎: 비늘잎모양으로 퇴화했지만, 줄기 아랫부분에서는 침모양으로 가지처럼 된다. 어린 가지의 잎은 엽상지(葉狀枝)로 기저 단면은 삼각이고, 잎겨드랑이에서 3~7개가 모여나며, 줄모양으로 낫처럼 약간 굽는다.

꽃: 5~7월에 엽상지 잎겨드랑이에서 아주 작은 백록색 꽃 3~4개가 모여나고, 암수딴그루다. 꽃잎은 6장이고, 대롱모양(筒狀)이다. 1~2㎜로 아주 짧은 꽃자루는 끝에 관절이 있고, 거기에 꽃이 달린다. (비교: 천문동은 길이 4~5㎜인 꽃자루 허리 부분에 관절이 있다. 방울비짜루(*A. oligoclonos*)는 꽃자루가 7㎜로 길다.)

열매: 물열매로 둥글고, 붉게 익으며, 씨가 1~2개 들어 있다. (비교: 천문동은 탁한 흰색을 띤다.)

염색체수: 2n=40[1)]

비짜루

생태분류

서식처: 초지, 벌채지, 밝은 숲속, 숲 가장자리, 듬성숲 등, 양지, 적습

수평분포: 전국 분포

수직분포: 산지대~구릉지대

식생지리: 냉온대 중부·산지대~난온대, 만주, 중국(화북지구, 새북지구 등) 몽골, 일본, 연해주, 사할린, 캄차카반도 등

식생형: 초원식생, 듬성숲식생

생태전략: [터주-스트레스인내-경쟁자]~[스트레스인내자]

종보존등급: [IV] 일반감시대상종

이름사전

속명: 아스파라거스(*Asparagus* L.). 희랍어(*asparagos*, *aspharagos*)에서 비롯한다고 하지만, 유래는 희랍어가 아닌 고대 인도어(*sphurjati*)에서 전화(轉化)한 것으로 본다. '소리가 나면서 튀어 오른다'는 의미가 있지만, 비짜루 종류를 칭한 이름은 아닌 것으로 추정한다.[2]

종소명: 쇼베리오이데스(*schoberioides*). 광합성 기관(주로 잎)의 크란츠 구조(Kranz leaf anatomy; Schoberiod type)를 뜻하며, 비짜루의 엽상지 세포 구조에서 비롯한다. (에코노트 참조)

한글명 기원: 닭의비짜루,[3] 빗자루,[4] 비짜루,[5] 비자루, 밀풀, 달기비짜루, 비지개나물[6] 등

한글명 유래: 비짜루는 유래미상으로 알려졌으나,[7] 모양에서 바닥을 쓰는 빗자루에 잇닿았을 것으로 추정한다. 1949년에 기록된 '빗자루'라는 명칭이 그런 사실을 뒷받침한다. 그런데 최초 한글명은 1937년의 '닭의비짜루'이다. 1921년 모리(森) 기록에서 닭(鷄)의 의미가 있는 龍鷄菜(용계채)에 잇닿아 있다.[8] 한편 북부 지역에 더욱 흔한 방울비짜루는 긴 꽃자루에 열매가 방울처럼 달리는 것에서 비롯한다. 해안 지역에 주로 나타나는 천문동(天門冬)은 한자명에서 유래하고, 부지씽나물,[9] 홀아비좃 따위의 향명이 있었다.[10]

한방명: 용수채(龍鬚菜). 중국명에서 유래하고, 비짜루 뿌리를 약으로 쓴다. 야생 개체군 크기는 약재로 이용할 만큼 풍부하지 않다. 약재 또는 식용은 그리 오래된 일이 아니다.

중국명: 龙须菜(Lóng Xū Cài). 용(龙)의 수염(须) 같은 나물(菜)이라는 의미가 있으며, 비짜루의 지상부 또는 뿌리 모양에서 비롯했을 것이다.

일본명: キジカクシ(Kijikakusi, 雉隠). 땅위에 우거진 모양이 마치 꿩(稚)이 숨어(隠) 있을 만하다고 해서 생겨난 이름이다.

영어명: Schoberioid Asparagus

비짜루속(*Asparagus* L.)은 이른바 구대륙(舊大陸)이라는 땅, 아시아와 유럽, 아프리카 대륙에 분포하는 분류군이다. 우리나라에는 5종이[12] 야생하고, 비짜루가 가장 흔하다. 해안 지역에서도 발견되지만 주로 내륙에 분포한다. 나머지 종은 해안 지역에 치우쳐 분포하는 경향이 뚜렷하다. 1932년 서울(京城) 부근의 산지와 구릉지(山丘), 초지에서 비짜루와 방울비짜루가 분포한다는 기록[13]도 그런 사실을 뒷받침한다. 천문동은 주로 난온대 영역에서도 해안 사구와 절벽 기슭에서 자주 보인다. 방울비짜루는 북부에 치우쳐 더욱 한랭 지역에 분포하며, 북한에서는 평안도 석회암 지역의 약간 척박한 풀밭[14]이나 해안 염습지(鹽濕地)에서 보이고, 드물게는 엉성한 아까시나무 숲에서도 산다.[15]

한편 비짜루는 북한 대동강변 석회암 파편이 나뒹구는 입지의 소나무 듬성숲(疏林)[16]에서부터 남한의 냉온대 남부·저산지대 또는 난온대 삼림[17]에까지 나타난다. 심지어 독도 해안 절벽에서도 확인된다.[18] 뚜렷한 알칼리성 서식환경을 보이는 남한의 일부 석회암 입지[19]와 사문암 입지에서도 비짜루와 방울비짜루가 모두 나타난다. 이처럼 비짜루 종류는 서식처 범위가 무척 넓으며, 척박하고 밝은 빛 환경이 생육의 공통 특성이다. 비록 개체군 크기는 작지만, 꾸준하게 나타나며, 비옥하고 음습(陰濕)한 서식처에서는 살지 않는다. 울창한 숲 식물사회의 구성원이라기보다는 초지 식물사회의 구성원으로 보는 까닭이다.

식용으로 잘 알려진 중동부 유럽의 아스파라거스(*A. officinalis*)도 마찬가지 분포 경향을 보인다. 척박하고 황량한 초지 식물사회(Corynephoretalia, Festuco-brometea, Fanguletea, Artemisietea vulgaris 등)의 구성원이고, 나타나는 방식도 늘 빈약해 빈도와 피도가 무척 낮다.[21] 아스파라거스는 방울비짜루처럼 꽃자루가 길지만, 비짜루에 가까운 근연종이다.[22] 두 종간에 교배가 가능하고, 생식 능력이 있는 자식(씨)을 만들 수 있다.[23] 유전적으로 크게 다르지 않고, 단지 지리적으로 서로 멀리 격리되면서 형태적 분화가 있을 뿐이라는 뜻이다.

비짜루 종류는 잎처럼 생긴 짧은 잔가지

천문동(경남 남해)

방울비짜루

(葉狀枝, Semi-terete leaves)로 유명하다. 가지도 아닌 것이 그렇다고 잎도 아니다. 가지와 잎의 중간 형태인 셈으로, 쌍자엽식물과 단자엽식물의 중간 형태로 보면 이해하기 쉽다. 종소명(*schoberioides*)도 그런 이유에서 붙었다. 크란츠 구조(Kranz anatomy)의 엽상지형(Schoberiod type)에 해당한다. 맨 바깥쪽 후벽세포 아래에 엽육세포(M), 유관속초세포(BS), 그리고 가장 안쪽에 유관속다발(V)이 배열하는 구조(bundle-sheath-like Kranz(K) cells)이다. 액포가 거의 없고 유관속다발이 주변 세포조직으로 둘러싸인 구조(V-BS-M-M-BS-V)를 말한다. 광합성을 하면 도리어 수분 결핍 피해를 볼 수 있는, 즉 광호흡의 비효율성을 극복해야 하는 식물(C4-식물) 광합성 기작의 진화다. 열악한 서식조건에서 수분 손실을 최소화하면서 빛에너지를 화학에너지로 바꾸는 데에 더욱 효과적인 광합성 기작으로, 소위 허수아비 유전자(scarecrow gene) 덕택이다.[24] 하지만 비짜루 종류에도 여전히 보통 식물이 채택한 C3-식물 광합성 기작이 있다. 건조에 대응하는 구조적 진화에 그치고 만 것이다. 최근 DNA 수준의 핵형 연구 성과로 비짜루 종류(*Asparagus* spp.)와 무릇 종류(*Scilla* spp.)를 백합과(Liliaceae)에서 비짜루과(Asparagaceae Juss.)로 독립시켜 기재하는 추세다.[25]

---

1) Sun *et al.* (2002)
2) Quattrocchi (2000)
3) 정태현 등 (1937), 박만규 (1949)
4) 정태현 등 (1949)
5) 정태현 (1956)
6) 한진건 등 (1982)
7) 이우철 (2005)
8) 森 (1921), 박만규 (1949)
9) 森 (1921)
10) 林泰治, 鄭台鉉 (1936)
11) 안덕균 (1998)
12) Cho & Kim (2012). 비짜루, 노간주비짜루(갯천문동), 천문동, 방울비짜루, 망적천문동(북천문동). 괄호 속의 이름은 북한에서 쓰는 이름이다.
13) 石戸谷, 都逢涉 (1932)
14) 고학수 (1984)
15) Kolbek *et al.* (1989), Kolbek & Jarolímek (2008)
16) Kolbek & Jarolímek (2008)
17) 최병기 (2015년 12월, 미발표 구두정보)
18) Jung *et al.* (2014)
19) 류태복 (2015)
20) 박정석 (2014)
21) Oberdorfer (1983), Schubert *et al.* (2001)
22) Lee *et al.* (1997)
23) 落合 等 (2002)
24) Sage *et al.* (2014)
25) Tropicos (2015)

사진: 이정아, 김종원

Barnardia japonica (Thunb.) Schult. & Schult.f. in J.J.Roemer & J.A.Schultes
Scilla sinensis (Lour.) Merr.

형태분류

뿌리: 여러해살이로 흑갈색 겉껍질인 둥근 비늘줄기에서 수염뿌리가 모여난다. 어른 무릎 높이로 자라고 긴 꽃줄기가 지상으로 솟아난다.

잎: 봄과 가을 두 차례 돋아나고, 2개씩 마주난다. 약간 두꺼우며 가장자리가 안으로 살짝 감싸 안듯 하고, 모두 뿌리에서 직접 난다.

꽃: 8~9월에 긴 꽃줄기 끝에 송이꽃차례로 달린다. 1㎝ 길이인 작은꽃자루 끝에 연보라색 꽃잎 6장이 수평으로 펼쳐진다. 수많은 작은 꽃이 아래에서 위로 정확하게 순서대로 핀다.

열매: 캡슐열매로 넓은 창끝모양이고, 검은색 씨가 들어 있다.

염색체수: 2n=16, 18, 26, 27, 34, 35, 36, 43,[1] 51[2]

생태분류

서식처: 초지, 황무지, 해안의 절벽과 바위시렁, 하천과 저수지 제방, 두둑, 숲 가장자리, 무덤 등, 양지, 적습~약습

수평분포: 전국 분포

수직분포: 구릉지대 이하

식생지리: 아열대~냉온대, 대만, 중국(화중지구, 화북지구의 허베이 성, 허난 성, 산시 성, 화남지구의 광둥 성, 광시 성, 윈난 성, 그 밖에 네이멍구 등), 만주, 연해주 남부, 일본 등

식생형: 이차초원식생(잔디형), 황무지 자연초원식생, 해안 갯바위 다년생초본식생 등

생태전략: [스트레스인내자]~[터주-경쟁자]

종보존등급: [IV] 일반감시대상종

이름사전

속명: 바르나르디아(*Barnardia* Lindl.). 마카오 근방에서 채집한 표본으로 1826년에 기재된 속명으로, 영국 식물원에 식물 표본과 생체를 기증한 사람(E. Barnard)을 기념하면서 비롯한다. 한편 이전의 속명 스칠라(*Scilla* L.)는 잎 모양이 갯부추 종류(*Urginea scilla*)를 닮은 데에서 유래하며 1753년에 기재되었다.[3]

종소명: 야포니카(*japonica*). 일본을 뜻하고, 규슈 지역 나가사키 현에서 채집된 표본으로 명명되면서 비롯한다. 한편 지넨시스(*sinensis*)는 중국을 뜻하고, 화남지구 광둥 성에서 채집된 표본에서 비롯한다.

한글명 기원: 물웃,[4] 무릇[5]

한글명 유래: 무릇에서 유래하고, 물웃(물옺)이 그 옛말이다.[6] 물웃은 15세기 후반『구급간이방』에 나타나는 '물옷' 또는 '모롭'에서 전화했다. 반하(끠모롭)[7] 와 산자고(뫼물옷)[8]의 이름에 같은 명칭이 들어 있다. 이들은 모두 단자엽식물이고 비늘줄기가 발달하면서, 땅속 비늘줄기에서 잎과 꽃줄기가 지상으로 바로 솟는 공통점이 있다. 그 가운데 무릇이 전형이다. 뫼물옷, 즉 산자고(山茨菰)에 대비해서 들(野)에 나는 무릇이라는 뜻으로, 한자로는 야자고(野茨菰)라고도 한다. 물옷(모롭)은 물(색)이 든 꽃대가 위(上, 웃=우+ㅅ)로 웃자란 꽃차례 또는 식물체 겉모양에서 비롯한다. 따라서 무릇은 모리(森, 1921)가 물웃의 존재를 모르고 잘못 표기한 것이다.

한방명: 면조아(綿棗兒). 식물 전체를 약재로 쓰고,[9] 중국명에서 비롯한다.

중국명: 绵枣儿(Mián Zǎo Ér). 무릇을 지칭하는 대표 한자명이고, 기타 老鴉蒜(노아산)[10], 地棗(지조), 天蒜(천산)[11] 따위의 다양한 명칭이 있다.

일본명: ツルボ(Tsurubo, 蔓穗). 꽃줄기가 위로 뻗어서(蔓) 순차적으로 꽃이 피는 꽃차례(穗)에서 생겨난 이름[12]으로, 우리말 무릇의 유래와 통한다.

영어명: Asian Jacinth. Chinese Squill, Chinese Scilla, Japanese Jacinth. 무릇은 동아시아에 분포하는 공통종으로 영어명으로 Asian Jacinth가 바람직하다.

에코노트

무릇은 동북아 전역에 널리 분포한다. 서식하는 지역과 장소에 따라 꽃 색깔이나 식물체 크기가 조금씩 다르다. 서식처는 크게 두

가지로 나뉜다. 매년 풀베기를 하는, 즉 사람이 주기적으로 벌초해 만들어진 풀밭과 그렇지 않은 자연적인 풀밭이다. 바닷가의 가파른 절벽 돌 틈, 또는 해안의 크고 작은 바위시렁(岩棚) 틈바구니에 산다. 가끔 소금기 바람이나 물보라를 뒤집어쓰는 곳으로, 삼투현상 때문에 수분을 빼앗길 수 있는 세포의 생리적 건조 현상을 극복해야 살아갈 수 있다. 그런 입지에 사는 무릇은 돌 틈에 비늘줄기가 박혀 있기 때문에 사람들이 캐거나 뽑을 수도 없다.

한편 무릇은 내륙에서도 나타난다. 석회암이나 백운암(돌로마이트), 특히 강한 알칼리성 사문암 지역의 암석이 드러난(露頭) 곳에서도 보인다. 풍화로 잘게 쪼개진 돌 부스러기가 흘러내리는 비탈면에서, 또는 암석 틈바구니에 비늘줄기를 숨기고 산다. 이런 서식처는 자연적으로 숲이 되지 않는다는 공통점이 있다. 게다가 한여름 땡볕에 그대로 노출되기 때문에 지면이 뜨거워지는 치명적인 상황이 한 번 이상은 발생하는 황무지 같은 곳이다. 무릇은 그런 곳에 자연적으로 살며, 늘 한두 포기 또는 몇 포기가 띄엄띄엄 나타난다.

그런데 무릇이 사람의 도움으로 무리 짓고 사는 경우를 자주 보게 된다. 마을 가까운 하천 제방이나 저수지, 논밭두렁, 심지어 무덤 따위의 비탈진 곳에서 자주 본다. 인간 간섭이 있는 이차초원식생의 구성원으로 사는 모습이다. 그냥 내버려 두면, 풀숲이 우거지고, 더욱 천이되면 숲이 생길 수밖에 없는 곳이지만 사람들이 관리해서 늘 키 낮은 풀밭으로 유지되는 곳이다. 풀베기나 불 지르기와 타이밍이 잘 맞으면, 무릇이 우점하는 경우도 있다.

이처럼 무릇의 자연적인 분포중심지는 숲이 발달할 수 없는 황무지의 풀밭 식물사회이며, 그 밖에 원래 살던 서식처에서 빠져나와 살 만한 풀밭을 찾아들어간 형국이다. 무릇이 이차초원식생과 자연초원식생 모두에서 살아갈 수 있는 이유는 일 년에 두 번 또는 그 이상 꽃필 수 있는 능력이 있기 때문이기도 하다. 황무지 같은 험한 서식처에서 자생하는 무릇이라면, 한여름 손닿으면 댈 것 같은 뜨거운 땅바닥을 이겨 내든가 피해야만 한다. 무릇은 시간적 비켜나가기를 선택했다. 그런 시기에는 잠시 휴면하듯 땅속 비늘줄기만 남기고 지상부는 말라 죽으면 된다. 비늘줄기로 숨죽이고 버티다가 기회가 닿으면 꽃줄기를 내밀고 꽃을 피운다. 이처럼 어려울 때 휴면하는 것은 모든 식물이 진화한 방향과 본질이 똑같다. 동물처럼 이동할 수 없기에 치명적인 환경을 피하는 생태전략으로 진화한 것이다.

무릇의 꽃피는 시기는 6~7월부터 9월로 아주 긴 편이다. 서식 조건에 따라 두 번 꽃이 피는데, 제방 같은 곳에 살아남은 무리는 풀베기하는 타이밍에 맞춰져 있다. 주로 벌초한 이후에 긴 꽃줄기를 내밀어 꽃핀다. 보통 늦은 봄과 추석 성묘를 준비하는 늦여름 벌초시기와 맞물린다. 철따라 농사를 잘 짓는 젊은이를 '철들었다'고 하듯이, 무릇은 풀베는 철에 맞추기만 하면 대성공이다. 적당히 풀베기하는 것만으로도 마을 근처에서

무릇을 재배하듯 키울 수 있다. 옛 선조들은 그렇게 실용 생태학자적인 삶을 꾸려 나갔다. 아무리 못살고 배고픈 시절일지라도, 몸에 좋아 보이는 대로 무지막지하게 캐서 요리조리 맛있게 먹는 일에만 몰두하지 않았다는 사실을 우리는 배워야 한다. 무릇의 비늘줄기는 구황(救荒) 자원이었고 구충제로도 이용된 지 오래다.

드물지만 벌초하지 않는 우거진 풀숲에서 긴 꽃줄기를 내민 무릇을 보기도 한다. 하지만 얼마 못가서 사라지고 만다. 땅속 비늘줄기에서 난 잎이 풀숲에 가려 광합성을 할 수 없기 때문이다. 무릇의 생존 조건에서 가장 중요한 것은 한껏 햇볕을 쬐는 것이다. 잔디밭처럼 키 낮은 풀밭 상태로 유지되고, 직사광선이 늘 내리쬐는 양지바른 곳이다. 거기에 습윤하다면 더욱 최적지다. 비늘줄기에서 난 부드러운 잎은 한번이라도 짓밟히면 큰 상처를 입어 살아남지 못한다. 다져진 땅, 밟는 잔디밭에 토끼풀은 살아도 무릇은 결코 살 수 없다.

무릇속은 유럽에서 재배종으로 많이 개발된 히아신스 종류와 같은 과에 속한다. 과거에는 백합과(Liliacea L.)에 포함되었지만, DNA 수준의 계통분류학 발전으로 비짜루과(Asparagaceae Juss.)로 따로 분류한다.[13] 작은 꽃잎이 6장인 것이 히아신스와 많이 닮았다. 우리나라에는 흰 꽃이 피는 품종(f. *albiflora*)도 알려졌지만, 사실상 동아시아에서는 하나로 보는 분류군이다. 그도 그럴 것이 집단(개체군)의 염색체수가 지역과 서식처에 따라 다양하고, 심지어 불임 개체군도 보인다.[14] 무성생식으로 번식력이나 종의 분화가 무척 활발하게 진행되고 있다는 증거일 것이다. 험악한 자연 서식처에서 살아가는 생명들의 민첩한 순간 대응의 결과, 즉 계통의 유전자 속에 틈입하는 현상이다. 한편 무릇의 속명을 스칠라(*Scilla* L.) 대신에 바르나르디아(*Barnardia* Lindl.)를 정명으로 채택한다.[15] 이 속에는 2종이 있으며, 하나는 동아시아의 바로 이 무릇이고, 다른 하나는 대서양의 해양성 기후 영향을 강하게 받는 유럽 남서부에서 아프리카 북서부에 걸쳐 분포하는 종으로, 북아프리카 알제리의 루미디아(Rumidia)라는 지역명으로 기재된 종(*B. numidica*)이다.

---

1) 손진호, 권혁명 (1977)
2) Bang *et al.* (1994)
3) Simpson (1968)
4) 윤호 등 (1489; 김문웅, 2008)
5) 森 (1921)
6) 국립국어원 (2016)
7) 윤호 등 (1489; 김동소, 2007)
8) 윤호 등 (1489; 김문웅, 2008)
9) 안덕균 (1998)
10) 森 (1921)
11) 한진건 (1982)
12) 奧田 (1997)
13) Tropicos (2015)
14) Bang *et al.* (1994)
15) Chen & Tamura (2000)

사진: 류태복, 김종원

산자고(까치무릇)

Amana edulis (Miq.) Honda
Tulipa edulis (Miq.) Baker

형태분류

줄기: 여러해살이로 굵은 타원형 비늘줄기가 잎집 길이만큼 땅 속 깊이 뿌리줄기를 묻어 둔다. 얇고 갈색인 비늘조각 안쪽에 부드러운 갈색 털이 빼곡하다.

잎: 폭 1㎝ 정도인 긴 줄모양으로 비늘줄기(뿌리)에서 난다. 백록색으로 약간 두텁고, 지면에 눕듯이 퍼진다. 아래 잎집은 지면 아래에 위치해 밖에서는 거의 보이지 않는다.

꽃: 3~5월에 잎보다 긴 꽃줄기 끝에서 한 송이 피고, 흰색 꽃잎이 6장 있으며, 탁한 자색 줄무늬가 꽃잎 뒷면에서 더욱 선명하다. 잎처럼 생긴 꽃싼잎이 2장으로 마주나고 아주 드물게 3장인 경우는 돌려난다. 꽃싼잎과 길이가 비슷한 작은꽃자루 끝에 꽃이 달린다. 수술은 6개이며, 안쪽 3개가 바깥 것보다 약간 더 길다.

열매: 캡슐열매로 약간 세모 같은 원형이고, 녹색을 띤다. 씨는 약간 납작하다.

염색체수: 2n=48[1)]

생태분류

서식처: 초지, 산비탈 숲 가장자리, 아주 밝은 숲속, 무덤 언저리 등 양지~반음지, 적습

수평분포: 전국 분포(주로 개마고원 이남)

수직분포: 산지대 이하

식생지리: 난온대~냉온대, 만주(랴오닝 성), 중국(화중지구, 화북지구의 산-시 성, 산둥 성 등), 일본(혼슈 이남) 등

식생형: 초원식생(잔디형), 삼림식생(낙엽활엽수 이차림)

생태전략: [경쟁자]~[터주-경쟁자]

종보존등급: [IV] 일반감시대상종

이름사전

속명: 아마나(*Amana* Honda). 산자고의 일본명(甘菜)에서 만들어진 라틴어다. 분자계통 연구에 따르면 산자고는 튤리파속(*Tulipa* L.)보다는 에리스로니움속(*Erythronium* L.), 즉 얼레지속에 더욱 가깝다.[2)] 한편 튤리파속(*Tulipa* L.)은 약초 학자이기도 한 신성 로마제국의 주오스트리아 대사(Ogier Ghselin de Busbecq, 1522~1592)가 오스만제국의 제10대 황제(Suleiman the Magnificent, 1494~1566)에게 튤립(Tulip)의 알뿌리(球根)를 선물하면서, 이슬람의 남자들이 머리에 두르는 터번(turban)에 대한 페르시아 명칭(dulbend 또는 thoulyban)을 설명했던 것에서 비롯한다.[3)] 아마도 산자고 종류의 비늘줄기 알뿌리가 터번처럼 생긴 것에서 비롯했을 것이다.

종소명: 에둘리스(*edulis*). 먹을 수 있다는 뜻의 라틴어다.

한글명 기원: 가치무릇,[4)] 산자고(山茨菰, 光菇),[5)] 산ᄌᆞ고, 금등롱(金燈籠), ᄶᅡ치무릇,[6)] 물구[7)] 등

한글명 유래: 산자고근(山慈菰根)이라는 약재명에서 비롯한다. 그런데 산자고근은 난초과 약난초(*Cremastra appendiculata*)의 헛비늘줄기(僞鱗莖)를 지칭한다. 아마나속(*Amana* Honda)의 산자고 비늘줄기는 그 대용이다.[8)] 약난초는 우리나라 남부 지역 하록활엽수림에 드물게 나타난다. 결국 산자고근의 대용이 되면서 그 이름이 비롯했다. 약난초의 산자고근을 『구급간이방』[9)]에서는 '모물옷', 『향약집성방』[10)]에서는 '말무릇'의 향명 표기로 '馬無乙串(마무을곶)' 등을 기록했다. 한편 19세기초 『물명고』는 오늘날 염교로 취급하는 馬薤(마해)를 'ᄆᆞᆯ무릇'으로 번역하면서 이름에 혼선이 생기고 말았다. 그런데 『동의보감』[11)]은 근(根) 자를 뺀 산자고(山茨菰)라는 명칭에 가치무릇이라는 한글명을 대응시켰다. '산자고근'은 약난초이고, '산자고'는 까치무릇(가치무릇)이라는 사실을 알게 한다. 『산림경제』[12)]에서도 「치약(治藥)」 편에 『동의보감』 내용 그대로를 전한다. "잎 모양이 부추(韭)처럼 생겼고, 열매가 모서리(稜) 지는 삼각형이며, 음력 2월에 뿌리에서 잎이 나고, 3월에 꽃피며, 4월에 잎이 말라죽는다"는 기재는 우리나라에 야생하는 까치무릇(산자고)의 식물계절과 정확히 일치한다.

한방명: 광자고(光慈姑). 산자고의 비늘줄기(鱗莖)를 약재로 쓴다.[13)]

중국명: 老鸦瓣(Lǎo Yā Bàn). 중국에서는 산자고의 속명(*Tulipa* L.)을 옥금향속(郁金香属)이라 한다.

일본명: アマナ(Amana, 甘菜). 뿌리줄기에서 단맛이 나는 것에서 비롯한다. 별칭으로 ムギクワイ(Mugikuwai, 麦慈姑)가 있는데, 보리(麦) 색이 나는 비늘줄기 껍질에서 비롯했을 것이다. 일본 에도(江戸)시대의 박물지라 할 수 있는『화한삼재도회』[14]에는 무릇을 금등(金燈), 산자고를 은등(銀燈)으로 기재하는데, 2종의 꽃 색에서 비롯하는 명칭일 것이다.

영어명: Edible Amana, Edible Tulip

에코노트

산자고속(*Amana* Honda)은 고전적으로 튤리파속(*Tulipa* L.)으로 분류했으나 튤리파속이 얼레지속에 가깝다는 사실이 밝혀지면서 아마나속(*Amana*)으로 귀속되었다. 산자고와 얼레지는 서식처에서도 이미 생태적 분화가 보인다. 얼레지는 숲속 식물사회의 구성원이지, 초지 식물로 분류되지 않는다. 하지만 산자고는 숲과 풀밭의 경계 영역에 주로 산다. 숲속에 사는 경우는 숲 바닥에 빛이 충만한 곳, 숲 밖의 초지일 경우는 강한 햇볕을 하루 중에 반 정도는 피할 수 있는 곳이다.

산자고는 숲을 벗어나려는 특성을 보인다. 숲과 초지 가운데 서식처 하나를 선택한다면, 숲보다는 반그늘 초지다. 숲지붕이 울창한 숲속이라면 숲의 맨 가장자리에서 그것도 이른 봄에 일찌감치 싹이 나고, 신속하게 꽃피우며, 숲지붕이 울폐하기 전에 결실하면서 지상부는 말라 죽는다. 전형적인 봄형으로 이른바 봄맞이 순간개화 식물(spring ephemeral)이다.

산자고는 참으로 흥미로운 여러해살이 알뿌리(球根) 식물이다. 땅속 비늘줄기가 지름 8㎜ 정도가 되어야 옆으로 뻗는 땅속줄기 끝에서 새로운 새끼 알뿌리가 생겨나고, 이어서 꽃이 피고 종자가 생산[15]되는 영양생식과 유성생식을 함께 한다. 1속 1종으로 서식처 위치에서나 생명환의 특성에서 볼 때 알뿌리를 굴취하는 일이 개체군을 감소시키는 가장 큰 위협이다. 산자고는 지상부의 잎이나 땅속 비늘줄기에 독성이 없고 오히려 약간 단맛이 나기 때문에 오래전부터 나물이나 약재로 이용[16]되었고, 그래서 개체군 크기가 점점 작아진 것으로 보인다.

산자고라는 이름은 중약(中藥)으로 유명한 약난초(*Cremastra appendiculata*)의 한자명 '산자고근(山慈菰根)'에서 비롯한다. 비늘줄기 구근 모양이 약난초와 많이 닮아 대체품으로 이용되면서 얻은 이름이다. 그런 산자고가 우리나라에서는 약난초보다 더욱 흔하다. 약난초는 한반도 최남단 난온대 일부 지역에만 분포하지만, 산자고는 개마고원 이남 한반도 전역에서 보인다. 그래서 산자고는 오래된 한글 본명이 있었으며, 바로 까치무릇이다(한글명 유래 참조). 무릇과 함께 부추 종류이지만, 무릇보다 더욱 거친 야생에 산다는 의미, 즉 무릇보다는 사람이 사는 곳에서 멀리 떨어진 한적한 곳에 산다는 뜻으로 까치무릇이다. 되살리고 싶은 아름다운 이름이다.

산자고는 메마르거나 척박하거나 알칼리성이거나 강한 산성 땅에서는 살지 않는다. 산자고가 산다는 것은 가뭄으로 건조한 피해가 발생하지 않는 수분환경과, 토양 속 영양분이 늘 적절하면서 우리나라 보통의 자연 구성원들이 가장 잘 살아갈 수 있는 쾌적한 환경이라는 것을 말한다. 그런 곳은 사람도 살기 좋은 땅이다.

산자고는 해가 오르고 대기 온도가 데워

지면 꽃잎을 열고, 그러다가도 구름이 끼면 꽃잎을 닫아 버린다. 꽃이 추위를 많이 타기 때문이다. 이른 봄 구름 속으로 해가 숨어 버리기라도 하면 여전히 쌀쌀하므로, 그런 계절에 피는 꽃의 개화 전략이다. 추위에 가장 약한 신체부위, 생식기관인 꽃이 자칫 냉해를 입을 수도 있기 때문이다. 산자고는 봄철 냉해에는 아직 대책을 갖지 못했다는 증거다. 혹여 기온이 갑자기 뚝 떨어진 꽃샘추위이라도 오면, 오므린 꽃잎 속은 작은 곤충의 안락한 피난처가 된다. 산자고는 충매화의 전형이다. 쌀쌀한 봄날에 꽃가루받이에 성공하자면 부지런한 곤충의 도움이 반드시 필요하다. 수술 6개 가운데 안쪽 배열 3개는 바깥 배열 3개보다 길이가 약간 더 길다. 근친교배를 조금이라도 피하기 위한 진화로 이른바 '임의적인 딴꽃 꽃가루받이(facultative xenogamy)'의 전형이다. 중국에서는 몸길이가 1㎝에도 미치지 않는 아주 작은 구리꼬마꽃벌류(*Halictus* spp.)가 꽃가루받이 일꾼이란다.[17]

---

1) 吉田 等 (1976)
2) Clennett *et al.* (2012)
3) Gledhill (2008)
4) 허준 (1613)
5) 森 (1921)
6) 村川 (1932)
7) 박만규 (1949)
8) 신전휘, 신용욱 (2006)
9) 윤호 등 (1489, 김문웅 역주, 2008b)
10) 유효통 등 (1633)
11) 허준 (1613)
12) 홍만선(작자미상?) (1643~1715)
13) 신전휘, 신용욱 (2006)
14) 寺島 (1712)
15) 尾関 (2014)
16) 村川 (1932)
17) 吳 等 (2012)

사진: 김종원

범부채

Iris domestica **(L.) Goldblatt & Mabb.**
Belamcanda chinensis **(L.) DC.**

형태분류

줄기: 여러해살이며, 바로 서서 어른 허리 높이 이상으로 자란다. 꽃줄기는 위에서 갈라진다. 밝은 갈색으로 단단하면서 짧게 뻗는 뿌리줄기가 있다. (비교: 대청부채(*I. dichotoma*)는 식물체가 전반적으로 작고, 어른 허리 높이 이하로 자란다.)

잎: 어긋나고, 좌우 2열로 배열하면서 아래에서는 넓게 서로 얼싸안아서 마치 부채처럼 펼쳐진다. 너비 3㎝ 내외인 좁고 긴 칼모양으로 생겼고 흰빛이 도는 녹색이며, 가운데 잎줄이 뚜렷하다.

꽃: 7~8월에 꽃줄기 끝에서 암적색 점무늬가 있는 적황색 꽃잎 6장이 확 펼쳐진다. 여러 개의 막질로 된 싼잎이 포개져 있고, 가늘고 짧은 꽃자루에 꽃이 핀다. 수술 3개는 바로 서는 편이고 수술머리는 꽃밥 가득 수평으로 펼쳐진다. 암술대는 꽃잎 가까이 옆으로 비스듬히 눕고, 머리가 3개로 갈라진다. 일일화(一日花)로 한 송이씩 순서대로 피며, 시들 때에는 꽃잎이 오른쪽으로 심하게 뱅뱅 꼬인 후 떨어진다. (비교: 대청부채는 꽃이 담자색이다.)

열매: 캡슐열매로 타원형이다. 까맣고 반들거리는 둥근 씨가 들어 있다.

염색체수: 2n=32[1]

생태분류

서식처: 초지, 경작지 주변 풀밭, 농촌 근처, 무덤 언저리, 하식애 시렁모바위틈 등, 양지, 적습

수평분포: 전국 분포(대부분 식재 기원)

수직분포: 산지대 이하

식생지리: 난온대~냉온대(반고유종), 만주, 중국(화남지구, 화중지구, 화북지구, 새북지구의 간쑤 성과 닝샤 성, 그 밖에 티베트 등), 대만, 일본(혼슈 이남), 서남아시아, 동남아시아 등

식생형: 초원식생, 마을식생

생태전략: [터주-스트레스인내-경쟁자]~[경쟁자]

종보존등급: [Ⅳ] 일반감시대상종(단, 자생의 경우는 [Ⅰ] 절대감시대상종)

이름사전

속명: 이리스(*Iris* L.). 희랍어와 라틴어로 모두 무지개를 뜻하고, 달콤한 향이 나는 식물을 지칭한다. 희랍 신화에 나오는 바다의 신 타우마스(Thaumas)의 딸로 무지개의 여신인 이리스에서 비롯한다.[2] 범부채는 2005년 이후로 범부채속(*Belamcanda* Adans.)에서 붓꽃속으로 통합되었다.[3]

종소명: 도메스티카(*domestica*). 가축처럼 '집에서 키운다'는 뜻의 라틴어다. 린네는 범부채의 원산은 인도이고, 자카르타(구 Batavia)에서 채집한 표본으로 기재한 사실(*Epidendrum domesticum* L. 1753)을 전한다.[4] 하지만 원산은 불분명하다. (에코노트 참조)

한글명 기원: 범부체,[5] 범부치,[6] 법부졔(Pompuche), 사간(Sakan),[7] 편쥭란(扁竹蘭), 샤간화(射干花), 호션초(虎扁草), 범(의)부채,[8] 범부채[9] 등

한글명 유래: 범과 부채(부체)의 합성어로 꽃잎의 반점 무늬와 펼쳐진 잎 모양에서 비롯할 것이고, 17세기 초 『동의보감』에 나온다. 이보다 이른 시기인 15세기 초 『향약구급방』에는 범의부채 또는 범부채를 나타내는 한자 표기 호의선(虎矣扇)이 나온다. 범 호(虎), 어조사 의(矣), 부채 선(扇) 자를 빌려 쓴 향명 표기다. 1921년 모리(森)는 '법부졔'로 썼는데, 미숙한 한글 능력 때문에 잘못 적은 것으로 보인다. 영어 스펠링(Pompuche)은 정확하게 범부채라 썼기 때문이다. 범부채는 한글 창제 이전에도 우리나라 사람들이 썼던 고유 이름이다.

한방명: 사간(射干). 뿌리줄기를 약재로 쓰고,[10] 중국명에서 왔다.

중국명: 射干(Shè Gān). 범부채의 뿌리줄기를 지칭한다.

일본명: ヒオウギ(Hiougi, 檜扇). 편백나무(檜)의 얇은 오리를 엮어 만든 부채(扇)를 일컫다. 서로 껴안으면서 마주난 잎이 부채처럼 펼쳐진 모양에서 비롯한다. 범부채의 우리나라 향명 표기 호의선(虎矣扇)에 잇닿아 있다. 범부채는 일본 고전 시가집 『만엽집(万葉集)』에 가장 많이 등장하는 꽃 가운데 하나다.[11] 일본 제일의 전통축제 교토의 기원제(祇園祭)에는 반드시 범부채가 등장하고, 악령(역병)을 물리치는 장식으로 쓰인다.[12]

영어명: Blackberry Lily, Leopard Flower, Leopard Lily

에코노트

범부채는 오랜 세월동안 우리나라 사람과 부대끼며 정이 많이 든 자원식물이다. 꽃과 잎, 뿌리줄기가 사람의 주목을 끌 만하다. 19세기 초 『물명고』[13]는 수많은 고전을 바탕으로 여러 내용을 전한다. 부채처럼 생긴 잎 모양은 새 날개나 신선의 손바닥, 그리고 야생의 원추리나 생강처럼 생겼다고 했다. 뿌리는 약재로 쓰이며, 모양이 마치 솔개(鳶) 머리(頭)를 닮아서 명칭을 연두(鳶頭)라 하고, 꽃은 호랑나비를 닮았기에 협접화(蛺蝶花)라 한다는 사실도 전한다.

17세기 초 『동의보감』은 범부채가 곳곳에 산다(處處有)고 전한다. 그래서일까, 범부채는 우리나라에 자생하는 것으로 지금껏 알려졌다. 그런데 딱하지만 범부채는 우리 땅에 '저절로' 사는 생명체가 아니다. 국가생물종지식정보시스템을 비롯한 우리나라 모든 기록이 범부채를 자생종[14]이라 본다. 하지만, 사실이 아니다. 자생이라 함은 적어도 일부러 식재해서 지탱하는 것이 아닌 것을 말한다. 실제로 지금까지 야생에서 보이는 범부채는 사람이 식재한 개체이거나 식재지에서 가까운 곳에서만 보인다. 그렇게 퍼져 나온 것은 몇 해 지나지 않아 자취를 감춰 버린다. 사람의 도움 없이는 자생할 수 없다는 결정적인 방증이다. 범부채는 식물사회학적으로

한여름 아침 7시30분(왼쪽)과 오후 5시(오른쪽)

터주식물사회에 나타나는 '마을식물'의 전형이고, 문화적 소산이다.

지금까지 중국과 일본에서도 우리처럼 자생(native 또는 original distribution)한다고 믿고 있다.[15] 하지만 생태학적 혼선에서 빚어진 일이다. 범부채는 동아시아 어느 지역에서도 똑같은 방식, 즉 문화적 마을식물로 살아간다. 다행스럽게도 DNA 수준의 계통분류학적 연구[16]가 이런 진실을 뒷받침해 준다. 우리나라에서는 범부채와 근연종인 대청부채(오래된 이름은 얼이범부채[17])만이 자생종이다.

국가에서는 범부채를 관심대상종(LC)으로, 대청부채를 위기종(EN)으로 취급한다.[18] 하지만 현지내 자생하는 범부채 야생 개체군이 존재한다면, 이는 종보존등급 [I] 절대감시대상종이어야 한다. 범부채의 실체는 문화적 마을식물이기 때문에 종보존등급 [Ⅳ] 일반감시대상종이고, 대청부채는 종보존등급 [I] 절대감시대상종이다. 범부채는 꽃이 아름다워 수많은 품종이 개발되었다. 부가가치가 큰 세계적인 화훼자원인 것은 지금도 여전하다. 그래서 <위기에 처한 야생생물의 국가 간 거래에 관한 국제 협약(CITES)>은 부적절한 이용을 감시할 필요가 있는 종 목록(부록 Ⅱ) 속에 범부채를 등재했다.[19] 여기에는 대청부채도 해당된다.

범부채는 한여름에 피는 일일화(一日花)다. 갈라진 여러 꽃줄기 끝에서 꽃 네댓 개가 하루에 한 송이씩 정확히 순서대로 핀다. 한 송이는 오전 7시 무렵 꽃잎을 펼치기 시작해 오후 5시경에는 시들기 시작한다. 정오가 되면 수술을 하늘 높이 쳐들고 수술머리 부분만 수평으로 펼친다. 꽃가루를 퍼트릴 가장 좋은 자세다. 이때 암술은 확 펼쳐진 꽃잎 위에 살포시 눕는다. 근친교배를 피하고자 최대한 몸을 낮춘 모양새다. 한여름 뜨거운 땡볕과 건조를 이겨낼 수 있기 때문에 가능하다. 이튿날 꽃잎 6장은 뱅뱅 비틀려 나사처럼 꼬이고, 마침내 생을 마감한다. 그 다음

날 더욱 심하게 뱅뱅 꼬인 나사꽃잎은 아랫부분의 씨방과 함께 꽃자루에서 뛰어내리듯 떨어져 나간다. 이 경우는 딴 집 꽃가루받이(타가수분)가 실패했다는 징표다.

그런데 딴 집 꽃가루받이에 성공한 꽃송이는 나날이 캡슐열매가 굵게 부푼다. 속에 가득 든 씨도 나날이 여물어 간다. 씨가 완전히 익을 때까지 캡슐은 동아줄로 꽁꽁 묶어놓은 듯 터지지 않는다. 여기서 동아줄은 다름 아닌, 떨어지지 않은 채 붙어 새까맣게 마르며 배배 꼬인 나사꽃잎이다. 며칠 전까지만 하더라도 화려한 범 문양 자태를 뽐냈던 꽃잎 6장이다. 마침내 열매가 충분히 익으면 나사꽃잎 동아줄은 끊어지고, 캡슐 뚜껑이 활짝 펼쳐진다. 이윽고 칠흑 같이 까맣고 영롱한 씨가 모습을 드러낸다. 종자는 열매 꼬투리에서 분리되지 않고 매달리듯 옹기종기 붙어 있다. 조류나 설치류의 먹이가 되는 식물의 공통된 열매 구조다. 가을이 다 가기 전, 까만 씨들은 새들이 따 먹기만을 기다린다. 보석처럼 반짝이는 까닭도 새들에게 잘 보이기 위해서다. 열매에 독성이 약간 있다지만, 그것은 어디까지나 우리 인간의 논리일 뿐이다.

범부채라는 이름은 17세기 『동의보감』에서 시작된다. 한글로 범부체(채)라 적시했다. 그런데도 21세기에 나온 식물명 사전에서 유래미상이라거나,[20] "꽃잎 무늬가 호랑이가 아니라 표범 무늬를 더 닮았다"는 출처도 없는 이야기[21]가 퍼져 있다. 마뜩잖기 그지없

다. 범은 우리에게 신성하고 두려운 대상이면서도 한편으로 친근한 존재다. 그런데 애당초 범이 없는 땅에 사는 일본과 중국 사람들은 범이라는 말 대신에 '호랑(虎狼)이'라는 한자말로 우리를 줄기차게 얕잡아 가두려 들었다. 소인배의 질투다. 범은 밤(夜)과 뿌리가 같은 오래된 우리말이다. 칠흑 같은 밤에 멀리서 범>윔>범[22] 소리만 들어도 벌벌 떤다. 이렇게 오래된 우리말에는 우리의 정신세계가 들어 있다. 중국명(射干)에도 일본명(檜扇)에도 범은 없다. 범이 사는 땅에서만 생겨날 수 있는 이름이 범부채다. 범이 살았던 땅에서만 생겨나는 토속신앙, 그 산신각 속에 범이 살고 있는 까닭도 마찬가지다.

『토명대조선만식물자휘』[23]에는 어떤 지역에서는 범부채가, 다른 어떤 지역에서는 대청부채가 많다는 분포 상황을 전한다. 그것이 자생인지 식재한 것인지는 판별되지 않지만, 들판(原野)에 두루 분포한다고 했다. 당시 농촌 근처에 흔했던 것만은 분명해 보인다. 1936년의 조선총독부 자료에서도 범부채는 산지와 채집지가 전국적이고, 대구약령시에서는 한 근(斤)에 30전, 대전에서는 5전, 평양에서는 20전이었다는 시세를 전한다.[24] 약재 수요가 상당했음을 일러 준다. 집집마다 마을마다 범부채를 키우고, 그 주변에 널리 퍼져 있었을 농촌의 전통 경관이 어렴풋하게나마 그려진다.

---

1) Lee (1976), Park *et al.* (2006)
2) Quattrocchi (2000)
3) Goldblatt & Mabberley (2005)
4) Linneaus (1753)
5) 허준 (1613)
6) 유희 (1801~1834)
7) 森 (1921)
8) 村川 (1932)
9) 林泰治, 鄭台鉉 (1936), 정태현 등 (1937)
10) 안덕균 (1998), 엄태환 등 (2013)
11) 深津 (2001)
12) 黒田 (2008)
13) 유희 (1801~1834)
14) 산림청 (2016)
15) Zhao *et al.* (2000), 大井 (1978), 奥田 (1997)
16) Goldblatt & Mabberley (2005)
17) 정태현 등 (1937)
18) 환경부·국립생물자원관 (2012)
19) UNEP WCMC (2003)
20) 이우철 (2005)
21) 이유미(2010)
22) 백문식 (2015)
23) 村川 (1932)
24) 林泰治, 鄭台鉉 (1936)

사진: 김종원, 이창우, 최병기

각시붓꽃

Iris rossii Baker

형태분류

뿌리: 여러해살이로 어른 손 한 뼘 정도 높이로 자란다. 가늘지만 뿌리줄기가 튼튼하고, 단단하고 가늘면서 긴 적갈색 뿌리가 많이 달린다. (비교: 붓꽃(*I. sanguinea*)은 어른 무릎 높이까지 크게 자란다.)

잎: 뿌리에서 나며, 좁고 긴 줄모양으로 끝이 뾰족하고, 아랫부분은 서로 얼싸안아서 만져 보면 납작하다. 밝은 녹색이고, 아랫부분은 약간 황갈색을 띤다. 꽃이 시든 뒤에 더욱 커지고, 묵은 잎은 땅바닥에 켜켜이 쌓인다.

꽃: 4~5월에 꽃자루 끝에서 하나씩 나고, 청자색 꽃잎이 6장이다. 안쪽 꽃잎 3장은 주걱모양이고, 바깥으로 비스듬히 서는 편이다. 바깥 꽃잎 3장은 넓으면서 개름한 알모양으로 활짝 펼쳐지고 안쪽에 옅은 노란색 또는 흰색 무늬가 있다. 큰 싼잎 2장은 마주 안는다. (비교: 붓꽃은 5~6월에 피고, 바깥 꽃잎 안쪽에 범 무늬가 있으며, 안쪽 꽃잎은 수직으로 바로 서고 수술이 숨겨져 있다.)

열매: 캡슐열매이며 세로로 골이 진 원형이다.

염색체수: 2n=32

생태분류

서식처: 초지, 아주 밝은 숲속, 숲 가장자리, 무덤 언저리 등, 양지~반음지, 적습~약건

수평분포: 전국 분포
수직분포: 산지대 이하
식생지리: 냉온대~난온대(대륙성, 준특산), 만주(랴오닝 성 남부), 일본(혼슈 주고쿠 지역, 시코쿠 지역, 규슈 지역 등에 국지적 분포) 등
식생형: 초원식생(잔디형)
생태전략: [경쟁자]~[터주-경쟁자]
종보존등급: [IV] 일반감시대상종

이름사전

속명: 이리스(*Iris* L.). 희랍 신화에 나오는 무지개의 여신에서 비롯한다. 희랍어와 라틴어로 둘 다 무지개를 뜻하고 달콤한 향이 나는 식물을 지칭한다.

종소명: 로시(*rossii*). 표본 채집자인 영국 탐험가(J. Ross, 1777~1856)를 기념하면서 생겨난 라틴명이다. 한반도에 인접한 중국 랴오닝 성 남부의 건조한 제방 비탈면에서 채집(1876년 4월 27일)한 표본으로 첫 기재(1877년 12월 29일)가 이루어졌다.[1]

한글명 기원: 붓옷, 산난초,[2] 각씨붓꽃,[3] 애기붓꽃,[4] 각시붓꽃[5]

한글명 유래: 각시와 붓꽃의 합성어다. 각시처럼 작고 아름다운 붓꽃이라는 뜻이다. 한글명 붓꽃은 꽃봉오리가 붓처럼 생긴 데에서 유래하고, 무척 오래된 이름이다. 15세기 『향약구급방』[6]에서는 한자 붓 필(笔), 꽃 화(花) 자를 차자해 '필화(笔花)'로, 『구급간이방』[7]에서는 한글로 '붇곳'으로 기록했다. 한편 각시붓꽃 이름이 일본명에서 비롯한다는 주장[8]은 오해다. 일본명의 에히메(愛媛)는 시코쿠 지역의 지명(県)에서 유래하는 것이지, 예쁜(愛) 각시(媛)를 뜻하는 것이 아니다. (아래 일본명 참조)

한방명: 여실(蠡實), 마린자(馬藺子). 각시붓꽃, 붓꽃, 타래붓꽃 따위의 종자를 약재로 쓴다. 꽃은 마린화(馬藺花), 뿌리는 마린근(馬藺根)이라 한다. 꽃창포(*I. ensata* var. *spontanea*)는 뿌리와 줄기를 약재로 쓰고, 약재명은 옥선화(玉蟬花)이다.[9] 한편 『동의보감』은 여실(蠡實)을 '붇곳여름'이라 했고, 붓꽃의 열매라는 뜻이다.

중국명: 长尾鸢尾(Cháng Wěi Yuān Wěi). 붓꽃 종류를 연미속(鸢尾屬)이라 하며, 꽃 모양을 솔개(鸢) 꼬리(尾)에 빗댄 것이다. 중국에서는 솔개의 꼬리깃으로 붓을 만들었을 가능성도 있다. 각시붓꽃은 더욱 긴(长) 꼬리(尾) 모양 붓꽃이라는 뜻이다.

일본명: エヒメアヤメ(Ehimeayame, 愛媛菖蒲, 愛媛文目). 일본 시코쿠 지역 에히메 현(愛媛県)의 마쓰야마 시(松山市) 고시오레야마(腰折山)에 분포한다고 해서 마키노(牧野)가 그렇게 이름을 지었다. 본래의 오래된 이름은 다레유에소우(誰故草)이다. 훗날 마키노는 이 이름의

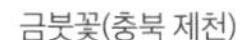
금붓꽃(충북 제천)

금붓꽃

존재를 몰랐다고 고백했다.[10] 다레유에소우는 '무슨 들풀(草誰)이 뭐 때문(故)에 이렇게 아름다운 꽃을 피웠나'라는 의미에서 생겨났다고 한다. 현재 고시오레야마의 각시붓꽃 자생지는 천연기념물로 지정되어 풀밭 초원식생으로 보호되고 있다. 한편 아야메(文目)는 붓꽃의 바깥 꽃잎 안쪽에 있는 문양(ayame, 綾目)에서 유래하고,[11] 한자 창포(菖蒲)는 창포 종류로 오해한 것에서 비롯한다.

영어명: Ross' Iris

에코노트

각시붓꽃과 붓꽃(*I. sanguinea*)은 우리나라 붓꽃 종류를 대표한다. 이 가운데 하나를 선택한다면 단연 각시붓꽃이다. 붓꽃은 중국과 일본에도 널리 분포하고 풍부하지만, 각시붓꽃은 한반도를 중심으로 북쪽으로는 만주 최남단에도 분포하고, 일본에서는 한반도와 기후조건이 가장 비슷하다는 일부 지역에서 점점이 분포한다. 각시붓꽃은 전형적인 한반도적 대륙성 기후에 분포중심이 있다. 이런 기후는 연간 강수량이 적어도 1,300㎜ 이상으로 전혀 물이 부족하지 않은 환경이지만, 식물 입장에서 녹록한 조건이 아니다. 건기와 우기로 구별할 수 있을 정도로 계절, 지역, 또는 하루 중에도 강우 양상의 변화가 심하기 때문이다. 이런 환경에 사는 식물은 수분스트레스를 극복해야 한다. 따라서 한반도에 터줏대감처럼 사는 고유종들은 형태, 생리, 생태 측면에서 건조라는 고난을 극복하는 형질을 획득한 생명체다. 많은 붓꽃 종류 가운데 각시붓꽃이 그런 한반도적 환경조건에 대응하는, 사실상 식물사회학적 준특산종(subendemic species)이다. 이와 대비되는 종이 붓꽃이다. 각시붓꽃은 건생(乾生) 초원식생 구성원이고, 붓꽃은 습생(濕生) 초원식생 구성원이다. 반면에 꽃창포는 질퍽질퍽한 습지의 초원식생 구성원이다.

붓꽃

우리나라에는 붓꽃 종류가 17종 있다. 최근 DNA 수준의 분자계통분류학 성과에 따라 내용의 해상도가 조금씩 높아져 왔다.[12] 한중일에는 각시붓꽃을 포함하는 금붓꽃 계열이 8종인데, 이 가운데 6종이 우리나라에 자생한다. 이것은 한반도적 대륙성 기후 환경에 대응한 금붓꽃 계열의 성공적 분화를 의미하고, 그런 진화도 계속되라는 것을 짐작케 한다. 대구 팔공산에서 금붓꽃을 모계로, 노랑무늬붓꽃을 부계로 하는 잡종추정군이 발견된 것[13]도 같은 맥락에서 이해할 수 있다. 금붓꽃 계열은 다시 금붓꽃그룹과 각시붓꽃그룹으로 나뉘며, 각각 3종이 알려졌다. 금붓꽃(*I. minutoaurea*), 노랑붓꽃(*I. koreana*), 노랑무늬붓꽃(*I. odaesanensis*)과 각시붓꽃, 흰각시붓꽃(*I. rossii* f. *alba*), 넓은잎각시붓꽃(*I. rossii* var. *latifolia*)이다.[14]

붓꽃. 안쪽 꽃잎 아래에 숨겨진 수술머리

붓꽃. 먹물을 머금은 듯한 꽃봉오리

붓꽃. 꽃가루받이한 암술머리를 감싸는 바깥 꽃잎

붓꽃 종류는 애당초 양지를 지향하지만, 어쩌다가 한번씩 반그늘인 밝은 숲속, 그것도 척박한 숲속에 들어가 산다. 우리나라와 같은 온대 생물군계에서 궁극의 자연은 울창한 낙엽활엽수림이기 때문에 붓꽃 종류의 지탱 가능성은 풀밭이라는 개방 서식처가 있어야 보장된다. 한반도의 골격, 백두대간이 있어도 풀밭이 없다면 붓꽃 종류는 결코 존재할 수 없다. 그런데 각시붓꽃이나 노랑무늬붓꽃의 현존 분포와 유전적으로 높은 변이의 지속성이 백두대간 덕택이라는 주장도 있다.[15] 크게 어긋난 이야기는 아니지만, 그렇다고 그런 식물 지리와 유전 양상이 이들 붓꽃 종류에게만 해당되는 것은 아니다. 한반도에서 백두대간은 식물지리학적 피난처(refugium)이며, 현존하는 식물사회와 식물종의 다양성을 지탱하는 결정적인 지리지형인 것은 분명하다. 하지만 태백산맥에서 소백산맥으로 갈라지는 분기 지역에 넓게 분포하는 석회암지대가 그런 피난의 기회를 크게 높였다는 사실도 중히 여겨야 한다. 풀밭 서식처를 풍부하게 제공하는 암석권이기 때문이다.

붓꽃 종류는 모두 충매화다. 바깥 꽃잎의 안쪽 깊숙한 곳에 꿀샘이 있다. 곤충들은 꿀샘을 찾아든다. 이때 안쪽 꽃잎 아래에 숨겨져 있던 수술머리의 꽃가루가 방문객의 등에 묻게 된다. 각시붓꽃은 더욱 밝고, 더욱 건조한 서식조건인 풀밭 식물사회의 구성원으로 곤충들의 방문이 자유로운 확 트인 공간에 산다. 그 결과 우리나라 무덤이 갖는 생태학적 존재가치를 각시붓꽃이 말해 주고 있다. 무덤이 존재하는 한 각시붓꽃도 영원

꽃창포(제주)

노랑꽃창포(도입종)

할 것이다. 그래서 무덤에서 핀 각시붓꽃으로부터 생명의 눈부심을 읊는 시[16]도 있다.

각시붓꽃은 약산성 토양에서 산다. 금붓꽃은 숲 언저리 밝은 반음지에서 주로 살고, 종종 석회암 지역의 알칼리성 땅에서도 보인다. 일본에서는 건생(乾生) 이차초원식생에 자리 잡은 각시붓꽃 개체군을 예전부터 보호하고 모니터링해 왔다.[17] 1897년 일본에서 처음으로 자생이 알려진 시코쿠 지역 에히메 현(愛媛県温泉郡難破村) 고시오레야마(腰折山)의 각시붓꽃 자생지[18]를 천연기념물로 지정, 관리한다. 금붓꽃은 일본열도에 아예 분포하지 않는다. 붓꽃은 동북아 전역에 널리 분포하지만, 더욱 습윤한 환경을 좋아해서 꽃창포(*Iris ensata* var. *spontanea*)가 사는 습지 언저리에서도 보인다. 해양성 기후 지역인 일본열도에서 가장 흔하면서 풍부한 붓꽃 종류가 바로 이 붓꽃이다. 일본 화투(花闘)의 5월 그림에 붓꽃이 있는 까닭이다. 우리나라의 5월 단오 습속을 말하면서 그 꽃이 붓꽃이 아니라 창포라는 주장도 있지만, 옳지 않다. 열매를 맺지 않는 신비로운 생명체 창포(*Acorus calamus*)는 꽃창포와 이름을 나누고 있을 뿐, 붓꽃속(*Iris* L.)과 전혀 다른 분류군이다. 혹여 꽃창포라 해도 맞지 않다. 꽃창포는 적자색 꽃이 피고, 서식처도 습지이며, 꽃피는 시기도 붓꽃보다 한 달 이상 늦다. 그 밖에도 다른 점이 한두 가지가 아니다. 최근 우리나라 습지생태공원에는 유럽 원산인 노랑꽃창포(*I. pseudacorus*)를 도입하면서 자생종 꽃창포는 설 자리를 잃고 있다. 마뜩잖게도 자생(native)과 도입(introduced)을 바탕으로 하는 화훼 연구[19]에서도 생태적 서식처 개념은 배제되어 있었다. 겉만을 치장하는 것은 가벼움일 뿐, 어떤 경우에도 생태라 할 수 없다. 자연으로부터의 배움이라면 삶의 터전과 생명과의 보이지 않는 아름다운 관계를 챙겨 보는 것이다.

---

1) Baker (1877)
2) 森 (1921)
3) 정태현 등 (1937)
4) 박만규 (1949)
5) IEE (1976)
6) 최자하 (1417)
7) 윤호 등 (1489; 김문웅 역주, 2008b)
8) 이우철 (2005)
9) 안덕균 (1998), 신전휘, 신용욱 (2006)
10) 牧野 (1961)
11) 奥田 (1997)
12) 심정기 (1988), 박선주 등 (2002), 이현정, 박선주 (2013)
13) 손오경 등 (2015)
14) 심정기, 김주환 (2002)
15) Chung *et al.* (2015)
16) 송혜원 (2005)
17) Naito & Nakagoshi (1993)
18) 堀川 (1950)
19) 고재철 (2006)

사진: 김종원, 류태복, 이창우

꿩의밥

Luzula capitata (Miq. ex Franch. & Sav.) Kom.

형태분류

뿌리: 여러해살이로 아주 작은 덩이뿌리에 갈색 잔뿌리가 많이 난다.

잎: 뿌리에서 모여나고, 줄모양으로 약간 뒤틀리며, 적자색인 뾰족한 끝은 약간 단단해진다. 가장자리에 긴 흰색 털이 많다. 꽃줄기에 난 잎은 2~3개로 작고, 싼잎 윗부분에 긴 흰색 털이 빼곡하다. 잎은 가을이 되면 적황색으로 변한다.

꽃: 4~5월에 어른 손 한 뼘 높이인 꽃줄기 끝에 이삭꽃이 모여 1개(드물게 2~3개)의 머리꽃으로 달린다. 꽃싼잎은 잎처럼 생겼고, 이삭꽃차례보다 많이 길다. 적갈색을 띠는 꽃잎조각은 6개이며 가장자리가 막질이다. 암술머리가 세 갈래로 갈라진 암술이 먼저 성장한 뒤, 수술이 자란다. 수술은 6개로 꽃밥이 수술대보다 약간 길다. (비교: 산꿩의밥(*L. multiflora*)은 이삭꽃이 모인 머리꽃 모양이지만, 꽃자루가 아주 길고, 꽃싼잎이 꽃차례보다 짧거나 같다. 별꿩의밥(*L. plumosa* var. *macrocarpa*)은 머리꽃이 아주 작고, 꽃싼잎은 아주 짧다.)

열매: 캡슐열매이고 적갈색이며 세 모서리가 지는 원형이다. 가운데가 살짝 눌린 둥글납작한 씨가 3개 들어 있다. 밝은 노란색 씨에는 씨 길이의 반 정도인 가종피(假種皮)가 변한 흰색 부속체가 붙었다. (비교: 별꿩의밥은 씨와 부속체의 길이가 거의 같다.)

염색체수: 2n=12(?)

생태분류

서식처: 초지, 무덤, 제방, 목초지, 숲 가장자리, 건조하고 아주 밝은 숲속, 산간 풀밭 등, 양지, 적습

무덤을 뒤덮은 꿩의밥

수평분포: 전국 분포
수직분포: 아고산대~구릉지대
식생지리: 난온대~냉온대, 만주, 일본열도, 캄차카반도, 사할린, 연해주 등
식생형: 초원식생(잔디형, 산지성)
생태전략: [터주-경쟁자]~[경쟁자]
종보존등급: [V] 비감시대상종

이름사전

속명: 루줄라(*Luzula* DC.). 노란빛을 띤다는 뜻의 라틴어(*luteolus*)에서 또는 나방이나 반딧불이 유충을 지칭하는 이탈리아어(*lucciola*)에서 유래한다. 노란색 수술 꽃가루에서 또는 약간 광택이 나는 꽃차례에서 비롯한다.
종소명: 카피타타(*capitata*). 머리(頭) 부분이라는 뜻의 라틴어로 작은 이삭꽃(花穗)이 모여 둥근 머리꽃(頭花)이 된 꽃차례에서 비롯한다.
한글명 기원: 꿩의밥,[1] 꿩밥[2]
한글명 유래: 꿩의 밥이라는 뜻이다. 실제로 무덤 풀밭에서 꿩(雉)이 먹이로 삼기도 하겠지만, 우리 식물 이름 속의 꿩은 꿩이 살 만한 풀밭 또는 거친 들판을 함의한다. 꿩의밥 최초 기재는 1921년의 일로 일본명(雀稗)으로 이루어진 바 있다.[3]
한방명: 지양매(地杨梅). 지상부를 약재로 쓴다.[4] 꿩의밥속을 통칭한 중국명(地杨梅屬)에서 비롯한다.
중국명: - (꿩의밥은 중국 본토에서는 보고된 바 없다. 근연종은 중부 유럽에 널리 분포하는 지양매(地杨梅, dìyángméi, *L. campestris*)로, 익은 열매 뭉치의 색깔이 좀 덜 익은 소귀나무 열매의 밝은 홍자색과 닮은 데에서 비롯한다.)
일본명: スズメノヤリ(Suzumenoyari, 雀槍). 꽃줄기 끝에 난 이삭 꽃차례가 참새(雀) 같이 작은 창(槍)처럼 생겼다는 뜻에서 비롯한다. 또는 スズメノヒエ(Suzuemnohie, 雀稗)라는 별명도 있는데, 작은 들새들이 먹은 피(稗)라는 뜻이다.[5]
영어명: Head-like Woodrush

에코노트

우리나라에는 6종이 있으며,[6] 모두 유라시아 대륙에 널리 분포하는 분류군이다. 그런데 꿩의밥만은 우리나라에서 가장 흔하고, 동해와 접하는 지역에 집중적으로 분포한

성숙한 암술

암술이 시들고, 성숙하기 시작한 수술

다. 따뜻한 난온대인 가장 남쪽까지 사는 종류다. 그러면서 중국에는 분포하지 않는다.[7] 꿩의밥은 잎 가장자리의 길고 부드러운 은빛 털이 특징이다. 잔디밭처럼 키 낮은 풀밭이 삶의 터전이다. 억새처럼 키 큰 풀이 우거진 초지에서는 살지 않는다. 도시 공원이나 주택 정원의 잔디밭에서도 살지 않고, 토끼풀이 사는 잔디밭에는 결코 끼어들지 않는다. 가끔은 땅바닥이 훤히 보이는 밝은 숲속에 들어가 사는 경우도 있지만, 척박하고 인간의 손길이 뜸한, 꿩이 좋아할 만한 풀밭에 산다. 무덤처럼 늘 한적한 풀밭을 최적의 거처로 삼는다. 꿩의밥이 사는 곳의 흙을 살펴보면, 가는 입자가 많이 섞인 규산염 토양이고, 물 빠짐이 좋지 않으며, 약산성인 경우가 대부분이다. 물이 잘 빠지도록 조성하고 대기오염에 늘 노출된 도시 잔디밭에서 꿩의밥이 보이지 않는 까닭이다.

꿩의밥 종류는 꽃가루받이를 바람에 의존한다. 풍매화의 일반적인 특성대로 꿩의밥도 암술이 수술에 앞서 성숙한다. 곤충에 의존하는 경우는 수술이 먼저 성숙하고 암술이 뒤이어 성숙하는 양상이 일반적이다. (「도라지」 편 참조) 지구상에 곤충이 출현한 뒤, 한참 있다가 충매화 식물이 출현했을 터이니, 풍매화 식물의 꽃가루받이는 무척 오래된 생식(결혼)전략이다. 꿩의밥도 바람에 의존하는 가장 원시적인 생식 방식을 쓰는 듯하지만, 대단히 진화한 지금의 충매화 식물보다 한층 더 진화한 식물이다. 지구 꽃식물의 진화 방향은 풍매화에서 충매화로, 다시 풍매화로, 그러다가 다시 충매화로, 또다시 풍매화로 돌고 돈다. 그러다가 적절한 크기와 모양의 꽃가루와 생식(꽃)구조에서 풍매와 충매의 융합인 풍충매가 생겨난다. 이제는 풍매, 충매, 풍충매 꽃식물이 지구상에 퍼져 있다. 그 시작은 풍매화였다. 마치 정반합의 전개 방식을 보는 듯하다. 그렇다면 꿩의밥이 왜 현존 풍매화보다 진화했다는 것일까. 바람이라는 것은 언제 어디서 어느 정도로 불어올지 전혀 예측할 수 없는 불확실한 존재다. 바람에 전적으로 의존하는 풍매화의 길로 들어섰다면, 자신이 준비할 수 있는 것은 오로지 미풍도 수렴해야 하는 암술머리의 미세한 입체 구조뿐이다. 루페로 본 꿩의밥의 암술머리는 초정밀 최첨단의 구조다.

꿩의밥은 이른 봄에 잎이 나자마자 꽃줄기가 솟으면서 4~5월이 되면 작은 구슬 같은 수많은 머리꽃이 피어 산들바람에도 한들거린다. 투명하면서도 연노랑색인 암술머리가 먼저 성숙해서 길게 나온다. 노란 꽃가루를 가득 이고 있는 수술은 뒤를 이어 성숙하며, 이때 암술은 시든다. 이웃 집단에서 날아온 꽃가루로 이미 꽃가루받이가 일어났다는 징후다. 꿩의밥은 이처럼 이웃 개체군 간에 꽃피는 타이밍을 조금씩 달리하면서 유전자 다양성과 변이성을 유지하는 것이다. 결실한 종자는 바늘 끝보다 작지만, 그 끝에 붙은 하얀 부속체는 이웃 개미들에게 귀한 식량이 된다. 덕택에 꿩의밥도 자식을 널리 퍼뜨리는 기회를 얻는다.

산꿩의밥

별꿩의밥(지리산)

1) 정태현 등 (1937)
2) 박만규 (1949)
3) 森 (1921)
4) 안덕균 (1998)
5) 牧野 (1961)
6) 이우철 (1996b)
7) FOC (2000)

사진: 김종원, 류태복, 이진우

개겨이삭(긴겨이삭)

Agrostis scabra **Willd.**

형태분류

줄기: 여러해살이로 뿌리에서 모여나며, 어른 무릎 높이 이상 자라고, 가냘프지만 바로 서는 편이다. 땅속 기는줄기는 없다.

잎: 너비 2㎜ 이하로 실모양이며, 기저 부분의 잎들은 안쪽으로 말려서 아주 가는 실처럼 보인다. 잎집에는 작은 가시털이 많아 까슬까슬하고, 잎혀는 3㎜ 이상으로 막질이며 큰 편이다. (비교: 산겨이삭(*A. clavata*)은 바닥 잎들이 말리지 않으며, 잎집이 매끈하고, 잎혀는 3㎜ 미만이다.)

꽃: 5~7월에 피는 고깔꽃차례다. 줄기 아래로부터 1/3 위치에서 꽃차례가 시작한다. 아주 가늘고 긴 작은가지(小枝)는 3~8개이며, 길이가 서로 다르고 돌려나듯 난다. 그 끝에 길이가 3㎜보다 짧은 작은꽃이삭(小穗)이 하나씩 나고, 마주 안는 바깥잎겨에는 맥이 1개 있으며, 투명한 막질인 겉받침겨에는 맥이 5개 있다. 작은꽃이삭 자루에는 미세한 가시털이 많아서 까슬까슬하다. (비교: 산겨이삭의 꽃차례는 꽃줄기 윗부분에 치우쳐 난다. 겨이삭(*A. clavata* var. *nukabo*)은 아주 짧은 작은가지에 작은꽃이삭이 다닥다닥 붙은 것처럼 보이며, 퍼지지 않고 위로 향해 가지런히 배열한다.)

열매: 이삭열매이며, 길이가 1㎜ 이하로 빈약하다.

염색체수: 2n=42[1)]

생태분류

서식처: 초지, 산 능선과 봉우리, 등산로 가장자리, 숲 가장자리 등, 양지, 적습
수평분포: 전국 분포(주로 중부 이북)
수직분포: 산지대~아고산대
식생지리: 냉온대 중부·산지대~아고산대, 일본(혼슈 북부, 홋카이도 등), 북미 등
식생형: 초원식생
생태전략: [터주-경쟁자]~[경쟁자]
종보존등급: [IV] 일반감시대상종

이름사전

속명: 아그로스티스(*Agrostis* L.). 들판 초지를 뜻하는 라틴어(*agrostis, agroste*)이면서 벼과 식물, 잡초, 개밀 따위를 지칭하는 희랍어(*agrostis, agrostidos*)로 농경지(*agron, agros*)에서 비롯한다.
종소명: 스카브라(*scabra*). 거칠다는 뜻의 라틴어다. 이삭꽃의 작은가지와 잎집의 까슬까슬한 가시털에서 비롯한다. 북미 온대 지역에도 분포하며, 첫 기재는 1797년 북미에서 채집된 표본으로 이루어졌다.[2]
한글명 기원: 개겨이삭,[3] 긴겨이삭[4]
한글명 유래: 긴겨이삭으로 더 많이 알려졌지만, 개겨이삭이 먼저 기재된 이름이다. 개겨이삭은 개와 겨이삭의 합성어로 '개' 자가 더해진 까닭은 알 수 없다. 한편 긴겨이삭은 꽃이삭이 달린 작은가지가 아주 가늘고 긴 것에서 비롯했을 것이다. 짧은 작은가지에 꽃이삭 여러 개가 다닥다닥 붙은 겨이삭과 비교된다. 한글명 겨이삭[5]은 겨 강(糠), 이삭 수(穗) 자로 된 일본명(糠穗)에서 비롯한다. 우리나라에서 긴겨이삭은 한글명 없이 1921년에 일본명(蝦夷糠穗)으로만 처음 기재되었고, 금강산에 분포한다는 사실도 전한다.[6]
한방명: -
중국명: -
일본명: エゾヌカボ(Ezonukabo, 蝦夷糠穗). 에조(蝦夷)와 누카보(糠穗)의 합성어다. 아이누족이 사는 땅 또는 홋카이도(옛 지명 에조, 蝦夷)에 흔하고, 곡식의 겨(糠)처럼 섬세(纖細)한 작은이삭(小穗) 모양에서 비롯한다.[7]
영어명: Hair Grass, Fly-away Grass, Rough Bent Grass, Tickle Grass

에코노트

겨이삭이라는 이름은 씨가 겨(糠)로 싸여 있는 벼과 식물의 이삭(穗) 구조에서 생겨났다. 열매 속 씨앗을 보호하기 위해 생겨난 겨이삭 구조다. 작은꽃이삭(小穗)의 제일 바깥쪽 아래에 잎겨(苞穎)가 1쌍 있고, 그 위에 받침겨(護穎) 1쌍으로 싸인 낟알이 모여 있는 구조다. 물리적 힘을 가하지 않으면 작은꽃이삭이 작은꽃줄기에서 떨어지지 않는 것이 겨이삭 식물의 특징이다. 타작하면 작은꽃줄기에서 작은꽃이삭 낟알이 우수수 떨어지고, 낟알을 다시 찧으면 겨(잎겨와 받침겨)가 벗겨지면서 씨만 남는다. 씨앗을 먹고 사는 생물학적 소비자에게는 무척 귀찮은 수고가 뒤따른다. 우리가 주식으로 먹는 벼나 밀은 모두 겨이삭 구조이고, 탈곡(脫穀)과 정미(精米) 과정을 거쳐서 곡물 수확을 마무리해야 한다. 하지만 겨이삭 식물의 입장에서는 자식(씨)을 살리고 계통을 보존하기 위해서 구조적 진화를 거듭한 최선의 형질 선택이다.

인류는 이런 겨이삭 식물을 알게 되면서 수렵과 채집의 시대를 끝내고, 정착 농경문화를 꽃피운다. 터키 남부 괴베클리 테페(Göbekli Tepe)에서 인류 최초 농경문화[8]가 시작되었다. 호모사피엔스 한 무리가 온대 초원지대로 진입하면서 누런 들판에서 그냥 훑어서 찧은 뒤, 씹어 먹을 수 있는 겨이삭 식물을 발견한 것이다.

겨이삭속(*Agrostis* L.)은 씨앗이 먼지같이 작기(1㎜ 이하) 때문에 사람이 먹을 정도는 아니지만, 들새나 곤충에게는 꼭 필요한 식량이다. 우리나라에는 검정겨이삭(*A. flaccida*), 긴겨이삭, 산겨이삭, 겨이삭, 버들겨이삭(*A. divaricatissima*), 흰겨이삭(*A. gigantea*), 애기겨이삭(*A. stolonifera*), 7종이 있다.[9] 겨이삭 종류는 습윤한 해양성 기후 환경에 맞추어진 분류군으로 대부분 유라시아 대륙의 냉온대에

실처럼 가냘픈 작은꽃줄기와 이삭열매

널리 퍼져 사는 광역분포형이다. 그 가운데 흰겨이삭과 애기겨이삭은 분포중심이 중부 유럽이다. 우리나라와 같은 대륙성 기후 지역에서는 건조 피해가 발생하지 않는 습윤한 서식처에서만 국지적으로 나타난다.

해발고도가 높은 아고산대나 고위도 중북부의 한랭한 지역에서부터 해발고도가 낮은 구릉지나 남부 지역의 온난한 지역으로 검정겨이삭>긴겨이삭>산겨이삭>겨이삭 순으로 연속적인 분포를 보인다. 남한에서는 해발고도가 낮은 곳에 겨이삭과 산겨이삭이 흔하고, 긴겨이삭은 더욱 한랭한 높은 곳에서 보인다. 산겨이삭은 겨이삭과 긴겨이삭의 지리적 분포 이행대에 걸쳐서 분포한다. 온난한 곳에서는 겨이삭과 산겨이삭을, 보다 한랭한 곳에서는 산겨이삭과 긴겨이삭을 함께 볼 수 있는 까닭이다. 북한에서 누운겨이삭이라 부르는 버들겨이삭은 북부 지역과 만주에 분포한다.[10]

우리나라 겨이삭 종류 가운데 가장 온난한 지역에 분포하는 겨이삭은 한해살이나 해넘이한해살이 또는 수명이 짧은 여러해살이로 대개 식물체가 작다. 작은가지가 아주 짧고 어긋나서 작은꽃이삭 낟알이 다닥다닥 붙은 것처럼 보인다. 반면에 산겨이삭은 긴겨이삭처럼 가늘고 긴 작은가지가 돌려나듯 난다. 긴겨이삭은 특히 낟알이 완전히 익는 9월 중순에도 뿌리에서 난 잎의 많은 부분이 여전히 녹색을 띠면서 잎 가장자리가 돌돌 말려, 마치 가늘고 긴 침처럼 빳빳한 질감을 유지한다. 한편 중국에서는 산겨이삭과 겨이삭을 다른 종류로 취급하기를 미루고 있다. 산겨이삭 표본에서도 겨이삭의 분류키가 되는 작은가지의 특징(형태분류 참조)이 종종 발견되기 때문이다.[11] 두 종간에 잡종이 생성되는 진화과정의 생태형(ecotype)일지도 모른다.

---

1) Seledets (2005)
2) Willdenow (1797)
3) 박만규 (1949)
4) 정태현 등 (1949)
5) 정태현 등 (1937)
6) 森 (1921)
7) 牧野 (1961)
8) Schmidt (2000)
9) 이우철 (1996a), 박수현 등 (2011)
10) 임록재 등 (1976)
11) Lu & Phillips (2006)

사진: 김종원

큰뚝새풀

***Alopecurus pratensis* L.**

형태분류

줄기: 여러해살이로 가장 아랫부분에서는 살짝 굽지만, 바로 서서 어른 허리 높이로 자라고, 느슨한 다발을 만든다. 마디가 3~4개 있으며, 긴 잎집에 싸여 있다. 아주 짧은 뿌리줄기가 발달한다.

잎: 뿌리에서 난 잎과 줄기에서 난 잎이 줄기를 따라 모여나고, 하늘로 똑바로 솟는 모양으로 백록색을 띤다. 잎집은 부드러우며 아주 긴 편이고, 털이 매끈하다. 막질인 잎혀는 3㎜ 내외로 가장자리가 편평한 둥근 옷깃모양이다. (비교: 큰조아재비(*Phleum pratense*) 잎혀는 삼각형 같은 반원형으로 윗부분 가장자리에 미세한 톱니가 있다.)

전북 무주 덕유산 향적봉 근처

꽃: 5월에 긴 꽃줄기 끝에서 편평한 작은꽃이삭이 빽빽하게 모여 붙어서 좁고 긴 원통모양 꽃이삭이 하나씩 달린다. 꽃밥은 노란색이다. 작은꽃이삭을 잎겨 1쌍이 받치며, 그 잎겨의 등줄에 가늘고 길며 뻣뻣한 털이 속눈썹처럼 줄지어 나 있다. 잎겨 길이보다 배로 긴 까락이 막질인 받침겨 바닥 부분에서 생겨나 작은꽃이삭 밖으로 솟아나고, 옅은 자색을 띤다.

열매: 이삭열매이며 길이 약 2㎜로 빈약하다. 까끄라기가 붙은 받침겨 채로 분산한다.

염색체수: 2n=28[1]

생태분류

서식처: 초지, 목초지, 방목지, 산지 스키장 인공 풀밭, 숲 가장자리 등, 양지, 적습~약습

수평분포: 전국 분포

수직분포: 산지대 이하

식생지리: 냉온대~난온대(신귀화식물), 전 세계 온대로 귀화(동유럽~서아시아 원산)

식생형: 초원식생, 터주식생(길가-황무지 다년생초본식물군락)

생태전략: [터주-스트레스인내-경쟁자]~[경쟁자][2]

종보존등급: - (신귀화식물)

이름사전

속명: 알로페쿠루스(*Alopecurus* L.). 여우(*alopex*) 꼬리(*oura*) 모양 화본형 식물을 지칭하는 희랍어(*alopekouros*)에서 유래하고, 긴 이삭 모양에서 비롯한다.

종소명: 프라텐시스(*pratensis*). 풀밭을 뜻하는 라틴어다.

한글명 기원: 큰뚝새풀[3]

한글명 유래: 뚝새풀보다 긴 이삭모양 꽃차례가 큰(大) 것에서 비롯한다. 뚝새풀(독개풀)은 '물기 많은 땅에 사는 풀'이라는 오래된 우리말이다.[4] '큰' 자가 더해진 것은 일본명과 중국명에 잇닿아 있다.

한방명: -

중국명: 大看麦娘(Dà Kàn Mài Niáng). 큰(大) 뚝새풀(看麦娘)이라는 뜻이다.

일본명: オオスズメノテッポウ (Ohsuzumenotettpou, 大雀鉄砲). 큰 뚝새풀이라는 뜻으로 이삭꽃차례 모양이 아주 작은 총(鉄砲)처럼 생긴 것에서 비롯한다. 참새 작(雀)자는 작거나 하찮다는 뜻이다.

영어명: Meadow Foxtail, Deadman's Finger

에코노트

큰뚝새풀은 물이 흥건하거나 늘 촉촉한 논바닥에 사는 뚝새풀과 형제 식물이지만, 여러가지로 많이 다르다.[5] 뚝새풀은 자생종이지만, 큰뚝새풀은 1970년대 이후 우리나라에 들어온 외래식물이다. 정보의 출처는 알 수 없지만, 목초로 재배되면서 도입된 것이라 한다.[6] 최근에는 자연생태계 관리가 엄중해야 하는 국립공원 지역에 인접한 무주리조트 스키장 곤돌라 정류장 주변 초지에서도 보인다. 인공시설이 조성되면서 다양한 화훼식물이 도입될 때 섞여 들어온 것으로 보인다. 개체군 크기는 작지만 붉은토끼풀과 함께 정착하고 있다. 이런 귀화식물을 탈출외래귀화식물로 분류하는데, 일시적일지 또는 장기적일지 개체군 동태를 계속 관찰해봐야 한다. 그런데 큰뚝새풀은 그늘진 숲속에는 살지 않고, 게다가 종자 번식도 어설픈 터라 지금까지 우리나라에서 생태적 우려가 보고된 바는 없다.

큰뚝새풀은 종자가 가을에 발아하지 않으면, 그냥 땅의 자양분이 되고 만다. 종자은행을 만들지 않는다는 이야기다. 대신에 짧게 다닥다닥 붙은 뿌리줄기로 영양번식을 한다. 주로 밀집전략(부록 생태용어사전 참조)으로 번성하지만, 중부 유럽 같은 해양성 기후 환경이 보장될 때나 그렇다. 그래서 우리나라 특히 한반도의 대륙성 기후에서는 큰뚝새풀 번성이 제한된다. 해양성 기후 지역인 일본에서 아주 흔하고 풍부한 것도 그 때문이다. 물이 너무 잘 빠져서 건조해질 수 있는 곳에는 살지 않고, 습윤한 입지조건에서만 살아남는다. 그렇다고 물이 늘 포화된 습지에 사는 식물은 아니다.

우리나라 산 능선에는 운무대(雲霧帶)가 만들어지는데, 이런 곳은 습윤한 해양성 기후 환경이 연중 수차례 발생하면서 중부 유럽에서 귀화한 식물이 살 만한 서식환경이 된다. 우리나라 백두대간 능선에는 드물지만 온전히 보존된 산지 초원식생이 부분적으로 잔존한다. 그 주변에서 진행하는 도로 건

큰조아재비(경북 영양 일월산)

큰조아재비(강원 대관령)

설이나 각종 토지개발 때에 붉은토끼풀이나 큰뚝새풀 같은 지피식물을 인위적으로 도입하는 일은 삼가야 한다. 산정 운무대 초원식생의 질적 변화를 일으키는 근본적인 요인이 될 수 있어서다.

흥미롭게도 뚝새풀이나 큰뚝새풀은 경작에 지장을 주지 않는다. 경작하지 않고 잠시 내버려둔 곳이나 그 언저리에서 주로 산다. 직사광선이 쪼이는 곳에서 살지, 그늘지는 곳이나 키 큰 식물이 우거진 풀밭에서도 살지 않는다. 그래서 영농이 활발한 경작지에 들어가 사는 잡초가 아니다. 유럽 온대에서는 건초를 생산하는 목초지(meadow)나 방목지(pasture)에 큰뚝새풀이 흔하며, 늘 직사광선이 지면에 도달하는 인공 초지 식물 사회의 구성원이다. 인공이라는 뜻의 문화 초원(Euro-siberian cultural grassland), 그것도 사람의 답압이 없는 식물사회(Molinio-Arrhenatheretea)를 특징짓는 대표적인 표징종[7]이다.

지금은 큰뚝새풀이 전 세계에 널리 퍼져 산다. 육식 문화 확산과 함께 사료식물로 크게 환영받으면서 일어난 일이다. 세계 곳곳에서 삼림을 벌채한 뒤, 목초지나 방목지를 조성하면서 퍼져 나갔다. 생산성 높고 질감이 부드러운 것이 뚝새풀속(*Alopecurus* L.)의 특성이며, 여기에 큰뚝새풀은 여러해살이기도 하다. 한번 정착하면 밀집전략으로 오랫동안 살기 때문에 해마다 씨 뿌리는 수고와 비용을 던다. 게다가 단식재배(monoculture)처럼 자기들끼리 모여 살 때에 오히려 최고의 생산성[8]을 보인다.

큰뚝새풀은 비옥한 토양을 좋아하고, 이른 봄에 새싹이 난 뒤 잎의 생장이 무척 빠르다. 그래서 연중 새 잎이 나고, 앞서 났던 잎들은 갈잎이 된다. 중부 유럽의 교외 들판이 한겨울에도 푸른색을 띠는 경우를 목격하는 것도 큰뚝새풀이나 새포아풀 종류(*Poa* spp.)가 마치 상록인 것처럼 살아가기 때문이다. 연중, 특히 겨울에도 전혀 메마르지 않는 해양성 온대기후에 따른 생태 경관이다. 큰뚝새풀은 한여름에도 새파랗게 새로 돋은 새싹, 이미 성장한 분백색 잎, 말라 버린 갈잎이 함께 다발을 만들고 있다. 잎의 수명이 짧기 때문에 소화가 잘 되는 가축 사료로 제격일 수밖에 없다.

큰뚝새풀과 비슷하게 생긴 큰조아재비 또한 유럽 귀화식물로 더욱 인간 간섭이 많은 입지에서 산다. 2종은 잎혀(葉舌) 모양으로 구분된다. 큰조아재비는 삼각형 같은 반원형으로 가장자리에 미세한 톱니가 있다. 역시 중부 유럽에서 귀화한 향기풀(*Anthoxanthum odoratum*)은 큰뚝새풀이나 큰조아재비보다 더욱 인간 간섭이 심한 입지에 산다. 즉 척박하고 건조한 도시화에 대응시킨다면, 향기풀>큰조아재비>큰뚝새풀 순서다. 향기풀은 이 3종 중에서 가장 일찍인 이른 봄에 꽃이 피고, 왜소하지만 식물체 일부분을 문지르면 향기가 나는 것이 특징이다. 잎혀 모양이 큰조아재비와 닮았지만, 그 가장자리가 매끈해서 구별된다. 목초지가 많은 제주도 중산간 이하 지역에서는 3종을 모두 볼 수 있다. 전형적인 대륙성 기후 환경인 한반도보다는 그런 지역이 생육에 더욱 유리한 편이다.

---

1) Sieber & Murray (1979)
2) Grime *et al.* (1988)
3) 정태현 (1970)
4) 김종원 (2013)
5) 정태현 (1970)
6) 박수현 (2009)
7) Oberdorfer (1983)
8) Ellenberg (1953)

사진: 김종원, 류태복

털새(새)

Arundinella hirta (Thunb.) Tanaka ***sensu lato***
Arundinella hirta var. ***ciliata*** Koidz.

형태분류

줄기: 여러해살이며 어른 허리 높이 이상 바로 서서 자라고, 단면은 둥글다. 비늘조각 몇 개로 싸인 뿌리줄기에 실보다 굵은 잔뿌리가 많다.

잎: 어긋난다. 줄기 마디보다는 짧지만 긴 편인 싼잎에는 흰 털이 있거나 없으며, 위쪽 가장자리에 눈썹처럼 긴 털이 많다. 잎혀는 1㎜ 이하로 짧고 좁은 띠모양이며, 종종 흔적으로 남는다.

꽃: 8~9월에 고깔꽃차례로 피며, 길이가 조금씩 다른 꽃줄기가 비스듬히 나고 다시 작은꽃자루에 꽃이삭이 1쌍 달린다. 꽃줄기와 작은꽃자루에는 짧은 털이 있다. 잎겨에는 털이 없고 맥이 여러 개 있다. 수꽃 이삭과 짝꽃이삭 2종류가 달린다.

열매: 이삭열매

염색체수: 2n=24[1], 28, 34, 36, 56[2]

생태분류

서식처: 초지, 산비탈 풀밭, 숲 가장자리, 아주 밝은 숲속, 강둑, 길가, 경작지 언저리, 방목초지, 바위틈 등, 양지, 약건~적습

수평분포: 전국 분포

수직분포: 산지대 이하

식생지리: 냉온대~난온대, 만주, 중국(화남지구, 화중지구, 화북지구, 새북지구 등), 대만, 연해주, 일본 등

식생형: 이차초원식생(억새형), 삼림식생(낙엽활엽수 이차림), 츠렁모바위 및 시렁모바위 다년생초본식생

생태전략: [스트레스인내자]~[터주-스트레스인내-경쟁자]

종보존등급: [V] 비감시대상종

이름사전

속명: 아룬디넬라(*Arundinella* Raddi). 갈대 또는 그와 같은 줄기를 뜻하는 고대 라틴어(*harundo*)에서 비롯한다.

종소명: 히르타(*hirta*). 억세다는 뜻의 라틴어다. 변종명 씰리아타(*ciliata*)는 가장자리에 털이 줄로 났다는 의미의 라틴어로 싼잎 목 부분을 중심으로 털이 줄지어 난 것에서 비롯했을 것이다.

한글명 기원: 싀[3], 새, 털새[4], 털야고초[5]

한글명 유래: 새는 대나무 잎처럼 생긴 화본형(禾本型) 식물의 총칭이다.[6] 털새는 털과 새의 합성어로 이삭꽃차례 꽃줄기와 작은꽃자루에 털이 있는 것에서 비롯하는 라틴 변종명에서 유래했을 것이다.

한방명: -

중국명: 毛秆野古草(Máo Gǎn Yě Gǔ Cǎo). 털새를 별도로 취급하지 않고, 새(野古草)에 통합한다.[7]

일본명: ウスゲトダシバ(Usugetodashiba, 薄毛田芝). 상대적으로 털이 적은 새 종류라는 뜻에서 비롯한다. 털

털이 많은 새(왼쪽)와 털이 적은 새(오른쪽)(한탄강)

털이 많은 싼잎(제천)

가을형(이차초원식생)

유무에 따라 몇몇 종류가 구분되지만,[8] 종내 다형(polymorphism)으로 말미암아 우리나라와 중국의 새 종류와 일치하는지 여부는 불확실하다. 새의 일본명 Todashiba(戶田芝 또는 Getodashiba 毛戶田芝)은 일본 지명(埼玉県 戶田市)에서 비롯한다. (『한국 식물 생태 보감』 1권 「새」 편 참조) 한편 일본에는 싼잎에 털이 많은 종(鬼戶田芝, *A. hirta* var. *hondana*)을 따로 구분하며, 우리나라에서는 이를 이삭털새[9]라고도 한다.

영어명: Hairy Arundinella

에코노트

우리나라에 들판이나 산지에서 가장 흔하게 만나는 벼과 식물이라면 분명 새 종류(*Arundinella* spp.)이다. 야생의 틈바구니를 메우는 들풀이고, 잎 넓은 식물을 '풀'이라 한다면, 갈기갈기 잎 좁은 풀의 총칭이 '새'이다.[10] 그런데 이런 잎 좁은 외떡잎식물의 분류는 늘 어려우며, 그중에서도 새 종류(새,

털새, 이삭털새)는 혼란스러울 정도다. 생김새가 비슷하기 때문이다. 예를 들면, 새와 털새는 이삭꽃차례의 가지가 갈라지는 것과 딱 붙어 있는 것처럼 보이는 작은꽃이삭의 꽃차례,[11] 또는 잎, 줄기, 싼잎 등의 털 유무에 따라 변종(variety)[12]으로 구분한다. 하지만 이러한 형질을 현장에서 살펴보면 일관성이나 규칙성이 늘 흔들린다.[13]

이삭털새의 경우도 마찬가지다. 벼꽃이삭이 생겼을 때 작은꽃이삭(小穗)의 잎겨(苞穎)나 싼잎(葉鞘) 뒷면에 아주 작은 점 같은 결절(혹)이 있고, 거기에서 많은 털(이하 결절 털, tubercle-based hair)이 생겨나기 때문에 분명하게 구별할 수 있다지만, 반드시 그렇지만도 않다. 다른 데는 결절 털이 빼곡하면서도 잎겨에는 전혀 없는 경우도 있기 때문이다. 이 경우를 일본에서는 다른 종(*A. hirta*)으로 분류한다. 우리나라에서는 이를 두고 그냥 '새'라고 하면서 털이 거의 없고 매끈 것을 특징으로 지목한다. (표 참조) 그런데 일본 채집 표본으로 이루어진 *A. hirta*의 원기재 자료[14]에서도 결절 털이 있는 것(*punctato-ciliatis*)으로 나타나며, 중국에서는 이 학명에 대해서 작은꽃이삭에 결절 털 없이 매끈한 것으로 분류한다.[15]

이처럼 우리나라, 중국, 일본 사이에서는 분류에 어상반한 혼란이 있고, 기재 내용도 조금씩 다르다. 이러한 분류 혼란은 처음부터 분류형질이 아닌 것을 가지고 분류한 데서 발생했거나, 또는 분류 연구의 미숙함에서 발생한 경우다. 여기서 후자의 경우는 계통분류학의 발달로 쉽게 해결되지만, 전자의 경우는 분류 기준으로 삼았던 형질의 불안정성에서 발생하는 문제다. 새 종류(*Arundinella* spp.)의 분류가 어려운 것은 종내(種內) 변이의 다형(polymorphism)에서 비롯했을 것이다. 이 책에서는 새, 털새, 이삭털새를 통합해서

잎이 말린 여름형(자연초원식생, 혈암 암극)

겨울형(자연초원식생, 유문암 암극)

털이 거의 없는 꽃이삭

한글명 '새'로, 그 학명은 *Arundinella hirta* var. *hirta sensu lato*로 기재해 둔다. 『한국 식물 생태 보감』 1권에서 기재한 바 있는 '새'도 여기에 통합된다.

우리나라에서 보이는 새 종류의 다형은 서식처 환경조건에 대응하는 유전적 발현일 가능성을 배제할 수 없는 생태형질이거나, 아예 생육환경조건에 의한 자연선택 과정으로 서식처 대응 개체가 분포하는 것일는지도 모른다. 새속(*Arundinella* Raddi)은 C4-광합성 식물로 극단적이고 일시적인 건조로 발생할 수 있는 수분스트레스를 극복하는 능력을 이미 가지고 있기 때문이다. 서식처가 어떤 곳이라도 새속 식물은 뿌리내려서 한번 정착하면 오랫동안 살 수 있다.

실제로 이들 서식처는 자연적인 초지에서부터 반자연 이차초지에 이르기까지 매우 다양하다. 나무가 들어가 살 수 없을 정도로 강한 직사광선이 내리쬐는 바위틈이나 주기적으로 간섭이 일어나는 산간 풀밭에도 산다. 분포중심지는 열악한 환경조건에서 발달하는 밀도 낮은 듬성듬성한 자연초지다. 새속이 우점하는 식물사회의 경우는 산불 같은 교란[16]이나, 목초지처럼 적절한 간섭이나 관리로부터 발달한다.[17] 비록 우점하지 않더라도 이차초원식생 식물사회에서도 수반종(隨伴種, 부록 생태용어사전 참조)으로 나타난다. 이러한 분포양상은 새속의 생태성에서 비롯한다. 여기다가 새 종류는 대륙성 기후환경, 즉 장마가 끝나는 7월 말 이후의 C4-계절[18]에 대응하는 생리생태적 기작을 갖고 있기 때문에 우리나라 어디에서나 흔하게 만나게 된다. C3-광합성 식물이 갖는 선조직(腺組織) 세포를 가지고 있으면서도 C4-광합성 식물의 생리생태적 과정을 성취하는 특기[19]

『한국식물생태보감 2』	새, *Arundinella hirta* (Thunb.) Tanaka *sensu lato*		
Arundinella hirta group	var. *hirta*	var. *ciliata*	var. *hondana*
이우철 (2005)	새	털새	-
박수현 등 (2011)	털새	새	이삭털새
국가표준식물목록(2016)	새		(이삭털새)
중국	毛秆野古草(*A. hirta*)		庐山野古草
일본	Getodashiba (毛戸田芝)	Usugetodashiba (薄毛戸田芝)	Onitodashiba (鬼戸田芝)

억새 초지 가장자리에 사는 결절 털이 많은 새(경남 산청 황매산)

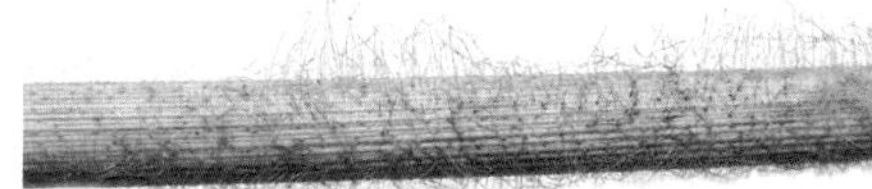

결절 털

결절 털이 많은 꽃이삭

결절 털이 빼곡한 싼잎

를 가졌기 때문이다. 일반적으로 우리나라에서는 아주 흔하게 보이는 이차초원식생 가운데 하나는 억새-새군락이라는 식물사회인데, 해양성 기후 환경인 일본열도에서는 가장 건조하고 척박한 서식처에서만 국소적으로 발달한다.[20] 식물사회학적으로 새 종류는 서식처 생육환경이 더욱 열악할수록 경쟁력이 더해지는 형국이다. 우리나라 산지의 돌출한 츠렁모바위나 시렁모바위에서 자주 나타나는 것도 그런 생태성에서 비롯한다.

---

1) Rudyka (1990)
2) Sun & Phillips (2006)
3) 유희 (1801~1834)
4) 정태현 등 (1949)
5) 박만규 (1949)
6) 김종원 (2013)
7) Sun & Phillips (2006)
8) 桑原 (2008)
9) 박수현 등 (2011)
10) 김종원 (2013)
11) 박수현 등 (2011)
12) 桑原 (2008)
13) 류태복, 김종원 (2016, 미발표)
14) Thunberg (1784)
15) Sun & Phillips (2006)
16) 강상준 (1971)
17) 윤익석 등 (1969), 김병호 등 (1969)
18) 김종원 (2006)
19) Reger & Yates (1979)
20) 酒井 等 (1985)

사진: 류태복, 김종원

나도기름새(수염새)

Capillipedium parviflorum (R.Br.) Stapf.

형태분류

줄기: 여러해살이로 아래에서는 약간 비스듬하지만, 위에서는 바로 서서 어른 허리 높이로 자라고 거의 갈라지지 않는다. 뿌리에서 모여나고, 지름 2㎜ 내외로 가느다랗지만 딱딱한 편이다. 아주 옅은 녹색이며 단면은 둥글고 마디에 부드러운 털이 빼곡하다. 가는 수염뿌리도 딱딱한 편이다.

잎: 좁고 긴 줄모양이며 흰 털이 많은 편이고, 바닥 근처에는 결절 털이 조금씩 섞여 있다. 마디보다 길이가 짧은 싼잎은 짙은 녹색이며 목 부분에 긴 흰색 털이 있다.

싼잎과 잎에 난 부드러운 흰 털

꽃: 8~9월에 줄기 끝에서 꽃차례가 점점 길어져서 아주 긴 고깔꽃차례가 되고, 꽃싼잎은 없다. 가느다랗고 유연한 꽃이삭 가지가 돌려나듯이 난다. 2~4갈래로 갈라지면서, 길이가 조금씩 다르고, 살짝 굴곡이 진다. 자색을 띠는 꽃이삭은 보통 3개로 이루어진다. 짝꽃 이삭 1개는 자루가 없으며, 긴 까락이 있고, 단성(單性, 수꽃 또는 무성) 이삭 2개는 자루가 있고 까락이 없다. (비교: 바랭이새(*B. ischaemum*)는 우산모양(散房狀)으로 펼쳐지는 꽃차례다. 기름새(*Spodiopogon cotulifer*)는 꽃차례가 아래로 늘어진다.)

열매: 이삭열매

염색체수: 2n=20, 40, 60[1)]

생태분류

서식처: 초지, 산비탈 풀밭, 등산로 주변 풀밭, 아주 밝은 숲속 등, 양지, 약건

수평분포: 전국 분포(개마고원 이남, 주로 중남부 지역)

수직분포: 산지대 이하

식생지리: 난온대~아열대, 대만, 중국(화남지구, 화중지구의 안후이 성, 후베이 성, 쓰촨 성, 화북지구, 그 밖에 티베트 등), 일본(혼슈 간토 이서), 동남아시아, 서남아시아, 뉴기니 등

식생형: 초원식생(억새형)

생태전략: [스트레스인내자]~[터주-스트레스인내-경쟁자]

종보존등급: [IV] 일반감시대상종

이름사전

속명: 카필리페디움(*Capillipedium* Stapf). 털(*capillus*)과 다리(*pedis*)를 뜻하는 라틴 합성어에서 비롯한다. 꽃이삭이 돌려난 자리에 하얀 털이 빼곡한 것에서 비롯한다. 고른꽃차례의 바랭이속(*Bothriochloa* Kuntze)과 달리 나도기름새속은 고깔꽃차례다. 일반적으로 고깔꽃차례는 아래에서부터 위로 순서대로 꽃이 피며, 나도기름새의 경우는 꽃차례가 점점 크게 성장하는 것도 특징이다.

종소명: 파르비플로룸(*parviflorum*). 작은(*parvi-*) 꽃(*flora*)이라는 뜻의 라틴어다.

길이가 조금씩 다른 꽃이삭 가지의 돌려나기

한글명 기원: 나도기름새,[2] 수염새[3] 등

한글명 유래: 나도와 기름새의 합성어로 작은 기름새라는 일본명(小油薄)[4]에 잇닿아 있다. 북한에서는 수염새라 한다. 1942년 『조선식물지』를 인용한 자료[5]에 따르면 나도기름새(1949년)보다 이른 시기에 기재된 것으로 추정된다. 이삭꽃차례나 잎이나 싼잎에 난 희고 긴 털에서 비롯한 이름으로 보인다.

한방명: -

중국명: 细柄草(Xì Bǐng Cǎo). 줄기가 가느다란 새라는 뜻으로 가느다란 줄기 또는 이삭꽃차례의 가냘픈 작은꽃줄기에서 비롯했을 것이다.

일본명: ヒメアブラスズキ(Himeaburasuzuki, 姫油薄 또는 Koaburasuzuki, 小油薄). 작은 기름새라는 뜻이다. 기름새(*S. cotulifer*)의 작은꽃이삭에서 나는 향기나 기름기 돌듯 광택이 나는 것과 닮은 데에서 비롯한다.

영어명: Small-flower Scented-top

에코노트

나도기름새는 흔치 않지만, 희귀한 것도 아니다. 키 큰 외떡잎식물이 우점하는 화본형(禾本型) 풀밭 식물사회 가까이에 살지만, 그 속에 들어가 살지는 않는다. 직사광선에 노출된 아주 양지바른 돌출 지형에서 주로 보인다. 방목초지와 같은 비옥한 곳에서는 살지 않고, 오히려 척박한 땅을 더 좋아한다. 보통 식물이 살기가 어려운 알칼리성 사문암이나 백운암 같은 척박한 암석 입지에서 나타나는 것[6]도 오히려 나도기름새가 생리적 스트레스에 잘 견디는 스트레스인내자란 것을 말한다.

나도기름새는 기름기 있어 보이는 꽃이삭을 문지르면, 기름새처럼 약한 휘발성 기름(volatile oil)[7] 향이 난다. 이름도 거기에서 비롯한다. 일본명을 번역하면서 생긴 이름인데, 마뜩잖아서인지 북한에서는 수염새라 부른다. 식물체 이곳저곳에 하얀 털이 많아서 그리 부른 것으로 보인다. 그런데 북한에서는 결코 흔한 종류가 아니다. 나도기름새의 분포중심지가 아열대 지역이고, 북쪽 한계 분포는 난온대 영역까지이기 때문이다. 이런 영역은 해발고도가 낮은 구릉지대가 대부분으로, 토지 이용이 활발한 탓에 나도기름새의 서식처로 그냥 남아 있는 곳이 거의 없다.

나도기름새는 무덤 같은 초지에서도 살지 않는다. 규칙적인 벌초를 이겨 내지 못하기 때문이다. 살더라도 무덤 언저리에서 드물게 보일 뿐이다. 결국 나도기름새는 억새밭이나 잔디밭 속에 들어가 살기보다는 그 경계 영역에 사는 식물이고, 그래서 드물게 보이는 것이다. 풀밭 식물사회 언저리에 사는 구성원이지만, 초원식생 구성원으로 분류한다. 일본에서는 난온대 이차초원식생으로 억새-솔새군단(Themedo-Miscanthion sinensis)이라는 식물사회를 규정하며, 그 표징종으로 나도기름새를 든다. 이를테면 해발고도가 낮은 구릉지대에 발달하는 억새 풀밭 식물사회를 특징짓는 종이라는 것이다. 우리나라 남부

성숙한 이삭꽃차례

덜 성숙한 이삭꽃차례

지역과 일부 해안 지역 풀밭에도 이와 비슷한 식물사회가 발달한다.

---

1) Sinha *et al.* (1990), Chen & Philiips (2006)
2) 정태현 등 (1949)
3) 안학수, 이춘녕 (1963)
4) 森 (1921)
5) 임록재 등 (1976)
6) 박정석 (2014)
7) Mahmood *et al.* (2004)

사진: 김종원, 류태복

산조풀

Calamagrostis epigeios (L.) Roth

형태분류

줄기: 여러해살이며, 바로 서서 어른 허리 높이 이상 자란다. 긴 뿌리줄기가 발달하고 무리를 만든다. (비교: 산새풀(*C. langsdorfii*)은 달리는 땅속줄기의 마디에서 보통 줄기가 하나씩 솟아난다.)

잎: 긴 줄모양이고, 가장자리가 물결치듯 하며, 앞뒷면이 거칠다. 잎혀가 두드러지게 길고(3~7㎜), 잎 너비는 1㎝ 이상이다. (비교: 갯조풀(*C. pseudophragmites*)은 잎 너비가 보통 0.5㎝ 내외다. 산새풀은 줄기 가장 밑에서 난 잎이 아주 작고 짧으며, 위에서는 크고 작은 잎 여러 개가 한 곳에서 모여난다.)

꽃: 7~9월에 피며 연한 녹색으로 좁고 긴 고깔꽃차례다. 꽃피기 전에는 바로 서는 편이며, 꽃이삭이 빼곡하게 붙어서 어른 손 한 뼘 정도 길이인 동물 꼬리처럼 보인다. 꽃이 피기 시작하면 작은꽃이삭 줄기가 벌어지면서 개개 꽃이삭이 드러난다. 작은꽃이삭 가지는 돌려나듯 하고, 작고 미세한 자침(刺針)이 있어 심하게 까칠하다. 작은꽃이삭은 꽃 1개이고, 연한 녹색에서 황록색으로 변하다가 마침내 진한 갈색으로 바뀐다. 잎겨는 1쌍이며 길이가 같고, 그 끝은 까락처럼 뾰족하며, 등줄에 미세한 가시가 있다. 투명한 막질인 받침겨는 잎겨 길이의 1/2이고, 끝이 까락처럼 된다. 안받침겨와 바깥받침겨 길이는 같고, 아래쪽에 긴 은빛 털이 있다. 이 털은 꽃 길이의 2배 길이로 잎겨와 길이가 거의 같다. (비교: 갯조풀은 잎겨 1쌍의 길이가 서로 다르다. 실새풀(*C. arundinacea*)은 털이 잎겨 길이의 1/2 정도로 잎겨에 가려

산조풀군락(습지 언저리)

이삭꽃차례

덜 익은 이삭꽃차례

서 잘 보이지 않고, 위에서 살짝 굽는 긴 까락 하나가 밖으로 나온다. 산새풀은 까락이 잎겨보다 짧다.)

열매: 이삭열매

염색체수: 2n=28, 42, 56[1)]

생태분류

서식처: 초지, 들판 언저리, 하천변 언저리, 해안 풀밭, 하구 습지 언저리, 석호 언저리 등, 양지, 적습~약습

수평분포: 전국 분포

수직분포: 산지대 이하

식생지리: 냉온대~난온대, 북반구 온대 지역

식생형: 초원식생, 저습지 다년생 고경초본식생

생태전략: [경쟁자]~[터주-경쟁자]

종보존등급: [V] 비감시대상종

이름사전

속명: 칼라마그로스티스(*Calamagrostis* Adanson). 갈대(*kalamos*)와 들풀(*agrostis*)을 뜻하는 희랍 합성어에서 비롯한다.

종소명: 에피게이오스(*epigeios*). 수계 영역에 대응하는 흙으로 드러난 땅을 뜻하는 라틴어에서 비롯한다.

한글명 기원: 돌서숙,[2)] 산조풀,[3)] 산서숙, 돌조풀[4)]

한글명 유래: 산과 조와 풀의 합성어로 일본명에서 비롯한다. 1921년의 기재에서는 일본명(山粟)[5)]으로만 기록되었다. 돌서숙도 일본명을 번역한 것으로 보인다.

한방명: -

중국명: 拂子茅(Fú Zi Máo). 타작하듯이 털면(拂) 아주 작은 씨(子)가 엄청 많이 떨어지는 띠풀(茅) 또는 털이 총채(拂子)처럼 생긴 꽃차례를 갖는 띠풀이라는 뜻에서 비롯했을 것이다. 산조풀속(拂子茅屬)을 대표하는 이름이다.

일본명: ヤマアワ(Yamaawa, 山粟). 들판에 야생하는 조(粟)라는 뜻이다. 꽃차례가 조를 닮았다는 것에서 비롯한다. 하지만 곡류 조(粟)는 강아지풀속(*Setaria* P. Beauvois)이고, 꽃차례도 전혀 다른 분류군이다.

영어명: Reedgrass, Saltpangrass

에코노트

산조풀, 친근한 이름이다. 야산에 사는 조 같은 풀이라는 뜻이다. 짐승 꼬리를 닮은 꽃차례 모양이 조처럼 보이는 것도 있지만, 무리 지어 사는 모습이 그럴 만도 하다. 오래전부터 이용했을 것으로 여겨지는 영락없는 자원식물처럼 보인다. 그런데 약재나 구황 자원으로 이용했다는 기록이 전혀 없다. 1949년에 돌서숙(2월)과 산조풀(11월)이라는 이름이 처음 나타난다. 흥미로운 중국 한자 이름(拂子茅)을 제쳐 두고, 조 속(粟)자를 포함하는 일본명(山粟)에서 생겨난 이름이다. 하지만 산조풀이 속하는 산새풀속은 조(*Setaria italica*)와 전혀 상관없다. 일본 사람들이 그렇게 불렀지만, 산조풀의 작은 씨앗은 타작해서 죽 쒀 먹을 수 있을 정도는 못 된다. 길가

에 사는 강아지풀 종류(*Setaria* spp.) 보다도 훨씬 못하다. 조는 강아지풀 종류와 형제간이고 야생 개체군으로부터 오랜 세월 종자 고르기 과정을 거쳐 인류의 곡류 자원이 되었다. 우리 고전에도 일찍부터 자주 등장한다. 한자 산속(山粟)으로 번역할 만한 뫼조[6]라는 한글명칭도 나온다. 그에 비해서 산조풀은 들꿩이나 들새들의 귀한 식량이다. 땅바닥에 떨어진 먼지같이 작은 부스러기 씨앗도, 떨어지지 않고 꽃줄기에 매달린 씨앗도, 새들의 귀한 겨울 먹거리다. 많은 산새풀 종류가 북반구 온대 지역에 널리 분포하는 것도 새들의 도움이 컸다. (표 참조) 분포중심지 또한 새들이 살 만한 곳으로 확 트인 풀밭이고, 그런 풀밭 가까이 아주 밝은 숲속 또는 숲 가장자리에도 산다. 북한에서는 산조풀의 어린잎을 가축 먹이풀로 쓴다지만,[7] 사실상 주목할 만한 사료 식물은 아니다.

우리나라에 사는 것으로 알려진 산새풀속(*Calamagrostis* Adanson)은 10종(산조풀, 갯조풀, 실새풀, 산새풀, 백산새풀, 제주새풀, 들새풀, 야자피, 사할린새풀, 붕겐새풀)[8]이다. 산조풀, 갯조풀, 실새풀, 산새풀은 우리나라를 대표하는 종이고, 그중에서도 산조풀과 실새풀이 가장 흔하다. 그런데 우리나라에 아직 소개된 바 없는 산조풀과 많이 닮은 2종(*C. extremiorientalis, C. macrolepis*)이 한반도에 인접한 중국과 만주에 널리 분포한다는 사실이 최근 소개된 바[9] 있다.

농촌 들녘의 산조풀

산조풀-억새군락(해안)

산조풀은 해발고도가 낮은 구릉지대에, 실새풀은 그보다 해발고도가 높은 산지대에 주로 산다. 갯조풀은 산조풀과 많이 닮았으나, 해안 지역의 더욱 습한 땅에서 산다. 산조풀은 서식 범위가 무척 넓은 편으로, 습지 언저리에서부터 억새가 사는 건조한 풀밭까지 산다. 한편 산새풀은 실새풀과 많이 닮았으나, 실새풀은 더욱 한랭한 높은 산지나 북부 지역에 주로 분포한다. 해발고도가 높은 아

실새풀

실새풀군락

고산대에 분포중심이 있으면서도 종종 산지대의 돌출 츠렁모바위 및 시렁모바위에서도 관찰된다. 산새풀은 어릴 때 실새풀과 구분되지 않는 경우도 있지만, 줄기 맨 아랫부분의 잎들이 있는 둥 마는 둥 하고, 그 위의 줄기에는 길이가 다른 잎 몇 개가 모여난다. 더 쉬운 구별법은 맨눈으로도 보이는 잎혀(葉舌) 길이다. 산새풀은 1㎝ 정도로 아주 긴 편

	산조풀	갯조풀	실새풀	산새풀
학명	*C. epigeios*	*C. pseudophragmites*	*C. arundinacea*	*C. langsdorfii*
뿌리 마디에서 나는 줄기	1~2개씩		여러 개가 모여남	주로 하나씩 남
잎차례	산새풀은 줄기 가장 밑에서 난 잎은 아주 작고 짧아서 흔적처럼 되고, 위에서는 길이가 서로 다른 잎 여러 개가 뭉쳐남. 다른 종류는 줄기에 잎이 하나씩 남			
잎너비	1㎝ 내외	0.5㎝ 내외	1㎝ 내외	
잎혀(葉舌)	7㎜ 내외	9㎜ 내외	3㎜ 내외	9㎜ 내외
잎겨(苞穎)	길이가 같음	길이가 다름	길이가 거의 같음	
받침겨(護穎) 털 길이	잎겨와 거의 같거나 약간 더 김		잎겨 길이의 1/2 이하	
까락	보이지 않음		꽃이삭 밖으로 나옴	보이지 않음
꽃차례	꽃피기 전까지 작은줄기가 짧고 작은꽃이삭이 밀집해 동물 꼬리처럼 보임	작은줄기가 길어서 꽃이삭이 퍼져 보임	작은줄기가 길게 퍼져서 작은꽃이삭이 처음부터 느슨하게 달림(산새풀은 덜함)	
분포	구릉지대>산지대	저지대>산지대	구릉지대<산지대	산지대<아고산대
주요 서식처	강, 하천, 습지 등의 언저리와 경작지 언저리	해안과 강 하구언 저습지 언저리	츠렁모바위, 시렁모바위, 밝은 숲속, 초지	츠렁모바위, 시렁모바위, 습지, 초지
식생지리	전 세계(주로 북반구 온대) (난온대>냉온대)	아시아 온대 (난온대>냉온대)	유라시아 대륙 온대 (난온대<냉온대)	동아시아 온대 (냉온대-아고산대)

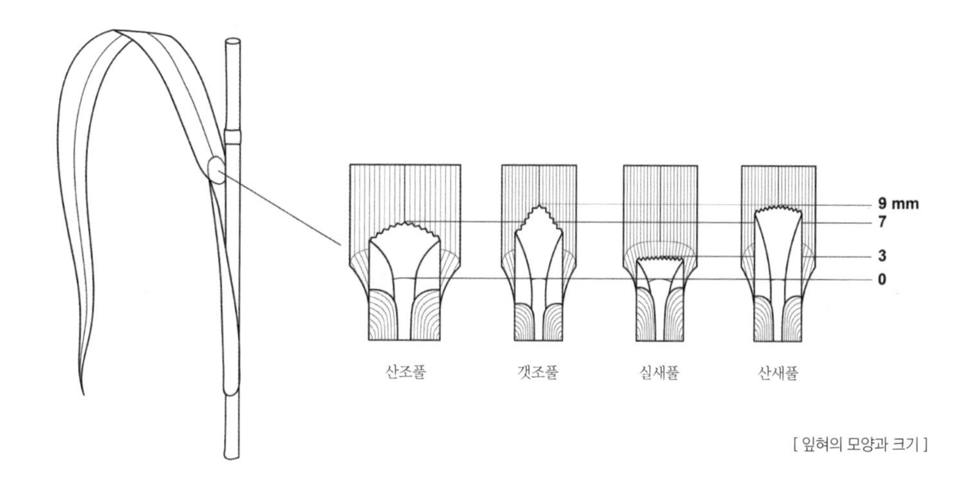

[잎혀의 모양과 크기]

이고, 실새풀은 그 반 정도다.

산조풀은 산새풀 종류 가운데 이삭꽃차례가 가장 풍성하다. 특히 꽃이 피기 시작하는 시점에는 동물 꼬리처럼 작은꽃이삭들이 모두 꽃줄기에 바싹 붙어 있어서 쉽게 구별된다. 구릉지대 이하인 저지대에 주로 분포하며, 농촌 들녘이나 해안의 저습지 언저리, 특히 모래가 많은 땅에서 종종 군락을 만든다. 특히 꽃차례가 만들어지기 전 어린잎 상태일 때는 띠(*Imperata cylindrica* var. *koenigii*)와 모양이 비슷하다.

---

1) 北村 等 (1981), Probatova *et al.* (1996)
2) 박만규 (1949)
3) 정태현 등 (1949)
4) 안학수, 이춘녕 (1963)
5) 森 (1921)
6) 유희 (1801~1834)
7) 임록재 등 (1976)
8) 국가생물종지식정보시스템(2016)
9) Paszko & Ma (2011) (*C. extremiorientalis*: 잎 뒷면 잎줄 이랑을 따라 난 억센 털, *C. macrolepis*: 작은 꽃 이삭이 6.5~11㎜이고, 받침겨 1쌍의 각 길이가 분명하게 다름)

사진: 김종원, 류태복
그림: 엄병철

두루미피(대새풀)

Cleistogenes hackelii (Honda) Honda

형태분류

줄기: 여러해살이며, 가늘지만 바로 서서 어른 무릎 높이 이상 자라고 매끈하다. 마디 가까이는 약간 붉은 기가 돈다. 짧은 뿌리줄기가 있고, 비늘로 싸인 딱딱하고 뾰족한 겨울눈이 다닥다닥 모여난다.

잎: 하나씩 어긋나고, 종종 가장자리가 안으로 말린다. 싼잎보다는 길고 폭은 0.7㎝ 이하로 짧고 좁은 창끝모양이다. 싼잎, 잎 앞뒷면에 성긴 털이 있다. 싼잎은 줄기의 마디 길이보다 짧다. 짧은 잎혀 가장자리에 털이 줄지어 난다. (비교: 수염대새풀(*C. hackelii* var. *nakaii*)은 잎이 조금 더 크고, 싼잎에 보통 털이 없다.)

꽃: 8~10월에 줄기 끝에서 작은가지가 몇 개로 갈라지면서, 이삭 2~5개로 된 작은꽃이삭이 아주 성기게 나고, 종종 마지막 잎 속에 폐쇄화가 싸여 있기도 한다. 잎겨 1쌍은 막질이며, 길이가 다르고 맥이 1개 있다. 겉받침겨에는 맥이 5개 있고 털이 있으며, 끝이 2개로 얕게 갈라지며 그 사이에서 짧은 까락(0.5㎜ 내외)이 나온다. (비교: 수염대새풀은 까락 길이가 약 1㎝이다.)

열매: 이삭열매

염색체수: 2n=40[1)]

생태분류

서식처: 초지, 제방, 임도 주변, 아주 밝은 숲속, 숲 가장자리, 농촌 들녘 황무지, 천변 굵은 자갈밭, 츠렁모바위틈 등, 양

꽃이 피기 전에는 하늘을 향한다.

지~반음지, 과건~약건~적습

수평분포: 전국 분포

수직분포: 산지대 이하

식생지리: 냉온대~난온대(대륙성), 만주, 중국(새북지구, 화북지구, 화중지구, 그 밖에 푸젠 성, 구이저우 성, 칭하이 성 등), 몽골, 일본(혼슈 이남) 등

식생형: 초원식생(억새형), 삼림식생(하록활엽수 이차림), 마을숲의 소매군락

생태전략: [터주-스트레스인내-경쟁자]

종보존등급: [V] 비감시대상종

이름사전

속명: 클레이스토제네스(*Cleistogenes* Keng). 폐쇄되어(*kleistos*) 생성하다(*gennao*)는 뜻의 희랍어에서 유래한다. 작은꽃이삭 일부분에서 폐쇄화가 만들어지는 것에서 비롯했을 것이다.

종소명: 학켈리(*hackelii*). 유럽 식물학자의 이름(J. Hackel, 1783~1869)에서 비롯한다.

한글명 기원: 두루미피,[2] 대새풀[3]

한글명 유래: 두루미와 피의 합성어로 북한 어느 지역의 방언으로 보인다. 대새풀은 대, 새, 풀의 합성어다. 줄기는 가늘지만 대처럼 단단한 편이고, 잎 모양이 작은 댓잎 같으며, 뾰족한 겨울눈에서 어린 싹이 나는 형태 따위가 대나무를 닮은 데에서 비롯했을 것이다. 그런데 두루미풀이라는 이름이 정명으로 채택되어야 할 두 가지 이유가 있다. 두루미피는 대새풀보다 11개월 앞선 1949년 1월에 기재되었고, 대새풀 기재에 이용했던 속명(*Diphlachne*) 대신에 마침 오늘날에도 정명으로 인정하는 속명(*Cleistogenes*)으로 기재했기 때문이다. 한편 우리나라에서의 첫 기재는 일본명(朝鮮刈安, *Diplachne latifolia*)[4]으로만 이루어졌다.

한방명: -

중국명: 朝阳隐子草(Zhāo Yáng Yǐn Zi Cǎo). 태양을 향해서 자라는(向日性) 대새풀속, 즉 중국속명 은자초속(隐子草屬, *Cleistogenes* Keng)이라는 뜻이다. 대새풀속이 꽃 피기 전에 일제히 성장할 때 태양을 향하듯 솟아오르는 듯한 모양에서 비롯했을 것이다. (사진 참조)

일본명: チョウセンガリヤス(Chousengariyasu, 朝鮮刈安). 식물체가 부드러워서 예초하기 쉬운(刈安) 조개풀 또는 일본 억새 종류의 이름(Gariyasu)에다가 조선을 갖다 붙인 것이다. 일본에서는 대새풀이 우리만큼 흔치 않다.

영어명: Hackel's Cleistogenes

에코노트

대새풀속(*Cleistogenes* Keng)은 전 세계에 약 13종이 있는, 그리 풍부한 분류군이 아니다. 서쪽으로 서부 유럽과 터키에서 파키스탄과 북서 인도, 중앙아시아를 거쳐 동쪽으로 우리나라와 일본까지 분포한다. 10종 이상이 분포하는 지리적 분포중심은 중국이다.[5] 우리나라에는 대새풀 변종인 수염대새풀을 포함해서 2종이 있다. 대새풀 종류는 대륙성 건조 기후에 대응하는 결정적인 형태 진화가 있으며, 거기에 잇닿아서 속명도 생겨났다. 제일 위쪽 싼잎의 겨드랑이 속에 닫힌 꽃(폐쇄화)의 작은꽃이삭이 생겨난다는 뜻(*Cleistogenes* Keng)이다.

대새풀 종류의 서식환경은 늘 건조에 시달리는 반건조(semi-arid) 지역이다. 환경조건이 불리하다고 자식(종자) 만들기를 포기하는 법은 적어도 자연에는 없다. 대새풀 종류처럼 닫힌꽃을 만들어서 비록 부실하더라도 대 잇기를 실행하는 것이 이치다. 닫힌꽃 작은꽃이삭은 보통의 작은꽃이삭과 분명한 형태적 차이가 있다. 꽃이삭도 몇 개 생기지 않지만, 막질인 잎겨는 더욱 작고, 겉받침겨는 더욱 좁아지며, 거기에서 약간 더 길어진 까락이 생긴다. 까락이 더 길어졌다는 것은 비록 씨가 부실하더라도 조금이라도 어미 식물체에서 멀리 분산하기 위해서다. 어미 식물체가 오랫동안 살던 땅에서부터 더욱 멀리 퍼져 나가면, 정착과 발아에 더 유리한 서식처를 발견할 확률이 높아지기 때문이다. 더욱 정교하게 관찰하고 비교하려면 작은꽃이삭 속 위쪽의 낟알과 아래쪽의 낟알을 살피는 것이 좋다. 그 밖에도 더욱 아래쪽에 위치하는 이삭꽃차례의 잎겨는 위쪽의 경우보다 매우 작고 맥 수도 매우 적다. 이런 양상은 서식처에 따라서도 다르며, 변이도 상당한 편이다. 대새풀 종류는 이렇게 서식환경조건에 대응해서 종자 번식으로 생존하면서도 땅속 뿌리줄기로도 잘 번식한다.

우리나라 전역에 흔하게 보이는 대새풀은 늘 크고 작은 무리를 만든다. 오랫동안 계속 되었던 뿌리줄기의 영양번식 덕택이다. 한 장소에 정착하면, 만지면 손이 아플 정도로 딱딱하고 뾰족한 겨울눈(越冬芽)이 뿌리줄기에서 매년 만들어지고, 약간 가늘고 질긴 뿌리가 땅속 깊숙이 뻗는다. 농촌 주변의 빛 환경이 좋은 야산 숲 가장자리에 흔한 편이며, 늘 좁고 긴 띠모양으로 무리를 이룬다. 마치 숲 가장자리 소매군락처럼 보일 때도 있다. 이런 대새풀군락이 어느 정도 커지면, 땅을 안정시키는 데 큰 역할을 한다.

중국에서는 대새풀이나 수염대새풀을 사막화 방지나 모래 이동을 막는 사방 사업에 활용한다. 북한에서는 가축 먹이풀로 이용하며, 특히 잎이나 식물체가 좀 더 큰 수염대새풀을 더 많이 이용한다. 겉받침겨(護穎)에 달린 까락이 유난히 길기 때문에 이름에 '수염'이 더해진 것으로 추정되며, 일명 수두루미피[6]라고도 한다. 만주나 북한에서는 잎이 좀 더 크다고 넓은잎대새풀이라고 부른다.[7] 남한에서의 수염대새풀 분포 정보는 해방 이후 60여 년 동안 겨우 몇 편의 지역 식물상 목록(예: 제주도, 지리산 등)[8]에 등장한다. 수염대새풀이 실제로 그만큼 희귀하다면 보호대상이 되어야 한다. 전국적인 분포 상황은 여전히 불명확한 셈인데, 눈여겨봐야 할 분류군이다.

대새풀은 경남 창녕 우포늪 제방에서 억새군락이나 능수참새그령군락의 이차초원식생에서 수반종으로 산다.[9] 무척 건조한 서식환경으로 직사광선을 쬐면 잎이 침처럼 안으로 오그라들거나, 비틀리고, 줄기를 따라 서기도 한다. 증발산을 줄이려는 대응이다. 백운암 입지[10]와 아주 강한 알칼리성 사문암 지역[11]에서 돌출 츠렁모바위와 돌 부스러기가 흘러내리는 척박한 환경에서도 살아남는다. 하나같이 숲이 발달하지 못하는 자연초원식생 풀밭 식물사회의 구성원이다. 그런 서식처가 훼손되거나 또는 간섭으로 생긴 풀밭, 즉 반자연초원식생 또는 이차초원식생의 식물사회에도 산다. 심한 교란과 스트레스로 어떤 식물도 들어가 살 수 없을 듯한 사막 같은 곳에서도 산다. 대새풀은 황무지처럼 서식처 환경조건이 매우 열악하다는 사실을 진단하는 여러해살이다. 그렇게 물리화학적 스트레스와 교란을 잘 견딜 수 있기에 대륙성 기후 영향을 강하게 받는 우리나라 어디에서나 볼 수 있다.

---

1) Chen & Philips (2006)
2) 박만규 (1949)
3) 정태현 등 (1949)
4) 森 (1921)
5) Chen & Philips (2006)
6) 임록재 등 (1976)
7) 한진건 등 (1982)
8) 이덕봉 (1957), 국립공원관리공단 (2003)
9) 김종원 등 (2011)
10) 류태복 (2015)
11) 박정석 (2014)

사진: 류태복, 최병기

개솔새

Cymbopogon goeringii (Steud.) A. Camus

형태분류

줄기: 여러해살이며, 가늘지만 단단한 편이다. 바로 서서 어른 허리 높이까지 자라고 다발로 모여난다. 매끈하고 옅은 자색을 띠고, 잎과 함께 씹으면 귤 향이 난다. 짧은 땅속줄기에 수염뿌리가 발달한다.

잎: 너비 0.5㎝ 이하로 가늘고 긴 줄모양이며 끝이 아래로 늘어진다. 삼각형인 작은 잎혀는 가장자리가 매끈한 편이다. 싼잎의 잎집 부분은 마디보다 짧고, 꽃차례 부분의 줄기 상부로 갈수록 아주 작은 잎 모양으로 남는다. (비교: 솔새(*Themeda barbata*)는 너비 2㎜ 이하인 띠모양 잎혀가 있고 그 가장자리에 털이 눈썹처럼 소복하다.)

꽃: 8~10월에 줄기 끝부분에서 엉성하게 달리는 이삭꽃차례로 마지막 잎의 싼잎 목 부분에서 작은꽃자루에 달린다. 작은꽃이삭은 점점 좌우로 펼쳐져 수평이 되고, 이삭이 다닥다닥 붙는다. 가장 아래의 이삭 1쌍은 자루가 없고 수꽃이다. 다른 이삭은 쌍을 이루며, 자루가 있는 수꽃과 자루가 없는 짝꽃이다. 이삭은 마주나고, 자루가 없는 이삭에는 길면서 살짝 꺾인 까락이 있다. 수술 3개에는 흑자색 꽃밥이 있어 눈에 잘 띈다. (비교: 솔새는 작은꽃이삭이 손바닥처럼 펼쳐진다.)

열매: 이삭열매

염색체수: 2n=20

생태분류

서식처: 초지, 무덤, 들녘 길가, 숲 가장자리, 황무지 등, 양지, 약건~적습

수평분포: 전국 분포(개마고원 이남)

수직분포: 산지대 이하(주로 구릉지대)

식생지리: 난온대~아열대, 중국(화중지구, 화남지구, 그 밖에 허베이 성, 허난 성, 산둥 성 등), 대만, 일본(혼슈 이남) 등

식생형: 이차초원식생(억새형), 하식애 다년생초본식생

생태전략: [터주-스트레스인내-경쟁자]

종보존등급: [V] 비감시대상종

이름사전

속명: 씸보포곤(*Cymbopogon* Spreng.). 배(船, *kymbe*)와 수염(*pogon*)을 뜻하는 희랍 합성어로 작은꽃이삭 모양에서 비롯한다.

종소명: 괴린기(*goeringii*). 동남아시아와 일본 남단에서 연구한 독일계 네덜란드 식물학자(Philip F. W. Goering, 1809~1876)를 기념하면서 생긴 라틴어다.

한글명 기원: 개솔새,[1] 향솔새[2]

한글명 유래: 개와 솔새의 합성어다. 흔해빠진 솔새라는 뜻이다. 1921년 기록[3]에는 일본명(雄刈茅)만 나온다. 그런데 솔새에 대해서는 한글명 솔줄, 즉 솔풀(Solpul)이라는 한글명이 나온다. (『솔새』 편 참조)

한방명: 구엽운향초(韭葉芸香草). 개솔새 지상부를 약재로 쓴다.[4] 어린잎이 부추(韭) 잎처럼 생겼고, 운향과(芸香科)의 귤 향에서 비롯한 이름일 것이다.

중국명: 橘草(Jú Cǎo). 줄기 아랫부분이나 그곳에 달린 오래된 잎이 귤(橘) 색을 띠지만, 개솔새의 잎이나 줄기에서 나는 향을 귤 향에 견준 것으로 보인다. 개솔새의 속명을 중국에서는 향모속(香茅属)이라 하며, 단자엽의 띠풀(茅)로 식물체에서 나는 향(香)에서 비롯한다.

일본명: オガルカヤ(Ogarukaya, 雄刈茅, 雄刈萱). 솔새의 일본명(雌刈茅)에 대응한 이름이다. 솔새보다 더욱 남성적(雄)이라는 뜻이다. 하지만 솔새가 더욱 크고 남성적이다.

영어명: Goringer's Lemon-grass

에코노트

개솔새는 이름과 달리 향기를 품어 흥미롭다. 중국명을 번역하면 '귤풀'이다. 꽃피기 전 상태의 어린잎이나 줄기를 짓이겨 보면 귤(橘) 향이 난다. 개솔새가 속하는 속명을 한자로 향모속(香茅屬)이라 하는 것도 모두 향이 있는 띠풀(茅), 즉 화본형(禾本型) 식물이라는 뜻이다. 그런데 한글명 개솔새는 솔새라는 이름이 실마리가 되어 만들어진 것이다. 솔새는 개솔새와 전혀 다른 테메다(*Themeda* Forssk.)라는 속이고 식물체에 향기도 전혀 없다. 그런데도 개솔새로 이름 지은 것[5]은 드물지 않게 솔새와 함께 살며, 언뜻 보기에도 많이 닮아서였을 것이다. 개솔새는 우리나라 자생종이고, 흔한 편이며, 게다가 향기 있는 화본형 식물이기 때문에 고유 명칭이 있을 법도 하지만, 알 수가 없다.

개솔새속은 전 세계에 약 70종이 있다고 알려졌다. 대부분 열대, 아열대 지역에 분포하고, 아시아 아열대 지역이 분포중심이다. 우리나라에는 유일하게 개솔새 한 종뿐이다. 지리적으로 가장 추운 지역까지 진출한 종류인 셈이다. 중국에서는 24종이나 알려졌다. 잎을 증류해서 레몬 향 에센스 기름을 얻을 목적으로 또는 약이나 곤충기피제로, 심지어는 요리에도 이용하면서 몇몇 종류는 상업적으로 재배하기도 한다.[6] 전혀 다른 종류지만, 개솔새와 솔새를 귤모(橘茅)와 황모(黃茅)라는 이름으로 대응시키는 것도 향기에서 비롯하는 유용성이 크기 때문이다.

우리나라에서 개솔새는 중남부 지역일수록 더 자주 나타난다. 반대로 솔새는 중북부 지역으로 갈수록 더욱 흔하다. 개솔새가 난온대 요소이면, 솔새는 냉온대 요소다. 남부 지역이라도 열악한 서식처에서는 개솔새가 사는 곳에 솔새가 들어와 함께 산다. 더욱 심한 스트레스 환경이나 훼손된 서식처에서 개솔새보다는 솔새가 더 경쟁적이라는 뜻이다. 척박한 사문암이나 돌로마이트 암석권의 불모지 같은 초지[7]에서 개솔새와 솔새가 모두 나타나지만, 지리적으로나 국지

산불 이후의 개솔새군락(대구 달성)

개솔새(왼쪽)와 솔새(오른쪽)

적으로 더욱 한랭한 곳이라면 개솔새보다는 솔새가 흔하다. 지구온난화가 더욱 심해진다면 개솔새는 더욱 북쪽으로 분포를 넓힐 것이다.

우리나라 안동-의성-군위 일대에서는 개솔새와 솔새가 유난히도 흔하다. 기후와 토양환경조건이 그들의 삶을 뒷받침하기 때문이다. 이 일대는 한반도에서도 심한 대륙성 기후로 영남과우지역 '지역생물기후구-대구형'[8]의 한 부분을 차지한다. 게다가 땅은 쉽게 건조해지는 모래, 자갈, 진흙이 섞여 만들어진 퇴적암이 우세하다. 식생은 대부분 아주 메말라 있고, 산불이 자주 발생하며, 어떤 까닭으로든 삼림이 한번 훼손되면 식생 발달이 무척 느려서 식생불모지대처럼 된다. 그 속에서 오랜 세월 하천 침식으로 드러난 사암의 퇴적암 단층 하식애는 생명이 깃들기에 너무도 척박하고 메마른 한계 서식처다. 그곳에 개솔새와 솔새가 빈도 높게 나타난다. 비록 아무런 쓸모없는 땅처럼 보이지만, 그곳은 멸종위기종 붉은점모시나비의 거처다. 이를테면 기린초와 개솔새와 솔새 등이 옹기종기 모인 기린초-개솔새군락이라는 식물사회가 붉은점모시나비의 대 이음을 보장한다.[9] 숲이 만들어지지 않는 불모지 같은 하식애도 그래서 중요한 서식처인 것이다.

1) 박만규 (1949)
2) 임록재, 도봉섭 (1988)
3) 森 (1921)
4) 안덕균 (1998)
5) 박만규 (1949)
6) Chen & Phillips (2006)
7) 박정석 (2014), 류태복 (2015)
8) 김종원 (2006)
9) 이남숙 등 (2011)

사진: 김종원

개보리

Elymus sibiricus L.

형태분류

줄기: 여러해살이며 어른 허리 높이까지 바로 서서 자라고 모여 난다. 털이 없고 매끈하다.

잎: 어긋나고 폭이 1㎝ 이하로 긴 줄모양이다. 싼잎의 잎집은 줄기 마디 부분을 감싸고, 길이는 마디 길이와 거의 같으며 털이 없다. 좁은 띠 같은 아주 작은 잎혀 가장자리에는 불규칙한 잔톱니가 있다.

꽃: 7~8월에 줄기 끝에서 이삭꽃차례로 나고, 익으면서 아래로 드리운다. 작은꽃이삭은 보통 2개씩 1쌍으로 붙어서 빼곡히 달린다. 잎겨 끝에 짧은 까락이 있고, 겉받침겨보다 훨씬 짧다. 폭 좁은 창끝모양 겉받침겨는 길이 1㎝ 내외로 맥이 5개 있고, 끝에 길이가 2㎝ 정도인 긴 까락이 바깥으로 솟아 나와 이삭이 여물 때쯤에는 거의 직각으로 옆을 향해 꺾인다. 속받침겨와 겉받침겨의 길이가 거의 같고, 등줄에 미세한 짧은 침이 있다. (비교: 갯보리(*E. dahuricus*)는 이삭꽃차례가 곧게 서고, 잎겨의 길이가 겉받침겨의 길이와 같거나 약간 짧다.)

열매: 이삭열매

염색체수: 2n=28[1)]

생태분류

서식처: 초지, 산지 능선 길가, 숲 틈, 숲 사이의 초지, 조립질 토양 등, 양지, 적습~약습

수평분포: 중북부 지역

수직분포: 산지대 이상

식생지리: 아고산대~냉온대, 만주(헤이룽장 성), 중국(새북지구, 하북지구, 그 밖에 쓰촨 성, 윈난 성 등), 몽골, 연해주, 사할린, 캄차카반도, 일본, 인도 등

식생형: 초원식생

생태전략: [경쟁자]~[터주-스트레스인내-경쟁자]

종보존등급: [II] 중대감시대상종

이름사전

속명: 엘리무스(*Elymus* L.). 곡류 기장을 뜻하는 희랍어(*elymos*)에서 비롯한다.

강원 정선 함백산(1,474m a.s.l.)

종소명: 시비리쿠스(*sibiricus*). 지명 시베리아(Siberia)에서 비롯한다.

한글명 기원: 개보리,[2)] 나도개밀,[3)] 갯개보리, 나도갯보리, 개갯보리,[4)] 갯보리[5)] 등

한글명 유래: 개와 보리의 합성어다. 일본명(蝦夷麦)의 보리(麦)가 실마리가 되어 1949년에 만들어진 이름이다. 우리나라에서는 처음에 한글명 없이 일본명(Hosotenki)으로만 기재했고, 북한 양강도의 갑산(甲山)에 분포한다고 기록했다.[6)] 그런데 개보리

는 곡류 보리가 속한 보리속(*Bromus* L.) 식물이 아니다. 한편 20세기 후반에 귀화한 남미 원산인 큰이삭풀(*Bromus catharticus*)[7]을 두고 일본귀화식물명(犬麦)을 그대로 번역하면서 생겨난 개보리[8]라는 이름은 오류다.

한방명: -

중국명: 老芒麦(Lǎo Máng Mài). 열매가 익을 쯤, 오래된(老) 까락(芒)이 힘없이 옆으로 퍼지는 인상적인 모양에서 비롯했을 것이다. 중국에서는 개보리의 속명을 피감초속(披碱草属, *Elymus* L.)이라 한다.

일본명: エゾムギ(Ezomugi, 蝦夷麦). 홋카이도를 포함한 아이누족이 사는 지역에 주로 분포하는 보리라는 의미가 있으며, 북방 요소의 갯보리속 종류라는 것이다.

영어명: Siberian Wild Rye, Siberian Weatgrass

에코노트

개보리는 매우 희귀하다. 해발고도가 높은 산지대나 아고산대 초지에서 드물게 보인다. 북한에서는 '갯개보리'라고 부르며, 분포에 대해서는 북부 산지라고만 했다.[9] 1921년 기록은 양강도 갑산(甲山)에 분포한다는 사실을 전한다.[10] 남한에서는 제주도 분포가 알려진 바 있고,[11] 함백산의 해발고도가 높은 산꼭대기 능선에 분포하는 것이 관찰되었다.

갯보리속(*Elymus* L.)은 전 세계에 170여 종이 있으며, 우리나라에는 터주식생의 개밀이나 속털개밀 따위를 포함해서 8종이 자생한다.[12] 중국에는 88종이 있고, 그중 62종이 특산이며, 대부분이 가축 사료로 이용된다. 중국에서 갯보리속 다양성이 풍부한 것은 온대 초원의 생물군계가 넓은 면적으로 발달하기 때문이다. 북쪽으로 몽골 남부와 이어지는 간쑤 성(甘肅省)을 관통하는 하서주랑(河西走廊) 일대에서는 초지 복원, 가축 사료, 수자원 보전 등을 위한 주요 식물자원으로서 개보리를 주목하고 있다.[13] 몽골의 광활한 온대 초원에서도 개보리나 갯보리는 휴경작지나 폐광산 복원에 유효한 수단이 되고 있다. 혹독한 겨울 추위와 절대 강수량이 부족한 지역에서 종자를 이용한 토지의 지속가능성을 향상시켜 주는 귀중한 자원식물이다.

개보리와 모양이 흡사한 갯보리는 조금 더 흔한 편이다. 이는 갯보리의 분포중심지가 냉온대 속에 있다면 개보리는 더욱 한랭한 냉온대 최북단과 아고산대에 걸쳐 있기 때문이다. 개보리는 국가 적색자료집에 빠져 있지만,[14] 몹시 제한적으로 분포하고 작은 개체군으로 보이는 종보전등급 [Ⅱ] 중대감시대상종이다.

1) Salomon & Lu (1992)
2) 박만규 (1949)
3) 안학수, 이춘녕 (1963)
4) 임록재 등 (1976)
5) 한진건 등 (1982)
6) 森 (1921)
7) 박수현 (2009)
8) 이우철 (1982), 박수현 (1995)
9) 임록재 등 (1976)
10) 森 (1921)
11) 박수현 등 (2013)
12) 박수현 등 (2013)
13) Han *et al.* (2013)
14) 환경부·국립생물자원관 (2012)

사진: 김종원

김의털

Festuca ovina* L. *sensu lato

형태분류

줄기: 여러해살이며, 바로 서서 어른 무릎 높이까지 자라고 뭉쳐난다. 짧은 뿌리줄기가 있고, 식물 전체가 종종 백록색을 띤다. (비교: 왕김의털(*F. rubra*)은 바닥의 줄기가 땅속줄기처럼 된다.)

잎: 어린잎은 은백색을 띠고, 성장해서는 약간 탁한 백록색을 띤다. 뚜렷한 중앙맥을 중심으로 두 겹으로 돌돌 말려서 가늘고 힘센 침 같이 되며, 그 길이는 어른 손 한 뼘 정도이고, 너비는 0.5㎜ 내외다. (비교: 왕김의털은 잎 가장자리가 거의 말리지 않고 편평하거나 약간 접힌다. 김의털아재비(*F. parvigluma*)는 너비 2㎜ 내외로 가장자리가 약간 안으로 감기지만 전체는 편평하다.)

꽃: 5~8월에 줄기 끝에 이삭꽃차례로 달리고 백록색을 띤다. 마디에서 작은꽃자루가 1~2개 나와 5개 내외 이삭이 모인 작은꽃이삭(길이 4~8㎜)이 달린다. 겉잎겨와 속잎겨는 길이가 1㎜ 정도 다르고, 겉잎겨에는 맥이 하나 있다. 겉받침겨(1~5㎜)에는 맥이 5개 있고 끝에 길이 2㎜ 정도인 아주 짧은 까락이 있다. (비교: 참김의털(*F. ovina* var. *coreana*)은 꽃자루에 털이 많고 겉받침겨에 까락이 없거나 아주 짧다. 김의털아재비는 작은꽃자루가 있다.)

열매: 이삭열매

염색체수: 2n=14

생태분류

서식처: 초지, 츠렁모바위 절벽 틈이나 바위시렁, 무덤, 제방, 산지 길가, 방목지, 메마른 소나무 숲, 폐광 언저리, 공단 언저리 산지 등, 양지~반음지, 약건~적습

수평분포: 전국 분포

수직분포: 아고산대 이하

식생지리: 난온대-냉온대-아고산대, 만주(지린 성), 중국(새북지구, 화중지구, 그 밖에 샨-시 성, 구이저우 성, 윈난 성 등), 연해주, 몽골, 대만, 일본, 서남아시아 등 (유럽, 북미 등의 북반구 온대 지역)

식생형: 초원식생(잔디형), 시렁모바위초본식생, 츠렁모바위초본식생 등

생태전략: [스트레스인내자]

종보존등급: [V] 비감시대상종

이름사전

속명: 페스투카(*Festuca* L.). 지푸라기 또는 그와 닮은 들풀이라는 뜻의 라틴어(*festuca*)이다.

종소명: 오비나(*ovina*). 양(羊)을 지칭하는 라틴어(*ovis*)로 북부 유럽에서 방목초지에 이용되었던 풀인 것에서 비롯한다.

한글명 기원: 기음의털,[1] 김의털[2]

한글명 유래: 김의털이란 명칭을 처음 기재한 문헌에서는 유래

가 나오질 않고, 2005년 『한국식물명의 유래』에서는 이야기 출처를 밝지 않은 채 마뜩잖은 유래가 기록되어 있다.[3] 하지만 17세기 『역어유해』에 나오는 한자 모초(毛草)에 대한 한글 번역 명칭 '기음의 털'에서 비롯한다. (아래 에코노트 참조) 한편 우리나라에서 김의털에 대한 근대 분류학적 첫 기재는 1921년 조선식물명휘에서 일본명(Ushinokegusa)으로만 이루어졌고, 지리산, 안동, 서울 등지에 분포한다는 사실을 전했다.[4]

한방명: -

중국명: 羊茅(Yáng Máo). 라틴 학명에 잇닿아 있다. 중국에서는 김의털속(*Festuca* L.)을 양모속(羊茅屬) 또는 호모속(狐茅屬)이라 쓴다. 호모(狐茅)는 어린잎 모양을 양(羊) 털처럼 어린 여우(狐) 털에 빗댄 것이다.

일본명: ウシノケクサ(Ushinokekusa, 牛毛草) 또는 ギンシンソウ(Ginshinsou, 銀針草). 우모초(牛毛草)는 잎차례로부터 소(牛) 털을 떠올리게 된 데에서, 은침초(銀針草)는 은빛 도는 어린잎에서 비롯한다.[5] 우모초의 경우는 양(羊)의 먹이풀에서 유래하는 종소명이 실마리가 되어 생겨난 것으로 보인다. 일본에서는 양보다 소를 키우는 문화적 배경이 있기 때문이다. 어느 명칭이건 모두 눈에 띄게 흰빛이 도는 어린잎에서 비롯한다.

영어명: Sheep's Fescue

에코노트

모든 것에는 연유가 있다. 그런데도 식물 이름에서 유래미상이라는 말을 자주 접한다. 처음 이름을 기재할 때, 유래 또는 유래가 될 만한 근거를 제시해 두었더라면 전혀 문제되지 않겠으나, 그렇지 않은 경우라면 유래를 찾기가 막막할 때가 많다. 엄청난 시간을 소비해서도 결국에는 추정하는 수준에 머무는 경우도 있다. 그런데도 그것이 빈틈없는 논리적 추정이 아니라면 설득력을 잃고 만다. 삼라만상의 명칭이라는 것은 사람의 행위에서 비롯하니, 첫 기재하는 전문가라면 이름의 유래를 정당하게 밝혀 두어야 한다.

이름은 이름일 뿐이다. 하지만 모든 이름은 말과 글로 드러낼 수 없는 생명성, 생태성, 문화성, 심지어 정신성을 함의한다. 그런데 1937년 김의털의 첫 기재에는 '김의털' 이름 석 자만 불쑥 나와 있을 뿐이다.[6] 최근 "잎이 보드라운 것을 님의 음부에 나는 털에 비유한 것"이라는 낯 뜨거운 유래가 소개된 바 있다.[7] 부정도 긍정도 할 가치가 없이, 궤변처럼 들린다.

김의털은 유라시아 대륙 전역에 골고루 분포하는 보기 드문 광역분포종이다. 그런데도 동아시아에서는 독립적인 고유 명칭이 보이질 않는다. 김의털을 중국 사람들은 양 또는 여우의 털에, 일본 사람들은 소의 털에 빗댄 이름으로 부르는데, 모두 라틴 학명에 잇닿아 있다. 그렇다면 한글명 김의털에서

'김'도 무슨 '털 같은 것'으로 추정해 볼 수도 있을 것이다.

그런데 김의털은 17세기 『역어유해』[8]에 한자 모초(毛草)에 대한 한글명 '기음의털'로 나온다. 여기서 '기음'은 논밭에서 김매기 한다고 할 때 '김'의 고어일 것이다. '김'은 본래 곡식으로는 질이 떨어지지만, 이삭열매가 있는 화본형 종류의 총칭으로 보인다. 한자 유초(莠草)가 '기음'이기 때문이다. 이른 봄, 논바닥에서 일제히 돋아난 뚝새풀이나 들판이나 무덤가에 소복이 돋아난 김의털 어린 식물체는 공통적으로 생김새가 동물의 털 같다. 잎 좁은 화본형 식물의 어린 식물체는 김을 매야 하는 대상이다. 잎 넓은 풀처럼 일일이 뜯어내거나 캐낼 수 있는 형편이 아니다. 즉 한글명 김의털은 『역어유해』의 기음의털에서 왔다. 오늘날 분류학의 김의털속(*Festuca* L.) 종류만을 지칭하는 것이 아니고, 이른 봄 땅바닥에 돋아난 어린 식물체가 동물의 털(毛) 모양인 종류(草)를 통칭한 것으로 보면 된다.

서양의 방목 문화에서 양(羊)은 그 중심에 있고, 특히 메마른 황무지 풀밭이라면 어김없이 김의털이 주인공이다. 그런데 김의털은 한중일 고전에 약초 또는 구황 자원으로 기록된 사례가 없다. 가축의 사료로 쓰였다는 사실도 최근의 일이다. 아마도 그리 쓸모가 없었던 모양이다. 일찍부터 양을 방목해 왔던 유라시아 대륙의 서쪽에는 김의털 종류가 무척 다양하고 풍부하다. 전 세계에

450여 종이 있는 것으로 알려졌고, 그 가운데 많은 종의 분포중심이 건조한 온대 초원에 있다. 김의털도 척박한 건생(乾生) 풀밭 식물사회에서 늘 나타나는 전형적인 구성원이다. 서식처 환경조건에 따라 털의 유무와 정도가 조금씩 다르다는 점과 더불어, 형태적 변이가 심한 편이라 김의털 집합체(*F. ovina* aggregate)로 두루뭉술하게 기재하기도 한다. 기저 줄기 하나 이상이 땅속줄기처럼 뻗는 특징과 아울러 몇 가지 차이점으로 구분되는 왕김의털 집합체(*F. rubra* aggregate)를 제외한 나머지 김의털 집합체에 포함되는 종이 대략 적게는 43종, 많게는 47종이라고 한다. 유럽에 분포하는 김의털 개체군을 동아시아 개체군에서 들어내서 이른바 유럽 분류군(European segregate)으로 다른 학명(*Festuca airoides* Lamarck)을 부여하는 경우도 있다.[9] 우리나라에 드물게 분포하고, 이삭꽃차례 꽃줄기에 털이 많은 참김의털(*F. ovina* var. *coreana*)[10]이 전형적인 김의털 집합체에 속하는 사례다.

우리나라에서 유일하게 사문암 초지가 남아 있는 곳에 김의털이 드물지 않게 살고 있다.[11] 강알칼리성에 대한 인내성을 읽을 수 있다. 보통의 약산성 초지에서도 자주 나타나는데, 이런 곳은 대부분 무척 척박한 토양환경일 경우다. 스트레스인내자로 살아가는 전형적인 양상이다. 그렇게 어려운 생육조건에 사는지라 김의털은 지난해의 말라 버린 잎들을 움켜쥐듯 간직한다. 이른 봄이 되면 다닥다닥 붙은 짧은 뿌리줄기에서 은백색 새잎이 소복이 솟아난다. 수분 증발도 막아야 하고, 적은 비라도 내리면 잠시라도 머금어야 하며, 말라 버린 잎이 서서히 분해되면서 만들어지는 영양분도 놓치지 말아야 한다. 지난해까지 살다가 말라 버린 잎이 이래저래

자신의 생존을 지탱해 주는 결정적인 재료인 셈이다. 이런 김의털도 심한 대기오염에는 견디지 못한다. 울산 온산공단에 가까워질수록 김의털이 점점 보이질 않는다는 사실[12]은 화학적 오염에 대한 지표성을 나타낸다.

김의털은 보통 식물이 살기 어려운 척박한 입지라도 한번 정착하면 오랫동안 사는 여러해살이다. 그런 초지에서 살아갈 수 있는 것은 물과 영양소를 얻는 데에 큰 도움을 주는 균근(菌根) 곰팡이와의 공생 때문이다. 균사체가 땅속 깊은 곳까지 뻗으면서 새로운 영양소를 개척하고, 멀리 떨어진 식물체 뿌리와도 여러 영양소를 나누는 연결 고리가 되면서 부족한 영양소를 보충할 수 있기 때문이다.[13] 김의털을 주요 구성원으로 삼는 전형적인 식물사회는 츠렁모바위 절벽 틈이나 바위시렁(岩棚)처럼 극단적으로 건조하고 척박한 서식처에 발달하는 군락이다. 아주 좁고 미세한 틈바구니에 왜소한 식물이 뿌리를 내려 띄엄띄엄 패치(分班狀)를 만든다. 숲이 들어설 수 없는 풀들로 이루어진 지속식물군락, 이것도 오리지널 자연식생인 것이다. 인고(忍苦)의 세월을 견딘 김의털이라면 넉넉히 수백 살이 넘는 개체도 있을 수 있다.

그런데 무덤 풀밭에서 자주 발견되는 김의털은 자연초원식생과 차원이 다른 이차초원식생의 구성원으로 살아간다. 주기적인 벌초가 없다면, 김의털이 그곳에서 제일 먼저 쫓겨난다. 우거진 풀숲 부족한 빛 환경에서는 살 수 없기 때문이다. 어쩌다 한 번씩 김의털이 살 만한 츠렁모바위이나 시렁모바위에서 보이지 않는 경우도 있다. 몇 해 전 산불로 모두 타 죽어 버렸기 때문이다. 지표면 가까이에서 뿌리가 발달하는 지하기관의 건축구조도 문제지만, 그보다는 땅바닥에 남아서 큰 역할을 했던 말라 버린 잎들이 불쏘시개가 된 탓

신귀화식물 큰김의털(*F. arundinacea*)

이다. 한때 목숨을 살렸던 것이 어쩔 때는 목숨을 앗아가 버리는 이치, 도법자연(道法自然)이다. 게다가 씨앗이 만들어진 그해에 주로 발아하는 김의털의 종자발아 계절성[14] 때문에도 산불은 더욱 위협적이다. 그런데도 우리나라에서는 김의털을 키운다. 피난처, 건생(乾生) 이차초원식생의 거점이 되는 전통적인 봉분 덕택이다. 유럽 정원에서는 은빛 잎줄기가 꽃을 대신하는 화훼식물로 개발된 다양한 김의털을 키운다. 거친 황무지에 사는 김의털이지만, 고흐의 그림 해바라기에 견주어도 전혀 모자람이 없다.

김의털과 많이 닮았고, 서식처 생육조건도 거의 비슷한 왕김의털은 생태지리가 적나라하게 대비된다. 대륙성 기후 지역에서는 왕김의털 개체군이 작다. 우리나라의 대륙성 기후, 그 가운데 더욱 대륙성인 영남분지의 '지역생물기후구-대구형'에서는 김의털이 흔하지만, 왕김의털은 희귀종에 가깝다. 울릉도와 독도의 경우는 그 반대다. '지역생물기후구-울릉도형'에 속하는 해양성 기후로 왕김의털이 우세하지만 김의털은 희귀하다. 물론 울릉도와 독도의 해안 절벽에서 소금기 바닷바람에 잘 적응한 개체군과 내륙에서 종종 보이는 개체군은 각기 다른 생태형 분화(ecotypic differentiation)의 길을 걷고 있다는 사실을 기억할 필요가 있다. 왕김의털이 그렇게 미지형적 환경조건에서 '덜 건조한 적습' 초지나 암벽 틈바구니에 산다는 사실, 그래서 키 큰 풀밭 식물사회에서도 섞여 난다는 사실이 김의털과 근본적으로 다르다. 이런 점이 해양성 기후인 일본열도에서도 그대로 나타난다. 일본열도에서는 왕김의털이 흔한 편이라면, 김의털은 무척 희귀하다. 이와 비슷한 분포 경향은 산거웃(『한국 식물 생태 보감』 1권 「산거울」 편 참조)에서도 보인다. 지리적으로 참으로 가깝지만 일본열도의 자연환경과 식생은 우리나라와 너무나 많이 다르다. 유럽 대서양 해양성 기후 한가운데에 위치하는 영국의 초지에서도 기저 줄기에서 기원하는 긴 땅속줄기로 왕성하게 번식한 왕김의털이 김의털보다 훨씬 더 흔하다. 심지어 1,000살짜리 왕김의털 개체군이 있는가 하면, 뿌리줄기가 아주 짧은 김의털은 겨우 10m 정도 확장하는 데에 수백 년이 걸리기도 한다.[15] 넥타이와 중절모, 접은 우산을 떠올리게 하는 영국 신사의 정장 문화는 넘치리만큼 습윤한 대서양 해양성 기후 환경에서 생겨날 수밖에 없었다. 자연의 절대적 종속변수로서 모든 생명체는 삶의 무대가 되는 기반은 독립변수 자연환경조건이라는 사실을 다시 한 번 돌이켜 보는 대목이다.

---

1) 신이행 등 (1690)
2) 정태현 등 (1937)
3) 이우철 (2005)
4) 森 (1921)
5) 北川 (1961)
6) 정태현 등 (1937)
7) 이우철 (2005)
8) 신이행 등 (1690)
9) Lu *et al.* (2006)
10) 박수현 등 (2011)
11) 박정석 (2014)
12) 김종갑 (1992)
13) Grime *et al.* (1988)
14) Harmer & Lee (1978)
15) Harberd (1961), (1962)

사진: 김종원

향모(모향, 참기름새)

Hierochloe odorata (L.) P. Beauv. ***sensu lato***
Hierochloe odorata subsp. ***pubescens*** (Krylov) H. Hara ex T. Koyama

형태분류

줄기: 여러해살이며, 바로 서서 어른 무릎 높이 이하로 자란다. 줄기가 모여나지 않지만, 종종 무리를 이룬다. 길게 벋는 가느다란 살구색 뿌리줄기가 발달하고, 향긋한 향기가 난다.

잎: 줄기 윗부분에서는 한 장씩 나고 길이가 아주 짧다. 뿌리에서 난 잎은 길고 가장자리가 약간 안으로 말린다. 싼잎에는 약간 아래로 향하는 부드럽고 짧은 털이 줄지어 나고, 잎집이 마디보다 길다. 잎혀는 띠모양이고 가장자리에 얕은 톱니가 있다. (비교: 애기향모(*H. glabra*)는 꽃차례를 포함해 식물체가 전반적으로 작고(높이 30㎝ 이하), 잎은 단순하며 수도 아주 적다. 잎혀는 좌우로 오므린 혀모양이고 가장자리가 밋밋하다.)

꽃: 4~5월에 고깔꽃차례로 피며, 맨 아래의 작은꽃줄기는 길고 위에서 갈라진다. 작은꽃이삭은 연한 황갈색으로 반들거리고, 까락이 없으며, 꽃이삭 3개로 이루어진다. 꽃이삭 2개는 수꽃이고, 나머지 1개는 짝꽃으로 열매를 맺는다. 잎겨는 연한 갈색이며 막질이다.

열매: 이삭열매

염색체수: 2n=28, 42, 56[1)]

생태분류

서식처: 초지, 산비탈 풀밭, 무덤 언저리, 농촌 들녘의 밭 경작지 언저리, 제방, 두둑, 해안 배후 모래언덕과 그 언저리 등, 양지~반음지, 적습~약습

수평분포: 전국 분포

수직분포: 구릉지대 이하

식생지리: 냉온대~난온대, 만주, 중국(화중지구의 쓰촨 성과 화남지구의 윈난 성과 구이저우 성을 제외한 전역), 몽골, 연해주, 일본, 사할린, 쿠릴열도, 동시베리아, 아프가니스탄, 키르기스스탄, 코카서스, 유럽, 북미 등

식생형: 초지식생, 농지식생(농촌형, 밭 경작지 및 휴경작지의 밭두렁 식물군락)

생태전략: [스트레스인내자]

종보존등급: [V] 비감시대상종

이름사전

속명: 히어로클로에(*Hierochloe* R. Br.). 성스러움(*hieros*)과 화본형 풀(*chloa*)의 희랍 합성어다. 실제로 종교 축제에서 교회 입구의 문이나 바닥 앞쪽에 향기가 나도록 깔아두는 성스러운 풀로 이용했다.[2)]

종소명: 오도라타(*odorata*). 향기가 난다는 뜻의 라틴어다. 뿌리줄기에서 나는 향기에서 비롯했을 것이다.

한글명 기원: 참기름새,[3)] 향모,[4)] 향기름새[5)] 등

한글명 유래: 향모는 한자명(香茅)에서 비롯한다. 뿌리에서 향

기가 난다는 뜻의 종소명에서 비롯한다고 하나,[6] 우리나라를 포함한 동양 고전에 일찍부터 사용하던 한자명에서 비롯했다. 그런데 향모의 본래 이름은 19세기 초에 기록된 바 있는 한자명 茅香(모향)이다. (아래 에코노트 참조) 한편 한글로 표기한 첫 기재는 1949년 11월의 '향모'보다 앞선 1949년 2월의 '참기름새'이다. 1921년 『조선식물명휘』에는 한글명 없이 일본명(カウバウ, Kaubau)과 분포(서울, 원산, 신의주, 청진, 평양) 정보가 나온다.[7]

한방명: - (모향화(茅香花)로 보는 경우[8]도 있지만, 오류다. 이는 『동의보감』의 한글명 '흰ᄯᅴ곳'에서 알 수 있듯이 '띠' 꽃을 지칭한다.)

중국명: 茅香(Máo Xiāng). 향기 있는 띠풀(茅: 화본형 식물)이라는 뜻이다. 또 다른 이름 毛鞘茅香(Máo Qiào Máo Xiāng)은 싼잎의 잎집 부분에 털이 있다(毛鞘)는 뜻의 아종명(*H. odorata* subsp. *pubescens*)을 번역한 것이다.

일본명: コウボウ(Koubou, 香茅). 한자명을 음독(音讀)한 데서 비롯한다. 본래 고유 명칭은 『본초화명』[9]에 나온 여가말(女加末)이라는 일본식 향명 표기로, 창포(Gama)처럼 향기가 나는 여성스런 풀이라는 뜻이며, '메가마'라 읽는다.

영어명: Downy Sweetgrass, Downy Vanilla Grass, Holy Fragrant Grass

에코노트

향모는 주로 논밭두렁이나 초지의 늘 양지바르면서도 습윤한 토양에서만 사는 여러해살이다. 꽤 안정된 농촌 서식처 환경인데, 사실상 그런 곳은 흔치 않다. 그래서 향모가 발견되는 곳이라면, 발달한 뿌리줄기로 무리지어 사는 경우가 많다. 밟혀 다져졌거나 건조한 땅에서는 결코 살지 않는다.

현대인에게 향모는 낯설지만, 역사 속에서는 익히 알려졌던 들풀이다. 땅속의 달리는 뿌리가 난(蘭) 뿌리를 연상케 하면서 향긋한 바닐라 향을 풍기기 때문이다. 19세기 초 『물명고』[10]에는 향모를 지칭한 듯한 한자 명칭이 여럿 보인다. 그 가운데 모향(茅香)과 향모(香茅)라는 한자가 눈에 띈다. 모향은 "뿌리가 뚜렷하게 길며, 땅속뿌리가 난의 뿌리를 닮았다"라고 기록했고, 향모는 "잎에 뚜렷한 잎줄(脊)이 3 개 있고, 향이 난다"고 기록했다. 따라서 모향이라는 명칭이 오늘날의 향모를 지칭하는 본래 이름이다. 앞선 고전에서의 향모는 띠(*Imperata cylindrica* var. *koenigii*)를, 모향화(茅香花)는 띠 꽃을, 모근(茅根)은 띠 뿌리를 지칭하며,[11] 매월당의 오언시(五言詩)에 나타나는 향모(香茅)도 띠를 지칭한다. 일본명 고우보우(香茅)는 한자명을 음독한 것이고, 중국에서는 모향(茅香)으로 사용한다. 1934년의 기록[12]에서는 지금의 '산향모'에 대해 빅모향(白茅香)이라는 한글 명칭으로 기재하는데, 애당초부터 우리는 향모를 모향으로 불렀던 것이다. 이래저래 향모란 실체 하나를 두고 이름이 혼란스럽다. 분류학의 기본정신인 선취권에 따라 최초 기재명을 존중하면 해결된다. 그런데 최초 한글명도 향모가 아니고, 1949년 2월의 참기름새다.[13] 고운 의미가 담긴 이름이다. 사람의 정신을 맑게 해주는 향기의 재료가 되는 참 생명체, 열매는 기름기가 졸졸 흐르고, 외떡잎(單子葉)으로 좁은 잎인 '새' 종류이니 '참-기름-새'이다.

향모와 관련된 모든 명칭은 식물체에서 나는 향과 특히 땅속에 달리는 뿌리줄기에서 나는 향에서 비롯한다. 종소명 오도라타(*odorata*)도 그런 의미다. 속명 히어로클로에(*Hierochloe*)는 희랍어의 성스러움(sacred)을 뜻하는 *hieros*와 화본형 풀(grass)이라는 뜻의 *chloa*의 합성어다. 즉 성스러운 풀이라는 뜻이다. 실제로 성스러운 종교 축제에서 교회 입구의 문이나 바닥 앞쪽에 향기가 나

애기향모

도록 깔아두었다고 전한다.[14] 향모의 본종(*Hierochloe odorata* subsp. *odorata*)은 북미의 온대 초지에서도 널리 분포한다. 북미 원주민들에게 귀한 민족식물이었고,[15] 북유럽에서도 전통 민족생물학정보가 다양하다.[16] 특히 향모류는 잠을 오게 하는 효능이 있어 명상에 도움을 주는 일종의 약초로, 잎을 말려 태우는 향으로도 이용했다고 한다. 동아시아의 종류는 싼잎의 잎집 부분에 고운 털이 있다는 뜻인 푸베센스(*pubescens*)가 더해져 아종으로 분류하기도 한다. 한반도에는 식물체가 왜소한 애기향모(*H. glabra*)와, 개마고원 일대에서부터 저 멀리 유럽에 이르기까지 분포하는 산향모(*H. alipina*)가 기재되었는데,[17] 남한에는 향모와 애기향모 2종만 분포한다.

---

1) Probatova *et al.* (1996)
2) Quattrocchi (2000)
3) 박만규 (1949)
4) 정태현 등 (1949)
5) 안학수, 이춘녕 (1963)
6) 이우철 (2005)
7) 森 (1921)
8) 신전휘, 신용욱 (2006)
9) 深根(901~923; 多紀, 1796)
10) 유희 (1801~1834)
11) 허준 (1613)
12) 村川 (1932)
13) 박만규 (1949)
14) Quattrocchi (2000)
15) Casey & Wynia (2010)
16) Alm (2015)
17) 박수현 등 (2011)

사진: 김종원, 이정아

띠(삐)

Imperata cylindrica var. ***koenigii*** (Retz.) Pilg.
Imperata cylindrica (L.) Raeusch. ***sensu lato***

형태분류

줄기: 여러해살이며 어른 무릎 높이까지 바로 서서 자란다. 줄기는 가늘며 단단한 편이고, 마디에 긴 흰색 털이 있다. 밑부분에 섬유처럼 잘게 갈라진 잎집이 남는다. 흰색 뿌리줄기가 발달하고, 큰 무리를 만든다.

잎: 가장자리가 거칠고, 꽃이 피기 전에는 부드럽지만, 꽃이 핀 뒤에는 길게 자라면서 질겨지고 약간 감긴다. 끝이 딱딱해서 침 같다. 막질인 잎혀는 띠모양으로 아주 빈약하고 가장자리에 불규칙한 톱니가 있다.

꽃: 5~6월에 은백색 비단 털로 덮인 긴 원통모양으로 피며, 길이가 15㎝ 내외로 길다. 작은꽃이삭은 2개씩 쌍을 이루어 다닥다닥 붙고, 흑자색 수술머리가 흰 털 밖으로 길게 나온다. 작은이삭은 5㎜ 정도이고, 까락은 없다. 막질인 긴 잎겨에는 맥이 6개 정도 있고, 잎겨 길이의 3배 정도 되는 비단 같은 털이 있다.

열매: 이삭열매로 아랫부분의 긴 명주털(總苞毛) 덕택에 바람을 이용해 퍼져 나가고, 초식동물에 의한 동물산포도 함께 한다.

염색체수: 2n=20,[1] 40(?)

생태분류

서식처: 초지, 제방, 두둑, 농촌 들녘 길가, 무덤 언저리, 해안사구, 해안매립지 언저리 등, 양지, 약건~적습

수평분포: 전국 분포

수직분포: 구릉지대 이하

식생지리: 냉온대~아열대, 아시아, 북아프리카, 남유럽 등(북미, 호주로 귀화)

식생형: 이차초원식생

생태전략: [경쟁자]~[터주-스트레스인내-경쟁자]

종보존등급: [V] 비감시대상종

이름사전

속명: 임페라타(*Imperata* Cirillo). 16세기 이탈리아 식물학자 이름(Ferrante Imperate)에서 비롯한다.

종소명: 씰린드리카(*cylindrica*). 꽃차례가 실린더 같은 원기둥모양(圓柱形)이라는 뜻의 라틴어다. 변종명 코에니기(*koenigii*)는 왕(王)을 뜻하는 독일어 퀘니히(König)에서 유래하고, 은백색 긴 명주털로 된 아름다운 장식품 같은 이삭꽃차례에서 비롯했을 것이다.

한글명 기원: ᄢᅴ(삐),[2] 곱ᄡᅱ,[3] 빅빅,[4] ᄡᅦ(삐)기, ᄡᅦᆯ(삘)기,[5] ᄡᅴ,[6] ᄠᅴ(삘기),[7] '띠',[8] ᄠᅴ[9]

한글명 유래: 우리말에서 유래하는 일본명 찌가야(Tsigaya)의 '찌'에서 생겨난 이름이다. 본래 우리말 고유 명칭은 '빨다'에서 유래하는 '삐'이다. 일본명 '찌'는 우리말 소리 '삐'에 대한 것으로, 일본 사람들의 발음 한계에서 생겨난 것이다. 한편 이름이 삐(ᄢᅴ)에서 띠(ᄠᅴ)로 완전히 굳혀진 것은 일제강점기인 1936년 조선총독부임업시험장에서 출판한 『조선야생약용식물』[10] 이후다. (기타 내용은 『한국식물 생태 보감』 1권 「띠(삐)」 편 참조)

한방명: 백모근(白茅根). 띠의 뿌리줄기를 약재로 쓴다.[11] 모근(茅根)이라고도 한다.[12]

중국명: 孔尼白茅(Kǒng Ní Bái Máo). 크게 아름다운 또는 크게 깨우친 여승(孔尼)과도 같은 띠풀(白茅)이라는 뜻이다.

일본명: チガヤ(Tsigaya, 白茅). 띠의 본래 우리말 '삐'에서 전화한 것이고(아래 에코노트 참조), 한자는 중국명에서 비롯한다.

영어명: King Cogongrass, Blady Grass. 영어명 코곤(Cogon)은 필리핀의 타갈로그어에서 유래하는 스페인 명칭으로 띠(삐)를 지칭한다.

에코노트

띠는 잡초라기에는 어울리지 않게 꽃차례가 우아하다. 산들 바람에 은백색 꽃이 흔들릴 때면 아름답기 그지없다. 띠는 농촌의 들녘 두둑이나 길가에서도 흔하게 보인다. 그 옛날 들판에서 소가 꼴을 배불리 먹을 때까지 기다려야 했던 어린 아이들에게 지루함

을 달래주는 천사 같은 풀이었다. 어린 새싹이나 벼꽃이삭에서 단맛이 약간 나기 때문이다. 그래서 띠의 우리말 방언의 삘기, 빼기는 모두 '빨다'에서 유래한 것들이다.

띠를 읊은 우리나라 최초 시는 아마도 김시습(1435~1493)의 『매월당시집』 제10권 「유관동록」의 오언시일 것이다. 제목이 〈향모(香茅)〉이다.[13] 여기에서 '향모'는 오늘날의 띠를 지칭한다. 향모라는 한자를 그대로 직역하면 '향기로운 띠'가 된다. 첫 구절이 이렇다.

모초세삼사(茅草細鬖髿, 흠치르르하게 헝클어진 가는 머리칼 같은 띠풀), 향심대로아(香深帶露芽, 이슬 맺힌 새싹은 깊은 향을 띠네).

띠의 꽃이삭 모양을 그리면서 줄기 기부나 새싹에서 나는 달콤한 맛의 향기를 묘사했다. 이처럼 매월당의 〈향모(香茅)〉가 야생초 '띠'라는 사실을 알기에 충분하다. 때문에 오늘날 식물도감에 나오는 향모(*Hierochloe odorata s.l.*)를 지칭하는 것은 아니다.

향모(香茅)라는 한자 명칭은 다산의 『여유당전서』에서도 보인다. 청모(菁茅)나 경모(瓊茅)라고도 하며, 잎에 잎줄 3개가 뚜렷하고(葉有三脊), 주로 강 언저리(生江淮間)에서 산다는 설명도 있다. 바로 띠의 형태와 생태를 묘사한 것이다. 이처럼 띠는 거친 들판의 야생초로 아주 오래전부터 생활 속의 식물로 자리 잡고 있었다. 띠(삐)의 한자명은 백모(白茅)이며, 뿌리줄기를 모근(茅根)이라 하고, 요긴한 한방재료다.[14] 반면 향모의 열매를 모향화(茅香花)라 해 한방에서 이용한다는 기록[15]도 있는데, 이에 대한 정확한 출처는 알 길이 없다. 모형화는 일찍이 『동의보감』에서 한글로 '흰ᄠᅴ곳'으로 띠의 길고 특색 있는 흰색 꽃차례를 지칭했고, 뿌리는 '삣불휘'로 정확히 지칭한 바 있다.

띠의 일본명은 '찌' 또는 '찌가야(白茅)'이다. 우리말 고유 명칭 '삐'와는 상관없고, 오히려 '띠'에 잇닿았다는 것을 쉽게 짐작할 수 있다. 일본말에는 '띠'라는 발음 자체가 없고 '찌'뿐이기 때문이다. 일본 가타카나(片仮名)의 찌(チ)는 한자 천(千) 자에서 비롯한다. '천' 자는 숫자의 '일천 천(千)'이기도 하지

만, '아주 많다'는 의미도 있다. 그런데 순수 우리말에서 많은 숫자로 이루어진 무리를 '떼(띠)'라고 한다. 일본말 '찌'는 유사(有史) 이전에 일본으로 흘러들어 간 수많은 우리말 가운데 하나인 것이 분명하다. 일본인은 이런 사실을 짐작이나 하는지 궁금하다. 이 '찌'처럼 우리말에 뿌리를 두는 일본말이 수없이 많지만, 그들은 늘 유래미상(未詳)이라면서 그 뿌리를 숨겨 버린다. 다윈의 『종의 기원』을 들이댈 필요도 없이, 어떤 것이 '있다는 것(有)'은 앞서 '있는 어떤 것(有)'에서 비롯한다는 사실은 고매한 철학도 사상도 아닌 상식이다. 우리말 '띠'라는 식물 이름이 있었기에 일본말 '찌'라는 말이 있다는 것이다. 우리에게 삐라는 고유 이름은 온데간데없고, 일제강점기에 굳혀져 버린 '띠'라는 이름만 남았다.[16] 띠를 대신해서 삐를 복원했으면 한다. 말과 글의 정체성은 역사의 단절을 막고 문화의 존재 가치를 드높이고 확인하는 길이다.

띠속(*Imperata* Cirillo)은 전 세계에 10여 종이 알려졌으며, 모두 난온대와 아열대 지역에 널리 분포한다.[17] 우리나라에는 띠 한 종이 산다. 서식 장소에 따라 모양의 변이가 심한 편인데, 은빛 솜털 덕택에 이삭꽃차례가 생기고 나면 쉽게 구별되며, 한겨울에도 약간 붉은색을 띠는 누렇게 말라 버린 잎이 남아 있기 때문에 쉽게 구별할 수 있다. 띠는 벌초하거나 한번씩 불태우는 풀밭 식물사회를 대표하는 건생(乾生) 이차초원식생의 주

띠군락(충남 태안 신두리 해안 사구)

인공이다. 바닷가 모래땅, 농촌 들녘 길가, 연못 제방이나 논두렁 밭두렁에서도 벌초나 불태우기, 방목과 같이 사람의 도움으로 만들어진 초지를 대표한다. 띠는 척박한 땅에서나 비옥한 땅에서나 잘 산다. 단단한 뿌리(根圈)로 밀집번식(phalanx)과 게릴라번식(guerilla)을 구사하면서, 지상과 지하의 영역을 확대해 가는 여러해살이다. 지표면을 스쳐 지나가는 불길에 지상부 잎은 타 버리지만, 살아남은 뿌리 덕분에 한 자리에서 오랫동안 살 수 있다. 때문에 토양 침식을 방지하고 땅을 안정시킨다. 도로 절개지 비탈면이나 붕괴지를 덮는 데에 그리고 아름다운 고유 경관과 생태계를 창출하는 데에 더 없이 유용하다. 우습게도 미국 일부 주(州)에서는 경제적으로 불리하다면서 유해식물종 목록(noxious weed list)에 등재하고, 제거하려는 헛수고를 하고 있다.[18] 모래땅이 아닌 진흙이 섞인 땅에 뿌리를 내린 띠를 뽑으려다가는 허리를 다친다. 오랫동안 정착한 띠의 땅속뿌리는 대단히 공고하기 때문이다.

띠(삐)는 바람을 이용해서 종자를 널리 퍼트린다. 소 같은 초식동물의 소화기관을 통과한 씨는 발아율이 크게 높아진다. 방목 장소에서 띠(삐)가 우점하는 드넓은 풀밭이 만들어지는 까닭이다. 북미와 중부 유럽 목초지에서는 띠(삐)를 침입자(invader)라는 나쁜 잡초로 취급한다. 목축문화가 발달한 그곳에는 거기의 기후에 어우러지는 다양한 목초 식물종이 있어 왔기 때문에 띠(삐)를 경험해 본 적이 없어서 오해한 것 같다. 낯선 귀화식물을 늘 경계의 대상으로 보는 선입견이 문제다. 토종 한우는 띠(삐)를 뜯어 먹으며 살았지만, 서양의 홀스타인 젖소에게 띠(삐)는 낯선 존재임이 틀림없다. 하지만 꽃차례가 생기기 전까지 어린잎은 훌륭한 사료 풀이다. 이 땅에 사는 한우들은 잘 알고 있는 사실이다.

---

1) Chen & Phillips (2006a)
2) 최세진 (1527), 허준 (1613)
3) 유희 (1801~1834)
4) 森 (1921)
5) 村川 (1932)
6) 林泰治, 鄭台鉉 (1936)
7) 정태현 등 (1937)
8) 정태현 등 (1949)
9) 이우철 (2007)
10) 林泰治, 鄭台鉉 (1936)
11) 안덕균 (1998)
12) 신전휘, 신용욱 (2006)
13) 양대연, 권오돈 (1977)
14) 신전휘, 신용욱 (2006)
15) 신전휘, 신용욱 (2006)
16) 정태현 등 (1949)
17) Chen & Phillips (2006a)
18) MacDonald *et al.* (2006)

사진: 김종원, 이창우

도랭이피

Koeleria macrantha **(Ledeb.) Schult.** ***sensu lato***

형태분류

줄기: 여러해살이로 가늘지만 곧게 서서 어른 무릎 높이로 자라고 밝은 녹색을 띤다. 마디가 2~3개 있고, 세로로 긴 줄이 있으며, 매우 짧고 부드러운 털이 있다. 뿌리에서 늘 다발로 뭉쳐나고, 기저부에 오래된 싼잎의 잎집이 얇은 종이처럼 남는다. 뿌리줄기는 짧고 빳빳하며, 적갈색 수염뿌리가 난다.

잎: 가늘고 긴 줄모양이며 폭이 3㎜ 내외로 좁지만, 약간 말리는 경향이 있다. 가장자리에 부드러운 털이 있고, 싼잎의 잎집 아랫부분에 길고 연한 털이 있다. 잎혀는 1㎜도 채 되지 않으며, 가장자리에 불규칙하게 큰 굴곡이 진다.

꽃: 5~6월에 줄기 끝에서 좁고 긴 고깔꽃차례가 바로 서고, 은빛 도는 녹색이다. 꽃줄기에는 부드러운 털이 아주 많다. 작은꽃이삭은 납작하고, 짝꽃 2~3개와 제일 위에 수꽃 1개로 이루어지며, 까락이 없다. 속잎겨는 바깥잎겨보다 조금 더 길고, 맥 3개가 뚜렷하다. 바깥잎겨에는 용골이 있고 중앙맥이 뚜렷하다. 속받침겨는 겉받침겨보다 약간 짧고 끝이 두 쪽으로 갈라진다.

열매: 이삭열매로 7~8월에 익는다.

염색체수: 2n=14, 28, 42, 70[1)]

생태분류

서식처: 초지, 제방, 산기슭 풀밭, 산능선 풀밭, 농촌 들녘 후미진 곳, 시렁모바위, 해안 풀밭 등, 양지, 적습~약습

수평분포: 전국 분포

수직분포: 아고산대 이하

식생지리: 아고산대~난온대, 아시아 전역(일부 동남아시아 제외), 북미, 유럽 등 (호주 및 세계 곳곳에 귀화)

식생형: 이차초원식생, 자연초원식생(시렁모바위, 황무지 등)

생태전략: [스트레스인내자]~[터주-스트레스인내-경쟁자]

종보존등급: [IV] 일반감시대상종

이름사전

속명: 코엘레리아(*Koeleria* Pers.). 독일 식물학자(Georg L. Koeler, 1765~1807)를 기념하면서 만들어졌다.

종소명: 마크란타(*macrantha*). 큰(*macro-*) 꽃(*anthos*)을 뜻하는 라틴어다. 이삭꽃차례에서 비롯한다.

한글명 기원: 도랭이피[2)]

한글명 유래: 도랭이와 피의 합성어로 도랭이는 우리말 도롱이가 전화(轉化)한 것이다. 도롱이는 모내기철에 걸치는 옛날 비옷이다. 띠풀(grass)을 엮어 만든 간이 비옷으로 미사리나 접사리와 같다. 도롱이 사(蓑) 자가 들어 있는 일본명(蓑艦褸)에서 비롯했을 것이다. 한편 근대 식물분류체계로 우리나라에서의 첫 기재는 1921년에 일본명(Minoboro, 蓑艦褸)으로만 이루어졌다.[3)]

전남 곡성군(해발고도 40m)

한방명: -

중국명: 阿尔泰溚草(Ā Ěr Tài Dá Cǎo). 러시아 알타이(阿尔泰)의 촉촉한 땅(젖을 답, 溚)에 나는 풀(草)이라는 뜻에서 비롯했을 것이다. 알타이 지역은 광활한 습생(濕生) 스텝 초지가 발달해 목축이 성행하는 곳이다.

일본명: ミノボロ(Minoboro, 蓑襤褸). 작은꽃이삭이 다닥다닥 붙은 모양이 보잘것없이 남루(襤褸)한 도롱이(蓑) 같다는 것에서 비롯한다.[4] 남루(襤褸)는 누더기, 넝마를 일컫는다.

영어명: Prairie Junegras, Crested Hair Grass

에코노트

우리나라 식물 이름에 '도랑이-' 또는 '도랭이-'가 붙은 것은 세 가지뿐으로 그 뒤에 피, 냉이, 사초가 더해진다. 분명 이름의 까닭이 없을 리 없지만, 모두 유래미상이란다.[5] 하지만 도랭이피의 '도랭이'는 비올 때 어깨에 걸쳤던 '도롱이'에서 전화했거나 잘못 적은 표

기이거나, 아주 작은 물길을 뜻하는 '도랑'에 잇닿은 명칭으로 추정해 볼 수 있다. 전자의 경우는 식물체의 생김새에서, 후자의 경우는 사는 장소에서 비롯했을 것이다. 그런데 도랭이피는 도랑 같은 물터에 사는 종류가 아니기 때문에 후자의 유래는 그냥 무시해도 될 듯하다. 결국 도롱이가 유력하다. 도랭이피의 납작한 이삭꽃차례가 펼쳐진 모양이 도롱이(蓑, 사)를 떠올리게 할 만하다. 일본명은 그래서 생겨났다. 우리말 도랭이피의 유래를 일본명에서 찾는 까닭은 일제강점기 때 우리나라 1세대 전문가들이 기초 분류정보를 전적으로 일본에 의존했기 때문이다.

정확히 2000년에 들어서 범지구적 수준에서 도랭이피의 분류가 검토된 바 있다.[6] 우리나라를 포함한 동아시아에서의 분포 실상을 견주어 보면, 흥미로운 사실이 의외로 가득하다. 도랭이피는 전 세계에 35종이 있으며 중국에는 4종, 일본에는 2종이 알려졌고,[7] 우리나라에는 북반구 전역에 가장 널리 분포하는 도랭이피 1종뿐이다. 그렇게 지리적 분포가 광역적인 만큼, 지역과 서식처에 따라 형태적 변이(식물체 크기, 털의 유무와 양, 이삭꽃차례의 모양과 크기, 뿌리의 형태 등)가 큰 편이다.

도랭이피는 풀밭 식물사회가 분포중심지로, 유라시아 대륙의 고위도 지역에 집중적으로 분포한다. 자연초원식생에서도 나타나지만 주로 이차초원식생의 구성원이다. 습지는 아니지만, 습윤한 땅에서 특히 방목이 성행하는 장소에 흔하다. 메마른 초지가 우세한 반면에 방목이 드문 우리나라에서는 그

리 흔치 않다. 여기저기 크고 작은 패치(分班) 상태로 보이고, 특히 소백산맥의 비 그늘 영향을 강하게 받는 '지역생물기후-대구형'[8] 지역에서는 매우 드물다.

도랭이피는 온대 스텝 초원에 사는 이삭열매식물(禾本型) 가운데에서 마치 김의털처럼 이른 봄에 가장 먼저 생장하기 시작한다. 그래서 긴 겨울동안 굶주린 야생 초식동물에게 훌륭한 먹이가 된다. 도랭이피의 조기 생장은 땅속뿌리와 잎이 갖는 대기 기온과 수분환경에 대한 생리생태적 대응전략에서 비롯한다. 그런데 종자 발아로부터 새로운 개체군을 만들기까지는 복합적인 생태적 조건의 미묘한 상호관계가 있어 녹록지만은 않다. 열매가 생긴 그해 8월말에서 10월 사이에 발아하지 못하면 모두 썩어 자연의 자

제주도 한라산(해발고도 1,800m)

양분이 되고 만다.[9] 이 시기에 발아하려면 환경조건이 딱 맞아떨어져야 한다. 게다가 도랭이피의 이삭열매는 까락도 없고, 잎겨나 받침겨도 뾰족하지 않아서 동물 몸에 묻어서 퍼져 나가기도 어렵다. 생산된 종자의 65%가 어미식물체로부터 1m 이내에 있다는 연구결과가 그런 사실을 뒷받침한다. 까락이 없는 이삭열매가 땅에 떨어지더라도, 흙속으로 파고드는 기계적 장치도 없기 때문에 지나가던 동물이나 사람이 밟아 주거나, 바람에 흙이 날려와 덮이지 않는다면 발아할 수 없다. 그래서일까, 도랭이피는 한 번 발아해서 자리를 잡으면 오랫동안 버틸 수 있는 뿌리의 구조와 기능이 있다. 뭉치다발을 잘 만들지만, 아무리 비옥하고 좋은 생육환경일지라도 다발의 지름은 늘 십수 센티미터 이내인, 자그마한 패치상(狀)으로 보인다.

그렇게 뭉쳐나는 뿌리와 줄기의 건축구조는 식생이 크게 발달할 수 없는 열악한 환경조건에서 유리하다. 일정한 크기를 넘지 않는 다발도 어려운 환경에서 살아남기 위한 것이다. 뿌리는 땅속 물 환경 변화에 유연하게 대처한다. 건조한 시기에는 물분자를 찾아서 수많은 수염뿌리가 깊은 곳으로 뻗어간다. 지상부 잎은 건조해지면 가장자리가 안으로 약간 말린다. 기공(氣孔)으로 수분을 덜 빼앗기려는 몸부림이다. 김의털에 견줄 바는 못 되지만, 가뭄회피자(drought avoider)의 행동양식이다. 게다가 지상부의 가느다란 줄기는 뿌리에서 직접 하나씩 나서 일제히 하늘로 향해 바로 서는 구조여서 비록 다른 풀들과 섞여 살더라도 빛 에너지를 이용하는 데 별 지장이 없다. 결국 도랭이피의 생존은 광합성에 직접 영향을 미치는 기온과 물 이용 효율의 특별한 생태전략[10]에서 결정된 셈이다. 이듬해의 생산성, 즉 삶의 지속성은 직전 가을 동안의 서식처 수분환경과 토양 비옥성, 종자의 발아 또는 어린싹의 재생 따위가 뒷받침되면서 가능한 일이다.

도랭이피는 주로 타가수분으로 종자를 생산한다. 보통 아침 일찍 3~5시간만 꽃이 핀다. 비오거나 이상 기온인 날에는 그렇지 않더라도, 날씨가 좋은 날에는 1~2시간 만에 꽃가루받이가 일어난다.[11] 낮 길이가 짧은 위도나 해발고도가 높은 지역에서도 꽃가루받이에 실패할 일은 별로 없다. 그래서 히말라야산맥 해발고도 4,400m에서나 북극 가까운 시베리아에서도 살 수 있다. 우리나라의 경우, 전남 곡성에서는 해발고도 40m에서 분포가 확인된 바 있지만, 제주도 한라산 해발고도 1,800m에서도 산다.[12] 생육 온도 범위도 상당히 크다는 것을 뜻한다. 더불어 재배한 목초지에서 지금껏 냉해 피해가 보고된 적이 없을 정도로 높은 내동성(frost tolerant)도 그런 삶을 지탱하게 한다. 도랭이피가 유럽 목초지에서 가장 흔하고 사실상 유럽이 분포중심지이지만, 전 세계 곳곳에서 보이는 까닭이다.

도랭이피가 사는 전 세계 서식처 조건을 요약해 보면 그저 놀라울 따름이다. 수직으로는 아고산대에서부터 난온대까지 폭넓은 온도 범위에서, 소금기 바람이 부는 해안에서부터 내륙까지, 약산성으로부터 알칼리성 토양까지, 척박하고 건조한 땅에서 비옥하고 습윤한 땅까지, 인공적인 방목초지에서부터 반자연 이차초원뿐만 아니라 자연초원에 이르기까지 나타난다. 우리나라에는 강한 알칼리성 암석인 사문암 서식처가 유일하게 안동 풍산에 잔존하는데, 그곳 초지에서도 도랭이피가 서식한다.[13] 우리나라 석회암이나 백운암 암석권에서는 지금껏 분포가 확인된 바는 없지만,[14] 유럽에서는 양상이 조금 다르다.[15] 석회암 입지에 대한 지표종은 아니지만, 유럽 석회암 입지의 풀밭 식물사회에서 높은 상재도로 나타난다.[16] 유럽의 건생초지 및 츠렁모바위의 초원식생을 대표하는 식물사회(Festuco-Brometea)의 진단종이다.[17] 이처럼 도랭이피는 광범위한 환경조건에 대해 뛰어난 생리생태적 적응력을 지닌 식물이어서 다양한 생태형이 존재할 수밖에 없다. 고정된 분류 검색키에 맞지 않을 경우가 허다한 이유다.

도랭이피는 불이 지나간 자리에서도 잘 산다. 오히려 피도가 증가하는 경향이 있다. 농경사회의 전통적인 해충 구제법으로 초봄이 되면 두둑이나 제방에 쥐불을 놓은 입지에 도랭이피 개체군이 많은[18] 까닭이다. 하지만 도랭이피도 살지 못하는 장소가 두 곳 있다. 물 고인 습지나 배수가 불량한 땅이다. 습지식물로 분류되지 않는 이유이기도 하다. 또 하나는 대기오염과 같은 화학적 오염에 노출된 지역이다. 새포아풀이나 왕포아풀이나 큰김의털도 살지 못할 수준의 토양오염과 심한 답압으로 다져진 땅이다.

---

1) Dixon (2000)
2) 정태현 등 (1937)
3) 森 (1921)
4) 牧野 (1961)
5) 이우철 (2005)
6) Dixon (2000)
7) Wu & Phillips (2006), 大井 (1978)
8) 김종원 (2006)
9) Grime *et al.* (1988)
10) Zhang *et al.* (2011)
11) Ponomaryov (1954)
12) 최병기, 이창우 (2016, 구두 정보)
13) 박정석 (2014)
14) 류태복 (2015), 류태복 (2016, 구두 정보)
15) Dixon & Todd (2001)
16) Rodwell (ed.) (1992)
17) Mucina & Kolbek (1993)
18) 이창우 (2016, 구두 정보)

사진: 이창우, 최병기

참쌀새(개껍질새)

Melica scabrosa **Trin.**

대구 육신사(해발고도 60m)

형태분류

줄기: 여러해살이며, 바로 서서 어른 무릎 높이 이상으로 자란다. 굵기 2㎜ 내외로 가는 편이고, 다발로 모여난다. 마디는 종종 흑자색을 띠고, 뚜렷하다.

잎: 너비 5㎜ 내외이며, 질감이 부드럽고, 가장자리는 살짝 말리며, 중상부에서부터 수평으로 또는 아래로 드리운다. 줄기 아랫부분의 잎집에는 부드러운 흰색 털이 있다. 흰색 막질인 잎혀는 둥글게 말려서 뾰족한 혀모양이 되고 가장자리가 매끈하다.

꽃: 5~6월에 줄기 끝에 긴 송이모양 이삭꽃차례가 바로 서고, 우윳빛 도는 녹색이다. 작은꽃줄기에 좁은 달걀모양 작은꽃이삭이 한 방향으로 조롱조롱 매달리듯 빼곡히 붙어나고, 처음에는 꽃대에 밀착해 붙어 있어서 좁고 긴 줄모양 이삭꽃차례를 만든다. 바깥잎겨와 속잎겨는 큰 편이며, 길이는 비슷하다.

열매: 이삭열매이며, 익으면 이삭꽃차례를 아래 방향으로 드리운다.

염색체수: 2n=18[1]

생태분류

서식처: 초지, 임도 언저리, 숲 가장자리, 농촌 후미진 곳, 산비탈 모래자갈땅 등, 양지~반음지, 적습

수평분포: 전국 분포(주로 중북부 이북)

수직분포: 산지대~구릉지대

식생지리: 냉온대~난온대(대륙성), 만주(헤이룽장 성), 중국(새북지구, 화북지구, 화중지구의 북부, 그 밖에 칭하이 성 등), 몽골 등

식생형: 초원식생, 터주식생(농촌형)

생태전략: [C] 경쟁자

종보존등급: [IV] 일반감시대상종

이름사전

속명: 멜리카(*Melica* L.). 화본형의 어떤 식물을 지칭하는 희랍어(*melike*)에서, 카스피해 남쪽에 위치하는 고대국가(*Media*)에서 나는 풀이라는 뜻의 라틴어에서, 또는 대롱을 뜻하는 라틴어(melica)에서 비롯한다.[2]

종소명: 스카브로사(*scabrosa*). 유별나게 거칠다는 뜻의 라틴어다.

한글명 기원: 개껍질새,[3] 참쌀새,[4] 참껍질새[5]

한글명 유래: 참과 쌀과 새의 합성어로 열매가 쌀 알갱이처럼 생긴 것에서 비롯한다. 여기서 '참'의 의미는 한국을 뜻한다고 하는데,[6] 기실은 1921년에 기록된 일본명(Teusenmichishiba, 朝鮮道芝)[7]에서 그렇게 판단했을 것이다. 하지만 참쌀새(1949년 11월)의

한글명 첫 기재는 개껍질새(1949년 2월)이다. 한편 쌀새라는 한글명도 일본명(Komegaya, 米茅)에서 비롯한다.

한방명: -

중국명: 臭草(Chòu Cǎo, 또는 猫毛草, 金絲草). 쌀새속 종류 대부분에서 약간 구린내(臭氣)가 나는 것에서 생겨난 이름일 것이다. 중국에서는 취초속(臭草屬)이라 하다.

일본명: - (일본에는 분포하지 않는다.)

영어명: Rough Melic, Rough Honey-grass

에코노트

쌀새속(*Melica* L.)은 열매가 굵지는 않지만 모양이 쌀 알갱이처럼 생겼다. 호주 대륙을 제외한 전 세계의 온대와 아열대 지역에 널리 분포하며 90여 종이 있다.[8] 우리나라에는 참쌀새를 포함해서 4종이 분포하며, 모두 여러해살이다. 참쌀새는 그중에서 가장 희귀하고, 초지 같은 빛 조건이 좋은 열린 입지에서 산다. 나머지 3종은 음지 또는 반음지 숲속에 산다. 남한에서도 참쌀새는 무척 드물게 보이는데, 개체군 크기가 작아서 그런 것 같다. 늘 작은 포기 다발로 보이며, 쉽게 메말라 버리는 건조한 환경에서는 살지 않는다.

참쌀새는 식물체가 무척 부드럽다. 억새나 수크령에 비할 바가 아니다. 열매가 여물고 가을이 되면 지상부 잎줄기는 풀이 죽어 누렇게 변하고, 시나브로 겨울이 되면 흔적을 찾아보기 어려울 정도로 사라진다. 게다가 본격적인 여름이 오기 전에 꽃이 피고, 곧 열매를 맺기 시작하는 식물계절성(phenology)이 우리나라 기후에 적응하기에는 불리하다. 참쌀새는 장마가 오기 전에 꽃피기 시작해서 장마가 지나자마자 열매를 맺는다. 우리나라에서 흔하게 목격하는 보통 벼과 식물의 식물계절성과 다르다. 뿐만 아니라 이삭열매는 땅속에 종자가 저장되지 않는다. 마치 왕대와 같은 대나무 종류가 종자은행을 갖지 않는 것과 같다. 이삭열매의 크기나 저장영양물질이 강아지풀이나 바랭이와 비교되지 않을 정도로 크고 풍부한 것도 참쌀새를 흔치 않게 하는 요소다. 곡류(穀類) 채식자(採食者)에게 으뜸가는 먹이이기 때문이다. 덩치 큰 꿩에서부터 몸무게 십수 그램인 붉은머리오목눈이처럼 작은 새들까지도 즐겨 먹으니 새봄이 다가올 때까지 이삭열매

비 맞거나 열매가 익으면 한쪽 방향으로 드리운다.

가 남아날 리 만무하다. 이래저래 남한에서 참쌀새의 분포는 양적으로나 질적으로나 제한될 수밖에 없다. 참쌀새가 굵은 모래자갈이 섞인 땅에서 더 자주 보이는 것도 토양 입자 사이로 열매 알갱이가 숨어들 듯 박혀 발아할 기회가 있기 때문이다. 현재 국가 적색자료집에 참쌀새는 빠져 있지만, 종보존등급 [IV] 일반감시대상종이다.

1) 杨 等 (2004)
2) Quattrocchi (2000)
3) 박만규 (1949)
4) 정태현 등 (1949)
5) 안학수, 이춘녕 (1963)
6) 이우철 (2005)
7) 森 (1921)
8) FOC (2006)

사진: 김종원

억새

Miscanthus sinensis Andersson ***sensu lato***

형태분류

줄기: 여러해살이며, 바로 서서 어른 키 높이 이상으로 자란다. 'V'자 모양 다발로 뭉쳐서 난다. 지름 1㎝ 정도 굵기로 겨울에도 딱딱하게 바로 선 채 남는다. 뿌리줄기는 짧고 굵으며 강하다.

잎: 긴 줄모양이며 가장자리는 예리한 침 같고, 뒷면은 연한 녹색 또는 분백색이다. 싼잎의 잎집에는 털이 거의 없다. 가운데 맥이 뚜렷하고 흰색을 띤다. 흔적처럼 남은 잎혀는 띠모양으로 폭이 2㎜ 내외이며, 가장자리에 미세하고 부드러운 털이 줄로 난다.

꽃: 9월에 줄기 끝에서 작은꽃이삭이 빼곡하게 달린 긴 송이 여러 개가 모여서 좁은 부채모양으로 펼쳐진다. 꽃이삭 송이는 길이 20㎝ 이상으로 꽃이삭 대보다 배 이상 길다. 작은꽃이삭은 밝은 노란색이고, 기부에 흰색 털이 있으며, 긴 까락이 있다. 꽃밥은 3개이고 2㎜보다 약간 더 길다. 겉받침겨는 투명하고 맥이 없으며, 1㎝보다 긴 까락이 붙고 꺾인 모양이다. 바깥잎겨는 맥이 5~7개, 속잎겨는 맥이 3개 있다. 작은꽃이삭이 자주색이고 바깥잎겨에 맥이 4개인 것을 참억새(*M. sinensis*)로 구분하기도 한다. (비교: 물억새(*M. sacchariflorus*)는 까락이 없다.)

열매: 이삭열매로 타원형이며, 길이 2㎜ 정도이고, 바람으로 퍼져 나간다.

염색체수: 2n=40,[1] 46[2]

생태분류

서식처: 초지, 벌채지, 산불 난 곳, 바람맞이 언덕(風衝地), 공동묘지 언저리, 제방, 해안 일대 풀밭 등, 양지, 적습~약건

수평분포: 전국 분포

수직분포: 산지대 이하

식생지리: 냉온대~아열대, 만주(지린 성 남부), 중국(화남지구, 화중지구, 화북지구 최남단 등), 대만, 일본, 연해주, 말레이시아, 보루네오 등 (북미에 귀화)

식생형: 이차초원식생(억새형)

생태전략: [경쟁자]~[터주-스트레스인내-경쟁자]

종보존등급: [V] 비감시대상종

억새

참억새

이름사전

속명: 미스칸투스(*Miscanthus* Andersson). 줄기(*mischos*)와 꽃(*anthos*)의 희랍 합성어로 작은꽃이삭이 빼곡하게 달린 억새의 이삭꽃차례에서 비롯한다.

종소명: 지넨시스(*sinensis*). 중국을 뜻한다. 중국에서 채집한 표본을 이용해 명명한 것에서 비롯한다.

한글명 기원: 훠식, 훠시,[3] 훠새,[4] 억새[5]

한글명 유래: 억과 새의 합성이다. 억은 초가집의 이엉에서 비롯한다. 억세다[6] 또는 으악새(鳥類)에서 비롯한다는 것은 오해다. 특히 잎이 억세어 손가락을 베일 수는 있지만, '억세다'의 '세'는 바깥 '새' 자가 아니다. 억새는 이엉의 재료가 되는 새(잎 좁은 화본형 식물을 총칭하는 고유어)라는 뜻이다. (『한국 식물 생태 보감』 1권 「참억새」 편 참조)

한방명: 망경(芒莖). 억새, 참억새의 줄기를 약재로 쓰고, 뿌리를 망근(芒根)이라 한다.[7]

중국명: 芒(Máng). 억새 종류를 지칭한다. 풀잎(艸)의 뾰족한 까끄라기 때문에 다친다(亡)는 뜻에서 생겨난 문자이다.

일본명: ススキ(Susuki, 芒). 쑥쑥 자란다는 뜻의 일본말 '수쿠수쿠'에서 유래하고,[8] 우리말 쑥쑥(숙숙)이 일본명의 뿌리다. (『한국 식물 생태 보감』 1권 「참억새」 편 참조)

영어명: Silver Grass, Chinese Silver Grass, Eulalia Grass

에코노트

억새나 참억새의 잎 가장자리는 유리 파편이 붙어 있는 것처럼 예리하다. 이른바 벼과 식물들이 갖는 규산체(硅酸體), 즉 식물오팔 보석(Opal phytolith, 부록 생태용어사전 참조)이다. 손을 벨 정도로 날카롭다. 초식동물에게 먹이가 되었던 식물이 일찍부터 몸에 지닌 방어 수단이다. 우리가 사용하는 유리와 똑같은 규소(Si)가 주성분이다. 모래의 주성분이기도 하며, 흙속에 가장 풍부한 화학원소인 규소를 이용해서 유리질 부속체를 만들어 잎 가장자리에 붙여 둔 것이다. 벼과나 사초과 식물의 잎에는 정도에 차이가 있을 뿐, 대부분 그런 유리파편이 있다. 초식자들은 풀을 뜯다가 주둥이에 조그마한 상처

억새. 분수처럼 펼쳐진다.

물억새. 대가 하나씩 솟는다.

라도 생기면, 야생에서는 곧바로 죽음으로 이어질 수 있다. 부리를 다친 새가 머지않아 죽음을 맞이해야만 하는 것과 마찬가지다. 억새를 지칭하는 한자 망(芒) 자가 드러내는 생태학적 의미다. 자칫 풀잎(艸)을 뜯어 먹다가 망(亡)할 수 있다는 것이다. 그런데 이런 날카롭고 단단한 유리질을 극복하면서 풀을 뜯는 그룹이 발굽동물인 말과 소다. 짓이겨 씹는 넓적한 어금니에 에나멜질(琺瑯質)이 한 겹 덧씌워졌기 때문이다. 억새는 한층 더 강력한 방어전략을 보탠다. 발굽동물도 꺼려하는 질기고 억센 식물체로 진화한 것이다.

억새는 아주 짧은 뿌리줄기가 다발을 만들어 뭉쳐난다. 사람의 힘으로 캐내는 일은 불가능하다. 라메트(ramet)라는 뿌리 구조로, 공간 점유에 가장 강력한 초본식물의 생태전략, 즉 밀집전략(phalanx strategy, 일명 인해전술)이다. (더 많은 내용은 『한국 식물 생태 보감』 1권 「참억새」 편 참조) 밀집전략은 삽이나 호미로 극복되지 않는다. 기계 동력을 빌려야 캐낼 수 있을 정도다. 그 옛날 억새가 풀밭을 차지하면 이미 망(亡)한 땅이다. 억새 스스로 물러나기 전에는 경작지로 이용하기란 사실상 불가능한 불모지다. 이런 억새밭이 오늘날에는 축제의 재료가 된다. 억새밭에 주기적으로 불을 지르거나, 벌초하거나, 침투한 나무를 베어 내는 방식으로 천이를 막아서 계속 유지시킨다.

억새는 그렇게 이차초원식생을 대표하는 키 큰 여러해살이 식물사회, 이를테면 억새군강(Miscanthetea, 또는 참억새군강)을 특징짓는 진단종이다. 그런데 억새는 일차초원

장억새(강원 평창)

식생, 즉 자연초원식생이나 반자연초원식생에서도 산다. 직사광선이 내리쬐는 산지 츠렁모바위나 해안 바람맞이땅(風衝地)처럼 숲이 들어서지 않는 곳에서 잘 산다. 이 또한 밀집전략을 펴는 뿌리 덕택으로 가능하다. 열악한 생육조건이라도 씨앗이 발아하기만 하면, 뿌리 내려서 한동안 살아가는 데 문제가 없다. C4-식물이기에 녹록지 않은 수분환경을 극복할 수 있다.

우리나라에는 억새 종류가 9종 있다고 알려졌다. 그 가운데 6종을 특산으로 본다.[9] 식물사회학적으로는 서식처에 따라 크게 건조한 풀밭의 참억새류, 습한 풀밭의 물억새류, 특이서식처의 억새류(장억새류와 억새아재비) 세 그룹으로 나눈다. 특산으로 여기는 6종은 참억새(*M. sinensis*), 가는잎억새

(*M. sinensis* var. *gracillimus*), 거문억새(*M. sinensis* var. *keumunensis*), 중정억새(*M. sinensis* var. *nakaianus*) 따위의 억새 변종과, 물억새의 변종으로 가는잎물억새(*M. sacchariflorus* var. *gracilis*), 그리고 억새아재비(*M. oligostachyus*)와 흡사한 장억새(*M. changii*)이다. 그런데 종내 변이가 커서 서식처에 따른 생태형인지, 독립된 분류군인지는 좀 더 면밀한 검토가 필요하다. 억새 종류(*M. sinensis s.l.*)의 경우는 더욱 그렇다. 최근에는 계통지리학(Phylogeography)의 발달로 종내 변이와 지리적 분포가 더욱 상세히 밝혀지고 있다.[10) 실제로 억새 종류는 탁월한 분산 능력과 다른 집단 간의 높은 유전자 흐름(異系交配)으로 종내(種內) 유전적 분화가 상대적으로 낮고, 지리적 분포에서도 뚜렷한 차이가 없기 때문이다.[11)]

동아시아 억새 종류는 난온대가 분포중심이다. 최빙기(最氷期)[12)] 이후 계속되는 지구온난화로 온대 지역이 지구 전체로 확산되고 있다. 21,000yBP 이후로 열대와 아열대 지역에서 퍼져 나온 억새 종류가 동북쪽으로 진출하면서 동아시아 전역으로 분포가 확대되었다. 우리나라의 억새 종류(*M. sinensis s.l.*)는 14,000yBP 이후 두 가지 경로로 유입된 집단의 후손이라고 한다. 중국 동남부 지역에서부터 황해를 가로질러서 들어온 집단과 일본 혼슈 남부로부터 들어온 집단이다.[13)] 적어도 10,000yBP, 대략 후기 구석기시대에서 초기 신석기시대에는 한반도 전역에서 억새 종류를 볼 수 있었다는 이야기다. 일본 열도의 억새 종류는 보다 이른 시기에 중국 동남부로부터, 그리고 약간 더 늦은 시기에 한반도 남부에서 유입된 선조 집단에서 유래하며, 더욱 북쪽 홋카이도 집단은 한반도 유입 집단에서 생겨났다고 한다.[14)] 그러므로 억새 종류는 주로 동남아시아와 태평양 섬에서 다양하고 풍부하며, 온난 기후 지역에서 기원하는 벼과 식물이다.[15)] 빙하의 영향을 오랫동안 강하게 받은 북미나 유럽에서는 억새속(*Miscanthus* Anderrson) 자체가 아예 존재하지 않는다. 이른바 아시아 식물이라 해도 과언이 아니다. 아시아에서 억새 종류를 이용한 역사도 약 1만 년 전으로 거슬러 올라간다.[16)] 메마른 땅에 사는 억새(참억새)와 촉촉한 땅에 사는 물억새는 정착농경의 태동으로부터 생활 속의 자원식물이었다. 가축 먹이풀이나 퇴비로 이용되었고, 지붕 이엉의 재료였으나, 오늘날에는 마침내 휘발유를 대체하는 셀룰로오스계 바이오에탄올 생산을 위해 주목하기에 이르렀다.[17)]

---

1) Probatova (1989)
2) Sun *et al.* (2002)
3) 유희 (1801~1834)
4) 森 (1921)
5) 村川 (1932)
6) 이우철 (2005)
7) 안덕균 (1998)
8) 奧田 (1997)
9) 박수현 (2011)
10) Avise (2000)
11) Shimono *et al.* (2013)
12) Ray & Adams (2001); 최빙기(the last glacial maximum, 25,000~15,000yBP, 부록 생태용어사전 참조)
13) Clark *et al.* (2014)
14) Hayakawa *et al.* (2014), Clark *et al.* (2014)
15) Chen & Renvoize (2006)
16) Miyabuchi & Sugiyama (2006)
17) Lewandowski *et al.* (2000), 山田 (2009), 서상규 등 (2009)

사진: 김종원, 류태복

참새피

Paspalum thunbergii Kunth

형태분류

줄기: 여러해살이로 5월에 발아하고, 어른 무릎 높이 이상으로 모여난다. 줄기 마디에 부드러운 흰색 털이 있다. 짧은 마디가 촘촘한 땅속줄기를 뻗는다.

잎: 줄모양으로 너비는 1㎝ 이하이고 부드러운 털이 많다. 잎 바닥 부분 가장자리는 약간 주름진다. 잎집은 줄기 마디보다 약간 길고, 부드러운 흰색 털이 많으며, 가운데에 힘줄이 있다. 막질인 잎혀는 1㎜ 내외이고 그 끝은 수평이다. (비교: 귀화식물 큰참새피(*P. dilatatum*)는 잎몸과 잎집에 털이 거의 없다.)

꽃: 7~9월에 줄기 끝에서 나며, 긴 대 3~5개가 꽃줄기에서 45도 각도로 뻗고, 거기에 동글납작한 작은꽃이삭이 2~3줄로 가지런히 배열해서 송이꽃차례를 만든다. 꽃이삭 기부에는 긴 털이 있고, 가장자리에는 털이 없다. 꽃줄기의 가장자리는 아주 좁은 날개처럼 보이고, 흰 털이 듬성듬성 난다. 위쪽 잎겨에는 가장자리를 따라 털이 약간 있다. 위쪽 받침겨는 약간 질긴 편이고, 아주 흐릿한 맥이 있다. 꽃밥은 노란색이고, 짝꽃의 꽃이삭은 익어 가면서 녹황색에서 적자색으로 변한다. (비교: 큰참새피는 꽃이삭에 털이 많다.)

열매: 이삭열매로 9월경에 익는다.

염색체수: 2n=20, 40[1]

생태분류

서식처: 초지, 농촌 들녘 길가, 제방, 두둑, 경작지 언저리, 하천변 황무지 등, 양지, 적습~약습

수평지리: 전국 분포(개마고원 이남)

수직분포: 구릉지대 이하

식생지리: 난온대~아열대, 중국(화남지구, 화중지구, 화북지구의 허난 성, 산둥 성 등), 일본(혼슈 이남), 대만, 부탄, 인도, 코카서스 등

식생형: 이차초원식생(잔디형), 터주식생(농촌형, 노방식물군락)

생태전략: [터주자]~[터주-경쟁자]

종보존등급: [V] 비감시대상종

이름사전

속명: 파스팔룸(*Paspalum* L.). 곡류의 일종인 기장을 뜻하는 희랍어(*paspalos*)에서 비롯한다.[2]

종소명: 튠베르기(*thunbergii*). 스웨덴 웁살라 대학의 식물분류학자(C. P. Thunberg, 1743~1828)를 기념하면서 생긴 라틴명이다.

한글명 기원: 참새피,[3] 털피,[4] 납작털피(납작피)[5]

한글명 유래: 참새와 피의 합성어로 일본명(雀稗)을 번역한 것

이다.[6] 1921년의 기록에는 일본명(Suzumenohie, 雀牌)만 등장하고, 제주도를 포함한 전국에 분포[7]한다고 전한다. (『한국 식물 생태 보감』 1권 「참새피」 편 참조)

한방명: -

중국명: 雀稗(Què Bài). 일본 한자명에서 비롯한다.

일본명: スズメノヒエ(Suzumenohie, 雀稗). 참새 먹이가 되는 이삭열매라는 데에서 비롯한다. 꿩의밥을 같은 이름으로 부르기도 한다.[8]

영어명: Sparrow Paspalum

에코노트

1970년대 초에 제주도 방목지의 우점종으로 기재된 바 있다. 과도한 방목에 강한 재생 능력(耐放牧性) 덕택이다.[9] 척박하면서도 비교적 건조한 목초지에 우점하는 일본 규슈의 참새피군락[10]과 통한다. 그런데 1993년에 처음으로 제주도에 분포가 알려진 신귀화식물 큰참새피(*P. dilatatum*)[11]가 최근에 흔하게 보인다. 큰참새피는 목초용으로 20세기에 전 세계로 전파되었고, 지금은 도입된 원래 입지에서 빠져나와 탈출외래귀화종으로 살아간다.

참새피속(*Paspalum* L.)은 전 세계에 330여 종이 있고, 열대, 아열대, 난온대 지역에 분포 중심이 있는 남방 요소다. 우리나라에는 4종이 있으며, 그중 참새피가 위도가 가장 높은 추운 지역까지 북상 분포한다. 다른 3종은 온난한 아열대 또는 난온대 요소로 모두 신귀화식물이다.[12] (기타 내용은 『한국 식물 생태 보감』 1권 「참새피」 편 참조)

큰참새피(제주도)

1) Probatova (2000), Chen & Phillips (2006)
2) Gledhill (1989)
3) 정태현 등 (1937)
4) 박만규 (1949)
5) 안학수, 이춘녕 (1963)
6) 이우철 (2005)
7) 森 (1921)
8) 牧野 (1961)
9) 김동암 (1972), 김동암, 전우복 (1973)
10) 酒井 等 (1985)
11) 양영환 등 (2002)은 제주도의 「참새피속 귀화식물의 분포에 관한 연구」에서 참새피와 큰참새피를 따로 기재했으나, 2종의 설명이 똑같았다. 문단을 통째로 복사해 짜깁기한 것으로 학술연구의 신뢰성에 의심을 갖게 한다.
12) 박수현 등 (2011)

사진: 이승은, 이창우, 류태복

수크령(머리새)

Pennisetum alopecuroides (L.) Spreng.

형태분류

줄기: 여러해살이로 어른 허리 높이까지 바로 서서 자라고 다발을 이룬다. 꽃줄기가 시작하는 부분에 억센 털이 많다. 다닥다닥 붙은 짧은 땅속줄기가 사방으로 퍼지면서 큰 무리를 만든다.

잎: 너비 1㎝ 정도인 긴 줄모양이며, 잎몸이 단단하고 힘이 있다. 짙은 녹색이며, 바닥 부분에 길고 억센 털이 있다. 잎집은 가운데 용골을 중심으로 어긋나게 껴안은 모양이면서 편평하다. 잎혀 부분에 짧은 잔털이 줄지어 난다.

꽃: 8~9월에 줄기 끝에 이삭꽃차례가 똑바로 서고 작은꽃이삭이 다닥다닥 붙어서 긴 원기둥모양이 된다. 꽃줄기에는 긴 흰색 털이 있다. 작은꽃이삭 밑에서 길이가 서로 다른 긴 적자색 억센 털이 둘러난다.

열매: 이삭열매로 까락은 없고, 억센 털 덕택에 동물산포한다.

염색체수: 2n=18,[1] 22[2]

생태분류

서식처: 초지, 무덤 언저리, 버려진 공동묘지, 농촌 들녘의 길가, 두둑, 제방 등, 양지, 적습

수평분포: 전국 분포

수직분포: 구릉지대 이하

식생지리: 난온대~냉온대, 만주(헤이룽장 성), 중국(거의 전역), 일본(남부 홋카이도 이남), 동남아시아, 인도 동북 지역 등

식생형: 이차초원식생, 터주식생(농촌형, 들녘 길가식물군락)
생태전략: [터주-스트레스인내-경쟁자]~[경쟁자]
종보존등급: [V] 비감시대상종

이름사전

속명: 페니세툼(*Pennisetum* Rich). 가시 같은 털(刺毛, *seta*)과 길게 내민 깃털(羽毛, *penna*)을 뜻하는 라틴 합성어다. 꽃이삭에 난 희고 긴 털과 작은꽃이삭 밑에 돌려난 억세고 긴 털에서 비롯한다.

종소명: 알로페쿠로이데스(*alopecuroides*). 뚝새풀속 알로페쿠르스(*Alopecurus* L.)를 닮았다는 라틴어로 여우(*alopex*)와 꼬리(*oura*)의 합성어다. 원기둥모양인 이삭꽃차례 모양에서 비롯한다.

한글명 기원: 머리새, 길갱이,[3] 수크령[4]

한글명 유래: 수컷의 '숫'과 '그령'의 합성어에서 전화했다. 억센 식물체와 꽃이삭이 원기둥모양으로 길고 큰 모양에서 비롯하며, 부드러운 그령을 암컷으로 삼으면서 생겨난 이름이다. 수크령은 페니세툼속(*Pennisetum* Rich)이고, 그령은 에라그로스티스속(*Eragrostis* Wolf)으로 전혀 다른 종류다. 한편 1937년의 수크령보다 앞선 이름은 1921년 '길가에 사는 질긴 녀석'이라는 뜻의 '길갱이'이다. 하지만 이것보다 더 오래된 우리나라 고유 명칭은 '머리새'이다. (『한국 식물 생태 보감』 1권 「수크령(머리새)」 편 참조)

한방명: 낭미초(狼尾草). 수크령의 지상부를 약재로 쓰고,[5] 중국명에서 비롯한다.

중국명: 狼尾草(Láng Wěi Cǎo), 이리(狼) 꼬리(尾)를 닮은 풀(草)이라는 뜻으로 원기둥모양 이삭꽃차례에서 비롯한다.

일본명: チカラシバ(Chikarashiba, 力芝). 힘센 풀이라는 뜻이다. 식물체가 억세고 질기며, 연장 없이 맨손으로는 캘 수 없을 정도로 강한 뿌리가 발달한다.

영어명: Fountain Grass, Chinese Pennisetum. 다발을 이뤄 펼쳐진 꽃차례의 전체 형상이 분수(fountain)처럼 보이는 것에서 비롯한다. 잠재적 화훼자원이다.[6]

에코노트

수크령은 그령과 대비된 이름이다. 서식처에도 미묘한 차이가 있다. 수크령은 내버려둔 공동묘지나 목초지에서 우점하기도 하는 초원식생의 구성원이다. 제방이나 두둑 가장자리의 밟히지 않는 곳에서 주로 산다. 반면에 그령은 사람이 다닐 만한 길 한가운데나 길가에서 사는(路上路傍) 여러해살이 초본식물 군락의 구성원이다. 어릴 때, 제방 길 한가운데에 풀잎을 묶어 둬서, 지나는 사람이 발에 걸리도록 장난을 쳤던 바로 그 풀이다. 그령 잎은 부드러우나 질긴데, 수크령은 무지 억센 풀이라 그런 놀이는커녕 자칫 만지면 손을 벤다. (더 많은 내용은 『한국 식물 생태 보감』 1권 「수크령(머리새)」 편 참조) 방목 가축의 먹이풀이 될 수는 있지만, 조금만 성장하면 소들도 외면할 만큼 억세진다.

수크령은 꽃이삭 모양이 긴 솔 같아 주목을 끈다. 특히 뿌리 발달이 왕성해서 황무지 같은 빈터의 지표면 토양 이동을 방지하는 비탈면녹화용 지피식물[7]로 활용가치가 크다. 입자가 굵은 모래땅보다는 고운 진흙땅에서 잘 살고, 건조한 입지에서도 잘 견디는 C4-식물이다. 어느 정도 소금기 영향[8]이 있는 해안 가까운 풀밭이나, 질소(N), 인(P), 칼륨(K)을 주성분으로 하는 화학 비료 더미를 쌓아 둔 적이 있는 농경지 빈터에서도 자주 보인다. 물에 녹는(水溶性) 이온과 나트륨 이온이 많은 곳에서 잘 산다는 것[9]과 통한다. 알칼리성 석회암 암석권이나 물리적으로 훼손된 황폐지에서도 산다.[10] 대신에 대기오염에 노출된 산업도시에서는 드물다. 수크령의 이런 분포 양상은 괭이밥이나 제주도의 애기도라지와 정반대다. (「애기도라지」 편 참조)

수크령은 우리나라에 1속 1종이 있고, 한여름에 크고 긴 이삭꽃차례가 무척 인상적이다. 마치 강아지풀 이삭꽃차례가 긴 어묵만 하게 커진 것 같은 모양으로, 눈에 잘 띄고 한번 보면 기억할 수 있다. 수크령은 이삭

꽃 줄기 맨 윗부분에서 생겨난 길고 억센 털이 열매가 익어 땅에 떨어져도 계속 붙어 있다. 긴 까락은 씨가 여물 때까지 보호하는 기능을 한다. 강아지풀의 경우는 억센 털이 익은 이삭열매와 함께 잘 떨어진다. 개솔새 까락의 경우처럼, 열매가 땅속으로 파고들도록 굴착기 역할을 하는 것은 아니다. (「개솔새」 편 참조) 수크령속(*Pennisetum* Rich)은 전 세계에 80여 종이 있으며,[11] 대부분 열대 아열대에 분포중심이 있고, 수크령이 가장 한랭한 지역까지 진출한 종이다.

---

1) Hala *et al.* (2007)
2) Xu *et al.* (1992)
3) 森 (1921), 정태현 등 (1949)
4) 정태현 등 (1937)
5) 안덕균 (1998)
6) 유병열 (2005)
7) 조성록 등 (2015)
8) Mane *et al.* (2011)
9) 田中 等 (2009)
10) 김병우 등 (1998), 류태복 (2016, 구두 정보)
11) Chen & Phillips (2006)

사진: 김종원

왕포아풀

Poa pratensis* L. *sensu lato

형태분류

줄기: 여러해살이며, 어른 무릎 높이 이상으로도 자라고, 다발에서 1개 또는 몇 개가 바로 솟는다. 단면이 약간 납작한 타원형으로 각이 지고, 속이 비어 있다. 식물 전체에 털이 없이 매끄럽고, 전반적으로 약간 옅은 녹색이다. 땅속줄기는 갈라지면서 좌우로 퍼져 나간다. (비교: 새포아풀(*P. annua*)은 어른 손 한 뼘 높이로 바닥에 붙어 산다.)

잎: 어긋나고, 주로 줄기 하단부에서 잎이 나며, 아주 부드러운 편이다. 위쪽에 달린 것일수록 짧고 가늘며, 잎 끝은 뱃머리(船首)처럼 유연하게 오그라들어 모여 있다. 잎혀는 아주 짧은 막질이다. 잎집은 가운데 용골을 중심으로 좌우가 약간 눌린 듯 편평하다.

꽃: 5~7월에 줄기 윗부분 긴 꽃대에 고깔꽃차례로 바로 선다. 작은꽃줄기는 3~7개로 길이가 서로 다르며 층층이 돌려나고, 각 층간 거리가 위로 갈수록 좁아진다. 작은꽃이삭은 꽃이삭 3~5개로 이루어졌다. 바깥잎겨와 속잎겨 길이가 다르고, 겉받침겨의 맥에 털이 줄로 나 있다. 속받침겨는 좁고 길며, 가장자리 윗부분에 미세한 털이 줄로 나 있다.

열매: 이삭열매

염색체수: 2n=28~144[1)]

생태분류

서식처: 초지, 제방, 농촌 길가, 두둑, 정원, 빈터, 해안 풀밭 등, 양지~반음지, 약건~적습~약습

수평분포: 전국 분포

수직분포: 구릉지대 이하

식생지리: 아고산대~냉온대~난온대(신귀화식물), 북반구 온대(북미, 남미, 아프리카, 호주, 뉴질랜드 등에도 귀화)

식생형: 초지식생, 터주식생(농촌형)

생태전략: [터주-스트레스인내-경쟁자]

종보존등급: [V] 비감시대상종

이름사전

속명: 포아(*Poa* L.). 목초를 뜻하는 고대 희랍어(*poia, poie, poa*)에서 비롯한다.

종소명: 프라텐시스(*pratensis*). 초지, 초원을 뜻하는 라틴어다. 중부 유럽의 목초지에서 가장 흔하다.

한글명 기원: 드렁꾸렘이풀,[2] 왕포아풀,[3] 드렁꾸레미풀,[4] 왕꿰미풀[5]

한글명 유래: 왕과 포아풀의 합성어로 포아풀 종류 가운데 식물체가 큰 데서 비롯했을 것이다. 왕(王)은 일본명에서 비롯한 이름이고, 포아는 속명(*Poa* L.)에서 비롯한다. 한편 우리나라에서 첫 기재는 1921년에 일본명(Nagahagusa, 長葉草)으로만 이루어졌고, 한글명 최초 기재는 1949년 2월의 드렁꾸렘이풀이며, 그해 11월에 왕포아풀이라는 이름이 처음 기재된다. 꾸렘이풀의 유래는 알려지지 않았으나, 우리말 꾸러미, 구럭, 굴(꿀) 따위의 어근인 '꿰미'에서 유래할 것으로 추정한다. (『한국 식물 생태 보감』 1권 「새포아풀」 편 참조) 이것은 포아풀 종류에 대한 일본명 쓰나기(繫)와 서로 잇닿고, 계(繫)자는 무엇을 잇고 꿰맨다는 뜻이기 때문이다. 드렁꾸렘이풀의 드렁은 도랑일 것이다. 포아풀 종류의 구내풀이라는 이름에서 짐작할 수 있다. 한글명 구내풀(*Poa hisauchii*)[6]은 도랑 구(溝) 자가 들어 있는 일본명(Mizoichigotsunagi, 溝苺繋 또는 山溝苺繋)이 실마리가 되어 도랑에 사는 풀이라는 뜻의 한자 구내(溝內)로 보는 견해[7]가 있듯이, 드렁꾸렘이풀은 도랑에 사는 꿰미풀인 것이다. 그러나 한글 구내풀은 일본 식물학자 이름(久内清孝)에서 비롯한다. 구내풀의 학명 포아 히사우치(*P. hisauchii* Honda 1928)의 종소명은 구내풀을 처음 기재할 때 이용된 표본을 채집한 사람을 기념하면서 생겨났다. 여기서 히사우치(久内)는 한자로 '구내'이다. 다시 정리하면, 1976의 구내풀[8]보다 1949년 2월의 꾸렘이풀[9]이라는 이름이 앞서며, 속명 포아(*Poa*)에서 비롯하는 한글명 '포아풀'의 최초 기재[10]는 1949년 11월의 일로 꾸렘이풀 이후다.

한방명: -

중국명: 草地早熟禾(Cǎo Dì Zǎo Shú Hé). 포아풀속(*Poa* L.), 즉 조숙화속(早熟禾屬) 가운데 풀밭(草地)에 사는 종류라는 것에서 비롯한다.[11]

일본명: ナガハグサ(Nagahagusa, 長葉草). 포아풀 종류 가운데 잎이 특별히 크다는 뜻에서 비롯한다.

영어명: Kentucky Bluegrass, Smooth-stalked Meadow-grass, Meadow Poa. 켄터키블루그래스라는 명칭은 미국 켄터키 지역에서 목초로 널리 재배한 데에서 비롯한다.

에코노트

포아풀속(*Poa* L.) 종류는 기본적으로 건조한 환경에서는 살지 않고, 대부분 습윤한 곳에서 산다. 그런데 왕포아풀만이 메마르고 더욱 한랭한 환경에도 사는 서식 범위가 가장 넓은 종이다. 해양성 기후 환경인 중부 유럽에서는 한겨울에도 푸르다. 광합성이 가능한 생리생태적 진화의 결과다. 하지만 강한 대륙성 기후 영향권에서는 그것마저도 불가능하다. 대부분 식물은 휴면을 통해서 그런 시련의 시기를 이겨낸다. 원산지 유럽에서 유입된 왕포아풀은 우리나라에서는 겨울 동안 지상부는 사라지고 땅속뿌리만 남는다. 토양이 습윤하고 온난한 구석에서 몇몇 개체가 파랗게 남아 있는 것을 보기는 하지만, 아주 드문 일이다.

왕포아풀은 살면서 여러 번 꽃이 피고 결실하는 복수개화(polycarpic) 여러해살이이고, 서식조건에 따라 식물체 크기도 차이가 많이 난다. 보통은 어른 무릎 높이 이하로 자라고 잎의 길이도 10㎝ 내외지만, 키 큰 식물이 모여 사는 풀밭 식물사회(高莖 多年生 植物群落)에서는 어른 허리 높이 이상으로 자라고, 잎 길이도 많이 길어진다. 서식 조건에 대한 왕포아풀의 생태적 형태적 대응이 무척 유연하다는 방증이다. 우발적인 무배(無配)생식으로 염색체수가 다양한 세포형(cytotype)이 이미 그런 가능성[12]을 말해 주고 있다. 그 때문에 정확한 분류계통 연구는 여전히 진행 중이고, 아종뿐만 아니라 지리적 또는 지역적 변종과 같은 다양한 분화가 기대된다. 전 세계에 500가지가 넘는 포아풀 종류[13]가 있는데, 종다양성뿐만 아니라 서식처 다양성도 생태적 유연성과 무관하지 않다. 사막에서 습지까지, 열대에서 극지역까지, 산성 땅에서 알칼리성 땅까지, 숲속 음지에서 하늘이 뻥 뚫린 풀밭 양지까지 산다. 심지어 사람이 사는 마을 가까이에서부터 간섭을 일절 거부하는 원시 자연까지도 산다.

새포아풀

왕포아풀은 뿌리의 분얼지(分蘗枝)와 뿌리줄기의 재생이 탁월하고,[14] 겨울 추위에도 강한 편[15]이다. 우리나라의 수많은 귀화식물 가운데 토끼풀만큼 성공적으로 정착한 신귀화식물이다. (『한국 식물 생태 보감』 1권 「토끼풀」 편 참조). 최근 들어 새로 만든 도로 주변에서 유럽 원산인 왕포아풀과 큰김의털이 부쩍 많이 보인다. 도시 주변 나대지를 피복하는 수단으로 외래 식물 종자를 살포했기 때문이다. 뿌리 구조가 토양 안정화에 큰 도움이 되고, 이삭열매는 들새들에게도 좋은 곡식이 된다. 하지만 사람이 일부러 들여오는 방식의 분산분포는 예측불가능한 생태계 문제를 일으킬 수 있다. 생태계에서 새로운 생물의 유입과 정착은 늘 긴 시간 동안 조금씩 나아가는 연착륙이어야 한다는 점을 고려해야 한다. 이를테면 생물의 생성과 소멸, 유입과 정착은 보수와 진보의 절묘한 절충의 결과이다.

---

1) Oberdorfer (1983), Grime *et al.* (1988), Zhu *et al.* (2006)
2) 박만규 (1949)
3) 정태현 등 (1949)
4) 안학수, 이춘녕 (1963)
5) 한진건 (1982), 이우철 (1996)
6) Lee (1976)
7) 이우철 (2005)
8) Lee (1979)
9) 박만규 (1949)
10) 정태현 등 (1949)
11) 牧野 (1961)
12) Grime *et al.* (1988)
13) Zhu *et al.* (2006)
14) Nyahoza *et al.* (1973)
15) Spedding & Diekmahns (1972)

사진: 김종원, 류태복

큰기름새

Spodiopogon sibiricus Trin.

형태분류

줄기: 여러해살이며, 바로 서서 어른 허리 높이 이상으로 자란다. 단단하면서 굵은 편이고 반들거리듯 매끈하다. 튼튼하고 짧은 뿌리줄기에 비늘잎이 다닥다닥 붙어나고, 그 끝부분에서 하나씩 솟아난다.

잎: 너비 2㎝로 넓은 편이고, 가운데 강한 흰색 잎줄이 있어서 전체가 아래로 처지지 않고 대개 한 방향으로 치우쳐 펼쳐진다. 길어도 45㎝를 넘지 않으며, 표면에 거친 털이 있다. 잎집에 털이 없지만 잎혀 가까이에는 긴 털이 있다. 잎혀는 1㎜ 내외로 아주 짧고, 부드러운 은빛 털이 있다. (비교: 기름새(*S. cotulifer*)는 좁고 긴 잎이 아래로 축 늘어지고, 잎혀는 3㎜ 내외로 긴 편이다).

꽃: 8~9월에 긴 고깔꽃차례로 핀다. 꽃이삭을 단 꽃자루 2~4개가 돌려나면서 줄기 위에 층층이 난다. 꽃이삭 윗부분에 작은꽃자루가 있거나 없는 작은꽃이삭이 2개씩 어긋난다. 길이 5㎜ 내외인 이삭 겉에 거친 털이 있는 게 특징이고 밝은 자갈색을 띠며, 길이 1㎝ 이상인 긴 까락이 살짝 비틀려 있다. 아래에 위치하는 꽃이삭은 수술만 있고(雄性), 속받침겨가 발달한다. (비교: 기름새는 꽃차례를 아래로 숙이는 편이다.)

열매: 이삭열매로 반들거리며 기름기가 돈다.

염색체수: 2n=40[1)]

생태분류

서식처: 초지, 숲 가장자리, 임도 언저리, 아주 밝은 숲속 등, 양지~반음지, 적습

수평분포: 전국 분포

수직분포: 산지대 이하

식생지리: 냉온대~난온대, 만주, 중국(서부지구를 제외한 전역), 몽골, 일본, 연해주, 동시베리아 등

식생형: 초원식생, 삼림식생(어린 낙엽활엽수 이차림)

생태전략: [경쟁자]~[터주-스트레스인내-경쟁자])

종보존등급: [V] 비감시대상종

이름사전

속명: 스포디오포곤(*Spodiopogon* Trin.). 잿빛(*spodios*)과 수염(*pogon*)을 뜻하는 희랍 합성어로 큰기름새의 이삭꽃차례에서 비롯한다. 큰기름새의 꽃줄기와 꽃밥은 자색을 띤다.

종소명: 시비리쿠스(*sibiricus*). 시베리아를 뜻하고, 첫 기재에 이용된 표본 채집지에서 비롯한다.

한글명 기원: 큰기름새,[2)] 아들메기(매기)[3)]

한글명 유래: 기름새보다 크다는 뜻에서 유래하고, 기름새는 '기름기가 도는 새'라는 의미로, 일본명(大油芒)에서 비롯한다. 큰기름새와 기름새는 우리나라 근대 분류학의 첫 기재(1921)는 일본명으로만 이루어졌다.[4] 만주와 북부 지역에서는 큰기름새를 아들메기(매기)라 하며, 벼의 겉 줄기에 나오는 '아들이삭'이라는 것[5]에 잇닿아 있다. (『한국 식물 생태 보감』 1권 「큰기름새」 편 참조)

한방명: -

중국명: 大油芒(Dà Yóu Máng). 큰 기름 새라는 뜻의 한자명으로 일본명에 잇닿아 있다.

일본명: オオアブラススキ(Ohaburasusuki, 大油薄). 큰, 기름, 억새라는 뜻의 합성어다. 한편 기름새의 일본명(Aburasusuki)은 줄기에서 기름기가 비치면서 기름 냄새가 난다고 붙여졌지만, 큰기름새는 기름 냄새를 풍기지 않는다.

영어명: Siberian Spodiopogon

에코노트

큰기름새는 산간 숲 가장자리나 임도와 등산로 언저리에서 흔하게 보이는 벼과 식물이다. 특히 화강암에서 풍화된 굵은 토양 입자가 쌓이거나 흘러내리는 비탈에 흔하다. 즉 입자가 고운 진흙이 많이 섞여 물 빠짐이 좋지 않은 입지에서 살지 않는다. 식물사회학적으로 흥미로운 사실은 억새가 우점하는 건생이차초원 식물군락에서는 거의 나타나지 않지만, 큰기름새가 사는 곳에는 억새가 섞여 산다. 억새보다 큰기름새의 서식처 범위가 좁다는 것을 말한다. 그런데 일본에서는 이차초원식생을 대표하는 억새군강이라는 식물사회의 표징종 가운데 하나로 취급한다.[6] 즉 큰기름새가 자연이 훼손되면서 이차적으로 생겨난 초지를 특징짓는 지표종이라는 것이다.

큰기름새는 억새가 우점하는 이차초원식생의 언저리나 숲 가장자리 또는 아주 젊은 이차림에 주로 살지, 억새가 우점하는 군락에는 살지 않는다. 큰기름새는 정확히 숲 가장자리(林緣性) 여러해살이 키 큰(高莖) 초본 식물군락의 구성원이다. 초원 언저리에 살면서 주변의 밝은 숲속을 기웃거리는 형국이다. 소나무가 우점한 솔숲에 큰기름새가 높은 빈도로 나타나는 것[7]은 숲 바닥의 빛 환경이 뒷받침되기 때문이다. 숲이 들어서지 못하는 암석 노출 지형의 키 작은 소나무가 듬성듬성 들어선 듬성숲(疏林)에서도 잘 산다.[8]

큰기름새는 땅속 뿌리줄기가 비스듬히 누워서 옆으로 길어지며, 그 끝에서 매년 새 줄기가 돋아난다. 억새의 뿌리줄기는 사방으로 퍼지지만, 다닥다닥 붙은 짧은 마디에서 줄기가 솟아나 굵은 다발을 이루는 것과 대조적이다. 이삭꽃차례가 생기기 전, 줄기에 잎이 난 모양도 다르다. 큰기름새는 억새보다 잎의 너비가 넓고 길이는 짧다. 그래서 억새의 긴 잎은 아래로 늘어지는데, 큰기름새는 줄기에서 거의 90도에 가까울 정도로 옆으로 힘 있게 버티는 모양이다. 특히 숲 가장자

1) Chen & Phillips (2006)
2) 정태현 등 (1937)
3) 한진건 (1982)
4) 森 (1921)
5) 국립국어원 (2016)
6) 宮脇 等 (1978)
7) Chun *et al.* (2006)
8) 박정석 (2014)
9) 村川 (1932)
10) Chen & Phillips (2006)

사진: 이창우, 김종원, 김윤하

리나 산지 임도 언저리에서 만나는 큰기름새는 잎 배열이 잘 정렬된 모양이다. 숲 가장자리의 경우, 열려 있는 숲 바깥쪽으로 잎을 펼친다.

냉온대가 분포중심지로 우리나라 북부와 만주 지역에서는 어린 줄기와 잎을 소나 말의 사료로 이용한다.[9] 우리나라 큰기름새속에는 기름새와 큰기름새 2종뿐이다. 큰기름새속은 터키 동부에서 인도와 동남아시아를 거쳐 동아시아까지 분포하는 전형적인 아시아 분류군으로 총 15종이 있다. 그 가운데 큰기름새가 동시베리아까지 진출한 유일한 종류다.[10]

기름새

나도잔디(털잔디)

Sporobolus pilifer (Trin.) Kunth

형태분류

줄기: 한해살이로 뿌리에서 줄기 여러 개가 모여난다. 어른 손 한 뼘 높이 이상으로 바로 서서 자라며 마디에서 살짝 꺾인다. (비교: 쥐꼬리새풀(*S. fertilis*)은 어른 무릎 높이 이상으로 자라고 여러해살이다.)

잎: 너비 4㎜ 내외인 좁은 창끝모양. 45도 각도로 나고, 건조해지면 가장자리가 안쪽으로 살짝 오그라들면서, 줄기를 따라 예각으로 더욱 선다. 잎집은 줄기 마디 길이와 비슷하거나 약간 더 길다. 가장자리에는 긴 털 사이로 짧은 털이 여러 줄로 난다. 특히 긴 털의 기부는 선점 같은 미세한 돌기 모양이다. 열매가 익는 시기에는 줄기 아랫부분 잎이 단풍이 들며 서서히 볏짚 색으로 마른다. (비교: 쥐꼬리새풀은 긴 줄모양으로 단단한 편이고, 털이 약간 있거나 없으며, 털 기부에 작은 돌기가 없다.)

꽃: 8~10월에 줄기 끝 또는 잎겨드랑이에서 길이 5㎝ 내외인 원기둥모양 꽃차례로 나고, 작은꽃이삭이 꽃줄기에 모여 다닥다닥 붙는다. 아주 짧은 작은꽃줄기 끝에 이삭이 하나씩 난다. 잎겨는 약간 광택이 나는 자갈색이며 바깥잎겨가 속잎겨보다 많이 작다.

열매: 이삭열매이며, 살짝 눌린 타원형이다. 적갈색으로 익으면 속받침겨가 쉽게 떨어져 나가면서 열매가 땅에 떨어진다.

염색체수: n=10,[1] 2n=36, 40[2]

생태분류

서식처: 초지, 임도 언저리, 모래자갈 쌓인 새로운 땅 등, 양지, 적습~약습

수평분포: 전국 분포(주로 남부 지역)

수직분포: 산지대 이하

식생지리: 난온대~아열대, 중국(화중지구 동부), 일본(혼슈 이남), 말레이시아, 필리핀, 네팔, 부탄, 인도 등 (아프리카 귀화)

식생형: 초원식생(한해살이일시식물군락)

생태전략: [터주자]~[터주자-경쟁자]

종보존등급: [V] 비감시대상종

이름사전

속명: 스포로볼루스(*Sporobolus* R. Br.). 종자(*spora, sporos*)와 탈락(*ballo, bolis, bolos*) 또는 던져 버리기(*boleo, bollein*)라는 뜻의 희랍 합성어에서 비롯한다.[3] 종자가 쉽게 떨어져 나가는 쥐꼬리새풀속의 특징인 산포방식에서 비롯한다.

종소명: 필리퍼(*pilifer*). 부드러운 털을 뜻하는 라틴어에서 비롯한다. 잎집과 잎 가장자리에 난 털에서 비롯한다.

한글명 기원: 털잔디,[4] 나도잔디,[5] 잔디쥐꼬리풀,[6] 잔디회초리풀[7]

한글명 유래: 우리나라에서 첫 기재는 일본명(鬚芝)[8]으로만 이루어졌고, 털잔디(1949년 2월)와 나도잔디(1949년 11월) 모두 일본명에 잇닿아 있다.

한방명: -

중국명: 毛鼠尾粟(máoshǔwěisù). 털(毛)이 있는 쥐꼬리새풀속(鼠尾粟屬) 종류라는 뜻으로 종소명에서 비롯한다.

일본명: ヒゲシバ(Higeshiba, 鬚芝). 털이나 수염이 많은 잔디라는 뜻이다. 잔디를 닮았고, 종소명처럼 털이 특징적인 것에서 비롯한다.
영어명: Pilifer's Dropseed

에코노트

나도잔디는 잔디라는 이름을 품었지만, 잔디와는 속(屬)과 생태가 전혀 다르다. 잔디는 여러해살이지만, 나도잔디는 한해살이다. 잔디는 아주 안정된 입지에 살지만, 나도잔디는 바닥의 흙이 쉽게 이동하는 불안정한 곳에 산다. 비가 많이 내리면 순간적 또는 일시적으로 물이 빠지는 통로가 되는 곳으로 약간 오목해 범람을 경험한다. 화강암과 같은 조립질(粗粒質) 암석권에서 만들어진 굵은 자갈과 모래가 흘러들어 와 조금씩 쌓이거나 흘러가기도 하는 곳[9]이다. 비옥하지는 않지만, 한해살이가 살기에는 충분한 약간 부영양(富營養) 환경이다. 일반적으로 모래자갈땅의 영양분이 빈약하다는 것과는 양상이 조금 다르다. 가끔 식물체 찌꺼기 같은 유기물 덩어리도 흘러들어 오기 때문이다. 비가 그치더라도 약간 오목한 미세지형 덕택에 더욱 오랫동안 습윤한 환경을 유지한다. 때로는 직사광선으로 지표면이 바싹 말라 버리는 심한 건조가 발생하기도 한다. 그래서 나도잔디는 어떤 해에는 보이다가도 어떤 해에는 사라지기도 하는 한해살이 일시초본식물군락(ephemeral annual plant community)을 만든다.

대륙성 기후인 우리나라는 건습(乾濕) 정도가 심하다. 그래서 나도잔디는 주로 지하수위가 높은 습지 언저리나 그 주변의 크고 작은 물골에 산다. 적어도 발아해서 초기 성장할 동안에는 수분환경이 보장되어야 하기 때문이다. 그렇다고 물로 포화된 습지에 사는 것은 아니다. 온난한 남부 지역에서 자주 보이는 편이나, 북한 대동강 기슭 추진 땅에도 산다[10]는 보고도 있다. 사실이라면 쥐꼬리새풀속(*Sporobolus* R. Br.) 가운데 최북단 한계 분포 집단이고, 추위에 가장 잘 견디는 유전자 집단인 셈이다. 쥐꼬리새풀속은 전 세계에 160여 종이 있으며, 대부분 열대, 아열대에 산다.[11] 우리나라에는 나도잔디와 쥐꼬리새풀 2종뿐이며, 이들이 남부 지역에 치우쳐 사는 것도 남방 요소이기 때문이다. 쥐꼬리새풀은 주로 농촌 근처 비교적 건조한 땅의 터주식물사회 구성원이라면(『한국 식물 생태 보감』 1권 「쥐꼬리새풀」 편 참조), 나도잔디는 더욱 한적한 곳의 촉촉한 풀밭에 사는 구성원이다.

일본에는 나도잔디를 표징종으로 삼는 식물사회 나도잔디군집(Sporoboletum japonici)[12]이 있다. 주로 화산 폭발로 만들어진 자그마한 암석 파편(scoria)과 풍화토, 화산회가 섞인 빈영양(貧營養) 서식처에서 발달한다. 우리나라에서 굵은 입자로 이루어진 토양과 불안정한 입지에 발달하는 나도잔디군락의 상황과 흡사하다. 이것은 나도잔디가 갖는 이삭열매의 생태형질에서 비롯한다. 이삭열매에 까락이 전혀 없으며, 씨앗이 잎겨나 받침겨도 없이 알몸 상태로 땅바닥에 떨어져 굵은 모래자갈 사이로 파고들면서 발아할 기회를 얻는다. 게다가 C4-식물[13]이기에 일시적으로 극단적인 건조 환경

나도잔디군락(경남 양산 화엄늪 언저리, 해발고도 655m)

에서도 살아갈 수 있는 광합성 능력이 있다. 이런 이유로 대륙성 기후 지역인 우리나라에서도 살아가는 것이다.

1) Christopher & Samraj (1985)
2) Wu & Phillips (2006)
3) Quattrocchi (2000)
4) 박만규 (1949)
5) 정태현 등 (1949)
6) 임록재 등 (1979)
7) 고학수 (1984)
8) 森 (1921)
9) 이창우 (2016, 구두 정보)
10) 고학수 (1984)
11) Wu & Phillips (2006)
12) Ohba & Sugawara (1976)
13) 吉村 (2015)

사진: 류태복, 이창우

나래새(수염새아재비)

Achnatherum pekinense (Hance) Ohwi
Stipa pekinense Hance

형태분류

줄기: 여러해살이며, 어른 허리 높이 이상으로 자란다. 가늘지만 단단한 편이라 곧게 서고, 다발로 모여나기도 한다.

잎: 너비 1㎝ 내외인 긴 줄모양으로 끝을 아래로 드리우고, 건조해지면 안쪽으로 말리며, 표면은 약간 거친 편이다. 잎집 위쪽에 털이 있고, 줄기 마디보다 짧다. 잎혀는 폭 1㎜ 정도인 띠모양이다.

꽃: 8~9월에 줄기 위에서 이삭꽃차례가 길게 나고, 백록색을 띤다. 길이 1㎜ 내외인 작은꽃이삭이 달린 작은꽃줄기가 여럿 모여나며, 길이는 제각각이고 층층이 돌려나듯 한다. 잎겨 가장자리는 얇은 막질이고, 겉받침겨에 짧은 털이 있다. 까락은 딱딱하고, 길이가 2㎝ 이상이며 휜다. (비교: 참나래새(*Stipa coreana*)는 작은꽃자루가 1~2개이며 길이가 짧고 가운데 꽃줄기에 바싹 붙어 난다. 작은꽃이삭 길이는 약 1.5㎝이고 잎겨 가장자리에 얇은 막질이 없다.)

열매: 이삭열매이며 까락이 단단히 붙는다.

염색체수: 2n=24[1)]

생태분류

서식처: 초지, 산간 숲 틈, 임도 언저리, 츠렁모바위 등, 반음지~양지, 적습
수평분포: 전국 분포(주로 북부 지역)
수직분포: 산지대~구릉지대
식생지리: 냉온대, 만주, 중국(새북지구, 화북지구, 그 밖에 안후이 성, 윈난 성 등), 일본(혼슈 이북), 연해주, 사할린, 쿠릴열도 등
식생형: 초원식생, 숲 가장자리 여러해살이초본식생
생태전략: [터주-스트레스인내-경쟁자]~[스트레스인내자]
종보존등급: [IV] 일반감시대상종

이름사전

속명: 아흐나테룸(*Achnatherum* P. Beauv.). 잎겨(*achne*)와 수염(*ather*)의 희랍 합성어다. 작은꽃이삭의 겉받침겨 모양에서 비롯한다. 한편 속명으로 스티파(*Stipa* L.)를 채택하는 경우는 아흐나테름속의 종류를 포함하는 광의의 분류군이다. 한편 스티파속은 이삭꽃차례가 깃털 같은 것에서 나온 희랍어(*stupa, stuposus*)에서 비롯한다.
종소명: 페키넨시스(*pekinense*). 베이징에서 채집한 표본을 이용해 기재한 것(1866년)에서 비롯한다.
한글명 기원: 수염새아재비,[2] 나래새[3]
한글명 유래: 나래와 새의 합성어이고, 나래는 날개를 뜻한다. 일본명을 번역한 것이고, 우리나라 첫 기재는 1921년에 일본명(羽茅)으로만 이루어진 바 있다.[4] 나래새라는 이름은 수염새아재비보다 1년 가까이 늦게 기재된 이름이다. 수염과 새와 아재비의 합성어로, 선취권에 따르면 유효한 이름이다.
한방명: -
중국명: 京芒草(Jīng Máng Cǎo). 북경(京)에서 나는 까끄라기 새(芒草) 종류라는 뜻으로 종소명을 번역하면서 생긴 이름이다.
일본명: ハネガヤ(Hanegaya, 羽茅). 깃털(羽) 같은 새(茅)라는 속명에서 비롯한다.
영어명: Peking's Needlegrass, Chinese Needlegrass

에코노트

나래새속은 전 세계에 약 50종이 있고, 북아프리카로부터 유럽과 동아시아를 거쳐 북미까지 분포한다.[5] 기본적으로 유라시아 대륙의 한랭한 스텝 초원에서 종다양성이 풍부하고, 분포중심지도 그곳이다. 우리나라에는 나래새속에 나래새, 참나래새, 제주도 특산 제주나래새 3종이 있다. 이 가운데 나래새가 가장 널리 분포하며, 다른 2종보다는 자주 보이지만, 그렇다고 흔한 들풀로 볼 정도는 아니다.

나래새의 서식처는 습한 땅보다는 건조한 곳이고, 척박하기도 하다. 우리나라에 유일하게 잔존하는 사문암 지역, 안동 풍산 일대의 소나무가 듬성듬성하게 들어선 듬성숲(shrub-steppe)에 자생한다.[6] 강알칼리성이면서 척박하기로 더할 수 없는 극단적으로 열악한 생육 조건이다. 석회암 지역 가파른 암반 경사지에서도 높은 빈도로 나타난다는 보고[7]도 있다. 이런 서식처는 분명 숲이 들어서지 못하는 환경이지만, 나래새가 살아가는 데에는 전혀 문제되지 않는다.

산지 비탈면의 숲 언저리는 흘러드는 물과 영양분으로 결코 척박하지도 건조하지도 않은 곳이기에 나래새가 더욱 잘 살 수 있지만, 그곳이 나래새의 전형적인 삶터는 아니다. 모두가 살고 싶어 하는 적합한 생육조건에서 살려면 타자들과 어우러질 준비가 되어 있어야 한다. 이를 두고 생태학에서는 경쟁이라는 생태적 과정을 통해서 살아간다고 말한다. 나래새는 풍요로운 생육 조건에서 그렇게 어우러져 살 형편이 못된다. 음지에서는 살 수 없기 때문이다. 그늘이 지기 전에 다른 식물보다 일찌감치 크게 자란다면 문제될 게 없으나, 그러지 못하다. 하물며 그런 서식처에서 큰 군락을 만드는 일은 결코 없다.

나래새는 초지 식물군락 한가운데에 살기보다는 바깥 가장자리에 산다. 우거진 풀숲에 열매를 떨어트린다 해도 튼튼한 까락이 있어 별 소용없기 때문이다. 혹여 지나치던 들짐승 몸에 붙어서 더 넓은 초지로 퍼져 나갈 일시적인 징검다리 서식처에 자리 잡는다. 그래서 동물들이 드나드는 통로나 나들목을 따라 가끔씩 보인다. 그런 측면에서 가축을 방목하는 초지는 나래새에게 크게 번성할 기회를 준다. 중국 북서부의 황토고원이나 몽골 스텝 초지에 나래새 종류(*S. bungeana*, *S. grandis*)의 식물군락이 발달[8]하는 이유이다.

---

1) 館岡 (1986)
2) 박만규 (1949)
3) 정태현 등 (1949)
4) 森 (1921)
5) FOC (2006)
6) 박정석 (2014)
7) 안영희, 최광율 (2002)
8) Hongo *et al.* (2005)

사진: 최병기, 김윤하

솔새(솔줄)

Themeda barbata (Desf.) Veldk.

형태분류

줄기: 여러해살이로 어른 허리 높이까지 바로 서서 자라고 모여난다. 마디가 많고, 황갈색이며, 마디 부근에 흰빛이 비친다. 마디가 촘촘히 붙은 뿌리줄기에 수염뿌리가 발달하며, 무척 딱딱한 편이다. 지난해 말라 버린 고사체가 바닥에 일부 남는다. (비교: 북미 원산인 신귀화식물 나도솔새(*Andropogon virginicus*)는 한해살이다.)

잎: 폭이 1㎝ 미만인데 길이는 어른 팔 만큼 길어서 축 늘어진다. 잎집은 마디보다 짧고, 윗부분에 긴 털이 있으며, 털 기저 부분에 작은 혹 같은 결절이 있다. 잎혀는 띠모양으로 짧고 가는 털이 가지런히 난다. 이삭꽃차례가 나오는 줄기 윗부분의 잎은 힘 있게 서고, 위쪽 가장자리는 예리하고 깔끄럽다. (비교: 개솔새(*Cymbopogon goeringii*)는 잎혀가 삼각형이다.)

꽃: 8~9월에 줄기 윗부분의 잎겨드랑이에서 부채꼴로 펼쳐진다. 가느다랗고 길이가 서로 다른 작은꽃줄기에 꽃이삭이 하나씩 달리고, 작은꽃이삭 6개로 이루어진다. 밑에 잎 같은 싼잎이 하나씩 붙는다. 작은꽃이삭 1개만 짝꽃이며 자루가 없고, 검은빛을 띠는 까락이 붙는다. 길이는 5㎝ 내외로 아주 길며 약간 꺾인 모양이다. 짝꽃 이삭열매의 바깥잎겨는 혁질로 반들거리고 뒷면은 흑갈색을 띤다. 나머지 작은꽃이삭 5개는 수꽃이며 까락이 없다. (비교: 나도솔새는 자

루가 없는 짝꽃에 이삭이 남고, 무성(無性)인 작은꽃이삭에 아주 긴 털이 있는 자루만 남으며 이삭은 없다.)

열매: 이삭열매로 완전히 익으면 검은색을 띠는 까락이 이웃 까락과 왼쪽으로 꼬인다.

염색체수: 2n=40, 80, 90, 110[1)]

생태분류

서식처: 초지, 무덤 언저리, 산비탈 황무지, 들길 가장자리, 제방 또는 두둑의 비탈, 모래자갈 하천 바닥, 듬성숲, 숲 가장자리, 산불 난 곳 등, 양지, 약건~과건

수평분포: 전국 분포(개마고원 이남)

수직분포: 산지대 이하

식생지리: 아열대~냉온대 중부·산지대, 중국(화남지구, 화중지구, 화북지구, 그 밖에 티베트 등), 대만, 일본, 서남아시아, 동남아시아 등

식생형: 이차초원식생(억새형), 듬성숲초본식생, 츠렁모바위초본식생, 시렁모바위초본식생 등

생태전략: [터주-스트레스인내-경쟁자]~[스트레스인내자]

종보존등급: [V] 비감시대상종

이름사전

속명: 테메다(*Themeda* Forssk.). 아라비아 지역에서 부르는 이름(*thaemed*)에서 유래한다.

종소명: 바르바타(*barbata* (Desf.) Veldk. 2015).[2)] 수염이 많은 철학자(*barbata*)를 뜻한다. 솔새 식물체 여기저기 난 긴 털에서 비롯했을 것이다. 이전까지 채택했던 트리안드라(*triandra*)는 수술(*andrus*)이 3개(*tri-*) 있다는 뜻이다.

한글명 기원: 솔줄,[3)] 황모(黃茅),[4)] 솔새,[5)] 솔풀[6)]

한글명 유래: 솔과 새의 합성어이다. 뿌리로 솔을 만든다는 것에서 비롯한다고 하며,[7)] 일본명에 잇닿은 유래다. 한편 1937년의 솔새 명칭 이전에 기재된 첫 이름은 1921년의 솔줄이다.

한방명: -

중국명: 黄背草(Huáng Bèi Cǎo). 식물체가 황갈색으로 변하고도 오랫동안 유지되는 특성으로부터 비롯했을 것이다. 홍근초(紅根草)라는 옛 이름도 있다.

일본명: メガルカヤ(Megarukaya, 雌刈茅, 雌刈萱). 개솔새의 일본명에 대응하는 명칭으로 더 여성적이라는 뜻이다. 실제로는 솔새가 더 크고 남성적이다. 딱딱한 수염뿌리로 수세미나 귀얄(刷毛) 같은 솔을 만들어 이용했다고 한다.[8)] 중국(紅根草)의 습속이 전해진 것으로 보인다.

영어명: Angle Grass, Blue Grass, Red Grass, Kangaroo Grass

에코노트

솔새속(*Themeda* Forssk.)은 전 세계에 27종이 있고, 대부분 아시아의 열대와 아열대에 분포한다.[9)] 우리나라에는 솔새 1종만 분포하며, 솔새속 중에 가장 추운 지역에 사는 종류다. 한반도 개마고원 이남에 널리 분포하며, 서식조건이 불리한 입지에도 산다. 솔새는 구릉지 풀밭에서부터 산지 절벽 바위틈까지 살며, 초염기성 사문암 입지[10)]에서부터 약산성 퇴적암과 화성암 지역까지 분포할 만큼 극단적으로 척박한 곳이나 적절히 비옥한 곳에서도 산다. 솔새의 염색체수 다변성이 그런 광분포에 대한 배경이다. 서식처 생육조건에 따라 형태적 변이도 그만큼 크다. 솔새는 혐석회식물도 호석회식물[11)]도 아니다. 벌채하거나 산불난 곳의 천이 초기[12)]에도 자주 나타난다. 모래처럼 비교적 토양 입자가 굵은 환경에 흔하며, 특히 지표면에 작은 돌부스러기가 쌓인 미세 서식처에서도 경쟁적으로 자리를 차지한다. 그것은 익은 열매가 퍼석한 지면을 파고드는 기계적 작동을 하는 데에서 비롯한다.

벼과 식물의 까락은 동물 털에 묻어서 어미식물체로부터 멀리 퍼져 나가는 수단으로 쓰이는 산포기관형(disseminule)이다. 솔새의 까락은 우리나라에 자생하는 벼과 식물 가운데 가장 길고 튼튼하며 독보적인 구조로, 땅에 떨어졌을 때 종자로 하여금 땅속을 파고들게 하고, 마침내 발아할 기회를 얻게 한다.

긴 까락은 4차원 구조다. 우선 가느다랗지만 튼튼한 철사 같다. 이삭열매보다 10배 이상 길며, 크고 작은 각도로 두세 번 이상 꺾인다. 게다가 까락 아랫부분 표면은 나사못처럼 왼쪽 방향으로 홈이 나 있고, 잔가시 같

솔새의 계절학. 왼쪽 사진부터 시계방향으로 7~8월, 8~9월, 9~10월의 이삭꽃차례

은 억센 털도 많다. 마침내 이웃하는 까락과 새끼줄 꼬듯이 '왼쪽'으로 꼬여서 튼튼한 와이어처럼 된다. 이삭 열매가 퍼석한 땅바닥에 살짝 닿는 순간, '오른쪽'으로 돌면서 굴착기처럼 흙속을 파고든다. 공중으로 솟구친 긴 까락이 원심력으로 큰 원을 그리면서 회전력이 생기기 때문이다. 강력한 회전력으로 흙속을 파고들지만 이삭열매는 상처입지 않는다. 땅바닥에 닿는 이삭열매 머리 부분에 억센 털이 둘러싸여 있기 때문이다. 솔새의 종자 산포와 정착에서 참으로 '신의 한 수'를 보는 듯하다. 솔새가 그렇게 지리적으로 널리 분포하고 생태적으로 다양한 서식처에서 사는 까닭도 까락의 다차원적 구조와 기능에서 비롯한다.

1) Birari (1981)
2) Veldkamp (2015)
3) 森 (1921), 정태현 등 (1949)
4) 村川 (1932)
5) 정태현 등 (1937), 박만규 (1949)
6) 안학수, 이춘녕 (1963)
7) 이우철 (2005)
8) 奧田 (1997)
9) Chen & Phillips (2006)
10) 박정석 (2014)
11) 곽영세 등 (1994)
12) 이성규 (1992)

사진: 김종원, 김윤하, 엄병철
그림: 엄병철

일차초원식생: 세일 바위틈 서식처

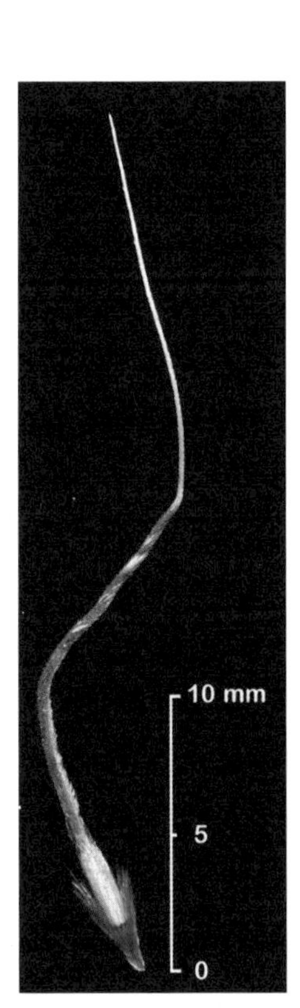

이삭열매

긴 까락 2개가 꼬여서 땅에 떨어지는 이삭

일차초원식생: 사문암 돌 부스러기 서식처

이차초원식생: 무덤 풀밭 서식처

잠자리피

Trisetum bifidum (Thunb.) Ohwi

형태분류

줄기: 여러해살이며, 어른 허리 높이 이하로 자란다. 줄기는 가늘고 매끈하며, 다발로 모여나고, 아랫부분에서 약간 굽다가 바로 선다. 식물체는 전반적으로 부드러운 편이고, 짧은 뿌리줄기가 있다.

잎: 너비가 5㎜ 내외인 긴 줄모양이고, 편평하면서 부드럽다. 표면에 부드러운 털이 약간 있거나 거의 없으며, 약간 밝은 녹색을 띤다. 잎집은 줄기 마디보다 짧지만 긴 경우도 있고, 느슨하게 줄기를 싸며, 가장자리에 연한 털이 약간 있다. 잎혀는 투명한 막질이다. (비교: 시베리아잠자리피(*T. sibiricum*)는 너비가 1㎝ 정도다.)

꽃: 5~6월에 줄기 끝에서 이삭꽃차례로 피며 끝부분에서 아래로 늘어진다. 꽃줄기 마디에 작은꽃줄기가 2~3개씩 나고, 거기에 황록색 또는 황갈색을 띠는 꽃이삭 2~3개로 된 작은꽃이삭이 달린다. 겉받침겨 앞면에는 미세한 가시랭이가 나고 광택이 있다. 잎겨는 길이가 서로 다르다. 받침겨는 견고한 편이고, 끝이 둘로 갈라지며, 그 사이의 뒷면 윗부분에서 길이 1㎝ 정도인 섬세한 까락이 솟아 나온다. 까락은 열매가 익을 시기에 끝이 거꾸로 휜다. (비교: 시베리아잠자리피는 받침겨 끝이 얕게 갈라진다.)

열매: 이삭열매

염색체수: 2n=28

생태분류

서식처: 초지, 농촌 산비탈 길가, 습지 언저리, 숲 가장자리 언저리, 농촌 제방, 두둑 등, 양지, 적습~약습

수평분포: 전국 분포

수직분포: 산지대 이하(주로 구릉지대~저지대)

식생지리: 난온대~냉온대, 중국(화남지구, 화중지구, 화북지구의 남부, 그 밖에 간쑤 성, 티베트 등), 대만, 일본(홋카이도 남부 이남), 뉴기니 등

식생형: 초원식생, 터주식생(농촌형)

생태전략: [터주-스트레스인내-경쟁자]~[터주자]

종보존등급: [V] 비감시대상종

이름사전

속명: 트리세툼(*Trisetum* Pers.). 3개(*tri-*)의 억센 털(*seta, saeta*)이라는 뜻으로 받침겨에 난 까락 3개에서 비롯한다.

종소명: 비피둠(*bifidum*). 두 갈래로 깊게 갈라졌다는 뜻으로 받침겨 끝이 깊게 둘로 갈라진 것에서 비롯한다.

한글명 기원: 잠자리피[1]

한글명 유래: 잠자리와 피의 합성어다. 잠자리와 어떤 관련이 있는지 알려지지 않았지만, 아이들이 잠자리피의 긴 이삭꽃차례로 게(蟹)를 잡는다는 것에서 비롯한 일본명에서 잇닿아 있을 것이다. 1921년의 기

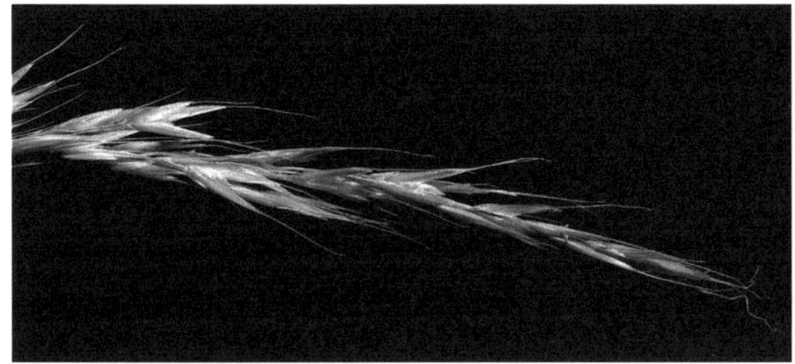

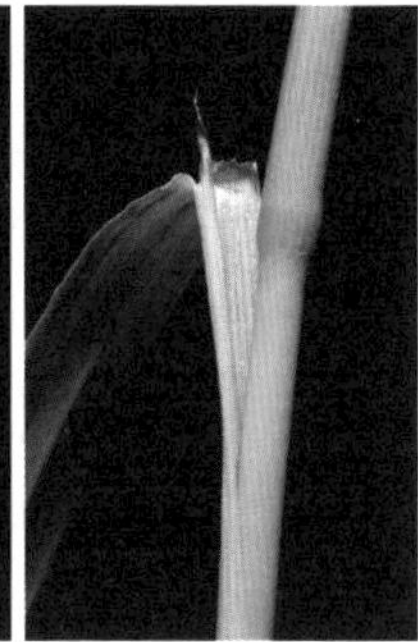

시베리아잠자리피

재에서는 일본명(蟹釣草)으로만 이루어졌고, 전국에 분포한다는 사실을 전하고 있다.[2)]

한방명: -

중국명: 三毛草(Sān Máo Cǎo). 종소명을 번역하면서 생긴 이름이다.

일본명: カニツリグサ(Kanitsurigusa, 蟹釣草). 게(蟹) 구멍에 잠자리피의 긴 이삭꽃차례를 밀어 넣어서 게를 잡는(釣) 어린 아이들의 놀이에서 비롯한다.[3)]

영어명: Bifid Oatgrass, Spike Oatgrass

에코노트

잠자리피 종류는 전 세계에 약 70종이 있고, 아프리카와 열대 산지대를 제외한 온대 지역에 널리 분포하며,[4)] 우리나라에는 잠자리피, 산잠자리피(*T. spicatum*), 시베리아잠자리피 3종이 있다.[5)] 그중 잠자리피가 가장 흔하며 사람 사는 곳 가까이에서 살고, 산잠자리피는 북한의 고산 초원식생에 나타나며, 시베리아잠자리피는 수평적으로 냉온대 중부·산지보다 더욱 한랭한 지역에 주로 분포한다. 소백산 산정부 능선의 종다양성이 높은 운무대 초원식생 구성원이다. 잠자리피속은 대부분 한랭 습윤한 아고산대와 고산대에 주로 분포하지만, 잠자리피는 유일하게 구릉지대 이하에 분포한다.

---

1) 정태현 등 (1937)
2) 森 (1921)
3) 牧野 (1961)
4) Wu & Phillips (2006)
5) 박수현 등 (2011)

사진: 김종원, 이창우, 김윤하

시베리아잠자리피군락(충북 단양 소백산)

잔디

Zoysia japonica **Steud.**

형태분류

줄기: 여러해살이며, 어른 손 한 뼘 높이까지 바로 서서 자란다. 뿌리줄기가 길게 뻗고, 마디에서 뿌리, 잎, 꽃줄기가 나오며, 종종 기는줄기처럼 지면에 드러난다.

잎: 마디에서 모여나면서 힘 있게 서는 편이고, 너비 4㎜ 내외이며 양면에 흰색 털이 있다. 건조하면 가장자리가 안으로 말리면서 침모양이 된다. 아랫부분에서 줄기를 감싸는 싼잎이 되고 튼튼하며, 잎집에 털이 거의 없으나 줄기 아랫부분의 잎집에는 털이 있다. 윗부분에 흔적만 있는 잎몸에 긴 털이 많다. (비교: 금잔디(*Z. tenuifolia*)는 잎 너비가 1㎜ 내외다.)

꽃: 5~7월에 긴 줄기 끝에서 작은꽃이삭이 약간 포개지면서 다닥다닥 붙어나고, 길이 4㎝ 내외인 작은 원기둥모양 꽃차례가 된다. 자갈색으로 광택이 나는 작은꽃이삭이 작은꽃줄기 끝에 하나씩 달린다. 바깥잎겨는 없고, 속잎겨는 단단한 혁질로 배모양 겉받침겨를 싸고 있다.

열매: 이삭열매로 까락이 없고, 길이 2㎜ 정도인 갸름한 달걀모양이다. 익으면서 겉받침겨가 완전한 흑자색으로 변하고 반들거린다.

염색체수: 2n=40

생태분류

서식처: 초지, 길가, 제방, 두둑, 무덤, 임도 언저리, 방목지, 해안 절벽 등, 정원과 공원(식재), 양지, 약건~적습

수평분포: 전국 분포

수직분포: 산지대 이하

식생지리: 난온대~냉온대, 만주(랴오닝 성), 중국(황해 연안 지역으로 허베이 성, 산둥 성, 장쑤 성, 저장 성, 그 밖에 장시 성, 홍콩 등), 대만, 일본 등

식생형: 이차초원식생

생태전략: [터주-스트레스인내-경쟁자]~[경쟁자]

종보존등급: [V] 비감시대상종

이름사전

속명: 조이지아(*Zoysia* Willd.). 오스트리아 식물학자(Karl von Zoys, 1756~1800)를 기념하면서 생긴 이름이다.

종소명: 야포니카(*japonica*). 일본에서 채집된 표본으로 기재되면서 생긴 이름이다.

한글명 기원: 젼뙤,[1] 젼뽀아기, 쟘뛰,[2] 잔ᄃᆡ,[3] 잔듸, 잔씌,[4] 잔대미, ᄯᅦ, 결루초(結縷草), 단듸밧[5] 잔디[6] 등

한글명 유래: 유래미상이라지만[7] 1481년 『분류두공부시언해』에 나오는 '젼뙤'에서 유래하고, 어원은 '작은 띠풀'이라는 뜻이다. '젼'은 '잘다, 작다'라는 형용사에 잇닿고, '뙤'는 풀 띠의 옛말이다. 띠의 최초 한글 표기는 1446년의 『훈민정음해례』에 나오는 'ᄃᆡ'[8]이다. 여기서 'ᄃᆡ'는 외떡잎식물의 잎 좁은(禾本型) 식물을 총칭하는 외마디소리로 한자 띠 모(茅) 자에 대응하는 우리 고유어다. 오늘날 식물분류학에서 말하는 띠(*Imperata cylindrica* var. *koenigii*)의 본래 이름은 '삐'이고, 'ᄃᆡ'가 아니다. 일제강점기에 이름의 유래와 역사가 헝클어져 버린 사례다. (「띠」 편 참조) 오늘날 '떼잔디' 또는 '뗏장'이라고 할 때의 '떼'는 띠와 마찬가지로 ᄃᆡ, 뙤, 뽀, 뛰[9]에서 변천한 말이다. (아래 에코노트 참조)

한방명: -

중국명: 结缕草(Jié Lǚ Cǎo). 잔디처럼 생긴 풀의 총칭이다.

일본명: シバ(Shiba, 芝). 일본에서는 한자 지초 지(芝) 자가 잔디를 지칭하고, 잎 좁은 풀을 뜻한다. 본래는 번엽(繁葉), 즉 잎 우거진 풀이라는 뜻의 한자명을 음독(音讀)한 것[10]에서 또는 좁은 잎을 뜻하는 세엽(細葉, Hosoba)의 한자명에서 전화(轉化)한 것에서 유래를 추정하지만, 이것마저도 잘 모르겠다고 한다.[11] 하지만 일본명 시바(Shiba)는 한자 지장(芝場)을 음독한 것이 확실하며, 우리말 뗏장에서 기원할 것으로 추정한다. 우리말 뗏장의 정확한 한역(漢譯)이 지장(芝場)이기 때문이다.

영어명: Korean Grass, Korean Lawngrass

에코노트

잔디의 최초 한글명은 중국 두보의 시(詩)를 한글로 풀이한 15세기 『분류두공부시언해

(分類杜工部詩諺解)』에 나온다. 잔, 띠, 풀이라는 뜻의 '젼ᄢᅬ'이다. 유교 국가 조선 600년 동안 흙으로 봉분을 쌓는 습속, 즉 뗏장이 필요한 무덤 문화의 유산이다. 사리함이 필요한 불교의 화장(火葬) 문화가 줄곧 이어져 온 일본의 상황과 크게 다르다.

잔디의 '디'는 띠풀의 '띠'에서 비롯한다. 한자 모(茅) 자에 대한 우리말 '띠' 또는 '띠풀'은 잎 좁은 외떡잎식물 가운데 우리에게 실질적으로 도움을 주는 종류를 일컫는 총칭이다. 가까스로 비(雨)만 피할 수 있을 정도로 허름하고 초라한 집을 '띠집'이라 하며, 잎의 크기나 너비가 더욱 큰 억새, 물억새, 줄, 갈대의 잎줄기를 이용해서 지은 집을 가리킨다. 이런 띠풀은 가축을 포함해서 많은 초식동물에게 중요한 사료가 되고, 이삭열매 때문에 벼처럼 사람의 식량이 되기도 한다. 정착농경시대 이래로 띠풀의 이용 역사가 무척 오래일 수밖에 없는 까닭이다.

그런데 띠풀 가운데 잔디는 사료나 식량, 지붕의 이엉으로도 쓰이지 않는다. 17세기 『역어유해』에 그런 사실을 정확히 설명하는 대목이 나온다. 말(馬)도 거들떠보지 않는 풀, 즉 마비초(馬菲草)라는 한자에 대해 '젼ᄠᅩ아기'라는 옛 한글 표기와 더불어 우모초(牛毛草)라 기록했다. 엷을 비(菲), 보잘 것 없는 풀(艸), 유용하지 않다(非)는 뜻의 조어 한자명이다. 우모초(牛毛草)는 가을이 되면 단풍이 들어 겨울 내도록 누런 쇠털(牛毛) 같은 색을 띠는 띠풀이라는 것이다. 마치 김의 털(牛毛草)과 같다는 것이다. 그런데 『역어유해』에는 잔디에 잇닿아 있어 보이는 또 다른 흥미로운 고어가 나온다. 한자 회군초(皿軍草)라는 명칭에 대한 '쟘ᄢᅱ'라는 한글명이다. '젼ᄠᅩ아기'와 '쟘ᄢᅱ'는 오늘날 표기로는 잔디아기와 잔디가 될 것이고, 각각 금잔디와 잔디에 대응된다.

중국명 결루초(结缕草)는 19세기 이후에 나타난 이름이다. 약재로 쓰였다는 기록도 보이질 않는다. 약초도 아닐 뿐만 아니라, 사료나 곡식, 심지어 초가집 이엉으로도 쓰이지 않는 몹쓸 풀이기 때문에 아예 거들떠보지 않았던 것이다. 최근에는 사막 지역의 모래 이동 방지를 위해 이용한다. 봉분을 쌓고 흙이 흘러내리지 않도록 뗏장을 입힌 우리의 오래된 지혜가 이제야 사막화 방지에 도입되었다고 보면 된다. 봉분은 공원, 정원, 골프장에서 뗏장을 이용하는 전 세계의 모든 나라와도 색다르고 독특한 문화다. 그만큼 뗏장을 쉽게 구할 수 있고, 쉽게 키울 수 있기 때문일 것이다. 우리나라는 사실상 잔디가 번성할 만한 자연환경조건을 갖추고 있다. 게다가 잔디는 지면을 덮어 땅을 안정화시키는 데 매우 유용하다. 땅속 또는 지면에서 뿌리줄기나 기는줄기를 길게 뻗으면서, 마디마다 뿌리를 내리고 악착스럽게 살아가는 뿌리 건축 방식 덕택이다.

잔디의 분포중심지는 한반도를 중심으로 하는 동아시아의 대륙성 온대기후 지역이다. 건조와 척박한 입지에 저절로 자생하는 자연초원식생의 구성원이다. 숲이 들어서지 못하는 시렁모바위나 황무지에서 크고 작은 개체군이 보이고, 석회암과 백운암, 사문암의 알칼리성 흐렁모바위 초지에서도 심심

찮게 나타난다.[12] 극단적인 건조나 수분스트레스를 이겨낼 수 있기 때문이다. 한여름 한낮, 강한 직사광선이 내리쬐면 모든 잎사귀는 침모양이 된다. 증발산으로 수분을 빼앗기지 않으려는 잔디의 철두철미한 생리생태 및 형태적 대응이다.

무덤이나 골프장과 같은 잔디밭은 사람이 관리할 때에만 유지되는 인공 식물사회이다. 물론 골프장의 '서양잔디'라는 것은 잔디와 전혀 다른 분류군인 새포아풀(*Poa annua*)에서 개발한 원예 품종이다. 한편으로 해양성 기후인 일본에서도 잔디가 우점하는 건생(乾生)이차초원식생이 발달한다. 방목초지로 억새군강(Miscanthetea)에 속하는 잔디군단(Zoysion)이라는 식물사회다. 하지만 이것은 잔디가 우점하는 이차초원식생형이 무척 다양한 우리나라와 전혀 다른 양상이다. 우리나라의 대륙성 기후와 봉분문화에 대응하는 잔디 식물사회의 식생분화로부터 비롯하는 결과다. 우리나라에는 잔디-할미꽃군락과 잔디-꿩의밥군락, 공원이나 골프장 잔디밭의 잔디-새포아풀군락과 잔디-토끼풀군락, 대구 지역에서만 특징적으로 나타나는 잔디-애기자운군락 등 다양한 무덤 잔디식생이 있다. 여기에 잔디가 나타나는 반자연초원식생과 자연초원식생의 여러 식생형을 더하면 잔디군강(Zoyzietea)이라는 실체가 인정될 정도다. 우리나라 잔디 식물사회의 이런 풍부성과 다양성은 전 세계에서 유일무이한 인류문화유산, 봉분을 바탕으로 한다.

잔디는 순수 우리말 식물 이름으로 따로 한자가 없다. 일본에서는 '시바'라고 부르면서 한자 지초 지(芝) 자로 표기한다. 지초(芝草)는 본래 버섯의 한 종류이거나 상서로운 풀이다. 그런데 일본명 시바가 번엽(繁葉) 또는 세엽(細葉, Hosoba)이라는 한자명에서 유래할지도 모른다면서도 실은 잘 모르겠다고 고백한다.[13] 하지만 시바는 우리말 '뗏장'을 한역(漢譯)한 지장(芝場)을 일본식으로 읽은 것이 분명하다. 우리말에 뿌리가 잇닿은 많은 일본 식물명을 두고 일본에서는 유래미상이라고 하는 경우가 허다하다. 하지만 진실을 가릴 수는 없는 법, 마치 영어, 불어, 독어의 어원과 유래가 희랍어나 라틴어에 뿌리가 있는 것과 같다. 그런데 한자 지(芝) 자는 중국, 우리나라, 일본의 약전(藥典)에서 늘 앞부분에 나오는 중요한 약초다. 지초(芝草)의 지(芝)는 영지(靈芝) 버섯의 경우처럼 영험한 풀을 뜻하며, 잔디와 전혀 상관없다. 지(芝) 자를 풀어 보면, '바로 이(之) 풀(艸)'이라는 의미가 된다. 불법(佛法)에 벗어나지 않는 삶을 반영하는 '상서로운 풀'이라는 뜻을 함의한다. 불교 영향으로 여전히 화장(火葬) 문화가 지속하는 일본에서 뗏장은 그리 필요치 않다. 잔디를 지초 지(芝) 자에 대응시킨 것도 아주 최근 메이지(明治) 시대 때다. 본래부터 지(芝) 자는 잔디가 아니었다.

잔디속(*Zoysia* Willd.)은 전 세계에 약 9종뿐이며 모두 여러해살이다.[14] 이들은 더운 지역에서 극단적으로 건조한 환경에 적응한, 수분스트레스를 극복하는 분류군이다. 우리나라는 국토 면적에 비해 종다양성이 풍부한 편으로, 4종이 있다. 전국적으로 널리 분포하는 잔디가 가장 흔하고, 왕잔디(*Z. macrostachys*)와 갯잔디(*Z. sinica*)는 해안 지역에서, 금잔디(*Z. tenuifolia*)는 제주도와 남부 지역 해안에서 산다. 특히 금잔디의 경우는 일본 규슈 지방 최남단에서부터 대만으로 이어지는 류큐제도 해안의 산호초 암상이나 일부 석회암 입지에 발달하는 식물사회(Philoxeretea)의 표징종이다.[15] 우리나라에서 잔디 종류의 온전한 자생 서식처는 크게 훼손되어 매우 제한적으로 남아 있다. 내륙 및 해안 자연초원식생은 극히 희귀하다. 서식처 수준에서 국가적 보존 대책이 필요하다.

잔디밭을 넓게 조성하고 '출입금지'라고 세워둔 팻말을 자주 본다. 영국처럼 하루해가 짧은 지역에서 일광욕을 위해 생겨날 수밖에 없었던 문화의 소산이 드넓은 잔디밭이나 골프장이다. 봉분이 아니라면, 잔디밭 공원은 우리나라의 전통 경관과는 거리가 멀다. 우리나라의 자연환경은 일광욕을 즐길 만하지 않기 때문이다. 뜨거운 여름날 잔디밭에 누우면 곧바로 열사병에 걸리고 만다.

---

1) 의침 등 (1481)
2) 신이행 등 (1690)
3) 『동언고략(東言考略)』 (1836)
4) 森 (1921), 백문식 (2015)
5) 村川 (1932)
6) 박만규 (1949), 정태현 등 (1949)
7) 이우철 (2005)
8) 『훈민정음해례』 (1446)
9) 신이행 등 (1690)
10) 牧野 (1961)
11) 奥田 (1997)
12) 박정석 (2014), 류태복 (2015, 구두정보)
13) 牧野 (1961), 奥田 (1997)
14) Chen & Phillips (2006)
15) 宮脇 等 (1978)

사진: 김종원

꽃하늘지기

Bulbostylis densa (Wall.) Hand.-Mazz.

형태분류

줄기: 한해살이며 어른 무릎 높이 이하로 바로 서서 자란다. 매끈하고 실같이 가느다랗지만, 세로로 홈이 길게 지면서 야무진 자세를 갖춘다. 뿌리줄기는 없고, 수염뿌리가 발달하며, 줄기가 모여난다. (비교: 모기골(*B. barbata*)은 높이 7㎝ 이하로 꽃하늘지기의 1/2 수준이다.)

잎: 줄기 아래에서 2~3개가 나고, 길이와 너비는 각각 12㎝와 0.3㎜ 내외인 실 모양으로 끝은 뾰족하다. 아랫부분은 파리한 막질 잎집으로 되고, 잎집 윗부분에 부드럽고 긴 흰색 털이 있다. (비교: 모기골의 길이는 2㎝ 내외로 아주 짧다.)

꽃: 7~9월에 줄기 끝에서 꽃자루가 2~5회 갈라지고, 작은꽃자루에 뾰족한 타원형 작은꽃이삭이 하나씩 나서 드물게 달린다. 작은꽃줄기에는 미세한 흰 털이 아래로 향해 줄지어 돋는다. 작은꽃이삭은 익으면 짙은 갈색을 띤다. 비늘조각은 달걀모양이고 갈색이지만 가운데 줄(中肋)은 녹색이고 끝이 뾰족하다. 갈색 비늘조각은 막질로 반들거리고, 가장자리에 가는 털이 있다. (비교: 모기골은 작은꽃자루가 거의 없어 이삭이 밀집해서 붙는 반구형(半球形) 머리꽃으로 달리고, 길이가 다른 긴 꽃싼잎이 여러 개 있다.)

열매: 여윈열매로 길이 1㎜가 채 되지 않고, 익으면 탁한 자줏빛을 띤다. 거꿀달걀모양 같은 삼각형으로 모가 지며 표면에 미세한 점이 불규칙하게 흩어져 난다.

염색체수: 2n=64,[1] 84[2]

생태분류

서식처: 초지, 잔디밭, 구릉지 길가, 산지 풀밭, 산간 화전 언저리, 황폐지, 논둑, 천변이나 하천 바닥 등, 양지, 적습~약습

수평분포: 전국 분포

수직분포: 산지대 이하

식생지리: 냉온대~난온대, 만주(랴오닝 성, 헤이룽장 성 남부), 중국(화중지구, 화남지구, 화북지구 허베이 성, 허난 성, 산둥 성, 그 밖에 티베트 동부 등), 연해주의 남부, 대만, 일본, 서남아시아, 동남아시아 등

식생형: 이차초원식생(잔디형, 습생형), 한해살이 하원(河原)식생

생태전략: [터주자]~[터주-스트레스인내-경쟁자]

종보존등급: [V] 비감시대상종

이름사전

속명: 불보스틸리스(*Bulbostylis* Kunth). 둥근 렌즈의 벌브(*bolos*) 모양과 암술대(*stylos*)를 뜻하는 희랍 합성어에서 유래한 라틴어다. 암술대 바닥 부분이 압착한 둥근 모양에서 비롯한다. 하늘지기라는 이름을 품었으나 하늘지기속(*Fimbristylis* Vahl)이 아니라, 모기골속(*Bulbostylis* Kunth)이다.

종소명: 덴사(*densa*). 밀집해서 붙어 난 모양을 뜻하는 라틴어다. 네팔에서 채집된 표본으로 처음 기재[3]했고, 가느다란 줄기가 빼곡하게 모여난 모양에서 비롯한다.

한글명 기원: 꽃하눌직이,[4] 꽃하늘직이,[5] 꽃하눌지기,[6] 꽃하늘지기[7]

한글명 유래: 꽃과 하늘지기의 합성어로 1937년의 기록에 첫 한글명 '꽃하눌직이'가 나온다. 이삭꽃차례가 하늘로 치솟은 것에서 유래하고, 일본명이 실마리가 되어 지어낸 이름으로 보인다. 1921년의 기재에서는 일본명만 기록된 바 있다.[8]

모기골

한방명: -

중국명: 丝叶球柱草(Sī Yè Qiú Zhù Cǎo). 잎이 실 같은 모기골속(球柱草屬)의 식물이라는 뜻이다.

일본명: イトハナビテンツキ(Itohanabitenstuki, 糸花火点突). 실(糸) 같은 잎과 줄기의 모양, 그리고 불꽃놀이(花火)를 연상케 하는 꽃차례에서 비롯한다. 한편 점돌(点突, Tentsuki)은 꽃차례가 하늘(天)로 치솟은(突) 식물에 대한 통칭으로, '회오리바람에 나부끼는 풀'이라는 의미가 있는 하늘지기속(*Fimbristylis* Vahl)의 중국명 표불초속(飄拂草屬)을 지칭한다.[9] 한편 꽃하늘지기와 이름이 전혀 다른 모기골(*B. barbata*)도 일본명(畑蛾, Hatakaya)에 잇닿아 있으며, 모래땅 밭(畑)에서 자주 나타나고, 모기(蛾)처럼 연약한 풀이라는 것에서 비롯한다.

영어명: Dense Hairsedge

에코노트

꽃하늘지기는 가느다란 실 같은 줄기가 뿌리에서 소복하게 솟아난 매우 가냘픈 한해살이 식물이다. 일시적으로 물이 고일 만한 오목한 미세지형이라도 물이 잘 빠지는 모래흙인 곳에서는 잘 산다. 진흙땅에서도 물만 잘 빠지면 산다. 그렇다고 건조한 곳이나 과습한 습지에서는 살지 않는다. 결국 습윤하면서도 직사광선에 노출된 입지로, 늘 물기 많은 땅 가까이에 산다. 큰물이 쓸고 지나간 하천 바닥 가장자리에 모래자갈땅이 퇴적된 곳처럼 불안정한 입지에서도 종종 나타난다. 한해살이지만 아연광산 황폐지에서도 자생[10]이 알려질 정도로, 서식처 범위가 넓은 편이다. 일본에서는 억새군강이라는 건생형 이차초원식생(꽃하늘지기아군집, Astero-cirsetum bulbostylietosum densae)의 구성원[11]으로 보는데, 이는 식물사회학적 오류다. 꽃하늘지기는 습생형 이차초원식생 요소이기 때문이다.

꽃하늘지기와 형제 식물인 모기골 역시 물이 잘 빠지는 해안 가까이 모래땅에서 자주 나타난다. 우리나라에는 모기골속에 꽃하늘지기와 모기골 2종뿐으로, 열대 아프리카와 열대 아메리카에 집중 분포하는 전 세계 100여 종[12] 가운데 한랭한 온대 지역에 진출한 드문 사례다. 같은 속이지만 전혀 다른 이름을 갖게 된 까닭은 일본명이 실마리가 되어 생겨났기 때문이다. (이름사전 참조) 꽃하늘지기는 하늘지기라는 이름을 포함하지만, 계통분류학적으로 암술대가 길고, 여윈열매와 연결 부위에 털이 많은 하늘지기속과는 분명하게 차이가 나는 모기골속이다.[13] 한편 모기골은 식물체가 아주 작고, 작은꽃이삭이 옹기종기 모여서 뭉쳐나기 때문에 꽃하늘지기와 쉽게 구별된다.

---

1) Liang & Tucker (2006)
2) 北村 等 (1981)
3) Roxburgh (1820)
4) 정태현 등 (1937)
5) 박만규 (1949. 02), 이창복 (1969), Lee (1976)
6) 정태현 등 (1949. 11)
7) 이창복 (1979)
8) 森 (1921)
9) 牧野 (1961)
10) 정기채 등 (1993)
11) 設楽, 中村 (2015)
12) Liang & Tucker (2006)
13) 오용자 (1998)

사진: 김종원, 이창우

청사초

Carex breviculmis **R. Br.** ***sensu lato***

형태분류

줄기: 여러해살이며, 어른 손 한 뼘 높이로 자라고 모여난다. 가느다랗고 단면은 둔한 삼각형이다. 윗부분은 깔깔하고 아래는 매끈하다. 제일 밑 부분에는 약간 탁한 갈색 바닥집이 있고, 오래된 것은 잘게 갈라져서 섬유모양이 되어 둘러싼다. 뿌리에 기는줄기(匐枝)가 없고, 아주 짧은 땅속줄기로 뭉쳐서 난다. (비교: 양지사초(*C. nervata*)는 땅속에 기는뿌리가 발달한다.)

잎: 편평하며, 너비 3㎜ 내외로 긴 꽃줄기보다 짧고, 뿌리에서부터 모여난다.

꽃: 4~6월에 긴 꽃줄기 끝에 작은이삭이 모여나는 편이고, 곧추선다. 제일 위 작은이삭은 수꽃으로 자루가 짧은 곤봉모양이다. 수꽃 작은이삭의 비늘조각은 약간 투명하면서 밝은 녹색이 비치고, 끝에 짧은 까락이 있다. 수꽃 아래의 옆 작은이삭 2~3개는 암꽃으로 가까이에 모여 있고, 둥글거나 원기둥모양이다. 밑에 긴 싼잎이 있다. 암꽃 비늘조각은 백록색이고, 타원형 또는 거꿀달걀모양으로 끝에 긴 까락이 있지만 약간의 변이도 보인다.

청사초

겨락겨사초

열매: 여윈열매이며 열매주머니 윗부분에 짧고 부드러운 털이 약간 있다. 종자는 달걀모양이고 밝은 갈색이다.
염색체수: c.64,[1] 68, 70, 72, 74[2]

생태분류

서식처: 초지, 두둑, 제방, 무덤, 산비탈 풀밭, 농촌 들길 언저리, 산촌 언저리, 숲 가장자리 등, 적습~약습, 양지~반음지
수평분포: 전국 분포
수직분포: 산지대 이하
식생지리: 냉온대~난온대, 만주, 중국(화북지구, 화중지구, 화남지구, 그 밖에 간쑤 성 등), 대만, 일본, 연해주, 히말라야, 인도, 미얀마 등
식생형: 초원식생(잔디형>억새형), 터주식생(농촌형)
생태전략: [터주-스트레스인내-경쟁자]~[스트레스인내자]
종보존등급: [V] 비감시대상종

이름사전

속명: 카렉스(*Carex* L.). 사초 모양인 단자엽 식물에 대한 고대 라틴어(*carex, icis*)로 자르다(*keirein*)는 뜻의 희랍어에서 비롯한다.
종소명: 브레비쿨미스(*breviculmis*). 짧은(*brevi-*) 꽃자루(*culm*)를 뜻하는 라틴어다. 수꽃의 짧은 자루에서 비롯한다.
한글명 기원: 이삼사초,[3] 풀사초,[4] 청사초,[5] 두메사초
한글명 유래: 푸른(靑) 사초란 뜻으로 일본명(青菅)에서 비롯한다. 1921년 기재에는 일본명만 나온다.[6] 그런데 사초의 오래된 우리 이름은 싸라기풀이다. (에코노트 참조) 싸라기는 아기 같이 아주 작은 쌀 알갱이를 뜻하는 쌀과 아기의 합성어다. 따라서 사초속도 싸라기풀속이 된다.
한방명: -
중국명: 青绿薹草(Qīng Lǜ Tái Cǎo). 일본명에 잇닿은 이름이다.
일본명: アオスゲ(Aosuge, 青菅). 푸른 사초라는 뜻으로, 풀밭 식물사회에서 보이는 빛깔에서 비롯한다. 특히 어린 시기의 빛깔이다.
영어명: Pale Yellowish-green Sedge, Mountain Nerved-fruit Sedge

에코노트

지구상에는 사초류가 약 2,000종이 있는 것으로 알려졌고,[7] 우리나라 사초속 분류도감에는 148종[8]이 기재되어 있다. 하지만 이들에 대한 동정 및 분류는 만만치 않다. 쌍자엽식물이나 다른 분류군과 견주어 보더라도

반들사초

쉽게 구분될 만한 뚜렷한 분류형질이 보이질 않기 때문이다. 실제로 뿌리에서 곧바로 모여난 잎이나 꽃이삭의 외부 형태가 닮아도 너무 닮았다. 이삭꽃차례가 발달하지 않는 시기라면 동정이 더욱 어려워진다. 그래서 절간(節間)이 뚜렷한 포복근경의 유무(有無)와 잎 너비(1.5㎜ 이하, ≤3.5㎜ 이하, 3.6㎜ 이상)와 줄기에서 난 잎(莖生葉)의 유무 등에 대한 임시 기준으로 대분류한 뒤에 검색키를 이용하면 오차를 줄일 수 있다. 여기에다가 서식처에 대한 생태분류 정보가 뒷받침되면 동정은 더욱 정확해진다. 서식처와 생태분류 형질이 비슷할 경우, 특히 형태적 변이의 폭이 넓은 양상을 보일 경우에는 사실상 난공불락(難攻不落)이다. 이때는 해상도 높은 계통분류 연구 자료만이 궁극의 해결책이다. 청사초 종류(*C. breviculmis s.l.*)는 그 가운데 대표적인 사례일 것이다. 암꽃이삭의 비늘조각에 두드러진 까락이 특징이지만, 늘 심한 다형(polymorphism)을 볼 수 있다. 국가표준식물목록의 이삼사초(*C. leucochlora*)라는 것도 여기에 해당한다.

우리나라 풀밭에는 다양한 사초류가 섞여난다. 대표적인 종류는 청사초, 반들사초, 양

양지사초

나도별사초

지사초, 실청사초, 나도별사초, 흰꼬리사초, 곱슬사초 등이다(표 참조). 청사초는 건조한 곳보다는 습윤한 풀밭에서 사람의 손길이 한 번이라도 미치는 입지에 주로 산다. 농촌 지역의 경작지 둔덕이나 제방, 또는 산비탈 양지바른 풀밭이다. 무덤에서는 양지사초가 더욱 흔하며, 남부 지역으로 갈수록 더 자주 보인다. 또한 우리나라 풀밭 식물사회 중에서 가장 건조하고 척박한 입지인 반자연이차초원식생에서는 산거웃(산거울, *C. humilis* var. *nana*)이 나타나는 것도 특징이다. 산거웃은 우리나라에 분포중심이 있는 대륙성 요소(『한국 식물 생태 보감』 1권 「산거울」 편 참조)로, 강알칼리성인 안동 사문암 입지에서 빈도 높게 나타나는 것[9]도 같은 맥락이다. 산거웃은 밝은 이차림에서도 자주 보이는데, 이 경우는 이차식생의 구성원으로 나타나는 현상이다. 청사초를 비롯해 이러한 초원식생에서 나타나는 사초 종류는 대부분 키 낮은 잔디형 풀밭 식물사회의 구성원이다. 빼곡하게 우거진 풀밭이나 키 큰 억새형 풀밭 식물사회에서는 뿌리에서 뭉쳐나는 잎들이 파묻히게 되어 광합성에 불리하기 때문에 살기 어렵다.

한편 사초(莎草)는 한자명으로, 중국에서는 대초(薹草)라고 한다. 사초의 우리말은 싸라기풀이 될 것이다.[10] 싸라기는 쌀아기에서 유래하며,[11] 아기 같이 아주 작은 쌀이라는 뜻이다. 사초류를 포함한 많은 단자엽식물의 낟알은 아주 작은데, 이를 두고 일컫는 오래된 우리말이다. 부스러기(屑)를 뜻하는 무거리(싸라기) 흘(纥) 자에 대해 15세기에는 'ᄉᆞ라기'라 했으며, 중세를 거쳐 19세기 초에는 한자 서(粞) 자에 대한 번역으로 쌀아기가 나온다.[12] 따라서 사초과 사초속이라는 명

풀밭 식물사회에 사는 주요 사초 종류의 분류형질

<table>
<tr><th colspan="2">국가표준식물목록</th><th>청사초</th><th>겨럭겨사초</th><th>반들사초</th><th>양지사초</th><th>실청사초</th><th>나도별사초</th></tr>
<tr><td colspan="2">학명</td><td>C. breviculmis s.l.</td><td>C. mitrata var. aristata</td><td>C. tristachya</td><td>C. nervata</td><td>C. sabynensis</td><td>C. gibba</td></tr>
<tr><td colspan="2">달리는 뿌리줄기</td><td>없음</td><td>짧음</td><td>없음</td><td>아주 김</td><td colspan="2">없음</td></tr>
<tr><td rowspan="2">잎</td><td>경생엽</td><td colspan="2">없음</td><td>있음</td><td>아래만 있음</td><td>있음</td><td>위에도 있음</td></tr>
<tr><td>너비</td><td>≤4㎜</td><td>≤1.5㎜</td><td>≤5㎜</td><td>≤3㎜</td><td colspan="2">≤5㎜</td></tr>
<tr><td rowspan="2">정생(頂生) 수꽃이삭</td><td>모양 (길이)</td><td>곤봉형 (≤2㎝)</td><td>선형 (≤1㎝)</td><td>선형 (≤4㎝)</td><td colspan="2">원기둥형 (≤1.5㎝)</td><td rowspan="4">자웅성으로 암꽃이삭 아래 기부(基部)에 수꽃이삭</td></tr>
<tr><td>자루</td><td>있음</td><td>거의 없음</td><td>없음</td><td>거의 없음</td><td>있음</td></tr>
<tr><td rowspan="2">측생(側生) 암꽃이삭</td><td>비늘조각의 까락</td><td colspan="2">김</td><td>아주 짧음</td><td>없음</td><td>아주 짧음</td></tr>
<tr><td>자루</td><td>있음</td><td colspan="2">없음</td><td>거의 없음</td><td>있거나 없음</td></tr>
<tr><td colspan="2">식생지리</td><td>냉온대~난온대</td><td colspan="2">난온대</td><td>난온대~냉온대</td><td>냉온대</td><td>난온대~냉온대</td></tr>
<tr><td colspan="2">국내분포</td><td>전국</td><td colspan="2">남부~중부</td><td>전국</td><td>중부~북부</td><td>남부~중부</td></tr>
<tr><td rowspan="4">국외분포</td><td>만주, 연해주</td><td>+</td><td colspan="2">-</td><td colspan="2">+</td><td>-</td></tr>
<tr><td>중국</td><td>화북~화남지구, 간쑤 성, 대만 등</td><td>화중지구, 대만</td><td>-</td><td>네이멍구</td><td>화북지구 이북, 신장 성 등</td><td>화북지구 이남, 랴오닝 성 등</td></tr>
<tr><td>일본</td><td>전역</td><td>혼슈 중부 이남</td><td>혼슈 관동 이남</td><td colspan="2">전역</td><td>혼슈 이남</td></tr>
<tr><td>기타</td><td>인도, 미얀마, 아무르 등</td><td>-</td><td>-</td><td>-</td><td></td><td>-</td></tr>
</table>

* 우리나라 풀밭 식물사회의 주요 구성종인 산거웃(산거울)은 『한국 식물 생태 보감』 1권에 기재되어 있음

흰꼬리사초

산거웃(산거울)(위), 곱슬사초(아래)

칭을 싸라기풀과, 싸라기속으로 고쳐 부르는 것이 옳다. 19세기 초 『물명고』에는 한자명 사초(莎草)를 '향부ㅈ'로 번역하면서 줄기에 뚜렷한 모서리(三菱)가 3개 있다고 설명했다. 오늘날 사초과(莎草科)의 향부자(*Cyperus rotundus*)를 지칭했을 것이다.

1) de Lange & Murray (2002)
2) 星野 等 (2011)
3) 정태현 등 (1937)
4) 박만규 (1949. 02)
5) 정태현 등 (1949. 11), 이창복 (1969)
6) 森 (1921)
7) Dai *et al.* (2010)
8) 오용자 (2006)
9) 박정석 (2014)
10) 김종원 (2013)
11) 유희 (1801~1834)
12) 서정범 (2000), 백문식 (2014)

사진: 류태복, 김종원

대밤풀(자란)

Bletilla striata (Thunb.) Rchb.f.

형태분류

줄기: 여러해살이로 어른 무릎 높이까지 자란다. 단단한 편이며, 1년 동안 지탱된다. 뿌리줄기는 납작한 덩이뿌리로 육질이며 모양이 다양하고, 매년 한 마디씩 더해진다.

잎: 너비 4㎝ 내외인 긴 타원형이고, 끝은 뾰족하며 아랫부분이 잎집으로 된다. 세로로 잎줄을 따라 주름이 지고, 줄기 밑에서 4~6개가 어긋나게 붙어나면서 좌우로 펼쳐진다.

꽃: 5~6월에 포기 가운데에서 짙은 홍자색 꽃줄기가 길게 나오고, 그 끝에 홍자색 꽃 3~7개가 순차적으로 핀다. 길이 2~3㎝인 비늘 같은 꽃싼잎이 하나 있으며, 꽃피기 전에 떨어진다. 꽃잎 조각은 6개이고 옆으로 핀다. 아래 입술꽃잎 안쪽 바닥에는 도드라진 얇은 판 5개가 물결치듯 돋아난다.

열매: 캡슐열매로 실타래처럼 생겼고, 마른 대나무 색을 띤다. 투명한 막질로 싸인 티끌 같은 씨가 가득 들어 있다. 껍질은 크게 세 갈래로 벌어져 좁은 틈새를 만들고, 바람이 불면 그 사이로 종자가 퍼져 나온다.

염색체수: 2n=32, 38, 76[1)]

생태분류

서식처: 초지, 해안 풀밭, 밝은 곰솔 숲 바닥, 바위 사이 모래 퇴적지 등, 양지~반음지, 적습

수평분포: 남부 지방(전남 서남단 해안 지역)

식물체(이정아 제공)

수직분포: 구릉지대 이하
식생지리: 난온대, 중국(화중지구, 화남지구 등), 일본(혼슈 이남), 미얀마 등
식생형: 초원식생(?)
생태전략: [경쟁자]~[터주-경쟁자]
종보존등급: [I] 절대감시대상종(자생의 경우)

이름사전

속명: 블레틸라(*Bletilla* Reichb. f.). 북미 식물 블레치아(*Bletia* Ruíz & Pavón)의 왜소형이라는 뜻이다. 블레치아는 스페인 식물학자 이름(Luis Blet)에서 비롯한다.[2]
종소명: 스트리아타(*striata*). 모서리가 진다는 뜻의 라틴어에서 비롯한다. 실타래모양인 캡슐열매 모양에서 비롯했을 것이다.
한글명 기원: 대왐플,[3] 대왐풀,[4] 대암풀, 빅급(白芨),[5] 자란,[6] 대왕풀, 백급[7]
한글명 유래: 자란은 자색 난초라는 의미로, 꽃 색에 빗댄 일본명(紫蘭)에서 비롯한다. 하지만 최초 한글명은 1517년 『사성통해』[8]의 '대왐플'에서 기원하고, 오늘날의 표기로 '대밤풀'이다. (에코노트 참조)
한방명: 백급(白芨). 속이 흰색인 덩이뿌리를 지칭하는 중약(中藥) 명칭에서 비롯한다.[9]
중국명: 白芨(백급). 약재로 쓰이는 흰색 뿌리에서 비롯한다.
일본명: シラン(Shiran, 紫蘭). 꽃 색에서 비롯하고, 뿌리를 도자기에 그림 넣을 때 쓰는 풀(糊)의 원료로 이용한다.[10]
영어명: Common Bletilla

에코노트

자란은 일찍부터 관상용으로 널리 이용된 화훼자원이다. 향기보다는 꽃의 화사한 빛깔이 사람의 눈길을 끈다. 중국 동남부 화중지구와 화남지구에 분포중심이 있고 오래전부터 굵은 덩이뿌리를 약재로 썼으며, 우리나라 사람들도 알고 있던 자원식물이다. 한글이 창제된 뒤, 얼마 지나지 않아 자란의 고유 명칭이 기록에 나온다. 1517년 『사성통해』의 '대왐플'이다. 자연에는 수많은 들풀과 나무와 약재 식물이 존재하지만, 『사성통해』에 등재된 수십 가지 식물 가운데 자란이 들어 있다는 것은 특기할 만하다. 그 당시까지 우리나라 사람들의 생활 속에서 차지하는 자란의 위치를 짐작할 수 있기 때문이다.

대왐플은 대, 왐, 플, 석 자를 합친 말이다. 대 자는 대나무(竹) 잎, 즉 댓잎을 닮은 잎 모양에서 비롯했을 것이다. 왐은 오늘날 꿀밤의 밤에 해당하는 고어로, 물풀 마름(菱)도 왐이 변천한 이름이다. (『한국 식물 생태 보

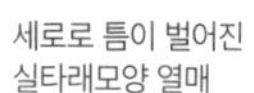
세로로 틈이 벌어진
실타래모양 열매

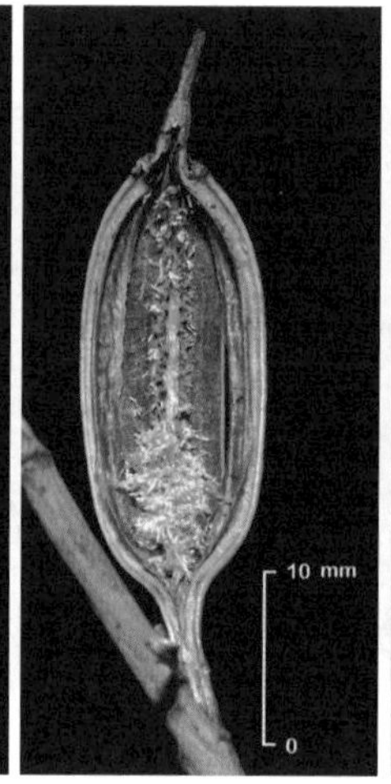

종자 밖으로 산포하기 전
내부 바닥에 모여 있는 씨앗

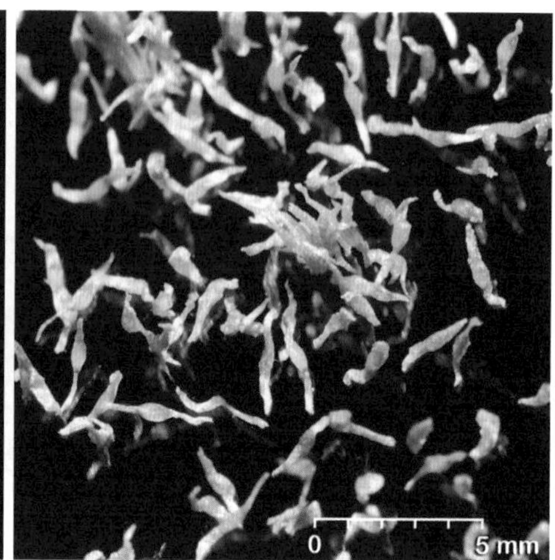

씨앗

감』 1권 「마름」 편 참조) 마름의 열매는 껍질에 큼지막한 모서리(稜)가 있는 게 특징이고, 그 속에 흰색 탄수화물이 가득 저장되어 있다. 마치 밤나무의 밤과 같이 흰 쌀밥(米)을 대신하는 먹거리다. 17세기 초 『동의보감』의 대왐풀 설명에 나오는 능미(菱米)라는 기록과 정확히 일치한다. 뒤이은 17세기 말 『향약집성방』[11]에서는 왐이 밤일 뿐만 아니라, 특히 '플'이 갖풀(阿膠, 아교)의 풀(膠)이라는 사실을 뒷받침하는 향명 기재가 나온다. 한자를 차자해서 죽율교(竹栗膠)라 했다. 오늘날의 표기로 하면 정확히 '대밤풀'이 된다. 1969년에 처음으로 기재된 '자란'이라는 명칭은 일본 사람들이 부르는 한자명(紫蘭)이다. 모름지기 얼을 들먹이지 않더라도, 국가표준식물목록[12]에서 얼른 고쳐 두어야 한다.

자란(이하 대밤풀)의 현존 분포는 한반도 서남단 땅끝인 전남 일대로 알려졌다.[13] 야생 풀밭이나 숲 바닥이 훤한 곰솔 숲 또는 숲 가장자리에서 자생한다. 하지만 고전 기록의 여러 정보에서 알 수 있듯이, 한반도 대밤풀의 기원은 남방에서 유입된 것으로 판단된다. 마치 빙하기 이후에 들어온 차나무나 대나무, 벼와 같다. 대밤풀의 경우는 관상용이나 약재로 키운 것이 퍼져 나와 야생 정착에 성공한 집단이라는 것이다.

대밤풀은 난 종류이지만, 덩이뿌리를 옮겨 심더라도 잘 정착한다. 종자 발아에는 반드시 특정 곰팡이의 도움이 필요하지만, 저장기관이 발달한 덩이뿌리 덕택에 옮겨 심은 땅에서의 생존에는 별 문제가 없다. 결국 자연 상태에서 종자가 발아하면서 완전한 생명환(life cycle)을 구축한 집단이 존재하지 않는 한, 우리나라에서는 생태적 자생으로 보기는 어렵다. 대밤풀은 실타래처럼 생긴 열매 속에서 바람에 흩날리게 될 어마어마한 티끌 종자를 생산하지만, 야생에서 종자가 발아해 자라는 개체는 여전히 보고된 바 없다. 따라서 현존하는 야생 개체군 대부분은 덩이뿌리를 이식한 뒤 오랜 세월이 경과하면서 무성생식을 통해 약간의 개체군 증가가 있어 온 인공 기원인 것이다.

대밤풀은 척박하고 건조한 것을 잘 견디는 편이나, 물이 잘 빠지지 않거나 그늘진 곳에서는 살지 않는다. 오히려 누기(漏氣) 있는 약산성 모래땅을 좋아한다. 큰물이 질 때 계곡을 따라 뿌리째 뽑혀 떠내려가다가 큰 바위 아래 모래톱에 파묻혀서 새로운 삶을 시작한다. 일본에서의 무척 드문 지질인 화강암 계곡에서 볼 수 있는 장면이다. 대밤풀의 먼지 같은 티끌 종자는 실타래처럼 생긴 종자 껍질이 해체되지 않은 채 1㎜ 틈새로 빠져 나와 바람을 타고 널리 산포한다. (왼쪽 사진 참조) 산포는 가을부터 이듬해 봄까지 계속된다.

우리나라에는 대밤풀속(*Bletilla* Reichb. f.)

뿌리

에 대밤풀 1종만 있다. 전 세계에는 6종이 있고, 북부 미얀마로부터 동남아와 중국 동남부를 거쳐 일본까지 분포한다. 그 가운데 대밤풀을 포함한 4종이 중국에 산다.[14] 대밤풀속의 분포중심지가 사실상 중국인 셈이다. 한편 우리나라에서 대밤풀의 현존 분포 양상이 비록 인공 기원이라 할지라도, 제주도에 분포하는 중대가리나무[15]처럼 분포 기원을 자연적인 것으로 추정해 볼 수는 있다. 빙하기 막바지에 이르는 어느 기간 동안 한반도와 제주도가 이어져 있었던 시기에 중국 동남부로부터 우리나라에 분산분포했을 것이라는 추정이다. 적어도 1만여 년 전, 우리나라 전역으로 분포가 확산된 참억새가 크게 성공한 경우라면(「억새」 편 참조), 중대가리나무처럼 대밤풀은 여전히 대륙성 기후환경을 극복하지 못하고서 자투리 같은 서식처에서 아주 작은 개체군으로 명맥을 이어가는 형편에 머물러 있는 경우다.

---

1) Li *et al.* (1992)
2) Quattrocchi (2000)
3) 최세진 (1517), 허준 (1613)
4) 유희 (1801~1834)
5) 村川 (1932)
6) 이창복 (1969)
7) 이우철 (1996)
8) 최세진 (1517)
9) 안덕균 (1998)
10) 牧野 (1961), 奥田 (1997)
11) 유효통 등 (1633)
12) 국가수목유전자원목록심의회 (2016. 03)
13) 유용권 등 (2000)
14) Chen *et al.* (2009)
15) 최병기 등 (2015)

사진: 김종원, 엄병철

복주머니란(개불알달)

Cypripedium macranthos Sw.

형태분류

줄기: 여러해살이며, 바로 서서 어른 무릎 높이 이하로 자라고, 다세포 털이 많다. 약간 통통하고, 길거나 짧은 뿌리줄기가 옆으로 벋으며 마디에서 잔뿌리가 난다.

잎: 크기가 조금씩 다른 잎 3~4개가 어긋나며, 털이 드문드문 있다. 양면 맥 위에는 아주 가는 털이 있다. 줄기 기부에서는 짧은 잎집 몇 개가 줄기를 감싼다. (비교: 광릉요강꽃(*C. japonicum*)과 털복주머니란(*C. guttatum sensu lato*)은 줄기 위쪽의 2개가 마주나기로 보인다.)

꽃: 5~6월에 줄기 끝에서 지름 5㎝ 내외인 둥근 항아리모양 꽃이 분홍색 또는 홍자색으로 피고, 약간 숙인다. 항아리 입 지름은 1.5㎝ 정도이고, 안쪽 바닥에 털이 많다. 달걀모양 같은 타원형 헛수술은 길이 1㎝ 내외로 바닥에 붙으며, 더욱 진한 적자색 줄이 있다. 등 쪽 꽃잎은 달걀모양으로 끝이 뾰족하게 위로 치솟고, 가장자리가 바깥으로 약간 감긴다. (비교: 털복주머니란은 황백색 바탕에 자주색 반점, 광릉요강꽃은 연한 녹색이 도는 붉은색, 노랑복주머니란(*C. calceolus*)은 노란색이다.)

열매: 캡슐열매이고 좁은 타원형으로 길이 약 4㎝이며 매끈하다. 속에 먼지 같은 종자가 들어 있고 바람으로 산포한다.

염색체수: 2n=20, 21, 30[1]

생태분류

서식처: 초지, 숲 가장자리, 밝은 숲속, 산비탈 풀밭, 산간 무덤 언저리 등, 양지~반음지, 적습

수평분포: 전국 분포

수직분포: 산지대~구릉지대

식생지리: 냉온대, 만주, 중국(네이멍구, 허베이 성, 산둥 성 등), 대만, 연해주, 사할린, 시베리아, 일본(혼슈 이북) 등

식생형: 초원식생, 삼림식생

생태전략: [경쟁자]

종보존등급: [III] 주요감시대상종

이름사전

속명: 치프리페디움(*Cypripedium* L.). 그리스신화의 사랑과 아름다움의 여신 아프로디테(*Kypris*)와 슬리퍼(*pedilon*)를 뜻하는 희랍 합성어로 꽃 모양에서 비롯한다.[2]

종소명: 마크란토스(*macranthos*). 꽃(*anthos-*)이 크다(*macro-*)는 뜻의 라틴어다.

한글명 기원: 개불알달(*Kaipuraltal*),[3] 개불알꽃,[4] 요강꽃,[5] 포대작란화,[6] 복주머니란[7] 등

한글명 유래: 모두 꽃 모양에서 비롯한 이름이다. 최초 기재는 1921년의 일이고, 개불알달이라는 마뜩잖은 이름과 함께 관상용이었음을 전한다. 국가표준식물목록에는 1996년에 기재된 바 있는 '복주머니란'이라는 명칭을 채택하고 있다.

한방명: 오공칠(蜈蚣七). 뿌리를 약재로 쓴다.[8] 오공(蜈蚣)은 지네를 뜻한다.

중국명: 大花杓兰(Dà Huā Sháo Lán). 큰(大) 꽃(花)의 복주머니 종류(杓兰)라는 의미다. 표란(杓蘭)은 꽃 모양에서 비롯하는 둥근 바가지(杓)의 난(兰)이라는 뜻이다.

일본명: アツモリソウ(Atsumorisou, 敦盛草). 편평하고 도톰하게 만들어 놓은 등짐을 덮는 장식(母衣)인 돈성(敦

백두산

盛)에서 비롯한다. 복주머니란의 꽃 모양에서 유래한다. 등 뒤에서 날아오는 화살로부터 몸을 보호하는 수단이며, 기모노에서 볼 수 있다. 광릉요강꽃의 일본명(Kumagaisou, 熊谷草)에 대비되는 이름이다. 일본 가마쿠라(鎌倉) 초기 무장(熊谷 直実) 그룹의 어깨보호 장식(母衣)에서 유래하고,[9] 본래 광릉요강꽃의 마주난 큰 부채모양 잎에서 비롯한다.

어명: Large-flowered Lady's-slipper

에코노트

난초과 식물은 생존 방식이 독특하다. 종자는 마치 먼지 같고, 싹 트는 데 필요한 영양분이 없다(無胚乳). 때문에 자연 상태에서는 특정 곰팡이의 도움으로만 발아한다. 싹 튼 후 성체가 되면 오히려 곰팡이(사상균)를 먹여 살린다. 삶의 초기에는 큰 도움을 받았지만, 좀 크고 나면 사실상 영양분을 넘겨주는 색다른 공생관계다. 이처럼 난초과 식물의 정착은 곰팡이에게 적합한 부식(腐蝕)환경, 즉 습윤하고 온난한 조건에 전적으로 의존한다. 척박하고 건조한 곳에는 드문 이유다. 우리나라에 사는 많은 난 종류가 공기 잘 통하는 흙과 낙엽이 풍부한 밝은 숲속에 사는 것도 마찬가지다.

우리나라에 복주머니란 종류(*Cypripedium* L.)는 4종이 있다. 이 가운데 복주머니란만 유일하게 풀밭 식물사회의 구성원이다. 숲을 주된 삶의 무대[10)]로 삼지 않는다. 그 밖의 광릉요강꽃, 털복주머니란, 노랑복주머니란은 모두 숲 가장자리나 밝은 숲속에 산다. 우리나라에서 이들은 모두 집단의 크기가 무척 작고 대단히 희귀하다. 털복주머니란과 노랑복주머니란은 중북부 이북 한랭한 지역에 분포하고, 광릉요강꽃은 일본이 분포중심지인 해양성 기후 지역의 종이다. (표 참조) 복주머니란은 대륙성 기후 지역의 종으로 우리나라에 분포중심이 있는 사실상 준특산종이라 할 만하다. 그런데도 지금의 사회적 관심은 온통 광릉요강꽃에 집중되어 있다.[11)]

역사적으로 우리나라에서 희귀할 수밖에 없는 광릉요강꽃[12)]은 홋카이도 이남의 일본열도형 해양성 식생지역에, 복주머니란은 한반도형 대륙성 식생지역에 각각 대응한다. 두 지역 간의 식물사회학적 종 조성의 질적, 양적 차이, 즉 지리적 식생분화를 말한다.[13)] 광릉요강꽃이 일본에서 더욱 흔한 까닭도 일차적으로 기후의 차이에서 비롯한다. 실제로 일본열도의 해양성 온대 낙엽활엽수림의 밝은 숲속 비옥한 땅에는 다양한 밀원 식물이 풍부하며, 이는 광릉요강꽃의 꽃가루받이에 큰 도움이 된다.

복주머니란은 풀밭 식물사회 가운데 반자연초원식생의 구성원이다. 어떤 원인으로 풀

학명	*C. macranthos*	*C. japonicum*	*C. guttatum s.l.*	*C. calceolus*
국가표준식물 채택 국명	복주머니란[1]	광릉요강꽃[2]	털복주머니란	노랑복주머니란
기타명	개불알달,[8] 개불알꽃,[3] 요강꽃[4]	큰복주머니,[1] 치마난초[6]	조선요강꽃,[4] 털개불알꽃[5]	노랑개불알꽃,[2] 큰개불알꽃,[3] 누른요강꽃,[4] 노랑주머니꽃[7]
잎	어긋나기	부채형, 마주나듯	장타원형, 마주나듯	어긋나기
꽃	5~6월 연한 자색, 홍자색	4~5월 연한 살구색 바탕에 적자색 반점	7~8월 황백색 바탕에 자주색 문양	6~8월 노랑
식생지리 (냉온대)	중부·산지대		중부·산지대~북부·고산지대	
국내분포	전국 분포	경기, 전북[19)] 등	강원, 북한 등	북한
국외분포	만주, 중국, 대만, 일본, 연해주 등	일본, 중국 등	만주, 중국, 연해주, 부탄, 일본(아키타), 유럽, 북미 등	만주, 중국, 일본, 연해주, 몽골, 시베리아, 유럽 등
서식처	풀밭>밝은 숲속과 가장자리	밝은 숲속과 가장자리	풀밭<밝은 숲속과 가장자리	
종보존등급	[III] (주요감시)	[II] (중대감시)		

<한글명 출처> 1: 이영노 (1996), 2: 이창복 (1969), 3: 정태현 등 (1937), 4: 박만규 (1949. 02), 5: 정태현 등 (1949. 11), 6: 정태현 (1970), 7: 이창복(2003), 8: 森 (1921)

털복주머니란

털복주머니란

밭이 생겨난 이후, 천이가 진행되지 못하거나 더디게 진행되면서 줄곧 유지되는 자연성이 높은 초지에 산다는 뜻이다. 복주머니란이 더욱 비옥하고 건조한 땅에 산다면, 반자연초원식생의 또 다른 구성원인 산제비난은 더욱 척박하지만 습한 풀밭에 산다. 또한 타래난초는 키 낮은 잔디형 이차초원식생의 구성원으로 더욱 인간 간섭이 빈번한 풀밭에서 산다. 드물지만 복주머니란이 무덤 언저리에 산다면, 타래난초는 무덤 중심부 가까이에서 산다. 그들의 삶터에 미묘한 차이를 보이는 현상이다.

복주머니란 종류는 개체군이 작아서인지 대부분의 나라에서 보호 대상으로 삼고 있다. 꽃의 아름다움은 사람의 탐욕을 자극하기에 충분하다. 우리나라에서 복주머니란은 종보존등급 [Ⅲ] 주요감시대상종이고, 국가적색자료집에 따르면 위기종이다. 종보존등급 [Ⅱ] 중대감시종으로 평가되는 광릉요강꽃이나 털복주머니란보다는 덜 희귀[14]하더라도 복주머니란에 대한 적극적이고 지속적인 관리와 감시가 필요하다.

모든 야생의 난 종류가 뿌리째 굴취되면서 희귀종으로 내몰린 지도 오래다. 뽑아 옮기더라도 사실 오래 가지 못하고 죽는다. 곰팡이 종류와의 온전한 관계를 지속시킬 수 없기 때문이고, 하등생물이라지만 곰팡이도 서식처를 가리기 때문이다. 이를 두고 일본인들은 "덧없이 사라지는 환상 속의 꽃"이라고 말한다. 복잡한 공생 관계의 난 종류가 아니더라도, 모든 생명체는 한 장소에 존재하기까지 오랜 삶의 역사가 있는 법이다. 나 자신의 역사만큼 자연을 포함한 모든 타자의 역사를 존중해야 하는 까닭도 거기에 있다.

광릉요강꽃

대부분의 난 종류처럼 복주머니란도 서식조건에 대응해 고도로 특수화된 생존전략으로 진화했다. 생존전략의 특수화는 모든 생명체가 나아가는 진화의 방향이지만, 특수화되면 될수록 마침내 계통의 사멸을 재촉하는 딜레마가 된다. 특정 환경조건에서 절묘하게 특수화된 형질을 획득했을 때, 만에 하나 그런 환경조건에 자그마한 변화가 발생하면 그들은 사라질 수밖에 없다. 우리나라에서 복주머니란 종류가 희귀한 것도 번식전략의 특수화와 무관하지 않을 것이다.

복주머니란은 난 종류의 특징이라 할 수 있는 향기나 꿀이 전혀 없다. 그런데도 꿀을 필요로 하는 벌 종류가 찾아드는 충매화다. 꿀벌과의 뒤영벌 종류(*Bombus* spp., 예로 우수리뒤영벌)가 주로 찾는다. 꿀 없는 꽃에 왜 꿀벌이 찾아드는지는 알려지지 않았다. 지구상 난 종류의 1/3가량이 어떤 기만적인 방식으로 곤충을 유인한다[15]고 하니, 꿀단지처럼 생긴 꽃의 항아리 입구가 그들의 영소(營巢)처럼 보였을지도 모를 일이다. 그런데 이런 추정도 복주머니란 꽃이 그들 눈에 띨 기회가 있어야 성립되는 일이다. 향기와 꿀이 없는데, 멀리서 일부러 찾아올 이유가 없기 때문이다. 만약에 그들을 유혹할 만한 향기나 꿀을 제공하는 들꽃(rewarding flower)에 둘러싸여 복주머니란이 산다면 이야기는 달라진다. 이웃하는 들꽃에 들렀다가 북주머니란의 항아리를 반드시 발견하게 될 것이기 때문이다.

복주머니란은 본래 향기와 꿀이 가득하

고 꽃피는 시기가 서로 일치하는 이웃 꽃식물과 함께 하는 풀밭 식물사회, 즉 온전한 반자연초원식생의 구성원이다. 결국 풀밭 식물사회의 온전한 종조성이 복주머니란의 지속가능성을 보장하는 것이다. 특히 꿀풀과(Labiatae Juss.) 꽃들이 만개한 5월의 양지바른 풀밭이 복주머니란에게는 더없이 행복한 삶터다. 식물사회학이 '서식처를 바탕'으로 옹기종기 모여 사는 식물사회에 주목하는 것도 구성원들 간의 상호관계 때문이다. 모든 생명은 서로 의지하며 부족한 것은 채워 가면서 깊고 넓은 상호관계 속에서 살아간다. 복주머니란 종류의 멸종을 막기 위해서라면 그들의 어우러짐, 즉 종조성을 살펴야 한다.

복주머니란 꽃의 둥근 항아리 모양은 아랫입술꽃잎(labellum) 한 장으로 빚어낸 걸작이다. 항아리 위쪽 가장자리의 전은 안으로 접혀 있다. 어떤 벌이 꽃 속으로 한번 들어간 이상, 다시는 들어간 입구로 나올 수 없는 구조다. 항아리 속에 벌이 갇히는 형국이지만, 기실은 출구 쪽으로 빠져나오도록 잘 정비된 유도 통로가 있다. 출구 가까이에 암술과 수술이 절묘한 간격으로 나란히 배열해, 꽃 밖으로 머리를 내밀고 나오는 벌 등에 꽃가루가 잔뜩 묻게 된다. 복주머니란은 그렇게 타가수분을 한다. 비가 내려도 꽃 항아리 속에 빗물이 전혀 스며들지 않는다. 윗입술꽃잎 한 조각이 항아리 입구의 덮개로 드리워져 있기 때문이다.

복주머니란은 이제 중매쟁이 꿀벌의 방문으로만 결혼한다. 그런데 고도로 특수화된 꽃의 건축 구조가 거꾸로 복주머니란의 계통 보존을 치명적으로 위협하는 요인이 된다. 종 조성이 온전한 풀밭 식물사회를 찾아들어 가 사는 구성원으로 진화해 왔지만, 중매쟁이들을 불러들일 꿀을 보유한 이웃 식물이 없으면 계통 보존이 불가능하기 때문이다. 따라서 복주머니란의 보존은 온전한 풀밭 식물사회, 즉 반자연 이차초원식생이 발달하는 서식처 보호로만 가능하다. 마치 범(낮잡아 부르는 말로 호랑이)의 멸종을 막으려면, 풍부한 사냥감과 충분히 너른 서식처가 필요한 것과 같다. 식물원 울타리에 포위된 복주머니란이라면 동물원에 갇힌 원숭이 처지와 별반 다르지 않다. 이처럼 모든 생명의 생태적 멸종(ecological extinction, 부록 생태용어사전 참조)을 극복해서 유전자 다양성을 성취[16] 하려면, 그들 입장에서의 서식처에 대한 깊은 이해와 배려가 절실하다.

한편 복주머니란은 오랫동안 참으로 마뜩잖은 이름으로 통했다. 1921년 모리(森)의『조선식물명휘』에 처음으로 등장한 한글 표기 개불알달(Kaipuraltal)에서 유래하는 1937년 정태현 등이 기재한 개불알꽃이다. 1921년 기록에는 관상용으로 키웠다는 사실도 전한다. 이미 오래전부터 이용된 자원식물이었다는 사실을 짐작케 하는 대목이다. 관상용으로 키우다 보면, 꽃 모양과 특히 뿌리의 지린내로부터 강한 인상을 받았을 것이고, 그래서 다양한 이름이 생겨날 수밖에 없을 터인데, 오직 그런 이름만을 전했다. 일제강점기 때, 식민지 점령군의 정신머리에 '개불알'이든 뭐든 주인의식을 기대한다는 것은 사실 난센스일지도 모른다. 하지만 중국과 일본의 명칭은 전혀 그렇지 않기 때문에 그런 생각이 들 수밖에 없고, 더욱이 전국 방방곡곡의 초지나 무덤 언저리에 드물지 않게 살았을 터이기 때문이다. 굳이 긍정적으로 해석해 본다면, 난 종류를 지칭하는 영어를 실마리로 만든 이름일 수도 있다. 영어 오키드(orchid)는 수컷 포유류의 고환(睾丸)을 뜻하는 라틴어(*orchido-*)에서 비롯한다. 애당초 서양인들의 무자비한 육식 문화를 떠올리게 하는 이름이다. 지극히 아름다운 난 꽃을 두고 불알을 연결시키는 그들의 사고방식에 대한 측은지심에서다. 최근 우리나라 국가표준식물목록에 채택된 복주머니란이라는 명칭은 1996년에 제안된 것이다. 엄격히 보면 국제명명규약의 선취권에 따라 정당한 이름이 되지 못한다. 진퇴양난이다. 이름은 분류의 수단이기에 최초 기재명 그냥 '개불알달'도 문제되지 않는다. 무엇보다도 지금부터라도 보다 정직한 기록만이 살길이다. 출처는 알 수 없지만,[17] 지린내 나는 요강처럼 생긴 야생화라는 의미가 있는 '까치오줌통'이라는 명칭도 전한다.

전 세계 복주머니란속(*Cypripedium* L.)에는 50여 종이 있는데, 대부분 동아시아와 북미의 온대 지역에 분포한다. 중국은 이 가운데 특산종 25종을 포함해 총 36종이 있다고 한다. 사실상 복주머니란 종류의 분포중심은 중국인 셈이다. 중국의 헤이룽쟝 성과 네이멍구에서는 복주머니란과 노랑복주머니란 사이에서 생겨난 자연 잡종(Cypripedium × ventricosum)이 알려졌다.[18] 우리나라에서도 꽃 색이 조금씩 다른 개체들이 여기저기에서 눈에 띈다. 서식처, 꽃피는 시기, 지리적 위치, 풀밭 식물사회의 종조성에 따라 꽃색에 약간의 변이가 보인다. 개체군 내의 변이보다는 개체군 간의 변이가 크다는 방증이다. 하지만 개체군의 두드러진 격감이 문제다. 풀밭이라는 서식처에 대한 인식전환이 시급하다. 수많은 생명의 초도살(super-killing)을 야기하는 생물다양성의 파괴는 서식처 훼손에서 기인한다. 그런 맥락에서 국토가 좁은 우리나라에서의 4대강 보 사업은 국가 생태계의 기반이 되는 서식처를 근본적으로 일그러지게 하는 못돼 먹은 식민지 점령군의 행위로 지탄받아 마땅하다.

---

1) Chen & Cribb (2009)
2) Quattrocchi (2000)
3) 森 (1921)
4) 정태현 등 (1937)
5) 박만규 (1949)
6) 한진건 등 (1982)
7) 이영노 (1996)
8) 안덕균 (1998)
9) 奧田 (1997)
10) 김지연, 이종석 (1998)
11) 피정훈 등 (2015)
12) Chung *et al.* (2009)
13) Jeong *et al.* (2009)
14) 박기현 등 (2012)
15) Dafni (1984), Li *et al.* (2006)
16) Chung *et al.* (2009)
17) 이유미 (2010)
18) Chen & Cribb (2009)
19) 서은경 등 (2011)

사진: 김종원, 김윤하

당풀(타래난초)

Spiranthes sinensis (Pers.) Ames

형태분류

줄기: 여러해살이로 사실상 꽃줄기 이외에 줄기가 보이질 않는다. 뿌리에서 모여나고, 무리지어 사는데, 사는 곳에 따라 식물체 높이가 다양하다. 가는 뿌리도 있지만, 실타래모양으로 약간 통통한 뿌리가 여러 개 있고 흰빛을 띤다.

잎: 너비 1㎝ 이하로 아주 좁고 긴 줄모양이며, 아랫부분은 가늘어져 자루모양이 된다. 대부분 뿌리에서 나고, 약간 토실한 편이다. 줄기에 붙은 창끝모양 비늘잎이 1~3개 있다.

꽃: 5~8월에 꽃줄기 윗부분에서 연분홍색 또는 붉은색(드물게 흰색) 작은 종모양 꽃송이가 왼쪽 또는 오른쪽 방향으로 틀면서 아래(側下方)로 핀다. 꽃송이가 피는 방향에 따라 전체 이삭꽃차례의 나선 방향이 정해진다. 꽃줄기에 부드러운 흰색 털이 많다. 꽃싼잎은 창끝모양이고, 길이 6㎜ 내외이며 끝이 길게 뾰족하다. 꽃잎은 꽃받침보다 다소 짧고, 윗꽃받침 조각과 함께 투구처럼 된다. 아랫입술꽃잎 조각은 거꿀달걀모양이고, 흰색을 띠며, 가장자리 끝에 잔톱니가 있고 다소 뒤로 말린다.

열매: 캡슐열매는 타원형이며 황갈색으로 익는다.

염색체수: 2n=30[1]

생태분류

서식처: 초지, 제방, 두둑, 무덤, 해안 바위시렁과 바위틈, 숲 가장자리, 습지 언저리 등, 양지, 적습~약습

수평분포: 전국 분포

수직분포: 산지대 이하

식생지리: 냉온대~아열대, 동아시아, 동남아시아, 서아시아(아프가니스탄, 인도 북부) 등, 호주 귀화

식생형: 초원식생(잔디형)

생태전략: [터주-경쟁자]~[경쟁자]

종보존등급: [V] 비감시대상종

이름사전

속명: 스피란테스(*Spiranthes* A. St.-Hill.). 나사모양(*speira*) 꽃밥(*anthera*)을 뜻하는 희랍 합성어로 꽃차례에서 비롯했을 것이다.

종소명: 지넨시스(*sinensis*). 중국을 뜻하는 라틴어다.

한글명 기원: 당풀,[2] 타래난초,[3] 타래란[4]

한글명 유래: 타래와 난초의 합성어다. 1921년 첫 기재[5]에서는 일본명과 한자명으로 이루어졌고, 1937년에 '타래난초'가 생겨났다. 하지만 고유 이름은 1800년대 초『물명고』에 기재된 '당풀'이다. 당은 여러 가지 재료(예: 말총)로 만든 끈 종류를 일컫는 우리말이

다. (에코노트 참조)

한방명: 용포(龍抱). 지상부를 약재로 쓴다.[6]

중국명: 绶草(Shòu Cǎo). 관인이나 훈장을 매는 인끈(綬) 같은 풀이라는 뜻으로 이삭꽃차례에서 비롯한다.

일본명: ネジバナ(Nejibana, 捩花) 또는 モジズリ(Mojizuri, 捩摺). 작은 꽃송이가 옆으로 접혀 있고(摺) 전체 꽃차례가 나사처럼 비틀린(捩) 나사모양 이삭꽃차례에서 비롯한다. 나사(螺絲)를 일본에서는 Neji(螺子, 螺旋, 捻子, 捩子)라고 한다.

영어명: Chinese Pearl-twist, Chinese Lady's-tresses

에코노트

타래난초는 꽃 모양이 독특해 한 번만 보면 기억하는 들풀이다. 길게 솟은 꽃차례가 오른쪽 또는 왼쪽으로 감는 긴 나사못처럼 나선형을 만든다. 한 개체군 속에서도 나선의 방향이 다른 두 가지가 다 보이며, 거의 반반(1:1)이다.[7] 나선이 오른쪽으로 감아 올라가는 모양이면 작은 꽃송이는 오른쪽 옆으로 비틀려서 피고, 나선이 왼쪽으로 감아 올라가면 작은 꽃송이는 왼쪽 옆으로 비틀려서 핀다. 모든 작은 꽃송이가 전혀 포개지지 않도록 360도 속에 공간 배열한다. 피보나치수열이

연출되는 모양새다. Iwata 등의 연구(2012)[8]에 따르면, 타래난초의 완벽하고 정교한 꽃의 공간건축은 꽃가루받이 성공 확률을 높이는 진화의 결과라 한다. 이웃 꽃 간에 만든 나선 각도(그림 참조)에 비밀이 들어 있다.

꽃줄기에 붙은 작은 꽃송이는 느슨하게 또는 빽빽하게 달리면서 그 숫자가 가지각색이다. 한 바퀴(360도)에 꽃 4개(4×90도)가 달릴 경우, 서로 이웃하는 꽃은 직각(90도)을 만들면서 다른 방향으로 핀다. 이웃하는 꽃과 만들어 내는 각도가 작으면 작을수록 1회전 속에 많은 꽃송이가 덜 꼬인 나선형으로 배열한다. 51.4도일 경우는 7개, 25.7도일 경우는 14개가 배열한다. 만약에 0도에 가깝다면, 한쪽 방향으로 일직선 배열인 긴 이삭꽃차례가 된다. 흥미롭게도 야생에서는 0도에 가까운 배열에서부터 90도의 큰 각도로 배열한 꽃을 모두 볼 수 있다. 그런데 아주 작거나 아주 큰 각도를 보이는 배열은 무척 드물고, 45도에 가까운 배열이 가장 흔하다. 이것은 나선 각도에 따른 개체들의 출현빈도가 정확히 정규분포를 그린다는 것을 뜻한다. 타래난초가 안정화 자연선택(stabilizing selection, 부록 생태용어사전 참조)을 따라 진화하는 현상을 목도하는 것이다.

타래난초는 충매화다. 몸체가 아주 작은 벌들이 찾지만, 긴 대롱이 있는 나비도 방문한다. 나선상으로 달린 작은 꽃송이는 꽃줄기 아래에서부터 위로 순차적으로 핀다. 맨 위쪽 꽃이 필 때면, 맨 아래 쪽에서는 시나브로 익은 열매가 산포한다. 개체군이 좀 크다면, 거의 한 달 이상 계속 꽃을 볼 수 있다. 식

물에게 꽃이라는 생식기관의 운영은 삶에서 가장 중요한 과정이고, 엄청난 에너지를 투입해야 하는 일이다.

타래난초는 수꽃 상태로 시작해 며칠이 지나면서 암꽃 상태가 된다(雄蘂先熟花). 근친교배를 피하려는 것이고, 에너지를 절약해 최대 수확을 올리려는 것이다. 꽃차례의 적절한 나선 각도로 꽃의 숫자가 조절된다. 덜 꼬인 상태로 꽃이 다닥다닥 붙어 달리면, 곤충의 눈에 쉽게 띄겠지만 자가수분 확률이 커진다. 반면에 심하게 꼬인 큰 나선 각도에서는 꽃이 느슨하게 달리면서, 그만큼 자가수분 확률은 낮아지지만 종자 수확량이 절대적으로 적어진다. 서식환경과 개체 특질에 전적으로 의존하는 타래난초의 딜레마다.[9] 시공간적으로 매개곤충이 풍부한 조건이라면 문제되지 않지만, 매개곤충이 빈약하다면 오직 빽빽하게 달린 꽃차례의 개체만이 꽃가루받이 성공을 보장받는다. 이것은 결국 매개곤충이 풍부해야 다양한 꽃차례를 볼 수 있다는 것을 뜻한다.

한편 긴 꽃자루에 꽃송이를 빽빽하게 단 경우는 그만한 생육 조건이 뒷받침될 때에만 가능할 뿐이다. 다른 한편으로 이웃 꽃 간에 90도 거리로 느슨하게 배열한 꽃차례도 그만한 형편 때문이다. 바닷가 바위틈바구니처럼 척박하고 메마른 생육환경이라면 꽃송이가 빽빽한 개체는 생겨날 수가 없다. 큰 나선 각도로 빈약한 꽃송이를 갖는 개체일지라도 풍부한 매개곤충 환경이 아니라면 개체군 유지는 위협을 받는다. 그래서 타래난초를 위해서라도 어우러져 사는 이웃 식물

흰 꽃이 피는 타래난초(f. *albiflora*)

의 면면을 살펴볼 일이다. 식물사회학적 이해다. 난초 종류 가운데 타래난초는 여전히 흔한 편인데, 매개곤충들의 선택압(selection power)에 여태껏 순응한 결과라 하겠다. 그런데 급격한 기후변화와 과도한 살충제 사용은 가위벌 종류 같은 매개곤충들의 격감을 초래하고 있다. 타래난초가 그 방책을 구축하기도 전, 적응할 겨를도 없이 진행되고 있다. 생물종의 지각(time-lag) 적응에 따른 집단 사멸(死滅), 초도살이 발생할지도 모른다.

타래난초의 나사모양 꽃차례를 좀 더 자세히 뜯어 보면, 실을 여러 가닥 뭉쳐서 꼰 모양이다. 인끈 수(綬), 풀 초(草)를 쓰는 중국명(綬草)은 그렇게 꼰 끈에 빗대어 생겨난 이름이다. 19세기 초 『물명고』는 수초(綬草)를 '당풀'이라 또렷이 기록했다. 한자 인끈 수(綬) 자는 가는 실 같은 것을 여러 가닥 땋은

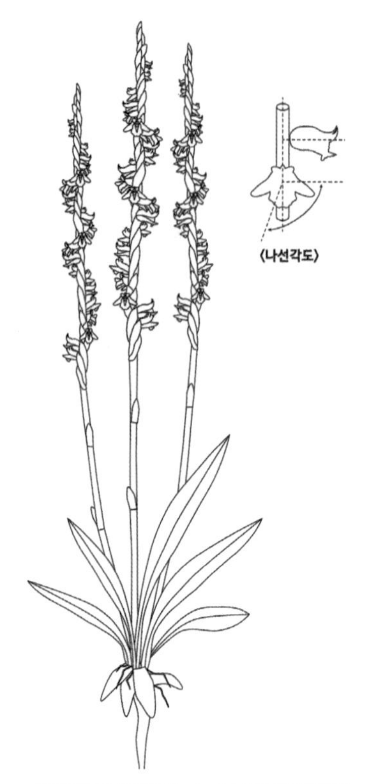

타래난초의 나선 각도(Iwata *et al.* 2012에서 재구성)

끈을 뜻한다. 때문에 중국명(綬草)을 실마리로 삼아 만든 명칭이 틀림없다. 당풀의 당은 망건(網巾)의 윗부분을 일컫는 당(망건당)에 잇닿으며, 이것은 말총으로 만든 끈이다. 댕기머리의 댕기도 당에 잇닿은 순수 우리말일 것이다. 결국 1937년에 기재된 타래난초는 일본명을 참고해서 생겨난 이름이고, 그보다 백 년도 훨씬 이전에 중국명을 참고로 만든 당풀이라는 명칭이 있었다.

타래난초(이하 당풀)는 우리나라 난초과 식물 가운데 가장 흔한 종류다. 키 낮은 잔디형 풀밭 식물사회의 구성원으로, 건조한 곳에서도 드물게 나타나지만 적절한 습기 땅을 좋아한다. 키가 큰 억새나 수크령 풀밭에서는 살기 어렵다. 당풀이 보이는 무덤이라면, 그 속은 누기가 비치는 눅눅한 토양이다. 습지는 아니지만 습기가 만만찮은 땅이거나, 물이 잘 빠지지 않는, 입자 고은 진흙 섞인 땅이라는 뜻이다. 무덤 풀밭에서 당풀을 자주 보는 것은 봉분에 이용된 뗏장 때문이고, 일반적으로 진흙이 많은 토양에서 뗏장을 키운다. 당풀의 약간 질긴 줄기와 잎은 한두 번 답압(踏壓)에도 잘 견딘다.

당풀은 식물체 크기뿐 아니라, 꽃 색도 변화무쌍하다. 진한 붉은색으로부터 흰색에 이르기까지 변이 폭이 큰 편이다. 흰색 당풀을 품종으로 기재하지만, 서식환경에 따라 생겨난 다형(多型)으로 우리나라에는 사실상 한 종뿐인 셈이다. 종자 발아는 난초과 식물의 공통 특성처럼 토양 속의 특정 곰팡이에게 전적으로 의존하고, 척박한 곳보다는 비옥한 곳을 좋아하는[10] 터주식물의 성격도 지닌다. 당풀 종류는 지구상에 약 50종이 있으며, 대부분 북미 지역에 분포하고 몇몇 종류만 다른 대륙에 나는 것으로 알려졌다.[11]

---

1) Aoyama *et al.* (1992), Tatarenko *et al.* (2010)
2) 유희 (1801~1834)
3) 정태현 등 (1937)
4) 임록재 등 (1976)
5) 森 (1921)
6) 안덕균 (1998)
7) 本田 (1976)
8) Iwata *et al.* (2012)
9) Iwata *et al.* (2012)
10) Tsutsui & Tomita (1989)
11) Chen *et al.* (2009)

사진: 김종원, 류태복, **그림:** 엄병철

부록

형태용어도판

(그림: 황숙영)

잎 모양 : 잎차례(葉序)와 겹잎(複葉)

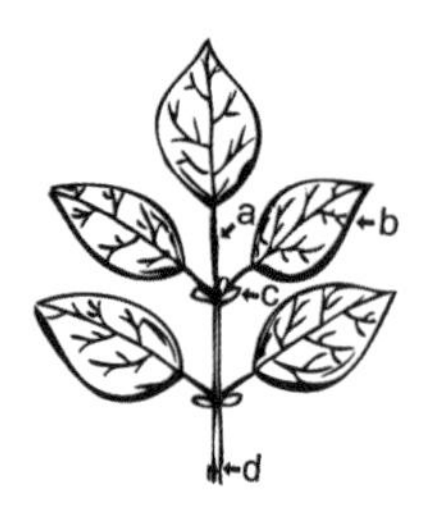

a. 소엽병 小葉柄
쪽잎잎자루 petiolule
b. 소엽 小葉
쪽잎 leaflet
c. 소탁엽 小托葉
작은턱잎 stipele
d. 총엽병 總葉柄
큰잎자루 rachis

호생 互生
어긋나기
simple alternate leaves

대생 對生
마주나기
simple opposite leaves

윤생 輪生
돌려나기
verticillate, whorled leaves

장상복엽(掌狀複葉, 손바닥모양겹잎, palmately compound leaf)

3출엽 三出葉
세장잎 trifoliolate leaf

5출엽 五出葉
다섯장잎 pentafoliolate leaf

2회3출엽 2回3出葉
두번세장잎 biternate leaf

3회3출엽 3回3出葉
세번세장잎 triternate leaf

우상복엽(羽狀複葉, 깃모양 겹잎, pinnately compound leaf)

기수1쌍우상복엽
奇數一雙羽狀複葉
홀수한쌍깃모양겹잎
odd-pinnate unijugate leaf

기수1회우상복엽
奇數一回羽狀複葉
홀수한번깃모양겹잎
odd-pinnate leaf

우수1회우상복엽
偶數一回羽狀複葉
짝수한번깃모양겹잎
even-pinnate leaf

기수2회우상복엽
奇數二回羽狀複葉
홀수두번깃모양겹잎
odd-bipinnate leaf

우수2회우상복엽
偶數二回羽狀複葉
짝수두번깃모양겹잎
even-bipinnate leaf

잎 모양 : 엽형(葉型), leaf shapes

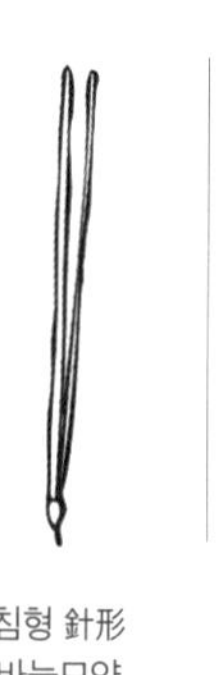

침형 針形
바늘모양
acicular

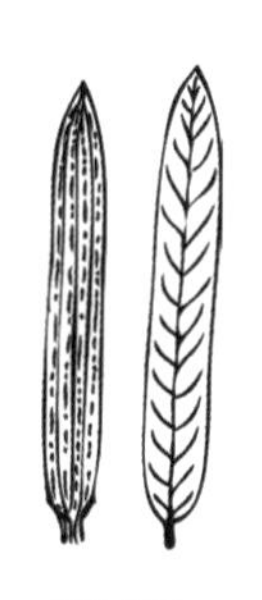

선형 線形
줄모양
linear

피침형 披針形
창끝모양
lanceolate

도피침형 倒披針形
거꿀창끝모양
oblanceolate

심장형 心臟形
심장모양
cordate

신장형 腎臟形
콩팥모양 reniform

원형 圓形
둥근모양 orbicular

타원형 楕圓形
타원모양 elliptical

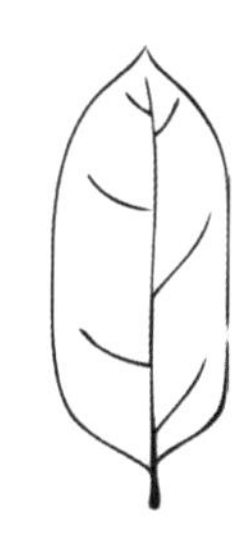

장타원형 長楕圓形
긴타원모양 oblong

광타원형 廣楕圓形
넓은타원모양 oval

난형 卵形
달걀모양 ovate

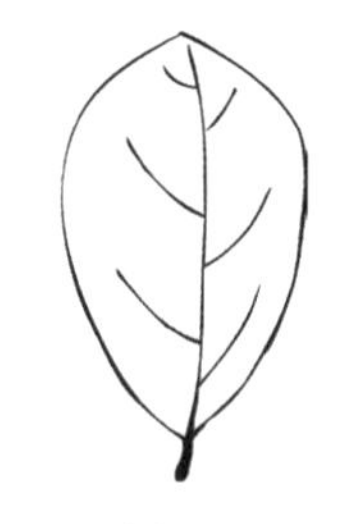

도란형 倒卵形
거꿀달걀모양 obovate

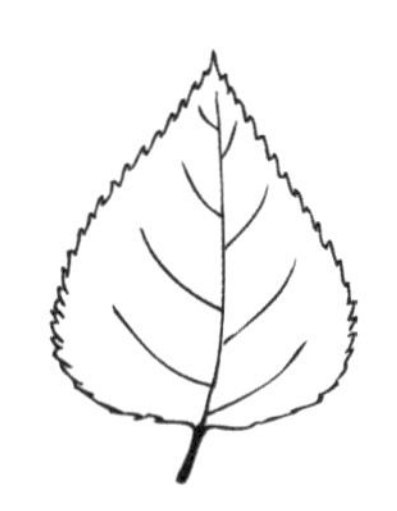

삼각형 三角形
삼각모양 deltoid

극형 戟形
창날모양 hastate

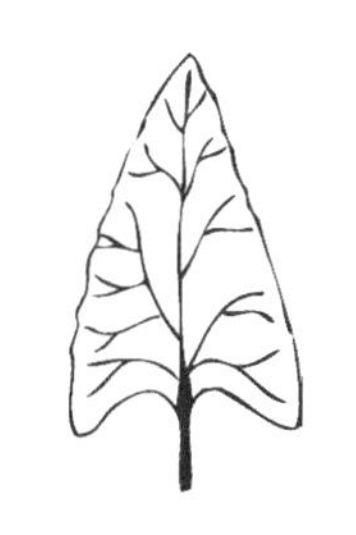

전형 箭形
활촉모양 sagittate

민들레형
민들레잎모양 runcinate

주걱형
주걱모양 spatulate

잎 모양: 엽선(葉先), leaf tips

점첨두 漸尖頭
점점뾰족한잎끝
acuminate

예두 銳頭
날카로운잎끝
acute

급첨두 急尖頭
급하게뾰족한잎끝
mucronate

예철두 銳凸頭
날카롭게뾰족한잎끝
cuspidate

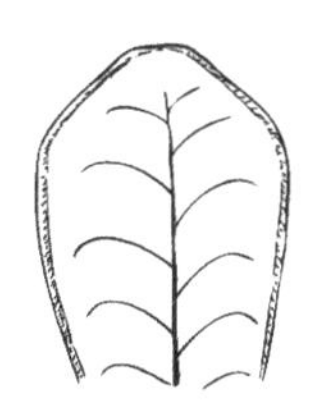

둔두 鈍頭
무딘잎끝 obtuse

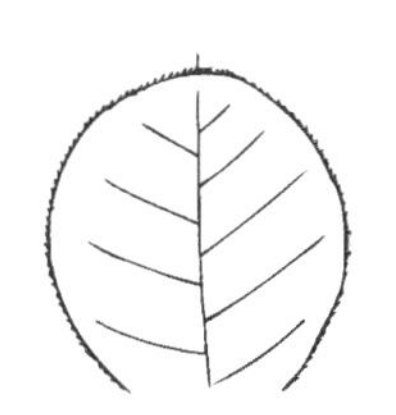

원두 圓頭
둥근잎끝 rounded

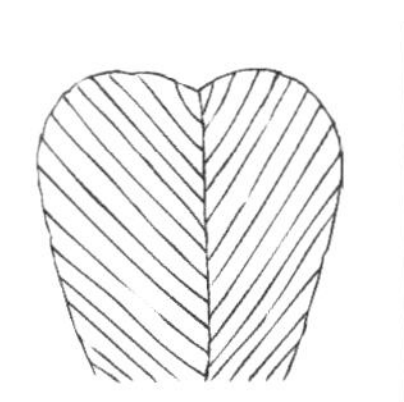

요두 凹頭
오목한잎끝 emarginate

평두 平頭
편평한잎끝 truncate

미두 尾頭
꼬리모양잎끝 caudate

잎 모양: 잎바닥, 엽저(葉底), leaf base

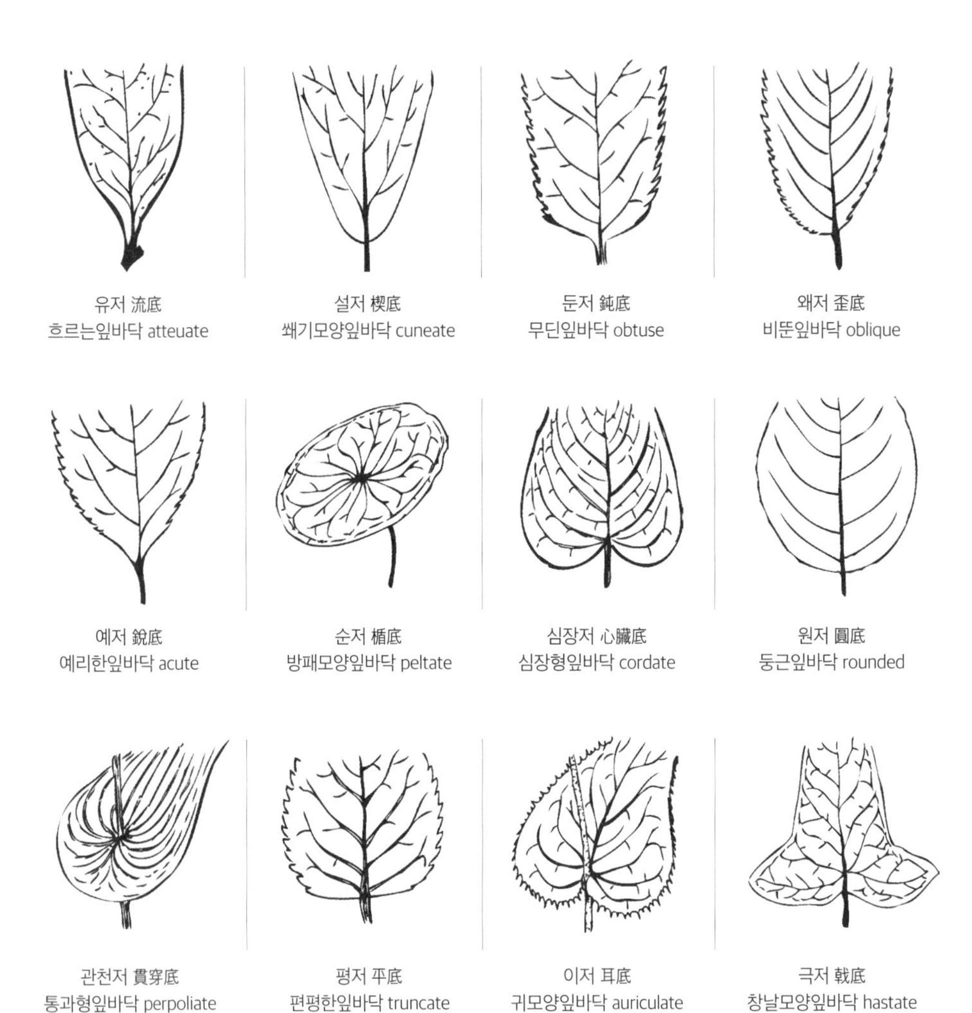

잎 모양: 잎가장자리, 엽연(葉緣), leaf margins

전연 全緣
매끈한모양
entire

둔거치 鈍鋸齒
둔한톱니
crenate

소둔거치 小鈍鋸齒
작은둔한톱니
crenulate

예거치 銳鋸齒
뾰족한톱니
serrate

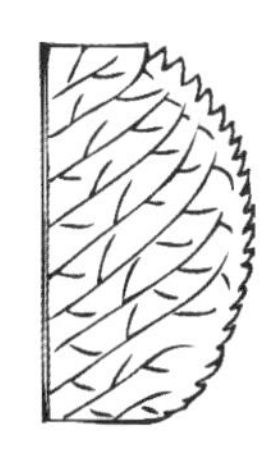

소예거치 小銳鋸齒
작은뾰족한톱니
serrulate

복거치 複銳齒
뾰족한겹톱니 biserrate

치아상거치 齒牙狀鋸齒
이빨형톱니 dentate

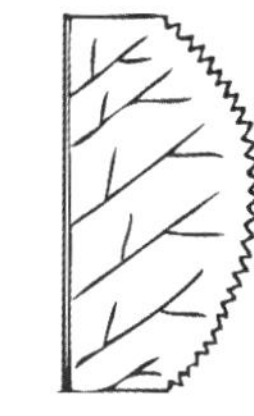

소치아상거치 小齒牙狀鋸齒
작은이빨형톱니 denticulate

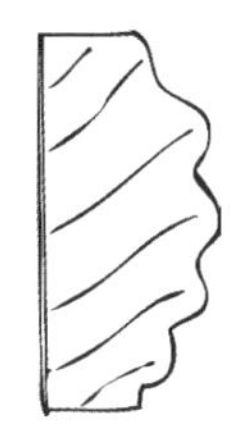

파형 波狀
물결형 undulate

반곡 反曲 revolute

역반곡 逆反曲 involute

편평 扁平 plane

천열 淺裂
얕게패인모양
lobed

중열 中裂
중간정도패인모양
cleft

전열 全裂
깊게패인모양
parted

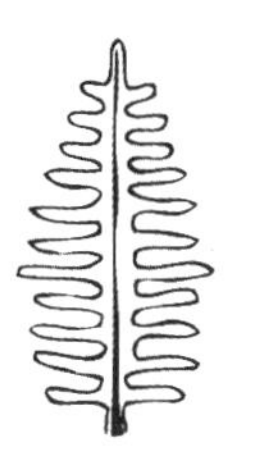

우열 羽裂
날개모양
pinnatifid

장상열 掌狀裂
손바닥모양
palmatifid

꽃 모양: 화형(花形), corolla types

꽃 모양: 꽃차례(花序) 무한화서(無限花序, indefinite inflorescence)

열매 모양: 과실(果實), fruit types

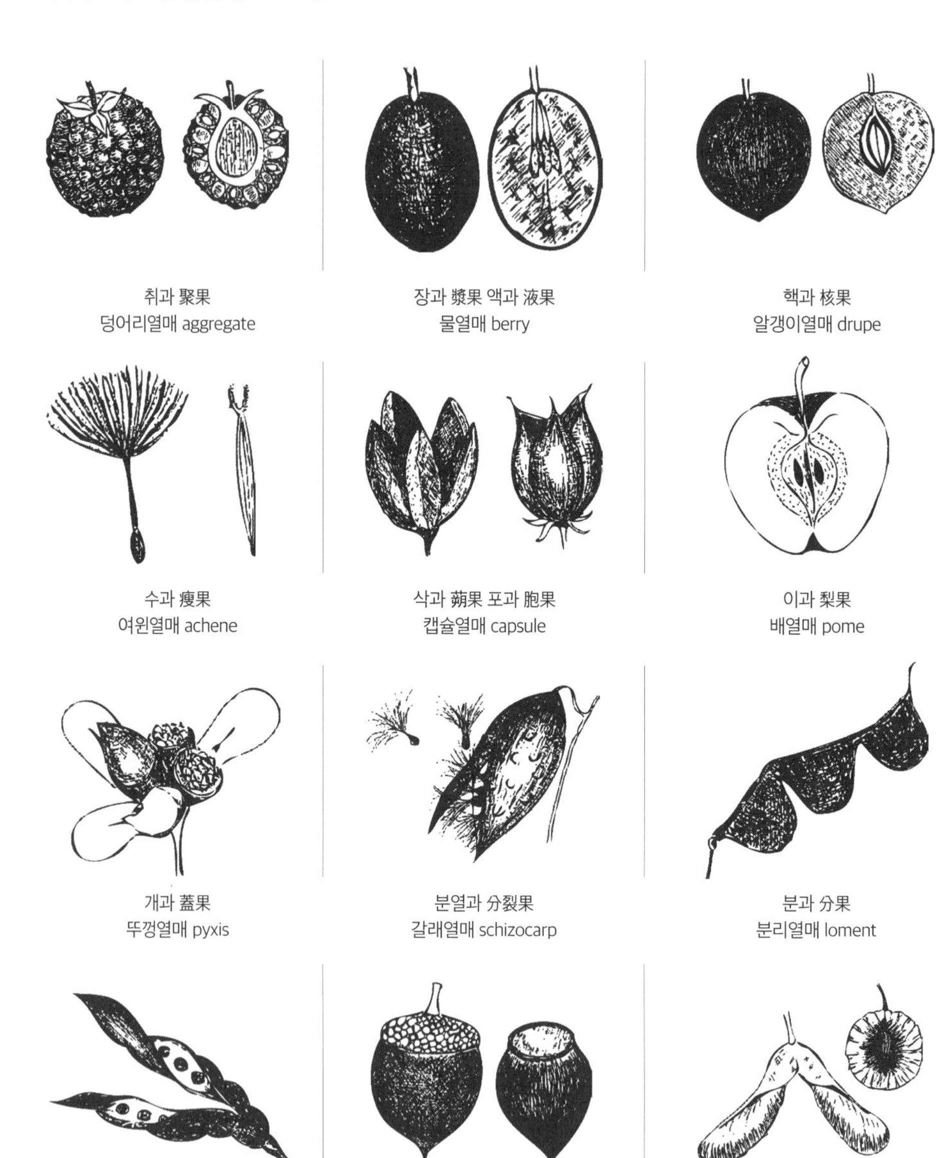

꽃 모양: 벼과(화본과, 禾本科) 구조

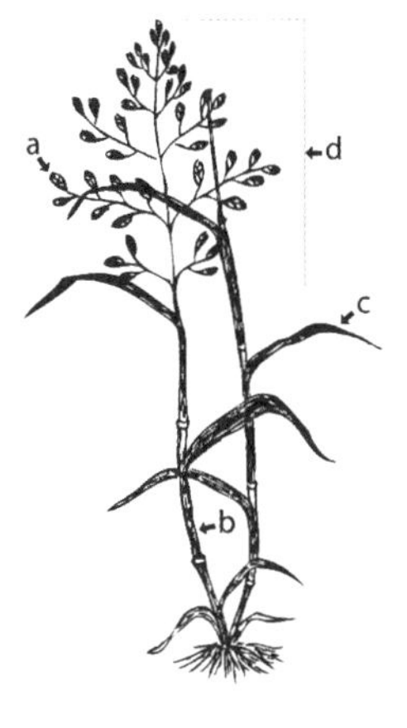

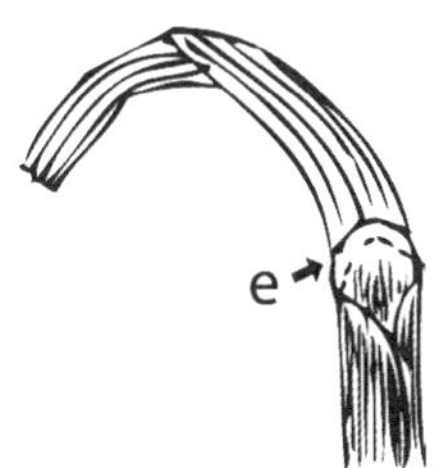

a. 소수 小穗
작은꽃이삭 spikelet
b. 엽초 葉鞘 잎집 sheath
c. 엽신 葉身 잎몸 blade
d. 화서 花序
꽃차례 inflorescence
e. 엽설 葉舌 잎혀 ligule

f. 제1포영 1苞穎
바깥잎겨 1st glume
g. 제2포영 2苞穎
속잎겨 2st glume
h. 호영 護穎 겉받침겨 lemma
i. 내영 內穎 속받침겨 palea

j. 약 葯 꽃밥 anther
k. 주두 柱頭 암술머리 stigma
l. 씨방 子房 씨앗집 ovary

꽃 모양: 꽃 구조와 자방(子房)의 위치

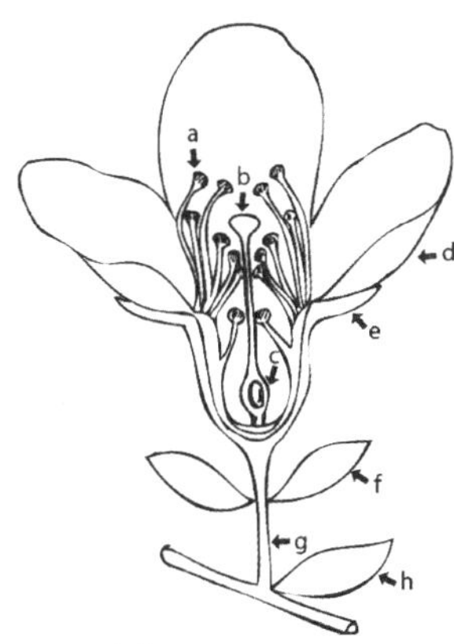

a. 수술 stamen
b. 암술 pistil
c. 씨방 子房 ovary
d. 화변 花瓣 꽃잎 petal
e. 꽃받침 花托 calyx
f. 소포 小苞 작은꽃싼잎 bracteole
g. 화축 花軸 꽃대축 floral axis
h. 포 苞 받침잎 bract

상위자방 上位子房
superior ovary

중위자방 中位子房
half-inferior ovary

하위자방 下位子房
inferior ovary

사초 형태분류 모식도(그림: 엄병철)

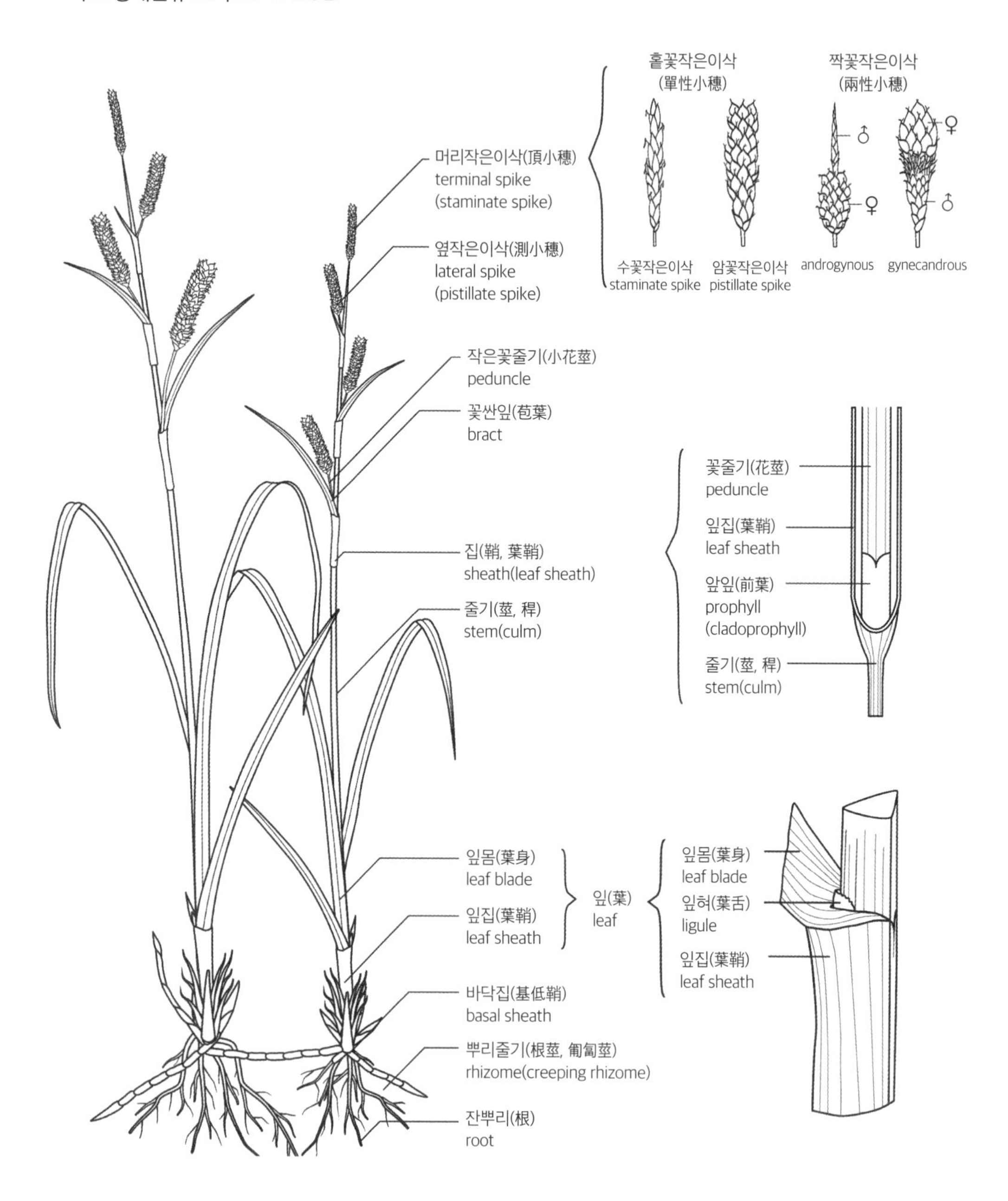

형태용어사전

용어 정리에 도움이 된 문헌:

(i)『한국의 잡초도감』 구자옥, 2002, 한국농업시스템학회
(ii)『식물도감』 도봉섭, 임록재, 1988, 과학출판사
(iii)『식물형태학』 이규배, 2007, 라이프사이언스
(iv)『원색대한식물도감』 이창복, 2006, 향문사
(v)『생물학사전』 1998, 도서출판 아카데미서적
(vi)『Botanical Latin』(4th edition), Stearn W.T., 2008, Timber Press
(vii)『Vascular Plant Taxonomy』(3rd edition), Walters D.R. & D.J. Keil, 1988, Kendall/Hunt Publishing Company

(ㄱ)

가간(仮幹, 헛줄기, rhizophore): 줄기처럼 보이지만, 사실상 뿌리에서 파생된 기관으로, 뿌리와 단근체(担根體)라는 기관이 합쳐져서 생성된 기관. 지표면 가까이에 붙어사는 종에서 주로 볼 수 있음(예: 부처손).

가근(假根, 헛뿌리, rhizoid): 유관속(維管束) 식물의 뿌리처럼 부착과 수분흡수 등의 기능을 하며, 복잡한 분화가 없는 구조의 총칭으로서 주로 하등한 식물에서 나타남.

가로막 격벽(septum): 줄기 속에 있는 가로막(膜).

각과(角果, 뿔열매, nut): 견과(堅果)와 같은 의미.

각두(殼頭, 도토리집, cupule): 도토리나 밤 같은 열매의 딱딱한 부분을 싸고 있는 모자처럼 생긴 깍정이.

갈고리가시(釣刺): 낚시 바늘처럼 생긴 가시.

갓털(冠毛, pappus): 열매의 부속 기관으로 멀리 퍼져 나가는(散布) 수단이 되는 털. 주로 바람이나 물의 도움으로 퍼져 흩어지는 종류(風散布, 水散布)에서 볼 수 있음.

개과(蓋果, 뚜껑열매, pyxis, capsule): 개열과 〈부록〉 형태용어도판-열매모양 참조.

개출모(開出毛, erect hair): 잎이나 줄기 표면에 직각으로 곧게 선 털. 복모(伏毛, adpressed hair)에 대응하는 개념.

개화수정(開花受精, chasmogamy): 현화식물에서 꽃잎이 열리면서 꽃가루받이가 일어나는 일반적인 타가수분(他家受粉). 비교: 폐화수정(閉花受精).

거(距, 꽃뿔턱, mentum): 난(蘭) 종류의 꽃턱 부분에 생긴 부속체(附屬体) 돌기.

거꿀가시(逆刺, inverse thorn): 밑으로 향한 가시

거꿀달걀모양(倒卵形 obovate): 〈부록〉 형태용어도판–잎 모양 참조.

거치(鋸齒, 톱니, serra): 이빨처럼 생긴 잎 가장자리(葉先) 모양.

건과(乾果, 마른열매, nut): 깍정이가 있는 열매로 각과(角果)나 견과(堅果)와 같은 의미.

겨울눈(冬芽, winter bud): 주로 잎자루와 가지 사이 겨드랑에서 생긴 휴면상태의 성장 구조. 온대 낙엽활엽수림 지역에서 비생육기간(非生育其間: 주로 가을~겨울)을 극복하는 생태전략으로서 다양한 형태적 분화가 관찰됨.

격벽(隔壁, 가로막, septum): 줄기 속에 있는 가로 막(膜).

견과(堅果, 견과류열매, nut): 〈부록〉 형태용어도판–열매 모양 참조

견모(絹毛, 명주털, silky hair): 명주실 같이 부드러운 털, 견사(絹絲)와 모사(毛絲).

결각(缺刻, 겹에움, incised form): 불규칙이고 거친 톱니가 겹으로 된 잎가장자리(葉緣) 모양.

경생엽(莖生葉, 줄기잎, stem-leaf): 줄기에 난 잎.

곁뿌리(側根, lateral root): 기둥뿌리(主根) 옆에 붙은 뿌리.

고깔꽃차례(圓錐花序, panicle): 〈부록〉 형태용어도판-꽃 모양 참조.

골돌(蓇葖, 쪽꼬투리, follicle): 과피(果皮)가 익으면 내봉선(內縫線) 또는 외봉선(外縫線)을 따라 벌어지는 구조(예: 산해박).

과경(果莖, 열매줄기, fruit stalk): 열매가 붙어 있는 대.

관상화(管狀花, 대롱꽃, tubular flower): 관모양 꽃. 비교: 설상화(舌狀花).

과수(果穗, 열매이삭, fruit spike): 열매가 달린 이삭.

과포(果胞, 열매주머니, utricle): 열매를 싸고 있는 주머니. 과낭(果囊)이라고도 함.

과낭(果囊, 열매주머니, utricle): 과포(果胞) 참조.

관모(冠毛, 깃털, crest): 깃처럼 생긴 털.

관목(灌木, 떨기나무, shrub): 키가 작은 나무(예: 개나리).

광타원형(廣楕圓形, oval shape): 잎이 넓은 타원모양. 〈부록〉 형태용어도판-잎 모양 참조.

괴경(塊莖, 덩이줄기, tuber): 땅속줄기 한 부분이 굵어진 구조.
교목(喬木, 큰키나무, tall-tree): 키가 큰 나무(예: 느티나무).
구경(球莖, 알줄기, bulb): 땅속줄기(地下莖, rhizome)의 일종, 구근(球根).
구근(球根, 알뿌리, bulb): 구경(球莖) 참조.
구과(毬果, 솔방울열매, cone): 침엽수종(針葉樹種)의 열매(coniferous fruit).
구슬눈(珠芽, 살눈, bulblet): 자라면 새로운 개체가 되는 싹. 육아(肉芽) 참조.
구자모(鉤刺毛): 갈고리 모양 가시.
규산체(硅酸體, opal phytolith, grass phytolith, biogenic silica, opaline silica): 벼과나 사초과 식물의 세포가 갖는 비정질(非晶質) 함수(含水) 규산($SiO_2 \cdot nH_2O$)의 유리조각 같은 식물광물(phytolith)로, 이른바 식물오팔(plant opal) 보석. 초식동물의 먹이활동에서 살아남기 위해 진화한 생태형질. 억새 잎을 만지면 자칫 손가락을 베이는데, 잎 가장자리에 예리한 유리 파편 같은 규산체가 붙어 있기 때문. 규산체의 주성분은 모래와 같으며, 지구 흙속에 가장 풍부한 화학원소 규소(Si).
극형(戟形, hastate shape): 창날모양.
근경(根莖, 뿌리줄기, rhizome): 뿌리 부분의 줄기. 땅속줄기(地下莖)의 일종. 유관속(維管束) 다발 배열이 줄기 형태이기 때문에 땅속에 위치하지만 형태는 줄기이며, 뿌리처럼 기능하고, 영양번식의 수단(예: 대나무 종류).
근권(根圈, rhizosphere): 뿌리가 발달하는 공간.
근생엽(根生葉, 뿌리잎, root-leaf): 뿌리에서 난 잎.
근피(根皮, 뿌리껍질, rhizodermis): 뿌리를 싸고 있는 바깥 껍질.
기공조선(氣孔條線, coniferous stomata): 침엽수종(針葉樹種)의 숨구멍(氣孔).
기근(氣根, aerial root): 공중에 노출된 뿌리의 총칭으로 지상에서 호흡하는 뿌리 조직. 특히 지상 줄기로부터 나오는 기근은 부정근(不定根)이라 함.
기둥뿌리(主根, main root, taproot): 땅속뿌리의 중심이 되는 뿌리.
기변(旗弁, vexillum): 가운데 꽃잎. 기판(旗瓣)이라고도 함.
기판(基板, mentum): 난초과 꽃의 턱 모양 돌기. 거(距) 참조.
까락(芒, 가시랭이, prickle): 화본과(禾本科) 식물의 꽃차례(花序)에 붙어 있는 부속체.
꽃가루받이(受粉, pollination): 꽃의 수정(受精).
꽃꿀(花蜜, nectar): 꽃이 만들어 내는 꿀. 곤충을 유혹하는 수단이고, 충매화에서 흔함. 예: 꿀풀.
꽃대축(花軸 flower stalk): 꽃이 매달린 줄기.
꽃밥(葯 anther): 꽃가루.
꽃뿔턱(距): 거(距) 참조.
꽃싸개(總苞, involucre): 포(苞) 또는 포엽(苞葉)이 빼곡하게 모인 꽃싸개의 집합.
꽃울조각(花被片, perianth segment): 꽃받침과 꽃부리의 구분이 뚜렷하지 않는 부분.
꽃자루(花柄, peduncle): 꽃이 달리 자루.
꽃차례(花序, inflorescence): 꽃이 나는 순서와 모양.
꽃톱(花爪, ungulae): 꽃잎이나 꽃받침 아래쪽에 작아진 부분.
끝잎(頂小葉): 겹잎(複葉)의 제일 끝에 있는 작은 쪽잎.

(ㄴ)

나선형(螺旋形, 타래모양, spiral): 나사처럼 생긴 모양.
나엽(裸葉, 영양엽, trophophyll): 탄소동화작용(光合成)을 하는 잎. 영양엽(營養葉) 참조(비교: 생식엽(生殖葉), gametophyll).
낙엽관목(落葉灌木, summergreen shrub): 겨울에 잎이 지는 키 작은 갈나무.
낙엽교목(落葉喬木, summergreen tall-tree): 겨울에 잎이 지는 키 큰 갈나무.
낙엽수(落葉樹, summergreen broadleaf tree): 겨울에 잎이 없는 갈나무.
난상타원형(卵狀楕圓形, egg-shaped ellipse): 달걀 모양의 타원형.
난원형(卵圓形, round egg-shape): 더욱 둥근 달걀 모양.
난형(卵形, egg-shape): 달걀 모양. 〈부록〉 형태용어도판—잎 또는 꽃 모양 참조.
낭체(囊體, 처녀체, virgin propagule): 엽상체(葉狀體) 뒷면에 생기는 번식체의 일종(예: 개구리밥).
내영(內穎, 속받침겨, inner glume): 벼과식물의 열매를 싸고 있는 구조. 〈부록〉 형태용어도판—꽃 모양 참조.
내화피(內花被, 안꽃울조각, inner perianth segment): 꽃을 싸고 있는 안쪽 구조(예: 붓꽃과).
능각(稜角, 모, angulated): 모서리 진 모양.

(ㄷ)

다년초(多年草, 여러해살이풀, herbaceous perennial): 생명환(生命環)이 3년 이상인 풀.

단성화(單性花, 외송이꽃, dicliny): 수꽃(雄花) 또는 암꽃(雌花) 어느 한쪽 꽃만 피는 경우.

대과(袋果, 자루열매, cystic fruit): 주머니 열매. 〈부록〉 형태용어도판—열매 모양 참조.

대생(對生, 마주나기, opposite): 〈부록〉 형태용어도판—잎 또는 꽃 모양 참조.

덩이줄기(塊莖, tuber): 땅속줄기 한 부분이 굵어진 구조.

도난형(倒卵形, 거꿀달걀모양, obovate shape): 〈부록〉 형태용어도판—잎 모양 참조.

도드라기(excrescence): 사마귀 같은 혹.

도피침형(倒披針形, 거꿀버들잎모양, oblanceolate): 〈부록〉 형태용어도판—잎 모양 참조

동아(冬芽, 겨울눈, winter bud): 겨울눈 참조.

두상화서(頭狀花序, 머리모양꽃차례, capitulum): 〈부록〉 형태용어도판—꽃차례 참조.

두화(頭花, 머리꽃, cephalization): 식물체 줄기 머리(꼭대기) 부분에 피는 꽃.

둔저(鈍底, 무딘바닥, obtuse): 잎이나 열매의 아랫부분이 무딘 모양. 〈부록〉 형태용어도판—잎바닥 참조.

등줄(龍骨, keel): 이삭열매의 받침겨(호영)나 잎겨(포영)의 등 쪽 가운데에 길게 난 줄로 오목한 경우와 돌출한 경우가 있음.

떡잎(子葉, cotyledon): 씨에서 돋아난 첫 잎.

띠풀(graminoid, grass-form plant): 단자엽식물을 통틀어 일컫는 우리말. 화본형(禾本型) 참조.

(ㄹ)

라메트(Ramet): 절간(節簡, internode)이 매우 짧은 땅속줄기. 독립된 개체로 발생할 수 있는 분체(clone)의 최소 단위로 발생 가능한 무성생식의 모듈. 식물에서는 주로 뿌리와 줄기가 만나는 부분이거나 땅속줄기의 마디와 마디 사이가 하나의 라메트. 라메트에 의한 번식 방식을 밀집전략(phalanx strategy, 또는 인해전술)이라 함(예: 띠, 억새 등).

라틴명(latin name): 이탈리아의 고어로 학술적 용어 및 생물종의 학명기재에 채택되는 기본 언어.

(ㅁ)

막질(膜質, membraneous): 얇은 막 같은 성질.

맥액(脈腋, 잎줄겨드랑이, vein axillar): 잎줄(脈)과 잎줄(脈)이 만나는 위치의 겨드랑이.

면모(綿毛, 솜털, cilia;단수는 cilum): 가는 털.

모체발아성 작은이삭열매(viviparous spikelets): 이삭꽃차례에서 이삭열매가 땅바닥에 떨어지자마자 뿌리를 내는 작은비늘줄기(小鱗莖, bulbil)로 발달할 수 있음(예: 왕포아풀).

무성화(無性花, 장식꽃, neutral flower): 생식 능력이 없는 꽃, 중성화(中性化).

물열매(液果, berry): 저장물질이 풍부한 열매로 장과(漿果)라고도 함.

밀선(蜜腺, 꿀샘, honey gland): 꿀(糖)을 분비하는 다세포 구조.

(ㅂ)

바늘가시(刺針, needle-like thorn): 바늘 같은 예리한 가시(동물의 자침(cnidocil) 같은 것).

반관목(半灌木, subshrub): 목본성(木本性) 초본(草本)(예: 개싸리).

받침(盤, prop): 꽃차례를 받치는 구조(예: 나도개피).

발아(發芽, 움되살이, seedling): 씨에서 싹이 돋아나는 것.

방모(房毛, fimbria): 가장자리에 난 털(예: 암술 가장자리에 난 약간 긴 털).

방사형(放射形, 햇살모양, radial shape): 사방으로 퍼지는 모양.

방추형(紡錘形, spindle shape): 실 뽑는 방추(실북)모양(예: 큰개현삼 뿌리).

배상화서(杯狀花序, 잔모양꽃차례, cyathium): 잔탁(盞托) 모양을 한 꽃 차례.

번식아(繁殖芽, 殖芽, turion): 웃자란 가지로 새로운 개체가 될 수 있는 일종의 번식 모듈(module).

복거치(複鋸齒, 겹톱니, biserrate): 〈부록〉 형태용어도판—잎 가장자리 구조 참조.

복모(伏毛, 누운털, adpressed hair): 누워 있는 털로 개출모(開出毛)에 대응되는 개념.

복산형화서(複繖形花序, 겹우산모양꽃차례, polychasium): 우산모양꽃차례가 여러 개 겹쳐 있는 경우. 〈부록〉 형태용어도판—꽃 무한화서 참조.

복엽(複葉, 겹잎, compound): 4장 이상의 작은잎(小葉)이 있는 잎차례.

복총상화서(複總狀花序, 겹송이꽃차례, compound raceme): 송이모양꽃차례가 여러 개 겹쳐 있는 경우. 〈부록〉 형태용어도판—꽃 무한화서 참조.

부리(嘴, corolla): 꽃의 부리.

부속체(附屬体, 곁달림, appendage): 곁달려 있는 구조.

부정근(不定根, adventitious root): 뿌리 이외의 기관(특히 절간부나 줄기)으로부터 발생한 뿌리의 통칭. 줄기 내부의 세포가 뿌리세포처럼 분열능력을 회복함으로써 나타나는 현상(예: 물가에 사는 버드나무 종류에서 흔히 관찰됨).

분과(分果, 분리열매, loment): 열매껍질(果皮)이 쪽으로 갈라지는 열매. 〈부록〉 형태용어도판—열매 모양 참조.

분얼지(分蘖枝, tiller): 줄기와 뿌리의 경계 부분에서 생겨나는 새싹. 액아(腋芽)의 일종으로 뿌리줄기(根莖)가 발생. 주로 벼과와 사초과 식물의 줄기 맨 아래쪽(稈, 基部) 마디 사이에서 발생. 분얼지의 형태와 수, 발생 메커니즘은 화본형(禾本型) 종의 주요 생태번식전략(예: 왕포아풀).

분열과(分裂果, 쪽꼬투리열매, schizocarp): 골돌과(蓇葖果)라고도 함. 〈부록〉 형태용어도판—열매 모양 참조.

분열조직(分裂組織, meristem): 다 큰 식물체가 된 이후에도 세포분열 능력을 유지하는 조직.

불염포(不鹽脯, 횃불모양꽃싼잎, spathe): 육수화서(肉穗花序, spadix)에서 관찰되는 꽃 구조(예: 천남성과).

비늘잎(鱗葉, cataphyll): 비늘처럼 생긴 잎.

뿌리줄기(根莖, rhizome): 근경 참조.

(ㅅ)

사상근(絲狀根, 수염뿌리, fibrous root): 가는 실 모양의 뿌리(예: 개구리밥).

삭과(朔果, 캡슐열매, capsule): 캡슐처럼 생긴 열매 모양으로 열매가 튀어나옴. 〈부록〉 형태용어도판—종자 모양 참조.

산방화서(繖房花序, 고른꽃차례, corymb): 〈부록〉 형태용어도판—무한화서 참조.

산형화서(散房(傘形)花序, 우산모양꽃차례, umbel): 〈부록〉 형태용어도판—무한화서 참조.

삼년초(三年草, 세해살이풀): 생명환(生命環)이 3년인 풀(예: 구릿대).

상록관목(常綠灌木, evergreen shrub): 사계절 잎이 지지 않는 키 작고 늘푸른 나무(예: 사철나무).

상록교목(常綠喬木, evergreen tall-tree): 사계절 잎이 지지 않는 키 크고 늘푸른 나무(예: 가시나무).

상록다년초(常綠多年草, evergreen perennial): 사계절 잎이 지지 않고 늘푸른 여러 해 사는 풀.

상록만경식물(常綠蔓莖植物, evergreen climber(liana)): 덩굴 뻗는 사철 늘푸른 나무.

상록반관목(常綠半灌木, evergreen semishrub): 사계절 잎이 지지 않는 풀처럼 생긴 작고 늘푸른 나무.

상록소관목(常綠小灌木, evergreen small shrub): 사계절 잎이 지지 않는 관목보다 작은 늘푸른 나무.

상록수(常綠樹, evergreen tree): 사계절 잎이 지지 않는 늘푸른 나무.

상순(上脣, 윗입술, upper lip): 하순(下脣)과 대응하는 위쪽 꽃조각.

상위자방(上位子房, 윗자리씨앗집, superior ovary): 꽃받침 위에 자방이 위치하는 구조. 〈부록〉 형태용어도판—꽃의 구조와 자방의 위치 참조.

생식아(生殖芽, generative bud): 생식 능력이 있는 새싹.

생식엽(生殖葉, gametophyll): 생식기관의 기능을 하는 잎. 비교: 영양엽(營養葉, trophophyll).

생태형질(生態形質, ecological character): 서식처에 대응해 발달한 여러 가지 진화 형질(예: 경쟁자(competitor), 루더랄(ruderal), 인내자(tolerator) 등으로 구분).

생활형(生活型, life-form): 겨울눈(冬芽)의 위치에 따라 구분해 식물의 생존 양식을 분류(예: 라운키에르(Raunkiaer)의 생활형-지상식물, 지표식물, 반지중식물, 지중식물, 일이년생식물, 착생식물, 수중식물 등).

석과(石果, 돌열매, drupaceous fruit): 핵과(核果), 즉 알갱이열매(예 개옻나무). 〈부록〉 형태용어도판—열매 모양 참조.

선(腺, 샘, gland): 선체(腺体) 참조.

선모(腺毛, 샘털, pillus): 분비물이 있는 털.

선체(腺体, 샘구멍, gland tissue): 분비물이 나오는 구조.

선형(線形, 줄모양, linear shape): 선 모양.

설상화(舌狀花, 혀모양꽃, ligulate): 〈부록〉 형태용어도판—꽃모양 참조.

성상모(星狀毛, 별모양털, stellate hair): 별 모양인 털.

소교목(小喬木, 작은키나무, small-tree): 교목보다 작고 관목보다 큰 나무.

소산경(小傘梗, 우산살모양꽃가지, umbelliferae pedicellus): 산형화서(傘形花序, umbel)의 작은 꽃차례(예: 처녀바디).

소수대(小穗臺, 작은꽃이삭자루, spikelet peduncle): 소수가 달린 대.

소수(小穗, 작은꽃이삭, spikelet): 〈부록〉 형태용어도판-벼과 꽃 구조 참조.

소엽병(小葉柄, 쪽잎자루, petiolule): 쪽잎의 잎자루.

소엽(小葉, 쪽잎, leaflet): 겹잎(複葉) 가운데 있는 작은 잎 하나.

소우편(小羽片, 깃모양쪽잎, pinnule): 양치식물의 쪽잎 하나. 열편(裂片)이라고도 함.

소지(小枝, 잔가지, branchlet): 중심이 되는 큰 가지에 붙어 있는 곁가지.

소포(小胞, 작은꽃싼잎, utricle): 소화(小花)를 감싼 잎.

소화(小花, 작은꽃, floret): 산형화서(傘形花序, umbel)처럼 많은 소화(小花)로 이우러진 화서(花序)의 작은 꽃차례.

소화경(小花莖, 小花柄, 작은꽃자루, pedicle): 작은꽃자루 참조.

속(髓, pith): 식물체 줄기 속에 유관속(관다발)으로 둘러싸인 안쪽 부분.

속(屬, genus): 계통분류학에서 린네(Linnaeus C.)의 계층분류체계 중 과(科)의 하위, 종(種)의 상위에 놓인 계급으로 반드시 한 개 이상의 종(種)을 포함하고 있음.

수과(瘦果, 여윈열매, achene): 〈부록〉 형태용어도판-열매 모양 참조.

수그루(雄花樹, male tree): 웅성(雄性) 꽃이 있는 나무.

수분(受粉, 꽃가루받이, pollination): 꽃의 수정 현상.

수상총상화서(穗狀總狀花序, spike-raceme inflorescence): 고깔모양의 이삭꽃차례.

수상화서(穗狀花序, 이삭꽃차례, spike inflorescence): 〈부록〉 형태용어도판—꽃차례 참조.

수술(stamen): 웅성(雄性) 생식기관.

수술대(filament): 수술의 자루.

수중엽(水中葉, 물속잎, underwater leaf): 물속에 위치하는 잎.

수중경(水中莖, 물속줄기, underwater stem): 물속에 위치하는 줄기.

수피(樹皮, 나무껍질, bark): 줄기 형성층(形成層) 밖에 위치한 조직(예: 코르크).

수형(樹型, 나무모양, tree form): 수목(樹木)의 일반적인 외형. 완전하게 큰 성체가 되면 모든 나무는 수종(樹種)에 따라 고유한 모양을 갖추며, 살고 있는 서식처 환경에 따라 그 형상이 변하기도 함.

순판(脣瓣, 입술모양꽃잎, labellum petal): 입술모양의 꽃잎 조각(예: 제비꽃과).

순형(脣形, 입술모양, labellum): 꽃관(花冠)의 모양.

시과(翅果, 날개열매, samara): 익과(翼果). 〈부록〉 형태용어도판—열매 모양 참조.

식아(殖芽, 繁殖芽, turion): 웃자란 가지로 새로운 개체가 될 수 있는 일종의 번식 모듈(module).

신장형(腎臟形, 콩팥모양, reniform): 잎이 콩팥 모양.

실엽(實葉, 알씨잎, sporophyll): 포자가 생기는 양치식물의 길게 갈라진 잎(예: 고사리삼). 포자엽(胞子葉).

심장저(心臟底, 심장잎바닥, cordate base): 잎 아랫부분이 심장의 함몰(陷沒) 모양.

심장형(心臟形, 심장모양, cordate shape): 잎이 심장 모양.

심피(心皮, carpel): 꽃의 암술을 구성하는 부분으로 씨가 만들어지는 부분.

싸개포(鞘 sheath): 줄기를 감싸는 구조.

씨방(子房 ovary): 씨앗의 집.

(ㅇ)

악편(萼片, 꽃받침조각, calyx lobe): 꽃받침을 이루는 한 부분.

암그루(雌花樹, female tree): 자성(雌性) 나무.

암수딴그루(雌雄異株): 자웅이주 참조.

암수딴꽃(二家花): 두집꽃, 이가화 참조.

암수한그루(雌雄同株): 자웅동주 참조.

암수한꽃(一家花): 한집꽃, 일가화 참조.

암술(pistil): 자성(雌性) 생식기관.

액생(腋生, axillary): 잎겨드랑이(葉腋)에 생겨남.

액과(液果, 물열매, berry): 장과(漿果)로 저장물질이 풍부한 열매. 〈부록〉 형태용어도판—열매 모양 참조.

약격(葯隔, 꽃밥부리, connective): 수술 꽃밥(葯)이 좌우로 갈라진 모양인데, 서로 연결되어 있는 부분.

양성웅화동주형(兩性雄花同株型, andromonoecious type): 두 종류의 꽃이 핀다는 뜻으로 암꽃과 수꽃의 양성이 함께 있는 꽃송이가 있는가 하면, 수꽃 기능만 있는 꽃송이도 있다는 뜻(예: 박주가리).

양성화(兩性花, 짝꽃, hermaphrodite flower): 암꽃 수

꽃 모두를 갖춘 꽃.

역자(逆刺, 거꿀가시, inverse thorn): 밑으로 향하는 가시.

연모(軟毛, villous): 부드러운 털.

열편(裂片, 잎조각, 작은깃모양쪽잎, pinnule): 갈라진 잎의 조각. 양치식물의 경우 쪽잎 하나. 소우편(小羽片)이라고도 함.

염색체수(染色體數, chromosome number): 생물종이 가지고 있는 고유의 염색체 수로 배수체(2n) 또는 반수체(n).

엽맥(葉脈, 잎줄, vein): 잎의 유관속(維管束) 다발이 드러나 보이는 형태.

엽맥늑(葉脈肋, vein rib): 잎 앞뒤에 엽맥(잎줄)이 튀어나와 드러나 보이는 형태.

엽병(葉柄, 잎자루, petiole): 잎몸(葉身)과 가지 사이의 구조.

엽상체(葉狀體, frond): 잎 모양처럼 생긴 구조(예: 개구리밥).

엽신(葉身, 잎몸, leaf blade): 잎의 중심 부분.

엽액(葉腋, 잎겨드랑이, axil): 잎자루와 잎이 만나는 잎의 짬.

엽연(葉緣, 잎가장자리, leaf margin): 잎몸의 가장자리 부분.

엽이(葉耳, 잎귀, leaf auricle): 잎 아랫부분의 귀처럼 생긴 부분.

엽설(葉舌, 잎혀, ligule): 잎이 줄기를 감싸고 있는 잎집의 끝부분 구조. 〈부록〉 형태용어도판—벼과 구조 참조.

엽질(葉質, leaf texture): 잎의 질감.

엽초(葉鞘, 잎집, sheath): 줄기를 싸고 있는 잎의 아랫부분. 〈부록〉 형태용어도판—벼과 구조 참조.

엽축(葉軸, 잎줄기, rachis): 잎줄기 참조.

영(穎, 이삭, glume): 화본형(禾本型) 식물의 열매를 싸고 있는 부분.

영과(穎果, 겨깍지열매, caryopsis): 곡과(穀果)라고도 하며, 볍씨처럼 생긴 벼과의 열매.

예두(銳頭, acute): 날카로운 잎 끝. 〈부록〉 형태용어도판-잎 끝 모양 참조.

외영(外穎, 겉받침겨, lemma): 호영(護穎)이라고도 하며 벼과식물의 열매를 싸고 있는 구조. 〈부록〉 형태용어도판—벼과 구조 참조.

외화피(外花被, 바깥꽃울조각, outer perianth segment): 꽃 모양에서 바깥 부분의 구조(예: 붓꽃과).

우상복엽(羽狀複葉, 깃모양겹잎, pinnately compound leaf): 새의 날개 모양 잎이 여러 장 있는 구조.

우상(羽狀, 깃모양, pinnate): 새의 날개 모양.

우축(羽軸, 깃모양잎축, pinnate leaflet axis): 새의 날개 모양 잎의 중심 대 구조.

우편(羽片, 깃모양쪽잎, pinnate leaflet): 새의 날개 모양 잎의 한 조각의 작은 잎.

웅성선숙(雄性先熟, protandry): 암수한그루(자웅동주) 식물에서 수술이 암술에 앞서서 성숙하고, 마르기 시작하면 암술이 성숙하는 경우. 자가수분을 피하는 진화의 결과로 초롱꽃과의 식물(예: 도라지)에서 전형적인 양상을 관찰할 수 있음. 그 반대는 자성선숙(雌性先熟, protogyny).

웅화서(雄花序, 수꽃차례, male inflorescence): 웅성(雄性)의 꽃차례.

웅화수(雄花穗, 수꽃이삭, male panicle spike): 웅성(雄性)의 꽃이삭.

원심형(圓心形, 둥근부채모양, rounded cordate shape): 〈부록〉 형태용어도판—잎 모양 참조.

원주형(圓柱形, 둥근기둥모양): 〈부록〉 형태용어도판-잎 모양 참조.

원추형(圓錐形, 고깔모양): 〈부록〉 형태용어도판-잎 모양 참조.

원추화서(圓錐花序, 고깔꽃차례, panicle inflorescence): 〈부록〉 형태용어도판—꽃차례 참조.

원통형(圓筒形, 둥근기둥모양): 〈부록〉 형태용어도판-잎 모양 참조.

원형(圓形, 둥근형, orbicular): 〈부록〉 형태용어도판-잎 모양 참조.

육수화서(肉穗花序, 살진대꽃차례, spadix inflorescence): 〈부록〉 형태용어도판—꽃차례 참조.

육아(肉芽, 살눈, propagule, gemma): 주아(珠芽) 참조.

육질(肉質, 고기질): 고기 같은 질감.

윤생(輪生, 돌려나기, verticillation): 돌려난 모양.

융모(絨毛, 비단털, villus): 비단 같은 털.

이가화(二家花, 두집꽃, dioecism): 암꽃차례와 수꽃차례가 따로 있는 꽃. 일가화(一家花)에 대응(참고: 자웅이주(雌雄異株)-암꽃과 수꽃이 각각 다른 식물체에 달리며 버드나무류가 이에 속함).

이년지(二年枝, second year twigs): 올해 잔가지가 돋아난, 지난해에 만들어진 가지.

이년초(二年草, 두해살이풀): 생명환(生命環)이 2년인 풀.

이삭열매(穎果, caryopsis): 화본형 식물의 열매. 씨와 껍질이 붙어서 일체를 이루고, 탈곡해야 씨만을 얻을 수 있음. 영과(穎果) 참조.

이저(耳底, 귀모양잎바닥, auriculate): 잎의 아랫부분이 귀모양. 〈부록〉 형태용어도판—잎바닥 모양 참조.

이형화주성(異型花柱性, dioecism from heterostyle): 한 종 내에서 서로 다른 암술대(화주花柱)를 갖는 특성(예: 노랑어리연꽃).

이화수분(異花受粉, geitonogamy, 이웃꽃가루받이): 같은 꽃줄기에 핀 꽃들 사이에서 일어나는 꽃가루받이. 비교: 타가수분.

이회우상복엽(二回羽狀複葉, 두번깃모양잎): 〈부록〉 형태용어도판-잎차례 참조.

익과(翼果, 날개열매, samara): 시과(翅果). 〈부록〉 형태용어도판—열매 모양 참조.

익판(翼瓣, 날개꽃잎): 날개처럼 생긴 꽃잎.

인편엽(鱗片葉, 비늘잎, cataphyll): 인엽(鱗葉)이라고도 하며, 비늘처럼 생긴 잎.

인편(鱗片, 비늘조각, scale): 주로 양치식물의 잎자루에서 관찰되는 구조.

일가화(一家花, 한집꽃, hermaphrodite): 암꽃차례와 수꽃차례가 함께 있는 꽃(자웅동주(雌雄同株) 참조).

일년초(一年草, 한해살이풀): 생명환(生命環)이 1년인 풀.

잎겨드랑이(葉腋, axil): 잎자루와 잎몸이 만나는 잎의 짬.

잎몸(葉身, leaf blade): 잎의 중심 부분.

잎조각(裂片, pinnule): 열편 참조.

잎줄(葉脈, vein): 잎의 맥.

잎줄기(rachis): 겹잎의 가운데 줄기. 엽축(葉軸).

잎집(葉鞘, sheath): 줄기를 싸고 있는 잎의 아랫부분.

잎혀(葉舌, ligule): 줄기를 감싸고 있는 잎집의 끝부분 구조. 〈부록〉 형태용어도판—벼과 구조 참조.

(ㅈ)

자성선숙(雌性先熟, protogyny). 암술이 수술에 앞서서 성숙하는 경우. 비교: 웅성선숙(雄性先熟, protandry).

자엽(子葉, 떡잎, cotyledon): 씨에서 돋아난 첫 잎.

자침(刺針, 바늘가시, needle-like thorn): 바늘 같은 예리한 가시(동물의 자침(cnidocil) 같은 것).

자웅동주(雌雄同珠, 암수한그루, hermaphrodite): 동일개체에 암수(雌雄) 꽃차례가 함께 있는 식물. 암수한그루 또는 일가화(一家花)라고도 함.

자웅이주(雌雄異株, 암수딴그루, dioecism): 각각 다른 개체에 단성화(單性花, 외송이꽃), 즉 자화(雌花)와 웅화(雄花)가 생기는 경우로 암수딴그루 또는 이가화(二家花)라고도 함.

자화서(雌花序, 암꽃차례, female inflorescence): 자성(雌性)의 꽃차례.

자화수(雌花穗, 암꽃이삭): 자성(雌性)의 꽃이삭.

작은꽃자루(pedicel): 작은꽃(소화)이 붙은 자루. 소화경(小花莖).

작은꽃이삭(小穗 spikelet): 〈부록〉 형태용어도판-벼과 꽃 구조 참조.

잔가지(小枝): 중심이 되는 큰 가지에 붙어 있는 곁가지.

장과(漿果, 물열매): 〈부록〉 형태용어도판—열매 모양 참조.

장난형(長卵形, 긴달걀모양): 〈부록〉 형태용어도판—잎 모양 참조.

장상(掌狀, 손바닥모양): 〈부록〉 형태용어도판—잎 모양 참조.

장타원형(長楕圓形, oblong): 잎 모양이 긴 타원 모양. 〈부록〉 형태용어도판—잎 모양 참조.

전형(箭形, 활촉모양, sagittate shape): 〈부록〉 형태용어도판—잎 모양 참조.

절두(截頭, truncate): 평두(平頭)라고도 하며, 끝 모양이 칼로 잘라 놓은 듯한 모양.

정생(頂生): 줄기나 가지 꼭대기에 나는 모양.

정아(頂芽): 줄기나 가지 끝부분에 나 있는 싹 발생 구조.

절간(節間, 마디사이, internode): 줄기의 마디와 마디 사이.

제1포영(1苞穎, 바깥잎겨, 1st glume): 〈부록〉 형태용어도판—벼과 구조 참조.

제2포영(2苞穎, 속잎겨, 2st glume): 〈부록〉 형태용어도판—벼과 구조 참조.

종소명(種小名): 이명법의 학명에서 속명 다음에 오는 이름(예: 소나무 학명은 *Pinus densiflora*로 속명 *Pinus*와 종소명 *densiflora*로 이루어짐).

종의(種衣, 열매껍질): 열매를 싸고 있는 껍데기.

종침(種枕, 엘라이오좀, elaiosome): 지방산, 아미노산, 포도당 등으로 만들어진 화학물질(예: 애기똥풀).

주걱형(spatulate): 잎이 주걱 모양. 〈부록〉 형태용어도판—잎 모양 참조.

주근(主根, 기둥뿌리, taproot, main root): 측근(側根)이 붙는 중심 뿌리. 기둥뿌리 참조.

주두(柱頭, stigma): 암술머리.

주맥(主脈, 가운데잎줄): 잎의 중심 맥, 중늑(中肋) 참조.

주아(珠芽, 구슬눈(살눈), bulblet): 새로운 개체가 되는 싹. 육아(肉芽) 참조.

주출지(走出枝, 달리는줄기): 지표면 위치에서 길게 뻗는 줄기.

중늑(中肋, 중심잎줄): 단자엽 식물(예: 벼과식물)의 잎 가운데를 달리는 굵은 잎줄(主脈).

중위자방(中位子房, 중간자리씨앗집이): 꽃받침이 자방의 허리 위치까지 있는 구조. 〈부록〉 형태용어도판—꽃의 구조와 자방의 위치 참조.

지하경(地下莖, 땅속줄기, subterranean stem, rhizome): 땅속을 달리는 줄기.

지상경(地上莖, 땅위줄기, areal stem): 땅 위를 달리는 줄기.

집산화서(集散花序): 모인꽃차례가 다시 흩어져 있는 꽃차례. 〈부록〉 형태용어도판—꽃 모양 참조(예: 산박하).

(ㅊ)

첨두(尖頭, 뾰족한 끝, acuminate): 〈부록〉 형태용어도판—잎끝 모양 참조.

초상(鞘狀): 칼집처럼 감싼 모양.

총상화서(總狀花序, 송이꽃차례, raceme inflorescence): 〈부록〉 형태용어도판—꽃차례 참조.

총생(叢生, 모여나기, fasciculation): 모여 나는 모양.

총엽병(總葉柄, 큰잎자루): 겹잎의 경우, 가장 중심이 되는 첫 잎자루.

총포(總苞, 모인꽃싼잎, eilema): 꽃자루 부분에 잎처럼 생긴 것이 모여난 것. 또는 작은 꽃받침이 여러 겹 모여서 꽃싸개가 된 구조. 꽃싸개 참조(예: 국화과의 꽃).

취산화서(聚散花序, cyme inflorescence): 고른 우산살 송이모양 꽃차례. 〈부록〉 형태용어도판—꽃차례 참조.

측근(側根, 곁뿌리, lateral root): 주근(主根) 옆에 붙은 뿌리. 곁뿌리 참조.

측생(側生, 옆달림): 줄기 옆에 붙어나는 모양.

측아(側芽, lateral bud): 잠복아(潛伏芽).

치아상(齒牙狀, 이빨모양): 잎의 가장자리가 이빨처럼 생긴 모양. 〈부록〉 형태용어도판—잎 가장자리 참조.

침수엽(沈水葉, 잠긴잎, submerged leaf): 침수식물에 있는 물속에 잠기는 잎. 물 깊이에 따라 잎 형태에 변형이 관찰됨(예: 물질경이).

침엽수(針葉樹, 바늘잎나무, needle-leaved tree): 잎이 바늘처럼 생긴 나무

침엽(針葉, 바늘잎, needle leaf): 바늘처럼 생긴 잎(예: 소나무 잎).

(ㅌ)

타원형(橢圓形, elliptical shape): 잎이 길쭉한 원형.

탁엽(托葉, 받침잎, stipule): 잎 아래 또는 잎자루에 붙어 있는 작은 잎.

탁엽초(托葉鞘, 턱싼잎): 줄기를 싸고 있는 턱잎(예: 여뀌).

(ㅍ)

퍼진털: 개출모(開出毛) 참조.

평저(平底): 편평한 잎바닥. 〈부록〉 형태용어도판—잎 모양 참조.

폐쇄화(閉鎖花, 닫힌꽃, cleistogamic flower): 꽃부리(花冠)가 닫힌 가운데 자가수분(自家受粉)으로 열매를 맺는 꽃(예: 솜나물의 경우는 봄형 꽃은 일반적인 꽃이고, 가을형 꽃은 폐쇄화).

폐화수정(閉花受精, cleistogamy): 폐쇄화의 꽃가루받이. 개체군 크기(집단을 구성하는 구성원 숫자)가 작은 경우는 멸종의 원인이 되기도 하지만, 골무꽃은 폐화수정에도 유전자다양성을 지탱함. 비교: 개화수정(開花受精, chasmogamy).

포(苞, 받침잎, bract): 꽃자루 부분에 달린 잎처럼 생긴 구조(예: 꽃싼잎의 포엽).

포(胞): 꽃턱잎.

포린(胞鱗, bract scale): 꽃싼잎 조각. 포편(胞片).

포막(胞膜, indusium): 싸는 막.

포복경(匍匐莖, 기는줄기, stoloniferous stem): 지면에 붙어서 기는 줄기.

포엽(苞葉, 꽃싼잎, bract): 꽃을 싸고 있는 잎 구조.

포영(苞穎, 잎겨, glume): 꽃이삭을 싸고 있는 구조.

포자낭(胞子囊, 알씨주머니, sporangium): 양치식물의 포자를 안고 있는 주머니 구조의 생식기관. 홀씨주머니.

포자낭군(胞子囊群, 알씨주머니무리, sorus): 포자낭이 모여 있는 구조. 홀씨주머니무리.

포엽(苞葉, 꽃싼잎, bract): 꽃을 싸고 있는 잎 구조. 간략하게 싼잎.

포자엽(胞子葉, 알씨잎, sporophyll): 포자가 생기는 양치식물의 길게 갈라진 잎. 실엽(예: 고사리삼).

포초(苞鞘): 불염포(佛焰苞)라고도 하며, 포엽(苞葉)의 엽초(葉鞘)가 변형된 것.

포편(胞片): 꽃싼잎조각.

품종(品種, forma): 분류학에서 가장 낮은 수준의 분류계급으로 개체유전적 안정성이 매우 낮은 그룹. 이에 비해 변종(變種, variety)은 지리적 격리로부터 분화해 더욱 안정적인 분류군.

풍매화(風媒花, 바람나름꽃, anemophilous flower): 주로 바람을 이용해 꽃가루받이(受粉) 하는 꽃.

피목(皮目, 껍질눈, lenticel): 목본(木本)의 줄기나 뿌리의 외피(예: 코르크) 조직이 만들어진 후에 기공(氣孔) 대신에 만들어진 공기가 통하는 통로조직.

피침형(披針形, 창끝모양, lanceolate shape): 〈부록〉 형태용어도판—잎 모양 참조.

(ㅎ)

하순(下脣, 아랫입술, lower lip): 상순(上脣) 에 대응하는 아래쪽 꽃 조각.

하위자방(下位子房, 아랫자리씨앗집, inferior ovary): 자방이 꽃받침 속에 위치하는 구조. 〈부록〉 형태용어도판—꽃의 구조와 자방의 위치 참조.

학명(學名, scientific name): 생물종을 분류하는 데 이용되는 국제명명규약에 따라 표준화된 학술 이름. 학명은 라틴어로 기재하며, 일반적으로 속명(屬名)과 종소명(種小名)으로 이루어진 린네의 이명법(二名法)에 따름. 문, 강, 목, 과, 속, 종, 속명+종소명(예: 소나무(赤松)의 학명은 *Pinus densiflora* Sieb. et Zucc.이며, 속명 피누스(*Pinus*)와 종소명 덴시플로라(*densiflora*), 명명자(命名者) 시볼디(P.F. Siebold)와 쥬카리니(J.G. Zuccarini)로 구성).

핵과(核果, 알갱이열매, drupe): 〈부록〉 형태용어도판—열매 모양 참조.

헛뿌리(假根, 가근, rhizoid): 유관속 식물의 뿌리처럼 부착과 수분흡수 등의 기능을 하며, 복잡한 분화(分化)가 없는 구조의 총칭으로서 주로 하등한 식물에서 나타남.

헛수술(가웅예, 假雄蕊): 웅성(雄性)의 기능이 없는 수술.

헛줄기(가간, 假幹, rhizophore): 줄기처럼 보이지만, 사실상 뿌리에서 파생된 기관으로, 뿌리와 단근체(担根體)라는 기관이 합쳐져서 생성된 기관. 지표면 가까이에 붙어사는 종에서 주로 볼 수 있음(예: 부처손).

협과(莢果, 꼬투리열매, legume): 〈부록〉 형태용어도판—열매 모양 참조.

호생(互生, 어긋나기, alternate): 어긋나는 차례.

호영(護穎, 겉받침겨, lemma): 벼과 꽃이삭 바깥을 싸고 있는 구조. 〈부록〉 형태용어도판—벼과 구조 참조.

홀수1회우상복엽: 홀수깃모양겹잎(우상복엽 참조).

화경(花莖, peduncle): 꽃줄기.

화관(花冠, 꽃갓, corolla): 꽃 전체 구조.

화변(花辨, 꽃잎, petal): 꽃의 잎.

화병(花柄, 꽃자루, peduncle): 꽃이 달린 자루.

화본형(禾本型, graminoid, grass-form plant): 단자엽식물 가운데 특히 벼과 식물의 잎 모양처럼 생긴 잎이 있는 종류의 총칭. 우리말은 띠풀.

화분임성(花粉稔性, pollen fertility): 꽃가루로 생식 가능한 성질, 즉 유성생식(有性生殖) 가능한 능력.

화상(花床): 꽃잎과 꽃받침의 통칭.

화수(禾穗, 벼꽃이삭): 화본형 식물의 꽃이삭.

화주(花柱, 암술대, stylus): 암술의 긴 대.

화축(花軸, 꽃대축, rachis): 꽃을 지주하는 대.

화판(花瓣, 꽃잎, petal): 꽃의 잎.

화피통(花被筒, cylinderical perianth): 통모양의 꽃울.

화피(花被, 꽃울, perianth): 꽃 덮개.

화피편(花被片, 꽃울조각, perianth segment): 꽃받침과 꽃부리의 구분이 뚜렷하지 않는 부분.

활엽수(闊葉樹, 넓은잎나무, broad-leaved tree): 널찍하고 부드러운 잎을 갖는 나무.

헛수술(假雄蕊, staminode): 가짜 수술이라는 의미로 웅성(雄性)의 기능이 없는 수술.

헛줄기(仮幹, rhizophore): 가짜 줄기라는 의미이며, 줄기보다 뿌리 구조에 닮음.

휴면아(休眠芽, dormant bud): 불리한 환경조건에서 휴면(休眠)하는 상태의 싹(눈).

생태용어사전

용어 정리에 도움이 된 문헌:

(i)『한국의 대표지형』(산지, 하천), 국립환경과학원 (2010)
(ii)『지질학사전』(1998), 교학연구사
(iii)『생물학사전』(1998), 도서출판 아카데미서적
(iv)『녹지생태학』(2006), 월드사이언스
(v)『식물사회학적 식생 조사와 평가 방법』(2006), 월드사이언스
(vi)『한국식물사회생태도감 I. 우포늪의 식물군락』(2011), 계명대학교출판부
(vii)『제4차 전국자연환경조사 지침-학술보고서』(2012), 환경부·국립환경과학원
(viii)『A Dictionary of Ecology, Evolution and Systematics』(1982), Cambridge University Press

(ㄱ)

개량종(改良種, cultivated-form): 우수한 형질을 포함하도록 인공적으로 만들어 낸 새로운 품종.

개체군(個體群, population): 한 종으로 이루어진 개체 집단으로 생물학적 동일한 교배 그룹. 사람의 경우는 인구(人口)에 해당.

개체군크기(population size): 개체군(무리 또는 집단)을 이루고 있는 개체수(個體數)의 많고 적음.

건생이차초원식생(乾生二次草原植生, secondary dry meadow vegetation): 건조한 서식처에 발달하는 이차초원의 한 형태로 단층 또는 2층의 초본식물로 구성되는 식물사회(예: 목초지, 공동묘지, 골프장 등의 억새군락, 잔디군락 등).

게릴라전략(guerrilla strategy): 번식전략 세 가지(밀집전략, 침투전략, 게릴라전략) 가운데 하나로서 긴 절간(節間) 하나가 번식 모듈(module)이 되는 식물 생태형질(예: 달뿌리풀).

겨울형일년초(冬型一年草, 겨울한해살이풀, winter annual plant): 가을이나 겨울에 발아(發芽)해 겨울을 지내고 이른 봄에 개화하는 생활형으로 1, 2년생 식물(therophyte)로 분류됨. 겨울형한해살이(一年生) 종(種)의 기원(起源)은 한랭한 북방 지역임.

경작지 언저리 식물: 답압의 영향이 있는 농로(農路)에 사는 식물을 제외한 종으로, 경작 또는 휴경작 토지 언저리에 주로 사는 식물(예: 털진득찰).

경작지 잡초(segetal weed): 잡초 가운데 경작지를 중심으로 분포하는 종 그룹으로 일부 종은 터주식물에 포함됨(터주식물 및 인위서식처 참조).

경작지잡초식생(雜草植生, segetal vegetation): 경작지 잡초로 이루어진 식물사회. 개망초-망초군락은 휴경밭의 전형적인 경작지 잡초식생(터주식생 참조).

경쟁자(competitor): 주로 숲속에 사는 식물(생태전략 참조).

계류구간(溪流區間): 규모가 상대적으로 작은 계곡으로 하천 최상류 산골짜기에 이어져 있으며, 늘 물이 흐르는 구간. 바닥에 직사광선이 도달하는 영역(참조: 사행구간(蛇行區間)과 선상구간(扇狀區間)).

고경초본(高莖草本, tall-herbs): 식물 높이(키)가 큰 초본(草本)의 총칭으로 높이에 따른 광선(光線) 분배로 두 층의 식생구조를 만듦. 해바라기와 같은 광엽형(廣葉型, forb type)과 갈대와 같은 화본형(禾本型, grass type)을 포함.

고귀화식물(古歸化植物, Archeophyten(獨), archeophyte(英)): 개화기 이전(1890년대 이전)에 귀화한 식물(예: 미국자리공).

고대숲(古代林, ancient forest): 전통 마을숲 가운데 나이(林齡)가 오래된 숲. 일반적으로 300년 이상인 숲.

고수부지(高水敷地, river terrace): 큰물(高水位)이 발생할 때에만 물에 잠기는 하천 물길의 가장자리 영역.

고온건생초지(高溫乾生草地, xerothermic grassland): 건조하기 쉽고 매우 더운 환경의 미세 입지에 발달하는 초지.

고유식생(固有植生, native vegetation): 해당 지역의 자연환경 조건의 총화로부터 저절로(spontaneously) 발달한 식물사회. 리기다소나무림처럼 인위적으로 도입된 외래식생(外來植生)에 대응되는 개념.

고유종(固有種, native species): 특정 지역에서 저절로 자생하는 종. 특산종(特産種, endemic species)을 포함하며, 외래종(外來種)에 대응되는 개념.

공생(共生, symbiosis): 서로 다른 종이 서로에게 이익이 되면서 함께 살아가는 생물학적 과정. 상리공생(相利共生, + +)과 편리공생(片利共生, + 0)을 포함.

과설지역(寡雪地域, snowless area): 상대적으로 눈(雪)이 적게 내리는 지역. 우리나라에서 울릉도와 같은 다설지역(多雪地域)에 대응되는 개념.

과습(過濕, wet): 수분 경향성 다섯 등급, 즉 건조(乾燥), 약건(弱乾), 적습(適濕), 약습(弱濕), 과습(過濕) 가운데 가장 습한 수준으로 토양 알갱이 틈(孔隙) 사이에 물분자가 항상 포화(飽和)되어 있는 상태.

관수(冠水, flooding): 홍수 따위로 일시적으로 물에 잠기는 현상.

광역분포종(廣域分布種, cosmopolitan): 생물지리학적으로 여러 생물구계(生物區系)에서 넓게 분포하는 종. 세계는 크게 전북구계(全北區系), 구열대구계(舊熱帶區系), 신열대구계(新熱帶區系), 호주구계(濠洲區系), 남극구계(南極區系), 케이프(아프리카 남단)구계(區系), 6개 구계로 대분류 되고, 우리나라 식물상은 대부분 전북구계에 속하는 종들이 분포하며, 제주도와 남부지방에는 일부 구열대구계에 속하는 종도 분포.

광합성(光合成, photosynthesis): 1차생산자로서 녹색식물의 탄소동화작용으로 탄수화물을 생산하는 대사 과정($6CO_2 + 6H_2O$=(빛)= $C_6H_{12}O_6$).

구릉지(丘陵地, hilly zone): 산지와 평지 사이의 공간적 개념으로 일반적으로 해발고도 300m 이하 산록(山麓)으로 이어지는 부분이거나 독립적이면서 경사가 발달한 나지막한 산지 지형.

구분종(區分種, differential species): 식물사회학에서 단위식생을 진단하는 종으로 아군집(亞群集) 이하의 단위식생 또는 불특정 식물군락을 진단(지표)하는 종. 표징종(標徵種, character species)에 대응되는 개념.

구하식애(舊河蝕崖, old river-cliff): 사행(蛇行)하는 강줄기에서 공격사면(攻擊斜面) 쪽에 침식에 의해 만들어진 경사 절벽(outer bank)으로 현재는 강의 직간접적인 침식작용으로부터 벗어나 있는 지형.

구황식물(救荒植物, hardy plant resource): 흉년, 전쟁 따위로 기근(饑饉)이 심할 때, 즉 식량이 부족한 시기를 극복하기 위해서 식재료로 이용되는 식물.

국지적 분포(局地的 分布, local distribution): 특정 서식처에서만 분포하는 경우. 특이한 생육환경(조건과 자원 환경)이 있는 장소에 의존해 살아가는 생물종의 분포. 지역적(地域的, regional), 범지구적(凡地球的, global), 국가적(國家的, national), 지방적(地方的, provincial) 분포와 구별되는 개념(예: 석회암 지역 또는 고층습원과 같은 서식처는 생육환경이 독특하기 때문에 특정 종과 특정 생물사회가 발달하는 국지적 분포 양상으로 기재함).

군강(群綱, class): 식물사회학적 군락분류체계(syntaxonomical hierarchy system)에서 최상급 단위식생(單位植生, syntaxon)으로서 하나 이상의 군목(群目, order)을 포함(예: 저층습원의 최고차 단위식생은 갈대군강(Phragmitetea); 참조『식물사회학적 식생 조사와 평가 방법』 김종원, 이율경, 2006).

군단(群團, alliance): 식물사회학적 군락분류체계(syntaxonomical hierarchy system)에서 상급 단위 군목(群目, order)의 바로 아래 계급 단위로서 하나 이상의 군집(群集 , association)을 포함.

군락(群落, community, Gesellschaft(獨)): 식물사회학적 군락분류체계(syntaxonomical hierarchy system)에서 그 위치가 불분명하지만, 하나의 식물사회로서 분명하게 실존하고 있는 식물종 공동체. 커뮤니티(community)가 생물군집(群集) 또는 생물공동체로 번역되는 혼란이 있음. 생태학과 식물사회학의 기원을 가지고 있는 독일어 문화권에서는 게젤샤프트(Gesellschaft; community)에 대응하는 용어로 특정의 식물사회를 지칭하는 어소찌아치온(Assoziation; association)이 있으며, 이 두 가지의 용어는 엄격하게 구분해서 사용됨(군집 참조).

군락지리학(群落地理學, syngeography): 식물사회학적 연구를 바탕으로 유형화된 식물사회(식물군락 및 다양한 단위식생, syntaxa)에 대해 지리적 분포와 지역의 자연환경 조건(특히 기후 요소)과의 상호관계를 연구하는 분야(식생지리학 참조).

군목(群目, order): 식물사회학적 군락분류체계(syntaxonomical hierarchy system)에서 최상급 단위 군강(群綱, class) 바로 아래의 계급 단위이며, 하나 이상의 군단(群團, alliance)을 포함.

군생(群生, cluster colony): 한 종이 무리를 이루어 한 장소에 모여 사는 것. 식물의 경우는 지하경(地下莖)이나 지상경(地上莖)을 이용한 무성생식을 통해 유전적으로 동일한 큰 무리를 형성함.

군집(群集, association): 식물사회학적 군락분류체계(syntaxonomical hierarchy system)에서 기본 단위가 되는 계급(종분류계통학의 종(種)에 대응되는 단위)이며, 하나 이상의 아군집(subassociation)을 포함.

귀화식물(歸化植物, alien species, exotic species): 생물지리학적 구계 구분에 따라 식물 생태적 속성을 구분할 때, 고유식물에 대응되는 식물의 총칭. 현재 인위적 국경을 기준으로 부르는 일반적 용어의 '외국식물'과 다름. 일본과 중국(일부 지역 제외)이

귀화식물의 생태 분류와 다양성

<table>
<tr><td rowspan="3">고유종(固有種)
Idiochore
Proanthropophyten
Native species</td><td colspan="2">고유종
(특산종, endemic species 포함)</td><td>해당 식물지리학적 구계 내에서 본래부터 저절로 생육 분포하는 종. 이 가운데 특정한 지리 영역(예: 한국, 울릉도, 제주도 등)에서만 분포하는 종은 특산종(特産種, autochthonous origin)으로 칭한다(예: 한국특산종 자난초, 울릉도특산종 너도밤나무 등)</td></tr>
<tr><td rowspan="2">Seminative species</td><td>반고유종</td><td>동일한 식물지리학적 구계에 속하면서 분포중심지로부터 이웃하는 지역에 저절로 생육분포하는 종(예: 모감주나무, 회화나무 등)</td></tr>
<tr><td>반고유
문화종
Apophyten</td><td>동일한 식물지리학적 구계에 속하면서 현재의 지역에서 자연 서식처(natural habitat, sensu lato)에서는 번식(regeneration)을 성취하지 못하고, 인간 영향에 노출되어 있는 서식처(cultural habitat; 예로 경작지)에서 살아남은 종(예: 고유 잡초종 쑥, 강아지풀 등, 또는 은행나무처럼 관리됨으로써 살아남은 수목 종)</td></tr>
<tr><td rowspan="12">귀화종(歸化種)
Anthrophochore
Hemerochore
Anthropophyten
Adventive species
Alien species
Exotic species</td><td colspan="3">도입 시기 Introduction time</td></tr>
<tr><td colspan="2">고귀화종(古歸化種)
Archaeophyten</td><td>개화기 이전(1890년대 이전. 예: 개망초)
사전귀화종(史前歸化種, Prehistoric-naturalized plants; 前川, 1943)은 일본열도에서 정착농경(주로 벼 경작) 시대를 중심으로 귀화한 종을 역사시대에 귀화한 종과 구분하고자 한 개념으로 한반도에서의 식생지리학적 배경과 크게 다름을 유의해 적용해야 함.</td></tr>
<tr><td colspan="2">신귀화종 Neophyten</td><td>개화기 이후(1890년대 이후. 예: 코스모스, 가시박 등)</td></tr>
<tr><td colspan="3">도입 방법 Introduction mode</td></tr>
<tr><td colspan="2">기회외래종
Akolutophyten</td><td>인간의 직접적 관여 없이 자발적으로(저절로, spontaneous) 이동해서 침입해 야생화한 경우. 이 종은 대체로 신속하고 광범위한 확산을 보이는 탓에 그 영향 또한 가시적임(예: 별꽃아재비).</td></tr>
<tr><td colspan="2">수반외래종
Kenophyten</td><td>인간의 직접적 관여에서 비의도적(예: 목재 수입에 묻혀온 씨앗, contaminants)으로 유입된 도래종(예: 미국자리공).</td></tr>
<tr><td colspan="2">탈출외래종
Ergasiophygophyten</td><td>인간의 직접적 관여에서 의도적(intentional)으로 도입된 종이 야생으로 탈출해 생육 분포하는 경우. 원예, 조경, 농경 등의 의도적 도입으로부터 이차적으로 탈출한(escaping) 종(逸出種)으로 생태적 분포가 가시적이지 않음(예: 기생초).</td></tr>
<tr><td colspan="3">정착 양식 Naturalization</td></tr>
<tr><td rowspan="2">영구
정착</td><td>일차식생외래종
Agriophyten</td><td>일차식생(primary vegetation, 자연 또는 반자연 식생)에서 구체적인 서식 지위를 차지(예: 습지에 드물게 미국가막사리).</td></tr>
<tr><td>이차식생외래종
Epecophyten</td><td>자연교란 또는 인간간섭에 의한 이차식생(secondary vegetation; 예: 터주식생)에서만 구체적인 서식 지위를 차지(예: 붉은씨서양민들레).</td></tr>
<tr><td rowspan="2">일시
정착</td><td>일시정착외래종
Ephemerophyten</td><td>약간의 야생 개체로 관찰되고, 식생(형)에서 구체적인 서식 지위가 없으나, 자력으로 지위를 유지할 수 있는 경우(예: 노랑꽃창포).</td></tr>
<tr><td>경작외래종
Ergasiophyten</td><td>약간의 야생 개체로 관찰되지만, 식생(형)에서 구체적인 서식 지위가 없고, 자력으로 지위를 유지할 수 없는 경우(예: 외래경작식물).</td></tr>
</table>

[참고] 기타 복합적인 용어

지역종(local sp., land-races): 어떤 지역에서 특정 생물지사(현재 포함) 시기에 분포하는 것으로 기록되고 있는 종.

도입종(導入種, introduced sp.): 한 지역에 원래 분포하던 종이 아닌 다른 지역의 종을 특정한 목적(경제, 심미 등)을 위해 이주 또는 이식시켜 정착된 종(지역에서 도입종이라고 지목되는 종의 분포와 확산에 인간의 역할이 있었다는 증거가 필요). 여기에서 외국이나 외지에서 들여왔다는 의미로 일반적으로 사용할 수 있는 용어는 외래종(外來種)임.

토착종(土着種, spontaneous sp.): 스스로 개체군을 유지 발달함에 있어서 현지외(現地外)로부터의 유입된 산포체(diasporas)에 의하지 않고 현지내(現地內)에서 저절로 개체군을 형성하는 종. 주로 외래종의 한 범주로 귀속됨.

향토종(鄕土種, indigenous sp.): 자생이 아닌 외국에서 들어온 것이라도 원주민과의 밀접한 관계에 있는 것은 향토종으로 인정. 즉 외래종이 토착화된 종 가운데 인간의 관리에 의해 번식하는 종과 자생종 모두를 포함.

자생종(自生種, wild sp.): 일명 향토종으로 그 지역에 저절로 사는 모든 야생종(野生種)에 대해 일반적으로 사용하는 용어.

생태미확인종(生態未確認種, unecophyten): 귀화식물종 가운데 인간간섭 하(예: 농경)에서 진화해 왔으며, 그로 인해 자연 지역(natural home range)에 그 서식처가 없으면서 원래의 서식처(original habitat)에 대한 정보도 없는 종.

인위식물종(人爲植物種, synanthropophyten): 고유종이거나 외래종 가운데에서 인간의 활동(간섭)에 의해서만 그 분포가 확산될 수 있는 종 그룹(Kowarik, 1988).

침투종(浸透種), invasive sp.): 고유의 서식처가 아닌 다른 입지(서식처)에 저절로 들어와 사는 종(Herger, 2000). 하지만 일반적으로 고유 식물사회에 영향력을 미치게 되는 경우이면서 이것이 인간활동에 의해 야기되는 경우에 적용되는 개념으로 받아들여지고 있음(Colaitti & MacIsaac 2004). 예를 들면 생물다양성협약에서는 어떤 종이 본래의 자연 분포 지역을 벗어나, 새로이 분포하는 지역에서 그 지역의 생물다양성을 위협하게 되는 종그룹을 침투외래종(Invasive alien species, IAS; CBD 2008)으로 정의. 즉 침투종은 고유 생태계에 부정적인 영향을 미치는 종 그룹이며, 그것이 귀화식물일 경우에 침투귀화종으로 분류.

(*sensu* Schröder 1968; Kornaś 1990; Walter *et al*. 2005; Lohmeyer & Sukopp 2001; CBD 2008)

동일한 식물구계일 경우에는 그 국가의 원산식물일지라도 귀화식물로 취급되지 않음. 식물지리학적으로 한반도를 포함한 우리나라는 동아시아구계(East-Asiatic region; 日華區系, Sino-Japanese region, Takhtajan 1986)에 속함.

그루숲(單木群, grove): 숲의 규모에는 이르지 못하고, 노거수 단목(單木) 수준을 넘어서는 작은 숲의 형태. (2014년 가을, 계명대학교 김가예 씨의 제안을 채택함.)

극상림(極相林, climax forest): 해당 공간에서 식물사회 천이(遷移)의 마지막 단계에 발달하는 궁극의 숲. 구조적 기능적 평형상태(equilibrium)를 유지하는 이론적인 숲의 개념. 일반적으로 온대지역에서의 극상림은 낙엽활엽수림 상관(相觀).

근자연림(近自然林, nearly natural forest): 극상림에 가까운 종 조성과 구조를 가지는 숲.

기수역(汽水域, brackish water zone): 해양과 육지의 경계 지역의 해안 호소(湖沼)나 하구(河口) 등지에서 해수(짠물)와 담수(민물)가 혼합되어 형성되는 영역.

기주식물(寄主植物, host plant): 주로 초식성(草食性) 곤충이나 그 애벌레의 먹이가 되는(食草) 식물.

기창(騎槍, lance): 말을 탄 기마병이 사용하는 무기인 창(槍).

깃대식물종(flagship species): 지역의 대표적인 생태계, 경관, 문화 등에 대한 상징적, 생태적 의미로 선정된 종.

(ㄴ)

나대지(裸垈地, 개방입지, open space): 지상에 식물이 피복한 면적이 매우 제한적이거나 거의 0%에 가까운 입지로 천이(遷移) 최초 또는 초기 단계. 일반적으로 빈 땅, 맨땅이라고 부르는 곳. 조경학의 오픈 스페이스 또는 공한지(空閒地) 개념을 포함.

난온대(暖溫帶, warm-temperate zone): 생물기후대 구분에서 아열대(亞熱帶, subtropical zone)와 냉온대(冷溫帶, cool-temperate zone) 사이의 온도대(溫度帶). 온대(溫帶) 가운데 가장 온난한 기후대. 동북아 지역에서는 후박나무, 구실잣밤나무, 가시나무, 동백나무, 차나무 등에 의한 상록활엽수 식생이 발달.

내건성(호건성)식물(耐乾性(好乾性)植物, xerophilious plant): 과도하게 건조한 과건(過乾) 서식처가 분포 중심지인 식물.

내동성(耐冬性, frost-resistance): 동절기의 비생육 기간을 극복할 수 있는 능력(예: 봉의꼬리의 인내 최저 기온 -20℃).

냉온대(冷溫帶, cool-temperate zone): 생물기후대 구분에서 난온대(暖溫帶)와 아고산대(亞高山帶) 사이의 온도대. 보다 한랭한 온대(溫帶). 동북아 지역에서는 하록(夏綠)의 참나무 종류와 너도밤나무, 단풍나무 종류 등의 하록활엽수(夏綠闊葉樹, 落葉闊葉樹) 식생이 발달.

노거수(老巨樹, old-growth and giant tree): 수령(樹齡)이 오래된 거목(巨木). 마을 공동체의 문화적 유산이 되는 전통 마을나무.

노령림(老齡林, old-growth forest): 숲 나이(林齡)가 오래된 늙은 숲. 많은 자연림 또는 극상림의 경우.

노방식생(路傍植生, road side vegetation): 길 가장자리에서 발달하는 식물사회. 상대적으로 밟히는 빈도가 노상식생(路上植生)에 비해 낮은 것이 특징.

노상노방식생(路上路傍植生): 노상식생과 노방식생 참조.

노상식생(路上植生, road bed vegetation): 답압(踏壓) 영향에 직접 노출된 길 위에 발달하는 식물사회.

녹색갈증(biophilia): 자연을 좋아하는 생명체의 본질적이고 유전적인 소양.

농지식물(農地植物, segetal plant): 경작지 및 휴경작지에 분포중심을 둔 식물. 인위식물 범주(마을식물, 농지식물, 터주식물, 언저리식물)에 속하는 생태분류형(인위식물 모식도 참조).

농지식생(農地植生, segetal vegetation): 경작지 및 휴경작지에서 발달하는 식물사회(터주식생 참조).

농촌형(農村型, rural type): 도시형 또는 도시 · 산업형에 대응되는 개념. 인간간섭 정도, 에너지 이용의 패턴과 수준에서 자연형(natural type)과 도시형(urban type)의 중간 수준.

(ㄷ)

다년초(多年草, 여러해살이풀, perennial): 생명환의 길이가 3년 이상인 초본.

다발식물체(tussock): 화본형(禾本型, (grass form) 잎을 가진 벼과 또는 사초과에 속하는 일부 종에서 관찰되는 곡지방주(谷地坊株) 또는 사초기둥 모양. 다설(多雪)지역이나 주기적인 범람원(汎濫原)에서 주로 관찰되는 독특한 생태형질.

다육식물(多肉植物, succulent plant): 잎이나 줄기에 두터운 조직이 있는 식물. 조직의 일부 또는 식물체 속에 많은 양의 물을 저장. 극단적으로 건조한 서식처에 생육하는 선인장 종류가 전형적인 사례.

다후리아(Dauria): 러시아 극동 연해주 지역에서부터 서쪽으로 바이칼 지역까지를 지칭하는 17세기 이전의 옛 지명.

단개화식물(單開花植物, monocarpic plant): 생명환에서 일생동안 단 1회만 개화하며, 그 이후에는 고사하는 특성을 가진 식물. 여러해살이(多年生) 가운데 대나무 종류가 전형적인 예.

단애지(斷崖地, cliff scarp): 침식이나 융기에 의해 급경사를 이룬 절벽처럼 생긴 지형.

단위생명체(單位生命體, unitary organism): 유성생식으로만 번식하는 생물체. 모듈생명체(module organism)에 대응되는 개념.

단일식물(短日植物, short-day plant): 일정기간 이상으로 계속되는 암기(暗期)가 포함된 광주기(光週期) 처리로 꽃눈이 형성되거나, 또는 꽃눈 형성이 촉진되는 식물.

단일우점(單一優占, mono-dominant): 한 종 또는 하나의 생태형질에 의한 피복(被覆)으로 우점되는 형상.

답압효과(踏壓效果, trampling effect): 밟힘의 효과. 서식처 토양이 다져지고, 토양 공극(孔隙)이 사라져 통기성(通氣性)과 통수성(通水性)이 불량하게 되고, 매몰(埋沒) 종자의 발아가 저해(沮害)되며, 호우에는 지상에서 빗물 유출이 급격히 발생해 쉽게 건조해짐.

대기후(大氣候, macro-climate): 생물 분포에 영향을 미치는 기후 환경조건(소기후, 중기후, 대기후)의 가장 크고 높은 수준 기후 환경. 소기후(小氣候)는 서식처 수준, 중기후(中氣候)는 지역적 수준(예: 영남지역), 대기후는 광역적 수준(예: 온대, 열대 등).

대륙성기후(大陸性氣候, continental climate): 온도와 강수량의 일주기적, 계절주기적 편향성(偏向性)이 상대적으로 뚜렷한 기후. 해양성기후(海洋性氣候)에 대응되는 개념. 일반적으로 일중 그리고 계절적 최고 기온과 최저 기온의 편차가 크고, 연중 강수량은 식물 생육기간에 집중되고, 비생육기간에는 매우 제한적인 것이 특징. 대륙성기후지역에서는 해양성기후지역에 비해 수분스트레스와 산불이 발생할 빈도가 높으며, 그에 대응해 건생형(乾生型) 식물사회와 식물종이 다양하고, 그 출현빈도도 높음(예: 산거웃(산거울)은 전형적인 대륙성기후지역을 특징짓는 사초 종류).

대륙성온대기후(大陸型溫帶氣候, continental temperate-climate): 온대지역에서의 대륙성기후. 한반도는 일본열도에 대응해 전형적인 대륙성온대기후지역이며, 낙엽활엽수 참나무류에 의한 삼림식생이 특징.

대륙형 식생(大陸型 植生, continental vegetation type): 군락지리학적 연구로부터 규정되는 식생지리형(syngeographical type)으로서 해양형(海洋型, oceanic type) 식생에 대응되는 개념. 한반도에는 대륙형 식생이 우세하다면, 일본열도는 전형적인 해양형 식생으로 특징 지어짐.

대륙형 식생지역(大陸型 植生地域, continental vegetation zone): 대륙형 식생이 발달하는 지역. 한반도 내에서 가장 대륙성 식생지역인 곳은 영남분지.

대상분포(帶狀分布, zonal distribution): 서식처의 환경조건에 대응해, 식물종 또는 식물사회가 벨트 상으로 분포하는 상관(相觀). 해발고도가 높은 산지에서 고도가 상승함에 따라 온도가 하강하는 경향성에서 생성되는 식생의 수직적 대상분포. 해안 사구(砂丘)에서 수분과 염분 환경으로부터 해안선과 평행해 발달하는 사구식생의 수평적 대상분포가 발달.

대상식생(代償植生, substitute vegetation): 자연식생(natural vegetation *sensu stricto*)에 대응하는 개념으로 특히 식물사회학에서는 인간간섭으로부터 2차적으로 생성된 식물사회를 지칭. 조림지의 인공림식생은 대표적인 대상식생. 이차식생(secondary vegetation)은 일차식생(primary vegetation)에 대응되는 용어이며, 대상식생 범주에 포함됨. 대상식생은 자연식생을 공간적으로 대체하고 있을 뿐, 생태학적으로 그리고 식물사회학적으로 그 구조나 기능을 대신하는 것이 아니기 때문에 영어의 substitutional보다 substitute로 표기.

대응분포종(對應分布種, vicarious species): 지리적으로 서로 다른 지역에 위치하는데, 서식처 유사성(類似性)을 보이는 종(예: 답압 식물로 아시아의 질경이(*Plantago asiatica*)와 중부유럽의 질경이(*Plantago major*).

도시형(都市型, urban type): 농촌형에 대응하는 유형. 인간간섭 정도와 에너지 이용 패턴에서 자연형(natural type)과 완전히 배치되는 과도한 인공 에너지의 투입으로 유지되면서 과도한 인간간섭 영향에 노출되어 있음.

도시화(都市化, urbanization): 일반적으로 도시의 인구증가를 의미하기도 하지만, 생태학적으로 도시라는 인공생태계에 의한 야생 생물의 서식처 환경조건의 질적 쇠퇴를 야기하는 일련의 과정을 의미. 에너지 유입과 유출 그리고 물질순환의 온전성(integrity)이 자연적이지 못하고 인공적으로 조절되는 것. 자연생태계와 건전한 농업생태계에 대비되는 서식처의 생태적 질적 저하를 초래. 시멘트 콘크리트 면적의 확대로 복사열에 의한 극단적인 건조 환경이 야기되는 것이 대표적인 도시화 징후의 한 사례. 식물사회학적으로 도시화는 헤메로비(hemeroby) 등급으로 표현할 수 있으며, 귀화식물과 1, 2년생식물종의 출현 정도를 가지고 판정. 명아주나 붉은씨서양민들레의 높은 출현빈도는 우리나라의 도시화 지표가 됨.

동물산포(動物散布, zoochore): 동물을 이용한 종자의 산포.

동아시아 식물지리구계(東北亞植物地理區系, East-Asiatic province): 한반도와 동해를 중심으로 하는 식물지리학적 구계로 일본열도와 중국(서부와 서북부 지역 제외)을 포함. 일화구계(日華區系, Sino-Japanese province)라고도 함.

동형진화(同型進化, convergent evolution): 계통학적으로 서로 다른 생물이 서식하는 서식처 환경조건의 유사성으로부터 구조나 모양의 유사한 형태를 보이는 현상. 자연선택에 의한 적응의 결과로 수렴진화(收斂進化)라고도 함.

듬성숲(疏林, sparse forest, shrub-steppe): 숲지붕(canopy)이 열려 있으면서 숲 바닥층(floor)의 빛 환경이 무척 밝은 상태로, 숲과 초지의 중간 상태인 식분. 초원식생에 듬성듬성 왜생(矮生)한 나무가 들어선 군락 구조. 숲이 발달할 수 없을 정도로 특이하거나 열악한 생육환경조건에서 발달. 츠렁모바위나 시렁모바위 같은 입지에서 종종 발견.

(ㄹ)

로제트형(rosette type): 뿌리에서 직접 생긴 잎(根出葉)이 지면에 붙어난 잎. 겨울을 극복하는 생태전략으로 주로 해넘이한해살이(一年生越年草)에서 흔하게 관찰되며, 지면에 퍼진 잎 모양이 장미꽃(rose) 조각처럼 생긴 데에서 유래하는 명칭.

(ㅁ)

마을식물(village plant): 마을 사람들의 빈번한 간섭(踏壓)에 노출된 곳에 사는 식물. 인위식물 범주(마을식물, 농지식물, 터주식물, 언저리식물)에 속하는 생태분류형. (인위식물 모식도 참조).

망토군락(mantle plant community): 숲가장자리(林緣) 식생 가운데 하나. 공간적으로 숲과 소매군락 사이에서 발달하는 관목형 덩굴식물과 가시식물이 우점하는 식물사회로 숲을 방어하는 스크램블 기능을 함(예: 칡군락).

맹아력(萌芽力, sprouting ability): 수목(樹木) 종에서 최초 본 줄기(shoot)가 훼손되었을 때, 남아 있는 휴면 근주(根株)에서 다시 새로운 줄기를 만들어 내는 능력(예: 아까시나무의 왕성한 맹아(coppice) 형성).

모듈번식전략: 모듈생물체 참조.

모듈생물체(module organism): 유성생식(有性生殖)에 의해서 번식하는 단위생물체(unitary organism)에 대응되는 개념. 새로운 개체로 분화하고 발생할 수 있는 최소 모듈에 의해 번식 가능한 생물체. 일반적으로 무성생식(無性生殖)이 가능한 생물체는 모듈번식체(조직)가 있음.

모듈성(modularity): 모듈을 만드는 특성이나 시스템.

목초지(牧草地, meadow): 건초 생산 목적으로 일부러 만든 초지. 비교: 방목지(放牧地).

무배생식(無配生殖, apomixis): 배우자 없이 자식(종자)을 생산하는 것으로 보통 우발적으로 일어나고, 새로운 종이 생겨나는 종분화 과정. 예: 염색체수(2n=28~44)가 다양한 왕포아풀은 무배생식이 활발.

무성생식(無性生殖, asexual reproduction): 유성생식(有性生殖)의 대응 개념.

묵정밭(休耕田, abandoned field): 경작하지 않고 내버려 둔(休耕) 밭. 일반적으로 쑥대밭이라 함.

문화종(文化種, cultural species): 인간의 활동과 관련 깊은 종(synathropophyten).

물길지표층(hyporheic zone): 강, 하천의 물길(河道) 바닥 밑이나 옆의 포화 퇴적물층. 지표수와 지하수로부터 공급되는 물이 공존하는 층으로 지표면과 땅속 대수층을 이어주는 공간. 물길지표층 속에 물이 고갈되면 하천 바닥이 드러남.

미사(微砂, 가는모래, silt): 토양 알갱이 크기가 모래자갈보다는 가늘고, 진흙보다는 굵은 입자(예: 일반 밭흙).

미소입지(微小立地, micro-site): 생물 개체 수준에서 그 서식에 직접 영향을 미치는 입지의 영향권으로 최소 크기의 입지. 생태학적 미소서식처(微小棲息處) 또는 미서식처(微棲息處, microhabitat)와 동일한 개념.

미지형(微地形, microtopography): 서식처 수준에서 균질한 생물사회가 발달하는 최소 크기의 지형. 산지 비탈면이 지형 수준일 때, 그 비탈면 속에서 지표면의 현상을 두고 평면형, 오목형, 함몰형, 요철형, 혼합형 등으로 구분한다면, 그것이 미지형 또는 미세지형이 됨.

민족식물학(民族植物學, ethnobotany): 특정 지역의 토착민(indigenous people)이 가지고 있는 전통 식물 정보에 대한 연구 영역으로 인류식물학이라고도 함.

민족식물자원(民族植物資源, ethnobotanical resource): 고래로부터 토착민이 이용해 온 야생 식물종.

밀생(密生, thickly-wooded physiognomy): 해당 공간에 식생(植生)이 우거진 상관(相觀).

밀원(蜜源, honey(nectar) source): 곤충이 꿀을 수집하는 원천(源泉)으로 꽃의 밀선(蜜腺), 일부 수간의 상처에서도 수집됨.

밀집전략(密集戰略, phalanx strategy): 식물의 공간 점유 전략(게릴라전략, 침투전략, 밀집전략) 가운데 하나로 짧은 절간 라메트(ramet)에 의해 분얼지

(tiller)가 밀집해서 생겨 빽빽하게 자라면서 개체군이 커가는 전략. 인해전략이라고도 함.

(ㅂ)

반고유문화종(半固有文化種, Apophyten): 현재는 주로 교란된 장소(예: 인간간섭이 있는 서식처)에서 살아남은 고유종의 일종(idiochoren *sensu stricto*: 해당 생물지리구계 또는 지역에서 자연적 기원으로부터 분포하는 종. 인간의 도움이 분포의 기원인 종이 아님)(예: 은행나무-넓은 의미로 고유종으로 분류될 수 있으나, 현재 자생하지 않는 경우로 재배에 의해서만 종이 보존되는 화석식물종이며, 중국에서는 고유재배식물(固有栽培植物)로 번역).

반고유종(半固有種, semi-native species): 동일한 생물지리적 분포범위에 속하면서 분포중심지가 우리나라가 아닌 경우(예: 모감주나무, 회화나무 등).

반기생(半寄生, hemiparasite): 일종의 흡착기생(haoustorial parasites). 자신의 엽록체로 광합성을 하면서도 특수화된 뿌리 구조로 물관부와 체관부에서 영양분을 취하는 경우. 겨우살이처럼 숙주 식물(예: 참나무류)의 완전한 생명환이 필요한 절대(obligate)반기생과 제비꿀처럼 숙주 식물(예: 꿀풀)의 완전한 생명환이 필요하지 않은 조건(facultative)반기생으로 구분(영양양식의 분류 참조).

반복생식(反復生殖) 한해살이(short-lived iteroparous annul): 1년 생명환 동안에 계속해서 꽃이 피면서 생식하는 생물체.

반복생식 순간일년생(反復生殖 瞬間一年生, iteroparous ephemeral annual): 1년 중 짧은 특정 기간 동안 반복해서 생식을 거듭하는 생명체.

반상록(半常綠, semi-evergreen): 하록(夏綠) 식물종이지만, 서식환경이 유리하다면 낙엽지지 않고 계속 생육하는 식물. 하록성(夏綠性) 상록식물이라고도 함(예: 인동덩굴은 온난한 난온대지역에서는 동절기에도 가운데 일부 잎이 푸른 상태를 유지하면서 생육을 계속하지만, 냉온대지역에서는 모든 잎을 떨어트리고 휴지(休止) 상태가 됨).

반수면(半水面): 뿌리는 육지에 두고 지상 식물체는 주로 물 위에서 사는 식물(예: 털물참새피).

반음지(半陰地, half-shadow): 음지와 양지 중간 수준의 빛 환경조건으로, 넓게는 음지에 속함.

반지중식물(半地中植物, hemicryptophyte): 휴면아(休眠芽, 겨울눈, bud)가 땅속 지표면 가까이에 위치하는 라운키에르 생활형의 한 종류. 온대 식물상은 반지중식물의 구성비가 크게 높으며, 다른 생물군계와 구별되는 생태 요소.

방목지(放牧地, pasture): 자연적으로 발달한 초지 또는 일부러 만든 초지로 가축 방사를 통해서 목축하는 땅. 비교: 목초지(牧草地, meadow)

배후습지(背後濕地, backswamp): 자연 하천 배후에 발달하는 습지로 잠재적 범람 공간.

벌채적지(伐採跡地, logged areas): 삼림을 벌채한 적이 있는 장소로 벌채 흔적을 여전히 확인할 수 있는 곳. 현재 벌채가 진행되는 장소는 벌채지.

벌채지(伐採地): 벌채적지 참조.

복수개화(複數開花) 여러해살이 수생식물(polycarpic perennial helophyte or hydrophyte): 여러해살이 수생식물로 일생동안 여러 번 개화하는 식물.

복수왕복티켓(multiple return ticket): 동물 이주패턴의 한 종류. 일생동안 두 군데의 서식처를 일주기, 계절주기, 연주기로 여러 번 왕복하는 양식(예: 철새).

봄맞이식물(春先植物, vernal plant): 숲지붕에 녹음(綠陰)이 짙어지기 전, 지표면에 직사광선이 충분히 도달하는 정도의 빛 조건 입지에서 이른 봄에 싹이 트고 꽃이 피며, 경우에 따라서는 열매까지 맺는 식물 그룹을 일컫는 총칭. 이를테면 생명환(life cycle)을 봄 동안에 완성하는 그룹을 포함. 또는 봄에 잎보다 꽃이 먼저 피는 식물.

봄맞이순간개화식물(spring ephemeral): 봄맞이식물에 대한 또 다른 생태학적 그룹(예: 산자고, 나도개감채, 중의무릇 등).

부생식물(腐生植物, saprophyten): 분해 중인 생물체 유기물(枯死體)에 의존하면서 생육하는 식물. 일반적으로 뿌리가 빈약한 것이 특징. 살아 있는 숙주에 의존하는 기생식물과 다름(예: 노루발풀, 매화노루발).

부엽식물(浮葉植物, floating-leaved plant): 수면 위에 잎을 띄우고 생육하는 수생식물. 뿌리는 물 바닥층 속에 내리고 있는 그룹으로, 일반적으로 잎의 앞뒤 형태가 크게 다른 것이 특징(예: 마름).

부영양화(富營養化, eutrophication): 수계 생태계에서 수질의 상태를 의미하고, 빈영양(貧營養, oligotrophic)에 대응되는 개념. 정체수역의 호소에서 흔히 관찰되는 현상. 주로 질소와 인산의 과다한 유입으로 인해 발생. 공급되는 영양원에 따라 자연적(natural) 부영양화와 문화적(cultural) 부영양화로 구분. 주변 집수역(集水域)의 토지이용 패턴에 많은 영향을 받음.

부유식물(浮遊植物, floating plant): 식물체 전체가 물 위나 물속에서 떠다니며 생활하는 떠돌이 식물의 통칭.

북반구 제3기 식물군(arcto-tertiary geoflora): 특정 지역에서 신생대 제3기 이전의 중생대(mesozoic-cenozoiv eras)부터 분포기원한 식물상(flora)(예: 우리나라 온대림을 구성하는 많은 식물종이 해당, 예외로 등골나물은 신생대 제3기 이후에 한반도로 유입된 분류군).

분류군(分類群, taxon 또는 복수로 taxa): 생물 분류계통학에서 특정 분류체계 단위에 대한 통칭(예: 2과 3속 5종 6아종 7변종 8품종이라고 하면, 종(種) 수준 이하에서 총 26 분류군이라 함).

붕적지(崩積地, colluvial land): 중력에 의해 상부로부터 공급된 풍화 토양 및 암석이 집적된 땅. 비교: 충적지(沖積地) 참조.

비오톱(Biotop, 생물소공간): 생물 중심의 특정 공간(서식처). 게오톱(Geotop(獨), geotope), 에코톱(Ecotop(獨), ecotope) 등의 개념에 대응.

빈도(頻度, frequency): 단위공간 내에 생물이 출현하는 정도.

빙식작용(氷蝕作用, ice erosion): 빙하에 의한 침식작용.

빙하기(氷河期, ice age): 지구 역사에서 빙하의 영향을 오랫동안 받았던 기간. 현존식생에 크게 영향을 미친 빙하기는 지금으로부터 약 15,000년 전에 끝난 뷔름(*Würm*)빙기.

뿌리혹박테리아(rhizobium): 콩과 식물 뿌리에 공생하는 박테리아로 질소를 고정함.

(ㅅ)

사구(砂丘, sand dune): 파도와 바람에 의해 운반된 모래가 식생 발달과 어우러져서 퇴적된 모래 언덕. 주로 해안선과 평행하게 발달하지만, 내륙 강변에서도 소규모로 관찰되기도 함.

사력지(砂礫地, sandy-gravel point bar): 유수역(계곡, 하천, 강)에서 모래와 자갈이 퇴적되어 만들어진 땅으로 주로 유수역이 갑자기 넓어지는 구간에서 관찰되고, 선구식생(先驅植生)이 발달.

사전귀화식물(史前帰化植物, prehistoric ancient aliens): 신귀화식물(新歸化植物, Neophyten)에 대응되는 고귀화식물(古歸化植物, Archeophyten) 중에서 역사시대 이전, 즉 선사시대에 귀화한 그룹에 대한 통칭. 정착농경으로부터 귀화한 식물.

사행구간(蛇行區間, meander watercourse section): 퇴적양상이 침식과 운반의 양상을 넘어서는 유수역(강, 하천) 구간으로 주로 중하류 하천권역에서 관찰. 왕버들이 특징적(비교: 선상구간(扇狀區間, section of alluvial fan).

산지대(山地帶, montane zone): 수직분포에서 아고산대(亞高山帶, subalpine zone)와 저산지대(低山地帶, submontane zone) 사이.

산화적지(山火跡地, burned area): 산불로 피해를 입은 지역으로 여전히 산불의 흔적이 관찰되는 곳.

삼림식생(森林植生, forest vegetation): 다층 구조(교목층, 아교목층, 관목층, 초본층)를 가지고 다양한 식물종으로 이루어진 숲의 식물사회.

상관(相觀, physiognomy): 밖으로 보이는 식생의 외관.

상록활엽수림(常綠闊葉樹林, evergreen broad-leaved forest): 난온대지역을 대표하는 삼림식생의 통칭. 수관층(樹冠層)에 후박나무, 구실잣밤나무 등 상록활엽수종이 우점하는 숲.

상재도(常在度, constancy degree): 특정 식물사회(식물군락) 속에서 나타나는 출현빈도의 백분율. 상재도 [I]=1~20%, [II]=21~40%, [III]=41~60%, [IV]=61~80%, [V]=81~100%.

생명환(生活環, 생명주기, 생활주기, life cycle): 식물의 경우 종자발아에서 고사(枯死)까지 일련의 과정(sequence of development stages)을 의미. 일년생(annual) 초본(草本)의 경우, 1회 생식(semelparous) 일년초, 반복생식(iteroparous) 일년초, 겨울(winter) 일년초(월년초), 순간(ephemeral) 일년초의 4가지 생명환이 있으며, 생태학적으로 생물종의 생명환은 총 10가지 유형으로 구분함. 인간은 계속반복생식(continuous iteropariety) 생명환으로 분류.

생물군계(生物群系, biome): 대기후(大氣候) 조건에 대응해 구분되는 생물대(生物帶, life zone)로, 툰드라, 타이가, 온대림, 열대강우림, 사막, 사바나, 온대초원 등이 있음.

생물기후구(生物氣候區, bioclimatic zone): 기후 환경요소(기온, 강수량, 습도, 서리일수 등)와 생물분포와의 상호관계에서 어떤 지역에 대한 지리 구분. 우리나라에서 제안되는 13개 생물기후구(다음의 표와 그림 참조): 해안생물기후구(동해안중부형, 동해

생활기후구 개요

<table>
<tr><th colspan="2">생물기후 구분</th><th>지리 범위</th><th colspan="2">생물기후 특성*</th><th>식생 경향성 및 주요 잠재자연식생</th></tr>
<tr><td rowspan="5">1.
해안생물기후구</td><td>1-a.
동해안중부형</td><td>• 태백산맥 동부
• 울진 후포면 이북</td><td rowspan="5">해양성 기후 및 염해 영향권</td><td>베링해한류 영향</td><td>• 북부 해안요소 및 하록활엽수림 지역
• 서해안중부형에 대응</td></tr>
<tr><td>1-b.
동해안남부형</td><td>• 낙동정맥 동부
• 영덕 병곡면 이남 ~ 울주군 서생면 이북</td><td>쿠로시오난류 영향</td><td>• 남부 해안요소 및 상록활엽수림 지역과 하록활엽수림 지역의 이행대
• 서해안남부형에 대응</td></tr>
<tr><td>1-c.
남해안형</td><td>• 남해안 도서 지역
• 기장 장안읍 이서(以西) ~ 해남 화산면 이동(以東)</td><td>무상(無霜)기후</td><td>• 남부 해안요소 및 상록활엽수림 지역</td></tr>
<tr><td>1-d.
서해안남부형</td><td>• 고창 부안면 이북 ~ 해남 황산면 이남</td><td>쿠로시오난류 및 한랭 시베리아기단 영향</td><td>• 남부 해안요소 및 상록활엽수림 지역과 하록활엽수림 지역의 이행대
• 동해안남부형에 대응</td></tr>
<tr><td>1-e.
서해안중부형</td><td>• 부안 진서면 이북 ~ 인천 서구 이남</td><td>한랭 시베리아기단 영향과 쿠로시오난류의 약한 영향</td><td>• 북부 해안요소 및 하록활엽수림 지역
• 동해안중부형에 대응</td></tr>
<tr><td rowspan="3">2.
내륙생물기후구</td><td>2-a.
남부내륙형</td><td>• 전남 및 경남 일원</td><td rowspan="3">대륙성 기후</td><td rowspan="3">온난형
↕
한랭형</td><td>• 남부내륙의 상록활엽수림 지역과 냉온대 남부·저산지대의 하록활엽수림 지역과의 이행대
• 이차림은 냉온대 남부·저산지대의 하록활엽수림</td></tr>
<tr><td>2-b.
중남부내륙형</td><td>• 충청 일원, 소백산맥</td><td>• 중남부 내륙의 냉온대 남부·저산지대 및 중부·산지대의 낙엽활엽수림 혼재</td></tr>
<tr><td>2-c.
중부내륙형</td><td>• 강원, 경기 일원</td><td>• 중부 내륙의 냉온대 중부·산지대의 낙엽활엽수림의 우세
• 냉온대 북부·고산지대 식생의 혼재</td></tr>
<tr><td rowspan="5">3.
지역생물기후구</td><td>3-a.
대구형</td><td>• 영남 중북부 지역</td><td colspan="2">영남 과우지역</td><td>• 건생식생 발달, 소나무림</td></tr>
<tr><td>3-b.
대관령형</td><td>• 태백산맥 고원 지역</td><td colspan="2">산악 고랭지대 및 운무대</td><td>• 산지 습윤식생 발달, 물푸레나무-산마늘 군락
• 울릉도형과 대응되는 군락 구조</td></tr>
<tr><td>3-c.
서울형</td><td>• 대도시 지역</td><td colspan="2">도시 고온건조 및 대기오염</td><td>• 도시형 식생 발달</td></tr>
<tr><td>3-d.
제주도형</td><td>• 남해 섬형</td><td rowspan="2">해양성 기후</td><td>울릉도보다 강한 대륙성</td><td>• 섬형(이행형)의 제주도아형, 물참나무-제주 조릿대군집</td></tr>
<tr><td>3-e.
울릉도형</td><td>• 동해 섬형</td><td>다우다설의 습윤 온대</td><td>• 섬형(이행형)의 울릉도아형, 너도밤나무-섬노루귀군집 및 솔송나무-섬잣나무군집</td></tr>
</table>

* 해양성 기후는 계절에 따른 기온과 강수량의 진동 폭이 대륙성 기후처럼 극명하지 않음. 대륙성 기후는 여름에 고온다우(高溫多雨), 겨울의 한랭건조(寒冷乾燥)한 것이 특징. 해양성 기후는 상대적으로 연중 다습(多濕)하며, 산불 피해가 거의 없음.

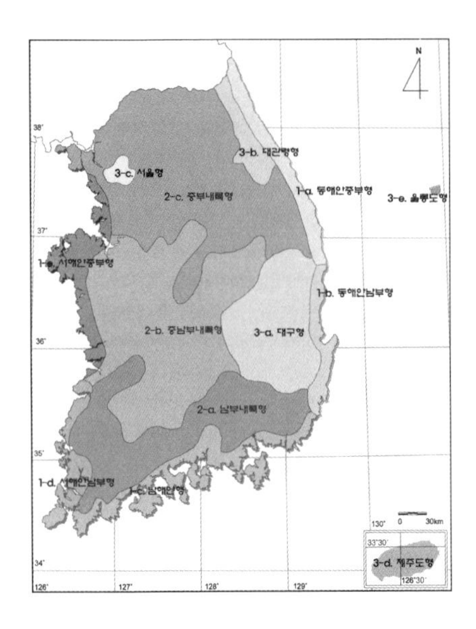

안남부형, 남해안형, 서해안남부형, 서해안중부형), 내륙생물기후구(남부형, 중남부형, 중부형), 지역생물기후구(대구형, 대관령형, 서울형, 제주도형, 울릉도형).

생물지리구계학(生物地理區界學, biogeography): 생물의 지리적 분포기원에 관한 연구 영역으로 생물상을 비교해 세계를 여러 개 구계(realm 계, region 구, province 지역)로 구분.

생육형(生育型, growth form): 식물 지상부 줄기의 공간구조(shoot architecture)에 의해 나타나는 외형. 일반적인 생육형으로 수목(tree), 관목(shrub), 초본(herb)으로 분류. 줄기나 지하경의 발달로부터 직립형, 포복형, 총생형 등으로 분류. 생육형은 다양한 수준에서 분류할 수 있음(비교: 생활형).

생태계서비스(ecosystem service): 생태계생산성, 물과 토양 보호, 기후조절, 생물종의 상호관계, 환경감시, 레크리에이션과 생태관광, 교육적 과학적 재료 등과 같은 생태계 요소의 간접사용가치.

생태분류(生態分類, ecological classification): 계통분류학적 종(種) 분류에 대비되는 개념으로 생태형질(生態形質, ecological character)에 따라 식물기능군(植物機能群, plant functional group)을 분류(예: Grime *et al.* 1989의 C-S-R model; 김종원, 이율경 2006 참조).

생태적 멸종(사멸)(生態的 滅種, 生態的 死滅, ecological extinction): 야생 상태로 살고 있을지라도 개체군의 크기가 최소존속개체군(minimum viable population) 크기보다 작아서 이미 절멸 단계에 들어선 상태 또는 동물원이나 식물원 같은 현지외 보존 기관 이외에 야생 상태인 현지내 개체군이 존재하지 않는 상태(예: 은행나무).

생태전략: 모든 식물종은 경쟁, 스트레스, 교란 따위의 복합적 상호작용으로부터 자연선택과 진화 과정을 통해 획득된 생존전략이 있음. 크게 세 가지 기능군(functional classification; Grime 1977)으로 분류: 경쟁자, 스트레스인내자, 터주자. (아래 표 참조)

교란의 강도	스트레스의 강도	
	낮다	높다
낮다	경쟁자 (Competitor)	스트레스인내자 (Stress-tolerator)
높다	터주자 (Ruderal)	생존전략 없음

생태전략의「C-R-C 모델」

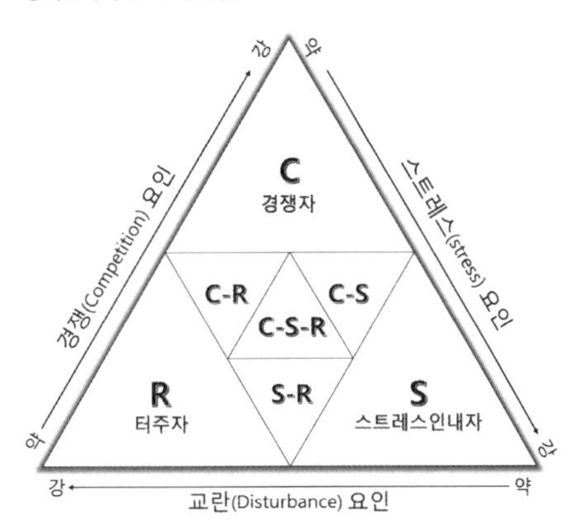

「C-S-R 모델」(Grime et al. 1988)에 따르면 7가지 생태전략으로 분류. (위 그림 참조) 2가지 전략형에 걸치는 경우도 있는데, 이런 경우에는 2가지 모두 기재하거나 우세한 전략형을 기재. 예를 들면 질경이는 [R]과 [C-S-R]의 중간형인데, 우세형으로 [R] 터주자형을 그리고 애기수영은 [C-S-R]과 [S-R]의 중간형인데, 두 전략형 사이에 물결기호(~)를 넣어 [터주-스트레스인내-경쟁자]~[터주-스트레스인내자]처럼 기재. 이런「C-S-R 모델」의 적용은 모든 식물종의 어린 시기일 때 초기 정착(생산성)을 우선적으로 고려함.

[C] (Competitor, 경쟁자): (1) 이웃 식물에 의한 자원 선점을 극복해야 하는 환경조건에 사는 식물로 (2) 지상부의 위아래에서 잎으

로 우점 피복하는 구조이며, (3) 최대 생산기간에 맞추어 잎의 생산성이 최대가 되도록 하는 뚜렷한 잎의 계절(leaf phenology)이 있는 편. (4) 지의류와 선태류는 해당되지 않음(예: 갈풀, 가는쐐기풀, 고사리, 호장근, 버드나무류 등).

[S] (Stress-tolerator, 스트레스인내자): (1) 생산에 직접적으로 영향을 미치는 심한 스트레스 요인에 대한 생리적 또는 화학적으로 극복이 필요한 환경조건(특이서식처 - 사문암, 석회암, 염습지, 고층습원 등 포함)에 사는 식물, (2) 대체로 잎의 형태가 작고, 두텁거나 바늘처럼 생겼으며, 경우에 따라 상록인 경우가 많고, (3) 완전정착에 걸리는 시간과 뿌리의 수명이 긴 편이며, (4) 해당 환경조건에 따라 꽃의 개화 정도는 간헐적이고, (5) 주로 잎과 뿌리 부분이 스트레스를 극복하며(다른 전략형은 종자와 겨울눈으로 극복), (6) 지의류는 모두 여기에 포함됨(예: 원지, 동강할미꽃, 퉁퉁마디, 이삭귀개, 김의털, 백리향 등).

[R] (Ruderal, 터주자): (1) 빈번하게 발생하는 물리적인 직접 손괘(교란)에 노출된 서식처(주로 인간 간섭이 많은 조건)에 사는 식물로 (2) 대체로 식물체가 작고, 신속하게 정착에 성공하며, (3) 뿌리 수명이 아주 짧은 편이고, (4) 생명환(생명주기) 초기부터 꽃이 피며, (5) 연간 생산 수확량의 대부분을 종자에 투입하고, (6) 일체의 목본(木本)과 지의류는 여기에 해당되지 않음(예: 냉이, 개쑥갓, 별꽃, 새포아풀, 방가지똥([R]~[C-R]), 질경이([R]~[C-S-R]) 등).

[C-R] (터주-경쟁자): 경쟁자와 터주자의 복합형(예: 물봉선, 젓가락나물, 쇠뜨기, 소리쟁이([C-R]~[R]) 등).

[S-R] (터주-스트레스인내자): 스트레스인내자와 터주자의 복합(예: 엉겅퀴, 벼룩나물, 할미꽃 등).

[C-S] (스트레스인내-경쟁자): 경쟁자와 스트레스인내자의 복합형(예: 산쪽풀, 들쭉나무, 참나무류, 너도밤나무, 팥배나무, 삼림식생 목본, 관중 등).

[C-S-R] (터주-스트레스인내-경쟁자): 3가지 기능군의 복합형(예: 수영, 서양금혼초, 흰털새, 창질경이 등)

생태지위(生態地位, ecological niche): 지위 참조.

생태형(生態型, ecotype): 생태학적으로 진화가 진행되는 종분화 과정. 서로 다른 서식처 환경조건에 적응해 새로운 종으로 분화해 가는 진화 과정의 그룹. 계통분류학적으로 동일한 종이라도 중금속 광산지역에 발달한 개체군과 일반적인 개체군의 중금속 내성 정도가 크게 다른 것이 생태형의 좋은 사례. 식물의 생태형은 멸종된 식물종의 복원을 어렵게 하는 주요 요인 가운데 하나.

생활사(生活史, life history): 생물체가 지닌 성장, 분화, 저장, 생식과 같은 시간(일생) 패턴(organism's life-time pattern).

생활형(生活形, life-form): 식물의 특징적인 구조와 형태 그리고 휴면양식으로, 유전적이거나 환경적인 특성에 따른 생존과정상의 결과(예: 라운키에르의 생활형(Raunkiaer life-form) 분류에 의하면 휴면아(休眠牙)의 위치에 따라 지상식물, 지표식물, 반지중식물, 지중식물, 습생식물, 수생식물, 부엽식물, 침수식물, 부유식물, 일이년생식물 등으로 분류).

서식처(棲息處, habitat): 생물이 사는 모든 장소로 우리가 사는 주소와 같은 개념. 서식지(棲息地) 또는 자생지라고도 부름. 서식지에서 한자 '地(지)'는 산지나 농지와 같이 땅을 의미. 물속이나 해양환경처럼 수환경(水環境)의 서식 공간 또는 집, 쉼터의 개념을 포함하는 한자 '處(처)'를 사용한 서식처(棲息處)로 표현하는 것이 바람직함.

서식처분할(棲息處分割, habitat segregation): 생물종간의 상호관계(배타적 경쟁)에 의해 살아가는 장소를 서로 달리하는 경우로 생태지위(生態地位, ecological niche)로 발전.

석회암(石灰巖, limestone): 약알칼리성 퇴적암.

선구식물(先驅植物, pioneer plant): 천이(遷移) 초기의 식물사회 구성에 참여하는 식물. 호광성(好光性)이면서 생장 속도가 빠르고 수명이 짧은 것이 특징.

선구식생(先驅植生, pioneer vegetation): 선구식물로 이루어진 천이 초기의 식물사회(예: 산간 계곡 사력지(砂礫地)의 소나무숲).

선상구간(扇狀區間, section of alluvial fan): 침식과 운반 양상이 퇴적양상을 넘어서는 유수역(강, 하천) 구간으로 주로 중상류 하천권역에서 관찰. 갯버들이 서식(비교: 사행구간(蛇行區間)).

선택압(選擇壓, selective pressure): 서식처에서의 각종 환경조건(자원과 조건, 그리고 경쟁자의 존재 등)은 종 또는 개체들에게 해당 서식처에 살아남도록 하는 압력. 자연선택에서의 선택압은 서식처에 따라 다양. 선택압에 대응하는 압은 대응압. 식물종과 식물사회는 매우 복합적이고 복잡한 선택압에 의해 현재의 종 조성과 상관으로 나타나고 있음.

세립질토양(細粒質土壤, fine-grained soil): 0.002㎜이하의 작은 토양 입자로 조립질(粗粒質; 0.02㎜ 이상)에 대응하는 개념. 주로 진흙(clay) 입자 크기를 의미.

세포내 결빙(細布內 結氷): 생리활성 온도 이하의 저온에서 장기간 노출되면서 세포질(細胞質)이 얼어 버리는 경우로 식물체를 고사하게 하는 결정적인 냉해(冷害, chilling) 피해 발생.

소림(疏林, sparse wood): 밀폐된 숲지붕이 발달하지 못한 구조의 숲으로 서식처 내에 수목 종이 듬성듬성 출현하는 숲. 듬성숲이라고도 함(예: 암반 위의 소나무-노간주나무군락).

소매군락(hem community, Saumgesellschaft(獨)): 망토군락으로부터 개방입지(예: 길)로 옮겨 가는 위치에서 빈번한 인간간섭에 노출된 입지환경 조건으로부터 초본 종으로 이루어진 식물사회.

소택지(沼澤地, swamp): 나무가 우세하지 않는 습지(예: 우포의 경우 swamp-meadow).

속성수(速成樹, rapid growth tree): 상대적 생장 속도가 빠른 수목으로 특히 발아(發芽) 시점에서 사람 키 높이로 자라는 시점까지, 어릴 때에 생장 속도가 매우 빠른 경우. 대부분 양지성(陽地性)이면서 수명이 상대적으로 짧은 것이 특징(예: 사시나무속(*Populus* spp.)에 속하는 종).

수렴진화(收斂進化, convergent evolution): 계통분류학적으로 서로 다른 생물종이 각기 살아 온 서식처 환경조건(자원과 조건)에 적응해 온 결과, 즉 자연선택의 결과와 유사한 형태를 나타내는 현상. 동형진화(同形進化)라고도 함.

수매화(水媒花, water pollination): 수계(水系)에서 꽃가루받이(受粉)를 성취하는 것으로 직접적인 물 분자의 도움으로 꽃가루가 산포해 수분(예: 대부분의 침수식물).

수반외래종(隨伴外來種, Kenophyen(獨)): 귀화식물 생태적 분류의 한 범주(귀화식물 참조).

수반종(隨伴種, companion species): 특정 식생유형(또는 단위식생)에 대해 분명한 진단종으로서의 기여도는 낮지만, 해당 식물사회의 종 조성에 함께 출현하는 식물사회학적 분류군. 학술적으로 특정 식물군락에 결합되지 않은 종으로 이해하는 것은 틀린 것임. 해당 단위식생에 대해 친화성(affinity)이 높은 수반종은 항수반종으로 특기하기도 함. 예를 들면, 괭이밥은 답압식생인 질경이군락에 결코 결합될 수 없기 때문에 질경이군락에 대해서 수반종이 아니며, 기타종의 범주로서 우연출현종(偶然出現種, accidental species)으로 분류.

수분스트레스(water stress): 식물 세포(또는 조직) 속에서 수분 결핍으로 발생하는 스트레스. 과도하고 급격한 대기 건조와 토양 내 수분결핍대(water depletion zone)의 빈번한 발생은 수분스트레스의 원인. 예를 들면 잎에서의 수분 손실에 대응할 만큼 뿌리에서 원활한 수분공급이 이루어지지 못하는 경우에는 수분스트레스가 쉽게 발생. 대륙성기후지역은 해양성기후지역에 비해 수분스트레스 발생 확률이 상대적으로 높음.

수산포(水散布, hydrochore): 물 흐름을 이용해서 널리 퍼져 가는 종자 산포 양식. 버드나무과에 속하는 버드나무류(*Salix* spp.)나 포플라류(*Populus* spp.)는 수산포와 풍산포(風散布)를 함께 함(풍산포 참조).

수직분포(垂直分布, vertical (altitudinal) distribution): 식물의 공간 분포 양식에서 해발고도에 대응해 분포하는 양식. 일차적 요인은 고도별 온도 변화(temperature laps rate).

수평분포(水平分布, horizontal (latitudinal) distribution): 식물의 공간 분포 양식에서 위도에 대응해 분포하는 양식. 수직분포와 마찬가지로 일차적 요인은 위도별 온도 변화.

순간서식처(瞬間棲息處, ephemeral habitat): 일시적으로 만들어지는 서식처로 습지 가장자리나 하천 유수면 가장자리에 일시적으로 물이 빠지고 나면 땅이 드러나는 곳. 호우나 집중 강우 시에는 얕은 수심으로 침수되는 곳(예: 저수지 가장자리에서 물결(波浪)의 영향을 받는 개방수면(開放水面) 가장자리).

순간식생(瞬間植生, ephemeral vegetation): 일시적으로 만들어지는 순간서식처(ephemeral habitat)에서 발달하는 식물사회. 매우 키가 작은 왜소한 한해살이 초본 종이 주로 생육.

숲가장자리식생(林緣植生): 망토식물군락과 소매식물군락으로 이루어지는 숲 가장자리에 발달하는 식생.

숲정이(Soop-Jeong-Y, Korean rural forest): 농촌 마을의 배후 산지 비탈면에 육림(育林)되는 전통문화적인(traditional and cultural) 숲. 상수리나무숲, 소나무숲, 왕대숲 등이 대표적. 1960년대 이후에는 북미산 리기다소나무와 아까시나무로 된 조림이 전통적인 숲정이를 대체. 일본 사토야마(里山)의 원형.

숲정이 문화림식생(Soop-Jeong-Y vegetation): 숲정이의 식생유형(예: 상수리나무림 등).

숲틈(forest gap): 삼림 수관의 일부분이 열려 있는 틈. 숲틈은 숲 바닥에 직사광선이 직접 도달하게 해 숲 식물사회의 종 조성에 지대한 영향을 미침.

스텝(steppe): 유라시아 대륙 온대 생물군계에 발달하는 온대 초지(temperate grassland). 비교: 북미의 온대 초지는 프레리(prairie).

습생림(濕生林, wetland forest): 습지에 발달하는 삼림.

습생초원(濕生草原 wetland meadow): 습지식생이 발달한 초지형 습원.

습원(濕原): 습지에 식생이 발달한 곳. 여러 가지로 분류(예: 저층습원, 중간습원, 고층습원).

습지(濕地, wetland): 물이 포화된 땅.

습지식생(濕地植生, wetland vegetation): 연중 물기를 머금은 땅(지표면)에서 발달하는 식물사회. 유수역과 정수역 모두에서 습지식생을 관찰할 수 있음.

시렁모바위: 넓적한 시렁 모양인 모난 바위의 암각지로 시렁에는 좁고 가늘며 긴 틈이 줄모양으로 나 있는 입지. 비교: 츠렁모바위.

식물계절학적(植物季節學, phenology): 계절에 대응하는 식물 반응의 시간적 변화 양상을 연구하는 분야(예: 장기생태연구에서 적용하는 수년간의 화기(花期) 변동에 관한 연구).

식물사회(植物社會, phytocoenosen): 식물종의 집합. 서식처 종류에 대응해 각기 다른 종 구성을 보이는 식물사회가 발달. 구체적으로 단위화한 식물사회를 식물군락이라고 함.

식물상(植物相, flora): 해당 지역이나 단위 공간 내에 분포하는 식물종의 목록(비교: 생물상(生物相, biota), 동물상(動物相, fauna). 생태계 평가의 최초 과정은 식물상 목록 구축.

식물성엑디스테로이드(phytoecdysteroid): 식물 생존에 중요한 어떤 조직에서 높은 농도로 발견되는 물질. 곤충의 변태나 털갈이와 같은 발생 과정에 관여하는 호르몬으로 이용되는 스테로이드 물질과 같은 것(예: 풍매화(風媒花)인 한해살이 명아주(*Chenopodium album*)는 종자나 어린잎, 완전히 성숙한 꽃가루를 보관하는 꽃밥(葯) 에서 높은 농도로 발견됨(Dinan *et al.* 2009).

식물지리구계학(植物地理區系學, regional plant geography): 생물의 분포기원을 따져서 여러 개 생물지리 영역으로 구분하는 연구 분야.

식물지리학(植物地理學, plant geography): 계통분류학적 분류체계의 특정 단위(과, 속, 종, 아종 등) 수준에서 어떤 대상의 지리적 분포에 대해 지리학적 연구를 수행하는 분야. 식물지리학은 지리적 영역(geographical region)과 식물종의 분포(floristic region)와의 지사적, 생태적 상호관계를 규명함으로써 특산종 또는 고유종과 같은 종분화와 관련한 추적연구를 뒷받침함.

식물환경개선(植物環境改善), 식물정화법(植物淨化法, phytoremediation): 환경 독성 물질의 농도 저감, 제거, 기능 약화, 부동(不動) 따위의 목적으로 식물을 이용하는 기술. 주로 인간 활동에 의해 오염된 땅을 사용 가능하도록 복원할 목적으로 적용. 일반적으로 추출법(phytoextraction), 쇠퇴법(phytodegradation), 근권쇠퇴법(rhizosphere degradation), 근권여과법(rhizofiltration), 식물정착법(phytostabilization), 발산법(phytovolatization), 복원법(phytorestoration) 등 7가지(Peer et al. 2005).

식분(植分, stand): 종 조성이 균질한 식물군락에 대해 현장에서 그 실체를 지칭하는데 이용하는 개념. 삼림식생처럼 주로 수목이 중심인 식물사회에 적용.

식생분류(植生分類, vegetation classification): 해당 지역에 발달하는 식물사회를 분류. 식물사회학에서 성취하고자 하는 목표 가운데 하나.

식생지리학(植生地理學, syngeography): 식물사회학적 연구를 통해서 유형화된 단위식생(syntaxa, 식물군락, 군집, 군단, 군목, 군강 등)에 대해 지리적 분포를 규명하는 분야. 군락지리학(群落地理學)이라고도 함. 동북아 온대림의 식생지리형은 아래 그림과 같음.

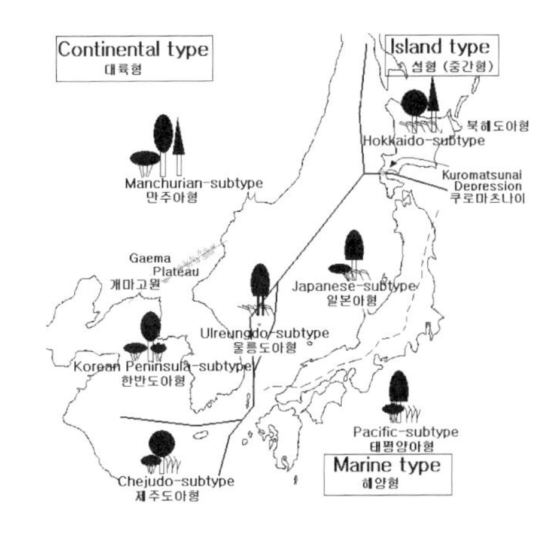

식생지리형(植生地理型, syngeographical type): 크게 3가지 식생지리형(해양형, 대륙형, 섬형)으로 이루어지고, 각각은 다수의 아형(만주아형, 한반도아형,

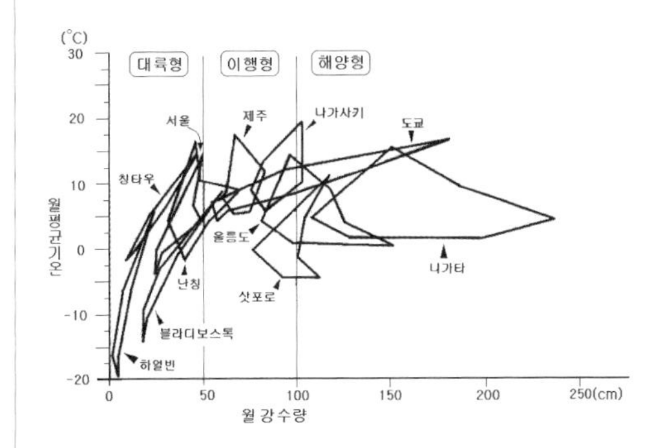

제주도아형, 울릉도아형, 일본아형, 태평양아형, 북해도아형 등)으로 세분됨. 이들 동북아 식생지리형은 각기 다른 특징적인 냉온대림(冷溫帶林) 구조를 지님. 위의 그림은 동북아 식생지리형과 각 식생지리형에 대응하는 주요 도시의 비생육기간(10월~3월)의 기후 특성을 나타냄. 동북아 냉온대지역은 온도 20℃~-20℃ 범위에 위치하지만, 비생육기간의 특정 강우량 값(50㎝와 100㎝)은 동북아 식생지리형 구분에 대응.

신귀화식물(新歸化植物, neophyte, Neophyten(獨)): 고귀화식물(古歸化植物, Archeophyten)에 대응되는 개념. 개화기 이후(1890년대 이후)에 귀화한 식물. 일반적으로 귀화식물이라고 인식하는 대부분이 여기에 속함(예: 가시상치, 가시박 등).

신토(新土, new-soil site): 모내기철의 논두렁처럼 서식처의 토양환경이 해마다 새롭게 조성되는 곳. 수시로 새로운 흙의 영향을 받는 입지.

쓰레기터(塵芥)식물군락(plant community at spoil(manure and sewage) and wasteland): 부영양 토양 환경인 서식처에서 발달하는 식물사회(예: 만수국아재비군락).

(ㅇ)

아고산대(亞高山帶, subalpine zone): 고산대(高山帶, alpine zone)와 산지대(山地帶, montane zone) 사이 수직분포대. 가문비나무, 전나무, 분비나무, 구상나무, 잎갈나무, 사스래나무 등은 아고산대를 특징짓는 대표적인 교목 수종.

아열대(亞熱帶, subtropical zone): 열대(熱帶, tropical zone)와 난온대(暖溫帶, warm-temperate zone) 사이의 기후대. 연중 서리가 내리지 않는 것이 특징. 쾨펜 기후구분에 의하면 연중 4개월에서 11개월 동안에 월평균 기온이 20℃ 이상인 기후대이며, 나무고사리가 야생하는 식생지역.

안정화 선택(安定化 選擇, stabilizing selection): 자연선택 방식 3가지 가운데 하나로 중간 형질(표현형)로의 선택. (그림 참조)

암각지(岩殼地, rocky area): 산지 능선이나 산정부(山頂部), 사면 돌출부의 암석 노출 입지. 유해광선을 포함한 직사광선에 노출된 곳. 미세서식처 암극(岩隙, rock crevice), 암낭(岩囊, rock pocket), 암상(岩上, rock terrace)으로 분류.

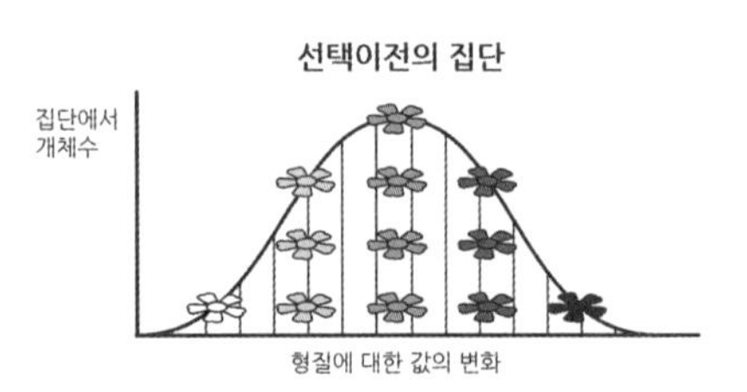

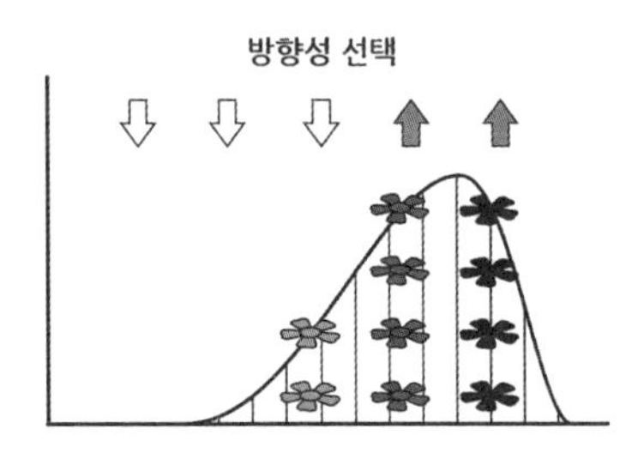

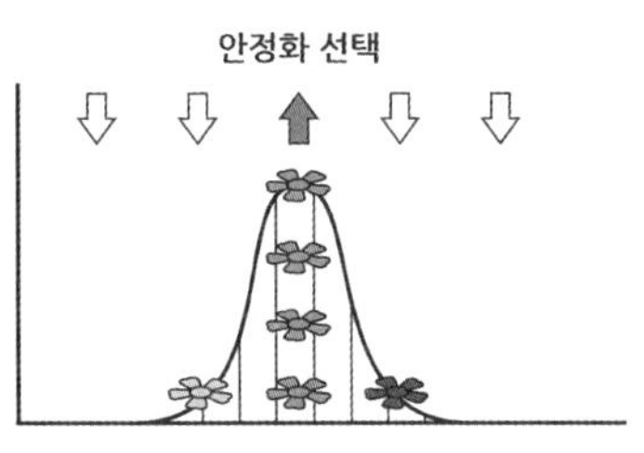

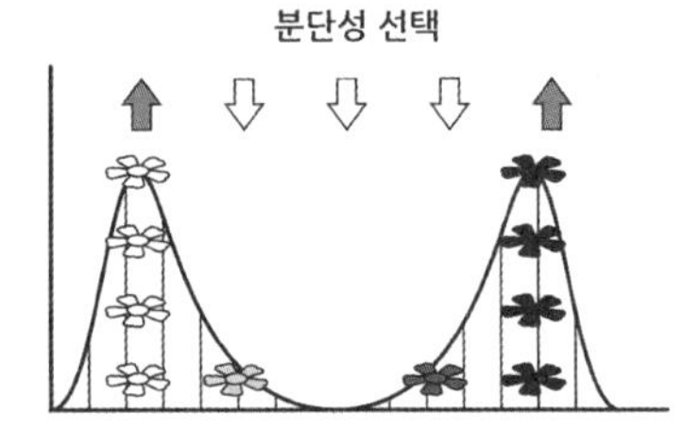

암괴류(岩塊流, block stream): 주빙하(周氷河) 비탈면의 직경 30㎝ 이상 암괴들이 덮인 암괴원(岩塊原, block field)이 경사를 따라 계곡이나 함몰 지형을 메우듯 비교적 좁고 길게 흘러내린 것(비교: 애추(scree)).

암극(岩隙, rock crevice): 암벽 또는 바위의 틈바구니를 의미하며, 암상(岩上)에 대응되는 개념. 선형(線型) 서식처. 식물사회는 암극의 폭과 깊이에 따른 토양 및 유기물의 퇴적 수준에 의해서 다양하게 발달.

암낭(岩囊, rock pocket): 암벽이나 바위의 일부분이 떨어져 나가거나 풍화에 의해 생성된 미세한 동굴(岩穴) 환경이 있는 작은 바위 주머니의 미소서식처.

암벽식생(岩壁植生, rock vegetation): 암각지에 발달하는 식물사회. 완전 개방인 양지 환경에서 또는 부분적으로 인접 식생에 의한 반그늘 환경에서 발달.

암붕(岩棚, ledge): 해안에 발달한 선반 모양 암석 입지. 차별침식으로 발달한 곳.

암상(岩上, 岩石床, rock floor): 산록 사면에 기반암이 평탄하게 삭박되어 만들어진 암벽이나 바위의 표면. 암극에 대응되는 개념으로 면형(面型) 서식처.

암상건생식물(岩床乾生植物, epipetric xerophyte): 암상의 건조한 입지에 사는 식물종(예: 부처손).

암설파편(巖屑破片, 돌부스러기): 잘게 부서진 암석 파편.

야생종(野生種, wild species): 재배종의 대응 개념.

약습(弱濕, semi-wet): 수분 경향성에서 적습(適濕, moderate)과 과습(過濕, wet)의 중간 수준.

양지(陽地, sunny site): 종일 양지바른 곳으로 음지의 대응 개념.

애추(崖錐, 돌서렁, talus, scree): 산비탈에 쌓인 각진 암석 파편이 쌓인 곳. 그 상부에는 암석 파편 공급원이 존재.

언저리식물(interstitial plant): 인위식물 범주(마을식물, 농지식물, 터주식물, 언저리식물)에 속하는 생태분류형. 분포중심지가 농지, 마을, 야생에는 없으며, 그 언저리에 있는 식물(예: 미국자리공이나 주름조개풀), 주로 동물산포하는 종이 대부분(인위식물 모식도 참조).

여름형한해살이(夏季型一年生, summer annual): 한해살이의 생명환을 지닌 초본(草本)으로 여름을 중심으로 생명환을 완성하는 풀(예: 문모초).

연목림(軟木林, willow trees, soft woods): 버드나무속(*Salix* spp.)에 속하는 종들이 우점하는 숲. 일반적으로 유수역(강, 하천, 계류)에서 발달.

연안대(沿岸帶, littoral zone): 물이 들락날락하는 습지 가장자리. 추수대(推水帶)라고도 함. 수심이 발달한 정수역(연못, 저수지, 호수 등의 습지) 가장자리에서 개방수면(open water area, 원수대(原水帶) limnetic zone)과 그 외곽을 둘러싸고 있는 충적대지(upland) 사이에 위치. 연안대는 다시 진연안대(眞沿岸帶, eulittoral zone)와 조간대(潮間帶, 表沿岸帶, epilittoral zone)로 구분.

영양번식(營養繁殖, vegetative reproduction): 일종의 무성생식(無性生殖)으로 측아, 동아, 액아 등처럼 생식기관이 아닌 조직이나 기관에서 새로운 개체 발생. 모(母) 식물체와 100% 유전자가 동일(비교: 유성생식).

영양양식의 분류(classification of trophic mode): 영양분(營養分)을 섭취하는 방식에 따른 식물 생태 분류. (자료: Nickrent 2002, Nickrent & Musselman 2004) 전기생 및 반기생인 흡착기생식물은 숙주식물에 대한 의존성을 고려해 종보전등급 평가에서 가중치를 부여한다. 즉 최종 평가 등급보다 한 단계 높은 등급으로 판정한다.

영양양식의 분류

1. 자가영양(autotrophs): 엽록체 광합성을 하는 대부분의 녹색식물
2. 근균영양(mycotrophs): 엽록체 광합성을 하는 녹색식물 또는 비엽록체의 비광합성 부생식물(腐生植物, saprophytes)의 균근(菌根)을 통해 숙주 식물에서 물과 영양을 획득: 쌍자엽식물-암매과, 진달래과, 노루발과 일부 포함, 용담과, 원지과 등, 단자엽식물-난초과 등
3. 흡착기생(haoustorial parasites)
   - 가. 반기생(hemiparasites): 엽록체 광합성을 하면서도 숙주의 유관속에서 물과 영양을 획득
     - 1) 조건(fcultative)반기생: 주로 숙주의 목부(xylem)에서 획득하고, 의존하는 숙주 식물의 생명환을 온전히 완성하는 것을 필요로 하지는 않음: 단향과 일부분, 현삼과 일부분 등
     - 2) 절대(obligate)반기생: 숙주 식물의 완전한 생명환을 필요로 함
       - 가) 원시(primitive)절대반기생: 숙주 식물의 줄기 목부(xylem)에만 기생해 획득: 꼬리겨우살이과, 겨우살이과 일부분 등
       - 나) 고등(advanced)절대반기생: 낮은 광합성률로 말미암아 특수화된 흡착구조를 가지고 유관속(xylem & phloem)에서 획득: 메꽃과 일부분, 녹나무과, 단향과 일부분, 현삼과 일부분, 겨우살이과 일부분 등
   - 나. 전기생(holoparasites): 비엽록체의 비광합성 식물로 특수화된 흡착구조를 이용해 숙주 식물의 유관속(xylem & phloem)에서 획득: 메꽃과 일부분, 열당과 등

예초(刈草, mowing): 풀을 베는 일. 특히 묘를 관리하는 과정에서 풀 베는 경우를 벌초(伐草)라 함.

온대(溫帶, temperate zone): 수평적(horizontal, latitudinal) 기후대의 열대-아열대-난온대-냉온대-한대 배열에서 난온대와 냉온대를 통합한 기후대.

온대림(溫帶林, temperate forest): 온대에 발달하는 숲으로 난온대 상록활엽수림과 냉온대 낙엽활엽수림은 온대 생물군계(生物群系, biome)를 대표하는 식생형(vegetation type)으로 통칭해 온대림.

온대몬순(temperate monsoon): 온대 생물군계이면서도 우기와 건기가 비교적 뚜렷한 기후 양상.

외래종(外來種): 고유종에 대응되는 개념으로 귀화식물을 포함하며, 외지종도 포함

외지종(外地種): 본래의 고유 서식처가 아닌 다른 서식처에서 사는 종(개체).

우점림(優占林, dominant forest): 주어진 경관이나 생물군계 속에서 상대적으로 차지하는 피복 면적이 가장 넓은 삼림형.

원격현상(遠隔現像, allelopathy): 이웃하는 식물에게 영향을 미치는 화학적 효과로 이웃 식물의 발아나 생장을 저해하는 현상. 타감작용(他感作用)이라고도 함.

원수대(原水帶, limnetic zone): 수심이 발달한 정수역(연못, 저수지, 호수 등의 습지)의 개방수면(open water) 영역으로 바깥쪽이 연안대(littoral zone)로 이어짐. 수면에서는 부엽식물(浮葉植物)이 관찰되며, 수중 플랑크톤의 주요 서식 공간(pelagic zone).

월년초(越年草, 해넘이살이풀): 생활환이 1년 이내이지만, 동절기를 포함하므로 달력상 한 해를 넘기면서 생육하는 풀. 두 해를 거친다고 해서 이년초라 하기도 하지만, 라운키에르(C. Raunkiaer) 생활형 범주에서도 엄격하게 일년초에 속함. 겨울일년초(winter annual)라고도 함. 월년초는 일반적으로 겨울에 지상부의 식물체가 완전히 고사하지 않고, 로제트 잎으로 잔존.

위극상(僞極相, pseudoclimax): 극상으로 진행되지 않고 계속 머물러 있는 상태. 천이의 마지막 단계인 극상에 도달하지 않음(예: 암각지의 소나무-노간주나무군락과 같은 지속식물군락).

유성생식(有性生殖, sexual reproduction): 자성(雌性)과 웅성(雄性)에 의한 생식. 부모로부터 정확하게 50%씩 유전정보를 수렴(비교: 무성생식).

유수역(流水域, lotic water zone): 물 흐름이 있는 공간으로 강, 하천과 일부 샘 주변에서도 관찰.

유존식물종(遺存植物種, relict plant species): 과거 환경 변화로부터 살아남은 종. 현존식생에 가장 심대한 영향을 끼친 제4기 빙하기를 통과하고 국지적으로 분포하는 식물종의 전형적인 사례. 우리나라의 경우, 빙하기 영향이 적었던 온대지역이기 때문에 제3기의 식생이 연속적으로 발달해 왔음. 식물사회의 경우는 유존식생(relict vegetation)이라고 함. 유적식생(遺跡植生, relic vegetation)은 문화유산적 또는 자연유산적 의미에서 사용되는 개념으로 유존식생의 일부분.

육림(育林, silviculture): 삼림을 가꾸어 키우는 일. 육림의 대상이 되는 식분(植分, stand)이 식재로부터 유래하는 것(cultural origin)과 자연적인 식분에서 유래하는 경우(natural origin)의 2가지가 있음.

육역화(陸域化, terrestrialization): 하천 물길구간(channel)에서 토사 및 부유물에 의한 퇴적지가 생성되면서 식생이 정착하고, 나아가 퇴적지의 정도(크기와 안정성)가 확대되어 가는 과정. 일반적으로 하천 물길구간에서의 육역화는 물 흐름의 변화, 특히 유속이 급격히 느려지는 구간이나 물 흐름을 조절하는 댐이나 대형 보가 축조되어 있는 하류 구간에서 흔하게 관찰.

음폐생활자(陰蔽生活者, cryptobiosis): 불리한 환경에서는 대사(代謝)하지 않으며, 휴면 상태의 식물(예: 부처손).

이년초(二年草, 두해살이풀, biennial plant): 첫해는 발아하고, 이듬해 2년째에 꽃이 피고 열매를 맺어 생명환을 2년에 걸쳐서 완성하는 풀. 첫 해의 식물체 지상부가 완전히 고사하고, 이듬해에 땅속뿌리로부터 새로운 줄기가 생겨나서 생식하는 경우(비교: 월년초)

이지역성 종분화(異地域性 種分化, allopatric speciation): 새로운 생물종(新種)이 생겨나는 진화의 과정, 즉 종분화가 지리적으로 서로 떨어져 있어(격리) 생겨나는 새로운 생물종이 분화해 가는 과정(예: 거대한 산맥이나 바다는 생물 이동에 장벽이 되면서 두 지역 간에 서로 만날 수 없는 생식적(교배) 격리의 원인. 동아시아에서 시호속 식물의 지리적 분포와 종분화).

이차대사물질(二次代事物質, secondary metabolites): 특정의 생물종에서 특이적인 대사로부터 생성되는 색소, 알칼로이드, 페놀류, 테르페노이드, 항생물질 등의 물질.

이차림(二次林, secondary forest): 여러 가지 교란(파괴) 요인에 의해 이차적으로 발달한 삼림. 자연림(自然林, natural forest)을 일차림(一次林, primary forest)으로 부르는 것에 대응되는 개념. 인간간섭이나 자연재해(산불, 붕괴, 화산, 태풍, 한발 등)에 의한 교란의 흔적을 보여 주는 종 조성으로 구분.

이차식생외래종(二次植生外來種, epecophyten): 자연교란 또는 인간간섭에 의한 이차식생(secondary vegetation)에서만 구체적인 서식 지위를 차지하는 귀화식물(귀화식물 참조. 예: 붉은씨서양민들레).

이차초원(二次草原, secondary grassland 또는 heathland): 자연초원에 대응되는 개념. 여러 가지 요인에 의해 자연식생이 파괴된 이후 주로 초본 종으로 대체된 식물사회. 봉분(封墳)은 주기적인 예초로 유지되는 대표적인 이차초원이 발달하는 서식처.

이차초원식생(二次草原植生): 이차초원을 구성하는 식생형(초지는 풀로 이루어진 땅으로 이차초지식생은 틀린 명칭).

이화수분(異花受粉, geitonogamy, 이웃꽃가루받이): 한 포기 속의 같은 꽃줄기에 핀 꽃들 사이에서 일어나는 꽃가루받이. 비교: 타가수분.

인간간섭도(人間干涉度, hemeroby class): 식물군락 또는 서식처의 구조에 대한 인간간섭 정도. 자연성(自然性, naturalness)에 대응되는 개념(예: 귀화식물과 일이년생 식물종의 출현 정도를 이용해 지역의 인간간섭도를 분석).

인공분포기원(人工分布起源, cultural origin): 분포하게 되는 근본 동력(動力, driving force)이 사람에 의한 것(예: 고욤나무).

인공식생(人工植生, artificial vegetation): 인간에 의해서 인위적으로 만들어진 식물사회(예: 리기다소나무 조림식생).

인류문화종(人類文化種, anthropophyten): 인류문화, 특히 농경문화와 관계있는 종(예: 어저귀).

인위서식처(人爲棲息處, synanthrophic habitat): 서식처 특성에 영향을 미치는 주된 결정요인이 인간 활동(간섭)인 서식처. 농지와 마을은 야생 서식처에 대응되는 대표적인 인위서식처(인위식물 참조).

인위식물(人爲植物, synanthropophyten): 인간 활동(간섭)에 의존하는 종 그룹으로 인위서식처에 분포중심지가 있는 종. 농지식물(segetal plant), 마을식물(village plant), 터주식물(ruderal plant), 언저리식물(interstitial palnt) 4가지로 분류됨. 인위식물은 사람을 좋아하는 또는 사람을 따라다니는 식물 그룹으로 인위산포종(人爲散布種, hemerochoren)의 대부분이 이 범주에 속함(참고: 아래 인위식물 모식도).

인위산포종(人爲散布種, hemerochoren): 종자 산포 방식에 있어 인간에 의존하는 종(예: 고욤나무, 쇠비

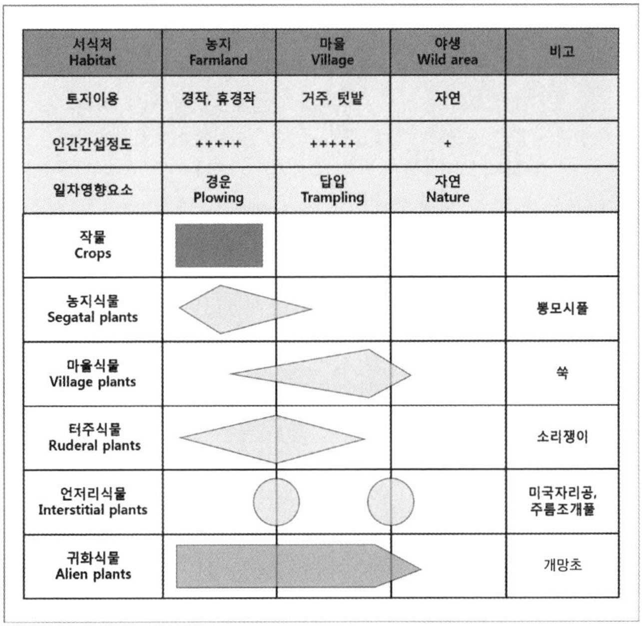

서식처 Habitat	농지 Farmland	마을 Village	야생 Wild area	비고
토지이용	경작, 휴경작	거주, 텃밭	자연	
인간간섭정도	+++++	+++++	+	
일차영향요소	경운 Plowing	답압 Trampling	자연 Nature	
작물 Crops				
농지식물 Segatal plants				뽕모시풀
마을식물 Village plants				쑥
터주식물 Ruderal plants				소리쟁이
언저리식물 Interstitial plants				미국자리공, 주름조개풀
귀화식물 Alien plants				개망초

름).

인해전략(phalanx strategy): 밀집전략(密集戰略) 참조.

일년초(一年草, 한해살이풀, annual plant): 생명환이 1년 이내에 완성되는 풀로 환경조건이 열악한(혹한, 가뭄 등) 시기에는 휴면 종자를 가짐. 라운키에르(C. Raunkiaer) 생활형 가운데 하나.

일제림(一齊林): 특정 간섭(교란) 이후, 같은 시기에 발달한 숲(예: 산간 계곡 휴경지의 버드나무림).

일차림(一次林, primary forests): 이차림에 대응되는 개념으로 자연림(natural forest *sensu stricto*)을 의미. 자연적으로 발달한 숲을 통칭하는 것이 아니라, 인간간섭이나 자연 재해(산불, 붕괴, 화산, 태풍, 한발 등)에 의한 교란 흔적을 보여 주는 종 조성을 포함하지 않는 자연림 또는 근자연림(近自然林, nearly natural forests)을 의미(예: 산불 이후에 자연적으로 재생한 소나무림은 이차림, 극상에 가까운 숲은 자연림으로 일차림).

임도(林道): 산림 경영을 위해 만들어진 삼림을 관통하는 도로.

임시개체군(메타개체군, metapopulation): 일시적으로 만들어지는 국지적인 개체군. 생성과 소멸을 반복하면서도 존속하는 집단. 소스(source)개체군, 위성(satellite)개체군, 임시개체군(metapopulation), 목표(sink)개체군 따위의 개체군모델의 한 가지(예: 코스모스는 종종 하천 부지에서 일시적 임시개체군으로 생성되었다가 없어지기도 함. 또는 이주하는 동물사회에서 중간기착지에 일시적으로 만들어진 집단).

임연성(林緣性)소매식물군락: 망토식물군락과 소매식물군락의 특성을 동시에 가지고 있는 식생형(예: 반들가시나무군락). 기능은 소매군락이면서 종조성(구조)은 망토식물 군락인 경우.

임연식생(林緣植生, 숲가장자리식생): 망토식물군락과 소매식물군락으로 이루어지는 숲 가장자리에 발달하는 식생.

(ㅈ)

자가수분(自家受粉, autogamy): 한 개체에서 같은 꽃가루에 의해 암술이 꽃가루받이 되는 현상. 타가수분(他家受粉)의 대응되는 개념. 같은 꽃송이 속에서 수분하는 자화수분(自花受粉) 또는 동화수분(同花受粉), 이웃하는 꽃송이에서 유래하는 꽃가루로 수분하는 인화수분(隣花受粉)으로 분류할 수 있음. 양성화(兩性花, 짝꽃)인 속씨식물에서는 화분 발아 또는 화분관 신장이 억제되어 자가수분에 의해 수정이 이루어지지 않도록 하는 자가불화합성(自家不和合性, self-incompatibility)이란 특성이 있는 경우도 있음.

자생(自生, naturalized): 자생종 참조.

자생종(自生種, naturalized species, wild species): 향토종으로 그 지역에 저절로 사는 모든 야생종에 대해 일반적으로 사용하는 용어. 외래종에 대응되는 개념.

자연림(自然林, natural forest): 일차림으로 이차림에 대응되는 개념. 교란 이후에 자연적으로 재생된 숲은 식물사회학적 종 조성에서 명백히 구분되는 자연림이 아니라 이차림의 식물사회.

자연분포기원(自然分布起源): 분포하게 된 근본 동력(動力, driving force)에 인간의 관여가 없는 것.

자연성(自然性, naturalness): 식물군락 또는 서식처의 구조가 자연 상태인 정도. 인간간섭도(hemeroby class)에 대응되는 개념.

자원식물(資源植物, plant resources): 이미 이용되거나, 잠재적 이용가치가 인정되는 식물 통칭.

잠재범람습지(潛在氾濫濕地, potential flood plain): 강, 하천에서 고수위 시기에 범람해 침수되는 잠재적 영역으로 지역 생태계 보존과 홍수조절에 크게 기여하는 생태공간. 우포늪은 우리나라 최대의 잠재범람습지.

잠재자연식생(潛在自然植生, potential natural vegetation): 어떤 지역에 있어서 인간간섭을 완전히 배제하고, 현재의 자연환경 조건, 즉 기후적·토지적 환경조건 모두를 총화해 자연적으로 발달하게 되는 극상 식생을 포함한 종국식물사회(終局植物社會). 1956년 툭센(R. Tüxen, 1899-1980)에 의해 창시된 이론적 개념. 원전에는 "heutige potentielle natürilche Vegetation"로 기술되어 있으므로 잠재자연식생은 반드시 "현재(heutige, present)의 자연환경조건과 인간간섭 배제"라는 2가지 필수 요건을 고려해야 함. 자연식생의 복원을 위한 적지적소(適地適所)의 생태학적 정보로 활용 가능한 중요한 개념.

잡종화(雜種化, interspecific diploid hybridization): 상대적으로 안정된 땅에서 유전적으로 안정된 2배체(2n) 종간에 잡종이 생겨나는 과정. 새로운 종이 생겨나면서 종다양성이 증대하는 하나의 자연 현상(예: 우리나라 참나무 종류 간의 잡종화).

재배종(栽培種, cultural plant species): 특정 목적(작물 수확, 화훼, 조림 등)으로 인간에 의해 키워지는 종. 야생종 대응 개념.

저습지(低濕地, lowland wetland): 해발이 낮은 저지대에 위치하는 습지로 늘 지하수에 포화되어 있는 땅. 산지습지 대응 개념.

저층습원(低層濕原, low moor, Niedermoor(獨)): 호소, 강과 하천 주변에서 늘 지하수가 포화되어 있는 평탄지에 식생이 발달한 공간. 자연적 또는 문화적 부영양화 수질환경이며, 종종 갈대와 사초류에 의해 우점되어 있음.

적색목록(赤色目錄, red data book, red list): 보호 대상이 되는 생물종 목록. 국가, 지역 수준에서 적색목록을 구축해 생물종을 관리함. 국제자연보존연맹(IUSN)이 제안한 9개 범주에 따라 자국의 생물종을 분류해 관리. (1) 절멸(EX, extinct), (2) 야생 절멸(EW, extinct in the wild), (3) 위급(CR, critically endangered), (4) 위기(EN, endangered), (5) 취약(VU, vulnerable), (6) 준위협(NT, near threatened), (7) 관심 대상(LC, least concern), (8) 자료 부족(DD, data deficient), (9) 미평가(NE, not evaluated).

적토지(積土地, soil heap): 인위적으로 흙을 쌓아둔 흙더미(흙무덤).

전이대(轉移帶, ecotone, transitional zone): 인접하는 2개의 서로 다른 서식처 간, 생태계 간, 식물군락 간, 심지어 생물군계 간의 경계 영역. 추이대(推移帶)라고도 하며, 전이대는 늘 긴장되는 구간(tension zone)이라 할 수 있음.

절대연도(대)絶對年度(代), absolute year(age)): 방사선동위원소로 측정한 연대로 절대편년(絶對編年, absolute chronology)이라고도 함. 상대연도(相對年度)에 대응되는 개념.

점토(粘土, clay): 토양 알갱이(粒子)의 크기가 0.0002㎜ 이하로 가장 작은 입자.

정수역(停水域, 停滯水域, lentic zone): 물 흐름이 관찰되지 않는 고인 영역으로 호소, 저수지, 연못, 댐, 작은 물웅덩이 등이 해당되며, 유수역(流水域, lotic zone)에 대응되는 개념.

제4기 격리분포 (quaternary refugial isolation): 신생대 제4기의 충적세(Holocene: 현재~1만 년 전, 신석기시대 이후) 이전까지, 즉 제4기 홍적세(Pleistocene: 1만 년~200만 년 전, 구석기시대)의 이른바 빙하기 동안 지구 기후변화에 대응해서 살아남은 생물의 분포 양상. 빙하기 동안의 빙하 영향과 계절적 가뭄 같은 기후변화에서도 살아남을 수 있는 상대적으로 서식조건이 괜찮은 지역이나 장소는 생물 피난처(Pleistocene refuge)로 기여. 빙하기 동안 수차례에 걸친 기후변화, 즉 간빙기와 빙기가 반복하면서 북방 생물의 분포 확장과 축소가 있었는데, 그런 피난처 덕분에 빙하기 유적식생(relic vegetation)이 격리 분포로 잔존. 남북으로 길게 벋는 우리나라는 국토 면적에 비해서 유적식생이 풍부한 편(예: 개시호가 한반도 북방 대륙 지역에서, 애기자운이 영남 내륙의 일부 장소에서 점점이 격리분포).

조간대(潮間帶, epilittoral zone): 습지 가장자리에 위치하는 연안대(littoral zone)에서도 수심이 가장 얕은 구역이며, 외곽이 항상 노출되어 있는 땅(upland)과 이어져 있는 구간. 갈대, 매자기와 같은 고경초본(高莖草本) 식물이 대표적인 식물.

조건부 이년생 초본(條件附 二年生 草本, facultative biennial germiniparous weed): 한해살이(一年生)이지만, 서식처 환경조건에 따라 두해살이(二年生)인 풀(예: 광대나물).

조림식생(造林植生, afforestation vegetation): 인공적으로 조성한 삼림식생. 자연적으로 생성된 숲을 가꾸는 삼림 경영을 통합해서 육림(育林)이라고 함.

조립질(粗粒質, coarse texture): 입자크기 0.02㎜ 이상의 모래 함량이 많은 토성(土性). 입자크기 0.0002㎜ 이하의 세립질(細粒質, fine texture)에 대응되는 개념. 토양 공극(孔隙)이 크기 때문에 통기성과 통수성이 우수.

종보존등급(種保存等級): 식물종의 보전생물학적 관리 전략으로 개발된 보존등급으로 모든 종이 가지고 있는 지리적 분포의 희귀성, 고유성, 서식처의 특이성, 번식전략 등의 생태학적 속성에 근거해 판정. 크게 다섯 등급으로 구분(절대감시대상종, 중대감시대상종, 주요감시대상종, 일반감시대상종, 비감시대상종). 생태적 지위가 불안정한 신귀화식물은 판정에서 제외.

종분화(種分化, speciation): 새로운 종(新種)의 생성 또는 그 과정. 참조: 이지역성 종분화.

종소명(種小名, epithet): 학명의 구성요소로 속명(屬名, generic name) 뒤에 따라오는 형용의 이름. 식물 학명은 속명과 종소명의 조합으로 이루어지는(이명법) 국제명명규약에 따라 지어짐.

종자 먹는 동물(果食動物, frugivore): 주로 과일을 먹고 사는 동물.

종보전등급 판정 매트릭스: [감시등급](감시점수)

[Ⅴ] 비감시대상종, [Ⅳ] 일반감시대상종, [Ⅲ] 주요감시대상종, [Ⅱ] 중대감시대상종, [Ⅰ] 절대감시대상종

지리 분포 (희귀성)					광역적		지역적		지소적	
고유성					비고유	고유	비고유	고유	비고유	고유
					0	1	2	3	4	5
서식처 특이성	약	생태 번식전략	모듈 및 일·이년생	0	[Ⅴ](0)	[Ⅴ](1)	[Ⅴ](2)	[Ⅳ](3)	[Ⅳ](4)	[Ⅲ](5)
			단위 및 다년생	1	[Ⅴ](1)	[Ⅴ](2)	[Ⅳ](3)	[Ⅳ](4)	[Ⅲ](5)	[Ⅱ](6)
	중		모듈 및 일·이년생	2	[Ⅴ](2)	[Ⅳ](3)	[Ⅳ](4)	[Ⅲ](5)	[Ⅱ](6)	[Ⅱ](7)
			단위 및 다년생	3	[Ⅳ](3)	[Ⅳ](4)	[Ⅲ](5)	[Ⅱ](6)	[Ⅱ](7)	[Ⅰ](8)
	강		모듈 및 일·이년생	4	[Ⅳ](4)	[Ⅲ](5)	[Ⅱ](6)	[Ⅱ](7)	[Ⅰ](8)	[Ⅰ](9)
			단위 및 다년생	5	[Ⅲ](5)	[Ⅱ](6)	[Ⅱ](7)	[Ⅰ](8)	[Ⅰ](9)	[Ⅰ](10)

종자은행(種子銀行, seed bank): 토양 속에 저장(埋沒)되어 있는 종자 및 휴면 종자의 총화.

준특산종(準特産種, subendemic species): 특산종 범주에 속하는 종으로 원산지에 분포하면서도 그 인접 지역에도 분포하는 종(예: 할미꽃. 특정 지역에 대응해 특기할 때에 사용되는 개념, 반고유종 참조).

중간습원(中間濕原, intermediate moor, Zwischenmoor(獨)): 저층습원과 고층습원의 중간 형태인 습원. 이탄(泥炭, peat)이 부분적으로 발달하고, 식충식물과 물이끼 종류, 진퍼리새가 함께 있는 식생이 발달.

중복개화다년생(重複開花多年生, polycarpic perennial): 여러해살이(多年生)이면서 생육시기에는 연중 계속해서 종자를 생산하는 그룹(예: 소리쟁이).

중영양 초지(中營養 草地, mesotrophic grasslands): 풀밭 서식처의 영양 상태에 따라 부영양(富營養, eutrophic), 중영양(中營養), 빈영양(貧營養, oligotrophic)으로 구분(예: 버들금불초는 중영양 초지에 사는 종).

중점지역(重點地域, hot spot): 생물종 다양성이 풍부한 지역 또는 지점(예: 지구 전체에서는 열대강우림이나 산호초 같은 경우이고, 우리나라의 경우 우포늪과 같은 습한 땅이나 풀밭 식물이 발달하는 마른 땅).

중해발(中海拔, middle altitude): 해발고도에 따라 구분. 저해발, 중해발, 고해발

지리적 대응종(地理的 對應種, vicarious species, vicars): 지리학적으로 서로 격리된 지역이지만, 그 서식처의 환경조건의 유사성으로부터 생태학적으로 동등한 기능이나 구조를 가진 종(예: 답압 환경에 사는 동아시아 질경이(*Plantago asiatica*)와 중부 유럽의 질경이 *Plantago major*).

지리적 분화(地理的 分化, geographical differentiation): 지리 장벽(산맥, 바다 등)에 의해 서로 격리되면서 발생하는 종분화(種分化) 현상. 이지역성 종분화 참조(예: 지중식물인 원추리 종류의 다양성 - 태안원추리, 홍도원추리, 백운산원추리는 우리나라 특산종이면서 지역 특산종).

지속식물군락(持續植物群落, perpetual plant community): 서식 환경조건의 특이성으로부터 천이 도중상(途中相: 극상으로 향하는 식생 천이가 진행되는 도중의 식물사회상)으로 유지되는 식물군락.

지위(地位, niche): 생물군집 내에서의 생물종이 지닌 생태적 역할. 사람의 직업과 같은 것으로 환경조건에

대응해 모든 생물종은 지위를 갖고 생물군집의 구성으로 존재. 침투외래종의 폐해는 고유 생태계 또는 생물 군집 내의 안정적인 구조인 먹이사슬과 먹이망에서 지위를 교란하는 것으로 지목됨.

지중식물(地中植物, geophyte): 땅속에 휴면아(休眠芽, bud)가 있는 라운키에르(Raunkiaer) 식물 생활형의 하나. 반지중식물(半地中植物)보다 휴면아가 더욱 깊은 곳에 있으며, 주로 지표면 가까이의 돌이나 바위로 덮인 입지에서 빈도 높게 관찰(예: 대부분의 구근(球根)식물).

지표식물(地表植物, chamaephyte): 휴면아가 지상에 노출되고, 지상 30㎝ 이하에 위치하는 라운키에르(Raunkiaer) 식물 생활형의 하나.

지표종(指標種, indicator species): 서식처의 특정 환경조건을 반영해 분포 특이성을 보여 주는 종. 서식처 환경조건에 대한 지표성이 강한 종. 군락분류학의 단위식생(單位植生, syntaxa) 진단종군(診斷種群)은 넓은 의미로 지표종에 포함됨. 경관이나 생태계 수준보다 작은 서식처 수준에서 그 환경조건을 특징짓는 지표종은 군락분류학의 군집(群集, association) 수준 이하의 단위식생에 대한 표징종(標徵種)이나 구분종(區分種)과 동일함.

지표화(地表火, surface fire): 지표면을 천천히 태우면서 번져 가는 산불 양상으로 땅속 토양생태계에 심각한 피해 발생. 비교: 수관화(樹冠火) 또는 지상화(地上火, crown fire).

진개(塵芥, 쓰레기터)식물군락(plant community at spoil(manure and sewage) and wasteland): 부영양 토양인 서식처에서 발달하는 식물사회(예: 만수국아재비군락).

진단종(診斷種, diagnostic species): 군락분류학의 단위식생을 특징짓는 표징종(標徵種, character species), 구분종(區分種, differential species), 항수반종(恒隨伴種, constant companion species) 등에 대한 통칭.

진연안대(眞沿岸帶, eulittoral zone): 계절적 최고 수위와 최저 수위 사이의 호소 가장자리 영역.

(ㅊ)

천근성(淺根性, shallow-rooted): 뿌리가 지표면 가까이에 퍼져 있는 양식. 심근성(深根性, deep-rooted)에 대응되는 개념. 침엽수종과 콩과식물에서 쉽게 관찰할 수 있으며, 다양한 근균(根菌)과의 공생 관계에서 나타나는 생태적, 유전적 특성(예: 소나무를 들어 올려 심어야 하는 이유).

천이(遷移, succession): 일정하게 제한된 공간(서식처)에서 시간 경과에 따라 일어나는 일련의 종 조성의 변화 양상. 천이에 영향을 미치는 구성원의 출생, 사망, 이주 등에 대한 생태 과정을 연구하는 분야를 군락동태학(群落動態學, syndynamics)이라 함.

초도살(超屠殺, superkilling): 어떤 원인에 의해 불특정 생물의 대량 살상이 일어나는 현상(예: 4대강 건설로 물이 흐르는 강생태계가 호수생태계로 급격히 변화하며 발생).

추계형 식생(秋季型 植生, autumn type): 춘계형 식생에 대응되는 개념으로 동일한 서식처에 여름 이후의 종 조성으로 발달하는 식물사회(예: 주로 로제트형의 해넘이살이(越年生) 초본으로 이루어진 농지잡초식생(農地雜草植生, segetal weed vegetation).

추수대(抽水帶, emerged zone): 물이 들락날락하는 습지 가장자리. 연안대(沿岸帶, littoral zone)라고도 함. 정수역 또는 유수역의 물 가장자리에서 잔물결의 영향을 자주 받게 되는 불안정한 입지. 연안대 가운데에서 표연안대(조간대, epilittoral zone)에 속하지만, 평상시에는 지면으로 노출되었다가, 증수(增水) 기간(장마철 또는 홍수)에 일시적으로 얕게 침수되는 영역.

추이대(推移帶, ecotone): 전이대 참조.

춘계형 식생(春季型 植生, spring type): 추계형 식생에 대응되는 개념으로 동일한 서식처에서 여름 이전까지 발달하는 종 조성이 있는 식물사회(예: 주로 여름형 1년생 초본으로 이루어진 농지잡초식생으로 뚝새풀군락, 자운영군락 등).

춘선식물(春先植物, vernal plant): 봄맞이식물, 봄에 꽃 피는 식물로 특히 잎보다 꽃이 먼저 피는 식물.

출현빈도(出現頻度, frequency): 단위면적 또는 단위식생 속에 나타나는 정도.

충매화(蟲媒花, entomophilous flower): 곤충에 의해 꽃가루받이하는 꽃. 살충제에 의한 곤충 개체군 크기의 위축은 꽃가루받이 기회를 저감시켜 충매화 개체군 크기에 심각한 위협 요소로 작용.

충적지(沖積地, alluvial land): 하천작용에 의한 퇴적지(예: 범람원).

최빙기(the last glacial maximum): 지역에 따라 마지막 시점에 차이가 있으나, 25,000~15,000yBP 시기(Ray & Adams 2001). yBP는 years before present의

약자로 연대보정을 하지 않은 ^{14}C연대, 즉 절대연대이고, 편년한 일반연대 값은 지역에 따라 차이가 있으나, 일반적으로 1,000년 이하 범위로 나타남. 최빙기는 후기구석기시대에 해당하고, 그 이후는 지구 온난화와 함께 신석기시대를 거쳐 이른바 신석기혁명이 도래함.

츠렁모바위: 각 진 큰 바위가 겹겹이 쌓인 험한 곳. 바위와 바위 사이의 틈이 넓어 큰 구멍이 생겨서 상당한 수준의 천이가 진행될 수 있는 입지. 비교: 시렁모바위.

침투외래종(浸透外來種, invasive alien species): 귀화식물 가운데 고유 생태계와 생물다양성의 안정성(stability)과 건강성(healthy)에 부정적인 영향 미치는 그룹. (귀화식물 참조). 침입외래귀화식물과 동일. 화분병(花粉病)과 같이 사람의 건강을 해치는 종과는 전혀 다른 개념.

침수식물(沈水植物, submerged plants): 식물체 전체가 물속(수면 아래)에 위치하고, 뿌리를 물속 바닥에 고정하는 식물(예: 검정말과 같은 말 종류).

침수식생(沈水植生, submerged vegetation): 침수식물 종류로 이루어진 식물사회.

침입종(侵入種, invasive species): 침투종, 해당 서식처에 고유 출현종이 아닌 종 그룹. 따라서 어떤 식물종도 침입종으로 분류될 수 있음. 보통 귀화식물의 생태적 특성으로 폭넓게 적용하기도 함(예: 선버들이나 왕버들 서식 공간인 하천 고수부지에 아까시나무가 침입해 살 경우, 아까시나무를 침입종(침입식물)으로 분류).

(ㅌ)

타가수분(他家受粉, allogamy): 서로 다른 식물체(개체) 간의 꽃가루받이로 자가수분(自家受粉, autogamy)에 대응되는 개념.

타감작용(他感作用, allelopathic effects): 서로 다른 종 사이 또는 개체 사이에서 그들이 만들어 낸 여러 가지 생화학적 대사산물(상대 영향 물질)에 의해 상호 간에 성장과 번식에 영향을 끼치게 되는 현상. 원격현상(遠隔現狀)이라고도 함. 한 장소에 대한 식물종 간의 점유 경쟁을 해석하는 데 적용.

탈출외래귀화식물(脫出外來歸化植物, ergasiophygophyten): 귀화식물 가운데 도입 방법에 따라 분류되는 범주. 인간에 의해 의도적(intentional)으로 도입되었다가 야생으로 탈출해 자연 분포하는 경우. 주로 원예, 조경, 농경, 토목 건설 등에 이용할 목적으로 도입되었다가 이차적으로 그 일부가 탈출한(escaping) 종(逸出種). 탈출외래귀화식물은 그 분포가 지역 생태계에 영향을 미칠 정도로 가시적이지는 않지만, 장기적으로는 모니터링(추적 감시)이 요구되는 대상임(귀화식물 참조).

태평양아형(太平洋亞型, pacific subtype): 동북아 군락지리학(群落地理學, 植生地理學) 연구로부터 획득된 식생지리형(syngeographical type) 가운데 하나. 대륙형(continental type)에 대응되는 해양형(oceanic type)에 속하는 하위 식생지리형(참조: 식생지리형).

터주서식처(ruderal habitat): 인간의 간섭이 미치는 서식처로 특히 질소와 인에 의한 부영양화 환경에 노출된 토양이면서 간섭의 빈도가 빈번한 서식처. 쓰레기터, 길가, 공터 등의 마을서식처(village habiatat)와 경작지와 같은 농지서식처(農地棲息處, segetal habitat)의 통합 개념. 터주서식처와 언저리서식처(interstitial habitat)를 통칭해 인위서식처(synanthrophic habitat)라 함(인위서식처 참조).

터주식물(ruderal plant): 터주서식처(마을서식처+농지서식처)에 분포중심지가 있는 종. 식물형질(plant character set)로부터 생태분류 범주(경쟁식물(competitor), 스트레스-인내식물(stress-tolerator), 터주식물(ruderalis)) 가운데 하나(예: 대부분의 숲속 식물은 경쟁식물, 해안 염습지(鹽濕地)처럼 생리적 또는 생태적으로 특수한 스트레스 조건에 대응해서 인내하며 사는 식물은 스트레스-인내식물, 물리적 교란에 대응하는 전략으로 사는 터주식물; C-S-R 전략(Grime *et al.* 1979)).

터주식생(ruderal vegetation): 농지서식처와 마을서식처에서 터주식물이 중심이 되어 발달하는 식물사회. 환삼덩굴군락은 전형적인 터주식생(인위서식처 참조).

터주형 습지 식물군락(ruderal wetland plant community): 습지 식물군락 가운데 터주서식처 또는 그와 유사한 환경조건을 갖춘 서식처에서 발달하는 식물군락(예: 문화적 부영양 수질에 발달하는 식물사회).

토지적 조건(土地的 條件, edaphic condition): 생물종 분포에 관련해 입지의 토지 환경조건, 경사, 지표면의 암석 종류, 암석 노출 정도, 지형 등의 조건을 포함. 기후적 조건에 대응한 개념. 토지적 극상림이란 특정 기후대 속에서 특정의 토지 환경조건에 대응해 발달한 극상림을 의미.

특산속(特産屬, endemic genus): 생물지리학적으로 특정 지역(地理區系)으로만 제한된 분포중심지를 보이는 속(예: 한반도 특산속인 망개나무속(*Berchemia*), 참고: 준특산종).

특산종(特産種, endemic species): 생물지리학적으로 특정 지역(地理區系)으로만 제한된 분포중심지를 보이는 종(예: 한국의 동강할미꽃, 울릉도의 너도밤나무).

㉲

평행진화(平行進化, parallel evolution): (i) 공통조상으로부터 진화한 비슷한 형질을 가진 생물체가 독립적으로 진화하는 경우, (ii) 전혀 관련성이 없는 두 개의 계통수 간에 형질 진화에 있어서 일정한 차이점(대응 형질)이 유지되는 경우.

표연안대(表沿岸帶, epilittoral zone): 조간대 참조.

표징종(標徵種 character species): 군락분류학적 단위식생(syntaxa)에 대한 진단종군의 하나로 군집(群集, association) 이상의 상급 단위(higher units)에 대한 진단종의 명칭.

표현형(表現型, phenotype): 생물종이 가지는 독특한 외부 형태로 유전자형(genotype)에 대응하는 개념.

풍매화(風媒花, air pollination): 바람을 이용해 확산되어 꽃가루받이하는 꽃(예: 대부분의 벼과(禾本科) 종).

풍산포(風散布, anemochore): 식물의 종자 산포 양식에서 바람을 이용해 널리 퍼지는 양식.

풍충지(風衝地, windswept area): 바람맞이 입지로, 주로 돌출된 지형이거나 바람길(風動)에 위치하는 곳.

풍혈(風穴, blowhole, wind-hole, air-hole): 지질 암석권과 지각 활동의 상호작용(풍화, 붕괴, 퇴적, 운반, 융기, 침식 등)에 의해 생겨난 크고 작은 규모의 굴. 바람구멍, 바람굴이라고도 함. 주로 큰 바위(巨石)가 쌓인 산기슭 츠렁모바위에서 발달하고, 지상과 지하 바위틈의 공기 밀도의 현격하고 급격한 차이에서 발생되는 바람. 북방과 남방 요소의 식물이 함께 사는 독특한 서식처. 작은 규모 수준의 생물다양성 중점지역으로 평가.

피난격리(避難隔離, refugial isolation): 빙하기 이후 살아남은 생물종의 지리적 격리 분포양상.

피도(被度, coverage): 생물 분포를 나타내는 방법으로 해당 지역이나 면적 또는 단위식생에서 출현(피복)하는 정도.

㉻

하도습지(河道濕地, river channel wetland): 유수역(강과 하천)의 물길(河道) 내, 즉 제외지(堤外地)에 발달하는 습지.

하록활엽수림대(夏綠闊葉樹林帶, summergreen broad-leaved forest zone): 냉온대(冷溫帶, cool-temperate zone)를 특징짓는 낙엽활엽수종(落葉闊葉樹種)으로 이루어진 삼림식생대. 난온대(暖溫帶, warm-temperate zone)의 상록활엽수림대(常綠闊葉樹林帶)에 대응되는 개념.

하식애(河蝕崖, river cliff): 하천의 침식작용 등으로 인해 생긴 하천 절벽. 하천이나 강의 감입곡류 구간의 공격사면을 이루는 절벽(구하식애 참조).

하원식생(河源植生, stream-bed vegetation): 물길 구간 폭이 넓은 하천 바닥에서 발달하는 식물사회. 주로 평탄하면서도 가운데가 완만하게 솟아오른 지형으로 비교적 청정한 모래와 자갈이 퇴적된 곳에 발달하는 식생(예: 한국 특산인 단양쑥부쟁이, 여뀌류가 우점하는 식물군락).

한발(旱魃, drought): 생태계에 미치는 자연재해의 하나로 심한 가뭄을 의미. 한발에 의한 피해는 식물사회가 발달하는 서식처의 미지형과 토질에 따라서 크게 다르게 나타남.

항수반종(恒隨伴種, constant companion species): 특정 식물사회에 늘 나타나는 종(예: 선씀바귀는 우리나라의 잔디군락에서 늘 나타나는 잔디군락의 항수반종).

해넘이한해살이(一年生越年草, winter annual): 겨울형 일년초와 월년초 참조.

해식애(海蝕崖, sea cliff): 해양과 육지가 접하는 경계에서 바닷물에 의한 해식(海蝕)과 풍화(風化)의 물리적 화학적 작용으로 생성된 절벽.

해안성기후(海岸性氣候, coastal climate): 내륙성기후에 대응되는 개념으로 바다의 영향이 직접 미치는 지역의 기후. 해양성기후 특성을 보임.

해양성기후(海洋性氣候, oceanic climate): 대륙성기후에 대응되는 개념으로 연중(年中), 일중(日中) 기온과 강수량 패턴의 진동 폭이 대륙성기후보다 매우 좁은 기후. 해양성기후지역에서는 수분스트레스나 산불에 의한 피해 발생 빈도가 대륙성기후지역에 비해 상대적으로 크게 낮음(예: 우리나라에서 해양성기후 특성이 가장 잘 나타나는 지역은 울릉도, 한반도에서 대륙성기후 특성이 가장 잘 나타나는 지역은 영남분지).

해양성온대기후(海洋性溫帶氣候, oceanic temperate-climate): 온대지역에서의 해양성기후(예: 일본열도는 한반도와 달리 전형적인 해양성온대기후지역).

해양형 식생(海洋型 植生, oceanic vegetation type): 동북아 식생지리형(syngeographical type) 가운데 하나로서 대륙형(大陸型, continental type) 식생에 대응되는 개념(예: 일본열도에서 너도밤나무류로 대표되는 낙엽활엽수림은 전형적인 해양형 식생).

현존식생(現存植生, actual vegetation): 현재 발달하고 있는 다양한 식생.

현지내보존(現地內保存, *in-situ*(in-site) conservation): 야생 생물의 보존 전략으로 본래의 고유 서식처에서의 보존 활동. 자연환경 조건에 대응하는 진화를 보장하는 생태적 관리 전략(예: 국립공원과 같은 보호구역 설정).

현지외보존(現地外保存, *ex-situ*(off-site) conservation): 생물종 보전 전략으로 본래 서식처가 아닌 곳에서의 보존 활동. 자연환경 조건에 대응하는 진화가 보장되지 않으며, 단지 특정 시기의 유전자 정보가 보존되는 형국(예: 식물원, 동물원).

혈암(頁岩, shale): 퇴적암의 일종으로 세립질(細粒質) 토양 입자로 풍화.

호광성 식물(好光性 植物, heliophyte): 양지를 좋아하는 또는 직사광선을 인내할 수 있는 특성을 지닌 식물. 일반적으로 선구성(先驅性) 식물종이 지닌 생태 형질. 내음성(耐陰性) 식물(shade tolerator; sciophyte)에 대응되는 개념.

호온성초본(好溫性草本, thermophilous herbs): 온난한 입지를 선호하는 초본 종으로 냉습한 서식처에서 살지 않음.

호질소성 식물(好窒素性 植物, nitrophilous plants): 비옥한 토양을 선호하는 식물.

환동해 지역(環東海 地域, Korean East Sea Rim): 동해를 둘러싼 지역으로 한반도, 만주, 연해주, 일본열도 등이 포함. 동해로 인해 이들 지역은 자연환경과 식생이 독특하게 분화됨.

후빙기(後氷期, post-glacial age): 신생대 제4기 플라이스토세(충적세) 빙하기 이후 현재까지의 지질시대. 약 1만 년 전 이후의 시기로 후빙기에서도 여러 차례의 간빙기(間氷期)를 포함하고, 현존식생에 직접적으로 영향을 미침.

휴경작지(休耕地, abandoned fields): 경작하지 않고 방치하지만, 잠재적으로 경작지로 이용 가능한 토지.

흙무덤: 적토지(積土地) 참조.

희귀종(稀貴種, rare species): 개체군 크기(population size)나 상대적인 생체량(relative biomass)이 작은 생물종이면서 생태계 내에서 총체적 영향력(total impact)이 크지 않는 생물종. 그 희귀성(rariety)은 공간적으로 광역적(regional), 지방적(provincial), 국지적(local), 국가적(national) 등의 수준에 따라 판정. 최소존속개체군(最小存續個體群, minimum viable population) 크기 이하의 희귀종은 가까운 기간 내에 멸종 위기에 직면.

(영문 용어)

CAM대사식물(CAM代謝植物, Crassulacean Acid Metabolism): 광합성에서 탄소고정 과정의 한 가지. 밤에 이산화탄소를 고정하면서 세포 내에 말산(malate)을 저장하는 과정. 사막과 같이 극단적으로 건조한 환경에 사는 식물이 물 이용 효율을 극대화하기 위해 진화한 결과(예: 선인장과 같은 엽육식물(葉肉植物)).

C3-계절(식물계절)(C3 plant season): 장마까지의 생물계절로 식물이 물 부족을 경험하지 않는 절기(C4-계절(식물계절) 참조).

C3-식물(C3 plant): 광합성에 필요한 이산화탄소를 공기에서 직접 얻어, 탄소고정효소 루비스코(rubisco)에 의해 3-PGA라는 탄소(C) 3개짜리 화합물을 만들어 캘빈회로에 이용하는 식물. 보통 온대지역 식물은 대부분 C3-식물.

C4-계절(식물계절)(C4 plant season): 사계절 외에 봄과 여름 사이의 장마 계절에 대응되는 여름 절기 가운데 일시적으로 무덥고 건조한 시기. 식물이 물 부족을 경험하거나 수분스트레스가 발생하는 시기. 우리나라의 식물이 생육 가능한 기간은 사실상 C3-계절보다 C4-계절의 기간이 긴 편.

C4-식물(C4 plant): 광합성에 필요한 이산화탄소를 공기에서 직접 얻어, 탄소(C) 4개짜리 화합물을 만들어 캘빈회로에 이용하는 식물. 기공이 닫힌 밤, 잎 속의 이산화탄소 농도가 낮은 상태에서도 계속해서 당(糖)을 합성함. 덥고 건조한 기후 조건에서 진화한 탄소동화작용의 방법(예: 옥수수, 수수, 사탕수수 등).

Pliny: Gaius Plinius Secundus, Pliny the Elder (AD 24-79), 『Naturalis Historia』의 저자.

인용문헌

강명길康命吉. 1799.『제중신편濟衆新編』.

강호종. 1994. 산채식물인 영아자(민다래끼)의 생리생태에 관한 연구. 한국원예학회 논문발표요지 12: 58-59.

고강석, 강인구, 서민환, 김정현, 김기대, 길지현, 유홍일, 공동수, 이은복, 전의식. 1995. 귀화생물에 의한 생태계 영향 조사 (I). 행정간행물 등록번호 12010-67050-56-60. NIER No. 95-02-446. 국립환경연구원.

고재철. 2006. Iris 자생종 및 도입종의 생육 특성. 화훼연구 14: 300-305.

고학수. 1984.『평양식물지』. 과학, 백과사전출판사. 평양.

공우석. 1998.『한반도 식생사』. 아카넷.

과학출판사. 1955.『조선식물명집』. 평양.

과학출판사. 1979.『조선식물지 부록』. 과학출판사. 평양.

국가표준식물목록위원회. 2016. 국가표준식물목록. 산림청. 〈http://www.nature.go.kr/kpni〉

국립공원관리공단. 2003. 식물상 (조사: 김용식, 윤창영). 지리산국립공원 자연자원조사.

국립국어원. 2016. 표준국어대사전. 〈http://stdweb2.korean.go.kr/main.jsp〉

국립수목원. 2014. 한국의 희귀 · 특산식물(1) 광릉요강꽃. 국립수목원 속보.

국립수목원. 2015. 국가생물종지식정보시스템. 검색 〈http://www.nature.go.kr〉

국립수목원. 2015.『한반도 자생식물 영어이름 목록집』. 포천.

권보경, 박명순, 남보미, 정규영. 2012. 한국산 박주가리과(Asclepiadaceae)의 체세포 염색체수. 한국자원식물학회 제6회 발효한약국제심포지엄(SOF2012) 및 추계학술대회, 자료집: 38쪽.

김갑태. 1998. 오대산 아고산대의 자생 초본식물 분포와 입지인자에 관한 연구. 한국임학회지 87: 459-465.

김갑태. 2010. 천연 활엽수림에서 주요 자생 초본식물의 분포와 입지인자와의 상관. 한국환경생태학회지 24: 493-499.

김갑태, 류동표, 김회진. 2012. 우리나라 국화과 식물의 화기구조와 방화 곤충 연구. 한국환경생태학회지 26: 200-209.

김갑태, 류동표, 김회진. 2013. 우리나라 꿀풀과와 산형과 식물의 화기 구조와 방화곤충. 한국환경생태학회지 27: 22-29.

김갑태, 엄태원. 1997. 가리왕산의 산채 분포에 관한 연구. 한국임학회지 86: 422-429.

김경아, 유기억. 2012. 엽록체 DNA 염기서열 분석을 이용한 한국산 초롱꽃과(Campanulaceae)의 계통유연관계. 한국식물분류학회지 42: 282-293.

김경아, 한준수, 천경식, 장진환, 옥길환, 유기억. 2012. 강원도 내륙 북부지역의 민속식물. 한국자원식물학회지 25: 48-62.

김길웅, 신동현, 권순태, 박상조, 이성중, 1993. 경북지방의 묘지에 분포하는 잡초종. 한국잡초학회지 13: 164-172.

김동암. 1969. 방목강도가 목야지의 식생, 생산량 및 초세에 미치는 영향. 한국동물자원과학회지 11: 186-190.

김문웅 역주. 2008a. 역주『구급간이방救急簡易方』언해 3. 세종대왕기념사업회.

김문웅 역주. 2008b. 역주『구급간이방救急簡易方』언해 6. 세종대왕기념사업회.

김문웅 역주. 2009. 역주『구급간이방(救急簡易方)』언해 7. 세종대왕기념사업회.

김민수 편. 1997. 우리말 어원사전. 태학사.

김병기. 2013.『산꽃도감』. 자연과생태.

김병우, 오영주, 김수미. 1998. 단양 석회암지역의 식물상에 관한 연구. 동굴 56: 15-38.

김병호, 강대진, 박태진, 강창중. 1969. 지리산 목야지의 초생실태에 관한 조사. 한국축산학회지 11: 250-253.

김수영, 김찬수, 김건래, 김진기, 박상홍, 장태수, 이원규, 이중구. 2008. 한국 약용식물 33분류군의 염색체수와 핵형분석. 한국약용작물학회지 16: 161-167.

김양진, 최정혜. 2010. 유의어(類義語)의 경계 탐색. 한국어 의미학 33: 19-40.

김양진. 2011.『식물 이름 수수께끼』. 루덴스.

김윤식, 김희경. 1988. 한국산 봄맞이꽃속 (*Androsace*)의 분류학적 연구. 한국식물분류학회지 18: 233-262.

김윤식, 엄정숙, 박선주, 장창기, 박찬호. 1998. 운길산(雲吉山, 京畿)의 식물상과 보전대책. 환경생물학회지 16: 197-214.

김윤식, 이병윤. 1989. 한국산 꼭두서니속(*Rubia*)의 분류학적 연구. 한국식물분류학회지 19: 1-20.

김정국. 1538.『촌가구급방(村家救急方)』. (중간본 1571~1573; 안병희 1978).
김정규, 임수길, 이상환, 이창호, 정창윤. 1999. 휴 폐광지역 오염토양의 phytoremediation을 위한 식물자원 검색. 한국환경농학회지 18: 28-34.
김정림. 2011.『해금교본: 서도민요』. 민속원.
김정옥, 신말식. 2008. 한국의 식재료 중 채소, 과일류의 유입과 실크로드. 한국식생활문화학회지 23: 10-17.
김정현. 2009. 한국 농악의 역사와 이론. 한국학술정보(주).
김종갑. 1992. 온산공단 주변 해송림의 초본식생에 관한 연구. 한국생태학회회지 15: 247-255.
김종원 안경환, 이창우, 최병기. 2011.『우포늪의 식물군락』. 한국식물사회생태도감 1. 계명대학교 출판부.
김종원, 송승달, 김성준. 1996. 울릉도, 독도 식생에 대한 군락분류학적 연구. 자연실태종합보고서 (자연보호중앙협의회) 10: 137-202.
김종원, 이승은, 이정아, 2012. 화산 오리나무군락의 식물상. 환경부・국립환경과학원 생태・경관우수지역 발굴조사 보고서. 81-120쪽.
김종원, 이승은. 2013. III. 식생.〈2013습지보호지역 정밀조사(II)〉. 675-718쪽. 환경부 국립습지센터.
김종원, 이율경. 2006.『식물사회학적 식생조사와 평가방법』. 월드사이언스출판사.
김종원, 최병기, 김성열, 임정철, 이정아, 이승은, 류태복, 엄병철, 오해성, 김윤하, 박정석, 이경연. 2013a.「청송군 식생지 및 에코비지니스 개발사업 최종보고서」청송군, 계명대학교 (발간등록번호: 75-5160000-000047-01).
김종원, 한승욱. 2005. 양산 신불산의 습원식생. 한국생태학회지. 28: 85-92.
김종원. 2001. 대구지역의 애기자운(털새동부) 개체군에 대한 군락생태학적 특성. 기초과학 연구논집(계명대학교 자연과학연구소) 20: 49-56.
김종원. 2006.『녹지생태학』(제2판). 월드사이언스출판사.
김종원. 2013.『한국 식물 생태 보감』. 제1권. 주변에서 늘 만나는 식물. 자연과생태.
김종원. 2016. 제1권 신라사 총론, 1편 1장 2절 기후와 식생.『신라사대계』「신라 천년의 역사와 문화」. 경상북도, 신라 천년의 역사와 문화 편찬위원회. 42-69쪽. 디자인공방.
김준민, 임양재, 전의식. 2000.『한국의 귀화식물』. 사이언스북스.
김지연, 이종석. 1998. 복주머니란 (*Cypripedium macranthum* Sw.) 자생지의 생육환경에 관하여. 원예과학기술지 16: 30-32.
김진만, 태경환, 김주환. 2007. 형태학적 형질에 의한 까치수염속(*Lysimachia*) *Spicatae*절 식물의 분류학적 연구. 한국식물분류학회지 37: 61-78.
김진수, 조동광, 정지희, 김영희, 유기억, 천경식. 2010. ISSR 표지자에 의한 동강할미꽃(*Pulsatilla tongkangensis*)의 유전다양성과 구조. 한국자원식물학회지 23: 360-367.
김찬수, 김수영, 변광옥. 2011. 제주지역 산림유전자원의 수집 및 보존연구. 국립산림과학원 연구보고 11-01.
김태수, 김인구, 조세환, 강명화, 박희운, 박춘근, 성하정, 고상범. 2006. 활나물(*Crotalaria sessiliflora* L.) 추출물로부터 항암물질의 구조・동정. 2006 International symposium and annual meeting (2006.10), pp. 343-343.
김태훈. 2014. 큰앵초(*Primula jesoana* Miq.)와 설앵초(*Primula modesta* Bisset et S.Moore)의 종내 분류군에 대한 분류학적 재고(앵초과). 한남대학교 석사학위 논문. 대전.
김혁진, 홍정기, 김상철, 오승환, 김주환. 2011. 한반도 아고산지대내 기후변화 취약식물종의 식물계절성 변화 연구 - 덕유산 정상 지역을 중심으로. 한국자원식물학회지 24: 549-556.
김현희, 유기억, 2013. 외부형태, 주성분분석과 군집분석을 통한 조개나물속(*Ajuga* L.)의 분류학적 연구. 제7회 발효한약국제심포지움 및 2013 한국자원식물학회 추계학술대회(2013.10), 64쪽 (1 page).
김효정, 이미정, 이규석, 박관수, 송호경. 2004. 계룡산 상부 지역의 산림식생. 한국환경생물학회지 22: 127-132.
나지영. 2007.〈여우구슬〉과 성(性)불안의 극복. 고전문학과 교육 14: 183-212.
남보미, 박명순, 오병운, 정규영. 2012. 한국산 나비나물속(콩과)의 세포분류학적 연구. 식물분류학회지 42: 307-315.
남상준. 2001. 폐탄광지 폐석적치장의 생태복원 녹화방법에 관한 연구. 단국대학교 산업경영대학원. 석사학위논문.
남풍현. 1981.『향약집성방鄕藥集成方』의 향명에 대하여. 진단학보震檀學報 87: 171-194.
농업유전자원정보센터 (농촌진흥청, 국립농업과학원).

2011. 자원식물백과. 〈http://www.genebank.go.kr〉.
단국대학교 동양학연구소. 2002. 『한국한자어사전』권 1, 2, 3, 4. 단국대학교 출판부.
도봉섭, 임록재. 1988. 『식물도감』. 과학출판사. 평양.
동국대학교 한의과대학 본초학회 (1994). 『中國本草圖鑑』 第2卷 (人民衛生出版社). 驢江出版社.
류태복, 김종원, 최병기. 2015. 아마풀-부추군락 (미발표).
류태복. 2015. 한국 석회암지역의 식생. 계명대학교 박사학위 논문.
모페(Moffe, S.E.) 1895. 『진리편독삼자경(眞理便讀三字經)』. 야소교서국.
문형인, 류승효, 노종화, 지옥표. 2000. 톱풀의 항산화 성분. 한국약용작물학회지 8: 1-8.
문형태, 김준호, 곽영세. 1991. 석회암 지역 굴참나무군집의 구조와 토양의 물리 , 화학적 성질. 한국생태학회 14: 159-169.
미상 (박경가? 1836). 『동언고략(東言考略)』.
박기현, 양주영, 김인택. 2012. 한국 국립공원의 멸종위기식물 분포에 관한 연구. 국립공원연구지 3: 95-103.
박만규. 1949. 『우리나라 식물명감』. 문교부.
박명순, 남보미, 정규영. 2011. 사철쑥과 비쑥의 분류학적 실체. 한국식물분류학회지 41: 1-9.
박명순, 장진, 정규영. 2009. 한국산 쑥속의 체세포 염색체수에 의한 분류학적 연구. 한국식물분류학회지 39: 247-253.
박상진. 2007. 『나무에 새겨진 팔만대장경의 비밀』. 김영사. 서울.
박선주, 김윤식. 2001. 산이질풀(*Geranium nepalense* Sweet)과 이질풀(*Geranium thunbergii* Sieb. et Zucc.)의 분류학적 재고. 한국식물분류학회지 31: 75-90.
박선주. 2002. 쥐손이풀속(쥐손이풀과)의 외부영양형질에 의한 계통분류학적 연구. 한국환경과학회지 11: 1001-1009.
박성준, 박선주. 2008. 한국산 꿩의다리속(*Thalictrum* L.) 식물의 형태학적 연구. 한국식물분류학회지 38: 433-458.
박수경, 길희영, 김휘, 장진성. 2013. 산림청 수목원 조성 및 진흥에 관한 법률의 특산식물 목록의 재고. 한국임학회지 102: 1-21.
박수현, 이유미, 정수영, 장계선, 강우창, 정승선, 오승환, 양종철. 2011. 『한국식물도해도감』 1 벼과(증보판). 국립수목원.
박수현. 1995. 『한국귀화식물원색도감』. 일조각.
박영호. 2009. 『우리말과 우리글로 철학한 큰 사상가 다석 류영모』. 두레.
박윤점, 허북구, 김현주, 변경섭, 김수정, 전소연, 장홍기. 2005. 이질풀 추출액으로 염색한 수건과 행주의 항균효과. 원예과학기술지 23 (별호 II): 73.
박정미, 정경숙, 오병운, 장창기. 2011. 엽록체 DNA 및 핵 DNA *RNApol2_i23*에 근거한 둥굴레복합체(Ruscaceae)의 계통분류. 한국식물분류학회지 41: 353-360.
박정석. 2014. 안동 사문암지역의 생태식물상. 계명대학교 대학원 석사학위논문. 대구.
박종희, 도지경. 1994. 민간약(진해초)의 생약학적 연구. 생약학회지 25: 178-187.
박종희, 박성수. 1999. 꿩의다리의 생약학적 연구. 생약학회지 30: 182-191.
배영민. 2011. 현삼과에서 재분류된 식물들의 계통분류학적 고찰. 생명과학회지 21: 273-278.
백문식. 2014. 『우리말 어원 사전』. 도서출판 백이정. 서울.
백원기, 이우철. 1995. 용담속의 한국산 1신종: 고산구슬붕이. 한국식물분류학회지 25: 1-6.
백원기. 1993. 한국산 용담과 식물의 계통분류학적 연구. 강원대학교 박사학위 논문. 춘천.
사마천 (BC 93). 『사기열전』. 민음사(김원중 옮김. 2007). 59-68쪽.
서상규, 이정은, 전서범, 이병현, 구본철, 서세정, 김선형. 2009. 바이오매스로서의 억새에 대한 연구 동향. 한국식물생명공학회 36: 320-326
서정범. 2000. 『국어어원사전』. 한국어원학회연구총서 1. 보고사.
서종택, 최은영, 유동림, 김기덕, 이종남, 홍수영, 김수정, 남정환, 김명조. 2015. 곰취 고랭지 재배시 품종 및 수확시기별 생리활성 비교. 한국자원식물학회 학술심포지엄 2105-04: 100.
석동임, 최병희. 1997. 주성분분석에 의한 나비나물의 종내분류군에 대한 연구. 한국식물분류학회지 27: 359-368.
선은미, 장정원, 김별아, 정재민, 손성원, 임형탁. 2014. 가야산은분취의 분류학적 재검토. 한국식물분류학회지 44: 100-110.
손진호, 권혁명. 1977. 한국산 무릇의 핵형 연구. 경북대학교 과학교육연구소 과학교육연구지 1: 21-25.
송남희. 1997. 제주도 자생하는 참나리(*Lilium lancifolium* Thunberg)의 염색체 분화와 지리적 분포. 대구교육대학교 과학수학교육연구 20: 93-105.
송홍선, 김성민, 박용진, 2012. 산국과 감국의 자생지 환경특성과 식생 비교. 한국약용작물학회지 20: 20-26.
신속. 1655. 『농가집성(農家集成)』.
신승운. 1989. 해제. 고전국역총서 『산림경제』 I: 1-19. 재단법인 민족문화추진회. (주) 민문고.
신이행, 김경준 등. 1690. 『역어유해(譯語類解)』
신전휘, 신용욱. 2006. 『사진으로 보는 현대 한의약서 향약집성방의 향약본초』. 계명대학교 출판부.
신현탁, 이명훈, 이창현, 성정원, 김기송, 권영한, 김상준, 안종빈, 허태임, 윤정원. 2014. 국립 DMZ자생식물원 조성 부지의 관속식물상. 한국자원식물학회지 27: 293-308.
안덕균. 1991. 현삼. 『한국민족문화대백과사전』제 24권. 한국정신문화연구원. 772쪽.
안덕균. 1999. 『원색 한국 본초도감』. (주) 교학사.
안미정, 배지영, 박종희. 2011. 한약 백미의 생약학적 연구. 한국생약학회지 42: 107-109.
안병희. 1978. 촌가구급방의 향명에 대하여. 한국언어학회. 3: 191-199.
안영희, 김영화, 최창용, 이경미, 이상현. 2009. 지치(*Lithospermum erythrorhizon*) 개체군 자생지의 생태학적 특성. 한국생약학회지 40: 289-297.
안영희, 최광율. 2002. 자생 뻐꾹채의 분포와 자생지의 생태적 특성에 관한 연구. 원예과학기술지 20: 130-137.
안종빈, 박정근, 박삼봉, 김봉규, 박은희, 추갑철. 2014. 지리산국립공원 내 5개 습지구역의 식물상. 한국임학회, 〈산림과학 공동학술발표논문집〉, 61-61쪽.
안학수, 이춘녕. 1963. 『한국식물명람』. 범학사.
양대연, 권오돈. 1977. 『국역 매월당집』 2. (매월당 시집 제 10권 유관동록). 사단법인 세종대왕기념사업회.
여호섭, 김진웅, 정보섭. 1992. 터리풀의 성분에 관한 식물 화학적 연구. 생약학회지 23: 121-125.
오용자. 1998. 한국산 모기골속(*Bulbostylis* Kunth) 식물과 근연식물인 하늘지기속(*Fimbristylis* Vahl) 식물에 대한 분류학적 연구. 한국식물분류학회지 28: 171-186.
오용자. 2006. 『한국산 사초이과 식물』 성신여자대학교 출판부.
오창영. 1997. 한국의 호랑이. 『한국의 자연과 인간』. 118-120쪽. 우리교육. 서울.
오현경. 2013. 단양 석문봉 측백나무군락지의 식물상 및 보전방안. 한국환경복원기술학회지 16: 75-92.
우나리야, 김태수, 박춘근, 성하정, 고상범, 강명화. 2005. 활나물 부위별 추출물의 유지에 대한 항산화 효과 및 항균성에 관한 연구. 한국식품영양학회지 34: 948-952.
유교문화연구소. 2008. 유교경전번역총서 4. 『시경』. 성균관대학교 출판부.
유병열. 2005. 아파트 베란다 수재화단에 이용할 수 있는 자생식물 선발에 관한연구. 실내조경 7: 51-56.
유용권, 오장근, 박천호. 2000. 자란 자생지의 지리적 분포와 식생. 한국원예학회지 41: 212-216.
유태종. 1992. 꿀. 『한국민족문화대백과사전』 5권. 161쪽. 한국정신문화연구원.
유혜영. 2008. 죽음에 대한 문학적 관조. 중국문화연구 12: 23-49.
유효통, 노중례, 박윤덕. 1633(초간본 1433). 『향약집성방(鄕藥集成方)』 「훈감소자(訓監小字)」. (남풍현, 1981. 진단학보 87: 171-194).
유희. 1801~1834. 『물명고物名考』.
유희춘. 1576. 『신증유합(新增類合)』.
윤석민, 권면주, 유승섭. 2006. 『쉽게 읽는 중각두시언해』 『두시언해 중간본(1632)』. 도서출판 박이정.
윤익석, 윤상원, 신상주, 장남기, 김병태. 1969. 채초지와 방목지간의 식생구조 및 생산량의 비교. 한국동물자원과학회지 11: 345-350.
윤호, 임원준, 박안성, 권건, 허종. 1489. 『구급간이방救急簡易方』. (역주 구급간이방언해1, 김동소 역주, 2007. 세종대왕기념사업회).
윤호, 임원준, 박안성, 권건, 허종. 1489. 『구급간이방救急簡易方』. (역주 구급간이방언해2, 남성우 역주, 2008. 세종대왕기념사업회).
윤호, 임원준, 박안성, 권건, 허종. 1489. 『구급간이방救急簡易方』. (역주 구급간이방언해3, 김문웅 역주, 2008a. 세종대왕기념사업회).
윤호, 임원준, 박안성, 권건, 허종. 1489. 『구급간이방救急簡易方』. (역주 구급간이방언해6, 김문웅 역주, 2008b. 세종대왕기념사업회).
윤호, 임원준, 박안성, 권건, 허종. 1489. 『구급간이방救急簡易方』. (역주 구급간이방언해7, 김문웅 역주, 2009. 세종대왕기념사업회).
의침, 조위 등. 1481. 『분류두공부시언해(分類杜工部詩

諺解)』.
이강협, 선은미, 김별아, 임형탁. 2014. 긴쑥부쟁이(국화과): 우리나라 미기록식물. 한국식물분류학회 지 44: 188-190.
이근열. 2013. 부산 방언의 어원 연구(1). 우리말 연구 35: 182-207.
이덕봉. 1957. 제주도의 식물상. 고대문리논집 2: 339-412.
이덕봉. 1963. 『향약구급방鄕藥救急方』의 방중향약목方中鄕藥目 연구硏究. 아세아연구 11: 339-364. 고려대학교 아세아문제연구소.
이상태, 이정민. 1998. 터리풀속(*Filipendula* Adans.)의 과실형태에 의한 분류. 한국식물분류학회지 28: 1-24.
이상태, 정영대, 이중구. 1990. 모시대의 신변종: 그늘모시대. 한국식물분류학회지 20: 191-194.
이색. 1328~1396. 『목은시고』 권 30. 유거삼수. (여운필, 성범중, 최재남 역주. 2007. 『역주 목은시고』 11. 도서출판 월인).
이선옥. 2006. 매난국죽 사군자화의 형성과 발전. 역사학연구(구. 전남사학) 27: 247-281.
이성규. 1992. 한국의 자연초지. 한국초지학회 12: 48-55.
이영은. 2005. 채소류의 기능성. 한국조리과학회지 21: 380-398.
이우규, 최혜운, 방재욱. 2004. 할미꽃속 식물 5종의 핵형분석. 한국약용작물학회지 12: 490-493.
이우철, 백운기. 1995. 한국산 용담속 용담절 식물의 분류학적 연구. 한국식물분류학회지 25: 141-164.
이우철. 1982. 정태현박사의 신종 및 미기록종식물에 대한 고찰. 한국식물분류학회지 12: 79-91.
이우철. 1996a. 『원색한국기준식물도감』. 아카데미서적.
이우철. 1996b. 『한국식물명고』. 아카데미서적.
이우철. 2005. 『한국식물명의 유래』. 일조각.
이유미. 1995. 『우리가 정말 알아야 할 우리 나무 백 가지』. 현암사.
이이화. 1998. 『우리민족은 어떻게 형성되었나』. 한국사 이야기 1. 한길사.
이정란, 이병윤, 김윤식. 2000. 한국산 장미과 오이풀속에 관한 분류학적 연구. 한국식물분류학회지 30: 269-285.
이창복. 1969. 우리나라 식물자원. 서울대학교 논문집(농생계). 20: 89-228.
이창복. 1979. 『대한식물도감』. 향문사.
이창복. 2003. 『원색대한식물도감』 상, 하. 향문사.
이창숙, 서형민, 정미숙, 정영순, 이남숙. 2010. 신변종 다발꽃향유(꿀풀과). 한국식물분류학회지 40: 262-266.
이혜정, 이유미, 박수현, 강영식. 2008. 한국 미기록 귀화식물인 유럽조밥나물(*Hieracium caespitosum* Dumort.)과 진홍토끼풀(*Trifolium incarnatum* L.). 한국식물분류학회지 38: 333-343.
일연一然. 1290년경. 삼국유사, 기이紀異 제 2. 44. 경덕왕 충담사 표훈대덕. (강인구, 김두진, 김상현, 장충식, 황배강 역주 2003, 한국정신문화연구원).
임덕성. 1997. 약용동물은 어떤 것인가? 『한국의 자연과 인간』. 142-145쪽. 우리교육. 서울.
임동술, 유승조, 이숙연. 1995. 마주송이풀의 성분에 관한 연구. 생약학회지 26: 109-115.
임록재, 도봉섭. 1988. 식물도감. 과학출판사.
임록재, 도봉섭. 2001. 한국약용식물사전. 여강출판사.
임록재, 홍경식, 김현삼, 곽종송, 리용재, 황호준. 1974. 『조선식물지』 (1). 과학출판사. 평양.
임록재, 곽종송, 김현삼, 홍경식, 고학수, 박종만, 김정환. 1975. 『조선식물지』 (2). 과학출판사. 평양.
임록재, 곽종송, 김현삼, 홍경식, 고학수, 박종만, 김정환. 1975a. 『조선식물지』 (5). 과학출판사. 평양.
임록재, 홍경식, 김현삼, 곽종송, 리용재, 황호준. 1976. 『조선식물지』 (7). 과학출판사. 평양.
임용석, 유광필, 현진오. 2014. 대부도 일대의 식물상. 한국자원식물학회지 27: 447-476.
임형탁, 홍행화, 손현덕, 박명순, 남보미, 권보경, 이철호, 정규영. 2011. 경상남도 지역의 민속식물 이용현황. 한국자원식물학회지 24: 419-429.
장계향. 17세기『음식디미방』.
장수길, 천경식, 정지희, 김진수, 유기억. 2009. 모데미풀 자생지의 환경특성과 식생. 한국환경생물학회지 27: 314-322.
장은재, 김종원. 2007. 『노거수 생태와 문화』 노거수 100선 생태기행. 월드사이언스출판사.
장주근. 1992. 중양. 『한국민족문화대백과사전』 21: 120쪽. 한국정신문화연구원.
장진, 정규영. 2011. 한국산 금방망이속(*Senecio* L.)과 근연분류군(국화과)의 체세포 염색체수. 한국식물분류학회지 41: 113-118.
전경숙, 허경인, 이상태. 2007. 한국산 꿩의다리속(*Thalictrum* L.) 식물의 화분학적 연구와 분류학적 재검토. 한국식물분류학회지 37: 447-476.
전순의. 1450년경. 『산가요록山家要錄』.

정규영, 김윤식. 1997. 한국산 개미취속 및 근연 분류군의 체세포염색체수에 관한 연구. 한국자원식물학회지 10: 292-299.
정규영, 박명순, 남보미, 홍기남, 장진, 이철호. 2010. 경상북도 내륙지역의 민속식물. 한국자원식물학회지 23: 465-479.
정규영, 박명순, 남보미, 홍기남, 장진, 정형진, 유기억. 2010. 갈라산(경북 안동시, 의성군) 관속식물의 분포. 한국자원식물학회지 23: 99-114.
정금선, 박재홍. 2009. 한국산 갈퀴덩굴속(*Galium* L.)의 세포분류학적 연구. 한국식물분류학회지 39: 42-47.
정금선, 박재홍. 2012. 분계분석을 이용한 한국산 갈퀴덩굴속(*Galium* L.) 식물의 외부형태학적 연구. 한국식물분류학회지 42: 1-12.
정기채, 김복진, 한상국. 1993. 아연광산 인근지역 야생식물종의 중금속 함량 조사. 한국환경농학회지 12: 105-111.
정명기, 정효기, 강순숙. 1994. 백운산원추리와 노랑원추리의 분포 및 형태분석. 한국식물분류학회지 24: 17-32.
정명일, 한승원, 김재순, 송정섭. 2013. 중부지방 저관리 경량형 옥상정원에서 활용이 가능한 초본 자생식물의 선발. 화훼연구 21: 172-181.
정병호. 1991. 농악. 한국민족문화대백과사전 5: 833-841.
정약용. 1819~1820. 『아언각비(雅言覺非)』(1819), 『이담속찬(耳談續纂)』(1820). (정해렴 역주 2005). 현실총서 33. 현대실학사.
정연숙, 홍은정. 2003. 단양 및 영월의 석회암 지역에서 현존식생의 특징과 군집분류. 강원대 기초과학연구 14: 147-162.
정주영, 이만우, 조강현, 최병희. 2000. 인천 논현동 일대 염습지의 식물다양성과 보존방안. 환경생물학회지(환경생물) 18: 337-345.
정태현(河本台鉉, 舊 鄭台鉉). 1943. 『조선삼림식물도설』. 조선박물연구회.
정태현. 1957. 『한국식물도감』. 하권 초본부. 신지사.
정태현, 도봉섭, 심학진. 1949. 『조선식물명집』. I-II. 조선생물학회.
정태현, 도봉섭, 이덕봉, 이휘재. 1937. 『조선식물향명집』. 조선박물연구회.
정태현. 1965. 『한국동식물도감』 제5권 식물편 (목·초본류편). 문교부.
정태현. 1970. 『한국동식물도감』 제5권 식물편 (보유편). 문교부.
조성록, 김재환, 심상렬. 2015. 몇몇 지피식물의 비탈면 녹화공사 활용성 연구 - 억새, 톨훼스큐, 수크령, 한국잔디. 한국환경복원녹화기술학회지 18: 97-107.
조항범. 2014. 『국어어원론』. 충북대학교 인문사회 연구총서. 충북대학교 출판부.
주홍길, 홍지환. 2001. 『항암식물사전』. 여강출판사.
최남선. 1946 (문형렬 해제, 2011). 『조선상식문답』. 도서출판 기파랑.
최병기, 류태복, 김종원. 2015. 제주도 하천의 중대가리나무 식생. 환경과 생태(KJEE) 48: 68-76.
최세진. 1517. 『사성통해(四聲通解)』.
최세진. 1527. 『훈몽자회(訓蒙字會)』.
최자하. 1417. 『향약구급방(鄕藥救急方)』.
최충호, 서병수, 박우진, 박성학. 2006. 신두리 해안 사구지역의 식물상. 한국자원식물학회지 19: 209-217.
최혁재, 오병운. 2003. 한국산 부추속(*Allium*) 산부추절(sect. *Sacculiferum*)의 분류. 한국식물분류학회지 33: 339-357.
최혁재, 장창기, 이유미, 오병운. 2007. 형태학적 형질에 기초한 한국산 부추속의 분류학적 연구. 한국식물분류학회지 37: 275-308.
피정훈 · 정지영 · 박정근 · 양형호 · 김은혜 · 서강욱 · 이철호 · 손성원. 2015. 희귀식물 광릉요강꽃 자생지 환경 및 개체군 특성. 환경과 생태(KJEE) 48: 253-262.
한국생명공학연구원. 2014. 한국식물추출은행. 〈http://extract.kribb.re.kr/extract/f.htm〉 (검색 2014.07.01.).
한국생약학교수협의회 (김창민. 이정규, 육창수, 이재현, 신승원, 김국환, 김종원, 박종희, 정지형, 이숙연, 임동술, 김영중, 김진웅, 이강노, 지옥표, 이범구, 양기숙, 장시련, 이승호, 임종필, 김양일, 김윤철, 이상국, 성충기, 이익수, 우은란, 문영희, 황완균, 이민원, 배기환, 김영호, 이경순, 노재섭, 이무남). 2002. 본초학. 아카데미서적. 서울.
한국어사전편찬회. 1986. 『한국어대사전』. 삼성문화사.
한미경, 장창기, 오병윤, 김윤식. 1998. 한국산 둥굴레속(*Polygonatum*)의 세포분류학적 연구. 한국식물분류학회지 28: 187-208.
한복려. 2007. 다시 보고 배우는 산가요록. 옛 음식책 시리즈 3. 사단법인 궁중음식연구원.
한복려. 2007. 전순의 찬 『산가요록山家要綠』 옛 음식 시리즈 3. 다시 보고 배우는 산가요록. 사단법인 궁중음식연구원.

한영훈, 이용호, 김종봉, 조광진. 2013. 동해안 해안사구의 식생특성. 한국환경복원기술학회지 16: 55-69.
한준수, 이혜정, 이우철, 유기억. 2009. 춘천지역(강원 · 춘천)의 식물상과 식생. 한국자원식물학회지 22: 412-424.
한진건, 장광문, 왕용, 풍지원. 1982.『한조식물명칭사전』. 료녕인민출판사. 심양.
허영호. 2014.『조선어기원론』. 정우서적. 서울.
허준. 1613.『동의보감(東醫寶鑑)』. (完營重刊影印本 신증판, 남산당, 1987).
현진오. 2002. 한반도 보호식물의 선정과 사례연구. 순천향대학교 이학박사학위 논문.
홍만선(작자미상?). 1643~1715(?). (장재한 김주희, 정소문, 박찬수 역),『산림경제(山林經濟)』(I, II). (고전국역총서, 재단법인 민족문화추진회).
홍만선(작자미상?). 1643~1715(?). (장재한 김주희, 정소문, 박찬수 역),『산림경제(山林經濟)』(I, II). (고전국역총서, 재단법인 민족문화추진회).
홍선희, 이용호, 나채선, 김대연, 김정규, 강병화, 심상인. 2010. 폐광산 주변에 발생하는 잡초 식생의 특징. 한국잡초학회지 30: 17-24.
홍윤표. 2005. 호랑이의 어원. 새국어 소식. 통권 제 84호. 국립국어원,
환경부 · 국립생물자원관. 2012.『한국의 멸종위기 야생동식물 적색자료집』. 자연과생태. 서울.
황규진. 2006. 한국산 백미속(*Cynanchum*) 식물의 분류학적 연구. 영남대학교 대학원 석사학위논문. 대구.
황도연. 1884.『방약합편(方藥合編)』.
황용, 김무열. 2012. 한국산 원추리속(*Hemerocallis*)의 분류학적 연구. 한국식물분류학회지 42: 294-306.

Adler, W., K. Oswald, and R. Fischer. 1994.『Exkursionsflora von Österreich』Ulmer.
AgroAtlas. 2014. Interactive Agricultural Ecological Atlas of Russia and neighbouring Countries. Available (http://www.agroatlas.ru/en/content/related/Rubus_sachalinensis/map/) (10.07.2014)
Ainsworth, C., A. Rahman, J. Parker, and G. Edwards. 2005. Intersex inflorescence of *Rumex acetosa* demonstrate that sex determination is unique to each flower. New Phytol. 165: 711-720.
Alm, T. 2015. Scented grasses in Norway-identity and uses. Journal of Ethnobiology and Ethnomedicine 11:83.
An, S.-Q., X.-L. Cheng, S.-C. Sun, Y.-J. Wang, and J. Li. 2003. Composition change and vegetation degradation of riparian forests in the Altai Plain, NW China. Plant Ecology 164: 75-84.
Anderberg, A. A., U. Manns, and M. Källersjö. 2007. Phylogeny and Floral Evolution of the Lysimachieae (Ericales, Myrsinaceae): Evidence from ndhF Sequence Data. Willdenowia, Bd. 37: 407-421.
Aoyama, M., S. Chen, D. Zhang, R. Tanaka, and M. Nakata. 1992. Chromosome numbers of some species of the Orchidaceae from China (1). J. Jap. Bot. 67: 330-334.
Arnow, L. A. 1994. *Koeleria macrantha* and *K. pyramidata* (Poaceae): Nomenclatural problems and biological distinctions. Syst. Bot. 19: 6-20.
Avise J. C. 2000.『Phylogeography: The History and Formation of Species』. Harvard University Press, Cambridge, MA.
Bailey, J. P. and C. A. Stace. 1992. Chromosome number, morphology, pairing, and DNA values of species and hybrids in the genus *Fallopia* (Polygonaceae). Pl. Syst. Evol. 180: 29-52.
Baird, K. E., V. A. Funk, J. Wen, and A. Weeks. 2010. Molecular phylogenetic analysis of Leibnitzia Cass. (Asteraceae: *Mutisieae*: *Gerbera*-complex), an Asian-North American disjunct genus. Journal of Systematics and Evolution 48: 161-174.
Baker, J. G. 1877. The Gardeners' Chronicle, new series 8: 809.
Bang, J.-W., E.-Y. Choi, J.-H. Park, H.-W. Choi. 1994. Genomic constitution of *Scilla scilloides* complex in natural populations of the eastern district of Korea. Gene and Genomics 16: 129-136.
Barker, W. R., M. Vitek, and E. Vitek. 1988. Chromosome numbers in Australian *Euphrasia* (Scrophulariaceae). Plant Systematics and Evolution 158: 161-164.
Baskin, J.M. and C.C. Baskin. 1983. Germination ecology of *Veronica arvensis*. Journal of Ecology 71: 57-68.

Beck, J. B., G. L. Nesom, P. J. Calie, G. I. Baird, R. L. Small, and E. Schilling. 2004. Is subtribe Solidagininae (Asteraceae) monophyletic? Taxon 53: 691-698.

Bennett, J. R. and S. Mathews. 2006. Phylogeny of the parasitic plant family Orobanchaceae inferred from phytochrome A. American Journal of Botany 93: 1039-1051.

Bisht, M. S., K. Kesavacharyulu, and S. N. Raina. 1998. Nucleolar chromosome variation and evolution in the genus *Vicia*. Caryologia 51: 133-147.

Briquet, J. 1911-1913. 『Annuaire du Conserbatorie et du Jardin Botaniques』. Genève. (Downloaded from the BHL(Biodiversity Heritage Library). (http://biodiversitylibrary.org) (10.05.2015).

Butola, J. S. and S. S. Samant. 2010. *Saussurea* species in Indian Himalayan Region: diversity, distribution and indigenous uses. International Journal of Plant Biology 1: 43-51.

Byeon, J.-G., J.-E. Yun, S.-Y. Jung, S.-J. Ji, and S.-H. Oh. 2014. Flora of Jeokgeunsan Mountain in the Civilian Control Zone, Gangwon-do, South Korea. Journal of Asia-Pacific Biodiversity 7: 471-483.

Calixto, J. B., A. R. S. Santos, Filho V. Cechinel, and R. A. Yunes. 1998. A review of the plants of the Genus *Phyllanthus*: Their chemistry, pharmacology, and therapeutic potential. Medicinal Research Reviews 18: 225-258.

Casey, P.A. and R.L. Wynia. 2010. Culturally significant plants. USDA-Natural Resources Conservation Service, Kansas Plant Materials Center. Manhattan, KS. 1-54.

CBD (Convention for Biological Diversity). 2008. Invasive alien species. Available 〈http://www.cbd.int/invasive/WhatareIAS.shtml〉 (08 December 2008)

Chapman, H. M. and P. Bannister. 1990. The spread of heather, *Calluna vulgaris* (L.) HULL, into indigenous plant communities of Tongariro national park. New Zealand Journal of Ecology 14: 7-16.

Chen S.-L. and S. M. Phillips. 2006. 202. *Capillipedium* Stapf in Prain, Fl. Trop. Africa 9: 169. 1917. Flora of China 22: 605-607.

Chen S.-L. and S. M. Phillips. 2006a. 189. *Imperata* Cirillo, Pl. Rar. Neapol. 2: 26. 1792. Flora of China 22: 583-585.

Chen, C.-J., P. C. Hoch, and P. H. Raven. 1992. Systematics of *Epilobium* (Onagraceae) in China. Syst. Bot. Monogr. 34: 1-209.

Chen, R.-Y. 1993. (editor), Chromosome Atlas of Chinese Fruit Trees and Their Close Wild Relatives. Chromosome Atlas Chin. Princ. Econ. Pl. 1.

Chen, R.-Y., W.-Q. Song, X.-L. Li, M.-X. Li, G.-L. Liang, and C.-B. Chen. 2003. Chromosome Atlas of Major Economic Plants Genome in China, Vol. 3, Chromosome Atlas of Garden Flowering Plants in China. Science Press, Beijing.

Chen, S.-L. and S. A. Renvoize. 2006. 188. *Miscanthus* Andersson, Öfvers. Kongl. Vetensk.-Akad. Förh. 12: 165. 1855. Flora of China 22: 581-583.

Chen, T. and F. Ehrendorfer. 2011. 79. *Rubia* Linnaeus, Sp. Pl. 1: 109. 1753. Flora of China 19: 305-319.

Chen, X.-Q. and H. V. Mordak. 2000. 15. *Tulipa* Linnaeus, Sp. Pl. 1: 305. 1753. Flora of China 24: 123-126.

Chen, X.-Q. and J. Noguchi. 2000. 31. *Hemerocallis* Linnaeus, Sp. Pl. 1: 324. 1753. Flora of China 24: 161-165.

Chen, X.-Q. and M. N. Tamura. 2000. 34. *Barnardia* Lindley, Bot. Reg. 12: t. 1029. 1826. Flora of China 24: 203.

Chen, X.-Q. and M. N. Tamura. 2000. 45. *Polygonatum* Miller, Gard. Dict. Abr., ed. 4, [1109]. 1754. Flora of China 24: 223-232.

Chen, X.-Q. and P. J. Cribb. 2009. 3. *Cyripedium* Linnaeus, Sp. Pl. 2: 951. 1753. Flora of China 25: 22-33.

Chen, X.-Q., S. W. Gale, and P. J. Cribb. 2009. 3. 20. *Spiranthes* Richard, De Orchid. Eur. 20, 28, 36. 1817, nom. cons. Flora of China 25: 84-86.

Chen, Y.-L. and J. C. Semple. 2011. 140. *Solidago* Linnaeus, Sp. Pl. 2: 878. 1753. Flora of China 20-21: 6, 546, 632.

Chepinoga, V. V., A. A. Gnutikov, I. V. Enushchenko, and S. A. Rosbakh. 2009. IAPT/IOPB chromosome data 8 (Marhold K. ed.). TAXON 58: 1281-1289.

Choi, C.-H., K.-S. Han, J.-S. Lee, S.-K. So, Y. Hwang, and M.-Y. Kim. 2012. A New species of *Elsholtzia* (Lamiaceae): *E. byeonsanensis* M. Kim. Korean J. Pl. Taxon 42: 197-201.

Choi, H.-J., Y.-Y. Kim, E.-M. Ko, C.-G. Jang, B.-U. Oh. 2006. An unrecorded species of *Allium* (Alliaceae) in Korea: A. *pseudojaponicum* Makino. Korean J. Pl. Taxon. 36: 53-59.

Christopher, J. and P. Samraj. 1985. Chromosome number reports LXXXVI. Taxon 34: 159-164.

Christy, M. (1923). The common teasel as a carnivorous plant. Journal of Botany, 61: 33-45.

Chun, Y.-M., H.-J. Lee, and C.-S. Lee. 2006. Vegetation trajectories of Korean red pine (*Pinus densiflora* Sieb. et Zucc.) forests at Mt. Seorak, Korea. Journal of Plant Biology 49: 141-152.

Chung, G.-Y., B.-U. Oh, K.-R. Park, J.-H. Kim, M.-S. Kim, G.-H. Nam, and C.-G. Jang. 2003. Cytotaxonomic study of Korean *Euphorbia* L. (Euphorbiaceae). Korean J. Pl. Taxon. 33: 279-293.

Chung, J.-M., K.-W. Park, C.-S. Park, S.-H. Lee, M.-G. Chung, and M.-Y. Chung. 2009. Contrasting levels of genetic diversity between the historically rare orchid *Cypripedium japonicum* and the historically common orchid *Cypripedium macranthos* in South Korea. *Botanical Journal of the Linnean Society*, 2009, 160, 119-129.

Chung, K.-S., B.-U. Oh, M.-S. Park, B.-M. Nam, and G.-Y. Chung. 2013. Chromosome numbers of 28 taxa in 10 genera of the Ranunculaceae (buttercup family) from the Korean peninsula. Caryologia 66: 128-137.

Chung, M.-Y., J. López-Pujol, Y.-M. Lee, S.-H. Oh, and M.-G. Chung. 2015. Clonal and genetic structure of *Iris odaesanensis* and *Iris rossii* (Iridaceae): insights of the Baekdudaegan Mountains as a glacial refugium for boreal and temperate plants. Plant Systematics and Evolution 301: 1397-1409.

Clennett, J. C. B., M. W. Chase, F. Forest, O. Maurin, and P. Wilkin. 2012. Phylogenetic systematics of *Erythronium* (Liliaceae): morphological and molecular analyses. Botanical Journal of the Linnean Society 170: 504-528.

Cuvier, G.(Georges Léopold Chrétien Frédéric Dagobert). 1825. Dictionnaire des Sciences Naturelles [Second edition] 37: 463.

Dafni, A. 1984. Mimicry and deception in pollination. Annual Rev. Ecol. Syst. 15: 259-278.

Dai, L.-K., S.-G. Liang, S.-R Zhang, Y.-C. Tang, T. Koyama, and G. C. Tucker. 2010. 33. *Carex* Linnaeus, Sp. Pl. 2: 972. 1753. Flora of China 23: 285-461.

de Lange, P. J. and B. G. Murray. 2002. Contributions to a chromosome atlas of the New Zealand flora-37. Miscellaneous families. New Zealand J. Bot. 40: 1-23.

Den Nijs, J. C. M., and A. W. V. Hulst. 1982. Biosystematic studies of the *Rumex acetosella* complex V. Cytogeography and morphology in the Czech Socialistic Republic and a part of lower Austria. Folia Geobot. Phytotax. 17: 49-62.

Dhar, M. K. 2006. Characterization and physical mapping of ribosomal RNA gene families in *Plantago*. Ann. Bot. (Oxford) 97: 541-548.

Dinan, L., J. Harmatha, V. Volodin, and R. Lafont. 2009. Phytoecdysteroids: Diversity, Biosynthesis and Distribution. In: Ecdysone: Structures & Functions. p. 3-45. Springer.

Dirzo, R. and J.L. Harper. 1982. Experimental studies of slug-plant interactions. IV. The performance of cyanogenic and acyanogenic morphs of *Trifolium repens* in the field. Journal of Ecology 70: 119-138.

Dixon, J. M. 2000. *Keoleria macrantha* (Ledeb.) Schultes (*K. alpigena* Domin, *K. cristata* (L.) Pers. pro parte, K. gracilis Pers., *K. albescens* acut. non DC.). Journal of Ecology 88: 709-726.

Dixon, J. M. and H. Todd. 2001. *Koeleria macrantha*: Performance and distribution in relation to soil and plant calcium and magnesium. New Phytologist 152: 59-68

Dostálek, J., J. Kolbek, and I. Jarolímek. 1990. A Note on the weed vegetation of soya bean fields in North Korea. Folia Geobotanica & Phytotaxonomica 25: 71-78.

Dulamsuren, C. A., M. B. Hauck, and M. Mühlenberg. 2005. Vegetation at the taiga forest-steppe borderline in the western Khentey Mountains, northern Mongolia. Annales Botanici Fennici 42: 411-426.

Ehrendorfer, F. 1965. Evolution and karyotype differentiation in a family of flowering plants: Dipsacaceae. Genetics Today (Proc. XI International Congress of Genetics, The Hague, The Netherlands, 1963) 2: 399-407.

Ehrendorfer, F. 2010. New and critical taxa of *Rubia* and *Galium* (Rubiaceae, Rubieae) for the flora of China. Novon 20: 268-277.

Ellenberg, H. 1953. Physiologisches und Ökologisches Verhalten derselben Pflanzenarten. Ebenda 65: 351-362.

Fang L.-Q, Y.-Z Pan, and X. Gong. 2007. A karyomorphological study in the monotypic genus *Lamiophlomis* and five species in *Phlomis* Lamiaceae. Acta Phytotaxonomica Sinica. 45: 627-632.

Feild, T. S., D. S. Chatelet, and T. J. Brodribb. 2009. Ancestral xerophobia: a hypothesis on the whole plant ecophysiology of early angiosperms. Geobiology 7: 237-264.

FNA. 2014. Flora of North America. 〈http://www.efloras.org〉

FOC. 1994. 30. *Phlomis* Linnaeus, Sp. Pl. 2: 584. 1753. Flora of China 17: 143-155.

FOC. 1995. 10. *Amsonia* Walter, Fl. Carol. 98. 1788. Flora of China 16: 156.

FOC. 1996. 7. *Androsace* Linnaeus, Sp. Pl. 1: 141. 1753. Flora of China 15: 80-99.

FOC. 1998a. 35. *Veronicastrum* Heister ex Fabricius, Enum. 111. 1759. Flora of China 18: 57-61.

FOC. 1998b. 50. *Phtheirospermum* Bunge ex Fischer & C. A. Meyer, Index Sem. Hort. Petrop. 1: 35. 1835. Flora of China 18: 91-92.

FOC. 1998c. 4. *Aeginetia* Linnaeus, Sp. Pl. 2: 632. 1753. Flora of China 18: 240-241.

FOC. 1999. 2. *Chloranthus* Swartz, Philos. Trans. 77: 359. 1787. Flora of China 4: 133-138.

FOC. 2000. 2. *Luzula* de Candolle in Lamarck & de Candolle, Fl. Franç., ed. 3, 3: 158. 1805, nom. cons. Flora of China 24: 64-69.

FOC. 2006. 56. *Melica* Linnaeus, Sp. Pl. 1: 66. 1753. Flora of China 22: 216-223.

FOC. 2011. 3. *Valeriana* Linnaeus, Sp. Pl. 1: 31. 1753. Flora of China 19: 666-671.

FOP (Flora of Pakistan). 2014. *Potentilla heynii*. Available (http://www.efloras.org/) (15.07.2014).

French, R. C. and L. J. Sherman. 1976. Factors affecting dormancy, germination, and seedling development of *Aeginetia indica* L. (Orobanchaceae). Amer. J. Bot. 63: 558-570.

Friesen, N., D. German, H. Hurka, T. Herden, B. Oyuntsetseg, and B. Neuffer. 2016. Dated phylogenies and historical biogeography of *Dontostemon* and *Clausia* (Brassicaceae) mirror the palaeogeographical history of the Eurasian steppe. Journal of Biogeography. 43: 738-749.

Fu, C.-X. and M.-Y. Liu. 1987. Chromosome studies of 10 Chinese species of *Adenophora* Fisch. Acta Phytotaxonomica Sinica 25: 180-188.

Funamoto, T., M. Zushi, T. Harana, and T. Nakamura. 2000. Comparative karyomorphology of the Japanese species of *Salvia* L. (Lamiaceae). J. Phytogeogr. Taxon. 48: 11-18.

Gadella, Th. W. J. 1964. Cytotaxonomic studies in the genus *Campanula*. Wentia 11: 1-104.

Ge, C.-J. and Y.-K. Li. 1989. Observation on the chromosome numbers of medicinal plants of Shandong Province (II). Chin. Traditional Herbal Drugs 20: 34-35.

German, D. A., and I. A. Al-Shehbaz. 2010. Nomenclatural novelties in miscellaneous Asian Brassicaceae (Cruciferae). Nordic Journal of Botany 28: 646-651.

Gibbons, K. L., M. J. Henwood, and B. J. Conn. 2012. Phylogenetic relationships in Loganieae (Loganiaceae) inferred from nuclear ribosomal and chloroplast DNA sequence data. Australian Systematic Botany 25: 331-340.

Gleason, H. A. and A. C. Cronquist. 1993. 『Manual of Vascular Plants of Northeastern United States and Adjacent Canada』(2nd edition). The New

York Botanical Garden. New York.

Gledhill, D. 2008. 『The Names of Plants』 (4th ed.). Cambridge University Press. New York.

Goldblatt, P. and D. J. Mabberley. 2005. *Belamcanda* Included in *Iris*, and the new combination I. *domestica* (Iridaceae: Irideae). Novon: A Journal for Botanical Nomenclature 15: 128-132.

Grime J. P. 1977. Evidence for the existence of three primary strategies in plants and its relevance to ecological and evolutionary theory. The American Naturalist 111: 1169-1194.

Grime, J. P., J. G. Hodgson, and R. Hunt. 1988. 『Comparative Plant Ecology』 A functional approach to common British species. Unwin Hyman Ltd. London.

Gu, Z.-J. and H. Sun. 1998. The chromosome report of some plants from Motuo, Xizang (Tibet). Acta Bot. Yunnan 20: 207-210.

Guerra, M. d. S. 1984. New chromosome numbers in Rutaceae. Pl. Syst. Evol. 146: 13-30.

Gurzenkov, N. N. 1973. Studies of chromosome numbers of plants from the south of the Soviet Far East. Komarov Lectures. 20: 47-61.

Hagen, K. B. von, and J. W. Kadereit. 2003. The diversification of *Halenia* (Gentianaceae): Ecological opportunity versus key innovation. Evolution 57: 2507-2518.

Hala, M., M. Elamein, A.M. Ali, M. Garg, S. Kikuchi, H. Tanaka, and H. Tsujimoto. 2007. Evolution of chromosome in the genus *Pennisetum*. Chromosome Science 10: 55-63.

Han, Y.-H., X.-G. Wang, T.-M. Hu, D. B. Hannaway, P.-S. Mao, Z.-L. Zhu, Z.-W. Wang, and Y.-X. Li. 2013. Effect of row spacing on seed yield and yield components of five cool-season grasses. Crop Science 53: 2623-2630.

Hance, H. F. 1878. *Heracleum Mœllendorffii* sp. nov. Spicilegia Flore Sinensis. Journal of Botany, British and Foreign 16: 12.

Harberd, D. J. 1967. Observation on natural clones in *Holcus mollis*. New Phytologist 66: 401-408.

Harmer, R. and J. A. Le. 1978. The germination and variability of *Festuca vivipara* (L.) SM. plantlets. New Phytologist 81: 745-751.

Hasegawa, M., T. Yahara, A. Yasumoto, and M. Hotta. 2006. Bimodal distribution of flowering time in a natural hybrid population of daylily (*Hemerocallis fulva*) and nightlily (*Hemerocallis citrina*). J. plant. Res. 119: 63-68.

Herger, T. 2000. Biologische Invasionen als komplexe Prozesse: Konsequenzen für den Naturschutz. Natur und Landschaft 75: 250-255.

Hilbig, W. 1995. 『The Vegetation of Mongolia』 SPB Academic Publishing bv/Amsterdam/The Netherlands.

Hirowatari, T. 1993. *Shijimiaeoides divinus*. in: Conservation Biology of Lycaenidae (Butterfly), T.R. New(ed.), IUCN. p. 114.

Holm, L.G., D.L. Plucknett, J.V. Pancho, and J.P. Herberger. 1991. The World's Worst Weeds. Distribution and Biology. Krieger Publishing Company, Malabar, Florida.

Holub, J. 1977. New names in phanerogamae 6. Folia Geobot. Phytotax. 12: 417-432.

Holub, J., 1971. *Fallopia* Adans. 1763 instead of *Bilderdykia* Dum. 1827. Folia Geobot. Phytotax. 6: 171-177.

Hong, D.-Y. and T. G. Lammers. 2011a. 14. *Asyneuma* Grisebach & Schenk, Arch. Naturgesch. 18: 335. 1852. Flora of China 19: 553-554.

Hong, D.-Y. and T. G. Lammers. 2011b. 8. *Wahlenbergia* Schrader ex Roth, Nov. Pl. Sp. 399. 1821, nom. cons. Flora of China 19: 529.

Hong, D.-Y., L. L. Kleinand, and T. G. Lammers. 2011b. 7. *Platycodon* A. Candolle, Monogr. Campan. 125. 1830. Flora of China 19: 528-529.

Hong, D.-Y., S. Ge, T. G. Lammers, and L. L. Klein. 2011a. 10. *Adenophora* Fischer, Mém. Soc. Imp. Naturalistes Moscou 6: 165. 1823. Flora of China 19: 536-551.

Hong, S.Y., K.S. Cho, K.O. Yoo, J.T. Suh and D.L. Yoo. 2005. (269) Taxonomic relationship of Korean native *Aster*, based on internal transcribed spacer (ITS) sequences of nuclear ribosomal DNA. Conference Issue-ASHS, LAS VEGAS, NEVADA. HortScience 40: 1017.

Hongo, A., J.-M. Cheng, N. Ichizen, Y. Toukura, E. Devee, and M. Akimoto. 2005. Effects of cutting and grazing on vegetation and productivity of shrub-steppe in the Loess Plateau, North-west China. Res. Bull. Obihiro 26: 1-11.

Hsieh, T.-H. and T.-C. Huang. 1995. Notes on the flora of Taiwan (20)-*Scutellaria* (Lamiaceae) in Taiwan. Taiwania 40: 35-56.

Hsieh, T.-H. and T.-C. Huang. 1998. Notes on the Flora of Taiwan (33)-Revision on the genus *Clinopodium* L. in Taiwan. Taiwania 43: 108-115.

Huang, P.-H., H. Ohashi, and T. Nemoto. 2010. 132. *Lespedeza* Michaux, Fl. Bor.-Amer. 2: 70. 1803. Flora of China 10: 302-311.

Huang, Q.-S. 1994. 11. *Scutellaria* Linnaeus, Sp. Pl. 2: 598. 1753. Flora of China 17: 75-103.

Huang, S.-Q., Y. Takahashi, and A. Dafni. 2002. Why does the flower stalk of *Pulsatilla cernua*. (Ranunculaceae) bend during anthesis? American Journal of Botany 89: 1599-1603.

Hunter, J. T. and D. Bell. 2007. Vegetation of montane bogs in east-flowing catchments of northern New England, New South Wales. Cunninghamia 10: 77-92.

Idei, S., K. Kondo, D. Hong, and Q. Yang. 1996. Karyotype of *Scorzonera austriaca* Willd. of China by using fluorescence in situ hybridization. Kromosomo II-83-84: 2893-2900.

Ikeda, H. 1989. Chromosome numbers of Himalayan *Potentilla* (Rosaceae). J. Jap. Bot. 64: 361-367.

Ito, M., A. Soejima, and K. Watanabe. 1998. Phylogenetic relationships of Japanese aster (Asteraceae, Astereae) *sensu lato* based on chloroplast-DNA restriction site mutations. J. Pl. Res. 111: 217-223.

Ito, M., K. Watanabe, Y. Kita, T. Kawahara, D. J. Crawford, and T. Yahara. 2000. Phylogeny and Phytogeography of *Eupatorium* (Eupatorieae, Asteraceae): Insights from Sequence Data of the nrDNA ITS Regions and cpDNA RFLP. J. Pl. Res. 113: 79-89.

Iwata, T., O. Nagasaki, H. S. Ishii, and A. Ushimaru. 2012. Inflorescence architecture affects pollinator behaviour and mating success in *Spiranthes sinensis* (Orchidaceae). New Phytologist 193: 196-203.

Iwatsubo, Y. and N. Naruhashi. 1991. Karyomorphological and cytogenetical studies in *Potentilla* (Rosaceae) I. Karyotypes of nine Japanese species. Cytologia 56: 1-10.

Iwatsubo, Y. and N. Naruhashi. 1993. Karyotypes on five species of Japanese *Geum* (Rosaceae). Cytologia 58: 313-320.

Iwatsubo, Y. and N. Naruhashi. 2004. Karyotypes of tetraploid *Rubus parvifolius* and octoploid *R. rugosus* (Rosaceae). J. Phytogeogr. Taxon. 52(2): 185-190.

Iwatsubo, Y., M. Mishima, and N. Naruhashi. 1993. Chromosome studies of Japanese *Agrimonia* (Rosaceae). Cytologia 58: 453-461.

Iwatsubo. Y., M. Matsuda, and K. Sasamura. 2006. Chromosome numbers of six species of *Hydrocotyle* (Umbelliferae). J. Jap. Bot. 81: 262-267.

Jang, C.-G., B.-U. Oh, and Y.-S. Kim. 1998a. A new species of *Polygonatum* from Korea; *P. grandicaule* Y. S. Kim, B. U. Oh & C. G. Jang. Kor. J. Plant Tax. 28: 41-47.

Jang, C.-G., B.-U. Oh, and Y.-S. Kim. 1998b. A new species of *Polygonatum* (Liliaceae) from Korea: *P. infundiflorum*. Kor. J. Plant Tax. 28: 209-215.

Jeong, E.-K., K.-S. Kim, M. Suzuki, and J.-W. Kim. 2009. Fossil woods from the Lower Coal-bearing Formation of the Janggi Group (Early Miocene) in the Pohang Basin, Korea. Review of Palaeobotany and Palynology 153: 124-138.

Jiang, L.-Y., X.-E. Yang, and Z.-L. He. 2004. Growth response and phytoextraction of copper at different levels in soils by *Elsholtzia splendens*. Chemosphere 55: 1179-1187.

Jin, X.-B. 1986. The Chromosomes of Hemerocallis (Liliaceae). Kew Bulletin 41: 379-391.

Jung, S.-Y., J.-G. Byun, S.-H. Park, S.-H. Oh, J.-C. Yang, J.-W. Jang, K.-S. Chang, Y.-M. Lee. 2014. The study of distribution characteristics of vascular and naturalized plants in Dokdo, South Korea. Journal of Asia-Pacific Biodiversity 7: 197-205.

Kamble S. Y. 1993. IOPB chromosome data 6. International Organization of Plant Biosystematists Newsletter 21: 3-4.

Kamel, E. A. 1999. Karyological studies on some taxa

of the genus Vicia L. (Fabaceae). Cytologia 64: 441-448.

Kashin, A. S., Y. A. Demotshco, and V. S. Martinova. 2003. Caryotype variation in population of apomictic and sexual species of agamic complexes of Asteraceae. Bot. Zhurnal 88: 35-51.

Kew Royal Botanic Garden. 2014. Specimen image (*Gypsophila oldhamiana*). Available (http://apps.kew.org/herbcat/getImage.do?imageBarcode=K000568177) (10.07.2014).

Khan, R. U., S. Mehmood, S. U. Khan, and F. Jaffar. 2013. Biodiversity in the medicinal flora of district Bannu Khyber Pakhtunkhwa, Pakistan. Journal of Medicinal Plants Studies 1: 106-111.

Khishigjargal, B., N. Khishigsuren, Sh. Dolgormaa, and Ya. Baasandorj. 2015. Biological rehabilitation in the degraded land, a case study of Shariingol Soum of Selenge Aimag in Mongolia. Journal of Agricultural Sciences 15: 106-112.

Kim, J.-H., H.-Y. Kyung, Y.-S. Choi, J.-K. Lee, M. Hiramatsu, and H. Okubo. 2006. Geographic distribution and habitat differentiation in diploid and triploid *Lilium lancifolium* of South Korea. J. Fac. Agr., Kyushu Univ. 51: 239-243.

Kim, J.-S., J.-H. Pak, B.-B. Seo, and H. Tobe, H. 2003. Karyotypes of metaphase chromosomes in diploid populations of *Dendranthema zawadskii* and related species (Asteraceae) from Korea: diversity and evolutionary implications. Journal of Plant Research 116: 47-55.

Kim, J.-W. 1990. Syntaxonomy scheme for the deciduous oak forests in South Korea. Abstracta Botanica 14: 51-81.

Kim, J.-W. 1992. Vegetation of Northeast Asia. On the syntaxonomy and syngeography of the oak and beech forests. Ph.D. Thesis of the Vienna University, Wien.

Kim, J.-W. 1998. Plant diversity in the cool-temperate forests of northeast Asia, with emphasis on Korea. Rare, Threatened, and Endangered Floras of Asia and the Pacific Rim (C.-I. Peng & P.P. Lowry II, eds.), Institute of Botany, Academia Sinica Monograph Series No. 16: 17-25.

Kim, K.-O., S.-H. Hong, Y.-H. Lee, C.-S. Na, B.-H. Kang, and Y.-H. Son. 2009. Taxonomic status of endemic plants in Korea. J. Ecol. Field Biol. 32: 277-293.

Kim, M.-H. Kim, J.-H. Park, H.-S. Won, and C.-W. Park. 2000. Flavonoid chemistry and chromosome numbers of *Fallopia* section *Pleuropterus* (Polygonaceae). Canadian Journal of Botany 78: 1136-1143,

Kim, S.-H., D.-K. Kim, D.-O. Eom, J.-S. Park, J.-P. Lim, S.-Y. Kim, H.-Y. Shin, S.-H. Kim, T.-Y. Shin. 2003. Anti-allergic Effect of Aqueous Extract of *Stachys riederi* var. *japonica* Miq. in vivo and in vitro. Natural Product Sciences 9: 44-48.

Kim, Y.-J. 1996. Lily industry and research, and native *Lilium* species in Korea. Acta Hort (ISHS) 414: 69-80.

Kitagawa, M. 1979. 『Neo-Lineamenta Florae Manshuricae』 Flora et Vegetation Mundi. Band IV. (Herausgegeben von R. Tüxen). J. Cramer. Vaduz.

Kitamura, S. 1956. Compositae Japonicae, Pars Quinta. Mem. Coll. Sci. Univ. Kyoto, Ser. B(Biol.) 23: 116-123.

Ko, S.-C., I.-T. Im, and Y.-S. Kim. 1986. A cytotaxonomic study on the genus *Lysimachia* in Korea. Korean J. Pl. Taxon. 16: 187-197.

Kodama, A. 1989. Karyotype analyses of chromosomes in eighteen species belonging to nine tribes in Leguminosae. Bull. Hiroshima Agric. Coll. 8: 691-706.

Kodela, P. G. 2006. *Lysimachia* (Myrsinaceae) in New South Wales. Telopea 11: 147-154.

Kogi, M. 1984. A karyomorphological study of the genus *Hypericum* (Hypericaceae) in Japan. Bot. Mag. 97: 333-343.

Kokubugata, G., K. Kondo, I. V. Tatarenko, P. V. Kulikof, V. P. Verkholat, A. Gontcharov, H. Ogura, T. Funamoto, Y. Hoshi, and R. Suzuki. 2003. Diploid cytotypes in two species of *Aster sensu lato* (Asteraceae) from Primorye Territory, Russia. Chromosome Sci. 7: 23-28.

Kolbek, J. and I. Jarolímek. 2008. Man-influenced vegetation of North Korea. Linzer biol. Beitr. 40:

381-404.

Kolbek, J., J. Dostálek, I. Jarolímek, I. Ostrý, and S.-H. Lee. 1989. On salt marsh vegetation in North Korea. Folia Geobotanica et Phytotaxonomica 24: 225-251.

Kondo, K., R. Tanaka, and M. Segawa. 1977. Intraspecific variation of karyotypes in some species of *Lespedeza* and *Desmodium*. Kromosomo, II 5: 123-137.

Kong, H.-Z. 2000. Karyotypes of *Sarcandra* Gardn. and *Chloranthus* Swartz (Chloranthaceae) from China. Bot. J. Linn. Soc. 133: 327-342.

Korkmaz, M., H. Özçelik, and V. İlhan. 2012. Habitat properties of some *Gypsophila* L. (Caryophyllaceae) taxa of Turkey. BİBAD (Biyoloji Bilimleri Araştırma Dergisi) 5: 111-125.

Kornas, J. 1990. Plant invasion in central Europe: historical and ecological aspects. In: di Castri F, Hansen AJ and Debussche M (eds) 『Biological Invasions in Europe and the Mediterranean Basin』 pp. 19-36. Kluwer Academic Publishers, Dordrecht.

Kowarik, I. 1988. Zum menschlichen Einfluß auf Flora und Vegetation. Landschaftsentwicklung und Umweltforschung 56: 1-280.

Krasnoshchekov, Yu. N., M. D. Evdokimenko, Yu. S. Cherednikova, and M. V. Boloneva. 2010. Post-fire functioning of Eastern Cisbaikalian forest ecosystems. Contemporary Problems of Ecology 3: 161-166.

Krestovskaja, T. 1988. Chromosome numbers in some species of the genus *Leonurus* (Lamiaceae). Bot. Zhurnal 73: 289.

Krogulevich, R. E. 1978. Karyological analysis of the species of the flora of eastern Sayana. pp. 19-48. (In L. I. Malyshev & G. A. Peshlcova (eds.)). Flora of the Prebaikal. Novosibirsk.

Küpfer, P. and Y. M. Yuan. 1996. Karyological studies on *Gentiana* sect. *Chondrophyllae* (Gentianaceae) from China. Pl. Syst. Evol. 200: 161-176.

Kusano, S. 1903. Notes on *Aeginetia indica*, Linn. Botanical Magazine 17: 81-84.

Lavrenko, A. N., N. P. Serditov, and Z. G. Ulle. 1991. Chromosome numbers in some species of vascular plants from the Pechoro-Ilychsky Reservation (Komi ASSR). Bot. Zhurnal 76: 473-476.

Lee C.-S., K.-A. Hwang, J.-O. Kim, H.-M. Suh, and N.-S. Lee. 2011. Taxonomic status of three taxa of *Elsholtzia* (*E. hallasanensis*, *E. springia*, and *E. splendens* var. *fasciflora*) (Lamiaceae) based on molecular data. Korean J. Pl. Taxon 41: 259-266.

Lee, C.-H. and K.-S. Kim. 2000. Genetic diversity of *Chrysanthemum zawadskii* Herb. and the related groups in Korea Using RAPDs. J. Kor. Soc. Hort. Sci. 41: 230-236.

Lee, J.-P., B.-S. Min, R.-B. An, M.-K. Na, S.-M. Lee, H.-K. Lee, J.-G. Kim, K.-H. Bae, and S.-S. Kang. 2003. Stilbenes from the roots of *Pleuropterus ciliinervis* and their antioxidant activities. Phytochemistry 64: 759-763.

Lee, S.-T., K.-I. Heo, J.-H. Cho, C.-H. Lee, W.-L. Chen, and S.-C. Kim. 2011. New insights into pollen morphology and its implications in the phylogeny of *Sanguisorba* L. (Rosaceae; Sanguisorbeae). Plant Syst. Evol. 291: 227-242.

Lee, T.-B. 1974. Chronology of Plant Taxonomy in Korea. Transactions of the Royal Asiatic Society, Korea Branch 49: 48-54.

Lee, T.-B. 1976. Vascular plants and their uses in Korea. Bulletin of the Kwanak Arboretum, no.1, pp.1-137. Kwanak Arboretum, College of Agriculture, Seoul National University.

Lee, Y.-N. 1967. Chromosome numbers of flowering plants in Korea. J. Korean Res. Inst. Ewha Women's Univ. 11: 455-478.

Lee, Y.-N. 1972. A cytotaxonomic study of *Vicia unijuga* complex in Korea. Korean J. Pl. Taxon. 4: 1-5.

Lee, Y.-N. and S.-H. Yeau. 1985. Taxonomic characters of *Megaleranthis saniculifolia* Ohwi (Ranunculaceae). Korean J. Plant Tax. 15: 127-131.

Léveillé, H. 1910. XXXVIII. Decades plantarum novarum. XXIX./XXX. Repertorium Specierum Novarum Regni Vegetabilis 8: 138-141.

Lewandowski, I., J. C. Clifton-Brown, J. M. O.

Scurlock, and W. Huisman. 2000. *Miscanthus*: European experience with a novel energy crop. Biomass Bioenergy 19: 209-227.

Li, C.-L., H. Ikeda, and H. Ohba. 2003. 27. *Filipendula* Miller, Gard. Dict. Abr., ed. 4, [512]. 1754. Flora of China 9: 193-195.

Li, C.-L., H. Ikeda, and H. Ohba. 2003a. 30. *Geum* Linnaeus, Sp. Pl. 1: 500. 1753. Flora of China 9: 286-287.

Li, J.-Q., H. Sun, R. M. Polhill, and M. G. Gilbert. 2010. 50. *Crotalaria* Linnaeus, Sp. Pl. 2: 714. 1753, nom. cons. Flora of China 10: 105-117.

Li, P., Y.-B. Luo, P. Bernhardt, X.-Q. Yang, and Y. Kou. 2006. Deceptive pollination of the Lady's Slipper *Cypripedium tibeticum* (Orchidaceae). Plant Systematics and Evolution 262: 53-63.

Li, R.-J., X.-J. Liu, M. Liu, and M.-Y. Liu. 1991. Biosystematical studies on northeast China *Vicia* L. II. Karyotype analysis and evolution of *V. amoena* complex. Bull. Bot. Res. (Harbin) 11: 75-80.

Li, X., R. Chen, and R. Tanaka. 1992. Reports on chromosome numbers of some orchids cultivated in China. Kromosomo 67-68: 2301-2311.

Liang, S.-Y. and M. N. Tamura. 2000. 20. *Lilium* Linnaeus, Sp. Pl. 1: 302. 1753. Flora of China 24: 135-149.

Liang, S.-Y. and N. J. Turland. 2000. 3. *Aletris* Linnaeus, Sp. Pl. 1: 319. 1753. Flora of China 24: 77-82.

Linnaeus, C. 1753a. 『Species Plantarum』vol. 1. Uppsala.

Linnaeus, C. 1753b. 『Species Plantarum』vol. 2. Uppsala.

Linnaeus, C. 1762. 『Species Plantarum』vol. 2. Uppsala.

Liu S.-W., D.-S. Deng, and J.-Q. Liu. 1994. The origin, evolution and distribution of *Ligularia* Cass. (Compositate). Acta Phytotaxonomica Sinica 32: 514-524.

Liu, F.-H., X. Chen, B. Long, R.-Y. Shuai, and C.-L. Long. 2011. Historical and botanical evidence of distribution, cultivation and utilization of *Linum usitatissimum* L. (flax) in China. Vegetation History and Archaeobotany 20: 561-566.

Liu, H.-G, H.-T. Cui, R. Pott, and S. Martin. 2000. Vegetation of the woodland-steppe transition at the southeastern edge of the Inner Mongolian Plateau. Journal of Vegetation Science 11: 525-532.

Liu, J. Q. 2004. Uniformity of karyotypes in *Ligularia* (Asteraceae: Senecioneae), a highly diversified genus of the eastern Qinghai-Tibet Plateau highlands and adjacent areas. Bot. J. Linn. Soc. 144: 329-342.

Lohmeyer W. and H. Sukopp. 2001. Agriophyten in der vegetation Mitteleuropas. Erster Nachtrag. Braunschweiger Geobotanische Arbeiten 8: 179-220.

Löve A. and D. Löve. 1982. IOPB chromosome number reports LXXV. Taxon 31: 344-360.

Lu S.-L. and S. M. Phillips. 2006. 86. *Agrostis* Linnaeus, Sp. Pl. 1: 61. 1753. Flora of China 22: 340-348.

Lu S.-L., X. Chen, and S. G. Aiken. 2006. 59. *Festuca* Linnaeus, Sp. Pl. 1: 73. 1753. Flora of China 22: 225-242.

Lu, D.-Q. and N. J. Turland. 2001. 25. *Dianthus* Linnaeus, Sp. Pl. 1: 409. 1753. Flora of China 6: 102-107.

Luo, M. and J. W. Wang. 1989. The karyotypes and taxonomy of Chinese Vicia L. Pp. 79-83, in D. Hong (editor), Plant Chromosome Research 1987.

Luo, S.-J., J.-H. Kim, W. E. Johnson, J. van der Walt, J. Martenson, N. Yuhki, D. Miquelle, O. Uphyrkina, J. M. Goodrich, H. B. Quigley, R. Tilson, G. Brady, P. Martelli, V. Subramaniam, C. McDougal, S. Hean, S.-Q. Huang, P. Wenshi, U. Karanth, and M. Sunquist. 2004. Phylogeography and genetic ancestry of tigers (*Panthera tigris*). PLoS Biology 2: 2275-2293.

Luo, Y.-B. and Z.-Y. LI. 1999. Pollination ecology of *Chloranthus serratus* (Thunb.) Roem. et Schult. and *Ch. fortunei* (A. Gray) Solms-Laub. (Chloranthaceae). Annals of Botany 83: 489-499.

Ma, J.-S. and M. G. Gilbert. 2008. 74. *Euphorbia* Linnaeus, Sp. Pl. 1: 450. 1753. Flora of China 11: 288-313.

MacDonald, G.E., B.J. Brecke, J.F. Gaffney, K.A. Langeland, J.A. Ferrell and B.A. Sellers. 2006. Cogongrass (Imperata cylindrica (L.) Beauv.) Biology, Ecology and Management in Florida. SS-AGR-52(Series of the University of Florida IFAS Extension): 1-3.

Mahmood, U., V. K. Kaul, and R. Acharya. 2004. Volatile constituents of *Capillipedium parviflorum*. Phytochemistry 65: 2163-2166.

Mane, A. V., B. A. Karadge, and J. S. Samant. 2011. Salt stress induced alteration in growth characteristics of a grass *Pennisetum alopecuroides*. J. Environ. Biol. 32: 753-758.

Martins, L. and F. H. Hellwig. 2005. Systematic position of the genera *Serratula* and *Klasea* within Centaureinae (Cardueae, Asteraceae) inferred from ETS and ITS sequence data and new combinations in Klasea. Taxon 54: 632-638.

Matsumura H. and T. Suto. 1935. Contributions to the Idiogram Study in Phanerogamous Plants I. Journal of the Faculty of Science, Hokkaido Imperial University. Ser. 5, Botany 5: 33-75.

Mavrodiev, E. V., C. E. Edwards, D. C. Albach, M. A. Gitzendanner, P. S. Soltis, and D. E. Soltis. 2004. Phylogenetic Relationships in Subtribe *Scorzonerinae* (Asteraceae: Cichorioideae: Cichorieae) Based on ITS Sequence Data. Taxon 53: 699-712.

Maximowicz, C. J. (Ivanovič). 1859. Primitiae Florae Amurensis. Versuch einer Flora des Amurlandes. Mit 10 Tafeln und einer Karte. Mémoires Presentes a l'Académie Impériale des Sciences de St.-Pétersbourg par Divers Savans et lus dans ses Assemblées 9: 1-504. (Mém. Acad. Imp. Sci. St.-Pétersbourg Divers Savans).

Měsíček, J. and J. Soják. 1995. Chromosome numbers of Mongolian angiosperms. II. Folia Geobotanica 30: 445-453.

Milberg, P. and M. L. Hansson. 1994. Soil seed bank and species turnover in a limestone grassland. Journal of Vegetation Science 5: 35-42.

Mishima, M., N. Ohmido, K. Fukui, and T. Yahara. 2002. Trends in site-number change of rDNA loci during polyploid evolution in *Sanguisorba* (Rosaceae). Chromosoma 110: 550-558.

Mitui, K. 1976. Chromosome numbers of some ferns in the Ryukyu Islands. J. Jap. Bot. 51: 33-41.

Moon, T.Y. 1992. Cyanogenoc polymorphism in the leaves of *Locus corniculatus* var. *japonicus* Regel(Leguminosae) in the south Korea. Kor. J. Ecol. 15: 75-80.

Mouri, C. and R. Laursen. 2012. Identification of anthraquinone markers for distinguishing *Rubia* species in madder-dyed textiles by HPLC. Microchimica Acta 179: 105-113.

Mucina, L. 1993. Galio-Urticetea. In: Mucina, L., Grabherr, G. & Ellmauer, T. (eds.) Die Pflanzengesellschaften Osttereichs. Teil. I. pp. 201-251. Gustav Fischer Verlag, Jena.

Mucina, L. 1993a. Epilobietea angustifolii. In: Mucina, L., Grabherr, G. & Ellmauer, T. (eds.) Die Pflanzengesellschaften Osttereichs. Teil. I. pp. 252-270. Gustav Fischer Verlag, Jena.

Mucina, L. and J. Kolbek. 1993. Festuco-Brometea. In: Mucina, L., Grabherr, G. & Ellmauer, T. (eds.) Die Pflanzengesellschaften Osttereichs. Teil. I. pp. 420-492. Gustav Fischer Verlag, Jena.

Muller, F. M. 1978. Seedlings of the North-Western European lowland. The Hague: Junk.

Naito, K. and N. Nakagoshi. 1995. Flora and vegetation in a protected area for *Iris rossii* Baker (Iridaceae), a threatened plant in Hofu city, Yamaguchi Prefecture. Mem. Fac. Integrated Art. and Sci., Hiroshima Univ., Ser. IV, 19: 19-37.

Naito, K., T. Manabe, and N. Nakagoshi. 1995. A habitat of *Lithospermum erythrorhizon* Sieb. et Zucc. (Boraginaceae), a threatened plant, in Hirao-dai Limestone Plateau, Kyushu. Bull. Kitakyushu Mus. Nat. Hist. 14: 99-111.

Nakai, T. 1919. Notulæ ad Plantas Japoniæ et Koreæ XXI. Shokubutsugaku Zasshi 33: 193-216.

Nakai, T. 1932. *Koryo Sikenrin* no *Ippan* 64.

Naruhashi, N., N. Hirota, M. Oonishi, Y. Iwatsubo, and Y. Horii. 2001. Comparative morphology of flowers in Japanese Sanguisorba. J. Phytogeogr. Taxon. 49: 137-148.

Naruhashi, N., T. Nishikawa, and Y. Iwatsubo. 2005. Taxonomic relationship between Japanese

Potentilla anemonefolia and Himalayan *P. sundaica* (Rosaceae). J. Phytogeogr. Taxon. 53: 1-11.

Naruhashi, N., Y. Iwatsubo, and C. I. Peng. 2002. Chromosome numbers in *Rubus* (Roasaceae) of Taiwan. Bot. Bull. Acad. Sin. 43: 193-201.

Nickrent, D. L. 2002. Plantas parásitas en el mundo. Capitulo 2, pp. 7-27 In J. A. López-Sáez, P. Catalán and L. Sáez [eds.], Plantas Parásitas de la Península Ibérica e Islas Baleares. Mundi-Prensa Libros, S. A., Madrid.

Nickrent, D. L. and L. J. Musselman. 2004. Introduction to Parasitic Flowering Plants. The Plant Health Instructor.

Nishikawa, T. 1984. Chromosome counts of flowering plants of Hokkaido (7). J. Hokkaido Univ. Educ., Sect. 2B 35: 31-42.

Nishikawa, T. 1985. Chromosome counts of flowering plants of Hokkaido (9). J. Hokkaido Univ. Educ., Sect. 2B 36: 25-40.

Nishikawa, T. 1986. Chromosome counts of flowering plants of Hokkaido (10). J. Hokkaido Univ. Educ., Sect. 2B 37: 5-17.

Nishikawa, T. 1988. Chromosome counts of flowering plants of Hokkaido (11). J. Hokkaido Univ. Educ., Sect. 2B 38: 33-40.

Nishikawa, T. 1989. Chromosome counts of flowering plants of Hokkaido (12). J. Hokkaido Univ. Educ., Sect. 2B 40: 37-48.

Nishizawa, T., E. Kinoshita, K. Yakura, and T. Shimizu. 2001. Morphological variation of the head characters in *Solidago virgaurea* L. inhabiting three mountains in central Honshu. J. Phytogeogr. Taxon. 49: 117-127.

Nyahoza, F., C. Marshall, and G.R. Sagar. 1973. The inter-relationship between tillers and rhizomes of *Poa pratensis* L.: an autoradiographic study. Weed Research 13: 304-309.

Oberdorfer, E. 1983. 『Pflanzensoziologische Excursionsflora』 Verlag Eugen Ulmer, Stuttgart.

Oh, H.K. 2008. Anti-white spot syndrome viral activity of ethanol extracts from *Artemisia japonica* and *Saururus chinensis* in shrimp. Dissertation of Seoul National University

Oh, K.-K., T. Li, H.-Y. Cheng, X.-Y. He, and S. Yonemochi. 2013. Study on tolerance and accumulation potential of biofuel crops for phytoremediation of heavy metals. Intl. J. Environ. Science & Development 4: 152-156.

Ohashi, K., H. Ohashi, and K. Yonekura, 2011. A new name for a white-flowered form of *Prunella vulgaris* subsp. *asiatica* (Lamiaceae). Journal of Japanese Botany. 86: 371-373.

Oinonen, E. 1967. The correlation between the size of Finnish bracken (*Pteridium aquilinum* (L.) Kuhn) clones and certain periods of site history. Acta Forestalia Fennica 83: 3-96.

Okada, H. and M. Tamura. 1979. Karyomorphology and relationship in the Ranunculaceae. J. Jap. Bot. 54: 65-77.

Okazaki, J. and J. Sakata. 1995. Chromosome numbers of seven species of *Angelica* and one species of Ostericum (Umbelliferae) in Japan. Acta Phytotax. Geobot. 46: 99-102.

Ono, M. and Y. Masuda. 1981. Chromosome numbers of some endemic species of the Bonin Islands II. Ogasawara Res. 4: 1-24.

Owsley, M. 2011. Plant fact sheet for Hairy Vetch (*Vicia villosa*). USDA-Natural Resources Conservation Service, USDA NRCS. Americas, GA 31709.

Pak, J.-H. and S. Kawano. 1990. Biosystematic studies on the genus *Ixeris* (Compositae-Lactuceae) II. Karyological analyses. Cytologia 55: 553-570.

Pak, J.H. and S. Kawano. 1992. Biosystematic studies on the genus *Ixeris* and its allied genera (Compositae-Lactuceae). IV. Taxonomic treatments and nomenclature. Mem. Fac. Sci. Kyoto Univ., Ser. Biol. 15: 29-61.

Pak, J.-H., N.-C. Kim, K. Choi, and M. ITO. 1999. The ploidy and population structure of *Ixeris chinensis* subsp. *strigosa* (Asteraceae; Lactuceae) in Japan. Acta Phytotax. Geobot. 50: 157-160.

Pan Z.-H. and M. F. Watson. 2005. 82. *Angelica* Linnaeus, Sp. Pl. 1: 250. 1753. Flora of China 14: 158~169.

Park, S.-J. and Y.-S. Kim. 1997. A new species of *Geranium* (Geraniaceae): *G. taebaek* S. Park et Y. Kim. Korean J. Plant Tax. 27: 189-194.

Park, Y.-W., D.-M. Kim, Y.-J. Hwang, K.-B. Lim, and H.-H. Kim. 2006. Karyotype analysis of three Korean native *Iris* species. Horticulture Environment And Biotechnology 47: 51-54.

Paszko, B. and H. MA. 2011. Taxonomic revision of the *Calamagrostis epigeios* complex with particular reference to China. Journal of Systematics & Evolution 49: 495-504.

Paton, A. 1990. A global taxonomic investigation of *Scutellaria* (Labiatae). Kew Bulletin 45: 399-450.

Patzelt, A., U. Wild, and J. Pfadenhauer. 2001. Restoration of wet fen meadows by topsoil removal: Vegetation development and germination biology of fen species. Restoration Ecology 9: 127-136.

Pavlova, N. S., N. S. Probatova, and A. P. Sokolovskaja. 1989. Taksonomicheskij obzor semejstva Fabaceae, chisla khromosom i rasprostranenie na Sovetskom Dal'nem Vostoke. Komarovskie Čtenija (Vladivostok) 36: 20-47.

Peer, W. A., I. R. Baxter, E. L. Richards, J. L. Freeman, and A. S. Murpy. 2006. Phytoremediation and hyperaccumulator plants. In: Molecular Biology of Metal Homeostasis and Detoxification: From Microbes to Man (eds. M. Tamás and E. Martinoia). Topics in Current Genetics 14: 299-340. Springer.

Peng, H.-Y. and X.-E. Yang. 2007. Characteristics of copper and lead uptake and accumulation by two species of *Elsholtzia*. Bull. Environ. Contam. Toxicol. 78: 152-157.

Pfeiffer, T., A. Klahr, A. Heinrich, and M. Schnittler. 2011. Does sex make a difference? Genetic diversity and spatial genetic structure in two co-occurring species of *Gagea* (Liliaceae) with contrasting reproductive strategies. Plant Syst. Evol. 292: 189-201.

Pierce, W. P. 1939. Cytology of the genus *Lespedeza*. Amer. J. Botany 26: 736-744.

Probatova, N. S. 2000. Chromosome numbers in some plant species from the Razdolnaya (Suifun) river basin (Primorsky Territory). Bot. Zhurnal 85: 102-107.

Probatova, N. S. 2003. The chromosome numbers as a source of information in studies of the Russian Far East flora. Bull. Far E. Branch Russ. Acad. Sci. 3: 54-67.

Probatova, N. S. 2005. Chromosome numbers of some dicotyledons of the flora of the Amur Region. Bot. Zhurnal 90: 779-792.

Probatova, N. S. 2006. Chromosome numbers of plants of the Primorsky Territory, the Amur River basin and Magadan region. Bot. Zhurnal 91: 491-509.

Probatova, N. S. 2006a. Chromosome numbers of some plant species of the Primkorsky Territory and the Amur River basin. Bot. Zhurnal 91: 785-804.

Probatova, N. S. 2006b. Chromosome numbers of vascular plants from nature reserves of the Primorsky Territory and the Amur River basin. Bot. Zhurnal 91: 1117-1134.

Probatova, N. S. 2006c. Further chromosome studies on vascular plant species from Sakhalin, Moneron and Kuril Islands. Biodivers. Biogeogr. Kuril Islands Sakhalin 2: 93-110.

Probatova, N. S. and A. P. Sokolovskaya. 1981. Chromosome numbers of some aquatic and bank plant species of the flora in the Amur River basin in connection with the peculiarities of its formation. Bot. Zhurnal 66: 1584-1594.

Probatova, N. S. and A. P. Sokolovskaya. 1981. Kariologicheskoe issledovanie sosudistykh rastenij ostrovov Dal'nevostocnogo gosudarstvennogo morskogo sapovednika. Sb. Cvetkaye Rastenija Ostrovov Dalnevostochnogo Morskogo Sapovednika. 92-114.

Probatova, N. S. and A. P. Sokolovskaya. 1986. Chromosome numbers of the vascular plants from the far east of the USSR. Bot. Zhurnal 71: 1572-1575.

Probatova, N. S. and A. P. Sokolovskaya. 1988. Chromosome numbers in vascular plants from Primorye Territory, the Amur River basin, north Koryakia, Kamchatka and Sakhalin. Bot. Zhurnal 73: 290-293.

Probatova, N. S. and A. P. Sokolovskaya. 1995. Chromosome numbers in some species of vascular plants from the Russian Far East. Bot. Zhurnal 80: 85-88.

Probatova, N. S., A. E. Kozhevnikova, V. Yu. Barkalov, N. S. Pavlova, Z. V. Kozhevnikova, T.A. Bezdeleva, K. S. Baykov, A. N. Berkutenko, S. B. Goncharova, O. V. Grigorjeva, Yu. A. Ivanenko, A. N. Luferov, V. A. Nedoluzhko, M. G. Pimenov, V. E. Skvotsov, N. N. Tzvelev, D. Yu. Tsyrenova, E. A. Chubarj, and L. M. Pshennikova. 2006. Flora of the Russian Far East. Addenda and corrigenda to 〈Vascular Plants of the Soviet Far East〉 Vol. 1-8 (1985-1996). Institute of Biology and Soil Science, Russian Academy of Sciences Far East Branch. Vladivostok, Dalnauka.

Probatova, N. S., A. P. Sokolovskaya, and E. G. Rudyka. 1989. Chromosome numbers in some species of vascular plants from Kunashir Island (the Kuril Islands). Bot. Zhurnal 74: 1675-1678.

Probatova, N. S., A. P. Sokolovskaya, and E. G. Rudyka. 1996. Chromosome numbers in species of the genus *Hierochloe* (Poaceae) from the Russian Far East. Bot. Zhurnal 81: 119-121.

Probatova, N. S., E. G. Rudyka & A. P. Sokolovskaya. 1996. Chromosome numbers in synanthropic plants from the Russian Far East. Bot. Zhurnal 81: 98-101.

Probatova, N. S., E. G. Rudyka, and S. A. Sokolovskaya. 1998. Chromosome numbers in vascular plants from the islands of Peter the Great Bay and Muravyov-Amurskiy Peninsula (Primorsky territory). Bot. Zhurnal 83: 125-130.

Probatova, N. S., E. G. Rudyka, V. P. Seledets, and V. A. Nechaev. 2008c. IAPT/IOPB chromosome data 6 (ed. K. Marhold). Taxon 57: 1267-1271.

Probatova, N. S., V. P. Seledets, and E. G. Rudyka. 2008a. IAPT/IOPB chromosome data 5 (ed. K. Marhold). Taxon 57: 553-562.

Pysek, P. and K. Prach. 1993. Plant invasions and the role of riparian habitats: a comparison of four species alien to central Europe. J. of Biogeography 20: 413-420.

Qing, L.-S. 1994. 23. *Dracocephalum* L., Sp. Pl. 2: 594. 1753, nom. cons. Flora of China 17: 124-133.

Quattrocchi, U. 2000. 『CRC World Dictionary of Plant Names』 Common Names, Scientific Names, Eponyms, Synonyms, and Etymology. Vol. I, II, III, IVI. CRC Press LLC.

Ranjbar, M. and C. Mohmoudi. 2013. Chromosome numbers and biogeography of the genus *Scutellaria* L. (Lamiaceae). Caryologia 66: 205-214.

Raunkiaer, C. 1934. 『The Life Forms of Plants and Statistical Plant Geography; being the collected papers of C. Raunkiaer』 Translated into English by H.G. Carter, A.G. Tansley, and Miss Fousboll. Clarendon, Oxford University Press, Oxford.

Raven, P.H. 1975. The bases of angiosperm phylogeny: Cytology1. Ann. Missouri Bot. Gard. 62: 724-764.

Ray, N. and J. M. Adams. 2001. A GIS-based vegetation map of the world at the last glacial maximum(25,000-15,000 BP). Internet Archaeology 11. 〈http://intarch.ac.uk/journal/issue11/rayadams_toc.html〉.

Ree, R. H. 2005. Phylogeny and the evolution of floral diversity in *Pedicularis* (Orobanchaceae). Int. J. Plant Sci. 166: 595-613.

Regel, E. 1861. 252. *Galatella* Meyendorffii Rgl. et Maack. In: Tentamen Florae Ussuriensis oder Versuch einer Flora des Ussuri-Gebietes. Mémoires de l'Académie Impériale des Sciences de Saint Pétersbourg, Septième Série (Sér. 7) 4: 81-82.

Reger, B.J. and I.E. Yates. 1979. Distribution of photosynthetic enzymes between mesophyll, specialized parenchyma and bundle sheath cells of *Arundinella hirta*. Plant Physiol. 63: 209-212.

Rhoades, D. F. and R. G. Cates. 1976. Towards a general theory of plant antiherbivore chemistry. Recent Advances in Phytochemistry 10: 168-213.

Röder, E. T. 2000. Medicinal plants in China containing pyrrolizidine alkaloids. Pharmazie 55: 711-726.

Rodwell, J. S. (ed.) 1992. Calcifugous Grasslands and Montane Communities. In: Grasslands and Montane Communities. British Plant

Communities Vol. 3. pp. 275-298. Cambridge University Press.

Roxburgh, W. 1820. Flora Indica; or descriptions of Indian Plants 1: 231.

Rudyka, E. G. 1984. Chromosome numbers in vascular plants from the southern part of the Soviet Far East. Bot. Zhurnal 69: 1699-1700.

Rudyka, E. G. 1986. Chromosome numbers in some representatives of the Alliaceae, Fabaceae, Malvaceae, Poaceae families. Bot. Zhurnal 71: 1426-1427.

Rudyka, E. G. 1988. Chromosome numbers in some vascular plant species from the far east of the USSR. Bot. Zhurnal 73: 294-295.

Rudyka, E. G. 1990. Chromosome numbers of vascular plants from the various regions of the USSR. Bot. Zhurnal 75: 1783-1786.

Rudyka, E. G. 1995. Chromosome numbers in vascular plants from the southern part of the Russian Far East. Bot. Zhurnal 80: 87-90.

Ryding, O. 2008. Pericarp structure and phylogeny of the *Phlomis* group (Lamiaceae subfam. Lamioideae). Botanische Jahrbücher 127: 299-316.

Sa, R. and M. G. Gilbert. 2010. 106. Amphicarpaea Elliot ex Nuttall, Gen. N. Amer. Pl. 2: 113. 1818. "Amphicarpa" nom. cons. Flora of China 10: 249-250.

Sage, R. F., R. Khoshravesh, and T. L. Sage. 2014. From proto-Kranz to C4 Kranz: building the bridge to C4 photosynthesis. Journal of Experimental Botany 65: 3341-3356.

Saito, Y., G. Kokubugata, K. Kondo, I. V. Tatarenko, and P. V. Kulikov. 2005. Distribution patterns of 45S ribosomal DNA sites on somatic chromosomes of three subspecies of *Inula britannica* (Asteraceae) in Japan and Russia. Ann. Tsukuba Bot. Gard. 24: 63-69.

Salomon, B. and B.-R. Lu. 1992. Genomic groups, morphology, and sectional delimitation in Eurasian *Elymus* (Poaceae, Triticeae). Pl. Syst. Evol. 180: 1-13.

Sarkar, A. K. and N. Datta. 1980. Cytological assessment of the family Euphorbiaceae. II. Tribe Phyllantheae. Proc. Indian Sci. Congr. Assoc. (III, C) 67: 48-49.

Schmidt, K. 2010. Göbekli Tepe-the Stone Age Sanctuaries: New results of ongoing excavations with a special focus on sculptures and high reliefs. Documenta Praehistorica 37: 239-256.

Schneeweiss, G. M. and H. Weiss. 2003. Polypoidy in *Aeginetia indica* L. (Orobanchaceae). Cytologia 68: 15-17.

Schröder F.G. 1968. Zur Klassifizierung der Anthropochoren. Vegetatio 16: 225-238.

Schubert, R. and W. Vent. 1988. 『Werner Rothmaler Excursionsflora』 Volk und Wissen Volkseigener Verlag, Berlin.

Schubert, R., W. Hilbig, and S. Klotz. 2001. 『Bestimmungensbuch Pflanzengesellschaften Deutschlands』Spektrum Akademischer Verlag. Heidelberg.

Seledets, V. P. 2005. Ecological area of species: karyological aspects. Pages 95-97 in Karyology, Karyosystematics and Molecular Phylogeny. St. Petersburg, Russia.

Selvi, F. 2007. Diversity, geographic variation and conservation of the serpentine flora of Tuscany (Italy). Biodiversity and Conservation 16: 1423-1439.

Seo, B.-B., H.-H. Kim, and J.-H. Kim. 1989. Giemsa C-banded karyotypes and their relationship of four diploid taxa in *Allium*. Korean J. Bot. 32: 173-180.

Serov, V. P. 1989. The study of karyotypes in representatives of the genera *Clematis* and *Atragene* (Ranunculaceae). Bot. Zhurnal 74: 967-972.

Shatalova, S. A. 2000. Chromosome numbers in vascular plants of the Primorsky territory. Bot. Zhurnal 85: 152-156.

Shatokhina. 2006. Chromosome numbers of some plants of the Amur Region flora. Bot. Zhurnal 91: 487-490.

She, M.-L. and M. F. Watson. 2005. 2. *Centella* Linnaeus, Sp. Pl., ed. 2, 2. 1393. 1763. Flora of China 14: 18.

Shehadeh, A., A. Amri, and N. Maxted. 2013. Ecogeographic survey and gap analysis of *Lathyrus*

L. species. Genet Resour. Crop Evol. 60: 2101-2113.

Shi, J.-M., L.-L. Baia, D.-M. Zhanga, A. Yiub, Z.-Q. Yinc, W.-L. Hana, J.-S. Liua, Y. Lia, D.-Y. Fua, and W.-C. Yea. 2013. Saxifragifolin D induces the interplay between apoptosis and autophagy in breast cancer cells through ROS-dependent endoplasmic reticulum stress. Biochemical Pharmacology 85: 913-926.

Shi, J.-Y., C. Peng, Y.-Q. Yang, J.-J Yang, H. Zhang, X.-F Yuan, Y.-G. Chen, and T.-D. Hu. 2014. Phytotoxicity and accumulation of copper oxide nanoparticles to the Cu-tolerant plant *Elsholtzia splendens*. Nanotoxicology 8: 179-188.

Shigenobu, Y. 1983. Karyomorphological studies in some genera of Gentianaceae II. *Gentiana* and its allied four genera. Bull. Coll. Child Develop., Kochi Womens Univ. 7: 65-84.

Shimizu, M. and H. Koyama. 1996. Chromosome numbers in some Japanese species of *Saussurea* (Compositae) with special reference to basic number. CIS Chromosome Inform. Serv. 60/61: 24-27.

Shimono Y., S. Kurokawa, T. Nishida, H. Ikeda, and N. Futagami. 2013. Phylogeography based on intraspecific sequence variation in chloroplast DNA of *Miscanthus sinensis* (Poaceae), a native pioneer grass in Japan. Botany 91: 449-456.

Sieber, V. K. and B. G. Murray. 1979. The cytology of the genus *Alopecurus* (Gramineae). Bot. J. Linn. Soc. 79: 343-355.

Sinha, R. R. P., A. K. Bhardwaj and R. K. Singh. 1990. SOCGI plant chromosome number reports-IX. J. Cytol. Genet. 25: 140-143.

Small, J.K. 1922. Aconogonum polystachyum. In: Addisonia Colored Illustrations and Popular Descriptions of plants. Vol. 7, Number 1. The New York Botanical Garden. p. 21-22.

Sokolovskaya, A. P. and N. S. Probatova. 1985. Chromosome numbers in the vascular plants from the Primorye territory, Kamchatka, region, Amur valley and Sakhalin. Bot. Zhurnal 70: 997-999.

Sokolovskaya, A. P., N. S. Probatova, and E. G. Rudyka. 1986. A contribution to the study of chromosome numbers and geographical distribution of some species of the family Lamiaceae in the Soviet Far East. Bot. Zhurnal 71: 195-200.

Sokolovskaya, A. P., N. S. Probatova, and E. G. Rudyka. 1989. Chromosome numbers in some species of the flora of the Soviet Far East from the families Actinidiaceae, Aristolochiaceae, Fabaceae, Ranunculaceae, Saxifragaceae. Bot. Zhurnal 74: 268-271.

Solecki, R.S. 1971. 『Shanidar, The First Flower People』 Alfred A. Knopf. New York.

Song, L., M.-J. Yang, D.-K. Yang, and Z.-H. Gan. 2004. The chromosome number and karyotype analysis of *Gypsophila oldhamiana*. Shandong Science 17: 22-24.

Song, N.-H. 1991. Cytological relationships in the Japanese lilies on the C-banded karyotype I. C-Banding patterns in chromosomes of *Lilium callosum* and *L. concolor* var. *partheneion*. Korean J. Pl. Taxon. 21: 187-196.

Spedding, C. R. W. and E. W. Diekmahns (eds.) 1972. Grasses and legumes in British agriculture. Bulletin of the Commonwealth Bureau of Pastures and Field Crops no. 49. Farnham Royal: Commonwealth Agricultural Bureau.

Starodubtsev, V. N. 1985. Chromosome numbers in the representatives of some families from the Soviet Far East. Bot. Zhurnal 70: 275-277.

Stearn, W.T. 2010 (4th ed.). 『Botanical Latin』 David and Charles Ltd., Timber press.

Stepanov, N. V. 1994. Chromosome numbers of some higher plants taxa of the flora of Krasnoyarsk region. Bot. Zhurnal 79: 135-139.

Stewart, G. R. and M. C. Press. 1990. The physiology and biochemistry of parasitic Angiosperms. Annu. Rev. Plant Physiol. Plant Mol. Biol. 41: 127-151.

Stüber, E. 1989. 『Der Österreichische Naturführer in Farbe』 Pinguin-Verlag, Innsbruck.

Suetsugu K., A. Kawakita, and M. Kato. 2008. Host range and selectivity of the hemiparasitic plant *Thesium chinense* (Santalaceae). Annals of Botany

102: 49-55.

Suh, Y.-B., S.-T. Kim, and C.-W. Park. 1997. A phylogenetic study of *Polygonum* sect. Tovara (Polygonaceae) based on ITS sequences of nuclear ribosomal DNA. J. Plant. Biol. 40: 47-52.

Sun, B.Y., J.H. Park, M.J. Kwak, C.H. Kim, and K.S. Kim. 1996. Chromosome counts from the flora of Korea with emphasis on Apiaceae. J. Pl. Biol. 39: 15-22.

Sun, B.-Y., J.-H. Park, M.-J. Kwak, C.-H. Kim, and K.-S. Kim. 1996. Chromosome counts from the flora of Korea with emphasis on Apiaceae. J. Pl. Biol. 39: 15-22.

Sun, B.-Y., M.-R. Sul, J.-A. Im, C.-H. Kim, and T.-J. Kim. 2002. Evolution of endemic vascular plants of Ulleungdo and Dokdo in Korea - Floristic and cytotaxonomic characteristics of vascular flora of Dokdo. Korean J. Pl. Taxon. 32: 143-158.

Sun, B.Y., M.R. Sul, J.A. Im, C.H. Kim, and T.J. Kim. 2002. Evolution of endemic vascular plants of Ulleungdo and Dokdo in Korea-floristic and cytotaxonomic characteristics of vascular flora of Dokdo. Korean J. Pl. Taxon. 32: 143-158.

Sun, M. 1999. Cleistogamy in *Scutellaria indica* (Labiatae): effective mating system and population genetic structure. Molecular Ecology 8: 1285-1295.

Sung, Y.-Y., T. Yoon, W.-K. Yang, S.-J. Kim, and H.-K. Kim. 2011. Anti-obesity effects of *Geranium thunbergii* extract via improvement of lipid metabolism in high-fat diet-induced obese mice. Molecular Medicine Reports 4: 1107-1113.

Takatsuki. S. 1989. Edge effects created by clear-cutting on Habitat use by Sika deer on Mt. Goyo, northern Honshu, Japan. Ecol. Res. 4: 287-295.

Takhtajan, A. 1986. 『Floristic Regions of the World』 University of California Press. Berkley.

Tanaka, R. 1956. On the speciation and karyotypes in diploid and tetraploid species of *Chrysanthemum*. I. Karyotypes in *Chrysanthemum boreale* (2n=18). J. Sci. Hiroshima Univ. ser. B, Div. 2., 9: 1-16.

Taniguchi, K. and R. Tanaka. 1987. Cytogenetic studies on wild *Chrysanthemum* from China II. Karyotype of *Ch. lavandulaefolium*. CIS Chromosome Inform. Serv. 43: 18-19.

Taran, A. 2005. It is not only the forests you have to see beyond the grasslands of southern Russian Far East. In: Facets of Grassland Restoration (edited by A. Struchkov & J. Kuleshova). pp. 155-165.

Tatarenko, E. D., I. V. Tatarenko, K. Kondo, K. S. Aleksandrovna, and C. D. Gombocyrenovich. 2010. A chromosome study in *Spiranthes amoena* (M. Bieb.) Spreng. Chromosome Botany 5: 75-77.

Terzİoğlu, S. and F. Karaer. 2009. An Alien Species New to the Flora of Turkey: Lysimachia japonica Thunb. (Primulaceae). Turk J. Bot. 33: 123-126.

The Plant List. 2013. Version 1.1. Published on the Internet. 〈http://www.theplantlist.org〉.

Thunberg, C. P. 1784. Systema Vegetabilium. Editio decima quarta 113.

Titz, W. and R. Schnattinger. 1980. Experimentalle und biometrische Untersuchungen über die systematische relevanz von Samen- und Fruchtmerkmalen an *Arabis glabra* var. *glabra* und var. *pseudoturritis* (Brassicaceae). Plant Systematics and Evolution 134: 269-286.

Tropicos. 2015. Tropicos.org. Missouri Botanical Garden. 〈http://www.tropicos.org〉

Tsutsui. K. and M. Tomita. 1989. Efftects of plant density on the growth of seedlings of *Spiranthes sinensis* Ames and *Liparis nervosa* Lindl. in symbiotic culture. J. Japan. Soc. Hort. Sci. 668-673.

Tüxen R. 1956. Die heutige potentielle natüliche Vegetation als Gegenstand der Vegetationskartierung. Angw. Pflanzensoz. 13: 5-42.

UNEP WCMC. 2003. Checkl. CITES Sp. 1-339. UNEP World Conservation Monitoring Centre, Cambridge.

Vachova, M. and V. Ferakova. 1980. In Chromosome number reports LXIX. Taxon 29: 722-723.

Van der Maesen, L. J. G. 1998. Revision of the genus *Dunbaria* Wight & Arn. Wageningen Agricultural University papers 98(1). pp. 1-109.

Vandelooka, F., N. Bollea, and J. A. Van Asschea. 2008. Seasonal dormancy cycles in the biennial

Torilis japonica (Apiaceae), a species with morphophysiological dormancy. Seed Science Research 18: 161-171.

Vassiljeva, M. G. and M. G. Pimenov. 1991. Karyotaxonomical analysis in the genus Angelica (Umbelliferae). Pl. Syst. Evol. 177: 117-138.

Veldkamp, J. F. 2015. *Themeda barbata*, the correct combination for *Themeda japonica* (Gramineae). Journal of Japanese Botany 90: 293-297.

Volkova, S. A. and E. V. Boyko. 1989. Chromosome numbers in representatives of some families of the flora of the Soviet Far East. Bot. Zhurnal 74: 1810-1811.

Volkova, S. A., D. D. Basargin, and P. G. Gorovoy. 1994. Chromosome numbers in representatives of some families of the flora of Russian Far East. Bot. Zhurnal 79: 122-123.

Volkova, S. A., E. V. Boyko, and I. G. Gavrilenko. 1999. Chromosome numbers in the representatives of some families of the Primorye territory flora. Bot. Zhurnal 84: 140-141.

Wang, H. Y., Y. L. Pei, X. J. Liu, R. J. Li, and Y. Endo. 1995. Biosystematical studies on Vicia L. in northeast China VII. Karyotype analysis on *V. unijuga* and its allied species. Bull. Bot. Res., Harbin 15: 368-372.

Watanabe, K., M. Ito, T. Yahara, V. I. Sullivan, T. Kawahara, and D. J. Crawford. 1990. Numerical analyses of karyotype diversity in the genus *Eupatorium* (Compositae, Eupatorieae). Pl. Syst. Evol. 170: 215-228.

Webster, G.L. 1956. A monographic study of the West Indian species of *Phyllanthus*. Journal of the Arnold Arboretum 37: 91-122, 340-359.

Weiss, H., B. Y. Sun, T. F. Stuessy, C. H. Kim, H. Kato, and M. Wakabayashi. 2002. Karyology of plant species endemic to Ullung Island (Korea) and selected relatives in peninsular Korea and Japan. Bot. J. Linn. Soc. 138: 93-105.

Weng, X.C. and W. Wang. 2000. Antioxidant activity of compounds isolated from *Salvia plebeia*. Food Chemistry 71: 489-493.

Whang, S.S., K. Choi, R.S. Hill, and J.H. Pak. 2002. A morphometric analysis of infraspecific taxa within the *Ixeris chinensis* complex (Asteraceae, Lactuceae). Bot. Bull. Acad. Sin. 43: 131-138.

Willdenow, C. L. von. 1797. Species Plantarum. Editio quarta 1(1): 370. (Sp. Pl.)

World health Organization. 2015. Malaria, About the WHO Global Malaria Programme. 〈http://who.int/malaria/about_us/en/〉.

Xu, B.-S., R.-F. Weng, and M.-Z. Zhang. 1992. Chromosome numbers of Shanghai plants I. Invest. Stud. Nat. 12: 48-65.

Yamasaki, K., M. Nakano, T. Kawahata, H. Mori, T. Otake, N. Ueda, I. Oishi, R. Inami, M. Yamane, M. Nakamura, H. Murata, and T. Nakanishi. 1998. Anti-HIV-1 activity of herbs in Labiatae. Biological & Pharmaceutical Bulletin 21: 829-833.

Yamasaki, N. and T. Nishiuchi. 2000. *Saussurea pulchella* as a new cut flower. Proc. IV Int. Symp. New. Flow. Crops. (Ed. E. Maloupa). Acta Hort. 541: 247-252.

Yan, G.-X., S.-Z. Zhang, F.-H. Xue, L.-Y. Wang, J.-F. Yun, and X.-Q. Fu. 2000. The chromosome numbers and natural distribution of 38 forage plants in north China. Grassl. China 2000(5): 1-5.

Yang, D. K. 2002. Chromosome studies of *Androsace umbellata*. Shandong Sci. 15: 9-11.

Yang, D. K. 2002. The karyotype nanlysis of *Gueldenstaedtia* from Shandong. Guihaia 22: 349-351.

Yang, D.-K. 2003. Comparative analysis of chromosomal karyotype for three species of *Vigna*. J. Tianjin Norm. Univ., Nat. Sci. Ed. 23: 23-26.

Yang, H.-B., N. H. Holmgren, and R. R. Mill. 1998. 11. 57. *Pedicularis* Linnaeus, Sp. Pl. 2: 607. 1753. Flora of China 18: 97-209.

Yang, M.-J., D.-K. Yang, and L.-X. Fu. 2003. Chromosome studies on two species of *Trifolium* L. Shandong Sci. 16: 17-20.

Yeh, M., F. Maekawa, and H. Yuasa. 1983. Chromosome numbers of the tribe *Phaseoleae*, Leguminosae. Res. Inst. Evol. Biol. Sci. Rep. 2: 37-44.

Yoshie, F. 2008. Effects of growth temperature and

winter duration on leaf phenology of a spring ephemeral (*Gagea lutea*) and a summergreen forb (*Maianthemum dilatatum*). Journal of Plant Research 121: 483-492.

Yu, C.-G., Y.-M. Zhao, and G. Chen. 2013. *Swertia pseudochinensis*, A new plant sources of Andrographolide. Chemistry of Natural Compounds 49: 119-121.

Zee, O.-P., S.-C. Kang, J.-H. Kwak, J.-S. Oh, H. Choi, J.-P. Bak, C.-M. Lee, and Y.-J. Cheong 2011. Anti-cancer activity of *Androsace umbellata* Merr. extract and contained triterpene saponin. United States Patent 7,960,352.

Zhang Q., Z. Lu, T.-K. Ren, Y. Ge, Y. Zheng, D.-G. Yao, X.-J. He, Y.-C. Gu, Q.-W. Shi, and C.-H. Huo. 2014. Chemical composition of *Achillea alpina*. Chemistry of Natural Compounds, 50: 534-536.

Zhang, J.-T. 2005. Succession analysis of plant communities in abandoned croplands in the eastern Loess Plateau of China. J. Arid Environments 63: 458-474.

Zhang, L., Y. Tang, and R. Turkington. 2010. Flowering and fruiting phenology of 24 plant species on the north slope of Mt. Qomolangma (Mt. Everest). J. Mountain Science 7: 45-54.

Zhang, Y. X., T.L. Shangyuan, J.A. Ping, and G.H. Wang. 1993. Chromosome observation of 9 wild plant species from Shanxi. Guihaia 13: 159-163.

Zhang, Z.-X., W.-D. Xie, and Z.-J. Jia. 2008. Glycosides from two *Pedicularis* species. Biochemical Systematics and Ecology 36: 467-472.

Zhang. H.-R., L. E. Dewald, T. E. Kolb, and D. F. Koepke. 2011. Genetic variation in ecophysiological and survival responses to drought in two native grasses: *Koeleria macrantha* and *Elymus elymoides*. Western North American Naturalist: 25-32

Zhao, C., C.-B. Wang, X.-G. Ma, Q.-L. Liang, and X.-J. He. 2013. Phylogeographic analysis of a temperate-deciduous forest restricted plant (*Bupleurum longiradiatum* Turcz.) reveals two refuge areas in China with subsequent isolation promoting speciation. Molecular Phylogenetics and Evolution 68: 628-643.

Zhao, D.-L., R.-J. Wang, H.-Y. Liu, and X.-J. Hu. 2000. Karyotype analysis of *Trifolium pratense*. J. Dalian Univ. 21: 86-87, 90.

Zhao, Y.-T., H. J. Noltie, and B. Mathew. 2000. Iridaceae. Pp. 297-313 in Flora of China, Vol. 24, Flagellariaceae through Marantaceae. Science Press, Beijing, and Missouri Botanical Garden, St. Louis.

Zhu, G.-H., L.-A. Liu, R. J. Soreng, and M. V., Olonova. 2006. 66. POA Linnaeus, Sp. Pl. 1: 67. 1753. Flora of China 22: 257-309.

Zhu, S. and L. Martins. 2011. 44. *Serratula* Linnaeus, Sp. Pl. 2: 816. 1753. Flora of China 20-21: Page 5, 93, 177, 188.

Zhu, S. and N. Kilian. 2011. 51. *Scorzonera* Linnaeus, Sp. Pl. 2: 790. 1753. Flora of China 20-21: Page 5, 195, 198, 206.

Zhu, S. and W. Greuter. 2011. 33. *Circium* Miller, Gard. Dict. Abr., ed. 4. [334]. 1754. Flora of China 20-21: Page 5, 160.

Zhu, S., C. J. Humphries, and M. G. Gilbert. 2011. 167. *Achillea* Linnaeus, Sp. Pl. 2: 896. 1753. Flora of China 20-21: 653-659.

Zhu, X.-Y. 2004. A revision of the genus *Gueldenstaedtia* (Fabaceae). Ann. Bot. Fennici 41: 283-291.

唐向紅. 鷲尾紀吉. 2010. 中国と日本の数字文化における比較研究. 中央学院大学人間·自然論叢 30: 67-83

聂芳红, 陈进军, 王建华, 史志诚. 2008. 狗舌草提取物的长期和蓄积毒性及特殊毒性研究. 西北農林科技大學學報（自然科學版）36: 45-49.

施波, 雷盼, 石开明, 周毅峰, 周光来, 丁莉. 2010. 道地药材五鹤续断的染色体制片优化与核型分析. 湖北農業科學 49: 129-131.

杨德奎, 杨美娟, 王淑云. 2004. 山东臭草属植物的染色体研究. 山东科学 17: 26-29.

御影雅幸, 難波恒雄. 1983. Clematis属植物とその関連生薬の研究 (第6報):「威霊仙」の本草学的 考察(1). 日本生薬学雑誌 37: 351-360.

吴正军, 朱再标, 郭巧生, 徐红建, 马宏亮, 缪媛媛. 2012.

老鸦瓣传粉生物学初步研究. 中国中药杂志 37: 293-297.
张玉书 编. 2009. 康熙字典. 现代版. 万卷出版公司. 沈阳.
褚朝森, 王晓丽, 潘卫东, 任红兵, 许莉. 2012. 海州香薷开发应用价值探讨. 安徽医药 16: 535-537.
祝廷成, 严仲铠, 周守标 (主編). 2003. 中国 长白山 植物. 北京科学技术社出版社, 延边人民出版社.

加川敬祐, 冨士田裕子, 東隆行. 2009. 絶滅危惧植物チョウジソウ(*Amsonia elliptica*)の生育環境特性 及び分子系統地理. 植生学会大会 講演要旨集 vol. 14: 24.
岡西為人, 奥野勇, 赤堀昭, 難波恒雄. 1974. 日本産茵蔯蒿の生薬学的研究 (第2報): カワラヨモギとハマヨモギの頭状花序について. 生薬学雑誌 82: 145-149.
高橋佳孝, 井上雅仁, 兼子伸吾, 堤道生, 内藤和明, 小林英和, 井出保行. 2009. 放牧管理に伴う三瓶山ムラサキセンブリ(*Swertia pseudochinensis*)自生地の植生の変化. 日本草地學会誌 65: 29-33.
高橋佳孝. 2009. 種の保存と景観保全—阿蘇草原の維持·再生の取り組み. ランドスケープ研究 72: 394-398.
高橋佳孝. 2013. 多様な主体が協働·連携する阿蘇草原再生の取り組み.【特集】社会運動としてのコモンズ. 大原社会問題研究所雑誌 655: 1-18.
高須英樹. 1978. アキノキリンソウの変異と分類. 種生物学研究 2: 54-64.
館岡亜緒. 1986. 日本産ハネガヤ連植物(イネ科)の染色体類. 国立科学博物館研究報告 B 12: 151 – 154.
堀川芳雄. 1950. 広島県下の植物界(1)エヒメアヤメの自生地. Hikobia 1: 9-10.
宮脇昭 (編). 1977.『日本の植生』. 学研. 東京.
宮脇昭, 奥田重俊, 望月陸夫. 1978.『日本植生便覧』至文堂. 東京.
宮脇昭·大野啓一·奥田重俊. 1974. 大山の植物社会学的研究. 横浜国大環境科学研究センター紀要 1: 89-122.
近藤哲也, 三浦拓, 島田大史. 2005. キバナノアマナ(*Gagea lutea* Ker-Gawl.) 種子の発芽に及ぼす貯蔵方法·播種時期·埋土深·光の影響. 日本緑化工学会誌 30: 546-551.
吉村 泰幸. 2015. 日本国内に分布するC4植物のフロラの再検討. 日本作物学会紀事 84: 386-407.
大井次三郎. 1978.『日本植物誌』. 顕花篇. 至文堂. 東京.
大塚孝一, 尾関雅章. 2006. 信州の里山にみられる希少植物 (信州の里山の特性把握と環境保全のために). 長野県環境保全研究所, 研究プロジェクト成果報告 5：３９－４４.
藤井伸二, 佐藤千芳, 仮屋崎忠. 2015. 熊本県におけるハナハタザオ（アブラナ科）の再発見. 分流 15: 175-177.
藤原一絵(編). 1996.『日本植生誌』群落体系総目錄. 第2版. 横浜国大環境研紀要 22: 23-80.
落合利紀, 芦澤弘己, 園田高広, 菅野明, 亀谷寿昭. 2002. 食用アスパラガス(*Asparagus officinalis*)とキジカクシ(*A. schoberioides*)との種間雑種個体の稔性ならびに種間雑種と食用アスパラガスとの戻し交雑個体の作出. 育種學研究 4: 225-229.
柳宗民. 2004.『柳宗民の雑草ノオト』. 毎日新聞社. 東京.
李時珍. 1596.『本草綱目』.
林泰治, 鄭台鉉. 1936.『朝鮮産野生薬用植物』. 朝鮮總督府林業試驗場編. 林業試驗場報告 22.
林泰治. 1944.『救荒植物とその食用法』. 京都書籍株式會社. 京都.
牧野富太郎. 1961.『牧野新日本植物圖鑑』. 北隆館. 東京.
武内康義. 1971. ハマヨモギ(*Artemisia scoparia*)の存在は疑わしい. 植物分類·地理 25: 14.
尾関雅章. 2014. 春植物アマナの繁殖特性. 長野県環境保全研究所報告 10: 13-17.
米倉浩司, 梶田忠. 2003.「BG Plants 和名 — 学名インデックス」(YList). 〈http://ylist.info〉.
並木和夫. 1986.『植物和名と方言』 ニュー・サイエンス社.
本田陽子. 1976. ネジバナ*Spiranthes sinensis* A.花穂の拗捩について. 千葉大学教育学部研究紀要 25: 17-20.
北村四郎, 村田源, 堀勝. 1981a.『原色日本植物圖鑑』草本編[I] 合瓣花類. 保育社. 東京.
北村四郎, 村田源, 小山鐵夫. 1981.『原色日本植物圖鑑』草本編[III] 単子葉類. 保育社. 東京.
北村四郎, 村田源. 1982a.『原色日本植物圖鑑』木本編[I], 木本編[II]. 保育社. 東京.
北村四郎, 村田源. 1982b.『原色日本植物圖鑑』草本編[II] 離瓣花類. 保育社. 東京.
寺島良安. 1712『和漢三才圖會』
山崎敬. 1989. 日本におけるヨロイグサ, エゾノヨロイグサ, シシウドについて. 植物研究雑誌 64: 85-96.
山田敏彦. 2009. エネルギー作物としてのススキ屬植物への期待. 日本草地學会誌 55: 263-269.

森爲三. 1921.『朝鮮植物名彙』朝鮮總督府. ソウル.
森有希, 大窪久美子. 2005. 本州中部亜高山帯の半自然草原におけるヤナギラン群落の群落構造と 立地環境. Journal of The Japanese Institute of Landscape Architecture 68: 709-712.
桑原義晴. 2008.『日本イネ科植物図譜』. 全国農村教育協会.
石戸谷勉, 都逢渉. 1932. 京城附近植物小誌. 朝鮮博物學會雜誌 14: 1-48.
設楽拓人, 中村幸人. 2015(미발표자료). 日本の二次草原(ススキクラス)の植物社会. 東京農業大学大学院.
小山博滋, 大橋広好, 福岡誠行. 1970. 対馬の植物分布. 国立科博専報 3: 321-354.
松本雅道, 田金秀一郎. 2006. キスミレ(*Viola orientalis*)の生育環境特性. 日本緑化工学会誌 32: 355-360.
深根輔仁. 901-923.『本草和名』(多紀元簡, 1796). 復刊 日本古典全集(2007) 現代思潮新社. 東京.
深井誠一, 宮武佳代. 2005. キクタニギクの種内変異. 香川大学農学部学術報告 57: 21-26.
深津正. 2001.『植物和名の語源』八坂書房.
奥田重俊. 1997.『生育環境別日本野生植物館』小學館.
伊藤秀三. 1975. 西日本の草原植生·補遺. 長崎大学教養部紀要. 自然科学. 16: 37-45.
日本環境省. 2012. 外來生物法, 外來植物目錄). Available (http://www.env.go.jp/nature/intro/1outline/koudou/gyoukai/ref1-1.pdf).
日本環境省. 2014. 生物多様性情報システム. Available (http://www.biodic.go.jp/rdb/rdb_f.html).
畑中由紀, 大野啓一, 酒井暁子. 2009. 絶滅危惧種チョウジソウの種子生産·発芽特性. 秋ケ瀬大規模個体群の保全に向けて. 日本生態学会第56回全国大会(2009年3月, 盛岡) 講演要旨. 一般講演 (ポスター発表) PC2-803.
田中聡, 三浦励一, 冨永達. 2009. 京都市の公共用芝地における雑草の分布と土壌要因の関係. 雑草研究 54: 7-16.
前川文夫. 1943. 史前歸化植物について. 日本植物分類學会 13: 274-279.
酒井博, 佐藤徳雄, 奥田重俊, 秋山侃. 1985. わが国における牧草地の雑草群落とその動態 第6報 九州地方阿蘇·久住地域における牧草地雑草の群落区分研究. 雑草研究 30: 200-207.
中西広樹. 1997. 長崎県レッド・データ・プランツ目録. 長崎県生物学会誌 48: 15-24.
中村直美. 1989. コナスビ類(サクラソウ科 オカトラノオ屬)の花と花粉稔性・花粉サイズ. 筑波大学教育部紀要(自然科學) 38: 59-67.
中村孝司. 2014. 鬼怒川河川敷に残存したムラサキセンブリ *Swertia pseudochinensis* Hara 個体群と植生の関係。亞細亞大學 綜合研究 2: 173-187.
増野亜実. 2005. タヌキマメ金属トランスポーター遺伝子による環境浄化植物の開発. KAKEN 科學研究費助成事業データベース. 研究課題番号: 17780246. Available (http://kaken.nii.ac.jp/d/p/17780246/2005/3/ja.ja.html).
昌住. 898~901.『新撰字鏡』
清水矩宏, 森田弘彦, 廣田伸七. 2001.『日本歸化植物寫眞圖鑑』全國農村教育協會. 笹德印刷株式會社.
清水満子. 1977. 日本産トウヒレン属数種の核型. 植物分類地理 28: 35-44.
村川懋麿. 1932.『土名對照鮮滿植物字彙』朝鮮總督府. 東京目白書院.
貝原益軒. 1709.『大和本草』
貝塚茂樹, 藤野岩友, 小野忍. 2004.『角川 漢和中辞典』角川書店.
品川鉄摩, 田中隆荘.1964. キビヒトリシヅカの染色体. 植物研究雑誌 39: 145-148.
横山健三. 1999. オミナエシの語源・方言・名称史等. 新潟県植物保護 26: 6-9.
黒田優香. 2008. 祇園祭と植物ヒオウギの文化誌. 京都ノートルダム女子大学. 大学院人間文化専攻. 修士論文.
黒沢高秀, 木下覺, 田渕武樹, 成田愛治, 中村俊之, 小川誠, 茨木靖. 2014. 徳島県のナツトウダイ類 (トウダイグサ科) の形態と分布. 徳島県立博物館研究報告 24: 83-86.

종 색인

학명(學名, Scientific name)

A

B

C

D

E

F

G

H

I

J

K

L

M

N

O

P

Q

R

S

T

U

V

Z

한국명(韓國名, Korean name)

ㄴ

ㄷ

ㅂ

ㅅ

ㅇ

ㅈ

ㅊ

ㅋ

ㅌ

ㅍ

ㅎ

영어명(英語名, English name)

N

O

P

R

S

T

U

V

W

Y

중국명(中國名, Chinese name)

A

B

C

D

E

F

일본명(日本名, Japanese name)

ア

イ

ウ

エ

オ

カ

ク

ケ

コ

シ

ス

セ

ソ

タ

チ

ツ

テ

ナ

ニ

ノ

ハ

ヒ

フ

ホ

マ

ミ

ム

モ

ヨ

リ

ル

ワ

결코 서둘 일이 아니었습니다. 심한신왕(心閑神旺)이 유일한 길이었습니다.
마음 같아서는 한 해에 한 권씩 뚝딱 해치우고 싶었습니다. 하지만 확인하고 또 확인해야 하는 것들이 너무도 많았기에 애당초 불가능한 일이었습니다. 이번 경우처럼 풀밭 식물사회는 더욱 무리였습니다. 게다가 우리 식물 이름의 뿌리를 바로잡으려면 온갖 고전을 들춰봐야 해서 지루한 시간과의 싸움이었습니다. 그렇지만 김의털의 경우처럼 이름의 어원이나 유래가 밝혀지는 순간의 카타르시스는 충분히 보상이 되었습니다.
한편으로 이 책은 사진이 중심인 일반 도감과는 다릅니다. 하지만 흡족할 만한 자료 사진을 구하는 게 쉬운 일이 아니었습니다. 생태가 드러나는 사진을 찾았기 때문입니다. 생태사진이 아니더라도 한 장의 사진이나 일러스트는 식물 이해에 큰 도움이 됩니다. 이번에도 연구실 안팎의 많은 제자들이 현장 식생조사에서 찍은 사진들을 기꺼이 제공해 주었습니다. 그 밖에 이런 저런 일로 도움을 준 여러분께 감사한 마음을 전합니다. 이 보감은 그렇게 더욱 빛나는가 봅니다.

편안한 살림살이: 김정은 그리고 자두와 달래

사진: 김종원, 류태복, 최병기, 이정아, 이창우, 이승은, 김윤하, 이경연, 김성렬, 박정석, 엄병철, 임정철, 이진우 (이상 한국식생학연구회), 조순만(초록빛깔사람들)

형태분류 그림: 이경연, 엄병철, 황숙영, 이창우, 이승은, 김경돈

컴퓨터 기술지원: 엄병철

어웨이 생태학: 〈참나무처럼〉 여러분

편집 출판 지원: 〈자연과생태〉 조영권 대표와 여러 일꾼들

고맙고, 고맙습니다. 그리고 사랑합니다.

2016년 부추 꽃 피던 날
무우헌(无尤軒)에서

김종원